原书第12版

Java语言程序设计

[美] 梁勇（Y. Daniel Liang） 著
佐治亚南方大学

戴开宇 译
复旦大学

Introduction to Java Programming and Data Structures,
Comprehensive Version, Twelfth Edition

机械工业出版社
China Machine Press

图书在版编目（CIP）数据

Java 语言程序设计（基础篇）（原书第 12 版）/（美）梁勇（Y. Daniel Liang）著；戴开宇译 . -- 北京：机械工业出版社，2020.11（2024.1 重印）

（计算机科学丛书）

书名原文：Introduction to Java Programming and Data Structures, Comprehensive Version, Twelfth Edition

ISBN 978-7-111-66980-7

I. ① J… II. ①梁… ②戴… III. ① JAVA 语言 - 程序设计 IV. ① TP312.8

中国版本图书馆 CIP 数据核字（2020）第 237159 号

北京市版权局著作权合同登记　图字：01-2020-2395 号。

Authorized translation from the English language edition, entitled *Introduction to Java Programming and Data Structures, Comprehensive Version, Twelfth Edition*, ISBN: 9780136520238, by Y. Daniel Liang, published by Pearson Education, Inc., Copyright © 2020, 2018, 2015 by Pearson Education, Inc. or its affiliates, 221 River Street, Hoboken, NJ 07030.

All rights reserved. No part of this book may be reproduced or transmitted in any form or by any means, electronic or mechanical, including photocopying, recording or by any information storage retrieval system, without permission from Pearson Education, Inc.

Chinese simplified language edition published by China Machine Press, Copyright © 2021.

本书中文简体字版由 Pearson Education（培生教育出版集团）授权机械工业出版社在中国大陆地区（不包括香港、澳门特别行政区及台湾地区）独家出版发行。未经出版者书面许可，不得以任何方式抄袭、复制或节录本书中的任何部分。

本书封底贴有 Pearson Education（培生教育出版集团）激光防伪标签，无标签者不得销售。

本书是 Java 语言的经典教材，中文版分为基础篇和进阶篇，主要介绍程序设计基础、面向对象程序设计、GUI 程序设计、数据结构和算法、高级 Java 程序设计等内容。本书通过示例讲解问题求解技巧，提供大量的程序清单，每章配有丰富的复习题和编程练习题，帮助读者掌握编程技术，并学会应用所学技术解决实际开发中遇到的问题。基础篇主要介绍基本程序设计、语法结构、面向对象程序设计、继承和多态、异常处理和文本 I/O、抽象类和接口等内容。

本书可作为高等院校计算机相关专业程序设计课程的教材，也可作为 Java 语言及编程爱好者的参考资料。

出版发行：机械工业出版社（北京市西城区百万庄大街 22 号　邮政编码：100037）

责任编辑：曲　熠　　　　　　　　　　责任校对：殷　虹
印　　刷：三河市国英印务有限公司　　版　　次：2024 年 1 月第 1 版第 6 次印刷
开　　本：185mm×260mm　1/16　　　印　　张：44.75
书　　号：ISBN 978-7-111-66980-7　　定　　价：139.00 元

客服电话：（010）88361066　68326294

版权所有・侵权必究
封底无防伪标均为盗版

中 文 版 序

Introduction to Java Programming and Data Structures, Comprehensive Version, Twelfth Edition

Welcome to the Chinese translation of *Introduction to Java Programming and Data Structure, Comprehensive Version, Twelfth Edition*. The first edition of the English version was published in 1998. Since then twelve editions of the book have been published in the last twenty-one years. Each new edition substantially improved the book in contents, presentation, organization, examples, and exercises. This book is now the #1 selling computer science textbook in the US. Hundreds and thousands of students around the world have learned programming and problem solving using this book.

I thank Dr. Kaiyu Dai of Fudan University for translating this latest edition. It is a great honor to reconnect with Fudan through this book. I personally benefited from teachings of many great professors at Fudan. Professor Meng Bin made Calculus easy with many insightful examples. Professor Liu Guangqi introduced multidimensional mathematic modeling in the Linear Algebra class. Professor Zhang Aizhu laid a solid mathematical foundation for computer science in the discrete mathematics class. Professor Xia Kuanli paid a great attention to small details in the PASCAL course. Professor Shi Bole showed many interesting sort algorithms in the data structures course. Professor Zhu Hong required an English text for the algorithm design and analysis course. Professor Lou Rongsheng taught the database course and later supervised my master's thesis.

My study at Fudan and teaching in the US prepared me to write the textbook. The Chinese teaching emphasizes on the fundamental concepts and basic skills, which is exactly I used to write this book. The book is fundamentals first by introducing basic programming concepts and techniques before designing custom classes. The fundamental-first approach is now widely adopted by the universities in the US. With the excellent translation from Dr. Dai, I hope more students will benefit from this book and excel in programming and problem solving.

欢迎阅读本书第 12 版的中文版。本书英文版的第 1 版于 1998 年出版。自那之后的 21 年中，本书共出版了 12 个版本。每个新的版本都在内容、表述、组织、示例以及练习题等方面进行了大量的改进。本书目前在美国计算机科学类教材中销量排名前列。全世界无数的学生通过本书学习程序设计以及问题求解。

感谢复旦大学的戴开宇博士翻译了这一最新版本。非常荣幸通过这本书和复旦大学重建联系，我本人曾经受益于复旦大学的许多杰出教授：孟斌教授采用许多富有洞察力的示例将微积分变得清晰易懂；刘光奇教授在线性代数课堂上介绍了多维度数学建模；张霭珠教授的离散数学课程为我学习计算机科学打下了坚实的数学基础；夏宽理教授在 Pascal 课程中对许多小细节给予了极大的关注；施伯乐教授在数据结构课程中演示了许多有趣的排序算法；朱洪教授在算法设计和分析课程中使用了英文教材；楼荣生教授讲授了数据库课程，并且指导了我的硕士论文。

　　我在复旦大学的学习经历以及在美国的授课经验为撰写本书奠定了基础。中国的教学重视基本概念和基础技能，这也是我写这本书所采用的方法。本书采用基础为先的方法，在介绍自定义类的设计之前先介绍基本的程序设计概念和方法。目前，基础为先的方法也被美国的大学广泛采用。我希望通过戴博士的优秀翻译，让更多的学生从中受益，并在程序设计和问题求解方面出类拔萃。

梁勇
y.daniel.liang@gmail.com

译者序

Introduction to Java Programming and Data Structures, Comprehensive Version, Twelfth Edition

Java 是一门伟大的程序设计语言，同时，它还指基于 Java 语言的从嵌入式开发到企业级开发的平台。从 20 世纪 90 年代诞生至今，Java 凭借其优秀的语言和平台设计，以及适合互联网应用的"一次编译，到处运行"的跨平台特性，在 Web 应用、移动计算、云计算、大数据、人工智能、物联网及可穿戴设备等新兴技术领域得到了极其广泛的应用。除此之外，Java 还是一门设计优秀的教学语言。它是一门经典的面向对象编程语言，拥有优雅和简明的语法，体现了很多程序设计方面的理念和智慧，可帮助程序设计人员将精力尽可能地集中在业务领域的设计上。在版本迭代中，Java 还吸纳了其他程序设计语言的优点来进行完善，比如 Java 8 中 lambda 表达式的引入体现了函数式编程的特色。Java 还具有丰富且实用的类库。许多开源项目和科学研究的原型系统都是采用 Java 实现的。在针对编程语言流行趋势指标的 TIOBE 编程语言社区排行榜上，Java 多年来都居于前列。采用实际应用广泛的优秀程序设计语言进行教学，对学生今后进一步的科研和工作都有直接帮助。

在 14 年前机械工业出版社举办的一次教学研讨会上，我有幸认识了本书的作者梁勇（Y. Daniel Liang）教授并进行了交流。从那时起我开始在主讲的程序设计课程中采用本书英文版作为教材，并取得了很好的教学效果。本书知识点全面，体系结构清晰，重点突出，文字准确，内容组织循序渐进，并有大量精选的示例和配套素材，比如精心设计的大量练习题，甚至在配套网站中还有支持教学的大量动画演示。本书采用基础优先的方式，从编程基础开始，逐步引入面向对象思想，最后介绍应用框架。教学实践证明，这种方式很适合程序设计初学者。另外，强调问题求解和计算思维也是本书特色，这也是我在教授程序设计过程中遵循的教学理念。本书通过数学、经济、游戏等应用领域的生动实用的案例来引导学生学习程序设计，避免了单纯语法学习的枯燥，也让学生可以学以致用。程序设计教学中最重要的是培养学生的计算思维，通识教育和新工科建设背景下的教学理念都非常重视计算思维，这对于提升学生的综合素质并且将所学知识应用于生活中是很有裨益的。之前我翻译了本书第 10 版和第 11 版，得到了许多读者的好评，也收到了很多宝贵的建议。时隔 1 年，我很荣幸再次成为本书第 12 版的译者。这一版在上一版译文的基础上更加字斟句酌，修订了之前的一些问题，希望能对广大程序设计学习者有所帮助。

在本书的翻译过程中，我得到了本书作者梁勇教授的大力支持。非常感谢他不仅快速回复和详细解答了我在邮件中提出的一些问题，还拨冗写了中文版序，其一丝不苟的精神让人感动。感谢机械工业出版社的编辑在本书的整个翻译过程中提供的许多帮助。最后要感谢我的家人在翻译过程中给予的支持和鼓励。限于水平，书中难免还会存在问题，敬请大家指正。

戴开宇
kydai@fudan.edu.cn
2020 年 9 月

前 言

Introduction to Java Programming and Data Structures, Comprehensive Version, Twelfth Edition

许多读者就本书之前的版本给出了很多反馈，这些评论和建议极大地改进了本书。这一版在表述、组织、示例、练习题以及附录方面都有大幅改进。

本书采用基础优先的方法，在设计用户自定义类之前，首先介绍基本的程序设计概念和技术。选择语句、循环、方法和数组这样的基本概念与技术是程序设计的基础，打好这些基础将帮助学生为进一步学习面向对象程序设计和高级 Java 程序设计做好准备。

本书以问题驱动的方式来教授程序设计，将重点放在问题的解决而不是语法上。我们通过使用在各种应用场景中引发思考的问题，使程序设计的介绍变得更加有趣。前面章节的主线放在问题的解决上，引入合适的语法和库以支持编写解决问题的程序。为了支持以问题驱动的方式来教授程序设计，本书提供了大量不同难度的问题来激发学生的积极性。为了吸引各个专业的学生来学习，这些问题涵盖很多应用领域，包括数学、科学、商业、金融、游戏、动画以及多媒体等。

本书将程序设计、数据结构和算法无缝整合在一起，采用一种实用的方式来教授数据结构。首先介绍如何使用各种数据结构来开发高效的算法，然后演示如何实现这些数据结构。通过实现，学生可以深入理解数据结构的效率，以及如何和何时使用某种数据结构。最后，我们设计和实现了针对树和图的用户自定义数据结构。

本书广泛应用于全球众多大学的程序设计入门、数据结构和算法课程中。完全版[⊖]包括程序设计基础、面向对象程序设计、GUI 程序设计、数据结构、算法、并行、网络、数据库和 Web 程序设计。这个版本旨在把学生培养成精通 Java 的程序员。基础篇包含完全版的前 18 章内容，可用于程序设计的第一门课程（通常称为 CS1）。本书还有一个 AP 版本，适合学习 AP 计算机科学（AP Computer Science）课程的高中生使用。

教授编程的最好途径是通过示例，而学习编程的唯一途径是通过动手练习。本书通过示例对基本概念进行讲解，并提供大量不同难度的练习题供学生进行练习。在我们的程序设计课程中，每次课后都布置了编程练习。

我们的目标是编写一本可以通过各种应用场景中的有趣示例来教授问题求解和程序设计的教材。如果你有任何关于如何改进本书的意见或建议，请给我发邮件。

ACM/IEEE 课程体系 2013 版和 ABET 课程评价

新的 ACM/IEEE 计算机科学课程体系 2013 版将知识体系组织成 18 个知识领域。为了帮助教师基于本书设计课程，我们提供了示例教学大纲来确定知识领域和知识单元。作为一个常规的定制示例，示例教学大纲用于三学期的课程系列。示例教学大纲可以从教师资源配套网站获取。

许多读者来自 ABET 认证计划。ABET 认证的一个关键组成部分是，通过针对课程效果

⊖ 本书中文版将完全版分为基础篇和进阶篇出版，基础篇对应原书第 1～18 章，进阶篇对应原书第 19～30 章，你手中的这一本是基础篇。——编辑注

的持续课程评价确定学习中的薄弱环节。我们在教师资源配套网站中提供了课程效果示例，以及用于检验课程效果的示例考试。

本版新增内容

本版对各个细节都进行了全面修订，以更清晰地呈现知识、示例和练习题。本版的主要改进如下：

- 更新至 Java 9、10 和 11。使用 Java 9、10 和 11 版本中的新特征对示例进行了改进和简化。
- GUI 相关章节更新到 JavaFX 11，并改写了示例。示例和练习题中的用户界面现在可以改变尺寸并且居中显示。
- 数据结构相关章节中，更多的示例和练习题采用 lambda 表达式来简化编程。
- Comparable 和 Comparator 都被用于比较 Heap、PriorityQueue、BST 以及 AVLTree 中的元素。这样与 Java API 保持一致，更加实用、灵活。
- 第 22 章引入了字符串匹配算法。
- 添加了视频注解。
- 提供了没有出现在书中的额外习题，这些习题仅供教师使用。

可以访问本书配套网站 www.pearsonhighered.com/liang，了解这一版与前一版的关联以及全部的新特征。

教学特色

本书使用以下要素组织素材，以帮助读者高效学习：

- **教学目标**：在每章开始列出学生应该掌握的内容，学完这章后，学生能够判断自己是否达到这些目标。
- **引言**：提出引发思考的问题以展开讨论，激发读者深入探讨相关内容。
- **要点提示**：突出每节中涵盖的重要概念。
- **复习题**：帮助学生复习每节相关内容并评估掌握的程度。
- **问题和示例学习**：通过精心挑选示例，以易于理解的方式教授问题求解和程序设计概念。本书使用多个短小的、简单的、激发兴趣的例子来演示重要的概念。
- **本章小结**：回顾学生应该理解和记住的重要主题，有助于巩固所学的关键概念。
- **测试题**：可以在线访问，按章节组织，让学生可以就编程概念和技术进行自我测试。
- **编程练习题**：按章节组织，为学生提供自主应用所学新技能的机会。练习题的难度分为容易（没有星号）、适度（*）、难（**）和具有挑战性（***）四个级别。学习程序设计的窍门就是实践、实践、再实践。所以，本书提供了大量的编程练习题。教师资源网站还为教师提供了额外的 200 多道带有答案的编程练习题。
- **注意、提示、警告和设计指南**：贯穿全书，对程序开发的重要方面提供有价值的建议和见解。
    - **注意**：提供学习主题的附加信息，巩固重要概念。
    - **提示**：教授良好的程序设计风格和实践经验。
    - **警告**：帮助学生避开程序设计误区。
    - **设计指南**：提供设计程序的指南。

灵活的章节顺序

本书提供灵活的章节顺序，使 GUI、异常处理、递归、泛型和 Java 集合框架等内容可以或早或晚地讲解。下页的插图显示了各章之间的相关性。

本书的组织

所有的章节分为五部分，合起来构成了对 Java 程序设计、数据结构和算法、数据库以及 Web 程序设计的全面介绍。书中的知识是循序渐进的，前面的章节介绍程序设计的基本概念，并通过简单的例子和练习题引导学生，后续的章节逐步详细介绍 Java 程序设计，最后介绍开发综合的 Java 应用程序。附录包含数系、位操作符、正则表达式以及枚举类型等多种主题。

第一部分 程序设计基础（第 1～8 章）

第一部分是全书的基石，带你踏上 Java 学习之旅。你将了解 Java（第 1 章），还将学习像基本数据类型、变量、常量、赋值、表达式以及操作符这样的基本程序设计技术（第 2 章），选择语句（第 3 章），数学函数、字符和字符串（第 4 章），循环（第 5 章），方法（第 6 章），数组（第 7 和 8 章）。在第 7 章之后，可以跳到第 18 章学习如何编写递归方法来解决本身具有递归特性的问题。

第二部分 面向对象程序设计（第 9～13 章和第 17 章）

这一部分介绍面向对象程序设计。Java 是一种面向对象的程序设计语言，通过抽象、封装、继承和多态为软件开发提供了极大的灵活性、模块化和可重用性。你将学习如何使用对象和类（第 9 和 10 章）、类的继承（第 11 章）、多态（第 11 章）、异常处理（第 12 章）、抽象类（第 13 章）以及接口（第 13 章）进行程序设计。文本 I/O 将在第 12 章介绍，二进制 I/O 将在第 17 章介绍。

第三部分 GUI 程序设计（第 14～16 章和奖励章节第 31 章）

JavaFX 是一个用于开发 Java GUI 程序的新框架。它不仅对开发 GUI 程序有用，还是一个用于学习面向对象程序设计的优秀教学工具。第 14～16 章介绍使用 JavaFX 进行 Java GUI 程序设计。主要主题包括 GUI 基础（第 14 章）、容器面板（第 14 章）、绘制形状（第 14 章）、事件驱动编程（第 15 章）、动画（第 15 章）、GUI 控件（第 16 章），以及播放音频和视频（第 16 章）。你将学习采用 JavaFX 的 GUI 程序架构，并且使用控件、形状、面板、图像和视频来开发有用的应用程序。第 31 章讨论 JavaFX 的高级特性。

第四部分 数据结构和算法（第 18～30 章以及奖励章节第 42 和 43 章）

这一部分介绍典型的数据结构和算法课程中的主题。第 18 章介绍递归以编写解决本身具有递归特性的问题的方法。第 19 章介绍泛型如何提高软件的可靠性。第 20 和 21 章介绍 Java 集合框架，它为数据结构定义了一套有用的 API。第 22 章讨论算法效率的度量以便为应用程序选择合适的算法。第 23 章介绍经典的排序算法。你将在第 24 章中学到如何实现经典的数据结构，如线性表、队列和优先队列。第 25 和 26 章介绍二分查找树和 AVL 树。第 27 章介绍散列以及通过散列实现映射（map）和规则集（set）。第 28 和 29 章介绍图的应用。第 30 章介绍用于集合流的聚合操作。2-4 树、B 树以及红黑树在奖励章节第 42 和 43 章中介绍。

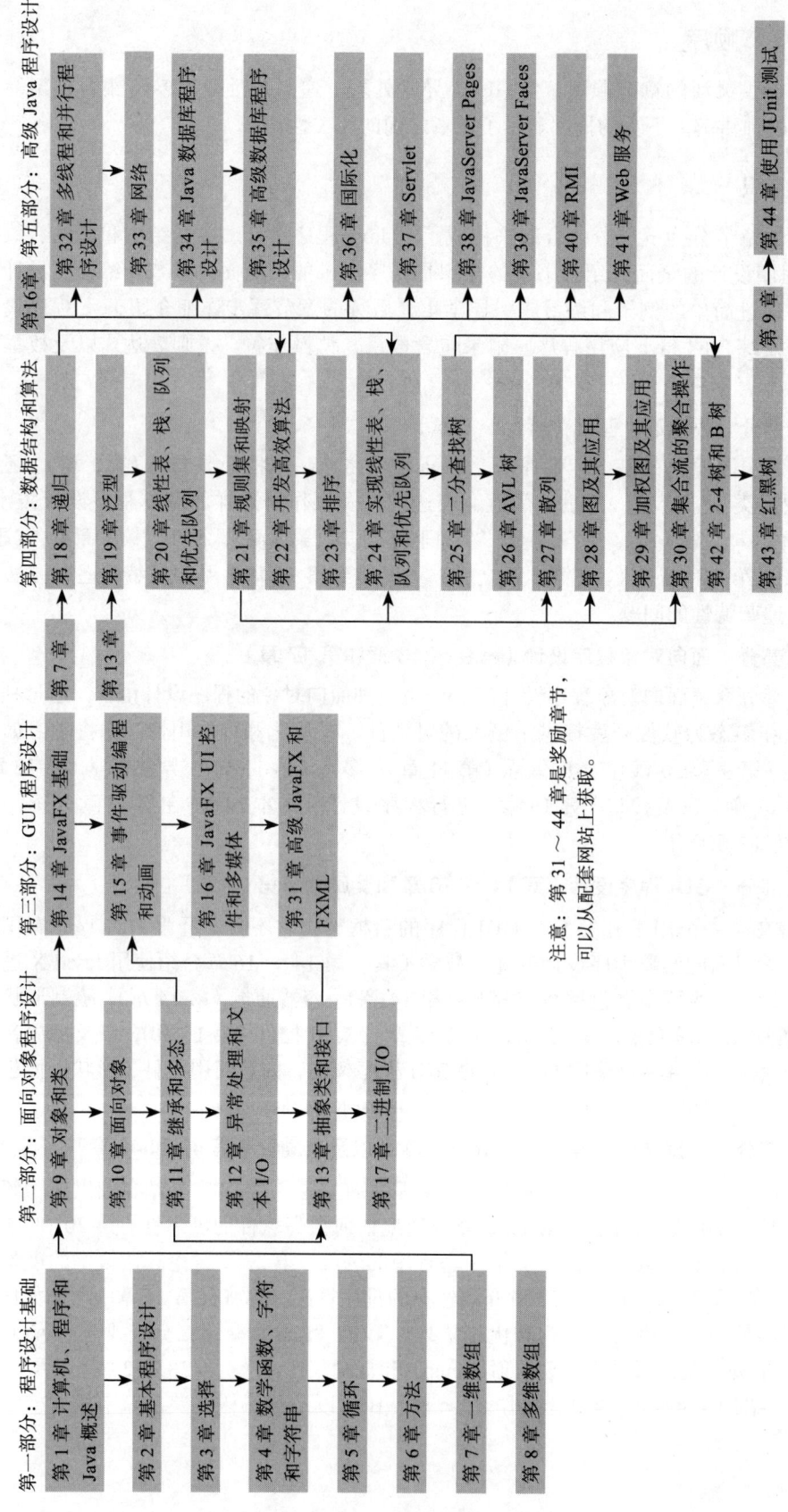

第五部分　高级 Java 程序设计（奖励章节第 32～41 章和第 44 章）

这一部分介绍高级 Java 程序设计。第 32 章介绍使用多线程使程序具有更好的响应性和交互性，并介绍并行编程。第 33 章讨论如何编写程序使得 Internet 上的不同主机能够相互对话。第 34 章介绍使用 Java 来开发数据库项目。第 35 章深入探讨高级 Java 数据库编程。第 36 章涵盖国际化支持的使用，以开发面向全球使用者的项目。第 37 和 38 章介绍如何使用 Java servlet 和 JavaServer Pages 创建来自 Web 服务器的动态内容。第 39 章介绍使用 JavaServer Faces 进行现代 Web 应用开发。第 40 章介绍远程方法调用，第 41 章讨论 Web 服务。第 44 章介绍使用 JUnit 测试 Java 程序。

附录

附录部分涵盖多种主题。附录 A 列出 Java 关键字。附录 B 给出十进制和十六进制 ASCII 字符集。附录 C 给出操作符优先级。附录 D 总结 Java 修饰符及其使用。附录 E 讨论特殊的浮点值。附录 F 介绍数系以及二进制、十进制和十六进制间的转换。附录 G 介绍位操作符。附录 H 介绍正则表达式。附录 I 介绍枚举类型。附录 J 介绍大 O、大 Ω 和大 Θ 表示法。

Java 开发工具

可以使用 Windows 记事本（NotePad）或写字板（WordPad）这样的文本编辑器创建 Java 程序，然后从命令窗口编译、运行程序。也可以使用 Java 开发工具，例如 NetBeans 或者 Eclipse。这些工具是支持快速开发 Java 应用程序的集成开发环境（IDE）。编辑、编译、构建、运行和调试程序都集成在一个图形用户界面中。有效地使用这些工具可以极大地提高编写程序的效率。如果按照教程学习，NetBeans 和 Eclipse 也是易于使用的。关于 NetBeans 和 Eclipse 的教程，参见本书配套网站。

学生资源

本书配套网站上的学生资源包括：
- 复习题的答案。
- 绝大部分偶数编号编程练习题的答案。
- 书中示例的源代码。
- 交互式的自测题（按章节组织）。
- 补充材料。
- 调试技巧。
- 视频注解。
- 算法动画。
- 勘误表。

补充材料

教材涵盖了核心内容。补充材料进一步扩展教材内容，介绍了读者可能感兴趣的其他内容。补充材料可以从配套网站上获得。

教师资源[○]

本书配套网站上的教师资源包括：
- PowerPoint 教学幻灯片，通过交互性的按钮可以观看彩色、语法项高亮显示的源代码，并可以在幻灯片中直接运行程序。
- 绝大部分奇数编号编程练习题的答案。
- 按章节组织的 200 多道补充编程练习题和 300 道测试题。这些练习题和测试题仅对教师开放，并提供答案。
- 基于 Web 的测试题生成器（教师可以选择章节以从超过 2000 道题的大型题库中生成测试题）。
- 样卷。大多数试卷包含 4 个部分：
  - 多选题或者简答题。
  - 改正编程错误。
  - 跟踪程序。
  - 编写程序。
- 具有 ABET 课程评价的样卷。
- 课程项目。通常，每个项目给出一个描述，并且要求学生分析、设计和实现该项目。

使用 MyProgrammingLab 进行在线练习和评价

MyProgrammingLab 可帮助学生充分掌握编程的逻辑、语义和语法。通过实践性编程练习以及即时、个性化的反馈，MyProgrammingLab 还可帮助初学者提高编程能力。初学者经常受困于流行的高级编程语言的基本概念和范式。

作为一个自我学习和作业工具，MyProgrammingLab 课程由几百道小练习题组成，这些练习题是围绕本教材的结构进行组织的。对于学生，这套系统会自动检查他们所提交代码的逻辑和语法错误，并给出帮助学生理解哪里错了以及为何错了的针对性提示。对于教师，系统会提供一个综合的分数册，跟踪正确和非正确的答案，并保存学生输入的代码，以用于复习。

MyProgrammingLab 是和 Turing's Craft 合作提供给本书读者的。Turing's Craft 是 CodeLab 交互性编程练习系统的制作者。要得到该系统的完整演示，或者看到教师和学生的反馈，或者开始在你的课堂中使用 MyProgrammingLab，请访问 www.myprogramminglab.com。

视频注解

在新版中添加视频注解这一特色功能，我们感到很兴奋。这些视频针对关键内容提供了示例，并演示了从设计到编码的问题求解的完整过程。视频注解可以从本书配套网站上获取。

[○] 关于教辅资源，仅提供给采用本书作为教材的教师用作课堂教学、布置作业、发布考试等用途。如有需要的教师，请直接联系 Pearson 北京办公室查询并填表申请。联系邮箱：Copub.Hed@pearson.com。——编辑注
关于配套网站资源，大部分需要访问码，访问码只有原英文版提供，中文版无法使用。——编辑注

算法动画

我们提供了大量的算法演示动画，它们对于演示算法的机制是非常有价值的教学工具。可以从配套网站上获取算法的动画演示。

致谢

感谢佐治亚南方大学给我机会讲授我所写的内容，并支持我将所教的内容写成教材。教学是我持续改进本书的灵感之源。感谢使用本书的教师和学生提出的评价、建议、错误报告和赞扬。特别感谢拉玛尔大学的 Stefan Andrei、科罗拉多大学科罗拉多泉分校的 William Bahn，他们为改进本书数据结构部分的内容提供了帮助。

由于有了对本版和之前版本的富有见解的审阅，本书得到很大的改进。感谢以下审阅人员：Elizabeth Adams（James Madison University），Syed Ahmed（North Georgia College and State University），Omar Aldawud（Illinois Institute of Technology），Stefan Andrei（Lamar University），Yang Ang（University of Wollongong，Australia），Kevin Bierre（Rochester Institute of Technology），Aaron Braskin（Mira Costa High School），David Champion（DeVry Institute），James Chegwidden（Tarrant County College），Anup Dargar（University of North Dakota），Daryl Detrick（Warren Hills Regional High School），Charles Dierbach（Towson University），Frank Ducrest（University of Louisiana at Lafayette），Erica Eddy（University of Wisconsin at Parkside），Summer Ehresman（Center Grove High School），Deena Engel（New Youk University），Henry A. Etlinger（Rochester Institute of Technology），James Ten Eyck（Marist College），Myers Foreman（Lamar University），Olac Fuentes（University of Texas at El Paso），Edward F. Gehringer（North Carolina State University），Harold Grossman（Clemson University），Barbara Guillot（Louisiana State University），Stuart Hansen（University of Wisconsin，Parkside），Dan Harvey（Southern Oregon University），Ron Hofman（Red River College，Canada），Stephen Hughes（Roanoke College），Vladan Jovanovic（Georgia Southern University），Deborah Kabura Kariuki（Stony Point High School），Edwin Kay（Lehigh University），Larry King（University of Texas at Dallas），Nana Kofi（Langara College，Canada），George Koutsogiannakis（Illinois Institute of Technology），Roger Kraft（Purdue University at Calumet），Norman Krumpe（Miami University），Hong Lin（DeVry Institute），Dan Lipsa（Armstrong Atlantic State University），James Madison（Rensselaer Polytechnic Institute），Frank Malinowski（Darton College），Tim Margush（University of Akron），Debbie Masada（Sun Microsystems），Blayne Mayfield（Oklahoma State University），John McGrath（J.P. McGrath Consulting），Hugh McGuire（Grand Valley State），Shyamal Mitra（University of Texas at Austin），Michel Mitri（James Madison University），Kenrick Mock（University of Alaska Anchorage），Frank Murgolo（California State University，Long Beach），Jun Ni（University of Iowa），Benjamin Nystuen（University of Colorado at Colorado Springs），Maureen Opkins（CA State University，Long Beach），Gavin Osborne（University of Saskatchewan），Kevin Parker（Idaho State University），Dale Parson（Kutztown University），Mark Pendergast（Florida Gulf Coast University），Richard Povinelli（Marquette University），Roger Priebe（University of Texas at Austin），Mary Ann Pumphrey（De Anza Junior College），Pat Roth（Southern Polytechnic State University），Amr Sabry（Indiana

University)、Ben Setzer（Kennesaw State University）、Carolyn Schauble（Colorado State University）、David Scuse（University of Manitoba）、Ashraf Shirani（San Jose State University）、Daniel Spiegel（Kutztown University）、Joslyn A. Smith（Florida Atlantic University）、Lixin Tao（Pace University）、Ronald F. Taylor（Wright State University）、Russ Tront（Simon Fraser University）、Deborah Trytten（University of Oklahoma）、Michael Verdicchio（Citadel）、Kent Vidrine（George Washington University）、Bahram Zartoshty（California State University at Northridge）。

能够与 Pearson 出版社一起工作，我感到非常愉快和荣幸。感谢 Tracy Johnson 和她的同事 Marcia Horton、Demetrius Hall、Yvonne Vannatta、Kristy Alaura、Carole Snyder、Scott Disanno、Bob Engelhardt、Shylaja Gattupalli，感谢他们组织、开展和积极促进本项目。

一如既往，感谢妻子 Samantha 的爱、支持和鼓励。

Y. Daniel Liang
y.daniel.liang@gmail.com
www.pearsonhighered.com/liang

目录

Introduction to Java Programming and Data Structures, Comprehensive Version, Twelfth Edition

中文版序
译者序
前言

第 1 章 计算机、程序和 Java 概述 ······ 1
1.1 引言 ······ 1
1.2 什么是计算机 ······ 2
　1.2.1 中央处理器 ······ 2
　1.2.2 比特和字节 ······ 3
　1.2.3 内存 ······ 3
　1.2.4 存储设备 ······ 4
　1.2.5 输入和输出设备 ······ 5
　1.2.6 通信设备 ······ 5
1.3 编程语言 ······ 6
　1.3.1 机器语言 ······ 6
　1.3.2 汇编语言 ······ 6
　1.3.3 高级语言 ······ 7
1.4 操作系统 ······ 8
　1.4.1 控制和监视系统活动 ······ 8
　1.4.2 分配和调配系统资源 ······ 9
　1.4.3 调度操作 ······ 9
1.5 Java 的特性和应用 ······ 9
1.6 Java 语言规范、API、JDK、JRE 和 IDE ······ 10
1.7 一个简单的 Java 程序 ······ 11
1.8 创建、编译和执行 Java 程序 ······ 13
1.9 程序设计风格和文档 ······ 16
　1.9.1 正确的注释和注释风格 ······ 16
　1.9.2 正确的缩进和空白 ······ 17
　1.9.3 块的风格 ······ 17
1.10 程序设计错误 ······ 18
　1.10.1 语法错误 ······ 18
　1.10.2 运行时错误 ······ 18
　1.10.3 逻辑错误 ······ 19
　1.10.4 常见错误 ······ 19
1.11 使用 NetBeans 开发 Java 程序 ······ 20
　1.11.1 创建 Java 项目 ······ 21
　1.11.2 创建 Java 类 ······ 22
　1.11.3 编译和运行类 ······ 22
1.12 使用 Eclipse 开发 Java 程序 ······ 23
　1.12.1 创建 Java 项目 ······ 23
　1.12.2 创建 Java 类 ······ 24
　1.12.3 编译和运行类 ······ 25
关键术语 ······ 25
本章小结 ······ 26
测试题 ······ 27
编程练习题 ······ 27

第 2 章 基本程序设计 ······ 29
2.1 引言 ······ 29
2.2 编写简单的程序 ······ 29
2.3 从控制台读取输入 ······ 32
2.4 标识符 ······ 35
2.5 变量 ······ 35
2.6 赋值语句和赋值表达式 ······ 37
2.7 命名常量 ······ 38
2.8 命名习惯 ······ 39
2.9 数值数据类型和操作 ······ 39
　2.9.1 从键盘读取数值 ······ 40
　2.9.2 数值操作符 ······ 41
　2.9.3 指数运算 ······ 42
2.10 数值型字面值 ······ 43
　2.10.1 整型字面值 ······ 43
　2.10.2 浮点型字面值 ······ 43
　2.10.3 科学记数法 ······ 44
2.11 JShell ······ 44
2.12 表达式求值和操作符优先级 ······ 46
2.13 示例学习：显示当前时间 ······ 48

2.14	增强赋值操作符………………	49
2.15	自增和自减操作符……………	50
2.16	数值类型转换…………………	52
2.17	软件开发过程…………………	54
2.18	示例学习：计算货币单位……	58
2.19	常见错误和陷阱………………	60

关键术语……………………………… 62
本章小结……………………………… 62
测试题………………………………… 63
编程练习题…………………………… 63

第3章 选择……………………………… 68

3.1	引言……………………………	68
3.2	boolean 数据类型、值和表达式……………………………	68
3.3	if 语句…………………………	70
3.4	双分支 if-else 语句……………	72
3.5	嵌套的 if 语句和多分支 if-else 语句……………………………	73
3.6	常见错误和陷阱………………	75
3.7	产生随机数……………………	79
3.8	示例学习：计算体重指数……	80
3.9	示例学习：计算税率…………	82
3.10	逻辑操作符……………………	84
3.11	示例学习：判断闰年…………	88
3.12	示例学习：彩票………………	89
3.13	switch 语句……………………	90
3.14	条件操作符……………………	93
3.15	操作符的优先级和结合规则……	95
3.16	调试……………………………	96

关键术语……………………………… 96
本章小结……………………………… 97
测试题………………………………… 97
编程练习题…………………………… 97

第4章 数学函数、字符和字符串…… 106

4.1	引言……………………………	106
4.2	常用数学函数…………………	107
	4.2.1 三角函数方法……………	107
	4.2.2 指数函数方法……………	107

	4.2.3 舍入方法…………………	108
	4.2.4 min、max 和 abs 方法……	108
	4.2.5 random 方法………………	109
	4.2.6 示例学习：计算三角形的角度…………………………	109
4.3	字符数据类型和操作…………	111
	4.3.1 Unicode 和 ASCII 码………	111
	4.3.2 特殊字符的转义序列……	112
	4.3.3 字符型数据与数值型数据之间的类型转换………………	113
	4.3.4 比较和测试字符…………	114
4.4	String 类型……………………	115
	4.4.1 获取字符串长度…………	116
	4.4.2 从字符串中获取字符……	116
	4.4.3 连接字符串………………	117
	4.4.4 转换字符串………………	118
	4.4.5 从控制台读取字符串……	118
	4.4.6 从控制台读取字符………	119
	4.4.7 字符串比较………………	119
	4.4.8 获得子字符串……………	121
	4.4.9 查找字符串中的字符或者子串…………………………	121
	4.4.10 字符串和数值间的转换……	122
4.5	示例学习………………………	124
	4.5.1 猜测生日…………………	124
	4.5.2 将十六进制数转换为十进制数……………………	127
	4.5.3 使用字符串修改彩票程序……	129
4.6	格式化控制台输出……………	130

关键术语……………………………… 134
本章小结……………………………… 134
测试题………………………………… 134
编程练习题…………………………… 134

第5章 循环……………………………… 140

5.1	引言……………………………	140
5.2	while 循环……………………	141
5.3	示例学习：猜数字……………	143
5.4	循环设计策略…………………	146
5.5	使用用户确认或标记值控制循环……	148

5.6 do-while 循环 ····· 151
5.7 for 循环 ····· 153
5.8 采用哪种循环 ····· 156
5.9 嵌套循环 ····· 158
5.10 最小化数值错误 ····· 160
5.11 示例学习 ····· 161
 5.11.1 求最大公约数 ····· 161
 5.11.2 预测未来学费 ····· 163
 5.11.3 将十进制数转换为十六进制数 ····· 163
5.12 关键字 break 和 continue ····· 165
5.13 示例学习：判断回文 ····· 168
5.14 示例学习：显示素数 ····· 170
关键术语 ····· 172
本章小结 ····· 172
测试题 ····· 172
编程练习题 ····· 173

第 6 章 方法 ····· 181
6.1 引言 ····· 181
6.2 定义方法 ····· 182
6.3 调用方法 ····· 183
6.4 空方法与有返回值的方法 ····· 186
6.5 按值传参 ····· 188
6.6 模块化代码 ····· 192
6.7 示例学习：将十六进制数转换为十进制数 ····· 194
6.8 重载方法 ····· 195
6.9 变量的作用域 ····· 198
6.10 示例学习：生成随机字符 ····· 199
6.11 方法抽象和逐步求精 ····· 201
 6.11.1 自顶向下的设计 ····· 202
 6.11.2 自顶向下和自底向上的实现 ····· 203
 6.11.3 实现细节 ····· 205
 6.11.4 逐步求精的优势 ····· 207
关键术语 ····· 208
本章小结 ····· 208
测试题 ····· 209
编程练习题 ····· 209

第 7 章 一维数组 ····· 219
7.1 引言 ····· 219
7.2 数组基础 ····· 219
 7.2.1 声明数组变量 ····· 220
 7.2.2 创建数组 ····· 220
 7.2.3 数组大小和默认值 ····· 221
 7.2.4 访问数组元素 ····· 221
 7.2.5 数组初始化简写语句 ····· 222
 7.2.6 处理数组 ····· 222
 7.2.7 foreach 循环 ····· 224
7.3 示例学习：分析数字 ····· 226
7.4 示例学习：一副牌 ····· 227
7.5 复制数组 ····· 229
7.6 将数组传递给方法 ····· 230
7.7 方法返回数组 ····· 233
7.8 示例学习：统计每个字母出现的次数 ····· 234
7.9 可变长参数列表 ····· 237
7.10 查找数组 ····· 238
 7.10.1 线性查找 ····· 238
 7.10.2 二分查找 ····· 239
7.11 排序数组 ····· 241
7.12 Arrays 类 ····· 243
7.13 命令行参数 ····· 245
 7.13.1 向 main 方法传递字符串 ····· 245
 7.13.2 示例学习：计算器 ····· 245
关键术语 ····· 247
本章小结 ····· 247
测试题 ····· 248
编程练习题 ····· 248

第 8 章 多维数组 ····· 256
8.1 引言 ····· 256
8.2 二维数组基础 ····· 257
 8.2.1 声明二维数组变量并创建二维数组 ····· 257
 8.2.2 获取二维数组的长度 ····· 258
 8.2.3 不规则数组 ····· 258
8.3 处理二维数组 ····· 259
8.4 将二维数组传递给方法 ····· 261

8.5 示例学习：给多选题测验评分 262
8.6 示例学习：找出最近点对 264
8.7 示例学习：数独 266
8.8 多维数组 269
    8.8.1 示例学习：每日温度和湿度 270
    8.8.2 示例学习：猜生日 271
关键术语 273
本章小结 273
测试题 273
编程练习题 273

第 9 章 对象和类 285

9.1 引言 285
9.2 为对象定义类 286
9.3 示例：定义类和创建对象 287
9.4 使用构造方法构造对象 292
9.5 通过引用变量访问对象 293
    9.5.1 访问对象的数据和方法 294
    9.5.2 引用数据域和 null 值 295
    9.5.3 基本类型变量和引用类型变量的区别 296
9.6 使用 Java 库中的类 297
    9.6.1 Date 类 297
    9.6.2 Random 类 298
    9.6.3 Point2D 类 299
9.7 静态变量、常量和方法 300
9.8 可见性修饰符 305
9.9 数据域封装 307
9.10 向方法传递对象参数 309
9.11 对象数组 313
9.12 不可变对象和类 315
9.13 变量的作用域 316
9.14 this 引用 318
    9.14.1 使用 this 引用数据域 318
    9.14.2 使用 this 调用构造方法 319
关键术语 320
本章小结 321
测试题 321
编程练习题 321

第 10 章 面向对象 326

10.1 引言 326
10.2 类的抽象和封装 326
10.3 面向对象思想 330
10.4 类的关系 333
    10.4.1 关联 333
    10.4.2 聚集和组合 334
10.5 示例学习：设计 Course 类 335
10.6 示例学习：设计栈类 337
10.7 将基本数据类型值作为对象处理 340
10.8 基本类型和包装类类型之间的自动转换 343
10.9 BigInteger 和 BigDecimal 类 344
10.10 String 类 345
    10.10.1 不可变字符串与驻留字符串 346
    10.10.2 替换和拆分字符串 347
    10.10.3 使用模式匹配、替换和拆分 348
    10.10.4 字符串与数组之间的转换 349
    10.10.5 将字符和数值转换成字符串 349
    10.10.6 格式化字符串 350
10.11 StringBuilder 类和 StringBuffer 类 352
    10.11.1 修改 StringBuilder 中的字符串 353
    10.11.2 toString、capacity、length、setLength 和 charAt 方法 354
    10.11.3 示例学习：判断回文串时忽略既非字母又非数字的字符 355
关键术语 358
本章小结 358
测试题 358
编程练习题 358

第 11 章 继承和多态 ············ 366

- 11.1 引言 ············ 366
- 11.2 父类和子类 ············ 366
- 11.3 使用 super 关键字 ············ 372
  - 11.3.1 调用父类的构造方法 ············ 372
  - 11.3.2 构造方法链 ············ 373
  - 11.3.3 调用父类的普通方法 ············ 374
- 11.4 方法重写 ············ 375
- 11.5 方法重写与重载 ············ 376
- 11.6 Object 类及其 toString() 方法 ············ 378
- 11.7 多态 ············ 379
- 11.8 动态绑定 ············ 379
- 11.9 对象转换和 instanceof 操作符 ············ 383
- 11.10 Object 类的 equals 方法 ············ 387
- 11.11 ArrayList 类 ············ 388
- 11.12 关于列表的一些有用方法 ············ 393
- 11.13 示例学习：自定义栈类 ············ 394
- 11.14 protected 数据和方法 ············ 396
- 11.15 防止继承和重写 ············ 398
- 关键术语 ············ 399
- 本章小结 ············ 399
- 测试题 ············ 399
- 编程练习题 ············ 400

第 12 章 异常处理和文本 I/O ············ 404

- 12.1 引言 ············ 404
- 12.2 异常处理概述 ············ 405
- 12.3 异常类型 ············ 410
- 12.4 声明、抛出和捕获异常 ············ 411
  - 12.4.1 声明异常 ············ 412
  - 12.4.2 抛出异常 ············ 412
  - 12.4.3 捕获异常 ············ 413
  - 12.4.4 从异常中获取信息 ············ 415
  - 12.4.5 示例学习：声明、抛出和捕获异常 ············ 416
- 12.5 finally 子句 ············ 419
- 12.6 何时使用异常 ············ 421
- 12.7 重新抛出异常 ············ 422
- 12.8 链式异常 ············ 422
- 12.9 创建自定义异常类 ············ 423
- 12.10 File 类 ············ 426
- 12.11 文件输入和输出 ············ 429
  - 12.11.1 使用 PrintWriter 写数据 ············ 429
  - 12.11.2 使用 try-with-resources 自动关闭资源 ············ 430
  - 12.11.3 使用 Scanner 读取数据 ············ 431
  - 12.11.4 Scanner 如何工作 ············ 433
  - 12.11.5 示例学习：替换文本 ············ 434
- 12.12 从 Web 上读取数据 ············ 436
- 12.13 示例学习：Web 爬虫 ············ 437
- 关键术语 ············ 440
- 本章小结 ············ 440
- 测试题 ············ 441
- 编程练习题 ············ 441

第 13 章 抽象类和接口 ············ 446

- 13.1 引言 ············ 446
- 13.2 抽象类 ············ 446
  - 13.2.1 为何使用抽象方法 ············ 448
  - 13.2.2 抽象类的几点说明 ············ 450
- 13.3 示例学习：抽象的 Number 类 ············ 451
- 13.4 示例学习：Calendar 和 GregorianCalendar ············ 453
- 13.5 接口 ············ 456
- 13.6 Comparable 接口 ············ 459
- 13.7 Cloneable 接口 ············ 463
- 13.8 接口与抽象类 ············ 468
- 13.9 示例学习：Rational 类 ············ 471
- 13.10 类的设计原则 ············ 477
  - 13.10.1 内聚性 ············ 477
  - 13.10.2 一致性 ············ 477
  - 13.10.3 封装性 ············ 477
  - 13.10.4 清晰性 ············ 477
  - 13.10.5 完整性 ············ 478
  - 13.10.6 实例和静态 ············ 478
  - 13.10.7 继承和聚合 ············ 479
  - 13.10.8 接口和抽象类 ············ 479
- 关键术语 ············ 479

本章小结 ………………………………… 479
测试题 …………………………………… 480
编程练习题 ……………………………… 480

第 14 章　JavaFX 基础 …………………… 484

14.1　引言 ……………………………… 484
14.2　JavaFX 与 Swing 和 AWT 的
　　　比较 ……………………………… 484
14.3　JavaFX 程序的基本结构 ………… 485
14.4　面板、组、UI 控件和形状 ……… 487
14.5　属性绑定 ………………………… 490
14.6　结点的共同属性和方法 ………… 493
14.7　Color 类 ………………………… 494
14.8　Font 类 ………………………… 496
14.9　Image 和 ImageView 类 ………… 497
14.10　布局面板和组 …………………… 500
　　14.10.1　FlowPane ……………………… 500
　　14.10.2　GridPane ……………………… 502
　　14.10.3　BorderPane …………………… 504
　　14.10.4　HBox 和 VBox ………………… 506
14.11　形状 …………………………… 508
　　14.11.1　Text …………………………… 508
　　14.11.2　Line …………………………… 510
　　14.11.3　Rectangle …………………… 511
　　14.11.4　Circle 和 Ellipse …………… 513
　　14.11.5　Arc …………………………… 515
　　14.11.6　Polygon 和 Polyline ………… 517
14.12　示例学习：ClockPane 类 ……… 520
关键术语 ………………………………… 525
本章小结 ………………………………… 525
测试题 …………………………………… 525
编程练习题 ……………………………… 526

第 15 章　事件驱动编程和动画 ……… 531

15.1　引言 ……………………………… 531
15.2　事件和事件源 …………………… 533
15.3　注册处理器和处理事件 ………… 534
15.4　内部类 …………………………… 538
15.5　匿名内部类处理器 ……………… 539
15.6　使用 lambda 表达式简化事件
　　　处理 ……………………………… 542

15.7　示例学习：贷款计算器 ………… 546
15.8　鼠标事件 ………………………… 548
15.9　键盘事件 ………………………… 549
15.10　可观察对象的监听器 …………… 552
15.11　动画 …………………………… 554
　　15.11.1　PathTransition ……………… 555
　　15.11.2　FadeTransition ……………… 558
　　15.11.3　Timeline …………………… 559
15.12　示例学习：弹球 ………………… 562
15.13　示例学习：美国地图 …………… 565
关键术语 ………………………………… 568
本章小结 ………………………………… 569
测试题 …………………………………… 569
编程练习题 ……………………………… 569

第 16 章　JavaFX UI 控件和多媒体 … 576

16.1　引言 ……………………………… 576
16.2　Labeled 和 Label ……………… 577
16.3　Button …………………………… 579
16.4　CheckBox ………………………… 581
16.5　RadioButton …………………… 584
16.6　TextField ……………………… 586
16.7　TextArea ………………………… 588
16.8　ComboBox ………………………… 591
16.9　ListView ………………………… 594
16.10　ScrollBar ……………………… 597
16.11　Slider ………………………… 600
16.12　示例学习：开发井字游戏 ……… 603
16.13　视频和音频 ……………………… 608
16.14　示例学习：国旗和国歌 ………… 611
本章小结 ………………………………… 613
测试题 …………………………………… 614
编程练习题 ……………………………… 614

第 17 章　二进制 I/O ……………………… 620

17.1　引言 ……………………………… 620
17.2　Java 如何处理文本 I/O ………… 620
17.3　文本 I/O 与二进制 I/O ………… 621
17.4　二进制 I/O 类 …………………… 623
　　17.4.1　FileInputStream 和
　　　　　　FileOutputStream ………… 624

17.4.2 FilterInputStream 和 FilterOutputStream ……… 626
17.4.3 DataInputStream 和 DataOutputStream ……… 626
17.4.4 BufferedInputStream 和 BufferedOutputStream ……… 629
17.5 示例学习：复制文件 ……… 632
17.6 对象 I/O ……… 634
　17.6.1 Serializable 接口 ……… 636
　17.6.2 序列化数组 ……… 637
17.7 随机访问文件 ……… 638
关键术语 ……… 642
本章小结 ……… 642
测试题 ……… 642
编程练习题 ……… 642

第 18 章 递归 ……… 645

18.1 引言 ……… 645
18.2 示例学习：计算阶乘 ……… 646
18.3 示例学习：计算斐波那契数 ……… 649
18.4 使用递归解决问题 ……… 651
18.5 递归辅助方法 ……… 653
　18.5.1 递归选择排序 ……… 654
　18.5.2 递归二分查找 ……… 654
18.6 示例学习：获取目录的大小 ……… 655
18.7 示例学习：汉诺塔 ……… 657
18.8 示例学习：分形 ……… 660
18.9 递归与迭代 ……… 664
18.10 尾递归 ……… 664
关键术语 ……… 665
本章小结 ……… 665
测试题 ……… 666
编程练习题 ……… 666

附录 A Java 关键字和保留字 ……… 672
附录 B ASCII 字符集 ……… 673
附录 C 操作符优先级表 ……… 674
附录 D Java 修饰符 ……… 675
附录 E 特殊浮点值 ……… 676
附录 F 数系 ……… 677
附录 G 位操作符 ……… 681
附录 H 正则表达式 ……… 682
附录 I 枚举类型 ……… 688
附录 J 大 O、大 Ω 和大 Θ 表示法 ……… 692

第 1 章

Introduction to Java Programming and Data Structures, Comprehensive Version, Twelfth Edition

计算机、程序和 Java 概述

教学目标

- 理解计算机基础知识、程序和操作系统（1.2～1.4 节）。
- 阐述 Java 与万维网（World Wide Web）之间的关系（1.5 节）。
- 理解 Java 语言规范、API、JDK、JRE 和 IDE 的含义（1.6 节）。
- 编写一个简单的 Java 程序（1.7 节）。
- 在控制台上显示输出（1.7 节）。
- 解释 Java 程序的基本语法（1.7 节）。
- 创建、编译和运行 Java 程序（1.8 节）。
- 使用良好的 Java 程序设计风格和编写正确的程序文档（1.9 节）。
- 解释语法错误、运行时错误和逻辑错误的区别（1.10 节）。
- 使用 NetBeans 开发 Java 程序（1.11 节）。
- 使用 Eclipse 开发 Java 程序（1.12 节）。

1.1 引言

要点提示：本书的主旨是学习如何通过编写程序来解决问题。

本书是关于程序设计（又称编程）的。那么，什么是程序设计呢？程序设计就是创建（或者开发）软件，软件也称为程序。简言之，软件包含了指令，告诉计算机（或者计算设备）做什么。

软件遍布在我们的周围，甚至在一些你认为可能不需要软件的设备中。当然，一般认为会在个人计算机上找到和使用软件，但软件在运转中的飞机、汽车、手机甚至烤面包机中同样起着作用。在个人计算机上，你使用字处理程序编写文档，使用 Web 浏览器在互联网中冲浪，使用电子邮件程序收发电子邮件。这些程序都是软件的实例。软件开发人员在称为程序设计语言的强大工具的帮助下创建软件。

本书使用 Java 程序设计语言来教授如何创建程序。程序设计语言有很多种，有些语言已有几十年的历史。每种语言都是为了实现某个特定的目的而发明的（比如，有的语言基于以前语言的优势而构建），或者为程序员提供一套新颖和独特的工具。当知道有如此多可用的程序设计语言后，你自然会困惑哪种程序设计语言是最好的。但是，事实上没有"最好"的语言。每种语言都有它自己的长处和弱点。有经验的程序员知道一种语言可能在一个场景下工作得很好，但是在另一个场景中可能另一种语言会更加合适。因此，经验丰富的程序员将尽可能掌握各种不同的程序设计语言，从而能够使用大量的软件开发工具。

如果你掌握了一种程序设计语言，应该会很容易学会其他程序设计语言。关键是学习如何使用程序设计方法来解决问题，这正是本书的主旨。

我们即将开始一段激动人心的旅程：学习如何进行程序设计。在开始之前，很有必要复习一下计算机基础、程序和操作系统等内容。如果你已经很熟悉 CPU、内存、磁盘、操作系统以及程序设计语言等术语，那么可以跳过 1.2～1.4 节中对这些内容的回顾。

1.2 什么是计算机

要点提示：计算机是存储和处理数据的电子设备。

计算机包括硬件（hardware）和软件（software）两部分。一般来说，硬件指计算机中可见的物理部分，而软件提供不可见的指令，这些指令控制硬件并使硬件完成特定的任务。学习一种程序设计语言，并不一定要了解计算机硬件知识，但是如果你了解一些硬件知识的话，它的确可以帮助你更好地理解程序中的指令对于计算机及其组成部分的作用。本节介绍计算机硬件组件及其功能。

计算机是由以下几个主要的硬件组件构成的（参见图1-1）：
- 中央处理器（CPU）
- 内存（主存）
- 存储设备（例如，磁盘和光盘）
- 输入设备（例如，鼠标和键盘）
- 输出设备（例如，显示器和打印机）
- 通信设备（例如，调制解调器和网卡）

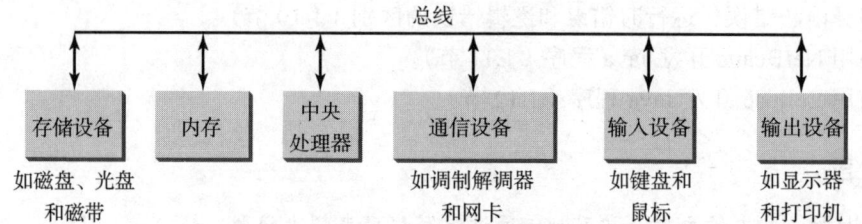

图1-1 计算机由中央处理器、内存、存储设备、输入设备、输出设备和通信设备组成

这些组件通过一个称为总线（bus）的子系统连接。你可以将总线想象成一个连接计算机各组件的道路系统，数据和电力沿着总线从计算机的一个部分传播到另一个部分。在个人计算机中，总线内置在主板中，主板是一个将计算机各个部分连接在一起的电路板。

1.2.1 中央处理器

中央处理器（Central Processing Unit，CPU）是计算机的大脑。它从内存中获取指令并执行这些指令。CPU通常由两部分组成：控制单元（control unit）和算术/逻辑单元（arithmetic/logic unit）。控制单元用于控制和协调其他组件的动作。算术/逻辑单元用于完成数值运算（加法、减法、乘法、除法）和逻辑运算（比较）。

现在的CPU构建在一块小小的硅半导体芯片上，这块芯片上包含数百万称为晶体管的小电路开关，用于处理信息。

每台计算机都有一个内部时钟，该时钟以恒定速率发射电子脉冲。这些脉冲用于控制和同步各种操作的步调。时钟速度越快，在给定时间段内执行的指令就越多。时钟速度的计量单位是赫兹（hertz，Hz），1赫兹相当于每秒1个脉冲。20世纪90年代计算机的时钟速度通常是以兆赫兹（MHz，即每秒100万次脉冲）为单位。随着CPU速度的不断提高，目前计算机的时钟速度通常以千兆赫兹（GHz，即每秒10亿次脉冲）为单位。Intel公司最新处理器的运行速度大约是3GHz。

最初开发的CPU只有一个核（core）。核是处理器中实现指令读取和执行的部分。为了提高 CPU 的处理能力，芯片制造厂商现在生产包含多个核的 CPU。一个多核 CPU 是具有两个或者更多独立核的单个组件。现在的消费类计算机一般具有两个、四个甚至八个单独的核。很快，拥有几十个甚至几百个核的 CPU 将普及。

1.2.2 比特和字节

在讨论内存前，让我们看下信息（数据和程序）是如何存储在计算机中的。

实际上，计算机不过是一系列的电路开关而已。每个开关存在两种状态：打开（on）或者关闭（off）。可以简单认为在计算机中存储信息就是将一系列的开关设置为打开或者关闭。如果开关打开，则其值为 1。如果开关关闭，则其值为 0。这些 0 和 1 被解释为二进制系统中的数，称为比特（bit，二进制数）。

计算机中字节（byte）是最小的存储单元。每个字节由 8 个比特构成。像 3 这样的小数字就可以存储在单个字节中。为了存储单个字节放不下的数字，计算机就使用几个字节。

各种类型的数据（例如，数字和字符）都被编码为字节序列。作为程序员不需要担心数据的编码和解码，这些都是系统根据编码方案（scheme）来自动完成的。编码方案是一组规则，用于控制计算机将字符和数字转换成计算机可以实际处理的数据。大多数方案将每个字符转换成预先确定的一个比特串。例如，在流行的 ASCII 编码方案中，字符 C 采用一个字节表示为 01000011。

计算机的存储容量是以字节和字节的倍数来衡量的，如下所示：
- 一千字节（KB）约为 1000 字节。
- 一兆字节（MB）约为 100 万字节。
- 一千兆字节（GB）约为 10 亿字节。
- 一太字节（TB）约为 1 万亿字节。

一般一页 Word 文档需要 20KB。因此，1MB 可以存储 50 页的文档，1GB 可以存储 50 000 页的文档。一部典型的两小时高分辨率电影可能需要 8GB，因此存储 20 部电影将需要 160GB。

1.2.3 内存

计算机的内存由一个有序的字节序列组成，用于存储程序及程序正使用的数据。你可以将内存视为计算机执行程序的工作区域。程序及其数据必须移至计算机的内存，然后才能由 CPU 执行。

内存中的每个字节都有唯一的地址，如图 1-2 所示。这个地址用于在存储和获取数据时确定字节的位置。因为内存中的字节可以按任意顺序访问，所以内存也被称为随机访问存储器（Random-Access Memory，RAM）。

当今的个人计算机通常至少有 4GB 的 RAM，但是更常见的情况下它们装有 8～32GB 的内存。通常而言，计算机具有的 RAM 越多，它的运行速度越快，但是这条简单的经验法则是有局限性的。

内存字节永远不会为空，但其初始内容对于你的程

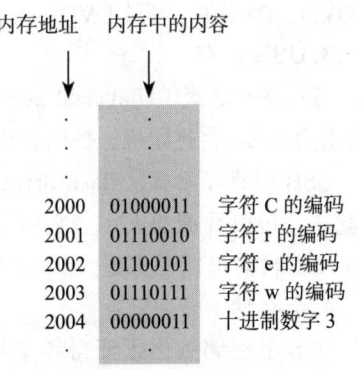

图 1-2 内存以唯一编码的内存位置来存储数据和程序指令

序可能毫无意义。一旦新的信息被放入，该内存字节的当前内容就会丢失。

和 CPU 一样，内存也是构建在一个表面嵌有数百万个晶体管的硅半导体芯片上。与 CPU 芯片相比，内存芯片更简单、更低速，也更便宜。

1.2.4 存储设备

计算机的内存（RAM）是一种易失的数据存储形式：断电时存储在内存中的信息会丢失。程序和数据被永久地存放在存储设备上，并在计算机实际使用它们时再移入内存，在内存中的操作速度比在永久存储设备中要快得多。

存储设备主要有以下四种类型：
- 磁盘驱动器
- 光盘驱动器（CD 和 DVD）
- 通用串行总线（USB）闪存驱动器
- 云存储

驱动器（drive）是对存储介质（例如，磁盘和光盘）进行操作的设备。存储介质物理地存储数据和程序指令。驱动器从介质读取数据，以及将数据写入介质。

1. 磁盘

每台计算机通常至少有一个硬盘驱动器。硬盘（hard disk）用于永久地存储数据和程序。较新的计算机具有可存储 1～4TB 数据的硬盘。磁盘驱动器通常安装在计算机内。此外还有移动硬盘。

2. CD 和 DVD

CD 代表光盘（Compact Disc）。有三种类型的 CD：只读光盘驱动器（CD-ROM）、可录光盘（CD-R）和可复写光盘（CD-RW）。CD-ROM 是一种预压缩的光盘，通常用于分发软件、音乐和视频，不过现在软件、音乐和视频更趋向于使用互联网而不是 CD 来进行分发了。CD-R（CD-Recordable，可录光盘）是一种一次写入的介质，可用于一次写入、多次读取数据。CD-RW（CD-ReWritable，可复写光盘）可以像硬盘一样使用，也就是说，可以将数据写到光盘上，然后用新的数据覆盖掉这些数据。单张光盘的容量可以达到 700MB。

DVD 代表数字多功能光盘或数字视频光盘。DVD 和 CD 看起来相似，都可以用于存储数据。与 CD 相比，DVD 可以容纳更多信息。一张标准 DVD 的存储容量是 4.7GB。有两种类型的 DVD：DVD-R（可录 DVD）和 DVD-RW（可复写 DVD）。

3. USB 闪存

通用串行总线（Universal Serial Bus，USB）接口允许用户将多种外部设备连接到计算机。可以使用 USB 将打印机、数码相机、鼠标、外部硬盘驱动器，以及其他设备连接到计算机上。

USB 闪存驱动器（flash drive）是用于存储和传输数据的设备。闪存驱动器很小——大约就是一包口香糖的大小。它就像移动硬盘一样，可以插入计算机上的 USB 端口。USB 闪存驱动器目前可以提供最大 256GB 的存储容量。

4. 云存储

在云上存储数据正变得越来越流行。许多公司在互联网上提供云服务，例如，可以将 Microsoft Office 文档存储在谷歌文档（Google Doc）中，然后通过 Chrome 浏览器从 docs.google.com 访问谷歌文档。与他人共享这些文档也十分轻松。Windows 用户可免费使用

Microsoft OneDrive 存储文件，并且可以通过 Internet 上的任何设备访问存储在云中的数据。

1.2.5 输入和输出设备

输入设备和输出设备让用户可以和计算机进行通信。最常用的输入设备是键盘和鼠标，最常用的输出设备是显示器和打印机。

1. 键盘

键盘是用于输入的设备。紧凑型键盘不带数字小键盘。

功能键（function key）位于键盘顶部，并以字母 F 开头。它们的功能取决于当前正在使用的软件。

修饰符键（modifier key）是特殊键（例如，Shift、Alt 和 Ctrl），当它和另一个键同时按下时，会改变另一个键的常规动作。

数字小键盘（numeric keypad）位于键盘的右下角，是一组单独的键，样式像计算器，用于快速输入数字。

箭头键（arrow key）位于主键盘和数字键盘之间，用于在各种应用程序中上、下、左、右地移动光标。

插入键（Insert）、删除键（Delete）、向上翻页键（Page Up）和向下翻页键（Page Down）分别用于在字处理以及其他程序中插入文本和对象、删除文本和对象以及向上和向下移动一屏文档。

2. 鼠标

鼠标（mouse）是指点设备，用来在屏幕上移动一个称为光标的图形化的指针（通常是一个箭头的形状），或者用于单击屏幕上的对象（如一个按钮）以触发它们执行操作。

3. 显示器

显示器（monitor）显示信息（文本和图形）。屏幕分辨率和点距决定显示的质量。

屏幕分辨率（screen resolution）指定显示设备水平和垂直维度上的像素数。像素（"像片元素"的简称）是构成屏幕上图像的微小点。比如，17 英寸[⊖]屏幕的常见分辨率为 1024 像素宽和 768 像素高。分辨率可以手工设置。分辨率越高，图像越清晰。

点距（dot pitch）是指像素之间以毫米为单位的间距。点距越小，显示越清晰。

4. 触摸屏

手机、平板电脑、家电、电子投票机以及某些计算机使用触摸屏。触摸屏与监视器集成在一起，使用户能够用手指输入和控制显示。

1.2.6 通信设备

计算机可以通过通信设备进行联网，例如，拨号调制解调器（modulator/demodulator，调制器/解调器），数字用户线（Digital Subscriber Line，DSL）或者电缆调制解调器，有线网络接口卡或者无线适配器。

- 拨号调制解调器使用的是电话线，传输数据的速度可以达到 56 000bps（bps 表示每秒比特）。
- DSL（Digital Subscriber Line，数字用户线）使用的也是标准电话线，但是传输数据的速度比标准拨号调制解调器快 20 倍。拨号调制解调器曾在 20 世纪 90 年代使用，

⊖ 1 英寸 =0.0254 米。——编辑注

现在已被 DSL 和电缆调制解调器所取代。
- 电缆调制解调器利用电缆公司维护的有线电视电缆进行数据传输，通常速度比 DSL 快。
- 网络接口卡（NIC）是将计算机接入局域网（LAN）的设备。局域网通常用于连接有限范围内的计算机，比如学校、家庭及办公室。一种称为 1000BaseT 的高速 NIC 能够以每秒 10 亿比特（1000Mbps）的速度传输数据。
- Wi-Fi 是一种特殊的无线网络，常用于将家庭、公司和学校中的计算机、电话、平板电脑和打印机连接到 Internet，而无须物理线路连接。

☞ 注意：复习题的答案可以在 www.pearsonhighered.com/liang 上获取。选择本书并且单击配套网站上的复习题。

✓ 复习题

1.2.1 什么是硬件和软件？
1.2.2 列举计算机的 5 个主要硬件组件。
1.2.3 缩写 "CPU" 代表什么含义？测量 CPU 速度的单位是什么？
1.2.4 什么是比特？什么是字节？
1.2.5 内存是用来做什么的？RAM 代表什么？为什么内存称为 RAM？
1.2.6 用于测量内存大小的单位是什么？用于测量磁盘大小的单位是什么？
1.2.7 内存和永久存储设备的主要不同是什么？

1.3 编程语言

☞ 要点提示：计算机程序被称为软件，是告诉计算机做什么的指令。

计算机不理解人类的语言，所以程序必须使用计算机可以使用的语言编写。现在有数百种编程语言，它们使程序员的编程过程更轻松。但是，所有的程序都必须转换成计算机可以执行的指令。

1.3.1 机器语言

计算机的原生语言因计算机类型的不同而有差异。计算机的原生语言就是机器语言（machine language），即一组内置的原始指令集。因为这些指令都采用二进制代码的形式，所以，若要以机器原生语言的形式给计算机以指令，必须以二进制代码输入指令。例如，为将两数相加，可能必须编写的二进制代码指令如下：

1101101010011010

1.3.2 汇编语言

用机器语言进行程序设计是单调乏味的，此外，所编写的程序也难以读懂和修改。为此，在计算的早期就创建了汇编语言，作为机器语言的替代品。汇编语言（assembly language）使用简短的描述性单词（称为助记符）来表示每一条机器语言指令。例如，助记符 add 一般表示数字相加，sub 表示数字相减。要得到将数字 2 和数字 3 相加的结果，可以编写如下汇编代码：

```
add 2, 3, result
```

汇编语言的出现降低了程序设计的难度。然而，由于计算机不理解汇编语言，所以需要使用一种称为汇编器（assembler）的程序将汇编语言程序转换为机器代码，如图 1-3 所示。

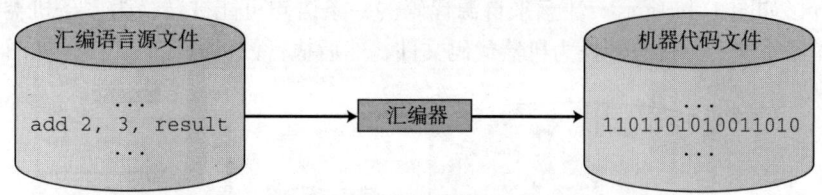

图 1-3　汇编器将汇编语言指令转换为机器代码

使用汇编语言编写代码比使用机器语言容易。然而，用汇编语言编写代码依然很乏味。汇编语言中的指令本质上与机器代码中的指令相对应。用汇编语言写代码需要知道 CPU 是如何工作的。汇编语言被认为是低级语言，因为汇编语言本质上非常接近机器语言，并且是依赖机器的。

1.3.3　高级语言

20 世纪 50 年代，新一代编程语言即众所周知的高级语言出现了。它们是平台独立的，这意味着可以使用高级语言编程，然后在各种不同类型的机器上运行。高级语言类似于英语，易于学习和使用。高级语言中的指令称为语句。例如，下面是计算半径为 5 的圆的面积的高级语言语句：

```
area = 5 * 5 * 3.14159;
```

有许多种高级编程语言，每种都为特定的目的而设计。表 1-1 列出了一些流行的高级编程语言。

表 1-1　流行的高级编程语言

语言	描述
Ada	以 Ada Lovelace（她研究机械式的通用型计算机）命名。Ada 语言是为美国国防部开发的，主要用于国防项目
BASIC	Beginner's All-purpose Symbolic Instruction Code（初学者通用符号指令代码）的缩写，专为初学者易学易用而设计
C	由贝尔实验室开发。结合了汇编语言的强大功能以及高级语言的易学性和可移植性
C++	基于 C 语言开发，是一种面向对象程序设计语言
C#	读为 "C Sharp"，是由 Microsoft 公司开发的面向对象程序设计语言
COBOL	是 COmmon Business Oriented Language（面向通用商业的语言）的缩写，是为商业应用而设计的
FORTRAN	是 FORmula TRANslation（公式翻译）的缩写，广泛用于科学和数学应用
Java	由 Sun 公司（现在属于 Oracle）开发，是一种面向对象程序设计语言，广泛用于开发平台独立的互联网应用程序
JavaScript	是由 Netscape 公司开发的 Web 编程语言
Pascal	以 Blaise Pascal 的名字命名，他是 17 世纪计算机器的先驱。Pascal 语言是一种简单的、结构化的、通用目的的语言，主要用于编程教学
Python	一种简单的通用脚本语言，适合编写短程序
Visual Basic	由 Microsoft 公司开发，方便编程人员快速开发基于 Windows 的应用

用高级语言编写的程序称为源程序（source program）或源代码（source code）。由于计算机不能运行源程序，源程序必须被转换成可执行的机器代码。这种转换可以由另外一种称为解释器（interpreter）或者编译器（compiler）的编程工具来完成。

- 解释器从源代码中读取一条语句，将其转换为机器代码或者虚拟机代码，然后立刻运行，如图 1-4a 所示。注意来自源代码的一条语句可能被转换为多条机器指令。
- 编译器将整个源代码转换为机器代码文件，然后执行该机器代码文件，如图 1-4b 所示。

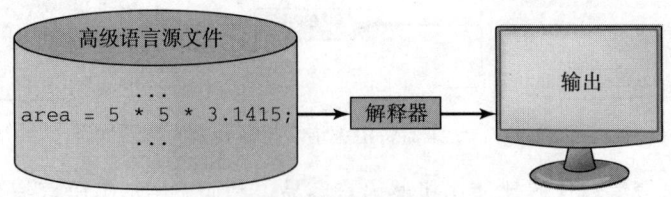

a）解释器一次翻译并且执行程序的一条语句

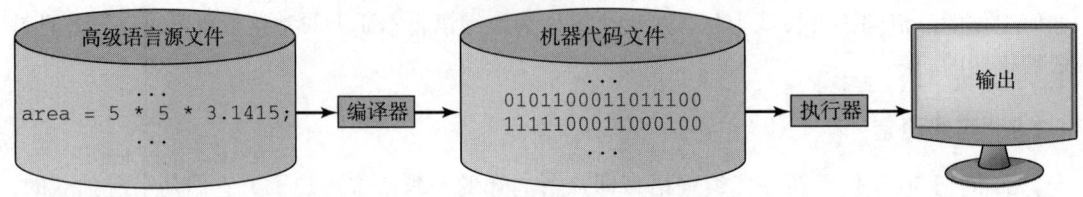

b）编译器将整个源程序翻译为机器语言文件以执行

图　1-4

复习题

1.3.1　CPU 能理解什么语言？

1.3.2　什么是汇编语言？什么是汇编器？

1.3.3　什么是高级编程语言？什么是源程序？

1.3.4　什么是解释器？什么是编译器？

1.3.5　解释语言和编译语言之间的区别是什么？

1.4　操作系统

要点提示：操作系统（Operating System，OS）是运行在计算机上的最重要的程序。操作系统管理和控制计算机的活动。

通用计算机的流行操作系统有 Microsoft Windows、Mac OS 以及 Linux。如果没有在计算机上安装和运行操作系统，像 Web 浏览器或者字处理程序这样的应用程序就不能运行。图 1-5 给出了硬件、操作系统、应用程序和用户之间的关系。

操作系统的主要任务有：
- 控制和监视系统活动
- 分配和调配系统资源
- 调度操作

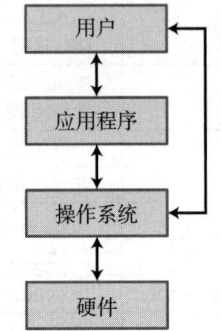

图 1-5　用户和应用程序通过操作系统访问计算机的硬件

1.4.1　控制和监视系统活动

操作系统执行基本的任务，例如，识别来自键盘的输入，向显示器发送输出结果，跟踪存储设备中的文件和文件夹，控制类似硬盘驱动器和打印机这样的外部设备。操作系统还要确保不同的程序和用户同时使用计算机时不会相互干扰。另外，操作系统还负责安全性，以确保未经授权的用户和程序无权访问系统。

1.4.2 分配和调配系统资源

操作系统负责确定一个程序需要使用哪些计算机资源（例如，CPU、内存、磁盘、输入和输出设备），并进行资源分配和调配以运行程序。

1.4.3 调度操作

操作系统负责调度程序的活动，以便有效地利用系统资源。为了提高系统的性能，目前许多操作系统都支持像多道程序设计（multiprogramming）、多线程（multithreading）和多处理（multiprocessing）这样的技术。

多道程序设计允许多个程序（比如 Microsoft Word、E-mail 以及 Web 浏览器）通过共享同一个 CPU 同时运行。CPU 的速度比其他组件快得多，这样多数时间它都处于空闲状态，例如，等待数据从磁盘传入，或者等待其他系统资源响应。多道程序设计操作系统利用这一情况以允许多个程序同时使用 CPU，一旦 CPU 空闲就让别的程序使用它。例如，在 Web 浏览器下载文件的同时，可以用字处理程序来编辑文件。

多线程允许单个程序同时执行多个任务。例如，字处理程序允许用户在编辑文本的同时，将其保存到磁盘。在这个例子中，编辑和保存是同一个应用程序的两个不同任务，这两个任务可以同时运行。

多处理类似于多线程。区别在于多线程是在单个程序中并行运行多个线程，而多处理是采用多个处理器来并行运行多个程序。

✔ 复习题

1.4.1 什么是操作系统？列出一些流行的操作系统。
1.4.2 操作系统的主要任务是什么？
1.4.3 什么是多道程序设计、多线程以及多处理？

1.5 Java 的特性和应用

✪ 要点提示：Java 是一种功能强大的通用编程语言，可用于开发运行在移动设备、台式计算机以及服务器端上的软件。

本书介绍 Java 程序设计。Java 是由 James Gosling 在 Sun 公司领导的团队开发的。2010 年 Sun 公司被 Oracle 收购。Java 最初被称为 Oak（橡树），于 1991 年设计用于消费类电子产品的嵌入式芯片。1995 年更名为 Java，并重新设计用于开发 Web 应用程序。关于 Java 的历史，参见 www.java.com/en/javahistory/index.jsp。

Java 已变得极其流行。Java 的迅速崛起以及被广泛接受可以追溯到其设计特性，特别是它的承诺：编写一次程序就可以在任何地方运行。就像它的设计者声称的，Java 是简单的（simple）、面向对象的（object oriented）、分布式的（distributed）、解释型的（interpreted）、健壮的（robust）、安全的（secure）、架构中立的（architecture neutral）、可移植的（portable）、高性能的（high performance）、多线程的（multithreaded）和动态的（dynamic）。关于 Java 特性的剖析，参见 liveexample.pearsoncmg.com/etc/JavaCharacteristics.pdf。

Java 是功能齐全的通用程序设计语言，可以用来开发健壮的关键任务应用程序。现在，它不仅用于桌面计算机，而且用于服务器和移动设备。如今，超过 30 亿台设备在运行 Java。许多大公司使用 Java 开发应用，大多数服务器端应用程序是使用 Java 开发的。Java 还曾被用于开发与在火星上漫游的机器人通信并对其进行控制的代码。Android 手机软件也是采用

Java 开发的。

Java 一开始富有吸引力是因为 Java 程序可以在 Web 浏览器中运行。这种能在 Web 浏览器中运行的 Java 程序称为 Java 小程序（applet）。由于安全问题，现在已经不再允许从 Web 浏览器运行 applet。然而，现在 Java 已经广泛用于开发服务器端的应用程序。这些应用程序处理数据、执行计算，并生成动态网页。许多商用网站后端都是采用 Java 进行开发的。

✓ 复习题

1.5.1　Java 是由谁发明的？现在哪个公司拥有 Java？
1.5.2　什么是 Java applet？
1.5.3　Android 使用的是什么编程语言？

1.6　Java 语言规范、API、JDK、JRE 和 IDE

🔑 要点提示：Java 语言规范定义了 Java 的语法，Java 库则在 Java 应用程序接口（API）中定义。JDK 是用于编译和运行 Java 程序的软件。IDE 是用于快速开发程序的集成开发环境。

计算机语言有严格的使用规则。如果编写程序时没有遵循这些规则，计算机就不能理解程序。Java 语言规范和 Java API 定义了 Java 的标准。

Java 语言规范（Java language specification）是对 Java 程序设计语言的语法和语义的技术定义。完整的 Java 语言规范可以在 docs.oracle.com/javase/specs/ 上找到。

应用程序接口（Application Program Interface，API）也称为库，包含了为开发 Java 程序而预先定义的类和接口。API 仍然在扩展，访问 https://docs.oracle.com/en/java/javase/11/ 可以查看和下载最新版的 Java API 文档。

Java 是一种功能强大的成熟语言，可以通过多种方式应用。Java 有三个版本：

- Java 标准版（Java Standard Edition，Java SE）可以用来开发客户端的应用程序。应用程序可以在桌面计算机中运行。
- Java 企业版（Java Enterprise Edition，Java EE）可以用来开发服务器端的应用，例如，Java servlet 和 JavaServer Pages（JSP），以及 JavaServer Faces（JSF）。
- Java 微型版（Java Micro Edition，Java ME）用来开发移动设备（例如手机）上的应用。

本书使用 Java SE 介绍 Java 程序设计。Java SE 是其他 Java 技术的基础。Java SE 也有很多版本，本书采用最新的版本 Java SE 11。Oracle 以 Java 开发工具包（Java Development Toolkit，JDK）发布 Java 的各个版本。Java SE 11 对应的 Java 开发工具包称为 JDK 11。

JDK 由一组独立程序构成，每个程序都是从命令行调用的，用于编译、运行和测试 Java 程序。运行 Java 程序的程序称为 JRE（Java Runtime Environment）。除了使用 JDK，还可以使用某种 Java 开发工具（例如，NetBeans、Eclipse 和 TextPad）。它们是为了快速开发 Java 程序而提供集成开发环境（Integrated Development Environment，IDE）的软件。编辑、编译、构建、调试和在线帮助都集成在一个图形用户界面中。这样只需在一个窗口中输入源代码或打开现有文件，然后单击按钮、菜单项或者使用功能键就可以编译和运行源代码。

✓ 复习题

1.6.1　什么是 Java 语言规范？
1.6.2　JDK 代表什么？JRE 代表什么？
1.6.3　IDE 代表什么？

1.6.4 诸如 NetBeans 和 Eclipse 的工具是与 Java 不同的语言吗？还是 Java 的方言或扩展？

1.7 一个简单的 Java 程序

要点提示：Java 是从类中的 main 方法开始执行的。

我们从一个简单的 Java 程序开始，该程序在控制台上显示消息 "Welcome to Java!"。控制台（console）是一个老的计算机词汇，指计算机的文本输入和显示设备。控制台输入是指从键盘上接收输入，而控制台输出是指在显示器上显示输出。程序清单 1-1 给出了该程序。

程序清单 1-1 Welcome.java

```
1  public class Welcome {
2    public static void main(String[] args) {
3      // Display message Welcome to Java! on the console
4      System.out.println("Welcome to Java!");
5    }
6  }
```

```
Welcome to Java!
```

请注意，显示行号（line number）是为了引用方便，它们并不是程序的一部分。所以，不要在程序中敲入行号。

第 1 行定义了一个类。每个 Java 程序至少应该有一个类。每个类都有一个名字。按照约定，类名都是以大写字母开头的。本例中，类名为 Welcome。

第 2 行定义 main 方法。程序是从 main 方法开始执行的。一个类可以包含多个方法。main 方法是程序开始执行的入口。

方法是包含语句的结构体。本程序中的 main 方法包括了 System.out.println 语句。该语句在控制台上打印消息 "Welcome to Java!"（第 4 行）。字符串（string）是一个编程术语，表示一个字符序列。字符串必须用双引号引起来。Java 中的每条语句都以分号（；）结束，分号也称为语句终止符（statement terminator）。

关键字（keyword）对编译器而言具有特定含义，所以不能在程序中用于其他目的。例如，当编译器看到单词 class 时，它便理解 class 后面的词就是这个类的名字。这个程序中的其他关键字还有 public、static 和 void。

第 3 行是注释（comment），它记录了该程序是做什么的，以及是如何构建的。注释可帮助程序员进行沟通以及理解程序。注释不是程序设计语句，所以编译器编译程序时是忽略注释的。在 Java 中，两个斜杠（//）位于单行注释前，称为行注释（line comment）；在一行或多行用 /* 和 */ 括住的注释，称为块注释（block comment）或段注释（paragraph comment）。当编译器看到 // 时，就会忽略本行 // 之后的所有文本；当看到 /* 时，它会扫描搜索下一个 */，并忽略掉 /* 与 */ 之间的文本。下面是注释的例子：

```
// This application program displays Welcome to Java!
/* This application program displays Welcome to Java! */
/* This application program
   displays Welcome to Java! */
```

程序中的一对花括号将程序的一些组件分组，形成一个块（block）。在 Java 中，每个块以左花括号（{）开始，以右花括号（}）结束。每个类都有一个将该类的数据和方法组合在一起的类块（class block）。每个方法都有一个将该方法中的语句组合在一起的方法块（method block）。块是可以嵌套的，这意味着可以将一个块置于另一个块内，如以下代码所示。

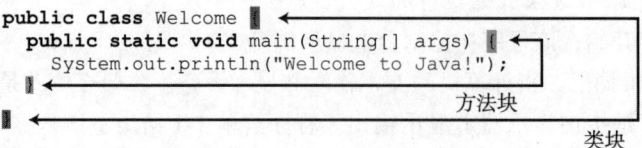

☞ **提示**：一个左括号必须匹配一个右括号。任何时候，当输入一个左括号时，应该立即输入一个右括号来防止出现遗漏括号的错误。大多数 Java IDE 都会自动地为每个左括号插入一个右括号。

☞ **警告**：Java 源程序是区分大小写的。如果在程序中将 main 替换成 Main，就会出错。

在这个程序中你已经看到了一些特殊的字符（比如，{}、//、;），它们几乎在每个程序中都会使用。表 1-2 总结了它们的用途。

表 1-2 特殊字符

字符	名称	描述
{}	左花括号和右花括号	表示一个包含语句的块
()	左圆括号和右圆括号	和方法一起使用
[]	左方括号和右方括号	表示一个数组
//	双斜杠	表示后面是一行注释
" "	左引号和右引号	包含一个字符串（即一系列的字符）
;	分号	标识一个语句的结束

学习编程时最容易犯语法错误。像其他任何一种程序设计语言一样，Java 也有自己的语法，你必须按照语法规则（syntax rule）编写代码。如果你的程序违反了语法规则，例如缺少分号，或者缺少花括号，或者缺少引号，或者拼错了单词，Java 编译器将报告语法错误。你可以尝试编译带有这些错误的程序，看看编译器会报告些什么。

☞ **注意**：你可能想知道为什么 main 方法是这样定义的，为什么使用 System.out.println(...) 在控制台上显示信息。在现阶段，你只需知道这是完成任务的方式即可。这一问题将在后续的章节中得到完整的解答。

程序清单 1-1 中的程序会显示一条消息。一旦你理解了这个程序，很容易将该程序扩展为显示更多的消息。例如，可以改写该程序来显示三条消息，如程序清单 1-2 所示。

程序清单 1-2 WelcomeWithThreeMessages.java

```
1  public class WelcomeWithThreeMessages {
2    public static void main(String[] args) {
3      System.out.println("Programming is fun!");
4      System.out.println("Fundamentals First");
5      System.out.println("Problem Driven");
6    }
7  }
```

```
Programming is fun!
Fundamentals First
Problem Driven
```

此外,你可以执行数学计算,并将结果显示到控制台上。程序清单1-3给出了一个计算 $\dfrac{10.5 + 2 \times 3}{45 - 3.5}$ 的例子。

程序清单1-3 ComputeExpression.java

```
1  public class ComputeExpression {
2    public static void main(String[] args) {
3      System.out.print("(10.5 + 2 * 3) / (45 - 3.5) = ");
4      System.out.println((10.5 + 2 * 3) / (45 - 3.5));
5    }
6  }
```

```
(10.5 + 2 * 3) / (45 - 3.5) = 0.39759036144578314
```

第3行

```
System.out.print("(10.5 + 2 * 3) / (45 - 3.5) = ");
```

中的 print 方法和 println 方法几乎一样,除了 println 方法会在显示完一个字符串后移到下一行开始处,而 print 方法在完成显示后不会前进到下一行。

Java 中的乘法运算符是 *。如你所见,将一个数学表达式转换成 Java 表达式是非常直观的,我们将在第 2 章进一步讨论 Java 表达式。

✔ 复习题

1.7.1 什么是关键字?列举一些 Java 关键字。
1.7.2 Java 是区分大小写的吗? Java 关键字是大写还是小写?
1.7.3 什么是注释?编译器会忽略注释吗?如何标识一行注释以及一段注释?
1.7.4 在控制台上显示一个字符串的语句是什么?
1.7.5 给出以下代码的输出:

```
public class Test {
  public static void main(String[] args) {
    System.out.println("3.5 * 4 / 2 - 2.5 is ");
    System.out.println(3.5 * 4 / 2 - 2.5);
  }
}
```

1.8 创建、编译和执行 Java 程序

☞ 要点提示:Java 源程序保存在 .java 文件中,然后被编译为 .class 文件。.class 文件由 Java 虚拟机(JVM)执行。

在执行程序之前,必须创建程序并进行编译。这个过程是反复执行的,如图1-6所示。如果程序有编译错误,必须修改程序以纠正错误,然后重新编译它。如果程序有运行时错误或者不能产生正确的结果,必须修改这个程序,重新编译,然后再次执行。

可以使用任何一个文本编辑器或者集成开发环境来创建和编辑 Java 源代码文件。本节演示如何从命令窗口创建、编译和运行 Java 程序。1.11 节和 1.12 节将介绍使用 NetBeans 和 Eclipse 来开发 Java 程序。从命令窗口,可以使用文本编辑器如记事本(Notepad)来创建 Java 源代码文件,如图 1-7 所示。

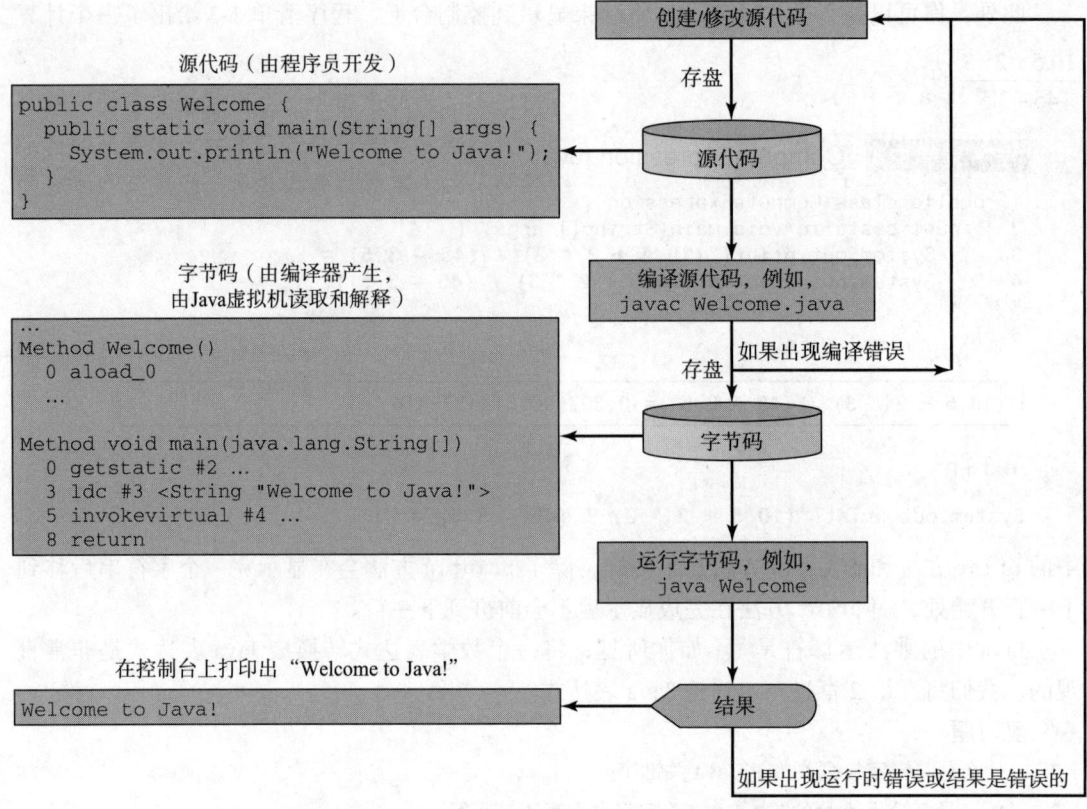

图 1-6　Java 程序开发过程由重复地创建/修改源代码、编译和执行程序组成

图 1-7　可以使用 Windows 记事本创建 Java 源代码文件

☞ 注意：源文件的扩展名必须是 .java，而且文件名必须与公共类名完全相同。例如，程序清单 1-1 中源代码的文件必须命名为 Welcome.java，因为公共类的类名是 Welcome。

Java 编译器将 Java 源文件转换成 Java 字节码文件。下面的命令就是用来编译 Welcome.java 的：

```
javac Welcome.java
```

☞ 注意：在编译和运行程序前必须先安装和配置 JDK。参见补充材料 I.A，里面介绍了如何安装 JDK 11 以及如何设置 Java 程序的编译和运行环境。如果你在编译和运行 Java 程序的过程中遇到问题，请参考补充材料 I.B。这个补充材料还解释了如何使用基本的 DOS 命令，以及如何使用 Windows 记事本来创建和编辑文件。所有补充材料都在本书配套网站上。

如果没有语法错误，编译器（compiler）就会生成一个扩展名为 .class 的字节码文件。所以，前面的命令会生成一个名为 Welcome.class 的文件，如图 1-8a 所示。Java 语言是高级语言，而 Java 字节码是低级语言。字节码（bytecode）类似机器指令，但它是架构中立的，可以在任何带 Java 虚拟机（JVM）的平台上运行，如图 1-8b 所示。虚拟机不是物理机器，而是一个解释 Java 字节码的程序。这正是 Java 的主要优点之一：Java 字节码可以在不同的硬件平台和操作系统上运行。Java 源代码编译成 Java 字节码，然后 Java 字节码被 JVM 解释执行。你的 Java 代码还可能要用到 Java 库中的代码，那么 JVM 将执行你的程序代码以及库中的代码。

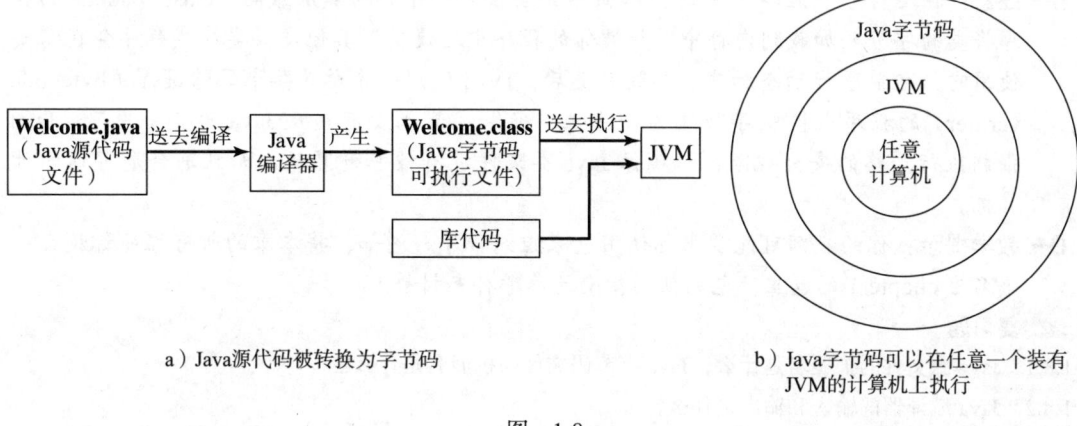

a）Java源代码被转换为字节码   b）Java字节码可以在任意一个装有 JVM的计算机上执行

图 1-8

执行 Java 程序就是运行程序的字节码，可以在任何一个装有 JVM 的平台上运行字节码，JVM 就是解释器。一次只将字节码中的单个指令转换为目标机器语言代码，而不是将整个程序作为一个单元。转换完一步之后就立即执行这一步。

下述命令用来运行程序清单 1-1 中的字节码：

`java Welcome`

图 1-9 显示了用于编译 Welcome.java 的命令 javac。编译器生成 Welcome.class 文件，然后使用命令 java 执行此文件。

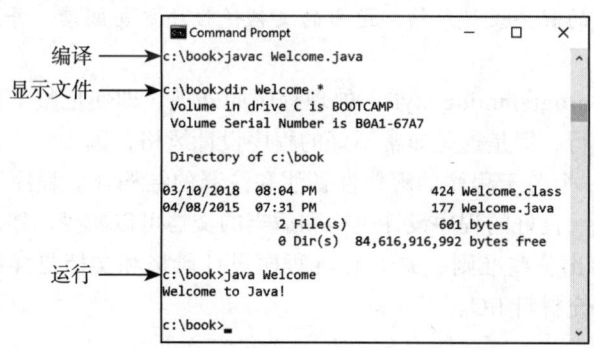

图 1-9 程序清单 1-1 的输出显示消息 "Welcome to Java!"

☉ 注意：为了简单和一致起见，除非特别指明，否则本书中所有的源代码和类文件都放在 c:\book 目录下。

☉ 警告：使用命令行执行程序时，使用 java ClassName 来运行程序，而不要加上扩展

名 .class。如果在命令行使用 java ClassName.class，系统就会尝试读取 ClassName.class.class。

注意：在 JDK 11 中，可以使用 java ClassName.java 编译并运行单文件源代码程序。该命令将编译和运行合并在一个命令中。单文件源代码程序指文件中仅包含一个类。前 8 章中的所有程序都是这种情形的。

提示：如果运行一个不存在的类文件，就会出现 NoClassDefFoundError 错误。如果执行的类文件中没有 main 方法或敲错了 main 方法（例如，将 main 错敲成 Main），则会产生 NoSuchMethodError 错误。

注意：在运行一个 Java 程序时，JVM 首先会使用一个称为**类加载器**（class loader）的程序将类的字节码加载到内存中。如果你的程序中还使用了其他类，类加载程序会在需要使用它们之前进行动态加载。加载完类后，JVM 使用一个称为**字节码验证器**（bytecode verifier）的程序来检验字节码的合法性，确保字节码没有违反 Java 的安全规范。Java 强制执行严格的安全规范，以确保 Java 类文件没有被恶意篡改，而且不会危害你的计算机。

教学提示：你的教师可能要求你使用包来组织程序。例如，将本章的所有程序都放在一个名为 chapter1 的包里。包的使用指南请参考补充材料 I.F。

复习题

1.8.1　Java 源文件的扩展名是什么，Java 字节码文件的扩展名是什么？
1.8.2　Java 编译器的输入和输出是什么？
1.8.3　编译 Java 程序的命令是什么？
1.8.4　运行 Java 程序的命令是什么？
1.8.5　什么是 JVM？
1.8.6　Java 可以运行在任何计算机上吗？在一台计算机上运行 Java 需要什么？
1.8.7　如果运行程序的时候出现 NoClassDefFoundError 错误，是什么原因导致了这个错误？
1.8.8　如果运行程序的时候出现 NoSuchMethodError 错误，是什么原因导致了这个错误？

1.9　程序设计风格和文档

要点提示：良好的程序设计风格和适当的文档使程序更易阅读，并且能帮助程序员避免错误。

程序设计风格（programming style）处理程序的外观。即使把整个程序写在一行，它也会被正确地编译和运行，但是这是非常不好的程序设计风格，因为程序的可读性很差。文档（documentation）是一个关于程序的解释性备注和注释的结构体。程序设计风格与文档的重要性不亚于编写代码。良好的程序设计风格和适当的文档可以减少出错的概率，并且提高程序的可读性。本节给出一些准则。关于 Java 程序设计风格和文档更详细的指南，可以参见本书配套网站上的补充材料 I.C。

1.9.1　正确的注释和注释风格

在程序的开头包含一个摘要，以解释这个程序的作用、其主要特色以及所用到的独特技术。在较长的程序中还应包含注释以介绍每一个主要步骤并解释每个难以读懂之处。注释写得简明扼要是很重要的，以免整个程序都充满注释或使程序很难阅读。

除了行注释（以 // 开始）和块注释（以 /* 开始）之外，Java 还支持一种称为 Java 文档注释（javadoc comment）的特殊注释形式。javadoc 注释以 /** 开始，以 */ 结尾。它们能使用 JDK 的 javadoc 命令提取成一个 HTML 文件。更多信息参见配套网站上的补充材料 III.X。

应使用 javadoc 注释（/**...*/）来对整个类或整个方法进行注释。为了能将这些注释提取出来放在一个 javadoc HTML 文件中，这些注释必须放在类或者方法头的前面。要对方法中的某一步骤进行注释，使用行注释（//）。有关 javadoc HTML 文件的示例请查看 liveexample.pearsoncmg.com/javadoc/Exercise1.html。其对应的 Java 代码在 liveexample.pearsoncmg.com/javadoc/Exercise1.txt 中。

1.9.2 正确的缩进和空白

保持一致的缩进风格可使程序更加清晰、易读、易于调试和维护。缩进（indentation）用于展示程序中组成部分或语句之间的结构关系。即使将程序的所有语句都写在一行中，Java 也可以读懂这样的程序，但是正确对齐能够使人们更易读懂和维护代码。在嵌套结构中，每个内层的组成部分或语句应该比外层缩进至少两格。

二元操作符的两边应该各加一个空格，如下面 a 所示，而不应该写成 b：

```
System.out.println(3 + 4 * 4);
```
a）好的风格

```
System.out.println(3+4*4);
```
b）不好的风格

1.9.3 块的风格

块是由花括号括起来的一组语句。块的写法有两种常用风格：次行（next-line）风格和行尾（end-of-line）风格，如下所示。

```
public class Test
{
  public static void main(String[] args)
  {
    System.out.println("Block Styles");
  }
}
```
次行风格

```
public class Test {
  public static void main(String[] args) {
    System.out.println("Block Styles");
  }
}
```
行尾风格

次行风格将括号垂直对齐，因而使程序容易阅读，而行尾风格更节省空间，并有助于避免犯一些细微的编程错误。这两种风格都是可接受的块样式，选择哪一种取决于个人或组织的偏好。应该一致性地采用一种风格，建议不要将这两种风格混合使用。本书与 Java API 源代码保持一致，都采用行尾风格。

✔ 复习题

1.9.1 根据编程风格和文档指南重新格式化以下程序，并使用行尾括号风格。

```
public class Test
{
  // Main method
  public static void main(String[] args) {
  /** Display output */
  System.out.println("Welcome to Java");
  }
}
```

1.10 程序设计错误

要点提示：程序设计错误可以分为三类：语法错误、运行时错误和逻辑错误。

1.10.1 语法错误

在编译过程中由编译器检测到的错误称为语法错误（syntax error）或编译错误（compile error）。语法错误是由构建代码时的错误引起的，例如：拼错关键字，忽略了一些必要的标点符号，或者左花括号没有对应的右花括号。这些错误通常很容易检测到，因为编译器会告诉你这些错误在哪里，以及是什么原因造成的。例如，编译程序清单 1-4 中的程序会出现语法错误，如图 1-10 所示。

程序清单 1-4 ShowSyntaxErrors.java

```
1  public class ShowSyntaxErrors {
2    public static main(String[] args) {
3      System.out.println("Welcome to Java);
4    }
5  }
```

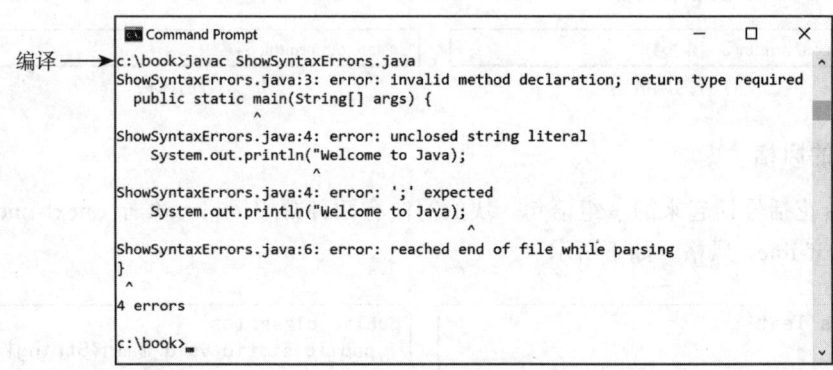

图 1-10 编译器报告语法错误

报告了四个错误，但实际上该程序有两个错误：
- 第 2 行 main 方法前遗漏关键字 void。
- 第 3 行的字符串 Welcome to Java 应该加上引号。

由于一个错误常常会显示很多行的编译错误，因此，从最上面的行开始向下纠正错误是一个很好的习惯。纠正了程序前面出现的错误，可能就修复了程序后面出现的其他错误。

提示：如果你不知道如何纠正错误，将你的程序一个字符一个字符地仔细对照教材中的类似示例。在课程的前几周，你可能要花许多时间纠正语法错误，但是很快你会熟悉 Java 语法，并快速纠正语法错误。

1.10.2 运行时错误

运行时错误（runtime error）是导致程序异常终止的错误。运行应用程序时，如果环境检测到一个不可能执行的操作，就会出现运行时错误。输入错误是典型的运行时错误。当程序等待用户输入一个值，而用户输入了一个程序不能处理的值时，就会发生输入错误。例如：如果程序希望读入的是一个数值，而用户输入的却是一个字符串，就会导致程序出现数据类型错误。

另一个常见的运行时错误是将 0 作为除数。当整数除法中除数为 0 时会导致这种情况。例如：程序清单 1-5 中的程序将会导致运行时错误，如图 1-11 所示。

程序清单 1-5 ShowRuntimeErrors.java

```
1  public class ShowRuntimeErrors {
2    public static void main(String[] args) {
3      System.out.println(1 / 0);
4    }
5  }
```

运行 →
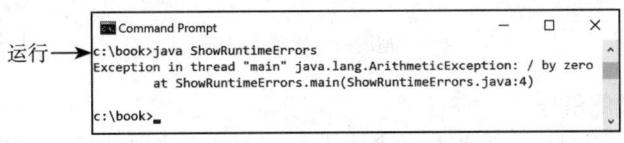

图 1-11 运行时错误导致程序异常终止

1.10.3 逻辑错误

当程序没有按预期的方式执行时就会发生逻辑错误（logic error）。这种错误发生的原因有很多种。例如，假设你编写了如程序清单 1-6 中的程序，将摄氏 35 度转换为华氏度：

程序清单 1-6 ShowLogicErrors.java

```
1  public class ShowLogicErrors {
2    public static void main(String[] args) {
3      System.out.print("Celsius 35 is Fahrenheit degree ");
4      System.out.println((9 / 5) * 35 + 32);
5    }
6  }
```

```
Celsius 35 is Fahrenheit degree
67
```

你将得到结果华氏 67 度，而这是错误的，结果应该是 95.0。在 Java 中，整数相除会返回整数商，即小数部分被截掉，因此 Java 中 9/5 的结果是 1。要得到正确的结果，需要使用 9.0/5，结果为 1.8。

通常情况下，因为编译器可以明确指出错误的位置以及出错的原因，所以语法错误是很容易发现和纠正的。运行时错误也不难找，因为在程序异常终止时，错误的原因和位置会显示在控制台上。然而，查找逻辑错误就很具挑战性了。在下面的章节中，我们将学习跟踪程序以及找到逻辑错误的技术。

1.10.4 常见错误

对于编程初学者来说，遗漏右括号、遗漏分号、遗漏字符串的引号、名称拼写错误，都是常见的错误。

常见错误 1：遗漏右括号

花括号用来表示程序中的一个块。每个左括号必须有一个右括号与之匹配。常见的错误是遗漏右括号。为避免这个错误，每次输入左括号的时候就输入右括号，如下例所示：

```
public class Welcome {
  }  ← 立刻输入此右括号以匹配左括号
```

如果使用 NetBeans 和 Eclipse 这样的 IDE，在输入左括号时会自动插入一个右括号。

常见错误 2：遗漏分号

每个语句都以一个语句终止符（；）结束。通常，编程初学者会忘了在一个块的最后一行语句后加上语句终止符，如下例所示：

```
public static void main(String[] args) {
  System.out.println("Programming is fun!");
  System.out.println("Fundamentals First");
  System.out.println("Problem Driven")
}
```
↑
遗漏一个分号

常见错误 3：遗漏引号

字符串必须放在引号中。编程初学者通常会忘记在字符串结尾处加上一个引号，如下例所示：

```
System.out.println("Problem Driven );
```
↑
遗漏一个引号

如果使用 NetBeans 和 Eclipse 这样的 IDE，在输入左引号时会自动插入一个右引号。

常见错误 4：名称拼写错误

Java 是区分大小写的。编程初学者常将名称拼写错。例如，下面的代码中 main 错误拼写成 Main，String 错误拼写成 string。

```
public class Test {
  public static void Main(string[] args) {
    System.out.println((10.5 + 2 * 3) / (45 - 3.5));
  }
}
```

✔ 复习题

1.10.1 什么是语法错误（编译错误）、运行时错误以及逻辑错误？

1.10.2 给出语法错误、运行时错误以及逻辑错误的示例。

1.10.3 如果忘记为字符串加引号，将产生哪类错误？

1.10.4 如果程序需要读取整数，而用户输入了字符串，运行该程序的时候将产生什么错误？这是哪类错误？

1.10.5 假设编写一个计算矩形周长的程序，但是错误地写成了计算矩形面积的程序。这属于哪类错误？

1.10.6 指出和修改下面代码中的错误：

```
1  public class Welcome {
2    public void Main(String[] args) {
3      System.out.println('Welcome to Java!);
4    }
5  )
```

1.11 使用 NetBeans 开发 Java 程序

○■ **要点提示**：可以使用 NetBeans 来编辑、编译、运行和调试 Java 程序。

○■ **注意**：1.8 节介绍了使用命令行来开发程序。许多读者还使用 IDE。下面两节介绍两个流行的 Java IDE：NetBeans 和 Eclipse。这两节可以跳过。

NetBeans 和 Eclipse 是两个免费且流行的集成开发环境，用于开发 Java 程序。遵循简单的指南学习,就可以很快掌握它们。建议你采用其中之一来开发 Java 程序。本节对于初学者给出基本的指南——在 NetBeans 环境中创建一个项目,创建类,以及编译和运行类。Eclipse 的使用将在下节中介绍。要使用 JDK 11,需要 NetBeans 9 或更高版本。有关下载和安装最新版本的 NetBeans 的说明,请参阅补充材料 II.B。

1.11.1 创建 Java 项目

创建 Java 程序前,首先需要创建一个项目。项目类似于一个文件夹,用于包含 Java 程序以及所有的支持文件。只需要创建项目一次。下面是创建 Java 项目的步骤:

1)选择 File → New Project 来显示 New Project 对话框,如图 1-12 所示。

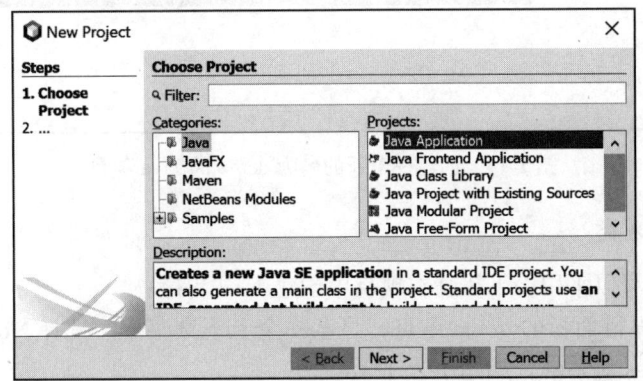

图 1-12 使用 New Project 对话框来创建一个新的项目,并且指定项目类别

2)在 Categories 部分选择 Java,在 Projects 部分选择 Java Application,然后单击 Next 来显示 New Java Application 对话框,如图 1-13 所示。

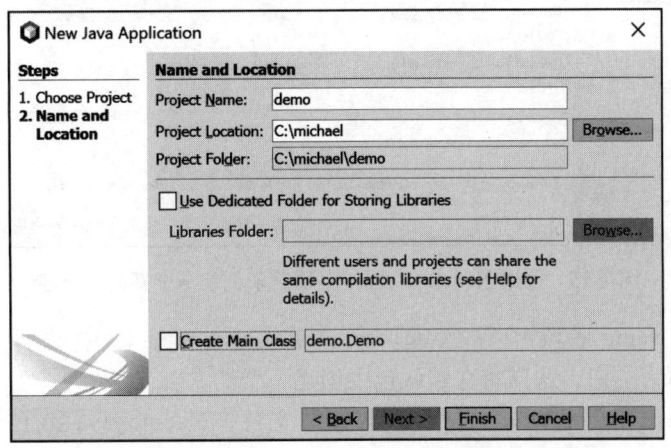

图 1-13 New Java Application 对话框用于确定项目名称和位置

3)在 Project Name 字段中输入 demo,在 Project Location 字段中输入 c:\michael。取消选中 Use Dedicated Folder for Storing Libraries 的勾选,然后取消选中 Create Main Class。

4)单击 Finish 来创建项目,如图 1-14 所示。

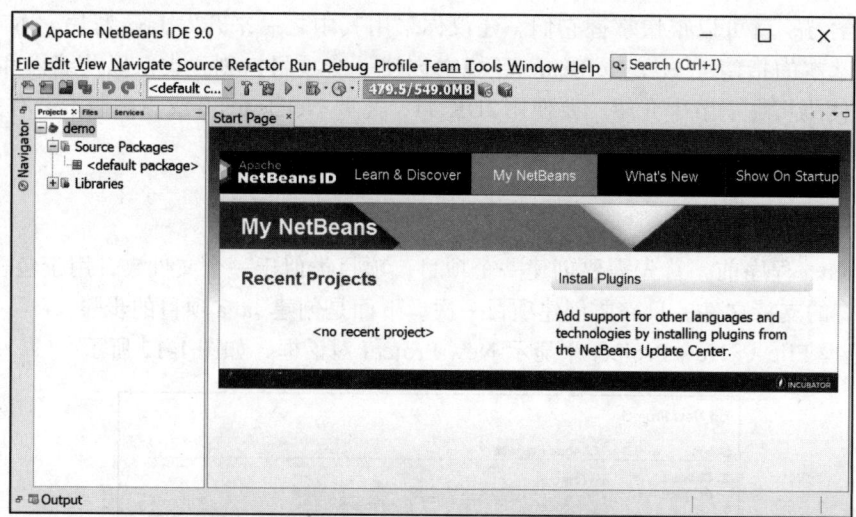

图 1-14　创建一个新的名为 demo 的 Java 项目

1.11.2　创建 Java 类

创建项目后,可以采用以下步骤在项目中创建 Java 程序:

1)右键单击项目面板的 demo 结点,显示一个上下文菜单。选择 New → Java Class 来显示 New Java Class 对话框,如图 1-15 所示。

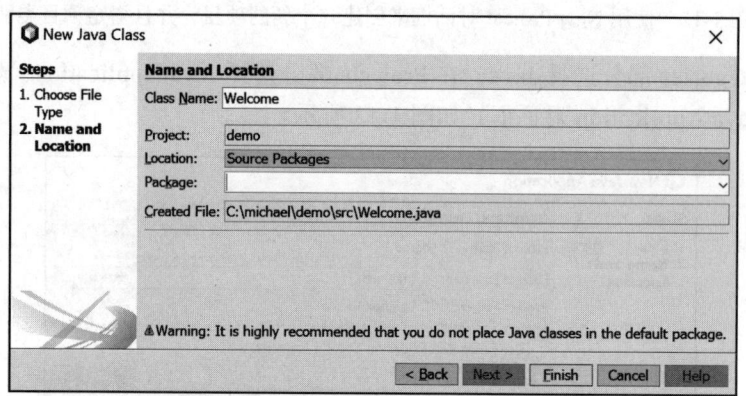

图 1-15　使用 New Java Class 对话框来创建一个新的 Java 类

2)在 Class Name 字段中输入 Welcome,在 Location 字段中选择 Source Packages。Package 字段保留为空白,这样将在默认包中创建一个类。

3)单击 Finish 来创建 Welcome 类。源代码文件 Welcome.java 置于 <default package> 结点下面。

4)修改 Welcome 类中的代码为本书中的程序清单 1-1,如图 1-16 所示。

1.11.3　编译和运行类

要运行 Welcome.java,右键单击 Welcome.java 以显示上下文菜单,选择 Run File,或者直接按下 Shift+F6。输出显示在 Output 面板中,如图 1-16 所示。如果程序被修改了,Run File 命令将自动编译程序。

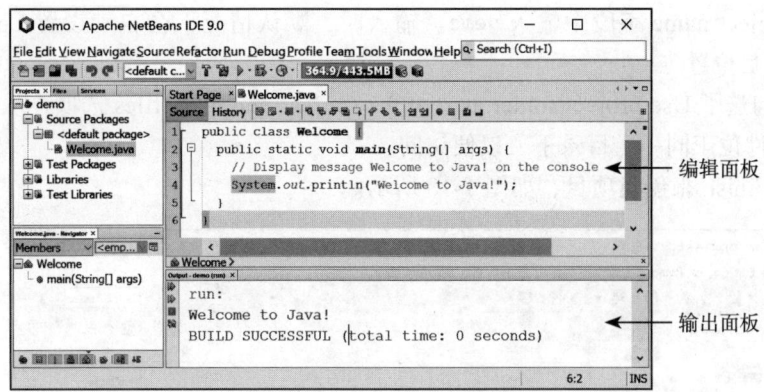

图 1-16　在 NetBeans 中编辑和运行程序

1.12　使用 Eclipse 开发 Java 程序

要点提示：可以使用 Eclipse 来编辑、编译、运行和调试 Java 程序。

前一节介绍了使用 NetBeans 开发 Java 程序，也可以使用 Eclipse 开发 Java 程序。本节给出基本教程，指导初学者在 Eclipse 中创建项目，创建类，以及编译和运行类。需要 Eclipse 4.9 或者更高版本以使用 JDK 11。参考补充材料 II.D 以得到如何下载以及安装最新版本 Eclipse 的指南。

1.12.1　创建 Java 项目

使用 Eclipse 创建 Java 程序前，首先需要创建一个项目来放置所有的文件。下面是在 Eclipse 中创建 Java 项目的步骤：

1）选择 File → New → Java Project 来显示 New Java Project 对话框，如图 1-17 所示。

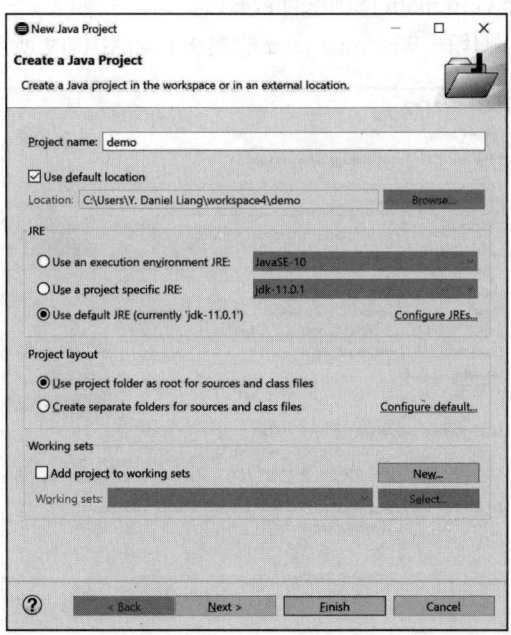

图 1-17　New Java Project 对话框用于确定项目名称和属性

2）在 Project name 字段中输入 demo。输入时，默认情况下会自动设置 Location 字段。可以自定义项目位置。

3）确保勾选了 Use project folder as root for sources and class files 选项，从而使 .java 文件和 .class 文件位于同一个目录下，以便访问。

4）单击 Finish 来创建项目，如图 1-18 所示。

图 1-18　创建了一个名为 demo 的新 Java 项目

1.12.2　创建 Java 类

创建项目后，可以采用以下步骤在项目中创建 Java 程序：

1）选择 File → New → Class 来显示 New Java Class 对话框。

2）在 Name 字段中输入 Welcome。

3）勾选 public static void main (String[] args) 选项。

4）单击 Finish 生成源代码 Welcome.java 的模板，如图 1-19 所示。

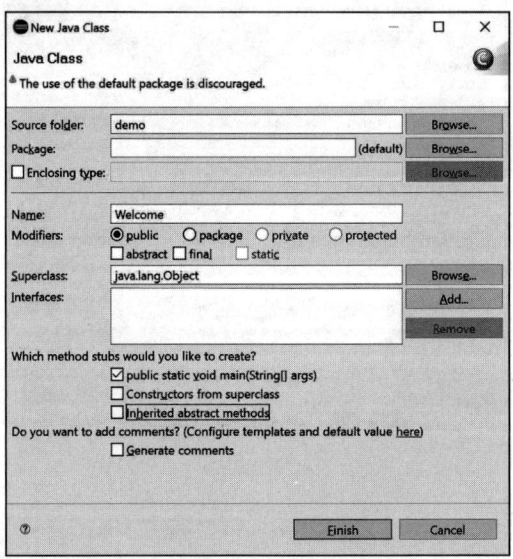

图 1-19　使用 New Java Class 对话框来创建一个新 Java 类

1.12.3 编译和运行类

要运行程序，右键单击项目中的类，显示一个上下文菜单。在上下文菜单中选择 Run → Java Application 以运行该类。输出显示在 Console 面板中，如图 1-20 所示。如果程序被修改了，Run 命令将自动编译程序。

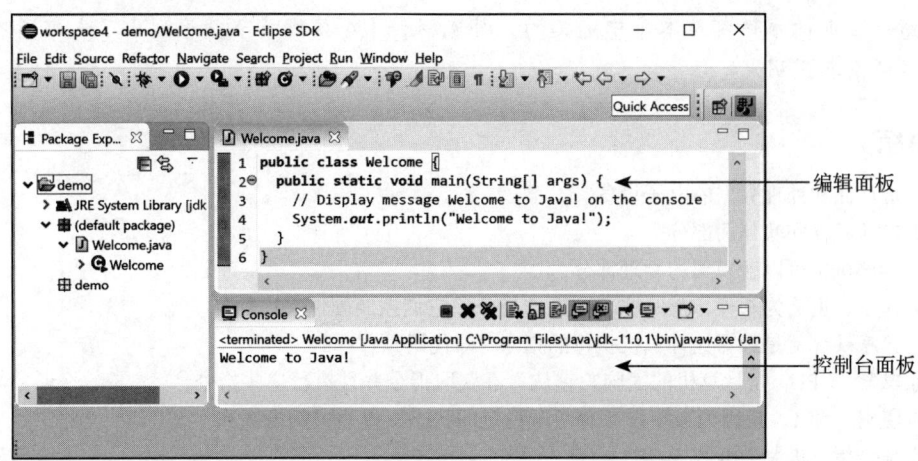

图 1-20　在 Eclipse 中编辑和运行程序

关键术语

Application Program Interface（API，应用程序接口）
assembler（汇编器）
assembly language（汇编语言）
bit（比特）
block（块）
block comment（块注释）
bus（总线）
byte（字节）
bytecode（字节码）
bytecode verifier（字节码验证器）
cable modem（电缆调制解调器）
Central Processing Unit（CPU，中央处理器）
class loader（类加载器）
comment（注释）
compiler（编译器）
console（控制台）
dial-up modem（拨号调制解调器）
dot pitch（点距）
DSL（Digital Subscriber Line，数字用户线）
encoding scheme（编码方案）
hardware（硬件）
high-level language（高级语言）

Integrated Development Environment（IDE，集成开发环境）
interpreter（解释器）
java command（java 命令）
Java Development Toolkit（JDK，Java 开发工具包）
Java language specification（Java 语言规范）
Java Runtime Environment（JRE，Java 运行时环境）
Java Virtual Machine（JVM，Java 虚拟机）
javac command（javac 命令）
keyword（关键字）
library（库）
line comment（行注释）
logic error（逻辑错误）
low-level language（低级语言）
machine language（机器语言）
main method（main 方法）
memory（内存）
motherboard（主板）
Network Interface Card（NIC，网络接口卡）
Operation System（OS，操作系统）
pixel（像素）
program（程序）

programming（程序设计，编程）
runtime error（运行时错误）
screen resolution（屏幕分辨率）
software（软件）
source code（源代码）
source program（源程序）
statement（语句）
statement terminator（语句终止符）
storage device（存储设备）
syntax error（语法错误）

> 注意：上面的术语都是本章中定义的。补充材料 I.A 按照章节顺序列出了本书所有的关键术语及其说明。

本章小结

1. 计算机是存储和处理数据的电子设备。
2. 计算机包括硬件和软件两部分。
3. 硬件是计算机中可以触摸到的物理部分。
4. 计算机程序，也称为软件，是一些不可见的指令，它们控制硬件完成任务。
5. 计算机程序设计就是编写让计算机执行的指令（即代码）。
6. 中央处理器（CPU）是计算机的大脑。它从内存获取指令并且执行这些指令。
7. 计算机使用 0 和 1，是因为数字设备有两个稳定的状态，按照惯例指 0 和 1。
8. 一个比特是指二进制数 0 或 1。
9. 一个字节是指 8 比特的序列。
10. 千字节大约是 1000 字节，兆字节大约是 100 万字节，千兆字节大约是 10 亿字节，万亿字节大约是 1 万亿字节。
11. 内存中存放 CPU 要执行的数据和程序指令。
12. 内存单元是字节的有序序列。
13. 内存是不能长久保存数据的，因为关闭电源时信息就会丢失。
14. 程序和数据永久地保存在存储设备里，当计算机真正需要使用它们时被移入内存。
15. 机器语言是一套内嵌在每台计算机的基本指令集。
16. 汇编语言是一种低级程序设计语言，它用助记符表示每一条机器语言的指令。
17. 高级语言类似于英语，易于学习和编程。
18. 用高级语言编写的程序称为源程序。
19. 编译器是将源程序转换成机器语言程序的软件。
20. 操作系统（OS）是管理和控制计算机活动的程序。
21. Java 是平台独立的，这意味着只需编写一次程序，就可以在任何计算机上运行。
22. Java 源程序文件名必须和程序中的公共类名一致，并且以扩展名 .java 结束。
23. 每个类都被编译成一个独立的字节码文件，该文件名与类名相同，扩展名为 .class。
24. 使用 javac 命令从命令行编译 Java 源代码文件。
25. 使用 java 命令从命令行运行 Java 类。
26. 每个 Java 程序都是一组类定义的集合。关键字 class 引入类的定义，类的内容包含在块内。
27. 一个块以左花括号（{）开始，以右花括号（}）结束。
28. 方法包含在类中。要运行 Java 程序，该程序必须有一个 main 方法。main 方法是程序开始执行的入口。
29. Java 中的每条语句都以分号（;）结束，该符号称为语句终止符。
30. 保留字对编译器而言有特殊含义，在程序中不能用于其他目的。
31. 在 Java 中，在单行前面加两个斜杠（//）的注释称为行注释，在一行或多行用 /* 和 */ 括住的注释称为块注释或者段注释。编译器会忽略注释。

32. Java 源程序是区分大小写的。
33. 编程错误可以分为三类：语法错误、运行时错误和逻辑错误。编译器报告的错误称为语法错误或者编译错误。运行时错误是指导致程序异常终止的错误。当一个程序没有按照预期的方式执行时，就产生了逻辑错误。

测试题

在线回答本章测试题，网址为 www.pearsonhighered.com/liang。选择本书然后单击 Companion Website（配套网站）并选择 Quiz（测试）。

编程练习题

教学提示：我们非常强调通过练习来学习程序设计。因此，本书提供了各种难度级别的大量编程练习题。练习题涵盖了许多应用领域，包括数学、科学、商业、金融、游戏、动画以及多媒体。大部分偶数题号的编程练习题答案在配套网站上。大多数奇数题号的编程练习题答案在教师资源网站上。题目的难度等级分为容易（没有星号）、适中（*）、难（**）以及具有挑战性（***）。

1.1 （显示 3 条消息）编写程序，显示 Welcome to Java、Welcome to Computer Science 和 Programming is fun。

1.2 （显示 5 条消息）编写程序，显示 Welcome to Java 五次。

*1.3 （显示图案）编写程序，显示下面的图案：

```
  J     A    V     V   A
  J    A A    V   V   A A
J J   AAAAA    V V   AAAAA
 JJ  A     A    V   A     A
```

1.4 （打印表格）编写程序，显示以下表格：

```
a    a^2    a^3
1     1      1
2     4      8
3     9     27
4    16     64
```

1.5 （计算表达式）编写程序，显示以下式子的结果：

$$\frac{9.5 \times 4.5 - 2.5 \times 3}{45.5 - 3.5}$$

1.6 （数列求和）编写程序，显示 1 + 2 + 3 + 4 + 5 + 6 + 7 + 8 + 9 的结果。

1.7 （π 的近似值）可以使用以下公式计算 π：

$$\pi = 4 \times \left(1 - \frac{1}{3} + \frac{1}{5} - \frac{1}{7} + \frac{1}{9} - \frac{1}{11} + \cdots\right)$$

编写程序，显示 $4 \times \left(1 - \frac{1}{3} + \frac{1}{5} - \frac{1}{7} + \frac{1}{9} - \frac{1}{11}\right)$ 和 $4 \times \left(1 - \frac{1}{3} + \frac{1}{5} - \frac{1}{7} + \frac{1}{9} - \frac{1}{11} + \frac{1}{13}\right)$ 的结果。在程序中用 1.0 代替 1。

1.8 （圆的面积和周长）编写程序，使用以下公式计算并显示半径为 5.5 的圆的面积和周长：

周长 = 2 × 半径 × π

面积 = 半径 × 半径 × π

1.9 （矩形的面积和周长）编写程序，使用以下公式计算并显示宽为 4.5、高为 7.9 的矩形的面积和周长：

面积 = 宽 × 高

1.10 （以英里为单位的平均速度）假设一个跑者用 45 分 30 秒跑了 14 千米，编写程序显示以英里/小时为单位的平均速度。（注意，1 英里约等于 1.6 千米。）

*1.11 （人口预测）美国人口调查局基于以下假设进行人口估算：
- 每 7 秒有一个人诞生
- 每 13 秒有一个人死亡
- 每 45 秒有一个移民迁入

编写程序，显示未来 5 年中每年的人口数。假设当前的人口是 312 032 486，每年有 365 天。提示：Java 中，两个整数相除，结果还是整数，小数部分截断。例如，5/4 等于 1（而不是 1.25），10/4 等于 2（而不是 2.5）。为了获得小数部分的准确结果，进行除法运算的数字之一必须带小数点。例如，5.0/4 等于 1.25，10/4.0 等于 2.5。

1.12 （以千米为单位的平均速度）假设一个跑者用 1 小时 40 分 35 秒跑了 24 英里，编写程序显示以千米/小时为单位的平均速度。（注意，1 英里约等于 1.6 千米。）

*1.13 （代数：求解 2×2 线性方程组）可以使用 Cramer 规则求解下面的 2×2 线性方程组，假定 $ad-bc$ 不为 0：

$$ax + by = e \qquad x = \frac{ed - bf}{ad - bc} \qquad y = \frac{af - ec}{ad - bc}$$
$$cx + dy = f$$

编写程序，求解以下方程组并显示 x 和 y 的值（提示：将公式中的符号替换为数值，从而计算 x 和 y。本练习题可以不用到后面章节的知识而在第 1 章中完成）。

$$3.4x + 50.2y = 44.5$$
$$2.1x + 0.55y = 5.9$$

第 2 章

Introduction to Java Programming and Data Structures, Comprehensive Version, Twelfth Edition

基本程序设计

教学目标

- 编写执行简单计算的 Java 程序（2.2 节）。
- 使用 Scanner 类从控制台获取输入（2.3 节）。
- 使用标识符命名变量、常量、方法和类（2.4 节）。
- 使用变量存储数据（2.5 和 2.6 节）。
- 用赋值语句和赋值表达式编写程序（2.6 节）。
- 使用常量存储永久数据（2.7 节）。
- 按照命名习惯命名类、方法、变量和常量（2.8 节）。
- 探索 Java 的基本数值类型：byte、short、int、long、float 和 double（2.9 节）。
- 从键盘读入 byte、short、int、long、float 或者 double 类型的值（2.9.1 节）。
- 使用操作符 +、-、*、/ 和 % 来执行操作（2.9.2 节）。
- 使用 Math.pow (a, b) 进行幂运算（2.9.3 节）。
- 编写整数字面值、浮点数字面值，以及采用科学记数法的字面值（2.10 节）。
- 使用 JShell 快速测试 Java 代码（2.11 节）。
- 编写数值表达式并对其求值（2.12 节）。
- 使用 System.currentTimeMillis() 获得当前系统时间（2.13 节）。
- 使用增强的赋值操作符（2.14 节）。
- 区分后置自增和前置自增，以及后置自减和前置自减（2.15 节）。
- 将一种类型的值强制转换为另一种类型（2.16 节）。
- 描述软件开发过程，并将其应用于开发贷款支付金额程序（2.17 节）。
- 编写将大额金钱分成较小货币单位的程序（2.18 节）。
- 避免基础编程中的常见错误和陷阱（2.19 节）。

2.1 引言

要点提示：本章的重点是学习程序设计基础技术，以进行问题求解。

在第 1 章里，我们学习了如何创建、编译和运行非常基础的 Java 程序。现在，将学习如何编程解决实际问题。通过这些问题，你将学到如何利用基本数据类型、变量、常量、操作符、表达式以及输入/输出来进行基本的程序设计。

比如，假设你需要计算一个学生的贷款。给定贷款金额、贷款年限以及年利率，你可以通过编写程序来计算月支付金额以及总支付金额吗？本章将演示如何编写这样的程序。用这样的方法，你将学习分析问题、设计一个解决方案以及创建程序来实现这个解决方案的基本步骤。

2.2 编写简单的程序

要点提示：编写程序涉及设计解决问题的策略，然后应用程序设计语言实现这个策略。

首先，我们来看一个计算圆面积的简单问题。该如何编写程序解决这个问题呢？

编写程序涉及如何设计算法以及如何将算法转换成程序指令，即代码。算法给出了解决问题的步骤。算法可以帮助程序员在使用程序设计语言编程之前进行规划。算法可以用自然语言或者伪代码（即自然语言中混入一些程序设计代码）描述。计算圆面积的算法描述如下：

1）读入半径。
2）使用下面的公式计算面积：

$$面积 = 半径 \times 半径 \times \pi$$

3）显示面积。

提示：在编写代码之前，最好以算法的形式来概述程序（或其潜在的问题）。

编写代码（即编写程序）就是将算法转换成程序。我们已经知道每个 Java 程序都是以类的声明开始的，在声明里类名紧跟在关键字 class 后面。假设选择 ComputeArea 作为类名，这个程序的框架如下所示：

```
public class ComputeArea {
  // Details to be given later
}
```

如你所知，每一个 Java 应用程序都必须有一个 main 方法，程序从该方法处开始执行。然后，程序扩展如下：

```
public class ComputeArea {
  public static void main(String[] args) {
    // Step 1: Read in radius

    // Step 2: Compute area

    // Step 3: Display the area
  }
}
```

这个程序需要读取用户从键盘输入的半径。这就产生了两个重要问题：

- 读取半径。
- 将半径存储在程序中。

我们先来解决第二个问题。为了存储半径，在程序中需要声明一个称作变量的符号。变量代表存储在计算机内存中的一个值。

变量名应该尽量选择描述性的名字（descriptive name），而不是用 x 和 y 这样的名字。此例中，用 radius 表示半径，用 area 表示面积。为了让编译器知道 radius 和 area 是什么，需要指明它们的数据类型，即存储在变量中的数据类型是整数、实数还是其他类型。这称为**声明变量**。Java 提供了简单数据类型来表示整数、实数、字符以及布尔类型。这些类型称为**基本数据类型**或**基本类型**。

实数（即带小数点的数字）在计算机中以浮点的方式表示。因此，实数也称为浮点数。Java 中，可以使用关键字 double 来声明浮点变量。将 radius 和 area 声明为 double 类型。程序扩展如下：

```
public class ComputeArea {
  public static void main(String[] args) {
    double radius;
    double area;
```

```
    // Step 1: Read in radius
    // Step 2: Compute area
    // Step 3: Display the area
  }
}
```

以上程序将 radius 和 area 声明为变量。保留字 double 表明 radius 和 area 以浮点数形式存储在计算机中。

第一步是提示用户指定 radius。稍后我们会学习如何提示用户输入信息。现在为了学习变量是如何工作的,可以在程序中给 radius 赋一个固定值,之后再修改程序,以提示用户输入这个值。

第二步是计算 area,通过将表达式 radius*radius*3.14159 的值赋给 area 来实现。

在最后一步里,使用 System.out.println 方法在控制台上显示 area 的值。

完整的程序如程序清单 2-1 所示。该程序的运行示例如图 2-1 所示。

程序清单 2-1 ComputeArea.java

```
1   public class ComputeArea {
2     public static void main(String[] args) {
3       double radius; // Declare radius
4       double area; // Declare area
5
6       // Assign a radius
7       radius = 20; // radius is now 20
8
9       // Compute area
10      area = radius * radius * 3.14159;
11
12      // Display results
13      System.out.println("The area for the circle of radius " +
14        radius + " is " + area);
15    }
16  }
```

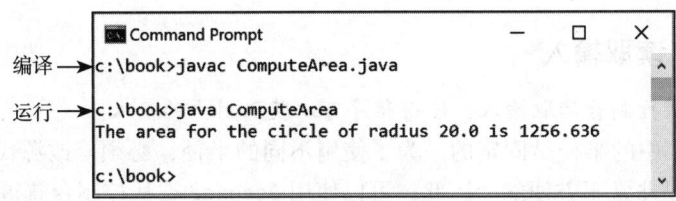

图 2-1 程序显示圆的面积

像 radius 和 area 这样的变量对应于内存的位置。每个变量都有名字、类型和值。第 3 行声明 radius 可以存储一个 double 类型的数值。直到给它赋一个数值时,该变量才被定义。第 7 行将 radius 赋值为 20。类似地,第 4 行声明变量 area,第 10 行对 area 进行赋值。下面的表格显示了程序执行过程中 area 和 radius 在内存中的值。表中每行显示了程序中对应行语句执行之后变量的值。这种检查程序如何工作的方法称为跟踪程序。跟踪程序有助于理解它是如何工作的,并且是发现程序错误的有用工具。

行号	半径	面积
3	无值	
4		无值
7	20	
10		1256.636

加号（+）有两种含义：一种是代表加法，另一种是用于字符串的连接（合并）。第 13 ~ 14 行中的加号（+）称为字符串连接操作符。它把两个字符串合并为一个。如果一个字符串和一个数值连接，数值将转化为字符串然后再和另一个字符串连接。所以，第 13 ~ 14 行中的加号（+）会将几个字符串连接成一个更长的字符串，然后显示在输出中。关于字符串和字符串连接的更多内容将在第 4 章中讨论。

警告：在源代码中，字符串不能跨行。因此，下面的语句将导致编译错误：

```
System.out.println("Introduction to Java Programming,
by Y. Daniel Liang");
```

为了改正错误，可以将该字符串分成几个单独的子串，然后用连接操作符（+）将它们合并：

```
System.out.println("Introduction to Java Programming, " +
  "by Y. Daniel Liang");
```

✓ 复习题

2.2.1 指出并修改以下代码中的错误：

```
1  public class Test {
2    public void main(string[] args) {
3      double i = 50.0;
4      double k = i + 50.0;
5      double j = k + 1;
6  
7      System.out.println("j is " + j + " and
8        k is " + k);
9    }
10 }
```

2.3 从控制台读取输入

要点提示：从控制台读取输入，使得程序可以获取用户的输入。

程序清单 2-1 中的半径是固定的。为了使用不同的半径，必须修改源代码然后重新编译它。很显然，这是非常不方便的。因此，可以使用 Scanner 类从控制台获得输入。

Java 使用 System.out 来表示标准输出设备，用 System.in 来表示标准输入设备。默认情况下，输出设备是显示器，而输入设备是键盘。为了执行控制台输出，只需使用 println 方法在控制台上显示基本数据类型值或字符串。为了获得控制台输入，可以使用 Scanner 类创建一个对象，以读取来自 System.in 的输入，如下所示：

```
Scanner input = new Scanner(System.in);
```

语法 new Scanner(System.in) 创建了一个 Scanner 类型的对象。语法 Scanner input 声明 input 是一个 Scanner 类型的变量。整行语句 Scanner input=new Scanner(System.in) 创建了一个 Scanner 对象，并且将它的引用赋给变量 input。对象可以调用其方法。调用对象的

方法就是让这个对象执行某个任务。可以调用 nextDouble() 方法来读取一个 double 值，如下所示：

```
double radius = input.nextDouble();
```

该语句从键盘读入一个数值，并且将其赋给 radius。

程序清单 2-2 对程序清单 2-1 进行了重写，提示用户输入半径。

程序清单 2-2 ComputeAreaWithConsoleInput.java

```java
1   import java.util.Scanner; // Scanner is in the java.util package
2
3   public class ComputeAreaWithConsoleInput {
4     public static void main(String[] args) {
5       // Create a Scanner object
6       Scanner input = new Scanner(System.in);
7
8       // Prompt the user to enter a radius
9       System.out.print("Enter a number for radius: ");
10      double radius = input.nextDouble();
11
12      // Compute area
13      double area = radius * radius * 3.14159;
14
15      // Display results
16      System.out.println("The area for the circle of radius " +
17        radius + " is " + area);
18    }
19  }
```

```
Enter a number for radius: 2.5  ↵Enter
The area for the circle of radius 2.5 is 19.6349375
```

```
Enter a number for radius: 23  ↵Enter
The area for the circle of radius 23.0 is 1661.90111
```

Scanner 类位于 java.util 包中。在第 1 行导入该类。第 6 行创建了一个 Scanner 对象。注意，如果第 6 行用 java.util.Scanner 代替 Scanner 的话，import 语句可以省略。

第 9 行在控制台上显示字符串 "Enter a number for radius:"，这称为提示，因为它指导用户键入输入。程序应该在希望获取键盘输入的时候，告知用户输入什么。

回想一下，第 9 行的 print 方法和 println 方法功能类似，两者的不同之处在于：当显示完字符串之后，println 会移到下一行，而 print 不会前进到下一行。

第 6 行创建一个 Scanner 对象。第 10 行从键盘读入一个输入。

```
double radius = input.nextDouble();
```

在用户键入一个数值然后按回车键之后，程序读取该数值并赋值给 radius。

更多关于对象的细节将在第 9 章中介绍。目前，只要知道这是从控制台获取输入的方式就可以了。

Scanner 类在包 java.util 里。它在第 1 行被导入。有两种类型的 import 语句：特定导入（specific import）和通配符导入（wildcard import）。特定导入是在 import 语句中指定单个的类。例如，下面的语句就是从包 java.util 中导入 Scanner。

```
import java.util.Scanner;
```

通配符导入是指通过使用星号作为通配符,导入一个包中所有的类。例如,下面的语句导入包 java.util 中所有的类。

```
import java.util.*;
```

除非要在程序中使用某个类,否则被导入包中的这些类的信息在编译时或运行时是不被读取的。导入语句只是告诉编译器在什么地方能找到这些类。声明特定导入和声明通配符导入在性能上是没有什么差别的。

程序清单 2-3 给出从键盘读取多个输入的例子。这个例子读取三个数值,然后显示它们的平均值。

程序清单 2-3 ComputeAverage.java

```java
 1  import java.util.Scanner; // Scanner is in the java.util package
 2
 3  public class ComputeAverage {
 4    public static void main(String[] args) {
 5      // Create a Scanner object
 6      Scanner input = new Scanner(System.in);
 7
 8      // Prompt the user to enter three numbers
 9      System.out.print("Enter three numbers: ");
10      double number1 = input.nextDouble();
11      double number2 = input.nextDouble();
12      double number3 = input.nextDouble();
13
14      // Compute average
15      double average = (number1 + number2 + number3) / 3;
16
17      // Display results
18      System.out.println("The average of " + number1 + " " + number2
19        + " " + number3 + " is " + average);
20    }
21  }
```

```
Enter three numbers: 1 2 3 [Enter]
The average of 1.0 2.0 3.0 is 2.0
```

```
Enter three numbers: 10.5 [Enter]
11 [Enter]
11.5 [Enter]
The average of 10.5 11.0 11.5 is 11.0
```

导入 Scanner 类的代码(第 1 行)以及创建 Scanner 对象的代码(第 6 行)和前例一样,并且在编写用于从键盘读取输入的所有新程序中,这些代码都相同。

第 9 行提示用户输入三个数值。第 10 ~ 12 行读取这些数值。可以输入三个用空格符分隔开的数值,然后按回车键,或者每输入一个数值之后按一次回车键,如该程序的运行示例所示。

如果输入了一个非数值的值,将产生运行时错误。在第 12 章中,我们将学习如何处理异常,以使得程序可以继续运行。

注意:本书前面章节中的大多数程序分三个步骤执行——输入、处理和输出,这被称为

IPO。输入是从用户处获得输入，处理是使用输入产生结果，而输出是显示结果。

注意：如果使用诸如 Eclipse 或者 NetBeans 之类的 IDE，会提示你关闭输入以防止可能的资源泄漏。现在先忽略警告，因为你的程序结束时将自动关闭输入。这种情况下不会有资源泄漏。

✓ 复习题

2.3.1 如何编写一条语句，让用户从键盘输入一个双精度值？在执行下面代码的时候，如果你输入 5a，将发生什么？

```
double radius = input.nextDouble();
```

2.3.2 下面的两个 import 语句有什么性能差异吗？

```
import java.util.Scanner;
import java.util.*;
```

2.4 标识符

要点提示：标识符是为了标识程序中诸如类、方法和变量等元素而采用的命名。

正如在程序清单 2-3 中看到的，ComputeAverage、main、input、number1、number2、number3 等都是出现在程序中的命名。在程序设计术语中，这样的命名称为标识符（identifier）。所有的标识符必须遵从以下规则：

- 标识符是由字母、数字、下划线（_）和美元符号（$）构成的字符序列。
- 标识符必须以字母、下划线（_）或美元符号（$）开头，不能以数字开头。
- 标识符不能是保留字（保留字列表参见附录 A）。保留字在 Java 语言中具有特定含义。关键字是保留字。
- 标识符可以为任意长度。

例如，$2、ComputeArea、area、radius 和 print 都是合法的标识符，而 2A 和 d+4 都是非法的，因为它们不符合标识符的命名规则。Java 编译器会检测出非法标识符，并且报语法错误。

注意：由于 Java 是区分大小写的，所以 area、Area 和 AREA 是不同的标识符。

提示：标识符用于命名程序中的变量、方法、类和其他项。具有描述性的标识符可提高程序的可读性。避免采用缩写作为标识符，使用完整的词汇会更具有描述性。比如，numberOfStudents 比 numStuds、numOfStuds 或者 numOfStudents 要好。本教材中我们对完整的程序采用描述性的命名。然而，为简洁起见，我们偶尔也会在一些代码片段中采用诸如 i、j、k、x 和 y 之类的变量名。这样的命名也使得代码片段具有一定的通用性。

提示：不要用字符 $ 命名标识符。按照惯例，字符 $ 应该用在机器自动产生的源代码中。

✓ 复习题

2.4.1 以下标识符哪些是合法的？哪些是 Java 的关键字？

```
miles, Test, a++, --a, 4#R, $4, #44, apps
class, public, int, x, y, radius
```

2.5 变量

要点提示：变量用于表示在程序中可能被改变的值。

正如在前几节的程序中看到的，变量用于存储程序中后面要用到的值。它们被称为变量是因为它们的值可以被改变。在程序清单 2-2 中，radius 和 area 都是 double 类型变量。可以将任意数值赋给 radius 和 area，并且可以对它们重新赋值。例如，在下面的代码中，radius 初始赋值为 1.0（第 2 行），然后被重新赋值为 2.0（第 7 行）；area 被赋值为 3.14159（第 3 行），然后被重新赋值为 12.56636（第 8 行）。

```
1   // Compute the first area
2   radius = 1.0;                              radius: 1.0
3   area = radius * radius * 3.14159;            area: 3.14159
4   System.out.println("The area is " + area + " for radius " + radius);
5
6   // Compute the second area
7   radius = 2.0;                              radius: 2.0
8   area = radius * radius * 3.14159;            area: 12.56636
9   System.out.println("The area is " + area + " for radius " + radius);
```

变量用于表示某种类型的数据。为了使用变量，声明变量时必须告诉编译器该变量的名字及它可以存储的数据类型。变量声明通知编译器根据数据类型为变量分配合适的内存空间。声明变量的语法如下：

datatype variableName;

下面是一些变量声明的例子：

int count;   // Declare count to be an integer variable
double radius;   // Declare radius to be a double variable
double interestRate;   // Declare interestRate to be a double variable

这些例子中使用了数据类型 int 和 double。后面还将介绍更多的数据类型，例如 byte、short、long、float、char 和 boolean。

如果几个变量为同一类型，可以一起声明它们，如下所示：

datatype variable1, variable2, ..., variablen;

变量之间用逗号分隔开。例如：

int i, j, k; // Declare i, j, and k as int variables

变量通常都有初始值。可以声明一个变量并同时将其初始化。例如，考虑下面的代码：

int count = 1;

它等同于下面两条语句：

int count;
count = 1;

也可以使用简捷的方式来同时声明和初始化同一类型的变量。例如：

int i = 1, j = 2;

💡 提示：在给变量赋值之前，必须声明变量。方法中声明的变量在使用之前必须被赋值。尽量一步完成变量的声明和赋初值。这会使得程序易读，同时避免程序设计错误。

每个变量都有使用范围。变量的使用范围是指可以引用该变量的程序部分。确定变量使用范围的规则将在本书后面逐步介绍。目前，你需要知道的是，使用前必须对变量进行声明和初始化。

✔ 复习题

2.5.1 指出并修改下面代码中的错误：

```
1  public class Test {
2    public static void main(String[] args) {
3      int i = k + 2;
4      System.out.println(i);
5    }
6  }
```

2.6 赋值语句和赋值表达式

要点提示：赋值语句为变量分配值。在 Java 中赋值语句也可以用作表达式。

变量在声明之后，可以使用赋值语句（assignment statement）给它赋一个值。在 Java 中，将等号（=）作为赋值操作符（assignment operator）。赋值语句的语法如下所示：

```
variable = expression;
```

表达式（expression）表示包含值、变量和操作符的一次计算，它们组合在一起得出一个新值。赋值语句中，赋值操作符右侧的表达式被求值，结果赋给赋值操作符左侧的变量。例如，考虑下面的代码：

```
int y = 1;                // Assign 1 to variable y
double radius = 1.0;      // Assign 1.0 to variable radius
int x = 5 * (3 / 2);      // Assign the value of the expression to x
x = y + 1;                // Assign the addition of y and 1 to x
double area = radius * radius * 3.14159;   // Compute area
```

可以在表达式中使用变量。变量还可以同时出现在赋值操作符 = 的两边，例如：

```
x = x + 1;
```

在这个赋值语句中，x+1 的结果赋值给 x。假设在语句执行前 x 为 1，那么语句执行后它就变成了 2。

要给一个变量赋值，变量名必须在赋值操作符的左边。因此，下面的语句是错误的。

```
1 = x; // Wrong
```

注意：在数学中，x=2*x+1 表示一个方程。但是，在 Java 中，x=2*x+1 是一个赋值语句，它计算表达式 2*x+1 的值，并且将结果赋给 x。

在 Java 中，赋值语句本质上就是一个表达式，计算结果为赋给赋值操作符左侧变量的值。因此，赋值语句也称为赋值表达式（assignment expression）。例如，下面的语句是正确的：

```
System.out.println(x = 1);
```

它等价于语句

```
x = 1;
System.out.println(x);
```

如果一个值要赋给多个变量，可以采用链式赋值，如下所示：

```
i = j = k = 1;
```

它等价于：

```
k = 1;
j = k;
i = j;
```

注意：在赋值语句中，左边变量的数据类型必须与右边的值的数据类型兼容。例如，int x=1.0 是非法的，因为 x 的数据类型是整型 int。在不使用类型转换的情况下，不能把 double 值（1.0）赋给 int 变量。类型转换将在 2.16 节介绍。

复习题

2.6.1 指出并修改下面代码中的错误：

```
1  public class Test {
2    public static void main(String[] args) {
3      int i = j = k = 2;
4      System.out.println(i + " " + j + " " + k);
5    }
6  }
```

2.7 命名常量

要点提示：命名常量是表示不变值的标识符。

变量的值在程序执行过程中可能会发生变化，但是命名常量（named constant，或简称常量）则表示永不改变的数据。Java 中常量也称为由 final 修饰的变量。在程序清单 2-1 中，π 就是一个常量。如果需要频繁使用，你肯定不想重复地输入 3.14159，替代方法就是声明一个常量 π。下面是声明常量的语法：

```
final datatype CONSTANTNAME = value;
```

必须在同一条语句中对常量进行声明和赋值。final 是声明常量的 Java 关键字。按照惯例，常量中的所有字母都要大写。例如，可以将 π 声明为常量，然后将程序清单 2-2 改写为程序清单 2-4。

程序清单 2-4 ComputeAreaWithConstant.java

```
1  import java.util.Scanner; // Scanner is in the java.util package
2
3  public class ComputeAreaWithConstant {
4    public static void main(String[] args) {
5      final double PI = 3.14159; // Declare a constant
6
7      // Create a Scanner object
8      Scanner input = new Scanner(System.in);
9
10     // Prompt the user to enter a radius
11     System.out.print("Enter a number for radius: ");
12     double radius = input.nextDouble();
13
14     // Compute area
15     double area = radius * radius * PI;
16
17     // Display result
18     System.out.println("The area for the circle of radius " +
19       radius + " is " + area);
20   }
21 }
```

使用常量有三个好处：1）当一个值多次被使用时，不必重复输入；2）如果必须修改常量值（例如，将 PI 的值从 3.14 改为 3.14159），只需在源代码中的一个地方做改动；3）给常量赋一个描述性名字会提高程序的可读性。

✓ 复习题

2.7.1 使用常量的优势是什么？声明一个 int 类型的常量 SIZE，值为 20。

2.7.2 将以下算法转换为 Java 代码：

第一步：声明一个初始值为 100 的 double 类型变量 miles。

第二步：声明一个值为 1.609 的 double 类型常量 KILOMETERS_PER_MILE。

第三步：声明一个 double 类型变量 kilometers，然后将 miles 和 KILOMETERS_PER_MILE 相乘，并将结果赋值给 kilometers。

第四步：在控制台上显示 kilometers 的值。

第四步之后 kilometers 是多少？

2.8 命名习惯

○┓ 要点提示：严格遵循 Java 的命名习惯可以让你的程序易于理解，并且能避免错误。

应该为程序中的变量、常量、类和方法选择直观易懂的描述性名字。如前所述，命名是区分大小写的。下面列出了命名变量、常量、方法和类的约定。

- 使用小写字母命名变量和方法。例如，变量 radius 和 area 以及方法 print。如果一个名称包含多个单词，就将它们连在一起，第一个单词的字母小写，而后面每个单词的首字母大写。例如，变量 numberOfStudents。这种命名风格称为驼峰命名法，因为名称中的大写字符类似于骆驼的驼峰。
- 类名中每个单词的首字母大写。例如，类名 ComputeArea 和 System。
- 常量中的所有字母大写，两个单词间用下划线连接。例如，常量 PI 和常量 MAX_VALUE。

严格遵循 Java 的命名习惯很重要，这样可以让你的程序易于理解。

○┓ 警告：命名类时不要选择 Java 库中已经使用的名称。例如，Java 已定义了 System 类，就不要用 System 来命名自己的类。

✓ 复习题

2.8.1 类名、方法名、常量和变量的命名习惯是什么？按照 Java 的命名习惯，以下哪些项可以作为常量、方法、变量或者类的名字？

MAX_VALUE, Test, read, readDouble

2.9 数值数据类型和操作

○┓ 要点提示：Java 针对整数和浮点数有 6 种数值类型，以及 +、-、*、/ 和 % 等操作符。

每个数据类型都有自己的取值范围。编译器会根据每个变量或常量的数据类型为其分配内存空间。Java 为数值、字符和布尔值数据提供了 8 种基本数据类型。本节介绍数值数据类型和操作符。

表 2-1 列出了 6 种数值数据类型及其范围和存储空间。

表 2-1 数值数据类型

类型名	范围	存储空间
byte	$-2^7 \sim 2^7-1$（$-128 \sim 127$）	8 位带符号数
short	$-2^{15} \sim 2^{15}-1$（$-32\,768 \sim 32\,767$）	16 位带符号数
int	$-2^{31} \sim 2^{31}-1$（$-2\,147\,483\,648 \sim 2\,147\,483\,647$）	32 位带符号数
long	$-2^{63} \sim 2^{63}-1$ （$-9\,223\,372\,036\,854\,775\,808 \sim 9\,223\,372\,036\,854\,775\,807$）	64 位带符号数
float	负数范围：$-3.4028235E+38 \sim -1.4E-45$ 正数范围：$1.4E-45 \sim 3.4028235E+38$	32 位，标准 IEEE 754
double	负数范围：$-1.7976931348623157E+308 \sim -4.9E-324$ 正数范围：$4.9E-324 \sim 1.7976931348623157E+308$	64 位，标准 IEEE 754

> **注意**：IEEE 754 是美国电气电子工程师协会通过的标准，用于在计算机上表示浮点数。该标准已被广泛采用。Java 对 float 类型使用 32 位 IEEE 754，对 double 类型使用 64 位 IEEE 754。IEEE 754 标准还定义了一些特殊浮点值，这些值在附录 E 中列出。

Java 使用 4 种类型的整数：byte、short、int 和 long。应该为变量选择最适合的数据类型。例如，如果知道存储在变量中的整数是在字节范围内，则将该变量声明为 byte 类型。为了简单和一致起见，我们在本书的大部分内容中都使用 int 来表示整数。

Java 使用两种类型的浮点数：float 和 double。double 型的大小是 float 型的大小的两倍。所以，double 又称为双精度（double precision），而 float 称为单精度（single precision）。通常情况下，应该使用 double 型，因为它比 float 型更精确。

2.9.1 从键盘读取数值

你已经知道如何使用 Scanner 类中的 nextDouble() 方法来从键盘读取一个 double 数值。也可以使用表 2-2 中列出的方法来读取 byte、short、int、long 以及 float 类型的数值。

表 2-2 Scanner 对象的方法

方法	描述	方法	描述
nextByte()	读取一个 byte 类型的整数	nextLong()	读取一个 long 类型的整数
nextShort()	读取一个 short 类型的整数	nextFloat()	读取一个 float 类型的数
nextInt()	读取一个 int 类型的整数	nextDouble()	读取一个 double 类型的数

下面是从键盘上读取各种类型数值的例子：

```
1   Scanner input = new Scanner(System.in);
2   System.out.print("Enter a byte value: ");
3   byte byteValue = input.nextByte();
4
5   System.out.print("Enter a short value: ");
6   short shortValue = input.nextShort();
7
8   System.out.print("Enter an int value: ");
9   int intValue = input.nextInt();
10
11  System.out.print("Enter a long value: ");
12  long longValue = input.nextLong();
13
14  System.out.print("Enter a float value: ");
15  float floatValue = input.nextFloat();
```

如果输入值的范围或者格式不正确，将会产生运行时错误。比如，如果在第 3 行输入了 128，将产生一个错误，因为 128 已经超出 byte 类型整数的范围。

2.9.2 数值操作符

数值数据类型的操作符包括标准的算术操作符：加（+）、减（-）、乘（*）、除（/）和取模（%），如表 2-3 所示。操作数是被操作符操作的值。

表 2-3 数值操作符

操作符	名字	示例	运算结果	操作符	名字	示例	运算结果
+	加	34 + 1	35	/	除	1.0 / 2.0	0.5
-	减	34.0 - 0.1	33.9	%	取模	20 % 3	2
*	乘	300 * 30	9000				

当除法的两个操作数均为整数时，除法的结果为商，而小数部分被截去。例如，5/2 的结果是 2 而不是 2.5，而 -5/2 的结果是 -2 而不是 -2.5。为了执行浮点数的除法，其中一个操作数必须是浮点数。例如，5.0/2 的结果是 2.5。

操作符 % 称为取模操作符，在执行除法后得到余数。左边的操作数是被除数，右边的操作数是除数。因此，7%3 的结果是 1，3%7 的结果是 3，12%4 的结果是 0，26%8 的结果是 2，20%13 的结果是 7。

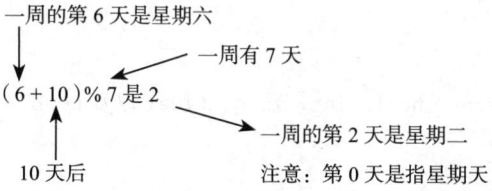

操作符 % 通常用于正整数，但也可用于负整数和浮点值。只有当被除数是负数时，余数才是负的。例如，-7%3 的结果是 -1，-12%4 的结果是 0，-26%-8 的结果是 -2，20%-13 的结果是 7。

取模在程序设计中是非常有用的，例如，偶数 %2 的结果总是 0，而正奇数 %2 的结果总是 1。所以，可以利用这一特性来判定一个数是偶数还是奇数。如果今天是星期六，那么 7 天后又是星期六。假设你和你的朋友计划 10 天后见面，那么 10 天后是星期几呢？使用下面的表达式你就能够得到那天是星期二：

```
         ┌─ 一周的第 6 天是星期六
         ↓    ┌─ 一周有 7 天
        ( 6 + 10 ) % 7 是 2
              ↑    └─ 一周的第 2 天是星期二
              │
            10 天后       注意：第 0 天是指星期天
```

程序清单 2-5 计算以秒为单位的时间得到分钟数和剩余的秒数。例如，500 秒包含 8 分钟和 20 秒。

程序清单 2-5 DisplayTime.java

```
1  import java.util.Scanner;
2
3  public class DisplayTime {
4    public static void main(String[] args) {
5      Scanner input = new Scanner(System.in);
```

```
 6       // Prompt the user for input
 7       System.out.print("Enter an integer for seconds: ");
 8       int seconds = input.nextInt();
 9
10       int minutes = seconds / 60; // Find minutes in seconds
11       int remainingSeconds = seconds % 60; // Seconds remaining
12       System.out.println(seconds + " seconds is " + minutes +
13         " minutes and " + remainingSeconds + " seconds");
14     }
15   }
```

```
Enter an integer for seconds: 500 ↵Enter
500 seconds is 8 minutes and 20 seconds
```

line#	seconds	minutes	remainingSeconds
8	500		
10		8	
11			20

nextInt() 方法（第 8 行）读取 seconds 的整数值。第 10 行使用 seconds/60 获取分钟数。第 11 行（seconds%60）获得去掉分钟数之后的剩余秒数。

操作符 + 和 - 可以是一元的也可以是二元的。一元操作符仅有一个操作数，而二元操作符有两个操作数。例如，在 -5 中，"-"操作符是一元操作符，表示对 5 取负，而在表达式 4-5 中，"-"是二元操作符，表示从 4 中减去 5。

2.9.3 指数运算

方法 Math.pow(a,b) 用于计算 a^b。pow 方法定义在 Java API 的 Math 类中。可以使用语法 Math.pow(a,b) 调用该方法（比如，Math.pow(2,3)），并将返回 a^b（2^3）的结果。这里，a 和 b 是 pow 方法的参数，而数值 2 和 3 是调用方法时的真实值。例如：

```
System.out.println(Math.pow(2, 3)); // Displays 8.0
System.out.println(Math.pow(4, 0.5)); // Displays 2.0
System.out.println(Math.pow(2.5, 2)); // Displays 6.25
System.out.println(Math.pow(2.5, -2)); // Displays 0.16
```

第 6 章将介绍关于方法的更多详细信息。现在，你只需要知道如何通过调用 pow 方法来执行指数运算。

复习题

2.9.1 找到最大和最小的 byte、short、int、long、float 以及 double 类型值。这些数据类型中，哪个需要的内存最小？

2.9.2 给出以下取模计算的结果。

```
 56 %  6
 78 % -4
-34 %  5
-34 % -5
  5 %  1
  1 %  5
```

2.9.3 假设今天是星期二，100 天后将是星期几？

2.9.4 25/4 的结果是多少？如果你希望结果为浮点数，如何重写表达式？

2.9.5 给出以下代码的运行结果:

```
System.out.println(2 * (5 / 2 + 5 / 2));
System.out.println(2 * 5 / 2 + 2 * 5 / 2);
System.out.println(2 * (5 / 2));
System.out.println(2 * 5 / 2);
```

2.9.6 下面的语句正确吗? 如果正确的话, 给出输出结果。

```
System.out.println("25 / 4 is " + 25 / 4);
System.out.println("25 / 4.0 is " + 25 / 4.0);
System.out.println("3 * 2 / 4 is " + 3 * 2 / 4);
System.out.println("3.0 * 2 / 4 is " + 3.0 * 2 / 4);
```

2.9.7 编写语句以显示 $2^{3.5}$ 的计算结果。

2.9.8 假设 m 和 r 是整数。编写一个 Java 表达式计算 mr^2,使得结果为浮点数。

2.10 数值型字面值

要点提示: 字面值 (literal) 是直接出现在程序中的常量值。

例如,下面语句中的 34 和 0.305 都是字面值:

```
int numberOfYears = 34;
double weight = 0.305;
```

2.10.1 整型字面值

整型字面值可以赋值给一个整型变量,只要它可以放入该变量中即可。如果字面值太大,超出该变量的存储范围,就会出现编译错误。例如: 语句 byte b=128 就会导致一个编译错误,因为 byte 型变量存放不下 128 (注意: byte 型变量的范围是 -128 ~ 127)。

整型字面值默认为 int 型,它的值从 -2^{31}($-2\,147\,483\,648$) 到 $2^{31}-1$($2\,147\,483\,647$)。为了表示一个 long 型的整型字面值,需要在其后加字母 L 或 l。例如,在 Java 程序中要写整数 2147483648,必须将它写成 2147483648L 或者 2147483648l,因为 2147483648 超出了 int 型值的范围。推荐使用 L,因为 l (L 的小写) 很容易与 1 (数字 1) 混淆。

注意: 默认情况下,整型字面值是一个十进制整数。如要表示一个二进制整型字面值,使用前置 0b 或者 0B (零 B);如要表示一个八进制整型字面值,使用前置 0 (零);而要表示一个十六进制整型字面值,使用前置 0x 或 0X (零 X)。例如,

```
System.out.println(0B1111);  // Displays 15
System.out.println(07777);   // Displays 4095
System.out.println(0XFFFF);  // Displays 65535
```

十六进制数、二进制数和八进制数都将在附录 F 中介绍。

2.10.2 浮点型字面值

浮点型字面值带小数点,默认为 double 型。例如,5.0 被认为是 double 型而不是 float 型。可以通过在数字后面加字母 f 或 F 表示该数为 float 型值,也可以在数字后面加 d 或 D 表示该数为 double 型值。例如,可以使用 100.2f 或 100.2F 表示为 float 型值,用 100.2d 或 100.2D 表示为 double 型值。

注意: double 型值比 float 型值更精确。例如:

```
System.out.println("1.0 / 3.0 is " + 1.0 / 3.0);
```
显示结果：1.0 / 3.0 is 0.3333333333333333

↑
16 位

```
System.out.println("1.0F / 3.0F is " + 1.0F / 3.0F);
```
显示结果：1.0F / 3.0F is 0.33333334

↑
8 位

float 型值具有 6 ～ 9 个有效数字，而 double 型值具有 15 ～ 17 个有效数字。

注意：为了提高可读性，Java 允许在一个数值型字面值中使用下划线分隔两个数字。例如，下面的字面值是正确的：

```
long value = 232_45_4519;
double amount = 23.24_4545_4519_3415;
```

然而，45_ 和 _45 是不正确的。下划线必须置于两个数字之间。

2.10.3 科学记数法

浮点型字面值也可以用 $a \times 10^b$ 形式的科学记数法表示，例如，123.456 的科学记数法形式是 1.23456×10^2，0.0123456 的科学记数法形式是 1.23456×10^{-2}。一种特殊的语法可以用于表示科学记数法的数值。例如，1.23456×10^2 可以写成 1.23456E2 或者 1.23456E+2，而 1.23456×10^{-2} 写成 1.23456E-2。E（或 e）表示指数，可以是小写或大写。

注意：float 型和 double 型都用来表示带有小数点的数。为什么把它们称为浮点数呢？因为这些数在计算机内部是以科学记数法的形式进行存储的。例如，把 50.534 转换成科学记数法的形式，如 5.0534E+1，它的小数点就移到（即浮动到）一个新的位置。

复习题

2.10.1 在 float 和 double 类型的变量中存储了多少个准确数字？

2.10.2 以下哪些是正确的浮点型字面值？

12.3, 12.3e+2, 23.4e-2, –334.4, 20.5, 39F, 40D

2.10.3 以下哪些数字等于 52.534？

5.2534e+1, 0.52534e+2, 525.34e–1, 5.2534e+0

2.10.4 以下哪些是正确的字面值？

5_2534e+1, _2534, 5_2, 5_

2.11 JShell

要点提示：JShell 是用于快速对表达式求值以及执行语句的命令行工具。

JShell 是 Java 9 引入的命令行交互式工具。JShell 支持输入单个 Java 语句并执行，可立即查看结果，无须编写完整的类。此功能通常称为 REPL（读取–计算–打印循环），即输入表达式和语句后立即计算和执行，并立即显示结果。要使用 JShell，需要安装 JDK 9 或者以上版本。如果使用 Windows 系统的话，要确保在 Windows 环境中设置了正确的路径。打开命令行窗口，输入 jshell 来启动 JShell，如图 2-2 所示。

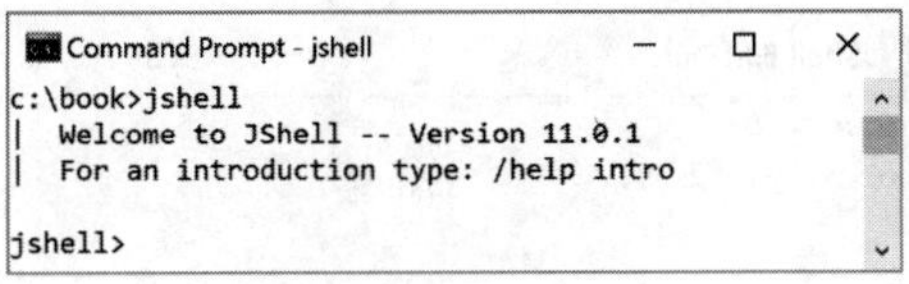

图 2-2 启动 Jshell

可以在 jshell 提示符后输入 Java 语句。例如，输入 int x = 5，如图 2-3 所示。

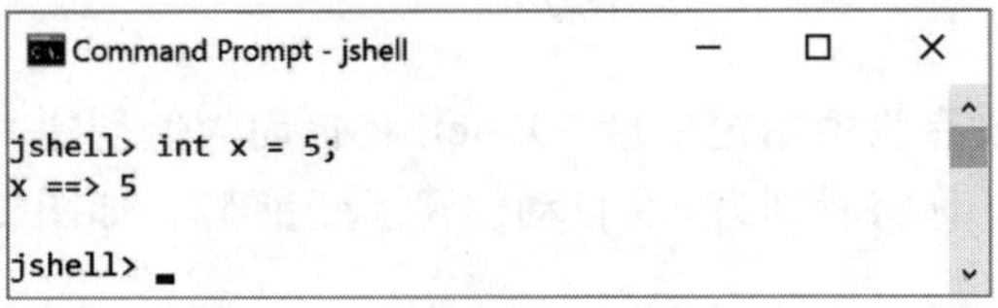

图 2-3 在 jshell 命令提示符后输入 Java 语句

要打印变量，只需输入 x。或者，也可以输入 System.out.println(x)，如图 2-4 所示。

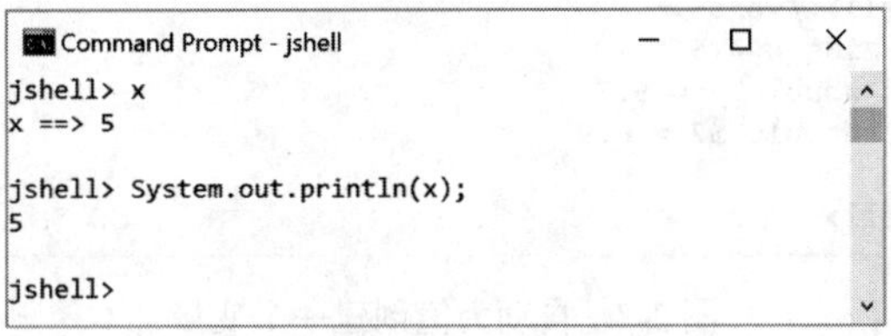

图 2-4 打印变量

可以使用 /vars 命令列出所有声明的变量，如图 2-5 所示。

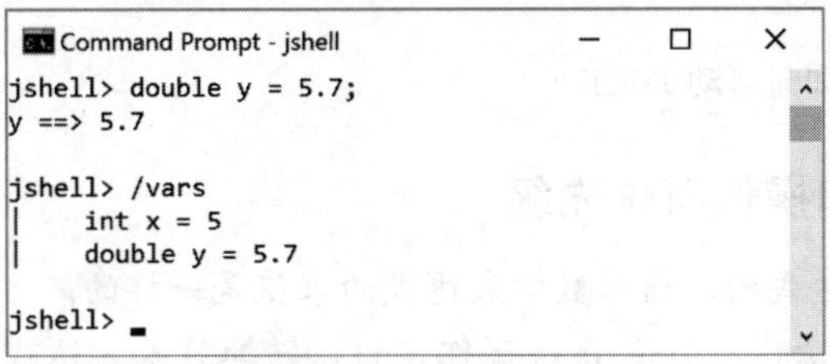

图 2-5 列出所有变量

可以使用 /edit 命令来编辑在 jshell 提示符后输入的代码，如图 2-6a 所示。该命令打开一个编辑面板。也可以在编辑面板中添加 / 删除代码，如图 2-6b 所示。结束编辑后，点击 Accept 按钮以在 JShell 中进行更改，点击 Exit 按钮可退出编辑面板。

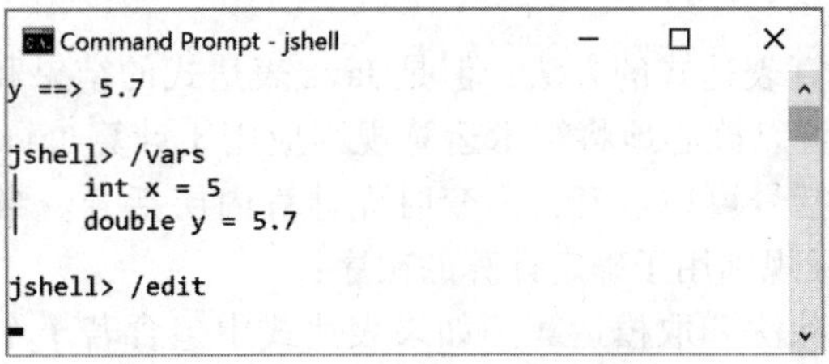

a)

图 2-6 使用 /edit 命令打开编辑面板

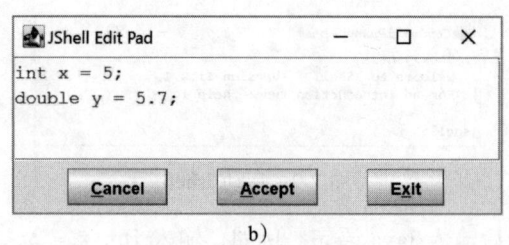

b)

图 2-6 （续）

在 JShell 中，如果没有为值指定变量，JShell 将自动为值创建一个变量。例如，如果在 jshell 提示符后输入 6.9，你将看到为 6.9 自动创建了变量 $7，如图 2-7 所示。

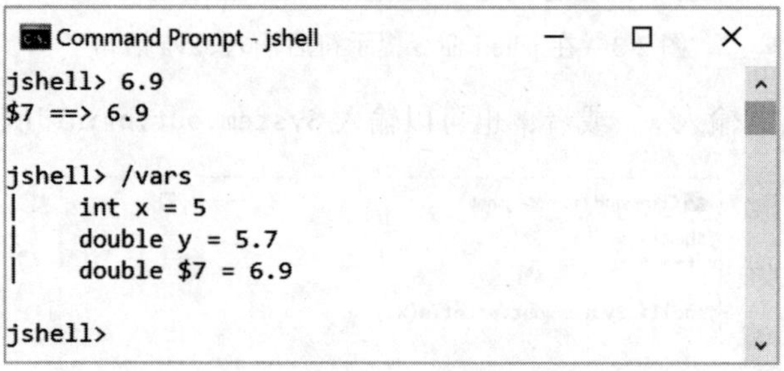

图 2-7　自动为值创建一个变量

输入 /exit 可退出 JShell。

访问网址 https://docs.oracle.com/en/java/javase/11/jshell/ 以了解更多信息。

✓ 复习题

2.11.1　REPL 表示什么？如何启动 JShell？

2.12　表达式求值和操作符优先级

○┳ 要点提示：Java 表达式的求值和数学表达式的求值是一样的。

用 Java 编写数值表达式涉及用 Java 操作符直接转换算术表达式。例如，算术表达式

$$\frac{3+4x}{5} - \frac{10(y-5)(a+b+c)}{x} + 9\left(\frac{4}{x} + \frac{9+x}{y}\right)$$

可以转换成如下所示的 Java 表达式：

```
(3 + 4 * x) / 5 - 10 * (y - 5) * (a + b + c) / x +
  9 * (4 / x + (9 + x) / y)
```

尽管 Java 有自己计算表达式的方法，但是 Java 表达式的结果和其对应的算术表达式的结果是一样的。因此，可以放心地将算术运算规则应用于计算 Java 表达式。首先计算的是括号中包含的操作符。括号可以嵌套，嵌套时先计算内层括号。当表达式中有多个操作符时，以下操作符的优先级规则用于确定计算的次序：

- 首先执行乘法、除法和取模运算。如果表达式中包含若干个乘法、除法和取模操作符，按照从左到右的顺序执行。
- 最后执行加法和减法运算。如果表达式中包含若干个加法和减法操作符，则按照从左到右的顺序执行。

下面是一个计算表达式的例子：

```
3 + 4 * 4 + 5 * (4 + 3) - 1
                 ↑————————————(1) 括号里的最先计算
3 + 4 * 4 + 5 * 7 - 1
    ↑————————————————(2) 乘法
3 + 16 + 5 * 7 - 1
         ↑——————————(3) 乘法
3 + 16 + 35 - 1
↑———————————————————(4) 加法
19 + 35 - 1
   ↑————————————————(5) 加法
54 - 1
  ↑—————————————————(6) 减法
53
```

程序清单 2-6 给出了利用公式 celsius = $\left(\frac{5}{9}\right)$ (fahrenheit − 32) 将华氏温度转换成摄氏温度的程序。

程序清单 2-6 FahrenheitToCelsius.java

```java
1   import java.util.Scanner;
2
3   public class FahrenheitToCelsius {
4     public static void main(String[] args) {
5       Scanner input = new Scanner(System.in);
6
7       System.out.print("Enter a degree in Fahrenheit: ");
8       double fahrenheit = input.nextDouble();
9
10      // Convert Fahrenheit to Celsius
11      double celsius = (5.0 / 9) * (fahrenheit - 32);
12      System.out.println("Fahrenheit " + fahrenheit + " is " +
13        celsius + " in Celsius");
14    }
15  }
```

```
Enter a degree in Fahrenheit: 100  ↵Enter
Fahrenheit 100.0 is 37.77777777777778 in Celsius
```

line#	fahrenheit	celsius
8	100	
11		37.77777777777778

使用除法时要小心。在 Java 中，两个整数相除的结果为整数。在第 11 行，将 $\frac{5}{9}$ 编码为 5.0/9 而不是 5/9，因为在 Java 中 5/9 的结果是 0。

✓ 复习题

2.12.1 如何在 Java 中写以下算术表达式？

a. $\dfrac{4}{3(r+34)} - 9(a+bc) + \dfrac{3+d(2+a)}{a+bd}$

b. $5.5 \times (r+2.5)^{2.5+t}$

2.13 示例学习：显示当前时间

要点提示：可以通过调用 System.currentTimeMillis() 返回当前时间。

本节的问题是开发一个以 GMT（格林尼治标准时间）来显示当前时间的程序，以时：分：秒的格式来显示，例如 13:19:8。

System 类中的方法 currentTimeMillis 返回从 GMT 1970 年 1 月 1 日零点开始到当前时刻的毫秒数，如图 2-8 所示。这一时间也称为 UNIX 时间戳（UNIX epoch）。时间戳是时间开始计时的点，因为 1970 年是 UNIX 操作系统正式发布的时间。

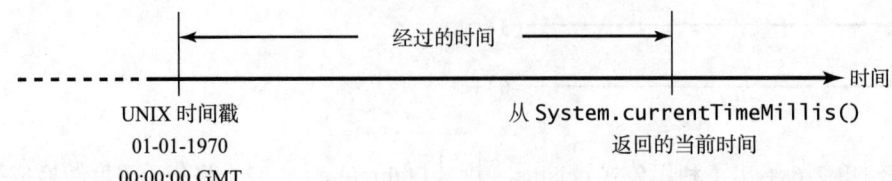

图 2-8 System.currentTimeMillis() 返回自 UNIX 时间戳以来的毫秒数

可以使用这个方法获取当前时间，然后如下计算出当前的秒数、分钟数和小时数：

1）调用 System.currentTimeMillis() 方法获取 1970 年 1 月 1 日零点到现在的毫秒数（例如：1203183068328 毫秒），并存放在变量 totalMilliseconds 中。

2）通过将总毫秒数 totalMilliseconds 除以 1000 得到总秒数 totalSeconds（例如：1203183068328 毫秒 /1000=1203183068 秒）。

3）通过 totalSeconds%60 得到当前的秒数（例如：1203183068 秒 %60=8，这个值就是当前秒数）。

4）通过将 totalSeconds 除以 60 得到总分钟数 totalMinutes（例如：1203183068 秒 /60=20053051 分）。

5）通过 totalMinutes%60 得到当前分钟数（例如：20053051 分 %60=31，这个值就是当前分钟数）。

6）通过将总分钟数 totalMinutes 除以 60 得到总小时数 totalHours（例如：20053051 分 /60=334217 时）。

7）通过 totalHours%24 得到当前小时数（例如：334217 时 %24=17，该值就是当前小时数）。

程序清单 2-7 给出了完整的程序。

程序清单 2-7 ShowCurrentTime.java

```
 1  public class ShowCurrentTime {
 2    public static void main(String[] args) {
 3      // Obtain the total milliseconds since midnight, Jan 1, 1970
 4      long totalMilliseconds = System.currentTimeMillis();
 5
 6      // Obtain the total seconds since midnight, Jan 1, 1970
 7      long totalSeconds = totalMilliseconds / 1000;
 8
 9      // Compute the current second in the minute in the hour
10      long currentSecond = totalSeconds % 60;
11
12      // Obtain the total minutes
```

```
13      long totalMinutes = totalSeconds / 60;
14
15      // Compute the current minute in the hour
16      long currentMinute = totalMinutes % 60;
17
18      // Obtain the total hours
19      long totalHours = totalMinutes / 60;
20
21      // Compute the current hour
22      long currentHour = totalHours % 24;
23
24      // Display results
25      System.out.println("Current time is " + currentHour + ":"
26         + currentMinute + ":" + currentSecond + " GMT");
27    }
28 }
```

```
Current time is 17:31:8 GMT
```

第 4 行调用 System.currentTimeMillis() 获得以毫秒为单位的 long 类型的当前时间值。因此，在该程序中所有变量都声明为 long 型。秒数、分钟数、小时数从当前时间中运用 / 和 % 操作符提取得到（第 6 ~ 22 行）。

variables \ line#	4	7	10	13	16	19	22
totalMilliseconds	1203183068328						
totalSeconds		1203183068					
currentSecond			8				
totalMinutes				20053051			
currentMinute					31		
totalHours						334217	
currentHour							17

在运行示例中，秒数显示为仅一位的数字 8，而希望的输出是 08。可以通过对单个数字格式化为加前缀 0 的方法来解决此问题（参见编程练习题 6.37）。

该程序中显示的小时值为格林尼治标准时间。通过编程练习题 2.8，可以采用任何时区来显示小时值。

Java 还提供了 System.nanoTime() 方法以返回以纳秒为单位的流逝时间。nanoTime() 比 currentTimeMillis() 更加精确。

复习题

2.13.1 如何获得当前的秒数、分钟数以及小时数？

2.14 增强赋值操作符

要点提示：操作符 +、-、*、/、% 可以结合赋值操作符使用，形成增强操作符。

经常会出现变量的当前值被使用和修改，然后再重新赋值给该变量的情况。例如，下面语句将变量 count 加 1。

count = count + 1;

Java 允许使用增强赋值操作符来结合赋值操作符和加法操作符的功能。例如，上面的语句可以写成：

count += 1;

符号 += 称为加法赋值操作符（addition assignment operator）。其他增强赋值操作符如表 2-4 所示。

表 2-4 增强赋值操作符

操作符	名称	示例	等价于
+=	加法赋值操作符	i += 8	i = i+8
-=	减法赋值操作符	i -= 8	i = i-8
*=	乘法赋值操作符	i* = 8	i = i*8
/=	除法赋值操作符	i/ = 8	i = i/8
%=	取模赋值操作符	i% = 8	i = i%8

增强赋值操作符在表达式中的所有其他操作符计算完成后才执行。例如：

x /= 4 + 5.5 * 1.5;

等同于

x = x / (4 + 5.5 * 1.5);

☞ **警告**：在增强赋值操作符中是没有空格的。例如：+ = 应该是 +=。

☞ **注意**：就像赋值操作符（=）一样，操作符（+=、-=、*=、/=、%=）既可以构成赋值语句，也可以构成赋值表达式。例如，在下面的代码中，第 1 行的 x+=2 是一条语句，而在第 2 行中则为表达式：

```
x += 2; // Statement
System.out.println(x += 2); // Expression
```

✔ **复习题**

2.14.1 给出以下代码的运行结果：

```
double a = 6.5;
a += a + 1;
System.out.println(a);
a = 6;
a /= 2;
System.out.println(a);
```

2.15 自增和自减操作符

☞ **要点提示**：自增操作符（++）和自减操作符（--）用于对变量进行加 1 和减 1 的操作。

++ 和 -- 是对变量进行自增 1 和自减 1 的简写操作符。许多编程任务中经常需要对变量加 1 或者减 1，所以采用这两个操作符会方便许多。例如，下面的代码是对 i 自增 1，而对 j 自减 1：

```
int i = 3, j = 3;
i++; // i becomes 4
j--; // j becomes 2
```

i++ 读为"i 加加"，i-- 读为"i 减减"。因为操作符 ++ 和 -- 放在变量后面，所以这两个操作符分别称为后置自增操作符和后置自减操作符。这两个操作符也可以放在变量前面，比如：

```
int i = 3, j = 3;
++i; // i becomes 4
--j; // j becomes 2
```

++i 将 i 增加 1，--j 将 j 减去 1。这两个操作符分别称为前置自增操作符和前置自减操作符。

如你所见，前面的例子中，i++ 和 ++i 的效果或者 i-- 和 --i 的效果是一样的。然而，当用在表达式中不单纯进行自增和自减时，它们的作用就会不同。表 2-5 描述了它们的不同，并且给出了示例。

表 2-5 自增和自减操作符

操作符	名称	描述	示例（假设 i=1）
++var	前置自增	将 var 加 1，在语句中使用新的 var 值	int j = ++i; // j 为 2, i 为 2
var++	后置自增	将 var 加 1，但是在语句中使用原来的 var 值	int j = i++; // j 为 1, i 为 2
--var	前置自减	将 var 减 1，在语句中使用新的 var 值	int j = --i; // j 为 0, i 为 0
var--	后置自减	将 var 减 1，但是在语句中使用原来的 var 值	int j = i--; // j 为 1, i 为 0

下面是演示前置形式的 ++（或者 --）和后置形式的 ++（或者 --）之间区别的补充示例。考虑以下代码：

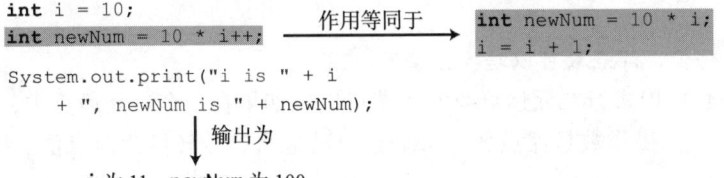

在此例中，首先对 i 自增 1，然后返回 i 原来的值参与乘法运算。这样，newNum 的值就为 100。如果将 i++ 替换为 ++i，则变为如下所示：

```
int i = 10;
int newNum = 10 * (++i);      作用等同于    i = i + 1;
System.out.print("i is " + i                int newNum = 10 * i;
    + ", newNum is " + newNum);
                ↓ 输出为
        i 为 11, newNum 为 110
```

i 自增 1，然后返回 i 的新值参与乘法运算。这样，newNum 的值就为 110。

下面是另一个例子：

```
double x = 1.0;
double y = 5.0;
double z = x-- + (++y);
```

在这三行程序执行完之后，y 的值为 6.0，z 的值为 7.0，而 x 的值为 0.0。

Java 中的操作数是从左到右求值的。在计算二元操作符右侧操作数的任何部分前，先计算左侧的操作数。该规则优先于任何其他控制表达式的规则。以下是一个示例：

```
int i = 1;
int k = ++i + i * 3;
```

++i 被计算并返回 2。在计算 i*3 时，i 现在为 2。因此，k 为 8。

> **提示**：使用自增操作符和自减操作符可以使表达式更加简短，但也会使它们变得复杂难懂。应该避免在同一个表达式中使用这些操作符修改多个变量或多次修改同一个变量，如 int k=++i+i*3。

✓ **复习题**

2.15.1 以下语句哪个为真？
  a. 任何表达式都可以用作语句。
  b. 表达式 x++ 可以用作语句。
  c. 语句 x = x + 5 也是一个表达式。
  d. 语句 x = y = x = 0 是非法的。

2.15.2 给出以下代码的输出：

```
int a = 6;
int b = a++;
System.out.println(a);
System.out.println(b);
a = 6;
b = ++a;
System.out.println(a);
System.out.println(b);
```

2.16 数值类型转换

> **要点提示**：通过显式转换，浮点数可以转换为整数。

两个不同类型的操作数可以进行二元运算吗？当然可以。如果在一个二元运算中，其中一个操作数是整数，而另一个操作数是浮点数，Java 会自动地将整数转换为浮点值。因此，3*4.5 等同于 3.0*4.5。

总是可以将一个数值赋给其类型支持更大范围数值的数值变量，例如，可以将 long 型的值赋给 float 型的变量。但是，除非进行类型转换，否则不能将一个值赋给范围较小的类型的变量。类型转换是将一种数据类型的值转换成另一种数据类型的值的操作。将范围较小的类型转换为范围较大的类型称为扩大类型（widening a type），而将范围较大的类型转换为范围较小的类型称为缩小类型（narrowing a type）。Java 将自动扩大一个类型，但是必须显式完成缩小类型操作。

强制类型转换的语法是在括号中指定目标类型，紧跟其后的是要转换的变量名或值。例如，语句

```
System.out.println((int)1.7);
```

显示 1。当 double 型值被转换为 int 型值时，小数部分被截去。

语句

```
System.out.println((double)1 / 2);
```

显示 0.5，因为 1 首先被转换为 1.0，然后除以 2。然而，语句

```
System.out.println(1 / 2);
```

显示 0，因为 1 和 2 都是整数，结果也应该是整数。

☞ **警告**：如果要将一个值赋给一个范围较小的类型的变量，就必须进行类型转换。例如，将 double 型的值赋给 int 型变量。如果在这种情况下没有使用强制类型转换，就会出现编译错误。使用强制类型转换时必须小心，丢失的信息也许会导致不准确的结果。

☞ **注意**：强制类型转换不改变被转换的变量。例如，下面代码中的 d 在强制类型转换之后保持不变：

```
double d = 4.5;
int i = (int)d; // i becomes 4, but d is still 4.5
```

☞ **注意**：Java 中，x1 op= x2 形式的增强赋值表达式实现为 x1 = (T)(x1 op x2)，这里 T 是 x1 的类型。因此，下面的代码是正确的：

```
int sum = 0;
sum += 4.5; // sum becomes 4 after this statement
sum += 4.5 is equivalent to sum = (int)(sum + 4.5).
```

☞ **注意**：将一个 int 型变量赋值给 short 型或 byte 型变量，必须显式地使用类型转换。例如，下述语句会产生编译错误：

```
int i = 1;
byte b = i; // Error because explicit casting is required
```

然而，只要整型字面值是在目标变量允许的范围内，那么将整型字面值赋给 short 型或 byte 型变量时，就不需要显式的类型转换（参见 2.10 节）。

程序清单 2-8 中的程序将营业税值显示为保留小数点后两位。

程序清单 2-8 SalesTax.java

```
1  import java.util.Scanner;
2
3  public class SalesTax {
4    public static void main(String[] args) {
5      Scanner input = new Scanner(System.in);
6
7      System.out.print("Enter purchase amount: ");
8      double purchaseAmount = input.nextDouble();
9
10     double tax = purchaseAmount * 0.06;
11     System.out.println("Sales tax is $" + (int)(tax * 100) / 100.0);
12   }
13 }
```

```
Enter purchase amount: 197.55 ←Enter
Sales tax is $11.85
```

line#	purchaseAmount	tax	Output
8	197.55		
10		11.853	
11			11.85

使用运行示例中的输入值，变量 purchaseAmount 为 197.55（第 8 行）。营业税是销售额

的 6%，所以，计算得到的税款 tax 为 11.853（第 10 行）。注意到：

    tax * 100 是 1185.3
    (int)(tax * 100) 是 1185
    (int)(tax * 100) / 100.0 是 11.85

因此，第 11 行语句中的营业税值是保留小数点后两位数字的 11.85。注意，表达式 (int)(tax * 100)/100.0 将 tax 值向下四舍五入为保留小数点后两位。如果 tax 等于 3.456，(int)(tax * 100)/100.0 将等于 3.45。能否将值四舍五入为保留小数点后两位呢？注意到任意的 double 值 x 可以使用 (int)(x + 0.5) 四舍五入为一个整数，因此，tax 可以使用 (int)(x * 100 + 0.5)/100 四舍五入为保留小数点后两位。

✓ 复习题

2.16.1 在一次计算中，不同类型的数值可以一起使用吗？

2.16.2 将一个 double 类型的数值显式类型转换为 int 类型时，是如何处理 double 值的小数部分的？类型转换改变被转换的变量吗？

2.16.3 给出以下代码的输出：

```
float f = 12.5F;
int i = (int)f;
System.out.println("f is " + f);
System.out.println("i is " + i);
```

2.16.4 在程序清单 2-8 中，如果将第 11 行的 (int)(tax*100)/100 改为 (int)(tax*100)/100，输入购买金额 197.556，其输出是什么？

2.16.5 给出以下代码的输出：

```
double amount = 5;
System.out.println(amount / 2);
System.out.println(5 / 2);
```

2.16.6 编写一个表达式，将变量 d 中的 double 值四舍五入为一个整数。

2.17 软件开发过程

☞ 要点提示：软件开发生命周期是一个多阶段的过程，包括需求确定、系统分析、系统设计、实现、测试、部署和维护。

开发软件产品是一个工程过程。软件产品无论大小，都具有同样的生命周期：需求确定、系统分析、系统设计、实现、测试、部署和维护，如图 2-9 所示。

需求确定是一个规范化的过程，旨在了解软件要解决的问题，并详细记录软件系统需要做什么。这个阶段涉及用户和开发者之间的密切交流。本书中的大多数例子都是简单的，它们的需求非常清晰地进行了表述。然而，在实际中，问题经常没有被很好地定义。开发者需要和客户（使用软件的个人或者组织）密切合作，仔细地研究问题，以确定软件的功能。

系统分析旨在分析数据流，并且确定系统的输入和输出。在进行分析时，它有助于首先确定输出是什么，然后找出产生输出所需要的输入数据。

系统设计是设计一个从输入获得输出的过程。这个阶段涉及使用多个抽象级别，将问题分解为可管理的组件，以及实现每个组件的设计策略。可以将每个组件看作一个执行系统特定功能的子系统。系统分析和设计的本质是输入、处理和输出（IPO）。

实现是将系统设计转换成程序。为每个组件编写独立的程序，然后集成在一起工作。这个阶段需要使用一门编程语言,比如 Java。实现包括编写代码、自我测试以及调试(在代码中查找的错误称为 bug)。

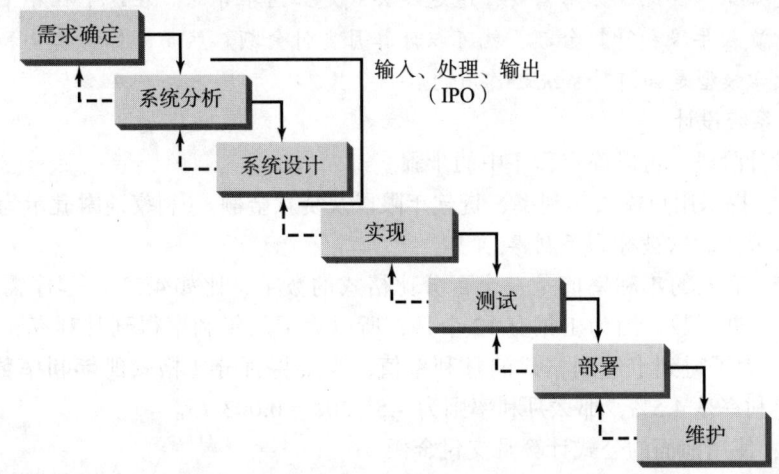

图 2-9 在软件开发生命周期的任何阶段都有可能回到之前的阶段改正错误,或者处理其他可能影响软件预期功能的问题

测试确保代码符合需求规范,并且排除错误。通常由一个没有参与产品设计和实现的独立软件工程师团队完成这样的测试。

部署使得软件可以被使用。按照类型的不同,软件可能被安装到每个用户的机器上,或者安装在一个 Internet 可访问的服务器上。

维护涉及产品的更新和升级。软件产品必须在不断变化的环境中持续运行和改进。这需要定期升级产品,以修复新发现的错误,并且整合改进部分。

为了了解实际的软件开发过程,我们现在将创建一个计算贷款支付金额的程序。贷款可以是车辆贷款、学生贷款或者住宅贷款。作为编程入门课程,我们重点关注需求确定、系统分析、系统设计、实现和测试阶段。

阶段 1:需求确定

程序必须满足以下需求:
- 能让用户输入利率、贷款金额以及贷款年限,从而计算支付金额。
- 能计算和显示月支付金额和总支付金额。

阶段 2:系统分析

输出是月支付金额和总支付金额,这可以通过下面的公式进行计算:

$$月支付金额 = \frac{贷款金额 \times 月利率}{1 - \frac{1}{(1 + 月利率)^{贷款年限 \times 12}}}$$

$$总支付金额 = 月支付金额 \times 贷款年限 \times 12$$

因此,程序需要的输入是月利率、贷款年限,以及贷款金额。

注意:需求确定阶段要求用户输入年利率、贷款金额和贷款年限。然而,在分析过程中,你可能发现有些输入或者有些值对于输出来说不是必需的。如果是这样,你可以回过头去修改需求规范。

> **注意**：在现实世界中，你将和各行各业的客户一起工作。你可能为化学家、物理学家、工程师、经济学家以及心理学家开发软件。当然，你可能没有（或者不需要有）这些领域的完整知识。因此，你不需要知道这些公式是如何推导的。在这个程序中，只要给定月利率、贷款年限和贷款金额，就可以计算月支付金额。然而，你将需要和客户沟通并且了解数学模型是如何对系统起作用的。

阶段 3：系统设计

在系统设计阶段，可以确定程序中的步骤。

步骤 3.1：提示用户输入年利率、贷款年限以及贷款金额。（利率通常表示为 1 年时间中相对本金的百分比。这被称为年利率。）

步骤 3.2：输入的年利率值是一个百分比格式的数字，比如 4.5%。程序需要将它除以 100 而转换成十进制数。因为 1 年有 12 个月，所以为了从年利率得到月利率，再将该值除以 12。因此，为了得到十进制格式的月利率值，需要将百分比格式的年利率数除以 1200。比如，如果年利率是 4.5%，那么月利率则为 4.5/1200 = 0.003 75。

步骤 3.3：使用前面的公式计算月支付金额。

步骤 3.4：计算总支付金额。该值等于月支付金额乘以 12，再乘以贷款年限。

步骤 3.5：显示月支付金额和总支付金额。

阶段 4：实现

实现也称为编码（编写代码）。在公式中，你需要计算 $(1 + 月利率)^{贷款年限 \times 12}$，这可以通过使用 Math.pow(1 + monthlyInterestRate, numberOfYears * 12) 得到。

程序清单 2-9 给出了完整的程序。

程序清单 2-9 ComputeLoan.java

```java
 1  import java.util.Scanner;
 2
 3  public class ComputeLoan {
 4    public static void main(String[] args) {
 5      // Create a Scanner
 6      Scanner input = new Scanner(System.in);
 7
 8      // Enter annual interest rate in percentage, e.g., 7.25
 9      System.out.print("Enter annual interest rate, e.g., 7.25: ");
10      double annualInterestRate = input.nextDouble();
11
12      // Obtain monthly interest rate
13      double monthlyInterestRate = annualInterestRate / 1200;
14
15      // Enter number of years
16      System.out.print(
17        "Enter number of years as an integer, e.g., 5: ");
18      int numberOfYears = input.nextInt();
19
20      // Enter loan amount
21      System.out.print("Enter loan amount, e.g., 120000.95: ");
22      double loanAmount = input.nextDouble();
23
24      // Calculate payment
25      double monthlyPayment = loanAmount * monthlyInterestRate / (1
26        - 1 / Math.pow(1 + monthlyInterestRate, numberOfYears * 12));
27      double totalPayment = monthlyPayment * numberOfYears * 12;
28
```

```
29        // Display results
30        System.out.println("The monthly payment is $" +
31          (int)(monthlyPayment * 100) / 100.0);
32        System.out.println("The total payment is $" +
33          (int)(totalPayment * 100) / 100.0);
34      }
35  }
```

```
Enter annual interest rate, for example, 7.25: 5.75 ↵Enter
Enter number of years as an integer, for example, 5: 15 ↵Enter
Enter loan amount, for example, 120000.95: 250000 ↵Enter
The monthly payment is $2076.02
The total payment is $373684.53
```

line# variables	10	13	18	22	25	27
annualInterestRate	5.75					
monthlyInterestRate		0.0047916666666				
numberOfYears			15			
loanAmount				250000		
monthlyPayment					2076.0252175	
totalPayment						373684.539

第 10 行读取年利率值，在第 13 行将其转换为月利率值。

为变量选择最合适的数据类型。比如，numberOfYear 最好声明为 int（第 18 行），尽管它也可以被声明为 long、float 或者 double。注意对于 numberOfYears 而言，byte 可能是最合适的。然而，为了简单起见，书中的示例都将 int 用于整数，将 double 用于浮点值。

第 25 ～ 27 行将计算月支付金额的公式转换为 Java 代码。

第 31 和 33 行使用类型转换，获得保留小数点后两位的新的 monthlyPayment 和 totalPayment 值。

程序使用的 Scanner 类在第 1 行中导入。程序也使用了 Math 类，你可能会困惑为什么该类没有被导入程序。Math 类位于 java.lang 包中，而 java.lang 包中的所有类是隐式导入的。因此，不需要显式地导入 Math 类。

阶段 5：测试

实现程序后，使用一些样例输入数据来测试它并且验证输出是否正确。一些问题将涉及许多情况，如你在后面章节中将会看到的。对于这些类型的问题，你需要设计覆盖所有可能情况的测试数据。

> 提示：这个示例中的系统设计阶段确定了多个步骤。这是一种很好的方法，可以通过一次添加一个步骤来逐步测试这些步骤。这种方法称为增量式的编码和测试，它使查明问题和调试程序变得更加容易。

✓ **复习题**

2.17.1 如何编写下面数学表达式的代码？

$$\frac{-b+\sqrt{b^2-4ac}}{2a}$$

2.18 示例学习：计算货币单位

☞ **要点提示**：本节给出一个程序，将大额金钱分成较小货币单位。

假如你希望开发一个程序，将给定的金额转换为较小的货币单位。这个程序要求用户输入一个 double 型的值，以美元和美分表示总金额。然后输出一个清单，依次列出和总金额等价的最大数量的 dollar（1 美元）、quarter（25 美分）、dime（10 美分）、nickel（5 美分）和 penny（1 美分）的数目，使得硬币数最少。

下面是开发这个程序的步骤：

1）提示用户输入一个十进制数的总金额，例如 11.56。
2）将该金额（例如 11.56）转换为分币数（例如 1156）。
3）通过将分币数除以 100，求出美元数。通过对分币数除以 100 取模，得到剩余分币数。
4）通过将剩余的分币数除以 25，求出 25 美分硬币的数目。通过对剩余的分币数除以 25 取模，得到剩余分币数。
5）将剩余的分币数除以 10，求出 10 美分硬币的数目。通过对剩余的分币数除以 10 取模，得到剩余分币数。
6）将剩余的分币数除以 5，求出 5 美分硬币的数目。通过对剩余的分币数除以 5 取模，得到剩余的分币数。
7）剩余的分币数就是 1 美分硬币的数目。
8）显示结果。

完整的程序如程序清单 2-10 所示。

程序清单 2-10 ComputeChange.java

```java
import java.util.Scanner;

public class ComputeChange {
  public static void main(String[] args) {
    // Create a Scanner
    Scanner input = new Scanner(System.in);

    // Receive the amount
    System.out.print(
      "Enter an amount in double, for example 11.56: ");
    double amount = input.nextDouble();

    int remainingAmount = (int)(amount * 100);

    // Find the number of one dollars
    int numberOfOneDollars = remainingAmount / 100;
    remainingAmount = remainingAmount % 100;

    // Find the number of quarters in the remaining amount
    int numberOfQuarters = remainingAmount / 25;
    remainingAmount = remainingAmount % 25;

    // Find the number of dimes in the remaining amount
```

```java
24      int numberOfDimes = remainingAmount / 10;
25      remainingAmount = remainingAmount % 10;
26
27      // Find the number of nickels in the remaining amount
28      int numberOfNickels = remainingAmount / 5;
29      remainingAmount = remainingAmount % 5;
30
31      // Find the number of pennies in the remaining amount
32      int numberOfPennies = remainingAmount;
33
34      // Display results
35      System.out.println("Your amount " + amount + " consists of");
36      System.out.println("   " + numberOfOneDollars + " dollars");
37      System.out.println("   " + numberOfQuarters + " quarters ");
38      System.out.println("   " + numberOfDimes + " dimes");
39      System.out.println("   " + numberOfNickels + " nickels");
40      System.out.println("   " + numberOfPennies + " pennies");
41    }
42  }
```

```
Enter an amount in double, for example, 11.56: 11.56 ↵Enter
Your amount 11.56 consists of
     11 dollars
     2 quarters
     0 dimes
     1 nickels
     1 pennies
```

variables \ line#	11	13	16	17	20	21	24	25	28	29	32
amount	11.56										
remainingAmount		1156		56		6		6		1	
numberOfOneDollars			11								
numberOfQuarters					2						
numberOfDimes							0				
numberOfNickels									1		
numberOfPennies											1

变量 amount 存储了从控制台输入的金额（第 11 行）。由于在程序结尾处显示结果时要用到该金额，所以该变量的值是不变的。程序引入变量 remainingAmount（第 13 行）来存储变化的余额。

变量 amount 是一个 double 类型的十进制数，代表美元和美分。它被转换为一个 int 类型变量 remainingAmount 以代表 1 美分的总数量。例如：如果 amount 为 11.56，那么 remainingAmount 的初始值为 1156。除法运算得到相除的整数部分，所以 1156/100 的结果是 11。取模运算可以得到相除的余数部分，所以 1156%100 的结果是 56。

程序从剩余金额中提取出最大的 1 美元硬币数，得到新的余额存储在变量 remainingAmount 中（第 16 和 17 行）。接着从 remainingAmount 中提取出最大的 25 美分硬币数，得到一个新的余额 remainingAmount（第 20 和 21 行）。继续同样的过程，程序就找到了余额中最大的10美分、5美分和1美分硬币数。

本例的一个严重问题是，将 double 型的总金额转换为 int 型 remainingAmount 时可能会损失精度，这会导致不正确的结果。如果输入的总金额为 10.03，那么 10.03*100 就会变成 1002.9999999999999，程序会显示 10 美元和 2 美分。为了解决这个问题，应该输入整型值来表示美分数（参见编程练习 2.22）。

✔ 复习题

2.18.1 在程序清单 2-10 中，给出输入值为 1.99 时的输出。为什么在输入 10.03 时，程序会产生不正确的结果？

2.19 常见错误和陷阱

🔑 要点提示：常见的基础编程错误通常有未声明变量、未初始化变量、整数溢出、非预期的整数除法，以及舍入错误。

常见错误 1：未声明 / 未初始化变量和未使用的变量

变量必须在使用之前声明类型并且赋值。一种常见的错误是没有声明或者初始化变量。考虑下面的代码：

```
double interestRate = 0.05;
double interest = interestrate * 45;
```

此代码有错误，因为 interestRate 赋值为 0.05，而 interestrate 并没有声明和初始化。Java 是区分大小写的，因此将 interestRate 和 interestrate 作为两个不同的变量。

如果声明了一个变量，但是没有在程序中用到，将是一个潜在的编程错误。因此，你应该从程序中将未使用的变量移除。例如，在下面的代码中，taxRate 从未使用。需要从代码中将它去掉。

```
double interestRate = 0.05;
double taxRate = 0.05;
double interest = interestRate * 45;
System.out.println("Interest is " + interest);
```

如果使用诸如 Eclipse 和 NetBeans 之类的 IDE，将收到关于未使用变量的警告消息。

常见错误 2：整数溢出

数字以有限的位数存储。当一个变量被赋的值过大（相对于存储空间大小而言）而无法存储时，将导致溢出。例如，执行下面的语句将导致溢出，因为在一个 int 类型变量中可以存储的最大值是 2147483647。2147483648 超出了 int 值的范围。

```
int value = 2147483647 + 1;
// value will actually be –2147483648
```

同样，执行下面的语句也会产生溢出，因为可以存储在 int 类型变量中的最小值是 –2147483648。–2147483649 超出了一个 int 类型变量可以存储的值。

```
int value = –2147483648 – 1;
// value will actually be 2147483647
```

Java 不会给出关于溢出的警告或者错误报告，因此，当处理一个与给定类型的最大和最小范围很接近的数值时，要特别小心。

如果一个浮点数过小（即非常接近于 0），将导致下溢。Java 将其近似为 0，所以一般情况下不用考虑下溢的问题。

常见错误 3：舍入错误

舍入错误是指计算得到的数字近似值和其精确的数学值之间的差。例如，如果保留三位小数，1/3 近似等于 0.333；如果保留 7 位，近似值是 0.333 333 3。因为一个变量保存的位数是有限的，所以舍入错误是无法避免的。涉及浮点数的计算都是近似的，因为这些数没有以准确的精度来存储。例如：

```
System.out.println(1.0 - 0.1 - 0.1 - 0.1 - 0.1 - 0.1);
```

显示 0.5000000000000001，而不是 0.5，而

```
System.out.println(1.0 - 0.9);
```

显示 0.09999999999999998，而不是 0.1。整数可以精确地存储。因此，整数运算得到的是精确的整数结果。

常见错误 4：非预期的整数除法

Java 使用同样的除法操作符 / 来执行整数和浮点数的除法。当两个操作数是整数时，/ 操作符执行整数除法，操作的结果是整数，小数部分被截去。如果要强制两个整数执行浮点数除法，可以将其中一个整数转换为浮点数。例如，下面 a 中的代码显示 average 为 1，而 b 中的代码显示 average 为 1.5。

```
int number1 = 1;
int number2 = 2;
double average = (number1 + number2) / 2;
System.out.println(average);
```
a)

```
int number1 = 1;
int number2 = 2;
double average = (number1 + number2) / 2.0;
System.out.println(average);
```
b)

常见陷阱：冗余的输入对象

编程初学者经常编写为每个输入创建多个输入对象的代码。例如，以下代码读取一个整数和一个双精度值。

```
Scanner input = new Scanner(System.in);
System.out.print("Enter an integer: ");
int v1 = input.nextInt();

Scanner input1 = new Scanner(System.in);    BAD CODE
System.out.print("Enter a double value: ");
double v2 = input1.nextDouble();
```

这样的代码不好。它毫无必要地创建了两个输入对象，这可能会导致一些不易发现的错误。应该重写代码如下：

```
Scanner input = new Scanner(System.in);    GOOD CODE
System.out.print("Enter an integer: ");
int v1 = input.nextInt();
System.out.print("Enter a double value: ");
double v2 = input.nextDouble();
```

✓ 复习题

2.19.1 可以将一个变量声明为 int 类型，之后又将其重新声明为 double 类型吗？

2.19.2 什么是整数溢出？浮点数运算会导致溢出吗？

2.19.3 溢出会导致运行时错误吗？

2.19.4 什么是舍入错误？整数运算会导致舍入错误吗？浮点数运算会导致舍入错误吗？

关键术语

algorithm（算法）
assignment operator（=，赋值操作符）
assignment statement（赋值语句）
byte type（字节类型）
casting（类型转换）
constant（常量）
data type（数据类型）
declare variables（声明变量）
decrement operator（--，自减操作符）
double type（双精度类型）
expression（表达式）
final keyword（final 关键字）
float type（浮点类型）
floating-point number（浮点数）
identifier（标识符）
increment operator（++，自增操作符）
incremental development and testing（增量式开发和测试）
int type（整数类型）
IPO（输入-处理-输出）
literal（字面值）
long type（长整型类型）
narrowing（of types）（缩小类型）
operands（操作数）
operator（操作符）
overflow（上溢）
postdecrement（后置自减）
postincrement（后置自增）
predecrement（前置自减）
preincrement（前置自增）
primitive data type（基本数据类型）
pseudocode（伪代码）
requirement specification（需求规范）
scope of a variable（变量范围）
short type（短整型类型）
specific import（特定导入）
system analysis（系统分析）
system design（系统设计）
underflow（下溢）
UNIX epoch（UNIX 时间戳）
variable（变量）
widening（of types）（扩大类型）
wildcard import（通配符导入）

本章小结

1. 标识符是程序中用于标识变量、常量、方法、类、包等元素的名称。
2. 标识符是由字母、数字、下划线（_）和美元符号（$）构成的字符序列。标识符必须以字母或下划线开头，不能以数字开头。标识符不能是保留字。标识符可以为任意长度。
3. 变量用于存储程序中的数据。声明变量就是告诉编译器该变量可以存储何种数据类型。
4. 有两种类型的 import 语句：特定导入和通配符导入。特定导入是在 import 语句中指定单个的类；通配符导入是将包中所有的类导入。
5. 在 Java 中，等号（=）被用作赋值操作符。
6. 方法中声明的变量必须在使用前被赋值。
7. 命名常量（或简称为常量）表示不会改变的数据。
8. 用关键字 final 声明命名常量。
9. Java 提供了 4 种整数类型（byte、short、int、long）表示四种不同大小范围的整数。
10. Java 提供了两种浮点类型（float、double）表示两种不同精度的浮点数。
11. Java 提供了操作符完成数值运算：+（加）、-（减）、*（乘）、/（除）和 %（取模）。
12. 整数运算（/）得到的结果是一个整数。
13. Java 表达式中的数值操作符和算术表达式中的数值操作符的用法完全一致。

14. Java 提供了增强赋值操作符：+=（加法赋值）、-=（减法赋值）、*=（乘法赋值）、/=（除法赋值）以及 %=（取模赋值）。
15. 自增操作符（++）和自减操作符（--）分别对变量加 1 或减 1。
16. 当计算包含不同类型的值的表达式时，Java 会自动地将操作数转换为恰当的类型。
17. 可以使用 (type)value 这样的表示法显式地将数值从一个类型转换到另一个类型。
18. 将一个较小范围类型的变量转换为较大范围类型的变量称为扩大类型。
19. 将一个较大范围类型的变量转换为较小范围类型的变量称为缩小类型。
20. 扩大类型不需要显式转换即可自动完成。缩小类型必须显式执行。
21. 在计算机科学中，1970 年 1 月 1 日零点称为 UNIX 时间戳。

测试题

在线回答配套网站上的本章测试题。

编程练习题

- **调试提示**：编译器通常会给出一个语法错误的原因。如果不知道如何改正，逐个字符地将程序与教材中的类似示例进行仔细比较。
- **教学提示**：教师可能会要求你将选中的练习题的分析和设计记录下来。用你自己的表述来分析问题，包括输入、输出，以及需要计算什么，并且以伪代码描述如何解决问题。
- **教学提示**：本书配套网站上为学生提供了大多数偶数题号的编程练习题答案。这些练习题作为各种程序的补充示例。为了充分利用这些答案，学生应该首先完成偶数题号的练习，然后将自己的答案和书中的答案进行比较。由于本书提供了大量的编程练习题，所以完成所有偶数题号的编程练习题就足够了。

2.2～2.13 节

2.1 （将摄氏温度转换为华氏温度）编写程序，从控制台读入 double 型的摄氏温度值，然后将其转换为华氏温度，并且显示结果。转换公式如下所示：

$$华氏温度 = (9/5) * 摄氏温度 + 32$$

提示：在 Java 中，9/5 的结果是 1，但是 9.0/5 的结果是 1.8。

下面是一个运行示例：

```
Enter a degree in Celsius: 43.5 ↵Enter
43.5 Celsius is 110.3 Fahrenheit
```

2.2 （计算圆柱体的体积）编写程序，读入圆柱体的半径和高，并使用下列公式计算圆柱体的体积：

$$面积 = 半径 \times 半径 \times \pi$$
$$体积 = 面积 \times 高$$

下面是一个运行示例：

```
Enter the radius and length of a cylinder: 5.5 12 ↵Enter
The area is 95.0331
The volume is 1140.4
```

2.3 （将英尺转换为米）编写程序，读入英尺数，将其转换为米并显示结果。1 英尺等于 0.305 米。下面是一个运行示例：

```
Enter a value for feet: 16.5 ↵Enter
16.5 feet is 5.0325 meters
```

2.4 （将磅转换为千克）编写程序，将磅数转换为千克数。程序提示用户输入磅数，然后转换成千克并显示结果。1 磅等于 0.454 千克。下面是一个运行示例：

```
Enter a number in pounds: 55.5 ↵Enter
55.5 pounds is 25.197 kilograms
```

*2.5 （金融应用：计算小费）编写程序，读入一笔费用与小费比率，计算小费和总钱数。例如，如果用户输入 10 作为费用，15% 作为小费比率，计算结果显示小费为 $1.5，总费用为 $11.5。下面是一个运行示例：

```
Enter the subtotal and a gratuity rate: 10 15 ↵Enter
The gratuity is $1.5 and total is $11.5
```

**2.6 （求一个整数各位数的和）编写程序，读取一个 0 和 1000 之间的整数，并将该整数的各位数字相加。例如：整数是 932，各位数字之和为 14。提示：利用操作符 % 提取数字，然后使用操作符 / 移除提取出来的数字。例如：932%10=2，932/10=93。

下面是一个运行示例：

```
Enter a number between 0 and 1000: 999 ↵Enter
The sum of the digits is 27
```

*2.7 （求年数）编写程序，提示用户输入分钟数（例如 10 亿），然后显示这些分钟数代表多少年和多少天。为了简化问题，假设一年有 365 天。下面是一个运行示例：

```
Enter the number of minutes: 1000000000 ↵Enter
1000000000 minutes is approximately 1902 years and 214 days
```

*2.8 （当前时间）程序清单 2-7 给出了以格林尼治标准时间显示当前时间的程序。修改这个程序，提示用户输入相对于 GMT 的时区偏移量，然后以这个指定的时区显示时间。下面是一个运行示例：

```
Enter the time zone offset to GMT: -5 ↵Enter
The current time is 4:50:34
```

2.9 （物理：加速度）平均加速度定义为速度的变化除以变化所用的时间，如下式所示：

$$a = \frac{v_1 - v_0}{t}$$

编写程序，提示用户输入以米/秒为单位的起始速度 v_0，以米/秒为单位的终止速度 v_1，以及以秒为单位的时间跨度 t，然后显示平均加速度。下面是一个运行示例：

```
Enter v0, v1, and t: 5.5 50.9 4.5 ↵Enter
The average acceleration is 10.0889
```

2.10 （科学：计算能量）编写程序，计算将水从初始温度加热到最终温度所需的能量。程序应该提示用户输入水的质量（以千克为单位），以及水的初始温度和最终温度。计算能量的公式是：

Q = M × （最终温度 - 初始温度）× 4184

这里的 M 是以千克为单位的水的质量，温度以摄氏度为单位，而能量 Q 以焦耳为单位。下面是一个运行示例：

```
Enter the amount of water in kilograms: 55.5 ↵Enter
Enter the initial temperature: 3.5 ↵Enter
Enter the final temperature: 10.5 ↵Enter
The energy needed is 1625484.0
```

2.11 （人口预测）重写编程练习题 1.11，提示用户输入年数，然后显示这个年数之后的人口值。使用编程练习题 1.11 中的提示。下面是一个运行示例：

```
Enter the number of years: 5 ↵Enter
The population in 5 years is 325932969
```

2.12 （物理：求跑道长度）假设飞机的加速度是 a，起飞速度是 v，那么可以用下面的公式计算飞机起飞所需的最短跑道长度：

$$跑道长度 = \frac{v^2}{2a}$$

编写程序，提示用户输入以米/秒（m/s）为单位的速度 v 和以米/秒^2（m/s^2）为单位的加速度 a，然后显示最短跑道长度。下面是一个运行示例：

```
Enter speed and acceleration: 60 3.5 ↵Enter
The minimum runway length for this airplane is 514.286
```

**2.13 （金融应用：复利值）假设你每月向银行账户存 100 美元，年利率为 5%，那么月利率是 0.05/12=0.004 17。第一个月之后，账户上的值变成：

100 * (1 + 0.00417) = 100.417

第二个月之后，账户上的值变成：

(100 + 100.417) * (1 + 0.00417) = 201.252

第三个月之后，账户上的值变成：

(100 + 201.252) * (1 + 0.00417) = 302.507

以此类推。

编写程序显示 6 个月后账户上的金额。（在编程练习题 5.30 中，你将使用循环来简化这里的代码，并能显示任何一个月之后的账户值。）下面是一个运行示例：

```
Enter the monthly saving amount: 100 ↵Enter
After the sixth month, the account value is $608.81
```

*2.14 （健康应用：计算 BMI）体重指数（BMI）是以体重来衡量的健康程度。其值可以通过将体重（以千克为单位）除以身高（以米为单位）的平方得到。编写程序，提示用户输入体重（以磅为单位）以及身高（以英寸为单位），然后显示 BMI。注意：1 磅等于 0.45359237 千克，1 英寸等于 0.0254 米。下面是一个运行示例：

```
Enter weight in pounds: 95.5 ↵Enter
Enter height in inches: 50 ↵Enter
BMI is 26.8573
```

2.15 （几何：两点之间的距离）编写程序，提示用户输入两个点（x1，y1）和（x2，y2），然后显示两点间的距离。计算两点间距离的公式是 $\sqrt{(x_2-x_1)^2+(y_2-y_1)^2}$。注意：可以使用 Math.pow(a,0.5) 来计算 $\sqrt{a}$。下面是一个运行示例：

```
Enter x1 and y1: 1.5 -3.4 ↵Enter
Enter x2 and y2: 4 5 ↵Enter
The distance between the two points is 8.764131445842194
```

2.16 (几何：六边形面积) 编写程序，提示用户输入六边形的边长，然后显示其面积。计算六边形面积的公式是：

$$面积 = \frac{3\sqrt{3}}{2}s^2$$

这里的 s 为边长。下面是一个运行示例：

```
Enter the length of the side: 5.5 ↵Enter
The area of the hexagon is 78.5918
```

*2.17 (科学：风冷温度) 外面到底有多冷？仅用温度值不足以提供答案。风速、相对湿度以及日晒等其他因素在确定室外是否寒冷方面也很重要。2001 年，国家气象服务（NWS）实施了新的风冷温度计算方式，利用温度和风速计算新的风冷温度来衡量寒冷度。计算公式如下所示：

$$t_{wc} = 35.74 + 0.6215t_a - 35.75v^{0.16} + 0.4275t_av^{0.16}$$

这里的 t_a 是室外温度，以华氏摄氏度为单位；v 是速度，以每小时英里数为单位。t_{wc} 是风冷温度。该公式不适用于风速低于 2mph，或者温度在 −58 ℉ 以下或 41 ℉ 以上的情况。

编写程序，提示用户输入在 −58 ℉ 和 41 ℉ 之间的度数，以及大于或等于 2 的风速，然后显示风冷温度。使用 Math.pow(a,b) 来计算 $v^{0.16}$。下面是一个运行示例：

```
Enter the temperature in Fahrenheit between −58°F and 41°F:
5.3 ↵Enter
Enter the wind speed (>= 2) in miles per hour: 6 ↵Enter
The wind chill index is −5.56707
```

2.18 (打印表格) 编写程序显示下面的表格。将浮点数转换为整数。

```
a    b    pow(a, b)
1    2    1
2    3    8
3    4    81
4    5    1024
5    6    15625
```

*2.19 (几何：三角形面积) 编写程序，提示用户输入三角形的三个点（x1,y1）、（x2,y2）和（x3,y3），然后显示它的面积。计算三角形面积的公式是：

$$s = (边1 + 边2 + 边3)/2$$
$$面积 = \sqrt{s(s-边1)(s-边2)(s-边3)}$$

下面是一个运行示例：

```
Enter the coordinates of three points separated by spaces
like x1 y1 x2 y2 x3 y3: 1.5 −3.4 4.6 5 9.5 −3.4 ↵Enter
The area of the triangle is 33.6
```

2.14 ~ 2.18 节

*2.20 (金融应用：计算利息) 如果知道余额和年利率，就可以使用下面的公式计算下个月的利息：

$$利息 = 余额 \times (年利率 / 1200)$$

编写程序，读取余额和年利率，打印下个月的利息。下面是一个运行示例：

```
Enter balance and interest rate (e.g., 3 for 3%): 1000 3.5 ↵Enter
The interest is 2.91667
```

*2.21 (金融应用：计算未来投资回报金额) 编写程序，读取投资总额、年利率和年限，然后使用下面

的公式显示未来投资回报金额：

$$未来投资回报金额 = 投资总额 \times (1 + 月利率)^{年限 \times 12}$$

例如：如果输入的投资金额为 1000，年利率为 3.25%，年限为 1，那么未来投资回报金额为 1032.98。下面是一个运行示例：

```
Enter investment amount: 1000.56 ↵Enter
Enter annual interest rate in percentage: 4.25 ↵Enter
Enter number of years: 1 ↵Enter
Future value is $1043.92
```

*2.22 （金融应用：货币单位）改写程序清单 2-10，解决将 double 型值转换为 int 型值时可能会造成精度损失的问题。以整数值作为输入，其最后两位代表的是美分值，例如，1156 表示的是 11 美元 56 美分。

*2.23 （驾驶费用）编写程序，提示用户输入驾驶的距离、每加仑多少英里的汽车燃油性能值，以及每加仑的价格，然后显示旅程的费用。下面是一个运行示例：

```
Enter the driving distance: 900.5 ↵Enter
Enter miles per gallon: 25.5 ↵Enter
Enter price per gallon: 3.55 ↵Enter
The cost of driving is $125.36
```

第 3 章

Introduction to Java Programming and Data Structures, Comprehensive Version, Twelfth Edition

选 择

教学目标

- 声明 boolean 类型变量，并使用关系操作符编写布尔表达式（3.2 节）。
- 使用单分支 if 语句实现选择控制（3.3 节）。
- 使用双分支 if-else 语句实现选择控制（3.4 节）。
- 使用嵌套的 if 语句和多分支 if 语句实现选择控制（3.5 节）。
- 避免 if 语句中的常见错误和陷阱（3.6 节）。
- 使用 Math.random() 方法产生随机数（3.7 节）。
- 使用选择语句编写各种示例（SubstractionQuiz、BMI、ComputeTax）（3.7～3.9 节）。
- 使用逻辑操作符（!、&&、|| 和 ^）对条件进行组合（3.10 节）。
- 使用带组合条件的选择语句编程（LeapYear、Lottery）（3.11 和 3.12 节）。
- 使用 switch 语句实现选择控制（3.13 节）。
- 使用条件操作符编写表达式（3.14 节）。
- 检验控制操作符优先级和结合律的规则（3.15 节）。
- 应用常用技术调试错误（3.16 节）。

3.1 引言

☞ **要点提示**：程序可以基于条件决定执行哪些语句。

在程序清单 2-2 中，如果给 radius 赋一个负值，程序就会打印一个无效的结果。如果半径为负，则不希望程序计算面积。那么该如何应对这种情况呢？

和所有高级程序设计语言一样，Java 也提供选择语句：在可选择的执行路径中做出选择的语句。可以用下面的选择语句来替换程序清单 2-2 中的第 12～17 行：

```java
if (radius < 0) {
  System.out.println("Incorrect input");
}
else {
  double area = radius * radius * 3.14159;
  System.out.println("Area is " + area);
}
```

选择语句要用到的条件是布尔表达式。布尔表达式是计算结果为布尔值 true 或者 false 的表达式。本章首先介绍 boolean 类型和关系操作符。

3.2 boolean 数据类型、值和表达式

☞ **要点提示**：boolean 数据类型声明一个值为 true 或 false 的变量。

如何比较两个值呢？例如，半径是大于 0，等于 0，还是小于 0 呢？如表 3-1 所示，Java 提供六种关系操作符（relational operator）（也称为比较操作符（comparison operator）），用于比较两个值（假设表中的半径值为 5）。

表 3-1 关系操作符

Java 操作符	数学符号	名称	示例（半径为 5）	结果
<	<	小于	radius<0	false
<=	≤	小于等于	radius<=0	false
>	>	大于	radius>0	true
>=	≥	大于等于	radius>=0	true
==	=	等于	radius==0	false
!=	≠	不等于	radius!=0	true

⚠ **警告**：相等测试的关系操作符是两个等号（==），而不是一个等号（=），后者用于赋值。

比较的结果是一个布尔值：true（真）或 false（假）。例如，下面的语句显示 true：

```
double radius = 1;
System.out.println(radius > 0);
```

拥有布尔值的变量称为布尔变量（boolean variable），boolean 数据类型用于声明布尔型变量。boolean 型变量可以拥有两个值之一：true 和 false。例如，下述语句将 true 赋值给变量 lightsOn：

```
boolean lightsOn = true;
```

true 和 false 都是字面值，就像 10 这样的数字一样。它们不是关键字，但是保留字，不能用作程序中的标识符。

假设你希望开发一个程序，让一年级的学生练习加法。程序随机产生两个只有一位的整数 number1 和 number2，然后显示一个问题，比如"What is 1 + 7?"，如程序清单 3-1 的运行示例所示。当学生输入答案之后，程序显示一个消息给出答案的对错。

产生随机数的方法有很多种。现在，使用 System.currentTimeMillis()%10（即当前时间的最后一位数字）产生第一个整数，使用 System.currentTimeMillis()/10%10（即当前时间的倒数第二位数字）产生第二个整数。程序清单 3-1 给出了该程序。第 5~6 行产生两个数：number1 和 number2。第 14 行获取用户解答。第 18 行使用布尔表达式 number1 + number2 == answer 给答案打分。

程序清单 3-1 AdditionQuiz.java

```
1  import java.util.Scanner;
2
3  public class AdditionQuiz {
4    public static void main(String[] args) {
5      int number1 = (int)(System.currentTimeMillis() % 10);
6      int number2 = (int)(System.currentTimeMillis() / 10 % 10);
7
8      // Create a Scanner
9      Scanner input = new Scanner(System.in);
10
11     System.out.print(
12       "What is " + number1 + " + " + number2 + "? ");
13
14     int answer = input.nextInt();
15
16     System.out.println(
17       number1 + " + " + number2 + " = " + answer + " is " +
18       (number1 + number2 == answer));
19   }
20 }
```

```
What is 1 + 7? 8  [Enter]
1 + 7 = 8 is true
```

```
What is 4 + 8? 9  [Enter]
4 + 8 = 9 is false
```

line#	number1	number2	answer	output
5	4			
6		8		
14			9	
16				4 + 8 = 9 is false

✓ 复习题

3.2.1 列出 6 个关系操作符。

3.2.2 假设 x 为 1，给出下列布尔表达式的结果：

```
(x > 0)
(x < 0)
(x != 0)
(x >= 0)
(x != 1)
```

3.2.3 下面涉及类型转换的变换合法吗？编写一个测试程序进行验证。

```
boolean b = true;
i = (int)b;

int i = 1;
boolean b = (boolean)i;
```

3.3 if 语句

☞ 要点提示：if 语句是一个构造，允许程序确定可选的执行路径。

前面的程序显示像 "6 + 2 = 7 is false" 这样的消息。如果你希望能显示消息 "6 + 2 = 7 is incorrect"，那么必须使用条件语句实现这个小小的改变。

Java 有几种类型的选择语句：单分支 if 语句、双分支 if-else 语句、嵌套 if 语句、多分支 if-else 语句、switch 语句和条件操作符。

单分支 if 语句是指当且仅当条件为 true 时执行一个动作。单分支 if 语句的语法如下：

```
if(布尔表达式){
语句(组);
}
```

图 3-1a 所示的流程图展示了 Java 如何执行 if 语句的语法。流程图是描述算法或者过程的图，以各种盒子显示步骤，并且通过箭头连接它们给出顺序。处理操作显示在这些盒子中，连接它们的箭头代表控制流程。棱形的盒子表示一个布尔类型的条件，矩形盒子代表语句。

如果布尔表达式计算的结果为 true，则执行块中的语句。作为例子，参见以下代码：

```
if (radius >= 0) {
  area = radius * radius * PI;
  System.out.println("The area for the circle of radius " +
    radius + " is " + area);
}
```

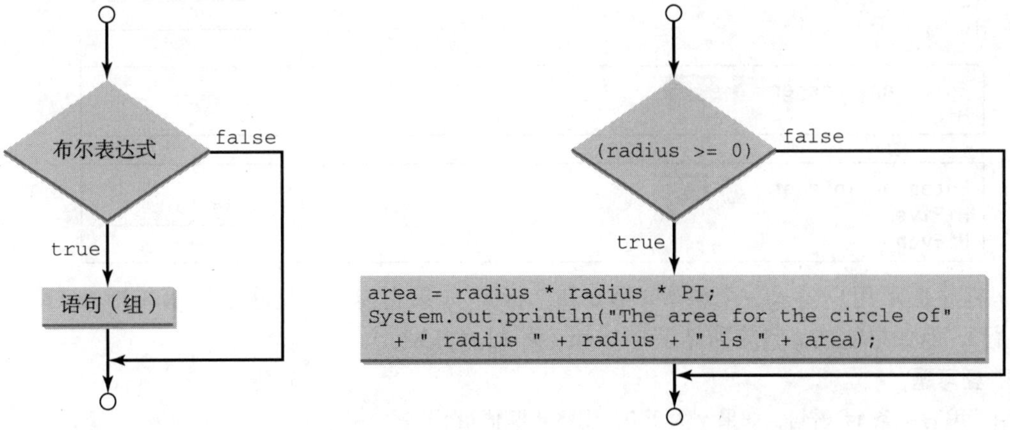

图 3-1 if 语句在布尔表达式计算结果为 true 的情形下执行语句

上述语句的流程图参见图 3-1b。如果半径 radius 的值大于或等于 0，则计算面积 area 并显示其结果；否则，不执行块中的两条语句。

布尔表达式应该用括号括住。例如：下面图 a 中的代码是错误的。应该将它改为如图 b 所示。

```
if i > 0 {
  System.out.println("i is positive");
}
```
a) 错误的

```
if (i > 0) {
  System.out.println("i is positive");
}
```
b) 正确的

如果块括号内只有一条语句，则可以省略该括号。例如：下面两个语句是等价的。

```
if (i > 0) {
  System.out.println("i is positive");
}
```
a)

等价于

```
if (i > 0)
  System.out.println("i is positive");
```
b)

> 注意：省略括号可以让代码更加简短，但是容易产生错误。当你返回去修改略去括号的代码的时候，容易忘记加上括号。这是一个常犯的错误。

程序清单 3-2 给出一个程序，提示用户输入一个整数。如果该数字是 5 的倍数，程序显示 HiFive。如果该数字能被 2 整除，则显示 HiEven。

程序清单 3-2 SimpleIfDemo.java

```
1  import java.util.Scanner;
2
3  public class SimpleIfDemo {
4    public static void main(String[] args) {
5      Scanner input = new Scanner(System.in);
6      System.out.print("Enter an integer: ");
7      int number = input.nextInt();
```

```
 8
 9    if (number % 5 == 0)
10      System.out.println("HiFive");
11
12    if (number % 2 == 0)
13      System.out.println("HiEven");
14  }
15 }
```

```
Enter an integer: 4 ↵Enter
HiEven
```

```
Enter an integer: 30 ↵Enter
HiFive
HiEven
```

程序提示用户输入一个整数（第 6 和 7 行），如果它能被 5 整除就显示 HiFive（第 9 和 10 行），而如果能被 2 整除则显示 HiEven（第 12 和 13 行）。

✔ 复习题

3.3.1 编写一条 if 语句，如果 y 大于 0，则将 1 赋值给 x。

3.3.2 编写一条 if 语句，如果 score 大于 90 则增加 3% 的支付。

3.3.3 下面的代码有什么错误。

```
if radius >= 0
{
  area = radius * radius * PI;
  System.out.println("The area for the circle of " +
    " radius " + radius + " is " + area);
}
```

3.4 双分支 if-else 语句

要点提示：if-else 语句根据条件是 true 还是 false，决定执行的路径。

当给定条件为 true 时单分支 if 语句执行一个操作。而当条件为 false 时什么也不干。但是，如果你希望在条件为 false 时也能执行一些动作，该怎么办呢？你可以使用双分支 if-else 语句。根据条件是 true 还是 false，双分支 if-else 语句可以指定不同的操作。

下面是双分支 if-else 语句的语法：

```
if(布尔表达式){
  布尔表达式为真时执行的语句（组）;
}
else{
  布尔表达式为假时执行的语句（组）;
}
```

语句的流程图如图 3-2 所示。

如果布尔表达式的计算结果为 true，则执行条件为 true 时的语句；否则，执行条件为 false 时的语句。例如，考虑下面的代码：

```
if (radius >= 0) {
  area = radius * radius * PI;
  System.out.println("The area for the circle of radius " +
```

```
      radius + " is " + area);
  }
  else {
    System.out.println("Negative input");
  }
```

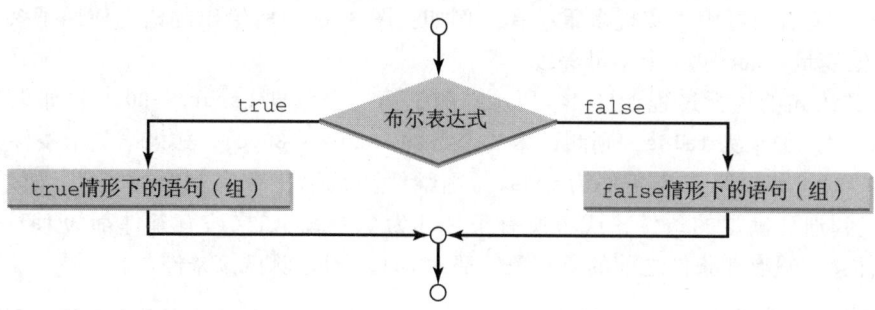

图 3-2 若布尔表达式计算结果为 true, if-else 语句执行 true 情形下的语句; 否则, 执行 false 情形下的语句

若 radius>=0 为 true, 则计算并显示 area; 如果 radius>=0 为 false, 则打印信息 "Negative input"。

通常, 如果花括号中只有一条语句, 则可以省略花括号。因此, 前例中括住语句 System.out.println("Negative input") 的花括号可以省略。

这里还有一个使用 if-else 语句的例子。这个例子检测一个数是奇数还是偶数, 如下所示:

```
if (number % 2 == 0)
  System.out.println(number + " is even.");
else
  System.out.println(number + " is odd.");
```

✓ 复习题

3.4.1 编写一个 if 语句, 如果 score 大于 90 则将 pay 增加 3% 的支付, 否则将 pay 增加 1%。

3.4.2 如果 number 为 30, 以下 a 和 b 中的代码输出什么? 如果 number 为 35 呢?

```
if (number % 2 == 0)
  System.out.println(number
    + "is even.");
System.out.println(number
  + "is odd");
         a)
```

```
if (number % 2 == 0)
  System.out.println(number
    + "is even.");
else
  System.out.println(number
    + "is odd");
         b)
```

3.5 嵌套的 if 语句和多分支 if-else 语句

⊶ 要点提示: if 语句可以在另外一个 if 语句中, 形成嵌套的 if 语句。

if 或 if-else 语句中的语句可以是任意合法的 Java 语句, 包括另一个 if 或 if-else 语句。内层 if 语句称为是嵌套在外层 if 语句里的。内层 if 语句还可以包含其他的 if 语句; 事实上, 对嵌套的深度没有限制。例如, 下面就是一个嵌套的 if 语句:

```
if (i > k) {
  if (j > k)
    System.out.println("i and j are greater than k");
```

```
}
else
    System.out.println("i is less than or equal to k");
```
语句 if(j>k) 嵌套在语句 if(i>k) 内。

嵌套的 if 语句可用于实现多重选择。例如：图 3-3a 中所给出的语句使用了多重选择，根据分数给变量 grade 赋一个字母等级。

这个 if 语句的执行过程如图 3-4 所示，测试第一个条件（score>=90.0），如果为 true，则分数为 'A'。如果为 false，则测试第二个条件（score>=80.0）。如果第二个条件为 true，则分数为 'B'。如果第二个条件为 false，则继续测试第三个和剩余的条件（如果有必要的话），直到遇到满足的条件，或者所有条件都为 false。如果所有条件都为 false，分数为 'F'。注意：只有在条件之前的所有条件都为 false 时才测试该条件。

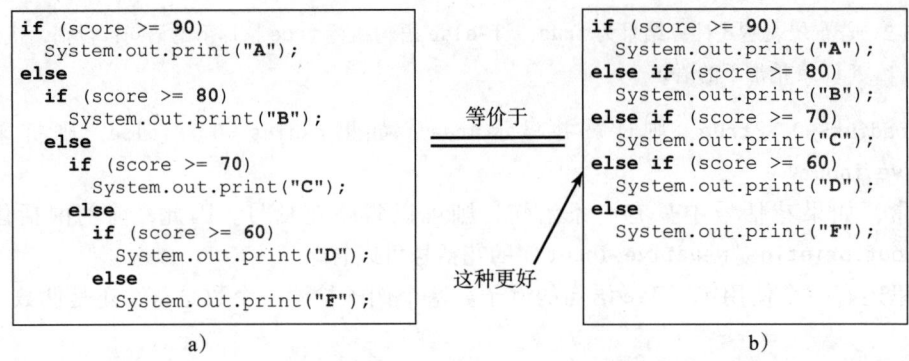

图 3-3 推荐使用图 b 中所示的多分支 if-else 语句格式

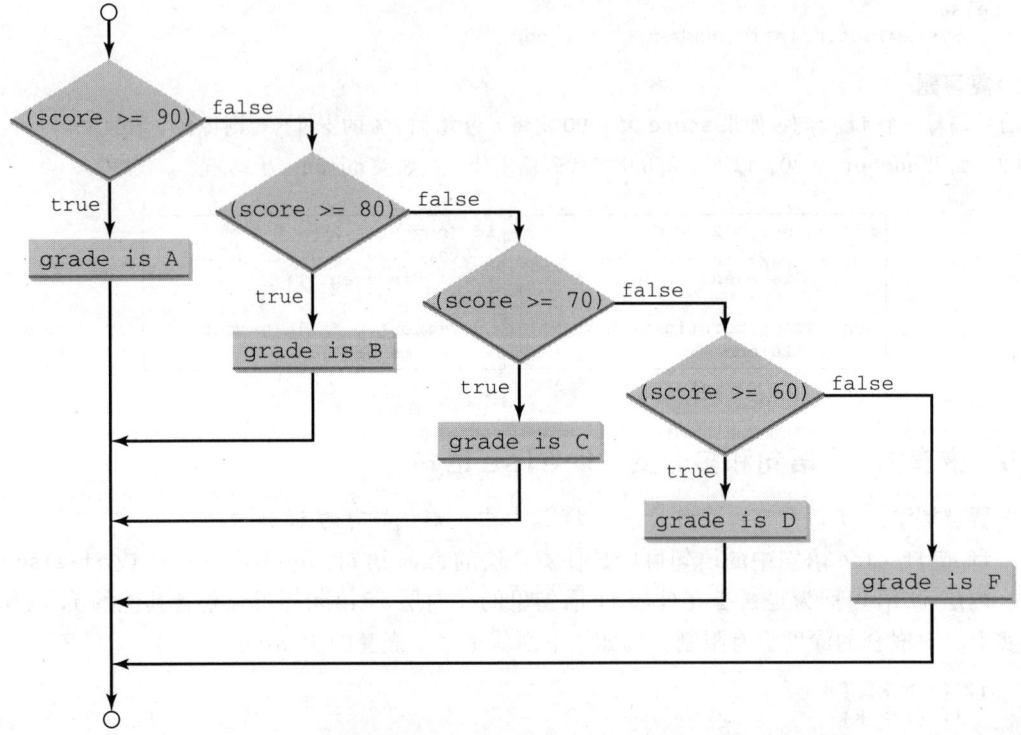

图 3-4 可以使用多分支 if-else 语句进行打分

图 3-3a 中的 if 语句等价于图 3-3b 中的 if 语句。事实上，推荐使用图 3-3b 作为多重选择 if 语句的书写风格。这种风格称为多分支 if-else 语句，可以避免深度缩进，并使程序易于阅读。

✓ **复习题**

3.5.1 假设 x=3 并且 y=2，如果下面代码有输出的话，请给出。如果 x=3 并且 y=4，结果是什么？如果 x=2 并且 y=2，结果是什么？绘制代码的流程图。

```
if (x > 2) {
  if (y > 2) {
    z = x + y;
    System.out.println("z is " + z);
  }
}
else
  System.out.println("x is " + x);
```

3.5.2 假设 x=2 并且 y=3，如果下面代码有输出的话，请给出。如果 x=3 并且 y=2，结果是什么？如果 x=3 并且 y=3，结果是什么？

```
if (x > 2)
  if (y > 2) {
    int z = x + y;
    System.out.println("z is " + z);
  }
else
  System.out.println("x is " + x);
```

3.5.3 下面的代码中有什么错误？

```
if (score >= 60)
  System.out.println("D");
else if (score >= 70)
  System.out.println("C");
else if (score >= 80)
  System.out.println("B");
else if (score >= 90)
  System.out.println("A");
else
  System.out.println("F");
```

3.6 常见错误和陷阱

○┬ 要点提示：以下是选择语句中常见的错误：忘记必要的括号，在错误的地方结束 if 语句，将 == 错当作 = 使用，悬空 else 分支。在 if-else 语句中重复语句以及测试 double 值是否相等是常见的陷阱。

以下错误是编程初学者经常会犯的错误。

常见错误 1：忘记必要的括号

如果块中只有一条语句，可以忽略花括号。但是，当需要用花括号将多条语句括在一起时，忘记花括号是一个常见的程序设计错误。如果后面修改代码，在没有花括号的 if 语句中添加了一条新语句，就必须插入花括号。例如，下面图 a 中的代码是错误的，应该用花括号将多个语句放在一起，如图 b 所示。

```
if (radius >= 0)
  area = radius * radius * PI;
  System.out.println("The area "
    + " is " + area);
```
a) 错误的

```
if (radius >= 0) {
  area = radius * radius * PI;
  System.out.println("The area "
    + " is " + area);
}
```
b) 正确的

图 a 中的控制台输出语句不是 if 语句的一部分。它等同于下面的代码：

```
if (radius >= 0)
  area = radius * radius * PI;

System.out.println("The area "
  + " is " + area);
```

无论 if 语句的条件如何，控制台输入语句总是被执行。

常见错误 2：错误地在 if 行使用分号

在 if 行加上了一个分号，这是一个常见错误，如下面的图 a 中所示。

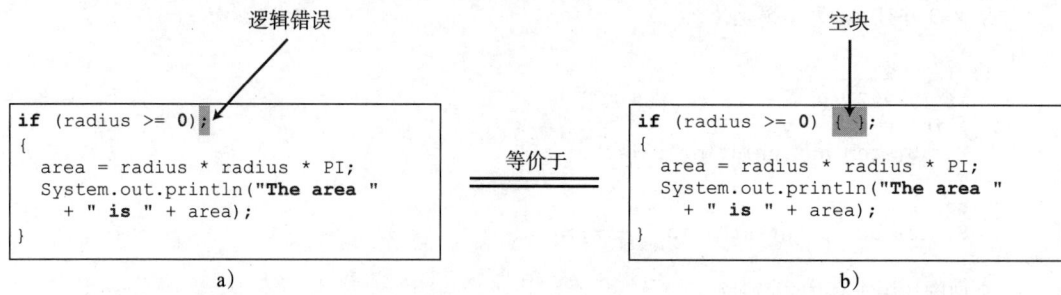

这个错误很难发现，因为它既不是编译错误也不是运行错误，而是一个逻辑错误。图 a 中的代码等价于图 b 中带空块的代码。

当使用次行块风格时，经常会出现这个错误。所以使用尾行块风格有助于防止出现此类错误。

常见错误 3：对布尔值的冗余测试

为了检测测试条件中的布尔型变量是 true 还是 false，像图 a 中的代码这样使用相等比较操作符是多余的：

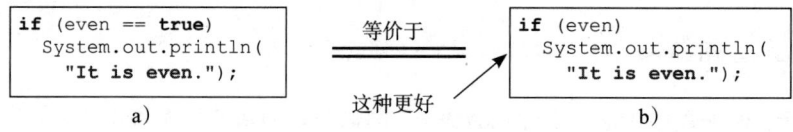

相反，最好直接测试布尔变量，如图 b 所示。这么做的另一个原因就是避免出现难以发现的错误。使用 = 操作符而不是 == 操作符去比较测试条件中的两项是否相等是一个常见错误。它可能会导致出现下面的错误语句：

```
if (even = true)
  System.out.println("It is even.");
```

这条语句不会编译出错。它给 even 赋值 true，这样 even 永远都是 true。

常见错误 4：悬空 else 出现的歧义

下面图 a 中的代码有两个 if 子句和一个 else 子句。那么，哪个 if 子句和这个 else 匹配呢？这里的缩进表明 else 子句匹配第一个 if 子句。但是，else 实际匹配的是第二个 if 子句。这种现象就称为悬空 else 歧义（dangling-else ambiguity）。在同一个块中，else 总是和离它最近的 if 子句相匹配。这样，图 a 中的语句就等价于图 b 中的语句。

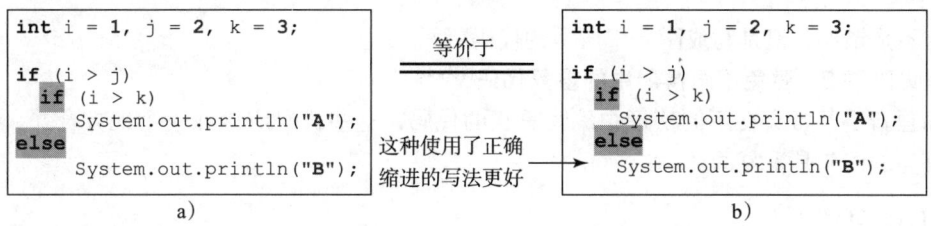

由于 (i>j) 为假，所以图 a 和图 b 中的语句不打印任何东西。为强制这个 else 匹配第一个 if 子句，必须添加一对花括号。

```
int i = 1, j = 2, k = 3;

if (i > j) {
  if (i > k)
    System.out.println("A");
}
else
  System.out.println("B");
```

这条语句打印出 B。

常见错误 5：两个浮点数值的相等测试

如 2.19 节中"常见错误 3"所讨论的，浮点数具有有限的计算精度；涉及浮点数的计算可能引入舍入错误。因此，两个浮点数值的相等测试并不可靠。比如，你期望以下代码显示 true，但是会意外地显示为 false：

```
double x = 1.0 - 0.1 - 0.1 - 0.1 - 0.1 - 0.1;
System.out.println(x == 0.5);
```

这里，x 并不是精确等于 0.5，而是 0.5000000000000001。不能依赖于两个浮点数值的相等测试，但是可以通过测试两个数的差距小于某个阈值，来比较它们是否已经足够接近。也就是说，对于一个非常小的值 ε，如果 $|x-y|<\varepsilon$，那么 x 和 y 就非常接近。ε 是一个读为 "epsilon" 的希腊字母，常用于表示一个非常小的值。通常，将 ε 设为 10^{-14} 来比较两个 double 类型的值，而设为 10^{-7} 来比较两个 float 类型的值。例如，下面的代码

```
final double EPSILON = 1E-14;
double x = 1.0 - 0.1 - 0.1 - 0.1 - 0.1 - 0.1;
if (Math.abs(x - 0.5) < EPSILON)
  System.out.println(x + " is approximately 0.5");
```

将显示

```
0.5000000000000001 is approximately 0.5
```

Math.abs(a) 方法可以用于返回 a 的绝对值。

常见陷阱 1：简化布尔变量赋值

通常，编程初学者会如图 a 中代码所示编写将测试条件赋给 boolean 变量的代码：

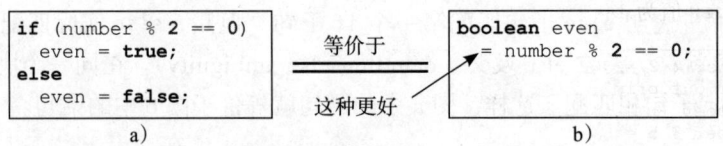

这不是错误，但是写成图 b 中所示的代码更好。

常见陷阱 2：避免不同情形中的重复代码

编程新手经常会在不同情形中编写重复的代码，这些代码应该在一个地方合并。例如，下面高亮的语句是重复的。

```
if (inState) {
  tuition = 5000;
  System.out.println("The tuition is " + tuition);
}
else {
  tuition = 15000;
  System.out.println("The tuition is " + tuition);
}
```

这不是错误，但是写成如下代码会更好。

```
if (inState) {
  tuition = 5000;
}
else {
  tuition = 15000;
}
System.out.println("The tuition is " + tuition);
```

新的代码去掉了重复代码，使得代码更加易于维护，因为如果打印语句需要修改，你只需要修改一处地方。

✓ 复习题

3.6.1 以下哪些语句是等价的？哪些是合理缩进的？

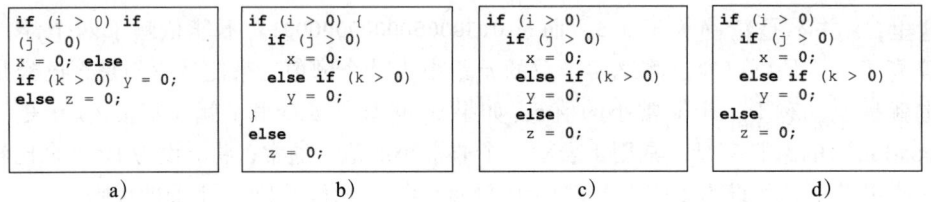

3.6.2 使用布尔表达式重写以下语句：

```
if (count % 10 == 0)
  newLine = true;
else
  newLine = false;
```

3.6.3 下列语句正确吗？哪个更好？

```
if (age < 16)
  System.out.println
    ("Cannot get a driver's license");
if (age >= 16)
  System.out.println
    ("Can get a driver's license");
        a)
```

```
if (age < 16)
  System.out.println
    ("Cannot get a driver's license");
else
  System.out.println
    ("Can get a driver's license");
        b)
```

3.6.4 如果 number 值为 14、15 或者 30，下列代码的输出是什么？

```
if (number % 2 == 0)
  System.out.println
    (number + " is even");
if (number % 5 == 0)
  System.out.println
    (number + " is multiple of 5");
```
a)

```
if (number % 2 == 0)
  System.out.println
    (number + " is even");
else if (number % 5 == 0)
  System.out.println
    (number + " is multiple of 5");
```
b)

3.7 产生随机数

要点提示：可以使用 Math.random() 来获得一个 0.0 到 1.0 之间的随机 double 值，不包括 1.0。

假设你想开发一个让一年级学生练习减法的程序。程序随机产生两个只有一位的整数 number1 和 number2，且满足 number1>=number2。程序向学生显示一个问题，例如，"What is 9-2?"。当学生输入答案之后，程序会显示一个消息表明该答案是否正确。

前面的程序使用 Systems.currentTimeMillis() 产生两个随机数。更好的方法是使用 Math 类中的 random() 方法。调用这个方法会返回一个双精度的随机值 d 且满足 $0.0 \leq d < 1.0$。这样，(int)(Math.random()*10) 会返回一个随机的整数（即 0 到 9 之间的数）。

程序可以如下进行：

1）产生两个只有一位的整数 number1 和 number2。
2）如果 number1 < number2，交换 number1 和 number2。
3）提示学生回答 "what is number1-number2?"。
4）检查学生的答案并且显示该答案是否正确。

完整的程序如程序清单 3-3 所示。

程序清单 3-3 SubtractionQuiz.java

```
 1  import java.util.Scanner;
 2
 3  public class SubtractionQuiz {
 4    public static void main(String[] args) {
 5      // 1. Generate two random single-digit integers
 6      int number1 = (int)(Math.random() * 10);
 7      int number2 = (int)(Math.random() * 10);
 8
 9      // 2. If number1 < number2, swap number1 with number2
10      if (number1 < number2) {
11        int temp = number1;
12        number1 = number2;
13        number2 = temp;
14      }
15
16      // 3. Prompt the student to answer "What is number1 – number2?"
17      System.out.print
18        ("What is " + number1 + " - " + number2 + "? ");
19      Scanner input = new Scanner(System.in);
20      int answer = input.nextInt();
21
22      // 4. Grade the answer and display the result
23      if (number1 - number2 == answer)
```

```
24       System.out.println("You are correct!");
25     else {
26       System.out.println("Your answer is wrong.");
27       System.out.println(number1 + " - " + number2 +
28         " should be " + (number1 - number2));
29     }
30   }
31 }
```

```
What is 6 - 6? 0 ↵Enter
You are correct!
```

```
What is 9 - 2? 5 ↵Enter
Your answer is wrong
9 - 2 is 7
```

line#	number1	number2	temp	answer	output
6	2				
7		9			
11			2		
12	9				
13		2			
20				5	
26					Your answer is wrong 9 - 2 should be 7

要交换变量 number1 和 number2，首先要使用一个临时变量 temp（第 11 行）存储 number1 的值。然后将 number2 的值赋值给 number1（第 12 行），再将 temp 的值赋给 number2（第 13 行）。

✓ 复习题

3.7.1 以下哪些是调用 Math.random() 的可能输出？

　　323.4, 0.5, 34, 1.0, 0.0, 0.234

3.7.2 　a. 如何产生一个随机的整数 i，使得 $0 \leq i < 20$？
　　　b. 如何产生一个随机的整数 i，使得 $10 \leq i < 20$？
　　　c. 如何产生一个随机的整数 i，使得 $0 \leq i \leq 50$？
　　　d. 编写一个表达式，随机返回 0 或者 1。

3.8　示例学习：计算体重指数

要点提示：可以使用嵌套的 if 语句来编写程序计算体重指数。

体重指数（BMI）是基于体重和身高来衡量健康程度的。可以通过以千克为单位的体重除以以米为单位的身高的平方，得到 BMI 的值。针对 20 岁及以上的人群，其 BMI 值的解释如右表所示。

BMI	说明
BMI < 18.5	偏瘦
18.5 ≤ BMI < 25.0	正常
25.0 ≤ BMI < 30.0	超重
30.0 ≤ BMI	过胖

编写程序，提示用户输入以磅为单位的体重，以及以英寸为单位的身高，然后显示 BMI。注意：1 磅是 0.45359237 千克，而 1 英寸是 0.0254 米。程

序清单 3-4 给出了这个程序。

程序清单 3-4 ComputeAndInterpretBMI.java

```java
 1  import java.util.Scanner;
 2
 3  public class ComputeAndInterpretBMI {
 4    public static void main(String[] args) {
 5      Scanner input = new Scanner(System.in);
 6
 7      // Prompt the user to enter weight in pounds
 8      System.out.print("Enter weight in pounds: ");
 9      double weight = input.nextDouble();
10
11      // Prompt the user to enter height in inches
12      System.out.print("Enter height in inches: ");
13      double height = input.nextDouble();
14
15      final double KILOGRAMS_PER_POUND = 0.45359237; // Constant
16      final double METERS_PER_INCH = 0.0254; // Constant
17
18      // Compute BMI
19      double weightInKilograms = weight * KILOGRAMS_PER_POUND;
20      double heightInMeters = height * METERS_PER_INCH;
21      double bmi = weightInKilograms /
22        (heightInMeters * heightInMeters);
23
24      // Display result
25      System.out.println("BMI is " + bmi);
26      if (bmi < 18.5)
27        System.out.println("Underweight");
28      else if (bmi < 25)
29        System.out.println("Normal");
30      else if (bmi < 30)
31        System.out.println("Overweight");
32      else
33        System.out.println("Obese");
34    }
35  }
```

```
Enter weight in pounds: 146 [Enter]
Enter height in inches: 70 [Enter]
BMI is 20.948603801493316
Normal
```

line#	weight	height	weightInKilograms	heightInMeters	bmi	output
9	146					
13		70				
19			66.22448602			
20				1.778		
21					20.9486	
25						BMI is 20.95
29						Normal

第 15 和 16 行定义了两个常量 KILOGRAMS_PER_POUND 和 METERS_PER_INCH。这里使用常量使程序易于阅读。

你应该测试覆盖 BMI 所有可能情况的输入，保证程序对于所有情况都是工作的。

3.9 示例学习：计算税率

要点提示：可以使用嵌套的 if 语句来计算税率。

美国国家联邦个人收入所得税是基于纳税人登记的身份和可征税收入计算的。纳税人登记的身份有四种：单身纳税人、已婚共同或符合条件的鳏寡纳税人、已婚单独纳税人和家庭户主纳税人。税率每年会变化。表 3-2 给出了 2009 年的税率。也就是说，如果你是单身纳税人，可征税收入为 10 000 美元，那么可征税收入的前 8350 美元的税率为 10%，而剩下的 1650 美元的税率为 15%。所以，你该付的总税金为 1082.5 美元。

表 3-2 2009 年美国国家联邦个人收入所得税税率表

临界税率	单身纳税人	已婚共同纳税人或符合条件的鳏寡纳税人	已婚单独纳税人	家庭户主纳税人
10%	\$0 ～ \$8350	\$0 ～ \$16 700	\$0 ～ \$8350	\$0 ～ \$11 950
15%	\$8351 ～ \$33 950	\$16 701 ～ \$67 900	\$8351 ～ \$33 950	\$11 951 ～ \$45 500
25%	\$33 951 ～ \$52 250	\$67 901 ～ \$137 050	\$33 951 ～ \$68 525	\$45 501 ～ \$117 450
28%	\$82 251 ～ \$171 550	\$137 051 ～ \$208 850	\$68 525 ～ \$104 425	\$117 451 ～ \$190 200
33%	\$171 551 ～ \$372 950	\$208 851 ～ \$372 950	\$104 426 ～ \$186 475	\$190 201 ～ \$372 950
35%	\$372 951+	\$372 951+	\$186 476+	\$372 951+

你要编写一个程序来计算个人所得税。程序应该提示用户输入登记的身份以及可征税收入，然后计算出税款。输入 0 表示单身纳税人，1 表示已婚共同纳税人，2 为已婚单独纳税人，3 为家庭户主纳税人。

你的程序要计算基于登记身份的可征税收入。登记的身份可以使用 if 语句来判定，如下所示：

```
if (status == 0) {
  // Compute tax for single filers
}
else if (status == 1) {
  // Compute tax for married filing jointly or qualifying widow(er)
}
else if (status == 2) {
  // Compute tax for married filing separately
}
else if (status == 3) {
  // Compute tax for head of household
}
else {
  // Display wrong status
}
```

对每个登记的身份都有六种税率。每个税率应用于某个可征税收入范围内。例如，对于有可征税收入 400 000 美元的单身登记人来说，8350 美元的税率是 10%，从 8350 到 33 950 美元之间税率是 15%，从 33 950 到 82 250 美元之间税率是 25%，从 82 250 到 171 550 美元之间税率是 28%，从 171 550 到 372 950 美元之间税率是 33%，而从 372 950 到 400 000 美元之间税率是 35%。

程序清单 3-5 给出了计算单身纳税人税款的方案，完整的求解留作练习。

程序清单 3-5 ComputeTax.java

```java
1  import java.util.Scanner;
2
3  public class ComputeTax {
4    public static void main(String[] args) {
5      // Create a Scanner
6      Scanner input = new Scanner(System.in);
7
8      // Prompt the user to enter filing status
9      System.out.print("(0-single filer, 1-married jointly or " +
10       "qualifying widow(er), 2-married separately, 3-head of " +
11       "household) Enter the filing status: ");
12
13     int status = input.nextInt();
14
15     // Prompt the user to enter taxable income
16     System.out.print("Enter the taxable income: ");
17     double income = input.nextDouble();
18
19     // Compute tax
20     double tax = 0;
21
22     if (status == 0) { // Compute tax for single filers
23       if (income <= 8350)
24         tax = income * 0.10;
25       else if (income <= 33950)
26         tax = 8350 * 0.10 + (income - 8350) * 0.15;
27       else if (income <= 82250)
28         tax = 8350 * 0.10 + (33950 - 8350) * 0.15 +
29           (income - 33950) * 0.25;
30       else if (income <= 171550)
31         tax = 8350 * 0.10 + (33950 - 8350) * 0.15 +
32           (82250 - 33950) * 0.25 + (income - 82250) * 0.28;
33       else if (income <= 372950)
34         tax = 8350 * 0.10 + (33950 - 8350) * 0.15 +
35           (82250 - 33950) * 0.25 + (171550 - 82250) * 0.28 +
36           (income - 171550) * 0.33;
37       else
38         tax = 8350 * 0.10 + (33950 - 8350) * 0.15 +
39           (82250 - 33950) * 0.25 + (171550 - 82250) * 0.28 +
40           (372950 - 171550) * 0.33 + (income - 372950) * 0.35;
41     }
42     else if (status == 1) { // Left as an exercise
43       // Compute tax for married file jointly or qualifying widow(er)
44     }
45     else if (status == 2) { // Compute tax for married separately
46       // Left as an exercise in Programming Exercise 3.13
47     }
48     else if (status == 3) { // Compute tax for head of household
49       // Left as an exercise in Programming Exercise 3.13
50     }
51     else {
52       System.out.println("Error: invalid status");
53       System.exit(1);
54     }
55
56     // Display the result
57     System.out.println("Tax is " + (int)(tax * 100) / 100.0);
58   }
59 }
```

```
(0-single filer, 1-married jointly or qualifying widow(er),
2-married separately, 3-head of household)
Enter the filing status: 0 ↵Enter
Enter the taxable income: 400000 ↵Enter
Tax is 117683.5
```

line#	status	income	Tax	output
13	0			
17		400000		
20			0	
38			117683.5	
57				Tax is 117683.5

这个程序接收纳税人身份和可征税收入的输入，使用多分支选择 if-else 语句（第 22、42、45、48 和 51 行）判断登记人的身份，并根据登记身份计算税款。

System.exit(status)（第 53 行）是在 System 类中定义的，调用这个方法可以终止程序。参数 status 为 0 表明程序正常结束。一个非 0 的状态代码表示异常结束。

tax 初始赋值为 0（第 20 行）。如果 tax 没有初值，则会出现一个编译错误。因为所有其他给 tax 赋值的语句都在 if 语句中，编译器认为这些语句可能不会执行，因此会报告一个编译错误。

为了测试程序，应该提供覆盖所有情况的输入。对这个程序而言，输入应该涵盖所有的身份（0、1、2、3）。针对每一种身份，应对 6 个范围中的每种情况测试税款。这样，总共会有 24 种情况。

> **提示**：对所有的程序都应该先编写少量代码然后进行测试，之后再继续添加更多的代码。这个过程称为递进式开发和测试（incremental development and testing）。这种方法使得调试变得更加容易，因为错误很可能就在你刚刚添加进去的新代码中。

复习题

3.9.1 下面的两个语句等价吗？

```
if (income <= 10000)
  tax = income * 0.1;
else if (income <= 20000)
  tax = 1000 +
    (income - 10000) * 0.15;
```

```
if (income <= 10000)
  tax = income * 0.1;
else if (income > 10000 &&
         income <= 20000)
  tax = 1000 +
    (income - 10000) * 0.15;
```

3.10 逻辑操作符

> **要点提示**：逻辑操作符 !、&&、|| 和 ^ 可用于产生复合布尔表达式。

有时候，是否执行一条语句是由几个条件的组合来决定的。可以使用逻辑操作符组合这些条件。逻辑操作符（logical operator）也称为布尔操作符（boolean operator），对布尔值进行操作并得到新的布尔值。表 3-3 列出了布尔操作符。表 3-4 定义了非操作符（!）。非操作符（!）对 true 取反得到 false，对 false 取反得到 true。表 3-5 定义了与操作符（&&）。当且仅当两个操作数都为 true 时，这两个布尔型操作数的与（&&）为 true。表 3-6 定义

表 3-3 布尔操作符

操作符	名称	说明
!	非	逻辑非
&&	与	逻辑与
||	或	逻辑或
^	异或	逻辑异或

了或操作符（||），当至少有一个操作数为 true 时，两个布尔型操作数的或（||）为 true。表 3-7 定义了异或操作符（^）。当且仅当两个操作数具有不同的布尔值时，两个布尔型操作数的异或（^）才为 true。注意，p1^p2 等同于 p1!=p2。

表 3-4 操作符 ! 的真值表

p	!p	举例（假设 age=24, weight=140）
true	false	!(age>18) 为 false，因为 (age>18) 为 true
false	true	!(weight==150) 为 true，因为 (weight==150) 为 false

表 3-5 操作符 && 的真值表

p1	p2	p1&&p2	举例（假设 age=24, weight=140）
false	false	false	
false	true	false	(age>28)&&(weight<=140) 为 false，因为 (age>28) 为 false
true	false	false	
true	true	true	(age>18)&&(weight>=140) 为 true，因为 (age>18) 和 (weight>=140) 都为 true

表 3-6 或操作符 || 的真值表

p1	p2	p1||p2	举例（假设 age=24, weight=140）
false	false	false	(age>34)||(weight>150) 为 false，因为 (age>34) 和 (weight>150) 都为 false
false	true	true	
true	false	true	(age>18)||(weight<140) 为 true，因为 (age>18) 为 true
true	true	true	

表 3-7 异或操作符 ^ 的真值表

p1	p2	p1^p2	举例（假设 age=24, weight=140）
false	false	false	(age>34)^(weight>140) 为 false，因为 (age>34) 和 (weight>140) 都为 false
false	true	true	(age>34)^(weight>=140) 为 true，因为 (age>34) 为 false，但是 (weight>=140) 为 true
true	false	true	
true	true	false	

程序清单 3-6 给出的程序检验一个数是否能同时被 2 和 3 整除，或是否被 2 或 3 整除，或是否只能被 2 或 3 两者中的一个整除。

程序清单 3-6 TestBooleanOperators.java

```
1   import java.util.Scanner;
2
3   public class TestBooleanOperators {
4     public static void main(String[] args) {
5       // Create a Scanner
6       Scanner input = new Scanner(System.in);
7
8       // Receive an input
9       System.out.print("Enter an integer: ");
10      int number = input.nextInt();
11
12      if (number % 2 == 0 && number % 3 == 0)
13        System.out.println(number + " is divisible by 2 and 3.");
14
```

```
15      if (number % 2 == 0 || number % 3 == 0)
16        System.out.println(number + " is divisible by 2 or 3.");
17
18      if (number % 2 == 0 ^ number % 3 == 0)
19        System.out.println(number +
20          " is divisible by 2 or 3, but not both.");
21    }
22  }
```

```
Enter an integer: 4  ↵Enter
4 is divisible by 2 or 3.
4 is divisible by 2 or 3, but not both.
```

```
Enter an integer: 18  ↵Enter
18 is divisible by 2 and 3.
18 is divisible by 2 or 3.
```

(number%2==0&&number%3==0)（第 12 行）检验一个数是否能被 2 和 3 整除。(number%2==0||number%3==0)（第 15 行）检验一个数是否能被 2 或 3 整除。(number%2==0^ number%3==0)（第 18 行）检验一个数是否能被 2 或 3 整除但不能同时被这两者整除。

警告：在数学中，表达式 28<=numberOfDaysInAMonth<=31 是正确的。但在 Java 中它是错的，因为 28<=numberOfDaysInAMonth 得到的是一个布尔值的结果，它是不能和 31 进行比较的。这里的两个操作数（一个布尔值和一个数值）是不兼容的。正确的 Java 表达式是：

28 <= numberOfDaysInAMonth && numberOfDaysInAMonth <= 31

注意：以印度出生的英国数学家和逻辑学家奥古斯都·德·摩根（1806—1871）的名字命名的德·摩根定律可用于简化布尔表达式。定律表述如下：

!(condition1 && condition2)
和!condition1 || !condition2 是等价的
!(condition1 || condition2)
和!condition1 && !condition2 是等价的

例如，

!(number % 2 == 0 && number % 3 == 0)

可以简化为等价的表达式：

number % 2 != 0 || number % 3 != 0

另一个例子，

!(number == 2 || number == 3)

最好写为：

number != 2 && number != 3

如果操作符 && 的操作数之一为 false，那么表达式为 false；如果操作符 || 的操作数之一为 true，那么表达式为 true。Java 利用这些特性来提高这些操作符的效率。当计算 p1&&p2 时，Java 先计算 p1，如果 p1 为 true 再计算 p2；如果 p1 为 false，则不再计算 p2。当计算 p1||p2 时，Java 先计算 p1，如果 p1 为 false 再计算 p2；如果 p1 为 true，则不再计

算 p2。在编程术语中，&& 和 || 被称为短路或者惰性操作符；Java 还提供了 & 和 | 操作符，进阶读者请参考补充材料Ⅲ.C。

✓ 复习题

3.10.1 假设 x 为 1，给出下列布尔表达式的结果：

```
(true) && (3 > 4)
!(x > 0) && (x > 0)
(x > 0) || (x < 0)
(x != 0) || (x == 0)
(x >= 0) || (x < 0)
(x != 1) == !(x == 1)
```

3.10.2 a. 编写一个布尔表达式：若变量 num 中存储的数值在 1 到 100 之间时，其值为 true。

b. 编写一个布尔表达式：若变量 num 中存储的数值在 1 到 100 之间，或值为负数时，其值为 true。

3.10.3 a. 编写一个布尔表达式表示 |x−5|<4.5。

b. 编写一个布尔表达式表示 |x−5|>4.5。

3.10.4 假设 x 和 y 为 int 类型，下面哪些是合法的 Java 表达式？

```
x > y > 0
x = y && y
x /= y
x or y
x and y
(x != 0) || (x = 0)
```

3.10.5 以下两个表达式等同吗？

a. x % 2 == 0 && x % 3 == 0

b. x % 6 == 0

3.10.6 表达式 x>=50&&x<=100 在 x 为 45、67 或者 101 时的值分别是多少？

3.10.7 假设运行下面的程序时，从控制台输入 2 3 6，那么输出是什么？

```java
public class Test {
  public static void main(String[] args) {
    java.util.Scanner input = new java.util.Scanner(System.in);
    double x = input.nextDouble();
    double y = input.nextDouble();
    double z = input.nextDouble();

    System.out.println("(x < y && y < z) is " + (x < y && y < z));
    System.out.println("(x < y || y < z) is " + (x < y || y < z));
    System.out.println("!(x < y) is " + !(x < y));
    System.out.println("(x + y < z) is " + (x + y < z));
    System.out.println("(x + y > z) is " + (x + y > z));
  }
}
```

3.10.8 编写布尔表达式，当年龄 age 大于 13 且小于 18 时结果为 true。

3.10.9 编写布尔表达式，当体重 weight 大于 50 磅或者身高大于 60 英寸时结果为 true。

3.10.10 编写布尔表达式，当体重 weight 大于 50 磅并且身高大于 60 英寸时结果为 true。

3.10.11 编写布尔表达式，当体重 weight 大于 50 磅或者身高大于 60 英寸，但不同时满足时结果为 true。

3.11 示例学习：判断闰年

要点提示：如果某年份可以被 4 整除而不能被 100 整除，或者可以被 400 整除，那么这一年就是闰年。

闰年有 366 天，其中二月有 29 天。可以使用下面的布尔表达式判断某年是否为闰年：

```
// A leap year is divisible by 4
boolean isLeapYear = (year % 4 == 0);

// A leap year is divisible by 4 but not by 100
isLeapYear = isLeapYear && (year % 100 != 0);

// A leap year is divisible by 4 but not by 100 or divisible by 400
isLeapYear = isLeapYear || (year % 400 == 0);
```

或者可以将这些表达式组合为一个，如下所示：

```
isLeapYear = (year % 4 == 0 && year % 100 != 0) || (year % 400 == 0);
```

程序清单 3-7 给出的程序让用户输入一个年份，然后判断它是否为闰年。

程序清单 3-7 LeapYear.java

```java
1  import java.util.Scanner;
2
3  public class LeapYear {
4    public static void main(String[] args) {
5      // Create a Scanner
6      Scanner input = new Scanner(System.in);
7      System.out.print("Enter a year: ");
8      int year = input.nextInt();
9
10     // Check if the year is a leap year
11     boolean isLeapYear =
12       (year % 4 == 0 && year % 100 != 0) || (year % 400 == 0);
13
14     // Display the result
15     System.out.println(year + " is a leap year? " + isLeapYear);
16   }
17 }
```

```
Enter a year: 2008 ↵Enter
2008 is a leap year? true
```

```
Enter a year: 1900 ↵Enter
1900 is a leap year? false
```

```
Enter a year: 2002 ↵Enter
2002 is a leap year? false
```

✓ 复习题

3.11.1 闰年中的二月有多少天？500、1000、2000、2016 以及 2020 年中，哪些是闰年？

3.12 示例学习：彩票

要点提示：彩票程序涉及产生随机数、比较每一位数字，以及运用布尔操作符。

假设你想开发一个玩彩票的游戏。程序随机地产生一个两位数字的彩票，提示用户输入一个两位数，然后按照下面的规则判定用户的输赢：

1）如果用户的输入与彩票数字的确切顺序相符，奖金为 10 000 美元。
2）如果用户输入的所有数字与彩票的所有数字相符，奖金为 3000 美元。
3）如果用户输入的一个数字与彩票的一个数字相符，奖金为 1000 美元。

注意，两位数字中可能有一位为 0。如果一个数小于 10，我们假设这个数字以 0 开始，从而构建一个两位数。例如，程序中数字 8 被作为 08 处理，数字 0 作为 00 处理。程序清单 3-8 给出了完整的程序。

程序清单 3-8 Lottery.java

```java
import java.util.Scanner;

public class Lottery {
  public static void main(String[] args) {
    // Generate a lottery number
    int lottery = (int)(Math.random() * 100);

    // Prompt the user to enter a guess
    Scanner input = new Scanner(System.in);
    System.out.print("Enter your lottery pick (two digits): ");
    int guess = input.nextInt();

    // Get digits from lottery
    int lotteryDigit1 = lottery / 10;
    int lotteryDigit2 = lottery % 10;

    // Get digits from guess
    int guessDigit1 = guess / 10;
    int guessDigit2 = guess % 10;

    System.out.println("The lottery number is " + lottery);

    // Check the guess
    if (guess == lottery)
      System.out.println("Exact match: you win $10,000");
    else if (guessDigit2 == lotteryDigit1
          && guessDigit1 == lotteryDigit2)
      System.out.println("Match all digits: you win $3,000");
    else if (guessDigit1 == lotteryDigit1
          || guessDigit1 == lotteryDigit2
          || guessDigit2 == lotteryDigit1
          || guessDigit2 == lotteryDigit2)
      System.out.println("Match one digit: you win $1,000");
    else
      System.out.println("Sorry, no match");
  }
}
```

```
Enter your lottery pick (two digits): 15 ↵Enter
The lottery number is 15
Exact match: you win $10,000
```

```
Enter your lottery pick (two digits): 45 [Enter]
The lottery number is 54
Match all digits: you win $3,000
```

```
Enter your lottery pick: 23 [Enter]
The lottery number is 34
Match one digit: you win $1,000
```

```
Enter your lottery pick: 23 [Enter]
The lottery number is 14
Sorry: no match
```

variable \ line#	6	11	14	15	18	19	33
lottery	34						
guess		23					
lotteryDigit1			3				
lotteryDigit2				4			
guessDigit1					2		
guessDigit2						3	
Output							Match one digit: you win $1,000

程序使用 random() 方法（第 6 行）创建一个彩票数，然后提示用户输入猜测值（第 11 行）。注意，因为 guess 是一个两位数，所以 guess%10 能得到 guess 的末位数，而 guess/10 能得到 guess 的第一位数（第 18 和 19 行）。

程序按照以下顺序根据彩票号检测猜测：

1）首先检测猜测值是否完全匹配彩票（第 24 行）。
2）如果没有匹配，就检测猜测数的逆序是否匹配彩票（第 26 和 27 行）。
3）如果还不匹配，就检测是否有一个数字在彩票中（第 29～32 行）。
4）如果还没有，就表明都不匹配，显示 "Sorry, no match"（第 34 和 35 行）。

✓ 复习题

3.12.1 如果输入整数 05，将会如何？

3.13 switch 语句

☞ 要点提示：switch 语句基于变量或者表达式的值来执行语句。

程序清单 3-5 中的 if 语句是根据单独的一个 true 或 false 条件做出选择的。根据变量 status 的值，会有四种计算税金的情况。为了全面考虑所有的情况，需要使用嵌套的 if 语句。过多地使用嵌套的 if 语句会使程序难以阅读。Java 提供 switch 语句来有效地处理多重条件的问题。可以使用下述 switch 语句替换程序清单 3-5 中的嵌套 if 语句：

```
switch (status) {
  case 0: compute tax for single filers;
          break;
  case 1: compute tax for married jointly or qualifying widow(er);
          break;
  case 2: compute tax for married filing separately;
          break;
```

```
    case 3:   compute tax for head of household;
              break;
    default:  System.out.println("Error: invalid status");
              System.exit(1);
}
```

上面的 switch 语句的流程图如图 3-5 所示。

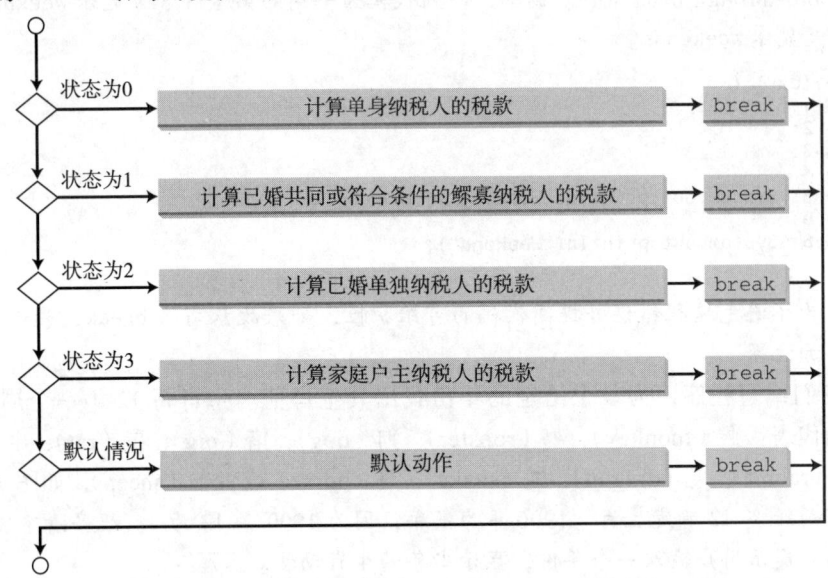

图 3-5　switch 语句检测所有的情况并执行匹配条件时的语句

这条语句依次检查 status 是否匹配 0、1、2 或 3。如果匹配，就计算相应的税金；如果不匹配，就显示一条消息。下面是 switch 语句的完整语法：

```
switch (switch 表达式) {
    case value1: 语句（组）1；
                 break;
    case value2: 语句（组）2；
                 break;
    ...
    case valueN: 语句（组）Nv
                 break;
    default: 默认情况下执行的语句（组）
}
```

switch 语句遵从下述规则：

① switch 表达式必须计算得到一个 char、byte、short、int 或者 String 型值，并且必须用括号括住。(char 和 String 类型将在第 4 章介绍。)

② value1，…，valueN 必须与 switch 表达式的值具有相同的数据类型。注意：value1，…，valueN 都是常量表达式，也就是说这里的表达式是不能包含变量的，例如，不允许出现 1+x。

③ 当 switch 表达式的值与 case 语句的值相匹配时，执行从该 case 开始的语句，直到遇到一个 break 语句或到达该 switch 语句的末尾。

④ default 情形是可选的，当没有一个给出的情形与 switch 表达式匹配时，则执行该

操作。

⑤ 关键字 break 是可选的。break 语句会立即终止 switch 语句。

警告：不要忘记在需要的时候使用 break 语句。一旦匹配其中一个 case，就会从匹配的 case 处开始执行，直到遇到 break 语句或到达 switch 语句的末尾。这种现象称为落空行为（fall-through behavior）。例如，下列代码为一周的第 1～5 天显示 Weekdays，为第 0 和 6 天显示 Weekends。

```
switch (day) {
  case 1:
  case 2:
  case 3:
  case 4:
  case 5: System.out.println("Weekday"); break;
  case 0:
  case 6: System.out.println("Weekend");
}
```

提示：为了避免编程错误并提高代码的可维护性，如果故意省略 break，最好在 case 子句中添加注释。

现在我们编写程序，为一个给定的年份找出其生肖值。生肖每 12 年一个周期，每年用一个动物代表：猴（monkey）、鸡（rooster）、狗（dog）、猪（pig）、鼠（rat）、牛（ox）、虎（tiger）、兔（rabbit）、龙（dragon）、蛇（snake）、马（horse）或者羊（sheep），如图 3-6 所示。

注意：year % 12 确定生肖。1900 年为鼠年，因为 1900 % 12 为 4。程序清单 3-9 给出一个程序，提示用户输入一个年份，显示当年的生肖动物。

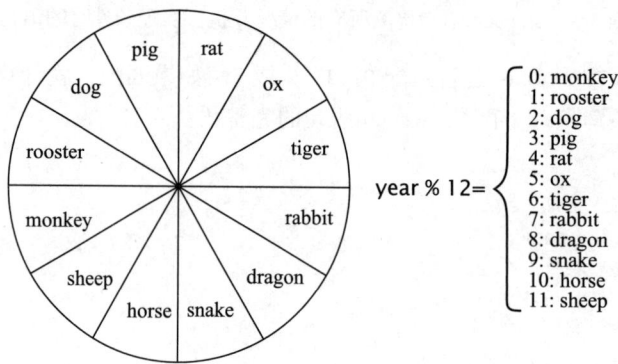

图 3-6　生肖每 12 年一个周期

程序清单 3-9　ChineseZodiac.java

```
 1  import java.util.Scanner;
 2
 3  public class ChineseZodiac {
 4    public static void main(String[] args) {
 5      Scanner input = new Scanner(System.in);
 6
 7      System.out.print("Enter a year: ");
 8      int year = input.nextInt();
 9
10      switch (year % 12) {
11        case 0: System.out.println("monkey"); break;
12        case 1: System.out.println("rooster"); break;
13        case 2: System.out.println("dog"); break;
14        case 3: System.out.println("pig"); break;
15        case 4: System.out.println("rat"); break;
```

```
16         case 5: System.out.println("ox"); break;
17         case 6: System.out.println("tiger"); break;
18         case 7: System.out.println("rabbit"); break;
19         case 8: System.out.println("dragon"); break;
20         case 9: System.out.println("snake"); break;
21         case 10: System.out.println("horse"); break;
22         case 11: System.out.println("sheep");
23       }
24     }
25 }
```

```
Enter a year: 1963  [Enter]
rabbit
```

```
Enter a year: 1877  [Enter]
ox
```

✓ 复习题

3.13.1 switch 变量要求是什么类型的数据？如果在执行完 case 语句之后没有使用关键字 break，那么下一条要执行的语句是什么？可以把 switch 语句转换成等价的 if 语句吗？或者反过来可以将 if 语句转换成等价的 switch 语句吗？使用 switch 语句的优点有哪些？

3.13.2 执行下列 switch 语句之后，y 是多少？并使用 if-else 语句重写代码。

```
x = 3; y = 3;
switch (x + 3) {
  case 6: y = 1;
  default: y += 1;
}
```

3.13.3 执行下列 if-else 语句之后，x 是多少？使用 switch 语句重写，并且为新的 switch 语句画出流程图。

```
int x = 1, a = 3;
if (a == 1)
  x += 5;
else if (a == 2)
  x += 10;
else if (a == 3)
  x += 16;
else if (a == 4)
  x += 34;
```

3.13.4 编写 switch 语句，如果变量 day 为 0、1、2、3、4、5、6，则分别显示 Sunday、Monday、Tuesday、Wednesday、Thursday、Friday、Saturday。

3.13.5 使用 if-else 语句重写程序清单 3-9。

3.14 条件操作符

요 要点提示：条件操作符基于一个条件计算表达式的值。

你可能想为受某些条件限制的变量赋值。例如，下面的语句在 x 大于 0 时给 y 赋值 1，而当 x 小于等于 0 时给 y 赋值 -1。

```
if (x > 0)
  y = 1;
else
  y = -1;
```

或者，如以下示例所示，你可以使用条件操作符来获得相同的结果。

```
y = (x > 0)? 1: -1;
```

符号？和：一起出现，称为条件操作符（也称为三元操作符，因为使用了三个操作数。这是 Java 中唯一的一个三元操作符）。条件操作符的风格完全不同，在语句中没有明确出现 if。该语法如下所示：

```
boolean-expression? expression1: expression2
```

如果 boolean-expression 的值为 true，则结果为表达式 expression1；否则，结果为表达式 expression2。

假设希望将 num1 和 num2 中较大的数赋值给 max，利用条件表达式只需编写一条语句：

```
max = (num1 > num2)? num1: num2;
```

另举一例，如果 num 是偶数，下面的语句就显示信息"num is even"；否则显示"num is odd"：

```
System.out.println((num % 2 == 0)? "num is even": "num is odd");
```

从这些示例中可以看出，条件操作符使得代码编写更简洁。

可以嵌入条件表达式。例如，以下代码在 n1 > n2、n1 == n2 或者 n1 < n2 时为 status 赋值 1、0 或者 -1。

```
status = n1 > n2? 1: (n1 == n2? 0: -1);
```

✓ 复习题

3.14.1 假设你运行下面程序的时候从控制台输入 2 3 6，将输出什么？

```
public class Test {
  public static void main(String[] args) {
    java.util.Scanner input = new java.util.Scanner(System.in);
    double x = input.nextDouble();
    double y = input.nextDouble();
    double z = input.nextDouble();

    System.out.println((x < y && y < z)? "sorted": "not sorted");
  }
}
```

3.14.2 运用条件操作符重写以下 if 语句。

```
if (ages >= 16)
  ticketPrice = 20;
else
  ticketPrice = 10;
```

3.14.3 使用 if-else 表达式重写下面的条件表达式。
   a. score = (x > 10)? 3 * scale: 4 * scale;
   b. tax = (income > 10000)? income * 0.2: income * 0.17 + 1000;
   c. System.out.println((number % 3 == 0)? i: j);

3.14.4 编写随机返回 1 或者 -1 的条件表达式。

3.15 操作符的优先级和结合规则

要点提示：操作符的优先级和结合规则确定了计算操作符的顺序。

2.11 节介绍了涉及算术操作符的操作符优先级。本节更加详细地讨论操作符的优先级。假设有这样一个表达式：

```
3 + 4 * 4 > 5 * (4 + 3) - 1 && (4 - 3 > 5)
```

其值为多少呢？这些操作符的执行顺序是什么呢？

首先会计算括号中的表达式（括号可以嵌套，在嵌套的情况下，先计算里层括号中的表达式）。当计算没有括号的表达式时，操作符会依照优先级规则和结合规则进行运算。

优先级规则定义了操作符的先后次序，如表 3-8 所示，它包含了目前所学的所有操作符。它们从上到下按优先级递减的方式排列。逻辑操作符的优先级比关系操作符的低，而关系操作符的优先级比算术操作符的低。优先级相同的操作符排在同一组中。（Java 操作符及其优先级的完整列表参见附录 C。）

如果优先级相同的操作符彼此相邻，则结合规则（associativity）决定它们的执行顺序。除了赋值操作符之外，所有的二元操作符都是左结合的（left-associative）。例如，由于 + 和 - 的优先级相同并且都是左结合的，所以表达式：

表 3-8 操作符优先级

优先级	操作符
	var++ 和 var--（后置操作符）
	+、-（一元加号和一元减号）、++var、--var（前置操作符）
	(type)（类型转换）
	!（非）
	*、/、%（乘法、除法和取模运算）
	+、-（二元加法和减法）
	<、<=、>、>=（关系型操作符）
	==、!=（相等性）
	^（异或）
	&&（条件与）
	||（条件或）
	? :（三元操作符）
	=、+=、-=、*=、/=、%=（赋值操作符）

```
a - b + c - d   等价于   ((a - b) + c) - d
```

赋值操作符是右结合的（right-associative）。因此，表达式：

```
a = b += c = 5   等价于   a = (b += (c = 5))
```

假设赋值前 a、b 和 c 都是 1，在计算表达式之后，a 变成 6，b 变成 6，而 c 变成 5。注意：左结合对赋值操作符而言是没有意义的。

注意：Java 有自己内部计算表达式的方式。Java 计算的结果与其对应的算术计算是一样的。进阶读者可以参考补充材料III.B，以获得更多关于 Java 后台是如何计算表达式的讨论。

✓ **复习题**

3.15.1 列出布尔操作符的优先级顺序。计算下面的表达式：

```
true || true && false
true && true || false
```

3.15.2 除 = 之外的所有二元操作符都是左结合的，这种说法是对还是错？

3.15.3 计算下面的表达式：

```
2 * 2 - 3 > 2 && 4 - 2 > 5
2 * 2 - 3 > 2 || 4 - 2 > 5
```

3.15.4 (x>0 && x<10) 和 ((x>0)&&(x<10)) 是否一样？(x>0||x<10) 和 ((x>0)||(x<10)) 是否一样？(x>0 || x<10 && y<0) 和 (x>0 ||(x<10 && y<0) 是否一样？

3.16 调试

要点提示：调试是在程序中找到和修改错误的过程。

如 1.10 节所述，因为编译器可以明确指出错误的位置以及出错的原因，所以语法错误是容易发现和纠正的。运行时错误也不难找到，因为在程序异常中止时，错误的原因和位置都会显示在控制台上。然而，查找逻辑错误就很富有挑战性。

逻辑错误也称为臭虫（bug）。查找和修正错误的过程称为调试（debugging）。调试的一般途径是采用各种方法逐步缩小程序中 bug 所在的范围。可以手工跟踪（hand trace）程序（即通过读程序找错误），也可以插入打印语句显示变量的值或程序的执行流程。这种方法适用于短小、简单的程序。对于庞大且复杂的程序，最有效的调试方法还是使用调试工具。

JDK 包含了一个命令行调试器 jdb，该调试器使用类名进行调用。jdb 本身也是一个 Java 程序，运行自身的一个 Java 解释器副本。所有的 Java IDE 工具，比如 Eclipse 和 NetBeans 包含集成的调试器。调试器工具支持跟踪一个程序的执行。它们因系统而不同，但是都支持大多数以下有用的功能。

- **一次执行单条语句**：调试器使你可以一次执行单条语句，从而可以看到每条语句的效果。
- **跟踪进入或者跨过一个方法**：如果一个方法正在被执行，可以让调试器跟踪进入方法内部，并且一次执行方法里面的单条语句，或者也可以让调试器跨过整个方法。如果你知道该方法是正确的，应该跨过整个方法。比如，通常都会跨过系统提供的方法，比如 System.out.println。
- **设置断点**：你也可以在一条特定的语句上面设置断点。程序遇到一个断点时将暂停。可以设置任意多的断点。当你知道程序错误可能从什么地方开始的时候，断点特别有用。你可以将断点设置在那条语句上，让程序先执行到断点处。
- **显示变量**：调试器使你可以选择多个变量并且显示它们的值。当你跟踪一个程序的时候，变量的内容持续更新。
- **显示调用栈**：调试器使你可以跟踪所有的方法调用。当你需要看到程序执行流程的整体过程时，此功能很有用。
- **修改变量**：一些调试器支持你在调试的过程中修改变量的值。当你希望用不同的示例来测试程序，而又不希望离开调试器的时候，这是非常方便的。

提示：如果你使用诸如 Eclipse 或者 NetBeans 之类的 IDE，请参考配套网站上面的补充材料 II.C 和 II.E。补充材料给出如何使用调试器来跟踪程序，以及调试过程是如何帮助你有效学习 Java 的。

关键术语

Boolean data type（boolean 数据类型）
Boolean expression（布尔表达式）
Boolean value（布尔值）
conditional operator（条件操作符）
dangling-else ambiguity（悬空 else 歧义）
debugging（调试）
fall-through behavior（落空行为）
flowchart（流程图）

lazy operator（惰性操作符）
operator associativity（操作符结合律）
operator precedence（操作符优先级）

selection statement（选择语句）
short-circuit operator（短路操作符）

本章小结

1. boolean 类型变量可以存储值 true 或 false。
2. 关系操作符（<、<=、==、!=、>、>=）得到一个布尔值。
3. 选择语句用于可选择的动作路径的编程。选择语句有以下几种类型：单分支 if 语句、双分支 if-else 语句、嵌套 if 语句、多分支 if-else 语句、switch 语句和条件操作符。
4. 各种 if 语句都是基于布尔表达式来进行控制的。根据表达式的值是 true 或 false，这些语句选择两种可能路径中的一种。
5. 布尔操作符 &&、||、| 和 ^ 对布尔值和布尔变量进行计算。
6. 当对 p1&&p2 求值时，Java 先求 p1 的值，如果 p1 为 true，再对 p2 求值；如果 p1 为 false，就不再对 p2 求值。当对 p1||p2 求值时，Java 先求 p1 的值，如果 p1 为 false，再对 p2 求值；如果 p1 为 true，就不再对 p2 求值。因此，&& 也称为短路与操作符或惰性与操作符，而 || 也称为短路或操作符或惰性或操作符。
7. switch 语句根据 char、byte、short、int 或者 String 类型的 switch 表达式来做出控制决策。
8. 在 switch 语句中，关键字 break 是可选的，但它通常用在每个分支的结尾，以中止执行 switch 语句的剩余部分。如果没有 break 语句，则会执行下一条 case 语句。
9. 表达式中的操作符按照括号、操作符优先级以及操作符结合律所确定的次序进行求值。
10. 括号可用于强制将求值的顺序以任何顺序进行。
11. 具有更高级优先级的操作符更早被求值。对于相同优先级的操作符，它们的结合规则确定操作的顺序。
12. 除了赋值操作符的所有二元操作符都是左结合的外，赋值操作符是右结合的。

测试题

在线回答配套网站上的本章测试题。

编程练习题

教学提示 对于每一个练习题，都应在编写代码之前仔细地分析问题的需求以及设计解题策略。

调试提示 在寻求帮助之前，请先阅读并自己解释该程序，并使用几个有代表性的手工输入或使用 IDE 调试器对其进行跟踪。通过调试自己的错误来学习如何编程。

3.2 节

*3.1 （代数：求解一元二次方程）可以使用下面的公式求解一元二次方程 $ax^2+bx+c=0$ 的两个根：

$$r_1 = \frac{-b+\sqrt{b^2-4ac}}{2a} \quad \text{和} \quad r_2 = \frac{-b-\sqrt{b^2-4ac}}{2a}$$

b^2-4ac 称作一元二次方程的判别式。如果它为正，则一元二次方程就有两个实数根。如果它为 0，则方程式就只有一个根。如果它为负，则方程式无实数根。

编写程序，提示用户输入 a、b 和 c 的值，并且显示基于判别式的结果。如果这个判别式为正，则打印两个根。如果判别式为 0，则打印一个根。否则，显示"The equation has no real roots"（该方程式无实数根）。

注意，可以使用 Math.pow(x,0.5) 来计算 $\sqrt{x}$。下面是一些运行示例。

```
Enter a, b, c: 1.0 3 1 ↵Enter
The equation has two roots -0.381966 and -2.61803
```

```
Enter a, b, c: 1 2.0 1 ↵Enter
The equation has one root -1.0
```

```
Enter a, b, c: 1 2 3 ↵Enter
The equation has no real roots
```

3.2 （游戏：将三个数相加）程序清单 3-1 中的程序产生两个整数，并提示用户输入这两个整数的和。修改该程序使之能产生三个只有一位数的整数，然后提示用户输入这三个整数的和。

3.3～3.7 节

*3.3 （代数：求解 2×2 线性方程）可以使用编程练习题 1.13 中给出的 Cramer 规则求解线性方程：

$$ax + by = e$$
$$cx + dy = f$$
$$x = \frac{ed - bf}{ad - bc} \quad y = \frac{af - ec}{ad - bc}$$

编写程序，提示用户输入 a、b、c、d、e 和 f，然后显示结果。如果 $ad-bc$ 为 0，则报告消息 "The equation has no solution"（方程式无解）。

```
Enter a, b, c, d, e, f: 9.0 4.0 3.0 -5.0 -6.0 -21.0 ↵Enter
x is -2.0 and y is 3.0
```

```
Enter a, b, c, d, e, f: 1.0 2.0 2.0 4.0 4.0 5.0 ↵Enter
The equation has no solution
```

**3.4 （随机月份）编写一个随机产生 1 和 12 之间整数的程序，并且根据数字 1,2,…,12 显示相应的英文月份：January, February,…,December。

*3.5 （给出将来的日期）编写程序，提示用户输入代表星期的整数（周日为 0，周一为 1,…, 周六为 6）。另外，提示用户再输入一个天数，代表从今天起经过该天数后的未来某天，然后显示这天是星期几。下面是一个运行示例：

```
Enter today's day: 1 ↵Enter
Enter the number of days elapsed since today: 3 ↵Enter
Today is Monday and the future day is Thursday
```

```
Enter today's day: 0
Enter the number of days elapsed since today: 31 ↵Enter
Today is Sunday and the future day is Wednesday
```

*3.6 （健康应用：BMI）修改程序清单 3-4，让用户输入体重、英尺和英寸。例如，某人身高是 5 英尺 10 英寸，则输入的英尺值就是 5、英寸值为 10。注意：1 英尺 =0.3048 米。下面是一个运行示例：

```
Enter weight in pounds: 140 ↵Enter
Enter feet: 5 ↵Enter
Enter inches: 10 ↵Enter
BMI is 20.087702275404553
Normal
```

3.7 （金融应用：货币单位）修改程序清单 2-10，使之只显示非零面额。用单词的单数形式显示一个单位的值，例如 1 dollar and 1 penny（1 美元和 1 美分）；用单词的复数形式显示多于一个单位的值，例如 2 dollars and 3 pennies（2 美元和 3 美分）。

*3.8 （对三个整数排序）编写程序，提示用户输入三个整数，并以非降序的形式显示这三个整数。

**3.9 （商业：检查 ISBN-10）ISBN-10（国际标准书号）由 10 个个位整数 $d_1d_2d_3d_4d_5d_6d_7d_8d_9d_{10}$ 组成，最后一位 d_{10} 是校验和，它是使用以下公式用另外 9 个数计算出来的：

$$(d_1 \times 1 + d_2 \times 2 + d_3 \times 3 + d_4 \times 4 + d_5 \times 5 + d_6 \times 6 + d_7 \times 7 + d_8 \times 8 + d_9 \times 9) \% 11$$

如果校验和为 10，那么按照 ISBN-10 的惯例，最后一位应该表示为 X。编写程序，提示用户输入前 9 个数，然后显示 10 位 ISBN 值（包括前面起始位置的 0）。程序应该读取一个整数输入。以下是一个运行示例：

```
Enter the first 9 digits of an ISBN as integer: 013601267 ↵Enter
The ISBN-10 number is 0136012671
```

```
Enter the first 9 digits of an ISBN as integer: 013031997 ↵Enter
The ISBN-10 number is 013031997X
```

3.10 （游戏：加法测试）程序清单 3-3 随机产生一个减法问题。修改这个程序，随机产生一个计算两个小于 100 的整数的加法问题。

3.8～3.16 节

*3.11 （给出某月份的天数）编写程序，提示用户输入月份和年份，然后显示这个月的天数。例如：如果用户输入的月份是 2 而年份是 2012，那么程序应该显示"February 2012 has 29 days"（2012 年 2 月有 29 天）。如果用户输入的月份为 3 而年份为 2015，那么程序就应该显示"March 2015 has 31 days"（2015 年 3 月有 31 天）。

3.12 （回文数）编写程序，提示用户输入一个三位的整数，然后确定它是否是回文数。如果一个数字从左到右以及从右到左是一样的，这个数字称为回文数。负数的处理和正数一样。下面是程序的一个运行示例：

```
Enter a three-digit integer: 121 ↵Enter
121 is a palindrome
```

```
Enter a three-digit integer: 123 ↵Enter
123 is not a palindrome
```

*3.13 （金融应用：计算税款）程序清单 3-5 给出了计算单身登记人税款的源代码。将程序清单 3-5 补充完整，从而计算登记的所有婚姻状态的税款。

3.14 （游戏：猜硬币的正反面）编写程序，让用户猜一猜硬币的正反面。这个程序随机产生一个整数 0 或者 1，它们分别表示硬币的正面和反面。程序提示用户输入一个猜测值，然后报告这个猜测值是否正确。

**3.15 （游戏：彩票）修改程序清单 3-8 以产生三位整数的彩票。程序提示用户输入一个三位整数，然后依照以下规则判定用户能否赢得奖金：

1）如果用户输入按顺序确切与彩票数相符，奖金为 10 000 美元。

2）如果用户输入能匹配彩票的所有数字，奖金为 3000 美元。

3）如果用户输入的其中一个数匹配彩票号码中的一个数，奖金为 1000 美元。

3.16 （随机点）编写程序，显示矩形中的一个随机点的坐标值。矩形中心位于（0,0）、宽 100、高 200。

*3.17 （游戏：剪刀、石头、布）编写剪刀 – 石头 – 布游戏的程序。（剪刀可以剪布，石头可以砸剪刀，

而布可以包石头。)程序随机产生一个为 0、1 或者 2 的数,分别表示石头、剪刀和布。程序提示用户输入值 0、1 或者 2,然后显示一条消息表明用户和计算机谁赢谁输,或是打成平手。下面是运行示例:

```
scissor (0), rock (1), paper (2): 1 ↵Enter
The computer is scissor. You are rock. You won
```

```
scissor (0), rock (1), paper (2): 2 ↵Enter
The computer is paper. You are paper too. It is a draw
```

*3.18 (运输成本)一个运输公司使用下面的函数,根据运输重量(以磅为单位)来计算运输成本(以美元为单位)。

$$c(w) = \begin{cases} 3.5, & 0 < w \leq 1 \\ 5.5, & 1 < w \leq 3 \\ 8.5, & 3 < w \leq 10 \\ 10.5, & 10 < w \leq 20 \end{cases}$$

编写程序,提示用户输入包裹重量并显示运输成本。如果重量为负数或者 0,则显示信息"Invalid input"。如果重量大于 20,显示信息"the package cannot be shipped"。

**3.19 (计算三角形的周长)编写程序,读入三角形的三条边,如果输入值合法就计算这个三角形的周长;否则,显示这些输入值不合法。如果任意两条边的和都大于第三条边,那么输入值是合法的。

*3.20 (科学:风冷温度)编程练习题 2.17 给出了计算风冷温度的公式。这个公式适用于温度在华氏 −58° 到 41° 之间,并且风速大于或等于 2 的情况。编写程序,提示用户输入一个温度值和一个风速值。如果输入值是有效的,那么显示风冷温度,否则显示一条消息,表明温度或风速是无效数值。

综合题

**3.21 (科学:星期几)泽勒一致性是由克里斯汀·泽勒开发的用于计算某天是星期几的算法。这个公式是:

$$h = \left(q + \frac{26(m+1)}{10} + k + \frac{k}{4} + \frac{j}{4} + 5j\right) \% 7$$

其中:
- h 是一星期中的某一天(0 为星期六;1 为星期天;2 为星期一;3 为星期二;4 为星期三;5 为星期四;6 为星期五)。
- q 是某月的第几天。
- m 是月份(3 为三月,4 为四月,…,12 为十二月)。一月和二月分别记为去年的 13 和 14 月。
- j 是 $\frac{year}{100}$。
- k 是该世纪的第几年(即 year%100)。

注意,公式中的除法执行一个整数相除。编写程序,提示用户输入年份、月份和该月的某天,然后显示它是星期几。下面是一些运行示例:

```
Enter year: (e.g., 2012): 2015 ↵Enter
Enter month: 1-12: 1 ↵Enter
Enter the day of the month: 1-31: 25 ↵Enter
Day of the week is Sunday
```

```
Enter year: (e.g., 2012): 2012 ↵Enter
Enter month: 1-12: 5 ↵Enter
Enter the day of the month: 1-31: 12 ↵Enter
Day of the week is Saturday
```

提示：一月和二月在这个公式里是用 13 和 14 表示的。所以需要将用户输入的月份 1 转换为 13，将用户输入的月份 2 转换为 14，同时将年份改为前一年。例如，如果用户为 m 输入 1，为 year 输入 2015，在公式中 m 将为 13，而 year 将为 2014。

**3.22 （几何：点是否在圆内？）编写程序，提示用户输入一个点（x，y），然后检测这个点是否位于以原点（0，0）为圆心、半径为 10 的圆内。例如：(4, 5) 位于圆内，而 (9, 9) 位于圆外，如图 3-7a 所示。

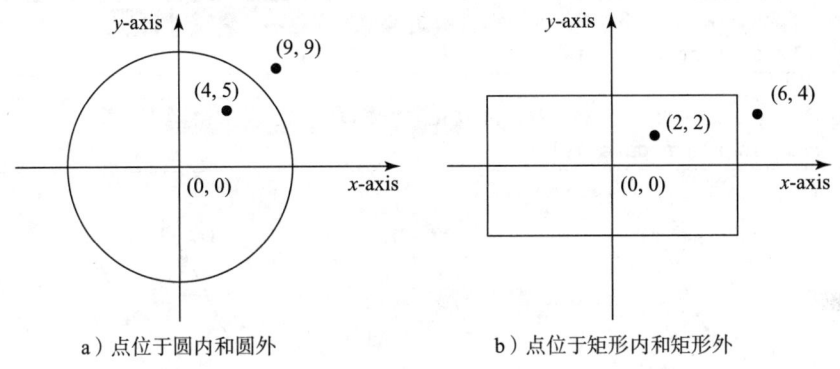

a）点位于圆内和圆外　　　　b）点位于矩形内和矩形外

图　3-7

提示：如果一个点到（0，0）的距离小于或等于 10，那么该点位于圆内，计算距离的公式是 $\sqrt{(x_2 - x_1)^2 + (y_2 - y_1)^2}$。测试你的程序以涵盖各种情况。以下是两个运行示例。

```
Enter a point with two coordinates: 4 5 ↵Enter
Point (4.0, 5.0) is in the circle
```

```
Enter a point with two coordinates: 9 9 ↵Enter
Point (9.0, 9.0) is not in the circle
```

**3.23 （几何：点是否位于矩形内？）编写程序，提示用户输入点（x，y），然后检测该点是否在以原点（0，0）为中心、宽为 10、高为 5 的矩形中。例如：(2, 2) 位于矩形内，而 (6, 4) 位于矩形外，如图 3-7b 所示。

提示：如果一个点到点（0，0）的水平距离小于等于 10/2，并且到点（0，0）的垂直距离小于等于 5.0/2，该点就位于矩形内。测试你的程序以涵盖各种情况。这里有两个运行示例：

```
Enter a point with two coordinates: -4.9 2.49 ↵Enter
Point (-4.9, 2.49) is in the rectangle
```

```
Enter a point with two coordinates: -5.1 -2.4 ↵Enter
Point (-5.1, -2.4) is not in the rectangle
```

**3.24 （游戏：选牌）编写程序，模拟从一副 52 张的牌中选一张牌。程序应该显示牌的大小（Ace、2、3、4、5、6、7、8、9、10、Jack、Queen、King）以及牌的花色（Clubs（黑梅花）、Diamonds（红方块）、Hearts（红心）、Spades（黑桃））。下面是这个程序的运行示例：

```
The card you picked is Jack of Hearts
```

*3.25 (几何：交点) 在第一条直线上给出两个点（x1,y1）和（x2,y2），在第二条直线上给出两个点（x3,y3）和（x4,y4），如图 3-8a、图 3-8b 所示。两条直线的交点可以通过下面的线性方程组求解：

$$(y_1 - y_2)x - (x_1 - x_2)y = (y_1 - y_2)x_1 - (x_1 - x_2)y_1$$
$$(y_3 - y_4)x - (x_3 - x_4)y = (y_3 - y_4)x_3 - (x_3 - x_4)y_3$$

这个线性方程组可以应用 Cramer 规则求解（见编程练习题 3.3）。如果方程无解，则两条直线平行（参见图 3-8c）。

编写程序，提示用户输入这四个点并显示它们的交点。下面是这个程序的运行示例：

```
Enter x1, y1, x2, y2, x3, y3, x4, y4: 2 2 5 -1.0 4.0 2.0 -1.0 -2.0 ↵Enter
The intersecting point is at (2.88889, 1.1111)
```

```
Enter x1, y1, x2, y2, x3, y3, x4, y4: 2 2 7 6.0 4.0 2.0 -1.0 -2.0 ↵Enter
The two lines are parallel
```

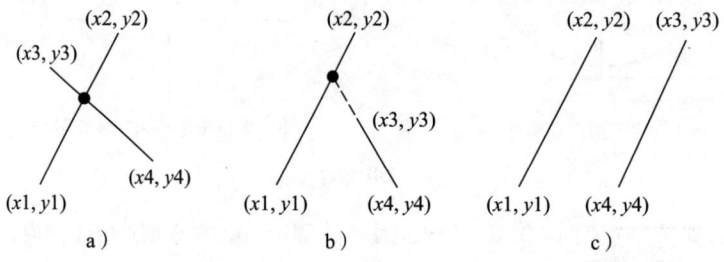

图 3-8 两条直线相交（a 和 b），两条直线平行（c）

3.26 (使用操作符 &&、|| 和 ^) 编写程序，提示用户输入一个整数值，然后判断它能否被 5 和 6 整除，能否被 5 或 6 整除，以及能否被 5 或 6 整除但是不能同时被它们整除。下面是这个程序的运行示例：

```
Enter an integer: 10 ↵Enter
Is 10 divisible by 5 and 6? false
Is 10 divisible by 5 or 6? true
Is 10 divisible by 5 or 6, but not both? true
```

**3.27 (几何：点是否在三角形内？) 假设直角三角形位于一个平面上，如下图所示。直角点位于（0,0），其他两个点分别位于（200,0）和（0,100）。编写程序，提示用户输入一个点的 x 坐标和 y 坐标，然后判断这个点是否在该三角形内。下面是运行示例：

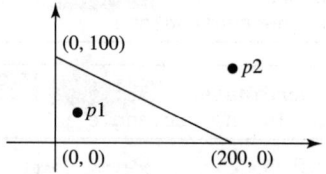

```
Enter a point's x- and y-coordinates: 100.5 25.5 ↵Enter
The point is in the triangle
```

```
Enter a point's x- and y-coordinates: 100.5 50.5 ←Enter
The point is not in the triangle
```

**3.28 （几何：两个矩形）编写程序，提示用户输入两个矩形中心点的 x 坐标和 y 坐标以及矩形的宽度和高度，然后判断第二个矩形是位于第一个矩形内还是和第一个矩形重叠，如图 3-9 所示。测试你的程序以涵盖各种情况。

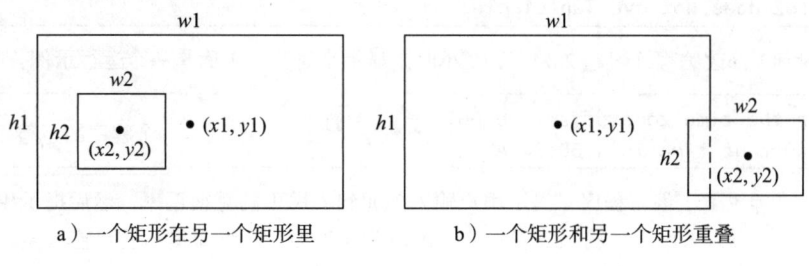

a）一个矩形在另一个矩形里　　　　b）一个矩形和另一个矩形重叠

图　3-9

下面是运行示例：

```
Enter r1's center x-, y-coordinates, width, and height: 2.5 4 2.5 43 ←Enter
Enter r2's center x-, y-coordinates, width, and height: 1.5 5 0.5 3 ←Enter
r2 is inside r1
```

```
Enter r1's center x-, y-coordinates, width, and height: 1 2 3 5.5 ←Enter
Enter r2's center x-, y-coordinates, width, and height: 3 4 4.5 5 ←Enter
r2 overlaps r1
```

```
Enter r1's center x-, y-coordinates, width, and height: 1 2 3 3 ←Enter
Enter r2's center x-, y-coordinates, width, and height: 40 45 3 2 ←Enter
r2 does not overlap r1
```

**3.29 （几何：两个圆）编写程序，提示用户输入两个圆的中心坐标和各自的半径值，然后判断第二个圆是位于第一个圆内，还是和第一个圆重叠，如图 3-10 所示。

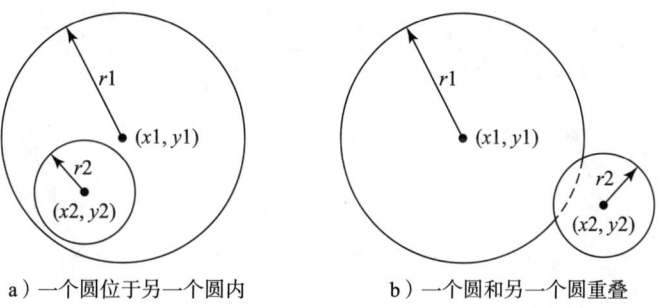

a）一个圆位于另一个圆内　　　　b）一个圆和另一个圆重叠

图　3-10

提示：如果两个圆心的距离≤|r1-r2|，可以判断 circle2 位于 circle1 内；如果两个圆心的距离≤ r1+r2，可以判断 circle2 和 circle1 重叠。使用各种输入来测试程序。下面是运行示例：

```
Enter circle1's center x-, y-coordinates, and radius: 0.5 5.1 13 ←Enter
Enter circle2's center x-, y-coordinates, and radius: 1 1.7 4.5 ←Enter
circle2 is inside circle1
```

104　第 3 章

```
Enter circle1's center x-, y-coordinates, and radius: 3.4 5.7 5.5 ↵Enter
Enter circle2's center x-, y-coordinates, and radius: 6.7 3.5 3 ↵Enter
circle2 overlaps circle1
```

```
Enter circle1's center x-, y-coordinates, and radius: 3.4 5.5 1 ↵Enter
Enter circle2's center x-, y-coordinates, and radius: 5.5 7.2 1 ↵Enter
circle2 does not overlap circle1
```

*3.30　(当前时间) 修改编程练习题 2.8，以 12 小时制显示小时数。下面是一个运行示例：

```
Enter the time zone offset to GMT: -5 ↵Enter
The current time is 4:50:34 AM
```

*3.31　(金融：货币兑换) 编写程序，提示用户输入美元到人民币的兑换汇率。然后提示用户输入 0 表示从美元兑换为人民币，输入 1 表示从人民币兑换为美元。继而提示用户输入美元数量或者人民币数量，分别兑换为另外一种货币。下面是运行示例：

```
Enter the exchange rate from dollars to RMB: 6.81 ↵Enter
Enter 0 to convert dollars to RMB and 1 vice versa: 0 ↵Enter
Enter the dollar amount: 100 ↵Enter
$100.0 is 681.0 yuan
```

```
Enter the exchange rate from dollars to RMB: 6.81 ↵Enter
Enter 0 to convert dollars to RMB and 1 vice versa: 1 ↵Enter
Enter the RMB amount: 10000 ↵Enter
10000.0 yuan is $1468.43
```

```
Enter the exchange rate from dollars to RMB: 6.81 ↵Enter
Enter 0 to convert dollars to RMB and 1 vice versa: 5 ↵Enter
CIncorrect input
```

*3.32　(几何：点的位置) 给定一个从点 p0(x0,y0) 到 p1(x1,p1) 的有向线段，可以使用下面的条件来确定点 p2(x2,y2) 位于线段的左侧还是右侧，或者位于该线段上 (见图 3-11)：

$$(x1 - x0) \times (y2 - y0) - (x2 - x0) \times (y1 - y0) \begin{cases} > 0 & p2 \text{ 位于线段的左侧} \\ = 0 & p2 \text{ 位于线段上} \\ < 0 & p2 \text{ 位于线段的右侧} \end{cases}$$

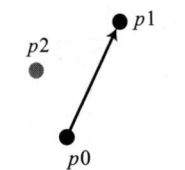
a) p2 位于线段的左侧

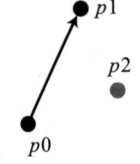
b) p2 位于线段的右侧

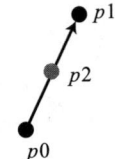
c) p2 位于线段上

图　3-11

编写程序，提示用户输入三个点 p0、p1 和 p2，显示 p2 是位于从 p0 到 p1 的线段的左侧、右侧，还是在线段上。下面是运行示例：

```
Enter three points for p0, p1, and p2: 4.4 2 6.5 9.5 -5 4 ↵Enter
p2 is on the left side of the line
```

```
Enter three points for p0, p1, and p2: 1 1 5 5 2 2  ↵Enter
p2 is on the same line
```

```
Enter three points for p0, p1, and p2: 3.4 2 6.5 9.5 5 2.5  ↵Enter
p2 is on the right side of the line
```

*3.33 (金融：比较成本) 假设你要通过两种不同的包裹运输大米。你想编写一个程序来比较成本，该程序提示用户输入每个包裹的重量和价格，然后显示哪个更优惠。下面是一个运行示例：

```
Enter weight and price for package 1: 50 24.59  ↵Enter
Enter weight and price for package 2: 25 11.99  ↵Enter
Package 2 has a better price.
```

```
Enter weight and price for package 1: 50 25  ↵Enter
Enter weight and price for package 2: 25 12.5  ↵Enter
Two packages have the same price.
```

*3.34 (几何：线段上的点) 编程练习题 3.32 显示了如何测试一个点是否在一个无限长的直线上。修改编程练习题 3.32，测试一个点是否在一个线段上。编写程序，提示用户输入三个点 p0、p1 和 p2，显示 p2 是否位于从 p0 到 p1 的线段上。这里是一些运行示例：

```
Enter three points for p0, p1, and p2: 1 1 2.5 2.5 1.5 1.5  ↵Enter
(1.5, 1.5) is on the line segment from (1.0, 1.0) to (2.5, 2.5)
```

```
Enter three points for p0, p1, and p2: 1 1 2 2 3.5 3.5  ↵Enter
(3.5, 3.5) is not on the line segment from (1.0, 1.0) to (2.0, 2.0)
```

第 4 章

Introduction to Java Programming and Data Structures, Comprehensive Version, Twelfth Edition

数学函数、字符和字符串

教学目标

- 使用 Math 类中的方法求解数学问题（4.2 节）。
- 使用 char 类型表示字符（4.3 节）。
- 使用 ASCII 码和 Unicode 码来对字符编码（4.3.1 节）。
- 使用转义序列表示特殊字符（4.3.2 节）。
- 将数值转换为字符，以及将字符转换为整数（4.3.3 节）。
- 使用 Character 类中的静态方法比较和测试字符（4.3.4 节）。
- 介绍对象和实例方法（4.4 节）。
- 使用 String 对象表示字符串（4.4 节）。
- 使用 length() 方法来返回字符串长度（4.4.1 节）。
- 使用 charAt(i) 方法来返回字符串中的字符（4.4.2 节）。
- 使用操作符 + 来连接字符串（4.4.3 节）。
- 返回大写字符串或者小写字符串，以及裁剪字符串（4.4.4 节）。
- 从控制台读取字符串（4.4.5 节）。
- 从控制台读取字符（4.4.6 节）。
- 使用 equals 方法和 compareTo 方法比较字符串（4.4.7 节）。
- 获取子字符串（4.4.8 节）。
- 使用 indexOf 方法定位一个字符串中的字符或者子字符串（4.4.9 节）。
- 使用字符和字符串编程（GuessBirthday）（4.5.1 节）。
- 将十六进制字符转换为十进制值（HexDigit2Dec）（4.5.2 节）。
- 使用字符串修改彩票程序（LotteryUsingStrings）（4.5.3 节）。
- 使用 System.out.printf 方法来格式化输出（4.6 节）。

4.1 引言

要点提示：本章重点介绍数学函数、字符和字符串对象，并使用它们来开发程序。

前面章节介绍了基础编程技术，以及如何使用选择语句编写简单的程序以解决一些基本问题。本章介绍实现常用数学运算的方法。你将在第 6 章学到如何创建自定义方法。

假设你需要估算四座城市所包围的区域的面积，如下图所示给定这些城市的 GPS 位置（经纬度）。如何编写程序来求解这个问题？在学完本章后，你将可以编写这样的程序。

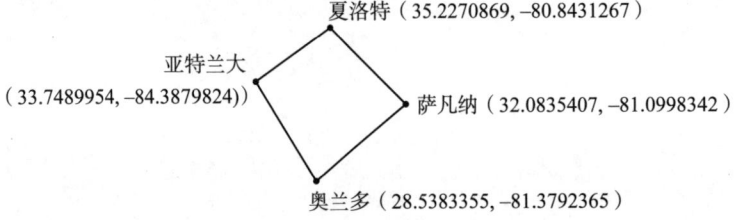

因为字符串在编程中经常要用到,所以尽早介绍字符串从而开始使用它们来编写实用的程序是有益的。本章还给出了字符串对象的简要介绍,你将在第 9 章和第 10 章进一步学习对象和字符串的相关知识。

4.2 常用数学函数

🔑 **要点提示**:Java 在 Math 类中提供了许多实用的方法,用于计算常用的数学函数。

方法是用于执行特定任务的一组语句。在 2.9.4 节中我们已经使用过方法 pow(a,b) 来计算 a^b,在 3.7 节中也使用过 random() 方法来产生一个随机数。本节介绍 Math 类中的其他有用方法。这些方法分为三类:三角函数方法(trigonometric method)、指数方法(exponent method)和服务方法(service method)。服务方法包括舍入、求最小值、求最大值、求绝对值和随机方法。除了这些方法之外,Math 类还提供了两个很有用的 double 型常量,PI(π)和 E(自然对数的底)。可以在任何程序中用 Math.PI 和 Math.E 来使用这两个常量。

4.2.1 三角函数方法

Math 类包含表 4-1 中列出的方法,用于计算三角函数。

表 4-1 Math 类中的三角函数方法

方法	描述
sin(radians)	返回以弧度为单位的角度的三角正弦函数值
cos(radians)	返回以弧度为单位的角度的三角余弦函数值
tan(radians)	返回以弧度为单位的角度的三角正切函数值
toRadians(degree)	将以度为单位的角度值转换为以弧度表示
toDegrees(radians)	将以弧度为单位的角度值转换为以度表示
asin(a)	返回以弧度为单位的角度的反三角正弦函数值
acos(a)	返回以弧度为单位的角度的反三角余弦函数值
atan(a)	返回以弧度为单位的角度的反三角正切函数值

sin、cos 和 tan 的参数为以弧度为单位的角度。asin 和 atan 的返回值是 $-\pi/2 \sim \pi/2$ 之间的弧度值,acos 的返回值是 0 到 π 之间。1° 等于 $\pi/180$ 弧度,90° 等于 $\pi/2$ 弧度,而 30° 等于 $\pi/6$ 弧度。例如:

```
Math.sin(Math.toRadians(270))返回 -1.0
Math.sin(Math.PI / 6)返回 0.5
Math.sin(Math.PI / 2)返回 1.0
Math.cos(0)返回 1.0
Math.cos(Math.PI / 6)返回 0.866
Math.cos(Math.PI / 2)返回 0
Math.asin(0.5)返回 0.523598333(π/6)
Math.acos(0.5)返回 1.0472(π/3)
Math.atan(1.0)返回 0.785398(π/4)
```

4.2.2 指数函数方法

Math 类中有 5 个与指数函数相关的方法,如表 4-2 所示。

例如,

$e^{3.5}$ 是 Math.exp(3.5), 返回 **33.11545**
ln(3.5) 是 Math.log(3.5), 返回 **1.25276**
$\log_{10}$ (3.5) 是 Math.log10(3.5), 返回 **0.544**
2^3 是 Math.pow(2, 3), 返回 **8.0**
3^2 是 Math.pow(3, 2), 返回 **9.0**
$4.5^{2.5}$ 是 Math.pow(4.5, 2.5), 返回 **42.9567**
$\sqrt{4}$ 是 Math.sqrt(4), 返回 **2.0**
$\sqrt{10.5}$ 是 Math.sqrt(10.5), 返回 **3.24**

表 4-2 Math 类中的指数函数方法

方法	描述
exp(x)	返回 e 的 x 次方 (e^x)
log(x)	返回 x 的自然对数 ($\ln x = \log_e x$)
log10(x)	返回 x 的以 10 为底的对数 ($\log_{10} x$)
pow(a, b)	返回 a 的 b 次方 (a^b)
sqrt(x)	对于 $x \geq 0$ 的数字, 返回 x 的平方根 ($\sqrt{x}$)

4.2.3 舍入方法

Math 类包括四个舍入方法, 如表 4-3 所示。

表 4-3 Math 类中的舍入方法

方法	描述
ceil(x)	x 向上舍入为它最接近的整数。该整数作为双精度值返回
floor(x)	x 向下舍入为它最接近的整数。该整数作为双精度值返回
rint(x)	x 舍入为它最接近的整数。如果 x 与两个整数的距离相等, 偶数的那个作为双精度值返回
round(x)	如果 x 是单精度数, 返回 (int)Math.floor(x+0.5); 如果 x 是双精度数, 返回 (long) Math.floor(x+0.5)

例如:

```
Math.ceil(2.1) 返回 3.0
Math.ceil(2.0) 返回 2.0
Math.ceil(-2.0) 返回 -2.0
Math.ceil(-2.1) 返回 -2.0
Math.floor(2.1) 返回 2.0
Math.floor(2.0) 返回 2.0
Math.floor(-2.0) 返回 -2.0
Math.floor(-2.1) 返回 -3.0
Math.rint(2.1) 返回 2.0
Math.rint(-2.0) 返回 -2.0
Math.rint(-2.1) 返回 -2.0
Math.rint(2.5) 返回 2.0
Math.rint(4.5) 返回 4.0
Math.rint(-2.5) 返回 -2.0
Math.round(2.6f) 返回 3 // Returns int
Math.round(2.0) 返回 2 // Returns long
Math.round(-2.0f) 返回 -2 // Returns int
Math.round(-2.6) 返回 -3 // Returns long
Math.round(-2.4) 返回 -2 // Returns long
```

4.2.4 min、max 和 abs 方法

min 和 max 方法返回两个数 (int、long、float 或 double 型) 的最小值和最大值。例如, max(4.4,5.0) 返回 5.0, 而 min(3,2) 返回 2。

abs 方法返回一个数 (int、long、float 或 double 型) 的绝对值。例如:

```
Math.max(2, 3) 返回 3
Math.min(2.5, 4.6) 返回 2.5
Math.max(Math.max(2.5, 4.6), Math.min(3, 5.6)) 返回 4.6
Math.abs(-2) 返回 2
```

Math.abs(-2.1) 返回 2.1

4.2.5 random 方法

你已经使用过 random() 方法,该方法生成大于等于 0.0 且小于 1.0 的 double 型随机数 (0.0<=Math.random()<1.0)。可以使用它编写简单的表达式,生成任意范围的随机数。例如:

(int)(Math.random() * 10);　　⟶　返回 0 ~ 9 之间的一个随机整数

50 +(int)(Math.random() * 50);　⟶　返回 50 ~ 99 之间的一个随机整数

通常,

a + (int)(Math.random() * b);　⟶　返回 a ~ a+b-1 之间的一个随机整数

4.2.6 示例学习:计算三角形的角度

可以使用数学方法求解许多计算问题。比如,给定一个三角形的三条边,可以通过以下公式计算角度。

$$A = \frac{\text{acos}(a \times a - b \times b - c \times c)}{-2 \times b \times c}$$

$$B = \frac{\text{acos}(b \times b - a \times a - c \times c)}{-2 \times a \times c}$$

$$C = \frac{\text{acos}(c \times c - a \times a - b \times b)}{-2 \times a \times b}$$

别对这个数学公式望而生畏。如程序清单 2-9 所讨论的,不需要知道数学公式是如何推导的,依然可以计算贷款支付。在此例中,给定三条边的长度,就可以运用这个公式来编写程序计算角度,而不需要知道这个公式是如何推导的。为了计算边长,需要知道三个顶点的坐标,然后计算这些点之间的距离。

程序清单 4-1 是一个示例程序,提示用户输入三角形三个顶点的 x 和 y 坐标值,然后显示三个角。

程序清单 4-1 ComputeAngles.java

```java
 1  import java.util.Scanner;
 2
 3  public class ComputeAngles {
 4    public static void main(String[] args) {
 5      Scanner input = new Scanner(System.in);
 6
 7      // Prompt the user to enter three points
 8      System.out.print("Enter three points: ");
 9      double x1 = input.nextDouble();
10      double y1 = input.nextDouble();
11      double x2 = input.nextDouble();
12      double y2 = input.nextDouble();
13      double x3 = input.nextDouble();
14      double y3 = input.nextDouble();
15
16      // Compute three sides
17      double a = Math.sqrt((x2 - x3) * (x2 - x3)
18        + (y2 - y3) * (y2 - y3));
```

```
19      double b = Math.sqrt((x1 - x3) * (x1 - x3)
20        + (y1 - y3) * (y1 - y3));
21      double c = Math.sqrt((x1 - x2) * (x1 - x2)
22        + (y1 - y2) * (y1 - y2));
23
24      // Compute three angles
25      double A = Math.toDegrees(Math.acos((a * a - b * b - c * c)
26        / (-2 * b * c)));
27      double B = Math.toDegrees(Math.acos((b * b - a * a - c * c)
28        / (-2 * a * c)));
29      double C = Math.toDegrees(Math.acos((c * c - b * b - a * a)
30        / (-2 * a * b)));
31
32      // Display results
33      System.out.println("The three angles are " +
34        Math.round(A * 100) / 100.0 + " " +
35        Math.round(B * 100) / 100.0 + " " +
36        Math.round(C * 100) / 100.0);
37    }
38  }
```

```
Enter three points: 1 1 6.5 1 6.5 2.5 ↵Enter
The three angles are 15.26 90.0 74.74
```

程序提示用户输入三个顶点（第 8 行）。这个提示消息并不是很清晰，应该给予用户非常清晰的提示，如下所示：

```
System.out.print("Enter the coordinates of three points separated "
  + "by spaces like x1 y1 x2 y2 x3 y3: ");
```

注意，两个点 (x1, y1), (x2, y2) 之间的距离可以通过公式 $\sqrt{(x_2 - x_1)^2 + (y_2 - y_1)^2}$ 计算。程序计算两个点之间的距离（第 17 ～ 22 行），并应用该公式来计算角度（第 25 ～ 30 行）。显示的角度值保留小数点后两位数字（第 34 ～ 36 行）。

在程序中使用了 Math 类，但是并没有导入，因为它位于 java.lang 包中。在一个 Java 程序中，java.lang 包中的所有类是隐式导入的。

复习题

4.2.1 对下面的方法调用求值：

(a) Math.sqrt(4)
(b) Math.sin(2 * Math.PI)
(c) Math.cos(2 * Math.PI)
(d) Math.pow(2, 2)
(e) Math.log(Math.E)
(f) Math.exp(1)
(g) Math.max(2, Math.min(3, 4))
(h) Math.rint(-2.5)
(i) Math.ceil(-2.5)
(j) Math.floor(-2.5)
(k) Math.round(-2.5f)
(l) Math.round(-2.5)
(m) Math.rint(2.5)
(n) Math.ceil(2.5)
(o) Math.floor(2.5)
(p) Math.round(2.5f)
(q) Math.round(2.5)
(r) Math.round(Math.abs(-2.5))

4.2.2 下述说法是否正确？三角函数方法中的参数是以弧度为单位的角。

4.2.3 编写一条语句，将 47° 转换为弧度值，并将结果赋给一个变量。

4.2.4 编写一条语句，将 PI / 7 转换为角度值，并将结果赋给一个变量。

4.2.5 编写一个表达式，返回 34 ～ 55 之间的一个随机整数。编写一个表达式，返回 0 ～ 999 之间的一个随机整数。编写一个表达式，返回 5.5 ～ 55.5 之间的一个随机数。

4.2.6 为什么 Math 类不需要导入？

4.2.7 Math.log(Math.exp(5.5)) 等于多少？Math.exp(Math.log(5.5)) 等于多少？Math.asin-(Math.sin(Math.PI / 6)) 等于多少？Math.sin(Math.asin(Math.PI / 6)) 等于多少？

4.3 字符数据类型和操作

要点提示：字符数据类型用于表示单个字符。

除了处理数值之外，Java 还可以处理字符。字符数据类型 char 用于表示单个字符。字符型字面值用单引号括住。考虑以下代码：

```
char letter = 'A';
char numChar = '4';
```

第一条语句将字符 A 赋值给 char 型变量 letter。第二条语句将数字字符 4 赋值给 char 型变量 numChar。

警告：字符串字面值必须括在双引号中，而字符字面值是括在单引号中的单个字符。因此 "A" 是一个字符串，而 'A' 是一个字符。

4.3.1 Unicode 和 ASCII 码

计算机内部使用二进制数。一个字符在计算机中是以 0 和 1 构成的序列形式来存储的。将字符映射到它的二进制形式的过程称为编码（encoding）。字符有多种不同的编码方式，编码方案（encoding scheme）定义了如何编码每个字符。

Java 支持 Unicode 码。Unicode 码是由 Unicode 联盟建立的一种编码方案，用于支持世界各种语言的书面文本的交换、处理和显示。Unicode 一开始被设计为 16 位的字符编码。基本数据类型 char 试图通过提供一种能够存放任意字符的简单数据类型来利用这个设计。但是，一个 16 位的编码所能产生的字符只有 65 536 个，不足以表示全世界所有字符。因此，Unicode 标准被扩展为支持 1 112 064 个字符。这些超出原来 16 位限制的字符称为补充字符（supplementary character）。Java 支持这些补充字符。对补充字符的处理和表示介绍超过了本书的范围。为了简化问题，本书只考虑原来的 16 位 Unicode 字符。这些字符可以存储在一个 char 型变量中。

一个 16 位 Unicode 使用两个字节，用 \u 开头的 4 位十六进制数表示，范围从 '\u0000' 到 '\uFFFF'。关于十六进制数字的更多内容请参见附录 F。例如：welcome 被翻译成中文需要两个字符"欢迎"。这两个字符的 Unicode 为 \u6B22\u8FCE。希腊字母 α β γ 的 Unicode 是 \u03b1\u03b2\u03b3。

大多数计算机采用 ASCII（美国标准信息交换码），它是表示所有大小写字母、数字、标点符号以及控制字符的 8 位编码方案。Unicode 码包括 ASCII 码，其中从 '\u0000' 到 '\u007F' 对应 128 个 ASCII 字符。表 4-4 给出了一些常用字符的 ASCII 码。附录 B 给出了 ASCII 字符及其十进制和十六进制编码的完整清单。

Java 程序可以使用像 'X'、'1' 和 '$' 这样的 ASCII 字符，也可以使用 Unicode 码。因此，下面的语句是等价的：

表 4-4 常用字符的 ASCII 码

字符	十进制编码值	Unicode 值
'0' ~ '9'	48 ~ 57	\u0030 ~ \u0039
'A' ~ 'Z'	65 ~ 90	\u0041 ~ \u005A
'a' ~ 'z'	97 ~ 122	\u0061 ~ \u007A

```
char letter = 'A';
char letter = '\u0041'; // Character A's Unicode is 0041
```

两条语句都将字符 A 赋值给 char 型变量 letter。

> **注意**：自增和自减操作符也可用于 char 型变量，得到该字符前一个或后一个的 Unicode 字符。例如，以下语句显示字符 b。

```
char ch = 'a';
System.out.println(++ch);
```

4.3.2 特殊字符的转义序列

假如你想输出如下带引号的信息，能编写如下所示的语句吗？

```
System.out.println("He said "Java is fun"");
```

答案是不能，这条语句有语法错误。编译器会认为第二个引号字符就是这个字符串的结束标志，从而不知道该如何处理剩余的字符。

为了解决这个问题，Java 定义了一种特殊的标记来表示特殊字符，如表 4-5 所示。这种标记称为转义序列，转义序列由反斜杠 (\) 后面加上一个字符或者一些数位组成。比如，\t 是表示 Tab 字符的转义符，而 \u03b1 是表示一个 Unicode 的转义符。转义序列中的符号被整体解释而非单独解释。一个转义序列被当作单个字符。

表 4-5 转义序列

转义序列	名称	Unicode 码	十进制值
\b	退格键	\u0008	8
\t	Tab 键	\u0009	9
\n	换行符	\u000A	10
\f	换页符	\u000C	12
\r	回车符	\u000D	13
\\	反斜杠	\u005C	92
\"	双引号	\u0022	34

现在我们可以使用下面的语句输出带引号的消息：

```
System.out.println("He said \"Java is fun\"");
```

其输出为：

```
He said "Java is fun"
```

注意，符号 \ 和 "" 一起代表一个字符。

反斜杠 \ 被称为转义字符。它是一个特殊字符。要显示这个字符，需要使用转义序列 \\。比如，下面的代码

```
System.out.println("\\t is a tab character");
```

显示

```
\t is a tab character
```

4.3.3 字符型数据与数值型数据之间的类型转换

char 型数据可以转换成任意一种数值类型，反之亦然。将整数转换成 char 型数据时，只用到该数据的低十六位，其余部分被忽略。例如：

```
// Note a hex integer is written using prefix 0X
char ch = (char)0XAB0041; // The lower 16 bits hex code 0041 is
                          // assigned to ch
System.out.println(ch);   // ch is character A
```

要将浮点值转换成 char 型时，首先将浮点值转换成 int 型，然后将这个整型值转换为 char 型。

```
char ch = (char)65.25;   // Decimal 65 is assigned to ch
System.out.println(ch);  // ch is character A
```

当一个 char 型数据转换成数值型时，这个字符的 Unicode 被转换成指定的数值类型。

```
int i = (int)'A'; // The Unicode of character A is assigned to i
System.out.println(i);  // i is 65
```

如果类型转换结果适用于目标变量，则可以使用隐式类型转换；否则，必须使用显式类型转换。例如，因为 'a' 的 Unicode 是 97，一个字节的范围内，所以可以使用隐式类型转换：

```
byte b = 'a';
int i = 'a';
```

但是，因为 Unicode 码 \uFFF4 超过了一个字节的范围，所以下面的类型转换就是错误的：

```
byte b = '\uFFF4';
```

为了强制赋值，就必须使用显式类型转换，如下所示：

```
byte b = (byte)'\uFFF4';
```

0～FFFF 的任何一个十六进制正整数都可以隐式地类型转换成字符型数据。而不在此范围内的任何其他数值都必须显式地类型转换为 char 型。

所有数值操作符都可以用于 char 型操作数。如果另一操作数是数字或字符，那么 char 型操作数就会自动转换成数字。如果另一操作数是字符串，那么字符与该字符串相连。例如，下面的语句：

```
int i = '2' + '3'; // (int)'2' is 50 and (int)'3' is 51
System.out.println("i is " + i); // i is 101
int j = 2 + 'a'; // (int)'a' is 97
System.out.println("j is " + j); // j is 99
System.out.println(j + " is the Unicode for character ")
   + (char)j); // 99 is the Unicode for character c
System.out.println("Chapter " + '2');
```

显示

```
i is 101
j is 99
99 is the Unicode for character c
Chapter 2
```

4.3.4 比较和测试字符

两个字符可以使用关系操作符进行比较，如同比较两个数字一样。这是通过比较两个字符的 Unicode 值实现的。比如：

'a' < 'b' 为 true，因为 'a'(97) 的 Unicode 值比 'b'(98) 的 Unicode 值小。
'a' < 'A' 为 false，因为 'a' (97) 的 Unicode 值比 'A'(65) 的 Unicode 值大。
'1' < '8' 为 true，因为 '1' (49) 的 Unicode 值比 '8'(56) 的 Unicode 值小。

程序中经常需要测试一个字符是数字还是字母，是大写字母还是小写字母。如附录 B 给出的 ASCII 字符集所示，小写字母的 Unicode 是连续的整数，从表示 'a' 的 Unicode 开始，然后是 'b'，'c'，…，'z'。对于大写字母和数字字符也是如此。这个特征可用于编写测试字符的编码。比如，下列代码测试字符 ch 是大写字母、小写字母，还是数字字符。

```
if (ch >= 'A' && ch <= 'Z')
  System.out.println(ch + " is an uppercase letter");
else if (ch >= 'a' && ch <= 'z')
  System.out.println(ch + " is a lowercase letter");
else if (ch >= '0' && ch <= '9')
  System.out.println(ch + " is a numeric character");
```

为方便起见，Java 的 `Character` 类提供了以下方法用于字符测试，如表 4-6 所示。`Character` 类在 `Java.lang` 包中定义。

表 4-6 Character 类中的方法

方法	描述
isDigit(ch)	如果指定的字符是数字，返回 true
isLetter(ch)	如果指定的字符是字母，返回 true
isLetterOrDigit(ch)	如果指定的字符是字母或者数字，返回 true
isLowerCase(ch)	如果指定的字符是小写字母，返回 true
isUpperCase(ch)	如果指定的字符是大写字母，返回 true
toLowerCase(ch)	返回指定的字符的小写
toUpperCase(ch)	返回指定的字符的大写

例如：

```
System.out.println("isDigit('a') is " + Character.isDigit('a'));
System.out.println("isLetter('a') is " + Character.isLetter('a'));
System.out.println("isLowerCase('a') is "
  + Character.isLowerCase('a'));
System.out.println("isUpperCase('a') is "
  + Character.isUpperCase('a'));
System.out.println("toLowerCase('T') is "
  + Character.toLowerCase('T'));
System.out.println("toUpperCase('q') is "
  + Character.toUpperCase('q'));
```

显示

```
isDigit('a') is false
isLetter('a') is true
isLowerCase('a') is true
isUpperCase('a') is false
toLowerCase('T') is t
toUpperCase('q') is Q
```

复习题

4.3.1 以下哪些是正确的字符字面值？

'1','\u345dE','\u3fFa','\b','\t'

4.3.2 如何显示字符 \ 和 " ？

4.3.3 使用输出语句给出 '1'、'A'、'B'、'a' 和 'b' 的 ASCII 码。使用输出语句给出十进制码 40、59、79、85 和 90 代表的字符。使用输出语句给出十六进制码 40、5A、71、72 和 7A 代表的字符。

4.3.4 求以下值：

```
int i = '1';
int j = '1' + '2' * ('4' - '3') + 'b' / 'a';
int k = 'a';
char c = 90;
```

4.3.5 下面涉及类型转换的转换合法吗？如果合法，给出转换后的结果。

```
char c = 'A';
int i = (int)c;

float f = 1000.34f;
int i = (int)f;

double d = 1000.34;
int i = (int)d;

int i = 97;
char c = (char)i;
```

4.3.6 给出下面程序的输出结果。

```
public class Test {
  public static void main(String[] args) {
    char x = 'a';
    char y = 'c';
    System.out.println(++x);
    System.out.println(y++);
    System.out.println(x - y);
  }
}
```

4.3.7 编写代码产生随机小写字母。

4.3.8 给出下面语句的输出结果。

```
System.out.println('a' < 'b');
System.out.println('a' <= 'A');
System.out.println('a' > 'b');
System.out.println('a' >= 'A');
System.out.println('a' == 'a');
System.out.println('a' != 'b');
```

4.4 String 类型

要点提示：字符串是一个字符序列。

char 类型只表示一个字符。为了表示一串字符，可以使用称为 String（字符串）的数据类型。例如，下述代码将 message 声明为一个值为 "Welcome to Java" 的字符串：

```
String message = "Welcome to Java";
```

String 与 System 类和 Scanner 类一样，都是 Java 库中一个预定义的类。String 类型不是基本类型，而是引用类型（reference type）。任何 Java 类都可以作为引用类型来声明一个变量。使用引用类型声明的变量称为引用变量，它引用一个对象。这里，message 是一个引用变量，它引用一个内容为 Welcome to Java 的字符串对象。

引用数据类型将在第 9 章中详细讨论。目前，你只需要知道如何声明 String 类型的变量，如何将字符串赋值给该变量以及如何使用 String 类中的方法。第 10 章将涵盖更多关于使用字符串的细节。

表 4-7 列出了 String 方法，用于获得字符串长度、访问字符串中的字符、连接字符串、转换字符串为大写或者小写，以及裁剪字符串。

表 4-7 String 对象的简单方法

方法	描述
length()	返回字符串中的字符数
charAt(index)	返回字符串中指定位置的字符
concat(s1)	将该字符串和字符串 s1 连接，返回一个新字符串
toUpperCase()	返回所有字母为大写的新字符串
toLowerCase()	返回所有字母为小写的新字符串
trim()	返回去掉了两边空白字符的新字符串

String 是 Java 中的对象。表 4-7 中的方法只能通过一个特定的字符串实例来调用。因此，这些方法称为实例方法。非实例方法称为静态方法。静态方法可以不使用对象来调用。定义在 Math 类中的所有方法都是静态方法。它们没有绑定到一个特定的对象实例上。调用一个实例方法的语法是 reference-Variable.methodName(arguments)。一个方法可以有多个参数或者没有参数。例如，charAt(index) 方法具有一个参数，但是 length() 方法则没有参数。回顾曾经介绍过的，调用静态方法的语法是 ClassName.methodName(arguments)。例如，Math 类中的 pow 方法可以使用 Math.pow(2,2.5) 来调用。

4.4.1 获取字符串长度

可以调用字符串的 length() 方法得到其长度。例如，下面的代码

```
String message = "Welcome to Java";
System.out.println("The length of " + message + " is "
  + message.length());
```

显示

```
The length of Welcome to Java is 15
```

> 注意：使用一个字符串时，往往其字面值已知。为方便起见，Java 允许在不创建新变量的情况下，使用字符串字面值直接引用字符串。这样，"Welcome to Java".length() 是正确的并返回 15。注意，"" 表示空字符串，并且 "".length() 为 0。

4.4.2 从字符串中获取字符

方法 s.charAt(index) 用于提取字符串 s 中的某个特定字符，其中下标 index 的取值范

围为 0 ～ s.length()-1 之间。例如，message.charAt(0) 返回字符 W，如图 4-1 所示。注意，字符串中第一个字符的下标值为 0。

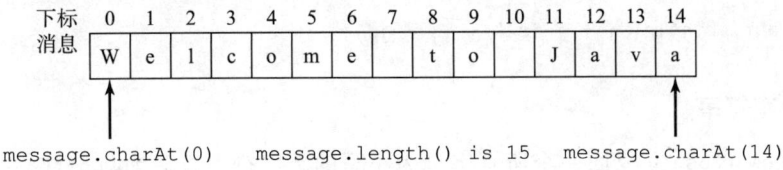

图 4-1 String 对象中的字符可以通过其下标访问

⚠ **警告**：在字符串 s 中越界访问字符是一种常见的程序设计错误。为了避免此类错误，要确保使用的下标不会超过 s.length()-1。例如，s.charAt(s.length()) 会导致 StringIndexOutOfBoundsException 异常。

4.4.3 连接字符串

可以使用 concat 方法连接两个字符串。例如，下面所示的语句将字符串 s1 和 s2 连接构成 s3：

```
String s3 = s1.concat(s2);
```

因为字符串连接在程序设计中应用非常广泛，所以 Java 提供了一种实现字符串连接的简便办法。可以使用加（+）操作符连接两个字符串。因此，上面的语句等价于：

```
String s3 = s1 + s2;
```

下面的代码将字符串 message、"and" 和 "HTML" 结合成一个字符串：

```
String myString = message + " and " + "HTML";
```

回顾一下，加（+）操作符还可用于将数字或字符和字符串连接起来。在这种情况下，先将数字或字符转换成字符串，然后再进行连接。注意，若要用加号实现连接功能，至少操作数之一必须为字符串。如果操作数之一不是字符串（比如，一个数字），非字符串值将转换为字符串并与另一字符串连接。这里是一些示例：

```
// Three strings are concatenated
String message = "Welcome " + "to " + "Java";

// String Chapter is concatenated with number 2
String s = "Chapter" + 2; // s becomes Chapter2

// String Supplement is concatenated with character B
String s1 = "Supplement" + 'B'; // s1 becomes SupplementB
```

如果操作数都不是字符串，加号（+）则是一个将两数相加的加法操作符。

增强的 += 操作符也可以用于字符串连接。例如，下面的代码将字符串 "and Java is fun" 附加在 message 变量中的字符串 "Welcome to Java" 后面。

```
message += " and Java is fun";
```

因此，新的 message 是 "Welcome to Java and Java is fun"。

如果 i=1 且 j=2，下面语句的输出是什么？

```
System.out.println("i + j is " + i + j);
```

输出是 "i+j is 12"，因为 "i+j is" 首先和 i 的值连接。要强制 i+j 先执行，则将 i+j 放在括号里，如下所示：

```
System.out.println("i + j is " + (i + j));
```

4.4.4 转换字符串

方法 `toLowerCase()` 返回一个所有字母为小写的新字符串方法 `toUpperCase()` 返回一个所有字母为大写的新字符串。例如，

"Welcome".toLowerCase() 返回一个新字符串 welcome。

"Welcome".toUpperCase() 返回一个新字符串 WELCOME。

方法 `trim()` 通过删除字符串两端的空白字符返回一个新字符串。字符 ' '、\t、\f、\r 或者 \n 被称为空白字符。例如，

"\t Good Night \n".trim() 返回一个新字符串 Good Night。

4.4.5 从控制台读取字符串

为了从控制台读取字符串，可以调用 Scanner 对象上的 next() 方法。例如，下面的代码从键盘读取三个字符串：

```
Scanner input = new Scanner(System.in);
System.out.print("Enter three words separated by spaces: ");
String s1 = input.next();
String s2 = input.next();
String s3 = input.next();
System.out.println("s1 is " + s1);
System.out.println("s2 is " + s2);
System.out.println("s3 is " + s3);
```

```
Enter three words separated by spaces: Welcome to Java  ↵Enter
s1 is Welcome
s2 is to
s3 is Java
```

next() 方法读取以空白字符结束的字符串（即 ' '、'\t'、'\f'、'\r' 或 '\n'）。可以使用 nextLine() 方法读取一整行文本。nextLine() 方法读取以按下回车键结束的字符串。例如，下面的语句读取一行文本：

```
Scanner input = new Scanner(System.in);
System.out.println("Enter a line: ");
String s = input.nextLine();
System.out.println("The line entered is " + s);
```

```
Enter a line: Welcome to Java  ↵Enter
The line entered is Welcome to Java
```

简便起见，我们将使用方法 next()、nextByte()、nextShort()、nextInt()、nextLong()、nextFloat() 和 nextDouble() 的输入称为基于标记的输入，因为它们读取用空白字符分隔的单个元素，而不是读取整行。nextLine() 方法称为基于行的输入。

重要警告：为避免输入错误，程序中不要在基于标记的输入之后使用基于行的输入，原因将在 12.11.4 节中解释。

4.4.6 从控制台读取字符

要从控制台读取一个字符,可以调用 nextLine() 方法读取一个字符串,然后在字符串上调用 charAt(0) 来返回一个字符。例如,下列代码从键盘读取一个字符:

```
Scanner input = new Scanner(System.in);
System.out.print("Enter a character: ");
String s = input.nextLine();
char ch = s.charAt(0);
System.out.println("The character entered is " + ch);
```

4.4.7 字符串比较

String 类提供了如表 4-8 所示的方法,用于比较两个字符串。

表 4-8 String 对象的比较方法

方法	描述
equals(s1)	如果该字符串等于字符串 s1,则返回 true
equalsIgnoreCase(s1)	如果该字符串等于字符串 s1,则返回 true;不区分大小写
compareTo(s1)	返回一个大于 0、等于 0、小于 0 的整数,分别表示该字符串是否大于、等于或者小于 s1
compareToIgnoreCase(s1)	和 compareTo 一样,除了比较不区分大小写外
startsWith(prefix)	如果字符串以特定的前缀开始,则返回 true
endsWith(suffix)	如果字符串以特定的后缀结束,则返回 true
contains(s1)	如果 s1 为该字符串的子字符串,则返回 true

如何比较两个字符串的内容是否相等呢?你可能会尝试使用 == 操作符,如下所示:

```
if (string1 == string2)
  System.out.println("string1 and string2 are the same object");
else
  System.out.println("string1 and string2 are different objects");
```

然而,操作符 == 只检测 string1 和 string2 是否指向同一个对象,但它不会得出它们的内容是否相同。因此,不能使用 == 操作符来判断两个字符串变量的内容是否相同。相反,应该使用 equals 方法。例如,可以使用下面的代码比较两个字符串:

```
if (string1.equals(string2))
  System.out.println("string1 and string2 have the same contents");
else
  System.out.println("string1 and string2 are not equal");
```

例如,下面的语句先显示 true,然后显示 false。

```
String s1 = "Welcome to Java";
String s2 = "Welcome to Java";
String s3 = "Welcome to C++";
System.out.println(s1.equals(s2)); // true
System.out.println(s1.equals(s3)); // false
```

compareTo 方法也用于比较两个字符串。例如,考虑下述代码:

```
s1.compareTo(s2)
```

如果 s1 与 s2 相等,那么该方法返回 0;如果按字典顺序(即以 Unicode 码的顺序)s1 小于 s2,那么该方法返回小于 0 的值;如果按字典顺序 s1 大于 s2,那么该方法返回大于 0 的值。

方法 compareTo 返回的实际值是依据 s1 和 s2 从左到右第一个不同字符之间的偏移得出的。例如，假设 s1 为 "abc"，s2 为 "abg"，那么 s1.compareTo(s2) 返回 -4。首先比较的是 s1 与 s2 中首位的两个字符（a 与 a）。因为它们相等，所以比较第二位的两个字符（b 与 b）。因为它们也相等，所以比较第三位的两个字符（c 与 g）。由于字符 c 比字符 g 小 4，所以比较返回 -4。

> **警告**：如果使用像 >、>=、< 或 <= 这样的比较操作符比较两个字符串，就会发生语法错误。你需要使用 s1.compareTo(s2) 来进行比较。

> **注意**：如果两个字符串相等，equals 方法返回 true；如果它们不相等，方法返回 false。compareTo 方法会根据一个字符串是否等于、大于或小于另一个字符串，分别返回 0、正整数或负整数。

String 类还提供了对字符串进行比较的方法 equalsIgnoreCase 和 compareToIgnoreCase。方法 equalsIgnoreCase 和 compareToIgnoreCase 在比较两个字符串时忽略字母的大小写。还可以使用 str.startsWith(prefix) 来检测字符串 str 是否以特定前缀（prefix）开始，使用 str.endsWith(suffix) 来检测字符串 str 是否以特定后缀（suffix）结束，并且可以使用 str.contains(s1) 来检测字符串 str 是否包含字符串 s1。例如，

```
"Welcome to Java".startsWith("We")   返回  true
"Welcome to Java".startsWith("we")   返回  false
"Welcome to Java".endsWith("va")     返回  true
"Welcome to Java".endsWith("v")      返回  false
"Welcome to Java".contains("to")     返回  true
"Welcome to Java".contains("To")     返回  false
```

程序清单 4-2 给出了一个程序，提示用户输入两个城市，然后以字母表顺序进行显示。

程序清单 4-2 OrderTwoCities.java

```
 1  import java.util.Scanner;
 2
 3  public class OrderTwoCities {
 4    public static void main(String[] args) {
 5      Scanner input = new Scanner(System.in);
 6
 7      // Prompt the user to enter two cities
 8      System.out.print("Enter the first city: ");
 9      String city1 = input.nextLine();
10      System.out.print("Enter the second city: ");
11      String city2 = input.nextLine();
12
13      if (city1.compareTo(city2) < 0)
14        System.out.println("The cities in alphabetical order are " +
15          city1 + " " + city2);
16      else
17        System.out.println("The cities in alphabetical order are " +
18          city2 + " " + city1);
19    }
20  }
```

```
Enter the first city: New York ↵Enter
Enter the second city: Boston ↵Enter
The cities in alphabetical order are Boston New York
```

程序读取两个字符串作为两个城市（第9和11行）。如果将 input.nextLine() 替换成 input.next()（第9行），则不能输入一个包含空格的字符串给 city1，因为一个城市名字可能包含被空格隔开的多个单词。程序使用 nextLine 方法来读取一个字符串（第9、11行）。调用 city1.compareTo(city2) 比较两个字符串 city1 和 city2（第13行）。负的返回值表明 city1 小于 city2。

4.4.8 获得子字符串

方法 s.charAt(index) 可用于提取字符串 s 中的单个特定字符。也可以使用 String 类中的 substring 方法（见图 4-2）从字符串中获取子串，如表 4-9 所示。

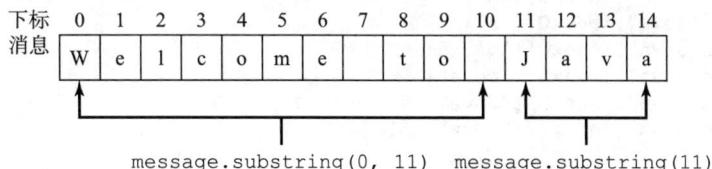

图 4-2 subString 方法从一个字符串中获得子串

表 4-9 String 类包含的获取子串的方法

方法	描述
substring(beginIndex)	返回该字符串的子串，从指定位置 beginIndex 的字符开始到字符串的结束，如图 4-2 所示
substring(beginIndex, endIndex)	返回该字符串的子串，从指定位置 beginIndex 的字符开始一直到下标为 endIndex-1 的字符结束，如图 4-2 所示。注意，位于 endIndex 位置的字符不属于该子字符串的一部分

例如，

```
String message = "Welcome to Java";
message = message.substring(0,11) + "HTML";
```

字符串 message 现在变成了 Welcome to HTML。

☞ 注意：如果 beginIndex 等于 endIndex，substring(beginIndex, endIndex) 返回一个长度为 0 的空字符串。如果 beginIndex > endIndex，将发生运行时错误。

4.4.9 查找字符串中的字符或者子串

String 类提供了几个版本的 indexOf 和 lastIndexOf 方法，它们可以从字符串中查找一个字符或一个子串，如表 4-10 所示。

表 4-10 String 类包含查找子串的方法

方法	描述
indexOf(ch)	返回字符串中出现的第一个 ch 的下标。如果没有匹配的，则返回 -1
indexOf(ch, fromIndex)	返回字符串中 fromIndex 之后出现的第一个 ch 的下标。如果没有匹配的，则返回 -1
indexOf(s)	返回字符串中出现的第一个字符串 s 的下标。如果没有匹配的，则返回 -1
indexOf(s, fromIndex)	返回字符串中 fromIndex 之后出现的第一个字符串 s 的下标。如果没有匹配的，则返回 -1
lastIndexOf(ch)	返回字符串中出现的最后一个 ch 的下标。如果没有匹配的，则返回 -1

(续)

方法	描述
lastIndexOf(ch, fromIndex)	返回字符串中 fromIndex 之前出现的最后一个 ch 的下标。如果没有匹配的，则返回 -1
lastIndexOf(s)	返回字符串中出现的最后一个字符串 s 的下标。如果没有匹配的，则返回 -1
lastIndexOf(s, fromIndex)	返回字符串中 fromIndex 之前出现的最后一个字符串 s 的下标。如果没有匹配的，则返回 -1

例如,

```
"Welcome to Java".indexOf('W')       返回 0
"Welcome to Java".indexOf('o')       返回 4
"Welcome to Java".indexOf('o', 5)    返回 9
"Welcome to Java".indexOf("come")    返回 3
"Welcome to Java".indexOf("Java", 5) 返回 11
"Welcome to Java".indexOf("java", 5) 返回 -1

"Welcome to Java".lastIndexOf('W')       返回 0
"Welcome to Java".lastIndexOf('o')       返回 9
"Welcome to Java".lastIndexOf('o', 5)    返回 4
"Welcome to Java".lastIndexOf("come")    返回 3
"Welcome to Java".lastIndexOf("Java", 5) 返回 -1
"Welcome to Java".lastIndexOf("Java")    返回 11
```

假设一个字符串 s 包含使用空格分开的姓和名，可以使用下面的代码从字符串中提取姓和名。

```
int k = s.indexOf(' ');
String firstName = s.substring(0, k);
String lastName = s.substring(k + 1);
```

例如，如果 s 是 Kim Jones，下图显示了如何提取出姓和名。

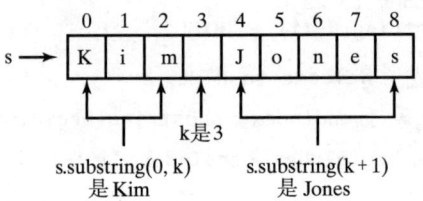

4.4.10 字符串和数值间的转换

可以将数值型字符串转换为数值。使用 Integer.parseInt 方法将字符串转换为 int 值，如下所示：

```
int intValue = Integer.parseInt(intString);
```

intString 是一个数值型字符串，例如 "123"。

使用 Double.parseDouble 方法将字符串转换为 double 值，如下所示：

```
double doubleValue = Double.parseDouble(doubleString);
```

doubleString 是一个数值型字符串，例如 "123.45"。

如果字符串不是数值型字符串，转换将导致一个运行时错误。Integer 和 Double 类都包

含在 `java.lang` 包中，因此它们是自动导入的。

可以将数值转换为字符串，只需要简单使用字符串的连接操作符，如下所示：

```
String s = number + "";
```

复习题

4.4.1 假设 s1、s2 和 s3 是三个字符串，给定如下语句：

```
String s1 = "Welcome to Java";
String s2 = "Programming is fun";
String s3 = "Welcome to Java";
```

下列表达式的结果是什么？

(a) s1 == s2

(b) s2 == s3

(c) s1.equals(s2)

(d) s1.equals(s3)

(e) s1.compareTo(s2)

(f) s2.compareTo(s3)

(g) s2.compareTo(s2)

(h) s1.charAt(0)

(i) s1.indexOf('j')

(j) s1.indexOf("to")

(k) s1.lastIndexOf('a')

(l) s1.lastIndexOf("o", 15)

(m) s1.length()

(n) s1.substring(5)

(o) s1.substring(5, 11)

(p) s1.startsWith("Wel")

(q) s1.endsWith("Java")

(r) s1.toLowerCase()

(s) s1.toUpperCase()

(t) s1.concat(s2)

(u) s1.contain(s2)

(v) "\t Wel \t".trim()

4.4.2 假设 s1、s2 是两个字符串，以下语句或者表达式中哪些是错误的？

```
String s = "Welcome to Java";
String s3 = s1 + s2;
s3 = s1 - s2;
s1 == s2;
s1 >= s2;
s1.compareTo(s2);
int i = s1.length();
char c = s1(0);
char c = s1.charAt(s1.length());
```

4.4.3 给出下列语句的输出（编写程序验证你的结果）。

```
System.out.println("1" + 1);
System.out.println('1' + 1);
System.out.println("1" + 1 + 1);
System.out.println("1" + (1 + 1));
System.out.println('1' + 1 + 1);
```

4.4.4 对下列表达式求值（编写程序验证你的结果）。

```
1 + "Welcome " + 1 + 1
1 + "Welcome " + (1 + 1)
1 + "Welcome " + ('\u0001' + 1)
1 + "Welcome " + 'a' + 1
```

4.4.5 假设 s1 为 "Welcome" 而 s2 为 "welcome"，为下面的陈述编写代码：

a. 检查 s1 和 s2 是否相等，然后将结果赋给一个布尔类型变量 isEqual。

b. 在忽略大小写的情况下检查 s1 和 s2 是否相等，然后将结果赋给一个布尔变量 isEqual。

c. 比较 s1 和 s2，然后将结果赋值给一个 int 变量 x。
d. 在忽略大小写的情况下比较 s1 和 s2，然后将结果赋给一个 int 变量 x。
e. 检查 s1 是否有前缀 "AAA"，然后将结果赋给一个布尔变量 b。
f. 检查 s1 是否有后缀 "AAA"，然后将结果赋给一个布尔变量 b。
g. 将 s1 的长度赋给一个 int 变量 x。
h. 将 s1 的第一个字符赋给一个 char 变量 x。
i. 创建新字符串 s3，它是 s1 和 s2 的结合。
j. 创建一个下标从 1 开始的 s1 的子串。
k. 创建一个下标从 1 到 4 的 s1 的子串。
l. 创建新字符串 s3，将 s1 转换为小写。
m. 创建新字符串 s3，将 s1 转换为大写。
n. 创建新字符串 s3，将 s1 两端的空白字符去掉。
o. 将 s1 中第一次出现的字符 e 的下标赋给一个 int 变量 x。
p. 将 s1 中最后一次出现的字符串 abc 的下标赋给一个 int 变量 x。

4.4.6 编写一行语句，返回整数 i 中的数字个数。
4.4.7 编写一行语句，返回 double 值 d 中的数字个数。

4.5 示例学习

☞ **要点提示**：字符串是编程的基础。使用字符串编写程序的能力对于学习 Java 编程至关重要。

你将经常使用字符串来编写有用的程序。本节提供三个使用字符串来求解问题的示例。

4.5.1 猜测生日

可以通过询问朋友 5 个问题，找到他出生在一个月的哪一天。每个问题都会询问该日期是否位于 5 个数字集合之一中。

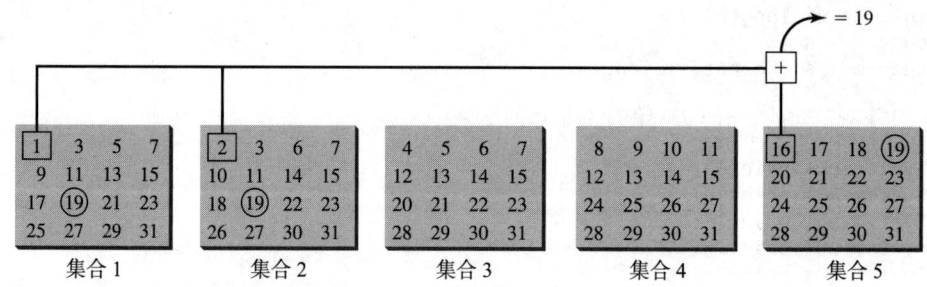

生日是包含了该日期的所有集合的第一个数字的和。例如：如果生日是 19，那么它会出现在集合 1、集合 2 和集合 5 中。这三个集合的第一个数字分别是 1、2 和 16。它们的和就是 19。

程序清单 4-3 给出了一个程序，提示用户回答该日期是否在集合 1 中（第 41～44 行），是否在集合 2 中（第 50～53 行），是否在集合 3 中（第 59～62 行），是否在集合 4 中（第 68～71 行），是否在集合 5 中（第 77～80 行）。如果这个数字在某个集合中，程序就将该集合的第一个数字加到 day 上（第 47、56、65、74、83 行）。

程序清单 4-3 GuessBirthday.java

```java
1  import java.util.Scanner;
2
3  public class GuessBirthday {
4    public static void main(String[] args) {
5      String set1 =
6        " 1  3  5  7\n" +
7        " 9 11 13 15\n" +
8        "17 19 21 23\n" +
9        "25 27 29 31";
10
11     String set2 =
12       " 2  3  6  7\n" +
13       "10 11 14 15\n" +
14       "18 19 22 23\n" +
15       "26 27 30 31";
16
17     String set3 =
18       " 4  5  6  7\n" +
19       "12 13 14 15\n" +
20       "20 21 22 23\n" +
21       "28 29 30 31";
22
23     String set4 =
24       " 8  9 10 11\n" +
25       "12 13 14 15\n" +
26       "24 25 26 27\n" +
27       "28 29 30 31";
28
29     String set5 =
30       "16 17 18 19\n" +
31       "20 21 22 23\n" +
32       "24 25 26 27\n" +
33       "28 29 30 31";
34
35     int day = 0;
36
37     // Create a Scanner
38     Scanner input = new Scanner(System.in);
39
40     // Prompt the user to answer questions
41     System.out.print("Is your birthday in Set1?\n");
42     System.out.print(set1);
43     System.out.print("\nEnter 0 for No and 1 for Yes: ");
44     int answer = input.nextInt();
45
46     if (answer == 1)
47       day += 1;
48
49     // Prompt the user to answer questions
50     System.out.print("\nIs your birthday in Set2?\n");
51     System.out.print(set2);
52     System.out.print("\nEnter 0 for No and 1 for Yes: ");
53     answer = input.nextInt();
54
55     if (answer == 1)
56       day += 2;
57
58     // Prompt the user to answer questions
59     System.out.print("\nIs your birthday in Set3?\n");
```

```
60        System.out.print(set3);
61        System.out.print("\nEnter 0 for No and 1 for Yes: ");
62        answer = input.nextInt();
63
64        if (answer == 1)
65           day += 4;
66
67        // Prompt the user to answer questions
68        System.out.print("\nIs your birthday in Set4?\n");
69        System.out.print(set4);
70        System.out.print("\nEnter 0 for No and 1 for Yes: ");
71        answer = input.nextInt();
72
73        if (answer == 1)
74           day += 8;
75
76        // Prompt the user to answer questions
77        System.out.print("\nIs your birthday in Set5?\n");
78        System.out.print(set5);
79        System.out.print("\nEnter 0 for No and 1 for Yes: ");
80        answer = input.nextInt();
81
82        if (answer == 1)
83           day += 16;
84
85        System.out.println("\nYour birthday is " + day + "!");
86     }
87  }
```

```
Is your birthday in Set1?
 1  3  5  7
 9 11 13 15
17 19 21 23
25 27 29 31
Enter 0 for No and 1 for Yes: 1 ↵Enter

Is your birthday in Set2?
 2  3  6  7
10 11 14 15
18 19 22 23
26 27 30 31
Enter 0 for No and 1 for Yes: 1 ↵Enter

Is your birthday in Set3?
 4  5  6  7
12 13 14 15
20 21 22 23
28 29 30 31
Enter 0 for No and 1 for Yes: 0 ↵Enter

Is your birthday in Set4?
 8  9 10 11
12 13 14 15
24 25 26 27
28 29 30 31
Enter 0 for No and 1 for Yes: 0 ↵Enter

Is your birthday in Set5?
16 17 18 19
20 21 22 23
```

```
24 25 26 27
28 29 30 31
Enter 0 for No and 1 for Yes: 1 ↵Enter
Your birthday is 19!
```

line#	day	answer	output
35	0		
44		1	
47	1		
53		1	
56	3		
62		0	
71		0	
80		1	
83	19		
85			Your birthday is 19!

这个游戏很容易编程。你可能想知道这个游戏是如何创建的。事实上，这个游戏背后的数学原理非常简单。这些数字不是随意组成一组的。它们放在 5 个集合中的方式是经过深思熟虑的。这 5 个集合的第一个数分别是 1、2、4、8 和 16，它们分别对应二进制数的 1、10、100、1000 和 10000（二进制数在附录 F 中介绍）。从 1 到 31 的十进制数最多用 5 个二进制数就可以表示，如图 4-3a 所示。假设它是 $b_5b_4b_3b_2b_1$，那么 $b_5b_4b_3b_2b_1 = b_50000 + b_4000 + b_300 + b_20 + b_1$，如图 4-3b 所示。如果某天的二进制数在 b_k 位为数 1，那么该数就该出现在集合中。例如：数字 19 的二进制形式是 10011，所以它就该出现在集合 1、集合 2 和集合 5 中。它就是二进制数 1+10+10000=10011 或者十进制数 1+2+16=19。数字 31 的二进制形式是 11111，所以它就会出现在集合 1、集合 2、集合 3、集合 4 和集合 5 中。它就是二进制数 1+10+100+1000+10000=11111，或者十进制数 1+2+4+8+16=31。

十进制	二进制
1	00001
2	00010
3	00011
...	
19	10011
...	
31	11111

a）从 1 到 31 的数字可以用 5 位二进制数表示

$$\begin{array}{r} b_5\ 0\ 0\ 0\ 0 \\ b_4\ 0\ 0\ 0 \\ b_3\ 0\ 0 \\ b_2\ 0 \\ +\quad b_1 \\ \hline b_5\, b_4\, b_3\, b_2\, b_1 \end{array} \qquad \begin{array}{r} 10000 \\ 10 \\ +\quad 1 \\ \hline 10011 \\ 19 \end{array} \qquad \begin{array}{r} 10000 \\ 1000 \\ 100 \\ 10 \\ +\quad 1 \\ \hline 11111 \\ 31 \end{array}$$

b）通过将二进制数 1、10、100、1000 或者 10000 相加得到 5 位二进制数

图 4-3

4.5.2 将十六进制数转换为十进制数

十六进制记数系统有 16 个数字：0 ～ 9，A ～ F。字母 A、B、C、D、E 和 F 对应于十进制数字 10、11、12、13、14 和 15。我们现在写一个程序，提示用户输入一个十六进制数字，然后显示它对应的十进制数，如程序清单 4-4 所示。

程序清单 4-4 HexDigit2Dec.java

```java
1  import java.util.Scanner;
2
3  public class HexDigit2Dec {
4    public static void main(String[] args) {
5      Scanner input = new Scanner(System.in);
6      System.out.print("Enter a hex digit: ");
7      String hexString = input.nextLine();
8
9      // Check if the hex string has exactly one character
10     if (hexString.length() != 1) {
11       System.out.println("You must enter exactly one character");
12       System.exit(1);
13     }
14
15     // Display decimal value for the hex digit
16     char ch = Character.toUpperCase(hexString.charAt(0));
17     if ('A' <= ch && ch <= 'F') {
18       int value = ch - 'A' + 10;
19       System.out.println("The decimal value for hex digit "
20         + ch + " is " + value);
21     }
22     else if (Character.isDigit(ch)) {
23       System.out.println("The decimal value for hex digit "
24         + ch + " is " + ch);
25     }
26     else {
27       System.out.println(ch + " is an invalid input");
28     }
29   }
30 }
```

```
Enter a hex digit: AB7C ↵Enter
You must enter exactly one character
```

```
Enter a hex digit: B ↵Enter
The decimal value for hex digit B is 11
```

```
Enter a hex digit: 8 ↵Enter
The decimal value for hex digit 8 is 8
```

```
Enter a hex digit: T ↵Enter
T is an invalid input
```

程序从控制台读取一个字符串（第 7 行），检测该字符串是否仅包含单个字符（第 10 行）。如果不是，报告一个错误，然后退出程序（第 12 行）。

程序调用 Character.toUpperCase 方法得到一个大写字母的字符 ch（第 16 行）。如果 ch 位于 'A' ~ 'F' 之间（第 17 行），对应的十进制值为 ch-'A'+10（第 18 行）。注意，如果 ch 为 'A'，则 ch-'A' 为 0；如果 ch 为 'B'，则 ch-'A' 为 1，依次类推。当两个字符执行数值运算的时候，使用字符的 Unicode 码进行计算。

程序调用 Character.isDigit(ch) 方法来检测 ch 是否在 '0' ~ '9' 之间（第 22 行）。如果在，对应的十进制数和 ch 相同（第 23 和 24 行）。

如果 ch 不在 'A' ～ 'F' 之间，或者不是一个数字字符，则程序显示一个错误消息（第 27 行）。

4.5.3 使用字符串修改彩票程序

程序清单 3-8 中的彩票程序产生一个随机的两位数字，提示用户输入一个两位数字，根据以下规则确定用户是否中彩票：

1）如果用户输入的数字以确切顺序匹配彩票号码，奖金为 10 000 美元。

2）如果用户输入的所有数字匹配彩票号码中的所有数字，奖金为 3000 美元。

3）如果用户输入的一个数字匹配彩票号码中的一个数字，奖金为 1000 美元。

程序清单 3-8 中的程序使用整数来存储数值。程序清单 4-5 给出一个新的程序，用随机产生的两位字符串代替数字，并且将用户输入作为字符串而不是数字。

程序清单 4-5 LotteryUsingStrings.java

```java
1  import java.util.Scanner;
2
3  public class LotteryUsingStrings {
4    public static void main(String[] args) {
5      // Generate a lottery as a two-digit string
6      String lottery = "" + (int)(Math.random() * 10)
7        + (int)(Math.random() * 10);
8
9      // Prompt the user to enter a guess
10     Scanner input = new Scanner(System.in);
11     System.out.print("Enter your lottery pick (two digits): ");
12     String guess = input.nextLine();
13
14     // Get digits from lottery
15     char lotteryDigit1 = lottery.charAt(0);
16     char lotteryDigit2 = lottery.charAt(1);
17
18     // Get digits from guess
19     char guessDigit1 = guess.charAt(0);
20     char guessDigit2 = guess.charAt(1);
21
22     System.out.println("The lottery number is " + lottery);
23
24     // Check the guess
25     if (guess.equals(lottery))
26       System.out.println("Exact match: you win $10,000");
27     else if (guessDigit2 == lotteryDigit1
28         && guessDigit1 == lotteryDigit2)
29       System.out.println("Match all digits: you win $3,000");
30     else if (guessDigit1 == lotteryDigit1
31         || guessDigit1 == lotteryDigit2
32         || guessDigit2 == lotteryDigit1
33         || guessDigit2 == lotteryDigit2)
34       System.out.println("Match one digit: you win $1,000");
35     else
36       System.out.println("Sorry, no match");
37   }
38 }
```

```
Enter your lottery pick (two digits): 00 ↵Enter
The lottery number is 00
Exact match: you win $10,000
```

```
Enter your lottery pick (two digits): 45 [Enter]
The lottery number is 54
Match all digits: you win $3,000
```

```
Enter your lottery pick: 23 [Enter]
The lottery number is 34
Match one digit: you win $1,000
```

```
Enter your lottery pick: 23 [Enter]
The lottery number is 14
Sorry: no match
```

程序产生两个随机数字，并且将它们连接成一个字符串 lottery（第 6 和 7 行）。因此，lottery 包含两个随机数字。

程序提示用户以两位字符串形式输入一个猜测值（第 12 行），并且按照以下顺序对照彩票号码检测用户的猜测值：

- 首先检测猜测值是否以确切顺序匹配彩票号码（第 25 行）。
- 如果不匹配，则检测猜测值的逆序是否匹配彩票号码（第 27 行）。
- 如果不匹配，则检测是否有一个数字在彩票号码中（第 30 ~ 33 行）。
- 如果以上条件都不成立，显示 "Sorry, no match"（第 36 行）。

✓ 复习题

4.5.1 如果运行程序清单 4-3 时，为集合 1、集合 3、集合 4 输入 1，为集合 2 和集合 5 输入 0，则生日将是什么？

4.5.2 如果在程序清单 4-4 中输入一个小写字母 b，程序将显示 B 为 11。修改代码以显示 b 为 11。

4.5.3 如果程序清单 4-5 中的第 6 和第 7 行被下面的代码替换，会出现什么错误？

```
String lottery = "" + (int)(Math.random() * 100);
```

4.6 格式化控制台输出

要点提示：可以使用 System.out.printf 方法在控制台上显示格式化输出。

很多情形下我们希望以某种格式来显示数值。例如，下面的代码在给定金额和年利率时计算利息。

```
double amount = 12618.98;
double interestRate = 0.0013;
double interest = amount * interestRate;
System.out.println("Interest is $" + interest);
```

```
Interest is $16.404674
```

因为利息额度是货币，所以一般希望仅显示小数点后两位数字。可以如下编写代码实现：

```
double amount = 12618.98;
double interestRate = 0.0013;
double interest = amount * interestRate;
System.out.println("Interest is $"
  + (int)(interest * 100) / 100.0);
```

```
Interest is $16.4
```

然而，格式依然不正确。这里应该在小数点后给出两位小数：16.40，而不是 16.4。可以通过使用 printf 方法来修正这个问题：

```
double amount = 12618.98;
double interestRate = 0.0013;
double interest = amount * interestRate;
System.out.printf("Interest is $%4.2f",
    interest);
```

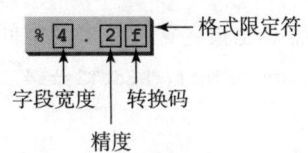

```
Interest is $16.40
```

printf 中的 f 代表格式（format），表示方法将以某种格式来打印。调用这个方法的语法是：

```
System.out.printf(format, item1, item2, ..., itemk);
```

这里的 format 是一个由子串和格式限定符构成的字符串。

格式限定符指定每项应该如何显示。这里的项可以是数值、字符、布尔值或字符串。简单的格式限定符由一个百分号（%）和一个转换码组成。表 4-11 列出了一些常用的简单格式限定符。

表 4-11 常用的格式限定符

限定符	输出	举例	限定符	输出	举例
%b	布尔值	true 或 false	%f	浮点数	45.460000
%c	字符	'a'	%e	标准科学记数法数值	4.556 000e+01
%d	十进制整数	200	%s	字符串	"Java is cool"

下面是一个例子：

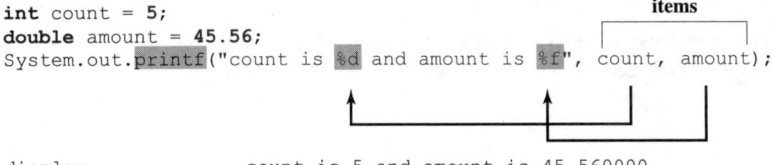

所有项必须在顺序、数量和确切类型上与格式限定符相匹配。例如：count 的格式限定符应该是 %d，而 amount 的格式限定符应该是 %f。默认情况下，浮点值显示小数点后 6 位数字。可以在格式限定符中指定宽度和精度，如表 4-12 中的例子所示。

表 4-12 指定宽度和精度的例子

举例	输出
%5c	输出字符并在这个字符项前面加 4 个空格
%6b	输出布尔值，在 false 值前加一个空格，在 true 值前加两个空格
%5d	输出宽度为 5 的整数项。如果该项中的位数小于 5，就在数字前面加空格。如果该项中的位数大于 5，则自动增加宽度
%10.2f	输出宽度为 10 的浮点数项，包括小数点和小数点后两位数字。这样，在小数点前分配了 7 位数字。如果该条目小数点前的位数小于 7，就在数字前面加空格。如果该条目小数点前的位数大于 7，则自动增加宽度
%10.2e	输出宽度为 10 的浮点数项，包括小数点、小数点后两位数字和指数部分。如果按科学记数法显示的数字位数小于 10，就在数字前加空格

举例	输出
%12s	输出宽度为 12 个字符的字符串。如果该字符串项小于 12 个字符,就在该字符串项前加空格。如果该字符串项多于 12 个字符,则自动增加宽度

如果项需要比指定宽度更多的空间,则宽度自动增加。例如,下面的代码

```
System.out.printf("%3d#%2s#%4.2f\n", 1234, "Java", 51.6653);
```

显示

```
1234#Java#51.67
```

为 int 项 1234 指定的宽度是 3,而 3 小于它的实际宽度 4,宽度将自动增加为 4。为字符串项 Java 指定的宽度为 2,而 2 小于它的实际宽度 4,宽度将自动增加为 4。为 double 类型条目 51.6653 指定的宽度为 4,但是它需要宽度 5 来显示 51.67,所以宽度自动增加为 5。

如果要显示一个带有千位分隔符的数字,可以在数字限定符前面添加一个逗号。例如,下面的代码

```
System.out.printf("%,8d %,10.1f\n", 12345678, 12345678.263);
```

显示

```
12,345,678 12,345,678.3
```

如果要在数字前面用前导 0 而不是空格来填充数字,可以在数字限定符前面添加 0。例如,下面的代码

```
System.out.printf("%08d %08.1f\n", 1234, 5.63);
```

显示

```
00001234 000005.6
```

默认情况下,输出是右对齐的。可以在格式限定符中放一个减号(-),指定该项在指定字段中的输出是左对齐的。例如,以下语句

```
System.out.printf("%8d%8s%8.1f\n", 1234, "Java", 5.63);
System.out.printf("%-8d%-8s%-8.1f \n", 1234, "Java", 5.63);
```

显示

```
|←—8—→|←—8—→|←—8—→|
    1234    Java     5.6
1234    Java    5.6
```

这里,方框表示空白。

> **警告**:项必须在类型上与格式限定符严格匹配。对应于格式限定符 %f 或 %e 的项必须是浮点型值,例如,可以是 40.0 而不能是 40。因此,int 型变量不能匹配 %f 或 %e。可以使用 %.2f 来指定一个小数点后两位的浮点数值,而使用 %0.2f 是不正确的。

> **提示**:符号 % 标记格式限定符,要在格式字符串里输出字面值 %,则需要使用 %%。例如,以下代码

```
System.out.printf("%.2f%%\n", 75.234);
```

显示

```
75.23%
```

程序清单 4-6 给出了使用 printf 来显示表格的程序。

程序清单 4-6 FormatDemo.java

```
1  public class FormatDemo {
2    public static void main(String[] args) {
3      // Display the header of the table
4      System.out.printf("%-10s%-10s%-10s%-10s%-10s\n", "Degrees",
5        "Radians", "Sine", "Cosine", "Tangent");
6
7      // Display values for 30 degrees
8      int degrees = 30;
9      double radians = Math.toRadians(degrees);
10     System.out.printf("%-10d%-10.4f%-10.4f%-10.4f%-10.4f\n", degrees,
11       radians, Math.sin(radians), Math.cos(radians),
12       Math.tan(radians));
13
14     // Display values for 60 degrees
15     degrees = 60;
16     radians = Math.toRadians(degrees);
17     System.out.printf("%-10d%-10.4f%-10.4f%-10.4f%-10.4f\n", degrees,
18       radians, Math.sin(radians), Math.cos(radians),
19       Math.tan(radians));
20   }
21 }
```

```
Degrees   Radians   Sine      Cosine    Tangent
30        0.5236    0.5000    0.8660    0.5774
60        1.0472    0.8660    0.5000    1.7321
```

第 4 和 5 行的语句显示表格的列名。列名为字符串。使用格式限定符 %-10s 来左对齐地显示字符串。第 10～12 行的语句以 1 个整数值以及 4 个单精度浮点数来显示度数。使用格式限定符 %-10d 显示整数，使用格式限定符 %-10.4f 显示指定小数点后有四位数字的单精度浮点数。

复习题

4.6.1 输出布尔值、字符、十进制整数、浮点数和字符串的格式限定符分别是什么？

4.6.2 下面的语句错在哪里？

(a) System.out.printf("%5d %d", 1, 2, 3);

(b) System.out.printf("%5d %f", 1);

(c) System.out.printf("%5d %f", 1, 2);

(d) System.out.printf("%.2f\n%0.3f\n", 1.23456, 2.34);

(e) System.out.printf("%08s\n", "Java");

4.6.3 给出下面语句的输出。

(a) System.out.printf("amount is %f %e\n", 32.32, 32.32);

(b) System.out.printf("amount is %5.2f%% %5.4e\n", 32.327, 32.32);

(c) System.out.printf("%6b\n", (1 > 2));

(d) System.out.printf("%6s\n", "Java");

(e) System.out.printf("%-6b%s\n", (1 > 2), "Java");

(f) System.out.printf("%6b%-8s\n", (1 > 2), "Java");

(g) System.out.printf("%,5d %,6.1f\n", 312342, 315562.932);

(h) `System.out.printf("%05d %06.1f\n", 32, 32.32);`

关键术语

char type（char 类型）
encoding（编码）
escape character（转义字符）
escape sequence（转义序列）
format specifier（格式限定符）
instance method（实例方法）
line-based input（基于行的输入）

specific import（明确导入）
static method（静态方法）
supplementary Unicode（补充 Unicode）
token-based input（基于标记的输入）
Unicode
whitespace character（空白字符）

本章小结

1. Java 提供了位于 Math 类中的数学方法 sin、cos、tan、asin、acos、atan、toRadians、toDegrees、exp、log、log10、pow、sqrt、ceil、floor、rint、round、min、max、abs 以及 random，用于实现数学函数。
2. 字符类型 char 表示单个字符。
3. 转义序列由反斜杠 \ 以及后面的字符或者数字组成。
4. 字符 \ 称为转义字符。
5. 字符 ' '、\t、\f、\r 和 \n 称为空白字符。
6. 使用关系操作符根据字符的 Unicode 来比较字符。
7. Character 类包含方法 isDigit、isLetter、isLetterOrDigit、isLowerCase、isUpperCase，用于测试一个字符是否为数字、字母、字母或数字、小写字母还是大写字母。它也包含 toLowerCase 和 toupperCase 方法返回小写或大写字母。
8. 字符串是字符序列。字符串的值包含在一对匹配的双引号（"）中。字符的值包含在一对匹配的单引号（'）中。
9. 字符串在 Java 中是对象。只能通过一个给定对象调用的方法称为实例方法。非实例方法称为静态方法，可以不使用对象来调用。
10. 可以调用字符串的 length() 方法获取它的长度，使用 charAt(index) 方法从字符串中得到指定下标位置的字符，使用 indexOf 和 lastIndexOf 方法查找字符串中的某个字符或子串。
11. 可以使用 concat 方法连接两个字符串，或者使用加号（+）连接两个或多个字符串。
12. 可以使用 substring 方法从字符串中得到子串。
13. 可以使用 equals 和 compareTo 方法比较字符串。如果两个字符串相等，equals 方法返回 true；如果它们不相等，则返回 false。compareTo 方法根据一个字符串等于、大于或小于另一个字符串，分别返回 0、正整数或负整数。
14. printf 方法使用格式限定符来显示一个格式化的输出。

测试题

在线回答配套网站上的本章测试题。

编程练习题

4.2 节

4.1 （几何：五边形的面积）编写程序，提示用户输入从五边形中心到顶点的距离并计算五边形的面积，如右图所示。

计算五边形面积的公式为：面积 = $\dfrac{5 \times s^2}{4 \times \tan\left(\dfrac{\pi}{5}\right)}$，其中 s 是边长。边长可

以使用公式 $s = 2r\sin\dfrac{\pi}{5}$ 计算，其中 r 是从五边形中心到顶点的距离。结果保留小数点后两位数字。下面是一个运行示例：

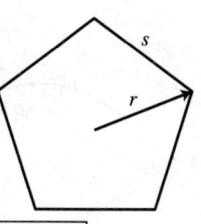

```
Enter the length from the center to a vertex: 5.5 ⏎Enter
The area of the pentagon is 71.92
```

*4.2（几何：大圆距离）大圆距离是指球面上两个点之间的距离。假设（$x1, y1$）和（$x2, y2$）是两个点的地理经纬度。两个点之间的大圆距离可以使用以下公式计算：

$$d = 半径 \times \arccos(\sin(x_1) \times \sin(x_2) + \cos(x_1) \times \cos(x_2) \times \cos(y_1 - y_2))$$

编写程序，提示用户输入以度为单位的地球上两个点的经纬度，显示其大圆距离值。地球的平均半径为 6 371.01km。注意，你需要使用 Math.toRadians 方法将度转换为弧度，因为 Java 三角函数方法使用弧度。公式中的经纬度是相对北边和西边的，使用负数表示南边和东边的度数。下面是一个运行示例：

```
Enter point 1 (latitude and longitude) in degrees: 39.55 -116.25 ⏎Enter
Enter point 2 (latitude and longitude) in degrees: 41.5 87.37 ⏎Enter
The distance between the two points is 10691.79183231593 km
```

*4.3（几何：估算面积）应用 4.1 节图中以下地点的 GPS 位置：Georgia 州的 Atlanta、Florida 州的 Orlando、Georgia 州的 Savannah、North Carolina 的 Charlotte。计算这四个城市所包围的区域面积。提示：使用编程练习题 4.2 中的公式来计算两个城市之间的距离。将多边形分为两个三角形，使用编程练习题 2.19 中的公式计算三角形面积。

4.4（几何：六边形面积）六边形面积可以通过下面公式计算（s 为边长）：

$$面积 = \dfrac{6 \times s^2}{4 \times \tan\left(\dfrac{\pi}{6}\right)}$$

编写程序，提示用户输入六边形的边长，然后显示它的面积。下面是一个运行示例：

```
Enter the side: 5.5 ⏎Enter
The area of the hexagon is 78.59
```

*4.5（几何：正多边形的面积）正多边形是一个具有 n 条边的多边形，其每条边的长度都相等，并且所有角的度数也相等（即多边形既等边又等角）。计算正多边形面积的公式是：

$$面积 = \dfrac{n \times s^2}{4 \times \tan\left(\dfrac{\pi}{n}\right)}$$

这里，s 为边长。编写程序，提示用户输入边的个数以及正多边形的边长，然后显示它的面积。这里是一个运行示例：

```
Enter the number of sides: 5 ⏎Enter
Enter the side: 6.5 ⏎Enter
The area of the polygon is 72.69017017488385
```

*4.6（圆上的随机点）编写程序，在一个圆心位于（0,0）、半径为 40 的圆上产生三个随机点，显示由这三个随机点组成的三角形的三个角的度数，如图 4-4a 所示。提示：产生 0～2π 之间的一个以弧度

为单位的随机角度 α，如图 4-4b 所示，则由这个角度所确定的点为 ($r\cos(\alpha)$, $r\sin(\alpha)$)。

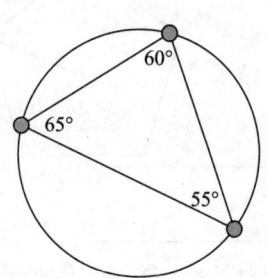
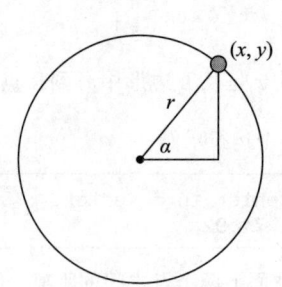
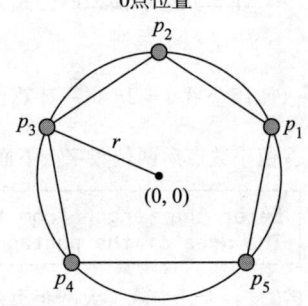

a）由圆上三个随机点构成的三角形　　b）可以从一个随机角度 α 产生圆上的随机点　　c）一个中心位于（0，0）的正五边形，其中一个点位于时钟0点位置

图 4-4

*4.7 （顶点坐标）假设一个正五边形的中心位于 (0, 0)，其中一个点位于时钟 0 点位置，如图 4-4c 所示。编写程序，提示用户输入正五边形外接圆的半径，以 p_1 到 p_5 的顺序显示正五边形上五个顶点的坐标。使用控制台格式来显示小数点后两位数字。这里是一个运行示例：

```
Enter the radius of the bounding circle: 100.52  ↵Enter
The coordinates of five points on the pentagon are
(95.60, 31.06)
(0.00, 100.52)
(-95.60, 31.06)
(-58.08, -81.32)
(59.08, -81.32)
```

4.3～4.6 节

*4.8 （给出 ASCII 码对应的字符）编写程序，接收输入的一个 ASCII 码（0～127 之间的一个整数），然后显示其对应字符。下面是一个运行示例：

```
Enter an ASCII code: 69  ↵Enter
The character for ASCII code 69 is E
```

*4.9 （给出字符的 Unicode 码）编写程序，接收一个字符的输入，然后显示其 Unicode 值。下面是一个运行示例：

```
Enter a character: E  ↵Enter
The Unicode for the character E is 69
```

*4.10 （猜测生日）改写程序清单 4-3，提示用户输入字符 Y 代表"是"，输入 N 代表"否"，代替之前输入 1 表示"是"和 0 表示"否"。

*4.11 （十进制转十六进制）编写程序，提示用户输入 0～15 之间的一个整数，显示其对应的十六进制数。对于无效输入数字，提示无效输入。下面是一个运行示例：

```
Enter a decimal value (0 to 15): 11  ↵Enter
The hex value is B
```

```
Enter a decimal value (0 to 15): 5  ↵Enter
The hex value is 5
```

```
Enter a decimal value (0 to 15): 31 ↵Enter
31 is an invalid input
```

4.12 （十六进制转二进制）编写程序，提示用户输入一个十六进制数，显示其对应的四位二进制数。例如，十六进制数 7 对应二进制数 0111。该十六进制数可以输入为大写或小写。对于无效的输入数字，提示无效输入。下面是一个运行示例：

```
Enter a hex digit: B ↵Enter
The binary value is 1011
```

```
Enter a hex digit: G ↵Enter
G is an invalid input
```

*4.13 （元音还是辅音？）编写程序，提示用户输入一个字母，判断该字母是元音还是辅音。对于非字母的输入，提示无效输入。下面是一个运行示例：

```
Enter a letter: B ↵Enter
B is a consonant
```

```
Enter a letter: a ↵Enter
a is a vowel
```

```
Enter a letter: # ↵Enter
# is an invalid input
```

*4.14 （转换字母等级为数字）编写程序，提示用户输入一个字母等级 A、B、C、D 或者 F，显示对应的数字值 4、3、2、1 或者 0。对于其他输入，提示非法等级。下面是一个运行示例：

```
Enter a letter grade: B ↵Enter
The numeric value for grade B is 3
```

```
Enter a letter grade: T ↵Enter
T is an invalid grade
```

*4.15 （电话键盘）电话上符合国际标准的字母/数字映射如下所示：

编写程序，提示用户输入一个小写或大写字母，然后显示其对应的数字。对于非字母的输入，提示无效输入。

```
Enter a letter: A ↵Enter
The corresponding number is 2
```

```
Enter a letter: a ↵Enter
The corresponding number is 2
```

```
Enter a letter: + ↵Enter
+ is an invalid input
```

4.16 （随机字符）编写程序，使用 Math.random() 方法显示一个随机的大写字母。

*4.17 （一个月的天数）编写程序，提示用户输入一个年份，以及一个月份名称的前三个字母（第一个字母使用大写形式），显示该月份的天数。如果输入的月份无效，则显示一条如下面的运行示例所示的信息：

```
Enter a year: 2001 ↵Enter
Enter a month: Jan ↵Enter
Jan 2001 has 31 days
```

```
Enter a year: 2016 ↵Enter
Enter a month: jan ↵Enter
jan is not a correct month name
```

*4.18 （学生的专业和年级）编写程序，提示用户输入两个字符，显示这两个字符所代表的专业以及年级。第一个字符表示专业，第二个为数字字符 1、2、3 或 4，分别表示该学生是大一、大二、大三还是大四学生。假设下面的字符用于表示专业：

　　M：数学　　C：计算机科学　　I：信息技术

下面是一个运行示例：

```
Enter two characters: M1 ↵Enter
Mathematics Freshman
```

```
Enter two characters: C3 ↵Enter
Computer Science Junior
```

```
Enter two characters: T3 ↵Enter
Invalid input
```

4.19 （商业：检测 ISBN-10）改写编程练习题 3.9，将 ISBN 号作为一个字符串输入。

4.20 （处理字符串）编写程序，提示用户输入一个字符串，显示其长度和第一个字符。

*4.21 （检查 SSN）编写程序，提示用户输入一个社保号码，其格式为 DDD-DD-DDDD，其中 D 是一个数字。你的程序应该判断输入是否有效。下面是一个运行示例：

```
Enter a SSN: 232-23-5435 ↵Enter
232-23-5435 is a valid social security number
```

```
Enter a SSN: 23-23-5435 ↵Enter
23-23-5435 is an invalid social security number
```

4.22 （检测子串）编写程序，提示用户输入两个字符串，检测第二个字符串是否是第一个字符串的子串。

```
Enter string s1: ABCD ↵Enter
Enter string s2: BC ↵Enter
BC is a substring of ABCD
```

```
Enter string s1: ABCD [Enter]
Enter string s2: BDC [Enter]
BDC is not a substring of ABCD
```

*4.23 （金融应用：酬金）编写程序读取以下信息，然后输出酬金声明：
- 雇员姓名（如 Smith）
- 周工作小时数（如 10 小时）
- 每小时酬金（如 9.75 美元）
- 联邦所得税税率（如 20%）
- 州所得税税率（如 9%）

下面是一个运行示例：

```
Enter employee's name: Smith [Enter]
Enter number of hours worked in a week: 10 [Enter]
Enter hourly pay rate: 9.75 [Enter]
Enter federal tax withholding rate: 0.20 [Enter]
Enter state tax withholding rate: 0.09 [Enter]

Employee Name: Smith
Hours Worked: 10.0
Pay Rate: $9.75
Gross Pay: $97.50
Deductions:
    Federal Withholding (20.0%): $19.50
    State Withholding (9.0%): $8.77
    Total Deduction: $28.27
Net Pay: $69.22
```

*4.24 （对三个城市排序）编写程序，提示用户输入三个城市名称，然后以升序进行显示。下面是一个运行示例：

```
Enter the first city: Chicago [Enter]
Enter the second city: Los Angeles [Enter]
Enter the third city: Atlanta [Enter]
The three cities in alphabetical order are Atlanta Chicago
Los Angeles
```

*4.25 （生成车牌号码）假设车牌号由三个大写字母以及之后的四个数字组成。编写程序，生成一个车牌号码。

*4.26 （金融应用：货币单位）重写程序清单 2-10，解决将 float 型值转换为 int 型值时可能会造成精度损失的问题。读取的输入值是一个字符串，比如 "11.56"。你的程序应该使用 indexOf 和 substring 方法提取小数点前的美元数，以及小数点后面的美分数。

第 5 章

循　　环

教学目标

- 使用 while 循环编写重复执行语句的程序（5.2 节）。
- 应用循环解决猜数字问题（5.3 节）。
- 遵循循环设计策略来开发循环（5.4 节）。
- 使用用户确认或标记值控制循环（5.5 节）。
- 使用输入重定向从文件而不是从键盘输入以获取大量输入（5.5 节）。
- 使用 do-while 语句编写循环（5.6 节）。
- 使用 for 语句编写循环（5.7 节）。
- 了解三种类型循环语句的相似之处和不同点（5.8 节）。
- 编写嵌套循环（5.9 节）。
- 学习最小化数值误差的技术（5.10 节）。
- 从各种例子（GCD、FutureTution、Dec2Hex）中学习循环（5.11 节）。
- 使用 break 和 continue 实现程序控制（5.12 节）。
- 在一个判断回文的示例学习中，使用循环来处理字符串中的字符（5.13 节）。
- 编写一个程序显示素数（5.14 节）。

5.1 引言

要点提示：循环可以用于让程序反复地执行语句。

假如你需要打印一个字符串（例如："Welcome to Java!"）100 次，就需要把下面的输出语句重复写 100 遍，这是相当烦琐的：

100 次
```
System.out.println("Programming is fun");
System.out.println("Programming is fun");
...
System.out.println("Programming is fun");
```

那该如何解决这个问题呢？

Java 提供了一种称为循环（loop）的功能强大的构造，用来控制一个操作或操作序列重复执行的次数。使用循环语句只需简单地告诉计算机输出字符串 100 次即可，而无须重复打印输出语句 100 次，如下所示：

```java
int count = 0;
while (count < 100) {
  System.out.println("Welcome to Java!");
  count++;
}
```

变量 count 的初值为 0。循环检测（count<100）是否为 true。若为 true，则执行循环体输出消息 "Welcome to Java!"，然后将 count 加 1。重复执行这个循环直到（count<100）

变为 false。当（count<100）变为 false（例如：count 达到 100）时循环终止，然后执行循环语句之后的下一条语句。

循环是用来控制语句块重复执行的构造。循环的概念是程序设计的基础。Java 提供了三种类型的循环语句：while 循环、do-while 循环和 for 循环。

5.2 while 循环

要点提示：while 循环在条件为真的情况下重复地执行语句。

while 循环的语法如下：
```
while(循环继续条件){
    // 循环体
    语句（组）；
}
```

图 5-1a 给出了 while 循环的流程图。循环中包含的重复执行的语句部分称为循环体（loop body）。循环体的每一次执行都被认为是一次循环的迭代（或重复）。每个循环都包含循环继续条件，它是一个控制循环体执行的布尔表达式。在循环体执行前总是对循环条件求值以决定是否执行。若求值为 true，则执行循环体；若求值为 false，则终止整个循环，并且程序控制转移到 while 循环后的下一条语句。

前面小节介绍的打印"Welcome to Java!"100 次的循环就是 while 循环的一个例子。它的流程图如图 5-1b 所示。

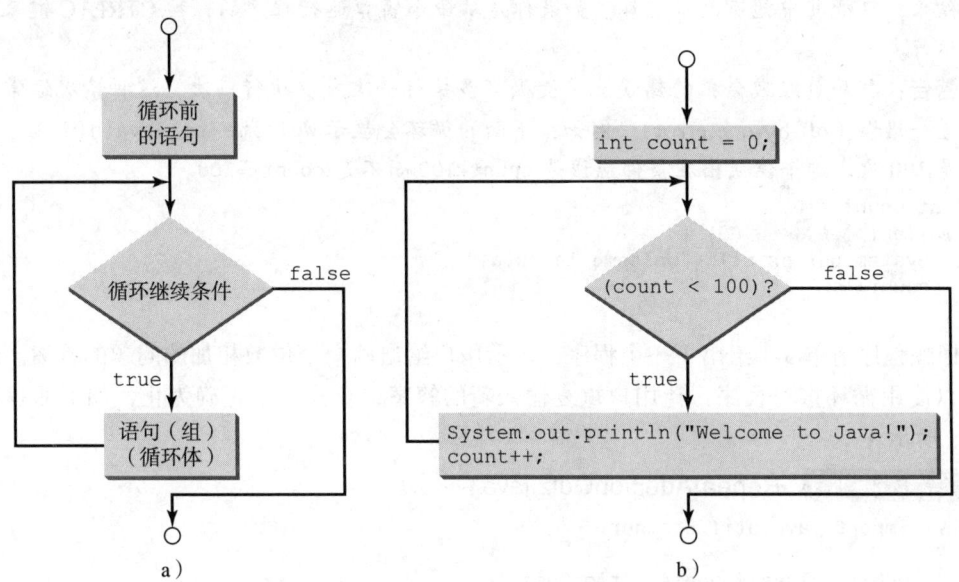

图 5-1 当循环继续条件为 true 时，while 循环重复执行循环体中的语句

循环继续条件为 count<100，循环体包含如下两条语句：

本例中确切地知道循环体需要执行的次数，所以使用一个控制变量 count 来对执行次数计数。这种类型的循环称为计数器控制的循环（counter-controlled loop）。

> **注意**：循环继续条件应总是放在圆括号内。只有当循环体只包含一条语句或不包含语句时，循环体的花括号才可以省略。

下面是另外一个例子，有助于理解循环是如何工作的。

```
int sum = 0, i = 1;
while (i < 10) {
  sum = sum + i;
  i++;
}
System.out.println("sum is " + sum); // sum is 45
```

如果 i<10 为 true，那么程序将 sum 加 i。变量 i 被初始化为 1，然后自增为 2、3，直到 10。当 i 为 10 时，i<10 为 false，退出循环。所以，sum 就是 1+2+3+…+9=45。

如果循环被错误地写为如下所示，那么会出现什么情况？

```
int sum = 0, i = 1;
while (i < 10) {
  sum = sum + i;
}
```

该循环会成为无限循环，因为 i 总是 1 而 i<10 永远都为 true。

> **注意**：要保证循环继续条件最终可以变为 false，以便程序能够结束。一个常见的程序设计错误是无限循环（即循环会永远执行下去）。如果你的程序运行了太长的时间而不结束，可能其中就有无限循环。如果你是从命令窗口运行程序的，按 CTRL+C 键来结束运行。

> **警告**：程序员经常会犯的错误就是使循环多执行一次或少执行一次。这种情况通常称为差一错误（off-by-one error）。例如：下面的循环会显示 Welcome to Java 101 次，而不是 100 次。这个错误出在条件应该是 count<100 而不是 count<=100。
>
> ```
> int count = 0;
> while (count <= 100) {
>   System.out.println("Welcome to Java!");
>   count++;
> }
> ```

回顾程序清单 3-1 给出了一个程序，提示用户给出两个个位数相加的问题的答案。现在你可以使用循环重写程序，让用户重复输入新的答案，直到答案正确为止，如下面程序清单 5-1 所示。

程序清单 5-1 RepeatAdditionQuiz.java

```
1  import java.util.Scanner;
2
3  public class RepeatAdditionQuiz {
4    public static void main(String[] args) {
5      int number1 = (int)(Math.random() * 10);
6      int number2 = (int)(Math.random() * 10);
7
8      // Create a Scanner
9      Scanner input = new Scanner(System.in);
10
11     System.out.print(
12       "What is " + number1 + " + " + number2 + "? ");
13     int answer = input.nextInt();
14
```

```
15    while (number1 + number2 != answer) {
16      System.out.print("Wrong answer. Try again. What is "
17        + number1 + " + " + number2 + "? ");
18      answer = input.nextInt();
19    }
20
21    System.out.println("You got it!");
22  }
23 }
```

```
What is 5 + 9? 12 ↵Enter
Wrong answer. Try again. What is 5 + 9? 34 ↵Enter
Wrong answer. Try again. What is 5 + 9? 14 ↵Enter
You got it!
```

第 15 ～ 19 行的循环在 number1+number2!=answer 的情况下，重复提示用户输入一个 answer 值。一旦 number1+number2!=answer 为 false，循环退出。

✓ 复习题

5.2.1 分析下面的代码。在 Point A、Point B 和 Point C 处，count<0 总为 true 还是总为 false，或是有时为 true 有时为 false？

```
int count = 0;
while (count < 100) {
  // Point A
  System.out.println("Welcome to Java!");
  count++;
  // Point B
}
// Point C
```

5.2.2 下面的循环体会重复多少次？这个循环的输出是什么？

```
int i = 1;
while (i < 10)
  if (i % 2 == 0)
    System.out.println(i);
```
a)

```
int i = 1;
while (i < 10)
  if (i % 2 == 0)
    System.out.println(i++);
```
b)

```
int i = 1;
while (i < 10)
  if ((i++) % 2 == 0)
    System.out.println(i);
```
c)

5.2.3 下面代码的输出结果是什么？解释原因。

```
int x = 80000000;

while (x > 0)
  x++;

System.out.println("x is " + x);
```

5.3 示例学习：猜数字

要点提示：本示例产生一个随机数，然后让用户反复猜测该数字直到回答正确。

要解决的问题是猜测计算机"脑子"里想的是什么数。编写程序，随机产生一个 0 到 100 之间且包含 0 和 100 的整数。程序提示用户不断输入数字，直到它和计算机随机产生的数字相匹配为止。对用户每次输入的数字，程序都提示用户输入值是偏大还是偏小，这样用户可以明智地进行下一轮的猜测。下面是一个运行示例：

```
Guess a magic number between 0 and 100
Enter your guess: 50 ⏎Enter
Your guess is too high
Enter your guess: 25 ⏎Enter
Your guess is too low
Enter your guess: 42 ⏎Enter
Your guess is too high
Enter your guess: 39 ⏎Enter
Yes, the number is 39
```

这个魔法数在 0 到 100 之间。为了减小猜测的次数，首先输入 50。如果猜测值偏大，那么这个魔法数就在 0 到 49 之间。如果猜测值偏小，那么这个魔法数就在 51 到 100 之间。因此，每次猜测时可以消除一半的数字。

该如何编写这个程序呢？应该立即开始编码吗？不！编码前的思考非常重要。先思考一下不编写程序你会如何解决这个问题。首先需要产生一个 0 到 100 之间且包含 0 和 100 的随机数，然后提示用户输入一个猜测数，最后将这个猜测数和随机数进行比较。

一次增加一个步骤的增量式编程（code incrementally）是一个很好的习惯。对涉及循环的程序而言，如果不知道如何立即编写循环，可以先编写只执行一次循环的代码，然后弄清楚如何在循环中重复执行这些代码。对于此程序，可以先创建一个如程序清单 5-2 所示的初稿。

程序清单 5-2 GuessNumberOneTime.java

```java
 1  import java.util.Scanner;
 2
 3  public class GuessNumberOneTime {
 4    public static void main(String[] args) {
 5      // Generate a random number to be guessed
 6      int number = (int)(Math.random() * 101);
 7
 8      Scanner input = new Scanner(System.in);
 9      System.out.println("Guess a magic number between 0 and 100");
10
11      // Prompt the user to guess the number
12      System.out.print("\nEnter your guess: ");
13      int guess = input.nextInt();
14
15      if (guess == number)
16        System.out.println("Yes, the number is " + number);
17      else if (guess > number)
18        System.out.println("Your guess is too high");
19      else
20        System.out.println("Your guess is too low");
21    }
22  }
```

运行这个程序时，它只提示用户输入一次猜测值。为使用户重复输入猜测值，可将第 11～20 行的代码放入循环里，如下所示：

```java
while (true) {
  // Prompt the user to guess the number
  System.out.print("\nEnter your guess: ");
  guess = input.nextInt();

  if (guess == number)
    System.out.println("Yes, the number is " + number);
```

```
    else if (guess > number)
      System.out.println("Your guess is too high");
    else
      System.out.println("Your guess is too low");
} // End of loop
```

这个循环重复提示用户输入猜测值。但是，这个循环是不正确的，因为它永远都不会结束。当 guess 和 number 匹配时，该循环就应该结束。所以，可做如下修改：

```
while (guess != number) {
  // Prompt the user to guess the number
  System.out.print("\nEnter your guess: ");
  guess = input.nextInt();

  if (guess == number)
    System.out.println("Yes, the number is " + number);
  else if (guess > number)
    System.out.println("Your guess is too high");
  else
    System.out.println("Your guess is too low");
} // End of loop
```

程序清单 5-3 给出了完整的代码。

程序清单 5-3 GuessNumber.java

```
 1  import java.util.Scanner;
 2
 3  public class GuessNumber {
 4    public static void main(String[] args) {
 5      // Generate a random number to be guessed
 6      int number = (int)(Math.random() * 101);
 7
 8      Scanner input = new Scanner(System.in);
 9      System.out.println("Guess a magic number between 0 and 100");
10
11      int guess = -1;
12      while (guess != number) {
13        // Prompt the user to guess the number
14        System.out.print("\nEnter your guess: ");
15        guess = input.nextInt();
16
17        if (guess == number)
18          System.out.println("Yes, the number is " + number);
19        else if (guess > number)
20          System.out.println("Your guess is too high");
21        else
22          System.out.println("Your guess is too low");
23      } // End of loop
24    }
25  }
```

	line#	number	guess	output
	6	39		
	11		-1	
iteration 1	15		50	
	20			Your guess is too high

```
iteration 2 { 15      25
              22              Your guess is too low
iteration 3 { 15      42
              20              Your guess is too high
iteration 4 { 15      39
              18              Yes, the number is 39
```

程序在第 6 行创建一个魔法数，然后在一个循环中提示用户不断输入猜测值（第 12～23 行）。针对每一次猜测，程序检查该猜测数是否正确，是偏高还是偏低（第 17～22 行）。一旦猜测正确，程序就退出循环（第 12 行）。注意：guess 被初始化为 -1。将它初始化为 0 到 100 之间的值会出错，因为它很可能就是要猜的数。

✓ 复习题

5.3.1 如果程序清单 5-3 的第 11 行 guess 值初始化为 0，会有什么错误？

5.4 循环设计策略

🔑 要点提示：设计循环的关键是确定需要重复执行的代码，以及编写结束循环的条件代码。

编写一个正确的循环对编程初学者来说并不是件容易的事。编写循环时应该考虑三个步骤：

步骤 1：确定需要重复的语句。

步骤 2：将这些语句放在一个循环中，如下所示：

```
while(true){
  语句组；
}
```

步骤 3：编写循环继续条件，并添加适合的语句控制循环。

```
while(循环继续条件){
  语句组；
  用于控制循环的附件语句；
}
```

程序清单 3-3 中的数学减法学习工具程序，每次运行只能产生一道题目。可以应用循环重复产生题目。那么如何编写能产生 5 道题目的代码呢？可遵循循环设计策略。首先，确定需要重复的语句。这些语句包括：获取两个随机数，提示用户对两个数做减法并给试题打分。然后，将这些语句放在一个循环里。最后，增加一个循环控制变量和循环继续条件以执行 5 次循环。

程序清单 5-4 给出的程序可以产生 5 道问题，并在学生回答完所有 5 个问题后报告回答正确的题数。这个程序还显示该测试所花的时间，并列出所有的题目。

程序清单 5-4 SubtractionQuizLoop.java

```java
1  import java.util.Scanner;
2
3  public class SubtractionQuizLoop {
4    public static void main(String[] args) {
```

```java
 5      final int NUMBER_OF_QUESTIONS = 5; // Number of questions
 6      int correctCount = 0; // Count the number of correct answers
 7      int count = 0; // Count the number of questions
 8      long startTime = System.currentTimeMillis();
 9      String output = " "; // output string is initially empty
10      Scanner input = new Scanner(System.in);
11
12      while (count < NUMBER_OF_QUESTIONS) {
13        // 1. Generate two random single-digit integers
14        int number1 = (int)(Math.random() * 10);
15        int number2 = (int)(Math.random() * 10);
16
17        // 2. If number1 < number2, swap number1 with number2
18        if (number1 < number2) {
19          int temp = number1;
20          number1 = number2;
21          number2 = temp;
22        }
23
24        // 3. Prompt the student to answer "What is number1 - number2?"
25        System.out.print(
26          "What is " + number1 + " - " + number2 + "? ");
27        int answer = input.nextInt();
28
29        // 4. Grade the answer and display the result
30        if (number1 - number2 == answer) {
31          System.out.println("You are correct!");
32          correctCount++; // Increase the correct answer count
33        }
34        else
35          System.out.println("Your answer is wrong.\n" + number1
36            + " - " + number2 + " should be " + (number1 - number2));
37
38        // Increase the question count
39        count++;
40
41        output += "\n" + number1 + "-" + number2 + "=" + answer +
42          ((number1 - number2 == answer) ? " correct": " wrong");
43      }
44
45      long endTime = System.currentTimeMillis();
46      long testTime = endTime - startTime;
47
48      System.out.println("Correct count is " + correctCount +
49        "\nTest time is " + testTime / 1000 + " seconds\n" + output);
50    }
51  }
```

```
What is 9 - 2? 7 [↵Enter]
You are correct!

What is 3 - 0? 3 [↵Enter]
You are correct!

What is 3 - 2? 1 [↵Enter]
You are correct!

What is 7 - 4? 4 [↵Enter]
Your answer is wrong.
7 - 4 should be 3
```

```
What is 7 - 5?  4 ↵Enter
Your answer is wrong.
7 - 5 should be 2

Correct count is 3
Test time is 1021 seconds

9-2=7 correct
3-0=3 correct
3-2=1 correct
7-4=4 wrong
7-5=4 wrong
```

程序使用控制变量 count 来控制循环的执行。count 被初始化为 0（第 7 行），并在每次迭代中加 1（第 39 行）。每次迭代都显示并处理一个减法题目。程序中第 8 行代码获得测试开始的时间，第 45 行获得测试结束的时间，然后在第 46 行计算出测试所用时间。测试时间以毫秒为单位并且在第 49 行被转换为秒。

✓ 复习题

5.4.1 使用 System.nanotime() 修改代码以使用纳秒来测量时间。

5.5 使用用户确认或标记值控制循环

☞ 要点提示：通常使用标记值来终止输入。

前面的示例执行了 5 次循环。如果你希望用户决定是否继续，则可以让用户进行确认。可以如下编写程序模板：

```
char continueLoop = 'Y';
while (continueLoop == 'Y') {
  // Execute the loop body once
  ...
  // Prompt the user for confirmation
  System.out.print("Enter Y to continue and N to quit: ");
  continueLoop = input.nextLine().charAt(0);
}
```

可以使用用户确认来重写程序清单 5-4 给出的程序，让用户决定是否继续下一道题。

控制循环的另一种常用技术是在读取和处理一组值时指定一个特殊值。这个特殊的输入值也称为标记值（sentinel value），用以表明循环的结束。如果一个循环使用标记值来控制它的执行，则称为标记位控制的循环（sentinel-controlled loop）。

程序清单 5-5 给出了一个程序，用来读取和计算不确定个数的整数之和，并以输入 0 表示结束输入。需要为每次输入值声明新变量吗？不需要。只需要使用名为 data 的变量（第 12 行）存储输入值，并使用名为 sum 的变量（第 15 行）来存储总和。每读取一个数就将其赋值给 data，并且如果它不为 0，则将该 data 加到 sum 中（第 17 行）。

程序清单 5-5 SentinelValue.java

```
1  import java.util.Scanner;
2
3  public class SentinelValue {
4    /** Main method */
5    public static void main(String[] args) {
6      // Create a Scanner
7      Scanner input = new Scanner(System.in);
```

```
 8
 9      // Read an initial data
10      System.out.print(
11        "Enter an integer (the input ends if it is 0): ");
12      int data = input.nextInt();
13
14      // Keep reading data until the input is 0
15      int sum = 0;
16      while (data != 0) {
17        sum += data;
18
19        // Read the next data
20        System.out.print(
21          "Enter an integer (the input ends if it is 0): ");
22        data = input.nextInt();
23      }
24
25      System.out.println("The sum is " + sum);
26    }
27  }
```

```
Enter an integer (the input ends if it is 0): 2 ↵Enter
Enter an integer (the input ends if it is 0): 3 ↵Enter
Enter an integer (the input ends if it is 0): 4 ↵Enter
Enter an integer (the input ends if it is 0): 0 ↵Enter
The sum is 9
```

	line#	data	sum	output
	12	2		
	15		0	
iteration 1	17		2	
	22	3		
iteration 2	17		5	
	22	4		
iteration 3	17		9	
	22	0		
	25			The sum is 9

如果 data 不为 0，则将它加到总和 sum 中（第 17 行），然后读取下一条输入数据（第 20～22 行）。若 data 为 0，则不再执行循环体，while 循环终止。输入值 0 是该循环的标记值。注意：若第一个读取到的输入值就是 0，则永远不会执行循环体，最终的 sum 结果为 0。

> **警告**：不要用比较浮点值是否相等来进行循环控制。因为浮点值都是近似的，使用它们可能导致不精确的计数值和不准确的结果。

考虑下面计算 1+0.9+0.8+...+0.1 的代码：

```
double item = 1; double sum = 0;
while (item != 0) { // No guarantee item will be 0
  sum += item;
  item -= 0.1;
```

```
}
System.out.println(sum);
```

变量item从1开始，每执行一次循环体就减去0.1。当item变为0时循环应该终止。但是，因为浮点数是近似的，所以不能确保item值正好为0。从表面上看这个循环似乎没问题，但实际上它是一个无限循环。

在前面的例子中，如果要输入大量的数据值，那么从键盘上输入是非常烦琐的。可以将这些数据用空格隔开并保存在一个名为input.txt的文本文件中，然后使用下面的命令运行这个程序：

java SentinelValue < input.txt

这个命令称为输入重定向（input redirection）。程序从文件input.txt中读取输入，而不是在运行时让用户从键盘输入数据。假设文件内容如下所示：

2 3 4 5 6 7 8 9 12 23 32
23 45 67 89 92 12 34 35 3 1 2 4 0

程序将得到sum值518。

类似地，还有输出重定向（output redirection），输出重定向将输出发送给文件，而不是将它们显示在控制台上。输出重定向的命令为：

java ClassName > output.txt

可以在同一命令中同时使用输入重定向和输出重定向。例如，下面的命令从文件input.txt中获取输入，并将输出发送到文件output.txt中：

java SentinelValue < input.txt > output.txt

请运行这个程序并查看output.txt中的内容是什么。

通过输入重定向读取数据时，可以调用input.hasNext()来检测输入是否结束。例如，以下代码从输入中读取所有int值并显示其总和。

```
import java.util.Scanner;
public class TestEndOfInput {
  public static void main(String[] args) {
    // Create a Scanner
    Scanner input = new Scanner(System.in);
    int sum = 0;

    while (input.hasNext ()) {
      sum += input.nextInt();
    }
    System.out.println("The sum is " + sum);
  }
}
```

如果文件中不再有输入，input.hasNext()将返回false。

⊘ 注意：如果从命令窗口键入输入内容，则可以按ENTER，然后按CTRL+Z，然后再次按ENTER以结束输入。在这种情况下，input.hasNext()将返回false。

✓ **复习题**

5.5.1 假设输入为2 3 4 5 0，下面代码的结果是什么？

```
import java.util.Scanner;
```

```
public class Test {
  public static void main(String[] args) {
    Scanner input = new Scanner(System.in);
    int number, max;
    number = input.nextInt(); max = number;

    while (number != 0) {
      number = input.nextInt();
      if (number > max)
        max = number;
    }
    System.out.println("max is " + max);
    System.out.println("number " + number);
  }
}
```

5.6 do-while 循环

要点提示：do-while 循环和 while 循环基本一样，不同之处是它先执行循环体一次再判断循环继续条件。

do-while 循环是 while 循环的变体。其语法如下：

```
do {
  // 循环体;
  语句(组);
} while (循环继续条件);
```

其执行流程图如图 5-2a 所示。

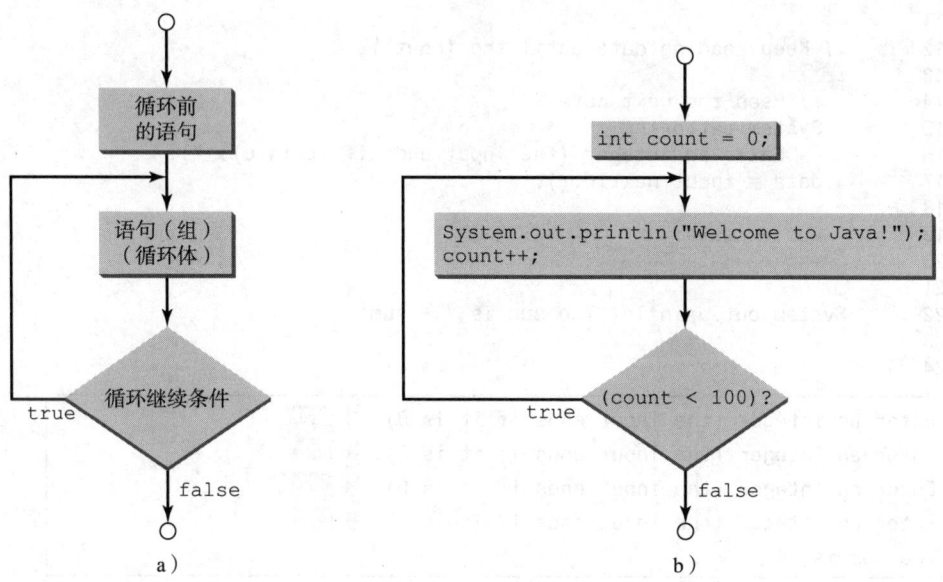

图 5-2 do-while 循环首先执行循环体，然后检查循环继续条件来确定是继续还是终止循环

首先执行循环体，然后对循环继续条件求值。如果计算结果为 true，则重复执行循环体；如果为 false，则终止 do-while 循环。例如，下面的 while 循环语句

```
int count = 0;
while (count < 100) {
```

```java
    System.out.println("Welcome to Java!");
    count++;
}
```

可以使用 do-while 循环如下编写：

```java
int count = 0;
do {
  System.out.println("Welcome to Java!");
  count++;
} while (count < 100);
```

这个 do-while 循环的流程图如图 5-2b 所示。

while 循环与 do-while 循环的不同之处在于计算循环继续条件和执行循环体的顺序不同。使用 do-while 循环时循环体至少执行一次。可以使用 while 循环或者 do-while 循环来编写循环。某些情况下选择其中一种会比另一种更方便。例如，可以采用 do-while 循环改写程序清单 5-5 中的 while 循环，如程序清单 5-6 所示。

程序清单 5-6 TestDoWhile.java

```java
 1  import java.util.Scanner;
 2
 3  public class TestDoWhile {
 4    /** Main method */
 5    public static void main(String[] args) {
 6      int data;
 7      int sum = 0;
 8
 9      // Create a Scanner
10      Scanner input = new Scanner(System.in);
11
12      // Keep reading data until the input is 0
13      do {
14        // Read the next data
15        System.out.print(
16          "Enter an integer (the input ends if it is 0): ");
17        data = input.nextInt();
18
19        sum += data;
20      } while (data != 0);
21
22      System.out.println("The sum is " + sum);
23    }
24  }
```

```
Enter an integer (the input ends if it is 0): 3 ↵Enter
Enter an integer (the input ends if it is 0): 5 ↵Enter
Enter an integer (the input ends if it is 0): 6 ↵Enter
Enter an integer (the input ends if it is 0): 0 ↵Enter
The sum is 14
```

☞ 提示：如果循环中的语句至少需要执行一次，建议使用 do-while 循环。前面程序 TestDoWhile 中 do-while 循环的情形就是如此。如果使用 while 循环，那么这些语句必须出现在循环前和循环内。

✓ 复习题

5.6.1 假设输入是 2 3 4 5 0，那么下面代码的输出结果是什么？

```java
import java.util.Scanner;

public class Test {
  public static void main(String[] args) {
    Scanner input = new Scanner(System.in);

    int number, max;
    number = input.nextInt();
    max = number;

    do {
      number = input.nextInt();
      if (number > max)
        max = number;
    } while (number != 0);
    System.out.println("max is " + max);
    System.out.println("number " + number);
  }
}
```

5.6.2 while 循环和 do-while 循环之间的区别是什么？将下面的 while 循环转换成 do-while 循环。

```java
Scanner input = new Scanner(System.in);
int sum = 0;
System.out.println("Enter an integer " +
    "(the input ends if it is 0)");
int number = input.nextInt();
while (number != 0) {
  sum += number;
  System.out.println("Enter an integer " +
      "(the input ends if it is 0)");
  number = input.nextInt();
}
```

5.7 for 循环

☞ 要点提示：for 循环具有编写循环的简明语法。

经常会使用下面的通用形式编写循环：

```
i = initialValue; // Initialize loop control variable
while (i < endValue) {
  // Loop body
  ...
  i++; // Adjust loop control variable
}
```

这样的循环对于初学者而言比较直观且易于掌握。但是，编程者往往忘记调整控制变量，从而导致无限循环。可以使用 for 循环来避免潜在的错误，并如下图 a 所示简化前面的循环。通常，for 循环的语法如图 a 所示，这等价于图 b：

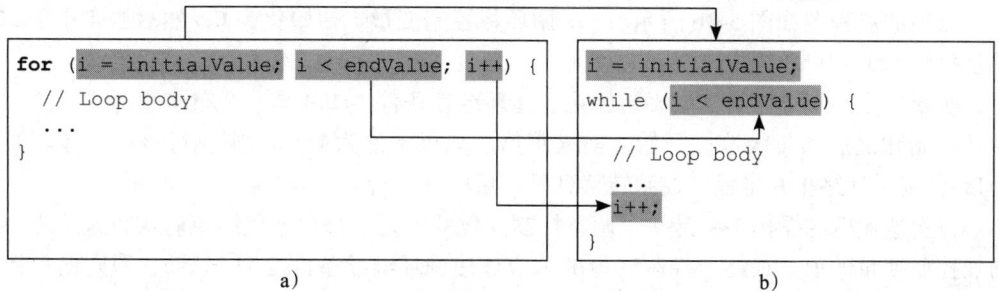

a) b)

通常，for 循环的语法如下所示：

```
for (初始操作; 循环继续条件; 每次迭代后的操作) {
// 循环体;
语句（组）;
}
```

for 循环的流程图如图 5-3a 所示。

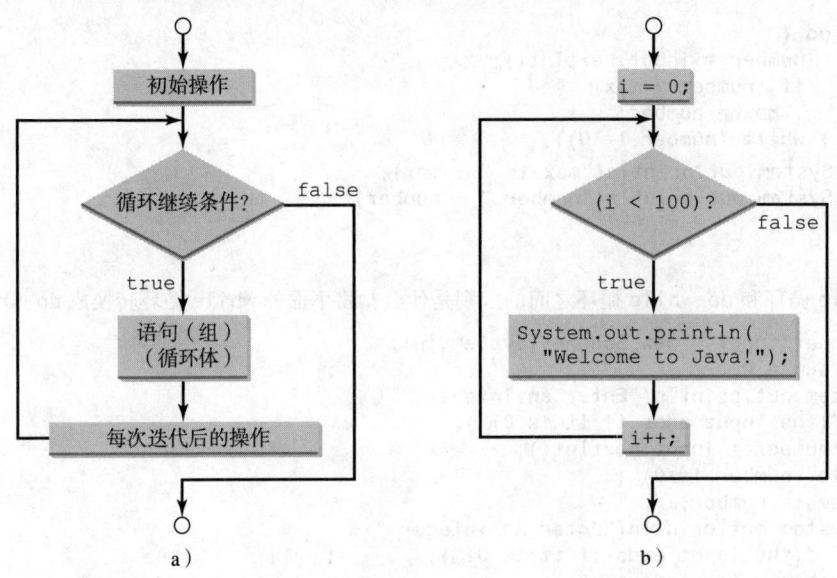

图 5-3 for 循环只执行初始操作一次，当循环继续条件求值为 true 时，重复执行循环体中的语句，并执行每次迭代后的操作

for 循环语句开始于关键字 for，然后是用一对圆括号括住的循环控制结构体。这个结构体包括初始操作、循环继续条件和每次迭代后的操作。控制结构体后紧跟着花括号括起来的循环体。初始操作、循环继续条件和每次迭代后的操作都要用分号分隔。

for 循环通常使用一个变量来控制循环体的执行次数，以及什么时候循环终止。这个变量称为控制变量（control variable）。初始操作通常初始化控制变量，每次迭代后的操作通常增加或者减小控制变量，而循环继续条件检验控制变量是否达到终止值。例如，下面的 for 循环打印 Welcome to Java! 100 次：

```
int i;
for (i = 0; i < 100; i++) {
  System.out.println("Welcome to Java!");
}
```

语句的流程图如图 5-3b 所示。for 循环将控制变量 i 初始化为 0，然后当 i 小于 100 时重复执行 println 语句并计算 i++。

初始操作 i=0 将控制变量 i 初始化。循环继续条件 i<100 是一个布尔表达式。这个表达式在初始化之后和每次迭代开始之前被求值。如果条件为 true，则执行该循环体。如果为 false，则循环终止并将程序控制转移到循环后的下一行。

每次迭代后的操作 i++ 是一个调整控制变量的语句。每次迭代结束后执行这条语句。它增加控制变量的值。最终，控制变量的值应该使循环继续条件变为 false，否则循环将成为无限循环。

循环控制变量可以在 for 循环中声明和初始化。下面是一个示例：

```
for (int i = 0; i < 100; i++) {
  System.out.println("Welcome to Java!");
}
```

如果像这个例子一样，循环体内只有一条语句，则可以省略花括号。

☞ 提示：控制变量必须在循环控制结构体内或循环前声明。如果循环控制变量只在循环内而不在其他地方使用，那么在 for 循环的初始操作中声明它是一个良好的编程习惯。如果在循环控制结构内声明变量，则不能在循环外引用它。例如，不能在前面代码的 for 循环外引用变量 i，因为它是在 for 循环内声明的。

☞ 注意：for 循环中的初始操作可以是 0 或多个以逗号隔开的变量声明语句或赋值表达式。例如：

```
for (int i = 0, j = 0; i + j < 10; i++, j++) {
  // Do something
}
```

for 循环中每次迭代后的动作可以是 0 或多个以逗号隔开的语句。例如：

```
for (int i = 1; i < 100; System.out.println(i), i++) ;
```

这个例子虽然正确，但并不推荐这样做，因为它使代码难以阅读。通常，将声明和初始化一个变量作为初始操作，将增加或减少控制变量作为每次迭代后的操作。

☞ 注意：如果省略 for 循环中的循环继续条件，则隐含地认为循环继续条件为 true。因此，下面图 a 中的语句和图 b 中的语句都是无限循环。但是，为避免混淆，最好还是使用图 c 中等价的循环：

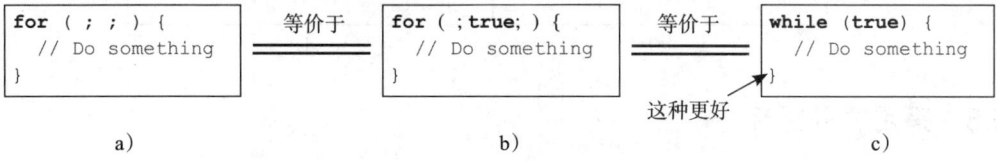

复习题

5.7.1 下面两个循环的 sum 值是否相同？

```
for (int i = 0; i < 10; ++i) {
  sum += i;
}
         a)
```
```
for (int i = 0; i < 10; i++) {
  sum += i;
}
         b)
```

5.7.2 for 循环控制的三个部分是什么？编写一个 for 循环，输出从 1 到 100 的整数。

5.7.3 假设输入 2 3 4 5 0，下面代码的输出结果是什么？

```
import java.util.Scanner;

public class Test {
  public static void main(String[] args) {
    Scanner input = new Scanner(System.in);

    int number, sum = 0, count;
```

```
    for (count = 0; count < 5; count++) {
      number = input.nextInt();
      sum += number;
    }
    System.out.println("sum is " + sum);
    System.out.println("count is " + count);
  }
}
```

5.7.4 下面的语句做什么？

```
for ( ; ; ) {
  // Do something
}
```

5.7.5 如果在 for 循环控制中声明一个变量，在循环结束后还可以使用它吗？

5.7.6 将下面的 for 循环语句转换为 while 循环和 do-while 循环：

```
long sum = 0;
for (int i = 0; i <= 1000; i++)
  sum = sum + i;
```

5.7.7 计算下面循环体的迭代次数。

```
int count = 0;
while (count < n) {
  count++;
}
```
a)

```
for (int count = 0;
  count <= n; count++) {
}
```
b)

```
int count = 5;
while (count < n) {
  count++;
}
```
c)

```
int count = 5;
while (count < n) {
  count = count + 3;
}
```
d)

5.8 采用哪种循环

要点提示：可以根据哪个更加方便来选择使用 for 循环、while 循环或 do-while 循环。

while 循环和 do-while 循环比 for 循环易于学习。然而，经过一些练习后，你也可以很快掌握 for 循环。for 循环将控制变量初始化、循环继续条件以及每次迭代之后的调整放在一起。它更加简洁，并且相比另外两种循环而言更容易避免出错。

while 循环和 for 循环都称为前测循环（pretest loop），因为继续条件在循环体执行之前检测。do-while 循环称为后测循环（posttest loop），因为循环条件在循环体执行之后检测。三种形式的循环语句：while、do-while 和 for，在表达上是等价的。也就是说，可以使用这三种形式之一来编写循环。例如，下面图 a 中 while 循环总能转化为图 b 中的 for 循环：

```
while (loop-continuation-condition) {
  // Loop body
}
```
a)

等价于

```
for ( ; loop-continuation-condition; ) {
  // Loop body
}
```
b)

除了某些特殊情况外（参见复习题 5.12.2 中的情况），下面图 a 中的 for 循环通常都能转化为图 b 中的 while 循环：

```
for (initial-action;
    loop-continuation-condition;
    action-after-each-iteration) {
    // Loop body;
}
```
a)

等价于

```
initial-action;
while (loop-continuation-condition) {
    // Loop body;
    action-after-each-iteration;
}
```
b)

建议使用你自己感觉最直观、最舒服的一种循环语句。通常，如果事先已知重复次数，则采用 for 循环，例如，需要打印一条信息 100 次时。如果无法确定重复次数，则采用 while 循环，比如读入一些数值直到读入 0 为止的这种情况。如果在检测继续条件前需要执行循环体，则使用 do-while 循环替代 while 循环。

警告：在 for 子句的末尾和循环体之间多写一个分号是一种常见的错误，如下面的图 a 中所示。图 a 中分号表明循环提前结束了。循环体实际上为空，如图 b 所示。图 a 和图 b 是等价的，它们都不正确。

```
for (int i = 0; i < 10; i++);    ← 错误
{
    System.out.println("i is " + i);
}
```
a)

```
for (int i = 0; i < 10; i++) { };    ← 空的语句体
{
    System.out.println("i is " + i);
}
```
b)

类似地，图 c 中的循环也是错误的，图 c 与图 d 等价，它们都不正确。

```
int i = 0;
while (i < 10);    ← 错误
{
    System.out.println("i is " + i);
    i++;
}
```
c)

```
int i = 0;
while (i < 10) { };    ← 空的语句体
{
    System.out.println("i is " + i);
    i++;
}
```
d)

通常在使用次行块风格时容易发生这些错误。使用行尾块风格可以避免这种类型的错误。do-while 循环需要分号来结束这个循环。

```
int i = 0;
do {
    System.out.println("i is " + i);
    i++;
} while (i < 10);    ← 正确的
```

✓ **复习题**

5.8.1 for 循环可以转换为 while 循环吗？列出使用 for 循环的好处。

5.8.2 while 循环总是可以转换成 for 循环吗？将下面的 while 循环转换为 for 循环。
```
int i = 1;
int sum = 0;
while (sum <  10000) {
    sum = sum + i;
    i++;
}
```

5.8.3 找出下面代码中的错误并且进行修正。

```
1   public class Test {
2     public void main(String[] args) {
3       for (int i = 0; i < 10; i++);
4         sum += i;
5
6       if (i < j);
7         System.out.println(i);
8       else
9         System.out.println(j);
10
11      while (j < 10);
12      {
13        j++;
14      }
15
16      do {
17        j++;
18      } while (j < 10)
19    }
20  }
```

5.8.4 下面的程序有什么错误?

```
1  public class ShowErrors {
2    public static void main(String[] args) {
3      int i = 0;
4      do {
5        System.out.println(i + 4);
6        i++;
7      }
8      while (i < 10)
8    }
9  }
```

a)

```
1  public class ShowErrors {
2    public static void main(String[] args) {
3      for (int i = 0; i < 10; i++);
4        System.out.println(i + 4);
5    }
6  }
```

b)

5.9 嵌套循环

要点提示: 一个循环可以嵌套在另外一个循环中。

嵌套循环是由一个外层循环和一个或多个内层循环组成的。每当重复执行一次外层循环时,都会再次进入内部循环并重新执行。

程序清单 5-7 是使用嵌套 for 循环打印乘法表的程序。

程序清单 5-7 MultiplicationTable.java

```
1   public class MultiplicationTable {
2     /** Main method */
3     public static void main(String[] args) {
4       // Display the table heading
5       System.out.println("          Multiplication Table");
6
7       // Display the number title
8       System.out.print("    ");
9       for (int j = 1; j <= 9; j++)
10        System.out.print("   " + j);
11
12      System.out.println("\n------------------------------");
13
14      // Display table body
15      for (int i = 1; i <= 9; i++) {
```

```
16            System.out.print(i + " | ");
17            for (int j = 1; j <= 9; j++) {
18              // Display the product and align properly
19              System.out.printf("%4d", i * j);
20            }
21            System.out.println();
22          }
23        }
24      }
```

```
Multiplication Table
      1   2   3   4   5   6   7   8   9
-------------------------------------------
1 |   1   2   3   4   5   6   7   8   9
2 |   2   4   6   8  10  12  14  16  18
3 |   3   6   9  12  15  18  21  24  27
4 |   4   8  12  16  20  24  28  32  36
5 |   5  10  15  20  25  30  35  40  45
6 |   6  12  18  24  30  36  42  48  54
7 |   7  14  21  28  35  42  49  56  63
8 |   8  16  24  32  40  48  56  64  72
9 |   9  18  27  36  45  54  63  72  81
```

程序在输出的第一行显示标题（第 5 行）。第一个 for 循环（第 9 和 10 行）在第二行显示从 1 到 9 的数字。在第三行显示短划线（-）（第 12 行）。

下一个循环（第 15～22 行）是一个嵌套的 for 循环，其外层循环控制变量是 i，而内层循环控制变量是 j。针对每个 i，内层循环在每一行显示乘积 i*j 的值，其中 j 为 1，2，3，…，9。

注意：需要清楚的是，嵌套循环将运行较长时间。考虑下面嵌套三层的循环：

```
for (int i = 0; i < 10000; i++)
  for (int j = 0; j < 10000; j++)
    for (int k = 0; k < 10000; k++)
      Perform an action
```

动作将被执行一万亿次。如果需要 1 微秒来执行一次动作，整个循环花费的时间将大于 277 小时。注意，1 微秒等于百万分之一秒（10^{-6}）。

✓ 复习题

5.9.1 println 语句执行了多少次？

```
for (int i = 0; i < 10; i++)
  for (int j = 0; j < i; j++)
    System.out.println(i * j)
```

5.9.2 给出下面程序的输出结果。（提示：绘制一个表格，在列中列出变量，对这些程序进行跟踪。）

```
public class Test {
  public static void main(String[] args) {
    for (int i = 1; i < 5; i++) {
      int j = 0;
      while (j < i) {
        System.out.print(j + " ");
        j++;
      }
    }
  }
}
```

a)

```
public class Test {
  public static void main(String[] args) {
    int i = 0;
    while (i < 5) {
      for (int j = i; j > 1; j--)
        System.out.print(j + " ");
      System.out.println("****");
      i++;
    }
  }
}
```

b)

```java
public class Test {
  public static void main(String[] args) {
    int i = 5;
    while (i >= 1) {
      int num = 1;
      for (int j = 1; j <= i; j++) {
        System.out.print(num + "xxx");
        num *= 2;
      }
      System.out.println();
      i--;
    }
  }
}
```
c)

```java
public class Test {
  public static void main(String[] args) {
    int i = 1;
    do {
      int num = 1;
      for (int j = 1; j <= i; j++) {
        System.out.print(num + "G");
        num += 2;
      }
      System.out.println();
      i++;
    } while (i <= 5);
  }
}
```
d)

5.10 最小化数值错误

要点提示：在循环继续条件中使用浮点数将导致数值错误。

因为浮点数在计算机中本身就是近似表示的，所以涉及浮点数的数值误差是不可避免的。本节将通过实例讨论如何最大程度地减少此类错误。

程序清单 5-8 给出的例子计算从 0.01 到 1.0 的数列之和。该数列中的数值以 0.01 递增，即 0.01+0.02+0.03，依次类推。

程序清单 5-8 TestSum.java

```java
1  public class TestSum {
2    public static void main(String[] args) {
3      // Initialize sum
4      float sum = 0;
5
6      // Add 0.01, 0.02, ..., 0.99, 1 to sum
7      for (float i = 0.01f; i <= 1.0f; i = i + 0.01f)
8        sum += i;
9
10     // Display result
11     System.out.println("The sum is " + sum);
12   }
13 }
```

```
The sum is 50.499985
```

for 循环（第 7 和 8 行）重复地将控制变量 i 加到 sum 上。变量 i 从 0.01 开始，每次迭代增加 0.01。当 i 超过 1.0 时循环终止。

for 循环初始操作可以是任何语句，但它经常用来初始化控制变量。从本例中可以看到，控制变量可以是 float 型。事实上，它可以为任意数据类型。

sum 的精确结果应该是 50.50，但是答案是 50.499985。这个结果是不精确的，因为计算机使用固定位数表示浮点数，因此不能确切表示某些浮点数。如果如下所示将程序中的 float 型改成 double 型，你应该可以看到精度有一些小小的提高，因为 double 型变量占 64 位而 float 型变量只占 32 位。

```java
// Initialize sum
double sum = 0;
```

```java
// Add 0.01, 0.02, ..., 0.99, 1 to sum
for (double i = 0.01; i <= 1.0; i = i + 0.01)
    sum += i;
```

可是你会吃惊地看到实际的结果是 49.50000000000003。哪里出错了呢？如果将循环中每次迭代的 i 打印出来，你会发现最后一个 i 比 1 稍微大一点（而不是正好为 1）。这就会造成最后一个 i 不能加到 sum 中。根本问题就是浮点数是近似表示的。为了解决这个问题，使用整数计数以确保所有数字都被加到 sum 中。下面是一个新的循环：

```java
double currentValue = 0.01;

for (int count = 0; count < 100; count++) {
    sum += currentValue;
    currentValue += 0.01;
}
```

这个循环结束后，sum 的值为 50.50000000000003。这个循环从小到大添加数字。如果如下所示从大到小（即以 1.0, 0.99, 0.98, ..., 0.02, 0.01 的顺序）添加，会如何呢？

```java
double currentValue = 1.0;

for (int count = 0; count < 100; count++) {
    sum += currentValue;
    currentValue -= 0.01;
}
```

在这个循环之后，sum 的值为 50.49999999999995。从大到小添加数字没有从小到大添加数字的精确度高。这种现象是有限精度算术的产物。如果结果要求的精度比变量可以存储的更高，那么添加一个很小的数到一个很大的数上没有什么影响。例如，100000000.0+0.000000001 的不准确结果为 100000000.0。为了得到更准确的结果，需要细心地选择计算的顺序。在将数字加到总和值 sum 上时，先加较小数再加较大数是减小误差的一种方法。

5.11 示例学习

要点提示：循环是编程的基础。编写循环的能力对于学习 Java 编程至关重要。

如果你会使用循环编写程序，你便懂得了如何编程！因此，本节提供三个运用循环来解决问题的补充示例。

5.11.1 求最大公约数

两个整数 4 和 2 的最大公约数是 2。两个整数 16 和 24 的最大公约数是 8。如何编写程序来求最大公约数呢？是否立刻开始编写代码？不对。在编写代码之前进行思考是非常重要的。通过思考，你可以生成问题的逻辑解决方案，而不必担心如何编写代码。

设输入的两个整数为 n1 和 n2。已知 1 是一个公约数，但是它可能不是最大公约数。所以，可以检查 k（k=2, 3, 4, …）是否为 n1 和 n2 的最大公约数，直到 k 大于 n1 或 n2。公约数存储在名为 gcd 的变量中。gcd 的初始值设为 1。当找到一个新的公约数时，就作为新的 gcd。当检查完 2 到 n1 或 n2 之间所有可能的公约数后，变量 gcd 的值就是最大公约数。

一旦有了逻辑解决方案，就可以编写如下代码将该方案转换成 Java 程序：

```java
int gcd = 1; // Initial gcd is 1
int k = 2; // Possible gcd

while (k <= n1 && k <= n2) {
  if (n1 % k == 0 && n2 % k == 0)
    gcd = k; // Update gcd
  k++; // Next possible gcd
}

// After the loop, gcd is the greatest common divisor for n1 and n2
```

程序清单 5-9 给出的程序,提示用户输入两个正整数,然后找到它们的最大公约数。

程序清单 5-9 GreatestCommonDivisor.java

```java
 1  import java.util.Scanner;
 2
 3  public class GreatestCommonDivisor {
 4    /** Main method */
 5    public static void main(String[] args) {
 6      // Create a Scanner
 7      Scanner input = new Scanner(System.in);
 8
 9      // Prompt the user to enter two integers
10      System.out.print("Enter first integer: ");
11      int n1 = input.nextInt();
12      System.out.print("Enter second integer: ");
13      int n2 = input.nextInt();
14
15      int gcd = 1; // Initial gcd is 1
16      int k = 2; // Possible gcd
17      while (k <= n1 && k <= n2) {
18        if (n1 % k == 0 && n2 % k == 0)
19          gcd = k; // Update gcd
20        k++;
21      }
22
23      System.out.println("The greatest common divisor for " + n1 +
24        " and " + n2 + " is " + gcd);
25    }
26  }
```

```
Enter first integer: 125 ↵Enter
Enter second integer: 2525 ↵Enter
The greatest common divisor for 125 and 2525 is 25
```

将逻辑解决方案转换成 Java 代码的方式不是唯一的。例如,可以使用 for 循环改写代码:

```java
for (int k = 2; k <= n1 && k <= n2; k++) {
  if (n1 % k == 0 && n2 % k == 0)
    gcd = k;
}
```

一个问题常常有多种解决方案。最大公约数(GCD)问题就有许多解决方法。编程练习题 5.14 给出了另一种解决方案。一个高效的方法是使用经典的欧几里得算法(参见 22.6 节)。

考虑到 n1 的除数不可能大于 n1/2,所以可以尝试用以下循环改进该程序:

```java
for (int k = 2; k <= n1 / 2 && k <= n2 / 2; k++) {
```

```
    if (n1 % k == 0 && n2 % k == 0)
      gcd = k;
}
```

上面的修改是错误的，你能给出理由吗？参见复习题 5.11.1 以得到答案。

5.11.2 预测未来学费

假设某个大学今年的学费是 10 000 美元，而且以每年 7% 的速度增加。多少年之后学费会翻倍？

在编写解决这个问题的程序之前，首先考虑如何手动解决。第二年的学费是第一年的学费乘以 1.07。未来一年的学费都是前一年的学费乘以 1.07。所以，每年的学费可以如下计算：

```
double tuition = 10000; int year = 0;   // Year 0
tuition = tuition * 1.07; year++;       // Year 1
tuition = tuition * 1.07; year++;       // Year 2
tuition = tuition * 1.07; year++;       // Year 3
...
```

不断计算新一年的学费，直到学费至少是 20 000 美元为止。至此就知道学费翻倍需要几年的时间。现在，可以将这个逻辑转换成下面的循环：

```
double tuition = 10000; // Year 0
int year = 0;
while (tuition < 20000) {
  tuition = tuition * 1.07;
  year++;
}
```

完整的程序如程序清单 5-10 所示。

程序清单 5-10 FutureTuition.java

```
 1  public class FutureTuition {
 2    public static void main(String[] args) {
 3      double tuition = 10000; // Year 0
 4      int year = 0;
 5      while (tuition < 20000) {
 6        tuition = tuition * 1.07;
 7        year++;
 8      }
 9
10      System.out.println("Tuition will be doubled in "
11        + year + " years");
12      System.out.printf("Tuition will be $%.2f in %1d years",
13        tuition, year);
14    }
15  }
```

```
Tuition will be doubled in 11 years
Tuition will be $21048.52 in 11 years
```

使用 while 循环（第 5～8 行）重复计算新一年的学费。当学费大于或等于 20 000 美元时，循环结束。

5.11.3 将十进制数转换为十六进制数

计算机系统编程中经常会用到十六进制数（参见附录 F 中的数字系统简介）。如何将一个十进制数转换为十六进制数呢？将十进制数 d 转换为十六进制数就是找到满足以下条件的十六进制数 h_n, h_{n-1}, h_{n-2}, $\cdots$, h_2, h_1 和 h_0：

$$d = h_n \times 16^n + h_{n-1} \times 16^{n-1} + h_{n-2} \times 16^{n-2} + \cdots + h_2 \times 16^2 + h_1 \times 16^1 + h_0 \times 16^0$$

这些十六进制数可以通过不断用 d 除以 16 直到商为零而得到。余数是 h_n, h_{n-1}, h_{n-2}, $\cdots$, h_2, h_1 和 h_0。十六进制数字包含十进制数字 0、1、2、3、4、5、6、7、8、9 以及表示十进制数字 10 的 A，表示十进制数字 11 的 B，表示 12 的 C，13 的 D，14 的 E 和表示 15 的 F。

例如，十进制数 123 为十六进制数 7B。转换过程如下：将 123 除以 16，余数为 11（十六进制的 B），商为 7。继续将 7 除以 16，余数为 7，商为 0。因此 7B 就是 123 的十六进制数。

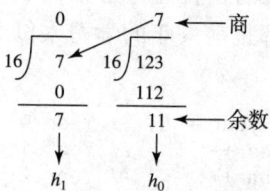

程序清单 5-11 给出程序，提示用户输入一个十进制数，然后将它转换为一个字符串形式的十六进制数。

程序清单 5-11 Dec2Hex.java

```java
 1  import java.util.Scanner;
 2
 3  public class Dec2Hex {
 4    /** Main method */
 5    public static void main(String[] args) {
 6      // Create a Scanner
 7      Scanner input = new Scanner(System.in);
 8
 9      // Prompt the user to enter a decimal integer
10      System.out.print("Enter a decimal number: ");
11      int decimal = input.nextInt();
12
13      // Convert decimal to hex
14      String hex = "";
15
16      while (decimal != 0) {
17        int hexValue = decimal % 16;
18
19        // Convert a decimal value to a hex digit
20        char hexDigit = (0 <= hexValue && hexValue <= 9) ?
21          (char)(hexValue + '0') : (char)(hexValue - 10 + 'A');
22
23        hex = hexDigit + hex;
24        decimal = decimal / 16;
25      }
26
27      System.out.println("The hex number is " + hex);
28    }
29  }
```

```
Enter a decimal number: 1234 ↵Enter
The hex number is 4D2
```

	line#	decimal	hex	hexValue	hexDigit
	14	1234	" "		
iteration 1	17			2	
	23		"2"		2
	24	77			
iteration 2	17			13	
	23		"D2"		D
	24	4			
iteration 3	17			4	
	23		"4D2"		4
	24	0			

程序提示用户输入一个十进制数字（第 11 行），将其转换为一个十六进制形式的字符串（第 14～25 行），然后显示结果（第 27 行）。为了将十进制转换为十六进制数，程序运用循环不断地将十进制数除以 16，得到其余数（第 17 行）。余数转换为一个十六进制字符（第 20 和 21 行）。接下来，这个字符被追加在表示十六进制数的字符串的后面（第 23 行）。这个表示十六进制数的字符串初始时为空（第 14 行）。将这个十进制数除以 16 以从该数中去掉一个十六进制数字（第 24 行）。直到商为 0 结束循环。

程序将 0 到 15 之间的十六进制数转换为一个十六进制字符。如果 hexValue 在 0 到 9 之间，则转换为 (char)(hexValue+'0')（第 21 行）。回顾一下，当一个字符和一个整数相加时，计算时使用的是字符的 Unicode 码。例如：如果 hexValue 为 5，那么 (char)(hexValue+'0') 返回 5。类似地，如果 hexValue 在 10 到 15 之间，那么它就被转换为 (char)(hexValue-10+'A')（第 21 行）。例如，如果 hexValue 是 11，那么 (char)(hexValue-10+'A') 返回 B。

✔ 复习题

5.11.1 如果将程序清单 5-9 中第 17 行的 n1 和 n2 用 n1/2 和 n2/2 来替换，程序还会正确运行吗？

5.11.2 程序清单 5-11 中，如果将第 21 行的代码 (char)(hexValue + '0') 改为 hexValue + '0'，为什么会出错？

5.11.3 程序清单 5-11 中，对于十进制数 245，循环体将执行多少次？对于十进制数 3245，循环体将执行多少次？

5.11.4 E 之后的十六进制数是什么？F 之后的十六进制数是什么？

5.11.5 修改程序清单 5-11 的第 27 行，使得输入为 0 的时候程序显示十六进制数 0。

5.12 关键字 break 和 continue

☞ 要点提示：关键字 break 和 continue 为循环提供了附加控制。

☞ 教学注意：关键字 break 和 continue 都可以在循环语句中使用，为循环提供附加控制。在某些情况下，使用 break 和 continue 可以简化编程。但是，过度使用或者不正确地使用它们会使得程序难于读懂和调试。（提醒教师：可以跳过本节，这不会影响学生对本书其余内容的理解。）

你已经在 switch 语句中使用过关键字 break，你也可以在一个循环中使用 break 立即终止该循环。程序清单 5-12 给出的程序演示了在循环中使用 break 的效果。

程序清单 5-12 TestBreak.java

```
1   public class TestBreak {
2     public static void main(String[] args) {
3       int sum = 0;
4       int number = 0;
5   
6       while (number < 20) {
7         number++;
8         sum += number;
9         if (sum >= 100)
10          break;
11      }
12  
13      System.out.println("The number is " + number);
14      System.out.println("The sum is " + sum);
15    }
16  }
```

```
The number is 14
The sum is 105
```

程序清单 5-12 中的程序将从 1 到 20 的整数依次加到 sum 中，直到 sum 大于或等于 100。如果没有 if 语句（第 9 行），该程序计算从 1 到 20 的整数的和。但有了 if 语句，那么当总和大于或等于 100 时，循环就会终止。没有 if 语句，程序输出结果将会是：

```
The number is 20
The sum is 210
```

也可以在循环中使用关键字 continue。当程序遇到 continue 时会结束当前的迭代，程序控制转向循环体的末尾。换句话说，continue 只是跳出了一次迭代，而关键字 break 则跳出了整个循环。程序清单 5-13 给出的程序演示了在循环中使用 continue 的效果。

程序清单 5-13 TestContinue.java

```
1   public class TestContinue {
2     public static void main(String[] args) {
3       int sum = 0;
4       int number = 0;
5   
6       while (number < 20) {
7         number++;
8         if (number == 10 || number == 11)
9           continue;
10        sum += number;
11      }
12  
13      System.out.println("The sum is " + sum);
14    }
15  }
```

```
The sum is 189
```

程序清单 5-13 中的程序将 1 到 20 中除 10 和 11 外的整数都加到 sum 中。程序中有了 if 语句（第 8 行），当 number 为 10 或 11 时就会执行 continue 语句。continue 语句结束当前迭代后不再执行循环体中的其他语句，因此，当 number 为 10 或 11 时没有被加到 sum 中。若程序中没有 if 语句，程序的输出就会如下所示：

```
The sum is 210
```

在这种情况下，即使 number 为 10 或 11，也要将所有的数都加到 sum 中。因此，结果为 210，这个值比有 if 语句的情况得到的值大了 21。

☛ 注意：continue 语句总是位于一个循环内。在 while 和 do-while 循环中，continue 语句之后会马上对循环继续条件求值；而在 for 循环中，continue 语句之后会立即先执行每次迭代后的动作，再对循环继续条件求值。

☛ 注意：很多程序设计语言都有 goto 语句。goto 语句可以随意地将控制转移到程序中的任意一条语句上执行。这使程序很容易出错。Java 中的 break 语句和 continue 语句不同于 goto 语句。它们只能运行在循环中或者 switch 语句中。break 语句跳出整个循环，而 continue 语句跳出循环的本次迭代。

你始终可以编写不在循环中使用 break 或 continue 的程序，参见复习题 5.12.3。通常，只有在能够简化代码并使程序更容易阅读的情况下，才适合使用 break 和 continue。

假设需要编写一个程序，找到整数 n 的除 1 外的最小因子（假设 n>=2）。可以使用 break 语句编写简单直观的代码，如下所示：

```
int factor = 2;
while (factor <= n) {
  if (n % factor == 0)
    break;
  factor++;
}
System.out.println("The smallest factor other than 1 for "
  + n + " is " + factor);
```

也可以不使用 break 语句重写该代码，如下所示：

```
boolean found = false;
int factor = 2;
while (factor <= n && !found) {
  if (n % factor == 0)
    found = true;
  else
    factor++;
}
System.out.println("The smallest factor other than 1 for "
  + n + " is " + factor);
```

显然，在这个例子中使用 break 语句可以使程序更简单易读。但应谨慎使用 break 和 continue。过多使用 break 和 continue 会使循环有很多退出点，从而使程序变得难以阅读。

☛ 注意：编程是一个颇具创造性的工作。有许多不同的方式来编写代码。事实上，可以通过更加简单的代码来找到最小因子，如下所示：

```
int factor = 2;
while (n % factor != 0)
  factor++;
```

或

```
for (int factor = 2; n % factor != 0; factor++);
```

此处的代码找到整数 n 的最小因子。编程练习题 5.16 要求编写一个程序，找到 n 的所有最小因子。

复习题

5.12.1 关键字 break 的作用是什么？关键字 continue 的作用是什么？下列程序能够结束吗？如果能，给出输出。

```
int balance = 10;
while (true) {
  if (balance < 9)
    break;
  balance = balance - 9;
}
System.out.println("Balance is "
  + balance);
```
a)

```
int balance = 10;
while (true) {
  if (balance < 9)
    continue;
  balance = balance - 9;
}
System.out.println("Balance is "
  + balance);
```
b)

5.12.2 将下面左边的 for 循环转换成右边的 while 循环。其中有什么错误？改正该错误。

```
int sum = 0;
for (int i = 0; i < 4; i++) {
  if (i % 3 == 0) continue;
  sum += i;
}
```
a)

转换为
错误转换

```
int i = 0, sum = 0;
while (i < 4) {
  if (i % 3 == 0) continue;
  sum += i;
  i++;
}
```
b)

5.12.3 不使用关键字 break 和 continue 重写程序清单 5-12 和程序清单 5-13 的程序 TestBreak 和 TestContinue。

5.12.4 图 a 中 break 语句之后，执行哪条语句？给出输出。图 b 中 continue 语句之后，执行哪条语句？给出输出。

```
for (int i = 1; i < 4; i++) {
  for (int j = 1; j < 4; j++) {
    if (i * j > 2)
      break;
    System.out.println(i * j);
  }
  System.out.println(i);
}
```
a)

```
for (int i = 1; i < 4; i++) {
  for (int j = 1; j < 4; j++) {
    if (i * j > 2)
      continue;
    System.out.println(i * j);
  }
  System.out.println(i);
}
```
b)

5.13 示例学习：判断回文

要点提示：本节给出了一个用于判断一个字符串是否为回文的程序。

如果一个字符串从前往后和从后往前是一样的，则为回文。例如，"mom" "dad" 以及 "noon" 都是回文。

要解决的问题是，编写一个程序，提示用户输入一个字符串并判断该字符串是否为回文。一个解决方案是，判断字符串的第一个字符是否和最后一个字符一样。如果是，则判断第二个字符是否和倒数第二个字符一样。持续这个过程一直到找到不匹配的，或者对字符串中的所有字符都进行了判断。如果字符串具有奇数个字符，那么中间的字符就不需要判断了。

程序清单 5-14 给出了程序。

程序清单 5-14 Palindrome.java

```java
import java.util.Scanner;

public class Palindrome {
  /** Main method */
  public static void main(String[] args) {
    // Create a Scanner
    Scanner input = new Scanner(System.in);

    // Prompt the user to enter a string
    System.out.print("Enter a string: ");
    String s = input.nextLine();

    // The index of the first character in the string
    int low = 0;

    // The index of the last character in the string
    int high = s.length() - 1;

    boolean isPalindrome = true;
    while (low < high) {
      if (s.charAt(low) != s.charAt(high)) {
        isPalindrome = false;
        break;
      }

      low++;
      high--;
    }

    if (isPalindrome)
      System.out.println(s + " is a palindrome");
    else
      System.out.println(s + " is not a palindrome");
  }
}
```

```
Enter a string: noon  ↵Enter
noon is a palindrome
```

```
Enter a string: abcdefgnhgfedcba  ↵Enter
abcdefgnhgfedcba is not a palindrome
```

程序使用两个变量 low 和 high，分别表示位于字符串 s 中开始和末尾的两个字符的位置（第 14 和 17 行），如下图所示。初始时 low 为 0，high 为 s.length()-1。如果位于这两个位置的字符匹配，则将 low 加 1，high 减 1（第 26～27 行）。继续这个过程一直到（low>=high），或者找到一个不匹配（第 21 行）为止。

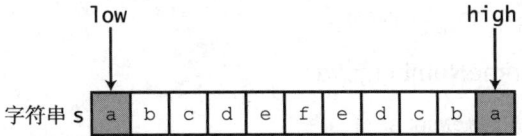

程序使用 boolean 变量 isPalindrome 来表示字符串 s 是否回文。初始时，该变量设为 true（第 19 行）。当出现不匹配时（第 21 行），isPalindrome 设为 false（第 22 行），使用

break 语句结束循环 (第 23 行)。

✓ 复习题

5.13.1 如果程序清单 5-14 第 20 行的 (low < high) 改为 (low <= high)，结果将会如何？

5.14 示例学习：显示素数

要点提示：本节给出了一个程序，分 5 行显示前 50 个素数，每行包含 10 个数字。

如果一个大于 1 的整数的正因子只有 1 和它自身，那么该整数就是素数。例如：2、3、5、7 都是素数，而 4、6、8、9 不是。

要解决的问题是在 5 行中显示前 50 个素数，每行包含 10 个数。该问题可分解成以下任务：

- 判断一个给定数是否是素数。
- 针对 number=2, 3, 4, 5, 6, …，测试它们是否为素数。
- 统计素数的个数。
- 打印每个素数，每行打印 10 个。

显然需要编写循环重复检测新的 number 是否是素数。如果 number 是素数，则计数器加 1。计数器 count 初始化为 0。当它等于 50 时，循环终止。

下面是该问题的算法：

```
设置要打印的素数个数为常量 NUMBER_OF_PRIMES；
使用 count 来对素数个数进行计数并将其初值设为 0；
设置 number 初始值为 2；

while (count<NUMBER_OF_PRIMES){
    测试该数是否是素数；
    if 该数是素数 {
        打印该素数并将 count 增加 1；
    }
    将 number 加 1；
}
```

测试某个数是否是素数，需要检测它是否能被 2、3、4，一直到 number/2 的整数整除。如果能被整除则不是素数。这个算法可以描述如下：

```
使用布尔变量 isPrime 表示 number 是否是素数；设置 isPrime 的初始值为 true；

for(int divisor =2; divisor<=number/2; divisor++){
if(number%divisor==0){
        将 isPrime 设为 false
        退出循环；
    }
}
```

程序清单 5-15 中给出了完整的程序。

程序清单 5-15 PrimeNumber.java

```
1  public class PrimeNumber {
2    public static void main(String[] args) {
3      final int NUMBER_OF_PRIMES = 50; // Number of primes to display
4      final int NUMBER_OF_PRIMES_PER_LINE = 10; // Display 10 per line
5      int count = 0; // Count the number of prime numbers
```

```
 6      int number = 2; // A number to be tested for primeness
 7
 8      System.out.println("The first 50 prime numbers are \n");
 9
10      // Repeatedly find prime numbers
11      while (count < NUMBER_OF_PRIMES) {
12        // Assume the number is prime
13        boolean isPrime = true; // Is the current number prime?
14
15        // Test whether number is prime
16        for (int divisor = 2; divisor <= number / 2; divisor++) {
17          if (number % divisor == 0) {  // If true, number is not prime
18            isPrime = false; // Set isPrime to false
19            break; // Exit the for loop
20          }
21        }
22
23        // Display the prime number and increase the count
24        if (isPrime) {
25          count++; // Increase the count
26
27          if (count % NUMBER_OF_PRIMES_PER_LINE == 0) {
28            // Display the number and advance to the new line
29            System.out.println(number);
30          }
31          else
32            System.out.print(number + " ");
33        }
34
35        // Check if the next number is prime
36        number++;
37      }
38    }
39  }
```

```
The first 50 prime numbers are
2 3 5 7 11 13 17 19 23 29
31 37 41 43 47 53 59 61 67 71
73 79 83 89 97 101 103 107 109 113
127 131 137 139 149 151 157 163 167 173
179 181 191 193 197 199 211 223 227 229
```

对编程初学者而言这是一个复杂的程序。设计编程方案来解决这个问题或其他问题的关键之处在于把问题分解成子问题，然后逐个地设计出每个子问题的解决方案。不要一开始就试图开发出一个完整的解决方案。而应该先编写代码判断一个给定的数是否是素数，然后扩展这个程序，在循环中判断其他数是否是素数。

要判断一个数是否是素数，需要检验该数是否能被 2 到 number/2 之间并包括 2 和 number/2 的整数整除（第 16～21 行）。如果能被整除，则不是素数（第 18 行）；否则是素数。若是素数，则显示该数（第 27～33 行）。若 count 能被 10 整除，则显示数字后换行（第 27～30 行）。当计数器 count 达到 50 时结束程序。

程序在第 19 行使用了 break 语句，用于发现 number 不是素数就立即退出 for 循环。也可以不用 break 语句，改写这个循环（第 16～21 行），如下所示：

```
for (int divisor = 2; divisor <= number / 2 && isPrime;
     divisor++) {
  // If true, the number is not prime
```

```
    if (number % divisor == 0) {
      // Set isPrime to false, if the number is not prime
      isPrime = false;
    }
}
```

然而，在本例中使用 break 语句可以使程序更简单易读。

在计算机科学中，素数有许多应用。22.7 节将学习几个求素数的高效算法。

✓ 复习题

5.14.1 使用条件操作符简化第 27 ～ 32 行的代码。

关键术语

break statement（break 语句）　　　　　　loop body（循环体）
continue statement（continue 语句）　　　nested loop（嵌套循环）
do-while loop（do-while 循环）　　　　　off-by-one error（差一错误）
for loop（for 循环）　　　　　　　　　　output redirection（输出重定向）
infinite loop（无限循环）　　　　　　　　posttest loop（后测循环）
input redirection（输入重定向）　　　　　pretest loop（前测循环）
iteration（迭代）　　　　　　　　　　　　sentinel value（标记值）
loop（循环）　　　　　　　　　　　　　　while loop（while 循环）

本章小结

1. 有三类循环语句：while 循环、do-while 循环和 for 循环。
2. 循环中包含重复执行语句的部分称为循环体。
3. 执行一次循环体称为循环的一次迭代。
4. 无限循环是指循环语句被无限执行。
5. 在设计循环时，需要同时考虑循环控制结构和循环体。
6. while 循环首先判断循环继续条件。如果条件为 true，则执行循环体；如果条件为 false，则循环结束。
7. do-while 循环与 while 循环类似，不同之处只是 do-while 循环先执行循环体，然后再检测循环继续条件，以确定是继续还是终止。
8. while 和 do-while 循环一般用于循环次数不确定的情况。
9. 标记值是一个用来标记循环结束的特殊值。
10. for 循环一般用于循环体执行次数固定的情况。
11. for 循环控制由三部分组成。第一部分是初始操作，通常用于初始化控制变量。第二部分是循环继续条件，决定是否执行循环体。第三部分是每次迭代后执行的操作，常用于调整控制变量。通常，在控制结构中初始化和修改循环控制变量。
12. while 循环和 for 循环都称为前测循环（pretest loop），因为在循环体执行之前要判断循环继续条件。
13. do-while 循环称为后测循环（posttest loop），因为在循环体执行之后要判断条件。
14. 在循环中可以使用 break 和 continue 这两个关键字。
15. 关键字 break 立即终止包含 break 的最内层循环。
16. 关键字 continue 只是终止本次迭代。

测试题

在线回答配套网站上的本章测试题。

编程练习题

> **教学提示**：每个问题都应该多读几遍，直到理解透彻为止。在编写代码之前，思考一下如何解决这个问题。然后将你的逻辑转换成程序。通常，一个问题可以有多种不同的解决方法。鼓励学生探索不同的解决方案。

5.2 ~ 5.7 节

*5.1（统计正数和负数的个数然后计算它们的平均值）编写程序，读入不确定个数的整数并判断读入的正数和负数分别有多少个，然后计算这些输入值的总和及平均值（不对 0 计数）。当输入为 0 时表明程序结束。以浮点数显示平均值。下面是一个运行示例：

```
Enter an integer, the input ends if it is 0: 1 2 -1 3 0  ↵Enter
The number of positives is 3
The number of negatives is 1
The total is 5.0
The average is 1.25
```

```
Enter an integer, the input ends if it is 0: 0  ↵Enter
No numbers are entered except 0
```

5.2（重复加法问题）程序清单 5-4 产生了 5 个随机减法问题。改写该程序，使之产生 10 个随机加法问题，其中加数是两个 1 到 15 之间的整数。显示正确答案的个数和完成测试的时间。

5.3（将千克转换成磅）编写程序，显示下面的表格（注意，1 千克为 2.2 磅）。

千克	磅
1	2.2
3	6.6
...	...
197	433.4
199	437.8

5.4（将英里转换成千米）编写程序，显示下面的表格（注意，1 英里为 1.609 千米）。

英里	千米
1	1.609
2	3.218
...	...
9	14.481
10	16.090

5.5（在千克与磅之间互换）编写程序，并排显示下列两个表格。

千克	磅		磅	千克
1	2.2	|	20	9.09
3	6.6	|	25	11.36
...	...		...	...
197	433.4	|	510	231.82
199	437.8	|	515	234.09

5.6（在英里与千米之间互换）编写程序，并排显示下列两个表格。

英里	千米		千米	英里
1	1.609	|	20	12.430
2	3.218	|	25	15.538
...	...		...	...
9	14.481	|	60	37.290
10	16.090	|	65	40.398

5.7 (金融应用：计算未来学费) 假设今年某大学的学费为 10 000 美元，学费每年增长 5%。一年后学费将是 10 500 美元。编写程序计算 10 年后的学费，以及从现在开始的 10 年后算起的 4 年内的总学费。

5.8 (找出最高分) 编写程序，提示用户输入学生数以及每位学生的名字和分数，最后显示得最高分的学生的名字。使用 Scanner 类的 next() 方法而不是 nextLine() 方法来读取名字。假设学生数至少为 1。

*5.9 (找出最高的两个分数) 编写程序，提示用户输入学生数以及每位学生的名字和分数，最后显示获得最高分和第二高分的两个学生。使用 Scanner 类的 next() 方法而不是 nextLine() 方法来读取名字。假设学生数至少为 2。

5.10 (找出能被 5 和 6 整除的数) 编写程序，显示从 100 到 1000 之间所有能被 5 和 6 整除的数，每行显示 10 个。数字之间用一个空格字符隔开。

5.11 (找出能被 5 或 6 整除，但不能被两者同时整除的数) 编写程序，显示从 100 到 200 之间所有能被 5 或 6 整除，但不能被两者同时整除的数，每行显示 10 个数。数字之间仅用一个空格隔开。

5.12 (求满足 $n^2>12\ 000$ 的最小 n 值) 使用 while 循环找出满足 n^2 大于 12 000 的最小整数 n。

5.13 (求满足 $n^3<12\ 000$ 的最大 n 值) 用 while 循环找出满足 n^3 小于 12 000 的最大整数 n。

5.8 ~ 5.10 节

*5.14 (计算最大公约数) 下面是求两个整数 n1 和 n2 的最大公约数 (程序清单 5-9) 的另一种解法：首先找出 n1 和 n2 的最小值 d，然后依次检验 d, d-1, d-2, ..., 2, 1 是否是 n1 和 n2 的公约数。第一个满足条件的公约数就是 n1 和 n2 的最大公约数。编写程序，提示用户输入两个正整数，然后显示最大公约数。

*5.15 (显示 ACSII 码字符表) 编写程序，打印 ASCII 字符表从 '!' 到 '~' 的字符。每行打印 10 个字符。ASCII 码表如附录 B 所示。数字之间用一个空格字符隔开。

*5.16 (找出一个整数的因子) 编写程序，读入一个整数，然后以升序显示它的所有最小因子。例如，若输入的整数是 120，则输出为 2, 2, 2, 3, 5。

**5.17 (打印金字塔) 编写程序，提示用户输入一个 1 到 15 之间的整数，然后显示一个金字塔形状的图案，如下面的运行示例所示：

```
Enter the number of lines: 7  ↵Enter
            1
          2 1 2
        3 2 1 2 3
      4 3 2 1 2 3 4
    5 4 3 2 1 2 3 4 5
  6 5 4 3 2 1 2 3 4 5 6
7 6 5 4 3 2 1 2 3 4 5 6 7
```

*5.18 (使用循环打印 4 个图案) 编写四个独立的程序，使用嵌套的循环语句分别打印下面的图案：

图案 A	图案 B	图案 C	图案 D
1	1 2 3 4 5 6	1	1 2 3 4 5 6
1 2	1 2 3 4 5	2 1	1 2 3 4 5
1 2 3	1 2 3 4	3 2 1	1 2 3 4
1 2 3 4	1 2 3	4 3 2 1	1 2 3
1 2 3 4 5	1 2	5 4 3 2 1	1 2
1 2 3 4 5 6	1	6 5 4 3 2 1	1

**5.19 (以金字塔图案打印数字) 编写一个嵌套的 for 循环，打印下面的输出：

```
                    1
                  1 2 1
                1 2 4 2 1
              1 2 4 8 4 2 1
            1 2 4 8 16 8 4 2 1
          1 2 4 8 16 32 16 8 4 2 1
        1 2 4 8 16 32 64 32 16 8 4 2 1
      1 2 4 8 16 32 64 128 64 32 16 8 4 2 1
```

*5.20 （打印 2 到 1000 之间的素数）修改程序清单 5-15，打印 2 到 1000 之间、包括 2 和 1000 的所有素数，每行显示 8 个素数。数字之间仅用一个空格隔开。

综合题

**5.21 （金融应用：比较不同利率下的贷款）编写程序，让用户输入贷款总额和以年为单位的贷款期限，然后显示利率从 5% 到 8% 每次递增 1/8 的各种利率下，每月的支付额和总支付额。下面是一个运行示例：

```
Loan Amount: 10000  ↵Enter
Number of Years: 5  ↵Enter

Interest Rate    Monthly Payment    Total Payment
5.000%           188.71             11322.74
5.125%           189.29             11357.13
5.250%           189.86             11391.59
...
7.875%           202.17             12129.97
8.000%           202.76             12165.84
```

计算月支付额的公式参见程序清单 2-9。

**5.22 （金融应用：显示分期还贷时间表）给定贷款额的月支付额包括偿还本金及利息。月利息可以通过月利率乘以余额（剩余本金）计算出来。因此，每月偿还的本金等于月支付额减去月利息。编写程序，让用户输入贷款总额、贷款年数以及利率，然后显示分期还贷时间表。下面是一个运行示例：

```
Loan Amount: 10000  ↵Enter
Number of Years: 1  ↵Enter
Annual Interest Rate: 7  ↵Enter

Monthly Payment: 865.26
Total Payment: 10383.21

Payment#       Interest       Principal       Balance
1              58.33          806.93          9193.07
2              53.62          811.64          8381.43
...
11             10.00          855.26          860.27
12             5.01           860.25          0.01
```

注意：最后一次还款后余额可能不为 0。如果这样，最后一个月的支付额应当是正常的月支付额加上最后的余额。

提示：编写一个循环来打印该表。由于每个月的还贷额都相同，因此应当在循环之前计算它。余额初始为贷款总额。在循环的每次迭代中，计算利息及本金，然后更新余额。这个循环可能如下所示：

```
for (i = 1; i <= numberOfYears * 12; i++) {
  interest = monthlyInterestRate * balance;
  principal = monthlyPayment - interest;
```

```
        balance = balance - principal;
        System.out.println(i + "\t\t" + interest
          + "\t\t" + principal + "\t\t" + balance);
     }
```

*5.23 （演示抵消错误）当处理一个很大的数字和一个很小的数字的时候，会产生一个抵消错误（cancellation error）。大的数字可能会略去很小的数。例如，100 000 000.0 + 0.000 000 001 等于 100 000 000.0。为了避免抵消错误，从而获得更精确的结果，应谨慎选择计算的次序。比如，在计算以下数列时，从右到左计算要比从左到右计算得到更精确的结果：

$$1 + \frac{1}{2} + \frac{1}{3} + \cdots + \frac{1}{n}$$

编写程序，对上面的数列从左到右和从右到左计算的结果进行比较，这里取 n=50000。

*5.24 （数列求和）编写程序，计算下面数列的和：

$$\frac{1}{3} + \frac{3}{5} + \frac{5}{7} + \frac{7}{9} + \frac{9}{11} + \frac{11}{13} + \cdots + \frac{95}{97} + \frac{97}{99}$$

**5.25 （计算 π）使用下面的数列可以近似计算 π：

$$\pi = 4\left(1 - \frac{1}{3} + \frac{1}{5} - \frac{1}{7} + \frac{1}{9} - \frac{1}{11} + \cdots + \frac{(-)^{i+1}}{2i-1}\right)$$

编写程序，显示当 i=10000, 20000, …, 100000 时 π 的值。

**5.26 （计算 e）使用下面的数列可以近似计算 e：

$$e = 1 + \frac{1}{1!} + \frac{1}{2!} + \frac{1}{3!} + \frac{1}{4!} + \cdots + \frac{1}{i!}$$

编写程序，显示当 i=1, 2, …, 20 时 e 的值。格式化数字以显示小数点后 16 位。提示：由于 $i! = i \times (i-1) \times \cdots \times 2 \times 1$，那么 $\frac{1}{i!} = \frac{1}{i(i-1)!}$。将 e 和 item 初始化为 1，然后不断将新的 item 加到 e 上。新的 item 由前一个 item 除以 i 得到，其中 i>=2。

**5.27 （显示闰年）编写程序，显示从 101 到 2100 期间所有的闰年，每行显示 10 个。数字之间仅用一个空格隔开，同时显示这期间闰年的数目。

**5.28 （显示每月第一天是星期几）编写程序，提示用户输入年份和代表该年第一天是星期几的数字，然后显示该年各个月份的第一天是星期几。例如，如果用户输入的是年份 2013 和代表 2013 年 1 月 1 日为星期二的 2，程序应该显示如下输出：

January 1, 2013 is Tuesday
...
December 1, 2013 is Sunday

**5.29 （显示日历）编写程序，提示用户输入年份和代表该年第一天是星期几的数字，然后在控制台上显示该年的日历表。例如，如果用户输入年份 2013 和代表 2013 年 1 月 1 日为星期二的 2，程序应该显示该年每个月的日历，如下所示：

		January 2013				
Sun	Mon	Tue	Wed	Thu	Fri	Sat
		1	2	3	4	5
6	7	8	9	10	11	12
13	14	15	16	17	18	19
20	21	22	23	24	25	26
27	28	29	30	31		

...

```
          December 2013
Sun   Mon   Tue   Wed   Thu   Fri   Sat
 1     2     3     4     5     6     7
 8     9    10    11    12    13    14
15    16    17    18    19    20    21
22    23    24    25    26    27    28
29    30    31
```

*5.30 （金融应用：复利值）假设你每月在储蓄账户上存 100 美元，年利率是 5%。那么每月利率是 0.05/12=0.00417。第一个月后，账户上的值变成：

100 * (1 + 0.00417) = 100.417

第二个月之后，账户上的值变成：

(100 + 100.417) * (1 + 0.00417) = 201.252

第三个月之后，账户上的值变成：

(100 + 201.252) * (1 + 0.00417) = 302.507

以此类推。

编写程序提示用户输入一个金额数（例如：100）、年利率（例如：5）以及月份数（例如：6），然后显示给定月份后账户上的金额。

*5.31 （金融应用：计算 CD 价值）假设你用 10 000 美元投资一张 CD，年获利率为 5.75%。一个月后，这张 CD 价值为

10000 + 10000 * 5.75 / 1200 = 10047.92

两个月之后，这张 CD 价值为

10047.91 + 10047.91 * 5.75 / 1200 = 10096.06

三个月之后，这张 CD 价值为

10096.06 + 10096.06 * 5.75 / 1200 = 10144.44

以此类推。

编写程序，提示用户输入一个金额数（例如：10 000）、年获利率（例如：5.75）以及月份数（例如：18），然后显示一个表格，如下面的运行示例所示：

```
Enter the initial deposit amount: 10000 ↵Enter
Enter annual percentage yield: 5.75 ↵Enter
Enter maturity period (number of months): 18 ↵Enter

Month     CD Value
1         10047.92
2         10096.06
...
17        10846.57
18        10898.54
```

**5.32 （游戏：彩票）修改程序清单 3-8，产生一个两位数的彩票。这两位数是不同的。提示：产生第一个数，使用循环不断产生第二个数，直到它和第一个数不同为止。

**5.33 （完全数）如果一个正整数等于除它本身之外其他所有除数之和，就称之为完全数。例如：6 是第一个完全数，因为 6=1+2+3。下一个完全数是 28=14+7+4+2+1。10 000 以下的完全数有四个。编写程序，找出这四个完全数。

***5.34 （游戏：石头、剪刀、布）编程练习题3.17给出了玩石头–剪刀–布游戏的程序。修改这个程序，让用户可以连续地玩这个游戏，直到用户或者计算机赢对手两次以上为止。

*5.35 （求和）编写程序计算下式。

$$\frac{1}{1+\sqrt{2}} + \frac{1}{\sqrt{2}+\sqrt{3}} + \frac{1}{\sqrt{3}+\sqrt{4}} + \cdots + \frac{1}{\sqrt{624}+\sqrt{625}}$$

**5.36 （商业应用：检测ISBN）使用循环简化编程练习题3.9。

**5.37 （十进制转换为二进制）编写程序，提示用户输入一个十进制整数，然后显示对应的二进制值。在这个程序中不要使用Java的Integer.toBinaryString(int)方法。

**5.38 （十进制转换为八进制）编写程序，提示用户输入一个十进制整数，然后显示对应的八进制值。在这个程序中不要使用Java的Integer.toOctalString(int)方法。

*5.39 （金融应用：求销售总额）你刚刚在某百货商店开始销售工作。你的收入包括基本工资和提成。基本工资是5000美元。使用下面的方案确定提成率。

销售额	提成率
0.01～5000 美元	8%
5000.01～10 000 美元	10%
10 000.01 美元及以上	12%

注意：这是一个渐进提成率。第一个5000美元的提成率是8%，下一个5 000美元是10%，余下的是12%。如果销售额是25 000，提成则为5 000 * 8% +5 000*10% + 15 000 *12% = 2 700。你的目标是一年挣30 000美元。编写程序得出为挣到30 000美元你所必须完成的最小销售额。

5.40 （模拟：正面或反面）编写程序，模拟抛硬币一百万次，显示出现正面和反面的次数。

*5.41 （最大数的出现次数）编写程序读入整数，得出它们的最大数并计算该数的出现次数。假设输入以0结束。假定输入是3 5 2 5 5 5 0，程序找出最大数5，而5出现的次数是4。如果没有输入，则显示"No numbers are entered except 0"。

提示：维护两个变量max和count。max存储当前最大数，而count存储它的出现次数。开始时，将第一个数赋值给max而将count赋值为1。将每个后续数字与max进行比较。如果某个数大于max，则将它赋值给max并将count重置为1。如果这个数等于max，则将count加1。

```
Enter numbers: 3 5 2 5 5 5 0 ↵Enter
The largest number is 5
The occurrence count of the largest number is 4
```

*5.42 （金融应用：求销售额）如下重写编程练习题5.39：
- 使用for循环替代do-while循环。
- 允许用户自己输入COMMISSION_SOUGHT而不是将它固定为一个常量。

*5.43 （数学：组合）编写程序，显示从整数1到7中选择两个数字的所有组合，同时显示所有组合的总个数。

```
1 2
1 3
...
...
The total number of all combinations is 21
```

*5.44 （计算机体系结构：比特级的操作）一个short型值用16位比特存储。编写程序，提示用户输

入一个 short 型整数，然后显示这个整数的 16 比特形式。提示：需要使用按位右移操作符（>>）以及按位 AND 操作符（&），详见附录 G。

```
Enter an integer: 5 ⏎Enter
The bits are 0000000000000101
```

```
Enter an integer: -5 ⏎Enter
The bits are 1111111111111011
```

**5.45 （统计：计算平均值和标准方差）在商务应用中经常需要计算数据的平均值和标准方差。平均值就是数字的简单平均。标准方差则是一个统计数字，给出了在一个数字集中各种数据距离平均值的聚集紧密度。例如，一个班级的学生的平均年龄是多少？年龄相近吗？如果所有的学生都是同龄的，那么方差为 0。

编写程序，提示用户输入 10 个数字，然后运用下面的公式显示这些数字的平均值以及标准方差。

$$\text{平均值} = \frac{\sum_{i=1}^{n} x_i}{n} = \frac{x_1 + x_2 + \cdots + x_n}{n} \qquad \text{方差} = \sqrt{\frac{\sum_{i=1}^{n} x_i^2 - \frac{\left(\sum_{i=1}^{n} x_i\right)^2}{n}}{n-1}}$$

下面是一个运行示例：

```
Enter 10 numbers: 1 2 3 4.5 5.6 6 7 8 9 10 ⏎Enter
The mean is 5.61
The standard deviation is 2.99794
```

*5.46 （逆转字符串）编写程序，提示用户输入一个字符串，然后逆序显示该字符串。

```
Enter a string: ABCD ⏎Enter
The reversed string is DCBA
```

*5.47 （商业：检测 ISBN-13）ISBN-13 是标识书籍的新标准。它使用 13 位数字 $d_1d_2d_3d_4d_5d_6d_7d_8d_9d_{10}d_{11}d_{12}d_{13}$。最后一位数字 d_{13} 是校验和，使用下面的公式从其他数字中计算得到：

$$10 - (d_1 + 3d_2 + d_3 + 3d_4 + d_5 + 3d_6 + d_7 + 3d_8 + d_9 + 3d_{10} + d_{11} + 3d_{12})\%10$$

如果校验和为 10，将其替换为 0。你的程序应该将输入作为一个字符串读入。如果输入无效则显示 "invalid input"。下面是一个运行示例：

```
Enter the first 12 digits of an ISBN-13 as a string: 978013213080 ⏎Enter
The ISBN-13 number is 9780132130806
```

```
Enter the first 12 digits of an ISBN-13 as a string: 978013213079 ⏎Enter
The ISBN-13 number is 9780132130790
```

```
Enter the first 12 digits of an ISBN-13 as a string: 97801320 ⏎Enter
97801320 is an invalid input
```

*5.48 （处理字符串）编写程序，提示用户输入一个字符串，然后显示奇数位置的字符。下面是一个运行示例：

```
Enter a string: Beijing Chicago ⏎Enter
BiigCiao
```

*5.49 （对元音和辅音进行计数）假设字母 A、E、I、O、U 为元音。编写程序，提示用户输入一个字符串，然后显示字符串中元音和辅音的数目。

```
Enter a string: Programming is fun ↵Enter
The number of vowels is 5
The number of consonants is 11
```

*5.50 （对大写字母计数）编写程序，提示用户输入一个字符串，然后显示该字符串中大写字母的数目。

```
Enter a string: Welcome to Java ↵Enter
The number of uppercase letters is 2
```

*5.51 （最长的共同前缀）编写程序，提示用户输入两个字符串，显示两个字符串最长的共同前缀。下面是一个运行示例：

```
Enter the first string: Welcome to C++ ↵Enter
Enter the second string: Welcome to programming ↵Enter
The common prefix is Welcome to
```

```
Enter the first string: Atlanta ↵Enter
Enter the second string: Macon ↵Enter
Atlanta and Macon have no common prefix
```

第 6 章

方 法

教学目标
- 使用形参定义方法（6.2 节）。
- 使用实参调用方法（6.2 节）。
- 定义有返回值的方法（6.3 节）。
- 定义无返回值的方法，并区分空方法和有返回值的方法间的不同（6.4 节）。
- 按值传参（6.5 节）。
- 开发模块化、易读、易调试和易维护的可重用代码（6.6 节）。
- 编写方法，将十六进制数转换为十进制数（6.7 节）。
- 使用方法重载并理解具有二义性的重载（6.8 节）。
- 确定变量的作用域（6.9 节）。
- 在软件开发中应用方法抽象的概念（6.10 节）。
- 使用逐步求精的办法设计和实现方法（6.11 节）。

6.1 引言

要点提示：方法可以用于定义可重用的代码，以及组织和简化编码，并使代码易于维护。

假设需要分别对从 1 到 10、从 20 到 37 以及从 35 到 49 的整数求和，可以编写如下代码：

```java
int sum = 0;
for (int i = 1; i <= 10; i++)
  sum += i;
System.out.println("Sum from 1 to 10 is " + sum);

sum = 0;
for (int i = 20; i <= 37; i++)
  sum += i;
System.out.println("Sum from 20 to 37 is " + sum);

sum = 0;
for (int i = 35; i <= 49; i++)
  sum += i;
System.out.println("Sum from 35 to 49 is " + sum);
```

你会发现计算从 1 到 10、从 20 到 37 以及从 35 到 49 的整数和，除了开始的数和结尾的数不同之外，其他都是非常类似的。如果可以一次性地编写好通用的代码而无须重新编写，不是很好吗？这可以通过定义和调用方法实现。

上面的代码可以简化为如下所示：

程序清单 MethodDemo.java

```java
1  public static int sum(int i1, int i2) {
2    int result = 0;
3    for (int i = i1; i <= i2; i++)
```

```
 4        result += i;
 5
 6      return result;
 7   }
 8
 9   public static void main(String[] args) {
10     System.out.println("Sum from 1 to 10 is " + sum(1, 10));
11     System.out.println("Sum from 20 to 37 is " + sum(20, 37));
12     System.out.println("Sum from 35 to 49 is " + sum(35, 49));
13   }
```

第 1～7 行定义了一个名为 sum 的带有两个参数 i1 和 i2 的方法。main 方法中的语句调用 sum(1,10) 对从 1 到 10 的整数求和，sum(20,37) 对从 20 到 37 的整数求和，而 sum(35,49) 对从 35 到 49 的整数求和。

方法是为完成某个操作而组合在一起的语句组。前面的章节里已经使用过预定义的方法，例如 System.out.println、System.exit、Math.pow 和 Math.random，这些方法都在 Java 库中定义。本章将学习如何定义自己的方法以及应用方法抽象来解决复杂问题。

复习题

6.1.1 使用方法的好处是什么？

6.2 定义方法

要点提示：方法的定义由方法名称、参数、返回值类型以及方法体组成。

定义方法的语法如下所示：

```
modifier returnValueType methodName(list of parameters) {
   // Method body;
}
```

我们来看一个方法的定义，该方法找出两个整数中较大的数。这个名为 max 的方法有两个 int 型参数 num1 和 num2，返回两个数中较大的一个。图 6-1 解释了这个方法的组成。

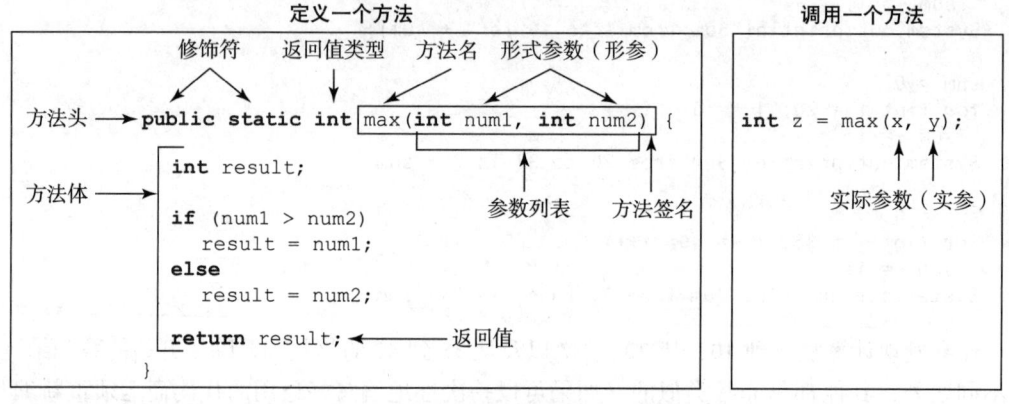

图 6-1 方法定义包括方法头和方法体

方法头（method header）给出方法的修饰符（modifier）、返回值类型（return value type）、方法名（method name）和形式参数（formal parameter）。本章的所有方法都使用静态修饰符 static，使用它的理由将在第 9 章中深入讨论。

方法可能返回一个值。returnValueType 是方法返回值的数据类型。有些方法只是完成某些操作而不返回值。在这种情况下，returnValueType 为关键字 void。例如，main 方法的 returnValueType 就是 void，System.exit、System.out.println 方法也是如此。如果方法有返回值，则称为有返回值的方法（value-returning method），否则就称为空方法（void method）。

定义在方法头中的变量称为形式参数（formal parameter）或者简称为形参。参数就像占位符，调用方法时会给参数传递一个值，这个值称为实际参数（actual parameter）或实参（argument）。参数列表（parameter list）指方法中的参数类型、顺序和数目。方法名和参数列表一起构成方法签名（method signature）。参数是可选的，也就是说，方法可以不包含参数。例如，Math.random() 方法就没有参数。

方法体中包含一个实现该方法的语句集合。max 方法的方法体使用一个 if 语句来判断哪个数较大并返回其值。为使有返回值的方法能返回一个结果，必须使用带关键字 return 的返回语句。执行 return 语句时方法终止。

> **注意**：在某些语言中，方法称为过程（procedure）或函数（function）。这些语言中，有返回值的方法称为函数，空方法称为过程。

> **警告**：在方法头中，需要对每一个参数进行单独的数据类型声明。例如：max(int num1,int num2) 是正确的，而 max(int num1,num2) 是错误的。

> **注意**：我们经常说"定义方法"和"声明变量"，两者有细微差别。定义给出了被定义的项是什么，而声明通常是指为被声明的项分配内存以存储数据。

✓ **复习题**

6.2.1 程序清单 6-1 中如何采用条件操作符简化 max 方法？
6.2.2 给出术语形参、实参和方法签名的定义。

6.3 调用方法

> **要点提示**：方法的调用就是执行方法中的代码。

方法定义中给出了方法的作用。要使用方法，必须调用（call 或 invoke）它。调用方法的程序称为调用者（caller）。根据方法是否有返回值，有两种途径来调用方法。

如果方法返回一个值，对方法的调用通常就当作一个值处理。例如：

    int larger = max(3, 4);

调用方法 max(3,4) 并将其结果赋给变量 larger。另一个把它当作值处理的调用例子是：

    System.out.println(max(3, 4));

这条语句打印调用方法 max(3,4) 后的返回值。

如果方法返回 void，对方法的调用必须是一条语句。例如，println 方法返回 void。下面的调用就是一条语句：

    System.out.println("Welcome to Java!");

> **注意**：在 Java 中，有返回值的方法也可以当作语句调用。这种情况下，函数调用者只需忽略返回值即可。虽然很少这么做，但如果调用者对返回值不感兴趣，这样做也是允许的。

当程序调用一个方法时，程序控制就转移到被调用的方法。当执行完 return 语句或执行到表示方法结束的右括号时，被调用的方法将程序控制返还给调用者。

程序清单6-1给出了测试max方法的完整程序。

程序清单6-1 TestMax.java

```java
1   public class TestMax {
2     /** Main method */
3     public static void main(String[] args) {
4       int i = 5;
5       int j = 2;
6       int k = max(i, j);
7       System.out.println("The maximum of " + i +
8         " and " + j + " is " + k);
9     }
10
11    /** Return the max of two numbers */
12    public static int max(int num1, int num2) {
13      int result;
14
15      if (num1 > num2)
16        result = num1;
17      else
18        result = num2;
19
20      return result;
21    }
22  }
```

```
The maximum of 5 and 2 is 5
```

	line#	i	j	k	num1	num2	result
	4	5					
	5		2				
Invoking max {	12				5	2	
	13						undefined
	16						5
	6			5			

这个程序包括main方法和max方法。main方法与其他方法很类似，区别在于它是由Java虚拟机调用以启动程序的。

main方法的方法头是固定的。如此例所示，它包含修饰符public和static、返回值类型void、方法名main以及String[]类型的参数。String[]表明参数是一个String型数组，第7章将介绍数组。

main中的语句可以调用main方法所在类中定义的其他方法，也可以调用其他类中定义的方法。在本例中，main方法调用与其在同一个类中定义的方法max(i,j)。

当调用max方法时（第6行），将变量i的值5传递给max方法中的num1，将变量j的值2传递给max方法中的num2。控制流程转向max方法，执行max方法。当执行max方法中的return语句时，max方法将程序控制返还给它的调用者（在此例中，调用者是main方法）。这个过程如图6-2所示。

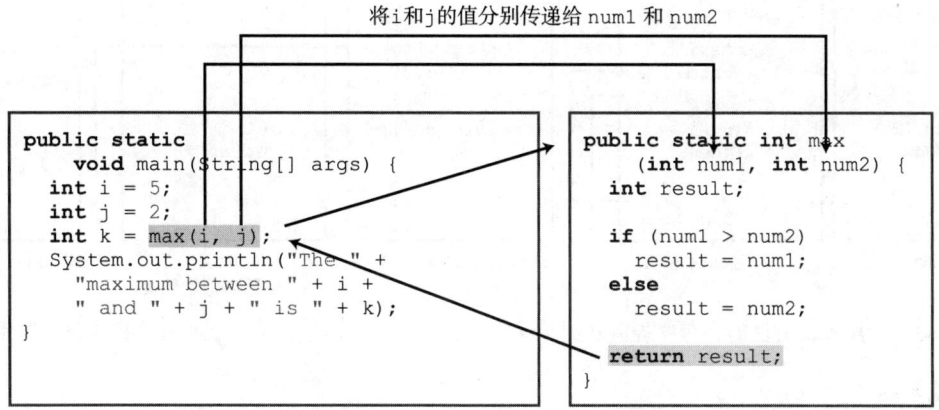

图 6-2 当调用 max 方法时，控制流程转向 max 方法。一旦 max 方法结束，就将控制返还给调用者

⚠ **警告**：对有返回值的方法而言，return 语句是必需的。下面图 a 中显示的方法在逻辑上是正确的，但有编译错误，因为 Java 编译器认为该方法有可能不会返回任何值。

```
public static int sign(int n) {
  if (n > 0)
    return 1;
  else if (n == 0)
    return 0;
  else if (n < 0)
    return -1;
}
         a)
```
应该为
```
public static int sign(int n) {
  if (n > 0)
    return 1;
  else if (n == 0)
    return 0;
  else
    return -1;
}
         b)
```

为修正这个问题，删除图 a 中的 if(n<0)，这样，编译器将发现不管 if 语句如何执行，总可以执行到 return 语句。

⚠ **注意**：方法使得代码可共享和重用。除了可以在 TestMax 中调用 max 方法，还可以在其他类中调用它。如果创建了一个新类，可以通过"类名.方法名"（即 TestMax.max）来调用 max 方法。

每次调用方法时，系统都会创建一个激活记录（也称为活动框架），用于存储该方法的参数和变量。激活记录被置于一个称为调用栈的内存区域中。调用栈也称为执行栈、运行时栈或机器栈，通常简称为"栈"。当一个方法调用另一个方法时，调用者的激活记录保持不变，创建一个新的激活记录用于被调用的新方法。当一个方法结束运行返回到调用者时，其相应的激活记录也被释放。

调用栈以后进先出的方式来保存激活记录：最后被调用的方法的激活记录最先从栈中移除。例如，假设方法 m1 调用方法 m2，而方法 m2 调用方法 m3。运行时系统将 m1 的激活记录压到栈中，然后是 m2 的，再是 m3 的。当 m3 结束运行后，其激活记录从栈中移除。当 m2 结束运行后，其激活记录从栈中移除。当 m1 结束运行后，其激活记录从栈中移除。

理解调用栈有助于理解方法是如何被调用的。程序清单 6-1 中 main 方法定义了变量 i、j 和 k，max 方法中定义了变量 num1、num2 和 result。定义在方法签名中的变量 num1 和 num2 是方法 max 的参数，通过方法调用传递它们的值。图 6-3 展示了栈中用于方法调用的激活记录。

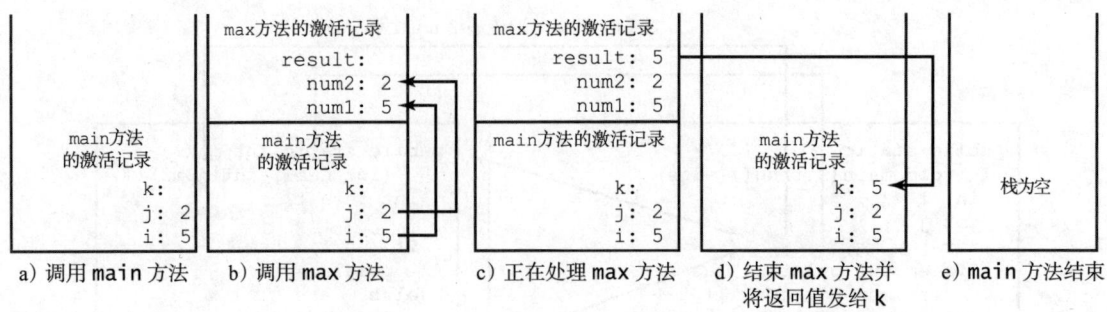

图 6-3 调用 max 方法时，程序控制转到 max 方法；一旦 max 方法结束，就将程序控制还给调用者

✓ 复习题

6.3.1 如何定义方法？如何调用方法？

6.3.2 采用 1.9 节中给出的编程风格和文档指南重新格式化以下代码。采用行尾括号风格：

```
1  public class Test {
2    public static double method(double i, double j)
3    {
4      while (i < j) {
5        j--;
6      }
7      return j;
8    }
9  }
```

6.4 空方法与有返回值的方法

☞ 要点提示：空方法不返回值。

前一节给出了一个有返回值的方法的例子，本节将介绍如何定义和调用 void 方法。程序清单 6-2 给出的程序定义了一个名为 printGrade 的方法，然后调用它打印出给定分数的等级。

程序清单 6-2 TestVoidMethod.java

```
1   public class TestVoidMethod {
2     public static void main(String[] args) {
3       System.out.print("The grade is ");
4       printGrade(78.5);
5
6       System.out.print("The grade is ");
7       printGrade(59.5);
8     }
9
10    public static void printGrade(double score) {
11      if (score >= 90.0) {
12        System.out.println('A');
13      }
14      else if (score >= 80.0) {
15        System.out.println('B');
16      }
17      else if (score >= 70.0) {
18        System.out.println('C');
19      }
20      else if (score >= 60.0) {
21        System.out.println('D');
22      }
```

```
23      else {
24        System.out.println('F');
25      }
26    }
27  }
```

```
The grade is C
The grade is F
```

printGrade 方法是一个空方法,它不返回任何值。对空方法的调用必须是一条语句。因此,在 main 方法的第 4 行,printGrade 方法作为一条语句调用,同其他 Java 语句一样,该语句以分号结束。

为了区分空方法和有返回值的方法,我们重新设计 printGrade 方法使之返回一个值。这个被称为 getGrade 的新方法返回成绩等级,如程序清单 6-3 所示。

程序清单 6-3 TestReturnGradeMethod.java

```
1   public class TestReturnGradeMethod {
2     public static void main(String[] args) {
3       System.out.print("The grade is " + getGrade(78.5));
4       System.out.print("\nThe grade is " + getGrade(59.5));
5     }
6
7     public static char getGrade(double score) {
8       if (score >= 90.0)
9         return 'A';
10      else if (score >= 80.0)
11        return 'B';
12      else if (score >= 70.0)
13        return 'C';
14      else if (score >= 60.0)
15        return 'D';
16      else
17        return 'F';
18    }
19  }
```

```
The grade is C
The grade is F
```

第 7 ~ 18 行定义的 getGrade 方法返回一个基于数字分数值的字符等级。程序在第 3 和 4 行调用这个方法。

getGrade 方法可以在任何字符出现的地方被调用。printGrade 方法不返回任何值,因此它必须作为一条语句被调用。

> **注意**:return 语句对于空方法不是必需的,但它能用于终止方法并返回到方法的调用者。其语法是:
>
> return;
>
> 这种用法很少,但是对于改变空方法中的正常流程控制是有作用的。例如,下列代码在分数是无效值时用 return 语句来终止方法。

```
public static void printGrade(double score) {
  if (score < 0 || score > 100) {
    System.out.println("Invalid score");
    return;
  }
```

```java
    if (score >= 90.0) {
      System.out.println('A');
    }
    else if (score >= 80.0) {
      System.out.println('B');
    }
    else if (score >= 70.0) {
      System.out.println('C');
    }
    else if (score >= 60.0) {
      System.out.println('D');
    }
    else {
      System.out.println('F');
    }
  }
```

复习题

6.4.1 下面的说法是否正确？

对空方法的调用本身总是一条语句，但是对有返回值的方法的调用本身不能作为一条语句。

6.4.2 main 方法的 return 类型是什么？

6.4.3 如果在一个有返回值的方法中不写 return 语句，会发生什么错误？在空方法中可以有 return 语句吗？下面方法中的 return 语句是否会导致语法错误？

```java
public static void xMethod(double x, double y) {
  System.out.println(x + y);
  return x + y;
}
```

6.4.4 写出下列方法的方法头（而不是方法体）：

a. 给定销售额和提成率，计算销售提成。

b. 给定月份和年份，打印该月的日历。

c. 返回一个数的平方根。

d. 测试一个数是否是偶数，如果是，则返回 true。

e. 按指定次数打印某条消息。

f. 给定贷款金额、贷款年限和年利率，计算月支付金额。

g. 对于给定的小写字母，给出相应的大写字母。

6.4.5 指出并更正下面程序中的错误：

```
1   public class Test {
2     public static method1(int n, m) {
3       n += m;
4       method2(3.4);
5     }
6
7     public static int method2(int n) {
8       if (n > 0) return 1;
9       else if (n == 0) return 0;
10      else if (n < 0) return -1;
11    }
12  }
```

6.5 按值传参

☞ 要点提示：调用方法时是通过传值的方式将实参传给形参的。

方法的强大之处在于它可以带参数执行。可以使用方法 println 打印任意字符串，用 max 方法求任意两个 int 值的较大值。调用方法时需要提供实参，它们必须与方法签名中对应的形参次序相同。这称作参数顺序匹配（parameter order association）。例如，下面的方法打印 message 信息 n 次：

```java
public static void nPrintln(String message, int n) {
  for (int i = 0; i < n; i++)
    System.out.println(message);
}
```

可以使用 nPrintln("Hello",3) 打印 "Hello"3 次。语句 nPrintln("Hello",3) 把实际的字符串参数 "Hello" 传给参数 massage，把 3 传给 n，然后打印 "Hello"3 次。然而，语句 nPrintln(3,"Hello") 是错误的。3 的数据类型与第一个参数 message 的数据类型不匹配，第二个参数 "Hello" 与第二个参数 n 也不匹配。

警告： 实参必须与方法签名中定义的形参在次序和数量上匹配，在类型上兼容。类型兼容是指不需要经过显式的类型转换，实参的值就可以传递给形参，例如，将 int 型的实参值传递给 double 型形参。

当调用带参数的方法时，实参的值传递给形参，这个过程称为按值传递（pass-by-value）。如果实参是变量而不是字面值，则将该变量的值传递给形参。无论形参在方法中是否改变，该变量都不受影响。如程序清单 6-4 所示，x(1) 的值传给参数 n 以调用方法 increment（第 5 行）。在该方法中 n 自增 1（第 10 行），而 x 的值不论方法做了什么都保持不变。

程序清单 6-4 Increment.java

```java
 1  public class Increment {
 2    public static void main(String[] args) {
 3      int x = 1;
 4      System.out.println("Before the call, x is " + x);
 5      increment(x);
 6      System.out.println("After the call, x is " + x);
 7    }
 8
 9    public static void increment(int n) {
10      n++;
11      System.out.println("n inside the method is " + n);
12    }
13  }
```

```
Before the call, x is 1
n inside the method is 2
After the call, x is 1
```

程序清单 6-5 给出另一个演示按值传递参数效果的程序。该程序创建了一个用于交换两个变量的 swap 方法。调用 swap 方法时传递两个实参。有趣的是，调用方法后这两个实参并未改变。

程序清单 6-5 TestPassByValue.java

```java
 1  public class TestPassByValue {
 2    /** Main method */
 3    public static void main(String[] args) {
 4      // Declare and initialize variables
 5      int num1 = 1;
 6      int num2 = 2;
```

```
 7
 8      System.out.println("Before invoking the swap method, num1 is " +
 9        num1 + " and num2 is " + num2);
10
11      // Invoke the swap method to attempt to swap two variables
12      swap(num1, num2);
13
14      System.out.println("After invoking the swap method, num1 is " +
15        num1 + " and num2 is " + num2);
16    }
17
18    /** Swap two variables */
19    public static void swap(int n1, int n2) {
20      System.out.println("\tInside the swap method");
21      System.out.println("\t\tBefore swapping, n1 is " + n1
22        + " and n2 is " + n2);
23
24      // Swap n1 with n2
25      int temp = n1;
26      n1 = n2;
27      n2 = temp;
28
29      System.out.println("\t\tAfter swapping, n1 is " + n1
30        + " and n2 is " + n2);
31    }
32  }
```

```
Before invoking the swap method, num1 is 1 and num2 is 2
  Inside the swap method
    Before swapping, n1 is 1 and n2 is 2
    After swapping, n1 is 2 and n2 is 1
After invoking the swap method, num1 is 1 and num2 is 2
```

在调用 swap 方法（第 12 行）前，num1 为 1 而 num2 为 2。在调用 swap 方法后，num1 仍为 1，num2 仍为 2。它们的值没有因为调用 swap 方法而交换。如图 6-4 所示，实参 num1 和 num2 的值分别传递给 n1 和 n2，但是 n1 和 n2 有自己独立于 num1 和 num2 的存储空间。所以，n1 和 n2 的改变不会影响 num1 和 num2 的内容。

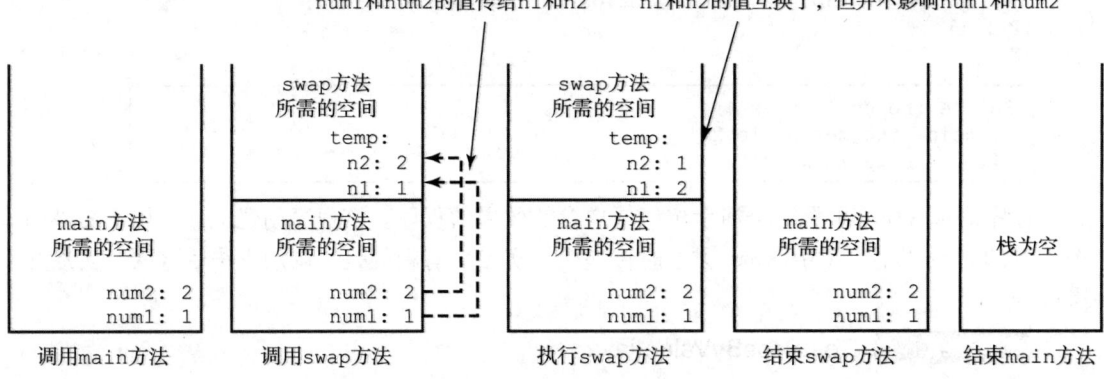

图 6-4　变量的值传递给方法中的形参

另一种方式是把 swap 中形参的名称 n1 改为 num1。这样做有效果吗？什么也不变，因为形参和实参是否同名是没有任何影响的。形参是方法中具有自身存储空间的变量。变量是在调用方法时分配的，当方法返回到调用者后它就消失了。

> **注意**：为简化起见，Java 程序员经常说将实参 x 传给形参 y，实际是指将 x 的值传递给 y。

✔ **复习题**

6.5.1 实参是如何传递给方法的？实参可以和形参同名吗？

6.5.2 找出并更正下面程序中的错误：

```
1  public class Test {
2    public static void main(String[] args) {
3      nPrintln(5, "Welcome to Java!");
4    }
5
6    public static void nPrintln(String message, int n) {
7      int n = 1;
8      for (int i = 0; i < n; i++)
9        System.out.println(message);
10   }
11 }
```

6.5.3 什么是按值传递？给出下面程序的运行结果：

```
public class Test {
  public static void main(String[] args) {
    int max = 0;
    max(1, 2, max);
    System.out.println(max);
  }

  public static void max(
      int value1, int value2, int max) {
    if (value1 > value2)
      max = value1;
    else
      max = value2;
  }
}
```

a)

```
public class Test {
  public static void main(String[] args) {
    int i = 1;
    while (i <= 6) {
      method1(i, 2);
      i++;
    }
  }

  public static void method1(
      int i, int num) {
    for (int j = 1; j <= i; j++) {
      System.out.print(num + " ");
      num *= 2;
    }

    System.out.println();
  }
}
```

b)

```
public class Test {
  public static void main(String[] args) {
    // Initialize times
    int times = 3;
    System.out.println("Before the call,"
      + " variable times is " + times);

    // Invoke nPrintln and display times
    nPrintln("Welcome to Java!", times);
    System.out.println("After the call,"
      + " variable times is " + times);
  }

  // Print the message n times
  public static void nPrintln(
      String message, int n) {
    while (n > 0) {
      System.out.println("n = " + n);
      System.out.println(message);
      n--;
    }
  }
}
```

c)

```
public class Test {
  public static void main(String[] args) {
    int i = 0;
    while (i <= 4) {
      method1(i);
      i++;
    }

    System.out.println("i is " + i);
  }

  public static void method1(int i) {
    do {
      if (i % 3 != 0)
        System.out.print(i + " ");
      i--;
    }
    while (i >= 1);

    System.out.println();
  }
}
```

d)

6.5.4 在上一题的图 a 中，分别给出调用 max 方法之前、刚进入 max 方法时、max 方法返回之前以及 max 方法返回之后调用栈中激活记录的内容。

6.6 模块化代码

要点提示：模块化使得代码易于维护和调试，并且使得代码可以被重用。

使用方法可以减少冗余的代码，提高代码的重用性。方法也可以用来模块化代码，以提高程序的质量。

程序清单 5-9 给出的程序提示用户输入两个整数，然后显示它们的最大公约数。可以使用方法重写这个程序，如程序清单 6-6 所示。

程序清单 6-6 GreatestCommonDivisorMethod.java

```java
 1  import java.util.Scanner;
 2
 3  public class GreatestCommonDivisorMethod {
 4    /** Main method */
 5    public static void main(String[] args) {
 6      // Create a Scanner
 7      Scanner input = new Scanner(System.in);
 8
 9      // Prompt the user to enter two integers
10      System.out.print("Enter first integer: ");
11      int n1 = input.nextInt();
12      System.out.print("Enter second integer: ");
13      int n2 = input.nextInt();
14
15      System.out.println("The greatest common divisor for " + n1 +
16        " and " + n2 + " is " + gcd(n1, n2));
17    }
18
19    /** Return the gcd of two integers */
20    public static int gcd(int n1,int n2) {
21      int gcd = 1; // Initial gcd is 1
22      int k = 2; // Possible gcd
23
24      while (k <= n1 && k <= n2) {
25        if (n1 % k == 0 && n2 % k == 0)
26          gcd = k; // Update gcd
27        k++;
28      }
29
30      return gcd; // Return gcd
31    }
32  }
```

```
Enter first integer: 45 ↵Enter
Enter second integer: 75 ↵Enter
The greatest common divisor for 45 and 75 is 15
```

该程序将求最大公约数的代码封装在一个方法中，具有以下几个优点：

1）它将计算最大公约数的问题和 main 方法中的其他代码分隔开，逻辑更加清晰而且程序的可读性更强。

2）将计算最大公约数的错误限定在 gcd 方法中，缩小了调试的范围。

3）现在，其他程序可以重用 gcd 方法。

程序清单 6-7 应用了代码模块化的概念来改进程序清单 5-15。

程序清单 6-7 PrimeNumberMethod.java

```java
 1  public class PrimeNumberMethod {
 2    public static void main(String[] args) {
 3      System.out.println("The first 50 prime numbers are \n");
 4      printPrimeNumbers(50);
 5    }
 6
 7    public static void printPrimeNumbers(int numberOfPrimes) {
 8      final int NUMBER_OF_PRIMES_PER_LINE = 10; // Display 10 per line
 9      int count = 0; // Count the number of prime numbers
10      int number = 2; // A number to be tested for primeness
11
12      // Repeatedly find prime numbers
13      while (count < numberOfPrimes) {
14        // Print the prime number and increase the count
15        if (isPrime(number)) {
16          count++; // Increase the count
17
18          if (count % NUMBER_OF_PRIMES_PER_LINE == 0) {
19            // Print the number and advance to the new line
20            System.out.printf("%-5d\n", number);
21          }
22          else
23            System.out.printf("%-5d", number);
24        }
25
26        // Check whether the next number is prime
27        number++;
28      }
29    }
30
31    /** Check whether number is prime */
32    public static boolean isPrime(int number) {
33      for (int divisor = 2; divisor <= number / 2; divisor++) {
34        if (number % divisor == 0) { // If true, number is not prime
35          return false; // Number is not a prime
36        }
37      }
38
39      return true; // Number is prime
40    }
41  }
```

```
The first 50 prime numbers are
2    3    5    7    11   13   17   19   23   29
31   37   41   43   47   53   59   61   67   71
73   79   83   89   97   101  103  107  109  113
127  131  137  139  149  151  157  163  167  173
179  181  191  193  197  199  211  223  227  229
```

我们将一个大问题分成两个子问题：确定一个数字是否是素数以及打印素数。这样，新的程序更易于理解，也更易于调试。而且，其他程序也可以重用方法 printPrimeNumbers 和 isPrime。

✔ 复习题

6.6.1 跟踪 gcd 方法，找出 gcd(4,6) 的返回值。

6.6.2 跟踪 isPrime 方法，找出 isPrime(25) 的返回值。

6.7 示例学习：将十六进制数转换为十进制数

要点提示：本节给出一个程序，将十六进制数转换为十进制数。

程序清单 5-11 给出了将十进制数转换为十六进制数的程序。那么，如何将十六进制数转换为十进制数呢？

假定一个十六进制数是 $h_n h_{n-1} h_{n-2} \cdots h_2 h_1 h_0$，那么等价的十进制数的值为

$$h_n \times 16^n + h_{n-1} \times 16^{n-1} + h_{n-2} \times 16^{n-2} + \cdots + h_2 \times 16^2 + h_1 \times 16^1 + h_0 \times 16^0$$

例如，十六进制数 AB8C 是：

$$10 \times 16^3 + 11 \times 16^2 + 8 \times 16^1 + 12 \times 16^0 = 43\,916$$

程序将提示用户输入一个字符串形式的十六进制数，然后使用下面的方法将该数转换为十进制数：

```
public static int hexToDecimal(String hex)
```

蛮力法是将每个十六进制的字符转换为一个十进制数，即将第 i 个位置的十六进制数乘以 16^i，然后将所有项相加，就得到和该十六进制数等价的十进制数。

注意到，

$$h_n \times 16^n + h_{n-1} \times 16^{n-1} + h_{n-2} \times 16^{n-2} + \cdots + h_1 \times 16^1 + h_0 \times 16^0$$
$$= (\cdots((h_n \times 16 + h_{n-1}) \times 16 + h_{n-2}) \times 16 + \cdots + h_1) \times 16 + h_0$$

这个发现称为霍纳算法，它可以导出下面这个将十六进制字符串转换为十进制数的高效算法：

```
int decimalValue = 0;
for (int i = 0; i < hex.length(); i++) {
  char hexChar = hex.charAt(i);
  decimalValue = decimalValue * 16 + hexCharToDecimal(hexChar);
}
```

下面是将算法应用于十六进制数 AB8C 时对程序的跟踪：

	i	hexChar	hexCharToDecimal (hexChar)	decimalValue
循环开始之前				0
第一次迭代之后	0	A	10	10
第二次迭代之后	1	B	11	10*16+11
第三次迭代之后	2	8	8	(10*16+11)*16+8
第四次迭代之后	3	C	12	((10*16+11)*16+8)*16+12

程序清单 6-8 给出完整的程序。

程序清单 6-8 Hex2Dec.java

```
1  import java.util.Scanner;
2
3  public class Hex2Dec {
4    /** Main method */
5    public static void main(String[] args) {
6      // Create a Scanner
7      Scanner input = new Scanner(System.in);
8
9      // Prompt the user to enter a string
10     System.out.print("Enter a hex number: ");
```

```
11       String hex = input.nextLine();
12
13       System.out.println("The decimal value for hex number "
14         + hex + " is " + hexToDecimal(hex.toUpperCase()));
15     }
16
17     public static int hexToDecimal(String hex) {
18       int decimalValue = 0;
19       for (int i = 0; i < hex.length(); i++) {
20         char hexChar = hex.charAt(i);
21         decimalValue = decimalValue * 16 + hexCharToDecimal(hexChar);
22       }
23
24       return decimalValue;
25     }
26
27     public static int hexCharToDecimal(char ch) {
28       if (ch >= 'A' && ch <= 'F')
29         return 10 + ch - 'A';
30       else // ch is '0', '1', ..., or '9'
31         return ch - '0';
32     }
33   }
```

```
Enter a hex number: AB8C ↵Enter
The decimal value for hex number AB8C is 43916
```

```
Enter a hex number: af71 ↵Enter
The decimal value for hex number af71 is 44913
```

该程序从控制台读取一个字符串（第 11 行），然后调用 hexToDecimal 方法，将一个十六进制字符串转换为十进制数（第 14 行）。字符既可以是小写也可以是大写。在调用 hexToDecimal 方法之前将它们都转换成大写。

第 17～25 行定义的 hexToDecimal 方法返回一个整型值。这个字符串的长度是由第 19 行调用的 hex.length() 方法确定的。

第 27～32 行定义的方法 hexCharToDecimal 为一个十六进制字符返回其十进制数值。这个字符既可以是小写也可以是大写。回忆一下，两个字符的减法就是对它们的 Unicode 码做减法。例如，'5'-'0' 为 5。

✓ **复习题**

6.7.1 hexCharToDecimal('B') 得到什么？

6.7.2 hexCharToDecimal('7') 得到什么？

6.7.3 hexToDecimal('A9') 得到什么？

6.8 重载方法

❶▪ 要点提示：重载方法允许你使用同样的名字来定义不同方法，只要它们的参数列表是不同的。

前面用到的 max 方法只能用于 int 数据类型。但是，如果需要确定两个浮点数中哪个较大该怎么办呢？解决办法是创建另一个方法名相同但参数不同的方法，代码如下所示：

```java
public static double max(double num1, double num2) {
  if (num1 > num2)
    return num1;
  else
    return num2;
}
```

如果调用带 int 型参数的 max 方法，则调用需要 int 型参数的 max 方法；如果调用带 double 型参数的 max 方法，则调用需要 double 型参数的 max 方法。这称为方法重载 (method overloading)。也就是说，在一个类中有两个方法，它们有相同的名字但具有不同的参数列表。Java 编译器根据方法签名决定使用哪个方法。

程序清单 6-9 中的程序创建了三个方法。第一个方法求最大整数，第二个方法求最大双精度数，而第三个方法求三个双精度数中的最大值。这三个方法都被命名为 max。

程序清单 6-9 TestMethodOverloading.java

```java
 1  public class TestMethodOverloading {
 2    /** Main method */
 3    public static void main(String[] args) {
 4      // Invoke the max method with int parameters
 5      System.out.println("The maximum of 3 and 4 is "
 6        + max(3, 4));
 7  
 8      // Invoke the max method with the double parameters
 9      System.out.println("The maximum of 3.0 and 5.4 is "
10        + max(3.0, 5.4));
11  
12      // Invoke the max method with three double parameters
13      System.out.println("The maximum of 3.0, 5.4, and 10.14 is "
14        + max(3.0, 5.4, 10.14));
15    }
16  
17    /** Return the max of two int values */
18    public static int max(int num1, int num2) {
19      if (num1 > num2)
20        return num1;
21      else
22        return num2;
23    }
24  
25    /** Find the max of two double values */
26    public static double max(double num1, double num2) {
27      if (num1 > num2)
28        return num1;
29      else
30        return num2;
31    }
32  
33    /** Return the max of three double values */
34    public static double max(double num1, double num2, double num3) {
35      return max(max(num1, num2), num3);
36    }
37  }
```

```
The maximum of 3 and 4 is 4
The maximum of 3.0 and 5.4 is 5.4
The maximum of 3.0, 5.4, and 10.14 is 10.14
```

当调用 max(3,4)（第 6 行）时，调用的是求两个整数中较大值的 max 方法。当调用max(3.0,5.4)(第10行)时,调用的是求两个双精度数中较大值的max方法。当调用max(3.0,5.4,10.14)(第14行)时,调用的是求三个双精度数中最大数的max方法。

可以调用像max(2,2.5)这样带一个int值和一个double值的max方法吗?如果能,将会调用哪一个max方法呢?第一个问题的答案是肯定的。第二个问题的答案是,将调用求两个double数中较大值的那个方法。实参值2被自动转换为double值并传递给这个方法。

你可能会困惑,为什么调用max(3,4)时不会使用max(double,double)呢?其实,max(double,double)和max(int,int)与max(3,4)都是可能的匹配。调用方法时,Java编译器查找最精确匹配的方法。因为方法max(int,int)比max(double,double)更精确,所以调用max(3,4)时使用的是max(int,int)。

☞ 提示:重载方法可以使得程序更清晰并更具可读性。具有不同参数类型但执行同样功能的方法应该使用相同的名字。

☞ 注意:重载的方法必须具有不同的参数列表。不能基于不同修饰符或返回值类型来重载方法。

☞ 注意:有时调用一个方法时会有两个或更多可能的匹配,但编译器无法判断哪个是最精确的匹配。这称为歧义调用(ambiguous invocation)。歧义调用会产生编译错误。考虑如下代码:

```java
public class AmbiguousOverloading {
  public static void main(String[] args) {
    System.out.println(max(1, 2));
  }

  public static double max(int num1, double num2) {
    if (num1 > num2)
      return num1;
    else
      return num2;
  }

  public static double max(double num1, int num2) {
    if (num1 > num2)
      return num1;
    else
      return num2;
  }
}
```

max(int,double)和max(double,int)都是匹配max(1,2)的可选方法。由于两个方法谁也不比谁更精确,所以这个调用是有歧义的,它会导致编译错误。

✔ **复习题**

6.8.1 什么是方法重载?可以定义两个同名但参数类型不同的方法吗?可以在一个类中定义两个名称和参数列表相同,但返回值类型或修饰符不同的方法吗?

6.8.2 下面的程序有什么错误?

```java
public class Test {
  public static void method(int x) {
  }

  public static int method(int y) {
```

```
        return y;
    }
}
```

6.8.3 给定两个方法定义：

```
public static double m(double x, double y)

public static double m(int x, double y)
```

对于下面的语句，两个方法中的哪个被调用？

a. `double z = m(4, 5);`

b. `double z = m(4, 5.4);`

c. `double z = m(4.5, 5.4);`

6.9 变量的作用域

要点提示：变量的作用域（scope of variable）是指变量可以在程序中被引用的范围。

2.5 节介绍了变量的作用域，本节更加详细地讨论变量的作用域。在方法中定义的变量称为局部变量（local variable）。局部变量的作用域是从变量声明的地方开始，直到包含该变量的块结束为止。局部变量必须在使用之前进行声明和赋值。

参数实际上就是一个局部变量。方法参数的作用域涵盖整个方法。在 for 循环头中初始操作部分声明的变量，其作用域是整个 for 循环。但是在 for 循环体内声明的变量，其作用域只限于循环体内，从其声明处开始到包含该变量的块结束为止，如图 6-5 所示。

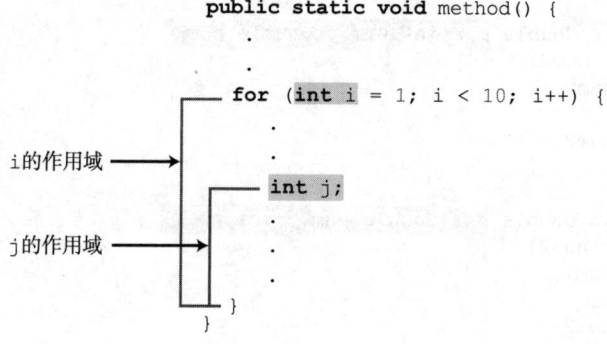

图 6-5 在 for 循环头中初始操作部分声明的变量，其作用域是整个 for 循环

可以在方法的不同块里声明同名的局部变量，但是不能在嵌套块中或同一块中两次声明同一个局部变量，如图 6-6 所示。

警告：一种常见的错误是在 for 循环中声明一个变量，然后试图在循环外使用它。如下面代码所示，i 在 for 循环中声明，但是在 for 循环外进行访问，这将导致语法错误。

```
for (int i = 0; i < 10; i++) {
}
System.out.println(i); // Causes a syntax error on i
```

最后一条语句将产生语法错误，因为变量 i 没有在 for 循环外定义。

方 法 199

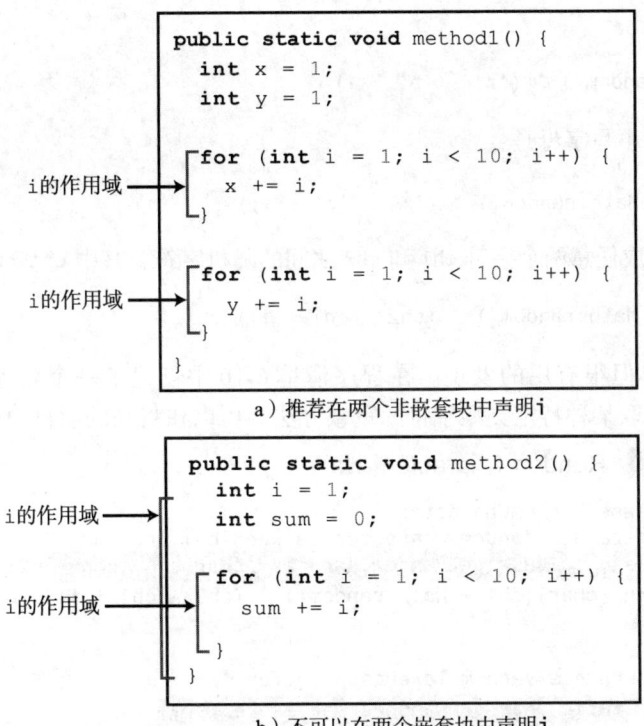

a) 推荐在两个非嵌套块中声明i

b) 不可以在两个嵌套块中声明i

图 6-6 可以在非嵌套块中多次声明一个变量，而在嵌套块中只能声明一次

✓ 复习题

6.9.1 什么是局部变量？

6.9.2 什么是局部变量的作用域？

6.10 示例学习：生成随机字符

☞ **要点提示**：字符使用整数来编码。产生一个随机字符就是产生一个随机整数。

计算机程序处理数值数据和字符。前面已经看到了许多涉及数值数据的例子。了解字符以及如何处理字符也是很重要的。本节给出一个生成随机字符的例子。

正如 4.3 节所介绍的，每个字符都有一个唯一的 Unicode，其值在十六进制数 0 到 FFFF（即十进制的 65 535）之间。生成一个随机字符就是使用下面的表达式来生成一个 0 到 65 535 之间的随机整数（注意：因为 0<=Math.random()<1.0，所以必须给 65 535 加 1）：

`(int)(Math.random() * (65535 + 1))`

现在我们考虑如何生成一个随机小写字母。小写字母的 Unicode 是连续的整数，从 'a' 的 Unicode 开始，然后是 'b' ~ 'z' 的 Unicode。'a' 的 Unicode 是：

`(int)'a'`

因此，(int)'a' 到 (int)'z' 之间的随机整数是：

`(int)((int)'a' + Math.random() * ((int)'z' - (int)'a' + 1))`

如 4.3.3 节所讨论的，所有的数值操作符都可以应用到 char 操作数上。如果另一个操作数是数值或字符，那么 char 型操作数就会被转换成数值。这样，前面的表达式就可以简化为如下所示：

```
'a' + Math.random() * ('z' - 'a' + 1)
```

这样，一个随机的小写字母是：

```
(char)('a' + Math.random() * ('z' - 'a' + 1))
```

由此，可以生成任意两个字符 ch1 和 ch2 之间的随机字符，其中 ch1<ch2，如下所示：

```
(char)(ch1 + Math.random() * (ch2 - ch1 + 1))
```

这是一个简单但很有用的发现。在程序清单 6-10 中创建了一个名为 RandomCharacter 的类，它有随机获取某种特定类型字符的重载方法。可以在将来的项目中使用这些方法。

程序清单 6-10 RandomCharacter.java

```java
1  public class RandomCharacter {
2    /** Generate a random character between ch1 and ch2 */
3    public static char getRandomCharacter(char ch1, char ch2) {
4      return (char)(ch1 + Math.random() * (ch2 - ch1 + 1));
5    }
6
7    /** Generate a random lowercase letter */
8    public static char getRandomLowerCaseLetter() {
9      return getRandomCharacter('a', 'z');
10   }
11
12   /** Generate a random uppercase letter */
13   public static char getRandomUpperCaseLetter() {
14     return getRandomCharacter('A', 'Z');
15   }
16
17   /** Generate a random digit character */
18   public static char getRandomDigitCharacter() {
19     return getRandomCharacter('0', '9');
20   }
21
22   /** Generate a random character */
23   public static char getRandomCharacter() {
24     return getRandomCharacter('\u0000', '\uFFFF');
25   }
26 }
```

程序清单 6-11 给出一个测试程序，显示了 175 个随机的小写字母。

程序清单 6-11 TestRandomCharacter.java

```java
1  public class TestRandomCharacter {
2    /** Main method */
3    public static void main(String[] args) {
4      final int NUMBER_OF_CHARS = 175;
5      final int CHARS_PER_LINE = 25;
6
7      // Print random characters between 'a' and 'z', 25 chars per line
8      for (int i = 0; i < NUMBER_OF_CHARS; i++) {
9        char ch = RandomCharacter.getRandomLowerCaseLetter();
10       if ((i + 1) % CHARS_PER_LINE == 0)
11         System.out.println(ch);
```

```
12        else
13          System.out.print(ch);
14      }
15    }
16 }
```

```
gmjsohezfkgtazqgmswfclrao
pnrunulnwmaztlfjedmpchcif
lalqdgivxkxpbzulrmqmbhikr
lbnrjlsopfxahssqhwuuljvbe
xbhdotzhpehbqmuwsfktwsoli
cbuwkzgxpmtzihgatdslvbwbz
bfesoklwbhnooygiigzdxuqni
```

第 9 行调用定义在 RandomCharacter 类中的方法 getRandomLowerCaseLetter()。注意，虽然方法 getRandomLowerCaseLetter() 没有任何参数，但是在定义和调用这类方法时仍然需要使用括号。

6.11 方法抽象和逐步求精

要点提示：开发软件的关键在于应用抽象的概念。

你将从本书中学到多种层次的抽象。方法抽象（method abstraction）是通过将方法的使用和它的实现分离来做到的。用户可以使用方法，而无须知道方法是如何实现的。方法的实现细节封装在方法内，对使用该方法的用户来说是隐藏的。这称为信息隐藏（information hiding）或封装（encapsulation）。如果决定改变方法的实现，只要不改变方法签名，用户的程序就不受影响。方法的实现对用户隐藏在"黑盒子"中，如图 6-7 所示。

前面已经使用方法 System.out.print 来显示一个字符串，以及用 max 方法求最大数，也学习了怎样在程序中编写代码来调用这些方法。但是作为这些方法的使用者，你并不需要知道它们是怎样实现的。

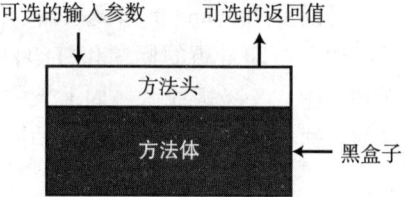

图 6-7 可以将方法体看作一个包含该方法实现细节的黑盒子

方法抽象的概念可以应用于程序的开发过程中。当编写大型程序时，可以使用分治（divid-and-conquer）策略，也称为逐步求精（stepwise refinement），将大问题分解成子问题。子问题又分解成更小、更易于管理的问题。

假设要编写一个程序，显示给定年月的日历。程序提示用户输入年份和月份，然后显示该月的整个日历，如下面的运行示例所示。

```
Enter full year (e.g., 2012): 2012 ↵Enter
Enter month as number between 1 and 12: 3 ↵Enter
         March 2012
-----------------------------
 Sun Mon Tue Wed Thu Fri Sat
                   1   2   3
   4   5   6   7   8   9  10
  11  12  13  14  15  16  17
  18  19  20  21  22  23  24
  25  26  27  28  29  30
```

下面用这个例子演示分治法。

6.11.1 自顶向下的设计

如何开始编写这样一个程序呢？你会立即开始编写代码吗？编程初学者常常想一开始就解决每一个细节。尽管细节对最终程序很重要，但在前期过多关注细节会阻碍解决问题的进程。为使解决问题的流程尽可能顺畅，本例先应用方法抽象把细节与设计分离，到后面才实现细节。

对本例来说，先把问题拆分成两个子问题：读取用户输入和打印该月的日历。在此阶段，应该关注子问题能实现什么，而不是用什么方法来读取输入和打印整个日历。可以绘制结构图，这有助于可视化问题的分解（参见图 6-8a）。

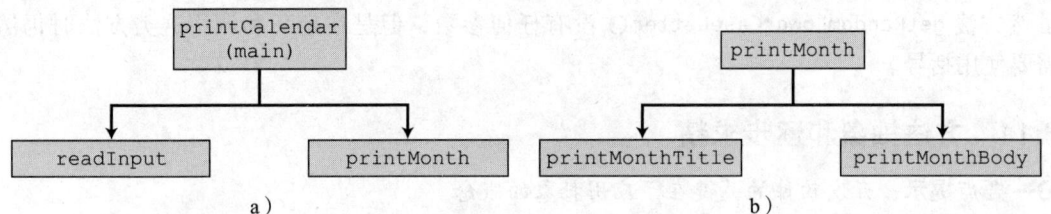

图 6-8　结构图显示将 printCalendar 问题分解成图 a 中的两个子问题，即 readInput 和 printMonth；而将 printMonth 分解成图 b 中的两个更小的问题，即 printMonthTitle 和 printMonthBody

可以使用 Scanner 来读取输入的年份和月份。打印给定月份的日历问题可以分解成两个子问题：打印日历的标题和打印日历的主体，如图 6-8b 所示。日历的标题由三行组成：年份和月份、一条虚线、一周七天的星期名称。需要通过表示月份的数值（例如 1）来确定该月的名称（例如 January）。这是由 getMonthName 来完成的（参见图 6-9a）。

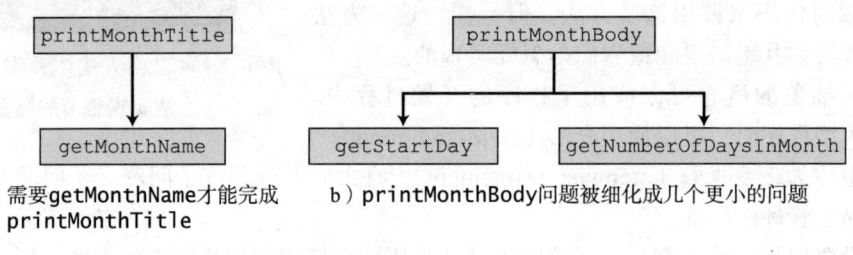

a）需要getMonthName才能完成printMonthTitle　　b）printMonthBody问题被细化成几个更小的问题

图　6-9

为了打印日历的主体，需要知道这个月的第一天是星期几（getStartDay），以及该月有多少天（getNumberOfDaysInMonth），如图 6-9b 所示。例如：2013 年 12 月有 31 天，2013 年 12 月 1 日是星期天。

怎样才能知道一个月的第一天是星期几呢？有几种方法可以求得。假设知道 1800 年 1 月 1 日是星期三（START_DAY_FOR_JAN_1_1800=3），可以计算 1800 年 1 月 1 日和日历月份的第一天之间相差的总天数（totalNumberOfDays）。因为每周有 7 天，所以日历月份的第一天就是 (totalNumberOfDays+ START_DAY_FOR_JAN_1_1800)%7。这样 getStartDay 问题就可以进一步细化为 getTotalNumberOfDays，如图 6-10a 所示。

要得到总天数，需要知道该年是否是闰年以及每个月的天数。所以，getTotalNumber-

OfDays 可以进一步细化成两个子问题，即 isLeapYear 和 getNumberOfDaysInMonth，如图 6-10b 所示。完整的结构图如图 6-11 所示。

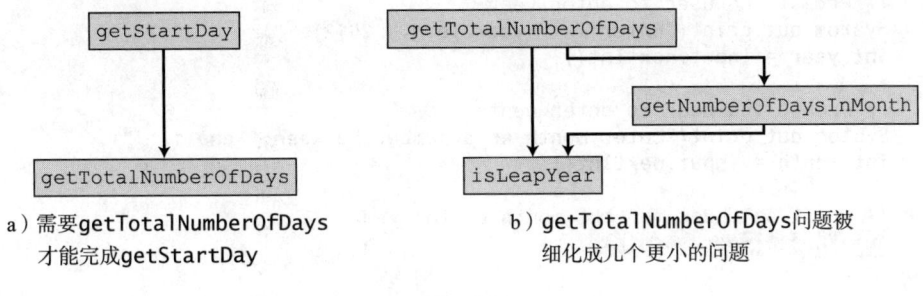

图 6-10

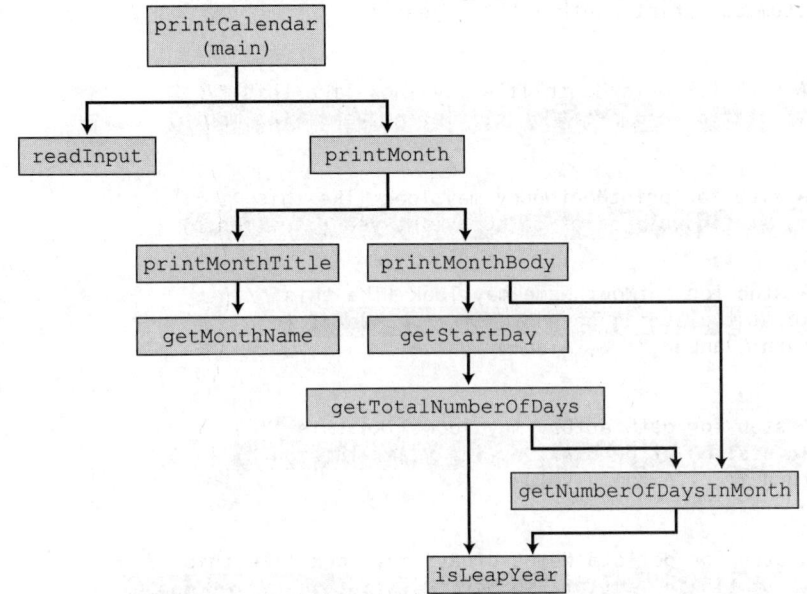

图 6-11 结构图显示程序中子问题的层次关系

6.11.2 自顶向下和自底向上的实现

现在我们把注意力转向实现。通常，子问题对应于实现中的一个方法，当然，可能某些子问题太简单，以至于不需要方法来实现。需要决定哪些模块要用方法实现，而哪些模块要与其他方法结合完成。这种决策应该基于所做的选择是否使整个程序更易读。在本例中，子问题 readInput 只要在 main 方法中实现即可。

可以采用"自顶向下"或"自底向上"的办法。自顶向下办法是自上而下，每次实现结构图中的一个方法。待实现的方法可以用存根方法（stub）代替，存根方法是方法的一个简单但不完整的版本。使用存根方法可以快速地构建程序的框架。首先实现 main 方法，然后使用一个存根方法代表 printMonth 方法。例如，让 printMonth 的存根方法显示年份和月份。那么，程序可能以下面的形式开始：

```
public class PrintCalendar {
    /** Main method */
```

```java
    public static void main(String[] args) {
      Scanner input = new Scanner(System.in);

      // Prompt the user to enter year
      System.out.print("Enter full year (e.g., 2012): ");
      int year = input.nextInt();

      // Prompt the user to enter month
      System.out.print("Enter month as a number between 1 and 12: ");
      int month = input.nextInt();

      // Print calendar for the month of the year
      printMonth(year, month);
    }

    /** A stub for printMonth may look like this */
    public static void printMonth(int year, int month) {
      System.out.print(month + " " + year);
    }

    /** A stub for printMonthTitle may look like this */
    public static void printMonthTitle(int year, int month) {
    }

    /** A stub for printMonthBody may look like this */
    public static void printMonthBody(int year, int month) {
    }

    /** A stub for getMonthName may look like this */
    public static String getMonthName(int month) {
      return "January"; // A dummy value
    }

    /** A stub for getStartDay may look like this */
    public static int getStartDay(int year, int month) {
      return 1; // A dummy value
    }

    /** A stub for getTotalNumberOfDays may look like this */
    public static int getTotalNumberOfDays(int year, int month) {
      return 10000; // A dummy value
    }

    /** A stub for getNumberOfDaysInMonth may look like this */
    public static int getNumberOfDaysInMonth(int year, int month) {
      return 31; // A dummy value
    }

    /** A stub for isLeapYear may look like this */
    public static boolean isLeapYear(int year) {
      return true; // A dummy value
    }
  }
```

编译和测试这个程序，然后修改错误。现在，可以实现 printMonth 方法。对 printMonth 中调用的方法，可以继续使用存根方法。

自底向上办法是自下而上，每次实现结构图中的一个方法，对每个实现的方法都写一个称为驱动程序（driver）的测试程序来对其进行测试。自顶向下和自底向上都是不错的办法：它们都是渐近地实现方法，这有助于隔离程序设计错误，使调试变得容易。这两种办法可以一起使用。

6.11.3 实现细节

从 3.11 节我们知道，方法 isLeapYear(int year) 可以使用下列代码实现：

`return year % 400 == 0 || (year % 4 == 0 && year % 100 != 0);`

应用下面的事实实现 getTotalNumberOfDaysInMonth(int year,int month) 方法：

1）一月、三月、五月、七月、八月、十月和十二月都有 31 天。

2）四月、六月、九月和十一月都有 30 天。

3）二月通常有 28 天，但是在闰年有 29 天。因此，正常年份有 365 天，闰年有 366 天。

要实现 getTotalNumberOfDays(int year, int month) 方法，需要计算 1800 年 1 月 1 日和该日历月份的第一天之间的总天数（totalNumberOfDays）。可以先求出 1800 年到该日历所在年的总天数，然后求出在该年中日历月份之前的总天数。这两个总天数相加就是 totalNumberOfDays。

要打印日历的主体，首先在第一天之前填充一些空格，然后为每个星期打印一行。

完整的程序见程序清单 6-12。

程序清单 6-12 PrintCalendar.java

```
1   import java.util.Scanner;
2
3   public class PrintCalendar {
4     /** Main method */
5     public static void main(String[] args) {
6       Scanner input = new Scanner(System.in);
7
8       // Prompt the user to enter year
9       System.out.print("Enter full year (e.g., 2012): ");
10      int year = input.nextInt();
11
12      // Prompt the user to enter month
13      System.out.print("Enter month as a number between 1 and 12: ");
14      int month = input.nextInt();
15
16      // Print calendar for the month of the year
17      printMonth(year, month);
18    }
19
20    /** Print the calendar for a month in a year */
21    public static void printMonth(int year, int month) {
22      // Print the headings of the calendar
23      printMonthTitle(year, month);
24
25      // Print the body of the calendar
26      printMonthBody(year, month);
27    }
28
29    /** Print the month title, e.g., March 2012 */
30    public static void printMonthTitle(int year, int month) {
31      System.out.println("            " + getMonthName(month)
32        + " " + year);
33      System.out.println("-----------------------------");
34      System.out.println(" Sun Mon Tue Wed Thu Fri Sat");
```

```java
35    }
36
37    /** Get the English name for the month */
38    public static String getMonthName(int month) {
39      String monthName = "";
40      switch (month) {
41        case 1: monthName = "January"; break;
42        case 2: monthName = "February"; break;
43        case 3: monthName = "March"; break;
44        case 4: monthName = "April"; break;
45        case 5: monthName = "May"; break;
46        case 6: monthName = "June"; break;
47        case 7: monthName = "July"; break;
48        case 8: monthName = "August"; break;
49        case 9: monthName = "September"; break;
50        case 10: monthName = "October"; break;
51        case 11: monthName = "November"; break;
52        case 12: monthName = "December";
53      }
54
55      return monthName;
56    }
57
58    /** Print month body */
59    public static void printMonthBody(int year, int month) {
60      // Get start day of the week for the first date in the month
61      int startDay = getStartDay(year, month);
62
63      // Get number of days in the month
64      int numberOfDaysInMonth = getNumberOfDaysInMonth(year, month);
65
66      // Pad space before the first day of the month
67      int i = 0;
68      for (i = 0; i < startDay; i++)
69        System.out.print("    ");
70
71      for (i = 1; i <= numberOfDaysInMonth; i++) {
72        System.out.printf("%4d", i);
73
74        if ((i + startDay) % 7 == 0)
75          System.out.println();
76      }
77
78      System.out.println();
79    }
80
81    /** Get the start day of month/1/year */
82    public static int getStartDay(int year, int month) {
83      final int START_DAY_FOR_JAN_1_1800 = 3;
84      // Get total number of days from 1/1/1800 to month/1/year
85      int totalNumberOfDays = getTotalNumberOfDays(year, month);
86
87      // Return the start day for month/1/year
88      return (totalNumberOfDays + START_DAY_FOR_JAN_1_1800) % 7;
89    }
90
91    /** Get the total number of days since January 1, 1800 */
92    public static int getTotalNumberOfDays(int year, int month) {
93      int total = 0;
94
95      // Get the total days from 1800 to 1/1/year
```

```
 96      for (int i = 1800; i < year; i++)
 97        if (isLeapYear(i))
 98          total = total + 366;
 99        else
100          total = total + 365;
101
102      // Add days from Jan to the month prior to the calendar month
103      for (int i = 1; i < month; i++)
104        total = total + getNumberOfDaysInMonth(year, i);
105
106      return total;
107    }
108
109    /** Get the number of days in a month */
110    public static int getNumberOfDaysInMonth(int year, int month) {
111      if (month == 1 || month == 3 || month == 5 || month == 7 ||
112        month == 8 || month == 10 || month == 12)
113        return 31;
114
115      if (month == 4 || month == 6 || month == 9 || month == 11)
116        return 30;
117
118      if (month == 2) return isLeapYear(year)? 29: 28;
119
120      return 0; // If month is incorrect
121    }
122
123    /** Determine if it is a leap year */
124    public static boolean isLeapYear(int year) {
125      return year % 400 == 0 || (year % 4 == 0 && year % 100 != 0);
126    }
127  }
```

该程序没有验证用户输入。例如，如果用户输入的月份不在 1 到 12 之间，或者年份在 1800 年之前，那么程序就会显示出错误的日历。为避免这样的错误，可以添加一个 if 语句在打印日历前检测输入。

该程序可以打印一个月的日历，还可以很容易地修改为打印整年的日历。尽管它现在只能处理 1800 年 1 月以后的月份，但是稍作修改便能够打印 1800 年之前的月份。

6.11.4 逐步求精的优势

逐步求精将一个大问题分解为较小的易于处理的子问题。每个子问题可以使用一个方法来实现。这种方式使得程序更易于编写、重用、调试、修改和维护。

1. 更简单的程序

打印日历的程序比较长。通过逐步求精将其分解为较小的方法，而不是在一个方法中写很长的语句序列。这样简化了程序并使得整个程序易于阅读和理解。

2. 重用方法

逐步求精提高了程序中方法的重用性。isLeapYear 方法只定义了一次，而 getTotal-NumberOfDays 和 getNumberOfDaysInMonth 方法中都对其进行了调用。这减少了冗余的代码。

3. 易于开发、调试和测试

由于每个子问题在一个方法中解决，而方法可以分别开发、调试以及测试，这隔离了错误，使得开发、调试和测试更加容易。

实现大型程序时，可以使用自顶向下或自底向上的方式。不要一次性地编写整个程序。使用这些方式似乎花费了更多的开发时间（因为要反复编译和运行程序），但实际上会更节省时间并使调试更容易。

4. 更方便团队合作

当一个大问题分解为许多子问题时，各个子问题可以分配给不同的编程人员。这更加易于编程人员进行团队合作。

关键术语

actual parameter（实际参数）
ambiguous invocation（歧义调用）
argument（实参）
divide and conquer（分治）
formal parameter（形式参数，形参）
information hiding（信息隐藏）
method（方法）
method abstraction（方法抽象）

method overloading（方法重载）
method signature（方法签名）
modifier（修饰符）
parameter（参数）
pass-by-value（按值传递）
scope of variable（变量的作用域）
stepwise refinement（逐步求精）
stub（存根方法）

本章小结

1. 程序模块化和可重用是软件工程的中心目标之一。Java 提供了很多有助于完成这一目标的有效构造。方法就是一个这样的构造。
2. 方法头指定方法的修饰符、返回值类型、方法名和参数。本章所有的方法都使用静态修饰符 `static`。
3. 方法可以返回一个值。返回值类型 `returnValueType` 是方法所返回的值的数据类型。如果方法不返回值，则返回值类型就是关键字 `void`。
4. 参数列表是指方法中参数的类型、次序和数量。方法名和参数列表一起构成方法签名（method signature）。参数是可选的，也就是说，一个方法可以不包含参数。
5. `return` 语句也可以用在空方法中，用来终止方法并返回到方法的调用者。这有时对于绕开方法中的正常控制流程很有用。
6. 传递给方法的实际参数应该与方法签名中的形式参数具有相同的数目、类型和次序。
7. 当程序调用一个方法时，程序控制就转移到被调用的方法。被调用的方法执行到该方法的 `return` 语句或到达方法结束的右括号时，将控制返还给调用者。
8. 在 Java 中，有返回值的方法也可以当作语句调用。在这种情况下，调用者只需忽略返回值。
9. 方法可以被重载。这就意味着两个方法可以拥有相同的方法名，只要它们的方法参数列表不同即可。
10. 在方法中声明的变量称为局部变量。局部变量的作用域是从声明它的地方开始，到包含这个变量的块结束为止。局部变量在使用前必须声明和初始化。
11. 方法抽象是把方法的应用和实现分离。用户可以在不知道方法如何实现的情况下使用该方法。方法的实现细节封装在方法内并对调用该方法的用户隐藏。这称为信息隐藏或封装。
12. 方法抽象以一种整洁的、分层的方式将程序模块化。将程序写成由简洁的方法构成的集合会比其他方式更易于编写、调试、维护和修改。这种编写风格也会提高方法的可重用性。
13. 实现大型程序时，可以使用自顶向下或自底向上的编码方式。不要一次性编写完整个程序。这种方式似乎花费了更多的编码时间（因为要反复编译和运行程序），但实际上会更节省时间且易于调试。

测试题

在线回答配套网站上的本章测试题。

编程练习题

注意：本章练习中学生常犯的错误是，没有实现符合需求的方法，尽管主程序的输出是正确的。这类错误的示例参见 liveexample.pearsoncmg.com/etc/CommonMethodErrorJava.pdf。

6.2～6.9节

6.1 （数学：五角数）五角数被定义为 $n(3n-1)/2$，其中 $n=1，2，…$。所以，开始的几个数字为 1，5，12，22，…，编写具有下面所示方法头的方法，返回一个五角数：

```
public static int getPentagonalNumber(int n)
```

例如，getPentagonalNumber(1) 返回 1，getPentagonalNumber(2) 返回 5。编写测试程序，显示前 100 个五角数，每行显示 10 个。使用 %7d 格式限定符来显示每个数字。

*6.2 （对一个整数的各位数字求和）编写一个方法，计算一个整数的各位数字之和。使用以下方法头：

```
public static int sumDigits(long n)
```

例如，sumDigits(234) 返回 9（=2+3+4）。提示：使用取模操作符 % 提取数字，用 / 操作符去掉提取出来的数字。例如，使用 234%10（=4）提取 4，然后使用 234/10（=23）从 234 中去掉 4。使用一个循环来反复提取和去掉每位数字，直到所有的数字都提取完为止。
编写测试程序，提示用户输入一个整数，然后显示其所有数字之和。

**6.3 （回文整数）使用下面的方法头编写两个方法：

```
// Return the reversal of an integer, e.g., reverse(456) returns 654
public static int reverse(int number)

// Return true if number is a palindrome
public static boolean isPalindrome(int number)
```

使用 reverse 方法实现 isPalindrome。如果一个数字的逆序数和它自身相等，就称这个数为回文数。编写测试程序，提示用户输入一个整数值，然后报告这个整数是否是回文数。

*6.4 （逆序显示一个整数）使用下面的方法头编写方法，逆序显示一个整数：

```
public static void reverse(int number)
```

例如：reverse(3456) 返回 6543。编写测试程序，提示用户输入一个整数，然后显示它的逆序数。

*6.5 （对三个数排序）使用下面的方法头编写方法，按升序显示三个数：

```
public static void displaySortedNumbers(
    double num1, double num2, double num3)
```

编写测试程序，提示用户输入三个数字，然后调用方法以升序显示。

*6.6 （显示图案）编写方法显示如下图案：

```
            1
          2 1
        3 2 1
      ...
n n-1 ... 3 2 1
```

方法头为：

```
public static void displayPattern(int n)
```

*6.7 （金融应用：计算未来投资回报金额）编写一个方法，按照给定的年限和利率计算未来投资回报金额，未来投资回报金额使用编程练习题 2.21 中的公式计算得到。

使用下面的方法头：

```
public static double futureInvestmentValue(
    double investmentAmount, double monthlyInterestRate, int years)
```

例如，futureInvestmentValue(10000,0.05/12,5) 返回 12833.59。

编写测试程序，提示用户输入投资额（例如 1000）和利率（例如 9%），然后打印表格显示从 1 到 30 年的未来投资回报金额，如下所示：

```
The amount invested: 1000 ↵Enter
Annual interest rate: 9 ↵Enter
Years        Future Value
1            1093.80
2            1196.41
...
29           13467.25
30           14730.57
```

6.8 （摄氏度和华氏度之间的转换）编写一个类，包含下面两个方法：

```
/** Convert from Celsius to Fahrenheit */
public static double celsiusToFahrenheit(double celsius)

/** Convert from Fahrenheit to Celsius */
public static double fahrenheitToCelsius(double fahrenheit)
```

转换公式如下：

华氏度 = (9.0 / 5) * 摄氏度 + 32
摄氏度 = (5.0 / 9) * （华氏度 - 32)

编写测试程序，调用这两个方法来显示如下表格：

```
Celsius     Fahrenheit   |   Fahrenheit     Celsius
--------------------------------------------------
40.0        104.0        |   120.0          48.89
39.0        102.2        |   110.0          43.33
38.0        100.4        |   100.0          37.78
37.0        98.6         |   90.0           32.22
36.0        96.8         |   80.0           26.67
35.0        95.0         |   70.0           21.11
34.0        93.2         |   60.0           21.11
33.0        91.4         |   50.0           10.00
32.0        89.6         |   40.0           4.44
31.0        87.8         |   30.0           -1.11
```

6.9 （英尺和米之间的转换）编写一个类，包含如下两个方法：

```
/** Convert from feet to meters */
public static double footToMeter(double foot)

/** Convert from meters to feet */
public static double meterToFoot(double meter)
```

转换公式如下：

米 = 0.305 * 英尺
英尺 = 3.279 * 米

编写测试程序，调用这两个方法来显示下面的表格：

```
Feet      Meters    |   Meters    Feet
1.0       0.305     |   20.0      65.574
2.0       0.610     |   25.0      81.967
3.0       0.915     |   30.0      98.361
4.0       1.220     |   35.0      114.754
5.0       1.525     |   40.0      131.148
6.0       1.830     |   45.0      147.541
7.0       2.135     |   50.0      163.934
8.0       2.440     |   55.0      180.328
9.0       2.745     |   60.0      196.721
10.0      3.050     |   65.0      213.115
```

6.10 （使用 isPrime 方法）程序清单 6-7 提供了测试某个数字是否是素数的方法 isPrime(int number)。使用这个方法求小于 10000 的素数的个数。

6.11 （金融应用：计算酬金）编写一个方法，利用编程练习题 5.39 中的方案计算酬金。方法头如下所示：

public static double computeCommission(**double** salesAmount)

编写测试程序，显示下面的表格：

```
Sales Amount      Commission
10000             900.0
15000             1500.0
20000             2100.0
25000             2700.0
30000             3300.0
35000             3900.0
40000             4500.0
45000             5100.0
50000             5700.0
55000             6300.0
60000             6900.0
65000             7500.0
70000             8100.0
75000             8700.0
80000             9300.0
85000             9900.0
90000             10500.0
95000             11100.0
100000            11700.0
```

6.12 （显示字符）使用下面的方法头编写一个打印字符的方法：

public static void printChars(**char** ch1, **char** ch2, **int** numberPerLine)

该方法打印 ch1 到 ch2 之间的字符，每行打印指定个数。编写测试程序，打印从 '1' 到 'Z' 的字符，每行打印 10 个字符。字符之间仅用一个空格隔开。

*6.13 （数列求和）编写一个方法对下面的数列求和：

$$m(i) = \frac{1}{2} + \frac{2}{3} + \cdots + \frac{i}{i+1}$$

编写测试程序，显示下面的表格：

i	m(i)
1	0.5000
2	1.1667
3	1.9167
4	2.7167
5	3.5500
6	4.4071
7	5.2821
8	6.1710
9	7.0710
10	7.9801
11	8.8968
12	9.8199
13	10.7484
14	11.6818
15	12.6193
16	13.5604
17	14.5049
18	15.4523
19	16.4023
20	17.3546

*6.14 （估算 π） π 可以使用下面的求和公式进行计算：

$$m(i) = 4\left(1 - \frac{1}{3} + \frac{1}{5} - \frac{1}{7} + \frac{1}{9} - \frac{1}{11} + \cdots + \frac{(-1)^{i+1}}{2i-1}\right)$$

编写一个方法，对于给定的 i 返回 m(i)，并且编写测试程序显示如下表格：

i	m(i)
1	4.0000
101	3.1515
201	3.1466
301	3.1449
401	3.1441
501	3.1436
601	3.1433
701	3.1430
801	3.1428
901	3.1427

*6.15 (金融应用：打印税表) 程序清单3-5给出了计算税款的程序。使用下面的方法头编写一个计算税款的方法：

```
public static double computeTax(int status, double
    taxableIncome)
```

使用这个方法编写程序，为以下所有婚姻状态打印可征税收入从50 000美元到60 000美元、收入间隔为50美元的纳税表，如下所示：

Taxable Income	Single	Married Joint or Qualifying Widow(er)	Married Separate	Head of House hold
50000	8688	6665	8688	7353
50050	8700	6673	8700	7365
50100	8712	6680	8712	7378
50150	8725	6688	8725	7390
...				
59850	11150	8142	11150	9815
59900	11162	8150	11162	9828
59950	11175	8158	11175	9840
60000	11188	8165	11188	9853

提示：使用 Math.round（即 Math.round(computeTax(status,taxableIncome))）将税收舍入为整数。

*6.16 (一年的天数) 使用下面的方法头编写一个方法，返回一年的天数：

```
public static int numberOfDaysInAYear(int year)
```

编写测试程序，显示从2000年到2020年间每年的天数。

6.10和6.11节

*6.17 (显示0和1构成的矩阵) 编写方法，使用下面的方法头显示 n×n 的矩阵：

```
public static void printMatrix(int n)
```

每个元素都是随机产生的0或1。编写测试程序，提示用户输入n，显示一个n×n矩阵。以下是一个运行示例：

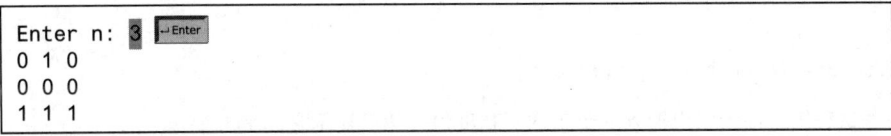

```
Enter n: 3
0 1 0
0 0 0
1 1 1
```

**6.18 (检查密码) 有些网站对于密码制定了一些规则。编写一个方法，检查字符串是否是一个有效密码。假定密码规则如下：
- 密码必须包含至少8位字符。
- 密码必须仅包含字母和数字。
- 密码必须包含至少两个数字。

编写程序，提示用户输入一个密码，如果符合规则，则显示 Valid Password，否则显示 Invalid Password。

*6.19 (三角形) 实现以下两个方法：

```
/** Return true if the sum of every two sides is
 * greater than the third side. */
```

```
public static boolean isValid(
    double side1, double side2, double side3)
/** Return the area of the triangle. */
public static double area(
    double side1, double side2, double side3)
```

编写测试程序，读入三角形三条边的值。使用 isValid 方法检测输入是否有效，并使用 area 方法计算面积。如果输入有效，则显示面积，否则显示输入无效。三角形面积的计算公式在编程练习题 2.19 中给出。

*6.20 （计算字符串中的字母个数）编写一个方法，使用下面的方法头计算字符串中的字母个数：

```
public static int countLetters(String s)
```

编写测试程序，提示用户输入字符串，然后显示字符串中的字母个数。

*6.21 （电话键盘）国际标准的字母/数字匹配图如编程练习题 4.15 所示。编写一个方法，返回给定大写字母的数字，如下所示：

```
public static int getNumber(char uppercaseLetter)
```

编写测试程序，提示用户输入字符串形式的电话号码。输入的数字可能会包含字母。程序将字母（大写或者小写）转换成数字并保持其他字符不变。下面是该程序的运行示例：

```
Enter a string: 1-800-Flowers  ↵Enter
1-800-3569377
```

```
Enter a string: 1800flowers  ↵Enter
18003569377
```

**6.22 （数学：平方根的近似求法）有几种实现 Math 类中 sqrt 方法的技术。其中一个称为巴比伦法。它通过反复使用下面的公式进行计算，近似地得到一个数字 n 的平方根：

```
nextGuess = (lastGuess + n / lastGuess) / 2
```

当 nextGuess 和 lastGuess 近似相等时，nextGuess 就是平方根的近似值。最初的猜测值可以是任意正值（例如 1）。这个值就是 lastGuess 的开始值。如果 nextGuess 和 lastGuess 的差小于一个很小的数，比如 0.0001，就可以认为 nextGuess 是 n 的平方根的近似值；否则，nextGuess 就成为 lastGuess，继续执行求近似值的过程。实现下面返回 n 的平方根的方法。

```
public static double sqrt(long n)
```

编写测试程序，提示用户输入一个正的双精度值，然后显示它的平方根。

*6.23 （指定字符的出现次数）使用下面的方法头编写方法，找到一个字符串中指定字符的出现次数。

```
public static int count(String str, char a)
```

例如，count("Welcome",'e') 返回 2。编写测试程序，提示用户输入字符串以及字符，然后显示该字符在字符串中出现的次数。

6.12 节

**6.24 （显示当前日期和时间）程序清单 2-7 显示了当前时间。改进这个例子，显示当前的日期和时间。程序清单 6-12 中的日历例子可以提供求年份、月份和日期的思路。

**6.25 （将毫秒数转换成小时数、分钟数和秒数）使用下面的方法头编写一个将毫秒数转换成小时数、分钟数和秒数的方法。

```java
public static String convertMillis(long millis)
```

该方法返回形如"时：分：秒"的字符串。例如，convertMillis(5500) 返回字符串 0:0:5，convertMillis(100000) 返回字符串 0:1:40，convertMillis(555550000) 返回字符串 154:19:10。编写测试程序，提示用户输入一个 long 型整数作为毫秒数，以"时：分：秒"的格式显示一个字符串。

综合题

**6.26 （回文素数）回文素数是指一个数同时为素数和回文数。例如：131 是一个素数，同时也是一个回文素数。数字 313 和 757 也是如此。编写程序，显示前 100 个回文素数。每行显示 10 个数，数字中间用一个空格隔开，如下所示：

```
2 3 5 7 11 101 131 151 181 191
313 353 373 383 727 757 787 797 919 929
...
```

**6.27 （反素数）反素数（反转拼写的素数）是指一个非回文素数，其反转之后也是一个素数。例如，17 是一个素数，而 71 也是一个素数，所以 17 和 71 是反素数。编写程序显示前 100 个反素数。每行显示 10 个，数字间用空格隔开，如下所示：

```
13 17 31 37 71 73 79 97 107 113
149 157 167 179 199 311 337 347 359 389
...
```

**6.28 （梅森素数）如果一个素数可以写成 2^p-1 的形式，其中 p 为某个正整数，那么这个素数就称作梅森素数。编写程序，找出 $p \leqslant 31$ 的所有梅森素数，然后如下显示输出结果：

p	2^p – 1
2	3
3	7
5	31
...	

**6.29 （双素数）双素数是一对相差 2 的素数。例如，3 和 5 就是一对双素数，5 和 7 也是一对双素数，11 和 13 也是一对双素数。编写程序，找出小于 1000 的所有双素数。如下所示显示结果：

```
(3, 5)
(5, 7)
...
```

**6.30 （游戏：双骰子赌博）掷双骰子游戏是赌场中非常流行的骰子游戏。编写程序，玩这个游戏的一个变种，如下所描述：

掷两个骰子。每个骰子有六个面，分别表示 1，2，…，6。检查这两个骰子的和。如果和为 2、3 或 12（称为掷骰子（crap）），则输了；如果和是 7 或者 11（称作自然（natural）），则赢了；但如果和是其他数字（例如：4、5、6、8、9 或者 10），则建立了一个点。继续掷骰子，直到掷出一个 7 或者掷出和刚才相同的点数。如果掷出的是 7，则输了；否则赢了。

你的程序充当一个独立的玩家。下面是一些运行示例。

```
You rolled 5 + 6 = 11
You win
```

```
You rolled 1 + 2 = 3
You lose
```

```
You rolled 4 + 4 = 8
point is 8
You rolled 6 + 2 = 8
You win
```

```
You rolled 3 + 2 = 5
point is 5
You rolled 2 + 5 = 7
You lose
```

**6.31 （金融应用：验证信用卡号）信用卡号遵循某种模式。一个信用卡号必须是 13 到 16 位的整数。它的开头必须是：

- 4，代表 Visa 卡
- 5，代表 Master 卡
- 37，代表 American Express 卡
- 6，代表 Discover 卡

1954 年，IBM 的 Hans Luhn 提出一种算法来验证信用卡号的有效性。这个算法可用于确定卡号输入是否正确，或卡号是否被扫描仪正确扫描。信用卡号是根据此方法（通常称为 Luhn 检查或者 Mod 10 检查）生成的，可以如下描述（为了方便展示，考虑卡号 4388576018402626）：

1）从右到左对偶数位数字翻倍。如果对某个数字翻倍之后的结果是一个两位数，则将这两位相加得到一位数。

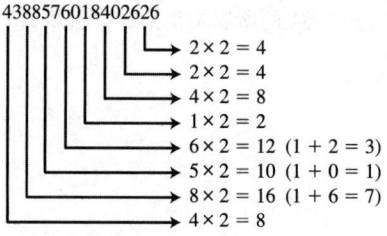

2）现在将第一步得到的所有一位数相加。

$$4 + 4 + 8 + 2 + 3 + 1 + 7 + 8 = 37$$

3）将从右到左奇数位上的所有数字相加。

$$6 + 6 + 0 + 8 + 0 + 7 + 8 + 3 = 38$$

4）将第二步和第三步得到的结果相加。

$$37 + 38 = 75$$

5）如果第四步得到的结果能被 10 整除，那么卡号是有效的；否则，卡号无效。例如，号码 4388576018402626 是无效的，但是号码 4388576018410707 是有效的。

编写程序，提示用户输入一个 long 型整数的信用卡号码，显示该号码是有效的还是无效的。使用下面的方法设计程序：

```
/** Return true if the card number is valid */
public static boolean isValid(long number)

/** Get the result from Step 2 */
public static int sumOfDoubleEvenPlace(long number)

/** Return this number if it is a single digit, otherwise,
 * return the sum of the two digits */
public static int getDigit(int number)

/** Return sum of odd-place digits in number */
```

```
public static int sumOfOddPlace(long number)

/** Return true if the number d is a prefix for number */
public static boolean prefixMatched(long number, int d)

/** Return the number of digits in d */
public static int getSize(long d)

/** Return the first k number of digits from number. If the
 * number of digits in number is less than k, return number. */
public static long getPrefix(long number, int k)
```

下面是程序的运行示例（你也可以通过将输入作为字符串读入并处理该字符串以验证信用卡号）：

```
Enter a credit card number as a long integer:
    4388576018410707  ↵Enter
4388576018410707 is valid
```

```
Enter a credit card number as a long integer:
    4388576018402626  ↵Enter
4388576018402626 is invalid
```

**6.32 （游戏：赢取双骰子赌博游戏的机会）修改编程练习题 6.30，运行 10 000 次，然后显示赢得游戏的次数。

**6.33 （当前日期和时间）调用 System.currentTimeMillis() 返回从 1970 年 1 月 1 日 0 点至今的毫秒数。编写程序，显示当前日期和时间。下面是一个运行示例：

```
Current date and time is May 16, 2012 10:34:23
```

**6.34 （打印日历）编程练习题 3.21 使用 Zeller 一致性原理来计算某天是星期几。使用 Zeller 的算法简化程序清单 6-12 以得出每月开始的第一天是星期几。

6.35 （几何：五边形的面积）五边形的面积可以使用下面的公式计算：

$$\text{面积} = \frac{5 \times s^2}{4 \times \tan\left(\dfrac{\pi}{5}\right)}$$

编写一个方法，使用以下方法头来返回五边形的面积。

```
public static double area(double side)
```

编写一个主方法，提示用户输入五边形的边，然后显示其面积。下面是一个运行示例：

```
Enter the side: 5.5  ↵Enter
The area of the pentagon is 52.04444136781625
```

*6.36 （几何：正多边形的面积）正多边形是一个具有 n 条边的多边形，其每条边的长度都相等，而且所有角的角度也相等（即多边形既等边又等角）。计算正多边形面积的公式是：

$$\text{面积} = \frac{n \times s^2}{4 \times \tan\left(\dfrac{\pi}{n}\right)}$$

使用以下方法头编写方法，返回正多边形的面积：

```
public static double area(int n, double side)
```

编写一个 main 方法，提示用户输入正多边形的边数及边长，然后显示其面积。下面是一个运行

示例:

```
Enter the number of sides: 5 ↵Enter
Enter the side: 6.5 ↵Enter
The area of the polygon is 72.69017017488385
```

6.37 (格式化整数) 使用以下方法头编写一个方法, 用于将整数格式化为指定宽度:

public static String format(**int** number, **int** width)

该方法为数字 number 返回一个前缀为一个或多个 0 的字符串。字符串的位数就是宽度。比如, format(34,4) 返回 0034, 而 format(34,5) 返回 00034。如果数字长于指定宽度, 该方法返回数字的字符串表示。比如, format(34,1) 返回 34。

编写测试程序, 提示用户输入一个数字及其宽度, 显示调用 format (number,width) 返回的字符串。

*6.38 (生成随机字符) 使用程序清单 6-10 RandomCharacter 中的方法打印 100 个大写字母和 100 个一位数字, 每行打印 50 个。

6.39 (几何: 点的位置) 编程练习题 3.32 演示了如何测试一个点是否在一个有向直线的左侧、右侧, 或在该直线上。使用以下方法头编写该方法:

```
/** Return true if point (x2, y2) is on the left side of the
 *  directed line from (x0, y0) to (x1, y1) */
public static boolean leftOfTheLine(double x0, double y0,
    double x1, double y1, double x2, double y2)

/** Return true if point (x2, y2) is on the same
 *  line from (x0, y0) to (x1, y1) */
public static boolean onTheSameLine(double x0, double y0,
    double x1, double y1, double x2, double y2)

/** Return true if point (x2, y2) is on the
 *  line segment from (x0, y0) to (x1, y1) */
public static boolean onTheLineSegment(double x0, double y0,
    double x1, double y1, double x2, double y2)
```

编写程序, 提示用户输入三个点 p0、p1 和 p2, 然后显示 p2 是否位于从 p0 到 p1 的直线的左侧、右侧、直线上, 或者线段上。下面是一些运行示例:

```
Enter three points for p0, p1, and p2: 1 1 2 2 1.5 1.5 ↵Enter
(1.5, 1.5) is on the line segment from (1.0, 1.0) to (2.0, 2.0)
```

```
Enter three points for p0, p1, and p2: 1 1 2 2 3 3 ↵Enter
(3.0, 3.0) is on the same line from (1.0, 1.0) to (2.0, 2.0)
```

```
Enter three points for p0, p1, and p2: 1 1 2 2 1 1.5 ↵Enter
(1.0, 1.5) is on the left side of the line
    from (1.0, 1.0) to (2.0, 2.0)
```

```
Enter three points for p0, p1, and p2: 1 1 2 2 1 -1 ↵Enter
(1.0, -1.0) is on the right side of the line
    from (1.0, 1.0) to (2.0, 2.0)
```

第 7 章

Introduction to Java Programming and Data Structures, Comprehensive Version, Twelfth Edition

一 维 数 组

教学目标
- 描述为什么数组在程序设计中是必需的（7.1 节）。
- 声明数组引用变量以及创建数组（7.2.1 和 7.2.2 节）。
- 使用 arrayRefVar.length 获得数组的大小，了解数组的默认值（7.2.3 节）。
- 使用下标访问数组元素（7.2.4 节）。
- 利用数组初始化简写语句声明、创建和初始化数组（7.2.5 节）。
- 编写程序实现常见的数组操作（显示数组，对所有元素求和，求最小和最大元素，随机打乱和移位元素）（7.2.6 节）。
- 使用 foreach 循环简化程序设计（7.2.7 节）。
- 在应用程序（AnalyzeNumbers 和 DeckOfCards）开发中应用数组（7.3 和 7.4 节）。
- 将一个数组的内容复制到另一个数组中（7.5 节）。
- 开发和调用带数组参数和数组返回值的方法（7.6～7.8 节）。
- 定义带变长参数列表的方法（7.9 节）。
- 使用线性查找算法（7.10.1 节）或二分查找算法（7.10.2 节）查找数组的元素。
- 使用选择排序方式对数组排序（7.11 节）。
- 使用 java.util.Arrays 类中的方法（7.12 节）。
- 从命令行传参数给主方法（7.13 节）。

7.1 引言

☞ **要点提示**：单个数组变量可以引用大量数据。

在执行程序的过程中经常需要存储大量的数据。例如，假设需要读取 100 个数并计算它们的平均值，然后找出有多少个数大于平均值。首先，程序读入这些数并且计算它们的平均值，然后将每个数与平均值进行比较，判断它是否大于平均值。为了完成这个任务，必须将全部的数据存储到变量中。不得不声明 100 个变量并且重复书写 100 次几乎完全相同的代码。这样编写程序是不切实际的，那么该如何解决这个问题呢？

这就需要一个高效的组织良好的方法。Java 和许多其他高级语言都提供了一种称作数组（array）的数据结构，可以用它来存储一个元素个数固定且类型相同的有序集合。在当前这个例子中，可以将所有 100 个数存储在一个数组中，并且通过一个一维数组变量访问它。

本章介绍一维数组。下一章将介绍二维数组和多维数组。

7.2 数组基础

☞ **要点提示**：一旦数组被创建，它的大小就固定了。可以使用一个数组引用变量和下标来访问数组中的元素。

数组用于存储数据集合，但通常我们发现将数组视为相同类型的变量集合更为有用。无须声明单个变量，例如：number0, number1, …, number99, 只要声明一个数组变量 numbers, 并且用 numbers[0], numbers[1], …, numbers[99] 来表示各个变量即可。本节介绍如何声明数组变量、创建数组以及应用下标处理数组。

7.2.1 声明数组变量

为了在程序中使用数组，必须声明一个引用数组的变量并指定数组的元素类型。下面是声明数组变量的语法：

```
elementType[] arrayRefVar;
```

或者

```
elementType arrayRefVar[]; // Allowed, but not preferred
```

elementType 可以是任意数据类型，但是数组中的所有元素必须具有相同的数据类型。例如：下面的代码声明了一个变量 myList, 它引用一个具有 double 型元素的数组。

```
double[] myList;
```

或者

```
double myList[]; // Allowed, but not preferred
```

> **注意**：也可以用 elementType arrayRefVar[] 来声明数组变量。这种来自 C/C++ 语言的风格被 Java 采纳以适用于 C/C++ 程序员。推荐使用 elementType[] arrayRefVar 风格。

7.2.2 创建数组

不同于声明基本数据类型变量，声明一个数组变量时并不会给数组分配任何内存空间。它只是创建一个对数组引用的存储位置。如果变量不包含对数组的引用，那么这个变量的值为 null。除非数组已经被创建，否则不能给它分配任何元素。声明数组变量之后，可以采用以下语法，用 new 操作符创建数组并将其引用赋给一个变量：

```
arrayRefVar = new elementType[arraySize];
```

这条语句做了两件事情：1) 使用 new elementType[arraySize] 创建一个数组；2) 把这个新创建的数组的引用赋值给变量 arrayRefVar。

声明一个数组变量、创建数组、将数组引用赋值给变量这三个步骤可以合并在一条语句里，如下所示：

```
elementType[] arrayRefVar = new elementType[arraySize];
```

或

```
elementType arrayRefVar[] = new elementType[arraySize];
```

下面是使用这种语句的一个例子：

```
double[] myList = new double[10];
```

这条语句声明了一个数组变量 myList, 创建了一个由 10 个 double 型元素构成的数组，并将该数组的引用赋值给 myList。使用以下语法给元素赋值：

```
arrayRefVar[index] = value;
```

例如，下面的代码初始化数组：

```
myList[0] = 5.6;
myList[1] = 4.5;
myList[2] = 3.3;
myList[3] = 13.2;
myList[4] = 4.0;
myList[5] = 34.33;
myList[6] = 34.0;
myList[7] = 45.45;
myList[8] = 99.993;
myList[9] = 11123;
```

图 7-1 展示了这个数组。

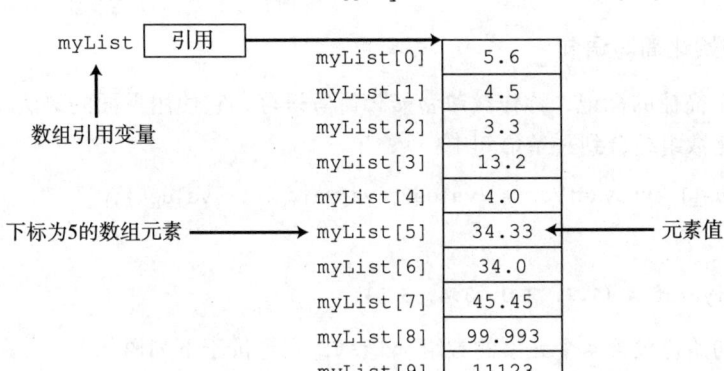

图 7-1 数组 myList 包含 10 个 double 型元素，其下标为从 0 到 9 的 int 型

> **注意**：数组变量看起来似乎是存储了一个数组，但实际上它存储的是指向数组的引用。严格来讲，一个数组变量和一个数组是不同的，但多数情况下它们的差别是可以忽略的。因此，为了简化，通常可以说 myList 是一个数组，而不用更长的陈述：myList 是一个包含了对 double 型元素的数组的引用的变量。

7.2.3 数组大小和默认值

分配数组空间时，必须指定数组大小，从而指定其中可存储的元素个数。创建数组之后就不能再修改其大小。可以使用 arrayRefVar.length 得到数组的大小。例如：myList.length 为 10。

创建数组后，其元素被赋予默认值，数值型基本数据类型的默认值为 0，char 型的默认值为 '\u0000'，boolean 型的默认值为 false。

7.2.4 访问数组元素

数组元素可以通过下标访问。数组下标从 0 开始，也就是说，其范围从 0 到 arrayRefVar.length-1。例如，在图 7-1 的例子中，数组 myList 包含 10 个 double 值，下标从 0 到 9。

数组中的每个元素都可以使用下面的语法表示，称为下标变量（indexed variable）：

```
arrayRefVar[index];
```

例如：myList[9] 代表数组 myList 的最后一个元素。

☞ **警告**：一些语言使用圆括号引用数组元素，例如 myList(9)。而 Java 语言使用方括号，例如 myList[9]。

创建数组后，下标变量与正常变量的使用方法相同。例如：下面的代码将 myList[0] 和 myList[1] 的值相加赋给 myList[2]。

```
myList[2] = myList[0] + myList[1];
```

下面的循环将 0 赋给 myList[0]，1 赋给 myList[1]，…，9 赋给 myList[9]：

```java
for (int i = 0; i < myList.length; i++) {
  myList[i] = i;
}
```

7.2.5 数组初始化简写语句

Java 有一个简捷的标记，称作数组初始化简写语句，它使用下面的语法将声明数组、创建数组和初始化数组结合到一条语句中：

```
elementType[] arrayRefVar = {value0, value1, ..., valuek};
```

例如，语句

```java
double[] myList = {1.9, 2.9, 3.4, 3.5};
```

声明、创建并初始化包含 4 个元素的数组 myList，它等价于下列语句：

```java
double[] myList = new double[4];
myList[0] = 1.9;
myList[1] = 2.9;
myList[2] = 3.4;
myList[3] = 3.5;
```

☞ **警告**：数组初始化简写语句中不使用操作符 new。使用数组初始化简写语句时，必须将声明、创建和初始化数组放在一条语句中。将它们分开写会产生语法错误。因此，下面的语句是错误的：

```java
double[] myList;
myList = {1.9, 2.9, 3.4, 3.5}; // Wrong
```

7.2.6 处理数组

处理数组元素时经常会用到 for 循环，理由有以下两点：

1）数组中所有元素都是同一类型的。可以使用循环以同样的方式反复处理这些元素。

2）由于数组的大小是已知的，所以使用 for 循环很自然。

假设创建了如下数组：

```java
double[] myList = new double[10];
```

下面是一些处理数组的例子：

1）使用输入值初始化数组：下面的循环使用用户输入值初始化数组 myList。

```
java.util.Scanner input = new java.util.Scanner(System.in);
System.out.print("Enter " + myList.length + " values: ");
for (int i = 0; i < myList.length; i++)
  myList[i] = input.nextDouble();
```

2)使用随机值初始化数组:下面的循环使用 0.0 到 100.0 之间但小于 100.0 的随机值初始化数组 myList。

```
for (int i = 0; i < myList.length; i++) {
  myList[i] = Math.random() * 100;
}
```

3)显示数组:要打印数组,必须使用类似下面的循环来打印数组中的每个元素。

```
for (int i = 0; i < myList.length; i++) {
  System.out.print(myList[i] + " ");
}
```

提示:可以使用一条打印语句打印 char[] 类型的数组。例如,下面的代码显示 Dallas:

```
char[] city = {'D', 'a', 'l', 'l', 'a', 's'};
System.out.println(city);
```

4)对所有元素求和:使用名为 total 的变量存储总和。total 的初始值为 0。使用如下循环将数组中的每个元素加到 total 中:

```
double total = 0;
for (int i = 0; i < myList.length; i++) {
  total += myList[i];
}
```

5)找出最大元素:使用名为 max 的变量存储最大元素。将 max 的值初始化为 myList[0]。为了找出数组 myList 中的最大元素,将每个元素与 max 比较,如果该元素大于 max,则更新 max。

```
double max = myList[0];
for (int i = 1; i < myList.length; i++) {
  if (myList[i] > max) max = myList[i];
}
```

6)找出最大元素的最小下标值:你会经常需要找出数组中的最大元素。如果数组中包含多个最大元素,那么找出该最大元素的最小下标值。假设数组 myList 为 {1,5,3,4,5,5}。最大元素为 5, 5 的最小下标为 1。使用变量 max 存储最大元素,使用变量 indexOfMax 代表最大元素的下标。将 max 的值初始化为 myList[0],将 indexOfMax 的值初始化为 0。将 myList 中的每个元素与 max 比较,如果这个元素大于 max,则更新 max 和 indexOfMax。

```
double max = myList[0];
int indexOfMax = 0;
for (int i = 1; i < myList.length; i++) {
  if (myList[i] > max) {
    max = myList[i];
    indexOfMax = i;
  }
}
```

7)随机打乱:在很多应用程序中,需要对数组中的元素进行随机的重新排序。这称作打乱（shuffling）。为实现这种功能，可以针对每个元素 myList[i] 随意产生一个下标 j，并将 myList[i] 和 myList[j] 互换，如下所示：

```java
for (int i = 0; i < myList.length - 1; i++) {
   // Generate an index j randomly
   int j = (int)(Math.random()
     * myList.length);

   // Swap myList[i] with myList[j]
   double temp = myList[i];
   myList[i] = myList[j];
   myList[j] = temp;
}
```

8) 移位元素：有时需要向左或向右移动元素。这里的例子将元素向左移动一个位置，并用第一个元素填充最后一个元素：

```java
double temp = myList[0]; // Retain the first element

// Shift elements left
for (int i = 1; i < myList.length; i++) {
   myList[i - 1] = myList[i];
}

// Move the first element to fill in the last position
myList[myList.length - 1] = temp;
```

9) 简化编码：对某些任务来说，使用数组可以极大地简化编码。例如，假设你希望通过给定月份的数字来得到该月份的英文名称。如果月份名称保存在一个数组中，给定月份的名称就可以简单地通过下标获得。下面的代码提示用户输入一个月份数字，然后显示它的月份名称：

```java
String[] months = {"January", "February",..., "December"};
System.out.print("Enter a month number (1 to 12): ");
int monthNumber = input.nextInt();
System.out.println("The month is " + months[monthNumber - 1]);
```

如果不使用 months 数组，则只能使用一个很长的多分支 if-else 语句来确定月份名称，如下所示：

```java
if (monthNumber == 1)
   System.out.println("The month is January");
else if (monthNumber == 2)
   System.out.println("The month is February");
...
else
   System.out.println("The month is December");
```

7.2.7 foreach 循环

Java 支持称为 foreach 循环的简洁 for 循环，从而不使用下标变量就可以顺序遍历整个数组。例如，下面的代码显示数组 myList 的所有元素：

```java
for (double e: myList) {
   System.out.println(e);
}
```

此代码可以读作"对 myList 中的每个元素 e 执行以下操作"。注意，变量 e 必须声明为与 myList 中元素相同的数据类型。

通常，foreach 循环的语法为：

```
for (elementType element: arrayRefVar) {
   // Process the element
}
```

但当需要以其他顺序遍历数组或改变数组中的元素时，还是必须使用下标变量。

⚠ **警告**：数组访问越界是常见的程序设计错误，它会抛出一个运行时错误 ArrayIndexOutOfBoundsException。为了避免这类错误，应确保使用的下标不超过 arrayRefVar.length-1，或者尽可能使用 foreach 循环。

程序员经常错误地使用下标 1 引用数组的第一个元素，但实际上第一个元素的下标应该是 0。这称为下标差一错误（off-by-one error）。另一种常犯的差一错误是在循环中应该使用 < 的地方误用了 <=。例如，下面的循环是错误的：

```
for (int i = 0; i <= list.length; i++)
   System.out.print(list[i] + " ");
```

应该用 < 替换 <=。这种情形下，使用 foreach 循环可以避免差一错误。

✔ **复习题**

7.2.1 如何声明一个数组引用变量，如何创建一个数组？

7.2.2 什么时候为数组分配内存？

7.2.3 判断下列语句的对错：

　　a. 数组中的每个元素都有相同的类型。

　　b. 一旦声明数组引用变量，其大小就不能改变。

　　c. 一旦创建数组，其大小就不能改变。

　　d. 数组中的元素必须是基本数据类型。

7.2.4 下面代码的输出是什么？

```
int x = 30;
int[] numbers = new int[x];
x = 60;
System.out.println("x is " + x);
System.out.println("The size of numbers is " + numbers.length);
```

7.2.5 如何访问数组的元素？

7.2.6 数组下标的类型是什么？最小的下标是多少？如何表示名为 a 的数组的第三个元素？

7.2.7 以下哪些语句是合法的？

　　a. **int** i = **new int**(30);
　　b. **double** d[] = **new double**[30];
　　c. **char**[] r = **new char**(1..30);
　　d. **int** i[] = (3, 4, 3, 2);
　　e. **float** f[] = {2.3, 4.5, 6.6};
　　f. **char**[] c = **new char**();

7.2.8 编写语句完成以下任务：

　　a. 创建一个包含 10 个 **double** 值的数组。

　　b. 将 5.5 赋值给数组中的最后一个元素。

　　c. 显示数组中前两个元素的和。

　　d. 编写循环计算数组中所有元素的和。

　　e. 编写循环找出数组的最小元素。

f. 随机产生一个下标，然后显示该下标所对应的数组元素。

g. 使用数组初始化简写语句创建另一个初始值为 3.5、5.5、4.52 和 5.6 的数组。

7.2.9 当程序尝试访问下标不合法的数组元素时会发生什么？

7.2.10 找出并修改以下代码中的错误：

```
1  public class Test {
2    public static void main(String[] args) {
3      double[100] r;
4
5      for (int i = 0; i < r.length(); i++);
6        r(i) = Math.random * 100;
7    }
8  }
```

7.2.11 以下代码的输出是什么？

```
1   public class Test {
2     public static void main(String[] args) {
3       int list[] = {1, 2, 3, 4, 5, 6};
4       for (int i = 1; i < list.length; i++)
5         list[i] = list[i - 1];
6
7       for (int i = 0; i < list.length; i++)
8         System.out.print(list[i] + " ");
9     }
10  }
```

7.3 示例学习：分析数字

要点提示：编写一个程序，得出有多少项大于平均值。

现在你可以编写程序来解决本章开始时提出的问题了。要解决的问题是，读取 100 个数，计算这些数的平均值并得出大于平均值的项的个数。为了能更灵活地处理任意数量的输入，我们让用户给出输入的数量，而不是固定为 100。程序清单 7-1 给出了一个解答。

程序清单 7-1 AnalyzeNumbers.java

```
1   public class AnalyzeNumbers {
2     public static void main(String[] args) {
3       java.util.Scanner input = new java.util.Scanner(System.in);
4       System.out.print("Enter the number of items: ");
5       int n = input.nextInt();
6       double[] numbers = new double[n];
7       double sum = 0;
8
9       System.out.print("Enter the numbers: ");
10      for (int i = 0; i < n; i++) {
11        numbers[i] = input.nextDouble();
12        sum += numbers[i];
13      }
14
15      double average = sum / n;
16
17      int count = 0; // The number of elements above average
18      for (int i = 0; i < n; i++)
19        if (numbers[i] > average)
20          count++;
```

```
21
22      System.out.println("Average is " + average);
23      System.out.println("Number of elements above the average is "
24        + count);
25    }
26 }
```

```
Enter the number of items: 10 ↵Enter
Enter the numbers: 3.4 5 6 1 6.5 7.8 3.5 8.5 6.3 9.5 ↵Enter
Average is 5.75
Number of elements above the average is 6
```

程序提示用户输入数组的大小（第 5 行），然后根据该指定大小创建一个数组（第 6 行）。程序读取输入，将输入数字保存到该数组中（第 11 行），并在第 12 行代码中将每个数字加到 sum 上，得到平均值（第 15 行）。接着，程序将数组中的每个数字与平均值比较，计算得到大于平均值的数字个数（第 17～20 行）。

7.4 示例学习：一副牌

要点提示：要解决的问题是，编写一个程序，从一副牌中随机选出 4 张牌。

要从一副 52 张的牌中随机选出 4 张牌，可以用一个名为 deck 的数组表示所有的牌，数组的初始值用 0 到 51 来填充，如下所示：

```
int[] deck = new int[52];

// Initialize cards
for (int i = 0; i < deck.length; i++)
  deck[i] = i;
```

从 0 到 12、13 到 25、26 到 38 以及 39 到 51 的牌号分别表示 13 张黑桃、13 张红桃、13 张方块、13 张梅花，如图 7-2 所示。cardNumber/13 决定牌的花色，而 cardNumver%13 决定牌的大小，如图 7-3 所示。在打乱数组 deck 后，从 deck 中选出前四张牌。程序显示这四张牌号所对应的牌。

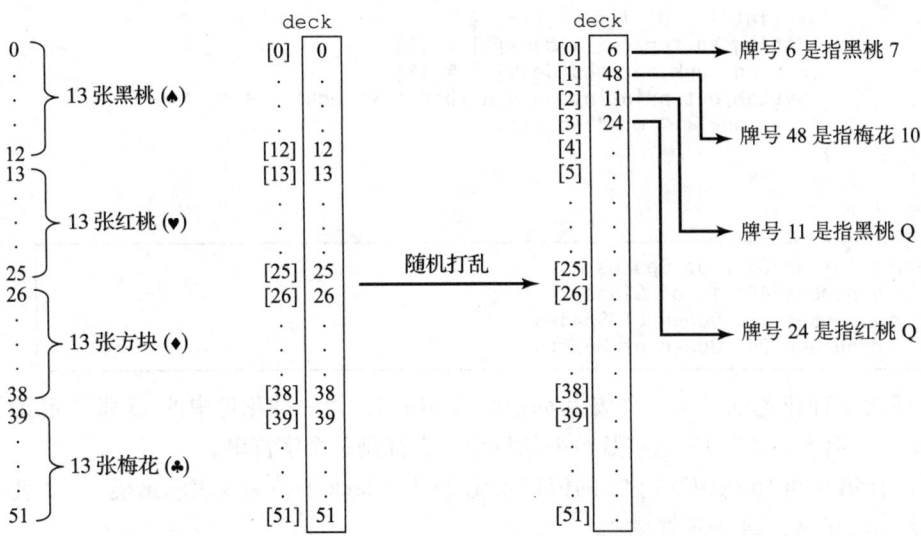

图 7-2 52 张牌存储在一个名为 deck 的数组中

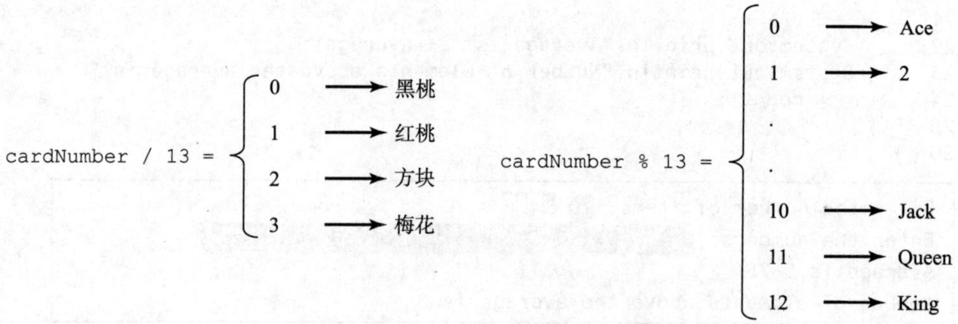

$$\text{cardNumber} / 13 = \begin{cases} 0 \longrightarrow 黑桃 \\ 1 \longrightarrow 红桃 \\ 2 \longrightarrow 方块 \\ 3 \longrightarrow 梅花 \end{cases} \qquad \text{cardNumber} \% 13 = \begin{cases} 0 \longrightarrow \text{Ace} \\ 1 \longrightarrow 2 \\ \vdots \\ 10 \longrightarrow \text{Jack} \\ 11 \longrightarrow \text{Queen} \\ 12 \longrightarrow \text{King} \end{cases}$$

图 7-3 CardNumber 确定一张牌的花色和大小

程序清单 7-2 给出了该问题的解决方案。

程序清单 7-2 DeckOfCards.java

```java
public class DeckOfCards {
  public static void main(String[] args) {
    int[] deck = new int[52];
    String[] suits = {"Spades", "Hearts", "Diamonds", "Clubs"};
    String[] ranks = {"Ace", "2", "3", "4", "5", "6", "7", "8", "9",
      "10", "Jack", "Queen", "King"};

    // Initialize the cards
    for (int i = 0; i < deck.length; i++)
      deck[i] = i;

    // Shuffle the cards
    for (int i = 0; i < deck.length; i++) {
      // Generate an index randomly
      int index = (int)(Math.random() * deck.length);
      int temp = deck[i];
      deck[i] = deck[index];
      deck[index] = temp;
    }

    // Display the first four cards
    for (int i = 0; i < 4; i++) {
      String suit = suits[deck[i] / 13];
      String rank = ranks[deck[i] % 13];
      System.out.println("Card number " + deck[i] + ": "
        + rank + " of " + suit);
    }
  }
}
```

```
Card number 6: 7 of Spades
Card number 48: 10 of Clubs
Card number 11: Queen of Spades
Card number 24: Queen of Hearts
```

程序为四种花色创建了一个数组 suits（第 4 行），为一种花色中的 13 张牌定义了一个数组 ranks（第 5 和 6 行）。这些数组中的每个元素都是一个字符串。

程序在第 9 和 10 行用 0 到 51 的值初始化 deck。deck 的值为 0 表示黑桃 A，1 表示黑桃 2，13 表示红桃 A，14 表示红桃 2。

第 13～19 行随意地打乱这副牌。在牌被打乱后，deck[i] 中放的是一个任意的值。

deck[i]/13 的值为 0、1、2 或 3，该值确定这张牌是哪种花色（第 23 行）。deck[i]%13 的值在 0 到 12 之间，该值确定这张牌的大小（第 24 行）。如果没有定义 suits 数组，你将不得不用比较冗长的多分支 if-else 语句来确定花色，如下所示：

```
if (deck[i] / 13 == 0)
  System.out.print("suit is Spades");
else if (deck[i] / 13 == 1)
  System.out.print("suit is Hearts");
else if (deck[i] / 13 == 2)
  System.out.print("suit is Diamonds");
else
  System.out.print("suit is Clubs");
```

有了创建的数组 suits = {"Spades","Hearts","Diamonds","Clubs"}，suits[deck[i]/13] 给出了 deck[i] 的花色。使用数组极大地简化了该程序的实现。

✔ 复习题

7.4.1 如果将程序清单 7-2 中的第 22 ～ 27 行替换为以下代码，程序还会挑选出来四张随机牌吗？

```
for (int i = 0; i < 4; i++) {
  int cardNumber = (int)(Math.random() * deck.length);
  String suit = suits[cardNumber / 13];
  String rank = ranks[cardNumber % 13];
  System.out.println("Card number " + cardNumber + ": "
    + rank + " of " + suit);
}
```

7.5 复制数组

⌐ 要点提示：要将一个数组中的内容复制到另外一个数组中，需要将数组的每个元素复制到另外一个数组中。

在程序中经常需要复制一个数组或数组的一部分。这种情况下，你可能会尝试使用赋值语句（=），如下所示：

```
list2 = list1;
```

该语句并不能将 list1 引用的数组内容复制给 list2，而只是将 list1 的引用值复制给 list2。在这条语句之后，list1 和 list2 都指向同一个数组，如图 7-4 所示。list2 原先所引用的数组不能被引用，变成了垃圾，会被 Java 虚拟机自动回收（这个过程称为垃圾回收）。

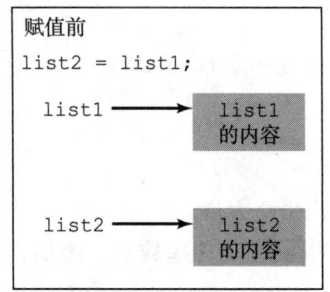
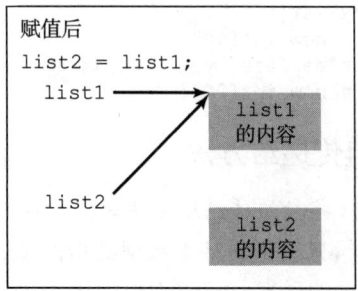

图 7-4 赋值语句执行前，list1 和 list2 指向各自的内存位置。在赋值之后，数组 list1 的引用传递给 list2

Java 中可以使用赋值语句复制基本数据类型的变量,但不能复制数组。将一个数组变量赋值给另一个数组变量,实际上是将一个数组的引用复制给另一个变量,使两个变量都指向相同的内存位置。

复制数组有三种方法:

1)使用循环语句逐个地复制数组的元素。
2)使用 System 类中的静态方法 arraycopy。
3)使用 clone 方法复制数组,这将在第 13 章中介绍。

可以使用循环将源数组中的每个元素复制到目标数组中的对应元素。例如,下述代码使用 for 循环将 sourceArray 复制到 targetArray:

```java
int[] sourceArray = {2, 3, 1, 5, 10};
int[] targetArray = new int[sourceArray.length];
for (int i = 0; i < sourceArray.length; i++) {
  targetArray[i] = sourceArray[i];
}
```

另一种方式是使用 java.lang.System 类的 arraycopy 方法复制数组,而不是使用循环。arraycopy 的语法如下所示:

```
arraycopy(sourceArray, srcPos, targetArray, tarPos, length);
```

其中,参数 srcPos 和 tarPos 分别表示源数组 sourceArray 和目标数组 targetArray 中的起始位置。从 sourceArray 复制到 targetArray 中的元素个数由参数 length 指定。例如,可以使用下面的语句改写上述循环:

```
System.arraycopy(sourceArray, 0, targetArray, 0, sourceArray.length);
```

arraycopy 方法没有给目标数组分配内存空间。复制前必须创建目标数组并给它分配内存空间。复制完成后,sourceArray 和 targetArray 具有相同的内容但位于独立的内存空间。

注意:arraycopy 方法违反了 Java 命名习惯。根据命名习惯,该方法应该命名为 arrayCopy(即字母 C 大写)。

复习题

7.5.1 使用 arraycopy 方法将下面的数组复制到目标数组 t 中:

```java
int[] source = {3, 4, 5};
```

7.5.2 一旦数组被创建,它的大小就不能被更改。那么下面的代码是否重设了数组的大小呢?

```java
int[] myList;
myList = new int[10];
// Sometime later you want to assign a new array to myList
myList = new int[20];
```

7.6 将数组传递给方法

要点提示:将数组传递给方法时,数组的引用被传给方法。

正如可以给方法传递基本数据类型的值,也可以给方法传递数组。例如,下面的方法显示 int 型数组中的元素:

```java
public static void printArray(int[] array) {
  for (int i = 0; i < array.length; i++) {
```

```
        System.out.print(array[i] + " ");
    }
}
```

可以通过传递一个数组调用上面的方法。例如，下面的语句调用 printArray 方法显示 3、1、2、6、4 和 2：

```
printArray(new int[]{3, 1, 2, 6, 4, 2});
```

☞ **注意**：前面的语句使用下述语法创建数组：

```
new elementType[]{value0, value1, ..., valuek};
```

该数组没有显式地引用变量，这样的数组称为匿名数组（anonymous array）。

Java 使用按值传递（pass-by-value）的方式将实参传递给方法。传递基本数据类型变量值与传递数组有很大的不同。

- 对于基本数据类型参数，传递的是实参的值。
- 对于数组类型参数，参数值是数组的引用，传递给方法的是这个引用。从语义上来讲，最好描述为传递共享信息（pass-by-sharing），即方法中的数组和传递的数组是同一个。因此，如果改变方法中的数组，将会看到方法外的数组也改变了。

例如，采用下面的代码：

```
public class TestArrayArguments {
  public static void main(String[] args) {
    int x = 1; // x represents an int value
    int[] y = new int[10]; // y represents an array of int values

    m(x, y); // Invoke m with arguments x and y

    System.out.println("x is " + x);
    System.out.println("y[0] is " + y[0]);
  }

  public static void m(int number, int[] numbers) {
    number = 1001; // Assign a new value to number
    numbers[0] = 5555; // Assign a new value to numbers[0]
  }
}
```

```
x is 1
y[0] is 5555
```

你可能会觉得困惑，为什么在调用 m 之后 x 仍然是 1，但 y[0] 却变成了 5555。这是因为尽管 y 和 numbers 是两个独立的变量，但它们指向同一数组，如图 7-5 所示。当调用 m(x,y) 时，x 和 y 的值传递给 number 和 numbers。因为 y 包含数组的引用值，所以 numbers 现在包含的是指向同一数组的相同引用值。

☞ **注意**：在 Java 中，数组是对象（对象将在第 9 章介绍）。JVM 将对象存储在一个称作堆（heap）的内存区域中，堆用于动态内存分配。

程序清单 7-3 给出另外一个例子，说明传递基本数据类型值与传递数组引用变量给方法的不同之处。

程序包含两个交换数组中元素的方法。第一个方法名为 swap，它没能将两个整型参数交换。第二个方法名为 swapFirstTwoInArray，它成功地将数组参数中的前两个元素进行了交换。

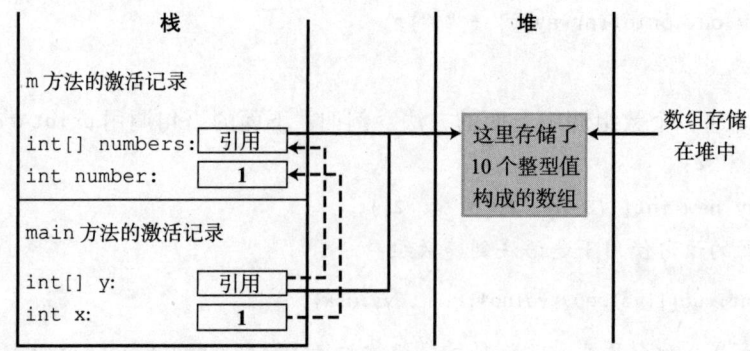

图 7-5 x 中的基本类型值被传递给 number，而 y 中的引用值被传递给 numbers

程序清单 7-3 TestPassArray.java

```java
 1  public class TestPassArray {
 2    /** Main method */
 3    public static void main(String[] args) {
 4      int[] a = {1, 2};
 5  
 6      // Swap elements using the swap method
 7      System.out.println("Before invoking swap");
 8      System.out.println("array is {" + a[0] + ", " + a[1] + "}");
 9      swap(a[0], a[1]);
10      System.out.println("After invoking swap");
11      System.out.println("array is {" + a[0] + ", " + a[1] + "}");
12  
13      // Swap elements using the swapFirstTwoInArray method
14      System.out.println("Before invoking swapFirstTwoInArray");
15      System.out.println("array is {" + a[0] + ", " + a[1] + "}");
16      swapFirstTwoInArray(a);
17      System.out.println("After invoking swapFirstTwoInArray");
18      System.out.println("array is {" + a[0] + ", " + a[1] + "}");
19    }
20  
21    /** Swap two variables */
22    public static void swap(int n1, int n2) {
23      int temp = n1;
24      n1 = n2;
25      n2 = temp;
26    }
27  
28    /** Swap the first two elements in the array */
29    public static void swapFirstTwoInArray(int[] array) {
30      int temp = array[0];
31      array[0] = array[1];
32      array[1] = temp;
33    }
34  }
```

```
Before invoking swap
array is {1, 2}
After invoking swap
array is {1, 2}
Before invoking swapFirstTwoInArray
array is {1, 2}
After invoking swapFirstTwoInArray
array is {2, 1}
```

如图 7-6 所示，使用 swap 方法没能交换两个元素。但是，使用 swapFirstTwoInArray 方法就实现了交换。因为 swap 方法中的参数为基本数据类型，所以调用 swap(a[0]，a[1]) 时，a[0] 和 a[1] 的值传给了方法内部的 n1 和 n2。n1 和 n2 的内存位置独立于 a[0] 和 a[1] 的内存位置。调用该方法没有影响数组的内容。

swapFirstTwoInArray 方法的参数是一个数组。如图 7-6 所示，数组的引用传给方法。这样，变量 a（方法外）和 array（方法内）都指向在同一内存位置中的同一个数组。因此，在方法 swapFirstTwoInArray 内交换 array[0] 与 array[1] 和在方法外交换 a[0] 与 a[1] 是一样的。

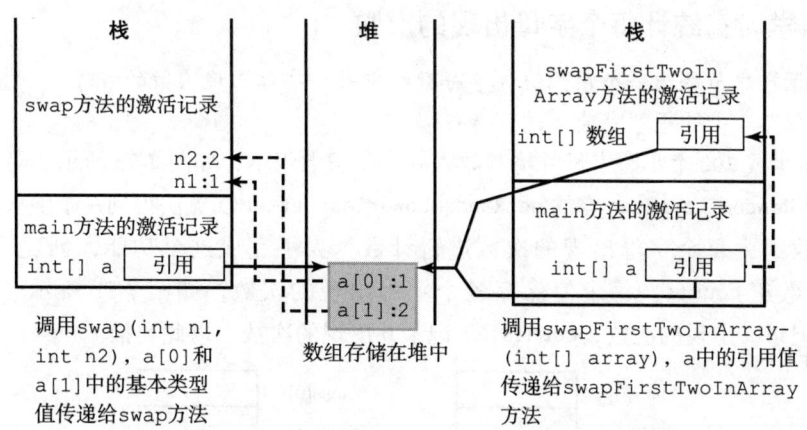

图 7-6 将数组传给方法时，是数组的引用传给了方法

复习题

7.6.1 下面的说法是真还是假：将数组传递给方法时，一个新的数组被创建并且传递给方法。

7.7 方法返回数组

要点提示：当方法返回一个数组时，数组的引用被返回。

可以在调用方法时向方法传递一个数组。方法也可以返回一个数组。例如，下面的方法返回一个与另一个数组相反的数组：

```
1  public static int[] reverse(int[] list) {
2    int[] result = new int[list.length];
3
4    for (int i = 0, j = result.length - 1;
5         i < list.length; i++, j--) {
6      result[j] = list[i];
7    }
8
9    return result;
10 }
```

第 2 行创建了一个新数组 result，第 4 ~ 7 行将数组 list 的元素复制到数组 result 中。第 9 行返回该数组。例如，下面的语句返回元素为 6、5、4、3、2、1 的新数组 list2。

```
int[] list1 = {1, 2, 3, 4, 5, 6};
int[] list2 = reverse(list1);
```

复习题

7.7.1 假设编写以下代码以反转数组中的内容，解释为什么它是错误的。如何进行修正？

```java
int[] list = {1, 2, 3, 5, 4};

for (int i = 0, j = list.length - 1; i < list.length; i++, j--) {
  // Swap list[i] with list[j]
  int temp = list[i];
  list[i] = list[j];
  list[j] = temp;
}
```

7.8 示例学习：统计每个字母出现的次数

☞ **要点提示**：本节给出一个用于统计字符数组中每个字母出现次数的程序。

程序清单 7-4 中的程序完成下述任务：

1）随机生成 100 个小写字母并将其放入一个字符数组中，如图 7-7a 所示。可以使用程序清单 6-10 中 RandomCharacter 类的 getRandomLowerCaseLetter() 方法得到一个随机字母。

2）对数组中每个字母出现的次数进行计数。为了完成这个功能，创建一个具有 26 个 int 值的数组 counts，每个值保存各个字母出现的次数，如图 7-7b 所示。也就是说，counts[0] 记录 a 出现的次数，counts[1] 记录 b 出现的次数，以此类推。

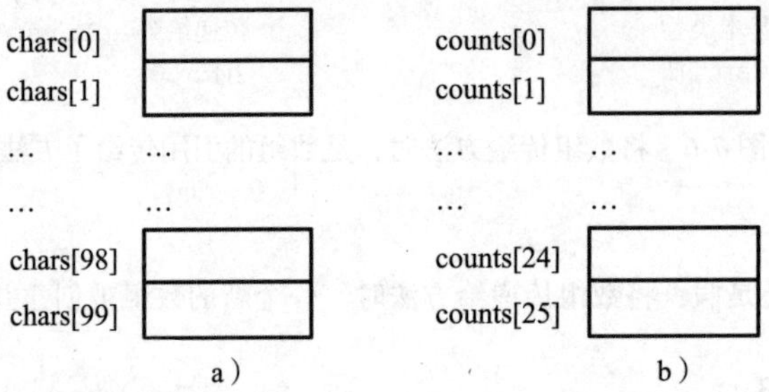

chars[0]		counts[0]	
chars[1]		counts[1]	
...	...	...	...
...	...	...	...
chars[98]		counts[24]	
chars[99]		counts[25]	
	a)		b)

图 7-7 数组 chars 存储 100 个字符，数组 counts 存储 26 个计数器变量，每个计数器变量对一个字母的出现次数进行计数

程序清单 7-4 CountLettersInArray.java

```java
 1  public class CountLettersInArray {
 2    /** Main method */
 3    public static void main(String[] args) {
 4      // Declare and create an array
 5      char[] chars = createArray();
 6
 7      // Display the array
 8      System.out.println("The lowercase letters are:");
 9      displayArray(chars);
10
11      // Count the occurrences of each letter
12      int[] counts = countLetters(chars);
13
14      // Display counts
15      System.out.println();
16      System.out.println("The occurrences of each letter are:");
17      displayCounts(counts);
```

```
18    }
19
20    /** Create an array of characters */
21    public static char[] createArray() {
22      // Declare an array of characters and create it
23      char[] chars = new char[100];
24
25      // Create lowercase letters randomly and assign
26      // them to the array
27      for (int i = 0; i < chars.length; i++)
28        chars[i] = RandomCharacter.getRandomLowerCaseLetter();
29
30      // Return the array
31      return chars;
32    }
33
34    /** Display the array of characters */
35    public static void displayArray(char[] chars) {
36      // Display the characters in the array 20 on each line
37      for (int i = 0; i < chars.length; i++) {
38        if ((i + 1) % 20 == 0)
39          System.out.println(chars[i]);
40        else
41          System.out.print(chars[i] + " ");
42      }
43    }
44
45    /** Count the occurrences of each letter */
46    public static int[] countLetters(char[] chars) {
47      // Declare and create an array of 26 int
48      int[] counts = new int[26];
49
50      // For each lowercase letter in the array, count it
51      for (int i = 0; i < chars.length; i++)
52        counts[chars[i] - 'a']++;
53
54      return counts;
55    }
56
57    /** Display counts */
58    public static void displayCounts(int[] counts) {
59      for (int i = 0; i < counts.length; i++) {
60        if ((i + 1) % 10 == 0)
61          System.out.println(counts[i] + " " + (char)(i + 'a'));
62        else
63          System.out.print(counts[i] + " " + (char)(i + 'a') + " ");
64      }
65    }
66  }
```

```
The lowercase letters are:
e y l s r i b k j v j h a b z n w b t v
s c c k r d w a m p w v u n q a m p l o
a z g d e g f i n d x m z o u l o z j v
h w i w n t g x w c d o t x h y v z y z
q e a m f w p g u q t r e n n w f c r f

The occurrences of each letter are:
5 a 3 b 4 c 4 d 4 e 4 f 4 g 3 h 3 i 3 j
2 k 3 l 4 m 6 n 4 o 3 p 3 q 4 r 2 s 4 t
3 u 5 v 8 w 3 x 3 y 6 z
```

createArray 方法（第 21 ~ 32 行）生成一个存放 100 个随机小写字母的数组。第 5 行调用该方法并将生成的数组赋值给 chars。如果将代码重写为如下形式，会出现什么错误？

```
char[] chars = new char[100];
chars = createArray();
```

这样将会创建两个数组。第一行使用 new char[100] 创建了一个数组。第二行通过调用 createArray() 也创建了一个数组，并将这个数组的引用赋值给 chars。第一行生成的数组就变成了"垃圾"，因为它不能再被引用。Java 在后台自动回收"垃圾"。程序可以正常地编译和运行，但它会创建一个不必要的数组。

调用 getRandomLowerCaseLetter()（第 28 行）返回一个随机小写字母。该方法是在程序清单 6-10 的 RandomCharacter 类中定义的。

countLetters 方法（第 46 ~ 55 行）返回一个包含 26 个 int 型值的数组，每个元素存放的是某个字母出现的次数。该方法处理数组中的每个字母，并将它对应的计数加 1。统计字母出现次数的穷举方法可以如下所示：

```
for (int i = 0; i < chars.length; i++)
  if (chars[i] == 'a')
    counts[0]++;
  else if (chars[i] == 'b')
    counts[1]++;
  ...
```

然而程序第 51 和 52 行给出了一个更好的解决方案。

```
for (int i = 0; i < chars.length; i++)
  counts[chars[i] - 'a']++;
```

如果字母（chars[i]）是 'a'，那么它对应的计数就是 counts['a'-'a']（即 counts[0]）。如果字母是 'b'，因为 'b' 的 Unicode 码比 'a' 的 Unicode 码大 1，所以它对应的计数为 counts['b'-'a']（即 counts[1]）。如果字母是 'z'，因为 'z' 的 Unicode 码比 'a' 的大 25，所以它对应的计数为 counts['z'-'a']（即 counts[25]）。

图 7-8 显示了在执行 createArray 方法的过程中和执行之后调用栈和堆的情况。参见复习题 7.8.3，可得到程序中其他方法调用栈和堆的演示。

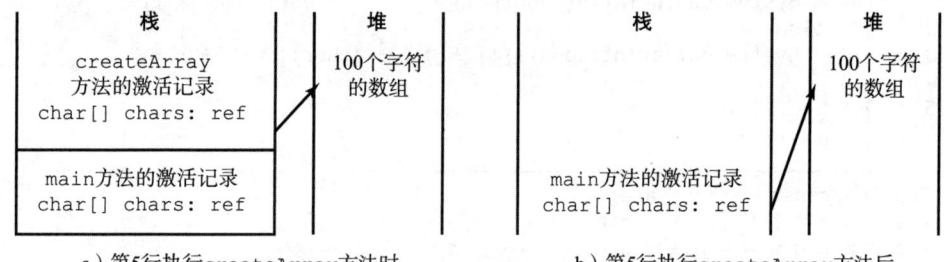

图 7-8　a) 执行 createArray 方法创建一个包含 100 个字符的数组；b) 在 main 方法中，该数组被返回并赋给变量 chars

✔ 复习题

7.8.1　给出以下两个程序的输出：

```java
public class Test {
  public static void main(String[] args) {
    int number = 0;
    int[] numbers = new int[1];

    m(number, numbers);

    System.out.println("number is " + number
      + " and numbers[0] is " + numbers[0]);
  }

  public static void m(int x, int[] y) {
    x = 3;
    y[0] = 3;
  }
}
```
a)

```java
public class Test {
  public static void main(String[] args) {
    int[] list = {1, 2, 3, 4, 5};
    reverse(list);
    for (int i = 0; i < list.length; i++)
      System.out.print(list[i] + " ");
  }

  public static void reverse(int[] list) {
    int[] newList = new int[list.length];

    for (int i = 0; i < list.length; i++)
      newList[i] = list[list.length - 1 - i];

    list = newList;
  }
}
```
b)

7.8.2 在程序执行过程中数组保存在哪里？给出程序清单 7-4 中执行 `displayArray`、`countLetters`、`displayCounts` 过程中以及执行之后堆和栈中的内容。

7.9 可变长参数列表

要点提示：可以将可变数量的相同类型的参数传递给方法，并将其视为数组。

可以将可变数量的相同类型的参数传递给方法。方法中的参数声明如下：

typeName... parameterName

在方法声明中，指定类型后紧跟着省略号 (...)。只能在方法中指定一个可变长参数，同时该参数必须是最后一个参数。任何常规参数必须在它之前。

Java 将可变长参数视为数组。可以将一个数组或数目可变的参数传递给可变长参数。当使用数目可变的参数调用方法时，Java 会创建一个数组并将参数传给它。程序清单 7-5 给出了打印个数不定的列表中最大值的方法。

程序清单 7-5 VarArgsDemo.java

```java
1  public class VarArgsDemo {
2    public static void main(String[] args) {
3      printMax(34, 3, 3, 2, 56.5);
4      printMax(new double[]{1, 2, 3});
5    }
6
7    public static void printMax(double... numbers) {
8      if (numbers.length == 0) {
9        System.out.println("No argument passed");
10       return;
11     }
12
13     double result = numbers[0];
14
15     for (int i = 1; i < numbers.length; i++)
16       if (numbers[i] > result)
17         result = numbers[i];
18
19     System.out.println("The max value is " + result);
20   }
21 }
```

第 3 行将一个可变长参数列表传给数组 numbers 来调用 printMax 方法。如果没有传递参数，数组的长度为 0（第 8 行）。

第 4 行传递一个数组调用 printMax 方法。

复习题

7.9.1 下面的方法头哪里有错误？

a. **public static void** print(String... strings, **double**... numbers)
b. **public static void** print(**double**... numbers, String name)
c. **public static double**... print(**double** d1, **double** d2)

7.9.2 可以使用下面的语句来调用程序清单 7-5 中的 printMax 方法吗？

a. printMax(1, 2, 2, 1, 4);
b. printMax(**new double**[]{1, 2, 3});
c. printMax(**new int**[]{1, 2, 3});

7.10 查找数组

> **要点提示**：对于一个排好序的数组，要查找其中的一个元素，二分查找比线性查找更高效。

查找（searching）是在数组中寻找特定元素的过程。例如，判断某一特定分数是否包括在成绩列表中。查找是计算机程序设计中常见的任务。有许多查找算法和数据结构。本节讨论两种常用的方法：线性查找（linear searching）和二分查找（binary searching）。

7.10.1 线性查找

线性查找将要查找的关键字 key 与数组中的元素逐个比较，直到在数组中找到与关键字匹配的元素，或者查完数组也没有匹配为止。如果匹配成功，线性查找返回与关键字匹配的元素在数组中的下标。如果没有匹配成功，则返回 -1。程序清单 7-6 中的 linearSearch 方法给出了实现过程：

程序清单 7-6 LinearSearch.java

```
 1  public class LinearSearch {
 2    /** The method for finding a key in the list */
 3    public static int linearSearch(int[] list, int key) {
 4      for (int i = 0; i < list.length; i++) {
 5        if (key == list[i])
 6          return i;
 7      }
 8      return -1;
 9    }
10  }
```

key 将关键字与 list[i]（i=0,1,…）进行比较

为了更好地理解这个方法，对下面的语句进行跟踪：

```
1  int[] list = {1, 4, 4, 2, 5, -3, 6, 2};
2  int i = linearSearch(list, 4);   // Returns 1
3  int j = linearSearch(list, -4);  // Returns -1
4  int k = linearSearch(list, -3);  // Returns 5
```

线性查找将关键字和数组中的每一个元素进行比较。数组中的元素可以按任意顺序排列。平均而言，如果关键字存在，该算法需要检验数组中一半的元素来找到它。由于线性查找法的执行时间随着数组元素个数的增长而线性增长，所以对于大数组而言，线性查找法的效率并不高。

7.10.2 二分查找

二分查找法是另一种常见的数值列表的查找方法。使用二分查找法的前提条件是数组中的元素必须已经排好序。假设数组已按升序排列。二分查找法首先将关键字与数组的中间元素进行比较。考虑下面三种情况：

- 如果关键字小于中间元素，只需要在数组的前一半元素中继续查找关键字。
- 如果关键字和中间元素相等，则匹配成功，查找结束。
- 如果关键字大于中间元素，只需要在数组的后一半元素中继续查找关键字。

显然，二分法在每次比较之后就排除了至少一半的数组元素。假设数组有 n 个元素。为方便起见，假设 n 是 2 的幂。第 1 次比较后，只剩下 n/2 个元素需要进一步查找；第 2 次比较后，剩下 (n/2)/2 个元素需要进一步查找。k 次比较后，需要查找的元素就剩下 $n/2^k$ 个。当 $k=\log_2 n$ 时，数组中只剩下 1 个元素，就只需要再比较 1 次。因此，在一个已经排好序的数组中用二分查找法查找一个元素，最坏的情况下也只需要 $\log_2 n+1$ 次比较。对于一个有 1024（2^{10}）个元素的数组，最坏情况下二分查找法只需要比较 11 次，而线性查找在最坏的情况下要比较 1024 次。

每次比较后，数组要查找的部分就会缩小一半。用 low 和 high 分别表示当前查找的数组的第一个下标和最后一个下标。开始时，low 为 0，而 high 为 list.length-1。用 mid 表示列表的中间元素的下标，因此 mid 为 (low + high)/2。图 7-9 演示了怎样使用二分法从列表 {2, 4, 7, 10, 11, 45, 50, 59, 60, 66, 69, 70, 79} 中找到关键字 11。

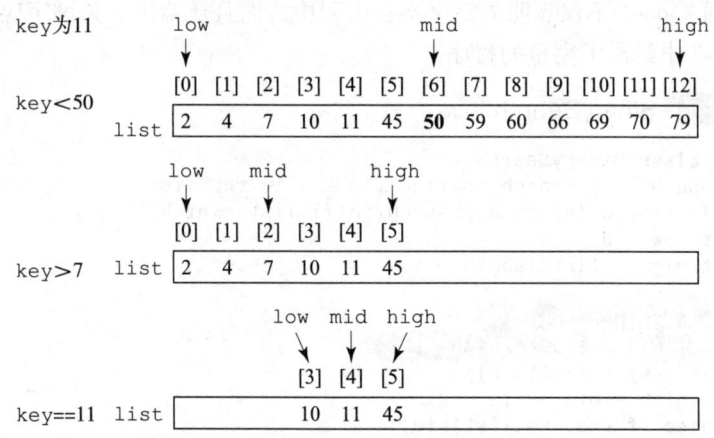

图 7-9 二分查找法在每次比较后，列表中需要进一步考虑的元素减少一半

现在知道了二分查找法是如何工作的。下一个任务就是用 Java 实现它。不要急于给出一个完整的实现，而是逐步实现，每次一步。可以从查找的第一次迭代开始，如图 7-10a 所示。它将关键字 key 和下标 low 为 0、下标 high 为 list.length-1 的列表的中间元素进行比较。如果 key<list[mid]，则将下标 high 设置为 mid-1；如果 key==list[mid]，则匹配成功并返回 mid；如果 key>list[mid]，则将下标 low 设置为 mid+1。

接下来考虑增加循环来实现这个方法，使其重复地完成查找，如图 7-10b 所示。如果找到了关键字，或者当 low>high 时还没有找到关键字，就结束查找。

```
public static int binarySearch(
  int[] list, int key) {
  int low = 0;
  int high = list.length - 1;

  int mid = (low + high) / 2;
  if (key < list[mid])
    high = mid - 1;
  else if (key == list[mid])
    return mid;
  else
    low = mid + 1;
}
```

a) 版本 1

```
public static int binarySearch(
  int[] list, int key) {
  int low = 0;
  int high = list.length - 1;

  while (high >= low) {
    int mid = (low + high) / 2;
    if (key < list[mid])
      high = mid - 1;
    else if (key == list[mid])
      return mid;
    else
      low = mid + 1;
  }

  return -1; // Not found
}
```

b) 版本 2

图 7-10 逐步实现二分查找法

没有找到关键字时，low 等于插入点位置，将关键字插到这个位置可以保持列表的有序性。返回插入点位置比返回 -1 更加有用。这个方法必须返回一个负值来表明这个关键字不在列表中。可以只返回 -low 吗？不行。如果关键字小于 list[0]，那么 low 就是 0。-0 也是 0，这就表明关键字匹配 list[0]。推荐的做法是，如果关键字不在该序列中，方法返回 -low-1。返回 -low-1 不仅表明关键字不在序列中，而且还给出了关键字应该插入的地方。

程序清单 7-7 中给出了完整的程序。

程序清单 7-7 BinarySearch.java

```
 1  public class BinarySearch {
 2    /** Use binary search to find the key in the list */
 3    public static int binarySearch(int[] list, int key) {
 4      int low = 0;
 5      int high = list.length - 1;
 6
 7      while (high >= low) {
 8        int mid = (low + high) / 2;
 9        if (key < list[mid])
10          high = mid - 1;
11        else if (key == list[mid])
12          return mid;
13        else
14          low = mid + 1;
15      }
16
17      return -low - 1; // Now high < low, key not found
18    }
19  }
```

如果关键字包含在列表中，二分查找返回查找关键字的下标（第 12 行）；否则，返回 -low-1（第 17 行）。

如果用（high>low）替换第 7 行的（high>=low），会怎样呢？这个查找也许会漏掉可能的匹配元素。考虑列表只有一个元素的情况，这个查找就会漏掉这个元素。

如果列表中有重复的元素，这个方法还能用吗？可以的，只要列表中的元素按升序排列即可。如果要查找的元素在列表中，那么该方法就返回其中一个匹配元素的下标。

二分查找法的前提条件是列表必须以升序排好了。后置条件是，如果关键字在列表中，则方法返回其匹配元素的下标；否则返回一个负整数k，使得 -k-1 为插入该关键字的位置。前提条件和后置条件是常用于描述方法属性的术语。前提条件是方法调用前为真的情况，而后置条件是方法返回后为真的情况。

为了更好地理解这个方法，使用下面的语句跟踪这个方法，当方法返回时确定 low 和 high。

```
int[] list = {2, 4, 7, 10, 11, 45, 50, 59, 60, 66, 69, 70, 79};
int i = BinarySearch.binarySearch(list, 2);  // Returns 0
int j = BinarySearch.binarySearch(list, 11); // Returns 4
int k = BinarySearch.binarySearch(list, 12); // Returns -6
int l = BinarySearch.binarySearch(list, 1);  // Returns -1
int m = BinarySearch.binarySearch(list, 3);  // Returns -2
```

下面的表格列出了当方法退出时 low 和 high 的值，以及调用该方法的返回值。

方法	Low	High	返回值
binarySearch(list, 2)	0	1	0(mid)
binarySearch(list, 11)	3	5	4(mid)
binarySearch(list, 12)	5	4	-6
binarySearch(list, 1)	0	-1	-1
binarySearch(list, 3)	1	0	-2

注意：线性查找法适用于在较小数组或没有排序的数组中查找，但是对大数组而言效率不高。二分查找法的效率较高，但它要求数组已经排好序。

复习题

7.10.1 如果 high 是一个非常大的整数，比如最大的 int 值 2147483647，(low + high)/2 可能导致溢出。如何解决这个问题以防止溢出？

7.10.2 以图 7-9 为例，显示如何应用二分查找法在列表 {2,4,7,10,11,45,50,59,60,66,69,70,79} 中查找关键字 10 和关键字 12。

7.10.3 如果二分查找法返回 -4，该关键字在列表中吗？如果希望将该关键字插入到列表中，应该在什么位置？

7.11 排序数组

要点提示：如同查找一样，排序是计算机编程中非常普遍的一个任务。对于排序已经开发出很多不同的算法。本节介绍一个直观的排序算法：选择排序。

假设要按升序排列一个数列。选择排序法先找到数列中最小的数，然后将它和第一个元素交换。接下来，在剩下的数中找到最小数，将它和第二个元素交换，以此类推，直到数列中仅剩一个数为止。图 7-11 演示了如何使用选择排序法对列表 {2,9,5,4,8,1,6} 进行排序。

你已经知道了选择排序法是如何工作的。现在的任务是用 Java 语言实现它。对初学者来说，很难在第一次尝试时就开发出完整的解决方案。从编写第一次迭代的代码，找出列表中的最小数字，将其与第一个元素互换，然后观察第二次迭代与第一次的不同之处，接着是第三次，以此类推。通过这样的观察可以写出推广到所有迭代的循环。

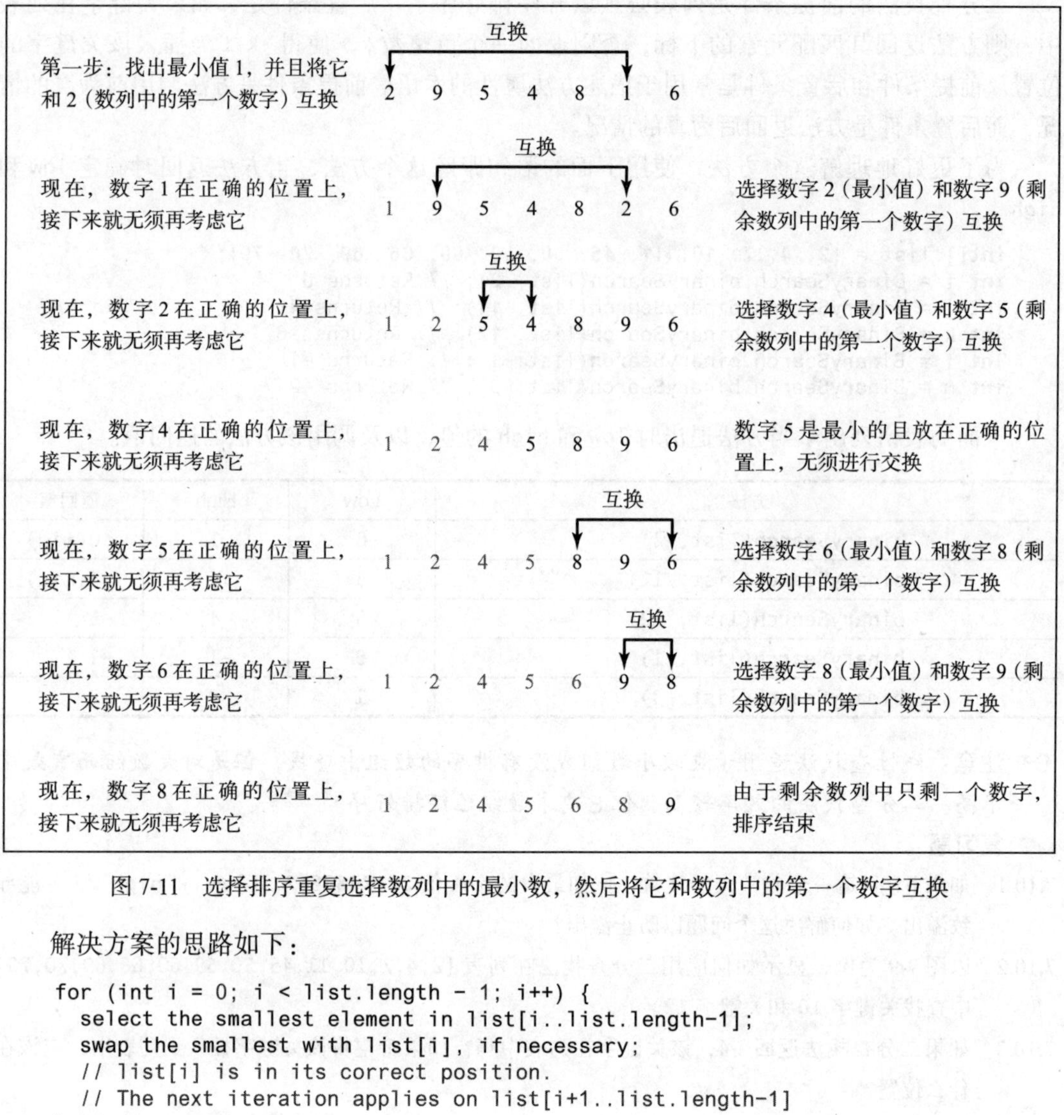

第一步：找出最小值1，并且将它和2（数列中的第一个数字）互换	2 9 5 4 8 1 6 互换	
现在，数字1在正确的位置上，接下来就无须再考虑它	1 9 5 4 8 2 6 互换	选择数字2（最小值）和数字9（剩余数列中的第一个数字）互换
现在，数字2在正确的位置上，接下来就无须再考虑它	1 2 5 4 8 9 6 互换	选择数字4（最小值）和数字5（剩余数列中的第一个数字）互换
现在，数字4在正确的位置上，接下来就无须再考虑它	1 2 4 5 8 9 6	数字5是最小的且放在正确的位置上，无须进行交换
现在，数字5在正确的位置上，接下来就无须再考虑它	1 2 4 5 8 9 6 互换	选择数字6（最小值）和数字8（剩余数列中的第一个数字）互换
现在，数字6在正确的位置上，接下来就无须再考虑它	1 2 4 5 6 9 8 互换	选择数字8（最小值）和数字9（剩余数列中的第一个数字）互换
现在，数字8在正确的位置上，接下来就无须再考虑它	1 2 4 5 6 8 9	由于剩余数列中只剩一个数字，排序结束

图 7-11 选择排序重复选择数列中的最小数，然后将它和数列中的第一个数字互换

解决方案的思路如下：

```
for (int i = 0; i < list.length - 1; i++) {
  select the smallest element in list[i..list.length-1];
  swap the smallest with list[i], if necessary;
  // list[i] is in its correct position.
  // The next iteration applies on list[i+1..list.length-1]
}
```

程序清单 7-8 实现了该解决方案。

程序清单 7-8 SelectionSort.java

```
 1  public class SelectionSort {
 2    /** The method for sorting the numbers */
 3    public static void selectionSort(double[] list) {
 4      for (int i = 0; i < list.length - 1; i++) {
 5        // Find the minimum in the list[i..list.length-1]
 6        double currentMin = list[i];
 7        int currentMinIndex = i;
 8
 9        for (int j = i + 1; j < list.length; j++) {
10          if (currentMin > list[j]) {
11            currentMin = list[j];
12            currentMinIndex = j;
```

```
13        }
14      }
15
16      // Swap list[i] with list[currentMinIndex] if necessary
17      if (currentMinIndex != i) {
18        list[currentMinIndex] = list[i];
19        list[i] = currentMin;
20      }
21    }
22  }
23 }
```

selectionSort(double[]list) 方法可以对任意一个包含 double 型元素的数组进行排序。这个方法用嵌套的 for 循环实现。外层循环（第 4 行，循环控制变量为 i）迭代执行以得到从 list[i] 到 list[list.length-1] 的列表中的最小元素，然后将它和 list[i] 互换。

变量 i 的初始值是 0。在外层循环的每次迭代之后，list[i] 被放到正确的位置。最后，所有的元素都被放到正确的位置，因此，整个数列也就排好序了。

为了更好地理解这个方法，用下面的语句跟踪该方法：

```
double[] list = {1, 9, 4.5, 6.6, 5.7, -4.5};
SelectionSort.selectionSort(list);
```

✔ 复习题

7.11.1 以图 7-11 为例，显示如何应用选择排序对 {3.4,5,3,3.5,2.2,1.9,2} 进行排序。

7.11.2 应该如何修改程序清单 7-8 中的 selectionSort 方法，实现数字按递减顺序排序？

7.12 Arrays 类

要点提示：java.util.Arrays 类包含一些实用的方法用于常见的数组操作，比如排序和查找。

java.util.Arrays 类包括各种静态方法，用于实现数组的排序和查找、数组的比较和填充数组元素，以及返回数组的字符串表示。这些方法都有用于所有基本类型的重载方法。

可以使用 sort 或者 parallelSort 方法对整个数组或部分数组进行排序。例如，下面的代码对数值型数组和字符型数组进行排序。

```
double[] numbers = {6.0, 4.4, 1.9, 2.9, 3.4, 3.5};
java.util.Arrays.sort(numbers); // Sort the whole array
java.util.Arrays.parallelSort(numbers); // Sort the whole array

char[] chars = {'a', 'A', '4', 'F', 'D', 'P'};
java.util.Arrays.sort(chars, 1, 3); // Sort part of the array
java.util.Arrays.parallelSort(chars, 1, 3); // Sort part of the array
```

调用 sort(numbers) 以对整个数组 numbers 排序。调用 sort(chars,1, 3) 以对从 chars[1] 到 chars[3-1] 的部分数组排序。如果你的计算机有多个处理器，那么 parallelSort 将更高效。

可以采用二分查找法（binarySearch 方法）在数组中查找关键字。数组必须提前按升序排好。如果关键字不在数组中，方法返回 -(insertionIndex+1)。例如，下面的代码在整数数组和字符数组中查找关键字：

```java
int[] list = {2, 4, 7, 10, 11, 45, 50, 59, 60, 66, 69, 70, 79};
System.out.println("1. Index is " +
    java.util.Arrays.binarySearch(list, 11));
System.out.println("2. Index is " +
    java.util.Arrays.binarySearch(list, 12));

char[] chars = {'a', 'c', 'g', 'x', 'y', 'z'};
System.out.println("3. Index is " +
    java.util.Arrays.binarySearch(chars, 'a'));
System.out.println("4. Index is " +
    java.util.Arrays.binarySearch(chars, 't'));
```

代码的输出为：

Index is 4

Index is -6

Index is 0

Index is -4

可以采用 equals 方法检测两个数组是否严格相等。如果它们对应的元素都相等，那么这两个数组严格相等。在下面的代码中，list1 和 list2 相等，而 list2 和 list3 不相等。

```java
int[] list1 = {2, 4, 7, 10};
int[] list2 = {2, 4, 7, 10};
int[] list3 = {4, 2, 7, 10};
System.out.println(java.util.Arrays.equals(list1, list2)); // true
System.out.println(java.util.Arrays.equals(list2, list3)); // false
```

可以使用 fill 方法填充整个数组或部分数组。例如，以下代码将 5 填充到 list1 中，list2[1] 到 list2[5-1] 填充为 8。

```java
int[] list1 = {2, 4, 7, 10};
int[] list2 = {2, 4, 7, 7, 7, 10};
java.util.Arrays.fill(list1, 5); // Fill 5 to the whole array
java.util.Arrays.fill(list2, 1, 5, 8); // Fill 8 to a partial array
```

还可以使用 toString 方法来返回一个字符串，该字符串代表了数组中的所有元素。这是一个显示数组中所有元素的快捷方法。例如，下面的代码

```java
int[] list = {2, 4, 7, 10};
System.out.println(java.util.Arrays.toString(list));
```

显示 [2, 4 , 7, 10]。

✔ **复习题**

7.12.1 使用 java.util.Arrays.sort 方法可以对什么类型的数组进行排序？这个 sort 方法会创建一个新数组吗？

7.12.2 为了应用 java.util.Arrays.binarySearch(array,key)，数组应按升序还是降序排列？还是可以既非升序也非降序？

7.12.3 给出下面代码的输出结果。

```java
int[] list1 = {2, 4, 7, 10};
java.util.Arrays.fill(list1, 7);
System.out.println(java.util.Arrays.toString(list1));

int[] list2 = {2, 4, 7, 10};
```

```
    System.out.println(java.util.Arrays.toString(list2));
    System.out.print(java.util.Arrays.equals(list1, list2));
```

7.13 命令行参数

要点提示：main 方法可以从命令行接收字符串参数。

你或许已经注意到 main 方法的声明有点特殊，它具有 String[] 类型参数 args。很明显，参数 args 是一个字符串数组。main 方法就像一个带参数的普通方法。可以通过传递实参来调用一个普通方法。那可以给 main 传递参数吗？当然可以。例如，下面的示例中，TestMain 类中的 main 方法被 A 中的方法调用：

```java
public class A {
  public static void main(String[] args) {
    String[] strings = {"New York",
      "Boston", "Atlanta"};
    TestMain.main(strings);
  }
}
```

```java
public class TestMain {
  public static void main(String[] args) {
    for (int i = 0; i < args.length; i++)
      System.out.println(args[i]);
  }
}
```

main 方法就和常规方法一样。此外，还可以从命令行向 main 方法传递参数。

7.13.1 向 main 方法传递字符串

运行程序时，可以从命令行给 main 方法传递字符串。例如，下面的命令行中，启动程序 TestMain 时带了三个字符串 arg0、arg1、arg2：

java TestMain arg0 arg1 arg2

其中，参数 arg0、arg1 和 arg2 都是字符串，但是在命令行中出现时不需要放在双引号中。这些字符串用空格分隔。如果字符串包含空格，那就必须使用双引号括住。考虑下面的命令行：

java TestMain "First num" alpha 53

使用三个字符串 "First num"、alpha 和 53 来启动这个程序。因为 "First num" 是一个字符串，所以要加双引号。注意，53 实际上是当作字符串处理的。在命令行中可以使用 "53" 来代替 53。

调用 main 方法时，Java 解释器会创建一个数组来存储命令行参数，然后将该数组的引用传递给 args。例如，如果调用具有 n 个参数的程序，Java 解释器将创建一个如下所示的数组：

args = new String[n];

然后，Java 解释器传递参数 args 来调用 main 方法。

注意：如果运行程序时没有传递字符串，那么将用 new String[0] 创建数组。这种情况下，该数组是长度为 0 的空数组。args 是对这个空数组的引用。因此，args 不为 null，但 args.length 为 0。

7.13.2 示例学习：计算器

假设要开发一个程序完成整数的算术运算。程序接收三个参数：一个整数、紧随其后的一个操作符以及另一个整数。例如，使用下面的命令对两个整数进行相加：

java Calculator 2 + 3

程序将显示下面的输出：

2 + 3 = 5

图 7-12 显示了这个程序的运行示例。

传递给主程序的字符串存在字符串数组 args 中。第一个字符串存储在 arg[0] 中，args.length 是传入的字符串个数。

下面是程序的步骤：

1) 利用 args.length 判断命令行是否提供了三个参数。如果没有，则调用 System.exit(1) 结束程序。

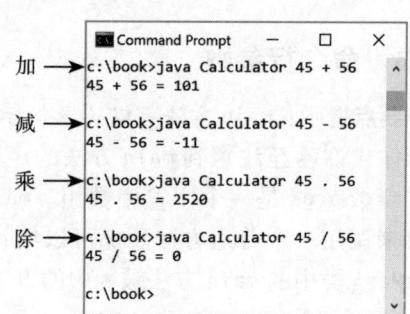

图 7-12 程序从命令行获取三个参数（操作数 1、操作符、操作数 2），然后显示该表达式以及算术运算的结果

2) 运用 args[1] 指定的操作符完成对操作数 args[0] 和 args[2] 的二元算术运算。

这个程序如程序清单 7-9 所示。

程序清单 7-9 Calculator.java

```java
 1  public class Calculator {
 2    /** Main method */
 3    public static void main(String[] args) {
 4      // Check number of strings passed
 5      if (args.length != 3) {
 6        System.out.println(
 7          "Usage: java Calculator operand1 operator operand2");
 8        System.exit(1);
 9      }
10
11      // The result of the operation
12      int result = 0;
13
14      // Determine the operator
15      switch (args[1].charAt(0)) {
16        case '+': result = Integer.parseInt(args[0]) +
17                           Integer.parseInt(args[2]);
18                  break;
19        case '-': result = Integer.parseInt(args[0]) -
20                           Integer.parseInt(args[2]);
21                  break;
22        case '.': result = Integer.parseInt(args[0]) *
23                           Integer.parseInt(args[2]);
24                  break;
25        case '/': result = Integer.parseInt(args[0]) /
26                           Integer.parseInt(args[2]);
27      }
28
29      // Display result
30      System.out.println(args[0] + ' ' + args[1] + ' ' + args[2]
31        + " = " + result);
32    }
33  }
```

Integer.parseInt(args[0])（第 16 行）将一个数字字符串转换为一个整数。该字符串必须由数字形式的字符构成，否则，程序会异常中断。

我们使用 . 符号用于乘法，而不是通常的 * 符号。原因是当符号 * 用于命令行时表示当前目录下的所有文件。在使用命令 java Test * 之后，下面的程序就会显示当前目录下的所有文件：

```java
public class Test {
  public static void main(String[] args) {
    for (int i = 0; i < args.length; i++)
      System.out.println(args[i]);
  }
}
```

为了解决这个问题，我们需要使用其他符号来用于乘法操作。

✓ 复习题

7.13.1 本书声明 main 方法为：

  `public static void main(String[] args)`

  它可以替换为下面行中的哪些呢？

  a. `public static void main(String args[])`
  b. `public static void main(String[] x)`
  c. `public static void main(String x[])`
  d. `static void main(String x[])`

7.13.2 给出使用下面的命令运行程序时的输出。

  1. **java Test I have a dream**

  2. **java Test "1 2 3"**

  3. **java Test**

```java
public class Test {
  public static void main(String[] args) {
    System.out.println("Number of strings is " + args.length);
    for (int i = 0; i < args.length; i++)
      System.out.println(args[i]);
  }
}
```

关键术语

anonymous array（匿名数组）
array（数组）
array initializer（数组初始化简写语句）
binary search（二分查找）
garbage collection（垃圾回收）
index（下标）

indexed variable（下标变量）
linear search（线性查找）
off-by-one error（差一错误）
postcondition（后置条件）
precondition（前置条件）
selection sort（选择排序）

本章小结

1. 使用语法 elementType[] arrayRefVar（元素类型[] 数组引用变量）或 elementType array-RefVar[]（元素类型 数组引用变量[]）声明一个数组类型的变量。尽管 elementType arrayRefVar[] 也是合法的，但更推荐使用 elementType[] arrayRefVar 风格。

2. 不同于基本数据类型变量的声明，声明数组变量并不会给数组分配任何空间。数组变量不是基本数据类型变量。数组变量包含了对数组的引用。

3. 只有创建数组后才能给数组元素赋值。可以使用 new 操作符创建数组，语法如下：new elementType[arraySize]（数据类型 [数组大小]）。
4. 数组中的每个元素使用语法 arrayRefVar[index]（数组引用变量 [下标]）表示。下标必须是一个整数或一个整数表达式。
5. 创建数组之后，其大小就不能改变了，可以使用 arrayRefVar.length 得到数组的大小。由于数组的下标总是从 0 开始，所以最后一个下标总是 arrayRefVar.length-1。如果试图引用数组下标范围外的元素，就会发生越界错误。
6. 程序员经常会错误地用下标 1 访问数组的第一个元素，但实际上这个元素的下标应该是 0。这个错误称为下标差一错误（index off-by-one error）。
7. 创建数组时，如果其中的元素的基本数据类型是数值型，则赋默认值 0。字符类型的默认值为 '\u0000'，布尔类型的默认值为 false。
8. Java 有一个称为数组初始化简写语句（array initializer）的简捷表达，它将数组的声明、创建和初始化合并为一条语句，其语法为：
   elementType[] arrayRefVar = {value0,value1,...,valuek};
9. 将数组参数传递给方法时，实际上传递的是数组的引用。也就是说，被调用的方法可以修改调用者中原数组的元素。
10. 如果数组已排好序，则对于查找数组中的一个元素而言，二分查找比线性查找更加高效。
11. 选择排序找到列表中最小的数字，并将其和第一个元素交换。然后在剩下的数字中找到最小的，和剩下列表的第一个元素交换，继续这个步骤，直到列表中只剩下一个数字。

测试题

在线回答配套网站上的本章测试题。

编程练习题

7.2～7.5 节

*7.1（指定成绩）编写程序读入学生成绩，得到最高分，然后根据下面的规则给出成绩：
- 如果分数 >= 最高分 -10，成绩为 A
- 如果分数 >= 最高分 -20，成绩为 B
- 如果分数 >= 最高分 -30，成绩为 C
- 如果分数 >= 最高分 -40，成绩为 D
- 其他情况下，成绩为 F

程序提示用户输入学生总数，然后提示用户输入所有的分数，最后显示成绩给出结论。下面是一个运行示例：

```
Enter the number of students: 4 ↵Enter
Enter 4 scores: 40 55 70 58 ↵Enter
Student 0 score is 40 and grade is C
Student 1 score is 55 and grade is B
Student 2 score is 70 and grade is A
Student 3 score is 58 and grade is B
```

7.2（倒置输入的数字）编写程序，读取 10 个整数，然后按照和读入相反的顺序将它们显示出来。

**7.3（计算数字的出现次数）编写程序，读取 1 到 100 之间的整数，然后计算每个数出现的次数。假定输入 0 表示结束。下面是这个程序的一个运行示例：

```
Enter the integers between 1 and 100: 2 5 6 5 4 3 23 43 2 0  ↵Enter
2 occurs 2 times
3 occurs 1 time
4 occurs 1 time
5 occurs 2 times
6 occurs 1 time
23 occurs 1 time
43 occurs 1 time
```

注意：如果一个数出现的次数大于一次，则在输出时使用复数"times"。以升序显示数字。

7.4 （分析分数）编写程序，读入个数不确定的考试分数，并且判断有多少个分数是大于或等于平均分，多少个分数是低于平均分的。输入负数表示输入结束。假设最高分为 100。

**7.5 （打印不同的数）编写程序读入 10 个数，显示互不相同的数字的数目，并以输入的顺序显示这些数字，仅以一个空格分隔（即如果一个数出现多次，也仅显示一次）。（提示：读入一个数，如果它是一个新数，则将它存储在数组中。如果该数已经在数组中，则忽略它。）输入后，数组包含的都是不同的数。下面是这个程序的运行示例：

```
Enter 10 numbers: 1 2 3 2 1 6 3 4 5 2  ↵Enter
The number of distinct numbers is 6
The distinct numbers are: 1 2 3 6 4 5
```

*7.6 （修改程序清单 5-15）程序清单 5-15 通过检验 2, 3, 4, 5, 6, …, n/2 是否是数 n 的因子来判断 n 是否是素数。如果找到一个因子，则 n 不是素数。判断 n 是否为素数的另一个更高效的方法是：检验小于等于 $\sqrt{n}$ 的素数是否有一个能被 n 整除。如果都不能，则 n 就是素数。使用这个方法改写程序清单 5-15 以显示前 50 个素数。需要使用一个数组来存储素数，之后使用这些素数来检测它们是否可能为 n 的因子。

*7.7 （统计个位数的数目）编写程序，生成 0 和 9 之间的 100 个随机整数，然后显示每个数出现的次数。提示：使用一个包含 10 个整数的数组 counts 存放 0，1，…，9 的个数。

7.6 ~ 7.8 节

7.8 （求数组的平均值）使用下面的方法头编写两个重载的方法，返回数组的平均数：

```
public static double average(int[] array)
public static double average(double[] array)
```

编写测试程序，提示用户输入 10 个整数，调用第一个方法显示平均值；提示用户输入 10 个 double 型值，然后调用第二个方法显示平均值。

7.9 （找出最小元素）使用下面的方法头编写一个方法，求出一个整数数组中的最小元素：

```
public static double min(double[] array)
```

编写测试程序，提示用户输入 10 个数字，调用该方法返回最小值并显示该最小值。下面是该程序的运行示例：

```
Enter 10 numbers: 1.9 2.5 3.7 2 1.5 6 3 4 5 2  ↵Enter
The minimum number is 1.5
```

7.10 （找出最小元素的下标）编写一个方法，求出整数数组中最小元素的下标。如果这样的元素个数大于 1，则返回最小的下标。使用以下方法头：

```
public static int indexOfSmallestElement(double[] array)
```

编写测试程序，提示用户输入 10 个数字，然后调用这个方法返回最小元素的下标，并显示这个下标值。

*7.11 （统计：计算标准差）编程练习题 5.45 计算数字的标准差。本题使用一个和它不同但等价的公式来计算 n 个数的标准差。

$$\text{平均值} = \frac{\sum_{i=1}^{n} x_i}{n} = \frac{x_1 + x_2 + \cdots + x_n}{n} \qquad \text{标准差} = \sqrt{\frac{\sum_{i=1}^{n}(x_i - \text{平均值})^2}{n-1}}$$

要用这个公式计算标准差，必须使用一个数组存储每个数，这样可以在获取平均值后使用它们。

程序应该包含下面的方法：

```
/** Compute the deviation of double values */
public static double deviation(double[] x)

/** Compute the mean of an array of double values */
public static double mean(double[] x)
```

编写测试程序，提示用户输入 10 个数字，然后显示平均值和标准差，如下面的运行示例所示：

```
Enter 10 numbers: 1.9 2.5 3.7 2 1 6 3 4 5 2  ↵Enter
The mean is 3.11
The standard deviation is 1.55738
```

*7.12 （倒置数组）7.7 节中的 reverse 方法通过把数组复制到新数组中实现数组的倒置。改写该方法，将参数中传递的数组倒置并返回该数组。编写测试程序，提示用户输入 10 个数字，调用这个方法倒置这些数字并显示。

7.9 节

*7.13 （随机数选择器）编写以下方法，返回 start 到 end 之间的随机数，但不能是 numbers 中的数。

```
public static int getRandom(int start, int end, int... numbers)
```

例如，调用 getRandom(1,100,4,8,95,93) 返回一个 1 到 100 之间且不包含 4、8、95 和 93 的数。编写测试程序，调用 getRandom(1,100,4,8,95,93)45 次，并采用 %4d 格式以每行 15 个数字的形式显示结果。

7.14 （计算 gcd）编写一个方法，返回不确定个数的整数的最大公约数。给定方法头如下所示：

```
public static int gcd(int... numbers)
```

编写测试程序，提示用户输入 5 个数字，调用该方法找出这些数的最大公约数并显示这个最大公约数。

7.10 ~ 7.12 节

7.15 （消除重复）使用下面的方法头编写方法，消除数组中重复出现的值并返回该新数组：

```
public static int[] eliminateDuplicates(int[] list)
```

编写测试程序读取 10 个整数，调用该方法并显示以一个空格分隔的不同数字。下面是程序的运行示例：

```
Enter 10 numbers: 1 2 3 2 1 6 3 4 5 2  ↵Enter
The distinct numbers are: 1 2 3 6 4 5
```

7.16 （执行时间）编写程序，随机产生一个包含 100 000 个整数的数组和一个关键字。估算调用程序清单 7-6 中的 linearSearch 方法的执行时间。对该数组进行排序，然后估算调用程序清单 7-7 中的 binarySearch 方法的执行时间。可以使用下面的代码模板获取执行时间：

```
long startTime = System.nanoTime();
perform the task;
long endTime = System.nanoTime();
long executionTime = endTime - startTime;
```

**7.17 (对学生排序)编写程序,提示用户输入学生个数、学生姓名和他们的分数,然后按照分数的降序打印学生的姓名。假定姓名是不包含空格的字符串,并使用 Scanner 类的 next() 方法来读取姓名。

**7.18 (冒泡排序)使用冒泡排序算法编写一个排序方法。冒泡排序算法多次遍历数组,每次遍历对相邻的两个元素进行比较。如果这一对元素是降序的则交换它们的值;否则保持不变。由于较小的值像气泡一样逐渐"浮向"顶部,同时较大的值"沉向"底部,所以这种技术称为冒泡排序法(bubble sort)或下沉排序法(sinking sort)。编写测试程序,读取 10 个 double 型的值,调用这个方法并显示排好序的数字。

**7.19 (是否已排序?)编写以下方法,如果参数中的 list 数组已经按照升序排好了,则返回 true。

```
public static boolean isSorted(int[] list)
```

编写测试程序,提示用户输入一个列表,显示该列表是否已经排好序。下面是一个运行示例。注意,输入中的第一个数表示列表中的元素个数。该数不是列表的一部分。

```
Enter the size of the list: 8  ←Enter
Enter the contents of the list: 10 1 5 16 61 9 11 1  ←Enter
The list has 8 integers 10 1 5 16 61 9 11 1
The list is not sorted
```

```
Enter the size of the list: 10  ←Enter
Enter the contents of the list: 1 1 3 4 4 5 7 9 11 21  ←Enter
The list has 10 integers 1 1 3 4 4 5 7 9 11 21
The list is already sorted
```

*7.20 (修改选择排序)7.11 节使用了选择排序对数组进行排序。选择排序重复地在当前数组中找到最小值,然后将这个最小值与该数组中的第一个数交换。改写这个程序,重复地在当前数组中找到最大值,然后将这个最大值与该数组中的最后一个数交换。编写测试程序,读取 10 个 double 型的数字,调用该方法并显示排好序的数字。

7.13 节

*7.21 (整数求和)编写程序,从命令行传递不定数目的整数,然后显示它们的和。

*7.22 (计算一个字符串中大写字母的数目)编写程序,从命令行输入一个字符串,然后显示字符串中大写字母的数目。

综合题

**7.23 (游戏:储物柜难题)某学校有 100 个储物柜和 100 个学生。所有的储物柜在上学第一天都是关着的。随着学生进来,第一个学生(用 S1 表示)打开每个柜子。然后,第二个学生(用 S2 表示)从第二个柜子(用 L2 表示)开始,关闭相隔为 1 的柜子。学生 S3 从第三个柜子开始,然后改变每第三个柜子的状态(如果它是开的就关上,如果它是关的就打开)。学生 S4 从柜子 L4 开始,然后改变每第四个柜子的开闭状态。学生 S5 从 L5 开始,然后改变每第五个柜子的状态,以此类推,直到学生 S100 改变 L100 为止。

在所有学生都经过教学楼并且改变了柜子状态之后,哪些柜子是开的?编写程序找出答案,并显示所有打开的储物柜号,以一个空格隔开。(提示:使用包含 100 个布尔型元素的数组,其中每个元素都表明柜子是开的(true)还是关的(false)。开始时所有的柜子都是关的。)

**7.24 (仿真:优惠券收集问题)优惠券收集问题是一个经典的统计问题,它有很多实际应用。问题是重复地从一组对象中拿出一个对象,然后求出要将所有对象都至少拿出来一次,需要拿多少次。

该问题的一个变体是，从一副打乱的 52 张牌中重复选牌，直到每种花色都选过一张，需要选多少次。假设在选下一张牌之前选出来的牌会放回去。编写程序，模拟要得到四张不同花色的牌所需要的选取次数，然后显示选中的四张牌（有可能一张牌被选了两次）。下面是这个程序的运行示例：

```
Queen of Spades
5 of Clubs
Queen of Hearts
4 of Diamonds
Number of picks: 12
```

7.25 （代数：解一元二次方程）使用下面的方法头编写一个解一元二次方程式的方法：

public static int solveQuadratic(**double**[] eqn, **double**[] roots)

将一元二次方程式 $ax^2+bx+c=0$ 的系数传给数组 eqn，然后将两个实数根存在 roots 里。方法返回实数根的个数。参见编程练习题 3.1 了解如何解一元二次方程。

编写程序，提示用户输入 a、b 和 c 的值，然后显示实数根的个数以及所有的实数根。

7.26 （严格等同的数组）如果两个数组 list1 和 list2 对应的元素都相等，那么认为 list1 和 list2 是严格等同的。使用下面的方法头编写一个方法，如果 list1 和 list2 严格等同，则返回 true：

public static boolean equals(**int**[] list1, **int**[] list2)

编写测试程序，提示用户输入两个整数列表，然后显示这两个列表是否严格等同。下面是运行示例。注意，输入的第一个数字表明列表中元素的个数。该数字不是列表的一部分。

```
Enter list1 size and contents: 5 2 5 6 1 6 ↵Enter
Enter list2 size and contents: 5 2 5 6 1 6 ↵Enter
Two lists are strictly identical
```

```
Enter list1 size and contents: 5 2 5 6 6 1 ↵Enter
Enter list2 size and contents: 5 2 5 6 1 6 ↵Enter
Two lists are not strictly identical
```

7.27 （等同的数组）如果两个数组 list1 和 list2 的内容相同，那么就说它们是等同的。使用下面的方法头编写一个方法，如果 list1 和 list2 是等同的，该方法就返回 true：

public static boolean equals(**int**[] list1, **int**[] list2)

编写测试程序，提示用户输入两个整数列表，然后显示它们两个是否等同。下面是运行示例。注意，输入的第一个数字表示列表中元素的个数。该数字不是列表的一部分。

```
Enter list1 size and contents: 5 2 5 6 6 1 ↵Enter
Enter list2 size and contents: 5 5 2 6 1 6 ↵Enter
Two lists are identical
```

```
Enter list1: 5 5 5 6 6 1 ↵Enter
Enter list2: 5 2 5 6 1 6 ↵Enter
Two lists are not identical
```

*7.28 （数学：组合）编写程序，提示用户输入 10 个整数，然后显示从这 10 个数中选出两个数的所有组合。

*7.29 （游戏：挑选四张牌）编写程序，从一副 52 张的牌中选出 4 张，然后计算它们的和。Ace、

King、Queen 和 Jack 分别表示 1、13、12 和 11。程序应该显示得到和为 24 的选牌次数。

*7.30 （模式识别：连续四个相等的数）编写下面的方法，测试某个数组是否有连续四个相等的数字。

public static boolean isConsecutiveFour(**int**[] values)

编写测试程序，提示用户输入一个整数列表，然后显示该列表中是否有连续四个相等的数字。程序应该首先提示用户键入输入的大小，即列表中值的个数。这里是一个运行示例。

```
Enter the number of values: 8 ↵Enter
Enter the values: 3 4 5 5 5 5 4 5 ↵Enter
The list has consecutive fours
```

```
Enter the number of values: 9 ↵Enter
Enter the values: 3 4 5 5 6 5 5 4 5 ↵Enter
The list has no consecutive fours
```

**7.31 （合并两个有序列表）编写下面的方法，将两个有序列表合并成一个新的有序列表。

public static int[] merge(**int**[] list1, **int**[] list2)

实现该方法，最多只进行 list1.length+list2.length 次比较。该实现的动画演示参见 liveexample.pearsoncmg.com/dsanimation/MergeSortNeweBook.html。编写测试程序，提示用户输入两个有序列表，然后显示合并后的列表。下面是一个运行示例。注意，输入的第一个数字表示列表中元素的个数。该数字不是列表的一部分。

```
Enter list1 size and contents: 5 1 5 16 61 111 ↵Enter
Enter list2 size and contents: 4 2 4 5 6 ↵Enter
list1 is 1 5 16 61 111
list2 is 2 4 5 6
The merged list is 1 2 4 5 5 6 16 61 111
```

**7.32 （列表分区）编写以下方法，使用第一个元素对列表进行分区，该元素称为支点（pivot）。

public static int partition(**int**[] list)

分区后，列表中的元素被重新安排，在支点元素之前的元素都小于或者等于该元素，而之后的元素都大于该元素。方法返回支点元素在新列表中的下标。例如，假设列表是 {5,2,9,3,8}，分区后，列表变为 {3,2,5,9,6,8}。实现该方法，最多进行 list.length 次比较。该实现的动画演示参见 liveexample.pearsoncmg.com/dsanimation/QuickSortNeweBook.html。编写测试程序，提示用户输入列表的大小以及内容，然后显示分区后的列表。下面是一个运行示例。

```
Enter list size: 8 ↵Enter
Enter list content: 10 1 5 16 61 9 11 1 ↵Enter
After the partition, the list is 9 1 5 1 10 61 11 16
```

*7.33 （文化：生肖）使用一个字符串数组存储动物名称来简化程序清单 3-9 的程序。

**7.34 （对字符串中的字符排序）使用以下方法头编写一个方法，返回一个排好序的字符串。

public static String sort(String s)

例如，sort("acb") 返回 abc。编写测试程序，提示用户输入一个字符串，然后显示排好序的字符串。

***7.35 （游戏：猜词）编写一个猜字词游戏。随机产生一个单词，提示用户一次猜测一个字母，如运行示例所示。单词中的每个字母都显示为一个星号。当用户猜测正确后，显示出该字母。当用户

猜出一个单词，显示猜错的次数，并且询问用户是否继续猜测下一个单词。声明一个数组来存储单词，如下所示：

```
// Add any words you wish in this array
String[] words = {"write", "that",...};
```

```
(Guess) Enter a letter in word ******* > p  ↵Enter
(Guess) Enter a letter in word p****** > r  ↵Enter
(Guess) Enter a letter in word pr**r** > p  ↵Enter
       p is already in the word
(Guess) Enter a letter in word pr**r** > o  ↵Enter
(Guess) Enter a letter in word pro*r** > g  ↵Enter
(Guess) Enter a letter in word progr** > n  ↵Enter
       n is not in the word
(Guess) Enter a letter in word progr** > m  ↵Enter
(Guess) Enter a letter in word progr*m > a  ↵Enter
The word is program. You missed 1 time
Do you want to guess another word? Enter y or n>
```

***7.36 （游戏：八皇后问题）经典的八皇后难题是要将八个皇后放在棋盘上，任何两个皇后都不能互相攻击（即没有两个皇后是在同一行、同一列或者同一对角上）。可能的解决方案有很多。编写程序显示一个这样的解决方案。一个示例输出如下所示：

```
|Q| | | | | | | |
| | | | |Q| | | |
| | | | | | | |Q|
| | | | | |Q| | |
| | |Q| | | | | |
| | | | | | |Q| |
| |Q| | | | | | |
| | | |Q| | | | |
```

***7.37 （游戏：豆机）豆机也称为梅花瓶或高尔顿瓶，以英国科学家弗兰克斯·高尔顿的名字来命名，是一个用来做统计实验的设备。它是一个三角形的均匀放置钉子（或钩子）的直立板，如图 7-13 所示。

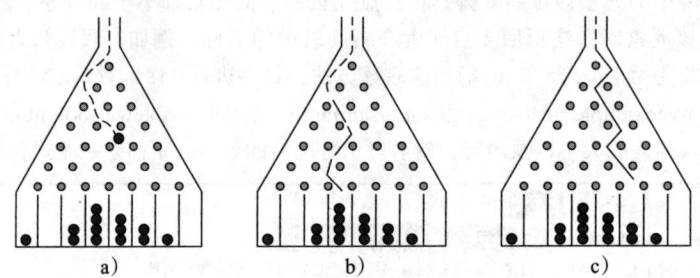

图 7-13 每个球都选取一个随机路径，然后掉入一个槽中

球从板的开口落下。每当球碰到钉子，它以 50% 的概率落向左边或落向右边。在板子底部的各个槽中都会堆积一堆球。

编写程序模拟豆机。程序应该提示用户输入球的个数以及机器的槽数。打印每个球的路径模拟它的下落。例如：在图 7-13b 中球的路径是 LLRRLLR，而在图 7-13c 中球的路径是 RLRRLRR。使用条形图显示槽中球的最终储备量。下面是程序的一个运行示例：

```
Enter the number of balls to drop: 5 [Enter]
Enter the number of slots in the bean machine: 8 [Enter]

LRLRLRR
RRLLLRR
LLRLLRR
RRLLLLL
LRLRRLR

   0
   0
 000
```

提示：创建一个名为 slots 的数组。数组 slots 中的每个元素存储的是一个槽中球的个数。每个球都经过一条路径落入一个槽中。路径上 R 的个数表示球落下的槽的位置。例如：对于路径 LRLRLRR 而言球落到 slots[4] 中，而对路径 RRLLLLL 而言球落到 slots[2] 中。

第 8 章

Introduction to Java Programming and Data Structures, Comprehensive Version, Twelfth Edition

多维数组

教学目标

- 给出使用二维数组表示数据的例子（8.1 节）。
- 声明二维数组变量、创建二维数组，以及使用行下标和列下标访问二维数组中的数组元素（8.2 节）。
- 编程实现常用的二维数组的操作（显示数组、对所有元素求和、找出最小元素和最大元素以及随机打乱数组）（8.3 节）。
- 传递二维数组给方法（8.4 节）。
- 使用二维数组编写给多选题测验评分的程序（8.5 节）。
- 使用二维数组解决最近点对问题（8.6 节）。
- 使用二维数组检测数独的解决方案（8.7 节）。
- 使用多维数组（8.8 节）。

8.1 引言

要点提示：可以用二维数组表示表或矩阵中的数据。

二维数组是将其他数组作为其元素的数组。前一章中介绍了一维数组如何存储元素的线性集合。可以使用二维数组存储矩阵或表。例如，使用名为 distances 的二维数组可以存储下面这个列出城市之间距离的表。

距离表（以英里为单位）

	Chicago	Boston	New York	Atlanta	Miami	Dallas	Houston
Chicago	0	983	787	714	1375	967	1087
Boston	983	0	214	1102	1763	1723	1842
New York	787	214	0	888	1549	1548	1627
Atlanta	714	1102	888	0	661	781	810
Miami	1375	1763	1549	661	0	1426	1187
Dallas	967	1723	1548	781	1426	0	239
Houston	1087	1842	1627	810	1187	239	0

```
double[][] distances = {
  {0, 983, 787, 714, 1375, 967, 1087},
  {983, 0, 214, 1102, 1763, 1723, 1842},
  {787, 214, 0, 888, 1549, 1548, 1627},
  {714, 1102, 888, 0, 661, 781, 810},
  {1375, 1763, 1549, 661, 0, 1426, 1187},
  {967, 1723, 1548, 781, 1426, 0, 239},
  {1087, 1842, 1627, 810, 1187, 239, 0},
};
```

distances 数组中的每个元素是另外一个数组，因此可以将 distances 视为一个嵌套数组。此例中，二维数组用于存储二维数据。

8.2 二维数组基础

要点提示：通过行和列的下标来访问二维数组中的元素。

如何声明一个二维数组变量？如何创建一个二维数组？如何访问二维数组中的元素？本节将解决这些问题。

8.2.1 声明二维数组变量并创建二维数组

以下是声明二维数组的语法：

`elementType[][] arrayRefVar;`

或者

`elementType arrayRefVar[][]; // Allowed, but not preferred`

作为例子，下面演示如何声明 int 型的二维数组变量 matrix：

`int[][] matrix;`

或者

`int matrix[][]; // This style is allowed, but not preferred`

可以使用如下语法创建 5×5 的 int 型二维数组，并将其赋给 matrix：

`matrix = new int[5][5];`

二维数组中使用两个下标：一个表示行，另一个表示列。和一维数组一样，每个下标索引值都是从 0 开始的 int 型值，如图 8-1a 所示。

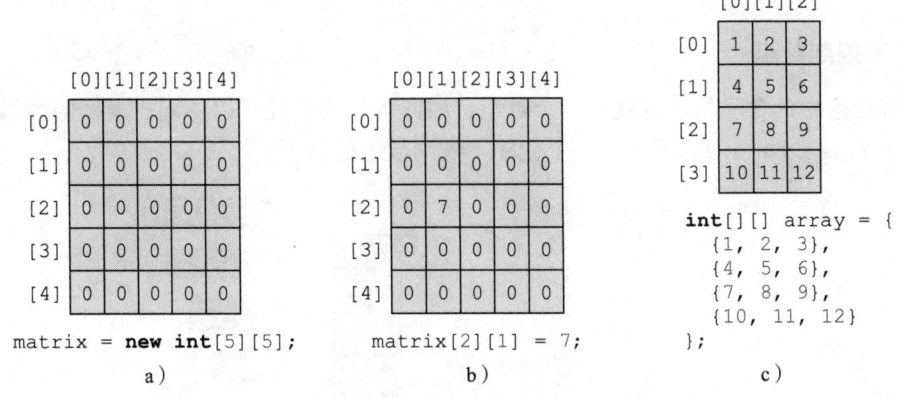

图 8-1 二维数组的每个下标值都是从 0 开始的 int 值

如图 8-1b 所示，要将 7 赋值给行下标为 2、列下标为 1 的特定元素，可以使用下面的语句：

`matrix[2][1] = 7;`

警告：使用 matrix[2,1] 访问行下标为 2、列下标为 1 的元素是一种常见错误。在 Java 中，每个下标必须放在一对方括号中。

也可以使用数组初始化简写语句来声明、创建和初始化一个二维数组。例如：下图 a 中的代码创建一个具有指定初始值的数组，如图 8-1c 所示。它和图 b 中的代码是等价的。

```
int[][] array = {
    {1, 2, 3},
    {4, 5, 6},
    {7, 8, 9},
    {10, 11, 12}
};
```

等价于

```
int[][] array = new int[4][3];
array[0][0] = 1; array[0][1] = 2; array[0][2] = 3;
array[1][0] = 4; array[1][1] = 5; array[1][2] = 6;
array[2][0] = 7; array[2][1] = 8; array[2][2] = 9;
array[3][0] = 10; array[3][1] = 11; array[3][2] = 12;
```

　　　　a)　　　　　　　　　　　　　　　　　　　　b)

8.2.2 获取二维数组的长度

二维数组实际上是其中每个元素都是一个一维数组的数组。数组 x 的长度是数组中元素的个数，可以用 x.length 获取该值。元素 x[0]、x[1]、…、x[x.length-1] 也是数组。可以使用 x[0].length、x[1].length、…、x[x.length-1].length 获取它们的长度。

例如：假设 x = new int[3][4]，那么 x[0]、x[1] 和 x[2] 都是一维数组，每个数组都包含 4 个元素，如图 8-2 所示。x.length 为 3，而 x[0].length、x[1].length 和 x[2].length 都是 4。

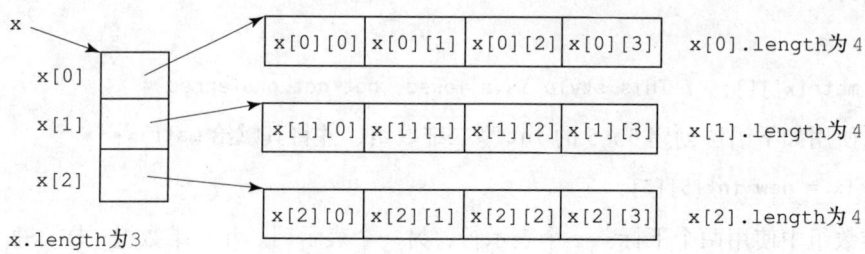

图 8-2　二维数组是一个一维数组，它的每个元素是另一个一维数组

8.2.3 不规则数组

二维数组中的每一行本身就是一个数组，因此各行的长度可以不同。这样的数组称为不规则数组（ragged array）。下面是一个创建不规则数组的例子：

```
int[][] triangleArray = {
    {1, 2, 3, 4, 5},
    {2, 3, 4, 5},
    {3, 4, 5},
    {4, 5},
    {5}
};
```

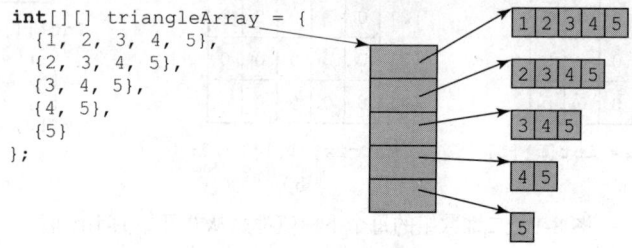

从上图中可以看到，triangleArray[0].length 的值为 5，triangleArray[1].length 的值为 4，triangleArray[2].length 的值为 3，triangleArray[3].length 的值为 2，triangleArray[4].length 的值为 1。

如果事先不了解不规则数组中的值，但知道它的长度，如上图所演示的例子，则可以使用如下语法创建不规则数组：

```
int[][] triangleArray = new int[5][];
triangleArray[0] = new int[5];
triangleArray[1] = new int[4];
```

```
triangleArray[2] = new int[3];
triangleArray[3] = new int[2];
triangleArray[4] = new int[1];
```

现在可以给数组赋值，例如：

```
triangleArray[0][3] = 4;
triangleArray[4][0] = 5;
```

> **注意**：使用语法 new int[5][] 创建数组时必须指定第一个下标。语法 new int[][] 是错误的。

复习题

8.2.1 声明一个整型值二维数组的引用变量，创建一个 4×5 的整形矩阵并将其赋值给数组引用变量。

8.2.2 以下哪些语句是合法的？

```
int[][] r = new int[2];
int[] x = new int[];
int[][] y = new int[3][];
int[][] z = {{1, 2}};
int[][] m = {{1, 2}, {2, 3}};
int[][] n = {{1, 2}, {2, 3}, };
```

8.2.3 编写一个获取二维数组 x 的行数的表达式，以及一个获取第一行大小的表达式。

8.2.4 二维数组的行可以有不同的长度吗？

8.2.5 以下代码的输出是什么？

```
int[][] array = new int[5][6];
int[] x = {1, 2};
array[0] = x;
System.out.println("array[0][1] is " + array[0][1]);
```

8.3 处理二维数组

> **要点提示**：嵌套的 for 循环常用于处理二维数组。

假设如下创建数组 matrix：

```
int[][] matrix = new int[10][10];
```

下面是一些处理二维数组的例子：

1）（使用输入值初始化数组）下面的循环使用用户输入值初始化数组：

```
java.util.Scanner input = new java.util.Scanner(System.in);
System.out.println("Enter " + matrix.length + " rows and " +
  matrix[0].length + " columns: ");
for (int row = 0; row < matrix.length; row++) {
  for (int column = 0; column < matrix[row].length; column++) {
    matrix[row][column] = input.nextInt();
  }
}
```

2）（使用随机值初始化数组）下面的循环使用 0 到 99 之间的随机值初始化数组：

```
for (int row = 0; row < matrix.length; row++) {
  for (int column = 0; column < matrix[row].length; column++) {
    matrix[row][column] = (int)(Math.random() * 100);
  }
}
```

3)（打印数组）为打印一个二维数组，必须使用如下所示的循环打印数组中的每个元素：

```
for (int row = 0; row < matrix.length; row++) {
  for (int column = 0; column < matrix[row].length; column++) {
    System.out.print(matrix[row][column] + " ");
  }

  System.out.println();
}
```

4)（对所有元素求和）使用名为 total 的变量存储总和。将 total 初始化为 0。利用类似下面的循环把数组中的每一个元素都加到 total 上：

```
int total = 0;
for (int row = 0; row < matrix.length; row++) {
  for (int column = 0; column < matrix[row].length; column++) {
    total += matrix[row][column];
  }
}
```

5)（按列求和）对于每一列，使用名为 total 的变量存储它的和。利用类似下面的循环，将该列中的每个元素加到 total 上：

```
for (int column = 0; column < matrix[0].length; column++) {
  int total = 0;
  for (int row = 0; row < matrix.length; row++)
    total += matrix[row][column];
  System.out.println("Sum for column " + column + " is "
    + total);
}
```

6)（哪一行的和最大？）使用变量 maxRow 和 indexOfMaxRow 分别跟踪和的最大值以及该行的下标值。计算每一行的和，如果计算出的新的和更大，则更新 maxRow 和 indexOfMaxRow。

```
int maxRow = 0;
int indexOfMaxRow = 0;

// Get sum of the first row in maxRow
for (int column = 0; column < matrix[0].length; column++) {
  maxRow += matrix[0][column];
}

for (int row = 1; row < matrix.length; row++) {
  int totalOfThisRow = 0;
  for (int column = 0; column < matrix[row].length; column++)
    totalOfThisRow += matrix[row][column];

  if (totalOfThisRow > maxRow) {
    maxRow = totalOfThisRow;
    indexOfMaxRow = row;
  }
}

System.out.println("Row " + indexOfMaxRow
  + " has the maximum sum of " + maxRow);
```

7)（随机打乱）在 7.2.6 节中已经介绍了如何打乱一维数组的元素，那么如何打乱二维数组中的所有元素呢？为了实现这个功能，对每个元素 matrix[i][j] 随机产生下标 i1 和 j1，然后互换 matrix[i][j] 和 matrix[i1][j1]，如下所示：

```java
    for (int i = 0; i < matrix.length; i++) {
      for (int j = 0; j < matrix[i].length; j++) {
        int i1 = (int)(Math.random() * matrix.length);
        int j1 = (int)(Math.random() * matrix[i].length);

        // Swap matrix[i][j] with matrix[i1][j1]
        int temp = matrix[i][j];
        matrix[i][j] = matrix[i1][j1];
        matrix[i1][j1] = temp;
      }
    }
```

✓ 复习题

8.3.1 给出下面代码的输出:

```java
int[][] array = {{1, 2}, {3, 4}, {5, 6}};
for (int i = array.length - 1; i >= 0; i--) {
  for (int j = array[i].length - 1; j >= 0; j--)
    System.out.print(array[i][j] + " ");
  System.out.println();
}
```

8.3.2 给出下面代码的输出:

```java
int[][] array = {{1, 2}, {3, 4}, {5, 6}};
int sum = 0;
for (int i = 0; i < array.length; i++)
  sum += array[i][0];
System.out.println(sum);
```

8.4 将二维数组传递给方法

要点提示: 将一个二维数组传递给方法时，数组的引用传递给了方法。

可以像传递一维数组一样传递二维数组给方法。也可以从一个方法返回一个二维数组。程序清单 8-1 给出一个具有两个方法的示例。第一个方法 getArray() 返回一个二维数组，第二个方法 sum(int[][] m) 返回一个矩阵中所有元素的和。

程序清单 8-1 PassTwoDimensionalArray.java

```java
 1  import java.util.Scanner;
 2
 3  public class PassTwoDimensionalArray {
 4    public static void main(String[] args) {
 5      int[][] m = getArray(); // Get an array
 6
 7      // Display sum of elements
 8      System.out.println("\nSum of all elements is " + sum(m));
 9    }
10
11    public static int[][] getArray() {
12      // Create a Scanner
13      Scanner input = new Scanner(System.in);
14
15      // Enter array values
16      int[][] m = new int[3][4];
17      System.out.println("Enter " + m.length + " rows and "
18        + m[0].length + " columns: ");
19      for (int i = 0; i < m.length; i++)
20        for (int j = 0; j < m[i].length; j++)
```

```
21                m[i][j] = input.nextInt();
22            }
23            return m;
24        }
25
26        public static int sum(int[][] m) {
27            int total = 0;
28            for (int row = 0; row < m.length; row++) {
29                for (int column = 0; column < m[row].length; column++) {
30                    total += m[row][column];
31                }
32            }
33
34            return total;
35        }
36    }
```

```
Enter 3 rows and 4 columns:
1 2 3 4    ↵Enter
5 6 7 8    ↵Enter
9 10 11 12    ↵Enter

Sum of all elements is 78
```

方法 getArray 提示用户为数组输入值（第 11 ~ 24 行）并且返回该数组（第 23 行）。

方法 sum（第 26 ~ 35 行）有一个二维数组参数。可以使用 m.length 获取行数（第 28 行），而使用 m[row].column 得到指定行的列数（第 29 行）。

✓ 复习题

8.4.1 给出下面代码的输出：

```java
public class Test {
  public static void main(String[] args) {
    int[][] array = {{1, 2, 3, 4}, {5, 6, 7, 8}};
    System.out.println(m1(array)[0]);
    System.out.println(m1(array)[1]);
  }

  public static int[] m1(int[][] m) {
    int[] result = new int[2];
    result[0] = m.length;
    result[1] = m[0].length;
    return result;
  }
}
```

8.5 示例学习：给多选题测验评分

要点提示：编写一个可以给多选题测验评分的程序。

假设你需要编写一个程序对多选题测验进行评分。假设有 8 个学生和 10 道题目，学生的答案存储在一个二维数组中。每一行记录一名学生的答案，如下面的数组所示：

多维数组

```
              学生的答案
          0 1 2 3 4 5 6 7 8 9
Student 0  A B A C C D E E A D
Student 1  D B A B C A E E A D
Student 2  E D D A C B E E A D
Student 3  C B A E D C E E A D
Student 4  A B D C C D E E A D
Student 5  B B E C C D E E A D
Student 6  B B A C C D E E A D
Student 7  E B E C C D E E A D
```

正确答案存储在一个一维数组中：

```
       问题的正确答案
      0 1 2 3 4 5 6 7 8 9
Key   D B D C C D A E A D
```

程序给测验评分并显示结果。它将每个学生的答案与正确答案进行比较，统计正确答案的个数并将其显示出来。程序清单 8-2 给出该程序。

程序清单 8-2 GradeExam.java

```java
 1  public class GradeExam {
 2    /** Main method */
 3    public static void main(String[] args) {
 4      // Students' answers to the questions
 5      char[][] answers = {
 6        {'A', 'B', 'A', 'C', 'C', 'D', 'E', 'E', 'A', 'D'},
 7        {'D', 'B', 'A', 'B', 'C', 'A', 'E', 'E', 'A', 'D'},
 8        {'E', 'D', 'D', 'A', 'C', 'B', 'E', 'E', 'A', 'D'},
 9        {'C', 'B', 'A', 'E', 'D', 'C', 'E', 'E', 'A', 'D'},
10        {'A', 'B', 'D', 'C', 'C', 'D', 'E', 'E', 'A', 'D'},
11        {'B', 'B', 'E', 'C', 'C', 'D', 'E', 'E', 'A', 'D'},
12        {'B', 'B', 'A', 'C', 'C', 'D', 'E', 'E', 'A', 'D'},
13        {'E', 'B', 'E', 'C', 'C', 'D', 'E', 'E', 'A', 'D'}};
14
15      // Key to the questions
16      char[] keys = {'D', 'B', 'D', 'C', 'C', 'D', 'A', 'E', 'A', 'D'};
17
18      // Grade all answers
19      for (int i = 0; i < answers.length; i++) {
20        // Grade one student
21        int correctCount = 0;
22        for (int j = 0; j < answers[i].length; j++) {
23          if (answers[i][j] == keys[j])
24            correctCount++;
25        }
26
27        System.out.println("Student " + i + "'s correct count is " +
28          correctCount);
29      }
30    }
31  }
```

```
Student 0's correct count is 7
Student 1's correct count is 6
Student 2's correct count is 5
Student 3's correct count is 4
Student 4's correct count is 8
```

```
Student 5's correct count is 7
Student 6's correct count is 7
Student 7's correct count is 7
```

第 5～13 行的语句声明、创建和初始化一个二维字符数组，并将其引用赋给 char[][] 型变量 answers。

第 16 行的语句声明、创建和初始化一个 char 值数组，并将其引用赋给 char[] 型变量 keys。

数组 answers 的每一行存储一个学生的答案，将其与数组 keys 中的正确答案比较之后进行评分。给一个学生评完分数后便显示结果。

✔ **复习题**

8.5.1 如何修改代码，使之还可以显示最高得分以及获得最高分的学生？

8.6 示例学习：找出最近点对

要点提示：本节求解一个几何问题：找到最近点对。

假设给定一个点集，找出最近点对的问题就是找到彼此距离最近的两个点。例如，在图 8-3 中，点 (1,1) 和 (2,0.5) 是彼此之间距离最近的一对点。解决这个问题的方法有好几种。一种直观的方法就是计算所有点对之间的距离，并且找出最短的距离，其实现如程序清单 8-3 所示。

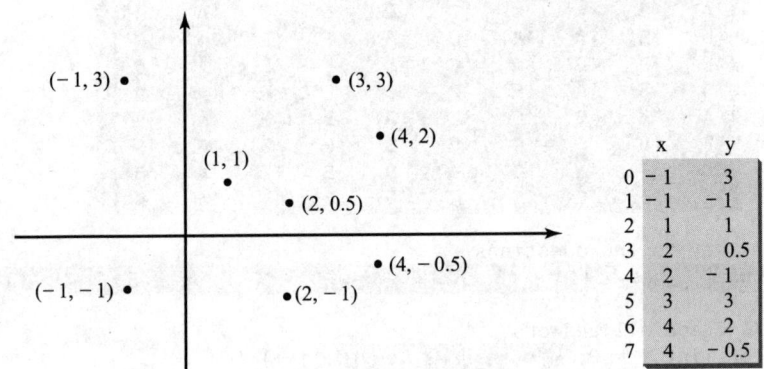

图 8-3 使用二维数组表示点

程序清单 8-3 FindNearestPoints.java

```
1  import java.util.Scanner;
2
3  public class FindNearestPoints {
4    public static void main(String[] args) {
5      Scanner input = new Scanner(System.in);
6      System.out.print("Enter the number of points: ");
7      int numberOfPoints = input.nextInt();
8
9      // Create an array to store points
10     double[][] points = new double[numberOfPoints][2];
11     System.out.print("Enter " + numberOfPoints + " points: ");
12     for (int i = 0; i < points.length; i++) {
13       points[i][0] = input.nextDouble();
14       points[i][1] = input.nextDouble();
```

```
15      }
16
17      // p1 and p2 are the indices in the points' array
18      int p1 = 0, p2 = 1; // Initial two points
19      double shortestDistance = distance(points[p1][0], points[p1][1],
20        points[p2][0], points[p2][1]); // Initialize shortestDistance
21
22      // Compute distance for every two points
23      for (int i = 0; i < points.length; i++) {
24        for (int j = i + 1; j < points.length; j++) {
25          double distance = distance(points[i][0], points[i][1],
26            points[j][0], points[j][1]); // Find distance
27
28          if (shortestDistance > distance) {
29            p1 = i; // Update p1
30            p2 = j; // Update p2
31            shortestDistance = distance; // Update shortestDistance
32          }
33        }
34      }
35
36      // Display result
37      System.out.println("The closest two points are " +
38        "(" + points[p1][0] + ", " + points[p1][1] + ") and (" +
39        points[p2][0] + ", " + points[p2][1] + ")");
40    }
41
42    /** Compute the distance between two points (x1, y1) and (x2, y2)*/
43    public static double distance(
44        double x1, double y1, double x2, double y2) {
45      return Math.sqrt((x2 - x1) * (x2 - x1) + (y2 - y1) * (y2 - y1));
46    }
47  }
```

```
Enter the number of points: 8 ↵Enter
Enter 8 points: -1 3 -1 -1 1 1 2 0.5 2 -1 3 3 4 2 4 -0.5 ↵Enter
The closest two points are (1, 1) and (2, 0.5)
```

程序提示用户输入点的数量（第6和7行）。从控制台读取多个点并存储在一个名为 points 的二维数组中（第12～15行）。程序使用变量 shortestDistance（第19行）来存储两个距离最近的点，这两个点在 points 数组中的下标存储在 p1 和 p2 中（第18行）。

对每一个下标值为 i 的点，程序会对所有的 j>i 计算 points[i] 和 points[j] 之间的距离（第23～34行）。只要找到更短的距离，就更新变量 shortestDistance 以及 p1 和 p2（第28～32行）。

两个点 (x1,y1) 和 (x2,y2) 之间的距离可以使用公式 $\sqrt{(x_2-x_1)^2+(y_2-y_1)^2}$ 计算（第43～46行）。

程序假设平面上至少有两个点。可以简单地修改程序，处理平面没有点或只有一个点的情况。

☛ **注意**：也可能有不止一对具有相同最小距离的点对。本程序只需找到这样的一对点。可以在编程练习题 8.8 中修改这个程序，找出所有距离最短的点对。

☛ **提示**：从键盘输入所有的点是很烦琐的。可以将输入存储在一个名为 FindNearestPoints.txt 的文件中，并使用下面的命令编译和运行这个程序：

```
java FindNearestPoints < FindNearestPoints.txt
```

复习题

8.6.1　如果只输入一个点会如何？

8.7　示例学习：数独

要点提示：要解决的问题是检验一个给定的数独解决方案是否正确。

本节介绍一个每天都会出现在报纸上的有趣问题。这是一个关于数字放置的问题，通常称为数独（Sudoku）。它是一个非常有挑战性的问题。为了使之能被编程新手接受，本节给出数独问题的简化版本，即检验某个解决方案是否正确。数独问题的完整解决方案在补充材料Ⅵ.C 中提供。

数独是一个 9×9 的网格，它被分为更小的 3×3 的盒子（也称为区域或者块），如图 8-4a 所示。一些称为固定方格（fixed cell）的格子里放置了从 1 到 9 的数字。该程序的目标是将从 1 到 9 的数字放入那些称为自由方格（free cell）的空格中，以使得每行每列以及每个 3×3 的盒子都包含从 1 到 9 的数字，如图 8-4b 所示。

a）问题　　b）解决方案

图 8-4　图 a 中的问题在图 b 中解答

为方便起见，使用值 0 表示自由方格，如图 8-5a 所示。网格可以自然地采用二维数组表示，如图 8-5b 所示。

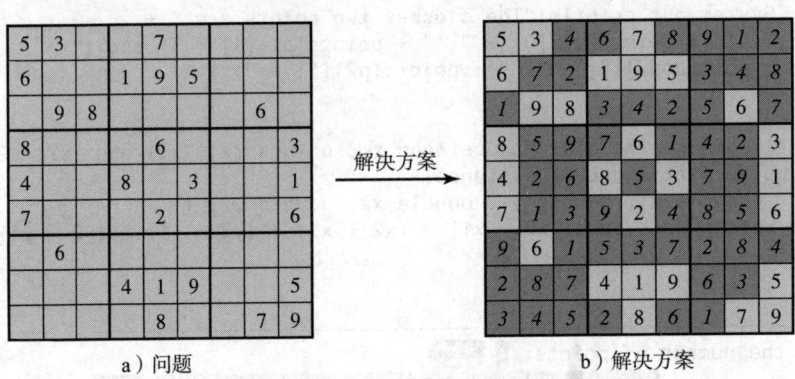

5	3	0	0	7	0	0	0	0
6	0	0	1	9	5	0	0	0
0	9	8	0	0	0	0	6	0
8	0	0	0	6	0	0	0	3
4	0	0	8	0	3	0	0	1
7	0	0	0	2	0	0	0	6
0	6	0	0	0	0	0	0	0
0	0	0	4	1	9	0	0	5
0	0	0	0	8	0	0	7	9

a）

```
int[][] grid =
  {{5, 3, 0, 0, 7, 0, 0, 0, 0},
   {6, 0, 0, 1, 9, 5, 0, 0, 0},
   {0, 9, 8, 0, 0, 0, 0, 6, 0},
   {8, 0, 0, 0, 6, 0, 0, 0, 3},
   {4, 0, 0, 8, 0, 3, 0, 0, 1},
   {7, 0, 0, 0, 2, 0, 0, 0, 6},
   {0, 6, 0, 0, 0, 0, 2, 8, 0},
   {0, 0, 0, 4, 1, 9, 0, 0, 5},
   {0, 0, 0, 0, 8, 0, 0, 7, 9}
  };
```

b）

图 8-5　使用一个二维数组表示网格

为了得到该问题的解决方案，必须用 1 到 9 之间合适的数字替换网格中的每个 0。对于图 8-5 中问题的解决方案，网格应该如图 8-6 所示。

一旦找到一个数独难题的解决方案，如何验证它是正确的呢？有两种方法：
- 检查是否每行都有 1 到 9 的数字以及每列都有 1 到 9 的数字，并且每个小的方块都有 1 到 9 的数字。
- 检查每个单元格。每个单元格必须是 1 到 9 的数字，并且单元格数字在每行、每列以及每个小方盒中都是唯一的。

程序清单 8-4 中的程序提示用户输入一个解决方案，然后报告它是否有效。程序中采用第 2 种方法来检验解决方案是否正确。

```
A solution grid is
  {{5, 3, 4, 6, 7, 8, 9, 1, 2},
   {6, 7, 2, 1, 9, 5, 3, 4, 8},
   {1, 9, 8, 3, 4, 2, 5, 6, 7},
   {8, 5, 9, 7, 6, 1, 4, 2, 3},
   {4, 2, 6, 8, 5, 3, 7, 9, 1},
   {7, 1, 3, 9, 2, 4, 8, 5, 6},
   {9, 6, 1, 5, 3, 7, 2, 8, 4},
   {2, 8, 7, 4, 1, 9, 6, 3, 5},
   {3, 4, 5, 2, 8, 6, 1, 7, 9}
  };
```

图 8-6 解决方案存储在网格 grid 中

程序清单 8-4 CheckSudokuSolution.java

```java
 1  import java.util.Scanner;
 2
 3  public class CheckSudokuSolution {
 4    public static void main(String[] args) {
 5      // Read a Sudoku solution
 6      int[][] grid = readASolution();
 7
 8      System.out.println(isValid(grid) ? "Valid solution" :
 9        "Invalid solution");
10    }
11
12    /** Read a Sudoku solution from the console */
13    public static int[][] readASolution() {
14      // Create a Scanner
15      Scanner input = new Scanner(System.in);
16
17      System.out.println("Enter a Sudoku puzzle solution:");
18      int[][] grid = new int[9][9];
19      for (int i = 0; i < 9; i++)
20        for (int j = 0; j < 9; j++)
21          grid[i][j] = input.nextInt();
22
23      return grid;
24    }
25
26    /** Check whether a solution is valid */
27    public static boolean isValid(int[][] grid) {
28      for (int i = 0; i < 9; i++)
29        for (int j = 0; j < 9; j++)
30          if (grid[i][j] < 1 || grid[i][j] > 9
31            || !isValid(i, j, grid))
32            return false;
33      return true; // The solution is valid
34    }
35
36    /** Check whether grid[i][j] is valid in the grid */
37    public static boolean isValid(int i, int j, int[][] grid) {
38      // Check whether grid[i][j] is unique in i's row
39      for (int column = 0; column < 9; column++)
40        if (column != j && grid[i][column] == grid[i][j])
41          return false;
42
43      // Check whether grid[i][j] is unique in j's column
44      for (int row = 0; row < 9; row++)
```

```
45        if (row != i && grid[row][j] == grid[i][j])
46          return false;
47
48      // Check whether grid[i][j] is unique in the 3-by-3 box
49      for (int row = (i / 3) * 3; row < (i / 3) * 3 + 3; row++)
50        for (int col = (j / 3) * 3; col < (j / 3) * 3 + 3; col++)
51          if (!(row == i && col == j) && grid[row][col] == grid[i][j])
52            return false;
53
54      return true; // The current value at grid[i][j] is valid
55    }
56  }
```

```
Enter a Sudoku puzzle solution:
9 6 3 1 7 4 2 5 8  ↵Enter
1 7 8 3 2 5 6 4 9  ↵Enter
2 5 4 6 8 9 7 3 1  ↵Enter
8 2 1 4 3 7 5 9 6  ↵Enter
4 9 6 8 5 2 3 1 7  ↵Enter
7 3 5 9 6 1 8 2 4  ↵Enter
5 8 9 7 1 3 4 6 2  ↵Enter
3 1 7 2 4 6 9 8 5  ↵Enter
6 4 2 5 9 8 1 7 3  ↵Enter
Valid solution
```

程序调用 readASolution() 方法（第 6 行）来读取一个数独的解决方案，并且返回一个表示数独网格的二维数组。

isValid(grid) 方法通过检查每个值是否都是从 1 到 9 的数字以及每个网格中值是否都是有效的，来检查网格中的所有值是否有效（第 27～34 行）。

isValid(i, j, grid) 方法检查 grid[i][j] 的值是否是有效的。它检查 grid[i][j] 在第 i 行（第 39～41 行）、第 j 列（第 44～46 行），以及 3×3 的方盒（第 49～52 行）中是否出现超过一次。

如何定位同一个方盒中的所有单元格呢？对于任意的 grid[i][j]，包含它的 3×3 的方盒的起始单元格是 grid[(i/3)*3][(j/3)*3]，如图 8-7 所示。

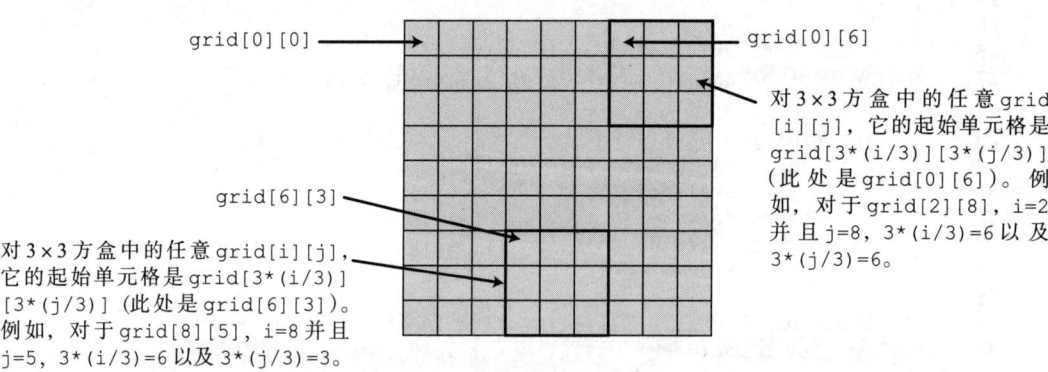

图 8-7　3×3 方盒的第一个单元格的位置决定了方盒中其他单元格的位置

观察到这点后，可以很容易地确定方盒中的所有单元格。例如，如果 grid[r][c] 是 3×3 盒子的起始方格，这个方盒中的元素可以使用嵌套循环来遍历，如下所示：

```
// Get all cells in a 3-by-3 box starting at grid[r][c]
for (int row = r; row < r + 3; row++)
  for (int col = c; col < c + 3; col++)
    // grid[row][col] is in the box
```

从控制台输入 81 个数字是很烦琐的。测试这个程序时,可以将输入存储在一个名为 CheckSudokuSolution.txt 的文件中(参见 liveexample.pearsoncmg.com/data/CheckSudoku-Solution.txt),然后使用下面的命令运行这个程序:

```
java CheckSudokuSolution < CheckSudokuSolution.txt
```

✓ 复习题

8.7.1 如果程序清单 8-4 中第 51 行的代码改为以下所示会如何?

```
if (row != i && col != j && grid[row][col] == grid[i][j])
```

8.8 多维数组

🔑 **要点提示**:二维数组由一个一维数组的数组组成,而一个三维数组可以认为是由一个二维数组的数组所组成。

在前一节中,我们使用二维数组表示矩阵或者表。有时可能还需要表示 n 维的数据结构。在 Java 中,可以创建 n 维数组,其中 n 是任意正整数。

可以对二维数组变量的声明以及二维数组的创建方法进行推广,用于声明 $n \geq 3$ 的 n 维数组变量和创建 n 维数组。例如,可以采用一个三维数组来存储一个具有六个同学以及五门考试的班级成绩,其中每门考试有两部分(多选题以及论述题)。下述语法声明一个三维数组变量 scores,创建一个数组并将其引用赋值给 scores:

```
double[][][] scores = new double[6][5][2];
```

也可以采用数组初始化简写语句来创建和初始化数组,如下所示:

```
double[][][] scores = {
  {{7.5, 20.5}, {9.0, 22.5}, {15, 33.5}, {13, 21.5}, {15, 2.5}},
  {{4.5, 21.5}, {9.0, 22.5}, {15, 34.5}, {12, 20.5}, {14, 9.5}},
  {{6.5, 30.5}, {9.4, 10.5}, {11, 33.5}, {11, 23.5}, {10, 2.5}},
  {{6.5, 23.5}, {9.4, 32.5}, {13, 34.5}, {11, 20.5}, {16, 7.5}},
  {{8.5, 26.5}, {9.4, 52.5}, {13, 36.5}, {13, 24.5}, {16, 2.5}},
  {{9.5, 20.5}, {9.4, 42.5}, {13, 31.5}, {12, 20.5}, {16, 6.5}}};
```

score[0][1][0] 代表第一个学生的第二门考试的多项选择部分的成绩,该值为 9.0。score[0][1][1] 代表第一个学生的第二门考试的论述部分的成绩,该值为 22.5。在下图中给出了图示。

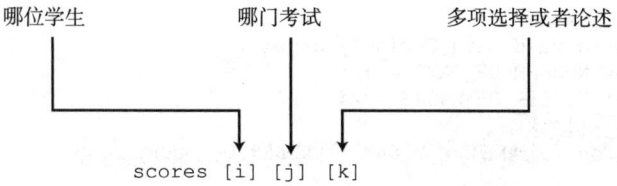

多维数组实际上是这样一个数组,它的每个元素都是另一个数组。三维数组是由二维数组构成的数组,每个二维数组又是一维数组的数组。例如,假设 x=new int[2][2][5],则

x[0] 和 x[1] 是二维数组，x[0][0]、x[0][1]、x[1][0] 和 x[1][1] 都是含 5 个元素的一维数组。x.length 的值为 2，x[0].length 和 x[1].length 的值为 2，x[0][0].length、x[0][1].length、x[1][0].length 和 x[1][1].length 的值为 5。

8.8.1 示例学习：每日温度和湿度

假设气象站每天每小时都会记录温度和湿度，并且将过去十天的数据存储在一个名为 Weather.txt 的文本文件中（参见 liveexample.pearsoncmg.com/data/Weather.txt）。文件中的每一行包含四个数字，分别表示天、小时、温度和湿度。这个文件的内容看起来可能如图 a 所示。

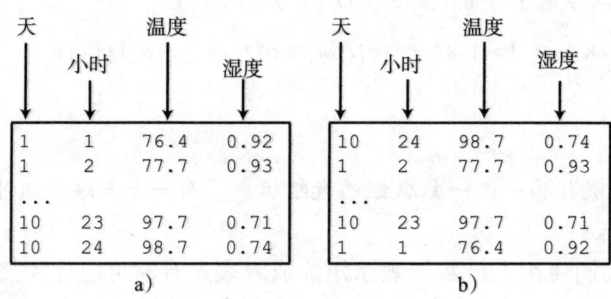

注意，文件中的行不一定要按照天和小时的升序排列。例如，文件可以如图 b 所示。

你的任务是编写程序，计算 10 天的日均温度和日均湿度。可以使用输入重定向来读取文件，并将这些数据存在一个名为 data 的三维数组中。data 的第一个下标范围从 0 到 9，代表 10 天；第二个下标范围从 0 到 23，代表 24 小时；而第三个下标范围从 0 到 1，分别代表温度和湿度，如下图所示。

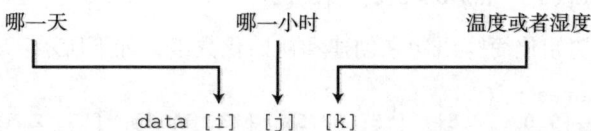

注意：在文件中，天是从 1 到 10 编号的，而小时是从 1 到 24 编号的。因为数组下标是从 0 开始的，所以，data[0][0][0] 存储的是第 1 天第 1 小时的温度，而 data[9][23][1] 存储的是第 10 天第 24 小时的湿度。

该程序在程序清单 8-5 中给出。

程序清单 8-5 Weather.java

```
1  import java.util.Scanner;
2
3  public class Weather {
4    public static void main(String[] args) {
5      final int NUMBER_OF_DAYS = 10;
6      final int NUMBER_OF_HOURS = 24;
7      double[][][] data
8        = new double[NUMBER_OF_DAYS][NUMBER_OF_HOURS][2];
9
10     Scanner input = new Scanner(System.in);
11     // Read input using input redirection from a file
12     for (int k = 0; k < NUMBER_OF_DAYS * NUMBER_OF_HOURS; k++) {
13       int day = input.nextInt();
```

```java
14        int hour = input.nextInt();
15        double temperature = input.nextDouble();
16        double humidity = input.nextDouble();
17        data[day - 1][hour - 1][0] = temperature;
18        data[day - 1][hour - 1][1] = humidity;
19      }
20
21      // Find the average daily temperature and humidity
22      for (int i = 0; i < NUMBER_OF_DAYS; i++) {
23        double dailyTemperatureTotal = 0, dailyHumidityTotal = 0;
24        for (int j = 0; j < NUMBER_OF_HOURS; j++) {
25          dailyTemperatureTotal += data[i][j][0];
26          dailyHumidityTotal += data[i][j][1];
27        }
28
29        // Display result
30        System.out.println("Day " + i + "'s average temperature is "
31          + dailyTemperatureTotal / NUMBER_OF_HOURS);
32        System.out.println("Day " + i + "'s average humidity is "
33          + dailyHumidityTotal / NUMBER_OF_HOURS);
34      }
35    }
36  }
```

```
Day 0's average temperature is 77.7708
Day 0's average humidity is 0.929583
Day 1's average temperature is 77.3125
Day 1's average humidity is 0.929583
...
Day 9's average temperature is 79.3542
Day 9's average humidity is 0.9125
```

可以使用下面的命令来运行这个程序：

`java Weather < Weather.txt`

第 8 行创建存储温度和湿度的三维数组。第 12～19 行的循环中读取输入并赋值给数组。可以从键盘键入输入，但是这样做不是很便利。为方便起见，将这些数据存储在一个文件中，并使用输入重定向从文件中读取数据。在第 24～27 行的循环中，将一天中每个小时的温度都加到 dailyTemperatureTotal 中，并将每个小时的湿度都加到 dailyHumidityTotal 中。第 30～33 行显示日均温度和日均湿度。

8.8.2 示例学习：猜生日

程序清单 4-3 给出了一个猜生日的程序。可以通过用三维数组存储 5 个数字集合来简化程序，然后使用循环提示用户回答，如程序清单 8-6 所示。该程序的运行示例和程序清单 4-3 所显示的是一样。

程序清单 8-6 GuessBirthdayUsingArray.java

```java
1  import java.util.Scanner;
2
3  public class GuessBirthdayUsingArray {
4    public static void main(String[] args) {
5      int day = 0; // Day to be determined
6      int answer;
7
8      int[][][] dates = {
```

```
 9          {{ 1,  3,  5,  7},
10           { 9, 11, 13, 15},
11           {17, 19, 21, 23},
12           {25, 27, 29, 31}},
13          {{ 2,  3,  6,  7},
14           {10, 11, 14, 15},
15           {18, 19, 22, 23},
16           {26, 27, 30, 31}},
17          {{ 4,  5,  6,  7},
18           {12, 13, 14, 15}},
19           {20, 21, 22, 23},
20           {28, 29, 30, 31}},
21          {{ 8,  9, 10, 11},
22           {12, 13, 14, 15},
23           {24, 25, 26, 27},
24           {28, 29, 30, 31}},
25          {{16, 17, 18, 19},
26           {20, 21, 22, 23},
27           {24, 25, 26, 27},
28           {28, 29, 30, 31}}};
29
30          // Create a Scanner
31          Scanner input = new Scanner(System.in);
32
33          for (int i = 0; i < 5; i++) {
34            System.out.println("Is your birthday in Set" + (i + 1) + "?");
35            for (int j = 0; j < 4; j++) {
36              for (int k = 0; k < 4; k++)
37                System.out.printf("%4d", dates[i][j][k]);
38              System.out.println();
39            }
40
41            System.out.print("\nEnter 0 for No and 1 for Yes: ");
42            answer = input.nextInt();
43
44            if (answer == 1)
45              day += dates[i][0][0];
46          }
47
48          System.out.println("Your birthday is " + day);
49        }
50      }
```

第 8 ~ 28 行创建一个三维数组 dates。该数组存储 5 组数字集合。每个集合都是一个 4×4 的二维数组。

从第 33 行开始循环，显示每个集合中的数字，然后提示用户回答生日是否在该集合中（第 41 和 42 行）。如果生日是在某个集合中，那么这个集合的第一个数字（dates[i][0][0]）就被加到变量 day 中（第 45 行）。

✓ 复习题

8.8.1 为一个三维数组声明一个数组变量，创建一个 4×6×5 的 int 数组，并将其引用赋给该变量。

8.8.2 假设 int[][][] x = new char[12][5][2]，该数组中有多少个元素？x.length、x[2].length，以及 x[0][0].length 分别是多少？

8.8.3 给出下面代码的输出：

```
int[][][] array = {{{1, 2}, {3, 4}}, {{5, 6},{7, 8}}};
System.out.println(array[0][0][0]);
System.out.println(array[1][1][1]);
```

关键术语

column index（列下标）
multidimensional array（多维数组）
nested array（嵌套数组）
row index（行下标）
two-dimensional array（二维数组）

本章小结

1. 可以使用二维数组来存储表格。
2. 可以使用以下语法来声明二维数组变量：elementType[][] arrayVar。
3. 可以使用以下语法来创建二维数组变量：new elementType[ROW_SIZE] [COLUMN_SIZE]。
4. 使用下面的语法表示二维数组中的每个元素：arrayVar[rowIndex][columnIndex]。
5. 可以使用数组初始化简写语句来创建和初始化二维数组：elementType[][] arrayVar = {{row values}, ..., {row values}}。
6. 可以使用数组的数组构成多维数组。例如：一个三维数组变量可以声明为elementType[][][] arrayVar，并使用new elementType[size1][size2][size3] 来创建三维数组。

测试题

在线回答配套网站上的本章测试题。

编程练习题

*8.1 （求矩阵中各列数字的和）使用下面的方法头编写一个方法，求矩阵中特定列的所有元素的和：

public static double sumColumn(**double**[][] m, **int** columnIndex)

编写测试程序，读取一个 3×4 的矩阵，然后显示每列元素的和。下面是一个运行示例：

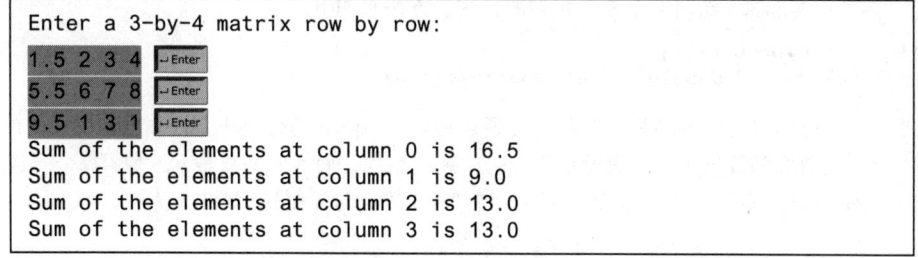

*8.2 （求矩阵主对角线元素的和）使用下面的方法头编写一个方法，求 double 类型的 $n \times n$ 矩阵中主对角线上所有数字的和：

public static double sumMajorDiagonal(**double**[][] m)

编写测试程序，读取一个 4×4 的矩阵，然后显示它的主对角线上的所有元素的和。下面是一个运行示例：

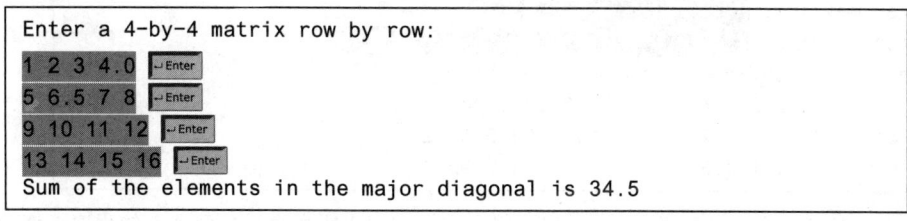

*8.3 （按成绩对学生排序）重写程序清单 8-2，按照正确答案个数的升序显示学生。

**8.4 （计算每个雇员每周工作的小时数）假定所有雇员每周工作的小时数存储在一个二维数组中。每行包含 7 列以记录一个雇员 7 天的工作小时数。例如，右边数组存储了 8 个雇员的工作小时数。编写程序，按照总工时降序的方式显示雇员和他们的总工时。

	Su	M	T	W	Th	F	Sa
Employee 0	2	4	3	4	5	8	8
Employee 1	7	3	4	3	3	4	4
Employee 2	3	3	4	3	3	2	2
Employee 3	9	3	4	7	3	4	1
Employee 4	3	5	4	3	6	3	8
Employee 5	3	4	4	6	3	4	4
Employee 6	3	7	4	8	3	8	4
Employee 7	6	3	5	9	2	7	9

8.5 （代数：两个矩阵相加）编写两个矩阵相加的方法。方法头如下：

public static double[][] addMatrix(**double**[][] a, **double**[][] b)

为了能够进行相加，两个矩阵必须具有相同的维数，并且元素具有相同或兼容的数据类型。假设 c 表示相加的结果矩阵，每个元素 c_{ij} 就是 $a_{ij}+b_{ij}$。例如，对于两个 3×3 的矩阵 a 和 b，矩阵 c 为

$$\begin{bmatrix} a_{11} & a_{12} & a_{13} \\ a_{21} & a_{22} & a_{23} \\ a_{31} & a_{32} & a_{33} \end{bmatrix} + \begin{bmatrix} b_{11} & b_{12} & b_{13} \\ b_{21} & b_{22} & b_{23} \\ b_{31} & b_{32} & b_{33} \end{bmatrix} = \begin{bmatrix} a_{11}+b_{11} & a_{12}+b_{12} & a_{13}+b_{13} \\ a_{21}+b_{21} & a_{22}+b_{22} & a_{23}+b_{23} \\ a_{31}+b_{31} & a_{32}+b_{32} & a_{33}+b_{33} \end{bmatrix}$$

编写测试程序，提示用户输入两个 3×3 的矩阵，然后显示它们的和。下面是一个运行示例：

```
Enter matrix1: 1 2 3 4 5 6 7 8 9 ↵Enter
Enter matrix2: 0 2 4 1 4.5 2.2 1.1 4.3 5.2 ↵Enter
The matrices are added as follows
 1.0 2.0 3.0       0.0 2.0 4.0        1.0 4.0 7.0
 4.0 5.0 6.0   +   1.0 4.5 2.2   =    5.0 9.5 8.2
 7.0 8.0 9.0       1.1 4.3 5.2        8.1 12.3 14.2
```

**8.6 （代数：两个矩阵相乘）编写两个矩阵相乘的方法。方法头如下：

public static double[][]
    multiplyMatrix(**double**[][] a, **double**[][] b)

为了使矩阵 a 能够和矩阵 b 相乘，矩阵 a 的列数必须与矩阵 b 的行数相同，并且两个矩阵的元素要具有相同或兼容的数据类型。假设矩阵 c 是相乘的结果，而 a 的列数是 n，那么每个元素 c_{ij} 就是 $a_{i1} \times b_{1j}+a_{i2} \times b_{2j}+\cdots+a_{in} \times b_{nj}$。例如，对于两个 3×3 的矩阵 a 和 b，矩阵 c 为

$$\begin{bmatrix} a_{11} & a_{12} & a_{13} \\ a_{21} & a_{22} & a_{23} \\ a_{31} & a_{32} & a_{33} \end{bmatrix} \times \begin{bmatrix} b_{11} & b_{12} & b_{13} \\ b_{21} & b_{22} & b_{23} \\ b_{31} & b_{32} & b_{33} \end{bmatrix} = \begin{bmatrix} c_{11} & c_{12} & c_{13} \\ c_{21} & c_{22} & c_{23} \\ c_{31} & c_{32} & c_{33} \end{bmatrix}$$

这里，$c_{ij}=a_{i1} \times b_{1j}+a_{i2} \times b_{2j}+a_{i3} \times b_{3j}$。

编写测试程序，提示用户输入两个 3×3 的矩阵，然后显示它们的乘积。下面是一个运行示例：

```
Enter matrix1: 1 2 3 4 5 6 7 8 9 ↵Enter
Enter matrix2: 0 2 4 1 4.5 2.2 1.1 4.3 5.2 ↵Enter
The multiplication of the matrices is
 1 2 3       0 2.0 4.0         5.3 23.9 24
 4 5 6   *   1 4.5 2.2   =     11.6 56.3 58.2
 7 8 9       1.1 4.3 5.2       17.9 88.7 92.4
```

*8.7 （距离最近的两个点）程序清单 8-3 给出了得到二维空间中距离最近的两个点的程序。修改该程

序，让程序能够找出在三维空间上距离最近的两个点。使用一个二维数组表示这些点。使用下面的点来测试这个程序：

```
double[][] points = {{-1, 0, 3}, {-1, -1, -1}, {4, 1, 1},
  {2, 0.5, 9}, {3.5, 2, -1}, {3, 1.5, 3}, {-1.5, 4, 2},
  {5.5, 4, -0.5}};
```

计算两个点（x1,y1,z1）和（x2,y2,z2）之间距离的公式是 $\sqrt{(x_2 - x_1)^2 + (y_2 - y_1)^2 + (z_2 - z_1)^2}$。

**8.8 （所有的最近点对）修改程序清单 8-3，找出所有具有相同最小距离的点对。下面是一个运行示例：

```
Enter the number of points: 8 ↵Enter
Enter 8 points: 0 0 1 1 -1 -1 2 2 -2 -2 -3 -3 -4 -4 5 5 ↵Enter
The closest two points are (0.0, 0.0) and (1.0, 1.0)
The closest two points are (0.0, 0.0) and (-1.0, -1.0)
The closest two points are (1.0, 1.0) and (2.0, 2.0)
The closest two points are (-1.0, -1.0) and (-2.0, -2.0)
The closest two points are (-2.0, -2.0) and (-3.0, -3.0)
The closest two points are (-3.0, -3.0) and (-4.0, -4.0)
Their distance is 1.4142135623730951
```

***8.9 （游戏：井字游戏）在井字游戏中，两个玩家使用各自的标志（X 或 O），轮流标记 3×3 的网格中的某个空格。当一个玩家在网格的水平方向、垂直方向或者对角线方向上标记了三个相同的 X 或 O 时，游戏结束，该玩家获胜。平局（没有赢家）是指当网格中所有的空格都被填满时没有玩家获胜的情况。创建一个玩井字游戏的程序。

程序提示两个玩家交替输入 X 和 O。当输入一个标记时，程序在控制台上重新显示棋盘，然后确定游戏的状态（获胜、平局还是继续）。下面是一个运行示例：

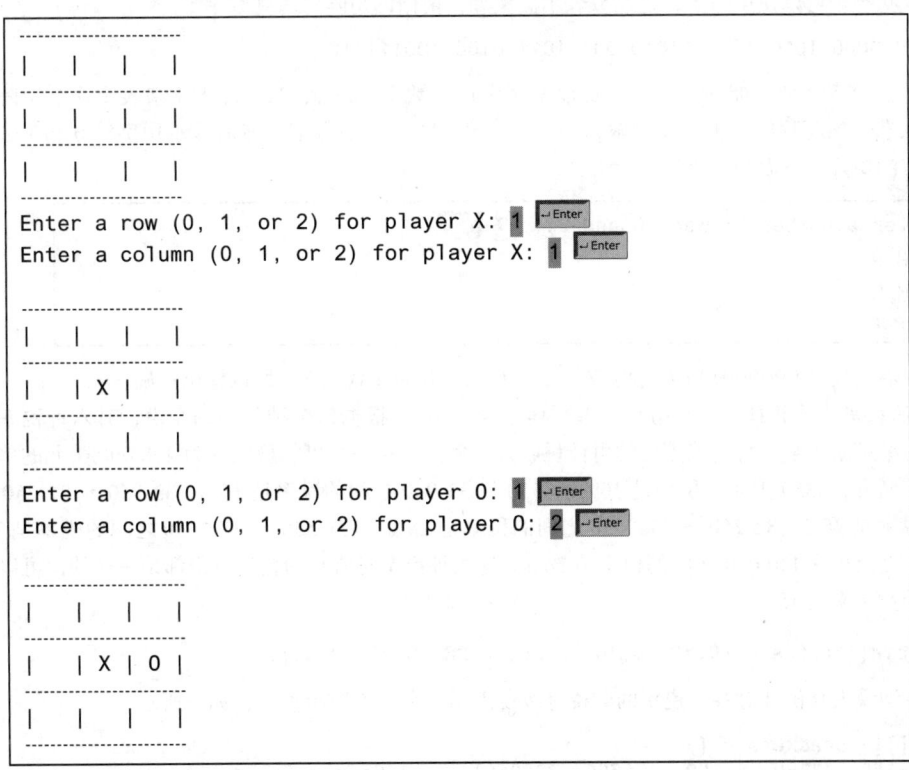

```
Enter a row (0, 1, or 2) for player X:
...
-----------
| X |   |   |
-----------
| O | X | O |
-----------
|   |   | X |
-----------
X player won
```

*8.10 （最大的行和列）编写程序，在一个 4×4 的矩阵中随机填入 0 和 1，打印该矩阵，分别找到第一个具有最多 1 的行和列。下面是一个程序的运行示例：

```
0011
0011
1101
1010
The largest row index: 2
The largest column index: 2
```

**8.11 （游戏：九个硬币的正反面）一个 3×3 的矩阵中放置了 9 个硬币，这些硬币有些面向上，有些面向下。可以使用 3×3 的矩阵中的 0（正面）或 1（反面）表示硬币的状态。下面是一些例子：

```
0 0 0     1 0 1     1 1 0     1 0 1     1 0 0
0 1 0     0 0 1     1 0 0     1 1 0     1 1 1
0 0 0     1 0 0     0 0 1     1 0 0     1 1 0
```

每个状态都可以使用一个二进制数表示。例如，前面的矩阵对应到数字：

000010000 101001100 110100001 101110100 100111110

总共会有 512 种可能性。所以，可以使用十进制数 0，1，2，3，...，511 来表示这个矩阵的所有状态。编写程序，提示用户输入一个在 0 到 511 之间的数字，然后显示用字符 H 和 T 表示的对应的矩阵。下面是一个运行示例：

```
Enter a number between 0 and 511: 7 ⏎Enter
H H H
H H H
T T T
```

用户输入代表 000000111 的数字 7。因为 0 代表 H 而 1 代表 T，所以输出正确。

**8.12 （金融应用：计算税款）使用数组重写程序清单 3-5。根据每个纳税人的身份，有六种税率。每种税率都对应某个特定范围内的可征税收入。例如：对一个可征税收入为 400 000 美元的单身纳税人而言，8350 美元的税率是 10%，8350～33 950 之间的税率是 15%，33 950～82 250 之间的税率是 25%，82 250～171 550 之间的税率是 28%，171 550～372 550 之间的税率是 33%，而 372 950～400 000 之间的税率是 36%。这六种税率对所有的登记身份都是一样的，可以用下面的数组来表示：

double[] rates = {0.10, 0.15, 0.25, 0.28, 0.33, 0.35};

所有纳税人身份针对各个税率的纳税等级可以用一个二维数组表示，如下所示：

int[][] brackets = {
  {8350, 33950, 82250, 171550, 372950},   // Single filer

```
    {16700, 67900, 137050, 20885, 372950},  // Married jointly
                                            // -or qualifying widow(er)
    {8350, 33950, 68525, 104425, 186475},   // Married separately
    {11950, 45500, 117450, 190200, 372950}  // Head of household
};
```

假设单身身份的纳税人的可征税收入是 400 000 美元,该税收可以如下计算:

```
tax = brackets[0][0] * rates[0] +
    (brackets[0][1] - brackets[0][0]) * rates[1] +
    (brackets[0][2] - brackets[0][1]) * rates[2] +
    (brackets[0][3] - brackets[0][2]) * rates[3] +
    (brackets[0][4] - brackets[0][3]) * rates[4] +
    (400000 - brackets[0][4]) * rates[5];
```

*8.13 (定位最大的元素) 编写下面的方法,返回二维数组中最大元素的位置。

public static int[] locateLargest(double[][] a)

返回值是包含两个元素的一维数组。这两个元素表示二维数组中最大元素的行下标和列下标。如果有多于一个的最大元素,返回最小的行下标和最小的列下标。

编写测试程序,提示用户输入一个二维数组,然后显示这个数组中最大元素的位置。下面是一个运行示例:

```
Enter the number of rows and columns of the array: 3 4 ←Enter
Enter the array:
23.5 35 2 10 ←Enter
4.5 3 45 3.5 ←Enter
35 44 5.5 9.6 ←Enter
The location of the largest element is at (1, 2)
```

**8.14 (探索矩阵) 编写程序,提示用户输入一个方阵的长度,随机地在该矩阵中填入 0 和 1,打印这个矩阵,然后找出整行、整列或者对角线都是 0 或 1 的行、列和对角线。下面是这个程序的一个运行示例:

```
Enter the size for the matrix: 4 ←Enter
0111
0000
0100
1111
All 0s on row 2
All 1s on row 4
No same numbers on a column
No same numbers on the major diagonal
No same numbers on the sub-diagonal
```

*8.15 (几何:在一条直线上吗?) 编程练习题 6.39 给出了一个方法,用于测试三个点是否在一条直线上。编写下面的方法,检测 points 数组中所有的点是否都在同一条直线上。

public static boolean sameLine(double[][] points)

编写程序,提示用户输入 5 个点,并且显示它们是否在同一直线上。下面是一个运行示例:

```
Enter five points: 3.4 2 6.5 9.5 2.3 2.3 5.5 5 -5 4 ←Enter
The five points are not on the same line
```

```
Enter five points: 1 1 2 2 3 3 4 4 5 5  ↵Enter
The five points are on the same line
```

*8.16 （对二维数组排序）使用下面的方法头编写一个方法，对二维数组排序：

public static void sort(**int** m[][])

这个方法首先按行排序，其次按列排序。

例如：数组 {{4, 2}, {1, 7}, {4, 5}, {1, 2}, {1, 1}, {4, 1}} 将被排序为 {{1, 1}, {1, 2}, {1, 7}, {4, 1}, {4, 2}, {4, 5}}。

***8.17 （金融风暴）银行会互相借贷。在经济艰难时期，如果一个银行倒闭，它就不能偿还贷款。一个银行的总资产是它当前的余款减去它欠其他银行的贷款。图 8-8 是五个银行的状况图。每个银行的当前余额分别是 2500 万美元、1 亿 2500 万美元、1 亿 7500 万美元、7500 万美元和 1 亿 8100 万美元。从结点 1 到结点 2 的边表示银行 1 借给银行 2 共计 4 千万美元。

如果一个银行的总资产在某个阈值以下，那么这个银行就是不安全的。它借的钱就不能返还给借贷方，而且这个借贷方也不能将这个贷款算入它的总资产。这将导致借贷方总资产也可能在阈值以下，那么它也是不安全的。编写程序，找出所有不安全的银行。程序如下读取输入。它首先读取两个整数 n 和 limit，这里 n 表示银行数量，而 limit 表示要保持银行安全的最小总资产。然后，程序读取 n 行输入，用于描述 n 个银行的信息，银行的 id 从 0 到 n-1。每一行的第一个数字为银行的余额，第二个数字表明从该银行借款的银行，其余的是两个数字构成的数对。每对数字都描述一个借款方，第一个数为借款方的 id，第二个数为所借的钱数。例如，图 8-8 中五个银行的输入如下所示（注意，limit 是 201）：

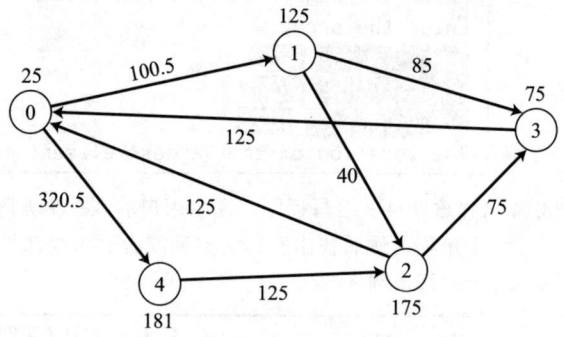

图 8-8 银行之间互相借贷

```
5 201
25 2 1 100.5 4 320.5
125 2 2 40 3 85
175 2 0 125 3 75
75 1 0 125
181 1 2 125
```

银行 3 的总资产是 75+125，这个数字是在 201 以下的。所以，银行 3 是不安全的。在银行 3 变得不安全之后，银行 1 的总资产也降为 125+40。所以，银行 1 也不安全。程序的输出应该是：

Unsafe banks are 3 1

提示：使用一个二维数组 borrowers 来表示贷款。borrowers[i][j] 表明银行 i 贷款给银行 j 的贷款额。一旦银行 j 变得不安全，那么 borrowers[i][j] 就应该设置为 0。

*8.18 （打乱行）使用下面的方法头编写一个方法，打乱一个 int 型二维数组的行：

public static void shuffle(**int**[][] m)

编写测试程序，打乱下面的矩阵：

int[][] m = {{1, 2}, {3, 4}, {5, 6}, {7, 8}, {9, 10}};

**8.19 （模式识别：四个连续相等的数）编写下面的方法，测试一个二维数组在水平方向、垂直方向或者对角线方向上是否有四个连续相等的数字。

public static boolean isConsecutiveFour(**int**[][] values)

编写测试程序,提示用户输入一个二维数组的行数、列数以及数组中的值。如果这个数组有四个连续相等的数字,就显示 true;否则,显示 false。下面是结果为 true 的一些例子:

```
0 1 0 3 1 6 1     0 1 0 3 1 6 1     0 1 0 3 1 6 1     0 1 0 3 1 6 1
0 1 6 8 6 0 1     0 1 6 8 6 0 1     0 1 6 8 6 0 1     0 1 6 8 6 0 1
5 6 2 1 8 2 9     5 5 2 1 8 2 9     5 6 2 1 6 2 9     9 6 2 1 8 2 9
6 5 6 1 1 9 1     6 5 6 1 1 9 1     6 5 6 6 1 9 1     6 9 6 1 1 9 1
1 3 6 1 4 0 7     1 5 6 1 4 0 7     1 3 6 1 4 0 7     1 3 9 1 4 0 7
3 3 3 3 4 0 7     3 5 3 3 4 0 7     3 6 3 3 4 0 7     3 3 3 9 4 0 7
```

***8.20 (游戏:四子连) 四子连是一个两个人玩的棋盘游戏,在游戏中,玩家轮流将有颜色的棋子放在一个六行七列的垂直悬挂的网格中,如右侧所示。

这个游戏的目标是看谁先实现一行、一列或者一条对角线上有四个相同颜色的棋子。程序提示两个玩家交替地下红子或黄子(图中深色表示红子,浅色表示黄子)。每当放下一个子时,程序在控制台重新显示这个棋盘,然后确定游戏的状态(赢、平局还是继续)。下面是一个运行示例:

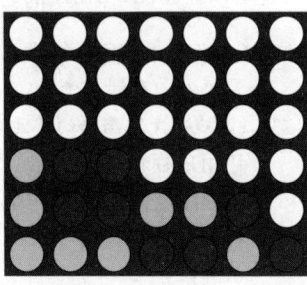

```
| | | | | | | |
| | | | | | | |
| | | | | | | |
| | | | | | | |
| | | | | | | |
| | | | | | | |
-------------------
Drop a red disk at column (0-6): 0 ⏎Enter

| | | | | | | |
| | | | | | | |
| | | | | | | |
| | | | | | | |
| | | | | | | |
|R| | | | | | |
-------------------
Drop a yellow disk at column (0-6): 3 ⏎Enter

| | | | | | | |
| | | | | | | |
| | | | | | | |
| | | | | | | |
| | | | | | | |
|R| | |Y| | | |
   ...
   ...
   ...
Drop a yellow disk at column (0-6): 6 ⏎Enter

| | | | | | | |
| | | | | | | |
| | | |R| | | |
| | | |Y|R|Y| |
| | |R|Y|Y|Y|Y|
```

```
|R|Y|R|Y|R|R|
-----------------------
The yellow player won
```

*8.21 (中心城市)给定一组城市,中心城市是和所有其他城市间距离最短的城市。编写程序,提示用户输入城市的数目以及城市的位置(坐标),找到中心城市以及和所有其他城市的总距离。

```
Enter the number of cities: 5 ↵Enter
Enter the coordinates of the cities:
2.5 5 5.1 3 1 9 5.4 54 5.5 2.1 ↵Enter
The central city is at (2.5, 5.0)
The total distance to all other cities is 60.81
```

*8.22 (偶数个1)编写程序,产生一个6×6的填满0和1的二维矩阵,显示该矩阵,检测是否每行以及每列中有偶数个1。

*8.23 (游戏:找到翻转的单元格)假设给定一个填满0和1的6×6矩阵,所有的行和列都有偶数个1。让用户翻转一个单元(即从1翻成0或者从0翻成1),编写程序找到哪个单元格被翻转了。你的程序应该提示用户输入一个填满0和1的6×6矩阵,并且找到第一个不符合具有偶数个1的特征的r行以及c列(即1的数目不是偶数),则该翻转的单元格位于(r, c)。下面是一个运行示例:

```
Enter a 6-by-6 matrix row by row:
1 1 1 0 1 1 ↵Enter
1 1 1 1 0 0 ↵Enter
0 1 0 1 1 1 ↵Enter
1 1 1 1 1 1 ↵Enter
0 1 1 1 1 0 ↵Enter
1 0 0 0 0 1 ↵Enter
The flipped cell is at (0, 1)
```

*8.24 (检验数独的解决方案)程序清单8-4通过检测棋盘上的每个数字是否是有效的,从而检验一个解决方案是否有效。重写该程序,通过检验是否每行、每列以及每个小的方盒中具有数字1到9来检测解决方案的有效性。

*8.25 (马尔可夫矩阵)一个$n×n$的矩阵,如果每个元素都是正数且每列元素的和为1,则称为正马尔可夫矩阵。编写下面的方法来检测一个矩阵是否是马尔可夫矩阵。

public static boolean isMarkovMatrix(**double**[][] m)

编写测试程序,提示用户输入一个3×3的**double**值的矩阵,测试它是否是马尔可夫矩阵。下面是一个运行示例:

```
Enter a 3-by-3 matrix row by row:
0.15 0.875 0.375 ↵Enter
0.55 0.005 0.225 ↵Enter
0.30 0.12 0.4 ↵Enter
It is a Markov matrix
```

```
Enter a 3-by-3 matrix row by row:
0.95 -0.875 0.375 ↵Enter
0.65 0.005 0.225 ↵Enter
0.30 0.22 -0.4 ↵Enter
It is not a Markov matrix
```

*8.26 （行排序）用下面的方法对一个二维数组中的行排序。返回一个新的数组，并且原数组保持不变。

public static double[][] sortRows(double[][] m)

编写测试程序，提示用户输入一个 3×3 的 **double** 值矩阵，显示一个新的每行排好序的矩阵。下面是一个运行示例。

```
Enter a 3-by-3 matrix row by row:
0.15 0.875 0.375  ↵Enter
0.55 0.005 0.225  ↵Enter
0.30 0.12 0.4     ↵Enter

The row-sorted array is
0.15 0.375 0.875
0.005 0.225 0.55
0.12 0.30 0.4
```

*8.27 （列排序）用下面的方法实现一个二维数组中的列排序。返回一个新的数组，并且原数组保持不变。

public static double[][] sortColumns(double[][] m)

编写测试程序，提示用户输入一个 3×3 的 **double** 值矩阵，显示一个新的每列排好序的矩阵。下面是一个运行示例。

```
Enter a 3-by-3 matrix row by row:
0.15 0.875 0.375  ↵Enter
0.55 0.005 0.225  ↵Enter
0.30 0.12 0.4     ↵Enter

The column-sorted array is
0.15 0.0050 0.225
0.3  0.12   0.375
0.55 0.875  0.4
```

8.28 （严格相同的数组）如果两个二维数组 m1 和 m2 对应的元素相等，则认为它们是严格相同的。使用下面的方法头编写一个方法，如果 m1 和 m2 是严格相同的话，返回 **true**。

public static boolean equals(int[][] m1, int[][] m2)

编写测试程序，提示用户输入两个 3×3 的整数数组，显示两个矩阵是否严格相同。下面是一个运行示例。

```
Enter list1: 51 22 25 6 1 4 24 54 6  ↵Enter
Enter list2: 51 22 25 6 1 4 24 54 6  ↵Enter
The two arrays are strictly identical
```

```
Enter list1: 51 25 22 6 1 4 24 54 6  ↵Enter
Enter list2: 51 22 25 6 1 4 24 54 6  ↵Enter
The two arrays are not strictly identical
```

8.29 （相同的数组）如果两个二维数组 m1 和 m2 具有相同的内容，则它们是相同的。使用下面的方法头编写一个方法，如果 m1 和 m2 相同，则返回 **true**。

public static boolean equals(int[][] m1, int[][] m2)

编写测试程序，提示用户输入两个 3×3 的整数数组，显示两个矩阵是否相同。下面是一个运行示例。

```
Enter list1: 51 25 22 6 1 4 24 54 6
Enter list2: 51 22 25 6 1 4 24 54 6
The two arrays are identical
```

```
Enter list1: 51 5 22 6 1 4 24 54 6
Enter list2: 51 22 25 6 1 4 24 54 6
The two arrays are not identical
```

*8.30 （代数：求解线性方程）编写一个方法，求解下面的 2×2 线性方程组：

$$\begin{matrix} a_{00}x + a_{01}y = b_0 \\ a_{10}x + a_{11}y = b_1 \end{matrix} \qquad x = \frac{b_0 a_{11} - b_1 a_{01}}{a_{00} a_{11} - a_{01} a_{10}} \qquad y = \frac{b_1 a_{00} - b_0 a_{10}}{a_{00} a_{11} - a_{01} a_{10}}$$

方法头为：

public static double[] linearEquation(**double**[][] a, **double**[] b)

如果 $a_{00}a_{11} - a_{01}a_{10}$ 为 0，方法返回 null。编写测试程序，提示用户输入 a_{00}、a_{01}、a_{10}、a_{11}、b_0 以及 b_1，然后显示结果。如果 $a_{00}a_{11} - a_{01}a_{10}$ 为 0，则报告"方程无解"。运行示例和编程练习题 3.3 类似。

*8.31 （几何：交点）编写一个方法，返回两条直线的交点。两条直线的交点可以使用编程练习题 3.25 中给出的公式求得。假设 (x1, y1) 和 (x2, y2) 位于直线 1 上，而 (x3, y3) 和 (x4, y4) 位于直线 2 上。方法头为：

public static double[] getIntersectingPoint(**double**[][] points)

点保存在一个 4×2 的二维数组 points 中，其中 (points[0][0], points[0][1]) 代表 (x1,y1)。方法返回交点，或者如果两条线平行则返回 null。编写程序，提示用户输入四个点，然后显示交点。运行示例参见编程练习题 3.25。

*8.32 （几何：三角形面积）使用下面的方法头编写一个方法，返回一个三角形的面积：

public static double getTriangleArea(**double**[][] points)

点保存在一个 3×2 的二维数组 points 中，其中 (points[0][0], points[0][1]) 代表 (x1, y1)。可以使用编程练习题 2.19 中的公式计算三角形的面积。如果三个点在一条直线上，方法返回 0。编写程序，提示用户输入三角形的三个点，然后显示三角形的面积。下面是一个运行示例。

```
Enter x1, y1, x2, y2, x3, y3: 2.5 2 5 -1.0 4.0 2.0
The area of the triangle is 2.25
```

```
Enter x1, y1, x2, y2, x3, y3: 2 2 4.5 4.5 6 6
The three points are on the same line
```

*8.33 （几何：多边形的子面积）一个具有四个顶点的凸多边形被分为四个三角形，如图 8-9 所示。编写程序，提示用户输入四个顶点的坐标，然后以升序显示四个三角形的面积。下面是一个运行示例。

```
Enter x1, y1, x2, y2, x3, y3, x4, y4:
   -2.5 2 4 4 3 -2 -2 -3.5
The areas are 6.17 7.96 8.08 10.42
```

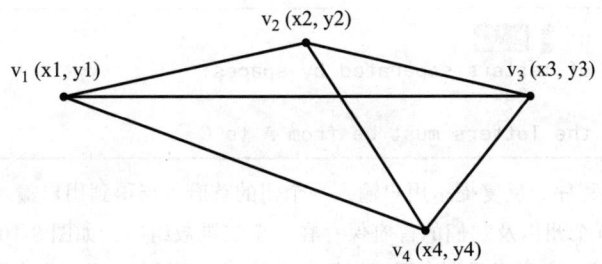

图 8-9 一个具有四个顶点的多边形由四个顶点所定义

*8.34 （几何：最右下角的点）在计算几何中经常需要从一个点集中找到最右下角的点。编写以下方法，从一个点的集合中返回最右下角的点。

```
public static double[]
    getRightmostLowestPoint(double[][] points)
```

编写测试程序，提示用户输入 6 个点的坐标，然后显示最右下角的点。下面是一个运行示例。

```
Enter 6 points: 1.5 2.5 -3 4.5 5.6 -7 6.5 -7 8 1 10 2.5 ↵Enter
The rightmost lowest point is (6.5, -7.0)
```

**8.35 （最大块）给定一个元素为 0 或者 1 的方阵，编写程序，找到一个元素都为 1 的最大的子方阵。程序提示用户输入矩阵的行数。然后显示最大的子方阵的第一个元素，以及该子方阵中的行数。下面是一个运行示例。

```
Enter the number of rows in the matrix: 5 ↵Enter
Enter the matrix row by row:
1 0 1 0 1 ↵Enter
1 1 1 0 1 ↵Enter
1 0 1 1 1 ↵Enter
1 0 1 1 1 ↵Enter
1 0 1 1 1 ↵Enter

The maximum square submatrix is at (2, 2) with size 3
```

程序需要实现并使用以下方法来找到最大的子方阵：

```
public static int[] findLargestBlock(int[][] m)
```

返回值是一个包含三个值的数组。前面两个值是子方阵中的行和列的下标，第 3 个值是子方阵中的行数。https://liveexample.pearsoncmg.com/dsanimation/LargestBlockeBook.html 给出了该问题的动画演示。

**8.36 （拉丁方阵）拉丁方阵是一个由 n 个不同拉丁字母填充的 $n \times n$ 的数组，并且每个拉丁字母在各行和各列中只出现一次。编写程序，提示用户输入数字 n 以及字符数组，如示例输出所示，检测该输出数组是否是一个拉丁方阵。字符是从 A 开始的前 n 个字符。

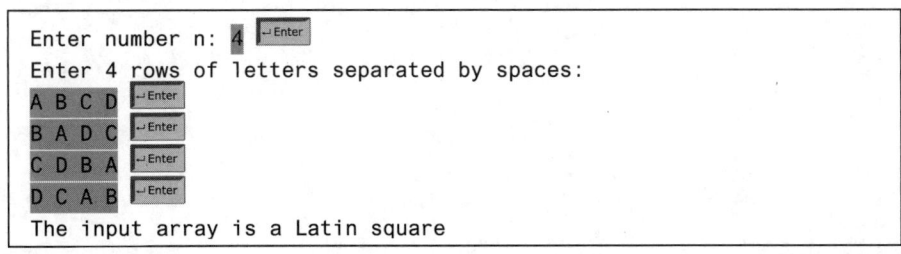

```
Enter number n: 3 ↵Enter
Enter 3 rows of letters separated by spaces:
A F D ↵Enter
Wrong input: the letters must be from A to C
```

**8.37 (猜测首府) 编写程序，反复提示用户输入一个州的首府。当得到用户输入后，程序报告答案是否正确。假设 50 个州以及它们的首府保存在一个二维数组中，如图 8-10 所示。程序提示用户回答所有州的首府，并且显示所有正确回答的数目（忽略英文字母的大小写）。

```
Alabama       Montgomery
Alaska        Juneau
Arizona       Phoenix
...           ...
...           ...
```

图 8-10　一个保存了州及其首府的二维数组

下面是一个运行示例。

```
What is the capital of Alabama? Montogomery ↵Enter
The correct answer should be Montgomery
What is the capital of Alaska? Juneau ↵Enter
Your answer is correct
What is the capital of Arizona? ...
...
The correct count is 35
```

第 9 章

Introduction to Java Programming and Data Structures, Comprehensive Version, Twelfth Edition

对象和类

教学目标

- 描述对象和类，并使用类来建模对象（9.2 节）。
- 使用 UML 图形符号来描述类和对象（9.2 节）。
- 演示如何定义类以及如何创建对象（9.3 节）。
- 使用构造方法创建对象（9.4 节）。
- 使用引用类型定义引用变量，并通过对象引用变量访问对象（9.5 节）。
- 使用对象成员访问操作符（.）来访问对象的数据和方法（9.5.1 节）。
- 定义引用类型的数据域，给对象的数据域赋默认值（9.5.2 节）。
- 区分对象引用变量和基本数据类型变量（9.5.3 节）。
- 使用 Java 类库中的 Date 类、Random 类和 Point2D 类（9.6 节）。
- 区分实例变量与静态变量、实例方法与静态方法（9.7 节）。
- 定义具有正确的获取方法和设置方法的私有数据域（9.8 节）。
- 封装数据域使得类易于维护（9.9 节）。
- 开发带对象参数的方法，区分基本类型参数和对象类型参数的不同（9.10 节）。
- 在数组中存储和处理对象（9.11 节）。
- 从不变类中创建不变对象，从而保护对象的内容。（9.12 节）。
- 在类的上下文中确定变量的范围（9.13 节）。
- 使用关键字 this 来引用对象自身（9.14 节）。

9.1 引言

要点提示：面向对象编程使得大型软件及图形用户界面的开发变得更加高效。

面向对象编程实质上是一种开发可重用软件的技术。学习过前几章的内容之后，你已经能够使用选择、循环、方法和数组解决很多程序设计问题。但是，这些 Java 特性还不足以开发图形用户界面和大型软件系统。假设希望开发一个如图 9-1 所示的 GUI（图形用户界面，发音为 goo-ee），该如何编程实现呢？

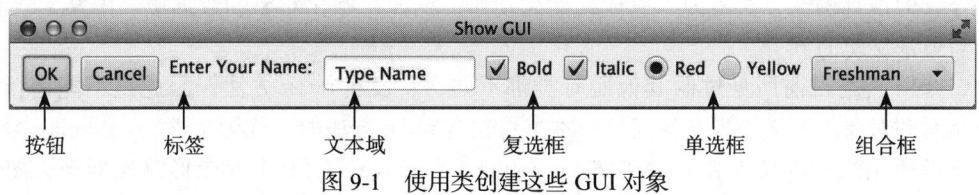

图 9-1 使用类创建这些 GUI 对象

本章开始介绍面向对象程序设计，这有助于更有效地开发 GUI 和大型软件系统。

9.2 为对象定义类

要点提示：类为对象定义属性和行为。

面向对象程序设计（OOP）就是使用对象进行程序设计。对象（object）代表现实世界中可以明确标识的一个实体。例如：一个学生、一张桌子、一个圆、一个按钮甚至一笔贷款都可以看作一个对象。每个对象都有唯一的标识、状态和行为。

- 对象的状态（state，也称为特征或属性）是由数据域及其当前值来表示的。例如，圆对象具有一个数据域 radius，它是描述圆的特征的属性。矩形对象具有数据域 width 和 height，它们都是描述矩形特征的属性。
- 对象的行为（behavior，也称为动作）是由方法定义的。调用对象的一个方法就是要求对象完成一个动作。例如，可以为圆对象定义名为 getArea() 和 getPerimeter() 的方法。圆对象可以调用 getArea() 返回其面积，调用 getPerimeter() 返回其周长。还可以定义 setRadius(radius) 方法，圆对象调用这个方法来修改半径。

使用一个通用类来定义同一类型的对象。类是一个模板、蓝本或者合约，用来定义对象的数据域和方法。对象是类的实例。可以从一个类中创建多个实例。创建实例的过程称为实例化（instantiation）。对象（object）和实例（instance）经常是可以互换的。类和对象之间的关系类似于苹果派食谱和苹果派之间的关系。可以用一种食谱做出任意多的苹果派来。图 9-2 显示名为 Circle 的类和它的三个对象。

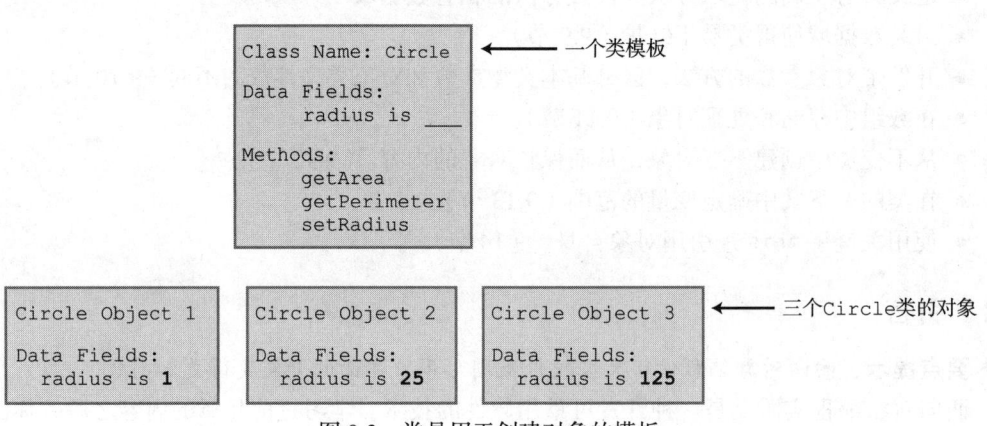

图 9-2 类是用于创建对象的模板

Java 类使用变量定义数据域，使用方法定义动作。除此之外，类还提供了一种称为构造方法（constructor）的特殊类型的方法，可以调用它创建一个新对象。构造方法可以执行任何动作，但设计构造方法是为了完成初始化动作，例如初始化对象的数据域。图 9-3 显示了为圆对象定义类的例子。

Circle 类与目前所见过的其他所有类都不同。它没有 main 方法，因此是不能运行的；它只是对圆对象的定义。为方便起见，本书将包含 main 方法的类称为主类（main class）。

可以使用统一建模语言（Unified Modeling Language，UML）的图形符号标准化图 9-2 中类的模板和对象的图示。图 9-4 所示的表示方法称为 UML 类图（UML class diagram），或简称为类图（class diagram）。在类图中，数据域表示为：

dataFieldName: dataFieldType

构造方法可以表示为:

ClassName(parameterName: parameterType)

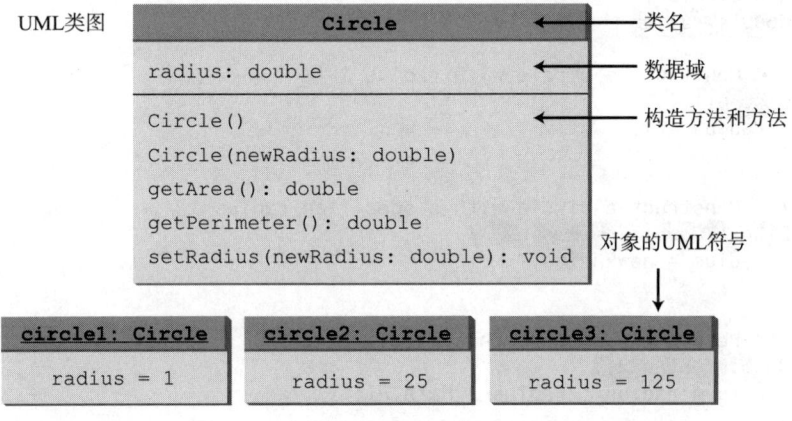

```
class Circle {
  /** The radius of this circle */
  double radius = 1;                              ← 数据域

  /** Construct a circle object */
  Circle() {
  }

  /** Construct a circle object */
  Circle(double newRadius) {                      ← 构造方法
    radius = newRadius;
  }

  /** Return the area of this circle */
  double getArea() {
    return radius * radius * Math.PI;
  }

  /** Return the perimeter of this circle */
  double getPerimeter() {                         ← 方法
    return 2 * radius * Math.PI;
  }

  /** Set a new radius for this circle */
  void setRadius(double newRadius) {
    radius = newRadius;
  }
}
```

图 9-3 类是定义相同类型对象的结构

图 9-4 可以使用 UML 符号表示类和对象

方法可以表示为:

methodName(parameterName: parameterType): returnType

9.3 示例:定义类和创建对象

要点提示:类是对象的定义,对象创建自类。

本节给出定义类和使用类创建对象的两个例子。程序清单 9-1 是一个定义 Circle 类并使用该类创建对象的程序。程序构造了三个圆对象,其半径分别为 1、25 和 125,然后显示这三个圆的半径和面积。接着将第二个对象的半径改为 100,并显示新的半径和面积。

程序清单 9-1 TestCircle.java

```java
 1  public class TestCircle {
 2    /** Main method */
 3    public static void main(String[] args) {
 4      // Create a circle with radius 1
 5      Circle circle1 = new Circle();
 6      System.out.println("The area of the circle of radius "
 7        + circle1.radius + " is " + circle1.getArea());
 8  
 9      // Create a circle with radius 25
10      Circle circle2 = new Circle(25);
11      System.out.println("The area of the circle of radius "
12        + circle2.radius + "is" + circle2.getArea());
13  
14      // Create a circle with radius 125
15      Circle circle3 = new Circle(125);
16      System.out.println("The area of the circle of radius "
17        + circle3.radius + " is " + circle3.getArea());
18  
19      // Modify circle radius
20      circle2.radius = 100; // or circle2.setRadius(100)
21      System.out.println("The area of the circle of radius "
22        + circle2.radius + " is " + circle2.getArea());
23    }
24  }
25  
26  // Define the circle class with two constructors
27  class Circle {
28    double radius;
29  
30    /** Construct a circle with radius 1 */
31    Circle() {
32      radius = 1;
33    }
34  
35    /** Construct a circle with a specified radius */
36    Circle(double newRadius) {
37      radius = newRadius;
38    }
39  
40    /** Return the area of this circle */
41    double getArea() {
42      return radius * radius * Math.PI;
43    }
44  
45    /** Return the perimeter of this circle */
46    double getPerimeter() {
47      return 2 * radius * Math.PI;
48    }
49  
50    /** Set a new radius for this circle */
51    void setRadius(double newRadius) {
52      radius = newRadius;
53    }
54  }
```

```
The area of the circle of radius 1.0 is 3.141592653589793
The area of the circle of radius 25.0 is 1963.4954084936207
The area of the circle of radius 125.0 is 49087.385212340516
The area of the circle of radius 100.0 is 31415.926535897932
```

程序包括两个类。其中的第一个类 TestCircle 是主类，它只是用来测试第二个 Circle 类。这种使用某个类的程序通常称为该类的客户（client）。运行这个程序时，Java 运行时系统将调用主类中的 main 方法。

可以把两个类放在同一个文件中，但是文件中只能有一个类是公共（public）类。此外，公共类必须与文件同名。因此，文件名为 TestCircle.java，因为 TestCircle 是公共的。源代码中的每个类都编译成 .class 文件。当编译 TestCircle.java 时，产生两个类文件 TestCircle.class 和 Circle.class，如图 9-5 所示。

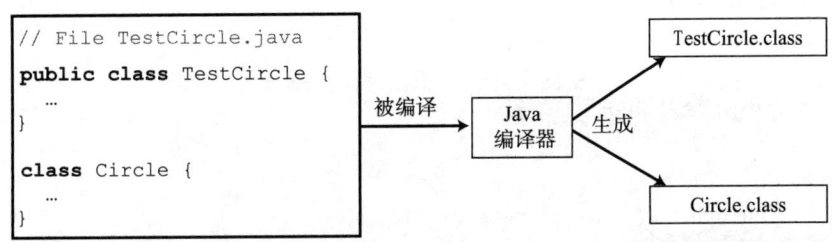

图 9-5　源代码中的每个类都被编译成一个 .class 文件

主类包含 main 方法（第 3 行），该方法创建了三个对象。和创建数组一样，使用 new 操作符从构造方法创建一个对象：new Circle() 创建一个半径为 1 的对象（第 5 行），new Circle(25) 创建一个半径为 25 的对象（第 10 行），而 new Circle(125) 创建一个半径为 125 的对象（第 15 行）。

这三个对象（通过 circle1、circle2 和 circle3 来引用）有不同的数据，但有着相同的方法。因此，可以使用 getArea() 方法计算它们各自的面积。可以分别使用 circle1.radius、circle2.radius、circle3.radius 通过对象引用来访问数据域。对象可以分别使用 circle1.getArea()、circle2.getArea()、circle3.getArea() 通过引用来调用其方法。

这三个对象是独立的。circle2 的半径在第 20 行改为 100。第 21 和 22 行显示了这个对象新的半径和面积。

编写 Java 程序的方法有很多种。例如，可以将例子中的两个类组合成一个，如程序清单 9-2 所示。

程序清单 9-2　Circle.java (AlternativeCircle.java)

```
 1  public class Circle {
 2    /** Main method */
 3    public static void main(String[] args) {
 4      // Create a circle with radius 1
 5      Circle circle1 = new Circle();
 6      System.out.println("The area of the circle of radius "
 7        + circle1.radius + " is " + circle1.getArea());
 8
 9      // Create a circle with radius 25
10      Circle circle2 = new Circle(25);
11      System.out.println("The area of the circle of radius "
12        + circle2.radius + " is " + circle2.getArea());
```

```java
13
14      // Create a circle with radius 125
15      Circle circle3 = new Circle(125);
16      System.out.println("The area of the circle of radius "
17        + circle3.radius + " is " + circle3.getArea());
18
19      // Modify circle radius
20      circle2.radius = 100;
21      System.out.println("The area of the circle of radius "
22        + circle2.radius + " is " + circle2.getArea());
23    }
24
25    double radius;
26
27    /** Construct a circle with radius 1 */
28    Circle() {
29      radius = 1;
30    }
31
32    /** Construct a circle with a specified radius */
33    Circle(double newRadius) {
34      radius = newRadius;
35    }
36
37    /** Return the area of this circle */
38    double getArea() {
39      return radius * radius * Math.PI;
40    }
41
42    /** Return the perimeter of this circle */
43    double getPerimeter() {
44      return 2 * radius * Math.PI;
45    }
46
47    /** Set a new radius for this circle */
48    void setRadius(double newRadius) {
49      radius = newRadius;
50    }
51  }
```

由于组合后的类中有一个 main 方法，所以可以由 Java 解释器来执行。main 方法和程序清单 9-1 中一样。它演示了如何通过在一个类中简单地加入 main 方法来测试该类。

下一个例子是关于电视机的。每台电视机都是一个具有状态（当前频道、当前音量、电源开或关）以及动作（转换频道、调节音量、开启/关闭）的对象。可以使用一个类对电视机进行建模。这个类的 UML 图如图 9-6 所示。

程序清单 9-3 给出了定义 TV 类的程序。

TV 类中的构造方法和其他方法定义为公共的，因此可以从其他类中访问。注意，如果没有打开电视，那么频道和音量都没有改变。在改变它们中的任何一个之前，要检查其当前值以确保在正确的范围内。

程序清单 9-4 给出了使用 TV 类创建两个对象的程序。

程序在第 3 行和第 8 行创建两个对象，然后调用对象中的方法来完成设置频道和音量，以及增加频道和提高音量的动作。程序在第 14～17 行显示对象的状态。使用像 tv1.turnOn() 的语法调用方法（第 4 行）。使用像 tv1.channel 的语法访问数据域（第 14 行）。

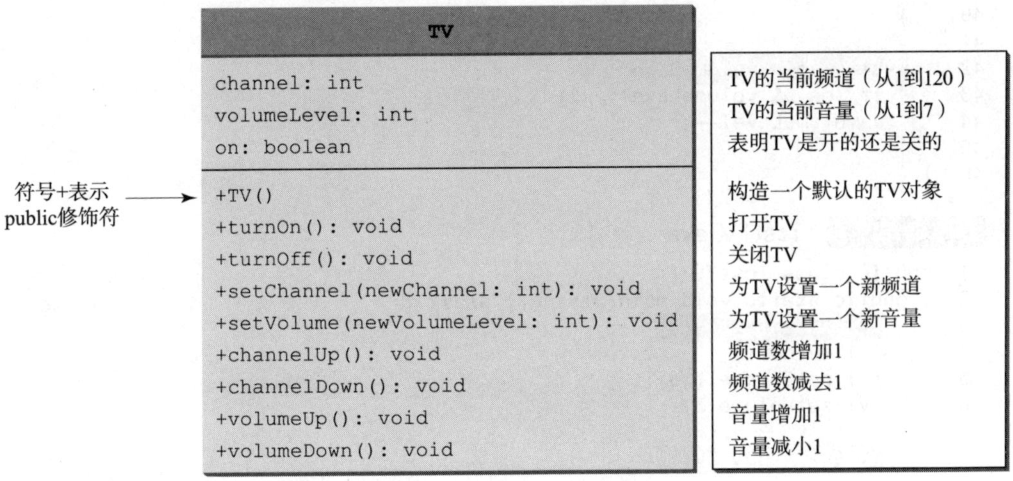

图 9-6 TV 类对电视机建模

```
                    TV
       channel: int                    TV的当前频道（从1到120）
       volumeLevel: int                TV的当前音量（从1到7）
       on: boolean                     表明TV是开的还是关的

符号+表示   +TV()                       构造一个默认的TV对象
public修饰符 +turnOn(): void            打开TV
           +turnOff(): void             关闭TV
           +setChannel(newChannel: int): void        为TV设置一个新频道
           +setVolume(newVolumeLevel: int): void     为TV设置一个新音量
           +channelUp(): void           频道数增加1
           +channelDown(): void         频道数减去1
           +volumeUp(): void            音量增加1
           +volumeDown(): void          音量减小1
```

图 9-6 TV 类对电视机建模

程序清单 9-3 TV.java

```java
 1  public class TV {
 2    int channel = 1; // Default channel is 1
 3    int volumeLevel = 1; // Default volume level is 1
 4    boolean on = false; // TV is off
 5
 6    public TV() {
 7    }
 8
 9    public void turnOn() {
10      on = true;
11    }
12
13    public void turnOff() {
14      on = false;
15    }
16
17    public void setChannel(int newChannel) {
18      if (on && newChannel >= 1 && newChannel <= 120)
19        channel = newChannel;
20    }
21
22    public void setVolume(int newVolumeLevel) {
23      if (on && newVolumeLevel >= 1 && newVolumeLevel <= 7)
24        volumeLevel = newVolumeLevel;
25    }
26
27    public void channelUp() {
28      if (on && channel < 120)
29        channel++;
30    }
31
32    public void channelDown() {
33      if (on && channel > 1)
34        channel--;
35    }
36
37    public void volumeUp() {
38      if (on && volumeLevel < 7)
39        volumeLevel++;
```

```
40    }
41
42    public void volumeDown() {
43      if (on && volumeLevel > 1)
44        volumeLevel--;
45    }
46  }
```

程序清单9-4 TestTV.java

```
1  public class TestTV {
2    public static void main(String[] args) {
3      TV tv1 = new TV();
4      tv1.turnOn();
5      tv1.setChannel(30);
6      tv1.setVolume(3);
7
8      TV tv2 = new TV();
9      tv2.turnOn();
10     tv2.channelUp();
11     tv2.channelUp();
12     tv2.volumeUp();
13
14     System.out.println("tv1's channel is " + tv1.channel
15       + " and volume level is " + tv1.volumeLevel);
16     System.out.println("tv2's channel is " + tv2.channel
17       + " and volume level is " + tv2.volumeLevel);
18   }
19 }
```

```
tv1's channel is 30 and volume level is 3
tv2's channel is 3 and volume level is 2
```

这些例子展示了类和对象的概貌。你可能已经有很多关于构造方法、对象、引用变量、访问数据域以及调用对象方法方面的疑问，随后将会详细讨论这些话题。

复习题

9.3.1 描述对象和定义它的类之间的关系。

9.3.2 如何定义类？

9.3.3 如何声明对象引用变量？

9.3.4 如何创建对象？

9.4 使用构造方法构造对象

要点提示：使用 new 操作符调用构造方法创建对象。

构造方法是一种特殊的方法，有以下三个特殊之处：

- 构造方法必须和所在类同名。
- 构造方法没有返回值类型，甚至连 void 也没有。
- 构造方法是在创建一个对象时由 new 操作符调用的。构造方法的作用是初始化对象。

构造方法和定义它的类的名字完全相同。和所有常规方法一样，构造方法也可以重载（也就是说，可以有多个同名但是签名不同的构造方法），这样更易于用不同的初始数据值来构造对象。

一个常见的错误是将关键字 void 放在构造方法的前面。例如：

```
public void Circle() {
}
```
在这种情况下，Circle() 是一个方法，而不是构造方法。

构造方法是用来构造对象的。使用 new 操作符调用一个类的构造方法来构造对象，如下所示：

new ClassName(arguments);

例如：new Circle() 使用 Circle 类中定义的第一个构造方法创建一个 Circle 对象。new Circle(25) 调用 Circle 类中定义的第二个构造方法创建一个 Circle 对象。

通常，类会提供一个没有参数的构造方法（例如：Circle()）。这样的构造方法称为无参构造方法（no-arg 或 no-argument constructor）。

一个类中可能没有定义构造方法。在这种情况下，类中会隐式定义一个方法体为空的无参构造方法。这个构造方法称为默认构造方法（default constructor），当且仅当类中没有明确定义任何构造方法时才会自动提供。

复习题

9.4.1 构造方法和普通方法之间的区别是什么？
9.4.2 什么时候类会有一个默认构造方法？
9.4.3 下面每个程序中有什么错误？

```
1  public class ShowErrors {
2    public static void main(String[] args) {
3      ShowErrors t = new ShowErrors(5);
4    }
5  }
```
a)

```
1  public class ShowErrors {
2    public static void main(String[] args) {
3      C c = new C(5.0);
4      System.out.println(c.value);
5    }
6  }
7
8  class C {
9    int value = 2;
10 }
```
b)

9.4.4 下面的代码有什么错误？

```
1  class Test {
2    public static void main(String[] args) {
3      A a = new A();
4      a.print();
5    }
6  }
7
8  class A {
9    String s;
10
11   A(String newS) {
12     s = newS;
13   }
14
15   public void print() {
16     System.out.print(s);
17   }
18 }
```

9.5 通过引用变量访问对象

要点提示：对象的数据和方法可以使用点操作符（.）通过其引用变量进行访问。

新创建的对象在内存中被分配空间。它们可以通过引用变量来访问。

对象是通过对象引用变量（reference variable）来访问的，该变量包含了对对象的引用。使用如下语法声明这样的变量：

`ClassName objectRefVar;`

本质上，类是程序员自定义的类型。类是一种引用类型（reference type），这意味着该类型的变量都可以引用该类的一个实例。下面的语句声明变量 `myCircle` 属于 `Circle` 类型：

`Circle myCircle;`

变量 `myCircle` 能够引用一个 `Circle` 对象。下面的语句创建一个对象，并将其引用赋给变量 `myCircle`：

`myCircle = new Circle();`

可以采用如下所示的语法写一条结合了声明对象引用变量、创建对象以及将对象的引用赋值给这个变量的语句。

`ClassName objectRefVar = new ClassName();`

下面是一个例子：

`Circle myCircle = new Circle();`

变量 `myCircle` 中放的是对 `Circle` 对象的引用。

- **注意**：从表面上看，对象引用变量中似乎存放了一个对象，但事实上它只是存放了对该对象的引用。严格地讲，对象引用变量和对象是不同的，但是大多数情况下这种差异是可以忽略的。因此，可以简单地说 `myCircle` 是一个 `Circle` 对象，而不用冗长地描述成 `myCircle` 是一个存放了对 `Circle` 对象引用的变量。

- **注意**：在 Java 中，数组被当作对象。数组是用 `new` 操作符创建的。一个数组变量实际上是一个包含数组引用的变量。

9.5.1 访问对象的数据和方法

在面向对象编程中，对象成员指该对象的数据域和方法。在创建一个对象之后，它的数据访问和方法调用可以使用点操作符（.）来进行，该操作符也称为对象成员访问操作符（object member access operator）：

- `objectRefVar.dataField` 引用对象的数据域。
- `objectRefVar.method(arguments)` 调用对象的方法。

例如：`myCircle.radius` 引用 `myCircle` 的半径，而 `myCircle.getArea()` 调用 `myCircle` 的 `getArea` 方法。方法作为对象上的操作被调用。

数据域 `radius` 称作实例变量（instance variable），因为它依赖于某个具体的实例。基于同样的原因，`getArea` 方法称为实例方法（instance method），因为只能在具体的实例上调用它。实例方法被调用的对象称为调用对象（calling object）。

- **警告**：回想一下，我们曾经使用过 `Math.methodName(参数)`（例如：`Math.pow(3,2.5)`）来调用 `Math` 类中的方法。那么能否用 `Circle.getArea()` 来调用 `getArea` 方法呢？答案是不能。`Math` 类中的所有方法都是用关键字 `static` 定义的静态方法。但是，`getArea()` 是实例方法，因此它是非静态的。它必须使用 objectRefVar.methodName(arguments) 的方式（例如 myCircle.getArea()）从对象调用。更详细的解释将在 9.7 节中给出。

注意：通常，我们创建一个对象，然后将它赋值给一个变量，之后就可以使用这个变量来引用对象。有时候，对象在创建后不需要再被引用。在这种情况下，可以创建一个对象，而并不将它明确地赋值给一个变量，使用语法：

new Circle();

或者

System.out.println("Area is " + new Circle(5).getArea());

前面的语句创建了一个 Circle 对象。后面的语句创建了一个 Circle 对象并调用它的 getArea 方法返回其面积。这种方式创建的对象称为匿名对象（anonymous object）。

9.5.2 引用数据域和 null 值

数据域也可能是引用型的。例如：下面的 Student 类包含一个 String 类型的 name 数据域，String 是一个预定义的 Java 类。

```
class Student {
  String name; // name has the default value null
  int age; // age has the default value 0
  boolean isScienceMajor; // isScienceMajor has default value false
  char gender; // gender has default value '\u0000'
}
```

如果一个引用类型的数据域没有引用任何对象，那么这个数据域就有一个特殊的 Java 值 null。null 同 true 和 false 一样都是字面值。true 和 false 是 boolean 类型字面值，而 null 是引用类型字面值。null 不是 Java 关键字，但是 Java 中的保留字。

引用类型数据域的默认值是 null，数值类型数据域的默认值是 0，boolean 类型数据域的默认值是 false，而 char 类型数据域的默认值是 '\u0000'。但是，Java 不会给方法中的局部变量赋默认值。下面的代码显示 Student 对象中数据域 name、age、isScienceMajor 和 gender 的默认值：

```
class TestStudent {
  public static void main(String[] args) {
    Student student = new Student();
    System.out.println("name? " + student.name);
    System.out.println("age? " + student.age);
    System.out.println("isScienceMajor? " + student.isScienceMajor);
    System.out.println("gender? " + student.gender);
  }
}
```

下面的代码中会出现编译错误，因为局部变量 x 和 y 都没有被初始化：

```
class TestLocalVariables {
  public static void main(String[] args) {
    int x; // x has no default value
    String y; // y has no default value
    System.out.println("x is " + x);
    System.out.println("y is " + y);
  }
}
```

> **警告**：NullPointerException 是一种常见的运行时错误，当调用值为 null 的引用变量上的方法时会发生此类异常。在通过引用变量调用一个方法之前，确保先将对象引用赋值给这个变量（参见复习题 9.5.5c）。

9.5.3 基本类型变量和引用类型变量的区别

每个变量都代表一个存储了值的内存位置。声明变量时，就是在告诉编译器这个变量可以存放什么类型的值。对基本类型变量来说，值为基本类型。对引用类型变量来说，值为对象存储地址的引用。例如，如图 9-7 所示，int 类型变量 i 的值就是 int 值 1，而 Circle 对象 c 的值保存的是一个引用，指向该 Circle 对象的内容在内存中的存储位置。

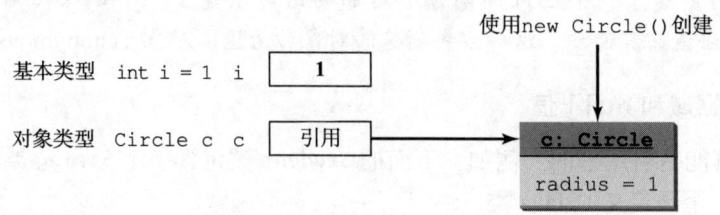

图 9-7　基本类型变量在内存中存储的是一个基本类型值，而引用类型变量存储的是一个引用，它指向对象在内存中的存储位置

将一个变量赋值给另一个变量时，另一个变量被设为同样的值。对基本类型变量而言，是将一个变量的实际值赋给另一个变量。对引用类型变量而言，是将一个变量的引用赋给另一个变量。如图 9-8 所示，赋值语句 i=j 将基本类型变量 j 的内容复制给基本类型变量 i。如图 9-9 所示，对引用变量来讲，赋值语句 c1=c2 是将 c2 的引用赋给 c1。赋值之后，变量 c1 和 c2 指向同一个对象。

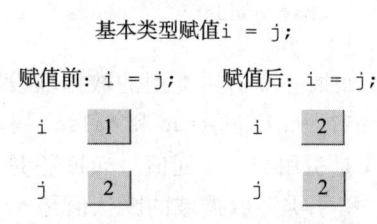

图 9-8　基本类型变量 j 复制到变量 i 中

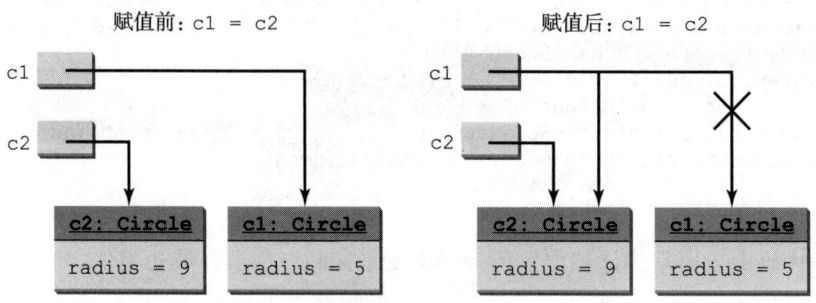

图 9-9　引用变量 c2 复制到变量 c1 中

> **注意**：如图 9-9 所示，执行完赋值语句 c1=c2 之后，c1 指向 c2 所指的同一个对象。c1 以前引用的对象就不再有用，因此现在它被认为是垃圾（garbage）。垃圾会占用内存空间。Java 运行系统会检测垃圾并自动回收它所占据的空间，这个过程称为垃圾回收（garbage collection）。

> 提示：如果你知道某个对象不再需要，可以显式地给该对象的引用变量赋 `null` 值。如果该对象没有被任何引用变量所引用，Java 虚拟机将自动回收它所占据的空间。

✓ 复习题

9.5.1 数组是对象还是基本类型值？数组可以包含对象类型的元素吗？描述数组元素的默认值。

9.5.2 哪个操作符用于访问对象的数据域或者调用对象的方法？

9.5.3 什么是匿名对象？

9.5.4 什么是 `NullPointerException`？

9.5.5 下面每个程序中有什么错误？

```
1  public class ShowErrors {
2    public static void main(String[] args) {
3      ShowErrors t = new ShowErrors();
4      t.x();
5    }
6  }
```
a)

```
1  public class ShowErrors {
2    public void method1() {
3      Circle c;
4      System.out.println("What is radius "
5        + c.getRadius());
6      c = new Circle();
7    }
8  }
```
b)

9.5.6 下面代码的输出是什么？

```
public class A {
  boolean x;

  public static void main(String[] args) {
    A a = new A();
    System.out.println(a.x);
  }
}
```

9.6 使用 Java 库中的类

> 要点提示：Java API 包含了丰富的类的集合，用于开发 Java 程序。

程序清单 9-1 定义了 `Circle` 类并用该类创建了对象。你会频繁地用到 Java 类库里的类来开发程序。本节将给出 Java 类库中一些类的例子。

9.6.1 Date 类

在程序清单 2-7 中，我们已经学习了如何使用 `System.currentTimeMillis()` 来获得当前时间。使用除法和取模运算提取出了当前时间的秒数、分钟数和小时数。Java 在 `java.util.Date` 类中还提供了与系统无关的对日期和时间的封装，如图 9-10 所示。

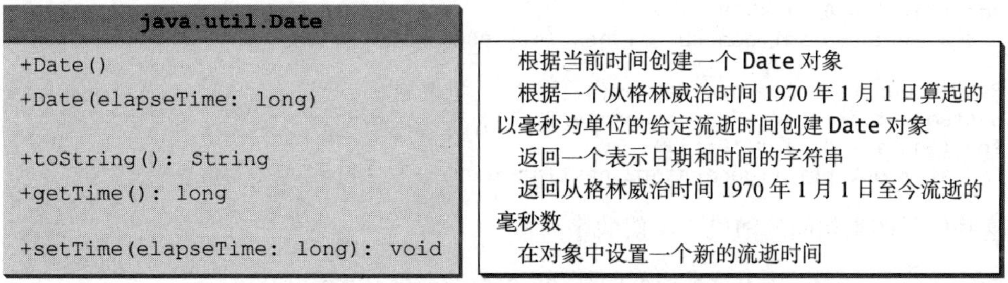

java.util.Date	
+Date()	根据当前时间创建一个 Date 对象
+Date(elapseTime: long)	根据一个从格林威治时间 1970 年 1 月 1 日算起的以毫秒为单位的给定流逝时间创建 Date 对象
+toString(): String	返回一个表示日期和时间的字符串
+getTime(): long	返回从格林威治时间 1970 年 1 月 1 日至今流逝的毫秒数
+setTime(elapseTime: long): void	在对象中设置一个新的流逝时间

图 9-10 Date 对象表示特定的日期和时间

可以使用 Date 类中的无参构造方法创建一个当前日期和时间的实例，它的 getTime() 方法返回自从 GMT 时间 1970 年 1 月 1 日算起至今流逝的时间，toString() 方法以字符串返回日期和时间。例如，下面的代码

```java
java.util.Date date = new java.util.Date();
System.out.println("The elapsed time since Jan 1, 1970 is " +
    date.getTime() + " milliseconds");
System.out.println(date.toString());
```

输出为：

```
The elapsed time since Jan 1, 1970 is 1324903419651 milliseconds
Mon Dec 26 07:43:39 EST 2011
```

Date 类还有另外一个构造方法 Date(long elapseTime)，可以用它根据从 GMT 时间 1970 年 1 月 1 日算起至今流逝的毫秒数来创建一个 Date 对象。

9.6.2 Random 类

使用 Math.random() 可以获取一个 0.0 到 1.0（不包括 1.0）之间的随机 double 型值。另一种产生随机数的方法是使用如图 9-11 所示的 java.util.Random 类，它可以产生一个随机的 int、long、double、float 和 boolean 型值。

java.util.Random	
+Random()	以当前时间作为种子创建一个 Random 对象
+Random(seed: long)	以一个指定种子创建一个 Random 对象
+nextInt(): int	返回一个随机 int 值
+nextInt(n: int): int	返回一个 0 到 n（不包含 n）之间的随机 int 值
+nextLong(): long	返回一个随机的 long 值
+nextDouble(): double	返回一个 0.0 到 1.0（不包括 1.0）之间的随机 double 值
+nextFloat(): float	返回一个 0.0F 到 1.0F（不包括 1.0F）之间的随机 float 值
+nextBoolean(): boolean	返回一个随机的 boolean 值

图 9-11 Random 对象可以用来产生随机值

创建一个 Random 对象时，必须指定一个种子或者使用默认的种子。种子是一个用于初始化随机数字生成器的数字。无参构造方法使用当前流逝的时间作为种子创建一个 Random 对象。如果这两个 Random 对象有相同的种子，那它们将产生相同的数的序列。例如，下面的代码用相同的种子 3 来产生两个 Random 对象。

```java
Random generator1 = new Random(3);
System.out.print("From generator1: ");
for (int i = 0; i < 10; i++)
  System.out.print(generator1.nextInt(1000) + " ");

Random generator2 = new Random(3);
System.out.print("\nFrom generator2: ");
for (int i = 0; i < 10; i++)
  System.out.print(generator2.nextInt(1000) + " ");
```

这些代码产生相同的随机 int 值的序列：

```
From generator1: 734 660 210 581 128 202 549 564 459 961
From generator2: 734 660 210 581 128 202 549 564 459 961
```

> **注意**：产生相同随机值序列的功能在软件测试以及其他许多应用中是很有用的。在软件测试中，经常需要从一组固定序列的随机数中来重复生成测试案例。

> **注意**：可以使用 java.security.SecureRandom 类而不是 Random 类来产生随机数字。从 Random 类产生的随机数字是确定的，可能被黑客预测。而从 SecureRandom 类产生的随机数字是不确定的，所以是安全的。

9.6.3 Point2D 类

Java API 的 javafx.geometry 包中有一个便于使用的 Point2D 类，用于表示二维平面上的点。该类的 UML 图如图 9-12 所示。

javafx.geometry.Point2D	
+Point2D(x: double, y: double)	用给定的 x 和 y 坐标来创建一个 Point2D 对象
+distance(x: double, y: double): double	返回该点到给定点 (x,y) 之间的距离
+distance(p: Point2D): double	返回该点到给定点 p 之间的距离
+getX(): double	返回该点的 x 坐标
+getY(): double	返回该点的 y 坐标
+midpoint(p: Point2D): Point2D	返回该点和点 p 的中间点
+toString(): String	返回该点的字符串表示

图 9-12 Point2D 对象使用 x 和 y 坐标表示一个点

可以为指定 x 和 y 坐标的点创建一个 Point2D 对象，使用 distance 方法计算该点到另外一个点之间的距离，并且使用 toString() 方法返回该点的字符串表示。程序清单 9-5 给出了一个使用该类的示例。

程序清单 9-5 TestPoint2D.java

```
1  import java.util.Scanner;
2  import javafx.geometry.Point2D;
3
4  public class TestPoint2D {
5    public static void main(String[] args) {
6      Scanner input = new Scanner(System.in);
7
8      System.out.print("Enter point1's x-, y-coordinates: ");
9      double x1 = input.nextDouble();
10     double y1 = input.nextDouble();
11     System.out.print("Enter point2's x-, y-coordinates: ");
12     double x2 = input.nextDouble();
13     double y2 = input.nextDouble();
14
15     Point2D p1 = new Point2D(x1, y1);
16     Point2D p2 = new Point2D(x2, y2);
17     System.out.println("p1 is " + p1.toString());
18     System.out.println("p2 is " + p2.toString());
19     System.out.println("The distance between p1 and p2 is " +
20       p1.distance(p2));
21     System.out.println("The midpoint between p1 and p2 is " +
22       p1.midpoint(p2).toString());
23   }
24 }
```

```
Enter point1's x-, y-coordinates: 1.5 5.5 ⏎Enter
Enter point2's x-, y-coordinates: -5.3 -4.4 ⏎Enter
```

```
p1 is Point2D [x = 1.5, y = 5.5]
p2 is Point2D [x = -5.3, y = -4.4]
The distance between p1 and p2 is 12.010412149464313
The midpoint between p1 and p2 is
Point2D [x = -1.9, y = 0.5499999999999998]
```

程序创建两个 Point2D 类的对象（第 15 和 16 行）。toString() 方法返回表述该对象的字符串（第 17 和 18 行）。调用 p1.distance(p2) 返回两个点之间的距离（第 20 行）。调用 p1.midpoint(p2) 返回两点的中点（第 22 行）。

注意：Point2D 类在 JavaFX 模块的 javafx.geometry 包中定义。要运行该程序，需要安装 JavaFX。参见补充材料 II.F 来安装和使用 JavaFX。

复习题

9.6.1 如何为当前时间创建一个 Date 对象？如何显示当前时间？

9.6.2 如何创建一个 Point2D？假设 p1 和 p2 是 Point2D 的两个实例，如何获取两点之间的距离？如何获取两点的中点？

9.6.3 哪些包包含 Date 类、Random 类、Point2D 类、System 类以及 Math 类？

9.7 静态变量、常量和方法

要点提示：静态变量被类中的所有对象所共享。静态方法不能访问类中的实例成员（即实例数据域和方法）。

Circle 类的数据域 radius 称为一个实例变量。实例变量是绑定到类的某个特定实例的，不能被同一个类的各个对象所共享。例如，假设创建了如下对象：

```
Circle circle1 = new Circle();
Circle circle2 = new Circle(5);
```

circle1 中的 radius 和 circle2 中的 radius 是相互独立的，它们存储在不同的内存位置。对 circle1 中 radius 所做的改变不会影响 circle2 中的 radius，反之亦然。

如果想让一个类的所有实例共享数据，就要使用静态变量（static variable），也称为类变量（class variable）。静态变量将变量值存储在一个公共的内存地址。因为是公共的地址，所以如果某一个对象修改了静态变量的值，那么同一个类的所有对象都会受到影响。Java 支持静态方法和静态变量，无须创建类的实例就可以调用静态方法（static method）。

修改 Circle 类，添加静态变量 numberOfObjects 用于统计创建的 Circle 对象的数目。当该类的第一个对象创建后，numberOfObjects 的值为 1。当第二个对象创建后，numberOfObjects 的值变为 2。新 Circle 类的 UML 图如图 9-13 所示。Circle 类定义了实例变量 radius 和静态变量 numberOfObjects，还定义了实例方法 getRadius、setRadius 和 getArea 以及静态方法 getNumberOfObjects。（注意，在 UML 类图中，静态变量和静态方法都是以下划线标注的。）

要声明一个静态变量或定义一个静态方法，就要在这个变量或方法的声明中加上修饰符 static。静态变量 numberOfObjects 和静态方法 getNumberOfObjects() 可以声明如下：

```
static int numberOfObjects;

static int getNumberObjects() {
  return numberOfObjects;
}
```

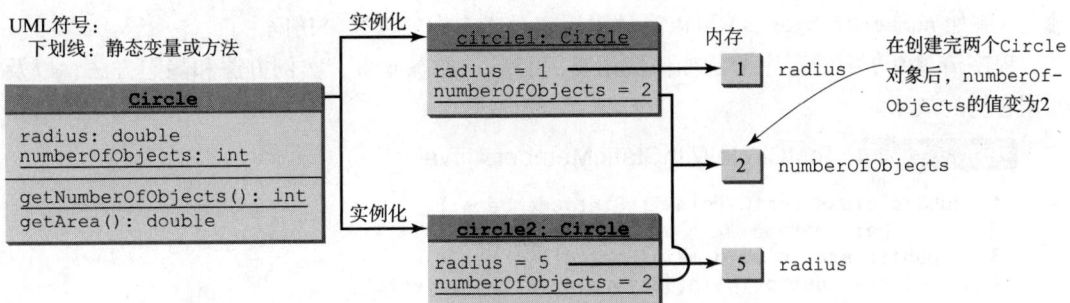

图 9-13 实例变量属于实例,并存储在互不相关的内存中,静态变量被同一个类的所有实例所共享

类中的常量被该类的所有对象所共享。因此,常量应该声明为 final static,例如,Math 类中的常量 PI 是如下定义的:

```
final static double PI = 3.14159265358979323846;
```

新的圆类在程序清单 9-6 中定义。

程序清单 9-6 Circle.java (用于 CircleWithStaticMembers)

```
 1  public class Circle {
 2    /** The radius of the circle */
 3    double radius;
 4
 5    /** The number of objects created */
 6    static int numberOfObjects = 0;
 7
 8    /** Construct a circle with radius 1 */
 9    Circle() {
10      radius = 1;
11      numberOfObjects++;
12    }
13
14    /** Construct a circle with a specified radius */
15    Circle(double newRadius) {
16      radius = newRadius;
17      numberOfObjects++;
18    }
19
20    /** Return numberOfObjects */
21    static int getNumberOfObjects() {
22      return numberOfObjects;
23    }
24
25    /** Return the area of this circle */
26    double getArea() {
27      return radius * radius * Math.PI;
28    }
29  }
```

Circle 类中的 getNumberOfObjects() 方法是一个静态方法。Math 类中所有的方法都是静态的。main 方法也是静态方法。

实例方法(例如 getArea())和实例数据(例如 radius)都属于实例,所以在实例创建之后才能使用。它们通过引用变量来访问。静态方法(例如 getNumberOfObjects())和静态数据（例如 numberOfObjects）可以通过引用变量或它们的类名来访问。

程序清单 9-7 中的程序演示如何使用实例变量、静态变量、实例方法和静态方法，以及使用它们的效果。

程序清单 9-7 TestCircleWithStaticMembers.java

```java
 1  public class TestCircleWithStaticMembers {
 2    /** Main method */
 3    public static void main(String[] args) {
 4      System.out.println("Before creating objects");
 5      System.out.println("The number of Circle objects is " +
 6        Circle.numberOfObjects);
 7
 8      // Create c1
 9      Circle c1 = new Circle(); // Use the Circle class in Listing 9.6
10
11      // Display c1 BEFORE c2 is created
12      System.out.println("\nAfter creating c1");
13      System.out.println("c1: radius (" + c1.radius +
14        ") and number of Circle objects (" +
15        c1.numberOfObjects + ")");
16
17      // Create c2
18      Circle c2 = new Circle(5);
19
20      // Modify c1
21      c1.radius = 9;
22
23      // Display c1 and c2 AFTER c2 was created
24      System.out.println("\nAfter creating c2 and modifying c1");
25      System.out.println("c1: radius (" + c1.radius +
26        ") and number of Circle objects (" +
27        c1.numberOfObjects + ")");
28      System.out.println("c2: radius (" + c2.radius +
29        ") and number of Circle objects (" +
30        c2.numberOfObjects + ")");
31    }
32  }
```

```
Before creating objects
The number of Circle objects is 0
After creating c1
c1: radius (1.0) and number of Circle objects (1)
After creating c2 and modifying c1
c1: radius (9.0) and number of Circle objects (2)
c2: radius (5.0) and number of Circle objects (2)
```

编译 TestCircleWithStaticMembers.java 时，如果 Circle.java 在最后一次修改之后没有编译过的话，Java 编译器就会自动编译它。

静态变量和方法可以在不创建对象的情况下访问。第 6 行显示对象的个数为 0，因为还没有创建任何对象。

main 方法创建两个圆 c1 和 c2（第 9 和 18 行）。c1 中的实例变量 radius 被修改为 9（第 21 行）。这个变化不会影响 c2 中的实例变量 radius，因为这两个实例变量是独立的。c1 创建之后静态变量 numberOfObjects 变成 1（第 9 行），而 c2 创建之后 numberOfObjects 变成 2（第 18 行）。

注意，PI 是一个定义在 Math 中的常量，可以使用 Math.PI 来访问这个常量。最好使用 Circle.numberOfObjects 来代替 c1.numberOfObjects（第 27 行）和 c2.numberOfObjects（第 30 行）。这样可以提高可读性，因为其他程序员可以很容易地识别出静态变量。也可以用 Circle.getNumberOfObjects() 替换掉 Circle.numberOfObjects。

> **提示**：使用"类名.方法名（参数）"的方式调用静态方法，使用"类名.静态变量"的方式访问静态变量。这会提高可读性，因为可以很容易地识别出类中的静态方法和数据。

实例方法可以调用实例方法和静态方法，以及访问实例数据域或者静态数据域。静态方法可以调用静态方法以及访问静态数据域。然而，静态方法不能调用实例方法或者访问实例数据域，因为静态方法和静态数据域不属于某个特定的对象。静态成员和实例成员的关系总结在下图中。

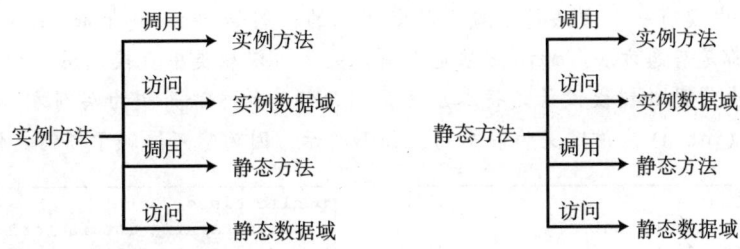

例如，以下代码是错误的。

```
1   public class A {
2     int i = 5;
3     static int k = 2;
4
5     public static void main(String[] args) {
6       int j = i; // Wrong because i is an instance variable
7       m1(); // Wrong because m1() is an instance method
8     }
9
10    public void m1() {
11      // Correct since instance and static variables and methods
12      // can be used in an instance method
13      i = i + k + m2(i, k);
14    }
15
16    public static int m2(int i, int j) {
17      return (int)(Math.pow(i, j));
18    }
19  }
```

注意，如果用下面的新代码替换上面的代码，程序就正确了，因为现在实例数据域 i 和方法 m1 是通过对象 a 访问的（第 7 和 8 行）：

```
1   public class A {
2     int i = 5;
3     static int k = 2;
4
5     public static void main(String[] args) {
6       A a = new A();
7       int j = a.i; // OK, a.i accesses the object's instance variable
8       a.m1(); // OK, a.m1() invokes the object's instance method
9     }
```

```
10
11    public void m1() {
12       i = i + k + m2(i, k);
13    }
14
15    public static int m2(int i, int j) {
16       return (int)(Math.pow(i, j));
17    }
18 }
```

☞ **设计指南**：如何判断一个变量或方法应该是实例的还是静态的？如果一个变量或方法依赖于类的某个具体实例，那就应该将它定义为实例变量或实例方法。如果一个变量或方法不依赖于类的某个具体实例，就应该将它定义为静态变量或静态方法。例如，每个圆都有自己的半径，因此半径都依赖于某个具体的圆。因此，半径 radius 就是 Circle 类的一个实例变量。由于 getArea 方法依赖于某个具体的圆，所以它也是一个实例方法。在 Math 类中没有一个方法是依赖于特定实例的，例如 random、pow、sin 和 cos。因此，这些方法都是静态方法。main 方法也是静态的，可以从类中直接调用。

☞ **警告**：一个常见的错误设计是将本应该声明为静态的方法声明为实例方法。例如，方法 factorial(int n) 应该定义为静态的，如下所示，因为它不依赖于任何具体的实例。

```
public class Test {
  public int factorial(int n) {
    int result = 1;
    for (int i = 1; i <= n; i++)
      result *= i;

    return result;
  }
}
```
a) 错误的设计

```
public class Test {
  public static int factorial(int n) {
    int result = 1;
    for (int i = 1; i <= n; i++)
      result *= i;

    return result;
  }
}
```
b) 正确的设计

✔ **复习题**

9.7.1 假设类 F 在图 a 中定义，f 是 F 的一个实例，那么 b 中的哪些语句是正确的？

```
public class F {
  int i;
  static String s;

  void imethod() {
  }

  static void smethod() {
  }
}
```
a)

```
System.out.println(f.i);
System.out.println(f.s);
f.imethod();
f.smethod();
System.out.println(F.i);
System.out.println(F.s);
F.imethod();
F.smethod();
```
b)

9.7.2 如果正确的话，在出现 ? 的位置添加 static 关键字。

```
public class Test {
  int count;

  public ? void main(String[] args) {
    ...
  }

  public ? int getCount() {
    return count;
```

```
    }
    public ? int factorial(int n) {
        int result = 1;
        for (int i = 1; i <= n; i++)
            result *= i;

        return result;
    }
}
```

9.7.3 能否从静态方法中调用实例方法或引用一个实例变量？能否从实例方法中调用静态方法或引用一个静态变量？下面的代码有什么错误？

```
 1  public class C {
 2    Circle c = new Circle();
 3
 4    public static void main(String[] args) {
 5      method1();
 6    }
 7
 8    public void method1() {
 9      method2();
10    }
11
12    public static void method2() {
13      System.out.println("What is radius " + c.getRadius());
14    }
15  }
```

9.8 可见性修饰符

要点提示：可见性修饰符可以用于确定一个类及其成员的可见性。

可以在类、方法和数据域前使用 public 可见性修饰符，表示它们可以被任何其他的类访问。如果没有使用可见性修饰符，那么默认类、方法和数据域可以被同一个包中的任何一个类访问。这称作包私有（package-private）或包访问（package-access）。

注意：包可以用来组织类。为了实现这一点，需要在程序中添加下面这行语句作为程序中第一条非注释和非空白行的语句：

package packageName;

如果定义类时没有声明包，就表示把它放在默认包中。Java 建议最好将类放入包中，而不要使用默认包。但是，本书为了简化问题使用的是默认包。关于包的更多的信息，参见补充材料Ⅲ.E。

除了 public 和默认可见性修饰符，Java 还为类成员提供 private 和 protected 修饰符。本节介绍 private 修饰符。protected 修饰符将在 11.14 节介绍。

private 修饰符限定方法和数据域只能在其所在类中访问。图 9-14 演示了类 C1 中的公共的、默认的和私有的数据域或方法能否被同一个包内的类 C2 访问，以及能否被不在一个包内的类 C3 访问。

如果一个类没有定义为公共类，那么它只能在同一个包内被访问。如图 9-15 所示，C2 可以访问 C1，而 C3 不能访问 C1。

私有修饰符限制了私有成员不能从类外访问。然而，在类的内部访问成员是没有限制的。因此，在自身的类中初始化的对象可以访问其私有成员。如图 9.16a 所示，类 C 的对象 c 可以访问其私有成员，因为 c 在自身的类内定义。但是，如图 9.16b 所示，类 C 的对象 c 不能引用其私有成员，因为 c 位于 Test 类中。

```
package p1;

public class C1 {
  public int x;
  int y;
  private int z;

  public void m1() {
  }
  void m2() {
  }
  private void m3() {
  }
}
```

```
package p1;

public class C2 {
  void aMethod() {
    C1 c1 = new C1();
    can access c1.x;
    can access c1.y;
    cannot access c1.z;

    can invoke c1.m1();
    can invoke c1.m2();
    cannot invoke c1.m3();
  }
}
```

```
package p2;

public class C3 {
  void aMethod() {
    C1 c1 = new C1();
    can access c1.x;
    cannot access c1.y;
    cannot access c1.z;

    can invoke c1.m1();
    cannot invoke c1.m2();
    cannot invoke c1.m3();
  }
}
```

图 9-14　私有的修饰符限定访问权限在其自身的类内，默认修饰符限定访问权限在包内，而公共的修饰符可以无限制地被访问

```
package p1;

class C1 {
  ...
}
```

```
package p1;

public class C2 {
  can access C1
}
```

```
package p2;

public class C3 {
  cannot access p1.C1;
  can access p1.C2;
}
```

图 9-15　一个非公共类具有包访问性

```
public class C {
  private boolean x;

  public static void main(String[] args) {
    C c = new C();
    System.out.println(c.x);
    System.out.println(c.convert());
  }

  private int convert() {
    return x ? 1 : -1;
  }
}
```

```
public class Test {
  public static void main(String[] args) {
    C c = new C();
    System.out.println(c.x);
    System.out.println(c.convert());
  }
}
```

a) 这里没有问题，因为对象 c 在类 C 中使用　　b) 这里有错误，因为 x 和 convert 在类 C 中是私有的

图 9-16　如果对象在其自身的类中定义，则可以访问其私有成员

☞ **警告**：修饰符 private 只能应用在类的成员上。修饰符 public 可以应用在类或类的成员上。在局部变量上使用修饰符 public 和 private 会导致编译错误。

☞ **注意**：大多数情况下，构造方法应该是公共的。但是，如果想防止用户创建类的实例，则应该使用私有构造方法。例如，因为 Math 类的所有数据域和方法都是静态的，所以没必要创建 Math 类的实例。为了防止用户创建 Math 类的对象，在 java.lang.Math 中的构造方法定义如下：

```
private Math() {
}
```

9.9 数据域封装

要点提示：将数据域设为私有可以保护数据，并且使得类易于维护。

在程序清单 9-6 中，可以直接修改 Circle 类的数据域 radius 和 numberOfObjects（例如 c1.radius = 5 或 Circle.numberOfObjects = 10）。这不是一个好做法，原因有两点：

- 首先，数据可能被篡改。例如，numberOfObjects 是用来统计被创建的对象的个数的，但是它可能会被错误地设置为一个任意值（例如 Circle.numberOfObjects = 10）。
- 其次，它使得类难以维护且易于出错。假如你想修改 Circle 类以确保半径是非负数，然而已经有其他程序使用了 Circle 类。那么，不仅要修改 Circle 类，而且还要修改使用了 Circle 类的程序，因为这些客户程序可能已经直接修改了 radius（例如 c1.radius = -5）。

为了避免对数据域的直接修改，应该使用 private 修饰符将数据域声明为私有的，这称为数据域封装（data field encapsulation）。

私有数据域不能被对象从定义该私有域的类外访问。但是经常会有客户端需要存取、修改数据域。为了访问私有数据域，可以提供一个获取（getter）方法返回数据域的值。为了更新数据域，可以提供一个设置（setter）方法为数据域设置新值。获取方法也称为访问器（accessor），设置方法称为修改器（mutator）。获取方法有如下签名：

`public returnType getPropertyName()`

如果 returnType 是 boolean 型，按惯例应如下定义获取方法：

`public boolean isPropertyName()`

设置方法有如下签名：

`public void setPropertyName(dataType propertyValue)`

现在来创建一个新的圆类，其半径设置为私有数据域，并有相关的访问器和修改器。类图如图 9-17 所示。程序清单 9-8 中定义一个新的圆类。

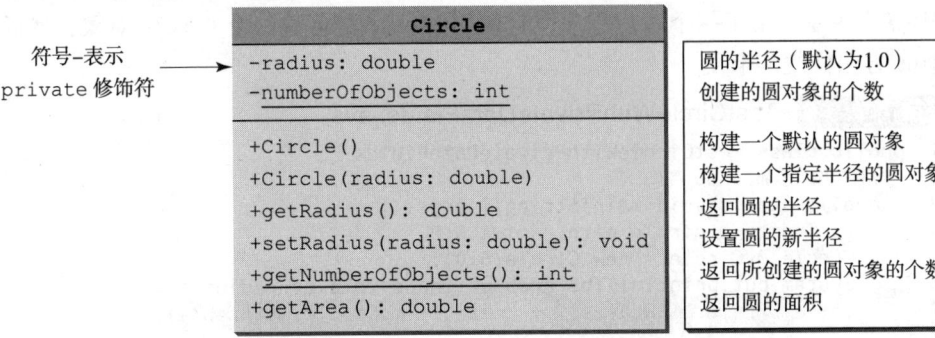

图 9-17 Circle 类封装了圆的属性并提供了获取/设置方法以及其他方法

程序清单 9-8 Circle.java（用于 CircleWithPrivateDataFields）

```java
 1  public class Circle {
 2    /** The radius of the circle */
 3    private double radius = 1;
 4
 5    /** The number of objects created */
 6    private static int numberOfObjects = 0;
 7
 8    /** Construct a circle with radius 1 */
 9    public Circle() {
10      numberOfObjects++;
11    }
12
13    /** Construct a circle with a specified radius */
14    public Circle(double newRadius) {
15      radius = newRadius;
16      numberOfObjects++;
17    }
18
19    /** Return radius */
20    public double getRadius() {
21      return radius;
22    }
23
24    /** Set a new radius */
25    public void setRadius(double newRadius) {
26      radius = (newRadius >= 0) ? newRadius : 0;
27    }
28
29    /** Return numberOfObjects */
30    public static int getNumberOfObjects() {
31      return numberOfObjects;
32    }
33
34    /** Return the area of this circle */
35    public double getArea() {
36      return radius * radius * Math.PI;
37    }
38  }
```

getRadius() 方法（第 20 ～ 22 行）返回半径值，setRadius(newRadius) 方法（第 25 ～ 27 行）为对象设置新的半径值，如果新半径值为负数，则将这个对象的半径设置为 0。因为这些方法是读取和修改半径的唯一途径，所以你完全控制了如何访问 radius 属性。如果必须改变这些方法的实现，是不需要改变使用它们的客户程序的。这使得类更易于维护。

程序清单 9-9 给出了一个客户程序，它使用 Circle 类创建一个 Circle 对象，然后使用 setRadius 方法修改其半径。

程序清单 9-9 TestCircleWithPrivateDataFields.java

```java
1  public class TestCircleWithPrivateDataFields {
2    /** Main method */
3    public static void main(String[] args) {
4      // Create a circle with radius 5.0
5      Circle myCircle = new Circle(5.0);
6      System.out.println("The area of the circle of radius "
7        + myCircle.getRadius() + " is " + myCircle.getArea());
8
9      // Increase myCircle's radius by 10%
```

```
10      myCircle.setRadius(myCircle.getRadius() * 1.1);
11      System.out.println("The area of the circle of radius "
12        + myCircle.getRadius() + " is " + myCircle.getArea());
13
14      System.out.println("The number of objects created is "
15        + Circle.getNumberOfObjects());
16    }
17  }
```

数据域 radius 被声明为私有的。私有数据只能在定义它们的类中被问，因此不能在客户程序中使用 myCircle.radius 来访问。如果试图从客户程序访问私有数据，将会产生编译错误。

由于 numberOfObjects 是私有的，所以不能修改。这就制止了篡改行为。例如：用户不能设置 numberOfObjects 为 100。要使这个值为 100 的唯一方法就是创建 100 个 Circle 类的对象。

假如通过把 TestCircleWithPrivateDataFields 类中的 main 方法移到 Circle 类中，从而实现将 TestCircleWithPrivateDataFields 类和 Circle 类组合成一个类，那么可以在 main 方法中使用 myCircle.radius 吗？参见复习题 9.9.3 来寻找答案。

○= 设计指南：将数据域声明为私有的，以防止数据被篡改并使类更易于维护。

○= 注意：从现在开始，除非另外指明，否则所有的数据域都应该被声明为私有的，并且所有的构造方法和方法应该被声明为公共的。

✓ 复习题

9.9.1 什么是访问器方法？什么是修改器方法？访问器方法和修改器方法的命名习惯是什么？

9.9.2 数据域封装的优点是什么？

9.9.3 在下面的代码中，Circle 类中的 radius 是私有的，而 myCircle 是 Circle 类的一个对象。下面高亮显示的代码会导致什么问题吗？如果有问题的话，解释为什么。

```
public class Circle {
  private double radius = 1;

  /** Find the area of this circle */
  public double getArea() {
    return radius * radius * Math.PI;
  }

  public static void main(String[] args) {
    Circle myCircle = new Circle();
    System.out.println("Radius is " + myCircle.radius);
  }
}
```

9.10 向方法传递对象参数

○= 要点提示：给方法传递一个对象，就是将对象的引用传递给方法。

可以将对象传递给方法。同传递数组一样，传递对象实际上是传递对象的引用。下面的代码将 myCircle 对象作为参数传递给 printCircle 方法：

```
1  public class Test {
2    public static void main(String[] args) {
3      // Circle is defined in Listing 9.8
4      Circle myCircle = new Circle(5.0);
```

```java
5      printCircle(myCircle);
6    }
7
8    public static void printCircle(Circle c) {
9      System.out.println("The area of the circle of radius "
10        + c.getRadius() + " is " + c.getArea());
11   }
12 }
```

Java 仅使用一种参数传递方式：按值传递（pass-by-value）。在上面的代码中，myCircle 的值被传递给 printCircle 方法。这个值就是一个对 Circle 对象的引用值。

程序清单 9-10 中的程序展示了传递基本类型值和传递引用值的差异。

程序清单 9-10 TestPassObject.java

```java
1  public class TestPassObject {
2    /** Main method */
3    public static void main(String[] args) {
4      // Create a Circle object with radius 1
5      Circle myCircle =
6        new Circle(1); // Use the Circle class in Listing 9.8
7
8      // Print areas for radius 1, 2, 3, 4, and 5.
9      int n = 5;
10     printAreas(myCircle, n);
11
12     // See myCircle.radius and times
13     System.out.println("\n" + "Radius is " + myCircle.getRadius());
14     System.out.println("n is " + n);
15   }
16
17   /** Print a table of areas for radius */
18   public static void printAreas(Circle c, int times) {
19     System.out.println("Radius \t\tArea");
20     while (times >= 1) {
21       System.out.println(c.getRadius() + "\t\t" + c.getArea());
22       c.setRadius(c.getRadius() + 1);
23       times--;
24     }
25   }
26 }
```

```
Radius      Area
1.0         3.141592653589793
2.0         12.566370614359172
3.0         28.274333882308138
4.0         50.26548245743669
5.0         78.53981633974483
Radius is 6.0
n is 5
```

Circle 类在程序清单 9-8 中定义。这个程序传递一个 Circle 类对象 myCircle 和整数值 n 来调用 printAreas(myCircle,n) 方法（第 10 行），该方法打印出半径为 1、2、3、4 和 5 的圆面积表格，如样本输出所示。

图 9-18 展示执行程序中的方法时的调用栈。注意，对象存储在堆中（参见 7.6 节）。

当传递基本数据类型参数时，传递的是实参的值。在这种情况下，n(5) 的值就被传递给 times。在 printAreas 方法内 times 的内容被改变，这并不会影响 n 的内容。

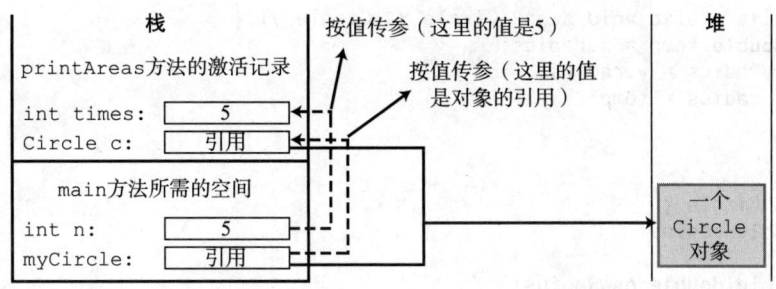

图 9-18　n 的值被传递给 times，而 myCircle 的引用被传递给 printAreas 方法中的 c

传递引用类型的参数时，传递的是对象的引用。在本例中，c 包含对一个对象的引用，该对象也被 myCircle 所引用。因此，通过 printAreas 方法内的 c 与方法外的变量 myCircle 来改变对象的属性，效果是一样的。引用的按值传参在语义上最好被描述为按共享传参（pass-by-sharing），也就是说，在方法中引用的对象和传递的对象是一样的。

✔ **复习题**

9.10.1　描述传递基本类型参数和传递引用类型参数的区别，并给出下面程序的输出：

```java
public class Test {
  public static void main(String[] args) {
    Count myCount = new Count();
    int times = 0;

    for (int i = 0; i < 100; i++)
      increment(myCount, times);

    System.out.println("count is " + myCount.count);
    System.out.println("times is " + times);
  }

  public static void increment(Count c, int times) {
    c.count++;
    times++;
  }
}
```

```java
public class Count {
  public int count;

  public Count(int c) {
    count = c;
  }

  public Count() {
    count = 1;
  }
}
```

9.10.2　给出下面程序的输出：

```java
public class Test {
  public static void main(String[] args) {
    Circle circle1 = new Circle(1);
    Circle circle2 = new Circle(2);

    swap1(circle1, circle2);
    System.out.println("After swap1: circle1 = " +
      circle1.radius + " circle2 = " + circle2.radius);

    swap2(circle1, circle2);
    System.out.println("After swap2: circle1 = " +
      circle1.radius + " circle2 = " + circle2.radius);
  }

  public static void swap1(Circle x, Circle y) {
    Circle temp = x;
    x = y;
```

```
        y = temp;
    }
    public static void swap2(Circle x, Circle y) {
        double temp = x.radius;
        x.radius = y.radius;
        y.radius = temp;
    }
}

class Circle {
    double radius;

    Circle(double newRadius) {
        radius = newRadius;
    }
}
```

9.10.3 给出下面程序的输出:

```
public class Test {
    public static void main(String[] args) {
        int[] a = {1, 2};
        swap(a[0], a[1]);
        System.out.println("a[0] = " + a[0]
            + " a[1] = " + a[1]);
    }

    public static void swap(int n1, int n2) {
        int temp = n1;
        n1 = n2;
        n2 = temp;
    }
}
```
a)

```
public class Test {
    public static void main(String[] args) {
        int[] a = {1, 2};
        swap(a);
        System.out.println("a[0] = " + a[0]
            + " a[1] = " + a[1]);
    }

    public static void swap(int[] a) {
        int temp = a[0];
        a[0] = a[1];
        a[1] = temp;
    }
}
```
b)

```
public class Test {
    public static void main(String[] args) {
        T t = new T();
        swap(t);
        System.out.println("e1 = " + t.e1
            + " e2 = " + t.e2);
    }

    public static void swap(T t) {
        int temp = t.e1;
        t.e1 = t.e2;
        t.e2 = temp;
    }
}

class T {
    int e1 = 1;
    int e2 = 2;
}
```
c)

```
public class Test {
    public static void main(String[] args) {
        T t1 = new T();
        T t2 = new T();
        System.out.println("t1's i = " +
            t1.i + " and j = " + t1.j);
        System.out.println("t2's i = " +
            t2.i + " and j = " + t2.j);
    }
}

class T {
    static int i = 0;
    int j = 0;

    T() {
        i++;
        j = 1;
    }
}
```
d)

9.10.4 给出下面程序的输出:

```
import java.util.Date;
public class Test {
  public static void main(String[] args) {
    Date date = null;
    m1(date);
    System.out.println(date);
  }

  public static void m1(Date date) {
    date = new Date();
  }
}
```
a)

```
import java.util.Date;
public class Test {
  public static void main(String[] args) {
    Date date = new Date(1234567);
    m1(date);
    System.out.println(date.getTime());
  }

  public static void m1(Date date) {
    date = new Date(7654321);
  }
}
```
b)

```
import java.util.Date;
public class Test {
  public static void main(String[] args) {
    Date date = new Date(1234567);
    m1(date);
    System.out.println(date.getTime());
  }

  public static void m1(Date date) {
    date.setTime(7654321);
  }
}
```
c)

```
import java.util.Date;
public class Test {
  public static void main(String[] args) {
    Date date = new Date(1234567);
    m1(date);
    System.out.println(date.getTime());
  }

  public static void m1(Date date) {
    date = null;
  }
}
```
d)

9.11 对象数组

☞ 要点提示：数组既可以存储基本类型值，也可以存储对象。

在第 7 章中描述了如何创建基本类型元素的数组。也可以创建对象数组。例如，下面的语句声明并创建了包含 10 个 Circle 对象的数组：

```
Circle[] circleArray = new Circle[10];
```

为了初始化数组 circleArray，可以使用如下 for 循环：

```
for (int i = 0; i < circleArray.length; i++) {
  circleArray[i] = new Circle();
}
```

对象的数组实际上是引用变量的数组。因此，调用 circleArray[1].getArea() 实际上涉及两个层次的引用，如图 9-19 所示。circleArray 引用了整个数组，circleArray[1] 引用了一个 Circle 对象。

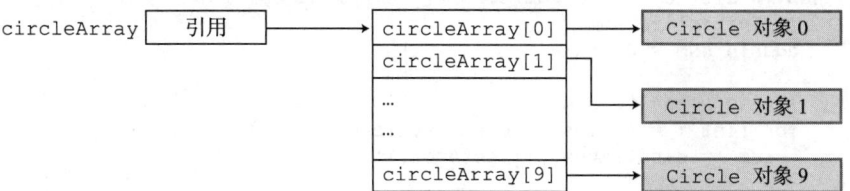

图 9-19 在对象数组中，数组的每个元素都包含对象的引用

☞ 注意：当使用 new 操作符创建对象数组后，这个数组中的每个元素都是默认值为 null 的

引用变量。

程序清单 9-11 给出了一个例子，演示如何使用对象数组。这个程序求一个圆数组的总面积。程序创建了包含 5 个 Circle 对象的数组 circleArray，接着使用随机值初始化这些圆的半径，然后显示数组中的圆的总面积。

程序清单 9-11 TotalArea.java

```java
public class TotalArea {
  /** Main method */
  public static void main(String[] args) {
    // Declare circleArray
    Circle[] circleArray;

    // Create circleArray
    circleArray = createCircleArray();

    // Print circleArray and total areas of the circles
    printCircleArray(circleArray);
  }

  /** Create an array of Circle objects */
  public static Circle[] createCircleArray() {
    Circle[] circleArray = new Circle[5];

    for (int i = 0; i < circleArray.length; i++) {
      circleArray[i] = new Circle(Math.random() * 100);
    }

    // Return Circle array
    return circleArray;
  }

  /** Print an array of circles and their total area */
  public static void printCircleArray(Circle[] circleArray) {
    System.out.printf("%-30s%-15s\n", "Radius", "Area");
    for (int i = 0; i < circleArray.length; i++) {
      System.out.printf("%-30f%-15f\n", circleArray[i].getRadius(),
        circleArray[i].getArea());
    }

    System.out.println("_____");

    // Compute and display the result
    System.out.printf("%-30s%-15f\n", "The total area of circles is",
      sum(circleArray));
  }

  /** Add circle areas */
  public static double sum(Circle[] circleArray) {
    // Initialize sum
    double sum = 0;

    // Add areas to sum
    for (int i = 0; i < circleArray.length; i++)
      sum += circleArray[i].getArea();

    return sum;
  }
}
```

```
Radius                  Area
70.577708               15649.941866
44.152266                6124.291736
24.867853                1942.792644
 5.680718                 101.380949
36.734246                4239.280350

The total area of circles is 28056.687544
```

程序调用 createCircleArray() 方法 (第 8 行) 创建一个由 5 个圆对象组成的数组。本章介绍了几个圆类。本例使用的是 9.9 节中介绍的 Circle 类。

圆的半径是使用 Math.random() 方法随机生成的 (第 19 行)。createCircleArray 方法返回一个 Circle 对象的数组 (第 23 行)。这个数组作为参数传给 printCircleArray 方法，该方法显示每个圆的半径和面积以及它们的总面积。

圆的面积之和是调用 sum 方法计算出来的 (第 38 行)，该方法以 Circle 对象的数组为参数，返回的是 double 类型的总面积值。

✓ 复习题

9.11.1 下面的代码有什么错误？

```
1  public class Test {
2    public static void main(String[] args) {
3      java.util.Date[] dates = new java.util.Date[10];
4      System.out.println(dates[0]);
5      System.out.println(dates[0].toString());
6    }
7  }
```

9.12 不可变对象和类

◯┬ 要点提示：可以定义不可变类来产生不可变对象。不可变对象的内容不能被改变。

通常，创建一个对象后是允许改变其内容的。但是，有时也希望创建一个一旦创建其内容就不能再改变的对象。我们称这种对象为不可变对象 (immutable object)，而它的类就称为不可变类 (immutable class)。例如：String 类就是不可变的。如果把程序清单 9-8 中 Circle 类的设置方法删掉，该类就变成不可变类，因为半径是私有的并且没有设置方法，它的值就不能再改变。

如果一个类是不可变的，那么它的所有实例数据域必须都是私有的，而且不能包含针对任何一个数据域的公共设置方法。如果一个类的所有数据都是私有的且没有修改器，它也不一定是不可变类。例如下面的 Student 类，它的所有数据域都是私有的，而且也没有设置方法，但它不是不可变的类。

```
1  public class Student {
2    private int id;
3    private String name;
4    private java.util.Date dateCreated;
5
6    public Student(int ssn, String newName) {
7      id = ssn;
8      name = newName;
9      dateCreated = new java.util.Date();
```

```java
10    }
11
12    public int getId() {
13      return id;
14    }
15
16    public String getName() {
17      return name;
18    }
19
20    public java.util.Date getDateCreated() {
21      return dateCreated;
22    }
23 }
```

如下面的代码所示，使用 getDateCreated() 方法返回数据域 dateCreated。它是对 Date 对象的引用，通过这个引用可以改变 dateCreated 的值。

```java
public class Test {
  public static void main(String[] args) {
    Student student = new Student(111223333, "John");
    java.util.Date dateCreated = student.getDateCreated();
    dateCreated.setTime(200000); // Now dateCreated field is changed!
  }
}
```

要使一个类是不可变的，必须满足以下要求：
- 所有数据域都是私有的。
- 没有修改器方法。
- 没有返回一个指向可变数据域的引用的访问器方法。

有兴趣的读者可以参考补充材料Ⅲ.U 获得不可变对象的更多信息。

✔ **复习题**

9.12.1 如果类中仅包含私有数据域并且没有设置方法，该类可以改变吗？
9.12.2 如果类中的所有数据域是私有的，并为基本数据类型，且类中没有包含任何设置方法，该类是不可变类吗？
9.12.3 下面的类是不可变类吗？

```java
public class A {
  private int[] values;

  public int[] getValues() {
    return values;
  }
}
```

9.13 变量的作用域

🔑 **要点提示**：实例变量和静态变量的作用域是整个类，无论变量是在哪里声明的。

在 6.9 节中讨论了局部变量和它们的作用域。局部变量的声明和使用都在一个方法的内部。本节将在类的范围内讨论所有变量的作用域规则。

类中的实例变量和静态变量称为类变量（class variable）或数据域（data field）。在方法内部定义的变量称为局部变量。无论在何处声明，类变量的作用域都是整个类。类的变量和方法可以在类中以任意顺序出现，如图 9-20a 所示。但是当一个数据域是基于对另一个数据域的引用来进行初始化时则不是这样。在这种情况下，必须首先声明另一个数据域，如图 9-20b 所示。为保持一致性，本书在类的开始处就声明数据域。

```java
public class Circle {
  public double getArea() {
    return radius * radius * Math.PI;
  }

  private double radius = 1;
}
```

a) 变量 radius 和方法 getArea() 可以以任意顺序声明

```java
public class F {
  private int i;
  private int j = i + 1;
}
```

b) i 必须在 j 之前声明，因为 j 的初始值依赖于 i

图 9-20　类的成员可以按任意顺序声明，只有一种例外情况

类变量只能声明一次，但是在一个方法内的不同非嵌套块中，可以多次声明相同的变量名。

如果一个局部变量和一个类变量具有相同的名字，那么局部变量优先，而同名的类变量将被隐藏（hidden）。例如在下面的程序中，x 被定义为一个实例变量，也在方法中被定义为局部变量。

```java
public class F {
  private int x = 0; // Instance variable
  private int y = 0;

  public F() {
  }

  public void p() {
    int x = 1; // Local variable
    System.out.println("x = " + x);
    System.out.println("y = " + y);
  }
}
```

假设 f 是 F 的一个实例，那么 f.p() 的输出是什么呢？ f.p() 的输出是：x 为 1，y 为 0。其原因如下：

- x 被声明为类中初始值为 0 的数据域，但是它在方法 p() 中又被声明了一次，初值为 1。System.out. println 语句中引用的 x 是后者。
- y 在方法 p() 的外部声明，但在方法内部也是可访问的。

提示：为避免混淆和错误，除了方法中的参数，不要将实例变量或静态变量的名字作为局部变量名。我们将在下一节中讨论被方法参数所隐藏的数据域。

✓ 复习题

9.13.1 下面程序的输出是什么？

```java
public class Test {
  private static int i = 0;
  private static int j = 0;

  public static void main(String[] args) {
    int i = 2;
    int k = 3;

    {
      int j = 3;
```

```
      System.out.println("i + j is " + i + j);
    }

    k = i + j;
    System.out.println("k is " + k);
    System.out.println("j is " + j);
  }
}
```

9.14 this 引用

要点提示：关键字 this 引用对象自身。它也可以在构造方法中用于调用同一个类的其他构造方法。

当调用对象上的实例方法时，关键字 this 被设为该对象。你可以在类中使用 this 关键字引用对象的实例成员。例如，下面图 a 中的代码使用 this 来显式引用对象的 radius 并调用其 getArea() 方法。一些教师更愿意在代码中显式使用 this 关键字，因为它清晰地区分了实例变量和局部变量。然而，为简洁起见，通常省略 this 引用，如图 b 所示。不过，在引用被方法或者构造方法的参数所隐藏的数据域，以及调用重载的构造方法时，this 引用是必需的。

```
public class Circle {
  private double radius;

  ...

  public double getArea() {
    return this.radius * this.radius
      * Math.PI;
  }

  public String toString() {
    return "radius: " + this.radius
      + "area: " + this.getArea();
  }
}
```
a)

等价于

```
public class Circle {
  private double radius;

  ...

  public double getArea() {
    return radius * radius * Math.PI;
      * Math.PI;
  }

  public String toString() {
    return "radius: " + radius
      + "area: " + getArea();
  }
}
```
b)

9.14.1 使用 this 引用数据域

使用数据域作为设置方法或者构造方法的参数名称是一个好方法，这样可以使得代码易于阅读，并且可以避免创建不必要的名字。在这种情形下，需要使用 this 关键字在设置方法中引用数据域。例如，setRadius 方法可以如下图 a 中的实现，图 b 中的实现是错误的。

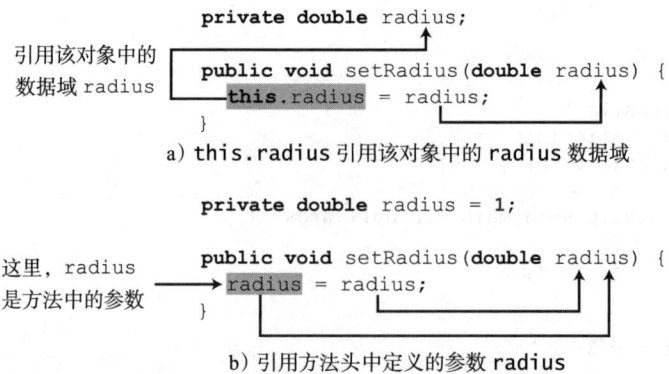

数据域 radius 被设置方法中的参数 radius 所隐藏。需要采用 this.radius 这样的语法来引用方法中的数据域名字。隐藏的静态变量可以简单地通过 ClassName.staticVariable 引用。隐藏的实例变量可以使用关键字 this 来访问，如图 9-21a 所示。

关键字 this 提供了一种引用调用实例方法的对象的途径。调用 f1.setI(10) 时，执行了 this.i=i，这将参数 i 的值赋给调用对象 f1 的数据域 i。关键字 this 是 f1 的别名，如图 9-21b 所示。F.k=k 意味着将参数 k 的值赋给这个类的静态数据域 k，而 k 是被类的所有对象所共享。

```
public class F {
  private int i = 5;
  private static double k = 0;

  public void setI(int i) {
    this.i = i;
  }

  public static
      void setK(double k) {
    F.k = k;
  }
  // other methods omitted
}
```
a)

假设 f1 和 f2 为 F 的两个对象，创建过程如下：

`F f1 = new F();`
`F f2 = new F();`

调用 `f1.setI(10)` 就是执行 `this.i = 10`，这里 this 是 f1 的别名

调用 `f2.setI(45)` 就是执行 `this.i = 45`，这里 this 是 f2 的别名

调用 `f2.setK(33)` 就是执行 `F.k = 33`，.setK 是静态方法

b)

图 9-21　关键字 this 引用调用方法的对象

9.14.2　使用 this 调用构造方法

关键字 this 可以用于调用同一个类的另一个构造方法。例如，可以如下重写 Circle 类：

```
public class Circle {
  private double radius;
  public Circle(double radius) {
    this.radius = radius;
  }          ⬅ this 关键字用于引用正在被构建的对象
             的数据域 radius

  public Circle() {
    this(1.0);
  }          ⬅ this 关键字用于调用另外一个构造方法
  ...
}
```

在第二个构造方法中，this(1.0) 这一行语句使用一个 double 参数调用第一个构造方法。

> **注意**：Java 要求，在构造方法中语句 this(arg-list) 应在任何其他可执行语句之前出现。

> **提示**：如果一个类有多个构造方法，最好尽可能使用 this(arg-list) 来实现它们。通常，无参数或参数少的构造方法可以用 this(arg-list) 调用参数较多的构造方法。这样做通常可以简化代码，使类易于阅读和维护。

复习题

9.14.1 描述 this 关键字的角色。

9.14.2 下面代码中哪里有错误?

```
1  public class C {
2    private int p;
3
4    public C() {
5      System.out.println("C's no-arg constructor invoked");
6      this(0);
7    }
8
9    public C(int p) {
10     p = p;
11   }
12
13   public void setP(int p) {
14     p = p;
15   }
16 }
```

9.14.3 下面代码中哪里有错误?

```
public class Test {
  private int id;

  public void m1() {
    this.id = 45;
  }
  public void m2() {
    Test.id = 45;
  }
}
```

关键术语

accessor（访问器）
action（动作）
anonymous object（匿名对象）
attribute（属性）
behavior（行为）
class（类）
class's variable（类变量）
client（客户）
constructor（构造方法）
date field（数据域）
data field encapsulation（数据域封装）
default constructor（默认构造方法）
dot operator (.)（点操作符）
getter（获取方法）
immutable class（不可变类）
immutable object（不可变对象）
instance（实例）

instance method（实例方法）
instance variable（实例变量）
instantiation（实例化）
no-arg constructor（无参构造方法）
null value（空值）
object（对象）
object-oriented programming（OOP，面向对象程序设计）
package-private（or package-access）（包私有（或包访问））
private constructor（私有的构造方法）
property（属性）
public class（公共类）
reference type（引用类型）
reference variable（引用变量）
setter（or mutator）（设置方法（修改器））
state（状态）

static method（静态方法）
static variable（静态变量）
this keyword（this 关键字）

Unified Modeling Language（UML，统一建模语言）

本章小结

1. 类是对象的模板。它定义对象的属性，并提供用于创建对象的构造方法以及操作对象的普通方法。
2. 类也是一种数据类型。可以用它来声明对象引用变量。对象引用变量中看似存放了一个对象，但事实上它存放的只是对该对象的引用。严格地讲，对象引用变量和对象是不同的，但是大多数情况下，它们的区别是可以忽略的。
3. 对象是类的实例。可以使用 new 操作符创建对象，使用点操作符（.）通过对象的引用变量来访问该对象的成员。
4. 实例变量或方法属于类的一个实例，其使用与各个实例相关联。静态变量被同一个类的所有实例所共享。可以在不使用实例的情况下调用静态方法。
5. 类的每个实例都能访问这个类的静态变量和静态方法。然而，为清晰起见，最好使用"ClassName.variable（类名.变量）"和"ClassName.method（类名.方法）"来调用静态变量和静态方法。
6. 可见性修饰符指定类、方法和数据是如何访问的。public 类、方法或数据可以被任何客户程序访问，private 方法或数据只能在本类中访问。
7. 可以提供获取（访问器）方法或者设置（修改器）方法使客户程序能够看到或修改数据。
8. 获取方法的签名为 public returnType getPropertyName()。如果返回值类型（returnType）是 boolean 型，则获取方法应该定义为 public boolean isPropertyName()。设置方法的签名为 public void setPropertyName(dataType propertyValue)。
9. 所有参数都是以按值传递的方式传递给方法的。对于基本类型的参数，传递的是实际值；而对于引用数据类型的参数，则传递的是对象的引用。
10. Java 数组是一个可以包含基本类型值或对象类型值的对象。在创建一个对象数组时，其元素被赋予默认值 null。
11. 一旦被创建，不可变对象（immutable object）就不能被改变了。为了防止用户修改对象，可以定义该对象为不可变类。
12. 实例变量和静态变量的作用域是整个类，无论该变量在什么位置定义。实例变量和静态变量可以在类中的任何位置定义。为一致性考虑，在本书中它们都在类的开始部分定义。
13. this 关键字可用于引用调用对象。它也可以用于在构造方法中调用同一个类的另一个构造方法。

测试题

在线回答配套网站上的本章测试题。

编程练习题

教学提示：第 9～13 章的练习题帮助你实现下面三个目标：
- 设计类并画出 UML 类图。
- 根据 UML 实现类。
- 使用类开发应用程序。

学生可以从配套网站上下载偶数题号练习题的 UML 图答案，教师可以从同一个网站下载所有答案。

从 9.7 节开始，除非特别指明，否则所有的数据域都应该定义为私有的，并且所有的构造方法和普通方法都应该定义为公共的。

9.2～9.5 节

9.1 （Rectangle 类）按照 9.2 节中 Circle 类的例子，设计一个名为 Rectangle 的类来表示矩形。这个类包括：
- 两个名为 width 和 height 的 double 类型数据域，它们分别表示矩形的宽和高。width 和 height 的默认值都为 1。
- 一个用于创建默认矩形的无参构造方法。
- 一个创建指定 width 和 height 值的矩形的构造方法。
- 一个名为 getArea() 的方法，返回该矩形的面积。
- 一个名为 getPerimeter() 的方法，返回周长。

  画出该类的 UML 图并实现这个类。编写测试程序，创建两个 Rectangle 对象——一个矩形对象的宽为 4 而高为 40，另一个矩形对象的宽为 3.5 而高为 35.9。按照顺序显示每个矩形的宽、高、面积和周长。

9.2 （Stock 类）按照 9.2 节中 Circle 类的例子，设计一个名为 Stock 的类。这个类包括：
- 一个名为 symbol 的字符串数据域表示股票代码。
- 一个名为 name 的字符串数据域表示股票名字。
- 一个名为 previousClosingPrice 的 double 类型数据域，它存储前一天的股票值。
- 一个名为 currentPrice 的 double 类型数据域，它存储当前的股票值。
- 一个创建一只有特定代码和名字的股票的构造方法。
- 一个名为 getChangePercent() 的方法，返回从 previousClosingPrice 到 currentPrice 变化的百分比。

  画出该类的 UML 图并实现这个类。编写测试程序，创建一个 Stock 对象，其股票代码是 ORCL，股票名字为 Oracle Corporation，前一日收盘价是 34.5。设置新的当前价格为 34.35，然后显示市值变化的百分比。

9.6 节

*9.3 （使用 Date 类）编写程序创建一个 Date 对象，设置它的流逝时间分别为 10000、100000、1000000、10000000、100000000、1000000000、10000000000、100000000000，然后使用 toString() 方法分别显示日期和时间。

*9.4 （使用 Random 类）编写程序，创建一个种子为 1000 的 Random 对象，然后使用 nextInt(100) 方法显示 0 到 100 之间前 50 个随机整数。

*9.5 （使用 GregorianCalendar 类）Java API 中有一个位于 java.util 包中的类 GregorianCalendar，可以使用它获得某个日期的年份、月份和日期。它的无参构造方法构建一个当前日期的实例，get(GregorianCalendar.YEAR)、get(GregorianCalendar.MONTH) 和 get(GregorianCalendar.DAY_OF_MONTH) 方法返回年份、月份和日期。编写程序执行两个任务：
- 显示当前的年份、月份和日期。
- GregorianCalendar 类有 setTimeInMillis(long) 方法，可以用于设置从 1970 年 1 月 1 日算起的一个指定流逝时间值。将这个值设置为 1234567898765L，然后显示对应的年份、月份和日期。

9.7～9.9 节

*9.6 （秒表）设计一个名为 StopWatch 的类，包含：
- 具有设置方法的私有数据域 startTime 和 endTime。
- 一个无参构造方法，使用当前时间来初始化 startTime。
- 一个名为 start() 的方法，将 startTime 重设为当前时间。
- 一个名为 stop() 的方法，将 endTime 设置为当前时间。

- 一个名为 getElapsedTime() 的方法，返回秒表记录的以毫秒为单位的流逝时间。

画出该类的 UML 图并实现这个类。编写测试程序，测量使用选择排序对 100 000 个数字进行排序的执行时间。

9.7 （Account 类）设计一个名为 Account 的类，包含：
- 为账号定义一个名为 id 的 int 类型的私有数据域（默认值为 0）标识账号。
- 为账号定义一个名为 balance 的 double 类型私有数据域（默认值为 0）表示余额。
- 一个名为 annualInterestRate 的 double 类型私有数据域存储当前利率（默认值为 0）。假设所有的账户都有相同的利率。
- 一个名为 dateCreated 的 Date 类型的私有数据域，存储账户的开户日期。
- 一个用于创建默认账户的无参构造方法。
- 一个用于创建具有指定 id 和初始余额的账户的构造方法。
- id、balance 和 annualInterstRate 的访问器方法和修改器方法。
- dateCreated 的访问器方法。
- 一个名为 getMonthlyInterestRate() 的方法，返回月利率。
- 一个名为 getMonthlyInterest() 的方法，返回月利息。
- 一个名为 withDraw 的方法，从账户提取指定额度。
- 一个名为 deposit 的方法向账户存储指定额度。

画出该类的 UML 图并实现这个类。提示：方法 getMonthlyInterest() 用于返回月利息，而不是利率。月利息是 balance*monthlyInterestRate。monthlyInterestRate 是 annualInterestRate/12。注意，annualInterestRate 是一个百分数，比如 4.5%。你需要将其除以 100。

编写测试程序，创建一个账户 ID 为 1122、余额为 20 000 美元、年利率为 4.5% 的 Account 对象。使用 withdraw 方法取款 2500 美元，使用 deposit 方法存款 3000 美元，然后打印余额、月利息以及这个账户的开户日期。

9.8 （Fan 类）设计一个名为 Fan 的类来表示风扇。这个类包含：
- 三个名为 SLOW、MEDIUM 和 FAST 而值为 1、2 和 3 的常量，表示风扇的速度。
- 一个名为 speed 的 int 类型私有数据域，表示风扇的速度（默认值为 SLOW）。
- 一个名为 on 的 boolean 类型私有数据域，表示风扇是否打开（默认值为 false）。
- 一个名为 radius 的 double 类型私有数据域，表示风扇的半径（默认值为 5）。
- 一个名为 color 的字符串类型数据域，表示风扇的颜色（默认值为 blue）。
- 这四个数据域的访问器和修改器方法。
- 一个创建默认风扇的无参构造方法。
- 一个名为 toString() 的方法返回描述风扇的字符串。如果风扇是打开的，那么该方法返回风扇的速度、颜色和半径组合而成的字符串。如果风扇没有打开，该方法就会返回一个由"fan is off"和风扇颜色及半径组合成的字符串。

画出该类的 UML 图并实现这个类。编写测试程序，创建两个 Fan 对象。将第一个对象设置为最大速度、半径为 10、颜色为 yellow、状态为打开。将第二个对象设置为中等速度、半径为 5、颜色为 blue、状态为关闭。通过调用它们的 toString 方法显示这些对象。

**9.9 （几何：正 n 边形）在一个正 n 边形中，所有边的长度都相同，且所有角的度数都相同（即这个多边形是等边等角的）。设计一个名为 RegularPolygon 的类，该类包括：
- 一个名为 n 的 int 类型私有数据域，定义多边形的边数，默认值为 3。
- 一个名为 side 的 double 类型私有数据域，存储边的长度，默认值为 1。
- 一个名为 x 的 double 类型私有数据域，定义多边形中心点的 x 坐标，默认值为 0。
- 一个名为 y 的 double 类型私有数据域，定义多边形中心点的 y 坐标，默认值为 0。

- 一个创建具有默认值的正多边形的无参构造方法。
- 一个创建具有指定边数和边长、中心位于 (0,0) 的正多边形的构造方法。
- 一个创建具有指定边数和边长、中心位于 (x,y) 的正多边形的构造方法。
- 所有数据域的访问器和修改器。
- 一个返回多边形周长的方法 getPerimeter()。
- 一个返回多边形面积的方法 getArea()。计算正多边形面积的公式是：

$$面积 = \frac{n \times s^2}{4 \times \tan\left(\dfrac{\pi}{n}\right)}$$

画出该类的 UML 图并实现这个类。编写测试程序，分别使用无参构造方法、RegularPolygon(6,4) 和 RegularPolygon(10,4,5.6,7.8) 创建三个 RegularPolygon 对象。显示每个对象的周长和面积。

*9.10 （代数：二次方程式）为二次方程式 $ax^2+bx+c=0$ 设计一个名为 QuadraticEquation 的类。这个类包括：
- 代表三个系数的私有数据域 a、b 和 c。
- 一个参数为 a、b 和 c 的构造方法。
- a、b、c 的三个获取方法。
- 一个名为 getDiscriminant() 的方法返回判别式 $b^2 - 4ac$。
- 名为 getRoot1() 和 getRoot2() 的方法返回等式的两个根：

$$r_1 = \frac{-b+\sqrt{b^2-4ac}}{2a} \quad 和 \quad r_2 = \frac{-b-\sqrt{b^2-4ac}}{2a}$$

这些方法只有在判别式为非负时才有用。如果判别式为负，这些方法返回 0。

画出该类的 UML 图并实现这个类。编写测试程序，提示用户输入 a、b 和 c 的值，然后显示判别式的结果。如果判别式为正数，显示两个根；如果判别式为 0，显示一个根；否则，显示 "The equation has no roots."。参见编程练习题 3.1 的运行示例。

*9.11 （代数：2×2 线性方程）为一个 2×2 的线性方程设计一个名为 LinearEquation 的类：

$$\begin{array}{l} ax+by=e \\ cx+dy=f \end{array} \quad x=\frac{ed-bf}{ad-bc} \quad y=\frac{af-ec}{ad-bc}$$

这个类包括：
- 私有数据域 a、b、c、d、e 和 f。
- 一个参数为 a、b、c、d、e、f 的构造方法。
- a、b、c、d、e、f 的六个获取方法。
- 一个名为 isSolvable() 的方法，如果 $ad-bc$ 不为 0 则返回 true。
- 方法 getX() 和 getY() 返回这个方程的解。

画出该类的 UML 图并实现这个类。编写测试程序，提示用户输入 a、b、c、d、e、f 的值，然后显示结果。如果 $ad-bc$ 为 0，就报告 "The equation has no solution."。参见编程练习题 3.3 的运行示例。

**9.12 （几何：交点）假设两条线段相交。第一条线段的两个端点是 (x1, y1) 和 (x2, y2)，第二条线段的两个端点是 (x3, y3) 和 (x4, y4)。编写程序，提示用户输入这四个端点，然后显示它们的交点。如编程练习题 3.25 所讨论的，可以通过对一个线性方程求解来得到交点。使用编程练习题 9.11 中的 LinearEquation 类来求解该方程。参见编程练习题 3.25 的运行示例。

**9.13 （Location 类）设计一个名为 Location 的类，定位二维数组中的最大值及其位置。这个类包括公共的数据域 row、column 和 maxValue，存储二维数组中的最大值及其下标。row 和 column

为 int 类型，maxValue 为 double 类型。

编写下面的方法，返回一个二维数组中最大值的位置。

public static Location locateLargest(**double**[][] a)

返回值是一个 Location 的实例。编写测试程序，提示用户输入一个二维数组，然后显示这个数组中最大元素的位置。下面是一个运行示例：

```
Enter the number of rows and columns in the array: 3 4 ↵Enter
Enter the array:
23.5 35 2 10  ↵Enter
4.5 3 45 3.5  ↵Enter
35 44 5.5 9.6 ↵Enter
The location of the largest element is 45 at (1, 2)
```

第 10 章

Introduction to Java Programming and Data Structures, Comprehensive Version, Twelfth Edition

面 向 对 象

教学目标
- 应用类抽象来开发软件（10.2 节）。
- 探讨面向过程范式和面向对象范式的不同之处（10.3 节）。
- 发现类之间的关系（10.4 节）。
- 使用面向对象范式设计程序（10.5 和 10.6 节）。
- 使用包装类（`Byte`、`Short`、`Integer`、`Long`、`Float`、`Double`、`Character` 以及 `Boolean`）为基本类型值创建对象（10.7 节）。
- 使用基本类型与包装类类型之间的自动转化来简化程序设计（10.8 节）。
- 使用 `BigInteger` 和 `BigDecimal` 类计算任意精度的大数字（10.9 节）。
- 使用 `String` 类处理不可变的字符串（10.10 节）。
- 使用 `StringBuilder` 类和 `StringBuffer` 类来处理可变的字符串（10.11 节）。

10.1 引言

要点提示：本章聚焦于类的设计，以及探讨面向过程编程和面向对象编程的不同。

前面章节介绍了对象和类。我们也学习了如何定义类、创建对象以及使用对象。本书的做法是在教授面向对象程序设计之前，先讲述问题求解和基本程序设计技术。本章将给出面向过程和面向对象程序设计的不同之处。你将会看到面向对象程序设计的优点，并学习如何有效地使用它。

这里，我们聚焦在类的设计上。我们将使用几个例子来诠释面向对象方法的优点。这些例子包括如何在应用程序中设计新的类，如何使用这些类，以及介绍一些新的 Java API 类。

10.2 类的抽象和封装

要点提示：类的抽象是指将类的实现和使用分离，实现的细节被封装并且对用户隐藏，这被称为类的封装。

在第 6 章中已经学习了方法的抽象以及如何在逐步求精中使用它。Java 提供了多层次的抽象。类抽象（class abstraction）是将类的实现和使用分离。类的创建者描述其功能，让使用者明白如何使用类。从类外可以访问的公共构造方法、普通方法和数据域的集合以及对这些成员预期行为的描述，构成了类的合约（class's contract）。如图 10-1 所示，类的使用者不需要知道类是如何实现的。实现的细节通过封装对用户隐藏起来，这称为类的封装（class encapsulation）。例如，可以创建一个 `Circle` 对象，并在不知道面积是如何计算的情况下，求出这个圆的面积。由于以上原因，类也称为抽象数据类型（Abstract Data Type，ADT）。

类抽象和封装是一个问题的两个方面。现实生活中的许多例子都可以说明类抽象的概念，例如，考虑建立一个计算机系统。个人计算机有很多组件——CPU、内存、磁盘、主板和风扇等。每个组件都可以被看作一个有属性和方法的对象。要使各个组件一起工作，只需要知道每个组件是怎么用的以及是如何与其他组件进行交互的，而无须了解这些组件内部是如何工作的。内部功能的实现被封装起来，对你是隐藏的。所以，你不需要了解每个组件的功能是如何实现的，就可以组装一台计算机。

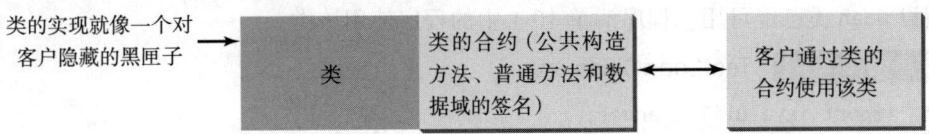

图 10-1 类抽象将类的实现与类的使用分离

和计算机系统的这种类比准确地反映了面向对象方法。每个组件都可以看成组件类的对象。例如，你可能已经建立了一个类，模拟计算机上各种类型的风扇，它具有风扇尺寸和速度等属性，以及像打开和停止这样的方法。一个具体的风扇就是该类具有特定属性值的实例。

将得到一笔贷款作为另一个例子。一笔具体的贷款可以看作贷款类 Loan 的一个对象，利率、贷款额以及还贷周期都是它的数据属性，计算每月偿还额和总偿还额是它的方法。当你购买一辆汽车时，就用贷款利率、贷款额和还贷周期实例化这个类，创建一个贷款对象。然后，就可以使用这些方法计算贷款的月偿还额和总偿还额。作为一个贷款类 Loan 的使用者，是不需要知道这些方法是如何实现的。

程序清单 2-9 给出了计算贷款偿还金额的程序。这个程序不能在其他程序中重用，因为计算支付的代码放在 main 方法中。解决这个问题的一种方式是定义计算月偿还额和总偿还额的静态方法。但是，这个解决方案是有局限性的。假设希望将一个日期和这个贷款联系起来。如果不使用对象的话，没有一个好的办法可以将一个日期和贷款联系起来。传统的面向过程式编程是动作驱动的，数据和动作是分离的。面向对象编程的范式重点在于对象，动作和数据一起定义在对象中。为了将日期和贷款联系起来，可以定义一个贷款类，将日期和贷款的其他属性一起作为数据域。现在，贷款对象包含数据以及操作和处理数据的动作，贷款数据和动作集成在了一个对象中。图 10-2 给出了 Loan 类的 UML 类图。

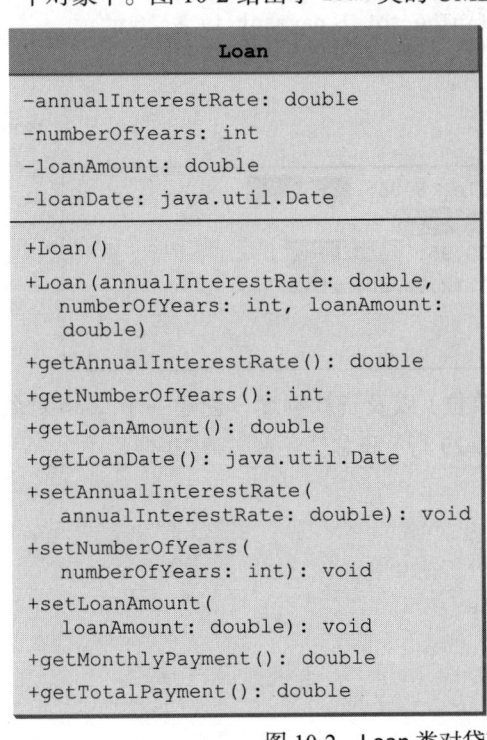

图 10-2 Loan 类对贷款的属性和行为建模

将图 10-2 的 UML 图看作 Loan 类的合约。贯穿本书，你将扮演两个角色：类的用户和类的开发者。记住用户可以在不知道类是如何实现的情况下使用类。

假设 Loan 类已经可用。程序清单 10-1 中的程序使用该类。

程序清单 10-1 TestLoanClass.java

```java
import java.util.Scanner;

public class TestLoanClass {
  /** Main method */
  public static void main(String[] args) {
    // Create a Scanner
    Scanner input = new Scanner(System.in);

    // Enter annual interest rate
    System.out.print(
      "Enter annual interest rate, for example, 8.25: ");
    double annualInterestRate = input.nextDouble();

    // Enter number of years
    System.out.print("Enter number of years as an integer: ");
    int numberOfYears = input.nextInt();

    // Enter loan amount
    System.out.print("Enter loan amount, for example, 120000.95: ");
    double loanAmount = input.nextDouble();

    // Create a Loan object
    Loan loan =
      new Loan(annualInterestRate, numberOfYears, loanAmount);

    // Display loan date, monthly payment, and total payment
    System.out.printf("The loan was created on %s\n" +
      "The monthly payment is %.2f\nThe total payment is %.2f\n",
      loan.getLoanDate().toString(), loan.getMonthlyPayment(),
      loan.getTotalPayment());
  }
}
```

```
Enter annual interest rate, for example, 8.25: 2.5 ↵Enter
Enter number of years as an integer: 5 ↵Enter
Enter loan amount, for example, 120000.95: 1000 ↵Enter
The loan was created on Sat Jun 16 21:12:50 EDT 2012
The monthly payment is 17.75
The total payment is 1064.84
```

main 方法读取利率和还贷周期（以年为单位）以及贷款额度，创建一个 Loan 对象，然后使用 Loan 类中的实例方法获取月偿还额（第 29 行）和总偿还额（第 30 行）。

Loan 类可以如程序清单 10-2 实现。

程序清单 10-2 Loan.java

```java
public class Loan {
  private double annualInterestRate;
  private int numberOfYears;
  private double loanAmount;
  private java.util.Date loanDate;

```

```java
  7      /** Default constructor */
  8      public Loan() {
  9        this(2.5, 1, 1000);
 10      }
 11
 12      /** Construct a loan with specified annual interest rate,
 13          number of years, and loan amount
 14       */
 15      public Loan(double annualInterestRate, int numberOfYears,
 16          double loanAmount) {
 17        this.annualInterestRate = annualInterestRate;
 18        this.numberOfYears = numberOfYears;
 19        this.loanAmount = loanAmount;
 20        loanDate = new java.util.Date();
 21      }
 22
 23      /** Return annualInterestRate */
 24      public double getAnnualInterestRate() {
 25        return annualInterestRate;
 26      }
 27
 28      /** Set a new annualInterestRate */
 29      public void setAnnualInterestRate(double annualInterestRate) {
 30        this.annualInterestRate = annualInterestRate;
 31      }
 32
 33      /** Return numberOfYears */
 34      public int getNumberOfYears() {
 35        return numberOfYears;
 36      }
 37
 38      /** Set a new numberOfYears */
 39      public void setNumberOfYears(int numberOfYears) {
 40        this.numberOfYears = numberOfYears;
 41      }
 42
 43      /** Return loanAmount */
 44      public double getLoanAmount() {
 45        return loanAmount;
 46      }
 47
 48      /** Set a new loanAmount */
 49      public void setLoanAmount(double loanAmount) {
 50        this.loanAmount = loanAmount;
 51      }
 52
 53      /** Find monthly payment */
 54      public double getMonthlyPayment() {
 55        double monthlyInterestRate = annualInterestRate / 1200;
 56        double monthlyPayment = loanAmount * monthlyInterestRate / (1 -
 57          (1 / Math.pow(1 + monthlyInterestRate, numberOfYears * 12)));
 58        return monthlyPayment;
 59      }
 60
 61      /** Find total payment */
 62      public double getTotalPayment() {
 63        double totalPayment = getMonthlyPayment() * numberOfYears * 12;
 64        return totalPayment;
 65      }
 66
 67      /** Return loan date */
 68      public java.util.Date getLoanDate() {
```

```
69        return loanDate;
70    }
71 }
```

从类开发者的角度来看,设计类是为了让很多不同的用户可以使用。为了在更大的应用范围内使用类,类应该支持通过构造方法、属性和方法提供各种方式的定制。

Loan 类包含两个构造方法、四个获取方法、三个设置方法,以及求月偿还金额和总偿还金额的方法。可以通过使用无参构造方法或者带三个参数(年利率、年数和贷款额)的构造方法来构造一个 Loan 对象。当创建一个贷款对象时,它的日期存储在 loanDate 域中,getLoanDate 方法返回日期。方法 getAnnualInterest、getNumberOfYears 和 getLoanAmount 分别返回年利率、还款年数以及贷款总额。这个类的所有数据属性和方法都关联到 Loan 类的某个特定实例上。因此,它们都是实例变量和实例方法。

> **重要教学提示**:Loan 类的 UML 图如图 10-2 所示,利用该图编写使用 Loan 类的测试程序,即使不知道这个 Loan 类是如何实现的。这有三个优点:

1)这展示了开发类和使用类是两个不同的任务。
2)能使你跳过某个类的复杂实现,而不打乱整本书的顺序。
3)如果你通过使用它熟悉了该类,那么将更容易学会如何实现这个类。

从现在开始的所有例子,在将注意力放在它的实现上之前,你都可以先在这个类中创建一个对象,并且尝试使用它的方法。

复习题

10.2.1 如果重新定义程序清单 10-2 中的 Loan 类,去掉其中的设置方法,这个类是不可变的吗?

10.3 面向对象思想

> **要点提示**:面向过程的范式重点在于设计方法。面向对象的范式将数据和方法耦合在一起构成对象。使用面向对象范式的软件设计重点在对象以及对象上的操作。

第 1~8 章介绍使用循环、方法和数组来解决问题的基本编程技术。这些技术的学习为面向对象程序设计打下了坚实的基础。类为构建可重用软件提供了更好的灵活性和模块化。本节使用面向对象方法来改进第 3 章中介绍的一个问题的解决方案。在这个改进的过程中,可以洞察面向过程程序设计和面向对象程序设计的不同,也可以看到使用对象和类来开发可重用代码的优势。

程序清单 3-4 给出了计算体重指数(BMI)的程序。因为它的代码在 main 方法中,所以不能在其他程序中重用。为使之具有可重用性,可以定义一个静态方法计算体重指数,如下所示:

public static double getBMI(**double** weight, **double** height)

这个方法对于计算给定体重和身高的体重指数是有用的,但它是有局限性的。假设需要将体重和身高同这个人的名字与出生日期相关联,虽然可以分别声明几个变量来存储这些值,但是这些值不是紧密耦合在一起的。将它们耦合在一起的理想方法就是创建一个将它们全部包含的对象。因为这些值都被绑定到各个对象上,所以它们应该存储在实例数据域中。可以定义一个名为 BMI 的类,如图 10-3 所示。

假设 BMI 类是可用的。程序清单 10-3 给出使用这个类的测试程序。

程序清单 10-3 UseBMIClass.java

```java
1  public class UseBMIClass {
2    public static void main(String[] args) {
3      BMI bmi1 = new BMI("Kim Yang", 18, 145, 70);
4      System.out.println("The BMI for " + bmi1.getName() + " is "
5        + bmi1.getBMI() + " " + bmi1.getStatus());
6
7      BMI bmi2 = new BMI("Susan King", 215, 70);
8      System.out.println("The BMI for " + bmi2.getName() + " is "
9        + bmi2.getBMI() + " " + bmi2.getStatus());
10   }
11 }
```

```
The BMI for Kim Yang is 20.81 Normal
The BMI for Susan King is 30.85 Obese
```

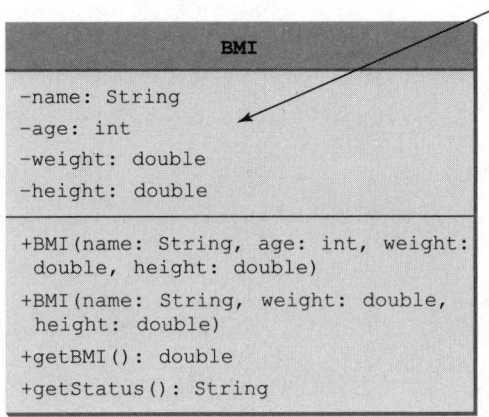

图 10-3 BMI 类封装 BMI 信息

第 3 行为 Kim Yang 创建一个对象 bmi1,第 7 行为 Susan King 创建一个对象 bmi2。可以使用实例方法 getName()、getBMI() 和 getStatus() 返回一个 BMI 对象中的 BMI 信息。

BMI 类的实现见程序清单 10-4。

程序清单 10-4 BMI.java

```java
1  public class BMI {
2    private String name;
3    private int age;
4    private double weight; // in pounds
5    private double height; // in inches
6    public static final double KILOGRAMS_PER_POUND = 0.45359237;
7    public static final double METERS_PER_INCH = 0.0254;
8
9    public BMI(String name, int age, double weight, double height) {
10     this.name = name;
11     this.age = age;
12     this.weight = weight;
13     this.height = height;
14   }
15
```

```java
16    public BMI(String name, double weight, double height) {
17      this(name, 20, weight, height);
18    }
19
20    public double getBMI() {
21      double bmi = weight * KILOGRAMS_PER_POUND /
22        ((height * METERS_PER_INCH) * (height * METERS_PER_INCH));
23      return Math.round(bmi * 100) / 100.0;
24    }
25
26    public String getStatus() {
27      double bmi = getBMI();
28      if (bmi < 18.5)
29        return "Underweight";
30      else if (bmi < 25)
31        return "Normal";
32      else if (bmi < 30)
33        return "Overweight";
34      else
35        return "Obese";
36    }
37
38    public String getName() {
39      return name;
40    }
41
42    public int getAge() {
43      return age;
44    }
45
46    public double getWeight() {
47      return weight;
48    }
49
50    public double getHeight() {
51      return height;
52    }
53  }
```

使用体重和身高来计算 BMI 的数学公式已经在 3.8 节中给出。实例方法 getBMI() 返回 BMI。因为体重和身高是对象的实例数据域，getBMI() 方法可以使用这些属性来计算对象的 BMI 值。

实例方法 getStatus() 返回解释 BMI 的字符串。这个解释也已经在 3.8 节中给出。

这个例子演示了面向对象范式比面向过程范式有优势的地方。面向过程范式重在设计方法。面向对象范式将数据和方法都结合在对象中。使用面向对象范式的软件设计重在对象和对象上的操作。面向对象方法结合了面向过程范式的功能，并添加了一个维度，将数据和操作集成在对象中。

在面向过程程序设计中，数据和数据上的操作是分离的，而且这种做法要求传递数据给方法。面向对象程序设计将数据和对它们的操作都放在一个对象中。这个方法解决了很多面向过程程序设计的固有问题。面向对象程序设计方法以一种反映真实世界的方式组织程序，真实世界中所有的对象都和属性及动作相关联。使用对象提高了软件的可重用性，并且使程序更易于开发和维护。Java 程序设计涉及以对象来思考，可将 Java 程序看作一个相互操作的对象集合。

复习题

10.3.1 程序清单 10-4 中的 BMI 类是不可变的吗?

10.4 类的关系

要点提示：为了设计类，需要探究类之间的关系。类之间的关系通常有关联、聚合、组合以及继承。

本节探讨关联、聚合以及组合关系。继承关系将在下一章中介绍。

10.4.1 关联

关联是一种常见的二元关系，描述两个类之间的活动。例如，学生选取课程是 Student 类和 Course 类之间的一种关联，而教师教授课程是 Faculty 类和 Course 类之间的关联。这些关联可以使用 UML 图形标识来表达，如图 10-4 所示。

图 10-4 该 UML 图显示学生可以选择任意数量的课程，教师最多可以教授 3 门课程，每门课程可以有 5 到 60 个学生选课，并且每门课程只由一位教师来教授

关联由两个类之间的实线表示，可以有一个可选的标签描述关系。图 10-4 中，标签是 Take 和 Teach。每个关系可以有一个可选的小的黑色三角形表明关系的方向。在该图中，→ 表明学生选取课程（而不是反过来的课程选取学生）。

关系中涉及的每个类可以有一个角色名称，描述类在该关系中担当的角色。图 10-4 中，Teacher 是 Faculty 的角色名。

关联中涉及的每个类可以给定一个多重性（multiplicity），置于类的边上用于给定 UML 图中关系所涉及的该类对象的数目。多重性可以是一个数字或者一个区间，决定在关系中涉及该类对象的数目。字符 * 意味着无数多个对象，而 m..n 表示对象数位于 m 和 n 之间，并且包括 m 和 n。图 10-4 中，每个学生可以选取任意数量的课程数，每门课程可以有至少 5 个最多 60 个学生。每门课程只由一位教师教授，并且每位教师每学期可以教授 0 到 3 门课程。

在 Java 代码中，可以通过使用数据域以及方法来实现关联。例如，图 10-4 中的关系可以使用图 10-5 中的类来实现。"一个学生选取一门课程"关系使用 Student 类中的 addCourse 方法和 Course 类中的 addStudent 方法实现。关系"一位教师教授一门课程"使用 Faculty 类中的 addCourse 方法和 Course 类中的 setFaculty 方法实现。Student 类可以使用一个列表来存储学生选取的课程，Faculty 类可以使用一个列表来存储教师教授的课程，Course 类可以使用一个列表来存储在课程中登记的学生以及一个数据域来存储教授该课程的教师。

注意：可以有很多种可能的方法来实现关系。例如，Course 类中的学生和教师信息可以省略，因为它们已经在 Student 和 Faculty 类中了。同样，如果不需要知道一个学生选取的课程或者教师教授的课程，Student 或者 Faculty 类中的数据域 courseList 和方法 addCourse 也可以省略。

```
public class Student {
  private Course[]
    courseList;

  public void addCourse(
    Course c) { ... }
}
```

```
public class Course {
  private Student[]
    classList;
  private Faculty faculty;

  public void addStudent(
    Student s) { ... }

  public void setFaculty(
    Faculty faculty) { ... }
}
```

```
public class Faculty {
  private Course[]
    courseList;

  public void addCourse(
    Course c) { ... }
}
```

图 10-5 使用类中的数据域和方法来实现关联关系

10.4.2 聚集和组合

聚集是关联的一种特殊形式，代表了两个对象之间的归属关系。聚集对 has-a 关系进行建模。所有者对象称为聚集对象，它的类称为聚集类。而从属对象称为被聚集对象，它的类称为被聚集类。

如果被聚集对象的存在依赖于聚集对象，我们称这两个对象之间的关系为组合（composition）。换句话说，被聚集对象不能单独存在。例如："一个学生有一个名字"就是学生类 Student 与名字类 Name 之间的一个组合关系，因为 Name 依赖于 Student；而"一个学生有一个地址"是学生类 Student 与地址类 Address 之间的一个聚集关系，因为一个地址自身可以单独存在。组合暗示了独占性的拥有。一个对象拥有另外一个对象。当拥有者对象销毁了，依赖对象也会销毁。在 UML 中，附加在聚集类（在本例中为 Student）上的实心菱形表示它和被聚集类（例如：Name）之间具有组合关系；而附加在聚集类（Student）上的空心菱形表示它与被聚集类（Address）之间具有聚集关系，如图 10-6 所示。

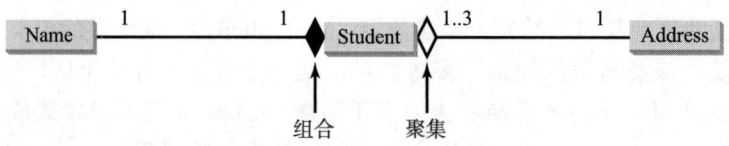

图 10-6 每个学生有一个名字和一个地址

在图 10-6 中，每个学生只能有一个地址，而每个地址最多可以被 3 个学生共享。每个学生都有一个名字，而每个学生的名字都是唯一的。

聚集关系通常被表示为聚集类中的一个数据域。例如，图 10-6 中的关系可以使用图 10-7 中的类来实现。关系"一个学生拥有一个名字"以及"一个学生有一个地址"在 Student 类中的数据域 name 和 address 中实现。

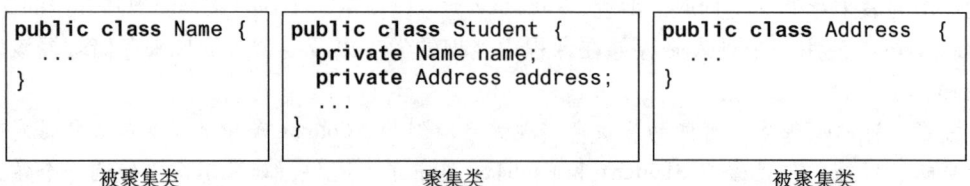

图 10-7 组合关系使用类中的数据域来实现

聚集可以存在于同一类的对象之间。例如，一个人可能有一个导师，如图 10-8 所示。

在关系"一个人有一个导师"中，导师可以如下表示为 Person 类的一个数据域：

```
public class Person {
    // The type for the data is the class itself
    private Person supervisor;
    ...
}
```

图 10-8 一个人可以有一个导师

如果一个人可以有几个导师，如图 10-9a 所示，则可以用一个数组来存储导师，如图 10-9b 所示。

```
public class Person {
    ...
    private Person[] supervisors;
}
```

图 10-9 一个人可以有几个导师

⊙┷ **重要提示**：由于聚集和组合关系都以同样的方式用类来表示，为简单起见，我们不区分它们，将两者都称为组合。

✓ **复习题**

10.4.1 类之间通常什么关系？
10.4.2 什么是关联？什么是聚集？什么是组合？
10.4.3 聚集和组合的 UML 标识是什么？
10.4.4 为什么聚集和组合一并被称为组合？

10.5 示例学习：设计 Course 类

⊙┷ **要点提示**：本节设计一个类来对课程建模。

本书的宗旨是"通过例子来教学，通过动手来学习（teaching by example and learning by doing）"。本书提供了各种例子来演示面向对象程序设计。本节以及下一节将给出设计类的补充示例。

假设需要处理课程信息。每门课程都有一个名称以及选课的学生，要能够向/从这个课程添加/退掉一个学生。可以使用一个类来对课程建模，如图 10-10 所示。

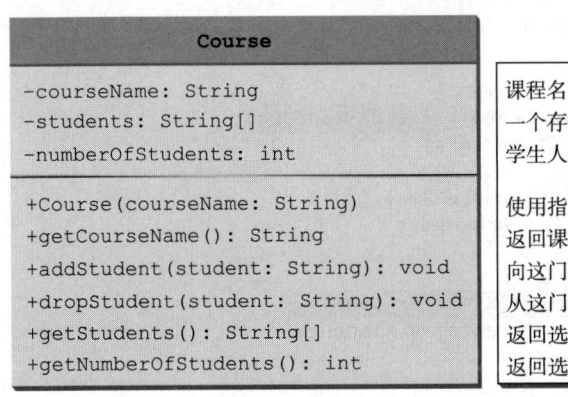

图 10-10 Course 类对课程建模

可以向构造方法 Course(String course Name) 传递一门课程的名称来创建一个 Course 对象。可以使用 addStudent(String student) 方法向某门课程添加学生，使用 dropStudent(String student) 方法从某门课程中退掉一个学生，使用 getStudents() 方法返回选这门课程的所有学生。假设 Course 类是可用的。程序清单 10-5 给出了一个测试类，这个测试类创建了两门课程，并向课程中添加学生。

程序清单 10-5 TestCourse.java

```
1   public class TestCourse {
2     public static void main(String[] args) {
3       Course course1 = new Course("Data Structures");
4       Course course2 = new Course("Database Systems");
5
6       course1.addStudent("Peter Jones");
7       course1.addStudent("Kim Smith");
8       course1.addStudent("Anne Kennedy");
9
10      course2.addStudent("Peter Jones");
11      course2.addStudent("Steve Smith");
12
13      System.out.println("Number of students in course1: "
14        + course1.getNumberOfStudents());
15      String[] students = course1.getStudents();
16      for (int i = 0; i < course1.getNumberOfStudents(); i++)
17        System.out.print(students[i] + ", ");
18
19      System.out.println();
20      System.out.print("Number of students in course2: "
21        + course2.getNumberOfStudents());
22    }
23  }
```

```
Number of students in course1: 3
Peter Jones, Kim Smith, Anne Kennedy,
Number of students in course2: 2
```

Course 类在程序清单 10-6 中实现。它使用一个数组存储选该门课的学生。为简单起见，假设选课的人数最多为 100。在第 3 行使用 new String[100] 创建数组。addStudent 方法（第 10 行）向这个数组中添加学生。只要有新的学生加入课程，numberOfStudents 就加 1（第 12 行）。getStudents 方法返回这个数组。dropStudent 方法（第 27 行）留作练习。

程序清单 10-6 Course.java

```
1   public class Course {
2     private String courseName;
3     private String[] students = new String[100];
4     private int numberOfStudents;
5
6     public Course(String courseName) {
7       this.courseName = courseName;
8     }
9
10    public void addStudent(String student) {
11      students[numberOfStudents] = student;
12      numberOfStudents++;
13    }
14
15    public String[] getStudents() {
```

```
16        return students;
17      }
18
19      public int getNumberOfStudents() {
20        return numberOfStudents;
21      }
22
23      public String getCourseName() {
24        return courseName;
25      }
26
27      public void dropStudent(String student) {
28        // Left as an exercise in Programming Exercise 10.9
29      }
30    }
```

数组的大小固定为 100（第 3 行），所以在一门课程中不能有多于 100 个学生。可以在编程练习题 10.9 中改进它，使数组尺寸可以自动增加。

创建一个 Course 对象时就创建了一个数组对象。Course 对象包含对数组的引用。简洁起见，可以说 Course 对象包含了该数组。

用户可以创建一个 Course 对象，然后通过公有方法 addStudent、dropStudent、getNumberOfStudents 和 getStudents 来操作它。然而，用户并不需要知道这些方法是如何实现的。Course 类封装了内部的实现。该例使用一个数组存储学生，但也可以使用不同的数据结构存储 students。只要公共方法的合约保持不变，那么使用 Course 类的程序也无须修改。

✓ 复习题

10.5.1 替换程序清单 10-5 中的第 17 行语句，使得循环显示每个学生名字时后面跟一个逗号，除最后一个学生名字外。

10.6 示例学习：设计栈类

要点提示：本节设计一个类来对栈建模。

回顾一下，栈（stack）是一种以"后进先出"的方式存放数据的数据结构，如图 10-11 所示。

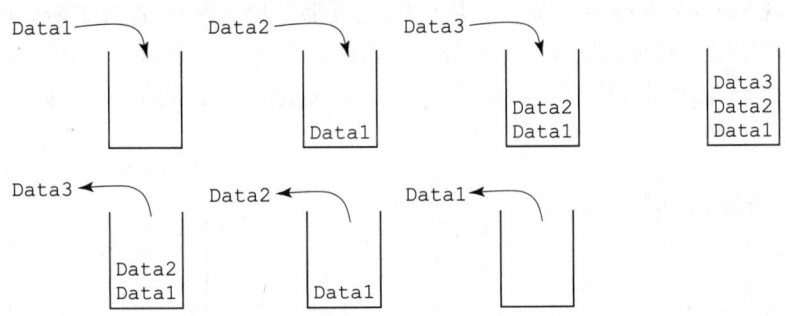

图 10-11 栈以后进先出的方式存放数据

栈有很多应用，例如，编译器使用栈来处理方法的调用。当调用某个方法时，方法的参数和局部变量都被压入栈中。当一个方法调用另一个方法时，新方法的参数和局部变量被压入栈中。当一个方法运行完并返回它的调用者时，与其相关的空间从栈中释放。

可以定义一个类来对栈建模。简单起见，假设该栈存放 int 数值。因此，命名这个栈类为 StackOfIntegers。这个类的 UML 图如图 10-12 所示。

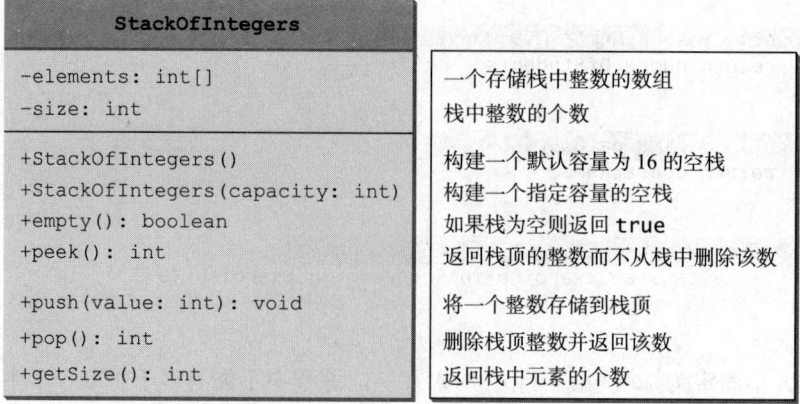

图 10-12 StackOfIntegers 类封装栈的存储并提供处理栈的操作

假设该类是可用的。程序清单 10-7 中的测试程序使用该类创建一个栈（第 3 行），其中存储了 10 个整数 0, 1, 2, …, 9（第 6 行），然后按逆序显示它们（第 9 行）。

程序清单 10-7 TestStackOfIntegers.java

```
1  public class TestStackOfIntegers {
2    public static void main(String[] args) {
3      StackOfIntegers stack = new StackOfIntegers();
4
5      for (int i = 0; i < 10; i++)
6        stack.push(i);
7
8      while (!stack.empty())
9        System.out.print(stack.pop() + " ");
10   }
11 }
```

```
9 8 7 6 5 4 3 2 1 0
```

如何实现 StackOfIntegers 类呢？栈中的元素都存储在一个名为 elements 的数组中。创建一个栈的时候，同时也创建了这个数组。类的无参构造方法创建一个默认容量为 16 的数组。变量 size 记录了栈中元素的个数，而 size-1 是栈顶元素的下标，如图 10-13 所示。对空栈来说，size 为 0。

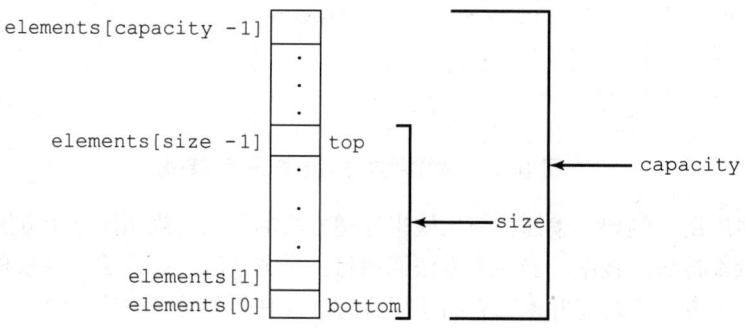

图 10-13 StackOfIntegers 类使用数组来存储栈中的元素

程序清单 10-8 实现了 StackOfIntegers 类。方法 empty()、peek()、pop() 和 getSize() 都容易实现。为了实现方法 push(int value)，如果 size<capacity，则将 value 赋值给 elements[size]（第 24 行）。如果栈已满（即 size>=capacity），则创建一个容量为当前容量两倍的新数组（第 19 行），将当前数组的内容复制到新数组中（第 20 行），并将新数组的引用赋值给栈中的当前数组（第 21 行）。现在，可以给这个数组添加新值了（第 24 行）。

程序清单 10-8 StackOfIntegers.java

```java
 1  public class StackOfIntegers {
 2    private int[] elements;
 3    private int size;
 4    public static final int DEFAULT_CAPACITY = 16;
 5
 6    /** Construct a stack with the default capacity 16 */
 7    public StackOfIntegers() {
 8      this(DEFAULT_CAPACITY);
 9    }
10
11    /** Construct a stack with the specified capacity */
12    public StackOfIntegers(int capacity) {
13      elements = new int[capacity];
14    }
15
16    /** Push a new integer to the top of the stack */
17    public void push(int value) {
18      if (size >= elements.length) {
19        int[] temp = new int[elements.length * 2];
20        System.arraycopy(elements, 0, temp, 0, elements.length);
21        elements = temp;
22      }
23
24      elements[size++] = value;
25    }
26
27    /** Return and remove the top element from the stack */
28    public int pop() {
29      return elements[--size];
30    }
31
32    /** Return the top element from the stack */
33    public int peek() {
34      return elements[size - 1];
35    }
36
37    /** Test whether the stack is empty */
38    public boolean empty() {
39      return size == 0;
40    }
41
42    /** Return the number of elements in the stack */
43    public int getSize() {
44      return size;
45    }
46  }
```

✓ 复习题

10.6.1 当 size 为 0 时，在栈上调用 pop() 方法会发生什么？

10.7 将基本数据类型值作为对象处理

要点提示：基本数据类型值不是对象，但是可以使用 Java API 中的包装类来包装成一个对象。

出于对性能的考虑，在 Java 中基本数据类型不作为对象使用。因为处理对象需要额外的开销，所以如果将基本数据类型当作对象，将会给语言性能带来负面影响。然而，Java 中的许多方法需要将对象作为参数。Java 提供了一个方便的办法，即将基本数据类型合并为或者说包装成对象（例如，将 int 包装成 Integer 类，将 double 包装成 Double 类，将 char 包装成 Character 类）。通过使用包装类，可以将基本数据类型值作为对象处理。Java 在 java.lang 包里为基本数据类型提供了 Boolean、Character、Double、Float、Byte、Short、Integer 和 Long 等包装类。Boolean 类包装了布尔值 true 或者 false。本节使用 Integer 和 Double 类为例介绍数值包装类。

注意：大多数基本类型的包装类的名称与对应的基本数据类型名称一样，并且第一个字母要大写。对应 int 的 Integer 和对应 char 的 Character 例外。

数值包装类之间都非常相似。各个类都包含了 doubleValue()、floatValue()、intValue()、longValue()、shortValue() 和 byteValue() 等方法。这些方法将对象"转换"为基本类型值。Integer 类和 Double 类的主要特征如图 10-14 所示。

既可以用基本数据类型值也可以用表示数值的字符串来构造包装类。例如，new Double(5.0)、new Double("5.0")、new Integer(5) 和 new Integer("5")。

java.lang.Integer
-value: int
+MAX_VALUE: int
+MIN_VALUE: int
+Integer(value: int)
+Integer(s: String)
+byteValue(): byte
+shortValue(): short
+intValue(): int
+longValue(): long
+floatValue(): float
+doubleValue(): double
+compareTo(o: Integer): int
+toString(): String
+valueOf(s: String): Integer
+valueOf(s: String, radix: int): Integer
+parseInt(s: String): int
+parseInt(s: String, radix: int): int

java.lang.Double
-value: double
+MAX_VALUE: double
+MIN_VALUE: double
+Double(value: double)
+Double(s: String)
+byteValue(): byte
+shortValue(): short
+intValue(): int
+longValue(): long
+floatValue(): float
+doubleValue(): double
+compareTo(o: Double): int
+toString(): String
+valueOf(s: String): Double
+valueOf(s: String, radix: int): Double
+parseDouble(s: String): double
+parseDouble(s: String, radix: int): double

图 10-14 包装类提供构造方法、常量和用于处理各种数据类型的转换方法

包装类没有无参构造方法。所有包装类的实例都是不可变的，这意味着一旦创建对象后，它们的内部值就不能再改变。

包装类中的构造方法在 Java 9 中已经过时了。应该采用静态的 valueOf 方法来构建实例。Java 支持通过 valueOf 方法重用经常使用的包装对象。通过 valueOf 创建的实例可被共享，这没有问题，因为包装对象是不可变的。例如，以下代码中，x1 和 x2 是不同的对象，

而 x3 和 x4 是采用 valueOf 方法创建的相同的对象。注意，Integer x5 = 32 等同于 Integer x5 = Integer.valueOf(32)。

```
Integer x1 = new Integer("32");
Integer x2 = new Integer("32");
Integer x3 = Integer.valueOf("32");
Integer x4 = Integer.valueOf("32");
Integer x5 = 32;
System.out.println("x1 == x2 is" + (x1 == x2)); // Display false
System.out.println("x1 == x3 is" + (x1 == x3)); // Display false
System.out.println("x3 == x4 is" + (x3 == x4)); // Display true
System.out.println("x3 == x5 is" + (x3 == x5)); // Display true
```

注意 Java 中所谓的"重用经常使用的包装对象"，哪些是"经常使用的"并没有清晰的定义。在 JDK 11 中，经常使用的包装对象是 −128 和 127 之间的字节大小的整数。例如，下列代码中，x1 和 x2 不同，尽管它们的 int 值相同。然而，使用 valueOf 方法来创建实例会更好。

```
Integer x1 = Integer.valueOf("128");
Integer x2 = Integer.valueOf("128");
System.out.println("x1 == x2 is " + (x1 == x2)); // Display false
```

每个数值包装类都有常量 MAX_VALUE 和 MIN_VALUE。MAX_VALUE 表示对应的基本数据类型的最大值。对于 Byte、Short、Integer 和 Long 而言，MIN_VALUE 表示对应的基本类型 byte、short、int 和 long 的最小值。对 Float 和 Double 类而言，MIN_VALUE 表示 float 型和 double 型的最小正值。下面的语句显示最大整数（2 147 483 647）、最小正浮点数（1.4E-45），以及双精度浮点数的最大值（1.79769313486231570e+308d）：

```
System.out.println("The maximum integer is " + Integer.MAX_VALUE);
System.out.println("The minimum positive float is " +
  Float.MIN_VALUE);
System.out.println(
  "The maximum double-precision floating-point number is " +
  Double.MAX_VALUE);
```

每个数值包装类都包含各自方法 doubleValue()、floatValue()、intValue()、longValue() 和 shortValue()。这些方法返回包装对象对应的 double、float、int、long 或 short 值。例如，

```
Double.valueOf(12.4).intValue()    返回  12;
Integer.valueOf(12).doubleValue()  返回  12.0;
```

回顾下 String 类中包含 compareTo 方法用于比较两个字符串。数值包装类中包含 compareTo 方法用于比较两个数值，并且如果该数值大于、等于或者小于另外一个数值时，分别返回 1、0、-1。例如，

```
Double.valueOf(12.4).compareTo(Double.valueOf(12.3))   返回  1;
Double.valueOf(12.3).compareTo(Double.valueOf(12.3))   返回  0;
Double.valueOf(12.3).compareTo(Double.valueOf(12.51))  返回  -1;
```

数值包装类有一个有用的静态方法 valueOf(String s)。该方法创建一个新对象，并将它初始化为指定字符串表示的值。例如，

```java
Double doubleObject = Double.valueOf("12.4");
Integer integerObject = Integer.valueOf("12");
```

我们已经使用过 Integer 类中的 parseInt 方法将一个数值字符串转换为一个 int 值，也使用过 Double 类中的 parseDouble 方法将一个数值字符串转变为一个 double 值。每个数值包装类都有两个重载的方法，将数值字符串转换为正确的以 10（十进制）或指定值为基数（例如，2 为二进制，8 为八进制，16 为十六进制）的数值。

```java
// These two methods are in the Byte class
public static byte parseByte(String s)
public static byte parseByte(String s, int radix)

// These two methods are in the Short class
public static short parseShort(String s)
public static short parseShort(String s, int radix)

// These two methods are in the Integer class
public static int parseInt(String s)
public static int parseInt(String s, int radix)

// These two methods are in the Long class
public static long parseLong(String s)
public static long parseLong(String s, int radix)

// These two methods are in the Float class
public static float parseFloat(String s)
public static float parseFloat(String s, int radix)

// These two methods are in the Double class
public static double parseDouble(String s)
public static double parseDouble(String s, int radix)
```

例如，

Integer.parseInt("11", 2) 返回 **3**;
Integer.parseInt("12", 8) 返回 **10**;
Integer.parseInt("13", 10) 返回 **13**;
Integer.parseInt("1A", 16) 返回 **26**;

Integer.parseInt("12",2) 会引起一个运行时错误，因为 12 不是二进制数。

注意，可以使用 format 方法将一个十进制数转换为十六进制数，例如，

String.format("%x", 26) returns 1A;

✔ 复习题

10.7.1 描述基本类型的包装类。

10.7.2 下面的每个语句可以编译成功吗？

a. `Integer i = new Integer("23");`

b. `Integer i = new Integer(23);`

c. `Integer i = Integer.valueOf("23");`

d. `Integer i = Integer.parseInt("23", 8);`

e. `Double d = new Double();`

f. `Double d = Double.valueOf("23.45");`

g. `int i = (Integer.valueOf("23")).intValue();`

h. `double d = (Double.valueOf("23.4")).doubleValue();`
i. `int i = (Double.valueOf("23.4")).intValue();`
j. `String s = (Double.valueOf("23.4")).toString();`

10.7.3 如何将一个整数转换为一个字符串？如何将一个数值字符串转换为一个整数？如何将一个double值转换为字符串？如何将一个数值型字符串转换为double值？

10.7.4 给出下面代码的输出。

```java
public class Test {
  public static void main(String[] args) {
    Integer x = Integer.valueOf(3);
    System.out.println(x.intValue());
    System.out.println(x.compareTo(4));
  }
}
```

10.7.5 下面代码的输出是什么？

```java
public class Test {
  public static void main(String[] args) {
    System.out.println(Integer.parseInt("10"));
    System.out.println(Integer.parseInt("10", 10));
    System.out.println(Integer.parseInt("10", 16));
    System.out.println(Integer.parseInt("11"));
    System.out.println(Integer.parseInt("11", 10));
    System.out.println(Integer.parseInt("11", 16));
  }
}
```

10.8 基本类型和包装类类型之间的自动转换

要点提示：根据上下文环境，基本数据类型值可以使用包装类自动转换成一个对象，反之也可以。

将基本类型值转换为包装类对象的过程称为装箱（boxing），相反的转换过程称为拆箱（unboxing）。Java 允许基本类型和包装类类型之间进行自动转换。如果一个基本类型值出现在需要对象的环境中，编译器会将基本类型值进行自动装箱；如果一个对象出现在需要基本类型值的环境中，编译器会将对象进行自动拆箱。这称为自动装箱和自动拆箱。

例如，可以用自动装箱将图 a 中的语句简化为图 b 中的语句。由于可以自动拆箱，图 a 中的语句等同于图 b 中的语句。

```
Integer intObject = Integer.valueOf(2);    等价于    Integer intObject = 2;
              a)                                              b)
                                                        自动装箱

             int i = 1;                  int i = Integer.valueOf(1);
                a)        a 和 b 等价              b)
```

考虑下面的例子：

```
1  Integer[] intArray = {1, 2, 3};
2  System.out.println(intArray[0] + intArray[1] + intArray[2]);
```

在第一行中，基本类型值 1、2 和 3 被自动装箱成对象 new Integer(1)、new Integer(2)

复习题

10.8.1 什么是自动装箱和自动拆箱？下面的语句正确吗？

　　a. `Integer x = 3 + Integer.valueOf(5);`
　　b. `Integer x = 3;`
　　c. `Double x = 3;`
　　d. `Double x = 3.0;`
　　e. `int x = Integer.valueOf(3);`
　　f. `int x = Integer.valueOf(3) + Integer.valueOf(4);`

10.8.2 给出下面代码的输出结果。

```java
public class Test {
  public static void main(String[] args) {
    Double x = 3.5;
    System.out.println(x.intValue());
    System.out.println(x.compareTo(4.5));
  }
}
```

10.9 BigInteger 和 BigDecimal 类

要点提示：BigInteger 类和 BigDecimal 类可以用于表示任意大小和精度的整数或者十进制数。

如果需要进行很大的数的计算或者高精度浮点值的计算，可以使用 java.math 包中的 BigInteger 类和 BigDecimal 类。它们都是不可变的。long 类型的最大整数值为 long.MAX_VALUE（即 9223372036854775807），而 BigInteger 的实例可以表示任意大小的整数。可以使用 new BigInteger(String) 和 new BigDecimal(String) 来创建 BigInteger 和 BigDecimal 的实例，使用 add、subtract、multiple、divide 和 remainder 方法进行算术运算，使用 compareTo 方法比较两个大数字。例如，下面的代码创建两个 BigInteger 对象并且将它们进行相乘：

```java
BigInteger a = new BigInteger("9223372036854775807");
BigInteger b = new BigInteger("2");
BigInteger c = a.multiply(b); // 9223372036854775807 * 2
System.out.println(c);
```

输出为 18446744073709551614。

BigDecimal 对象可以达到任意精度。如果不能终止运行，那么 divide 方法会抛出 ArithmeticException 异常。但是，可以使用重载的 divide(BigDecimal d,int scale, int roundingMode) 方法来指定 scale 值和舍入方式来避免这个异常，这里的 scale 是指小数点后的最大整数位数。例如，下面的代码创建 BigDecimal 对象并做除法，其中 scale 值为 20，舍入方式为 BigDecimal.ROUND_UP。

```java
BigDecimal a = new BigDecimal("1.0");
BigDecimal b = new BigDecimal("3");
BigDecimal c = a.divide(b, 20, RoundingMode.HALF_UP);
System.out.println(c);
```

输出为 0.33333333333333333334。

> **注意**：可以使用 new BigDecimal(String) 或 new BigDecimal(double) 来创建一个 BigDecimal。因为 double 值是近似的，所以 new BigDecimal(double) 得到的结果不可预知。例如，new BigDecimal(0.1) 不为 0.1，而事实上为 0.1000000000000000055511151231257827021181583404541015625。因此，使用 new BigDecimal(String) 以获得可预知的 BigDecimal 会更好。

注意，一个整数的阶乘可能会非常大。程序清单 10-9 给出可以返回任意整数的阶乘的方法。

程序清单 10-9 LargeFactorial.java

```java
1  import java.util.Scanner;
2  import java.math.*;
3
4  public class LargeFactorial {
5    public static void main(String[] args) {
6      Scanner input = new Scanner(System.in);
7      System.out.print("Enter an integer: ");
8      int n = input.nextInt();
9      System.out.println(n +"! is \n" + factorial(n));
10   }
11
12   public static BigInteger factorial(long n) {
13     BigInteger result = BigInteger.ONE;
14     for (int i = 1; i <= n; i++)
15       result = result.multiply(new BigInteger(i + ""));
16
17     return result;
18   }
19 }
```

```
Enter an integer: 50  ↵Enter
50! is
30414093201713378043612608166064768844377641568960512000000000000
```

BigInteger.ONE（第 13 行）是一个定义在 BigInteger 类中的常量。BigInteger.ONE 和 new BigInteger("1") 是一样的。

通过调用 multiply 方法（第 15 行），得到了一个新的结果。

✓ 复习题

10.9.1 下面代码的输出是什么？

```java
public class Test {
  public static void main(String[] args) {
    java.math.BigInteger x = new java.math.BigInteger("3");
    java.math.BigInteger y = new java.math.BigInteger("7");
    java.math.BigInteger z = x.add(y);
    System.out.println("x is " + x);
    System.out.println("y is " + y);
    System.out.println("z is " + z);
  }
}
```

10.10 String 类

> **要点提示**：String 对象是不可变的。字符串一旦创建，其内容不能再改变。

在 4.4 节中介绍了字符串。你已经知道字符串是对象,可以调用 charAt(index) 方法得到字符串中指定位置的字符。length() 方法返回字符串的大小,substring 方法返回字符串中的子串,indexOf 和 lastIndexOf 方法返回第一个或者最后一个匹配的字符或者子字符串,equals 和 compareTo 方法比较两个字符串,trim() 方法将字符串两端的空白字符裁剪掉,toLowerCase() 和 toUpperCase() 方法分别返回字符串的小写和大写形式。本节中我们将更加深入地讨论字符串。

String 类中有 13 个构造方法以及 40 多个处理字符串的方法。String 类不仅在程序设计中非常有用,而且也是一个学习类和对象的很好的例子。

可以用字符串字面值或字符数组创建一个字符串对象。使用如下语法,用字符串字面值创建一个字符串:

```
String newString = new String(stringLiteral);
```

参数 StringLiteral 是一个放在双引号内的字符序列。下面的语句为字符串字面值 "Welcome to Java" 创建一个 String 对象 message:

```
String message = new String("Welcome to Java");
```

Java 将字符串字面值看作 String 对象。所以,下面的语句是合法的:

```
String message = "Welcome to Java";
```

还可以用字符数组创建一个字符串。例如,下述语句构造一个字符串 "Good Day":

```
char[] charArray = {'G', 'o', 'o', 'd', ' ', 'D', 'a', 'y'};
String message = new String(charArray);
```

> **注意**:String 变量存储的是对 String 对象的引用,String 对象里存储的才是字符串的值。严格地讲,术语 String 变量、String 对象和字符串值是不同的。但在大多数情况下,它们之间的区别是可以忽略的。为简单起见,经常使用术语"字符串"表示 String 变量、String 对象和字符串的值。

10.10.1 不可变字符串与驻留字符串

String 对象是不可变的,它的内容是不能改变的。下列代码会改变字符串的内容吗?

```
String s = "Java";
s = "HTML";
```

答案是不能。第一条语句创建了一个内容为 "Java" 的 String 对象,并将其引用赋值给 s。第二条语句创建了一个内容为 "HTML" 的新 String 对象,并将其引用赋值给 s。赋值后第一个 String 对象仍然存在,但是不能再访问它了,因为变量 s 现在指向了新的对象,如图 10-15 所示。

因为字符串在程序设计中是不可变的且应用广泛,所以 Java 虚拟机为了提高效率并节约内存,对具有相同字符序列的字符串字面值使用同一个实例。这样的实例称为驻留的(interned)字符串。例如,下面的语句:

面向对象 347

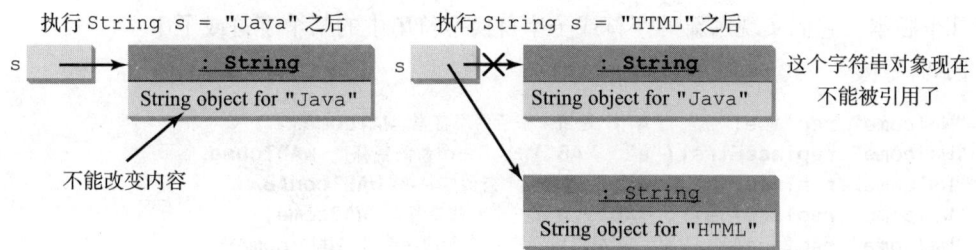

图 10-15 字符串是不可变的；一旦创建，它们的内容是不能修改的

```
String s1 = "Welcome to Java";
String s2 = new String("Welcome to Java");
String s3 = "Welcome to Java";
String s4 = new String("Welcome to Java");
System.out.println("s1 == s2 is " + (s1 == s2));
System.out.println("s1 == s3 is " + (s1 == s3));
System.out.println("s2 == s4 is " + (s2 == s4));
```

显示：

```
s1 == s2 is false
s1 == s3 is true
s2 == s4 is false
```

在上述语句中，由于 s1 和 s3 指向相同的驻留字符串 "Welcome to Java"，因此，s1==s3 为 true。但是，s1==s2 为 false，这是因为尽管 s1 和 s2 的内容相同，但它们是不同的字符串对象。s2==s4 也为 flase，因为 s2 和 s4 是两个不同的字符串对象。

提示：可以使用 new String(stringLiteral) 创建 String。然而这样做并不高效，因为创建了一个不必要的对象。建议始终直接使用 stringLiteral。例如，使用 String s = stringLiteral，而不是 String s = new String(stringLiteral)。

10.10.2 替换和拆分字符串

String 类提供了替换和拆分字符串的方法，如图 10-16 所示。

java.lang.String	
+replace(oldChar: char, newChar: char): String	将字符串中所有匹配的字符替换成新的字符，然后返回新的字符串
+replaceFirst(oldString: String, newString: String): String	将字符串中第一个匹配的子字符串替换成新的子字符串，然后返回新的字符串
+replaceAll(oldString: String, newString: String): String	将字符串中所有匹配的子字符串替换成新的子字符串，然后返回新的字符串
+split(delimiter: String): String[]	返回一个字符串数组，其中包含被分隔符拆分的子字符串集

图 10-16 String 类包含替换和拆分字符串的方法

一旦字符串被创建，它的内容就不能改变。但是，方法 repalce、replaceFirst 和 replaceAll 会返回一个源自原始字符串的新字符串（并未改变原始字符串！）。方法 replace

有好几个版本，它们实现用新的字符或子串替换字符串中的某个字符或子串。

例如：

```
"Welcome".replace('e', 'A') 返回一个新的字符串 WAlcomA.
"Welcome".replaceFirst("e", "AB") 返回一个新的字符串 WABlcome.
"Welcome".replace("e", "AB") 返回一个新的字符串 WABlcomAB.
"Welcome".replace("el", "AB") 返回一个新的字符串 WABcome.
"Welcome".replaceAll("e", "AB") 返回一个新的字符串 WABlcomAB.
```

注意，若所有 oldStr 都被替换为 newStr，则 replaceAll(oldStr, newStr) 和 replace(oldStr,newStr) 是一样的。

split 方法可以使用指定的分隔符从字符串中提取标记。例如，下面的代码：

```
String[] tokens = "Java#HTML#Perl".split("#");
for (int i = 0; i < tokens.length; i++)
  System.out.print(tokens[i] + " ");
```

显示

```
Java HTML Perl
```

10.10.3 使用模式匹配、替换和拆分

我们经常需要编写代码来验证用户输入，比如检测输入是否是一个数字，或者是否是一个全部小写字母的字符串，或者是否是一个社会安全号。如何编写这类代码呢？一个简单有效地完成该任务的方法是使用正则表达式。

正则表达式（regular expression）（缩写 regex）是一个字符串，用于描述匹配一个字符串集的模式。可以通过指定某个模式来匹配、替换或拆分一个字符串。这是一种非常有用且功能强大的特性。

让我们从 String 类中的 matches 方法开始。乍一看，matches 方法和 equals 方法非常相似。例如，下面两条语句的值均为 true：

```
"Java".matches("Java");
"Java".equals("Java");
```

但是，matches 方法的功能更强大。它不仅可以匹配固定的字符串，还能匹配一组遵从某种模式的字符串。例如，下面语句的求值结果均为 true：

```
"Java is fun".matches("Java.*")
"Java is cool".matches("Java.*")
"Java is powerful".matches("Java.*")
```

在前面语句中的 "Java.*" 是一个正则表达式。它描述的字符串模式以字符串 Java 开始，后面紧跟任意 0 个或多个字符。这里，子串 .* 与 0 个或多个字符相匹配。

下面语句的求值结果为 true。

```
"440-02-4534".matches("\\d{3}-\\d{2}-\\d{4}")
```

这里 \\d 表示单个数字，\\d{3} 表示三个数字。

方法 replaceAll、replaceFirst 和 split 也可以和正则表达式结合在一起使用。例如，

下面的语句用字符串 NNN 替换 "a+b$#c" 中的 $、+ 或者 #，然后返回一个新字符串。

```
String s = "a+b$#c".replaceAll("[$+#]", "NNN");
System.out.println(s);
```

这里，正则表达式 [$+#] 指定匹配 $、+ 或者 # 的模式。所以，输出是 aNNNbNNNNNNc。

下面的语句以标点符号作为分隔符，将字符串拆分成字符串数组。

```
String[] tokens = "Java,C?C#,C++".split("[.,:;?]");

for (int i = 0; i < tokens.length; i++)
  System.out.println(tokens[i]);
```

这个例子中，正则表达式 [.,:;?] 指定匹配 "."、","、":"、";" 或者 "?" 的模式。这里的每个字符都是拆分字符串的分隔符。因此，这个字符串就被拆分成 Java、C、C# 和 C++，并保存在数组 tokens 中。

正则表达式对起步阶段的学生来讲可能会比较复杂。基于这个原因，本节只介绍了两个简单的模式。若要进一步学习，请参照补充材料 H。

10.10.4 字符串与数组之间的转换

字符串不是数组，但可以转换成数组，反之亦然。为了将字符串转换成一个字符数组，可以使用 toCharArray 方法。例如，下述语句将字符串 "Java" 转换成一个数组：

```
char[] chars = "Java".toCharArray();
```

因此，chars[0] 为 'J'，chars[1] 为 'a'，chars[2] 为 'v'，chars[3] 为 'a'。

还可以使用方法 getChars(int srcBegin,int srcEnd,char[]dst,int dstBegin) 将下标从 srcBegin 到 srcEnd-1 的子串复制到字符数组 dst 中从下标 dstBegin 开始的位置。例如，下面的代码将字符串 "CS3720" 中从下标 2 到 6-1 的子串 "3720" 复制到字符数组 dst 中从下标 4 开始的位置：

```
char[] dst = {'J', 'A', 'V', 'A', '1', '3', '0', '1'};
"CS3720".getChars(2, 6, dst, 4);
```

这样，dst 就变成了 {'J','A','V','A','3','7','2','0'}。

为了将一个字符数组转换成字符串，应该使用构造方法 String(char[]) 或者方法 valueOf(char[])。例如，下面的语句使用 String 构造方法从一个数组来构造字符串：

```
String str = new String(new char[]{'J', 'a', 'v', 'a'});
```

下面的语句使用 valueOf 方法从一个数组来构造字符串：

```
String str = String.valueOf(new char[]{'J', 'a', 'v', 'a'});
```

10.10.5 将字符和数值转换成字符串

回顾一下，我们可以使用 Double.parseDouble(str) 或者 Integer.parseInt(str) 将一个字符串转换为一个 double 值或者一个 int 值，也可以使用字符串的连接操作符来将字符或者数字转换为字符串。另外一种将数字转换为字符串的方法是使用重载的静态 valueOf 方法。该方法可以用于将字符和数值转换成字符串，如图 10-17 所示。

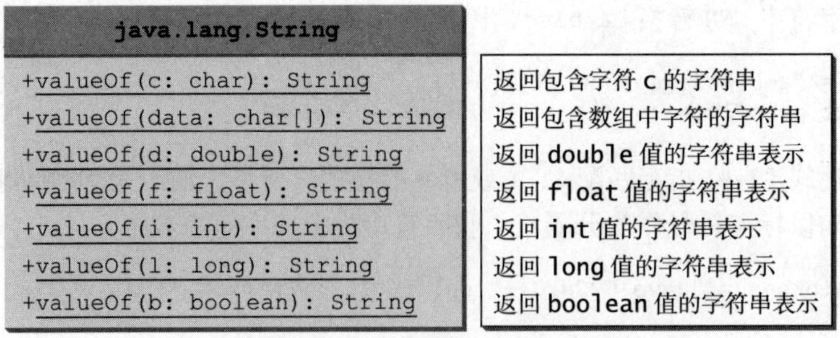

```
          java.lang.String
+valueOf(c: char): String           返回包含字符 c 的字符串
+valueOf(data: char[]): String      返回包含数组中字符的字符串
+valueOf(d: double): String         返回 double 值的字符串表示
+valueOf(f: float): String          返回 float 值的字符串表示
+valueOf(i: int): String            返回 int 值的字符串表示
+valueOf(l: long): String           返回 long 值的字符串表示
+valueOf(b: boolean): String        返回 boolean 值的字符串表示
```

图 10-17 String 类包含从基本类型值创建字符串的静态方法

例如，要将 double 值 5.44 转换成字符串，可以使用 String.valueOf(5.44)。返回值是由字符 '5'、'.'、'4' 和 '4' 构成的字符串。

10.10.6 格式化字符串

String 类包含静态方法 format，它可以创建一个格式化的字符串。调用该方法的语法是：

```
String.format(format, item1, item2, ..., itemk);
```

这个方法与 printf 方法类似，只是 format 方法返回一个格式化的字符串，而 printf 方法显示一个格式化的字符串。例如：

```
String s = String.format("%7.2f%6d%-4s", 45.556, 14, "AB");
System.out.println(s);
```

显示

□□45.56□□□□14AB□□

这里，小方形框表示一个空格。

注意

```
System.out.printf(format, item1, item2, ..., itemk);
```

等价于

```
System.out.print(
   String.format(format, item1, item2, ..., itemk));
```

✓ 复习题

10.10.1 假设 s1、s2、s3、s4 是四个字符串，给定如下语句：

```
String s1 = "Welcome to Java";
String s2 = s1;
String s3 = new String("Welcome to Java");
String s4 = "Welcome to Java";
```

下面表达式的结果是什么？

a. s1 == s2
b. s1 == s3
c. s1 == s4
d. s1.equals(s3)

e. `s1.equals(s4)`
f. `"Welcome to Java".replace("Java", "HTML")`
g. `s1.replace('o', 'T')`
h. `s1.replaceAll("o", "T")`
i. `s1.replaceFirst("o", "T")`
j. `s1.toCharArray()`

10.10.2 为了创建一个字符串 Welcome to java, 可以采用下面的语句:

```
String s = "Welcome to Java";
```

或者

```
String s = new String("Welcome to Java");
```

哪个更好? 为什么?

10.10.3 下面代码的输出是什么?

```
String s1 = "Welcome to Java";
String s2 = s1.replace("o", "abc");
System.out.println(s1);
System.out.println(s2);
```

10.10.4 假设 s1 为 "Welcome" 而 s2 为 "welcome", 为下面的陈述编写代码:
  a. 用字符 E 替换 s1 中所有的字符 e, 然后将新字符串赋值给 s3。
  b. 将 "Welcome to Java and HTML" 按空格分隔为一个数组 tokens, 并将前面两个标记赋值给 s1 和 s2。

10.10.5 String 类中是否有可以改变字符串内容的方法?

10.10.6 假设字符串 s 是用 new String() 创建的, 那么 s.length() 是多少?

10.10.7 如何将 char 值、字符数组或数字转换为一个字符串?

10.10.8 为什么下面的代码会产生 NullPointerException 异常?

```
1  public class Test {
2    private String text;
3
4    public Test(String s) {
5      String text = s;
6    }
7
8    public static void main(String[] args) {
9      Test test = new Test("ABC");
10     System.out.println(test.text.toLowerCase());
11   }
12 }
```

10.10.9 下面的程序有什么错误?

```
1  public class Test {
2    String text;
3
4    public void Test(String s) {
5      text = s;
6    }
7
8    public static void main(String[] args) {
9      Test test = new Test("ABC");
10     System.out.println(test);
```

```
        11   }
        12 }
```

10.10.10 给出下面代码的输出结果。

```java
public class Test {
  public static void main(String[] args) {
    System.out.println("Hi, ABC, good".matches("ABC "));
    System.out.println("Hi, ABC, good".matches(".*ABC.*"));
    System.out.println("A,B;C".replaceAll(",;", "#"));
    System.out.println("A,B;C".replaceAll("[,;]", "#"));

    String[] tokens = "A,B;C".split("[,;]");
    for (int i = 0; i < tokens.length; i++)
      System.out.print(tokens[i] + " ");
  }
}
```

10.10.11 给出下面代码的输出结果。

```java
public class Test {
  public static void main(String[] args) {
    String s = "Hi, Good Morning";
    System.out.println(m(s));
  }

  public static int m(String s) {
    int count = 0;
    for (int i = 0; i < s.length(); i++)
      if (Character.isUpperCase(s.charAt(i)))
        count++;

    return count;
  }
}
```

10.11 StringBuilder 类和 StringBuffer 类

要点提示：StringBuilder 和 StringBuffer 类似于 String 类，区别在于 String 类是不可变的。

通常，使用字符串的地方都可以使用 StringBuilder 和 StringBuffer 类。StringBuilder 和 StringBuffer 类比 String 类更灵活。可以向 StringBuilder 对象或 StringBuffer 对象添加、插入或追加新的内容，但是 String 对象一旦创建，它的值就确定了。

StringBuffer 类中修改缓冲区的方法是同步的，这意味着只有一个任务被允许执行该方法，除此之外，StringBuilder 类与 StringBuffer 类很相似。如果是多任务并发访问，就使用 StringBuffer，因为这种情况下需要同步以防止 StringBuffer 损坏。并发编程将在第 32 章介绍。而如果是单任务访问，则使用 StringBuilder 会更高效，因为这种情况下无须同步。StringBuffer 和 StringBuilder 中的构造方法以及其他方法几乎是完全一样的。本节介绍 StringBuilder。在本节的所有用到 StringBuilder 的地方都可以替换为 StringBuffer。程序可以不经任何其他修改进行编译和运行。

StringBuilder 类有 3 个构造方法和 30 多个用于管理该构建器以及修改该构建器中字符串的方法。可以使用 new StringBuilder() 创建一个空的构建器，或使用 new

`StringBuilder(String)` 从一个字符串创建构建器,如图 10-18 所示。

```
           java.lang.StringBuilder
+StringBuilder()                       构建一个容量为 16 的空字符串构建器
+StringBuilder(capacity: int)          构建一个指定容量的字符串构建器
+StringBuilder(s: String)              构建一个指定字符串的字符串构建器
```

图 10-18 `StringBuilder` 类包含创建 `StringBuilder` 实例的构造方法

10.11.1 修改 StringBuilder 中的字符串

可以使用图 10-19 中列出的方法,在字符串构建器的末尾追加新内容,在字符串构建器的特定位置插入新的内容,还可以删除或替换字符串构建器中的字符。

```
                    java.lang.StringBuilder
+append(data: char[]): StringBuilder                        追加一个 char 数组到字符串构建器
+append(data: char[], offset: int, len: int):               追加 data 中的子数组到字符串构建器
  StringBuilder
+append(v: aPrimitiveType): StringBuilder                   将一个基本类型值作为字符串追加到字符
                                                            串构建器
+append(s: String): StringBuilder                           追加一个字符串到字符串构建器
+delete(startIndex: int, endIndex: int):                    删除从 startIndex 到 endIndex-1 的
  StringBuilder                                             字符
+deleteCharAt(index: int): StringBuilder                    删除给定下标位置的字符
+insert(index: int, data: char[], offset: int,              在字符串构建器的给定下标位置插入数组
  len: int): StringBuilder                                  data 的子数组
+insert(offset: int, data: char[]):                         向构建器的 offset 位置插入 data
  StringBuilder
+insert(offset: int, b: aPrimitiveType):                    向该字符串构建器插入一个转换为字符串
  StringBuilder                                             的值
+insert(offset: int, s: String): StringBuilder              在该构建器指定的 offset 位置插入一
                                                            个字符串
+replace(startIndex: int, endIndex: int, s:                 将该构建器从 startIndex 到 endIndex-1
  String): StringBuilder                                    的位置的字符替换为给定的字符串
+reverse(): StringBuilder                                   倒置构建器中的字符
+setCharAt(index: int, ch: char): void                      将该构建器的指定下标位置设为新的字符
```

图 10-19 `StringBuilder` 类包含修改字符串构建器的方法

`StringBuilder` 类提供了几个重载方法,可以将 `boolean`、`char`、`char[]`、`double`、`float`、`int`、`long` 和 `String` 类型值追加到字符串构建器。例如,下面的代码将字符串和字符追加到 `stringBuilder`,构成新的字符串 "Welcome to Java"。

```java
StringBuilder stringBuilder = new StringBuilder();
stringBuilder.append("Welcome");
stringBuilder.append(' ');
stringBuilder.append("to");
stringBuilder.append(' ');
stringBuilder.append("Java");
```

`StringBuilder` 类也包括几个重载的方法,可以将 `boolean`、`char`、`char[]`、`double`、`float`、`int`、`long` 和 `String` 类型值插入字符串构建器。考虑下面的代码:

stringBuilder.insert(11, "HTML and ");

假设在调用 insert 方法之前，stringBuilder 包含字符串 "Welcome to Java"。上面的代码就在 stringBuilder 的第 11 个位置（就在 J 之前）插入 "HTML and"。新的 stringBuilder 值为 "Welcome to HTML and Java"。

也可以使用两个 delete 方法将字符从构建器中的字符串中删除，使用 reverse 方法倒置字符串，使用 replace 方法替换字符串中的字符，或者使用 setCharAt 方法在字符串中设置一个新字符。

例如，假设在应用下面各方法之前，stringBuilder 包含的是 "Welcome to Java"。
stringBuilder.delete(8,11) 将构建器变为 Welcome Java。
stringBuilder.deleteCharAt(8) 将构建器变为 Welcome o Java。
stringBuilder.reverse() 将构建器变为 avaJ ot emocleW。
stringBuilder.replace(11,15,"HTML") 将构建器变为 Welcome to HTML。
stringBuilder.setCharAt(0,'w') 将构建器变为 welcome to Java。

除了 setCharAt 方法之外，所有这些进行修改的方法都做两件事：
- 改变字符串构建器的内容。
- 返回字符串构建器的引用。

例如，下面的语句：

StringBuilder stringBuilder1 = stringBuilder.reverse();

将构建器中的字符倒置并把构建器的引用赋值给 stringBuilder1。这样，stringBuilder 和 stringBuilder1 都指向同一个 StringBuffer 对象。回顾一下，如果对方法的返回值不感兴趣，也可以将有返回值的方法作为语句调用。在这种情况下，Java 就简单地忽略掉返回值。例如，下面的语句

stringBuilder.reverse();

它的返回值就被忽略了。返回 StringBuilder 的引用可以使得 StringBuilder 方法形成调用链，如下所示：

stringBuilder.reverse().delete(8, 11).replace(11, 15, "HTML");

💡 提示：如果一个字符串不需要任何改变，则使用 String 而不要使用 StringBuilder。String 比 StringBuilder 更高效。

10.11.2 toString、capacity、length、setLength 和 charAt 方法

StringBuilder 类提供了许多其他处理字符串构建器和获取其属性的方法，如图 10-20 所示。

capacity() 方法返回字符串构建器当前的容量。容量是指在不增加构建器大小的情况下能够存储的字符数量。

length() 方法返回字符串构建器中实际存储的字符数量。setLength(newLength) 方法设置字符串构建器的长度。如果参数 newLength 小于字符串构建器的当前长度，则字符串构建器会被截短到恰好能包含由参数 newLength 给定的字符个数。如果参数 newLength 大于或等于当前长度，则给字符串构建器追加足够多的空字符（'\u0000'），使其长度 length 变成

新参数 newLength。参数 newLength 必须大于等于 0。

java.lang.StringBuilder	
+toString(): String	从字符串构建器返回一个字符串对象 string
+capacity(): int	返回该字符串构建器的容量
+charAt(index: int): char	返回指定下标位置的字符
+length(): int	返回该构建器中的字符数
+setLength(newLength: int): void	为该构建器设置新的长度
+substring(startIndex: int): String	返回从 startIndex 开始的子字符串
+substring(startIndex: int, endIndex: int): String	返回从 startIndex 到 endIndex-1 的子字符串
+trimToSize(): void	减少用于字符串构建器的存储大小

图 10-20 StringBuilder 类包括修改字符串构建器的方法

charAt(index) 方法返回字符串构建器中指定下标 index 位置的字符。下标是基于 0 的，字符串构建器中的第一个字符的下标为 0，下一个字符的下标为 1，以此类推。参数 index 必须大于或等于 0，并且小于字符串构建器的长度。

☞ 注意：字符串的长度总是小于或等于其容量。长度是存储在构建器中的字符串的实际大小，而容量是构建器的当前大小。如果有更多的字符添加到字符串构建器，超出它的容量，则构建器的容量就会自动增加。在计算机内部，字符串构建器是一个字符数组，因此，构建器的容量就是数组的大小。如果超出构建器的容量，就用新的数组替换现有数组。新数组的大小为 2×（之前数组的长度 +1）。

☞ 提示：可以使用 new StringBuilder(initialCapacity) 创建指定初始容量的 String-Builder。通过仔细地选择初始容量能够使程序更高效。如果容量总是大于构建器的实际使用长度，JVM 将永远不需要为构建器重新分配内存。另一方面，如果容量过大将会浪费内存空间。可以使用 trimToSize() 方法将容量减小到实际的大小。

10.11.3 示例学习：判断回文串时忽略既非字母又非数字的字符

程序清单 5-14 考虑字符串中的所有字符来检测字符串是否是回文串。编写一个新程序，检测一个字符串在忽略既非字母又非数字的字符时是否是一个回文串。

下面是解决这个问题的步骤：

1）通过删除既非字母又非数字的字符以过滤这个字符串。要做到这一点，需要创建一个空字符串构建器，将字符串中每一个字母或数字字符添加到字符串构建器中，然后从这个构建器返回所求的字符串。可以使用 Character 类中的 isLetterOrDigit(ch) 方法来检测字符 ch 是否是字母或数字。

2）倒置过滤后的字符串得到一个新字符串。使用 equals 方法对倒置后的字符串和过滤后的字符串进行比较。

完整的程序如程序清单 10-10 所示。

程序清单 10-10 PalindromeIgnoreNonAlphanumeric.java

```
1  import java.util.Scanner;
2
3  public class PalindromeIgnoreNonAlphanumeric {
4    /** Main method */
```

```java
 5    public static void main(String[] args) {
 6      // Create a Scanner
 7      Scanner input = new Scanner(System.in);
 8
 9      // Prompt the user to enter a string
10      System.out.print("Enter a string: ");
11      String s = input.nextLine();
12
13      // Display result
14      System.out.println("Ignoring nonalphanumeric characters, \nis "
15        + s + " a palindrome? " + isPalindrome(s));
16    }
17
18    /** Return true if a string is a palindrome */
19    public static boolean isPalindrome(String s) {
20      // Create a new string by eliminating nonalphanumeric chars
21      String s1 = filter(s);
22
23      // Create a new string that is the reversal of s1
24      String s2 = reverse(s1);
25
26      // Check if the reversal is the same as the original string
27      return s2.equals(s1);
28    }
29
30    /** Create a new string by eliminating nonalphanumeric chars */
31    public static String filter(String s) {
32      // Create a string builder
33      StringBuilder stringBuilder = new StringBuilder();
34
35      // Examine each char in the string to skip alphanumeric char
36      for (int i = 0; i < s.length(); i++) {
37        if (Character.isLetterOrDigit(s.charAt(i))) {
38          stringBuilder.append(s.charAt(i));
39        }
40      }
41
42      // Return a new filtered string
43      return stringBuilder.toString();
44    }
45
46    /** Create a new string by reversing a specified string */
47    public static String reverse(String s) {
48      StringBuilder stringBuilder = new StringBuilder(s);
49      stringBuilder.reverse(); // Invoke reverse in StringBuilder
50      return stringBuilder.toString();
51    }
52  }
```

```
Enter a string: ab<c>cb?a ↵Enter
Ignoring nonalphanumeric characters,
is ab<c>cb?a a palindrome? true
```

```
Enter a string: abcc><?cab ↵Enter
Ignoring nonalphanumeric characters,
is abcc><?cab a palindrome? false
```

filter(String s)方法(第31～44行)逐个检测字符串s中的每个字符,如果字符是字母或数字字符,则将其复制到字符串构建器。filter方法返回构建器中的字符串。

reverse(String s) 方法（第 47～51 行）创建一个新字符串，这个新串是给定字符串 s 的倒置。filter 方法和 reverse 方法都会返回一个新字符串。原始字符串并没有改变。

程序清单 5-14 中的程序通过比较字符串两端的一对字符来检测一个字符串是否是回文串。程序清单 10-10 使用 StringBuilder 类中的 reverse 方法倒置字符串，然后比较两个字符串是否相等以判断原始字符串是否是回文串。

✔ 复习题

10.11.1 StringBuilder 和 StringBuffer 之间的区别是什么？

10.11.2 如何从字符串创建字符串构建器？如何从字符串构建器返回字符串？

10.11.3 使用 StringBuilder 类中的 reverse 方法编写三条语句，倒置字符串 s。

10.11.4 编写三条语句，从包含 20 个字符的字符串 s 中删除下标从 4 到 10 的子串。使用 String-Builder 类中的 delete 方法。

10.11.5 字符串和字符串构建器内部用什么存储字符？

10.11.6 假设给出如下所示的 s1 和 s2：

```
StringBuilder s1 = new StringBuilder("Java");
StringBuilder s2 = new StringBuilder("HTML");
```

显示执行下列每条语句之后 s1 的值。假定这些语句都是相互独立的。

 a. s1.append(" is fun");
 b. s1.append(s2);
 c. s1.insert(2, "is fun");
 d. s1.insert(1, s2);
 e. s1.charAt(2);
 f. s1.length();
 g. s1.deleteCharAt(3);
 h. s1.delete(1, 3);
 i. s1.reverse();
 j. s1.replace(1, 3, "Computer");
 k. s1.substring(1, 3);
 l. s1.substring(2);

10.11.7 给出下面程序的输出结果：

```java
public class Test {
  public static void main(String[] args) {
    String s = "Java";
    StringBuilder builder = new StringBuilder(s);
    change(s, builder);

    System.out.println(s);
    System.out.println(builder);
  }

  private static void change(String s, StringBuilder builder) {
    s = s + " and HTML";
    builder.append(" and HTML");
  }
}
```

关键术语

Abstract data type（ADT，抽象数据类型）
Aggregation（聚集）
Boxing（装箱）
class abstraction（类抽象）
class encapsulation（类封装）
class contract（类的合约）
composition（组合）
has-a relationship（拥有关系）
multiplicity（多重性）
stack（栈）
unboxing（拆箱）

本章小结

1. 面向过程范式聚焦于方法的设计。面向对象范式将数据和方法结合在对象中。使用面向对象范式的软件设计聚焦于对象和对象上的操作。面向对象方法结合了面向过程范式的功能，并将数据和操作集成在对象中。
2. 许多 Java 方法要求使用对象作为参数。Java 提供了一个便捷的办法，将基本数据类型合并或包装到一个对象中（例如，包装 int 到 Integer 类中，包装 double 到 Double 类中）。
3. Java 可以根据上下文自动地将基本类型值转换为对应的包装对象，反之亦然。
4. `BigInteger` 类在计算和处理任意大小的整数时很有用。`BigDecimal` 类可以计算和处理带任意精度的浮点数。
5. `String` 对象是不可变的，其内容不能改变。为了提高效率和节省内存，如果两个字面值字符串有相同的字符序列，Java 虚拟机就将它们存储在一个独特的对象中。这个独特的对象称为驻留字符串对象。
6. 正则表达式（缩写为 regex）是一个描述模板的字符串，该模板用于匹配字符串集。可以通过指定一个模板来匹配、替换或者拆分字符串。
7. `StringBuilder` 和 `StringBuffer` 类可用于替代 `String` 类。`String` 对象是不可变的，但可以向 `StringBuilder` 和 `StringBuffer` 对象中添加、插入或追加新的内容。如果字符串的内容不需要任何改变，就使用 `String` 类；如果可能改变的话，则使用 `StringBuilder` 和 `StringBuffer` 类。

测试题

在线回答配套网站上的本章测试题。

编程练习题

10.2 和 10.3 节

*10.1 （Time 类）设计一个名为 Time 的类，包含：
- 表示时间的数据域 hour、minute 和 second。
- 一个以当前时间创建 Time 对象的无参构造方法（数据域的值表示当前时间）。
- 一个构造 Time 对象的构造方法，用一个指定的流逝时间值来构造 Time 对象，这个值是从 1970 年 1 月 1 日午夜开始到现在流逝的毫秒数值（数据域的值表示这个时间）。
- 以指定的小时、分钟和秒来构造 Time 对象的构造方法。
- 三个数据域 hour、minute 和 second 各自的获取方法。
- 一个名为 setTime(long elapseTime) 的方法使用流逝的时间给对象设置一个新时间。例如，如果流逝的时间为 555550000 毫秒，则转换为 10 小时、19 分钟、10 秒。

　　画出该类的 UML 图并实现这个类。编写测试程序，创建两个 Time 对象（使用 new Time() 和 new Time(555550000)），然后显示它们的小时、分钟和秒数。提示：前两个构造方法可以从流逝的时间中提取出小时、分钟和秒。对于无参构造方法，可以使用 System.currentTimeMills() 获取当前时间，如程序清单 2-7 所示。假设时间使用 GMT。

10.2 （BMI 类）将下面的新构造方法加入 BMI 类中：

```
/** Construct a BMI with the specified name, age, weight,
 * feet, and inches
 */
public BMI(String name, int age, double weight, double feet,
  double inches)
```

10.3 （MyInteger 类）设计一个名为 MyInteger 的类，包含：
- 一个名为 value 的 int 类型数据域，存储这个对象表示的 int 值。
- 一个为指定的 int 值创建 MyInteger 对象的构造方法。
- 一个返回 int 值的获取方法。
- 如果对象中的值分别为偶数、奇数或素数，那么 isEven()、isOdd() 和 isPrime() 方法会分别返回 true。
- 如果指定的值分别为偶数、奇数或素数，那么静态方法 isEven(int)、isOdd(int) 和 isPrime(int) 会分别返回 true。
- 如果指定的值分别为偶数、奇数或素数，那么静态方法 isEven(MyInteger)、isOdd(MyInteger) 和 isPrime(MyInteger) 会分别返回 true。
- 如果该对象的值与指定的值相等，那么 equals(int) 和 equals(MyInteger) 方法返回 true。
- 静态方法 parseInt(char[]) 将数字字符构成的数组转换为一个 int 值。
- 静态方法 parseInt(String) 将字符串转换为一个 int 值。

画出该类的 UML 图并实现这个类。编写客户程序测试这个类中的所有方法。

10.4 （MyPoint 类）设计一个名为 MyPoint 的类，代表一个以 x 坐标和 y 坐标表示的点。该类包括：
- 带获取方法的数据域 x 和 y，用于表示坐标。
- 一个创建点 (0,0) 的无参构造方法。
- 以指定坐标构建点的构造方法。
- 一个名为 distance 的方法，返回从该点到 MyPoint 类型的指定点之间的距离。
- 一个名为 distance 的方法，返回从该点到指定 x 和 y 坐标的另一个点之间的距离。
- 一个名为 distance 的静态方法，返回两个 MyPoint 对象之间的距离。

画出该类的 UML 图并实现这个类。编写测试程序，创建两个点 (0,0) 和 (10,30.5)，并显示它们之间的距离。

10.4 ~ 10.8 节

*10.5 （显示素数因子）编写程序，提示用户输入一个正整数，然后以降序显示它的所有最小因子。例如：如果整数为 120，那么最小因子显示为 5、3、2、2、2。使用 StackOfIntegers 类存储因子（例如 2、2、2、3、5），获取并按逆序显示这些因子。

*10.6 （显示素数）编写程序，然后按降序显示小于 120 的所有素数。使用 StackOfIntegers 类存储这些素数（例如 2、3、5 等），获取之后按逆序显示它们。

**10.7 （游戏：ATM 机）使用编程练习题 9.7 中创建的 Account 类来模拟一台 ATM 机。创建一个包含 10 个账户的数组，其 id 为 0、1、…、9，初始余额为 100 美元。系统提示用户输入一个 id。如果输入的 id 不正确，就要求用户输入正确的 id。一旦接受一个 id，则显示如以下运行示例所示的主菜单。可以选择 1 来查看当前的余额，选择 2 取钱，选择 3 存钱，选择 4 退出主菜单。一旦退出，系统就会提示再次输入 id。所以，系统一旦启动就不会停止。

```
Enter an id: 4 [↵Enter]

Main menu
1: check balance
2: withdraw
3: deposit
4: exit
Enter a choice: 1 [↵Enter]
The balance is 100.0

Main menu
1: check balance
2: withdraw
3: deposit
4: exit
Enter a choice: 2 [↵Enter]
Enter an amount to withdraw: 3 [↵Enter]

Main menu
1: check balance
2: withdraw
3: deposit
4: exit
Enter a choice: 1 [↵Enter]
The balance is 97.0

Main menu
1: check balance
2: withdraw
3: deposit
4: exit
Enter a choice: 3 [↵Enter]
Enter an amount to deposit: 10 [↵Enter]

Main menu
1: check balance
2: withdraw
3: deposit
4: exit
Enter a choice: 1 [↵Enter]
The balance is 107.0

Main menu
1: check balance
2: withdraw
3: deposit
4: exit
Enter a choice: 4 [↵Enter]

Enter an id:
```

***10.8 （金融：Tax 类）编程练习题 8.12 使用数组编写了一个计算税款的程序。设计一个名为 Tax 的类，该类包含下面的实例数据域。

- `int filingStatus`（四种纳税人情况之一）：0——单身纳税人，1——已婚共缴纳税人或符合条件的鳏寡，2——已婚单缴纳税人，3——户主纳税人。使用公共静态常量 SINGLE_FILER(0)、MARRIED_JOINTLY_OR_QUALIFYING_WIDOW(ER)(1)、MARRIED_SEPARATELY(2) 和 HEAD_OF_HOUSEHOLD(3) 表示这些状态。
- `int[][] brackets`：存储每种纳税人的纳税等级。
- `double[] rates`：存储每种纳税等级的税率。

- double taxableIncome：存储可征税收入。

为每个数据域提供获取方法和设置方法，并提供返回税款的 getTax() 方法。该类还提供一个无参构造方法和构造方法 Tax(filingStatus,brackets,rates,taxableIncome)。

画出该类的 UML 图并实现这个类。编写测试程序，使用 Tax 类对所给四种纳税人打印 2001 年和 2009 年的税款表，可征税收入范围在 50 000 美元和 60 000 美元之间，间隔为 1000 美元。2009 年的税率参见表 3-2，2001 年的税率参见表 10-1。

表 10-1 2001 年美国联邦个人所得税税率表

税率	单身纳税人	已婚共缴纳税人或符合条件的鳏寡纳税人	已婚单缴纳税人	户主纳税人
15%	$27 050 以下	$45 200 以下	$22 600 以下	$36 250 以下
27.5%	$27 051～65 550	$45 201～109 250	$22 601～54 625	$36 251～93 650
30.5%	$65 551～136 750	$109 251～166 500	$54 626～83 250	$93 651～151 650
35.5%	$136 751～29 7350	$166 501～297 350	$83 251～148 675	$151 651～297 350
39.1%	$297 351 及以上	$297 351 及以上	$148 676 及以上	$297 351 及以上

**10.9 （Course 类）如下改写 Course 类：
- 改写 getStudents() 方法以返回一个数组，该数组的长度等于课程的选课学生数。（提示：创建一个新的数组并将学生拷贝进去。）
- 程序清单 10-6 中数组的大小是固定的。改进 addStudent 方法，在数组没有更多空间添加的更多学生时，可以自动增加数组大小。这可以通过创建一个新的更大的数组并复制当前数组的内容来实现。
- 实现 dropStudent 方法。
- 添加一个名为 clear() 的新方法，用于退掉选某门课程的所有学生。

使用 https://liveexample.pearsoncmg.com/test/Exercise10_09.txt 中的程序测试你的程序。

*10.10 （Queue 类）10.6 节给出了一个 Stack 类。设计一个名为 Queue 的类用于存储整数。像栈一样，队列保存元素。在栈中，元素以"后进先出"的方式获取。在队列中，元素以"先进先出"的方式获取。该类包含：
- 一个名为 element 的 int[] 类型的数据域，保存队列中的 int 值。
- 一个名为 size 的数据域，保存队列中的元素个数。
- 一个构造方法，以默认容量为 8 来创建一个 Queue 对象。
- 方法 enqueue(int v)，用于将 v 加入队列中。
- 方法 dequeue()，用于从队列中移除元素并返回该元素。
- 方法 empty()，如果队列为空，该方法返回 true。
- 方法 getSize()，返回队列的大小。

画出该类的 UML 图并实现这个类，初始数组的大小为 8。一旦元素个数超过了数组大小，数组大小将会翻倍。如果一个元素从数组的开始部分移除，你需要将数组中的所有元素往左边移动一个位置。编写测试程序，添加从 1 到 20 的 20 个数字到队列中，然后将这些数字移除并显示它们。

*10.11 （几何：Circle2D 类）定义 Circle2D 类，包含：
- 两个带有获取方法的名为 x 和 y 的 double 类型数据域，指定圆心。
- 一个带获取方法的数据域 radius。
- 一个无参构造方法，创建一个 (x,y) 值为 (0,0) 且 radius 为 1 的默认圆。
- 一个构造方法，创建指定 x、y 和 radius 的圆。
- 一个返回圆面积的方法 getArea()。

- 一个返回圆周长的方法 getPerimeter()。
- 如果给定的点 (x,y) 在圆内,那么方法 contains(double x, double y) 返回 true,如图 10-21a 所示。
- 如果给定的圆在这个圆内,那么方法 contains(Circle2D circle) 返回 true,如图 10-21b 所示。
- 如果给定的圆和这个圆重叠,那么方法 overlaps(Circle2D circle) 返回 true,如图 10-21c 所示。

画出该类的 UML 图并实现这个类。编写测试程序,创建一个 Circle2D 对象 c1(new Circle2D(2,2,5.5)),显示它的面积和周长,并显示 c1.contains(3,3)、c1.contains(new Circle2D(4,5,10.5)) 和 c1.overlaps(new Circle2D(3,5,2.3)) 的结果。

 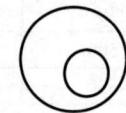 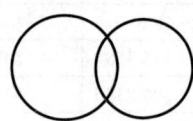

a)点在圆内　　　b)一个圆在另一个圆内　　　c)一个圆和另一个圆重叠

图 10-21

***10.12 (几何:Triangle2D 类) 定义 Triangle2D 类,包含:
- 三个名为 p1、p2 和 p3 的 MyPoint 类型数据域,这三个数据域都带有获取和设置方法。其中 MyPoint 在编程练习题 10.4 中定义。
- 一个无参构造方法,该方法创建三个坐标为 (0,0)、(1,1) 和 (2,5) 的点组成的默认三角形。
- 一个以指定点创建三角形的构造方法。
- 一个返回三角形面积的方法 getArea()。
- 一个返回三角形周长的方法 getPerimeter()。
- 如果给定的点 p 在这个三角形内,那么方法 contains(MyPoint p) 返回 true,如图 10-22a 所示。
- 如果给定的三角形在这个三角形内,那么方法 contains(Triangle2D t) 返回 true,如图 10-22b 所示。
- 如果给定的三角形和这个三角形重叠,那么方法 overlaps(Triangle2D t) 返回 true,如图 10-22c 所示。

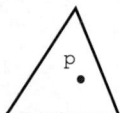  

a)点在三角形内　　　b)一个三角形在另一个三角形内　　　c)一个三角形和另一个三角形重叠

图 10-22

画出该类的 UML 图并实现这个类。编写测试程序,使用构造方法 new Triangle2D(new MyPoint(2.5,2),new MyPoint(4.2,3),new MyPoint(5,3.5)) 创建一个 Triangle2D 对象 t1,显示它的面积和周长,并显示 t1.contains(3,3)、t1.contains(new Triangle2D(new MyPoint(2.9,2), new MyPoint(4,1), MyPoint(1,3.4))) 和 t1.overlaps(new Triangle2D(new MyPoint(2,5.5), new MyPoint(4,-3),MyPoint(2,6.5))) 的结果。

提示:关于计算三角形面积的公式参见编程练习题 2.19。为了检测一个点是否在三角形中,画三条虚线,如图 10-23 所示。设 $\triangle$ 代表三角形的面积。如果 $\triangle ABp + \triangle ACp + \triangle BCp == \triangle ABC$,则点 p 位于三角形内，如图 10.23a 所示。否则，点 p 不在三角形内，如图 10.23b 所示。

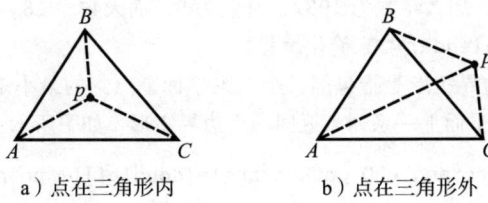

a）点在三角形内　　b）点在三角形外

图　10-23

*10.13 （几何：MyRectangle2D 类）定义 MyRectangle2D 类，包含：
- 两个名为 x 和 y 的带有获取方法和设置方法的 double 类型数据域，用于指定矩形的中心点（假设矩形的边与 x 轴和 y 轴平行）。
- 带获取方法和设置方法的数据域 width 和 height。
- 一个无参构造方法，用于创建一个 (x,y) 值为 (0,0) 且 width 和 height 为 1 的默认矩形。
- 一个构造方法，用于创建指定 x、y、width 和 height 的矩形。
- 方法 getAreac() 返回矩形的面积。
- 方法 getPerimeter() 返回矩形的周长。
- 如果给定点 (x,y) 在矩形内，那么方法 contains(double x, double y) 返回 true，如图 10-24a 所示。
- 如果给定的矩形在这个矩形内，那么方法 contains(MyRectangle2D r) 返回 true，如图 10-24b 所示。
- 如果给定的矩形和这个矩形重叠，那么方法 overlaps(MyRectangle2D r) 返回 true，如图 10-24c 所示。

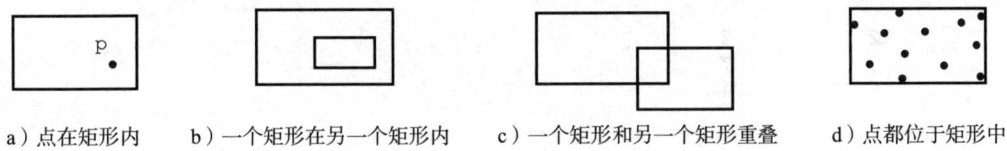

a）点在矩形内　　b）一个矩形在另一个矩形内　　c）一个矩形和另一个矩形重叠　　d）点都位于矩形中

图　10-24

画出该类的 UML 图并实现这个类。编写测试程序，创建一个 MyRectangle2D 对象 r1(new MyRectangle2D(2,2,5.5,4.9))，显示它的面积和周长，然后显示 r1.contains(3,3)、r1.contains(new MyRectangle2D(4,5,10.5,3.2)) 和 r1.overlaps(new MyRectangle2D(3,5, 2.3,5.4)) 的结果。

*10.14 （MyDate 类）设计一个名为 MyDate 的类，包含：
- 表示日期的数据域 year、month 和 day。月份是从 0 开始的，即 0 表示一月份。
- 一个无参构造方法，用于创建当前日期的 MyDate 对象。
- 一个构造方法，以指定的流逝时间值创建 MyDate 对象，该流逝时间从 1970 年 1 月 1 日午夜开始计算并以毫秒数为单位。
- 一个构造方法，以指定年、月、日创建一个 MyDate 对象。
- 三个分别用于数据域 year、month 和 day 的获取方法。
- 一个名为 setDate(long elapsedTime) 的方法，使用流逝的时间为对象设置新日期。

画出该类的 UML 图并实现这个类。编写测试程序，创建两个 Date 对象（使用 new Date() 和 new Date(34355555133101L)，然后显示它们的小时、分钟和秒。

提示：前两个构造方法从逝去的时间中提取出年、月、日。例如，如果逝去的时间是561555550000毫秒，那么年数为1987，月数为9，而天数为18。可以使用编程练习题9.5中讨论的GregorianCalendar类来简化编程。

*10.15 （几何：边界矩形）边界矩形是指包围一个二维平面上点集的最小矩形，如图10-24d所示。编写一个方法，为二维平面上一系列点返回一个边界矩形，如下所示：

public static MyRectangle2D getRectangle(**double**[][] points)

Rectangle2D类在编程练习题10.13中定义。编写测试程序，提示用户输入5个点，然后显示边界矩形的中心、宽度以及高度。

```
Enter five points: 1.0 2.5 3 4 5 6 7 8 9 10  ↵Enter
The bounding rectangle's center (5.0, 6.25), width 8.0, height 7.5
```

10.9 节

*10.16 （被2或3整除）找出能被2或3整除的有50个十进制位数的前10个数字。

*10.17 （平方数）找出大于 Long.MAX_VALUE 的前10个平方数。平方数是指形式为 n^2 的数。例如，4、9以及16都是平方数。找到一种使程序能快速运行的高效方法。

*10.18 （大素数）编写程序找出五个大于 Long.MAX_VALUE 的素数。

*10.19 （Mersenne 素数）如果一个素数可以写成 2^p-1 的形式，那么该素数就称为 Mersenne 素数，其中 p 为正整数。编写程序找出 $p \leq 100$ 的所有 Mersenne 素数，然后给出如下所示的输出。提示：需要使用 BigInteger 来存储数字，因为数字太大了，不能用 long 来存储。程序可能需要运行几个小时。

```
p        2^p - 1
---------------------
2        3
3        7
5        31
...
```

*10.20 （近似 e）编程练习题5.26使用下面数列近似计算 e：

$$e = 1 + \frac{1}{1!} + \frac{1}{2!} + \frac{1}{3!} + \frac{1}{4!} + \cdots + \frac{1}{i!}$$

为了得到更好的精度，在计算中使用25位精度的 BigDecimal。编写程序，显示当 i=100, 200, …, 1000 时 e 的值。

10.21 （被5或6整除）找出能被5或6整除的大于 Long.MAX_VALUE 的前10个数字。

10.10 和 10.11 节

**10.22 （实现 String 类）Java 库中提供了 String 类，给出你自己对下面方法的实现（将新类命名为MyString1）：

```
public MyString1(char[] chars);
public char charAt(int index);
public int length();
public MyString1 substring(int begin, int end);
public MyString1 toLowerCase();
public boolean equals(MyString1 s);
public static MyString1 valueOf(int i);
```

**10.23 （实现 String 类）在 Java 库中提供了 String 类，给出你自己对下面方法的实现（将新类命名为 MyString2）：

```
public MyString2(String s);
public int compare(String s);
public MyString2 substring(int begin);
public MyString2 toUpperCase();
public char[] toChars();
public static MyString2 valueOf(boolean b);
```

10.24 （实现Character类）在Java库中提供了Character类，给出你自己对这个类的实现（将新类命名为MyCharacter）。

**10.25 （新的字符串split方法）String类中的split方法会返回一个字符串数组，该数组是由分隔符分隔开的子串构成的，但不返回分隔符。实现下面的新方法，返回字符串数组，这个数组由用匹配字符分隔开的子串构成，包括匹配字符。

```
public static String[] split(String s, String regex)
```

例如，split("ab#12#453","#")会返回ab、#、12、#和453构成的String数组，而split("a?b?gf#e","[?#]")会返回a、?、b、?、gf、#和e构成的字符串数组。

*10.26 （计算器）修改程序清单7-9，接收一个字符串表达式，其中操作符和操作数由0到多个空格隔开。例如，3+4和3 + 4都是可以接受的表达式。下面是一个运行示例：

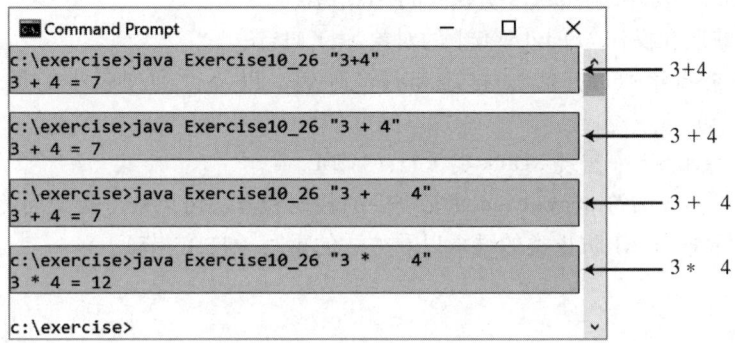

**10.27 （实现StringBuilder类）在Java库中提供了StringBuilder类。给出你自己对下面方法的实现（将新类命名为MyStringBuilder1）：

```
public MyStringBuilder1(String s);
public MyStringBuilder1 append(MyStringBuilder1 s);
public MyStringBuilder1 append(int i);
public int length();
public char charAt(int index);
public MyStringBuilder1 toLowerCase();
public MyStringBuilder1 substring(int begin, int end);
public String toString();
```

**10.28 （实现StringBuilder类）在Java库中提供了StringBuilder类。给出你自己对下面方法的实现（将新类命名为MyStringBuilder2）：

```
public MyStringBuilder2();
public MyStringBuilder2(char[] chars);
public MyStringBuilder2(String s);
public MyStringBuilder2 insert(int offset, MyStringBuilder2 s);
public MyStringBuilder2 reverse();
public MyStringBuilder2 substring(int begin);
public MyStringBuilder2 toUpperCase();
```

第 11 章
Introduction to Java Programming and Data Structures, Comprehensive Version, Twelfth Edition

继承和多态

教学目标
- 通过继承由父类定义子类（11.2 节）。
- 使用关键字 super 调用父类的构造方法和方法（11.3 节）。
- 在子类中重写实例方法（11.4 节）。
- 区分重写和重载的不同（11.5 节）。
- 探究 Object 类中的 toString() 方法（11.6 节）。
- 理解多态和动态绑定（11.7 和 11.8 节）。
- 描述转换并解释显式向下转换的必要性（11.9 节）。
- 探究 Object 类中的 equals 方法（11.10 节）。
- 存储、获取和操作 ArrayList 中的对象（11.11 节）。
- 用数组来构建 ArrayList，排序和打乱列表，以及得到列表中的最大和最小元素（11.12 节）。
- 使用 ArrayList 来实现 Stack 类（11.13 节）。
- 使用可见性修饰符 protected 使父类中的数据和方法可以被子类访问（11.14 节）。
- 使用修饰符 final 防止类的继承以及方法的重写（11.15 节）。

11.1 引言

要点提示：面向对象编程支持从已经存在的类中定义新的类，这称为继承。

如本书前面章节所讨论的，面向过程范式的重点在于方法的设计，而面向对象范式将数据和方法结合在对象中。使用面向对象范式的软件设计聚焦于对象以及对象上的操作。面向对象方法结合了面向过程范式的强大之处，并且进一步将数据和操作集成在对象中。

继承对于软件重用是一个重要且功能强大的特征。假设要定义一个类来对圆、矩形和三角形建模，这些类有很多共同的特性。设计这些类以避免冗余并使系统易于理解和维护的最好方式是什么？答案是使用继承。

11.2 父类和子类

要点提示：继承使得你可以定义一个通用的类（即父类），之后继承该类为一个更特殊的类（即子类）。

使用类来对同一类型的对象建模。不同的类可能会有一些共同的特征和行为，可以在一个通用类中表达这些共同之处，并被其他类所共享。可以定义继承自通用类的特定的类。这些特定的类继承通用类中的特征和方法。

考虑一下几何对象。假设要设计类来对像圆和矩形这样的几何对象建模。几何对象有许多共同的属性和行为。它们可以是用某种颜色画出来的，可以填充或者不填充。可以用一个通用类 GeometricObject 来建模所有的几何对象。这个类包括属性 color 和 filled，以及适用于这些属性的获取方法和设置方法。假设该类还包括 dateCreated 属性以及 getDateCreated() 和 toString() 方法。toString() 方法返回该对象的字符串表示。由于圆是一个特殊类型的几何对象,所以它和其他几何对象共享共同的属性和方法。因此,通过继承 GeometricObject 类来定义 Circle 类是有意义的。同理,Rectangle 也可以定义为 GeometricObject 的特殊类型。图 11-1 显示了这些类之间的关系,指向通用类的三角箭头用来表示这两个类之间的继承关系。

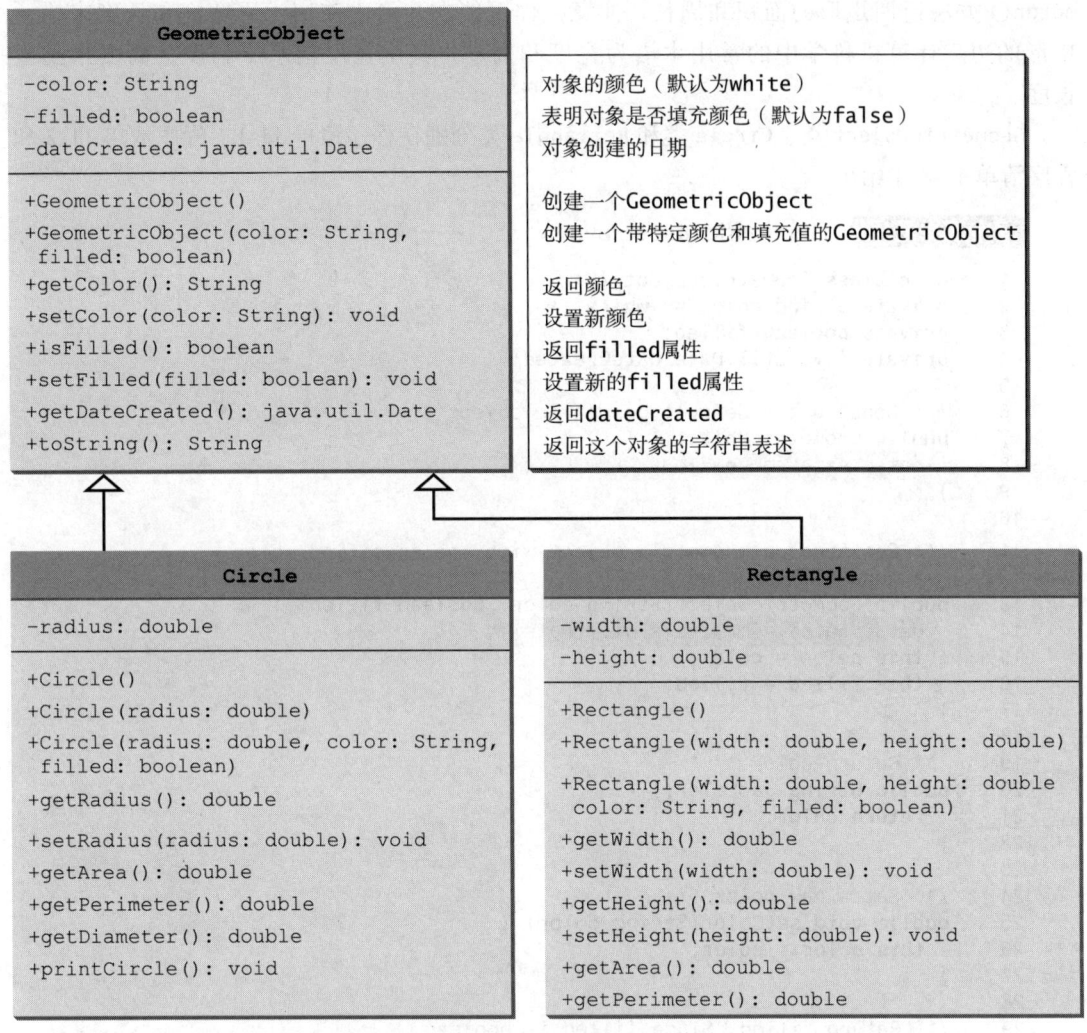

图 11-1　GeometricObject 类是 Circle 类和 Rectangle 类的父类

在 Java 术语中,如果类 C1 继承自另一个类 C2,则将 C1 称为子类(subclass),将 C2 称为超类(superclass)。超类也称为父类(parent class)或基类(base class),子类又称为继承类(extended class)或派生类(derived class)。子类从它的父类中继承可访问的数据域和方法,还可以添加新的数据域和方法。因此,Circle 和 Rectangle 都是 GeometricObject 的子类,GeometricObject 是 Circle 和 Rectangle 的父类。一个类定义了一个类型。由子类定义的类型称为子类型(subtype),由父类定义的类型称为父类型(supertype)。因此,可以说 Circle 是 GeometricObject 的子类型,而 GeometricObject 是 Circle 的父类型。

子类和它的父类形成了"是一种"（is-a）关系。Circle 对象是通用的 GeometricObject 的一种特殊类型。Circle 类继承了 GeometricObject 类中所有可访问的数据域和方法。除此之外，它还有一个新的数据域 radius，以及相关的获取方法和设置方法。Circle 类还包括 getArea()、getPerimeter() 和 getDiameter() 方法以返回圆的面积、周长和直径。

Rectangle 类从 GeometricObject 类继承所有可访问的数据域和方法。此外，它还有 width 和 height 数据域以及相关的获取方法和设置方法。它还包括 getArea() 和 getPerimeter() 方法返回矩形的面积和周长。注意，你可能在几何中使用术语宽度和长度来描述矩形的边。计算机科学中的常用术语为宽度和高度，其中宽度指水平长度，高度指垂直长度。

GeometricObject 类、Circle 类和 Rectangle 类分别在程序清单 11-1、程序清单 11-2 和程序清单 11-3 中给出。

程序清单 11-1 GeometricObject.java

```java
 1  public class GeometricObject {
 2    private String color = "white";
 3    private boolean filled;
 4    private java.util.Date dateCreated;
 5
 6    /** Construct a default geometric object */
 7    public GeometricObject() {
 8      dateCreated = new java.util.Date();
 9    }
10
11    /** Construct a geometric object with the specified color
12     *  and filled value */
13    public GeometricObject(String color, boolean filled) {
14      dateCreated = new java.util.Date();
15      this.color = color;
16      this.filled = filled;
17    }
18
19    /** Return color */
20    public String getColor() {
21      return color;
22    }
23
24    /** Set a new color */
25    public void setColor(String color) {
26      this.color = color;
27    }
28
29    /** Return filled. Since filled is boolean,
30     *  its getter method is named isFilled */
31    public boolean isFilled() {
32      return filled;
33    }
34
35    /** Set a new filled */
36    public void setFilled(boolean filled) {
37      this.filled = filled;
38    }
39
40    /** Get dateCreated */
```

```java
41    public java.util.Date getDateCreated() {
42      return dateCreated;
43    }
44
45    /** Return a string representation of this object */
46    public String toString() {
47      return "created on " + dateCreated + "\ncolor: " + color +
48        " and filled: " + filled;
49    }
50  }
```

程序清单 11-2 Circle.java

```java
1  public class Circle extends GeometricObject {
2    private double radius;
3
4    public Circle() {
5    }
6
7    public Circle(double radius) {
8      this.radius = radius;
9    }
10
11   public Circle(double radius,
12       String color, boolean filled) {
13     this.radius = radius;
14     setColor(color);
15     setFilled(filled);
16   }
17
18   /** Return radius */
19   public double getRadius() {
20     return radius;
21   }
22
23   /** Set a new radius */
24   public void setRadius(double radius) {
25     this.radius = radius;
26   }
27
28   /** Return area */
29   public double getArea() {
30     return radius * radius * Math.PI;
31   }
32
33   /** Return diameter */
34   public double getDiameter() {
35     return 2 * radius;
36   }
37
38   /** Return perimeter */
39   public double getPerimeter() {
40     return 2 * radius * Math.PI;
41   }
42
43   /** Print the circle info */
44   public void printCircle() {
45     System.out.println("The circle is created " + getDateCreated() +
46       " and the radius is " + radius);
47   }
48  }
```

Circle 类（程序清单 11-2）使用下面的语法继承 GeometricObject 类（程序清单 11-1）：

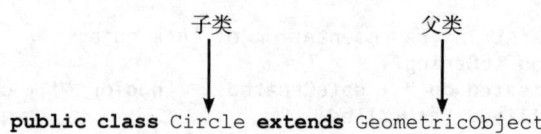

关键字 extends（第 1 行）告诉编译器，Circle 类继承自 GeometricObject 类，这样，它就继承了 getColor、setColor、isFilled、setFilled 和 toString 方法。

重载的构造方法 Circle(double radius,String color,boolean filled) 是通过调用 setColor 和 setFilled 方法来实现的，用于设置 color 和 filled 属性（第 14 和 15 行）。在父类 GeometricObject 中定义的 public 方法在 Circle 中继承，因此它们可以在 Circle 类中使用它们。

你可能会试图在构造方法中直接使用数据域 color 和 filled，如下所示：

```
public Circle(double radius, String color, boolean filled) {
  this.radius = radius;
  this.color = color; // Illegal
  this.filled = filled; // Illegal
}
```

这是错误的，因为 GeometricObject 类的私有数据域 color 和 filled 不能被除了 GeometricObject 类本身之外的其他任何类访问。读取和改变 color 与 filled 的唯一方法就是通过它们的获取方法和设置方法。

Rectangle 类（程序清单 11-3）使用下面的语法继承 GeometricObject 类（程序清单 11-1）：

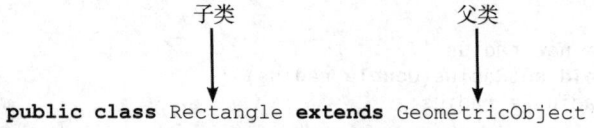

关键字 extends（第 1 行）告诉编译器 Rectangle 类继承自 GeometricObject 类，也就是继承了 getColor、setColor、isFilled、setFilled 和 toString 方法。

程序清单 11-3 Rectangle.java

```
1  public class Rectangle extends GeometricObject {
2    private double width;
3    private double height;
4
5    public Rectangle() {
6    }
7
8    public Rectangle(double width, double height) {
9      this.width = width;
10     this.height = height;
11   }
12
13   public Rectangle(
14       double width, double height, String color, boolean filled) {
15     this.width = width;
```

```
16      this.height = height;
17      setColor(color);
18      setFilled(filled);
19    }
20
21    /** Return width */
22    public double getWidth() {
23      return width;
24    }
25
26    /** Set a new width */
27    public void setWidth(double width) {
28      this.width = width;
29    }
30
31    /** Return height */
32    public double getHeight() {
33      return height;
34    }
35
36    /** Set a new height */
37    public void setHeight(double height) {
38      this.height = height;
39    }
40
41    /** Return area */
42    public double getArea() {
43      return width * height;
44    }
45
46    /** Return perimeter */
47    public double getPerimeter() {
48      return 2 * (width + height);
49    }
50  }
```

程序清单11-4中的代码创建Circle和Rectangle对象并调用这些对象上的方法。toString()方法继承自GeometricObject类，并从Circle对象（第4行）和Rectangle对象（第11行）调用。

程序清单 11-4 TestCircleRectangle.java

```
1   public class TestCircleRectangle {
2     public static void main(String[] args) {
3       Circle circle = new Circle(1);
4       System.out.println("A circle " + circle.toString());
5       System.out.println("The color is " + circle.getColor());
6       System.out.println("The radius is " + circle.getRadius());
7       System.out.println("The area is " + circle.getArea());
8       System.out.println("The diameter is " + circle.getDiameter());
9
10      Rectangle rectangle = new Rectangle(2, 4);
11      System.out.println("\nA rectangle " + rectangle.toString());
12      System.out.println("The area is " + rectangle.getArea());
13      System.out.println("The perimeter is " +
14        rectangle.getPerimeter());
15    }
16  }
```

```
A circle created on Thu Feb 10 19:54:25 EST 2011
color: white and filled: false
```

```
The color is white
The radius is 1.0
The area is 3.141592653589793
The diameter is 2.0
A rectangle created on Thu Feb 10 19:54:25 EST 2011
color: white and filled: false
The area is 8.0
The perimeter is 12.0
```

下面是关于继承应该注意的几个关键点：

- 和常规解释相反，子类并不是父类的一个子集。实际上，子类通常比父类包含更多的信息和方法。
- 父类中的私有数据域在该类之外不可访问。因此，不能在子类中直接使用。但是，如果父类中定义了公共的访问器 / 修改器，那么可以通过这些公共的访问器 / 修改器来访问 / 修改它们。
- 不是所有的 "是一种"（is-a）关系都该用继承来建模。例如，正方形是一种矩形，但是不应该定义一个继承自 Rectangle 类的 Square 类，因为 width 和 height 属性并不适用于正方形。相反，应该定义一个继承自 GeometricObject 类的 Square 类，并为正方形的边定义一个 side 属性。
- 继承是用来建模 "是一种" 关系的。不要仅仅为了重用方法而盲目地继承一个类。例如，尽管 Person 类和 Tree 类可以共享类似 height 和 weight 这样的通用特性，但是从 Person 类继承出 Tree 类是毫无意义的。子类及其父类之间必须存在 "是一种" 关系。
- 某些程序设计语言允许从几个类派生出一个子类。这种能力称为多重继承（multiple inheritance）。但是在 Java 中不允许多重继承。一个 Java 类只可能直接继承自一个父类。这种限制称为单一继承（single inheritance）。如果使用 extends 关键字来定义一个子类，它只允许有一个父类。然而，多重继承可以通过接口来实现，这部分内容将在 13.5 节中介绍。

✓ 复习题

11.2.1 下面说法是真是假？子类是父类的子集。

11.2.2 使用什么关键字来定义一个子类？

11.2.3 什么是单一继承？什么是多重继承？Java 支持多重继承吗？

11.3 使用 super 关键字

要点提示：关键字 super 指代父类，可以用于调用父类中的普通方法和构造方法。

子类继承其父类中可访问的数据域和方法。它继承了构造方法吗？父类的构造方法能够从子类调用吗？本节就来解决这些问题以及其他衍生问题。

9.14 节中介绍了关键字 this 的作用，它是对调用对象的引用。关键字 super 指向该 super 所在的类的父类。关键字 super 可以用于两种途径：

1）调用父类的构造方法。

2）调用父类的普通方法。

11.3.1 调用父类的构造方法

构造方法用于构建一个类的实例。不同于属性和普通方法，父类的构造方法不会被子类继承。它们只能使用关键字 super 从子类的构造方法中调用。

调用父类构造方法的语法是：

super()或者 **super**(arguments);

语句 super() 调用父类的无参构造方法，而语句 super(arguments) 调用与 arguments 匹配的父类的构造方法。语句 super() 或 super(arguments) 必须出现在子类构造方法的第一行，这是显式调用父类构造方法的唯一方式。例如，程序清单 11-2 中第 11 ～ 16 行的构造方法可以用下面的代码替换：

```
public Circle(double radius, String color, boolean filled) {
  super(color, filled);
  this.radius = radius;
}
```

> **警告**：必须使用关键字 super 调用父类的构造方法，而且这个调用必须是构造方法的第一条语句。在子类中调用父类构造方法名会引起一个语法错误。

11.3.2 构造方法链

构造方法可以调用重载的构造方法或其父类的构造方法。如果它们都没有被显式地调用，编译器会自动放置 super() 作为构造方法的第一条语句。例如：

```
public ClassName() {                    public ClassName() {
  // some statements      等价于           super();
}                                         // some statements
                                        }

public ClassName(parameters) {          public ClassName(parameters) {
  // some statements      等价于           super();
}                                         // some statements
                                        }
```

在任何情况下，构造一个类的实例时，将会调用沿着继承链的所有父类的构造方法。当构造一个子类的对象时，子类的构造方法会在完成自己的任务之前，首先调用其父类的构造方法。如果父类继承自另一个类，那么父类的构造方法又会在完成自己的任务之前，调用其父类的构造方法。这个过程持续到沿着这个继承层次结构的最后一个构造方法被调用为止。这称为**构造方法链**（constructor chaining）。

考虑下面的代码：

```
1  public class Faculty extends Employee {
2    public static void main(String[] args) {
3      new Faculty();
4    }
5
6    public Faculty() {
7      System.out.println("(4) Performs Faculty's tasks");
8    }
9  }
10
11 class Employee extends Person {
12   public Employee() {
13     this("(2) Invokes Employee's overloaded constructor");
```

```
14       System.out.println("(3) Performs Employee's tasks ");
15     }
16
17     public Employee(String s) {
18       System.out.println(s);
19     }
20   }
21
22   class Person {
23     public Person() {
24       System.out.println("(1) Performs Person's tasks");
25     }
26   }
```

```
(1) Performs Person's tasks
(2) Invokes Employee's overloaded constructor
(3) Performs Employee's tasks
(4) Performs Faculty's tasks
```

该程序会产生上面的输出。为什么呢？我们讨论一下原因。在第 3 行，`new Faculty()` 调用 Faculty 的无参构造方法。由于 Faculty 是 Employee 的子类，所以在 Faculty 构造方法中的所有语句执行之前，先调用 Employee 的无参构造方法。Employee 的无参构造方法调用 Employee 的第二个构造方法（第 13 行）。由于 Employee 是 Person 的子类，所以在 Employee 的第二个构造方法的任何语句执行之前，先调用 Person 的无参构造方法。这个过程如下图所示：

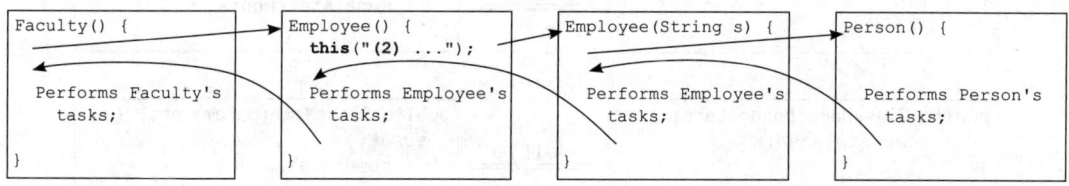

⚠ **警告**：如果要设计一个可继承的类，最好提供一个无参构造方法以避免程序设计错误。考虑下面的代码：

```
1   public class Apple extends Fruit {
2   }
3
4   class Fruit {
5     public Fruit(String name) {
6       System.out.println("Fruit's constructor is invoked");
7     }
8   }
```

由于在 Apple 中没有显式定义构造方法，因此 Apple 的默认无参构造方法被隐式调用。因为 Apple 是 Fruit 的子类，所以 Apple 的默认构造方法会自动调用 Fruit 的无参构造方法。然而，因为 Fruit 显式地定义了构造方法，所以 Fruit 没有无参构造方法。因此，程序不能被成功编译。

⚠ **设计指南**：最好为每个类提供一个无参构造方法，使得该类易于继承，同时避免错误。

11.3.3 调用父类的普通方法

关键字 super 不仅可以引用父类的构造方法，也可以引用父类的方法。语法如下：

```
super.method(arguments);
```

可以如下重写 Circle 类中的 printCircle() 方法：

```java
public void printCircle() {
  System.out.println("The circle is created " +
    super.getDateCreated() + " and the radius is " + radius);
}
```

在这种情况下，没有必要在 getDateCreated() 前放置 super，因为 getDateCreated 是 GeometricObject 类中的方法并被 Circle 类继承。然而，在某些情况下关键字 super 是必不可少的，如 11.4 节所示。

复习题

11.3.1 下面 a 中类 C 的运行结果输出什么？编译 b 中的程序时将出现什么问题？

```java
class A {
  public A() {
    System.out.println(
      "A's no-arg constructor is invoked");
  }
}
class B extends A {
}
public class C {
  public static void main(String[] args) {
    B b = new B();
  }
}
```
a)

```java
class A {
  public A(int x) {
  }
}
class B extends A {
  public B() {
  }
}
public class C {
  public static void main(String[] args) {
    B b = new B();
  }
}
```
b)

11.3.2 子类如何调用其父类的构造方法？

11.3.3 下面的说法是真是假？当子类调用构造方法时，其父类的无参构造方法总是会被调用。

11.4 方法重写

要点提示：要重写一个方法，需要在子类中使用和父类一样的签名来定义该方法。

子类从父类中继承方法。有时，子类需要修改父类中定义的方法的实现，这称为方法重写（method overriding）。

GeometricObject 类中的 ToString 方法（程序清单 11-1 的第 46 ~ 49 行）返回表示几何对象的字符串。这个方法可以被重写以返回表示圆的字符串，为此，在程序清单 11-2 的 Circle 类中加入下面的新方法：

```java
1  public class Circle extends GeometricObject {
2    // Other methods are omitted
3
4    // Override the toString method defined in the superclass
5    public String toString() {
6      return super.toString() + "\nradius is " + radius;
7    }
8  }
```

toString() 方法在 GeometricObject 类中定义并在 Circle 类中被修改。这两个方法都可以在 Circle 类中使用。要在 Circle 类中调用定义在 GeometricObject 中的 toString 方

法，使用 super.toString()（第6行）。

Circle 的子类能用语法 super.super.toString() 访问定义在 GeometricObject 中的 toString 方法吗？答案是不能，这是一个语法错误。

以下几点值得注意：
- 重写的方法必须与被重写的方法具有一样的签名，以及一样或者兼容的返回类型。兼容的含义是重写方法的返回类型可以是被重写方法的返回类型的子类型。
- 仅当实例方法可访问时，它才能被重写。因为私有方法在它自身类之外是不能访问的，所以它不能被重写。如果子类中定义的方法在父类中是私有的，那么这两个方法完全没有关系。
- 与实例方法一样，静态方法也能被继承。但是，静态方法不能被重写。如果父类中定义的静态方法在子类中被重新定义，那么在父类中定义的静态方法将被隐藏。可以使用语法"SuperClassName.staticMethodName"调用隐藏的静态方法。

✓ 复习题

11.4.1 下面说法是真是假？可以重写父类中定义的私有方法。
11.4.2 下面说法是真是假？可以重写父类中定义的静态方法。
11.4.3 如何从子类中显式地调用父类的构造方法？
11.4.4 如何从子类中调用一个被重写的父类的方法？

11.5 方法重写与重载

☞ **要点提示**：重载意味着使用同样的名字但是不同的签名来定义多个方法。重写意味着在子类中提供一个对方法的新的实现。

在 6.8 节中已经学过关于方法重载的知识。要重写一个方法，必须在子类中使用一样的签名以及一样或者兼容的返回类型定义方法。

我们用一个例子来演示重写和重载的不同。在图 a 中，类 A 中的方法 p(double i) 重写了在类 B 中定义的相同方法。但在图 b 中，类 A 中有两个重载的方法：p(double i) 和 p(int i)。方法 p(double i) 继承自类 B。

```java
public class TestOverriding {
  public static void main(String[] args) {
    A a = new A();
    a.p(10);
    a.p(10.0);
  }
}

class B {
  public void p(double i) {
    System.out.println(i * 2);
  }
}

class A extends B {
  // This method overrides the method in B
  public void p(double i) {
    System.out.println(i);
  }
}
```

a)

```java
public class TestOverloading {
  public static void main(String[] args) {
    A a = new A();
    a.p(10);
    a.p(10.0);
  }
}

class B {
  public void p(double i) {
    System.out.println(i * 2);
  }
}

class A extends B {
  // This method overloads the method in B
  public void p(int i) {
    System.out.println(i);
  }
}
```

b)

运行图 a 中的 TestOverriding 类时，a.p(10) 和 a.p(10.0) 调用的都是类 A 中定义的 p(double i) 方法并显示 10.0。运行图 b 中的 TestOverloading 类时，a.p(10) 调用类 A 中定义的 p(int i) 方法，显示输出为 10，而 a.p(10.0) 调用类 B 中定义的 p(double i) 方法，显示输出为 20.0。

注意以下几点：
- 方法重写发生在具有继承关系的不同类中；方法重载可以发生在同一个类中，也可以发生在具有继承关系的不同类中。
- 方法重写具有同样的签名；方法重载具有同样的名字但是不同的参数列表。

为避免错误，可以使用一种特殊的 Java 语法，称为重写标注（override annotation），在子类的方法前面放一个 @Override。例如：

```
1  public class Circle extends GeometricObject {
2    // Other methods are omitted
3
4    @Override
5    public String toString() {
6      return super.toString() + "\nradius is " + radius;
7    }
8  }
```

该标注表示被标注的方法必须重写父类的一个方法。如果具有该标注的方法没有重写其父类的方法，编译器将报告一个错误。例如，如果 toString 被错误地输入为 tostring，将报告一个编译错误。如果没有使用 @Override 标注，编译器不会报告错误。使用 @Override 标注可以避免错误。

复习题

11.5.1 指出下面代码中的错误：

```
1  public class Circle {
2    private double radius;
3
4    public Circle(double radius) {
5      radius = radius;
6    }
7
8    public double getRadius() {
9      return radius;
10   }
11
12   public double getArea() {
13     return radius * radius * Math.PI;
14   }
15 }
16
17 class B extends Circle {
18   private double length;
19
20   B(double radius, double length) {
21     Circle(radius);
22     length = length;
23   }
24
25   @Override
```

```
26    public double getArea() {
27      return getArea() * length;
28    }
29  }
```

11.5.2 解释方法重载和方法重写的不同之处。

11.5.3 如果子类中的方法具有和其父类中的方法相同的签名，且返回值类型也相同，那么这是方法重写还是方法重载？

11.5.4 如果子类中的方法具有和其父类中的方法相同的签名，但返回值类型不相同，这会存在问题吗？

11.5.5 如果子类中的方法具有和其父类中的方法相同的名字，但参数类型不同，那么这是方法重写还是方法重载？

11.5.6 使用 @Override 标注的好处是什么？

11.6 Object 类及其 toString() 方法

要点提示：Java 中的所有类都继承自 java.lang.Object 类。

如果在定义一个类时没有指定继承，那么这个类的父类默认是 Object。例如，下面两个类的定义是一样的：

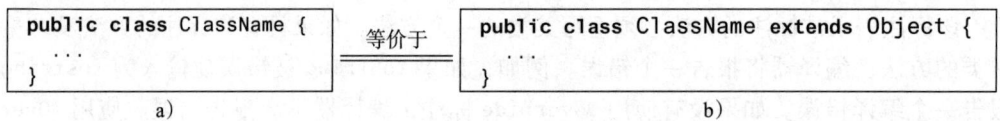

诸如 String、StringBuilder、Loan 和 GeometricObject 这样的类都隐式地是 Object 的子类（此前在本书中见到的所有主类也是如此）。熟悉 Object 类提供的方法是非常重要的，因为这样就可以在自己的类中使用它们。本节将介绍 Object 类中的 toString() 方法。

toString() 方法的签名是：

public String toString()

调用一个对象的 toString() 会返回一个描述该对象的字符串。默认情况下，它返回一个由该对象所属的类名、at 符号（@）以及用十六进制形式表示的该对象的内存地址组成的字符串。例如，考虑下面针对程序清单 10-2 中定义的 Loan 类的代码：

```
Loan loan = new Loan();
System.out.println(loan.toString());
```

该代码会显示像 Loan@15037e5 这样的字符串。这个信息不是很有用，或者说没有什么信息量。通常，应该重写这个 toString 方法，以返回一个代表该对象的描述性字符串。例如，Object 类中的 toString 方法在 GeometricObject 类中被重写，如程序清单 11-1 中第 46~49 行所示：

```
public String toString() {
  return "created on " + dateCreated + "\ncolor: " + color +
    " and filled: " + filled;
}
```

注意：也可以传递一个对象来调用 System.out.println(object) 或 System.out.print(object)。这等价于调用 System.out.println(object.toString()) 或 System.out.print(object.toString())。因

此，可以使用 System.out.println(loan) 来替换 System.out. println(loan.toString())。

11.7 多态

要点提示：多态意味着父类型的变量可以引用子类型的对象。

面向对象程序设计的三大支柱是封装、继承和多态。我们已经学习了前两个，本节将介绍多态。

继承关系使子类能继承父类的特征，并加入一些新特征。子类是其父类的特殊化，每个子类的实例都是其父类的实例，但是反过来不成立。例如，每个圆都是几何对象，但并非每个几何对象都是圆。因此，总可以将子类的实例传给父类型参数。考虑程序清单 11-5 中的代码。

程序清单 11-5 PolymorphismDemo.java

```
1  public class PolymorphismDemo {
2    /** Main method */
3    public static void main(String[] args) {
4      // Display circle and rectangle properties
5      displayObject(new Circle(1, "red", false));
6      displayObject(new Rectangle(1, 1, "black", true));
7    }
8
9    /** Display geometric object properties */
10   public static void displayObject(GeometricObject object) {
11     System.out.println("Created on " + object.getDateCreated() +
12       ". Color is " + object.getColor());
13   }
14 }
```

```
Created on Mon Mar 09 19:25:20 EDT 2011. Color is red
Created on Mon Mar 09 19:25:20 EDT 2011. Color is black
```

方法 displayObject（第 10 行）具有 GeometricObject 类型的参数。可以通过传递任何一个 GeometricObject 的实例（例如，在第 5 和 6 行的 new Circle(1,"red", false) 和 new Rectangle(1,1,"black",true)）来调用 displayObject。使用父类型对象的地方都可以使用子类型对象。这就是通常所说的多态（polymorphism，它源于希腊文字，意思是"多种形式"）。简单来说，多态意味着父类型的变量可以引用子类型的对象。

✓ **复习题**

11.7.1 面向对象程序设计的三大支柱是什么？什么是多态？

11.8 动态绑定

要点提示：方法可以在继承链上的多个类中实现。运行时 JVM 决定调用哪个方法。

方法可以在父类中定义而在子类中重写。例如，toString() 方法是在 Object 类中定义的，而在 GeometricObject 类中重写。考虑下面的代码：

```
Object o = new GeometricObject();
System.out.println(o.toString());
```

这里的 o 调用的是哪个 toString() 呢？为了回答这个问题，我们首先介绍两个术语：声明类型和实际类型。一个变量必须被声明为某种类型。声明变量的这个类型称为变量的声明类型（declared type）。这里，o 的声明类型是 Object。一个引用类型变量可以持有 null 值或者是一个对声明类型实例的引用。实例可以使用声明类型或其子类型的构造方法创建。变量的实际类型（actual type）是运行时被变量引用的对象的实际类。这里，o 的实际类型是 GeometricObject，因为 o 引用使用 new GeometricObject() 创建的对象。o 调用哪个 toString() 方法由 o 的实际类型决定。这称为动态绑定（dynamic binding）。

动态绑定工作机制如下：假设对象 o 是类 $C_1, C_2, \cdots, C_{n-1}, C_n$ 的实例，其中 C_1 是 C_2 的子类，C_2 是 C_3 的子类，$\cdots$，C_{n-1} 是 C_n 的子类，如图 11-2 所示。也就是说，C_n 是最通用的类，C_1 是最特殊的类。在 Java 中，C_n 是 Object 类。如果对象 o 调用一个方法 p，那么 JVM 会依次在类 $C_1, C_2, \cdots, C_{n-1}, C_n$ 中查找方法 p 的实现，直到找到为止。一旦找到一个实现就停止查找，然后调用这个最先找到的实现。

程序清单 11-6 给出了一个演示动态绑定的例子。

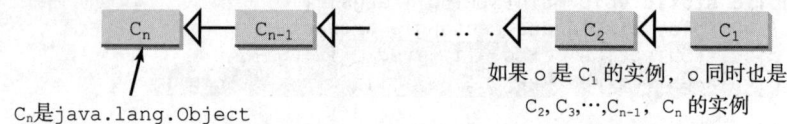

C_n 是 java.lang.Object

如果 o 是 C_1 的实例，o 同时也是 $C_2, C_3, \cdots, C_{n-1}, C_n$ 的实例

图 11-2 被调用的方法在运行时被动态绑定

程序清单 11-6 DynamicBindingDemo.java

```
 1  public class DynamicBindingDemo {
 2    public static void main(String[] args) {
 3      m(new GraduateStudent());
 4      m(new Student());
 5      m(new Person());
 6      m(new Object());
 7    }
 8
 9    public static void m(Object x) {
10      System.out.println(x.toString());
11    }
12  }
13
14  class GraduateStudent extends Student {
15  }
16
17  class Student extends Person {
18    @Override
19    public String toString() {
20      return "Student";
21    }
22  }
23
24  class Person extends Object {
25    @Override
26    public String toString() {
27      return "Person";
28    }
29  }
```

```
Student
Student
Person
java.lang.Object@130c19b
```

方法 m（第 9 行）有一个 Object 类型的参数。可以用任何对象（例如第 3～6 行的 new GraduateStudent()、new Student()、new Person() 和 new Object()）作为参数来调用 m 方法。

当执行方法 m(Object x) 时，调用参数 x 的 toString 方法。x 可能是 GraduateStudent、Student、Person 或者 Object 的实例。类 Student、Person 以及 Object 都实现了 toString 方法。使用哪个实现取决于运行时 x 的实际类型。调用 m(new GraduateStudent())（第 3 行）会导致定义在 Student 类中的 toString 方法被调用。

调用 m(new Student())（第 4 行）会调用在 Student 类中定义的 toString 方法。调用 m(new Person())（第 5 行）会调用在 Person 类中定义的 toString 方法。调用 m(new Object())（第 6 行）会调用在 Object 类中定义的 toString 方法。

匹配方法的签名和绑定方法的实现是两个不同的问题。引用变量的声明类型决定了编译时匹配哪个方法。在编译时，编译器会根据参数类型、参数个数和参数顺序找到匹配的方法。一个方法可能在继承链上的多个类中实现。Java 虚拟机在运行时动态绑定方法的实现，这是由变量的实际类型决定的。

✓ 复习题

11.8.1 什么是动态绑定？

11.8.2 描述方法匹配和方法绑定之间的不同。

11.8.3 可以将实例 new int[50]、new Integer[50]、new String[50] 或者 new Object[50] 赋值给 Object[] 类型的变量吗？

11.8.4 下面代码中哪里有错误？

```
1   public class Test {
2     public static void main(String[] args) {
3       Integer[] list1 = {12, 24, 55, 1};
4       Double[] list2 = {12.4, 24.0, 55.2, 1.0};
5       int[] list3 = {1, 2, 3};
6       printArray(list1);
7       printArray(list2);
8       printArray(list3);
9     }
10
11    public static void printArray(Object[] list) {
12      for (Object o: list)
13        System.out.print(o + " ");
14      System.out.println();
15    }
16  }
```

11.8.5 给出下面代码的输出。

```
public class Test {
  public static void main(String[] args) {
    new Person().printPerson();
    new Student().printPerson();
  }
}

class Student extends Person {
  @Override
  public String getInfo() {
    return "Student";
  }
}

class Person {
  public String getInfo() {
    return "Person";
  }

  public void printPerson() {
    System.out.println(getInfo());
  }
}
```
a)

```
public class Test {
  public static void main(String[] args) {
    new Person().printPerson();
    new Student().printPerson();
  }
}

class Student extends Person {
  private String getInfo() {
    return "Student";
  }
}

class Person {
  private String getInfo() {
    return "Person";
  }

  public void printPerson() {
    System.out.println(getInfo());
  }
}
```
b)

11.8.6 给出下面程序的输出。

```
1  public class Test {
2    public static void main(String[] args) {
3      A a = new A(3);
4    }
5  }
6
7  class A extends B {
8    public A(int t) {
9      System.out.println("A's constructor is invoked");
10   }
11 }
12
13 class B {
14   public B() {
15     System.out.println("B's constructor is invoked");
16   }
17 }
```

当调用 new A(3) 时，Object 的无参构造方法被调用了吗？

11.8.7 给出下面程序的输出：

```
public class Test {
  public static void main(String[] args) {
    new A();
    new B();
  }
}
class A {
  int i = 7;

  public A() {
    setI(20);
    System.out.println("i from A is " + i);
  }

  public void setI(int i) {
```

```
        this.i = 2 * i;
    }
}

class B extends A {
    public B() {
        System.out.println("i from B is " + i);
    }

    public void setI(int i) {
        this.i = 3 * i;
    }
}
```

11.9 对象转换和 instanceof 操作符

要点提示：一个对象的引用可以类型转换为对另外一个对象的引用，这称为对象转换。

在上一节中，语句

```
m(new Student());
```

将对象 new Student() 赋值给一个 Object 类型的参数。这条语句等价于

```
Object o = new Student(); // Implicit casting
m(o);
```

由于 Student 的实例也是 Object 的实例，所以，语句 Object o = new Student() 是合法的，它称为隐式转换（implicit casting）。

假设想使用下面的语句把对象引用 o 赋值给 Student 类型的变量：

```
Student b = o;
```

在这种情况下将会发生编译错误。为什么语句 Object o = new Student() 可以，而语句 Student b = o 不行呢？原因是 Student 对象总是 Object 的实例，但 Object 对象不一定是 Student 的实例。即使可以看到 o 实际上是一个 Student 对象，但是编译器还没有聪明到知道这一点。为了告诉编译器 o 是一个 Student 对象，要使用显式转换（explicit casting）。它的语法与基本类型转换的语法很类似，只需用圆括号括住目标对象类型并放到要转换的对象前面，如下所示：

```
Student b = (Student)o; // Explicit casting
```

总是可以将一个子类的实例转换为一个父类的变量，称为向上转换（upcasting），因为子类的实例总是其父类的实例。当把一个父类的实例转换为其子类变量（称为向下转换（downcasting））时，必须显式使用转换标记（SubclassName）进行转换，向编译器表明你的意图。为使转换成功，必须确保要转换的对象是子类的一个实例。如果父类对象不是子类的一个实例，就会出现一个运行时异常 ClassCastException。例如，如果一个对象不是 Student 的实例，它就不能转换成 Student 类型的变量。因此一个好的做法是，在尝试转换之前确保该对象是另一个对象的实例。这可以利用操作符 instanceof 来实现。考虑下面的代码：

```
void someMethod(Object myObject) {
    ... // Some lines of code
    /** Perform casting if myObject is an instance of Circle */
```

```java
    if (myObject instanceof Circle) {
      System.out.println("The circle diameter is " +
        ((Circle)myObject).getDiameter());
      ...
    }
  }
```

你可能会奇怪为什么必须进行类型转换。变量 myObject 被声明为 Object。声明类型决定了在编译时匹配哪个方法。使用 myObject.getDiameter() 会引起一个编译错误，因为 Object 类没有 getDiameter 方法。编译器无法找到和 myObject.getDiameter() 匹配的方法。所以，有必要将 myObject 转换成 Circle 类型，以告诉编译器 myObject 也是 Circle 的一个实例。

为什么不在一开始就把 myObject 定义为 Circle 类型呢？为了能够进行通用程序设计，一个好的做法是把变量定义为父类型，这样它就可以接收任何子类型的对象。

> **注意**：instanceof 是 Java 的关键字。Java 关键字中的每个字母都是小写的。

> **提示**：为了更好地理解类型转换，可以类比水果、苹果、橘子之间的关系，其中水果类 Fruit 是苹果类 Apple 和橘子类 Orange 的父类。苹果是水果，所以总是可以将 Apple 的实例安全地赋值给 Fruit 变量。但是，水果不一定是苹果，所以必须进行显式转换才能将 Fruit 的实例赋值给 Apple 的变量。

程序清单 11-7 演示了多态和类型转换。程序创建两个对象（第 5 和 6 行）circle 和 rectangle，然后调用 displayObject 方法显示它们（第 9 和 10 行）。如果对象是一个圆，displayObject 方法显示其面积和周长（第 15 行）；而如果对象是一个矩形，则显示其面积（第 21 行）。

程序清单 11-7 CastingDemo.java

```java
1  public class CastingDemo {
2    /** Main method */
3    public static void main(String[] args) {
4      // Create and initialize two objects
5      Object object1 = new Circle(1);
6      Object object2 = new Rectangle(1, 1);
7
8      // Display circle and rectangle
9      displayObject(object1);
10     displayObject(object2);
11   }
12
13   /** A method for displaying an object */
14   public static void displayObject(Object object) {
15     if (object instanceof Circle) {
16       System.out.println("The circle area is " +
17         ((Circle)object).getArea());
18       System.out.println("The circle diameter is " +
19         ((Circle)object).getDiameter());
20     }
21     else if (object instanceof Rectangle) {
22       System.out.println("The rectangle area is " +
23         ((Rectangle)object).getArea());
24     }
25   }
26 }
```

```
The circle area is 3.141592653589793
The circle diameter is 2.0
The rectangle area is 1.0
```

displayObject(Object object) 方法是一个通用程序设计的例子。它可以通过传入 Object 的任何实例被调用。

程序使用隐式转换将一个 Circle 对象赋值给 object1 并将一个 Rectangle 对象赋值给 object2（第 5 和 6 行），然后调用 displayObject 方法显示这些对象的信息（第 9 和 10 行）。

在 displayObject 方法中（第 14 ~ 25 行），如果对象是 Circle 的一个实例，则用显式转换将这个对象转换为 Circle 对象，并使用 getArea 和 getDiameter 方法分别显示圆的面积和直径。

只有源对象是目标类的实例时才能进行类型转换。在执行转换前，程序使用 instanceof 操作符来确保源对象是否是目标类的实例（第 15 行）。

由于 Object 类不能使用 getArea 和 getDiameter 方法，所以有必要显式地转换成 Circle 类型（第 17 和 19 行）和 Rectangle 类型（第 23 行）。

> **警告**：对象成员访问操作符（.）优先于类型转换操作符。使用圆括号保证在访问操作符（.）之前进行转换，例如：
>
> ```
> ((Circle)object).getArea();
> ```

对基本类型值进行转换不同于对对象引用进行转换。转换一个基本类型值返回一个新的值。例如：

```
int age = 45;
byte newAge = (byte)age; // A new value is assigned to newAge
```

而转换一个对象引用不会创建一个新的对象，例如：

```
Object o = new Circle();
Circle c = (Circle)o; // No new object is created
```

现在，引用变量 o 和 c 指向同一个对象。

复习题

11.9.1 判断下列说法的对错：

  a. 总能成功地将子类的实例转换为父类。

  b. 总能成功地将父类的实例转换为子类。

11.9.2 对于程序清单 11-1 和程序清单 11-2 中的 GeometricObject 类和 Circle 类，回答下面的问题。

  a. 假设如下创建 circle 和 object1：

```
Circle circle = new Circle(1);
GeometricObject object1 = new GeometricObject();
```

  下面的布尔表达式的值是 true 还是 false？

```
(circle instanceof GeometricObject)
(object instanceof GeometricObject)
(circle instanceof Circle)
(object instanceof Circle)
```

  b. 下面的语句能够编译成功吗？

```
Circle circle = new Circle(5);
GeometricObject object = circle;
```

c. 下面的语句能够编译成功吗？

```
GeometricObject object = new GeometricObject();
Circle circle = (Circle)object;
```

11.9.3 假设 Fruit、Apple、Orange、GoldenDelicious 和 McIntosh 如下面的继承层次定义：

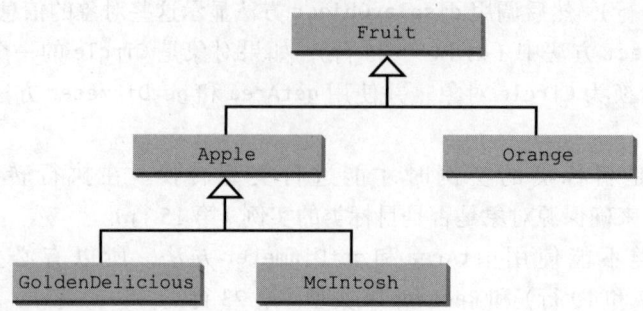

假设给出以下代码：

```
Fruit fruit = new GoldenDelicious();
Orange orange = new Orange();
```

回答下面的问题：

a. fruit instanceof Fruit 为真吗？

b. fruit instanceof Orange 为真吗？

c. fruit instanceof Apple 为真吗？

d. fruit instanceof GoldenDelicious 为真吗？

e. fruit instanceof McIntosh 为真吗？

f. orange instanceof Orange 为真吗？

g. orange instanceof Fruit 为真吗？

h. orange instanceof Apple 为真吗？

i. 假设 makeAppleCider 方法定义在 Apple 类中。Fruit 可以调用这个方法吗？ orange 可以调用这个方法吗？

j. 假设 makeOrangeJuice 方法定义在 Orange 类中。orange 可以调用这个方法吗？ Fruit 可以调用这个方法吗？

k. 语句 Orange p=new Apple() 是否合法？

l. 语句 McIntosh p=new Apple() 是否合法？

m. 语句 Apple p=new McIntosh() 是否合法？

11.9.4 下面代码中的错误是什么？

```
1  public class Test {
2    public static void main(String[] args) {
3      Object fruit = new Fruit();
4      Object apple = (Apple)fruit;
5    }
6  }
7
8  class Apple extends Fruit {
```

```
  9  }
 10
 11  class Fruit {
 12  }
```

11.10 Object 类的 equals 方法

要点提示：如同 toString() 方法，equals(Object) 方法是定义在 Object 类中的另一个有用的方法。

在 Object 类中定义的另一个常用的方法是 equals 方法。它的签名是：

`public boolean equals(Object o)`

这个方法测试两个对象是否相等。调用它的语法是：

`object1.equals(object2);`

Object 类中 equals 方法的默认实现是：

```
public boolean equals(Object obj) {
  return this == obj;
}
```

这个实现使用 == 操作符检测两个引用变量是否指向同一个对象。因此，应该在自定义类中重写这个方法，以测试两个不同的对象是否具有相同的内容。

equals 方法在 Java API 的许多类中被重写，比如 java.lang.String 和 java.util.Date，用于比较两个对象的内容是否相等。在 4.4.7 节中已经用过 equals 方法比较两个字符串。String 类中的 equals 方法继承自 Object 类，然后在 String 类中被重写，使之能够检验两个字符串的内容是否相等。

可以重写 Circle 类中的 equals 方法，根据圆的半径比较两个圆是否相等，如下所示：

```
@Override
public boolean equals(Object o) {
  if (o instanceof Circle)
    return radius == ((Circle)o).radius;
  else
    return false;
}
```

注意：比较操作符 == 用来比较两个基本数据类型的值是否相等，或者判断两个对象是否具有相同的引用。如果 equals 方法在对象的定义类中被重写，其意图在于判断两个对象是否具有相同的内容。操作符 == 要比 equals 方法的功能强大些，因为 == 操作符可以检测两个引用变量是否指向同一个对象。

警告：在子类中，使用签名 equals(SomeClassName obj)（例如：equals(Circle c)）重写 equals 方法是一个常见错误，应该使用 equals(Object obj)。参见复习题 11.10.2。

✓ **复习题**

11.10.1 每个对象都有 toString 方法和 equals 方法吗？它们从何而来？如何使用？重写这些方法合适吗？

11.10.2 当重写 equals 方法时，常见的错误就是在子类中输错它的签名。例如：equals 方法被错误地写成 equals(Circle circle)，如下面图 a 中的代码所示；相应地，应该使用如图 b 中所示的 equals(Object circle) 替换它。分别给出使用图 a 和图 b 中的 Circle 类运行 Test 类的输出。

```java
public class Test {
  public static void main(String[] args) {
    Object circle1 = new Circle();
    Object circle2 = new Circle();
    System.out.println(circle1.equals(circle2));
  }
}
```

```java
class Circle {
  double radius;

  public boolean equals(Circle circle) {
    return this.radius == circle.radius;
  }
}
```
a)

```java
class Circle {
  double radius;

  public boolean equals(Object o) {
    return this.radius ==
      ((Circle)o).radius;
  }
}
```
b)

如果 Test 类中的 Object 换成 Circle，那么分别使用图 a 和 b 中的 Circle 类来运行 Test 类，将输出什么？

11.11 ArrayList 类

要点提示：ArrayList 对象可以用于存储一个对象列表。

现在，我们介绍一个很有用的用于存储对象的类。可以创建一个数组来存储对象，但是这个数组一旦创建，它的大小就固定了。Java 提供了 ArrayList 类，可以用来存储不限数目的对象。图 11-3 给出了 ArrayList 中的一些方法。

ArrayList 被称为具有一个泛型类型 E 的泛型类。可以在创建 ArrayList 时指定一个具体的类型来替换 E。例如，下面的语句创建一个 ArrayList，并且将其引用赋值给变量 cities。该 ArrayList 对象可以用于存储字符串。

java.util.ArrayList<E>	
+ArrayList()	创建一个空列表
+add(e: E): void	增加一个新元素 e 到该列表的末尾
+add(index: int, e: E): void	增加一个新元素 e 到该列表的指定下标处
+clear(): void	删除列表中的所有元素
+contains(o: Object): boolean	如果该列表包含元素 o，则返回 true
+get(index: int): E	返回该列表指定下标位置的元素
+indexOf(o: Object): int	返回列表中第一个匹配元素的下标
+isEmpty(): boolean	如果该列表不包含任何元素，则返回 true
+lastIndexOf(o: Object): int	返回列表中最后一个匹配元素的下标
+remove(o: Object): boolean	去除列表中的第一个元素 CDT。如果该元素被去除，则返回 true
+size(): int	返回列表中的元素个数
+remove(index: int): E	去除指定下标位置的元素。如果该元素被去除，则返回被去除的元素
+set(index: int, e: E): E	设置指定下标位置的元素

图 11-3 ArrayList 中存储不限数目的对象

```java
ArrayList<String> cities = new ArrayList<String>();
```

下面语句创建一个 ArrayList 并且将其引用赋值给变量 dates。该 ArrayList 对象可以用于存储日期。

```java
ArrayList<java.util.Date> dates = new ArrayList<java.util.Date>();
```

注意：从 JDK 7 开始，语句

```java
ArrayList<AConcreteType> list = new ArrayList<AConcreteType>();
```

可以简化为

```java
ArrayList<AConcreteType> list = new ArrayList<>();
```

由于使用了称为类型推导（type inference）的特征，构造方法中不再要求给出具体类型。编译器可以从变量的声明中推导出类型。关于泛型的更多讨论，包括如何自定义泛型类和方法，将在第 19 章中介绍。

程序清单 11-8 给出了使用 ArrayList 存储对象的一个示例。

程序清单 11-8 TestArrayList.java

```java
 1  import java.util.ArrayList;
 2
 3  public class TestArrayList {
 4    public static void main(String[] args) {
 5      // Create a list to store cities
 6      ArrayList<String> cityList = new ArrayList<>();
 7
 8      // Add some cities in the list
 9      cityList.add("London");
10      // cityList now contains [London]
11      cityList.add("Denver");
12      // cityList now contains [London, Denver]
13      cityList.add("Paris");
14      // cityList now contains [London, Denver, Paris]
15      cityList.add("Miami");
16      // cityList now contains [London, Denver, Paris, Miami]
17      cityList.add("Seoul");
18      // Contains [London, Denver, Paris, Miami, Seoul]
19      cityList.add("Tokyo");
20      // Contains [London, Denver, Paris, Miami, Seoul, Tokyo]
21
22      System.out.println("List size? " + cityList.size());
23      System.out.println("Is Miami in the list? " +
24        cityList.contains("Miami"));
25      System.out.println("The location of Denver in the list? "
26        + cityList.indexOf("Denver"));
27      System.out.println("Is the list empty? " +
28        cityList.isEmpty()); // Print false
29
30      // Insert a new city at index 2
31      cityList.add(2, "Xian");
32      // Contains [London, Denver, Xian, Paris, Miami, Seoul, Tokyo]
33
34      // Remove a city from the list
35      cityList.remove("Miami");
36      // Contains [London, Denver, Xian, Paris, Seoul, Tokyo]
37
38      // Remove a city at index 1
```

```
39        cityList.remove(1);
40        // Contains [London, Xian, Paris, Seoul, Tokyo]
41
42        // Display the contents in the list
43        System.out.println(cityList.toString());
44
45        // Display the contents in the list in reverse order
46        for (int i = cityList.size() - 1; i >= 0; i--)
47          System.out.print(cityList.get(i) + " ");
48        System.out.println();
49
50        // Create a list to store two circles
51        ArrayList<Circle> list = new ArrayList<>();
52
53        // Add two circles
54        list.add(new Circle(2));
55        list.add(new Circle(3));
56
57        // Display the area of the first circle in the list
58        System.out.println("The area of the circle? " +
59          list.get(0).getArea());
60      }
61    }
```

```
List size? 6
Is Miami in the list? true
The location of Denver in the list? 1
Is the list empty? false
[London, Xian, Paris, Seoul, Tokyo]
Tokyo Seoul Paris Xian London
The area of the circle? 12.566370614359172
```

由于 ArrayList 位于 java.util 包中, 所以在第 1 行导入该包。程序使用无参构造方法创建一个存储字符串的 ArrayList, 并将引用赋值给 cityList (第 6 行)。add 方法 (第 9～19 行) 将字符串添加到数组列表末尾。因此, 在执行完 cityList.add("London") (第 9 行) 之后, 数组列表包含

[London]

执行完 cityList.add("Denver") (第 11 行) 后, 数组列表包含

[London, Denver]

在加入 Paris、Miami、Seoul 和 Tokyo (第 13～19 行) 之后, 数组列表包含

[London, Denver, Paris, Miami, Seoul, Tokyo]

调用 size() (第 22 行) 返回这个数组列表的大小, 当前值为 6。调用 contains("Miami") (第 24 行) 检查该对象是否在这个数组列表中。在本例中返回 true, 因为 Miami 在这个数组列表中。调用 indexOf("Denver") (第 26 行) 返回该对象在数组列表中的下标值, 这里为 1。如果对象不在这个数组列表中, 则返回 -1。isEmpty() 方法 (第 28 行) 检查该数组列表是否为空。因为当前列表不为空, 所以返回 false。

语句 cityList.add(2,"Xian") (第 31 行) 在数组列表的指定下标位置插入一个对象。该语句执行完之后, 数组列表变成

[London, Denver, Xian, Paris, Miami, Seoul, Tokyo]

语句 cityList.remove("Miami")（第 35 行）从数组列表中删除对象。该语句执行后，数组列表变成

[London, Denver, Xian, Paris, Seoul, Tokyo]

语句 cityList.remove(1)（第 39 行）从数组列表中删除指定下标位置的对象。该语句执行后，数组列表变成

[London, Xian, Paris, Seoul, Tokyo]

第 43 行的语句等同于

System.out.println(cityList);

方法 toString() 返回数组列表的字符串表示，其形式为 [e0.toString(),e1.toString(),…,ek.toString()]，这里的 e0, e1, …, ek 为数组列表中的元素。

方法 get(index)（第 47 行）返回指定下标位置处的对象。

可以像使用数组一样使用 ArrayList 对象，但是两者还是有很多不同之处。表 11-1 列出了它们的异同点。

表 11-1 数组和 ArrayList 之间的异同

操作	数组	ArrayList
创建数组/数组列表	String[] a = **new** String [10]	ArrayList list< String > = **new** ArrayList()
访问元素	a [index]	list.get(index)
更新元素	a [index] = "**London**";	list.set(index, "**London**");
返回大小	a.length	list.size()
添加一个新元素		list.add("**London**")
插入一个新元素		list.add(index, "**London**")
移除一个元素		list.remove(index)
移除一个元素		list.remove(Object)
移除所有元素		list.clear()

一旦创建了一个数组，它的大小就固定了。可以使用方括号访问数组元素（例如：a[index]）。当创建 ArrayList 后，它的大小为 0。如果元素不在数组列表中，就不能使用 get(index) 和 set(index,element) 方法。向列表中添加、插入和删除元素是比较容易的，而向数组中添加、插入和删除元素则比较复杂。为了实现这些操作，必须编写代码来操作这个数组。注意，可以使用 java.util.Arrays.sort(array) 方法来对一个数组排序。如果要对一个数组列表排序，使用 java.util.Collections.sort(arrayList) 方法。

假设想创建一个用于存储整数的 ArrayList，可以使用下面代码来创建一个列表吗？

ArrayList<**int**> listOfIntegers = **new** ArrayList<>();

答案是不行。这样行不通，因为存储在 ArrayList 中的元素必须是一种对象。不能使用诸如 int 的基本数据类型来代替一个泛型类型。然而，可以创建一个存储 Integer 对象的 ArrayList，如下所示：

ArrayList<Integer> listOfIntegers = **new** ArrayList<>();

注意 remove(int index) 方法移除指定下标位置的元素。要从 listOfIntegers 中移除一个整数值，需要使用 listOfIntegers.remove(new Integer(v))。这不是一个好的 Java API 设计，因为容易导致错误。将 remove(int) 改名为 removeAt(int) 会更好。

程序清单 11-9 给出了一个程序，提示用户输入一个数字序列，然后显示该序列中的不同数字。假设输入 0 表示结束输入，并且 0 不作为序列中的数字。

程序清单 11-9 DistinctNumbers.java

```java
 1  import java.util.ArrayList;
 2  import java.util.Scanner;
 3
 4  public class DistinctNumbers {
 5    public static void main(String[] args) {
 6      ArrayList<Integer> list = new ArrayList<>();
 7
 8      Scanner input = new Scanner(System.in);
 9      System.out.print("Enter integers (input ends with 0): ");
10      int value;
11
12      do {
13        value = input.nextInt(); // Read a value from the input
14
15        if (!list.contains(value) && value != 0)
16          list.add(value); // Add the value if it is not in the list
17      } while (value != 0);
18
19      // Display the distinct numbers
20      System.out.print("The distinct integers are: ");
21      for (int i = 0; i < list.size(); i++)
22        System.out.print(list.get(i) + " ");
23    }
24  }
```

```
Enter numbers (input ends with 0): 1 2 3 2 1 6 3 4 5 4 5 1 2 3 0 ↵Enter
The distinct numbers are: 1 2 3 6 4 5
```

程序创建了一个存储 Integer 对象的 ArrayList（第 6 行），然后使用循环重复读入值（第 12～17 行）。对于每个值，如果不在列表中（第 15 行），则将其添加到列表中（第 16 行）。可以重写该程序，使用数组替代 ArrayList 来存储元素。然而使用 ArrayList 实现该程序更简单，有以下两个原因。

- ArrayList 的大小是灵活的，所以无须提前给定大小。而当创建一个数组时，必须给定大小。
- ArrayList 包含许多有用的方法。比如，可以使用 contains 方法来测试某个元素是否在列表中。如果使用数组，则需要编写额外代码来实现该方法。

可以使用 foreach 循环来遍历数组中的元素。数组列表中的元素也可以使用 foreach 循环来进行遍历，语法如下：

```
for (elementType element: arrayList) {
  // Process the element
}
```

例如，可以使用下面代码来替代第 20 和 21 行的代码：

```java
for (Integer number: list)
  System.out.print(number + " ");
```

或者

```java
for (int number: list)
  System.out.print(number + " ");
```

注意 list 中的元素是 Integer 对象。它们在 foreach 循环中被自动拆箱为 int。

✓ 复习题

11.11.1 如何实现以下功能？

a. 创建一个存储双精度值的 ArrayList。

b. 向数组列表中添加一个对象。

c. 在数组列表的开始位置插入一个对象。

d. 得到数组列表中所包含对象的数目。

e. 从数组列表中移除指定对象。

f. 从数组列表中移除最后一个对象。

g. 检查一个指定的对象是否在数组列表中。

h. 从数组列表中获取指定下标位置的对象。

11.11.2 请找出下面代码中的错误：

```java
ArrayList<String> list = new ArrayList<>();
list.add("Denver");
list.add("Austin");
list.add(new java.util.Date());
String city = list.get(0);
list.set(3, "Dallas");
System.out.println(list.get(3));
```

11.11.3 假定 ArrayList list 包含 {"Dallas", "Dallas", "Houston", "Dallas"}。调用一次 list.remove("Dallas") 之后的列表是什么？下面语句可以正确地从列表中删除所有值为 "Dallas" 的元素吗？如果不能，修改代码。

```java
for (int i = 0; i < list.size(); i++)
  list.remove("Dallas");
```

11.11.4 解释为什么下面代码显示 [1, 3]，而不是 [2, 3]。

```java
ArrayList<Integer> list = new ArrayList<>();
list.add(1);
list.add(2);
list.add(3);
list.remove(1);
System.out.println(list);
```

如何从列表中移除整数值 3？

11.11.5 解释为什么下面代码是错误的。

```java
ArrayList<Double> list = new ArrayList<>();
list.add(1);
```

11.12 关于列表的一些有用方法

要点提示：Java 提供了一些方法，用于基于数组来创建列表、对列表排序、找到列表中的最大和最小元素，以及打乱列表。

我们经常需要从一个对象数组创建一个数组列表，或者相反。这可以使用循环来实现，但更容易的方法是使用 Java API 中的方法。下面是一个从数组创建一个数组列表的例子：

```
String[] array = {"red", "green", "blue"};
ArrayList<String> list = new ArrayList<>(Arrays.asList(array));
```

Arrays 类中的静态方法 asList 返回一个列表，该列表传递给 ArrayList 的构造方法用于创建一个 ArrayList。反过来，可以使用下面代码从一个数组列表创建一个对象数组。

```
String[] array1 = new String[list.size()];
list.toArray(array1);
```

调用 list.toArray(array1) 将 list 中的内容复制到 array1 中。如果列表中的元素是可比较的，比如整数、双精度浮点数或者字符串，则可以使用 java.util.Collections 类中的静态方法 sort 来对元素进行排序。下面是一些例子：

```
Integer[] array = {3, 5, 95, 4, 15, 34, 3, 6, 5};
ArrayList<Integer> list = new ArrayList<>(Arrays.asList(array));
java.util.Collections.sort(list);
System.out.println(list);
```

可以使用 java.util.Collections 类中的静态方法 max 和 min 来分别返回列表中的最大和最小元素。下面是一些例子：

```
Integer[] array = {3, 5, 95, 4, 15, 34, 3, 6, 5};
ArrayList<Integer> list = new ArrayList<>(Arrays.asList(array));
System.out.println(java.util.Collections.max(list));
System.out.println(java.util.Collections.min(list));
```

可以使用 java.util.Collections 类中的静态方法 shuffle 来随机打乱列表元素。下面是一些例子：

```
Integer[] array = {3, 5, 95, 4, 15, 34, 3, 6, 5};
ArrayList<Integer> list = new ArrayList<>(Arrays.asList(array));
java.util.Collections.shuffle(list);
System.out.println(list);
```

✓ **复习题**

11.12.1 改正下面语句中的错误：

```
int[] array = {3, 5, 95, 4, 15, 34, 3, 6, 5};
ArrayList<Integer> list = new ArrayList<>(Arrays.asList(array));
```

11.12.2 改正下面语句中的错误：

```
int[] array = {3, 5, 95, 4, 15, 34, 3, 6, 5};
System.out.println(java.util.Collections.max(array));
```

11.13 示例学习：自定义栈类

☞ **要点提示**：本节设计一个栈类，用于存放对象。

10.6 节给出了一个存储 int 值的栈类。本节介绍一个存储对象的栈类。可以使用一个 ArrayList 来实现 Stack，如程序清单 11-10 所示。图 11-4 给出了该类的 UML 图。

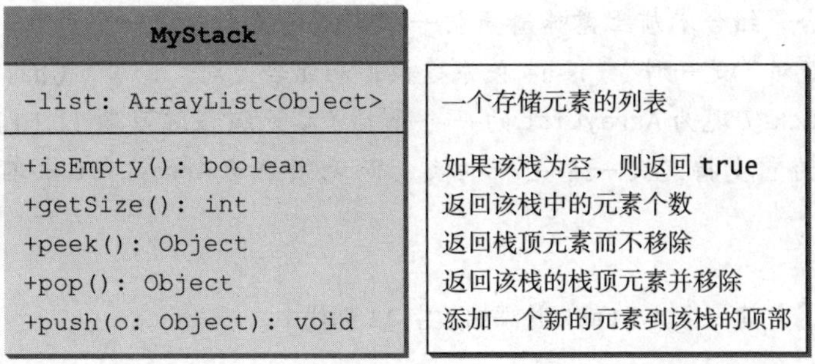

```
           ┌─────────────────────────┐
           │         MyStack         │
           ├─────────────────────────┤         ┌──────────────────────────┐
           │ -list: ArrayList<Object>│─────────│ 一个存储元素的列表       │
           ├─────────────────────────┤         ├──────────────────────────┤
           │ +isEmpty(): boolean     │─────────│ 如果该栈为空,则返回 true │
           │ +getSize(): int         │─────────│ 返回该栈中的元素个数     │
           │ +peek(): Object         │─────────│ 返回栈顶元素而不移除     │
           │ +pop(): Object          │─────────│ 返回该栈的栈顶元素并移除 │
           │ +push(o: Object): void  │─────────│ 添加一个新的元素到该栈的顶部 │
           └─────────────────────────┘         └──────────────────────────┘
```

图 11-4 MyStack 类封装了栈的存储并提供了对栈的操作

程序清单 11-10 MyStack.java

```java
 1  import java.util.ArrayList;
 2
 3  public class MyStack {
 4    private ArrayList<Object> list = new ArrayList<>();
 5
 6    public boolean isEmpty() {
 7      return list.isEmpty();
 8    }
 9
10    public int getSize() {
11      return list.size();
12    }
13
14    public Object peek() {
15      return list.get(getSize() - 1);
16    }
17
18    public Object pop() {
19      Object o = list.get(getSize() - 1);
20      list.remove(getSize() - 1);
21      return o;
22    }
23
24    public void push(Object o) {
25      list.add(o);
26    }
27
28    @Override
29    public String toString() {
30      return "stack: " + list.toString();
31    }
32  }
```

创建一个数组列表用于存储栈中的元素(第 4 行)。isEmpty() 方法(第 6～8 行)返回 list.isEmpty()。getSize() 方法(第 10～12 行)返回 list.size()。peek() 方法(第 14～16 行)可以获取栈顶元素而不移除它,列表末尾元素为栈顶元素。pop() 方法(第 18～22 行)移除栈顶元素并返回该元素。push(Object element) 方法(第 24～26 行)将指定元素添加到栈中。list.toString() 方法重写了 Object 类中定义的 toString() 方法(第 28～31 行),用于显示栈中的内容。ArrayList 中实现的 toString() 方法返回表示数组列表中所有元素的字符串表示。

☞ **设计指南** 在程序清单 11-10 中,MyStack 中包含 ArrayList。MyStack 和 ArrayList 之间

的关系为组合。组合本质上意味着声明一个实例变量来引用一个对象。该对象称为被组合了。继承是对"是一种"（is-a）关系建模，而组合是对"包含"（has-a）关系建模。也可以将 MyStack 实现为 ArrayList 的一个子类（参见编程练习题 11.10）。使用组合关系更好些，因为它支持定义一个全新的类，而无须继承 ArrayList 中不必要和不合适的方法。

✓ 复习题

11.13.1 编写语句，创建一个 MyStack 并添加数字 11 到栈中。

11.14 protected 数据和方法

要点提示：类中的受保护成员可以从子类中访问。

至今为止，我们已经用过关键字 private 和 public 来指定是否可以从类的外部访问数据域和方法。私有成员只能在类内访问，而公共成员可以被其他任意类访问。

经常需要允许子类访问定义在父类中的数据域或方法，但不允许位于不同包中的非子类的类访问这些数据域和方法。可以使用 protected 关键字完成该功能。父类中受保护的数据域或方法可以在它的子类中访问。

修饰符 private、protected 和 public 都称为可见性修饰符（visibility modifier）或可访问性修饰符（accessibility modifier），因为它们给定如何访问类和类的成员。这些修饰符的可见性按下面的顺序递增：

可见性递增 →
私有、默认（无修饰符）、保护、公共成员

表 11-2 总结了类中成员的可访问性。图 11-5 描述了 C1 类中公共的、受保护的、默认的和私有的数据或方法是如何被 C2、C3、C4 和 C5 类访问的，其中，C2 类与 C1 类在同一个包中，C3 类是 C1 类在同一个包中的子类，C4 类是 C1 类在不同包中的子类，C5 类与 C1 类在不同包中。

表 11-2 数据和方法的可见性

类中成员的修饰符	在同一类中可访问	在同一包中可访问	在不同包中的子类可访问	在不同包中可访问
public	√	√	√	√
protected	√	√	√	—
default（无修饰符）	√	√	—	—
private	√	—	—	—

使用 private 修饰符可以完全隐藏该类的成员，这样就不能从类外直接访问它们。不使用修饰符就表示允许同一个包里的任何类直接访问该类的成员，但是其他包中的类不可以访问。使用 protected 修饰符允许位于任何包中的子类或同一包中的类访问该类的成员。使用 public 修饰符允许任意类访问该类的成员。

可以采用两种方式来使用类：一种是用于创建该类的实例；另一种是通过继承该类创建它的子类。如果不希望从类的外部使用类的成员，就把成员声明成 private。如果想让该类的用户都能使用类的成员，就把成员声明成 public。如果想让该类的继承类使用数据和方法，而不想让该类的用户使用，则把成员声明成 protected。

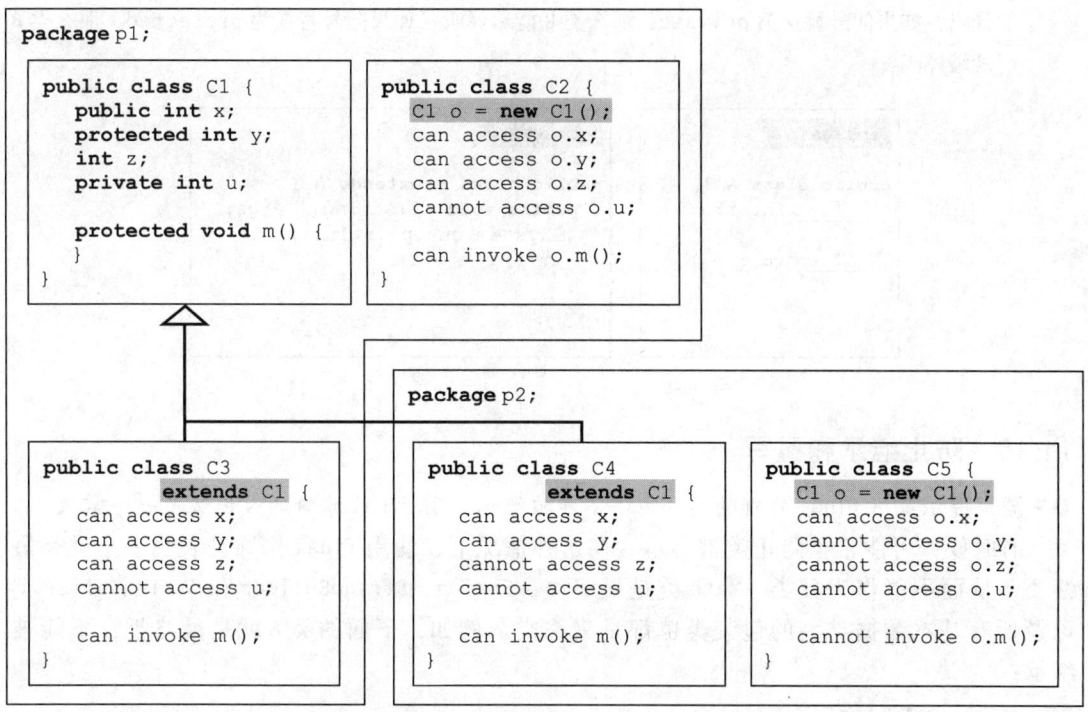

图 11-5 使用可见性修饰符控制如何访问数据和方法

修饰符 private 和 protected 只能用于类的成员。public 修饰符和默认修饰符（也就是没有修饰符）既可以用于类的成员，也可以用于类。一个没有修饰符的类（即非公共类）不能被其他包中的类访问的。

> 注意：子类可以重写其父类的 protected 方法并把其可见性改为 public。但是，子类不能削弱父类中定义的方法的可访问性。例如，如果一个方法在父类中定义为 public，在子类中也必须定义为 public。

✓ 复习题

11.14.1 应该在类上使用什么修饰符才能使同一个包中的类可以访问它，而不同包中的类不能访问它？

11.14.2 应该用什么修饰符才能使不同包中的类不能访问这个类，而任何包中的子类都可以访问它？

11.14.3 在下面的代码中，类 A 和类 B 在同一个包中。如果图 a 中的问号替换为空白，那么类 B 能编译吗？如果问号替换为 private，那么类 B 能编译吗？如果问号替换为 protected，那么类 B 能编译吗？

```
package p1;

public class A {
    ?    int i;

    ?    void m() {
        ...
    }
}
```
a)

```
package p1;

public class B extends A {
    public void m1(String[] args) {
        System.out.println(i);
        m();
    }
}
```
b)

11.4.4 在下面的代码中，类 A 和类 B 在不同的包中。如果图 a 中的问号替换为空白，那么类 B 能编译吗？如果问号替换为 private，那么类 B 能编译吗？如果问号替换为 protected，那么类 B 能编译吗？

```
package p1;

public class A {
    ?    int i;

    ?    void m() {
    ...
    }
}
```
a)

```
package p2;

public class B extends A {
    public void m1(String[] args) {
        System.out.println(i);
        m();
    }
}
```
b)

11.15 防止继承和重写

要点提示：用 final 修饰的类和方法不能被继承。用 final 修饰的数据域是一个常数。

有时候，可能希望防止类被继承。在这种情况下，使用 final 修饰符表明一个类是最终类，从而不能作为父类。Math 类是最终类，String、StringBuilder 和 StringBuffer 类以及所有基本数据类型的包装类也都是最终类。例如，下面的类 A 就是最终类，不能被继承：

```
public final class A {
    // Data fields, constructors, and methods omitted
}
```

也可以定义一个方法为最终的，最终方法不能被其子类重写。

例如，下面的方法 m 是最终的，不能被重写：

```
public class Test {
    // Data fields, constructors, and methods omitted

    public final void m() {
        // Do something
    }
}
```

注意：修饰符 public、protected、private、static、abstract 以及 final 都可以用在类和类的成员（数据和方法）上，只有 final 修饰符还可以用在方法中的局部变量上。方法内的 final 局部变量就是常量。

✔ **复习题**

11.15.1 如何防止一个类被继承？如何防止一个方法被重写？

11.15.2 指出下面语句是对还是错：

a. 被保护的数据或方法可以被同一包中的任何类访问。

b. 被保护的数据或方法可以被不同包中的任何类访问。

c. 被保护的数据或方法可以被任意包中的子类访问。

d. 最终类可以有实例。

e. 最终类可以被继承。

f. 最终方法可以被重写。

关键术语

actual type（实际类型）
casting object（转换对象）
constructor chaining（构造方法链）
declared type（声明类型）
dynamic binding（动态绑定）
inheritance（继承）
`instanceof`（操作符，是……类型的实例）
is-a relationship（"是一种"关系）
method overriding（方法重写）
multiple inheritance（多重继承）

override（重写）
polymorphism（多态）
`protected`（受保护的）
single inheritance（单一继承）
subclass（子类）
subtype（子类型）
superclass（父类）
supertype（父类型）
type inference（类型推导）

本章小结

1. 可以从已有的类定义新的类，这称为类的继承。新的类称为子类或继承类，现有的类称为超类、父类或基类。
2. 构造方法用来构造类的实例。不同于属性和方法，子类不会继承父类的构造方法。它们只能用关键字 `super` 从子类的构造方法中调用。
3. 构造方法可以调用重载的构造方法或其父类的构造方法。这种调用必须是构造方法的第一条语句。如果没有显式地调用它们中的任何一个，编译器就会把 `super()` 作为构造方法的第一条语句，它调用的是父类的无参构造方法。
4. 为了重写一个方法，必须使用与其父类中的方法一样的签名、一样或者兼容的返回类型来定义子类中的方法。
5. 实例方法只有在可访问时才能重写。这样，私有方法不能被重写，因为它不能在类本身之外访问。如果子类中定义的方法在父类中是私有的，那么这两个方法完全没有关系。
6. 静态方法与实例方法一样可以被继承。但是，静态方法不能被重写，如果父类中定义的静态方法在子类中重新定义，那么父类中定义的方法被隐藏。
7. Java 中的所有类都继承自 `java.lang.Object` 类。如果一个类在定义时没有指定继承关系，那么其父类就是 `Object`。
8. 如果一个方法的参数类型是某个父类（例如 `Object`），则可以向该方法的参数传递任何子类（例如 `Circle` 类或 `String` 类）的对象。这称为多态。
9. 因为子类的实例总是其父类的实例，所以总是可以将一个子类的实例转换成一个父类的变量。当把父类实例转换成它的子类变量时，必须使用转换标记"（子类名）"进行显式转换，向编译器表明你的意图。
10. 类定义一种类型。子类定义的类型称为子类型，而父类定义的类型称为父类型。
11. 当使用引用变量调用实例方法时，该变量的实际类型决定运行时使用该方法的哪个实现。这称为动态绑定。
12. 可以使用表达式 `obj instanceof AClass` 测试一个对象是否是一个类的实例。
13. 可以使用 `ArrayList` 类来创建一个对象，用于存储一个对象列表。
14. 可以使用 `protected` 修饰符来防止方法和数据被不同包中的非子类访问。
15. 可以使用 `final` 修饰符来表明一个类是最终类，不能被继承；以及表明一个方法是最终的，不能被重写。

测试题

在线回答配套网站上的本章测试题。

编程练习题

11.2 ~ 11.4 节

11.1 (Triangle 类) 设计一个继承自 GeometricObject 类的 Triangle 类。该类包括：
- 三个名为 side1、side2 和 side3 double 类型数据域，表示这个三角形的三条边，默认值是 1.0。
- 一个无参构造方法，创建一个默认的三角形。
- 一个创建指定 side1、side2 和 side3 值的三角形的构造方法。
- 所有三个数据域的访问器方法。
- 一个名为 getArea() 的方法返回该三角形的面积。
- 一个名为 getPerimeter() 的方法返回该三角形的周长。
- 一个名为 toString() 的方法返回该三角形的字符串描述。

计算三角形面积的公式参见编程练习题 2.19。toString() 方法的实现如下所示：

```
return "Triangle: side1 = " + side1 + " side2 = " + side2 +
    " side3 = " + side3;
```

画出 Triangle 类和 GeometricObject 类的 UML 图，并实现这些类。编写测试程序，提示用户输入三角形的三条边、颜色以及一个 Boolean 值表明该三角形是否填充。程序需要根据输入创建一个具有指定边的三角形，并设置 color 和 filled 属性。程序应显示面积、周长、颜色以及表明是否填充的真假值。

11.5 ~ 11.14 节

11.2 (Person、Student、Employee、Faculty 和 Staff 类) 设计一个名为 Person 的类及其两个名为 Student 和 Employee 的子类。Faculty 类和 Staff 类为 Employee 类的子类。每个人都有姓名、地址、电话号码和电子邮件地址。学生有班级状态（大一、大二、大三或大四）。将这些状态定义为常量。雇员有办公室、工资和受聘日期。使用编程练习题 10.14 中定义的 MyDate 类为受聘日期创建一个对象。教员有办公时间和级别。职员有头衔。重写每个类中的 toString 方法，显示相应的类名和人名。

画出这些类的 UML 图并实现这些类。编写测试程序，创建 Person、Student、Employee、Faculty 和 Staff，并且调用它们的 toString() 方法。

11.3 (Account 类的子类) 在编程练习题 9.7 中定义了一个 Account 类对银行账户建模。一个账户有账号、余额、年利率、开户日期等属性，以及存款和取款等方法。创建两个子类代表支票账户（checking account）和储蓄账户（saving account）。支票账户有一个透支限定额，但储蓄账户不能透支。

画出这些类的 UML 图并实现这些类。编写测试程序，创建 Account、SavingsAccount 和 CheckingAccount 的对象，然后调用它们的 toString() 方法。

11.4 (ArrayList 的最大元素) 编写以下方法，返回一个整数 ArrayList 的最大值。如果列表为 null 或者列表的大小为 0，则方法返回 null 值。

```
public static Integer max(ArrayList<Integer> list)
```

编写测试程序，提示用户输入一个以 0 结尾的数值序列，调用该方法返回输入的最大数值。

11.5 (Course 类) 改写程序清单 10-6 中的 Course 类，使用 ArrayList 代替数组来存储学生。为该类绘制新的 UML 图。不能改变 Course 类之前的合约（即构造方法和方法的定义都不能改变，但私有的成员可以改变）。

11.6 (使用 ArrayList) 编写程序，创建一个 ArrayList，然后向这个列表中添加一个 Loan 对象、一个 Date 对象、一个字符串和一个 Circle 对象，然后使用循环调用这些对象的 toString()

方法来显示列表中的所有元素。

11.7 （打乱 ArrayList）编写以下方法，打乱一个整数 ArrayList 中的元素。

public static void shuffle(ArrayList<Integer> list)

**11.8 （新的 Account 类）编程练习题 9.7 中给出了一个 Account 类，如下设计一个新的 Account 类：
- 添加一个 String 类型的新数据域 name 来存放客户的名字。
- 添加一个新的构造方法，通过指定名字、id 和余额创建账户。
- 添加一个名为 transactions 的 ArrayList 类型的新数据域，用于存储账户的交易。每笔交易都是一个 Transaction 类的实例，其定义如图 11-6 所示。
- 修改 withdraw 和 deposit 方法，向 transactions 数组列表添加一笔交易。
- 所有其他属性和方法都与编程练习题 9.7 中的一样。

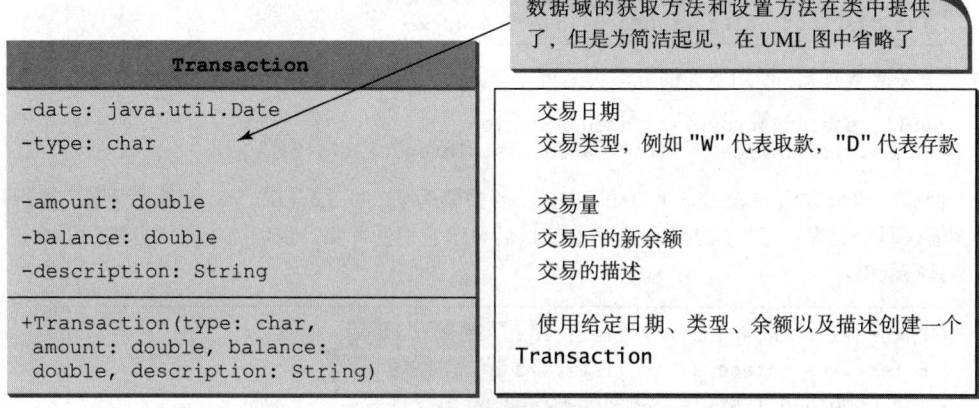

图 11-6　Transaction 类描述银行账户的一笔交易

编写测试程序，创建一个年利率为 1.5%、余额为 1000、id 为 1122 而名字为 George 的 Account。向该账户存入 30 美元、40 美元和 50 美元并从该账户中取出 5 美元、4 美元和 2 美元。打印账户清单，显示账户持有者名字、利率、余额和所有的交易。

*11.9 （最大的行和列）编写程序，随机将 0 和 1 填入一个 $n \times n$ 的矩阵，打印该矩阵并找出具有最多 1 的行和列。提示：使用两个 ArrayList 来存储具有最多 1 的行和列的下标。下面是程序的一个运行示例：

```
Enter the array size n: 4 ←Enter
The random array is
0011
0011
1101
1010
The largest row index: 2
The largest column index: 2, 3
```

11.10 （利用继承实现 MyStack）在程序清单 11-10 中，MyStack 是用组合实现的。创建一个继承自 ArrayList 的新的栈类。

画出这些类的 UML 图并实现 MyStack 类。编写测试程序，提示用户输入 5 个字符串，然后以逆序显示这些字符串。

11.11 （对 ArrayList 排序）编写以下方法，对一个数值 ArrayList 进行排序：

```java
public static void sort(ArrayList<Integer> list)
```
编写测试程序，提示用户输入 5 个数字，将其存储在一个数组列表中，并且以升序显示。

11.12 （对 ArrayList 求和）编写以下方法，返回 ArrayList 中所有数字的和：
```java
public static double sum(ArrayList<Double> list)
```
编写测试程序，提示用户输入 5 个数字，将其存储在一个数组列表中，并且显示它们的和。

*11.13 （去掉重复元素）使用下面的方法头编写方法，从一个整数的数组列表中去掉重复元素：
```java
public static void removeDuplicate(ArrayList<Integer> list)
```
编写测试程序，提示用户输入 10 个整数到列表中，以输入的顺序显示其中不同的整数，并仅以一个空格分隔。下面是一个运行示例：

```
Enter 10 integers: 34 5 3 5 6 4 33 2 2 4 ←Enter
The distinct integers are 34 5 3 6 4 33 2
```

11.14 （合并两个列表）使用下面的方法头编写一个方法，返回两个数组列表的并集。
```java
public static ArrayList<Integer> union(
    ArrayList<Integer> list1, ArrayList<Integer> list2)
```
例如，两个数组列表 {2,3,1,5} 和 {3,4,6} 的并集为 {2,3,1,5,3,4,6}。编写测试程序，提示用户输入两个列表，每个列表有 5 个整数，然后显示它们的并集，仅以一个空格分隔。下面是一个运行示例：

```
Enter five integers for list1: 3 5 45 4 3 ←Enter
Enter five integers for list2: 33 51 5 4 13 ←Enter
The combined list is 3 5 45 4 3 33 51 5 4 13
```

*11.15 （凸多边形面积）如果一个多边形中连接任意两个顶点的线段都包含在多边形中，则称为凸多边形。编写程序，提示用户输入一个凸多边形中的顶点数，并顺时针输入顶点，然后显示多边形面积。计算多边形面积的公式，参见 http://www.mathwords.com/a/area_convex_polygon.htm。下面是一个运行示例：

```
Enter the number of points: 7 ←Enter
Enter the coordinates of the points:
-12 0 -8.5 10 0 11.4 5.5 7.8 6 -5.5 0 -7 -3.5 -5.5 ←Enter
The total area is 244.57
```

**11.16 （加法测试）重写程序清单 5-1，如果用户重复输入了相同的答案，则给出警告。提示：使用一个数组列表来存储答案。下面是一个运行示例：

```
What is 5 + 9? 12 ←Enter
Wrong answer. Try again. What is 5 + 9? 34 ←Enter
Wrong answer. Try again. What is 5 + 9? 12 ←Enter
You already entered 12
Wrong answer. Try again. What is 5 + 9? 14 ←Enter
You got it!
```

**11.17 （代数：完全平方）编写程序，提示用户输入一个整数 m，然后找到最小的整数 n，使得 m*n 是一个完全平方。提示：存储所有 m 的最小因子到一个数组列表中，则 n 是列表中出现奇数次的因子的乘积。例如，考虑 m=90 的情况，保存因子 2,3,3,5 到一个数组列表中。列表中 2 和 5 出现了奇数次数，因此 n 为 10。下面是一个运行示例：

```
Enter an integer m: 1500 ↵Enter
The smallest number n for m * n to be a perfect square is 15
m * n is 22500
```

```
Enter an integer m: 63 ↵Enter
The smallest number n for m * n to be a perfect square is 7
m * n is 441
```

*11.18 （字符 ArrayList）使用下面的方法头编写一个方法，从字符串中返回一个 Character 的数组列表。

```
public static ArrayList<Character> toCharacterArray(String s)
```

例如，toCharacterArray("abc") 返回一个包含字符 'a'、'b' 和 'c' 的数组列表。

**11.19 （使用最先适合法解决装箱问题）装箱问题是指将各种重量的物件打包到容器中。假设每个容器最多可以装 10 磅⊖。程序使用的算法是将一个物件放到第一个可以容纳它的箱子中。你的程序需要提示用户输入物件的总重量，以及每个物件的重量。程序显示打包这些物件总共需要的容器数，以及每个容器中的内容。下面是程序的一个运行示例：

```
Enter the number of objects: 6
Enter the weights of the objects: 7 5 2 3 5 8
Container 1 contains objects with weight 7 2
Container 2 contains objects with weight 5 3
Container 3 contains objects with weight 5
Container 4 contains objects with weight 8
```

这个程序是否给出了最优的解决方案，即是否找到了打包这些物件的最少容器？

⊖ 1 磅 =0.453 592 37 千克。——编辑注

第 12 章

Introduction to Java Programming and Data Structures, Comprehensive Version, Twelfth Edition

异常处理和文本 I/O

教学目标

- 了解异常和异常处理（12.2 节）。
- 探索使用异常处理的优点（12.2 节）。
- 区别异常的类型：Error（致命的）和 Exception（非致命的）异常，必检和免检异常（12.3 节）。
- 在方法头中声明异常（12.4.1 节）。
- 在方法中抛出异常（12.4.2 节）。
- 编写 try-catch 块处理异常（12.4.3 节）。
- 解释异常是如何传播的（12.4.3 节）。
- 从异常对象中获得信息（12.4.4 节）。
- 开发具有异常处理的应用（12.4.5 节）。
- 在 try-catch 块中使用 finally 子句（12.5 节）。
- 只为非预期错误使用异常（12.6 节）。
- 在 catch 块中重新抛出异常（12.7 节）。
- 创建链式异常（12.8 节）。
- 自定义异常类（12.9 节）。
- 使用 File 类获取文件/目录的属性，删除和重命名文件/目录，以及创建目录（12.10 节）。
- 使用 PrintWriter 类向文件写数据（12.11.1 节）。
- 使用 try-with-resources 来保证资源自动关闭了。（12.11.2 节）。
- 使用 Scanner 类从文件读取数据（12.11.3 节）。
- 理解如何使用 Scanner 来读取数据（12.11.4 节）。
- 开发一个替换文件中文本的程序（12.11.5 节）。
- 从 Web 读取数据（12.12 节）。
- 开发一个 Web 爬虫程序（12.13 节）。

12.1 引言

要点提示：异常是运行时错误。异常处理使得程序可以处理运行时错误，并且继续正常的执行。

在程序运行过程中，如果 JVM 检测出一个不可能执行的操作，就会出现运行时错误（runtime error）。例如，如果使用一个越界的下标访问数组，程序就会产生一个 ArrayIndexOutOfBoundsException 的运行时错误。如果程序需要输入一个整数的时候用户输入了一个 double 值，会得到一个 InputMismatchException 的运行时错误。

在 Java 中，运行时错误会作为异常抛出。异常是一种对象，代表阻止正常运行的错误或者情况。如果异常没有被处理，那么程序会非正常终止。该如何处理异常，以使程序可以继续运行或者优雅地终止呢？本章介绍该主题以及文本的输入和输出。

12.2 异常处理概述

要点提示：异常是从方法抛出的。方法的调用者可以捕获并处理异常。

为了演示异常处理，包括异常是如何创建以及如何抛出的，我们从一个读取两个整数并显示它们的商的例子（程序清单 12-1）开始。

程序清单 12-1 Quotient.java

```java
import java.util.Scanner;

public class Quotient {
  public static void main(String[] args) {
    Scanner input = new Scanner(System.in);

    // Prompt the user to enter two integers
    System.out.print("Enter two integers: ");
    int number1 = input.nextInt();
    int number2 = input.nextInt();

    System.out.println(number1 + " / " + number2 + " is " +
      (number1 / number2));
  }
}
```

```
Enter two integers: 5 2 ↵Enter
5 / 2 is 2
```

```
Enter two integers: 3 0 ↵Enter
Exception in thread "main" java.lang.ArithmeticException: / by zero
  at Quotient.main(Quotient.java:13)
```

如果输入 0 赋值给第二个数字，就会产生一个运行时错误，因为不能用一个整数除以 0（注意，一个浮点数除以 0 是不会产生异常的）。解决这个错误的一个简单方法就是添加一个 if 语句来测试第二个数字，如程序清单 12-2 所示。

程序清单 12-2 QuotientWithIf.java

```java
import java.util.Scanner;

public class QuotientWithIf {
  public static void main(String[] args) {
    Scanner input = new Scanner(System.in);

    // Prompt the user to enter two integers
    System.out.print("Enter two integers: ");
    int number1 = input.nextInt();
    int number2 = input.nextInt();

    if (number2 != 0)
      System.out.println(number1 + " / " + number2
        + " is " + (number1 / number2));
    else
      System.out.println("Divisor cannot be zero ");
  }
}
```

```
Enter two integers: 5 0 ↙Enter
Divisor cannot be zero
```

在介绍异常处理前,我们重写程序清单 12-2,使用一个方法计算商,如程序清单 12-3 所示。

程序清单 12-3 QuotientWithMethod.java

```java
1  import java.util.Scanner;
2
3  public class QuotientWithMethod {
4    public static int quotient(int number1, int number2) {
5      if (number2 == 0) {
6        System.out.println("Divisor cannot be zero");
7        System.exit(1);
8      }
9
10     return number1 / number2;
11   }
12
13   public static void main(String[] args) {
14     Scanner input = new Scanner(System.in);
15
16     // Prompt the user to enter two integers
17     System.out.print("Enter two integers: ");
18     int number1 = input.nextInt();
19     int number2 = input.nextInt();
20
21     int result = quotient(number1, number2);
22     System.out.println(number1 + " / " + number2 + " is "
23       + result);
24   }
25 }
```

```
Enter two integers: 5 3 ↙Enter
5 / 3 is 1
```

```
Enter two integers: 5 0 ↙Enter
Divisor cannot be zero
```

方法 quotient(第 4 ~ 11 行)返回两个整数的商。如果 number2 为 0,则不能返回值,因此程序在第 7 行终止。这显然是一个问题。不应该让方法来终止程序——应该由调用者决定是否终止程序。

方法如何通知其调用者产生了一个异常呢? Java 可以让方法抛出一个异常,该异常可以被调用者捕获和处理。重写程序清单 12-3,如程序清单 12-4 所示。

程序清单 12-4 QuotientWithException.java

```java
1  import java.util.Scanner;
2
3  public class QuotientWithException {
4    public static int quotient(int number1, int number2) {
5      if (number2 == 0)
6        throw new ArithmeticException("Divisor cannot be zero");
7
8      return number1 / number2;
9    }
10
```

```
11      public static void main(String[] args) {
12        Scanner input = new Scanner(System.in);
13
14        // Prompt the user to enter two integers
15        System.out.print("Enter two integers: ");
16        int number1 = input.nextInt();
17        int number2 = input.nextInt();
18
19        try {
20          int result = quotient(number1, number2);
21          System.out.println(number1 + " / " + number2 + " is "
22            + result);
23        }
24        catch (ArithmeticException ex) {
25          System.out.println("Exception: an integer " +
26            "cannot be divided by zero ");
27        }
28
29        System.out.println("Execution continues ...");
30      }
31    }
```

如果产生 ArithmeticException 异常 (行 21–23, 24 标注)

```
Enter two integers: 5 3 ⏎Enter
5 / 3 is 1
Execution continues ...
```

```
Enter two integers: 5 0 ⏎Enter
Exception: an integer cannot be divided by zero
Execution continues ...
```

如果 number2 为 0, 方法通过执行以下语句抛出一个异常 (第 6 行):

`throw new ArithmeticException("Divisor cannot be zero");`

本例中抛出的值为 new ArithmeticException("Divisor cannot be zero"), 称为异常 (exception)。执行 throw 语句称为抛出一个异常 (throwing an exception)。异常就是一个从异常类创建的对象。在本例中, 异常类为 java.lang.ArithmeticException。构造方法 ArithmeticException(str) 被调用以构建一个异常对象, 其中 str 是描述异常的消息。

抛出异常时, 正常执行流程被中断。就像它的名字所指示的, "抛出异常"是将异常从一个地方传递到另一个地方。调用方法的语句包含在 try 块中。try 块 (第 19 ~ 23 行) 包含了正常情况下执行的代码。catch 块捕获异常。执行 catch 块中的代码以处理异常。然后, catch 块之后的语句 (第 29 行) 被执行。

throw 语句类似于方法的调用, 但不同于调用方法, 它调用的是 catch 块。从某种意义上讲, catch 块就像带参数的方法定义, 该参数与抛出的值类型匹配。但是, 不同于方法, 在执行完 catch 块之后, 程序控制不返回到 throw 语句, 而是执行 catch 块后的下一条语句。

catch 块头部

`catch (ArithmeticException ex)`

中的标识符 ex 的作用很像是方法中的参数。所以, 这个参数被称为 catch 块的参数。ex 之前的类型 (例如, ArithmeticException) 指定了 catch 块可以捕获的异常类型。一旦捕获该异常, 就能从 catch 块体中的参数访问这个抛出的值。

总之，一个 try-throw-catch 块的模板可能如下所示：

```
try {
  Code to run;
  A statement or a method that may throw an exception;
  More code to run;
}
catch (type ex) {
  Code to process the exception;
}
```

异常可能是通过 try 块中的 throw 语句直接抛出，或者调用一个可能会抛出异常的方法而抛出。

main 方法调用 quotient（第 20 行）。如果 quotient 方法正常执行，它会返回一个值给调用者。如果 quotient 方法出现异常，它会抛出一个异常给它的调用者。调用者的 catch 块处理该异常。

现在，可以总结一下使用异常处理的优点：它能使方法抛出一个异常给调用者，使调用者可以处理该异常。如果调用者不能处理，那么被调用的方法就必须自己处理异常或者终止该程序。被调用的方法通常不知道出错后该如何处理，这是调用库方法的通常情形。库方法可以检测出错误，但是只有调用者才知道出现错误时需要做些什么。异常处理最关键的优势就是将检测错误（由被调用的方法完成）与处理错误（由调用方法完成）分开。

很多库方法都会抛出异常。程序清单 12-5 给出一个读取输入时处理 InputMismatch-Exception 的例子。

程序清单 12-5 InputMismatchExceptionDemo.java

```
 1  import java.util.*;
 2
 3  public class InputMismatchExceptionDemo {
 4    public static void main(String[] args) {
 5      Scanner input = new Scanner(System.in);
 6      boolean continueInput = true;
 7
 8      do {
 9        try {
10          System.out.print("Enter an integer: ");
11          int number = input.nextInt();
12
13          // Display the result
14          System.out.println(
15            "The number entered is " + number);
16
17          continueInput = false;
18        }
19        catch (InputMismatchException ex) {
20          System.out.println("Try again. (" +
21            "Incorrect input: an integer is required)");
22          input.nextLine(); // Discard input
23        }
24      } while (continueInput);
25    }
26  }
```

如果产生 InputMismatchException 异常（第 11 行）

```
Enter an integer: 3.5 ↵Enter
Try again. (Incorrect input: an integer is required)
Enter an integer: 4 ↵Enter
The number entered is 4
```

当执行input.nextInt()（第11行）时，如果输入不是一个整数，就会产生一个InputMismatchException异常。假设输入的是3.5，则会产生一个InputMismatchException异常，并且控制被转移到catch块。现在，catch块中的语句被执行。第22行的语句input.nextLine()丢弃当前的输入行，所以用户可以输入一个新行。变量continueInput控制循环。它的初始值为true（第6行），当接收到的是一个有效值时，该值变成false（第17行）。一旦获得一个有效输入，就没有必要继续输入了。

复习题

12.2.1 使用异常处理的优势是什么？

12.2.2 下面哪些语句会抛出异常？

```
System.out.println(1 / 0);
System.out.println(1.0 / 0);
```

12.2.3 指出下面代码中的问题。代码会抛出任何异常吗？

```
long value = Long.MAX_VALUE + 1;
System.out.println(value);
```

12.2.4 当产生一个异常的时候，JVM会做什么？如何捕获异常？

12.2.5 下面代码的输出是什么？

```
public class Test {
  public static void main(String[] args) {
    try {
      int value = 30;
      if (value < 40)
        throw new Exception("value is too small");
    }
    catch (Exception ex) {
      System.out.println(ex.getMessage());
    }
    System.out.println("Continue after the catch block");
  }
}
```

如果把语句

`int value = 30;`

换成

`int value = 50;`

会输出什么结果？

12.2.6 给出下面代码的输出。

```
public class Test {
  public static void main(String[] args) {
    for (int i = 0; i < 2; i++) {
      System.out.print(i + " ");
      try {
        System.out.println(1 / 0);
      }
      catch (Exception ex) {
      }
    }
  }
}
```
a)

```
public class Test {
  public static void main(String[] args) {
    try {
      for (int i = 0; i < 2; i++) {
        System.out.print(i + " ");
        System.out.println(1 / 0);
      }
    }
    catch (Exception ex) {
    }
  }
}
```
b)

12.3 异常类型

要点提示：异常是对象，而对象都由类来定义。异常的根类是 java.lang.Throwable。

上一节使用了 ArithmeticException 类和 InputMismatchException 类。是否可以使用其他类型的异常？可以定义自己的异常类吗？回答是肯定的。在 Java API 中有很多预定义的异常类，图 12-1 给出其中的一部分。12.9 节中，你将学到如何自定义异常类。

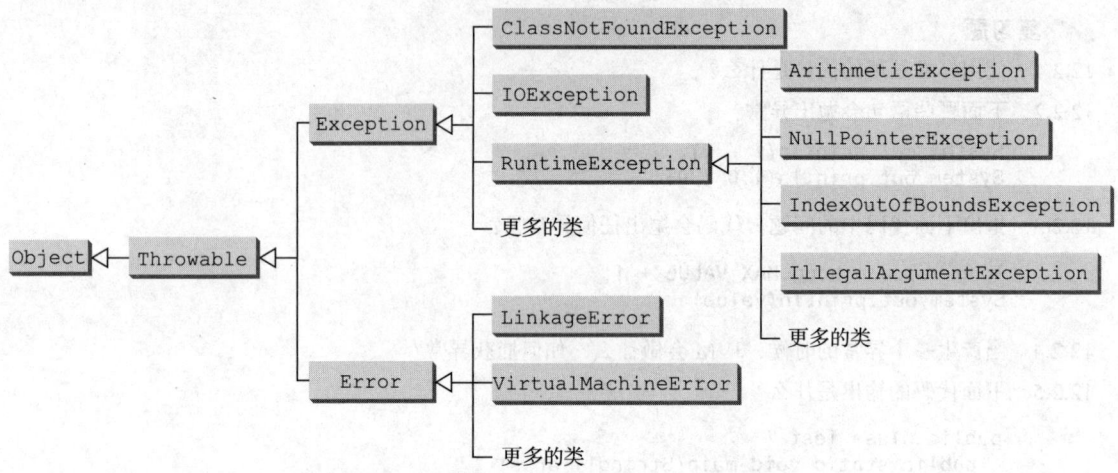

图 12-1 抛出的异常都是这个图中给出的类的实例，或者是这些类的子类的实例

注意：类名 Error、Exception 和 RuntimeException 可能容易引起混淆。这三种类都是异常，这里讨论的错误都发生在运行时。

Throwable 类是所有异常类的根。所有的 Java 异常类都直接或者间接地继承自 Throwable。可以通过继承 Exception 或者 Exception 的子类来创建自己的异常类。

这些异常类可以分为三种主要类型：系统错误、异常和运行时异常。

- 系统错误（system error）是由 Java 虚拟机抛出的，用 Error 类表示。Error 类描述的是内部系统错误。这样的错误很少发生。如果发生，除了通知用户以及尽量稳妥地终止程序外，几乎什么也不能做。表 12-1 列出了 Error 类的子类的一些例子。

表 12-1 Error 类的子类的例子

类	引起异常的原因
LinkageError	一个类依赖于另一个类，但是在编译前者后，后者进行了修改，出现不兼容
VirtualMachineError	Java 虚拟机崩溃，或者继续运行所必需的资源已经耗尽

- 异常（exception）是用 Exception 类表示的，它描述由你的程序和外部环境所引起的错误，这些错误能被程序捕获和处理。表 12-2 列出 Exception 类的子类的一些例子。

表 12-2 Exception 类的子类的例子

类	引起异常的原因
ClassNotFoundException	试图使用一个不存在的类。例如，如果试图使用命令 java 来运行一个不存在的类，或者程序要调用三个类文件而只能找到两个，都会发生这种异常
IOException	与输入/输出相关的操作，例如，无效的输入、读文件时超过文件尾、打开一个不存在的文件等。IOException 的子类的例子有 InterruptedIOException、EOFException（EOF 是 End Of File 的缩写）和 FileNotFoundException

- 运行时异常（runtime exception）用 RuntimeException 类表示，它描述的是程序设计错误，例如错误的类型转换、访问一个越界数组或数值错误。运行时异常通常表明了编程错误。表 12-3 列出 RuntimeException 类的子类的一些例子。

表 12-3 RuntimeException 类的子类的例子

类	引起异常的原因
ArithmeticException	整数除以 0。注意，浮点数的算术运算不抛出异常。参见附录 E
NullPointerException	试图通过一个 null 引用变量访问一个对象
IndexOutOfBoundsException	数组的下标超出范围
IllegalArgumentException	传递给方法的参数非法或不合适

RuntimeException、Error 以及它们的子类都称为免检异常（unchecked exception）。所有其他异常都称为必检异常（checked exception），意味着编译器会强制程序员检查并通过 try-catch 块处理它们，或者在方法头进行声明。在方法头声明一个异常将在 12.4 节中讨论。

在大多数情况下，免检异常反映了程序设计上不可恢复的逻辑错误。例如，如果通过一个引用变量访问一个对象之前并未将一个对象赋值给它，就会抛出 NullPointerException 异常；如果访问一个数组的越界元素，就会抛出 IndexOutOfBoundsException 异常。这些都是程序中必须纠正的逻辑错误。免检异常可能在程序的任何一个地方出现。为避免过多地使用 try-catch 块，Java 语言不强制要求编写代码捕获或声明免检异常。

✔ 复习题

12.3.1 描述 Java 的 Throwable 类、它的子类以及异常的类型。

12.3.2 如果下面的程序会抛出 RuntimeException，那么会抛出哪种？

```java
public class Test {
  public static void main(String[] args) {
    System.out.println(1 / 0);
  }
}
```
a)

```java
public class Test {
  public static void main(String[] args) {
    int[] list = new int[5];
    System.out.println(list[5]);
  }
}
```
b)

```java
public class Test {
  public static void main(String[] args) {
    String s = "abc";
    System.out.println(s.charAt(3));
  }
}
```
c)

```java
public class Test {
  public static void main(String[] args) {
    Object o = new Object();
    String d = (String)o;
  }
}
```
d)

```java
public class Test {
  public static void main(String[] args) {
    Object o = null;
    System.out.println(o.toString());
  }
}
```
e)

```java
public class Test {
  public static void main(String[] args) {
    System.out.println(1.0 / 0);
  }
}
```
f)

12.3.3 什么是必检异常？什么是免检异常？

12.4 声明、抛出和捕获异常

要点提示：异常的处理器是从当前的方法开始，沿着方法调用链，按照异常的反向传播方向找到的。

前面概述了异常处理，同时介绍了几个预定义的异常类型。本节对异常处理进行深入讨论。Java 的异常处理模型基于三种操作，即声明异常（declaring exception）、抛出异常（throwing an exception）和捕获异常（catching an exception），如图 12-2 所示。

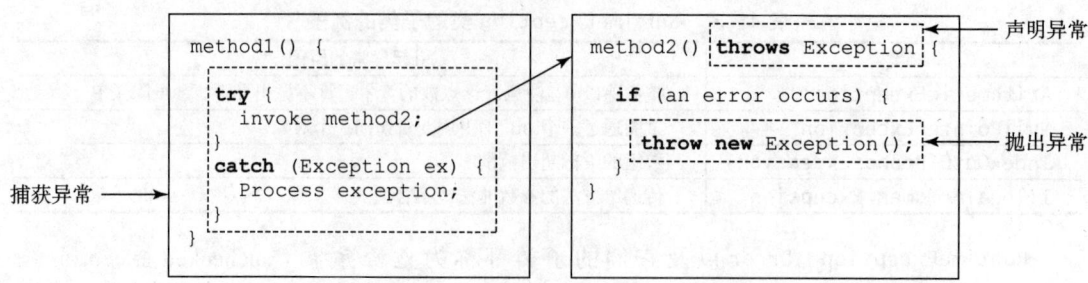

图 12-2　Java 中的异常处理包括声明异常、抛出异常以及捕获和处理异常

12.4.1　声明异常

在 Java 中，当前执行的语句必属于某个方法。Java 解释器调用 main 方法开始执行一个程序。每个方法都必须声明它可能抛出的必检异常的类型。这称为声明异常。因为任何代码都可能发生系统错误和运行时错误，所以 Java 不要求在方法中显式声明 Error 和 RuntimeException（免检异常）。然而，方法抛出的其他异常都必须在方法头中显式声明，这样可以通知方法的调用者有异常发生。

为了在方法中声明一个异常，要在方法头中使用关键字 throws，如下所示：

public void myMethod() **throws** IOException

关键字 throws 表明 myMethod 方法可能会抛出异常 IOException。如果方法可能会抛出多个异常，可以在关键字 throws 后添加一个用逗号分隔的异常列表：

public void myMethod()
　　throws Exception1, Exception2, ..., ExceptionN

注意：如果父类中的方法没有声明异常，那么就不能在子类中对其重写时声明异常。

12.4.2　抛出异常

检测到错误的程序可以创建一个合适的异常类型的实例并抛出它，这称为抛出异常。这里有一个例子，假如程序发现传递给方法的参数与方法合约不符（例如，方法中的参数必须是非负的，但是传入的是一个负参数），这个程序就可以创建 IllegalArgumentException 的一个实例并抛出它，如下所示：

```
IllegalArgumentException ex =
  new IllegalArgumentException("Wrong Argument");
throw ex;
```

或者，也可以使用下面的语句：

```
throw new IllegalArgumentException("Wrong Argument");
```

注意：IllegalArgumentException 是 Java API 中的一个异常类。通常，Java API 中的每个异常类至少有两个构造方法：一个无参构造方法和一个带有描述这个异常的 String 参数的构造方法。该参数称为异常消息（exception message），它可以通过调用异常对象的 getMessage() 方法获取。

☞ 提示：声明异常的关键字是 throws，抛出异常的关键字是 throw。

12.4.3 捕获异常

现在我们知道了如何声明异常以及如何抛出异常。当抛出一个异常时，可以在 try-catch 块中捕获和处理它，如下所示：

```
try {
  statements; // Statements that may throw exceptions
}
catch (Exception1 exVar1) {
  handler for exception1;
}
catch (Exception2 exVar2) {
  handler for exception2;
}
...
catch (ExceptionN exVarN) {
  handler for exceptionN;
}
```

如果在执行 try 块的过程中没有出现异常，则跳过 catch 子句。

如果 try 块中的某条语句抛出一个异常，Java 就会跳过 try 块中剩余的语句，然后开始查找处理这个异常的代码。处理这个异常的代码称为异常处理器（exception handler）。可以从当前的方法开始，沿着方法调用链，按照异常的反向传播方向找到这个处理器。从第一个到最后一个逐个检查 catch 块，判断在 catch 块中的异常类实例是否是该异常对象的类型。如果是，就将该异常对象赋值给所声明的变量，然后执行 catch 块中的代码。如果没有发现异常处理器，Java 会退出这个方法，把异常传递给这个方法的调用者，继续同样的过程来查找处理器。如果在调用的方法链中找不到处理器，程序就会终止并且在控制台上打印出错信息。查找处理器的过程称为捕获异常。

假设 main 方法调用 method1，method1 调用 method2，method2 调用 method3，method3 抛出一个异常，如图 12-3 所示。考虑下面的情形：

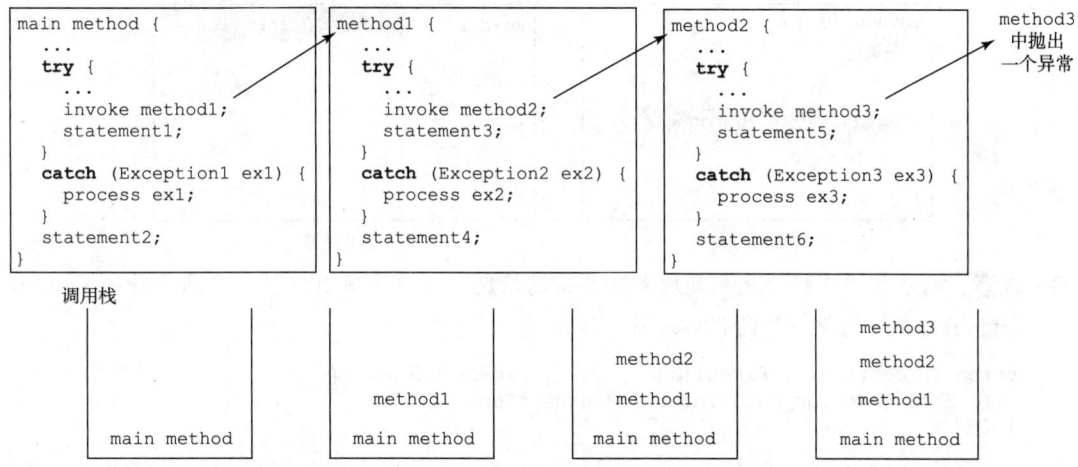

图 12-3 如果异常没有在当前的方法中被捕获，就传给该方法的调用者。这个过程一直重复，直到异常被捕获或被传给 main 方法

- 如果异常类型是 Exception3，它就会被 method2 中处理异常 ex3 的 catch 块捕获。跳过 statement5，然后执行 statement6。
- 如果异常类型是 Exception2，则退出 method2，控制被返回给 method1，而这个异常就会被 method1 中处理异常 ex2 的 catch 块捕获。跳过 statement3，然后执行 statement4。
- 如果异常类型是 Exception1，则退出 method1，控制被返回给 main 方法，而这个异常就会被 main 方法中处理异常 ex1 的 catch 块捕获。跳过 statement1，然后执行 statement2。
- 如果异常类型没有在 method2、method1 和 main 方法中被捕获，程序就会终止。不执行 statement1 和 statement2。

注意：各种异常类可以从一个共同的父类中派生。如果 catch 块可以捕获一个父类的异常对象，它就能捕获该父类的所有子类的异常对象。

注意：在 catch 块中异常被指定的顺序是非常重要的。如果父类的 catch 块出现在子类的 catch 块之前，就会导致编译错误。例如，下图 a 中的顺序是错误的，因为 RuntimeException 是 Exception 的一个子类。正确的顺序应该如图 b 中所示。

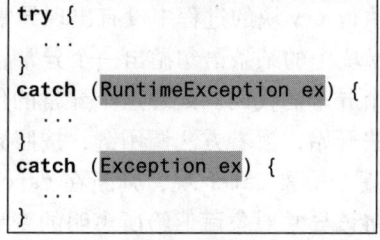

a) 错误的顺序　　　　　　b) 正确的顺序

注意：Java 强制程序员处理必检异常。如果方法声明了一个必检异常（即 Error 或 Runtime Exception 之外的异常），就必须在 try-catch 块中调用它，或者在调用方法中声明抛出异常。例如，假定方法 p1 调用方法 p2，而 p2 可能会抛出一个必检异常（例如，IOException），就必须如下图所示编写代码。

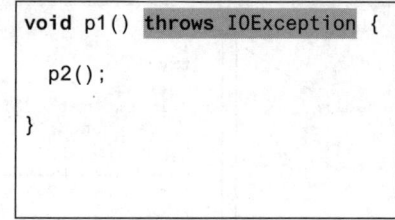

a) 捕获异常　　　　　　b) 抛出异常

注意：对于使用同样的代码处理多种异常的情况，可以使用 JDK 7 的多捕获特征（multi-catch feature）简化异常的代码编写。语法是：

```
catch (Exception1 | Exception2 | ... | Exceptionk ex) {
  // Same code for handling these exceptions
}
```

每种异常类型使用竖线（|）与下一个分隔。如果其中一个异常被捕获，则执行处理的代码。

12.4.4 从异常中获取信息

异常对象中包含关于异常的有价值的信息。可以利用 java.lang.Throwable 类中的实例方法获取有关异常的信息，如图 12-4 所示。printStackTrace() 方法在控制台上打印栈的跟踪信息。栈的跟踪信息列出调用栈中所有的方法，这为调试运行时错误提供了很有用的信息。getStackTrace() 方法提供编程的方式，以访问由 printStackTrace() 打印输出的栈跟踪信息。

java.lang.Throwable	
+getMessage(): String	返回描述该异常对象的信息
+toString(): String	返回三个字符串的连接：1）异常类的全名；2）": "（一个冒号和一个空格）；3）getMessage() 方法
+printStackTrace(): void	在控制台上打印 Throwable 对象及其调用栈的跟踪信息
+getStackTrace(): StackTraceElement[]	返回一个栈跟踪元素的数组，表示和该异常对象相关的栈的跟踪信息

图 12-4 Throwable 是所有异常类的根类

程序清单 12-6 给出了一个例子，它使用 Throwable 中的方法来显示异常信息。第 4 行调用 sum 方法返回数组中所有元素的和。第 23 行有一个错误，该错误引起一个异常 ArrayIndexOutOfBoundsException，它是 IndexOutOfBoundsException 的子类。该异常在 try-catch 块中被捕获。第 7、8、9 行使用 printStackTrace()、getMessage() 和 toString() 方法显示栈跟踪、异常信息、异常对象及信息，如图 12-5 所示。第 12 行将栈跟踪元素放入一个数组。每个元素表示一个方法调用。可以获得每个元素的方法（第 14 行）、类名（第 15 行）和异常行号（第 16 行）。

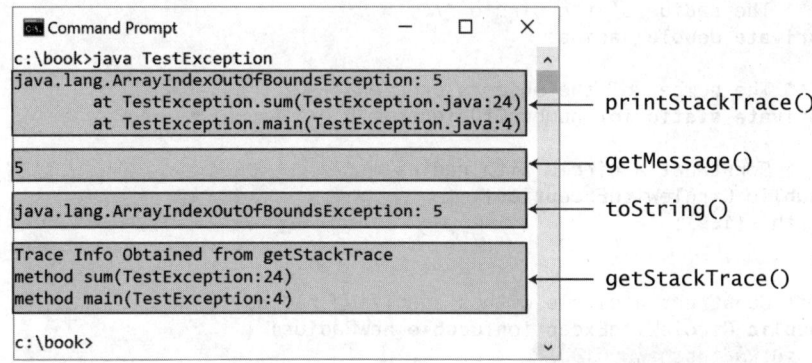

图 12-5 可以使用 printStackTrace()、getMessage()、toString() 和 getStackTrace() 方法从异常对象获取信息

程序清单 12-6 TestException.java

```
1  public class TestException {
2    public static void main(String[] args) {
3      try {
4        System.out.println(sum(new int[] {1, 2, 3, 4, 5}));
5      }
6      catch (Exception ex) {
7        ex.printStackTrace();
8        System.out.println("\n" + ex.getMessage());
```

```java
 9        System.out.println("\n" + ex.toString());
10
11        System.out.println("\nTrace Info Obtained from getStackTrace");
12        StackTraceElement[] traceElements = ex.getStackTrace();
13        for (int i = 0; i < traceElements.length; i++) {
14          System.out.print("method " + traceElements[i].getMethodName());
15          System.out.print("(" + traceElements[i].getClassName() + ":");
16          System.out.println(traceElements[i].getLineNumber() + ")");
17        }
18      }
19    }
20
21    private static int sum(int[] list) {
22      int result = 0;
23      for (int i = 0; i <= list.length; i++)
24        result += list[i];
25      return result;
26    }
27  }
```

12.4.5 示例学习：声明、抛出和捕获异常

本例改写程序清单 9-8 中 Circle 类的 setRadius 方法来演示如何声明、抛出和捕获异常。如果半径是负数，那么新的 setRadius 方法会抛出一个异常。

程序清单 12-7 定义了一个名为 CircleWithException 的新的圆类，除了 setRadius (double newRadius) 方法在参数 newRadius 为负时会抛出一个 IllegalArgumentException 异常之外，它与程序清单 9-8 中的 Circle 类是一样的。

程序清单 12-7 CircleWithException.java

```java
 1  public class CircleWithException {
 2    /** The radius of the circle */
 3    private double radius;
 4
 5    /** The number of the objects created */
 6    private static int numberOfObjects = 0;
 7
 8    /** Construct a circle with radius 1 */
 9    public CircleWithException() {
10      this(1.0);
11    }
12
13    /** Construct a circle with a specified radius */
14    public CircleWithException(double newRadius) {
15      setRadius(newRadius);
16      numberOfObjects++;
17    }
18
19    /** Return radius */
20    public double getRadius() {
21      return radius;
22    }
23
24    /** Set a new radius */
25    public void setRadius(double newRadius)
26        throws IllegalArgumentException {
27      if (newRadius >= 0)
28        radius = newRadius;
29      else
```

```
30        throw new IllegalArgumentException(
31          "Radius cannot be negative");
32    }
33
34    /** Return numberOfObjects */
35    public static int getNumberOfObjects() {
36      return numberOfObjects;
37    }
38
39    /** Return the area of this circle */
40    public double findArea() {
41      return radius * radius * 3.14159;
42    }
43  }
```

程序清单12-8给出使用新的Circle类的测试程序。

程序清单 12-8 TestCircleWithException.java

```
1  public class TestCircleWithException {
2    public static void main(String[] args) {
3      try {
4        CircleWithException c1 = new CircleWithException(5);
5        CircleWithException c2 = new CircleWithException(-5);
6        CircleWithException c3 = new CircleWithException(0);
7      }
8      catch (IllegalArgumentException ex) {
9        System.out.println(ex);
10     }
11
12     System.out.println("Number of objects created: " +
13       CircleWithException.getNumberOfObjects());
14   }
15 }
```

```
java.lang.IllegalArgumentException: Radius cannot be negative
Number of objects created: 1
```

原来的Circle类除了以下几点外其他保持不变：将类名改为CircleWithException，加入一个新的构造方法CircleWithException(newRadius)，以及如果半径为负则setRadius方法声明一个异常并抛出它。

setRadius方法在方法头中声明抛出IllegalArgumentException异常（程序清单12-7中的第25～32行）。即使在方法声明中删除throws IllegalArgumentException子句（第26行），CircleWithException类也仍然可以编译，因为该异常是RuntimeException的子类，每个方法都能抛出RuntimeException异常（免检异常），不管是否在方法头中声明了抛出该异常。

测试程序创建了三个CircleWithException对象c1、c2和c3，用来测试如何处理异常。调用new CirlcleWithException(-5)（程序清单12-8中的第5行）会导致对setRadius方法的调用，因为半径为负，所以setRadius方法会抛出IllegalArgumentException异常。在catch块中，对象ex的类型是IllegalArgumentException，这与setRadius方法抛出的异常对象相匹配，因此，这个异常被catch块捕获。

异常处理器使用System.out.println(ex)打印一个有关异常的短消息ex.toString()（程序清单12-8中的第9行）。

> **注意**：即使出现了异常，执行仍然会继续。而如果处理器没有捕获到这个异常，程序就会突然中断。

由于该方法抛出 IllegalArgumentException 的一个实例，而 IllegalArgumentException 是异常类 RuntimeException（免检异常）的子类，所以，如果不使用 try 语句，这个测试程序也能编译成功。

✓ 复习题

12.4.1 声明异常的目的是什么？如何声明异常，在哪里声明？能在一个方法头中声明多个异常吗？

12.4.2 如何抛出异常？可以在一个 throw 语句中抛出多个异常吗？

12.4.3 关键字 throw 的作用是什么？关键字 throws 的作用是什么？

12.4.4 假设下面的 try-catch 块中的 statement2 引起一个异常：

```
try {
  statement1;
  statement2;
  statement3;
}
catch (Exception1 ex1) {
}
catch (Exception2 ex2) {
}

statement4;
```

回答下列问题：

- statement3 会被执行吗？
- 如果异常未被捕获，statement4 会被执行吗？
- 如果在 catch 块中捕获了异常，statement4 会被执行吗？

12.4.5 运行下面程序时会显示什么？

```
public class Test {
  public static void main(String[] args) {
    try {
      int[] list = new int[10];
      System.out.println("list[10] is " + list[10]);
    }
    catch (ArithmeticException ex) {
      System.out.println("ArithmeticException");
    }
    catch (RuntimeException ex) {
      System.out.println("RuntimeException");
    }
    catch (Exception ex) {
      System.out.println("Exception");
    }
  }
}
```

12.4.6 运行下面程序时会显示什么？

```
public class Test {
  public static void main(String[] args) {
    try {
      method();
      System.out.println("After the method call");
    }
```

```java
      catch (ArithmeticException ex) {
       System.out.println("ArithmeticException");
      }
      catch (RuntimeException ex) {
        System.out.println("RuntimeException");
      }
      catch (Exception e) {
        System.out.println("Exception");
      }
    }

    static void method() throws Exception {
        System.out.println(1 / 0);
    }
  }
```

12.4.7 运行下面程序时会显示什么？

```java
    public class Test {
      public static void main(String[] args) {
        try {
          method();
          System.out.println("After the method call");
        }
        catch (RuntimeException ex) {
          System.out.println("RuntimeException in main");
        }
        catch (Exception ex) {
          System.out.println("Exception in main");
        }
      }

      static void method() throws Exception {
        try {
          String s ="abc";
          System.out.println(s.charAt(3));
        }
        catch (RuntimeException ex) {
          System.out.println("RuntimeException in method()");
        }
        catch (Exception ex) {
          System.out.println("Exception in method()");
        }
      }
    }
```

12.4.8 方法 getMessage() 的作用是什么？

12.4.9 方法 printStackTrace() 的作用是什么？

12.4.10 没有异常发生时，try-catch 块的存在会引起额外的系统开销吗？

12.4.11 修改下面代码中的编译错误：

```java
    public void m(int value) {
      if (value < 40)
        throw new Exception("value is too small");
    }
```

12.5 finally 子句

> **要点提示**：无论异常是否产生，finally 子句总会被执行。

有时候，不论异常是否出现或者是否被捕获，都希望执行某些代码。Java 的 finally 子句可以用来实现这个目的。finally 子句的语法如下所示：

```
try {
  statements;
}
catch (TheException ex) {
  handling ex;
}
finally {
  finalStatements;
}
```

在任何情况下，finally 块中的代码都会执行，无论 try 块中是否出现异常或者是否被捕获。考虑下面三种情况：

- 如果 try 块中没有出现异常，执行 finalStatements，然后执行 try 语句的下一条语句。
- 如果 try 块中有一条语句引起了异常并被 catch 块捕获，会跳过 try 块的其他语句，执行 catch 块和 finally 子句。然后执行 try 语句后的下一条语句。
- 如果 try 块中的一条语句引起异常，但是没有被任何 catch 块捕获，就会跳过 try 块中的其他语句，执行 finally 子句，并且将异常传递给这个方法的调用者。

finally 子句中的代码经常用于关闭文件及清理资源。即使在到达 finally 块之前有一个 return 语句，finally 块还是会执行。

注意：使用 finally 子句时可以略去 catch 块，如以下代码所示：

```
try {
  code may throw a non-checked exception; regardless of whether an
  exception occurs, finalStatements are executed.
}
finally {
  finalStatements;
}
```

✔ 复习题

12.5.1 假设运行下面的代码：

```
public static void main(String[] args) throws Exception2 {
  m();
  statement7;
}

public static void m() {
  try {
    statement1;
    statement2;
    statement3;
  }
  catch (Exception1 ex1) {
    statement4;
  }
  finally {
    statement5;
  }
  statement6;
}
```

回答以下问题：
a. 如果没有异常发生，那么哪些语句会被执行？
b. 如果 statement2 会抛出一个 Exception1 类型的异常，那么哪些语句会被执行？
c. 如果 statement2 会抛出一个 Exception2 类型的异常，那么哪些语句会被执行？
d. 如果 statement2 抛出的异常既不是 Exception1 也不是 Exception2 类型的，那么哪些语句会被执行？

12.6 何时使用异常

✏️ 要点提示：当错误需要被方法的调用者处理的时候，方法应该抛出一个异常。

try 块包含正常情况下执行的代码。catch 块包含异常情况下执行的代码。异常处理将错误处理代码从正常的编程任务中分离出来，这样可以使程序更易读且更易修改。但是应该注意，由于异常处理需要初始化新的异常对象，需要从调用栈返回，而且还需要沿着方法调用链来传播异常以便找到它的异常处理器，所以异常处理通常需要更多的时间和资源。

异常发生在方法中。如果想让该方法的调用者处理异常，应该创建一个异常对象并将其抛出。如果能在发生异常的方法中处理异常，那么就不需要抛出或使用异常。

一般来说，一个项目中多个类都会发生的共同异常应该考虑设计为一个异常类。对于发生在个别方法中的简单错误最好进行局部处理，无须抛出异常。这可以通过使用 if 语句检测错误来实现。

在代码中，应该什么时候使用 try-catch 块呢？当必须处理不可预料的错误状况时应该使用它。不要用 try-catch 块处理简单的、可预料的情况。例如，下面的代码

```
try {
  System.out.println(refVar.toString());
}
catch (NullPointerException ex) {
  System.out.println("refVar is null");
}
```

最好用以下代码代替：

```
if (refVar != null)
  System.out.println(refVar.toString());
else
  System.out.println("refVar is null");
```

哪些情况是异常的，哪些情况是可预料的，有时很难判断。关键是不要把异常处理错误地用来做简单的逻辑测试。

✓ 复习题

12.6.1 下面的方法检查一个字符串是否是数值字符串：

```
public static boolean isNumeric(String token) {
  try {
    Double.parseDouble(token);
    return true;
  }
  catch (java.lang.NumberFormatException ex) {
    return false;
  }
}
```

这样写是否正确？不使用异常重写该方法。

12.7 重新抛出异常

要点提示：如果异常处理器不能处理一个异常，或者只是简单地希望将该异常通知给其调用者，Java 允许异常处理器重新抛出异常。

重新抛出异常的语法如下所示：

```
try {
  statements;
}
catch (TheException ex) {
  perform operations before exits;
  throw ex;
}
```

语句 throw ex 重新抛出异常给调用者，以便调用者的其他处理器获得处理异常 ex 的机会。

复习题

12.7.1 假设下面语句中的 statement2 可能会引起一个异常：

```
try {
  statement1;
  statement2;
  statement3;
}
catch (Exception1 ex1) {
}
catch (Exception2 ex2) {
   throw ex2;
}
finally {
  statement4;
}
statement5;
```

回答以下问题：

a. 如果没有异常发生，那么 statement4 或 statement5 会被执行吗？
b. 如果异常类型是 Exception1，那么 statement4 或 statement5 会被执行吗？
c. 如果异常类型是 Exception2，那么 statement4 或 statement5 会被执行吗？
d. 如果异常不是 Exception1 以及 Exception2 类型的，那么 statement4 或 statement5 会被执行吗？

12.8 链式异常

要点提示：抛出一个异常时还伴随着另一个异常，这构成了链式异常。

在 12.7 节中，catch 块重新抛出最初的异常。有时候，可能需要随着最初的异常一起抛出一个新异常（带有附加信息），这称为链式异常（chained exception）。程序清单 12-9 展示了如何产生和抛出链式异常。

程序清单 12-9 ChainedExceptionDemo.java

```
1  public class ChainedExceptionDemo {
2    public static void main(String[] args) {
3      try {
4        method1();
5      }
```

```
 6      catch (Exception ex) {
 7        ex.printStackTrace();
 8      }
 9    }
10
11    public static void method1() throws Exception {
12      try {
13        method2();
14      }
15      catch (Exception ex) {
16        throw new Exception("New info from method1", ex);
17      }
18    }
19
20    public static void method2() throws Exception {
21      throw new Exception("New info from method2");
22    }
23  }
```

```
java.lang.Exception: New info from method1
  at ChainedExceptionDemo.method1(ChainedExceptionDemo.java:16)
  at ChainedExceptionDemo.main(ChainedExceptionDemo.java:4)
Caused by: java.lang.Exception: New info from method2
  at ChainedExceptionDemo.method2(ChainedExceptionDemo.java:21)
  at ChainedExceptionDemo.method1(ChainedExceptionDemo.java:13)
  ... 1 more
```

main 方法调用 method1 (第 4 行), method1 调用 method2 (第 13 行), method2 抛出一个异常 (第 21 行)。该异常被 method1 中的 catch 块所捕获, 并在第 16 行被包装成一个新异常。该新异常被抛出, 并在 main 方法的 catch 块中被捕获 (第 6 行)。示例输出演示了第 7 行中 printStackTrace() 方法的结果。首先, 显示从 method1 中抛出的新异常, 然后显示从 method2 中抛出的最初异常。

✓ 复习题

12.8.1 如果程序清单 12-9 中的第 16 行被下面一行所替换, 将输出什么?

```
throw new Exception("New info from method1");
```

12.9 创建自定义异常类

要点提示: 可以通过继承 java.lang.Exception 类来自定义异常类。

Java 提供了相当多的异常类, 尽量使用它们而不要创建自己的异常类。然而, 如果遇到一个不能用预定义异常类来充分描述的问题, 就可以通过继承 Exception 类或其子类 (例如, IOException) 来创建自己的异常类。

在程序清单 12-7 中, 当半径为负时, setRadius 方法会抛出一个异常。假设希望把这个半径传递给处理器。在这种情况下, 就必须创建自定义异常类, 如程序清单 12-10 所示。

程序清单 12-10 InvalidRadiusException.java

```
1  public class InvalidRadiusException extends Exception {
2    private double radius;
3
4    /** Construct an exception */
5    public InvalidRadiusException(double radius) {
6      super("Invalid radius " + radius);
```

```
  7      this.radius = radius;
  8    }
  9
 10    /** Return the radius */
 11    public double getRadius() {
 12      return radius;
 13    }
 14  }
```

这个自定义异常类继承自 java.lang.Exception（第1行）。而 Exception 类继承自 java.lang.Throwable。Exception 类中的所有方法（例如，getMessage()、toString() 和 printStackTrace()）都是从 Throwable 继承而来的。Exception 类包含四个构造方法，其中经常使用的是以下构造方法：

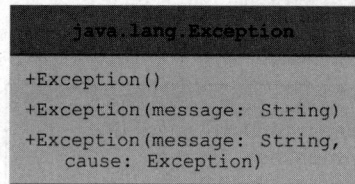

第6行调用父类带消息的构造方法。该消息将会被设置在异常对象中，并且可以通过在该对象上调用 getMessage() 获得。

提示：Java API 中的大多数异常类都包含两个构造方法：一个无参构造方法和一个带消息参数的构造方法。

要创建一个 InvalidRadiusException，必须传递一个半径。所以，可以修改程序清单 12-7 中的 setRadius 方法，如程序清单 12-11 所示。

程序清单 12-11 TestCircleWithCustomException.java

```
 1  public class TestCircleWithCustomException {
 2    public static void main(String[] args) {
 3      try {
 4        new CircleWithCustomException(5);
 5        new CircleWithCustomException(-5);
 6        new CircleWithCustomException(0);
 7      }
 8      catch (InvalidRadiusException ex) {
 9        System.out.println(ex);
10      }
11
12      System.out.println("Number of objects created: " +
13        CircleWithCustomException.getNumberOfObjects());
14    }
15  }
16
17  class CircleWithCustomException {
18    /** The radius of the circle */
19    private double radius;
20
21    /** The number of objects created */
22    private static int numberOfObjects = 0;
23
24    /** Construct a circle with radius 1 */
25    public CircleWithCustomException() throws InvalidRadiusException {
26      this(1.0);
```

```
27    }
28
29    /** Construct a circle with a specified radius */
30    public CircleWithCustomException(double newRadius)
31        throws InvalidRadiusException {
32      setRadius(newRadius);
33      numberOfObjects++;
34    }
35
36    /** Return radius */
37    public double getRadius() {
38      return radius;
39    }
40
41    /** Set a new radius */
42    public void setRadius(double newRadius)
43        throws InvalidRadiusException {
44      if (newRadius >= 0)
45        radius = newRadius;
46      else
47        throw new InvalidRadiusException(newRadius);
48    }
49
50    /** Return numberOfObjects */
51    public static int getNumberOfObjects() {
52      return numberOfObjects;
53    }
54
55    /** Return the area of this circle */
56    public double findArea() {
57      return radius * radius * 3.14159;
58    }
59  }
```

```
InvalidRadiusException: Invalid radius -5.0
Number of objects created: 1
```

当半径为负时，CircleWithCustomException 中的 setRadius 方法会抛出一个 Invalid-RadiusException 异常（第 47 行）。由于 InvalidRadiusException 是一个必检异常，setRadius 方法必须在方法头部进行声明（第 43 行）。由于 CircleWithCustomException 的构造方法调用了 setRadius 方法来设置一个新的半径，而该方法可能会抛出一个 InvalidRadiusException，所以构造方法需要声明抛出 InvalidRadiusException（第 25 和 31 行）。

调用 new CircleWithCustomException(-5)（第 5 行）会抛出一个 InvalidRadius-Exception 异常，它被处理器捕获。处理器在异常对象 ex 中显示半径。

提示：可以通过继承 RuntimeException 来自定义异常类吗？可以，但这不是一个好方法，因为这会使自定义异常成为免检异常。最好使自定义异常是必检的，这样编译器就可以强制要求这些异常在程序中被捕获。

✓ 复习题

12.9.1 如何自定义一个异常类？

12.9.2 假定 setRadius 方法抛出程序清单 12-10 中定义的 InvalidRadiusException 异常，那么运行下面的程序时会显示什么？

```
public class Test {
  public static void main(String[] args) {
    try {
      method();
      System.out.println("After the method call");
    }
    catch (RuntimeException ex) {
      System.out.println("RuntimeException in main");
    }
    catch (Exception ex) {
      System.out.println("Exception in main");
    }
  }

  static void method() throws Exception {
    try {
      Circle c1 = new Circle(1);
      c1.setRadius(-1);
      System.out.println(c1.getRadius());
    }
    catch (RuntimeException ex) {
      System.out.println("RuntimeException in method()");
    }
    catch (Exception ex) {
      System.out.println("Exception in method()");
      throw ex;
    }
  }
}
```

12.10 File 类

要点提示：File 类包含了获得文件/目录的属性，以及对文件/目录进行改名和删除的方法。

在学完异常处理后，我们来学习文件处理。存储在程序中的数据是暂时的，当程序终止时它们就会丢失。为了能够永久地保存程序创建的数据，需要将它们存储到磁盘或其他永久存储设备的文件中。这样，这些文件之后就可以被其他程序传输和读取。由于数据存储在文件中，本节介绍如何使用 File 类获取文件/目录的属性，删除和重命名文件/目录，以及创建目录。下一节介绍如何从文本文件读数据，以及如何向文本文件写数据。

在文件系统中，每个文件都存放在一个目录下。绝对文件名（或完整名称）包含文件名及其完整路径和驱动器字母。例如，c:\book\Welcome.java 是文件 Welcome.java 在 Windows 操作系统上的绝对文件名。这里的 c:\book 称为该文件的目录路径。绝对文件名是依赖机器的，在 UNIX 平台上，绝对文件名可能会是 /home/liang/book/Welcome.java，其中 /home/liang/book 是文件 Welcome.java 的目录路径。

相对文件名是相对于当前工作目录的。对于相对文件名而言，完整目录路径被忽略。例如，Welcome.java 是一个相对文件名。如果当前工作目录是 c:\book，绝对文件名将是 c:\book\Welcome.java。

File 类试图提供一种抽象，这种抽象以不依赖机器的方式处理很多依赖于机器的文件和路径名的复杂性。File 类包含许多获取文件属性的方法，以及重命名、删除文件和目录的方法，如图 12-6 所示。然而，File 类不包含读写文件内容的方法。

java.io.File	
+File(pathname: String)	为一个指定的路径名创建一个 File 对象。路径名可能是一个目录或者一个文件
+File(parent: String, child: String)	在目录 parent 下创建一个子路径的 File 对象，子路径可能是一个目录或者一个文件
+File(parent: File, child: String)	在目录 parent 下创建一个子路径的 File 对象。该 parent 是一个 File 对象。在之前的构造方法中，parent 是一个字符串
+exists(): boolean	File 对象代表的文件或目录存在，返回 true
+canRead(): boolean	File 对象代表的文件存在且可读，返回 true
+canWrite(): boolean	File 对象代表的文件存在且可写，返回 true
+isDirectory(): boolean	File 对象代表的是一个目录，返回 true
+isFile(): boolean	File 对象代表的是一个文件，返回 true
+isAbsolute(): boolean	File 对象是采用绝对路径名创建的，返回 true
+isHidden(): boolean	如果 File 对象代表的文件是隐藏的，返回 true。隐藏的确切定义是系统相关的。Windows 系统中，可以在 "文件属性" 对话框中标记一个文件隐藏。Unix 系统中，如果文件名以点（.）字符开始，则文件是隐藏的
+getAbsolutePath(): String	返回 File 对象代表的文件或者目录的完整绝对路径名
+getCanonicalPath(): String	返回和 getAbsolutePath() 相同的结果，除了从路径名中去掉了冗余的名字（比如 "." 和 ".."），解析符号链接（UNIX 中），并将盘符转化为标准的大写形式（Windows 中）
+getName(): String	返回 File 对象代表的目录和文件名的最后名字。例如，new File("c:\\book\\test.dat").getName() 返回 test.dat
+getPath(): String	返回 File 对象代表的完整的目录和文件名。例如，new File("c:\\book\\test.dat").getPath() 返回 c:\book\test.dat
+getParent(): String	返回 File 对象代表的当前目录或文件的完整父目录。例如，new File("c:\\book\\test.dat").getParent() 返回 c:\book
+lastModified(): long	返回文件的最后修改时间
+length(): long	返回文件的大小，如果不存在或者是一个目录的话，返回 0
+listFile(): File[]	返回一个目录 File 对象下面的文件
+delete(): boolean	删除 File 对象代表的文件或者目录。如果删除成功，方法返回 true
+renameTo(dest: File): boolean	将该 File 对象代表的文件或者目录改为 dest 中指定的名字。如果操作成功，方法返回 true
+mkdir(): boolean	创建该 File 对象代表的目录。如果目录成功创建，则返回 true
+mkdirs(): boolean	和 mkdir() 相同，除了在父目录不存在的情况下将一并创建父目录

图 12-6 File 类可以用来获取文件和目录的属性，删除和重命名文件和目录，以及创建目录

文件名是一个字符串。File 类是文件名及其目录路径的一个包装类。例如，在 Windows 中，语句 new File("c:\\book") 为目录 c:\book 创建一个 File 对象，而语句 new File ("c:\\book\\test.dat") 为文件 c:\book\test.dat 创建一个 File 对象。可以用 File 类的 isDirectory() 方法来判断这个对象是否代表一个目录，还可以用 isFile() 方法来判断这个对象是否代表一个文件。

警告：在 Windows 中目录的分隔符是反斜杠（\）。但是在 Java 中，反斜杠是一个特殊的字符，应该在字符串字面值中写成 \\ 的形式（参见表 4-5）。

注意：构建一个 File 实例并不会在机器上创建一个文件。不管文件是否存在，都可以为任意文件名创建 File 实例。可以调用 File 实例上的 exists() 方法来判断这个文件是否存在。

在程序中，不要直接使用绝对文件名。如果使用了像 c:\\book\\Welcome.java 之类的文件名，那么它能在 Windows 上工作，但是不能在其他平台上工作。应该使用与当前目录

相关的文件名。例如,可以使用 new File("Welcome.java") 为当前目录下的文件 Welcome.java 创建一个 File 对象。可以使用 new File("image/us.gif") 为当前目录的 image 子目录下的文件 us.gif 创建一个 File 对象。斜杠(/)是 Java 的目录分隔符,这一点和 UNIX 一样。语句 new File("image/us.gif") 在 Windows、UNIX 或任何其他系统上都能工作。

程序清单 12-12 演示了如何创建一个 File 对象,以及如何使用 File 类中的方法获取其属性。这个程序为文件 us.gif 创建了一个 File 对象。该文件存储在当前目录的 image 目录下。

程序清单 12-12 TestFileClass.java

```java
1   public class TestFileClass {
2     public static void main(String[] args) {
3       java.io.File file = new java.io.File("image/us.gif");
4       System.out.println("Does it exist? " + file.exists());
5       System.out.println("The file has " + file.length() + " bytes");
6       System.out.println("Can it be read? " + file.canRead());
7       System.out.println("Can it be written? " + file.canWrite());
8       System.out.println("Is it a directory? " + file.isDirectory());
9       System.out.println("Is it a file? " + file.isFile());
10      System.out.println("Is it absolute? " + file.isAbsolute());
11      System.out.println("Is it hidden? " + file.isHidden());
12      System.out.println("Absolute path is " +
13        file.getAbsolutePath());
14      System.out.println("Last modified on " +
15        new java.util.Date(file.lastModified()));
16    }
17  }
```

lastModified() 方法返回文件最后被修改的日期和时间,以从 UNIX 时间(1970 年 1 月 1 日 0 时 0 分 0 秒)开始的毫秒数测量。第 14 和 15 行中使用 Date 类以一种可读的格式显示时间。

图 12-7a 显示了程序在 Windows 平台上的运行示例,而图 12-7b 显示了程序在 UNIX 平台上的运行示例。如图所示,Windows 平台和 UNIX 平台的路径命名习惯是不一样的。

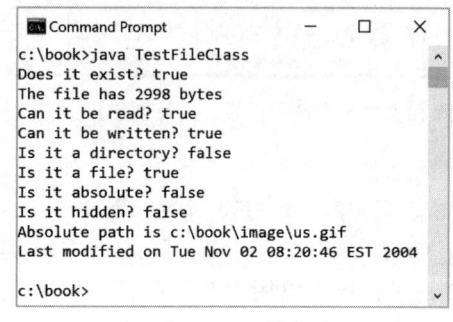

a) Windows 平台   b) UNIX 平台

图 12-7 程序创建一个 File 对象并显示文件属性

✓ 复习题

12.10.1 使用下面的语句创建 File 对象时,哪里有错误?

new File("c:\book\test.dat");

12.10.2 如何检查一个文件是否已经存在?如何删除一个文件?如何重命名一个文件?使用 File 类能够获得文件的大小(字节数)吗?如何创建一个目录?

12.10.3 可以使用 File 类进行输入 / 输出吗？创建一个 File 对象会在磁盘上创建一个文件吗？

12.11 文件输入和输出

🔑 **要点提示**：使用 Scanner 类从文件中读取文本数据，使用 PrintWriter 类向文本文件写入数据。

File 对象封装了文件或路径的属性，但是它既不包括创建文件的方法，也不包括向 / 从文件写 / 读数据（称为数据输入输出，简称 I/O）的方法。为了完成 I/O 操作，需要使用恰当的 Java I/O 类创建对象。这些对象包含从 / 向文件读 / 写数据的方法。有两种类型的文件：文本的和二进制的。文本文件本质上是存储在磁盘上的字符。本节介绍如何使用 Scanner 和 PrintWriter 类从（向）文本文件读（写）字符串和数值信息。二进制文件将在 17 章介绍。

12.11.1 使用 PrintWriter 写数据

java.io.PrintWriter 类可用来创建一个文件并向文本文件写入数据。首先，必须为一个文本文件创建一个 PrintWriter 对象，如下所示：

PrintWriter output = new PrintWriter(filename);

可以调用 PrinterWriter 对象上的 print、println 和 printf 方法向文件写入数据。图 12-8 总结了 PrintWriter 中的常用方法。

java.io.PrintWriter	
+PrintWriter(file: File)	为指定的文件对象创建一个 PrintWriter 对象
+PrintWriter(filename: String)	为指定的文件名字符串创建一个 PrintWriter 对象
+print(s: String): void	将一个字符串写入文件中
+print(c: char): void	将一个字符写入文件中
+print(cArray: char[]): void	将一个字符数组写入文件中
+print(i: int): void	将一个 int 值写入文件中
+print(l: long): void	将一个 long 值写入文件中
+print(f: float): void	将一个 float 值写入文件中
+print(d: double): void	将一个 double 值写入文件中
+print(b: boolean): void	将一个 boolean 值写入文件中
也包含重载的 println 方法	println 方法在功能上和 print 方法类似；另外，它打印一个换行。换行字符串由系统定义。在 Windows 上为 \r\n，在 Unix 上为 \n
也包含重载的 printf 方法	printf 方法在 4.6 节中做了介绍

图 12-8 PrintWriter 类包含将数据写入文本文件的方法

程序清单 12-13 给出了一个创建 PrintWriter 实例并且向文件 scores.txt 中写入两行的例子。每行都包括名字（一个字符串）、中间名字的首字母（一个字符）、姓（一个字符串）和分数（整数）。

程序清单 12-13 WriteData.java

```
1  public class WriteData {
2    public static void main(String[] args) throws java.io.IOException {
3      java.io.File file = new java.io.File("scores.txt");
4      if (file.exists()) {
5        System.out.println("File already exists");
```

```
 6        System.exit(1);
 7    }
 8
 9    // Create a file
10    java.io.PrintWriter output = new java.io.PrintWriter(file);
11
12    // Write formatted output to the file
13    output.print("John T Smith ");
14    output.println(90);
15    output.print("Eric K Jones ");
16    output.println(85);
17
18    // Close the file
19    output.close();
20  }
21 }
```

第 4 ～ 7 行检测文件 scores.txt 是否存在。如果存在，则退出该程序（第 6 行）。

如果文件不存在，则调用 PrintWriter 的构造方法创建一个新文件。如果文件已经存在，那么文件中的当前内容将在不与用户确认的情况下被丢弃。

调用 PrintWriter 的构造方法可能会抛出一个 I/O 异常。Java 强制要求编写代码来处理这类异常。为简单起见，我们在 main 方法头部声明 throws IOException（第 2 行）。

我们已经使用过 System.out.print、System.out.println 和 System.out.printf 方法向控制台输出文本。System.out 是代表控制台的标准 Java 对象。可以创建 PrinterWriter 对象，然后使用 print、println 和 printf 向任意文件中写入文本（第 13 ～ 16 行）。

必须使用 close() 方法关闭文件（第 19 行）。如果没有调用该方法，数据就不能正确地保存在文件中。

> **注意**：可以使用 new PrintWriter(new FileOutputStream(file, true)) 来创建一个 PrintWriter 对象，从而将数据添加到一个已经存在的文件中。FileOutputStream 将在第 17 章中介绍。

> **提示**：当程序向文件中写入数据时，首先将数据临时存储在内存的一个缓存中。当缓存已满时，数据自动保存到磁盘文件中。一旦文件关闭，缓存中的所有数据将被保存到磁盘文件中。因此，必须关闭文件以保证所有数据都保存到了文件中。

12.11.2 使用 try-with-resources 自动关闭资源

程序员经常会忘记关闭文件。JDK 7 提供了下面的新的 try-with-resources 语法来自动关闭文件。

```
try( 声明和创建资源 ){
    使用资源来处理文件；
}
```

使用 try-with-resources 语法，我们重写程序清单 12-13 中的代码，如程序清单 12-14 所示。

程序清单 12-14 WriteDataWithAutoClose.java

```
1 public class WriteDataWithAutoClose {
2   public static void main(String[] args) throws Exception {
3     java.io.File file = new java.io.File("scores.txt");
4     if (file.exists()) {
5       System.out.println("File already exists");
```

```
 6       System.exit(0);
 7     }
 8
 9     try (
10       // Create a file
11       java.io.PrintWriter output = new java.io.PrintWriter(file);
12     ) {
13       // Write formatted output to the file
14       output.print("John T Smith ");
15       output.println(90);
16       output.print("Eric K Jones ");
17       output.println(85);
18     }
19   }
20 }
```

资源在关键字 try 后的括号中声明和创建。资源必须是 AutoCloseable 的子类型，比如 PrinterWriter，具有一个 close() 方法。资源的声明和创建必须在同一行语句中，并且可以在括号中进行多个资源的声明和创建。紧接着资源声明的块中的语句（第 12 ~ 18 行）使用资源。块结束后，自动调用资源的 close() 方法以关闭资源。使用 try-with-resourse 不仅可以避免错误，而且可以简化代码。注意，在 try-with-resources 语句中可以略去 catch 子句。

需要注意的是：1）必须在 try(…) 子句中一并声明资源引用变量和创建资源；2）try(…) 子句最后一条语句中的分号（;）可以省略；3）可以在 try(…) 子句中创建多个 AutoCloseable 资源；4）try(…) 子句可以仅包含创建资源的语句。以下是一个示例。

12.11.3 使用 Scanner 读取数据

在 2.3 节中，java.util.Scanner 类用来从控制台读取字符串和基本类型值。Scanner 可以将输入分为由空白字符分隔的标记。为了能从键盘读取，需要为 System.in 创建一个 Scanner，如下所示：

```
Scanner input = new Scanner(System.in);
```

为了从文件中读取，需要为文件创建一个 Scanner，如下所示：

```
Scanner input = new Scanner(new File(filename));
```

图 12-9 总结了 Scanner 中的常用方法。

程序清单 12-15 给出的例子创建了一个 Scanner 的实例，并从文件 scores.txt 中读取数据。

java.util.Scanner	
+Scanner(source: File)	创建一个 Scanner，从指定的文件中产生扫描的值
+Scanner(source: String)	创建一个 Scanner，从指定的字符串中产生扫描的值
+close()	关闭 Scanner
+hasNext(): boolean	如果 Scanner 还有更多数据可以读取，则返回 true
+next(): String	从 Scanner 中读取下一个标记作为字符串返回
+nextLine(): String	从 Scanner 中读取一行，以换行结束
+nextByte(): byte	从 Scanner 中读取下一个标记作为 byte 值返回
+nextShort(): short	从 Scanner 中读取下一个标记作为 short 值返回
+nextInt(): int	从 Scanner 中读取下一个标记作为 int 值返回
+nextLong(): long	从 Scanner 中读取下一个标记作为 long 值返回
+nextFloat(): float	从 Scanner 中读取下一个标记作为 float 值返回
+nextDouble(): double	从 Scanner 中读取下一个标记作为 double 值返回
+useDelimiter(pattern: String): Scanner	设置 Scanner 的分隔符模式，并且返回 Scanner

图 12-9 Scanner 类包含扫描数据的方法

程序清单 12-15 ReadData.java

```java
import java.util.Scanner;

public class ReadData {
  public static void main(String[] args) throws Exception {
    // Create a File instance
    java.io.File file = new java.io.File("scores.txt");

    // Create a Scanner for the file
    Scanner input = new Scanner(file);

    // Read data from a file
    while (input.hasNext()) {
      String firstName = input.next();
      String mi = input.next();
      String lastName = input.next();
      int score = input.nextInt();
      System.out.println(
        firstName +" " + mi + " " + lastName + " " + score);
    }

    // Close the file
    input.close();
  }
}
```

scores.txt
John T Smith 90
Eric K Jones 85

注意，new Scanner(String) 为给定的字符串创建一个 Scanner。为创建从文件中读取数据的 Scanner，需要使用构造方法 new File(filename)，利用 java.io.File 类来创建 File 的一个实例（第 6 行），然后使用 new Scanner(File) 为文件创建一个 Scanner（第 9 行）。

调用构造方法 new Scanner(File) 可能会抛出一个 I/O 异常。因此，第 4 行的 main 方法声明了 throws Exception。

while 循环中的每次迭代都从文本文件中读取名字、中间名、姓和分数（第 12～19 行）。第 22 行关闭文件。

关闭输入文件并不是必需的（第 22 行），但这是一种释放被文件占用的资源的好做法。可以使用 try-with-resources 语法重写该程序，参见 liveexample.pearsoncmg.com/html/

ReadDataWithAutoClose.html。

12.11.4 Scanner 如何工作

4.5.5 节介绍了基于标记的输入和基于行的输入。基于标记的输入方法 nextByte()、nextShort()、nextInt()、nextLong()、nextFloat()、nextDouble() 和 next() 读取用分隔符分隔的输入。默认情况下，分隔符是空格。可以使用 useDelimiter(String regex) 方法设置新的分隔符模式。

输入方法是如何工作的呢？基于标记的输入首先跳过任意分隔符（默认情况下是空格字符），然后读取一个以分隔符结束的标记。然后，针对使用的方法 nextByte()、nextShort()、nextInt()、nextLong()、nextFloat() 和 nextDouble()，这个标记就分别被自动地转换为一个 byte、short、int、long、float 或 double 类型的值。对于 next() 方法而言则没有进行转换。如果标记和期望的类型不匹配，则会抛出一个运行异常 java.util.InputMismatchException。

方法 next() 和 nextLine() 都读取一个字符串。next() 方法读取一个由分隔符分隔的字符串，而 nextLine() 读取一个以换行符结束的行。

> **注意**：行分隔符字符串是由系统定义的，在 Windows 平台上是 \r\n，而在 UNIX 平台上是 \n。为了得到特定平台上的行分隔符，使用
>
> ```
> String lineSeparator = System.getProperty("line.separator");
> ```

如果从键盘输入，则每行以回车键（Enter key）结束，它对应于 \n 字符。

基于标记的输入方法不能读取标记后面的分隔符。如果在基于标记的读取方法之后调用 nextLine()，该方法读取从这个分隔符开始，到这行的行分隔符结束的字符。这个行分隔符也被读取，但是它不是 nextLine() 返回的字符串部分。

假设一个名为 test.txt 的文本文件包含一行

34 567

在执行完下面的代码之后，

```
Scanner input = new Scanner(new File("test.txt"));
int intValue = input.nextInt();
String line = input.nextLine();
```

intValue 的值为 34，而 line 包含的字符是 ' '、'5'、'6'、'7'。

如果输入是从键盘键入，那会发生什么呢？假设为下面的代码输入 34，然后按回车键，接着输入 567，然后再按回车键：

```
Scanner input = new Scanner(System.in);
int intValue = input.nextInt();
String line = input.nextLine();
```

将会得到 intValue 值是 34，而 line 中是一个空的字符串。为什么呢？原因如下：基于标记的输入方法 nextInt() 读取 34，然后在分隔符处停止，这里的分隔符是行分隔符（回车键）。nextLine() 方法会在读取行分隔符之后结束，然后返回在行分隔符之前的字符串。因为在行分隔符之前没有字符，所以 line 是空的。由于这个原因，不应该在一个基于标记的输入之后使用一个基于行的输入。

可以使用 Scanner 类从文件或者键盘读取数据，也可以使用 Scanner 类从一个字符串中扫描数据。例如，下面的代码

```
Scanner input = new Scanner("13 14");
int sum = input.nextInt() + input.nextInt();
System.out.println("Sum is " + sum);
```

显示

```
Sum is 27
```

12.11.5 示例学习：替换文本

假设要编写一个名为 ReplaceText 的程序，用一个新字符串替换文本文件中所有出现的某个字符串。文件名和字符串都作为命令行参数传递，如下所示：

java ReplaceText sourceFile targetFile oldString newString

例如，调用

java ReplaceText FormatString.java t.txt StringBuilder StringBuffer

就会用 StringBuffer 替换 FormatString.java 中所有出现的 StringBuilder，然后将新文件保存在 t.txt 中。

程序清单 12-16 给出了该程序。程序检查传给 main 方法的参数个数（第 7～11 行），检查源文件和目标文件是否存在（第 14～25 行），为源文件创建一个 Scanner（第 29 行），为目标文件创建一个 PrintWriter（第 30 行），然后重复地从源文件读入一行（第 33 行），替换文本（第 34 行），然后向目标文件中写入新的一行（第 35 行）。

程序清单 12-16 ReplaceText.java

```java
1  import java.io.*;
2  import java.util.*;
3
4  public class ReplaceText {
5    public static void main(String[] args) throws Exception {
6      // Check command line parameter usage
7      if (args.length != 4) {
8        System.out.println(
9          "Usage: java ReplaceText sourceFile targetFile oldStr newStr");
10       System.exit(1);
11     }
12
13     // Check if source file exists
14     File sourceFile = new File(args[0]);
15     if (!sourceFile.exists()) {
16       System.out.println("Source file " + args[0] + " does not exist");
17       System.exit(2);
18     }
19
20     // Check if target file exists
21     File targetFile = new File(args[1]);
22     if (targetFile.exists()) {
23       System.out.println("Target file " + args[1] + " already exists");
24       System.exit(3);
25     }
26
27     try (
```

```
28        // Create input and output files
29        Scanner input = new Scanner(sourceFile);
30        PrintWriter output = new PrintWriter(targetFile);
31    ) {
32      while (input.hasNext()) {
33        String s1 = input.nextLine();
34        String s2 = s1.replaceAll(args[2], args[3]);
35        output.println(s2);
36      }
37    }
38  }
39 }
```

通常情况下，程序会在一个文件被复制后终止。但是，如果没有正确使用命令行参数（第 7 ~ 11 行），或者如果源文件不存在（第 14 ~ 18 行），或者目标文件已经存在（第 22 ~ 25 行），程序都将异常终止。退出的状态代码 1、2 以及 3 用于表明这些异常的终止（第 10、17 和 24 行）。

✓ 复习题

12.11.1 如何创建一个 PrintWriter 来写入数据到文件？在程序清单 12-13 中，为什么要在 main 方法中声明 throws Exception？在程序清单 12-13 中，如果不调用 close() 方法，将会如何？

12.11.2 给出下面的程序执行之后文件 temp.txt 的内容。

```
public class Test {
  public static void main(String[] args) throws Exception {
    java.io.PrintWriter output = new
      java.io.PrintWriter("temp.txt");
    output.printf("amount is %f %e\r\n", 32.32, 32.32);
    output.printf("amount is %5.4f %5.4e\r\n", 32.32, 32.32);
    output.printf("%6b\r\n", (1 > 2));
    output.printf("%6s\r\n", "Java");
    output.close();
  }
}
```

12.11.3 使用 try-with-resource 语法重写前一题中的代码。

12.11.4 如何创建一个 Scanner 从文件读取数据？在程序清单 12-15 中，为什么要在 main 方法中声明 throws Exception？在程序清单 12-15 中，如果不调用 close() 方法，将会发生什么？

12.11.5 如果试图对一个不存在的文件创建 Scanner，将会发生什么情况？如果试图对一个已经存在的文件创建 PrintWriter，会发生什么情况？

12.11.6 是否所有平台上的行分隔符都是一样的？Windows 平台上的行分隔符是什么？

12.11.7 假设输入 45 57.8 789 后按回车键。显示执行完下面的代码之后变量的内容。

```
Scanner input = new Scanner(System.in);
int intValue = input.nextInt();
double doubleValue = input.nextDouble();
String line = input.nextLine();
```

12.11.8 假设输入 45，按回车键，输入 57.8，按回车键，输入 789，按回车键。显示执行完下面的代码之后变量的内容。

```
Scanner input = new Scanner(System.in);
int intValue = input.nextInt();
double doubleValue = input.nextDouble();
String line = input.nextLine();
```

12.12 从 Web 上读取数据

🔑 **要点提示**：如同从电脑中的文件中读取数据一样，也可以从 Web 上的文件中读取数据。

除了从计算机的本地文件或者文件服务器中读取数据，如果知道 Web 上文件的 URL（Uniform Resource Locator，统一资源定位符，即为 Web 上的文件提供唯一的地址），也可以访问 Web 上文件中的数据。例如，www.google.com/index.html 是位于 Google Web 服务器上的文件 index.html 的 URL。在 Web 浏览器中输入 URL 之后，Web 服务器将数据传送给浏览器，浏览器则将数据渲染成图形。图 12-10 演示了这个过程是如何工作的。

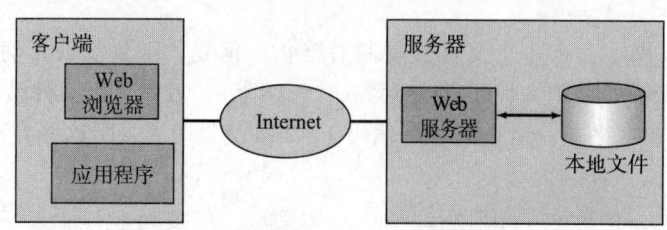

图 12-10　客户端从 Web 服务器中获取文件

为了让应用程序从一个 URL 读取数据，首先要使用 java.net.URL 类的构造方法创建一个 URL 对象。

```
public URL(String spec) throws MalformedURLException
```

例如，下面给出的语句为 http://www.google.com/index.html 创建一个 URL 对象。

```
1  try {
2    URL url = new URL("http://www.google.com/index.html");
3  }
4  catch (MalformedURLException ex) {
5    ex.printStackTrace();
6  }
```

如果 URL 字符串有语法错误的话，将会抛出一个 MalformedURLException。例如，URL 字符串 "http:www.google.com/index.html" 将会引起一个 MalformedURLException 运行错误，因为在冒号（:）之后要求带有双斜杠（//）。注意，要让 URL 类来识别一个有效的 URL，前缀 http:// 是必需的。如果将第 2 行替换为下面代码，将会出错：

```
URL url = new URL("www.google.com/index.html");
```

创建了一个 URL 对象后，可以使用 URL 类中定义的 openStream() 方法来打开一个输入流，并且使用这个输入流来创建一个 Scanner 对象。

```
Scanner input = new Scanner(url.openStream());
```

现在可以从输入流中读取数据了，就如同从本地文件中读取一样。程序清单 12-17 中的示例提示用户输入一个 URL，然后显示文件的大小。

程序清单 12-17 ReadFileFromURL.java

```
1  import java.util.Scanner;
2
3  public class ReadFileFromURL {
4    public static void main(String[] args) {
```

```
 5      System.out.print("Enter a URL: ");
 6      String URLString = new Scanner(System.in).next();
 7
 8      try {
 9        java.net.URL url = new java.net.URL(URLString);
10        int count = 0;
11        Scanner input = new Scanner(url.openStream());
12        while (input.hasNext()) {
13          String line = input.nextLine();
14          count += line.length();
15        }
16
17        System.out.println("The file size is " + count + " characters");
18      }
19      catch (java.net.MalformedURLException ex) {
20        System.out.println("Invalid URL");
21      }
22      catch (java.io.IOException ex) {
23        System.out.println("I/O Errors: no such file");
24      }
25    }
26  }
```

```
Enter a URL: http://liveexample.pearsoncmg.com/data/Lincoln.txt ↵Enter
The file size is 1469 characters
```

```
Enter a URL: http://www.yahoo.com ↵Enter
The file size is 190006 characters
```

程序提示用户输入一个 URL 字符串（第 6 行）并创建一个 URL 对象（第 9 行）。如果 URL 没有正确表示，则构造方法将抛出一个 java.net.MalformedURLException（第 19 行）。

程序从 URL 的输入流中创建一个 Scanner 对象（第 11 行）。如果 URL 表示正确但不存在，将抛出一个 IOException（第 22 行）。例如，http://google.com/index1.html 使用了合适的形式，但是 URL 本身不存在。如果程序使用了该 URL 的话，将抛出一个 IOException。

✓ 复习题

12.12.1 如何创建一个 Scanner 对象并从 URL 中读取文本？

12.13 示例学习：Web 爬虫

✪ 要点提示：本示例学习开发一个程序，可以沿着超链接来遍历 Web。

World Wide Web，缩写为 WWW、W3 或者 Web，是一个因特网上相互链接的超文本文档系统。通过使用 Web 浏览器，可以查看一个文档，以及沿着超链接来查看其他文档。在本示例学习中，我们将开发一个程序，可以沿着超链接来自动遍历 Web 上的文档。这类程序通常称为 Web 爬虫。为简化起见，我们的程序沿着以 http:// 开始的超链接。图 12-11 给出了一个遍历 Web 的例子。我们从一个包含了三个名为 URL1、URL2、URL3 的网址的页面开始，沿着 URL1 将到达一个包含三个名为 URL11、URL12 和 URL13 的网址的页面，沿着 URL2 将到达一个包含两个名为 URL21 和 URL22 的网址的页面，沿着 URL3 将到达一个包含名为 URL31、URL32、URL33、URL34 的网址的页面。可以继续沿着新的链接对 Web 进行遍历。如你所见，这个过程可以一直进行下去，但是我们将在遍历了 100 个页面后退出程序。

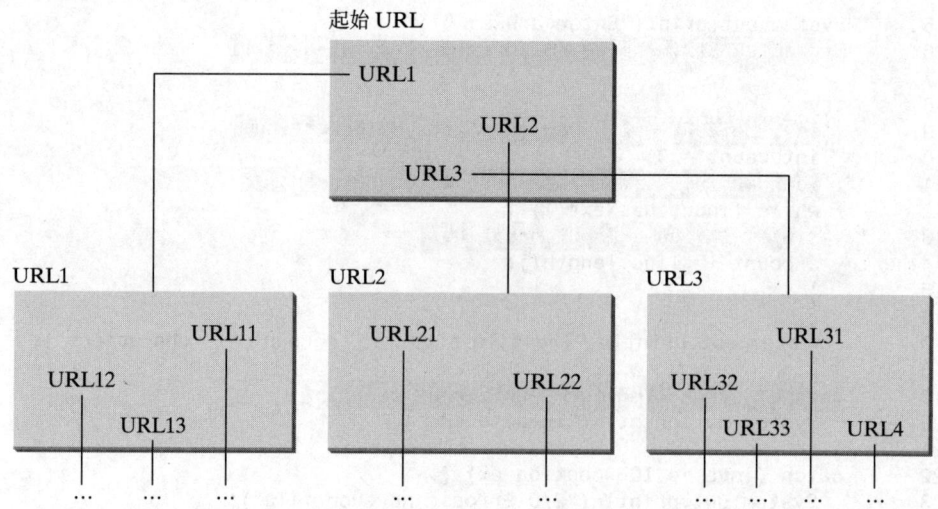

图 12-11 爬虫通过超链接探索 Web

程序沿着 URL 来遍历 Web。为了保证每个 URL 只被遍历一次，程序包含两个网址的列表。一个列表保存将被遍历的网址，另外一个保存已经被遍历的网址。程序的算法描述如下：

```
将起始 URL 添加到名为 listOfPendingURLs 的列表中；
当 listOfPendingURLs 不为空并且 listOfTraversedURLs 的长度 <=100{
    从 listOfPendingURLs 移除一个 URL；
    如果该 URL 不在 listOfTraversedURLs 中 {
        将其添加到 listOfTraversedURLs 中；
        显示该 URL；
        读取该 URL 的页面，并且对该页面中包含的每个 URL 进行如下操作 {
            如果不在 listOfTraversedURLs 中，则将其添加到 listOfPendingURLs 中；
        }
    }
}
```

程序清单 12-18 给出了实现该算法的程序。

程序清单 12-18 WebCrawler.java

```java
1  import java.util.Scanner;
2  import java.util.ArrayList;
3
4  public class WebCrawler {
5    public static void main(String[] args) {
6      Scanner input = new Scanner(System.in);
7      System.out.print("Enter a URL: ");
8      String url = input.nextLine();
9      crawler(url); // Traverse the Web from the a starting url
10   }
11
12   public static void crawler(String startingURL) {
13     ArrayList<String> listOfPendingURLs = new ArrayList<>();
14     ArrayList<String> listOfTraversedURLs = new ArrayList<>();
15
16     listOfPendingURLs.add(startingURL);
17     while (!listOfPendingURLs.isEmpty() &&
18         listOfTraversedURLs.size() <= 100) {
19       String urlString = listOfPendingURLs.remove(0);
```

```
20      if (!listOfTraversedURLs.contains(urlString)) {
21        listOfTraversedURLs.add(urlString);
22        System.out.println("Crawl " + urlString);
23
24        for (String s: getSubURLs(urlString)) {
25          if (!listOfTraversedURLs.contains(s))
26            listOfPendingURLs.add(s);
27        }
28      }
29    }
30  }
31
32  public static ArrayList<String> getSubURLs(String urlString) {
33    ArrayList<String> list = new ArrayList<>();
34
35    try {
36      java.net.URL url = new java.net.URL(urlString);
37      Scanner input = new Scanner(url.openStream());
38      int current = 0;
39      while (input.hasNext()) {
40        String line = input.nextLine();
41        current = line.indexOf("http:", current);
42        while (current > 0) {
43          int endIndex = line.indexOf("\"", current);
44          if (endIndex > 0) { // Ensure that a correct URL is found
45            list.add(line.substring(current, endIndex));
46            current = line.indexOf("http:", endIndex);
47          }
48          else
49            current = -1;
50        }
51      }
52    }
53    catch (Exception ex) {
54      System.out.println("Error: " + ex.getMessage());
55    }
56
57    return list;
58  }
59 }
```

```
Enter a URL: http://cs.armstrong.edu/liang  ↵Enter
Crawl http://www.cs.armstrong.edu/liang
Crawl http://www.cs.armstrong.edu
Crawl http://www.armstrong.edu
Crawl http://www.pearsonhighered.com/liang
...
```

程序提示用户输入一个起始 URL（第 7 和 8 行），然后调用 crawler(url) 方法来遍历 Web（第 9 行）。

crawler(url) 方法将起始 url 添加到 listOfPendingURLs（第 16 行），然后通过一个 while 循环重复处理 listOfPendingURLs 中的每个 URL（第 17 ~ 29 行）。程序将列表中的第一个 URL 去除（第 19 行），如果该 URL 没有被处理过，则对其进行处理（第 20 ~ 28 行）。处理每个 URL 时，程序首先将 URL 添加到 listOfTraversedURLs 中（第 21 行）。该列表存储了所有处理过的 URL。getSubURLs(url) 方法返回指定 URL 的网页中包含的 URL 列表（第 24 行）。程序使用一个 foreach 循环，将页面中的每个不存在于 listOfTraversedURLs 中的 URL 添加到 listOfPendingURLs 中（第 24 ~ 27 行）。

getSubURLs(url) 方法从 Web 页面中读取每行（第 40 行），并且查找该行中的 URL（第 41 行）。注意，正确的 URL 不能包含分行符，因此只要在 Web 页面中的一行文本中查找 URL 就足够了。为简化起见，假设 URL 以引号 " 结束（第 43 行）。该方法获取一个 URL 并且将其添加到列表中（第 45 行）。一行中可能包含多个 URL。方法接着继续查找下一个 URL（第 46 行）。如果在该行中没有发现 URL，current 设为 -1（第 49 行）。页面中包含的 URL 以一个列表的形式返回（第 57 行）。

当遍历的 URL 数目达到 100 的时候，程序结束（第 18 行）。

这是一个遍历 Web 的简单程序，后面将学习让该程序更加有效和健壮的技术。

✓ 复习题

12.13.1 在一个 URL 添加到 listOfPendingURLs 之前，第 25 行检查它是否被遍历过了。listOfPendingURLs 是否可能包含重复的 URL 呢？如果是，给出一个例子。

12.13.2 如下简化第 20～28 行的代码：（1）删除第 20 和 28 行；（2）在第 25 行的 if 语句中添加额外的条件 !listOfPendingURLs.contains(s)。为第 17～29 行的 while 循环编写完整的新代码。这样的改写可行吗？

关键术语

absolute file name（绝对文件名）
chained exception（链式异常）
checked exception（必检异常）
declare exception（声明异常）
directory path（目录路径）

exception（异常）
exception propagation（异常传播）
relative file name（相对文件名）
throw exception（抛出异常）
unchecked exception（免检异常）

本章小结

1. 异常处理使得方法能够抛出异常给它的调用者。
2. Java 异常是继承自 java.lang.Throwable 的类的实例。Java 提供大量预定义的异常类，例如，Error、Exception、RuntimeException、ClassNotFoundException、NullPointerException 和 ArithmeticException。也可以通过继承 Exception 类来定义自己的异常类。
3. 异常产生在一个方法的执行过程中。RuntimeException 和 Error 都是免检异常，所有其他异常都是必检的。
4. 当声明一个方法时，如果这个方法可能抛出一个必检异常，则必须进行声明，从而告诉编译器可能会出现什么错误。
5. 声明异常的关键字是 throws，而抛出异常的关键字是 throw。
6. 调用声明了必检异常的方法，需要将该方法调用放在 try 语句中。在方法执行过程中出现异常时，catch 块会捕获并处理异常。
7. 如果一个异常没有被当前方法捕获，则该异常被传给调用者。这个过程不断重复直到异常被捕获或者传递给 main 方法。
8. 可以从一个共同的父类派生出各种不同的异常类。如果一个 catch 块捕获到父类的异常对象，它也能捕捉这个父类的子类的所有异常对象。
9. 在 catch 块中，异常的指定顺序是非常重要的。如果在指定一个类的异常对象之前，指定了这个异常类的父类的异常对象，会导致一个编译错误。
10. 当方法中发生异常时，如果异常没有被捕获，方法将会立刻退出。如果想在方法退出前执行一些任务，可以在方法中捕获这个异常，然后再重新抛给它的调用者。

11. 任何情况下都会执行 finally 块中的代码,不管 try 块中是否产生了异常,或者产生异常的情况下是否捕获了该异常。
12. 异常处理将错误处理代码从正常的程序设计任务中分离出来,这样,就会使得程序更易于阅读和修改。
13. 不应该使用异常处理代替简单的测试。应该尽可能地使用 if 语句来进行简单的测试,而使用异常处理那些无法用 if 语句处理的场景。
14. File 类用于获得文件属性和操作文件。它不包含创建文件的方法,或者从/向文件读/写数据。
15. 可以使用 Scanner 来从一个文本文件中读取字符串和基本数据类型的值,使用 PrintWriter 来创建一个文件并将数据写入文本文件。
16. 可以使用 URL 类来读取一个 Web 上的文件内容。

测试题

在线回答配套网站上的本章测试题。

编程练习题

12.2 ～ 12.9 节

*12.1 (NumberFormatException 异常)程序清单 7-9 是一个简单的命令行计算器。注意,如果某个操作数不是数值,则程序中止。编写一个程序,利用异常处理器来处理非数值操作数;然后编写另一个不使用异常处理器的程序达到相同的目的。程序在退出之前应该显示一条消息,通知用户发生了操作数类型错误(参见图 12-12)。

*12.2 (InputMismatchException 异常)编写程序,提示用户读取两个整数,然后显示它们的和。程序应该在输入不正确时提示用户再次读取数值。

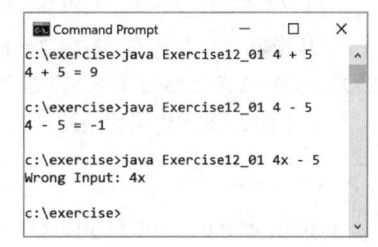

图 12-12　程序执行算术运算并探测输入错误

*12.3 (ArrayIndexOutBoundsException 异常)编写一个满足下面要求的程序:
- 创建一个由 100 个随机选取的整数构成的数组。
- 提示用户输入数组的下标,然后显示对应的元素值。如果指定的下标越界,则显示消息"Out of Bounds"。

*12.4 (IllegalArgumentException 异常)修改程序清单 10-2 中的 Loan 类,如果贷款总额、利率、年数小于或等于零,则抛出 IllegalArgumentException 异常。

*12.5 (IllegalTriangleException 异常)编程练习题 11.1 定义了具有三条边的 Triangle 类。在三角形中,任意两边之和总大于第三边,三角形类 Triangle 必须遵从这一规则。创建一个 IllegalTriangleException 类,然后修改 Triangle 类的构造方法,如果创建的三角形的边违反了这一规则,则抛出一个 IllegalTriangleException 对象,如下所示:

```
/** Construct a triangle with the specified sides */
public Triangle(double side1, double side2, double side3)
    throws IllegalTriangleException {
  // Implement it
}
```

*12.6 (NumberFormatException 异常)程序清单 6-8 实现了 hexToDec (String hexString) 方法,它将一个十六进制字符串转换为一个十进制数。实现这个 hexToDec 方法,在字符串不是一个十六进制字符串时抛出 NumberFormatException 异常。编写测试程序,提示用户以字符串形

式输入一个十六进制数字并显示其对等的十进制数字。如果方法抛出异常，则显示"不是十六进制数字"。

*12.7 （NumberFormatException 异常）编写 bin2Dec(String binaryString) 方法，将一个二进制字符串转换为一个十进制数。实现 bin2Dec 方法，在字符串不是一个二进制字符串时抛出 NumberFormatException 异常。编写测试程序，提示用户以字符串形式输入一个二进制数字并显示其对等的十进制数字。如果方法抛出异常，则显示"不是二进制数字"。

*12.8 （HexFormatException 异常）编程练习题 12.6 实现了 hex2Dec 方法，在字符串不是一个十六进制字符串时抛出 NumberFormatException 异常。定义一个名为 HexFormatException 的自定义异常。实现 hex2Dec 方法，在字符串不是一个十六进制字符串时抛出 HexFormatException 异常。

*12.9 （BinaryFormatException 异常）编程练习题 12.7 实现了 bin2Dec 方法，在字符串不是一个二进制字符串时抛出 BinaryFormatException 异常。定义一个名为 BianryFormatException 的自定义异常。实现 bin2Dec 方法，在字符串不是一个二进制字符串时抛出 BinaryFormatException 异常。

*12.10 （OutOfMemoryError 错误）编写程序，它能导致 JVM 抛出一个 OutOfMemoryError，然后捕获和处理这个错误。

12.10 ~ 12.12 节

**12.11 （删除文本）编写程序，从一个文本文件中删掉所有指定的某个字符串。例如，调用

```
java Exercise12_11 John filename
```

从指定文件中删掉字符串 John。程序应该从命令行获得参数。

**12.12 （重新格式化 Java 源代码）编写程序将 Java 源代码的次行块风格转换成行尾块风格。例如，图 a 中的 Java 源代码使用的是次行块风格。程序将它转换成图 b 中所示的行尾块形式。

```
public class Test
{
  public static void main(String[] args)
  {
    // Some statements
  }
}
```

```
public class Test {
  public static void main(String[] args) {
    // Some statements
  }
}
```

a）次行块风格　　　　　　　　　　　　b）行尾块风格

程序可以从命令行调用，以 Java 源代码文件作为其参数。它会将这个 Java 源代码变成新的格式。例如，下面的命令将 Java 源代码文件 Test.java 转变成行尾块风格：

```
java Exercise12_12 Test.java
```

*12.13 （统计一个文件中的字符数、单词数和行数）编写程序，统计一个文件中的字符数、单词数以及行数。单词由空格符分隔，文件名应该作为命令行参数被传递，如图 12-13 所示。

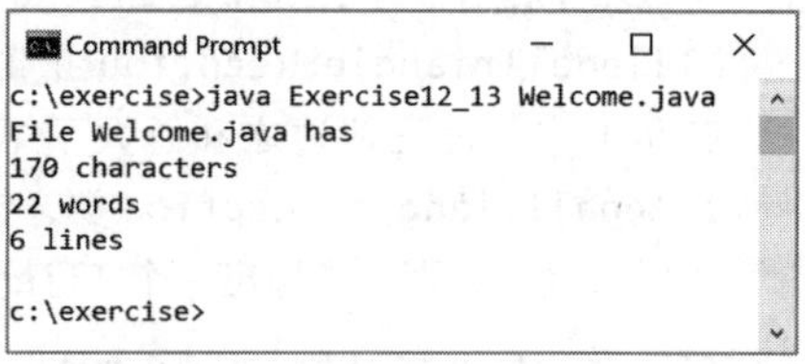

*12.14 （处理文本文件中的分数）假定一个文本文件中包含未指定个数的用空格分开的分数。编写程序提示用户输入文件，然后从文件中读入分数，并且显示它们的和以及平均值。

```
Command Prompt
c:\exercise>java Exercise12_13 Welcome.java
File Welcome.java has
170 characters
22 words
6 lines

c:\exercise>
```

图 12-13　程序显示给定文件中的字符数、单词数和行数

*12.15 （写/读数据）编写程序，如果名为 Exercise12_15.txt 的文件不存在，则创建该文件。使用文本 I/O 将随机产生的 100 个整数写入文件，文件中的整数由空格分开。从文件中读回数据并以升序显示数据。

**12.16 （替换文本）程序清单 12-16 给出一个程序，替换源文件中的文本并将改变保存到一个新文件

中。改写程序,将改变存储到原始文件中。例如,调用

```
java Exercise12_16 file oldString newString
```

用 newString 替换源文件中的 oldString。

***12.17 (游戏:猜词) 重新编写编程练习题 7.35。程序读取存储在一个名为 hangman.txt 的文本文件中的单词。这些单词用空格分隔。

**12.18 (添加包语句) 假设在目录 chapter1, chapter2, …, chapter34 下面有 Java 源文件。编写程序,对在目录 chapteri 下面的 Java 源文件的第一行添加语句 "pachage chapteri;"。假定 chapter1, chapter2, …, chapter34 在根目录 srcRootDirectory 下面。根目录和 chapteri 目录可能包含其他目录和文件。使用下面命令来运行程序:

```
java Exercise12_18 srcRootDirectory
```

*12.19 (统计单词) 编写程序,统计 Abraham Lincoln 总统的 Gettysburg 演讲中的单词数,该演讲的网址为 http://liveexample.pearsoncmg.com/data/Lincoln.txt。

**12.20 (删除包语句) 假设在目录 chapter1, chapter2,…, chapter34 下面有 Java 源文件。编写程序,对在目录 chapteri 下面的 Java 源文件删除其第一行包语句 "pachage chapteri;"。假定 chapter1, chapter2,…, chapter34 在根目录 srcRootDirectory 下面。根目录和 chapteri 目录可能包含其他目录和文件。使用下面命令来运行程序:

```
java Exercise12_20 srcRootDirectory
```

*12.21 (数据排好序了吗?) 编写程序,从文件 SortedStrings.txt 中读取字符串,并且报告文件中的字符串是否以升序的方式进行存储。如果文件中的字符串没有排好序,显示没有排好序的前面两个字符串。

**12.22 (替换文本) 修改编程练习题 12.16,使用下面的命令用一个新字符串替换某个特定目录下所有文件中的一个字符串:

```
java Exercise12_22 dir oldString newString
```

**12.23 (处理 Web 上的文本文件中的分数) 假定 Web 上的一个文本文件 http://liveexample.pearsoncmg.com/data/Scores.txt 中包含了不确定数目的使用空白分隔的分数。编写程序从该文件中读取分数,并且显示它们的总数以及平均数。

*12.24 (创建大的数据集) 创建一个具有 1000 行的数据文件。文件中的每行包含了一个教职员工的姓、名、级别以及薪水。第 i 行的教职员工的姓和名为 FirstNamei 和 LastNamei。级别随机产生为 assistant (助理)、associate (副) 以及 full (正)。薪水为随机产生的数字,并且小数点后保留两位数字。对于助理教授而言,薪水应该在 50 000 到 80 000 的范围内,对于副教授为 60 000 到 110 000,对于正教授为 75 000 到 130 000。保存文件为 Salary.txt。下面是一些示例数据:

FirstName1 LastName1 assistant 60055.95
FirstName2 LastName2 associate 81112.45
...
FirstName1000 LastName1000 full 92255.21

*12.25 (处理大的数据集) 一个大学将其教职员工的薪水发布在 http://liveexample.pearsoncmg.com/data/Salary.txt 中。文件中的每行包含一个教职员工的姓、名、级别以及薪水(见编程练习题 12.24)。编写程序,分别显示助理教授、副教授、正教授以及所有教职员工等类别的总薪水,并分别显示他们的平均薪水。

**12.26 (创建一个目录) 编写程序提示用户输入一个目录名称,然后使用 File 的 mkdirs 方法创建相应的目录。如果目录创建成功则显示 "Directory created successfully",如果目录已经存在,则

显示"Directory already exists"。

**12.27 (替换文本) 假定在某个目录下面的多个文件中包含了单词 Exercise*i*_*j*，其中 *i* 和 *j* 是数字。编写程序，如果 *i* 是个位数，则在 *i* 前面插入一个 0，同理如果 *j* 是个位数，则在 *j* 前面插入一个 0。例如，文件中的单词 Exercise2_1 将被替换为 Exercise02_01。Java 中，当从命令行传递符号 * 的时候，指代该目录下的所有文件（参见附录 III.V）。使用下面的命令来运行程序。

```
java Exercise12_27 *
```

**12.28 (更改文件名) 假定在某个目录下面有多个名为 Exercise*i*_*j* 的文件，其中 *i* 和 *j* 是数字。编写程序，如果 *i* 是个位数，则在 *i* 前面插入一个 0。例如，目录中的文件 Exercise2_1 将被改名为 Exercise02_1。Java 中，当从命令行传递符号 * 的时候，指代该目录下的所有文件（参见附录 III.V）。使用下面的命令来运行程序。

```
java Exercise12_28 *
```

**12.29 (更改文件名) 假定在某个目录下面有多个名为 Exercise*i*_*j* 的文件，其中 *i* 和 *j* 是数字。编写程序，如果 *j* 是个位数，则在 *j* 前面插入一个 0。例如，目录中的文件 Exercise2_1 将被改名为 Exercise2_01。Java 中，当从命令行传递符号 * 的时候，指代该目录下的所有文件（参见附录 III.V）。使用下面的命令来运行程序。

```
java Exercise12_29 *
```

**12.30 (每个字母出现的次数) 编写程序，提示用户输入一个文件名，然后显示该文件中每个字母出现的次数。字母区分大小写。下面是一个运行示例：

```
Enter a filename: Lincoln.txt  ↵Enter
Number of As: 56
Number of Bs: 134
...
Number of Zs: 9
```

*12.31 (新生儿名字流行度排名) 从 2001 年到 2010 年的新生儿取名的流行度排名可以从 www.ssa.gov/oact/babynames 下载并保存在 babynameranking2001.txt, babynameranking2002.txt, ⋯, babynameranking2010.txt 中。你可以使用诸如 http://liveexample.pearsoncmg.com/data/babynamesranking2001.txt 的 URL 来下载这些文件。每个文件包含了 1000 行。每行包含一个排名，一个男孩的名字，取该名字的数目，一个女孩的名字，取该名字的数目。例如，文件 babynameranking 2010.txt 的前面两行如下所示：

```
1    Jacob    21,875    Isabella    22,731
2    Ethan    17,866    Sophia      20,477
```

因此，男孩名 Jacob 和女孩名 Isabella 排第一位，男孩名 Ethan 和女孩名 Sophia 排名第二。有 21 875 名男孩取名 Jacob，22 731 名女孩取名 Isabella。编写程序提示用户输入年份、性别，接着输入名字，程序可以显示该年份该名字的排名。程序应该直接从 Web 上读取数据。这里是一个运行示例：

```
Enter the year: 2010  ↵Enter
Enter the gender: M  ↵Enter
Enter the name: Javier  ↵Enter
Javier is ranked #190 in year 2010
```

```
Enter the year: 2010  ↵Enter
Enter the gender: F  ↵Enter
Enter the name: ABC  ↵Enter
The name ABC is not ranked in year 2010
```

*12.32 （排名统计）编写程序，使用编程练习 12.31 中所描述的文件，显示前 5 位的女孩和男孩名字的排名统计表格：

```
Year Rank 1    Rank 2    Rank 3    Rank 4    Rank 5    Rank 1   Rank 2   Rank 3   Rank 4      Rank 5
2010 Isabella  Sophia    Emma      Olivia    Ava       Jacob    Ethan    Michael  Jayden      William
2009 Isabella  Emma      Olivia    Sophia    Ava       Jacob    Ethan    Michael  Alexander   William
2008 Emma      Isabella  Emily     Olivia    Ava       Jacob    Michael  Ethan    Joshua      Daniel
2007 Emily     Isabella  Emma      Ava       Madison   Jacob    Michael  Ethan    Joshua      Daniel
2006 Emily     Emma      Madison   Isabella  Ava       Jacob    Michael  Joshua   Ethan       Matthew
2005 Emily     Emma      Madison   Abigail   Olivia    Jacob    Michael  Joshua   Matthew     Ethan
2004 Emily     Emma      Madison   Olivia    Hannah    Jacob    Michael  Joshua   Matthew     Ethan
2003 Emily     Emma      Madison   Hannah    Olivia    Jacob    Michael  Joshua   Matthew     Andrew
2002 Emily     Madison   Hannah    Emma      Alexis    Jacob    Michael  Joshua   Matthew     Ethan
2001 Emily     Madison   Hannah    Ashley    Alexis    Jacob    Michael  Matthew  Joshua      Christopher
```

**12.33 （搜索 Web）修改程序清单 12-18，从某个 URL（如 http://cs.armstrong.edu/liang）开始搜索某个单词（例如，Computer Programming）。你的程序应提示用户输入单词以及起始 URL，并且一旦搜索到该单词则终止程序。显示包含该单词的页面 URL 地址。

第 13 章

Introduction to Java Programming and Data Structures, Comprehensive Version, Twelfth Edition

抽象类和接口

教学目标
- 设计和使用抽象类（13.2 节）。
- 使用抽象类 Number 将数值包装类、BigInteger 以及 BigDecimal 类通用化（13.3 节）。
- 使用 Calendar 类和 GregorianCalendar 类处理日历（13.4 节）。
- 使用接口指定对象的共同行为（13.5 节）。
- 定义接口以及实现接口的类（13.5 节）。
- 使用 Comparable 接口定义自然顺序（13.6 节）。
- 使用 Cloneable 接口使对象可克隆（13.7 节）。
- 探讨具体类、抽象类和接口的异同点（13.8 节）。
- 设计 Rational 类来处理有理数（13.9 节）。
- 遵循类的设计准则来设计类（13.10 节）。

13.1 引言

要点提示：父类中定义了相关子类的共同行为。接口可用于定义类的共同行为（包括不相关的类）。

可以使用 java.util.Arrays.sort 方法来对数值和字符串排序。那么可以应用同样的 sort 方法对一个几何对象数组排序吗？要编写这样的代码，必须要了解接口。接口用于定义多个类（包括非相关的类）的共同行为。在讨论接口之前，我们介绍一个密切相关的主题：抽象类。

13.2 抽象类

要点提示：抽象类不能创建对象。抽象类可以包含抽象方法，这些方法将在具体的子类中实现。

在继承的层次结构中，每个新的子类都使类更加明确和具体。如果从一个子类向父类追溯，类就会变得更通用且更不明确。类的设计应确保父类包含其子类的共同特征。有时父类会设计得非常抽象，以至于不能用于创建任何具体的实例。这样的类称为抽象类（abstract class）。

在第 11 章中，GeometricObject 类定义成 Circle 类和 Rectangle 类的父类。GeometricObject 类对几何对象的共同特征进行了建模。Circle 类和 Rectangle 类都包含分别用于计算圆和矩形的面积和周长的 getArea() 方法和 getPerimeter() 方法。因为可以计算所有几何对象的面积和周长，所以最好在 GeometricObject 类中定义 getArea() 和 getPerimeter() 方法。但是，这些方法不能在 GeometricObject 类中实现，因为它们的实现取决于几何对象的具体类型。这样的方法称为抽象方法（abstract method），在方法头中使用 abstract 修饰符表示。在 GeometricObject 类中定义了这些方法后，GeometricObject 就成为一个抽象类。

在类的头部使用 abstract 修饰符表示该类为抽象类。在 UML 图形记号中，抽象类和抽象方法的名字用斜体表示，如图 13-1 所示。程序清单 13-1 给出了新的 `GeometricObject` 类的源代码。

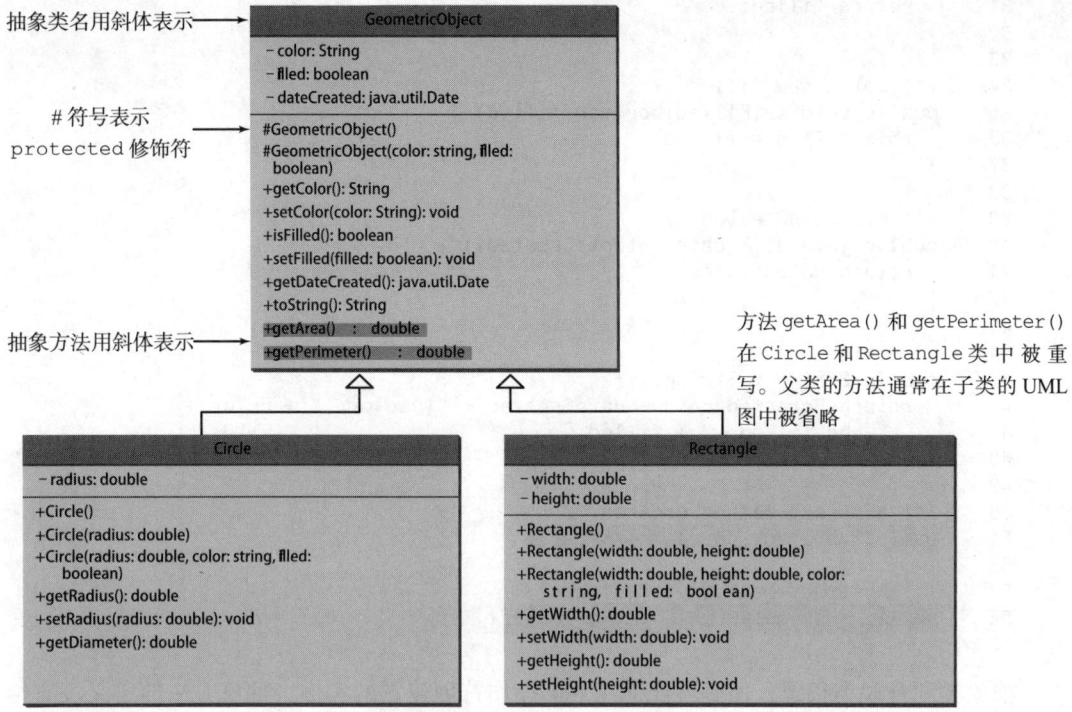

图 13-1　新的 `GeometricObject` 类包含抽象方法

程序清单 13-1　GeometricObject.java

```java
 1  public abstract class GeometricObject {
 2    private String color = "white";
 3    private boolean filled;
 4    private java.util.Date dateCreated;
 5
 6    /** Construct a default geometric object */
 7    protected GeometricObject() {
 8      dateCreated = new java.util.Date();
 9    }
10
11    /** Construct a geometric object with color and filled value */
12    protected GeometricObject(String color, boolean filled) {
13      dateCreated = new java.util.Date();
14      this.color = color;
15      this.filled = filled;
16    }
17
18    /** Return color */
19    public String getColor() {
20      return color;
21    }
22
23    /** Set a new color */
24    public void setColor(String color) {
25      this.color = color;
```

```java
26    }
27
28    /** Return filled. Since filled is boolean,
29     *  the getter method is named isFilled */
30    public boolean isFilled() {
31      return filled;
32    }
33
34    /** Set a new filled */
35    public void setFilled(boolean filled) {
36      this.filled = filled;
37    }
38
39    /** Get dateCreated */
40    public java.util.Date getDateCreated() {
41      return dateCreated;
42    }
43
44    @Override
45    public String toString() {
46      return "created on " + dateCreated + "\ncolor: " + color +
47        " and filled: " + filled;
48    }
49
50    /** Abstract method getArea */
51    public abstract double getArea();
52
53    /** Abstract method getPerimeter */
54    public abstract double getPerimeter();
55  }
```

抽象类和常规类很像，但是不能使用 new 操作符创建它的实例。抽象方法的定义没有给出实现，其实现由子类提供。一个包含抽象方法的类必须声明为抽象类。

抽象类的构造方法定义为 protected，因为它只被子类使用。创建一个具体子类的实例时，其父类的构造方法被调用以初始化父类中定义的数据域。

抽象类 GeometricObject 为几何对象定义了共同特征（数据和方法），并且提供了合适的构造方法。因为不知道如何计算几何对象的面积和周长，所以 getArea() 和 getPerimeter() 定义为抽象方法。这些方法在子类中实现。Circle 类和 Rectangle 类的实现除了继承本章中定义的 GeometricObject 类之外，其他与程序清单 11-2 和程序清单 11-3 一样。可以分别从 liveexample.pearsoncmg.com/html/Circle.html 和 liveexample.pearsoncmg.com/html/Rectangle.html 得到两个程序的完整代码。

程序清单 13-2 Circle.java

```java
1  public class Circle extends GeometricObject {
2    // Same as lines 2-47 in Listing 11.2, so omitted
3  }
```

程序清单 13-3 Rectangle.java

```java
1  public class Rectangle extends GeometricObject {
2    // Same as lines 2-49 in Listing 11.3, so omitted
3  }
```

13.2.1 为何使用抽象方法

你可能会疑惑在 GeometricObject 类中定义方法 getArea() 和 getPerimeter() 为抽象的

而不是在每个子类中定义它们会有什么好处。从下面程序清单 13-4 的例子中，就能看出在 GeometricObject 中定义它们的好处。程序创建了两个几何对象：一个圆和一个矩形，调用 equalArea 方法来检查它们的面积是否相同，然后调用 displayGeometricObject 方法来显示它们。

程序清单 13-4 TestGeometricObject.java

```java
 1  public class TestGeometricObject {
 2    /** Main method */
 3    public static void main(String[] args) {
 4      // Create two geometric objects
 5      GeometricObject geoObject1 = new Circle(5);
 6      GeometricObject geoObject2 = new Rectangle(5, 3);
 7
 8      System.out.println("The two objects have the same area? " +
 9        equalArea(geoObject1, geoObject2));
10
11      // Display circle
12      displayGeometricObject(geoObject1);
13
14      // Display rectangle
15      displayGeometricObject(geoObject2);
16    }
17
18    /** A method for comparing the areas of two geometric objects */
19    public static boolean equalArea(GeometricObject object1,
20        GeometricObject object2) {
21      return object1.getArea() == object2.getArea();
22    }
23
24    /** A method for displaying a geometric object */
25    public static void displayGeometricObject(GeometricObject object) {
26      System.out.println();
27      System.out.println("The area is " + object.getArea());
28      System.out.println("The perimeter is " + object.getPerimeter());
29    }
30  }
```

```
The two objects have the same area? false

The area is 78.53981633974483
The perimeter is 31.41592653589793

The area is 15.0
The perimeter is 16.0
```

Circle 类和 Rectangle 类中重写了定义在 GeometricObject 类中的 getArea() 和 getPerimeter() 方法。语句（第 5～6 行）

```java
GeometricObject geoObject1 = new Circle(5);
GeometricObject geoObject2 = new Rectangle(5, 3);
```

创建了一个新的圆和一个新的矩形，并把它们赋值给变量 geoObject1 和 geoObject2。这两个变量都是 GeometricObject 类型的。

当调用 equalArea(geoObject1,geoObject2) 时（第 9 行），由于 geoObject1 是一个圆，所以 object1.getArea() 使用的是 Circle 类定义的 getArea() 方法，而 geoObject2 是一个矩形，所以 object2.getArea() 使用的是 Rectangle 类中定义的 getArea() 方法。

类似地，当调用 `displayGeometricObject(geoObject1)`（第 12 行）时，使用在 `Circle` 类中定义的 `getArea()` 和 `getPerimeter()` 方法，而当调用 `displayGeometricObject(geoObject2)`（第 15 行）时，使用的是在 `Rectangle` 类中定义的 `getArea()` 和 `getPerimeter()` 方法。JVM 在运行时根据调用该方法的实际对象的类型来动态地决定调用哪一个方法。

注意，如果 `GeometricObject` 里没有定义 `getArea()` 方法，就不能在该程序中定义 `equalArea` 方法来计算这两个几何对象的面积是否相同，因为 object 1 和 object 2 是 `GeometricObject` 类型的。所以，现在可以看出在 `GeometricObject` 中定义抽象方法的好处了。

13.2.2 抽象类的几点说明

下面是关于抽象类值得注意的几点：

- 抽象方法不能包含在非抽象类中。如果抽象父类的子类不能实现所有的抽象方法，那么子类也必须定义为抽象的。换句话说，在继承自抽象类的非抽象子类中，必须实现所有的抽象方法。还需要注意，抽象方法是非静态的。
- 抽象类不能使用 `new` 操作符来初始化。但仍然可以定义它的构造方法，这个构造方法在其子类的构造方法中调用。例如，`GeometricObject` 类的构造方法在 `Circle` 类和 `Rectange` 类中调用。
- 包含抽象方法的类必须是抽象的。然而，可以定义一个不包含抽象方法的抽象类。这个抽象类用作定义新子类的基类。
- 子类可以重写父类的方法并将它定义为抽象的。这很少见，但当父类的方法实现在子类中变得无效时很有用。在这种情况下，子类必须定义为抽象的。
- 子类也可以是抽象的，即使其父类是具体类。例如，`Object` 类是具体的，但是它的子类如 `GeometricObject` 可以是抽象的。
- 不能使用 `new` 操作符从一个抽象类创建一个实例，但是抽象类可以用作一种数据类型。因此，以下创建元素为 `GeometricObject` 类型的数组的语句是正确的：

`GeometricObject[] objects = new GeometricObject[10];`

然后可以创建一个 `GeometricObject` 的实例，并将其引用赋值给数组元素，如下所示：

`objects[0] = new Circle();`

✓ **复习题**

13.2.1 在下面类的定义中，哪些定义了有效的抽象类？

```
class A {
  abstract void unfinished() {
  }
}
```
a)

```
public class abstract A {
  abstract void unfinished();
}
```
b)

```
class A {
  abstract void unfinished();
}
```
c)

```
abstract class A {
  protected void unfinished();
}
```
d)

```
abstract class A {
  abstract void unfinished();
}
         e)
```

```
abstract class A {
  abstract int unfinished();
}
         f)
```

13.2.2 getArea() 方法和 getPerimeter() 方法可以从 GeometricObject 类中删除。在 GeometricObject 类中将这两个方法定义为抽象方法的好处是什么？

13.2.3 判断下列说法的对错。
a. 除了不能使用 new 操作符创建抽象类的实例之外，抽象类可以像非抽象类一样使用。
b. 抽象类可以被继承。
c. 非抽象的父类的子类不能是抽象的。
d. 子类不能将父类中的具体方法重写并定义为抽象的。
e. 抽象方法必须是非静态的。

13.3 示例学习：抽象的 Number 类

🔑 **要点提示**：Number 类是数值包装类以及 BigInteger 和 BigDecimal 类的抽象父类。

10.7 节介绍了数值包装类，10.9 节介绍了 BigInteger 以及 BigDecimal 类。这些类有共同的方法 byteValue()、shortValue()、intValue()、longValue()、floatValue() 和 doubleValue()，分别从这些类的对象返回 byte、short、int、long、float 以及 double 值。这些共同的方法实际上在 Number 类中定义，该类是数值包装类、BigInteger 和 BigDecimal 类的父类，如图 13-2 所示。

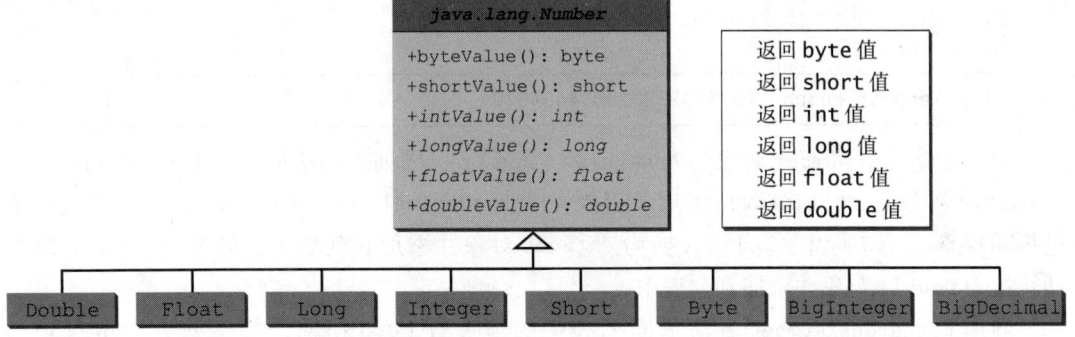

图 13-2 Number 类是 Double、Float、Long、Integer、Short、Byte，以及 BigInteger 和 BigDecimal 类的抽象父类

由于 intValue()、longValue()、floatValue() 以及 doubleValue() 等方法不能在 Number 类中给出实现，它们在 Number 类中被定义为抽象方法。因此 Number 类是一个抽象类。byteValue() 和 shortValue() 方法的实现从 intValue() 方法得到，如下所示：

```
public byte byteValue() {
  return (byte)intValue();
}

public short shortValue() {
  return (short)intValue();
}
```

Number 定义为数值类的父类，这样可以定义方法来执行数值的共同操作。程序清单 13-5 给出了一个程序，找到一个 Number 对象列表中的最大数。

程序清单 13-5 LargestNumber.java

```java
 1  import java.util.ArrayList;
 2  import java.math.*;
 3
 4  public class LargestNumber {
 5    public static void main(String[] args) {
 6      ArrayList<Number> list = new ArrayList<>();
 7      list.add(45); // Add an integer
 8      list.add(3445.53); // Add a double
 9      // Add a BigInteger
10      list.add(new BigInteger("3432323234344343101"));
11      // Add a BigDecimal
12      list.add(new BigDecimal("2.0909090989091343433344343"));
13
14      System.out.println("The largest number is " +
15        getLargestNumber(list));
16    }
17
18    public static Number getLargestNumber(ArrayList<Number> list) {
19      if (list == null || list.size() == 0)
20        return null;
21
22      Number number = list.get(0);
23      for (int i = 1; i < list.size(); i++)
24        if (number.doubleValue() < list.get(i).doubleValue())
25          number = list.get(i);
26
27      return number;
28    }
29  }
```

```
The largest number is 3432323234344343101
```

程序创建一个 Number 对象的 ArrayList（第 6 行），向列表中添加一个 Integer 对象、一个 Double 对象、一个 BigInteger 对象以及一个 BigDecimal 对象（第 7～12 行）。注意，通过拆箱操作，第 7 行中 45 自动转换为 Integer 对象并添加到列表中，第 8 行中 3445.53 自动转换为 Double 对象并添加到列表中。

调用 getLargestNumber 方法返回列表中的最大数（第 15 行）。如果列表为 null 或者列表大小为 0，则 getlargetstNumber 方法返回 null（第 19 和 20 行）。为了找到列表中的最大数值，通过调用数值对象上面的 doubleValue() 方法（第 24 行）。doubleValue() 方法定义在 Number 类中，并在 Number 类的具体子类中实现。如果数值是一个 Integer 对象，Integer 的 doubleValue() 方法被调用。如果数值是一个 BigDecimal 对象，BigDecimal 的 doubleValue() 方法被调用。

如果 doubleValue() 方法没有在 Number 类中定义，将不能使用 Number 类找到各种不同类型数值中的最大数。

✓ **复习题**

13.3.1 为什么下面两行代码可以编译成功，但是会导致运行错误？

```java
Number numberRef = Integer.valueOf(0);
Double doubleRef = (Double)numberRef;
```

13.3.2 为什么下面两行代码可以编译成功,但是会导致运行错误?

```
Number[] numberArray = Integer[2];
numberArray[0] = Double.valueOf(1.5);
```

13.3.3 给出下面代码的输出。

```
public class Test {
  public static void main(String[] args) {
    Number x = 3;
    System.out.println(x.intValue());
    System.out.println(x.doubleValue());
  }
}
```

13.3.4 下面代码有什么错误?(注意,Integer 和 Double 类的 compareTo 方法在 10.7 节中进行了介绍。)

```
public class Test {
  public static void main(String[] args) {
    Number x = Integer.valueOf(3);
    System.out.println(x.intValue());
    System.out.println(x.compareTo(4));
  }
}
```

13.3.5 下面代码中有什么错误?

```
public class Test {
  public static void main(String[] args) {
    Number x = Integer.valueOf(3);
    System.out.println(x.intValue());
    System.out.println((Integer)x.compareTo(4));
  }
}
```

13.4 示例学习:Calendar 和 GregorianCalendar

☞ **要点提示**:GregorianCalendar 是抽象类 Calendar 的一个具体子类。

java.util.Date 的实例表示精度为毫秒的特定时刻。java.util.Calendar 是一个抽象的基类,可以提取出详细的日历信息,例如,年、月、日、小时、分钟和秒。Calendar 类的子类可以实现特定的日历系统,例如公历(Gregorian calendar)、农历(lunar calendar)和犹太历(Jewish calendar)。Java 目前支持公历类 java.util.GregorianCalendar,如图 13-3 所示。Calendar 类中的 add 方法是抽象的,因为其实现依赖于某个具体的日历系统。

可以使用 new GregorianCalendar() 利用当前时间构造一个默认的 GregorianCalendar 对象,可以使用 new GregorianCalendar(year,month,date) 利用指定的 year(年)、month(月)和 date(日期)构造一个 GregorianCalendar 对象。参数 month 是基于 0 的,即 0 代表 1 月。

在 Calendar 类中定义的 get(int field) 方法对于从 Calendar 类中提取日期和时间信息是很有用的。日期和时间域被定义为常量,如表 13-1 所示。

程序清单 13-6 给出了一个显示当前时间的日期和时间信息的例子。

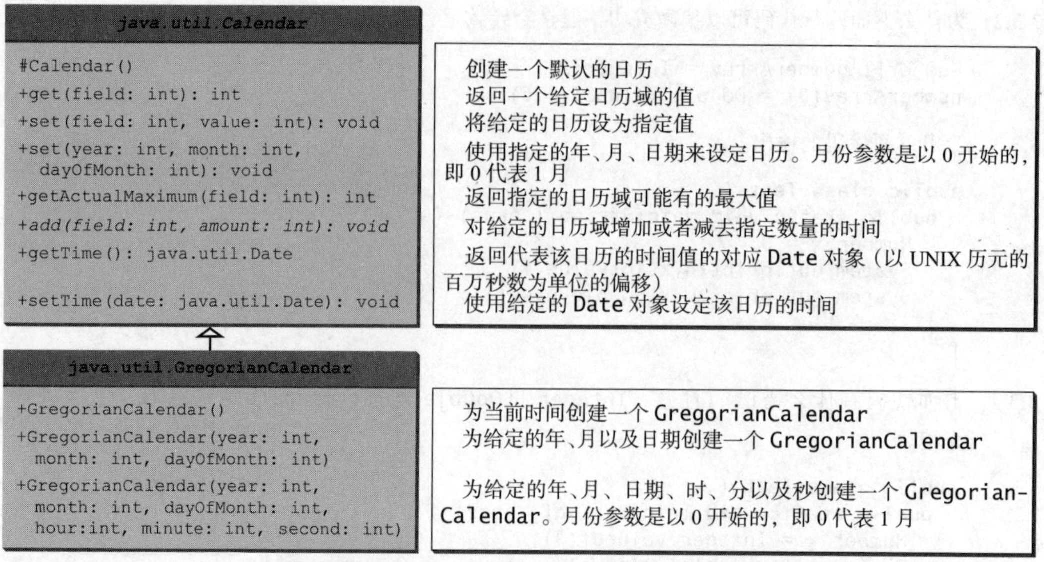

```
           java.util.Calendar
#Calendar()                                     创建一个默认的日历
+get(field: int): int                           返回一个给定日历域的值
+set(field: int, value: int): void              将给定的日历设为指定值
+set(year: int, month: int,                     使用指定的年、月、日期来设定日历。月份参数是以0开始的,
  dayOfMonth: int): void                        即0代表1月
+getActualMaximum(field: int): int              返回指定的日历域可能有的最大值
+add(field: int, amount: int): void             对给定的日历域增加或者减去指定数量的时间
+getTime(): java.util.Date                      返回代表该日历的时间值的对应Date对象(以UNIX历元的
                                                百万秒数为单位的偏移)
+setTime(date: java.util.Date): void            使用给定的Date对象设定该日历的时间

         java.util.GregorianCalendar
+GregorianCalendar()                            为当前时间创建一个GregorianCalendar
+GregorianCalendar(year: int,                   为给定的年、月以及日期创建一个GregorianCalendar
  month: int, dayOfMonth: int)
+GregorianCalendar(year: int,                   为给定的年、月、日期、时、分以及秒创建一个Gregorian-
  month: int, dayOfMonth: int,                  Calendar。月份参数是以0开始的,即0代表1月
  hour:int, minute: int, second: int)
```

图 13-3 抽象的 Calendar 类定义了各种日历的共同特点

表 13-1 Calendar 类的域常量

常量	说明
YEAR	日历的年份
MONTH	日历的月份,0表示1月
DATE	日历的日期
HOUR	日历的小时(12小时制)
HOUR_OF_DAY	日历的小时(24小时制)
MINUTE	日历的分钟
SECOND	日历的秒
DAY_OF_WEEK	一周的日期数值,1是星期日
DAY_OF_MONTH	和 DATE 一样
DAY_OF_YEAR	当前年的日期数值,1是一年的第一天
WEEK_OF_MONTH	当前月内的星期数值,1是该月的第一个星期
WEEK_OF_YEAR	当前年内的星期数值,1是该年的第一个星期
AM_PM	表明是上午还是下午(0表示上午,1表示下午)

程序清单 13-6 TestCalendar.java

```
1   import java.util.*;
2
3   public class TestCalendar {
4     public static void main(String[] args) {
5       // Construct a Gregorian calendar for the current date and time
6       Calendar calendar = new GregorianCalendar();
7       System.out.println("Current time is " + new Date());
8       System.out.println("YEAR: " + calendar.get(Calendar.YEAR));
9       System.out.println("MONTH: " + calendar.get(Calendar.MONTH));
10      System.out.println("DATE: " + calendar.get(Calendar.DATE));
11      System.out.println("HOUR: " + calendar.get(Calendar.HOUR));
12      System.out.println("HOUR_OF_DAY: " +
13        calendar.get(Calendar.HOUR_OF_DAY));
14      System.out.println("MINUTE: " + calendar.get(Calendar.MINUTE));
15      System.out.println("SECOND: " + calendar.get(Calendar.SECOND));
16      System.out.println("DAY_OF_WEEK: " +
```

```
17          calendar.get(Calendar.DAY_OF_WEEK));
18        System.out.println("DAY_OF_MONTH: " +
19          calendar.get(Calendar.DAY_OF_MONTH));
20        System.out.println("DAY_OF_YEAR: " +
21          calendar.get(Calendar.DAY_OF_YEAR));
22        System.out.println("WEEK_OF_MONTH: " +
23          calendar.get(Calendar.WEEK_OF_MONTH));
24        System.out.println("WEEK_OF_YEAR: " +
25          calendar.get(Calendar.WEEK_OF_YEAR));
26        System.out.println("AM_PM: " + calendar.get(Calendar.AM_PM));
27
28        // Construct a calendar for December 25, 1997
29        Calendar calendar1 = new GregorianCalendar(1997, 11, 25);
30        String[] dayNameOfWeek = {"Sunday", "Monday", "Tuesday", "Wednesday",
31          "Thursday", "Friday", "Saturday"};
32        System.out.println("December 25, 1997 is a " +
33          dayNameOfWeek[calendar1.get(Calendar.DAY_OF_WEEK) - 1]);
34      }
35    }
```

```
Current time is Tue Sep 22 12:55:56 EDT 2015
YEAR: 2015
MONTH: 8
DATE: 22
HOUR: 0
HOUR_OF_DAY: 12
MINUTE: 55
SECOND: 56
DAY_OF_WEEK: 3
DAY_OF_MONTH: 22
DAY_OF_YEAR: 265
WEEK_OF_MONTH: 4
WEEK_OF_YEAR: 39
AM_PM: 1
December 25, 1997 is a Thursday
```

Calendar 类中定义的 set(int field,value) 方法用来设置一个域。例如，可以使用 calendar.set(Calendar.DAY_OF_MONTH,1) 将 calendar 设置为当月的第一天。

add(field,value) 方法为某个特定域增加指定的量。例如，add(Calendar.DAY_OF_MONTH,5) 给日历的当前时间加五天，而 add(Calendar.DAY_OF_MONTH,-5) 从日历的当前时间减去五天。

为了获得一个月中的天数，使用 calendar.getActualMaximum(Calendar.DAY_OF_MONTH) 方法。例如，如果是 3 月的 calendar，那么这个方法将返回 31。

可以通过调用 canlendar.setTime(date) 为 calendar 设置一个用 Date 对象表示的时间，通过调用 calendar.getTime() 获取时间。

✓ 复习题

13.4.1 可以使用 Calendar 类来创建一个 Calendar 对象吗？

13.4.2 Calendar 中哪个方法是抽象的？

13.4.3 如何为当前时间创建一个 Calendar 对象？

13.4.4 对于一个 Calendar 对象 c 而言，如何得到它的年、月、日期、时、分以及秒？

13.5 接口

○━ **要点提示**：接口是一种与类相似的构造，用于为对象定义共同的操作。

接口在许多方面都与抽象类很相似，但它的目的是指明相关或者不相关类的对象的共同行为。例如，使用适当的接口，可以指明这些对象是可比较的、可食用的或者可克隆的。

为了区分接口和类，Java 采用下面的语法来定义接口：

```
modifier interface InterfaceName {
  /** Constant declarations */
  /** Abstract method signatures */
}
```

下面是一个接口的例子：

```
public interface Edible {
  /** Describe how to eat */
  public abstract String howToEat();
}
```

在 Java 中，接口被看作一种特殊的类。就像常规类一样，每个接口都被编译为独立的字节码文件。使用接口或多或少有点像使用抽象类。例如，可以使用接口作为引用变量的数据类型或类型转换的结果等。与抽象类相似，不能使用 new 操作符创建接口的实例。

可以使用 Edible 接口来指定一个对象是否可食用。这需要使用 implements 关键字让对象所属的类实现接口。例如，程序清单 13-7 中的 Chicken 类和 Fruit 类（第 20 和 39 行）实现了 Edible 接口。类和接口之间的关系称为接口继承（interface inheritance）。因为接口继承和类继承本质上是相同的，所以我们将它们都简称为继承。

程序清单 13-7 TestEdible.java

```
1  public class TestEdible {
2    public static void main(String[] args) {
3      Object[] objects = {new Tiger(), new Chicken(), new Apple()};
4      for (int i = 0; i < objects.length; i++) {
5        if (objects[i] instanceof Edible)
6          System.out.println(((Edible)objects[i]).howToEat());
7
8        if (objects[i] instanceof Animal) {
9          System.out.println(((Animal)objects[i]).sound());
10       }
11     }
12   }
13 }
14
15 abstract class Animal {
16   private double weight;
17
18   public double getWeight() {
19     return weight;
20   }
21
22   public void setWeight(double weight) {
23     this.weight = weight;
24   }
25
26   /** Return animal sound */
27   public abstract String sound();
28 }
```

```java
29
30  class Chicken extends Animal implements Edible {
31    @Override
32    public String howToEat() {
33      return "Chicken: Fry it";
34    }
35
36    @Override
37    public String sound() {
38      return "Chicken: cock-a-doodle-doo";
39    }
40  }
41
42  class Tiger extends Animal {
43    @Override
44    public String sound() {
45      return "Tiger: RROOAARR";
46    }
47  }
48
49  abstract class Fruit implements Edible {
50    // Data fields, constructors, and methods omitted here
51  }
52
53  class Apple extends Fruit {
54    @Override
55    public String howToEat() {
56      return "Apple: Make apple cider";
57    }
58  }
59
60  class Orange extends Fruit {
61    @Override
62    public String howToEat() {
63      return "Orange: Make orange juice";
64    }
65  }
```

```
Tiger: RROOAARR
Chicken: Fry it
Chicken: cock-a-doodle-doo
Apple: Make apple cider
```

这个例子使用了多个类和接口。它们的继承关系如图 13-4 所示。

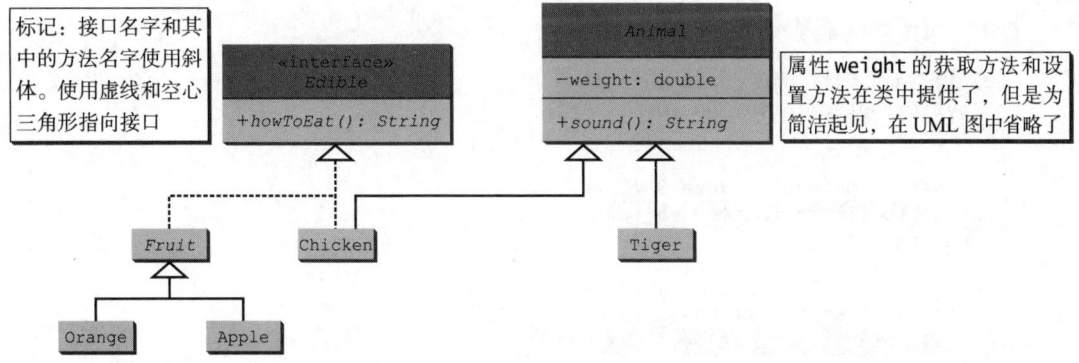

图 13-4　Edible 是 Chicken 和 Fruit 的父类型。Animal 是 Chicken 和 Tiger 的父类型。Fruit 是 Orange 和 Apple 的父类型

Animal 类定义了属性 weight 及其获取方法和设置方法（第 16 ~ 24 行），还定义了 sound 方法（第 27 行）。sound 方法是一个抽象方法，将被具体的 animal 类所实现。

Chicken 类实现了 Edible 接口以表明小鸡是可食用的。当一个类实现接口时，该类实现定义在接口中的所有方法。Chicken 类实现了 howToEat 方法（第 32 ~ 34 行）。Chicken 也继承 Animal 类并实现了 sound 方法（第 37 ~ 39 行）。

Fruit 类实现了 Edible。因为它没有实现 howToEat 方法，所以 Fruit 必须定义为 abstract（第 49 行）。Fruit 的具体子类必须实现 hotToEat 方法。Apple 类和 Orange 类实现了 howToEat 方法（第 55 和 62 行）。

main 方法创建由 Tiger、Chicken 和 Apple 类型的三个对象构成的数组（第 3 行），如果某元素是可食用的，则调用 howToEat 方法（第 6 行），如果某元素是一种动物，则调用 sound 方法（第 9 行）。

本质上，Edible 接口定义了可食用对象的共同行为。所有可食用对象都有 howToEat 方法。

注意：接口中修饰数据域的 public static final 和修饰方法的 public abstract 可以被忽略。因此，下面的接口定义是等价的：

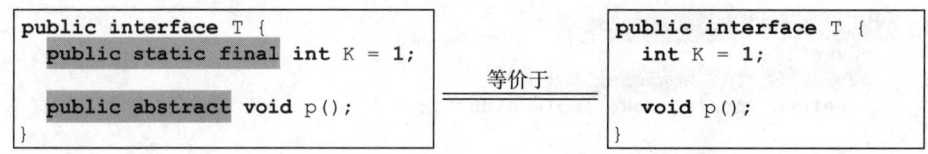

尽管定义在接口中的方法可以省略 public 修饰符，但是在子类实现该方法时必须定义为 public 的。

注意：Java 8 引入了使用关键字 default 的默认接口方法。默认接口方法为接口中的方法提供了一个默认实现。实现该接口的类可以简单地使用方法的默认实现，或者使用一个新的实现来重写该方法。利用该特征可以在一个具有默认实现的已有接口中添加一个新的方法，并且无须为实现了该接口的已有类重新编写代码。

Java 8 还允许接口中存在公有的静态方法。接口中的公有静态方法和类中的公有静态方法一样使用。

在 Java 9 中，可以在接口中使用私有方法。这些方法用于实现默认方法以及公共的静态方法。下面是一个在接口中定义默认方法、静态方法和私有方法的示例：

```
public interface Java89Interface {
  /** default method in Java 8*/
  public default void doSomething() {
    System.out.println("Do something");
  }

  /** static method in Java 8*/
  public static int getAValue() {
    return 0;
  }

  /** private static method Java 9 */
  private static int getAStaticValue() {
    return 0;
  }
```

```
/** private instance method Java 9 */
private void performPrivateAction() {
}
}
```

复习题

13.5.1 假设 A 是一个接口，可以使用 new A() 创建一个实例吗？

13.5.2 假设 A 是一个接口，可以如下声明一个类型 A 的引用变量 x 吗？

```
A x;
```

13.5.3 下面哪个是正确的接口？

```
interface A {
  void print() { }
}
```
a)

```
abstract interface A {
  abstract void print() { }
}
```
b)

```
abstract interface A {
  print();
}
```
c)

```
interface A {
  void print();
}
```
d)

```
interface A {
  default void print() {
  }
}
```
e)

```
interface A {
  static int get() {
    return 0;
  }
}
```
f)

13.5.4 指出下面代码中的错误。

```
interface A {
  void m1();
}

class B implements A {
  void m1() {
    System.out.println("m1");
  }
}
```

13.6 Comparable 接口

要点提示：Comparable 接口定义了 compareTo 方法，用于比较对象。

假设要设计一个获得两个相同类型对象中较大者的通用方法。这里的对象可以是两个学生、两个日期、两个圆、两个矩形或者两个正方形。要实现这个方法，这两个对象必须是可比较的。因此，这两个对象都该有共同行为 comparable（可比较的）。为此，Java 提供了 Comparable 接口。接口定义如下所示：

```
// Interface for comparing objects, defined in java.lang
package java.lang;

public interface Comparable<E> {
  public int compareTo(E o);
}
```

compareTo 方法判断这个对象相对于给定对象 o 的顺序，并且在小于、等于或大于给定对象 o 时，分别返回负整数、0 或正整数。

Comparable 接口是一个泛型接口。在实现该接口时，泛型类型 E 被替换成具体的类型。Java 类库中的许多类实现了 Comparable 接口以定义对象的自然顺序。Byte、Short、Integer、Long、Float、Double、Character、BigInteger、BigDecimal、Calendar、String 以及 Date 类都实现了 Comparable 接口。例如，在 Java API 中，Integer、BigInteger、String 以及 Date 类定义如下：

```java
public final class Integer extends Number
    implements Comparable<Integer> {
  // class body omitted

  @Override
  public int compareTo(Integer o) {
    // Implementation omitted
  }
}
```

```java
public class BigInteger extends Number
    implements Comparable<Biginteger> {
  // class body omitted

  @Override
  public int compareTo(BigInteger o) {
    // Implementation omitted
  }
}
```

```java
public final class String extends Object
    implements Comparable<String> {
  // class body omitted

  @Override
  public int compareTo(String o) {
    // Implementation omitted
  }
}
```

```java
public class Date extends Object
    implements Comparable<Date> {
  // class body omitted

  @Override
  public int compareTo(Date o) {
    // Implementation omitted
  }
}
```

因此，数字是可比较的，字符串是可比较的，日期也是如此。可以使用 compareTo 方法来比较两个数字、两个字符串以及两个日期。例如，下面代码

```
1  System.out.println(Integer.valueOf(3).compareTo(5));
2  System.out.println("ABC".compareTo("ABC"));
3  java.util.Date date1 = new java.util.Date(2013, 1, 1);
4  java.util.Date date2 = new java.util.Date(2012, 1, 1);
5  System.out.println(date1.compareTo(date2));
```

显示

```
-1
 0
 1
```

第 1 行显示一个负数，因为 3 小于 5。第 2 行显示 0，因为 ABC 等于 ABC。第 5 行显示一个正数，因为 date1 大于 date2。

将 n 赋值为一个 Integer 对象，s 为一个 string 对象，d 为一个 Date 对象。下面的所有表达式都为 true。

n instanceof Integer	s instanceof String	d instanceof Date
n instanceof Object	s instanceof Object	d instanceof Object
n instanceof Comparable	s instanceof Comparable	d instanceof Comparable

由于所有 Comparable 对象都有 compareTo 方法，因此如果对象是 Comparable 接口的实例，Java API 中的 java.util.Arrays.sort(Object[]) 方法就可以使用 compareTo 方法来对

数组中的对象进行比较和排序。程序清单 13-8 给出了一个对字符串数组和 BigInteger 对象数组进行排序的示例：

程序清单 13-8 SortComparableObjects.java

```java
 1  import java.math.*;
 2
 3  public class SortComparableObjects {
 4    public static void main(String[] args) {
 5      String[] cities = {"Savannah", "Boston", "Atlanta", "Tampa"};
 6      java.util.Arrays.sort(cities);
 7      for (String city: cities)
 8        System.out.print(city + " ");
 9      System.out.println();
10
11      BigInteger[] hugeNumbers = {new BigInteger("2323231092923992"),
12        new BigInteger("432232323239292"),
13        new BigInteger("54623239292")};
14      java.util.Arrays.sort(hugeNumbers);
15      for (BigInteger number: hugeNumbers)
16        System.out.print(number + " ");
17    }
18  }
```

```
Atlanta Boston Savannah Tampa
54623239292 432232323239292 2323231092923992
```

程序创建一个字符串数组（第 5 行）并调用 sort 方法对字符串进行排序（第 6 行）。程序创建一个 BigInteger 对象的数组（第 11 ～ 13 行）并调用 sort 方法对 BigInteger 对象进行排序（第 14 行）。

不能使用 sort 方法来对一个 Rectangle 对象数组进行排序，因为 Rectangle 类没有实现接口 Comparable。然而，可以定义一个新的 Rectangle 类来实现 Comparable。这个新类的实例就是可比较的。将这个新类命名为 ComparableRectangle，如程序清单 13-9 所示。

程序清单 13-9 ComparableRectangle.java

```java
 1  public class ComparableRectangle extends Rectangle
 2      implements Comparable<ComparableRectangle> {
 3    /** Construct a ComparableRectangle with specified properties */
 4    public ComparableRectangle(double width, double height) {
 5      super(width, height);
 6    }
 7
 8    @Override // Implement the compareTo method defined in Comparable
 9    public int compareTo(ComparableRectangle o) {
10      if (getArea() > o.getArea())
11        return 1;
12      else if (getArea() < o.getArea())
13        return -1;
14      else
15        return 0;
16    }
17
18    @Override // Implement the toString method in GeometricObject
19    public String toString() {
20      return "Width: " + getWidth() + " Height: " + getHeight() +
```

```
21        "Area: " + getArea();
22    }
23  }
```

ComparableRectangle 类继承自 Rectangle 类并实现了 Comparable，如图 13-5 所示。关键字 implements 表示 ComparableRectangle 类继承了 Comparable 接口的所有常量，并实现了该接口的方法。compareTo 方法比较两个矩形的面积。ComparableRectangle 类的实例也是 Rectangle、GeometricObject、Object 和 Comparable 的实例。

现在，可以使用 sort 方法来对 ComparableRectangle 对象数组进行排序了，如程序清单 13-10 所示。

接口提供了通用程序设计的另一种形式。在这个例子中，如果不用接口，很难使用通用的 sort 方法来对对象排序，因为必须使用多重继承才能同时继承 Comparable 和另一个类，例如 Rectangle。

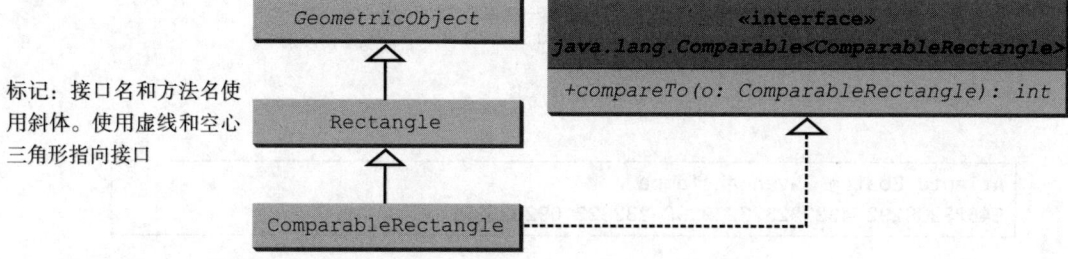

标记：接口名和方法名使用斜体。使用虚线和空心三角形指向接口

图 13-5 ComparableRectangle 类继承自 Rectangle 类并实现 Comparable 接口

程序清单 13-10 SortRectangles.java

```
1   public class SortRectangles {
2     public static void main(String[] args) {
3       ComparableRectangle[] rectangles = {
4         new ComparableRectangle(3.4, 5.4),
5         new ComparableRectangle(13.24, 55.4),
6         new ComparableRectangle(7.4, 35.4),
7         new ComparableRectangle(1.4, 25.4)};
8       java.util.Arrays.sort(rectangles);
9       for (Rectangle rectangle: rectangles) {
10        System.out.print(rectangle + " ");
11        System.out.println();
12      }
13    }
14  }
```

```
Width: 3.4 Height: 5.4 Area: 18.36
Width: 1.4 Height: 25.4 Area: 35.559999999999995
Width: 7.4 Height: 35.4 Area: 261.96
Width: 13.24 Height: 55.4 Area: 733.496
```

Object 类包含 equals 方法，目的是让 Object 类的子类来重写它，以比较对象的内容是否相同。假设 Object 类包含一个类似于 Comparable 接口中所定义的 compareTo 方法，那么 sort 方法就可以用来比较任意的对象列表。Object 类中是否应该包含一个 compareTo 方法尚有争论。由于在 Object 类中没有定义 compareTo 方法，所以 Java 中定义了 Comparable 接口，以便能够对两个 Comparable 接口的实例对象进行比较。compareTo 应该与 equals 保持一致。也就是说，对于两个对象 o1 和 o2，应该确保当且仅当 o1.equals(o2) 为 true 时 o1.compareTo(o2)==0 成立。因此，也应该在 ComparableRectangle 类中重写 equals 方法，使得两个矩形具有同样面积时返回 true。

✓ 复习题

13.6.1 下面的说法是对还是错：如果一个类实现了 Comparable，那么该类的对象就可以调用 compareTo 方法。

13.6.2 下面哪个是 String 类中 compareTo 方法的正确方法头？

```
public int compareTo(String o)
public int compareTo(Object o)
```

13.6.3 下面代码可以被正确编译吗？为什么？

```
Integer n1 = 3;
Object n2 = 4;
System.out.println(n1.compareTo(n2));
```

13.6.4 可以在类中定义 compareTo 方法而不实现 Comparable 接口。实现 Comparable 接口的好处是什么？

13.6.5 下面的代码有什么错误？

```
public class Test {
  public static void main(String[] args) {
    Person[] persons = {new Person(3), new Person(4), new Person(1)};
    java.util.Arrays.sort(persons);
  }
}

class Person {
  private int id;

  Person(int id) {
    this.id = id;
  }
}
```

13.6.6 使用一行代码简化程序清单 13-9 中第 10 ~ 15 行的代码。同时重写该类中的 equals 方法。

13.6.7 程序清单 13-5 有一个错误。如果在第 11 行添加 list.add(new BigInteger("3432323234344343102"));，你将看到结果不正确。这是由于一个 double 值最多可以有 17 个有效数字位。当第 24 行在一个 BigInteger 对象上调用 doubleValue() 时丢失了精度。通过将数字转换为 BigDecimal 来修正这个错误，并且在第 24 行使用 compareTo 方法对它们进行比较。

13.7 Cloneable 接口

🔑 要点提示：Cloneable 接口指定了一个对象可以被克隆。

经常希望创建一个对象的拷贝。为实现这个目的，需要使用 clone 方法并理解 Cloneable 接口。

接口包括常量和抽象方法，但是 Cloneable 接口是一个特殊情况。java.lang 包中 Cloneable 接口的定义如下所示：

```
package java.lang;

public interface Cloneable {
}
```

这个接口是空的。方法体为空的接口称为标记接口（marker interface）。标记接口既不包括常量也不包括方法。它用来表示一个类拥有某些希望具有的特征。实现 Cloneable 接口的类被标记为可克隆的，而且其对象可以使用 Object 类中定义的 clone() 方法克隆。

Java 库中的很多类（例如 Date、Calendar 和 ArrayList）实现了 Cloneable。这样，这些类的实例可以被克隆。例如，下面的代码

```
1  Calendar calendar = new GregorianCalendar(2013, 2, 1);
2  Calendar calendar1 = calendar;
3  Calendar calendar2 = (Calendar)calendar.clone();
4  System.out.println("calendar == calendar1 is " +
5    (calendar == calendar1));
6  System.out.println("calendar == calendar2 is " +
7    (calendar == calendar2));
8  System.out.println("calendar.equals(calendar2) is " +
9    calendar.equals(calendar2));
```

显示

```
calendar == calendar1 is true
calendar == calendar2 is false
calendar.equals(calendar2) is true
```

在前面的代码中，第 2 行将 calendar 的引用复制给 calendar1，所以 calendar 和 calendar1 都指向相同的 Calendar 对象。第 3 行创建一个新对象，它是 calendar 的克隆，然后将这个新对象的引用赋值给 calendar2。calendar2 和 calendar 是内容相同的不同对象。

下面的代码

```
1  ArrayList<Double> list1 = new ArrayList<>();
2  list1.add(1.5);
3  list1.add(2.5);
4  list1.add(3.5);
5  ArrayList<Double> list2 = (ArrayList<Double>)list1.clone();
6  ArrayList<Double> list3 = list1;
7  list2.add(4.5);
8  list3.remove(1.5);
9  System.out.println("list1 is " + list1);
10 System.out.println("list2 is " + list2);
11 System.out.println("list3 is " + list3);
```

显示

```
list1 is [2.5, 3.5]
list2 is [1.5, 2.5, 3.5, 4.5]
list3 is [2.5, 3.5]
```

前面的代码中，第 5 行创建了一个新对象作为 list1 的克隆，并且将新对象的引用赋值给 list2。list2 和 list1 是具有同样内容的不同对象。第 6 行复制 list1 的引用给 list3，因此 list1 和 list3 指向同一个 ArrayList 对象。第 7 行将 4.5 添加到 list2 中。第 8 行从 list3 中移除 1.5。由于 list1 和 list3 指向同一个 ArrayList，第 9 行和第 11 行显示同样的内容。

可以使用 clone 方法克隆一个数组。例如，下面的代码

```
1  int[] list1 = {1, 2};
2  int[] list2 = list1.clone();
3  list1[0] = 7;
4  list2[1] = 8;
5  System.out.println("list1 is " + list1[0] + ", " + list1[1]);
6  System.out.println("list2 is " + list2[0] + ", " + list2[1]);
```

显示

```
list1 is 7, 2
list2 is 1, 8
```

注意，数组调用 clone() 方法的返回类型和该数组的类型是一样的。例如，list1.clone() 的返回类型是 int[]，因为 list1 是 int[] 类型的。

为了定义一个实现 Cloneable 接口的自定义类，这个类必须重写 Object 类中的 clone() 方法。程序清单 13-11 定义了一个实现 Cloneable 和 Comparable 的名为 House 的类。

程序清单 13-11 House.java

```
1   public class House implements Cloneable, Comparable<House> {
2     private int id;
3     private double area;
4     private java.util.Date whenBuilt;
5  
6     public House(int id, double area) {
7       this.id = id;
8       this.area = area;
9       whenBuilt = new java.util.Date();
10    }
11  
12    public int getId() {
13      return id;
14    }
15  
16    public double getArea() {
17      return area;
18    }
19  
20    public java.util.Date getWhenBuilt() {
21      return whenBuilt;
22    }
23  
24    @Override /** Override the protected clone method defined in
25      the Object class, and strengthen its accessibility */
26    public Object clone() {
27      try {
28        return super.clone();
29      }
30      catch (CloneNotSupportedException ex) {
31        return null;
32      }
33    }
34  
35    @Override // Implement the compareTo method defined in Comparable
36    public int compareTo(House o) {
37      if (area > o.area)
38        return 1;
39      else if (area < o.area)
40        return -1;
```

```
41        else
42          return 0;
43    }
44 }
```

House 类实现在 Object 类中定义的 clone 方法（第 26 ~ 33 行）。在 Object 类中定义的 clone 方法头是：

protected native Object clone() **throws** CloneNotSupportedException;

关键字 native 表明这个方法不是用 Java 写的，但它是在 JVM 中针对本地平台实现的。关键字 protected 限定方法只能在同一个包内或在其子类中访问。由于这个原因，House 类必须重写该方法并将它的可见性修饰符改为 public，这样该方法就可以在任何一个包中使用。因为 Object 类中针对自身平台实现的 clone 方法完成了克隆对象的任务，所以在 House 类中的 clone 方法只要简单调用 super.clone() 即可。如果对象不是 Cloneable 类型的，在 Object 类中定义的 clone 方法会抛出 CloneNotSupportedException 异常。由于我们在方法中捕获了该异常（第 30 ~ 32 行），就没有必要在 clone() 方法头部声明异常了。

House 类实现了定义在 Comparable 接口中的 compareTo 方法（第 34 ~ 43 行）。该方法比较两个房子的面积。

现在，可以创建一个 House 类的对象，然后从该对象创建一个完全一样的拷贝，如下所示：

```
House house1 = new House(1, 1750.50);
House house2 = (House)house1.clone();
```

house1 和 house2 是两个内容相同的不同对象。Object 类中的 clone 方法将原始对象的每个数据域复制给目标对象。如果一个数据域是基本类型，复制的就是它的值。例如，area（double 类型）的值从 house1 复制到 house2。如果一个数据域是对象，复制的就是该域的引用。例如，域 whenBuilt 是 Date 类，所以，它的引用被复制给 house2，如图 13-6a 所示。因此，尽管 house1==house2 为假，但是 house1.whenBuilt==house2.whenBuilt 为真。这称为浅复制（shallow copy）而不是深复制（deep copy），这意味着如果数据域是对象类型，那么复制的是对象的引用，而不是它的内容。

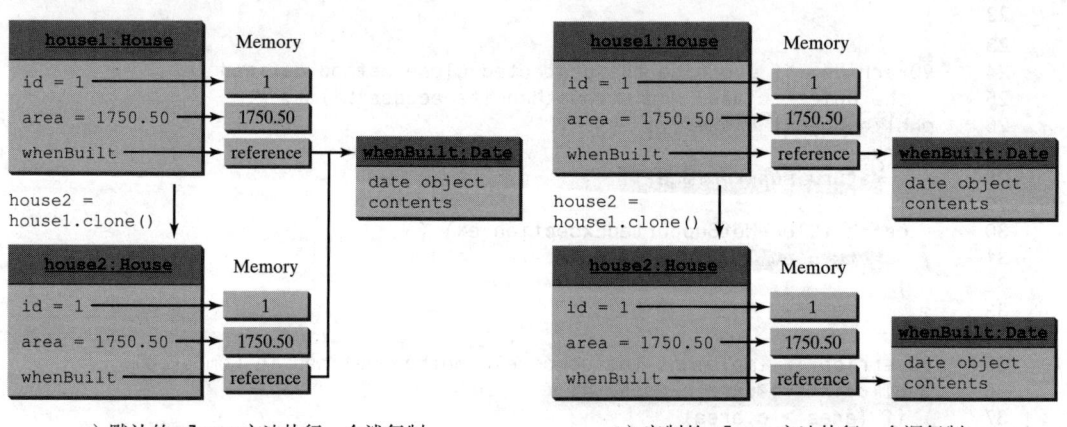

a) 默认的 clone 方法执行一个浅复制   b) 定制的 clone 方法执行一个深复制

图 13-6

如果希望为 House 对象执行深复制，将 clone() 方法中的第 26 ~ 33 行替换为下面代码

(完整的代码参见 liveexample.pearsoncmg.com/text/House.txt):

```java
public Object clone() throws CloneNotSupportedException {
  // Perform a shallow copy
  House houseClone = (House)super.clone();
  // Deep copy on whenBuilt
  houseClone.whenBuilt = (java.util.Date)(whenBuilt.clone());
  return houseClone;
}
```

或者

```java
public Object clone() {
  try {
    // Perform a shallow copy
    House houseClone = (House)super.clone();
    // Deep copy on whenBuilt
    houseClone.whenBuilt = (java.util.Date)(whenBuilt.clone());
    return houseClone;
  }
  catch (CloneNotSupportedException ex) {
    return null;
  }
}
```

现在如果使用下面代码复制一个 House 对象：

```java
House house1 = new House(1, 1750.50);
House house2 = (House)house1.clone();
```

House1.whenBuilt == house2.whenBuilt 将为 false。house1 和 house2 包含两个不同的 Date 对象，如图 13-6b 所示。

clone 方法和 Cloneable 接口引发了对一些问题的思考。

其一，为什么 Objecct 类中的 clone 方法定义为 protected，而不是 public？因为不是每个对象都可以被克隆的。Java 的设计者故意强制子类在其对象可克隆的情况下重写该方法。

其二，为什么 clone 方法不是定义在 Cloneable 接口中呢？因为 Java 提供了一个本地方法来执行一个浅复制以克隆一个对象。由于接口中的方法是抽象的，该本地方法不能在接口中实现。因此，Java 的设计者决定在 Object 类中定义和实现本地 clone 方法。

其三，为什么 Object 类不实现 Cloneable 接口呢？答案和第一个问题一样。

其四，如果程序清单 13-11 的第 1 行中 House 类不实现 Cloneable，将会发生什么？house1.clone() 将返回 null，因为第 28 行的 super.clone() 将抛出一个 CloneNotSupportedException。

其五，可以在 House 类中实现 clone 方法，而不调用 Object 类中的 clone 方法，如下所示：

```java
public Object clone() {
  // Perform a shallow copy
  House houseClone = new House(id, area);

  // Deep copy on whenBuilt
  houseClone.whenBuilt = new Date();
  houseClone.getWhenBuilt().setTime(whenBuilt.getTime());
```

```
        return houseClone;
    }
```

这种情况下，House 类没有必要实现 Cloneable 接口，并且需要确保所有的数据域都被正确地复制。使用 Object 类中的 clone() 方法可以避免手工复制数据域的麻烦。Object 类中的 clone 方法自动对所有的数据域进行浅复制。

✓ 复习题

13.7.1 如果一个类没有实现 java.lang.Cloneable，可以在实现 clone() 方法时调用 super.clone() 吗？Date 类实现了 Cloneable 接口吗？

13.7.2 如果 House 类（在程序清单 13-11 中定义）没有重写 clone() 方法，或者如果 House 类没有实现 java.lang.Cloneable，会发生什么？

13.7.3 给出下面代码的输出结果：

```java
java.util.Date date = new java.util.Date();
java.util.Date date1 = date;
java.util.Date date2 = (java.util.Date)(date.clone());
System.out.println(date == date1);
System.out.println(date == date2);
System.out.println(date.equals(date2));
```

13.7.4 给出下面代码的输出结果：

```java
ArrayList<String> list = new ArrayList<>();
list.add("New York");
ArrayList<String> list1 = list;
ArrayList<String> list2 = (ArrayList<String>)(list.clone());
list.add("Atlanta");
System.out.println(list == list1);
System.out.println(list == list2);
System.out.println("list is " + list);
System.out.println("list1 is " + list1);
System.out.println("list2.get(0) is " + list2.get(0));
System.out.println("list2.size() is " + list2.size());
```

13.7.5 下面的代码有什么错误？

```java
public class Test {
    public static void main(String[] args) {
        GeometricObject x = new Circle(3);
        GeometricObject y = x.clone();
        System.out.println(x == y);
    }
}
```

13.7.6 给出下面代码的输出结果：

```java
public class Test {
    public static void main(String[] args) {
        House house1 = new House(1, 1750, 50);
        House house2 = (House)house1.clone();
        System.out.println(house1.equals(house2));
    }
}
```

13.8 接口与抽象类

☞ **要点提示**：一个类可以实现多个接口，但是只能继承一个父类。

接口的使用和抽象类的使用基本类似，但是定义一个接口与定义一个抽象类有所不同。表 13-2 总结了这些不同点。

表 13-2 接口与抽象类

	变量	构造方法	方法
抽象类	无限制	子类通过构造方法链调用构造方法，抽象类不能用 new 操作符实例化	无限制
接口	所有的变量必须是 public static final	没有构造方法。接口不能用 new 操作符实例化	可以包含 public 的抽象实例方法、public 的默认方法以及 public 的静态方法

Java 只允许为类的继承做单一继承，但是允许使用接口做多重继承。例如，

```
public class NewClass extends BaseClass
    implements Interface1, ... , InterfaceN {
    ...
}
```

利用关键字 extends，接口可以继承其他接口。这样的接口称为子接口（subinterface）。例如，在下面代码中，NewInterface 是 Interface1，…，InterfaceN 的子接口。

```
public interface NewInterface extends Interface1, ... , InterfaceN {
    // constants and abstract methods
}
```

一个实现 NewInterface 的类必须实现在 NewInterface，Interface1，…，InterfaceN 中定义的抽象方法。接口可以继承其他接口但不能继承类。一个类可以在继承父类的同时实现多个接口。

所有的类共享同一个根类 Object，但是接口没有共同的根。与类相似，接口也可以定义一种类型。一个接口类型的变量可以引用任何实现该接口的类的实例。如果一个类实现了一个接口，那么这个接口就类似于该类的一个父类。可以将接口当作一种数据类型使用，将接口类型的变量转换为它的子类，反过来也可以。例如，假设 c 是图 13-7 中 Class2 的一个实例，那么 c 也是 Object、Class1、Interface1、Interface1_1、Interface1_2、Interface2_1 和 Interface2_2 的实例。

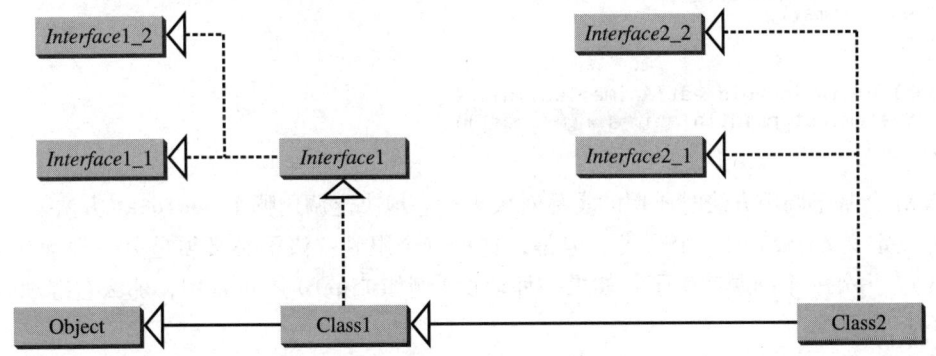

图 13-7 Class1 实现了接口 Interface1；Interface1 继承了接口 Interface1_1 和 Interface1_2。Class2 继承 Class1 并实现接口 Interface2_1 和 Interface2_2

注意：类名是一个名词。接口名可以是形容词或名词。

☞ 设计指南：抽象类和接口都是用来指定多个对象的共同特征的。那么如何确定什么情况下应该使用接口，什么情况下应该使用类呢？通常，清晰描述父子关系的强的"是…的一种"关系（strong is-a relationship）应该用类建模。例如，因为公历是一种日历，所以类 java.util.GregorianCalendar 和 java.util.Calendar 之间是用类继承建模的。弱的"是…的一种"关系（weak is-a relationship）也称为类属关系（is-kind-of relationship），它表明对象拥有某种属性，可以用接口来建模。例如，所有的字符串都是可比较的，因此 String 类实现 Comparable 接口。

通常，推荐使用接口而非抽象类，因为接口可以为不相关类定义共同的父类型。接口比类更加灵活。考虑 Animal 类。假设 Animal 类中定义了 howToEat 方法，如下所示：

```java
abstract class Animal {
  public abstract String howToEat();
}
```

Animal 的两个子类定义如下：

```java
class Chicken extends Animal {
  @Override
  public String howToEat() {
    return "Fry it";
  }
}
class Duck extends Animal {
  @Override
  public String howToEat() {
    return "Roast it";
  }
}
```

假设给定这个继承体系结构，多态使你可以在一个类型为 Animal 的变量中保存 Chicken 对象或 Duck 对象的引用，如下面代码所示：

```java
public static void main(String[] args) {
  Animal animal = new Chicken();
  eat(animal);

  animal = new Duck();
  eat(animal);
}

public static void eat(Animal animal) {
  System.out.println(animal.howToEat());
}
```

JVM 会基于调用方法时所用的实际对象来动态地决定调用哪个 howToEat 方法。

可以定义 Animal 的一个子类。但是，这里有个限制：该子类必须是另一种动物（例如 Turkey）。另外一个问题产生了：如果一种动物（例如 Tiger）不可食用，那么它继承 Animal 类就不合适了。

接口没有这种问题。接口比类更灵活，因为不用使所有东西都适合同一个类型的类。可以在接口中定义 howToEat() 方法，然后把它当作其他类的共同父类型。例如以下代码：

```java
public class DesignDemo {
  public static void main(String[] args) {
```

```java
    Edible stuff = new Chicken();
    eat(stuff);

    stuff = new Duck();
    eat(stuff);

    stuff = new Broccoli();
    eat(stuff);
  }

  public static void eat(Edible stuff) {
    System.out.println(stuff.howToEat()):
  }
}

interface Edible {
  public String howToEat();
}

class Chicken implements Edible {
  @Override
  public String howToEat() {
    return "Fry it";
  }
}

class Duck implements Edible {
  @Override
  public String howToEat() {
    return "Roast it";
  }
}

class Broccoli implements Edible {
  @Override
  public String howToEat() {
    return "Stir-fry it";
  }
}
```

为了定义表示可食用对象的一个类，只需让该类实现 Edible 接口即可。现在，这个类就成为 Edible 类型的子类型。任何 Edible 对象都可以被传递以调用 howToEat 方法。

✓ 复习题

13.8.1 给出一个展示接口比抽象类有优势的例子。

13.8.2 给出抽象类和接口的定义。抽象类和接口之间的异同点是什么？

13.8.3 真或假？

　　a. 接口被编译为独立的字节码文件。

　　b. 接口可以有静态方法。

　　c. 接口可以继承自一个或多个接口。

　　d. 接口可以继承自抽象类。

　　e. 接口可以有默认方法。

13.9 示例学习：Rational 类

☞ **要点提示**：本节演示如何设计一个 Rational 类，用于表示和处理有理数。

有理数可以用分子和分母以形式 a/b 表示，这里的 a 是分子而 b 是分母。例如，1/3、3/4 和 10/4 都是有理数。

有理数的分母不能为 0，但是分子可以为 0。每个整数 i 等价于一个有理数 i/1。有理数用于涉及分数的准确计算，例如，1/3=0.33333...。这个数字不能用 double 或 float 数据类型精确地表示为浮点形式。为了获取准确的结果，必须使用有理数。

Java 提供了表示整数和浮点数的数据类型，但是没有提供表示有理数的数据类型。本节给出如何设计一个表示有理数的类。

因为有理数共享了很多整数和浮点数的通用特性，而且 Number 是数值包装类的根类，所以将 Rational 类定义为 Number 类的子类很合适。因为有理数是可以比较的，所以 Rational 类也应该实现 Comparable 接口。图 13-8 给出了 Rational 类以及它和 Number 类及 Comparable 接口的关系。

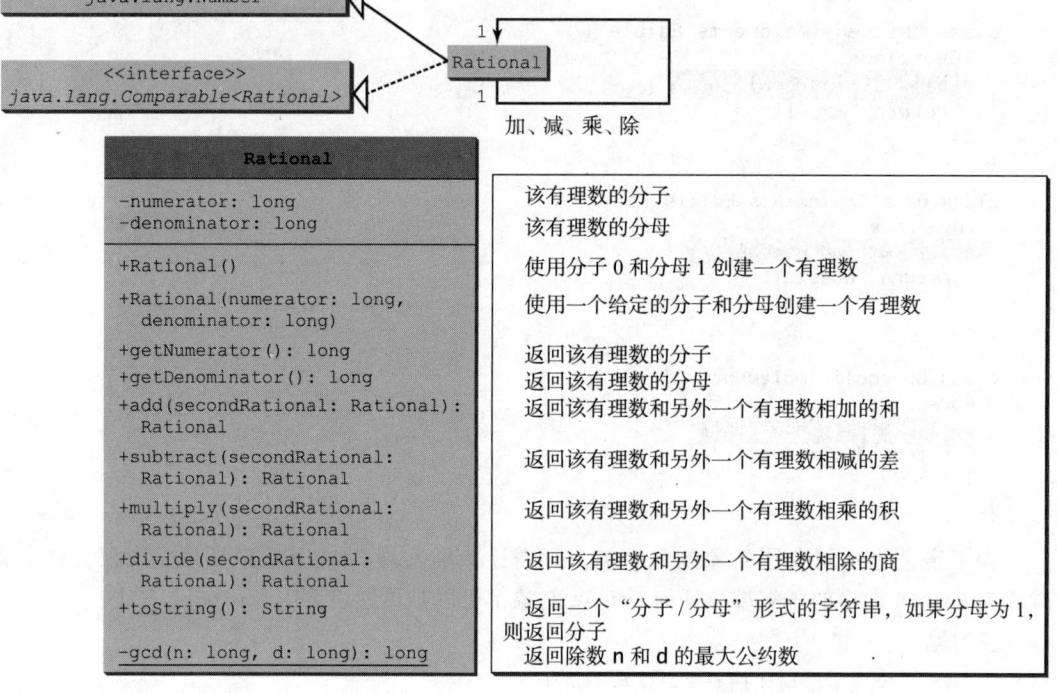

图 13-8 用 UML 图示 Rational 类的属性、构造方法和方法

有理数包括一个分子和一个分母。许多有理数是等价的，例如，1/3=2/6=3/9=4/12。1/3 的分子和分母除了 1 之外没有公约数，所以 1/3 称为最简形式。

为了将一个有理数约减为它的最简形式，需要找到分子和分母绝对值的最大公约数（GCD），然后将分子和分母都除以这个值。可以使用程序清单 5-9 中给出的计算两个整数 n 和 d 的 GCD 的方法。在 Rational 对象中的分子和分母都可以约简它们的最简形式。

与往常一样，我们首先编写一个测试程序来创建两个 Rational 对象，然后测试它的方法。程序清单 13-12 是一个测试程序。

main 方法创建了两个有理数 r1 和 r2（第 5 和 6 行），然后显示 r1+r2、r1-r2、r1×r2 和 r1/r2 的结果（第 9～12 行）。为了计算 r1+r2，调用 r1.add(r2) 返回一个新的 Rational 对象。同样，r1.subtract(r2) 用于计算 r1-r2，r1.multiply(r2) 用于计算 r1×r2，而

r1.divide(r2) 用于计算 r1/r2。

程序清单 13-12 TestRationalClass.java

```java
 1  public class TestRationalClass {
 2    /** Main method */
 3    public static void main(String[] args) {
 4      // Create and initialize two rational numbers r1 and r2
 5      Rational r1 = new Rational(4, 2);
 6      Rational r2 = new Rational(2, 3);
 7
 8      // Display results
 9      System.out.println(r1 + " + " + r2 + " = " + r1.add(r2));
10      System.out.println(r1 + " - " + r2 + " = " + r1.subtract(r2));
11      System.out.println(r1 + " * " + r2 + " = " + r1.multiply(r2));
12      System.out.println(r1 + " / " + r2 + " = " + r1.divide(r2));
13      System.out.println(r2 + " is " + r2.doubleValue());
14    }
15  }
```

```
2 + 2/3 = 8/3
2 - 2/3 = 4/3
2 * 2/3 = 4/3
2 / 2/3 = 3
2/3 is 0.6666666666666666
```

doubleValue() 方法显示 r2 的 double 值（第 13 行）。doubleValue() 方法在 java.lang.Number 中定义并且在 Rational 中被重写。

注意，当使用加号（+）将一个字符串和一个对象进行连接时，在这个对象上调用 toString() 方法得到的字符串表示用于同这个字符串进行连接。因此，r1+"+"+r2+"="+r1.add(r2) 等价于 r1.toString()+"+"+r2.toString()+"="+r1.add(r2).toString()。

Rational 类在程序清单 13-13 中实现。

程序清单 13-13 Rational.java

```java
 1  public class Rational extends Number implements Comparable<Rational> {
 2    // Data fields for numerator and denominator
 3    private long numerator = 0;
 4    private long denominator = 1;
 5
 6    /** Construct a rational with default properties */
 7    public Rational() {
 8      this(0, 1);
 9    }
10
11    /** Construct a rational with specified numerator and denominator */
12    public Rational(long numerator, long denominator) {
13      long gcd = gcd(numerator, denominator);
14      this.numerator = (denominator > 0 ? 1 : -1) * numerator / gcd;
15      this.denominator = Math.abs(denominator) / gcd;
16    }
17
18    /** Find GCD of two numbers */
19    private static long gcd(long n, long d) {
20      long n1 = Math.abs(n);
21      long n2 = Math.abs(d);
22      int gcd = 1;
23
24      for (int k = 1; k <= n1 && k <= n2; k++) {
```

```java
25      if (n1 % k == 0 && n2 % k == 0)
26        gcd = k;
27    }
28
29    return gcd;
30  }
31
32  /** Return numerator */
33  public long getNumerator() {
34    return numerator;
35  }
36
37  /** Return denominator */
38  public long getDenominator() {
39    return denominator;
40  }
41
42  /** Add a rational number to this rational */
43  public Rational add(Rational secondRational) {
44    long n = numerator * secondRational.getDenominator() +
45      denominator * secondRational.getNumerator();
46    long d = denominator * secondRational.getDenominator();
47    return new Rational(n, d);
48  }
49
50  /** Subtract a rational number from this rational */
51  public Rational subtract(Rational secondRational) {
52    long n = numerator * secondRational.getDenominator()
53      - denominator * secondRational.getNumerator();
54    long d = denominator * secondRational.getDenominator();
55    return new Rational(n, d);
56  }
57
58  /** Multiply a rational number by this rational */
59  public Rational multiply(Rational secondRational) {
60    long n = numerator * secondRational.getNumerator();
61    long d = denominator * secondRational.getDenominator();
62    return new Rational(n, d);
63  }
64
65  /** Divide a rational number by this rational */
66  public Rational divide(Rational secondRational) {
67    long n = numerator * secondRational.getDenominator();
68    long d = denominator * secondRational.numerator;
69    return new Rational(n, d);
70  }
71
72  @Override
73  public String toString() {
74    if (denominator == 1)
75      return numerator + "";
76    else
77      return numerator + "/" + denominator;
78  }
79
80  @Override // Override the equals method in the Object class
81  public boolean equals(Object other) {
82    if (((this.subtract((Rational)(other))).getNumerator() == 0)
83      return true;
84    else
85      return false;
```

```java
 86    }
 87
 88    @Override // Implement the abstract intValue method in Number
 89    public int intValue() {
 90      return (int)doubleValue();
 91    }
 92
 93    @Override // Implement the abstract floatValue method in Number
 94    public float floatValue() {
 95      return (float)doubleValue();
 96    }
 97
 98    @Override // Implement the doubleValue method in Number
 99    public double doubleValue() {
100      return numerator * 1.0 / denominator;
101    }
102
103    @Override // Implement the abstract longValue method in Number
104    public long longValue() {
105      return (long)doubleValue();
106    }
107
108    @Override // Implement the compareTo method in Comparable
109    public int compareTo(Rational o) {
110      if (this.subtract(o).getNumerator() > 0)
111        return 1;
112      else if (this.subtract(o).getNumerator() < 0)
113        return -1;
114      else
115        return 0;
116    }
117 }
```

有理数封装在 Rational 对象中。一个有理数内部表示为它的最简形式（第 13 行），分子决定有理数的符号（第 14 行）。分母总是正数（第 15 行）。

gcd() 方法（Rational 类中的第 19 ～ 30 行）是私有的，不能被其他客户程序使用。gcd() 方法只用于 Rational 类内部。gcd() 方法也是静态的，因为它不依赖于任何一个特定的 Rational 对象。

abs(x) 方法（Rational 类中的第 20 和 21 行）在 Math 类中定义，并返回 x 的绝对值。

两个 Rational 对象相互交互来完成加、减、乘、除操作。这些方法返回一个新的 Rational 对象（第 43 ～ 70 行）。执行这些操作的数字公式如下：

$a/b + c/d = (ad + bc)/(bd)$（例如，$2/3 + 3/4 = (2*4 + 3*3)/(3*4) = 17/12$）

$a/b - c/d = (ad - bc)/(bd)$（例如，$2/3 - 3/4 = (2*4 - 3*3)/(3*4) = -1/12$）

$a/b * c/d = (ac)/(bd)$（例如，$2/3*3/4 = (2*3)/(3*4) = 6/12 = 1/2$）

$(a/b) / (c/d) = (ad)/(bc)$（例如，$(2/3) / (3/4) = (2*4)/(3*3) = 8/9$）

Object 类中的 toString 方法和 equals 方法在 Rational 类中被重写（第 72 ～ 86 行）。toString() 方法以 numerator/denominator（分子/分母）的形式返回一个 Rational 对象的字符串表示，如果分母为 1 就将它简化为 numerator。如果该有理数和另一个有理数相等，那么方法 equals(Object other) 返回值为真。

Number 类中的抽象方法 intValue、longValue、floatValue 和 doubleValue 在 Rational 类中被实现（第 88 ～ 106 行）。这些方法返回该有理数的 int、float 和 double 值。

Comparable 接口中的 compareTo(Object other) 方法在 Rational 类中实现（第 108～116 行），用于将该有理数与另一个有理数进行比较。

☞ 提示：在 Rational 类中提供了属性 numerator 和 denominator 的获取方法，但是没有提供设置方法，因此，一旦创建 Rational 对象，其内容就不能再改变。Rational 类是不可变的。String 类和基本类型值的包装类也都是不可变的。

☞ 提示：可以使用两个变量表示分子和分母。也可以使用两个整数构成的数组表示分子和分母（参见编程练习题 13.14）。尽管改变了有理数的内部表示，但是 Rational 类中的公共方法的签名是不变的。这是一个演示类的数据域应保持私有以确保将类的实现和使用分隔的好例子。

Rational 类有严重的局限性，很容易溢出。例如，下面的代码将显示不正确的结果，因为分母太大了。

```java
public class Test {
  public static void main(String[] args) {
    Rational r1 = new Rational(1, 123456789);
    Rational r2 = new Rational(1, 123456789);
    Rational r3 = new Rational(1, 123456789);
    System.out.println("r1 * r2 * r3 is " +
      r1.multiply(r2.multiply(r3)));
  }
}
```

```
r1 * r2 * r3 is -1/2204193661661244627
```

为了修正这个问题，可以使用 BigInteger 表示分子和分母来实现 Rational 类（参见编程练习题 13.15）。

✔ 复习题

13.9.1 给出下面代码的输出。

```java
Rational r1 = new Rational(-2, 6);
System.out.println(r1.getNumerator());
System.out.println(r1.getDenominator());
System.out.println(r1.intValue());
System.out.println(r1.doubleValue());
```

13.9.2 为何以下代码是错误的？

```java
Rational r1 = new Rational(-2, 6);
Object r2 = new Rational(1, 45);
System.out.println(r2.compareTo(r1));
```

13.9.3 为何以下代码是错误的？

```java
Object r1 = new Rational(-2, 6);
Rational r2 = new Rational(1, 45);
System.out.println(r2.compareTo(r1));
```

13.9.4 如何仅使用一行代码而不使用 if 语句来简化程序清单 13-13 中第 82～85 行的代码？使用条件操作符来简化第 110～115 行的代码。

13.9.5 仔细跟踪程序的执行，给出下面代码的输出。

```java
Rational r1 = new Rational(1, 2);
Rational r2 = new Rational(1, -2);
System.out.println(r1.add(r2));
```

13.9.6 前面的题目显示了 `toString` 方法中的一个错误。改进 `toString` 方法来修正这个错误。

13.10 类的设计原则

要点提示：类的设计原则有助于设计出合理的类。

从上面例子以及前面几章中的其他许多例子中，我们已经学习了如何设计类。本节对一些设计原则进行总结。

13.10.1 内聚性

类应该描述单一的实体，并且所有的类操作应该在逻辑上相互契合来支持统一的目的。例如，可以设计一个类用于学生，但不应该将学生与教职工组合在同一个类中，因为学生和教职工是不同的实体。

如果一个实体承担太多的职责，就应该按各自的职责分成几个类。例如，`String` 类、`StringBuffer` 类和 `StringBuilder` 类都用于处理字符串，但是它们的职责不同。`String` 类处理不可变字符串，`StringBuilder` 类创建可变字符串，`StringBuffer` 与 `StringBuilder` 类似，只是 `StringBuffer` 类还包含更新字符串的同步方法。

13.10.2 一致性

遵循标准 Java 程序设计风格和命名习惯。为类、数据域和方法选用具有信息的名字。通常的风格是将数据声明置于构造方法之前，并且将构造方法置于普通方法之前。

使名字保持一致。给类似的操作选择不同的名字并非好的做法。例如，`length()` 方法返回 `String`、`StringBuilder` 和 `StringBuffer` 的大小。如果在这些类中给这个方法用不同的名字就不一致了。

通常，应该提供具有一致性的公共无参构造方法，用于构建默认实例。如果一个类不支持无参的构造方法，要用文档写下原因。如果没有显式地定义构造方法，则会提供一个具有空方法体的公有默认无参构造方法。

如果不想让用户创建类的对象，可以在类中声明一个私有的构造方法，`Math` 类和 `GuessDate` 类就是如此。

13.10.3 封装性

一个类应该使用 `private` 修饰符隐藏其数据，以免用户直接访问它。这使得类更易于维护。

只在希望数据域可读的情况下提供获取方法，同样只在希望数据域可更新的情况下提供设置方法。例如，`Rational` 类为 `numerator` 和 `denominator` 提供了获取方法，但是没有提供设置方法，因为 `Rational` 对象是不可变的。

13.10.4 清晰性

为使设计清晰，内聚性、一致性和封装性都是很好的设计原则。除此之外，类应该有一个易于解释和理解的清晰合约。

用户可以以不同组合、不同顺序，以及在不同环境中结合使用多个类。因此在设计一个类时，这个类不应该限制用户如何以及何时使用该类；设计属性时，应该允许用户以任何顺序和任何组合来进行设置；设计方法应该使得功能的实现与它们出现的顺序无关。例如，Loan 类包含属性 loanAmount、numberOfYears 和 annualInterestRate，这些属性的值可以按任何顺序来设置。

方法应在不产生混淆的情况下进行直观定义。例如，String 类中的 substring(int beginIndex,int endIndex) 方法就有点容易混淆。这个方法返回从 beginIndex 到 endIndex-1 而不是 endIndex 的子串。该方法返回从 beginIndex 到 endIndex 的子字符串会更加直观。

不应该声明一个可以从其他数据域推导出来的数据域。例如，下面的 Person 类有两个数据域：birthDate 和 age。由于 age 可以从 birthDate 导出，所以 age 不应该声明为数据域。

```
public class Person {
  private java.util.Date birthDate;
  private int age;

  ...
}
```

13.10.5 完整性

类是为许多不同用户的使用而设计的。为了能在大范围的应用中使用，类应该通过属性和方法提供各种自定义方式。例如，String 类包含了 40 多个实用的方法，可用于各种应用。

13.10.6 实例和静态

依赖于类的具体实例的变量或方法必须是一个实例变量或方法。如果一个变量被类的所有实例所共享，则应该将其声明为静态的。例如，在程序清单 9-8 中，Circle 中的变量 numberOfObjects 被 Circle 类的所有对象共享，因此被声明为静态的。如果一个方法不依赖于某个具体的实例，则应该将其声明为静态方法。例如，Circle 中的 getNumberOfObjects() 方法没有绑定到任何具体实例，因此被声明为静态方法。

应该总是使用类名（而不是引用变量）引用静态变量和方法，以增强可读性并避免错误。

不要从构造方法中传入参数来初始化静态数据域。最好使用设置方法改变静态数据域。因此，下面图 a 中的类最好替换为图 b。

```
public class SomeThing {
  private int t1;
  private static int t2;

  public SomeThing(int t1, int t2) {
    ...
  }
}
```
a)

```
public class SomeThing {
  private int t1;
  private static int t2;

  public SomeThing(int t1) {
    ...
  }

  public static void setT2(int t2) {
    SomeThing.t2 = t2;
  }
}
```
b)

实例和静态是面向对象程序设计不可或缺的部分。数据域或方法要么是实例的，要么是静态的。不要错误地忽视了静态数据域或方法。常见的设计错误是将本应该声明为静态方法的方法声明为实例方法。例如：用于计算 n 的阶乘的 factorial(int n) 方法应该定义为静态的，因为它不依赖于任何具体实例。

构造方法永远都是实例方法，因为它是用来创建具体实例的。一个静态变量或方法可以从实例方法中调用，但是不能从静态方法中调用实例变量或方法。

13.10.7 继承和聚合

继承和聚合之间的差异，就是 is-a（是一种）和 has-a（具有）之间的差异。例如，苹果是一种水果，因此，可以使用继承来建模 Apple 类和 Fruit 类之间的关系。人具有名字，因此，可以使用聚合来建模 Person 类和 Name 类之间的关系。

13.10.8 接口和抽象类

接口和抽象类都可以用于为对象指定共同的行为。如何决定是采用接口还是类呢？通常，比较强的 is-a（是一种）关系清晰地描述了父子关系，应该采用类来建模。例如，因为橘子是一种水果，它们的关系就应该采用类的继承关系来建模。弱的 is-a 关系，也称为 is-kind-of（是一类）关系，表明一个对象拥有某种属性。弱的 is-a 关系可以使用接口建模。例如，所有的字符串都是可以比较的，因此 String 类实现了 Comparable 接口。圆或者矩形是一个几何对象，因此 Circle 可以设计为 GeometricObject 的子类。圆是不同的，并且可以基于半径进行比较，因此 Circle 可以实现 Comparable 接口。

接口比抽象类更灵活，因为一个子类只能继承一个父类，但是却可以实现任意个数的接口。然而，接口不能包含数据域。Java 8 中，接口可以包含默认方法和静态方法，这对简化类的设计非常有用。我们将在第 20 章给出这类设计的实例。

✔ 复习题

13.10.1 描述类的设计原则。

关键术语

abstract class（抽象类）
abstract method（抽象方法）
deep copy（深复制）
interface（接口）
marker interface（标记接口）
shallow copy（浅复制）
subinterface（子接口）

本章小结

1. 抽象类和常规类一样都有数据和方法，但是不能用 new 操作符创建抽象类的实例。
2. 非抽象类中不能包含抽象方法。如果抽象类的子类没有实现所有继承下来的父类抽象方法，就必须将该子类也定义为抽象类。
3. 包含抽象方法的类必须是抽象类。但是，抽象类可以不包含抽象的方法。
4. 即使父类是具体的，子类也可以是抽象的。
5. 接口是一种与类相似的构造，只包含常量和抽象方法，以及默认方法和静态方法。接口在许多方面与抽象类很相似，但抽象类可以包含数据域。
6. 在 Java 中，接口被认为是一种特殊的类。就像常规类一样，每个接口都被编译为独立的字节码文件。
7. 接口 java.lang.Comparable 定义了 compareTo 方法。Java 类库中的许多类都实现了 Comparable。

8. 接口 java.lang.Cloneable 是一个标记接口。实现 Cloneable 接口的类的对象是可克隆的。
9. 一个类仅能继承一个父类，但却可以实现一个或多个接口。
10. 一个接口可以继承一个或多个接口。

测试题

在线回答配套网站上的本章测试题。

编程练习题

13.2~13.3 节

**13.1 （Triangle 类）设计一个继承了抽象类 GeometricObject 的新的 Triangle 类。绘制 Triangle 类和 GeometricObject 类的 UML 图并实现 Triangle 类。编写测试程序，提示用户输入三角形的三条边、颜色以及一个表明该三角形是否填充的布尔值。程序应该使用这些边来创建一个 Triangle 对象，并根据用户的输入来设置 color 和 filled 属性。程序应该显示面积、周长、颜色以及表明是否被填充的真或假的值。

*13.2 （打乱 ArrayList）编写以下方法，打乱一个数值 ArrayList。

public static void shuffle(ArrayList<Number> list)

*13.3 （对 ArrayList 排序）编写以下方法，对一个数值 ArrayList 进行排序。

public static void sort(ArrayList<Number> list)

**13.4 （显示日历）重写程序清单 6-12 中的 PrintCalendar 类，使用 Calendar 和 GregorianCalendar 类显示一个给定月份的日历。程序从命令行得到月份和年份的输入，例如：

java Exercise13_04 5 2016

这会显示如图 13-9 中的日历。

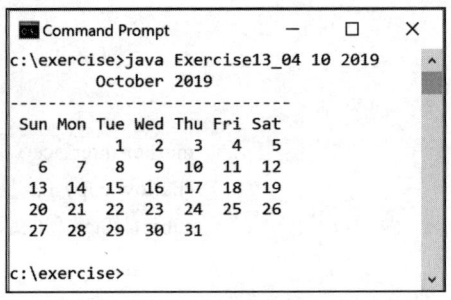

图 13-9 程序显示 2016 年五月的日历

也可以不输入年份来运行程序。这种情况下，年份就是当前年份。如果不指定月份和年份来运行程序，那么月份就是当前月份。

13.4~13.8 节

*13.5 （使 GeometricObject 类可比较）修改 GeometricObject 类以实现 Comparable 接口，并且在 GeometricObject 类中定义一个静态的的 max 方法，用于求两个 GeometricObject 对象的较大者。画出 UML 图并实现这个新的 GeometricObject 类。编写测试程序，使用 max 方法求两个圆中的较大者和两个矩形中的较大者。

*13.6 （ComparableCircle 类）创建名为 ComparableCircle 的类，它继承自 Circle 类，并实现 Comparable 接口。画出 UML 图并实现 compareTo 方法，使其根据面积比较两个圆。编写测试

程序求出两个 ComparableCircle 实例对象的较大者，以及一个圆和一个矩形的较大者。

*13.7 （Colorable 接口）设计一个名为 Colorable 的接口，其中有名为 howToColor() 的 void 方法。可着色对象的每个类必须实现 Colorable 接口。设计一个名为 Square 的类，继承 GeometricObject 类并实现 Colorable 接口。实现 howToColor 方法，显示一个消息 Color all four sides（给所有的四条边着色）。Square 类包含一个数据域 side 及其设置方法和获取方法，以及使用指定边构建一个 Square 的构造方法。Square 类具有一个私有的 double 数据域 side 及其设置方法和获取方法。它具有一个无参构造方法来构建边为 0 的 Square，以及另一个使用指定边来构建 Square 的构造方法。

画出包含 Colorable、Square 和 GeometricObject 的 UML 图。编写测试程序，创建有五个 GeometricObject 对象的数组。对于数组中的每个对象而言，如果对象是可着色的，则调用其 howToColor 方法。

*13.8 （修改 MyStack 类）重写程序清单 11-10 中的 MyStack 类，执行 list 域的深度复制。

*13.9 （使 Circle 类可比较）改写程序清单 13-2 中的 Circle 类，使其继承 GeometricObject 类并实现 Comparable 接口。重写 Object 类中的 equals 方法。如果两个 Circle 对象半径相等，则认为它们是相等的。画出包括 Circle、GeometricObject 和 Comparable 的 UML 图。

*13.10 （使 Rectangle 类可比较）改写程序清单 13-3 中的 Rectangle 类，使其继承 GeometricObject 类并实现 Comparable 接口。重写 Object 类中的 equals 方法。当两个 Rectangle 对象面积相等时，则认为它们是相等的。画出包括 Rectangle、GeometricObject 和 Comparable 的 UML 图。

*13.11 （Octagon 类）编写一个名为 Octagon 的类，它继承 GeometricObject 类并实现 Comparable 和 Cloneable 接口。假设八边形八条边的边长都相等。它的面积可以使用下面的公式计算：

$$面积 = (2 + 4/\sqrt{2}) \times 边长 \times 边长$$

Octagon 类具有一个私有的 double 数据域 side 及其设置方法和获取方法。它还具有一个无参构造方法来构建一个边为 0 的 Octagon，以及另一个使用指定边来构建 Octagon 的构造方法。

画出包括 Octagon、GeometricObject、Comparable 和 Cloneable 的 UML 图。编写测试程序，创建一个边长值为 5 的 Octagon 对象，然后显示其面积和周长。使用 clone 方法创建新对象，并使用 compareTo 方法比较这两个对象。

*13.12 （求几何对象的面积之和）编写方法，求数组中所有几何对象的面积之和。方法签名为

```
public static double sumArea(GeometricObject[] a)
```

编写测试程序，创建四个对象（两个圆和两个矩形）的数组并使用 sumArea 方法求它们的总面积。

*13.13 （使 Course 类可克隆）重写程序清单 10-6 中的 Course 类，增加一个 clone 方法并执行 students 域上的深度复制。

13.9 节

*13.14 （演示封装的好处）使用新的分子分母的内部表示重写 13.13 节中的 Rational 类。创建具有两个整数的数组，如下所示：

```
private long[] r = new long[2];
```

使用 r[0] 表示分子，使用 r[1] 表示分母。在 Rational 类中的方法签名没有改变，因此，前一个 Rational 类的客户端应用程序可以继续使用这个新的 Rational 类，而无须重新编译。

*13.15 （在 Rational 类中使用 BigInteger）使用 BigInteger 表示分子和分母，重新设计和实现 13.13 节中的 Rational 类。编写测试程序，提示用户输入两个有理数并显示结果，如下运行示例所示：

```
Enter the first rational number: 3 454 ↵Enter
Enter the second rational number: 7 2389 ↵Enter
3/454 + 7/2389 = 10345/1084606
3/454 - 7/2389 = 3989/1084606
3/454 * 7/2389 = 21/1084606
3/454 / 7/2389 = 7167/3178
7/2389 is 0.0029300962745918793
```

*13.16 （创建一个有理数的计算器）编写一个类似于程序清单 7-9 的程序。这里不使用整数，而是使用有理数，如图 13-10 所示。

需要使用在 10.10.3 节中介绍的 `String` 类中的 `split` 方法来获取分子字符串和分母字符串，并使用 `Integer.parseInt` 方法将字符串转换为整数。

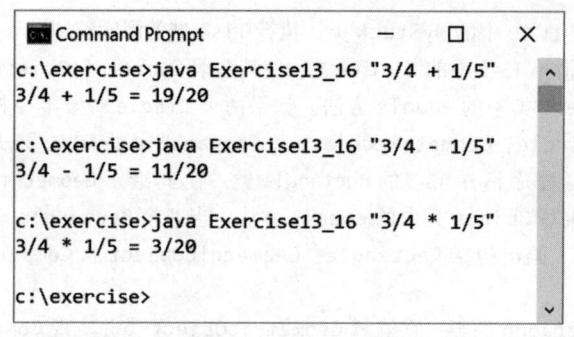
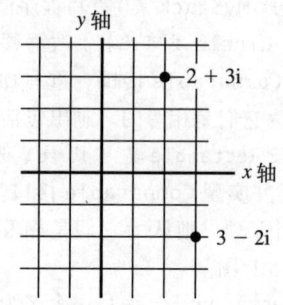

a) 程序从命令行得到一个由操作数 1、操作符、操作数 2 组成的字符串参数，显示该表达式以及算术运算的结果

b) 复数可以解释为一个平面上的点

图 13-10

*13.17 （数学：Complex 类）复数是一个形式为 $a+bi$ 的数，这里的 a 和 b 都是实数，i 是 $\sqrt{-1}$ 的平方根。数字 a 和 b 分别称为复数的实部和虚部。可以使用下面的公式执行复数的加、减、乘、除：

$$a + bi + c + di = (a + c) + (b + d)i$$
$$a + bi - (c + di) = (a - c) + (b - d)i$$
$$(a + bi)*(c + di) = (ac - bd) + (bc + ad)i$$
$$(a + bi)/(c + di) = (ac + bd)/(c^2 + d^2) + (bc - ad)i/(c^2 + d^2)$$

还可以使用下面的公式得到复数的绝对值：

$$|a + bi| = \sqrt{a^2 + b^2}$$

（复数可以解释为一个平面上的点，而 (a, b) 值就是该点的坐标。复数的绝对值是该点到原点的距离，如图 13-10 所示。）

设计一个名为 `Complex` 的类来表示复数以及执行复数运算的 `add`、`subtract`、`multiply`、`divide` 和 `abs` 方法，并且重写 `toString` 方法以返回一个表示复数的字符串。方法 `toString` 以字符串返回 `a+bi`。如果 b 是 0，那么它只返回 a。`Complex` 类还需要实现 `Cloneable` 和 `Comparable`。使用它们的绝对值来比较两个复数。

提供三个构造方法 `Complex(a,b)`、`Complex(a)` 和 `Complex()`。`Complex()` 为数字 0 创建 `Complex` 对象，而 `Complex(a)` 创建一个 b 为 0 的 `Complex` 对象。还提供 `getRealPart()` 和 `getImaginaryPart()` 方法以分别返回复数的实部和虚部。

绘制 UML 类图并实现该类。使用 https://liveexample.pearsoncmg.com/test/Exercise13_17.txt 中的代码测试你的实现。下面是一个运行示例：

```
Enter the first complex number: 3.5 5.5  [Enter]
Enter the second complex number: -3.5 1  [Enter]
(3.5 + 5.5i) + (-3.5 + 1.0i) = 0.0 + 6.5i
(3.5 + 5.5i) - (-3.5 + 1.0i) = 7.0 + 4.5i
(3.5 + 5.5i) * (-3.5 + 1.0i) = -17.75 + -15.75i
(3.5 + 5.5i) / (-3.5 + 1.0i) = -0.5094 + -1.7i
|(3.5 + 5.5i)| = 6.519202405202649
false
3.5
5.5
[-3.5 + 1.0i, 4.0 + -0.5i, 3.5 + 5.5i, 3.5 + 5.5i]
```

13.18 （使用 Rational 类）编写程序，使用 Rational 类计算下面的求和数列：

$$\frac{1}{2}+\frac{2}{3}+\frac{3}{4}+\cdots+\frac{98}{99}+\frac{99}{100}$$

你将会发现输出是不正确的，因为整数溢出（太大了）。为了解决这个问题，参见编程练习题 13.15。

13.19 （将十进制数转化为分数）编写程序，提示用户输入一个十进制数，然后以分数的形式显示该数字。（提示：将十进制数以字符串的形式读入，从字符串中提取其整数部分和小数部分，然后运用编程练习题 13.15 中的 Rational 类来得到该十进制数的有理数。）下面是一些运行示例：

```
Enter a decimal number: 3.25  [Enter]
The fraction number is 13/4
```

```
Enter a decimal number: -0.45452  [Enter]
The fraction number is -11363/25000
```

13.20 （代数：求解二元方程）重写编程练习题 3.1，如果行列式小于 0，则使用编程练习题 13.17 中的 Complex 类来得到虚根。这里是一些运行示例：

```
Enter a, b, c: 1 3 1  [Enter]
The roots are -0.381966 and -2.61803
```

```
Enter a, b, c: 1 2 1  [Enter]
The root is -1
```

```
Enter a, b, c: 1 2 3  [Enter]
The roots are -1.0 + 1.4142i and -1.0 + -1.4142i
```

13.21 （代数：顶点形式方程）抛物线方程可以表达为标准形式（$y = ax^2 + bx + c$）或者顶点形式（$y = a(x-h)^2 + k$）。编写程序，提示用户输入标准形式下的整数 a、b 和 c 值，显示顶点形式下的 $h\left(=\frac{-b}{2a}\right)$ 和 $k\left(=\frac{4ac-b^2}{4a}\right)$ 值。将 h 和 k 作为有理数来显示。下面是一些运行示例：

```
Enter a, b, c: 1 3 1  [Enter]
h is -3/2 k is -5/4
```

```
Enter a, b, c: 2 3 4  [Enter]
h is -3/4 k is 23/8
```

第 14 章

Introduction to Java Programming and Data Structures, Comprehensive Version, Twelfth Edition

JavaFX 基础

教学目标

- 区分 JavaFX、Swing 和 AWT（14.2 节）。
- 编写简单的 JavaFX 程序，理解舞台、场景和结点之间的关系（14.3 节）。
- 使用面板、组、UI 控件和形状创建用户界面（14.4 节）。
- 通过属性绑定自动更新属性值（14.5 节）。
- 使用结点的通用属性 style 和 rotate（14.6 节）。
- 使用 Color 类创建颜色（14.7 节）。
- 使用 Font 类创建字体（14.8 节）。
- 使用 Image 类创建图像以及使用 ImageView 类创建图像视图（14.9 节）。
- 使用 Pane、StackPane、FlowPane、GridPane、BorderPane、HBox 和 VBox 布局结点（14.10 节）。
- 使用 Text 类显示文本以及使用 Line、Circle、Rectangle、Ellipse、Arc、Polygon 和 Polyline 创建形状（14.11 节）。
- 开发一个可重用的 GUI 控件 ClockPane 显示一个模拟时钟（14.12 节）。

14.1 引言

要点提示：JavaFX 是学习面向对象编程的优秀教学工具。

JavaFX 是开发 Java GUI 程序的新框架。JavaFX API 是演示如何应用面向对象原则的优秀范例。本章有两方面的目的。首先，给出了 JavaFX 编程的基础。其次，使用 JavaFX 来展示面向对象设计和编程。具体而言，本章介绍 JavaFX 框架，并讨论 JavaFX GUI 控件以及它们的关系。你将学到如何采用布局面板、组、按钮、标签、文本域、颜色、字体、图像、图像视图以及形状来开发简单的 GUI 程序。

14.2 JavaFX 与 Swing 和 AWT 的比较

要点提示：JavaFX 平台取代了 Swing 和 AWT，用于开发富 GUI（Graphic User Interface，图形用户界面）应用。

最初引入 Java 时，GUI 类使用一个称为抽象窗体工具包（AWT）的库。AWT 开发简单的图形用户界面尚可，但是不适合开发综合型的 GUI 项目。另外，AWT 容易受平台特定错误的影响。之后 AWT 用户界面控件被更健壮、功能更齐全和更灵活的 Swing 库所替代。Swing 控件由 Java 代码在画布上直接绘制。Swing 控件较少依赖目标平台，且使用更少的本地 GUI 资源。Swing 用于开发桌面 GUI 应用。现在，它被一个全新的 GUI 平台 JavaFX 所替代。JavaFX 融入了现代 GUI 技术以方便开发富 GUI 应用。另外，JavaFX 为支持触摸设备（如平板和智能手机）提供多点触控支持。JavaFX 具有内建的 2D、3D、动画支持，以及视频和音频的回放功能。使用第三方软件，可以开发 JavaFX 程序并部署在运行 iOS 或者安卓的设备上。

本书采用 JavaFX 讲解 Java GUI 编程是出于以下三个原因。第一，对于 Java 编程初学者而言，JavaFX 更容易学习和使用。第二，相对于 Swing 而言，JavaFX 是一个更好地展示面向对象编程的教学工具。第三，Swing 实质上已消亡，因为它不会再得到任何改进。JavaFX 是新的 GUI 工具，用于在桌面计算机、手持设备上开发跨平台的富 GUI 应用。

✓ 复习题

14.2.1　概述 JavaGUI 技术的演变。

14.2.2　解释为何本书采用 JavaFX 教授 Java GUI。

14.3　JavaFX 程序的基本结构

🔑 **要点提示**：javafx.application.Application 类定义了编写 JavaFX 程序的基本框架。

我们从编写一个简单的 JavaFX 程序着手，演示一个 JavaFX 程序的基本结构。每个 JavaFX 程序定义在一个继承自 javafx.application.Application 的类中，如程序清单 14-1 所示。

程序清单 14-1　MyJavaFX.java

```java
1  import javafx.application.Application;
2  import javafx.scene.Scene;
3  import javafx.scene.control.Button;
4  import javafx.stage.Stage;
5
6  public class MyJavaFX extends Application {
7    @Override // Override the start method in the Application class
8    public void start(Stage primaryStage) {
9      // Create a scene and place a button in the scene
10     Button btOK = new Button("OK");
11     Scene scene = new Scene(btOK, 200, 250);
12     primaryStage.setTitle("MyJavaFX"); // Set the stage title
13     primaryStage.setScene(scene); // Place the scene in the stage
14     primaryStage.show(); // Display the stage
15   }
16
17   /**
18    * The main method is only needed for the IDE with limited
19    * JavaFX support. Not needed for running from the command line.
20    */
21   public static void main(String[] args) {
22     Application.launch(args);
23   }
24 }
```

可以从命令行窗口或者从一个 IDE（如 NetBeans 或者 Eclipse）中测试和运行程序。程序的一个运行示例如图 14-1 所示。从 JDK 11 开始，JavaFX 成为一个独立的模块。补充材料Ⅱ.F~H 给出了从一个命令窗口、NetBeans 以及 Eclipse 中运行 JavaFX 程序的说明。

launch 方法（第 22 行）是一个定义在 Application 类中的静态方法，用于启动一个独立的 JavaFX 应用。如果从命令行运行程序，main 方法（第 21~23 行）不是必需的。当从一个不完全支持 JavaFX 的 IDE 中启动 JavaFX 程序的时候，可能会需要 main 方法。当运行一个没有 main 方法的 JavaFX 应用时，JVM 自动调用 launch 方法以运行应用程序。

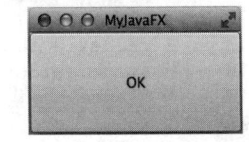

图 14-1　一个在窗体中显示按钮的简单 JavaFX 程序

主类重写了定义在 javafx.application.Application 类中的 start 方法（第 8 行）。应用一个 JavaFX 启动时，JVM 使用类的无参构造方法来创建类的一个实例并调用其 start 方法。start 方法通常将 UI 控件放入一个场景，并且在舞台中显示该场景，如图 14-2a 所示。

第 10 行创建一个 Button 对象并将其置于一个 Scene 对象中（第 11 行）。一个 Scene 对象可以使用构造方法 Scene(node, width, height) 创建。这个构造方法指定了场景的宽度和高度并且将结点置于该场景中。

Stage 对象是一种窗体。当应用程序启动的时候，一个称为主舞台的 Stage 对象由 JVM 自动创建。第 13 行将场景设定在主舞台中，第 14 行显示主舞台。JavaFX 应用剧院的类比来命名 Stage 和 Scene 类。可以认为舞台是一个支持场景的平台，结点如同在场景中演出的演员。

根据需要，可以创建其他舞台。程序清单 14-2 中的 JavaFX 程序显示了两个舞台，如图 14-2b 所示。

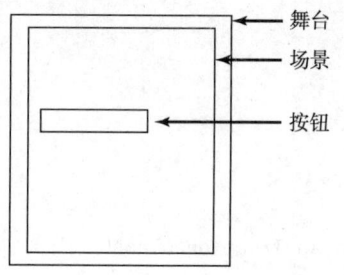
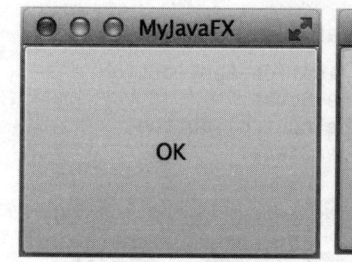
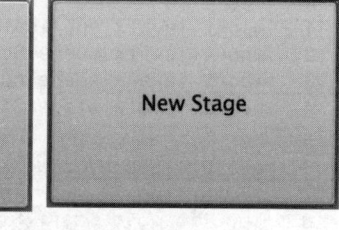

a) Stage 是一种窗体，用于显示包含了结点的场景

b) 一个 JavaFX 程序可以显示多个舞台

图 14-2

程序清单 14-2 MultipleStageDemo.java

```
1  import javafx.application.Application;
2  import javafx.scene.Scene;
3  import javafx.scene.control.Button;
4  import javafx.stage.Stage;
5
6  public class MultipleStageDemo extends Application {
7    @Override // Override the start method in the Application class
8    public void start(Stage primaryStage) {
9      // Create a scene and place a button in the scene
10     Scene scene = new Scene(new Button("OK"), 200, 250);
11     primaryStage.setTitle("MyJavaFX"); // Set the stage title
12     primaryStage.setScene(scene); // Place the scene in the stage
13     primaryStage.show(); // Display the stage
14
15     Stage stage = new Stage(); // Create a new stage
16     stage.setTitle("Second Stage"); // Set the stage title
17     // Set a scene with a button in the stage
18     stage.setScene(new Scene(new Button("New Stage"), 200, 250));
19     stage.show(); // Display the stage
20   }
21 }
```

注意，在程序清单中 main 方法被省略了，因为对于每一个 JavaFX 应用它都是一样的。

从现在开始，为简明起见，main 方法不会列在 JavaFX 源代码中。

默认情况下，用户可以改变舞台的大小。如要防止用户改变舞台大小，调用 stage.setResizable(false) 实现。

✓ 复习题

14.3.1 如何定义 JavaFX 主类？start 方法的签名是什么？什么是舞台？什么是主舞台？主舞台是自动生成的吗？如何显示一个舞台？可以阻止用户改变舞台大小吗？在程序清单 14-1 中，可以将第 22 行的 Application.launch(args) 替代为 launch(args) 吗？

14.3.2 给出以下 JavaFX 程序的输出结果：

```java
import javafx.application.Application;
import javafx.stage.Stage;

public class Test extends Application {
  public Test() {
    System.out.println("Test constructor is invoked");
  }
  @Override // Override the start method in the Application class
  public void start(Stage primaryStage) {
    System.out.println("start method is invoked");
  }

  public static void main(String[] args) {
    System.out.println("launch application");
    Application.launch(args);
  }
}
```

14.4 面板、组、UI 控件和形状

☞ **要点提示**：面板、组、UI 控件和形状是 Node 的子类型。

当运行程序清单 14-1 中的 MyJavaFX 时，窗体如图 14-1 所示。无论如何改变窗体的大小，按钮总是位于场景的中间并且总是占据整个窗体。可以通过设置按钮的位置和大小等属性来解决这个问题。然而，更好的方法是使用称为面板的容器类，从而自动将结点布局在期望的位置和大小。可以将结点置于面板中，然后再将面板置于场景中。结点是可视化控件，比如形状、图像视图、UI 控件、组或者面板。形状是指文本、直线、圆、椭圆、矩形、弧、多边形、折线等。UI 控件是指标签、按钮、复选框、单选按钮、文本域、文本输入区域等。组是指将结点集合进行分组的容器。可以将变换或效果应用于一个组上，这将自动应用于组中的每个子结点上。场景可以在一个舞台中显示，如图 14-3a 所示。Stage、Scene、Node、Control 以及 Pane 之间的关系可以采用 UML 图来表达，如图 14-3b 所示。注意，Scene 可以包含 Control、Group 或者 Pane，但是不能包含 Shape 或者 ImageView。Pane 和 Group 可以包含 Node 的任何子类型。可以使用构造方法 Scene(Parent, width, height) 或者 Scene(Parent) 创建 Scene。在后一个构造方法中，场景的尺寸将自动确定。Node 的每个子类都有一个无参构造方法，用于创建一个默认的结点。

程序清单 14-3 给出了一个程序示例，将一个按钮置于一个面板中，如图 14-4 所示。

程序创建了一个 StackPane（第 11 行），并将一个按钮作为面板的子结点加入（第 12 行）。getChildren() 方法返回 javafx.collections.ObservableList 的一个实例。

ObservableList 类似于 ArrayList，用于存储一个元素集合。调用 add(e) 将一个元素加入列表。StackPane 将结点置于面板中央，并且置于其他结点之上。这里只有一个结点在面板中。StackPane 按照一个结点的偏好尺寸安排。因此，你会看到按钮以它的偏好尺寸显示。

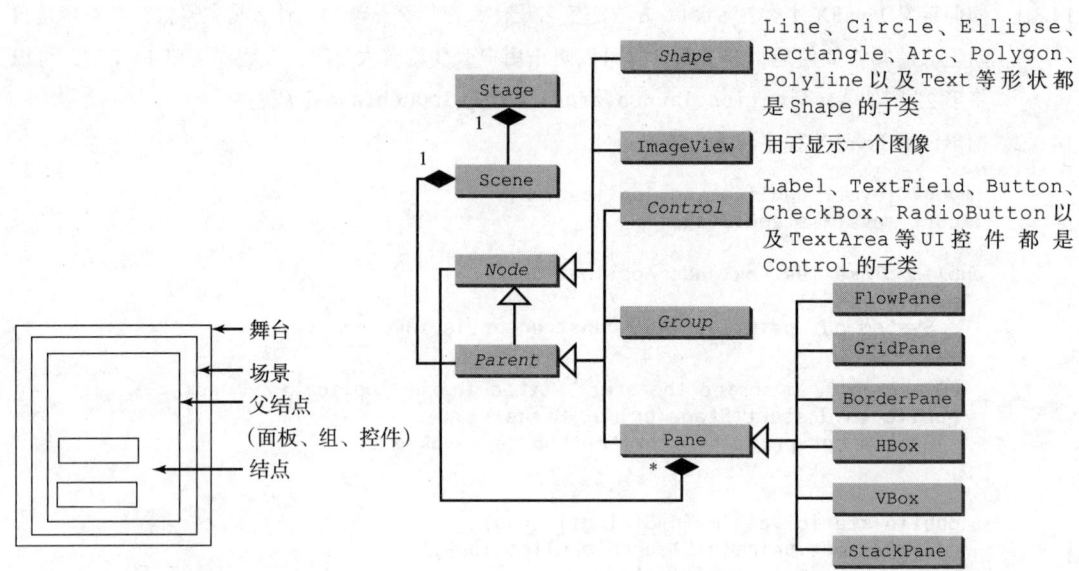

图 14-3

程序清单 14-3 ButtonInPane.java

```java
1  import javafx.application.Application;
2  import javafx.scene.Scene;
3  import javafx.scene.control.Button;
4  import javafx.stage.Stage;
5  import javafx.scene.layout.StackPane;
6
7  public class ButtonInPane extends Application {
8    @Override // Override the start method in the Application class
9    public void start(Stage primaryStage) {
10     // Create a scene and place a button in the scene
11     StackPane pane = new StackPane();
12     pane.getChildren().add(new Button("OK"));
13     Scene scene = new Scene(pane, 200, 50);
14     primaryStage.setTitle("Button in a pane"); // Set the stage title
15     primaryStage.setScene(scene); // Place the scene in the stage
16     primaryStage.show(); // Display the stage
17   }
18 }
```

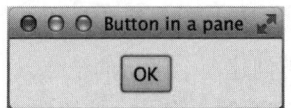

图 14-4 一个按钮置于面板的中间

具有许多其他构造方法的同时，每个面板和组都有一个无参构造方法，以及一个将一个或者多个子结点加入面板和分组的构造方法。因此，第 11 和 12 行的代码可以用下面一行语句替换：

```
StackPane pane = new StackPane(new Button("OK"));
```

程序清单 14-4 给出了一个在面板中央显示圆的示例，如图 14-5a 所示。

程序清单 14-4 ShowCircle.java

```
1  import javafx.application.Application;
2  import javafx.scene.Scene;
3  import javafx.scene.layout.Pane;
4  import javafx.scene.paint.Color;
5  import javafx.scene.shape.Circle;
6  import javafx.stage.Stage;
7
8  public class ShowCircle extends Application {
9    @Override // Override the start method in the Application class
10   public void start(Stage primaryStage) {
11     // Create a circle and set its properties
12     Circle circle = new Circle();
13     circle.setCenterX(100);
14     circle.setCenterY(100);
15     circle.setRadius(50);
16     circle.setStroke(Color.BLACK);
17     circle.setFill(Color.WHITE);
18
19     // Create a pane to hold the circle
20     Pane pane = new Pane();
21     pane.getChildren().add(circle);
22
23     // Create a scene and place it in the stage
24     Scene scene = new Scene(pane, 200, 200);
25     primaryStage.setTitle("ShowCircle"); // Set the stage title
26     primaryStage.setScene(scene); // Place the scene in the stage
27     primaryStage.show(); // Display the stage
28   }
29 }
```

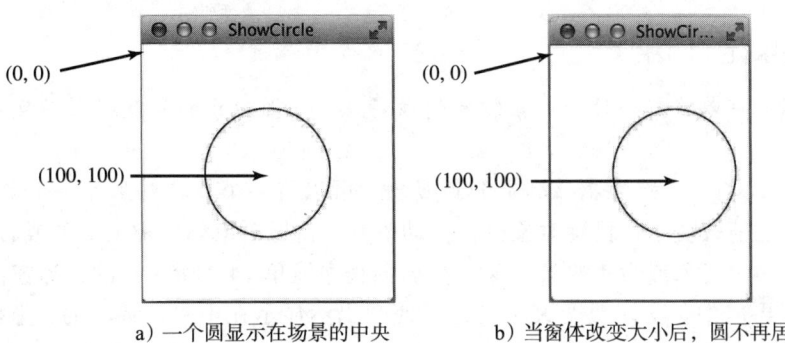

a) 一个圆显示在场景的中央   b) 当窗体改变大小后，圆不再居中

图 14-5

程序创建了一个 Circle（第 12 行）并将其圆心设置在 (100, 100)（第 13 和 14 行），这也是场景的中心，因为创建场景时给出的宽度和高度都是 200（第 24 行）。圆的半径设为 50（第 15 行）。注意，Java 图形的尺寸单位都使用像素。

笔画颜色（即画圆所采用的颜色）设置为黑色（第16行）。填充颜色（即用于填充圆的颜色）设置为白色（第17行）。可以将颜色设置为null表明没有设置颜色。

程序创建了一个Pane（第20行）并将圆置于面板中（第21行）。注意在Java坐标系中，面板左上角的坐标是（0,0），如图14-6a所示，这不同于传统坐标系中（0,0）位于窗体的中央，如图14-6b所示。在Java坐标系中，x坐标从左到右递增，y坐标从上到下递增。

面板被置于场景中（第24行），然后场景被置于舞台中（第26行）。圆显示在舞台中央，如图14-5a所示。然而，如果改变窗体的大小，圆就不再居中，如图14-5b所示。为了在改变窗体大小时圆依然居中，圆心的x和y坐标需要重新设置在面板的中央。可以通过设置属性绑定来达到效果，这将在下一节中介绍。

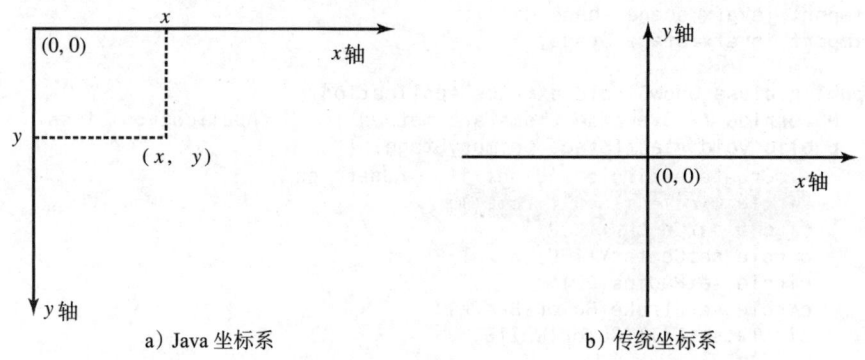

a）Java坐标系　　　　　　　　　　b）传统坐标系

图14-6　Java坐标系以像素作为尺寸单位，（0，0）位于左上角

✓ 复习题

14.4.1 如何创建Scene对象？如何在舞台中设置场景？如何将一个圆置于场景中？

14.4.2 什么是面板？什么是结点？如何将一个结点置于面板中？可以直接将Shape或者ImageView置于Scene中吗？可以将Control或者Pane直接置于Scene中吗？

14.4.3 如何创建Circle？如何设置它的圆心位置以及半径？如何设置它的笔画颜色以及填充颜色？

14.4.4 如何使用一行语句替代程序清单14.4中第20和21行的代码？

14.5 属性绑定

要点提示：可以将一个目标对象绑定到源对象中。源对象的修改将自动反映到目标对象中。

JavaFX引入了一个称为属性绑定的新概念，可以将一个目标对象和一个源对象绑定。如果源对象中的值改变了，目标对象也将自动改变。目标对象称为绑定对象或者绑定属性，源对象称为可绑定对象或者可观察对象。如前面程序清单14-4所讨论的，当窗体改变大小的时候，圆不再居中。窗体改变大小后为了使圆仍然显示在中央，圆心的x坐标和y坐标需要重新设置到面板的中央。可以通过将centerX和centerY分别绑定到面板的width/2和height/2上实现，如程序清单14-5第16和17行所示。

程序清单14-5 ShowCircleCentered.java

```
1  import javafx.application.Application;
2  import javafx.scene.Scene;
3  import javafx.scene.layout.Pane;
```

```
4   import javafx.scene.paint.Color;
5   import javafx.scene.shape.Circle;
6   import javafx.stage.Stage;
7
8   public class ShowCircleCentered extends Application {
9     @Override // Override the start method in the Application class
10    public void start(Stage primaryStage) {
11      // Create a pane to hold the circle
12      Pane pane = new Pane();
13
14      // Create a circle and set its properties
15      Circle circle = new Circle();
16      circle.centerXProperty().bind(pane.widthProperty().divide(2));
17      circle.centerYProperty().bind(pane.heightProperty().divide(2));
18      circle.setRadius(50);
19      circle.setStroke(Color.BLACK);
20      circle.setFill(Color.WHITE);
21      pane.getChildren().add(circle); // Add circle to the pane
22
23      // Create a scene and place it in the stage
24      Scene scene = new Scene(pane, 200, 200);
25      primaryStage.setTitle("ShowCircleCentered"); // Set the stage title
26      primaryStage.setScene(scene); // Place the scene in the stage
27      primaryStage.show(); // Display the stage
28    }
29  }
```

Circle 类具有一个 centerX 属性，用于表示圆心的 x 坐标。如同许多 JavaFX 类中的属性一样，在属性绑定中，该属性既可以作为目标，也可以作为源。绑定属性是一个对象，可以绑定到一个源对象上。目标监听源中的变化，一旦源中发生变化，目标将自动更新。目标采用 bind 方法和源进行绑定，如下所示：

target.bind(source);

bind 方法在 javafx.beans.property.Property 接口中定义。绑定属性是 javafx.beans.property.Property 的实例。可观察的源对象是 javafx.beans.value.ObervableValue 接口的实例。ObervableValue 是一个包装了值的实体，并且允许值发生改变时被观察到。

绑定属性是一个对象。JavaFX 为基本类型和字符串定义了绑定属性。对于 double、float、long、int、boolean 类型的值，它的绑定属性类型分别是 DoubleProperty、FloatProperty、LongProperty、IntegerProperty、BooleanProperty。对于字符串而言，它的绑定属性类型是 StringProperty。这些属性同时也是 ObservableValue 的子类型。因此，在一个绑定中，它们既可以作为源也可以作为目标。

习惯上，JavaFX 类（如 Circle）中的每个绑定属性（如 centerX）都有一个获取方法（如 getCenterX()）和设置方法（如 setCenterX(double)），用于返回和设置属性的值。同时还有一个获取方法返回属性本身。这个方法的命名习惯是在属性名称后面加上单词 Property。举例来说，centeX 的属性获取方法是 centerXProperty()。我们将 getCenterX() 称为值获取方法，将 setCenterX(double) 称为值设置方法，而将 centerXProperty() 称为属性获取方法。注意，getCenterX() 返回一个 double 值，而 centerXProperty() 返回一个 DoubleProperty 类型的对象。图 14-7a 演示了在类中定义一个绑定属性的习惯用法，图 14-7b 演示了一个具体的示例，其中 centerX 是 DoubleProperty 类型的一个绑定属性。

程序清单 14-5 和程序清单 14-4 的唯一不同之处是，它将 circle 的 centerX 和 centerY 属性与 pane 的宽度和高度的一半进行绑定（第 16 和 17 行）。注意，circle.centerXProperty() 返回 centerX, pane.widthProperty() 返回 width。centerX 和 width 都是 DoublePerperty 类型的绑定属性。数值类型的绑定属性类（如 DoubleProperty 和 IntegerProperty）具有 add、substract、multiply 以及 divide 方法，用于对一个绑定属性中的值进行加、减、乘、除，并返回一个新的可观察属性。因此，pane.widthProperty().divide(2) 返回一个代表 pane 的一半宽度的新的可观察属性。语句

```
circle.centerXProperty().bind(pane.widthProperty().divide(2));
```

和下面的语句相同：

```
DoubleProperty centerX = circle.centerXProperty();
DoubleProperty width = pane.widthProperty();
centerX.bind(width.divide(2));
```

```
public class SomeClassName {
  private PropertyType x;

  /** Value getter method */
  public propertyValueType getX() { ... }

  /** Value setter method */
  public void setX(propertyValueType value) { ... }

  /** Property getter method */
  public PropertyType xProperty() { ... }
}
```

```
public class Circle {
  private DoubleProperty centerX;

  /** Value getter method */
  public double getCenterX() { ... }

  /** Value setter method */
  public void setCenterX(double value) { ... }

  /** Property getter method */
  public DoubleProperty centerXProperty() { ... }
}
```

a) x 是一个绑定属性　　　　　　　　b) centerX 是 Circle 类中的一个绑定属性

图 14-7　绑定属性具有值获取方法、设置方法以及属性的获取方法

由于 centerX 绑定到 width.divide(2) 上，因此当 pane 的宽度改变的时候，centerX 自动更新自身以匹配 pane 的一半宽度。

程序清单 14-6 给出了另外一个演示绑定的示例。

程序清单 14-6 BindingDemo.java

```
1  import javafx.beans.property.DoubleProperty;
2  import javafx.beans.property.SimpleDoubleProperty;
3
4  public class BindingDemo {
5    public static void main(String[] args) {
6      DoubleProperty d1 = new SimpleDoubleProperty(1);
7      DoubleProperty d2 = new SimpleDoubleProperty(2);
8      d1.bind(d2);
9      System.out.println("d1 is " + d1.getValue()
10         + " and d2 is " + d2.getValue());
11     d2.setValue(70.2);
12     System.out.println("d1 is " + d1.getValue()
13         + " and d2 is " + d2.getValue());
14   }
15 }
```

```
d1 is 2.0 and d2 is 2.0
d1 is 70.2 and d2 is 70.2
```

程序使用 SimpleDoubleProperty(1)（第 6 行）创建了 DoubleProperty 的一个实例。注意，DoubleProperty、FloatProperty、LongProperty、IntegerProperty 以及 BooleanProperty 都是抽象类。它们的具体子类 SimpleDoubleProperty、SimpleFloatProperty、SimpleLongProperty、SimpleIntegerProperty 以及 SimpleBooleanProperty 用于产生这些属性的实例。这些类很类似于包装类 Double、Float、Long、Integer 以及 Boolean，提供了用于属性绑定的附加特征。

程序将 d1 和 d2 绑定（第 8 行）。现在 d1 和 d2 中的值相同了。将 d2 设为 70.2 后（第 11 行），d1 也同样变成了 70.2（第 13 行）。

在这个例子中展示的绑定称为单向绑定。有时需要同步两个属性，这样一个属性的改变将反映到另一个对象上，反之亦然，这称为双向绑定。如果目标和源同时都是绑定属性和可观察属性，它们就可以使用 bindBidirectional 方法进行双向绑定。

✓ 复习题

14.5.1 什么是绑定属性？什么接口定义绑定属性？什么接口定义源对象？int、long、float、double 以及 boolean 的绑定对象类型是什么？Integer 和 Double 是绑定属性吗？Integer 和 Double 可以在一个绑定中作为源对象吗？

14.5.2 遵循 JavaFX 的绑定属性命名习惯，对于一个 IntegerProperty 类型的名为 age 的绑定属性，其值的获取方法、设置方法以及该属性获取方法分别是什么？

14.5.3 可以采用 new IntegerProperty(3) 来创建 IntegerProperty 类型的对象吗？如果不可以，正确的创建方法是什么？程序清单 14-6 中，如果第 8 行换成 d1.bind(d2.multiply(2))，输出将是什么？程序清单 14-6 中，如果第 8 行换成 d1.bind(d2.add(2))，输出将是什么？

14.5.4 什么是单向绑定和双向绑定？是否所有的属性都可以进行双向绑定？编写一个语句，将属性 d1 和 d2 进行双向绑定。

14.6 结点的共同属性和方法

o┳ 要点提示：抽象类 Node 定义了结点的许多共同属性和方法。

结点具有许多通用的属性。本节介绍两个这样的属性：style 和 rotate。

JavaFX 的样式属性类似于 Web 页面中用来指定 HTML 元素样式的层叠样式表（CSS）。因此，JavaFX 中的样式属性称为 JavaFX CSS。JavaFX 中，样式属性使用前缀 -fx- 定义。每个结点拥有它自己的样式属性。可以从 docs.oracle.com/javafx/2/api/javafx/scene/doc-files/cssref.html 得到这些属性。关于 HTML 和 CSS 的信息，请参见补充材料 V.A 和 V.B。即使不熟悉 HTML 和 CSS，也可以使用 JavaFX CSS。

设定样式的语法是 styleName:value。一个结点的多个样式属性可以一起设置，通过分号（;）进行分隔。比如，以下语句

```
circle.setStyle("-fx-stroke: black; -fx-fill: red;");
```

设置了一个圆的两个 JavaFX CSS 属性。该语句等价于下面两个语句：

```
circle.setStroke(Color.BLACK);
circle.setFill(Color.RED);
```

如果使用了一个不正确的 JavaFX CSS，程序依然可以编译和运行，但是样式将被忽略。rotate 属性可以设定一个以度为单位的角度，让结点围绕它的中心旋转该角度。如

果设置的角度是正的，表示顺时针旋转；否则为逆时针。例如，下面的代码将一个按钮旋转 80°。

```
button.setRotate(80);
```

程序清单 14-7 给出了一个示例，创建一个按钮，设置样式并将它加入一个面板中。然后将面板旋转 45°，并设置样式为边框颜色为红色，背景颜色为浅灰色，如图 14-8 所示。

程序清单 14-7 NodeStyleRotateDemo.java

```java
1  import javafx.application.Application;
2  import javafx.scene.Scene;
3  import javafx.scene.control.Button;
4  import javafx.stage.Stage;
5  import javafx.scene.layout.StackPane;
6
7  public class NodeStyleRotateDemo extends Application {
8    @Override // Override the start method in the Application class
9    public void start(Stage primaryStage) {
10     // Create a scene and place a button in the scene
11     StackPane pane = new StackPane();
12     Button btOK = new Button("OK");
13     btOK.setStyle("-fx-border-color: blue;");
14     pane.getChildren().add(btOK);
15
16     pane.setRotate(45);
17     pane.setStyle(
18       "-fx-border-color: red; -fx-background-color: lightgray;");
19
20     Scene scene = new Scene(pane, 200, 250);
21     primaryStage.setTitle("NodeStyleRotateDemo"); // Set the stage title
22     primaryStage.setScene(scene); // Place the scene in the stage
23     primaryStage.show(); // Display the stage
24   }
25 }
```

如图 14-8 所示，旋转一个面板导致了它包含的所有结点也进行了旋转。

Node 类包含了许多可以应用于所有结点的有用方法。例如，可以使用 contains(double x, double y) 方法来检测一个点 (x, y) 是否位于一个结点的边界之内，使用 setScaleX(double scale) 和 setScaleY(double scale) 来缩放一个结点。

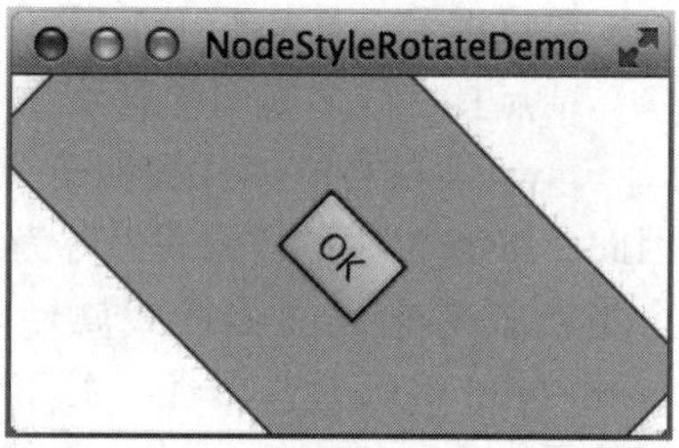

图 14-8 设置一个面板的样式并将其旋转 45°

复习题

14.6.1 如何设置一个结点的样式，使其边框颜色为红色？修改代码，设置按钮的文本颜色为红色。

14.6.2 可以旋转面板、文本或者按钮吗？修改代码，使按钮逆时针旋转 15°。如何测试一个点是否位于一个结点内？如何缩放一个结点？

14.7 Color 类

要点提示：Color 类可用于创建颜色。

JavaFX 定义了抽象类 Paint 用于绘制结点。javafx.scene.paint.Color 是 Paint 的具

体子类，用于封装颜色信息，如图 14-9 所示。

可以通过以下构造方法构建 color 实例：

public Color(**double** r, **double** g, **double** b, **double** opacity);

其中 r、g、b 通过红色、绿色、蓝色分量值来定义一个颜色，其值从 0.0（最深色）到 1.0（最浅色）。opacity 值定义了一个颜色的透明度，范围为 0.0（完全透明）到 1.0（完全不透明）。这称为 RGBA 模型，其中 RGBA 分别表示红色、绿色、蓝色和 alpha 值，alpha 值表示透明度。例如，

Color color = **new** Color(0.25, 0.14, 0.333, 0.51);

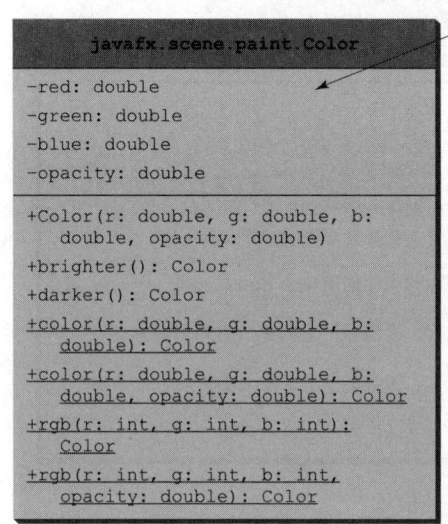

图 14-9　Color 封装了颜色信息

可以从网址 liveexample.pearsoncmg.com/dsanimation/FigureSection14_7.html 看到一个交互式的演示。

Color 类是不可修改的。当一个 Color 对象创建后，它的属性就不能再修改了。brighter() 方法返回一个具有更大的红色、绿色、蓝色值的新的 Color 对象，而 darker() 方法返回一个具有更小的红色、绿色、蓝色值的新的 Color 对象。opacity 值与原来的 Color 对象中的值相同。

也可以采用静态方法 color(r,g,b)、color(r,g,b,opacity)、rgb(r,g,b) 以及 rgb(r,g,b,opacity) 来创建一个 Color 对象。

另一种方法是采用 Color 类中定义的标准颜色，如 BEIGE、BLACK、BLUE、BROWN、CYAN、DARKGRAY、GOLD、GRAY、GREEN、LIGHTGRAY、MAGENTA、NAVY、ORANGE、PINK、RED、SILVER、WHITE 和 YELLOW。例如，下面的代码设置一个圆的填充颜色为红色：

circle.setFill(Color.RED);

复习题

14.7.1　如何创建颜色？下面创建 Color 的代码哪里有错：new Color(1.2,2.3,3.5, 4)？下面的

两个颜色哪个更深，new Color(0,0,0,1) 还是 new Color(1,1,1,1)？调用 c.darker() 改变 c 中的颜色值吗？

14.7.2 如何创建具有随机颜色的 Color 对象？

14.7.3 如何通过使用 setFill 方法和 setStyle 方法设置圆对象 c 的填充颜色为蓝色？

14.8 Font 类

要点提示：Font 类描述字体名称、粗细和大小。

可以在渲染文字的时候设置字体信息。javafx.scene.text.Font 类用于创建字体，如图 14-10 所示。

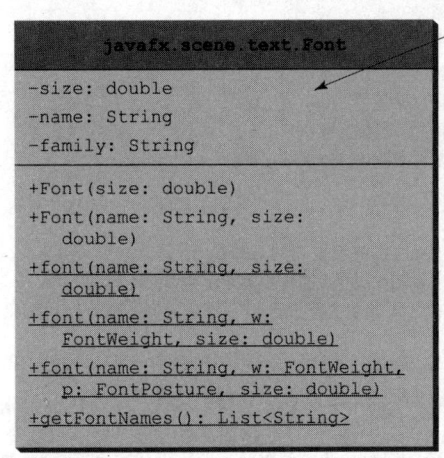

图 14-10 Font 封装了字体信息

Font 实例可以用它的构造方法或者静态方法来构建。Font 可以用名称、粗细、字形和大小来描述。Times New Roman、Courier 和 Arial 都是常见的字体名称。可以通过调用静态方法 getFontNames 获得一个可用的字体系列名称列表。该方法返回 List<String>。List 是一个为列表定义通用方法的接口。11.11 节中介绍的 ArrayList 是 List 的一个具体实现。在 FontPosture 中定义了两种字形常量：FontPosture.ITALIC 和 FontPosture.REGULAR。

```
Font font1 = new Font("SansSerif", 16);
Font font2 = Font.font("Times New Roman", FontWeight.BOLD,
  FontPosture.ITALIC, 12);
```

程序清单 14-8 给出了一个程序，演示了使用字体（Times New Roman、加粗、斜体和大小为 20）来显示一个标签，如图 14-11 所示。

图 14-11 在一个位于场景中间的圆上显示标签

程序清单 14-8 FontDemo.java

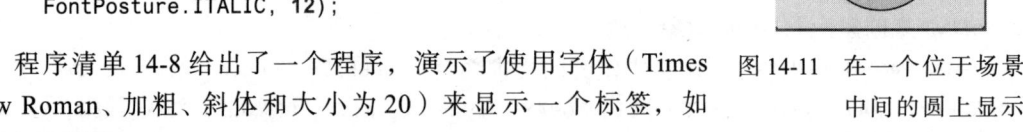

```java
 5  import javafx.scene.shape.Circle;
 6  import javafx.scene.text.*;
 7  import javafx.scene.control.*;
 8  import javafx.stage.Stage;
 9
10  public class FontDemo extends Application {
11    @Override // Override the start method in the Application class
12    public void start(Stage primaryStage) {
13      // Create a pane to hold the circle
14      Pane pane = new StackPane();
15
16      // Create a circle and set its properties
17      Circle circle = new Circle();
18      circle.setRadius(50);
19      circle.setStroke(Color.BLACK);
20      circle.setFill(new Color(0.5, 0.5, 0.5, 0.1));
21      pane.getChildren().add(circle); // Add circle to the pane
22
23      // Create a label and set its properties
24      Label label = new Label("JavaFX");
25      label.setFont(Font.font("Times New Roman",
26        FontWeight.BOLD, FontPosture.ITALIC, 20));
27      pane.getChildren().add(label);
28
29      // Create a scene and place it in the stage
30      Scene scene = new Scene(pane);
31      primaryStage.setTitle("FontDemo"); // Set the stage title
32      primaryStage.setScene(scene); // Place the scene in the stage
33      primaryStage.show(); // Display the stage
34    }
35  }
```

程序创建了一个 StackPane（第 14 行）并将一个圆和标签添加到其中（第 21 和 27 行）。这两个语句可以使用以下一行语句来整合：

```
pane.getChildren().addAll(circle, label);
```

StackPane 将结点置于中央，结点位于彼此的上面。程序创建了一种自定义的颜色并作为圆的填充色（第 20 行）。程序创建了一个标签并且设置了一种字体（第 25 行），从而标签里面的文字以 Times New Roman、加粗、斜体和 20 像素显示。

改变窗体大小的时候，圆和标签依然显示在窗体中央。因为圆和标签放在栈面板中，栈面板自动将结点放在面板中央。

Font 对象是不可变的。一旦一个 Font 对象创建，其属性就不能改变。

✓ 复习题

14.8.1 如何创建一个字体名称为 Courier、大小为 20、粗细为 bold 的 Font 对象？
14.8.2 如何找到系统中所有可用的字体？

14.9 Image 和 ImageView 类

☞ **要点提示**：Image 类表示一个图形图像，ImageView 类可以用于显示一个图像。

javafx.scene.image.Image 类表示一个图形图像，用于从一个指定的文件名或者 URL 载入一个图像。例如，new Image("image/us.gif") 为位于 Java 类目录的 image 目录下的 us.gif 图像文件创建一个 Image 对象；new Image("http://liveexamle.pearsoncmg.com/book/image/us.gif") 为 Web 上相应 URL 中的图像文件创建一个 Image 对象。

javax.scene.image.ImageView 是一个用于显示图像的结点。ImageView 可以从一个 Image 对象创建。例如,以下代码从一个图像文件创建一个 ImageView:

```
Image image = new Image("image/us.gif");
ImageView imageView = new ImageView(image);
```

另外,也可以直接从一个文件或者一个 URL 来创建一个 ImageView,如下所示:

```
ImageView imageView = new ImageView("image/us.gif");
```

图 14-12 和图 14-13 展示了 Image 和 ImageView 的 UML 图。

程序清单 14-9 在三个图像视图中显示一幅图像,如图 14-14 所示。

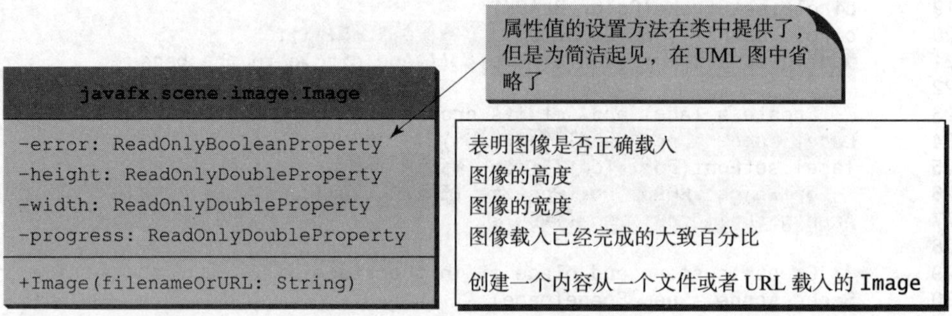

```
javafx.scene.image.Image
```
属性值的设置方法在类中提供了,但是为简洁起见,在 UML 图中省略了

-error: ReadOnlyBooleanProperty 表明图像是否正确载入
-height: ReadOnlyDoubleProperty 图像的高度
-width: ReadOnlyDoubleProperty 图像的宽度
-progress: ReadOnlyDoubleProperty 图像载入已经完成的大致百分比

+Image(filenameOrURL: String) 创建一个内容从一个文件或者 URL 载入的 Image

图 14-12 Image 封装了图像信息

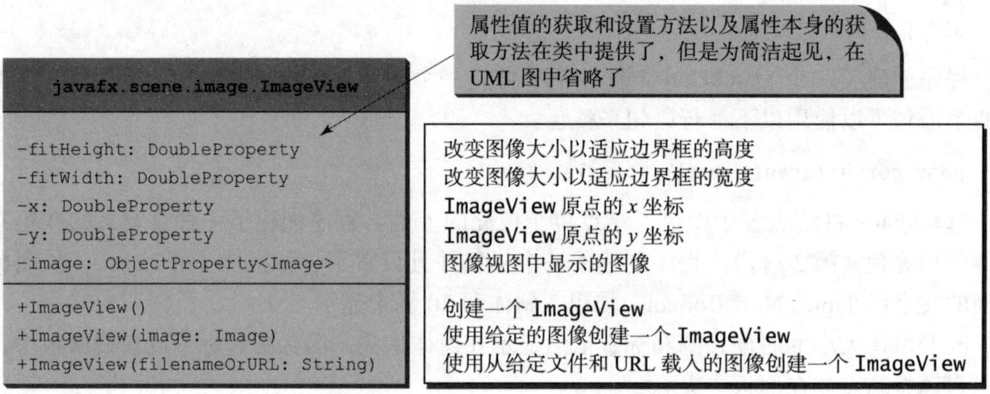

```
javafx.scene.image.ImageView
```
属性值的获取和设置方法以及属性本身的获取方法在类中提供了,但是为简洁起见,在 UML 图中省略了

-fitHeight: DoubleProperty 改变图像大小以适应边界框的高度
-fitWidth: DoubleProperty 改变图像大小以适应边界框的宽度
-x: DoubleProperty ImageView 原点的 x 坐标
-y: DoubleProperty ImageView 原点的 y 坐标
-image: ObjectProperty<Image> 图像视图中显示的图像

+ImageView() 创建一个 ImageView
+ImageView(image: Image) 使用给定的图像创建一个 ImageView
+ImageView(filenameOrURL: String) 使用从给定文件和 URL 载入的图像创建一个 ImageView

图 14-13 ImageView 是用于显示图像的结点

程序清单 14-9 ShowImage.java

```java
 1  import javafx.application.Application;
 2  import javafx.scene.Scene;
 3  import javafx.scene.layout.HBox;
 4  import javafx.scene.layout.Pane;
 5  import javafx.geometry.Insets;
 6  import javafx.stage.Stage;
 7  import javafx.scene.image.Image;
 8  import javafx.scene.image.ImageView;
 9
10  public class ShowImage extends Application {
11    @Override // Override the start method in the Application class
12    public void start(Stage primaryStage) {
```

```
13      // Create a pane to hold the image views
14      Pane pane = new HBox(10);
15      pane.setPadding(new Insets(5, 5, 5, 5));
16      Image image = new Image("image/us.gif");
17      pane.getChildren().add(new ImageView(image));
18
19      ImageView imageView2 = new ImageView(image);
20      imageView2.setFitHeight(100);
21      imageView2.setFitWidth(100);
22      pane.getChildren().add(imageView2);
23
24      ImageView imageView3 = new ImageView(image);
25      imageView3.setRotate(90);
26      pane.getChildren().add(imageView3);
27
28      // Create a scene and place it in the stage
29      Scene scene = new Scene(pane);
30      primaryStage.setTitle("ShowImage"); // Set the stage title
31      primaryStage.setScene(scene); // Place the scene in the stage
32      primaryStage.show(); // Display the stage
33    }
34  }
```

程序创建了一个 HBox（第 14 行）。HBox 是一个面板，它将所有的结点排列在水平的一行上。程序创建一个 Image 之后，创建一个 ImageView 用于显示图像，然后将 ImageView 放在 HBox 中（第 17 行）。

程序创建了第二个 ImageView（第 19 行），设置了它的 fitHeight 和 fitWidth 属性（第 20 和 21 行），然后将 ImageView 放在 HBox 中（第 22 行）。程序然后创建了第三个 ImageView（第 24 行），将其旋转 90°（第 25 行），然后将其放入 HBox 中（第 26 行）。setRotate 方法在 Node 类中定义，可以用于任何结点。注意，Image 对象可以被多个结点共享。在这个例子中，它被三个 ImageView 共享。然而，像 ImageView 这样的结点是不能共享的。不能将一个 ImageView 多次放入一个面板或者场景中。

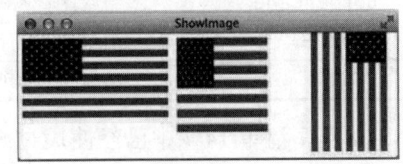

图 14-14 通过面板中的三个图像视图显示一个图像。来源：booka/Fotolia

注意，必须将图像文件与类文件放在同一个目录中，如右图所示。

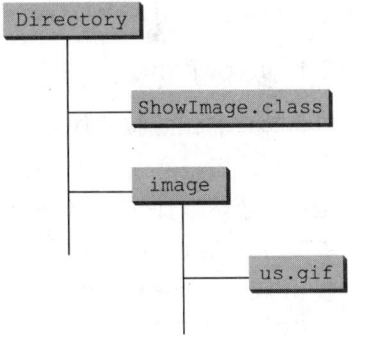

如果使用 URL 来定位图像文件，必须提供 URL 协议 http://。因此下面的代码是错误的：

```
new Image("liveexample.pearsoncmg.com/book/image/us.gif");
```

应该替换为如下语句：

```
new Image("http://liveexample.pearsoncmg.com/book/image/us.gif");
```

✓ 复习题

14.9.1 如何从一个 URL 或者文件名来创建一个 Image 对象？

14.9.2 如何从一个 Image，或者直接从一个文件或 URL 来创建一个 ImageView？

14.9.3 可以将一个 Image 设置到多个 ImageView 上吗？可以将同一个 ImageView 显示多次吗？

14.10 布局面板和组

要点提示：JavaFX 提供许多类型的面板，用于自动将结点布局为期望的位置和大小。

面板和组（group）是容纳结点的容器。Group 类常用于将结点合成一个组来进行转换和缩放。面板和 UI 控件对象是大小可变的，但是组、形状以及文本对象不能改变大小。JavaFX 提供了许多类型的面板，用于在一个容器中组织结点，如表 14-1 所示。在前面章节中，已经使用了布局面板 Pane、StackPane 以及 HBox 来放置结点。本节将更加详细地介绍面板。

表 14-1 用于容纳和组织结点的面板

类	描述
Pane	布局面板的基类，包含 getChildren() 方法来返回面板中的结点列表
StackPane	结点置于面板中央，并且叠加在其他结点之上
FlowPane	结点水平地按行放置，或者垂直地按列放置
GridPane	结点置于二维网格的一个单元格中
BorderPane	结点置于顶部、右边、底部、左边以及中间区域
HBox	结点置于单行中
VBox	结点置于单列中

在程序清单 14-4 中已经使用过 Pane。Pane 通常用作显示形状的画布。Pane 是所有特定面板的基类。程序清单 14-3 中已经使用了一个特定的面板 StackPane。结点被置于 StackPane 面板的中央。每个面板包含一个列表用于容纳面板中的结点。这个列表是 ObservableList 的实例，可以通过面板的 getChildren() 方法得到。可以使用 add(node) 方法将一个元素加到列表中，也可以使用 addAll(node1,node2,...) 来添加不定数量的结点到面板中。

14.10.1 FlowPane

FlowPane 将结点按照加入的次序，水平方向从左到右水平或者垂直方向从上到下地放置。当一行或者一列排满时，就开始新的一行或者一列。可以使用以下两个常数之一来确定结点是水平还是垂直排列：Orientation.HORIZONTAL 或者 Orientation.VERTICAL。可以以像素为单位指定结点之间的间距。FlowPane 的类图如图 14-15 所示。

数据域 alignment、orientation、hgap 和 vgap 是绑定属性。回顾一下，JavaFX 中的每个绑定属性都有一个获取方法（比如，getHgap()）返回其值、一个设置方法（比如，setHGap(double)）设置一个值，以及一个获取方法返回属性本身（比如，hgapProperty()）。对于一个 ObjectProperty<T> 类型的数据域，值的获取方法返回一个 T 类型的值，属性获取方法返回一个 ObjectProperty<T> 类型的属性值。

程序清单 14-10 给出了一个演示 FlowPane 的程序。程序添加标签和文本域到一个 FlowPane 中，如图 14-16 所示。

程序创建了一个 FlowPane（第 13 行）并且使用一个 Insets 对象设置其 padding 属性（第 14 行）。Insets 对象指定了一个面板的边框大小。构造方法 Insets(11,12,13,14) 创建一个 Insets 并给出了边框大小，即顶部 11 像素、右边 12 像素、底部 13 像素、左边 14

像素，如图 14-17 所示。还可以使用构造方法 Insets(value) 来创建一个四条边具有相同值的 Insets。第 15 和 16 行的 hGap 和 vGap 属性分别指定了面板中两个相邻结点之间的水平和垂直间距，如图 14-17 所示。

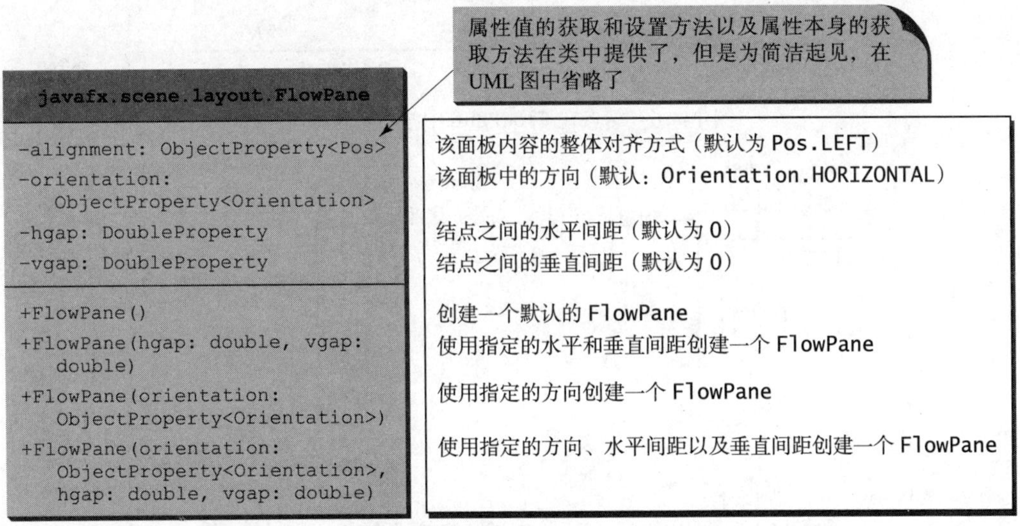

```
javafx.scene.layout.FlowPane
```

-alignment: ObjectProperty<Pos>
-orientation: ObjectProperty<Orientation>
-hgap: DoubleProperty
-vgap: DoubleProperty

+FlowPane()
+FlowPane(hgap: double, vgap: double)
+FlowPane(orientation: ObjectProperty<Orientation>)
+FlowPane(orientation: ObjectProperty<Orientation>, hgap: double, vgap: double)

属性值的获取和设置方法以及属性本身的获取方法在类中提供了，但是为简洁起见，在 UML 图中省略了

该面板内容的整体对齐方式（默认为 Pos.LEFT）
该面板中的方向（默认：Orientation.HORIZONTAL）

结点之间的水平间距（默认为 0）
结点之间的垂直间距（默认为 0）

创建一个默认的 FlowPane
使用指定的水平和垂直间距创建一个 FlowPane

使用指定的方向创建一个 FlowPane

使用指定的方向、水平间距以及垂直间距创建一个 FlowPane

图 14-15 FlowPane 将结点以水平方向按行或者垂直方向按列布局

程序清单 14-10 ShowFlowPane.java

```java
 1  import javafx.application.Application;
 2  import javafx.geometry.Insets;
 3  import javafx.scene.Scene;
 4  import javafx.scene.control.Label;
 5  import javafx.scene.control.TextField;
 6  import javafx.scene.layout.FlowPane;
 7  import javafx.stage.Stage;
 8
 9  public class ShowFlowPane extends Application {
10    @Override // Override the start method in the Application class
11    public void start(Stage primaryStage) {
12      // Create a pane and set its properties
13      FlowPane pane = new FlowPane();
14      pane.setPadding(new Insets(11, 12, 13, 14));
15      pane.setHgap(5);
16      pane.setVgap(5);
17
18      // Place nodes in the pane
19      pane.getChildren().addAll(new Label("First Name:"),
20        new TextField(), new Label("MI:"));
21      TextField tfMi = new TextField();
22      tfMi.setPrefColumnCount(1);
23      pane.getChildren().addAll(tfMi, new Label("Last Name:"),
24        new TextField());
25
26      // Create a scene and place it in the stage
27      Scene scene = new Scene(pane, 200, 250);
28      primaryStage.setTitle("ShowFlowPane"); // Set the stage title
29      primaryStage.setScene(scene); // Place the scene in the stage
30      primaryStage.show(); // Display the stage
31    }
32  }
```

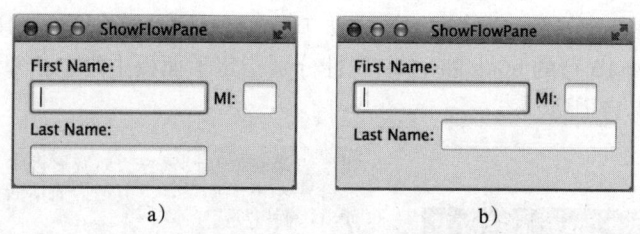

图 14-16 结点在 FlowPane 中按行依次填充

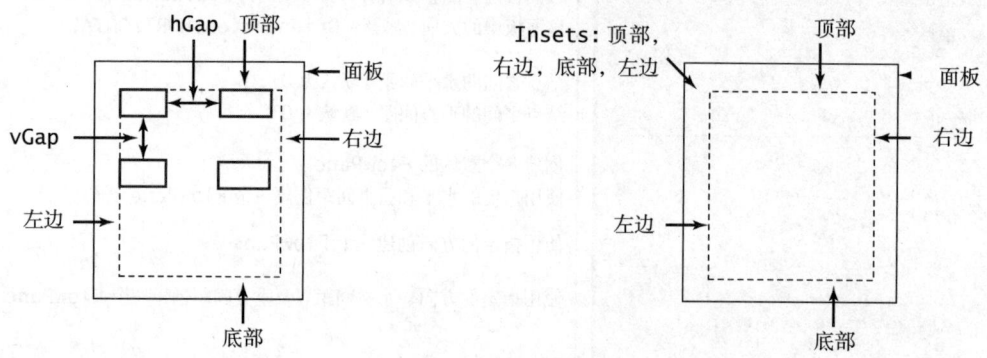

图 14-17 可以在 FlowPane 中指定结点间的 hGap 和 vGap 值

每个 FlowPane 包含了一个 ObservableList 对象用于容纳结点。可以使用 getChildren() 方法返回该列表（第 19 行）。将一个结点添加到 FlowPane 中，就是使用 add(node) 或者 addAll(node1,node2,...) 方法将其添加到列表中。也可以使用 remove(node) 从列表中移除一个结点，或者使用 removeAll() 方法将面板中的所有结点移除。程序将标签和文本域添加到面板中（第 19～24 行）。调用 tfMi.setPrefColumnCount(1) 将 MI 文本域的首选列数设置为 1（第 22 行）。程序为 MI 的 TextField 对象声明了一个显式的引用 tfMi。这个显式的引用是必要的，因为我们需要直接引用这个对象来设置它的 prefColumnCount 属性。

程序将面板加入场景中（第 27 行），将场景设置到舞台中（第 29 行）并显示该舞台（第 30 行）。注意，如果修改窗体的大小，这些结点会自动重新组织以适应面板。图 14-16a 中，第一行有三个结点，但是在图 14-16b 中，第一行有四个结点，因为宽度增加了。

假设希望将对象 tfMi 加入一个面板 10 次，是否会有 10 个文本域出现在面板中呢？答案是不会，像文本域这样的结点只能加到同一个面板中，也只能加一次。将一个结点加入一个面板中多次或者不同面板中将引起运行时错误。

14.10.2 GridPane

GridPane 将结点安排在一个网格（矩阵）结构中。结点放在一个指定下标的列和行中。GridPane 的类图如图 14-18 所示。

程序清单 14-11 给出了一个演示 GridPane 的程序。程序类似于程序清单 14-10，不同之处在于该程序将三个标签、三个文本域以及一个按钮添加到一个网格中的指定位置，如图 14-19 所示。

程序创建了一个 GridPane（第 16 行）并设置它的属性（第 17～20 行）。对齐方式设为居中（第 17 行），从而将结点居中置于网格面板中央。如果改变窗体的大小，会发现结点依然保持在网格面板的居中位置。

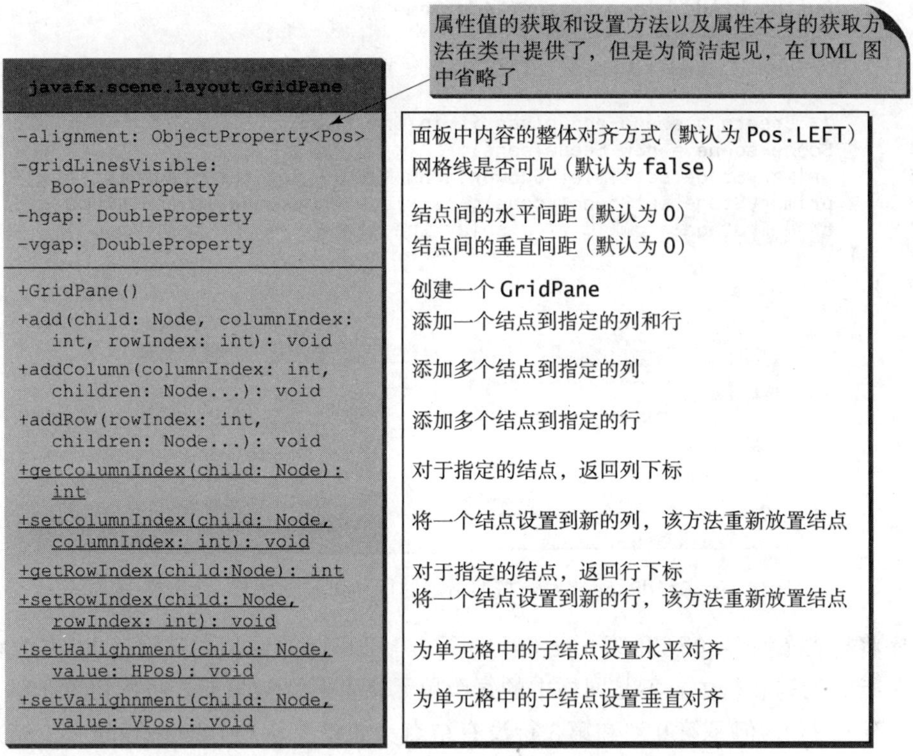

```
javafx.scene.layout.GridPane
```
属性值的获取和设置方法以及属性本身的获取方法在类中提供了，但是为简洁起见，在 UML 图中省略了

-alignment: ObjectProperty<Pos>　面板中内容的整体对齐方式（默认为 Pos.LEFT）
-gridLinesVisible: BooleanProperty　网格线是否可见（默认为 false）
-hgap: DoubleProperty　结点间的水平间距（默认为 0）
-vgap: DoubleProperty　结点间的垂直间距（默认为 0）

+GridPane()　创建一个 GridPane
+add(child: Node, columnIndex: int, rowIndex: int): void　添加一个结点到指定的列和行
+addColumn(columnIndex: int, children: Node...): void　添加多个结点到指定的列
+addRow(rowIndex: int, children: Node...): void　添加多个结点到指定的行
+getColumnIndex(child: Node): int　对于指定的结点，返回列下标
+setColumnIndex(child: Node, columnIndex: int): void　将一个结点设置到新的列，该方法重新放置结点
+getRowIndex(child:Node): int　对于指定的结点，返回行下标
+setRowIndex(child: Node, rowIndex: int): void　将一个结点设置到新的行，该方法重新放置结点
+setHalighnment(child: Node, value: HPos): void　为单元格中的子结点设置水平对齐
+setValighnment(child: Node, value: VPos): void　为单元格中的子结点设置垂直对齐

图 14-18　GridPane 将结点安排在一个网格中指定的单元格里

程序清单 14-11 ShowGridPane.java

```java
1   import javafx.application.Application;
2   import javafx.geometry.HPos;
3   import javafx.geometry.Insets;
4   import javafx.geometry.Pos;
5   import javafx.scene.Scene;
6   import javafx.scene.control.Button;
7   import javafx.scene.control.Label;
8   import javafx.scene.control.TextField;
9   import javafx.scene.layout.GridPane;
10  import javafx.stage.Stage;
11
12  public class ShowGridPane extends Application {
13    @Override // Override the start method in the Application class
14    public void start(Stage primaryStage) {
15      // Create a pane and set its properties
16      GridPane pane = new GridPane();
17      pane.setAlignment(Pos.CENTER);
18      pane.setPadding(new Insets(11.5, 12.5, 13.5, 14.5));
19      pane.setHgap(5.5);
20      pane.setVgap(5.5);
21
22      // Place nodes in the pane
23      pane.add(new Label("First Name:"), 0, 0);
24      pane.add(new TextField(), 1, 0);
25      pane.add(new Label("MI:"), 0, 1);
26      pane.add(new TextField(), 1, 1);
```

```
27     pane.add(new Label("Last Name:"), 0, 2);
28     pane.add(new TextField(), 1, 2);
29     Button btAdd = new Button("Add Name");
30     pane.add(btAdd, 1, 3);
31     GridPane.setHalignment(btAdd, HPos.RIGHT);
32
33     // Create a scene and place it in the stage
34     Scene scene = new Scene(pane);
35     primaryStage.setTitle("ShowGridPane"); // Set the stage title
36     primaryStage.setScene(scene); // Place the scene in the stage
37     primaryStage.show(); // Display the stage
38   }
39 }
```

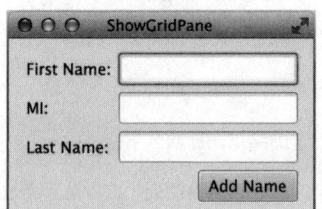 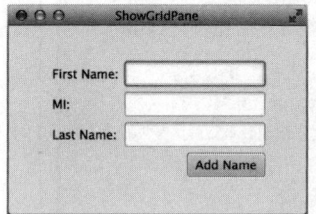

图 14-19 GridPane 将结点按照指定的行和列下标置于一个网格中

程序将标签置于第 0 列和第 0 行（第 23 行）。列和行下标从 0 开始。add 方法将一个结点置于指定的列和行中。不是网格中的每个单元格都需要被填充。将按钮置于第 1 列和第 3 行（第 30 行），但是第 0 列和第 3 行没有结点。如果要从 GridPane 移除一个结点，使用 pane.getChidren().remove(node)。如果要移除所有结点，使用 pane.getChildren().removeAll()。

程序调用静态的 setHalignment 方法将按钮在单元格中右对齐（第 31 行）。

注意，没有设置场景的大小（第 34 行）。在这种情况下，会根据置于场景中的结点大小自动计算场景大小。

默认情况下，网格面板会根据其中内容的首选尺寸来重新调整行和列的尺寸，哪怕网格面板调整为比它的首选尺寸更大。可以通过调用 setPrefWidth 和 setPrefHeight 方法来为其中内容的首选宽度和高度设置一个大的数值，这样当网格面板变大时，内容将自动伸展来填满网格面板（参见编程练习题 14.8）。

14.10.3 BorderPane

BorderPane 可以使用 setTop(node)、setBottom(node)、setLeft(node)、setRight(node) 和 setCenter(node) 方法，分别将结点置于五个区域：顶部、底部、左边、右边以及中间。BorderPane 的类图如图 14-20 所示。

程序清单 14-12 给出了一个演示 BorderPane 的程序。程序将五个按钮分别置于面板的五个区域，如图 14-21 所示。

程序定义了继承自 StackPane 的 CustomPane 类（第 31 行）。CustomPane 的构造方法添加了一个指定标题的标签（第 33 行），为边框颜色设置样式，并采用 Insets 设置内边距（第 35 行）。

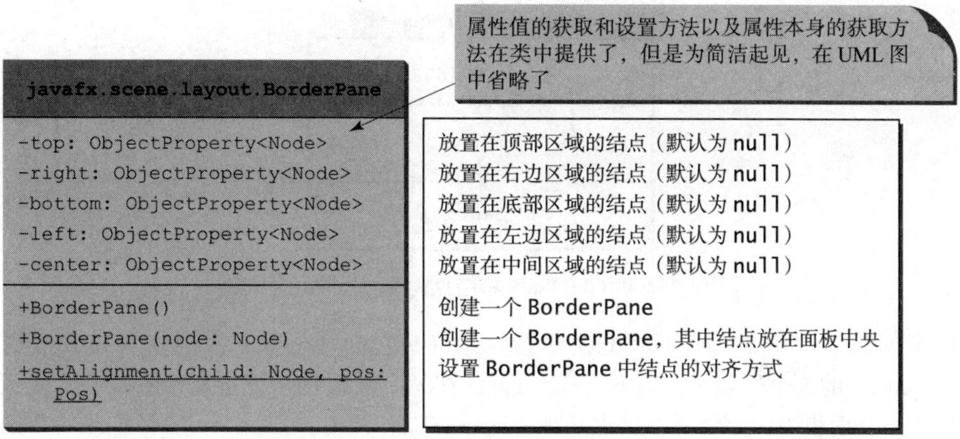

```
javafx.scene.layout.BorderPane
```
-top: ObjectProperty<Node>
-right: ObjectProperty<Node>
-bottom: ObjectProperty<Node>
-left: ObjectProperty<Node>
-center: ObjectProperty<Node>

+BorderPane()
+BorderPane(node: Node)
+setAlignment(child: Node, pos: Pos)

属性值的获取和设置方法以及属性本身的获取方法在类中提供了，但是为简洁起见，在 UML 图中省略了

放置在顶部区域的结点（默认为 null）
放置在右边区域的结点（默认为 null）
放置在底部区域的结点（默认为 null）
放置在左边区域的结点（默认为 null）
放置在中间区域的结点（默认为 null）

创建一个 BorderPane
创建一个 BorderPane，其中结点放在面板中央
设置 BorderPane 中结点的对齐方式

图 14-20 BorderPane 将结点置于顶部、底部、左边、右边以及中间区域

程序清单 14-12 ShowBorderPane.java

```java
 1  import javafx.application.Application;
 2  import javafx.geometry.Insets;
 3  import javafx.scene.Scene;
 4  import javafx.scene.control.Label;
 5  import javafx.scene.layout.BorderPane;
 6  import javafx.scene.layout.StackPane;
 7  import javafx.stage.Stage;
 8
 9  public class ShowBorderPane extends Application {
10    @Override // Override the start method in the Application class
11    public void start(Stage primaryStage) {
12      // Create a border pane
13      BorderPane pane = new BorderPane();
14
15      // Place nodes in the pane
16      pane.setTop(new CustomPane("Top"));
17      pane.setRight(new CustomPane("Right"));
18      pane.setBottom(new CustomPane("Bottom"));
19      pane.setLeft(new CustomPane("Left"));
20      pane.setCenter(new CustomPane("Center"));
21
22      // Create a scene and place it in the stage
23      Scene scene = new Scene(pane);
24      primaryStage.setTitle("ShowBorderPane"); // Set the stage title
25      primaryStage.setScene(scene); // Place the scene in the stage
26      primaryStage.show(); // Display the stage
27    }
28  }
29
30  // Define a custom pane to hold a label in the center of the pane
31  class CustomPane extends StackPane {
32    public CustomPane(String title) {
33      getChildren().add(new Label(title));
34      setStyle("-fx-border-color: red");
35      setPadding(new Insets(11.5, 12.5, 13.5, 14.5));
36    }
37  }
```

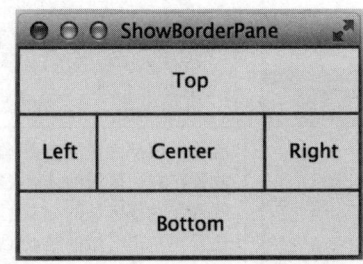

图 14-21 BorderPane 将结点置于面板的五个区域

程序创建了一个 BorderPane（第 13 行）并将 5 个 CustomPane 实例分别放入边框面板（border pane）的 5 个区域中（第 16～20 行）。注意，面板是一种结点，所以一个面板可以加入另外一个面板中。要将一个结点从顶部区域移除，调用 setTop(null)。如果一个区域没有被占据，那么不会给这个区域分配空间。

14.10.4 HBox 和 VBox

HBox 将它的子结点（children）布局在单个水平行中。VBox 将它的子结点布局在单个垂直列中。回顾一下，FlowPane 可以将子结点布局在多行或者多列中，但是 HBox 或者 VBox 只能把子结点布局在一行或者一列中。HBox 和 VBox 的类图如图 14-22 和图 14-23 所示。

程序清单 14-13 给出了一个演示 HBox 和 VBox 的程序。程序将两个按钮和一个图像视图放在一个 HBox 中，将五个标签放在一个 VBox 中，如图 14-24 所示。

```
javafx.scene.layout.HBox
─────────────────────────────
-alignment: ObjectProperty<Pos>
-fillHeight: BooleanProperty
-spacing: DoubleProperty
─────────────────────────────
+HBox()
+HBox(spacing: double)
+setMargin(node: Node, value:
    Insets): void
```

属性值的获取和设置方法以及属性本身的获取方法在类中提供了，但是为简洁起见，在 UML 图中省略了

方框中子结点的整体对齐方式（默认为 Pos.TOP_LEFT）
可改变大小的子结点是否填满了方框的整个高度（默认为 true）
两个结点的水平间距（默认为 0）

创建一个默认的 HBox
创建一个指定结点间水平间距的 HBox
为面板中的结点设置边距

图 14-22 HBox 将结点置于一行

```
javafx.scene.layout.VBox
─────────────────────────────
-alignment: ObjectProperty<Pos>
-fillWidth: BooleanProperty
-spacing: DoubleProperty
─────────────────────────────
+VBox()
+VBox(spacing: double)
+setMargin(node: Node, value:
    Insets): void
```

属性值的获取和设置方法以及属性本身的获取方法在类中提供了，但是为简洁起见，在 UML 图中省略了

方框中子结点的整体对齐方式（默认为 Pos.TOP_LEFT）
可改变大小的子结点是否填满了方框的整个宽度（默认为 true）
两个结点的垂直间距（默认为 0）

创建一个默认的 VBox
创建一个指定结点间垂直间距的 VBox
为面板中的结点设置边距

图 14-23 VBox 将结点置于一列

程序清单14-13 ShowHBoxVBox.java

```java
1  import javafx.application.Application;
2  import javafx.geometry.Insets;
3  import javafx.scene.Scene;
4  import javafx.scene.control.Button;
5  import javafx.scene.control.Label;
6  import javafx.scene.layout.BorderPane;
7  import javafx.scene.layout.HBox;
8  import javafx.scene.layout.VBox;
9  import javafx.stage.Stage;
10 import javafx.scene.image.Image;
11 import javafx.scene.image.ImageView;
12
13 public class ShowHBoxVBox extends Application {
14   @Override // Override the start method in the Application class
15   public void start(Stage primaryStage) {
16     // Create a border pane
17     BorderPane pane = new BorderPane();
18
19     // Place nodes in the pane
20     pane.setTop(getHBox());
21     pane.setLeft(getVBox());
22
23     // Create a scene and place it in the stage
24     Scene scene = new Scene(pane);
25     primaryStage.setTitle("ShowHBoxVBox"); // Set the stage title
26     primaryStage.setScene(scene); // Place the scene in the stage
27     primaryStage.show(); // Display the stage
28   }
29
30   private HBox getHBox() {
31     HBox hBox = new HBox(15);
32     hBox.setPadding(new Insets(15, 15, 15, 15));
33     hBox.setStyle("-fx-background-color: gold");
34     hBox.getChildren().add(new Button("Computer Science"));
35     hBox.getChildren().add(new Button("Chemistry"));
36     ImageView imageView = new ImageView(new Image("image/us.gif"));
37     hBox.getChildren().add(imageView);
38     return hBox;
39   }
40
41   private VBox getVBox() {
42     VBox vBox = new VBox(15);
43     vBox.setPadding(new Insets(15, 5, 5, 5));
44     vBox.getChildren().add(new Label("Courses"));
45
46     Label[] courses = {new Label("CSCI 1301"), new Label("CSCI 1302"),
47       new Label("CSCI 2410"), new Label("CSCI 3720")};
48
49     for (Label course: courses) {
50       VBox.setMargin(course, new Insets(0, 0, 0, 15));
51       vBox.getChildren().add(course);
52     }
53
54     return vBox;
55   }
56 }
```

程序定义了 getHBox() 方法。该方法返回一个包含了两个按钮和一个图像视图的 HBox （第 30～39 行）。HBox 的背景颜色采用 Java CSS 设置为金色（第 33 行）。程序还定义了

getVBox() 方法。该方法返回一个包含了五个标签的 VBox（第 41 ~ 55 行）。第 44 行将第一个标签加入 VBox，第 51 行加入其他四个。setMargin 方法用于将结点加入 VBox 的时候设置结点的外边距。

✓ 复习题

14.10.1 如何将一个结点加入 Pane、StackPane、FlowPane、GridPane、BorderPane、HBox、VBox 中？如何从这些面板中移除一个结点？

14.10.2 如何在一个 FlowPane、GridPane、HBox、VBox 中设置结点右对齐？

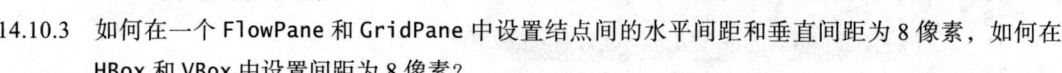

图 14-24　HBox 将结点置于一行，而 VBox 将结点置于一列。来源：booka/Fotolia

14.10.3 如何在一个 FlowPane 和 GridPane 中设置结点间的水平间距和垂直间距为 8 像素，如何在 HBox 和 VBox 中设置间距为 8 像素？

14.10.4 如何得到 GridPane 面板中结点的列和行下标？如何重新设定 GridPane 中结点的位置？

14.10.5 FlowPane 和 HBox 或者 VBox 之间的区别是什么？

14.11　形状

○┓ 要点提示：JavaFX 提供许多形状类，用于绘制文本、直线、圆、矩形、椭圆、弧、多边形以及折线。

Shape 类是一个抽象基类，定义了所有形状的共同属性。其中有 fill、stroke、strokeWidth 等属性。fill 属性指定一个填充形状内部区域的颜色。Stroke 属性指定用于绘制形状轮廓的颜色。strokeWidth 属性指定形状轮廓的宽度。本节介绍用于绘制文本和简单形状的 Text、Line、Rectangle、Circle、Ellipse、Arc、Polygon 以及 Polyline 类。这些都是 Shape 的子类，如图 14-25 所示。

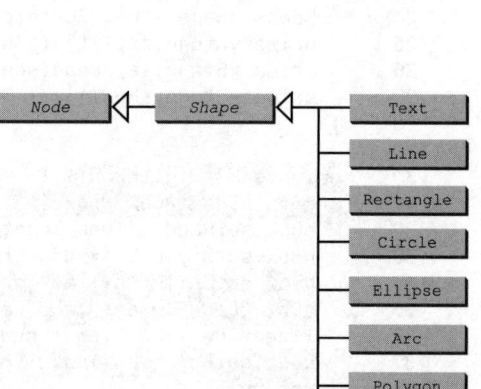

图 14-25　形状是一种结点，Shape 类是所有形状类的根类

14.11.1　Text

Text 类定义了一个结点，用于在起始点（x，y）处显示一个字符串，如图 14-27a 所示。Text 对象通常置于一个面板中。面板左上角的坐标点是（0，0），右下角的坐标点是（pane.getWidth()，pane.getHeight()）。一个字符串可以通过 \n 分隔显示在多行。Text 类的 UML 图显示在图 14-26 中。程序清单 14-14 给出了一个演示文本的示例，如图 14-27b 所示。

程序创建了一个 Text（第 18 行），设置字体（第 19 行）并将其加入面板中（第 21 行）。程序创建了另一个多行 Text（第 23 行）并将其加入面板中（第 24 行）。程序创建了第三个 Text（第 26 行），设置颜色（第 27 行），设置下划线和删除线（第 28 和 29 行），并将其加入面板中（第 30 行）。

JavaFX 基础

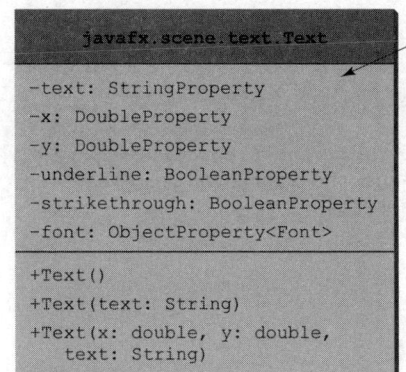

> 属性值的获取和设置方法以及属性本身的获取方法在类中提供了，但是为简洁起见，在 UML 图中省略了

- 定义要显示的文本
- 定义文本的 *x* 坐标（默认为 0）
- 定义文本的 *y* 坐标（默认为 0）
- 定义是否每行文本下面有下划线（默认为 false）
- 定义是否每行文本中间有删除线（默认为 false）
- 定义文本的字体
- 创建一个空 Text
- 使用指定的文本创建一个 Text
- 使用指定的 *x*、*y* 坐标以及文本创建一个 Text

图 14-26 Text 定义了一个用于显示文本的结点

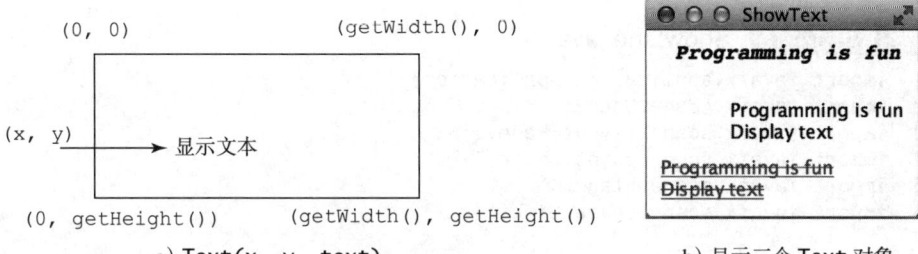

a) Text(x, y, text) 　　　　　　　　b) 显示三个 Text 对象

图 14-27 创建一个 Text 对象用于显示文本

程序清单 14-14 ShowText.java

```
1  import javafx.application.Application;
2  import javafx.scene.Scene;
3  import javafx.scene.layout.Pane;
4  import javafx.scene.paint.Color;
5  import javafx.geometry.Insets;
6  import javafx.stage.Stage;
7  import javafx.scene.text.Text;
8  import javafx.scene.text.Font;
9  import javafx.scene.text.FontWeight;
10 import javafx.scene.text.FontPosture;
11
12 public class ShowText extends Application {
13   @Override // Override the start method in the Application class
14   public void start(Stage primaryStage) {
15     // Create a pane to hold the texts
16     Pane pane = new Pane();
17     pane.setPadding(new Insets(5, 5, 5, 5));
18     Text text1 = new Text(20, 20, "Programming is fun");
19     text1.setFont(Font.font("Courier", FontWeight.BOLD,
20       FontPosture.ITALIC, 15));
21     pane.getChildren().add(text1);
22
23     Text text2 = new Text(60, 60, "Programming is fun\nDisplay text");
24     pane.getChildren().add(text2);
25
26     Text text3 = new Text(10, 100, "Programming is fun\nDisplay text");
```

```java
27      text3.setFill(Color.RED);
28      text3.setUnderline(true);
29      text3.setStrikethrough(true);
30      pane.getChildren().add(text3);
31
32      // Create a scene and place it in the stage
33      Scene scene = new Scene(pane);
34      primaryStage.setTitle("ShowText"); // Set the stage title
35      primaryStage.setScene(scene); // Place the scene in the stage
36      primaryStage.show(); // Display the stage
37    }
38  }
```

14.11.2 Line

一条直线通过4个参数（startX、startY、endX 以及 endY）连接两个点，如图 14-29a 所示。Line 类定义了一条直线。Line 类的 UML 图如图 14-28 所示。程序清单 14-15 给出了一个演示直线形状的例子，如图 14-29b 所示。

程序清单 14-15 ShowLine.java

```java
1   import javafx.application.Application;
2   import javafx.scene.Scene;
3   import javafx.scene.layout.Pane;
4   import javafx.scene.paint.Color;
5   import javafx.stage.Stage;
6   import javafx.scene.shape.Line;
7
8   public class ShowLine extends Application {
9     @Override // Override the start method in the Application class
10    public void start(Stage primaryStage) {
11      // Create a scene and place it in the stage
12      Scene scene = new Scene(new LinePane(), 200, 200);
13      primaryStage.setTitle("ShowLine"); // Set the stage title
14      primaryStage.setScene(scene); // Place the scene in the stage
15      primaryStage.show(); // Display the stage
16    }
17  }
18
19  class LinePane extends Pane {
20    public LinePane() {
21      Line line1 = new Line(10, 10, 10, 10);
22      line1.endXProperty().bind(widthProperty().subtract(10));
23      line1.endYProperty().bind(heightProperty().subtract(10));
24      line1.setStrokeWidth(5);
25      line1.setStroke(Color.GREEN);
26      getChildren().add(line1);
27
28      Line line2 = new Line(10, 10, 10, 10);
29      line2.startXProperty().bind(widthProperty().subtract(10));
30      line2.endYProperty().bind(heightProperty().subtract(10));
31      line2.setStrokeWidth(5);
32      line2.setStroke(Color.GREEN);
33      getChildren().add(line2);
34    }
35  }
```

程序定义了一个名为 LinePane 的自定义面板类（第 19 行）。自定义面板类创建了两条直线，并将直线的起点和终点与面板的宽度和高度绑定（第 22 和 23 行，第 29 和 30 行），因此，修改面板大小时直线上两个点的位置也会发生相应变化。

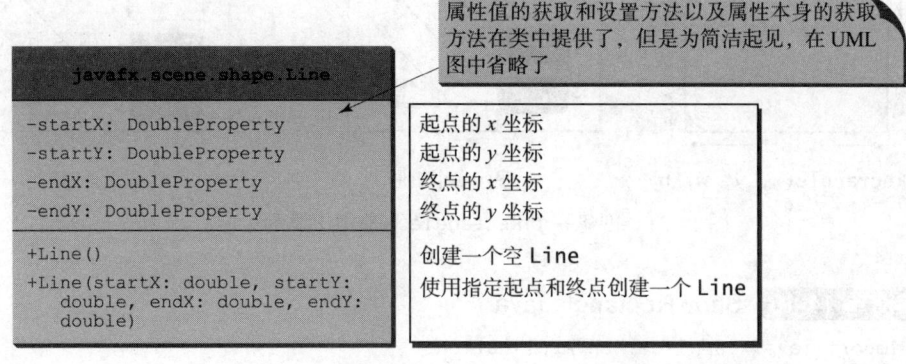

图 14-28 Line 类定义了一条直线

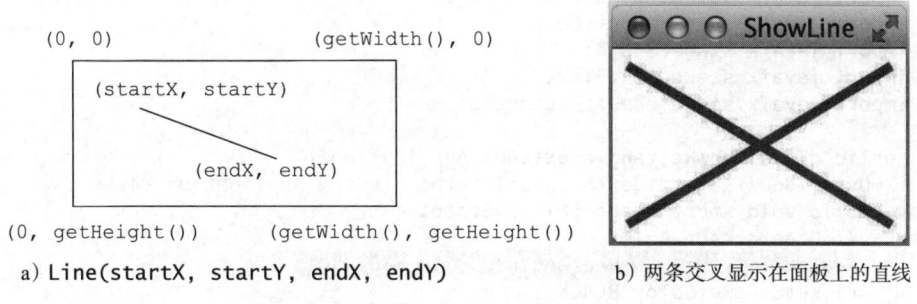

图 14-29 创建一个 Line 对象用于显示直线

14.11.3 Rectangle

一个矩形通过参数 x、y、width、height、arcWidth 以及 arcHeight 定义，如图 14-31a 所示。矩形的左上角点位于 (x,y)，参数 aw(arcWidth) 表示圆角处弧的水平直径，ah(arcHeight) 表示圆角处弧的垂直直径。

Rectangle 类定义了一个矩形。Rectangle 类的 UML 图如图 14-30 所示。程序清单 14-16 给出了一个演示矩形的例子，如图 14-31b 所示。

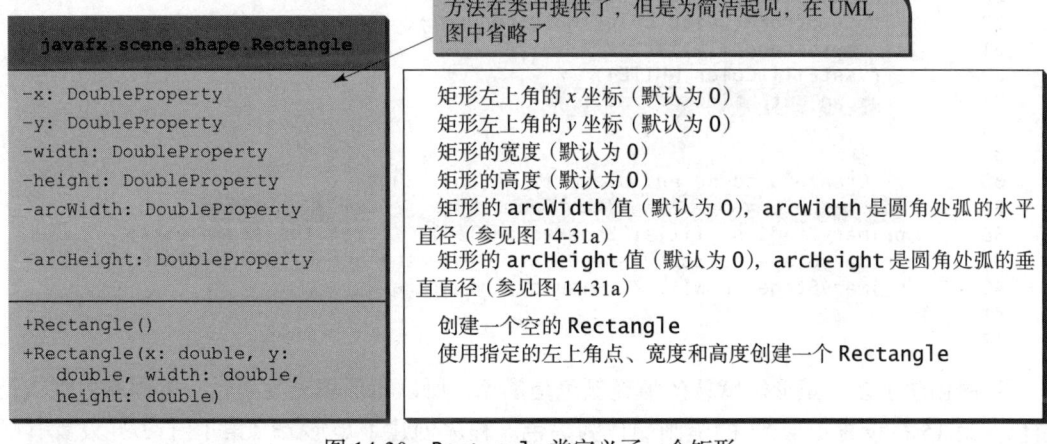

图 14-30 Rectangle 类定义了一个矩形

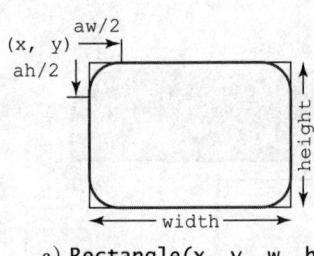 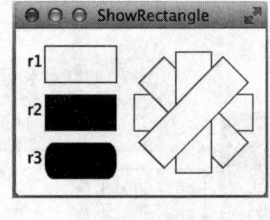 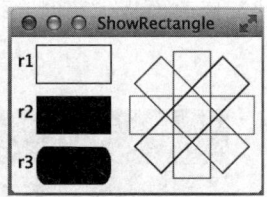

a) Rectangle(x, y, w, h)　　　b) 显示多个矩形　　　c) 显示透明矩形

图 14-31　创建一个 Rectangle 对象用于显示矩形

程序清单 14-16　ShowRectangle.java

```java
import javafx.application.Application;
import javafx.scene.Group;
import javafx.scene.Scene;
import javafx.scene.layout.BorderPane;
import javafx.scene.paint.Color;
import javafx.stage.Stage;
import javafx.scene.text.Text;
import javafx.scene.shape.Rectangle;

public class ShowRectangle extends Application {
  @Override // Override the start method in the Application class
  public void start(Stage primaryStage) {
    // Create rectangles
    Rectangle r1 = new Rectangle(25, 10, 60, 30);
    r1.setStroke(Color.BLACK);
    r1.setFill(Color.WHITE);
    Rectangle r2 = new Rectangle(25, 50, 60, 30);
    Rectangle r3 = new Rectangle(25, 90, 60, 30);
    r3.setArcWidth(15);
    r3.setArcHeight(25);

    // Create a group and add nodes to the group
    Group group = new Group();
    group.getChildren().addAll(new Text(10, 27, "r1"), r1,
      new Text(10, 67, "r2"), r2, new Text(10, 107, "r3"), r3);

    for (int i = 0; i < 4; i++) {
      Rectangle r = new Rectangle(100, 50, 100, 30);
      r.setRotate(i * 360 / 8);
      r.setStroke(Color.color(Math.random(), Math.random(),
        Math.random()));
      r.setFill(Color.WHITE);
      group.getChildren().add(r);
    }

    // Create a scene and place it in the stage
    Scene scene = new Scene(new BorderPane(group),250, 150);
    primaryStage.setTitle("ShowRectangle"); // Set the stage title
    primaryStage.setScene(scene); // Place the scene in the stage
    primaryStage.show(); // Display the stage
  }
}
```

程序创建了多个矩形。默认的填充颜色是黑色。所以矩形填充为黑色。笔画颜色默认是白色。第 15 行设置矩形 r1 的笔画颜色为黑色。程序创建了矩形 r3（第 18 行）并设置其弧

的宽度和高度（第 19 和 20 行）。于是 r3 显示为一个圆角矩形。

程序创建一个 Group 用于放置结点（第 23～25 行）。程序重复地创建矩形（第 28 行）并将其旋转（第 29 行），设置一种随机的笔画颜色（第 30 和 31 行），设置填充颜色为白色（第 32 行），然后将矩形添加到面板上（第 33 行）。

如果第 32 行被下面的一行所替代：

```
r.setFill(null);
```

那么矩形将不会被颜色填充，因此它们如图 14-31c 所示。

为了使结点在窗体中居中，程序创建了一个 BorderPane，以及一个位于面板中央的组（第 37 行）。如果第 23 行替换为以下语句：

```
Pane group = new Pane();
```

矩形将不会在窗体中居中。因此，与 BorderPane 一起，使用 Group 将组的内容在窗体中央显示。使用组的另外一个好处是，可以将转换应用到组中的所有结点。例如，如果在第 35 行添加以下两行：

```
group.setScaleX(2);
group.setScaleY(2);
```

组中的结点大小将翻倍。

14.11.4 Circle 和 Ellipse

我们已经在本章前面的几个例子中使用了圆。一个圆由其参数 centerX、centerY 以及 radius 定义。Circle 类定义了一个圆。Circle 类的 UML 图如图 14-32 所示。

一个椭圆由其参数 centerX、centerY、radiusX 以及 radiusY 定义，如图 14-34a 所示。Ellipse 类定义了一个椭圆。Ellipse 类的 UML 图如图 14-33 所示。程序清单 14-17 给出了一个演示椭圆的例子，如图 14-34b 所示。

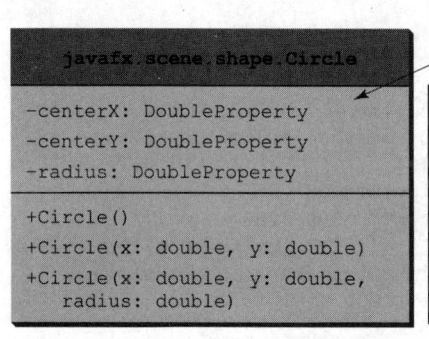

图 14-32 Circle 类定义圆

程序定义了 MyEllipse 类来绘制椭圆（第 19～45 行），而不是在 start 方法中直接创建椭圆（第 10 行）。这样做有两个原因：首先，通过定义 MyEllipse 类来显示椭圆，很容易重用代码；其次，MyEllipse 类继承自 Pane。这样，当舞台改变大小的时候，面板中的内容可以相应改变大小。

514 第14章

```
javafx.scene.shape.Ellipse
```
-centerX: DoubleProperty
-centerY: DoubleProperty
-radiusX: DoubleProperty
-radiusY: DoubleProperty

+Ellipse()
+Ellipse(x: double, y: double)
+Ellipse(x: double, y: double,
  radiusX: double, radiusY:
  double)

> 属性值的获取和设置方法以及属性本身的获取方法在类中提供了,但是为简洁起见,在UML图中省略了

椭圆中心的 *x* 坐标（默认为0）
椭圆中心的 *y* 坐标（默认为0）
椭圆的水平半径（默认为0）
椭圆的垂直半径（默认为0）

创建一个空的 Ellipse
创建一个指定中心的 Ellipse
创建一个指定中心和半径的 Ellipse

图 14-33 Ellipse 类定义椭圆

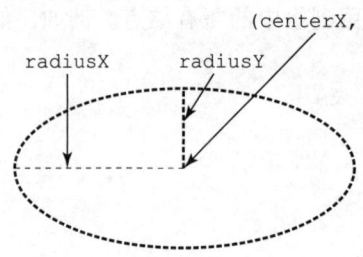
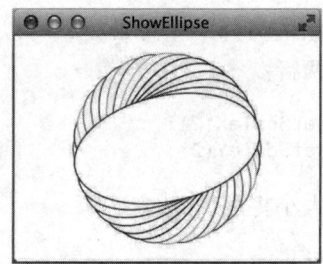

a) Ellipse(centerX, centerY, radiusX, radiusY)

b) 显示多个椭圆

图 14-34 创建一个 Ellipse 对象用于显示椭圆

程序清单 14-17 ShowEllipse.java

```java
 1  import javafx.application.Application;
 2  import javafx.scene.Scene;
 3  import javafx.scene.layout.Pane;
 4  import javafx.scene.paint.Color;
 5  import javafx.stage.Stage;
 6  import javafx.scene.shape.Ellipse;
 7
 8  public class ShowEllipse extends Application {
 9    @Override // Override the start method in the Application class
10    public void start(Stage primaryStage) {
11      // Create a scene and place it in the stage
12      Scene scene = new Scene(new MyEllipse(), 300, 200);
13      primaryStage.setTitle("ShowEllipse"); // Set the stage title
14      primaryStage.setScene(scene); // Place the scene in the stage
15      primaryStage.show(); // Display the stage
16    }
17  }
18
19  class MyEllipse extends Pane {
20    private void paint() {
21      getChildren().clear();
22      for (int i = 0; i < 16; i++) {
23        // Create an ellipse and add it to pane
24        Ellipse e1 = new Ellipse(getWidth() / 2, getHeight() / 2,
```

```
25        getWidth() / 2 - 50, getHeight() / 2 - 50);
26      e1.setStroke(Color.color(Math.random(), Math.random(),
27        Math.random()));
28      e1.setFill(Color.WHITE);
29      e1.setRotate(i * 180 / 16);
30      getChildren().add(e1);
31    }
32  }
33
34  @Override
35  public void setWidth(double width) {
36    super.setWidth(width);
37    paint();
38  }
39
40  @Override
41  public void setHeight(double height) {
42    super.setHeight(height);
43    paint();
44  }
45 }
```

MyEllipse 类继承自 Pane 并且重写了 setWidth 和 setHeight 方法（第 34～44 行）。显示时，通过调用 MyEllipse 对象的 setWidth 和 setHeight 方法，其宽度和高度自动设置好了。当调整包含了一个 MyEllipse 对象的舞台大小的时候，通过再次调用 setWidth 和 setHeight 方法，MyEllipse 对象的宽度和高度自动改变了大小。setWidth 和 setHeight 方法调用 paint() 方法来显示椭圆（第 37 和 43 行）。paint() 方法首先清除面板中的内容（第 21 行），然后重复创建椭圆（第 24 和 25 行），设置一个随机的笔画颜色（第 26 和 27 行），设置其填充颜色为白色（第 28 行），进行旋转（第 29 行），并将矩形添加到面板中（第 30 行）。因此，当包含了一个 MyEllipse 对象的舞台改变大小的时候，MyEllipse 中的内容会重新显示。

14.11.5 Arc

弧可以视为椭圆的一部分，由参数 centerX、centerY、radiusX、radiusY、startAngle、length 以及弧的类型（ArcType.OPEN、ArcType.CHORD 或者 ArcType.ROUND）来确定。参数 startAngle 是起始角度，length 是跨度（即弧所覆盖的角度）。角度以度作为单位，并且遵循通常的数学约定（即 0° 是正东方向，正的角度值表示从正东方向开始逆时针方向的旋转角度），如图 14-36a 所示。

Arc 类定义一段弧。Arc 类的 UML 图如图 14-35 所示。程序清单 14-18 给出了一个演示弧的例子，如图 14-36b 所示。

程序创建了一段弧 arc1，其中心位于（150，100），radiusX 等于 80，radiusY 等于 80。起始角度是 30，角度范围是 35（第 14 行）。arc1 的弧类型设为 ArcType.ROUND（第 16 行）。由于 arc1 的填充颜色是红色，因此 arc1 显示为红色填充。

程序创建了一段弧 arc3，其中心位于（150，100），radiusX 等于 80，radiusY 等于 80。起始角度是 30+180，角度范围是 35（第 23 行）。arc3 的弧类型设为 ArcType.CHORD（第 25 行）。由于 arc3 的填充颜色是白色，笔画颜色是黑色，因此 arc3 显示为一条黑色轮廓的弦。

516 第 14 章

```
javafx.scene.shape.Arc
```

-centerX: DoubleProperty
-centerY: DoubleProperty
-radiusX: DoubleProperty
-radiusY: DoubleProperty
-startAngle: DoubleProperty
-length: DoubleProperty
-type: ObjectProperty<ArcType>

+Arc()
+Arc(x: double, y: double,
  radiusX: double, radiusY:
  double, startAngle: double,
  length: double)

属性值的获取和设置方法以及属性本身的获取方法在类中提供了，但是为简洁起见，在 UML 图中省略了

椭圆中心的 x 坐标（默认为 0）
椭圆中心的 y 坐标（默认为 0）
椭圆的水平半径（默认为 0）
椭圆的垂直半径（默认为 0）
弧的起始角度，以度为单位
弧的角度范围，以度为单位
弧的闭合类型（ArcType.OPEN, ArcType.CHORD, ArcType.ROUND）

创建一个空的 Arc
使用指定的参数创建一个 Arc

图 14-35　Arc 类定义弧

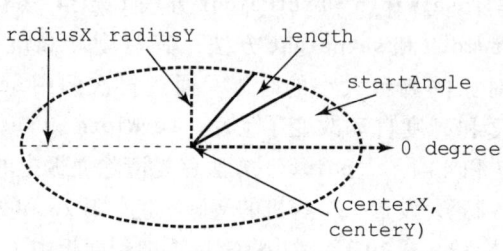
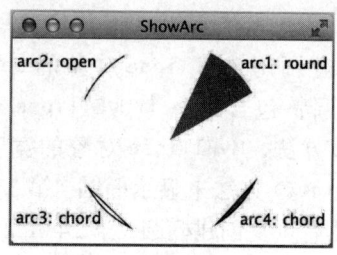

a) Arc(centerX, centerY, radiusX, radiusY, startAngle, length)

b) 显示多段弧

图 14-36　创建一个 Arc 对象用于显示弧

程序清单 14-18　ShowArc.java

```java
1  import javafx.application.Application;
2  import javafx.scene.Scene;
3  import javafx.scene.Group;
4  import javafx.scene.layout.BorderPane;
5  import javafx.scene.paint.Color;
6  import javafx.stage.Stage;
7  import javafx.scene.shape.Arc;
8  import javafx.scene.shape.ArcType;
9  import javafx.scene.text.Text;
10
11 public class ShowArc extends Application {
12   @Override // Override the start method in the Application class
13   public void start(Stage primaryStage) {
14     Arc arc1 = new Arc(150, 100, 80, 80, 30, 35); // Create an arc
15     arc1.setFill(Color.RED); // Set fill color
16     arc1.setType(ArcType.ROUND); // Set arc type
17
18     Arc arc2 = new Arc(150, 100, 80, 80, 30 + 90, 35);
19     arc2.setFill(Color.WHITE);
20     arc2.setType(ArcType.OPEN);
21     arc2.setStroke(Color.BLACK);
22
```

```
23    Arc arc3 = new Arc(150, 100, 80, 80, 30 + 180, 35);
24    arc3.setFill(Color.WHITE);
25    arc3.setType(ArcType.CHORD);
26    arc3.setStroke(Color.BLACK);
27
28    Arc arc4 = new Arc(150, 100, 80, 80, 30 + 270, 35);
29    arc4.setFill(Color.GREEN);
30    arc4.setType(ArcType.CHORD);
31    arc4.setStroke(Color.BLACK);
32
33    // Create a group and add nodes to the group
34    Group group = new Group();
35    group.getChildren().addAll(new Text(210, 40, "arc1: round"),
36      arc1, new Text(20, 40, "arc2: open"), arc2,
37      new Text(20, 170, "arc3: chord"), arc3,
38      new Text(210, 170, "arc4: chord"), arc4);
39
40    // Create a scene and place it in the stage
41    Scene scene = new Scene(new BorderPane(group), 300, 200);
42    primaryStage.setTitle("ShowArc"); // Set the stage title
43    primaryStage.setScene(scene); // Place the scene in the stage
44    primaryStage.show(); // Display the stage
45   }
46  }
```

角度可以是负数。负的起始角度是从正东方向顺时针旋转一个角度，如图 14-37 所示。负的跨度角度是从起始角度开始顺时针旋转一个角度。下面的语句定义了同一段弧：

```
new Arc(x, y, radiusX, radiusY, -30, -20);
new Arc(x, y, radiusX, radiusY, -50, 20);
```

第 1 个语句使用负的起始角度 -30，以及负的跨度角度 -20，如图 14-37a 所示。第 2 个语句使用负的起始角度 -50，以及正的跨度角度 20，如图 14-37b 所示。

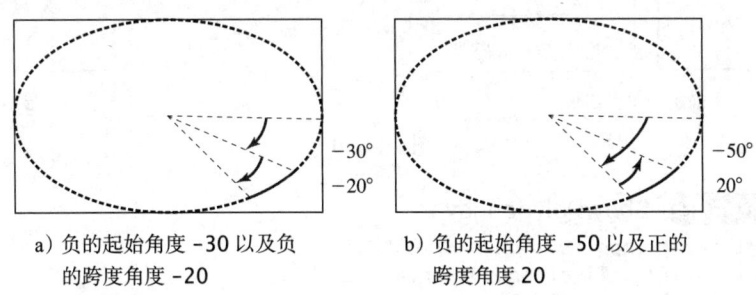

a) 负的起始角度 -30 以及负的跨度角度 -20

b) 负的起始角度 -50 以及正的跨度角度 20

图 14-37 角度可以为负

注意，Math 类中的三角函数方法使用的角度以弧度为单位，但 Arc 类中的角度采用度。

14.11.6 Polygon 和 Polyline

Polygon 类定义了一个连接一个点序列的多边形，如图 14-38a 所示。Polyline 类类似于 Polygon 类，不同之处是 Polyline 类不会自动闭合，如图 14-38b 所示。

Polygon 类的 UML 图如图 14-39 所示。程序清单 14-19 给出了一个创建六边形的例子，如图 14-40 所示。

程序定义了继承自 Pane 类的 MyPolygon 类（第 20 ~ 52 行）。Pane 类的 setWidth 和

setHeight 方法在 MyPolygon 类中被重写以调用 paint() 方法。

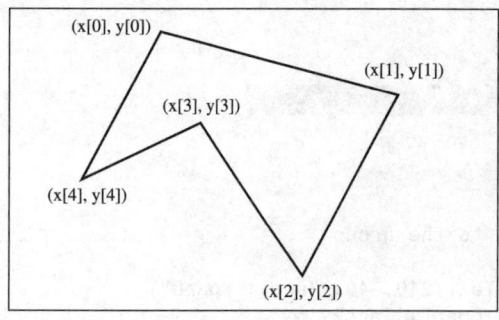
a) Polygon

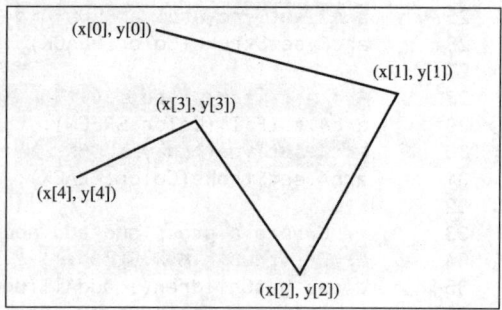
b) Polyline

图 14-38 Polygon 是闭合的，而 Polyline 不闭合

```
javafx.scene.shape.Polygon
```
+Polygon()   创建一个空的 Polygon
+Polygon(double... points)   根据给定的点创建一个 Polygon
+getPoints():   返回一个 double 对象的列表作为点的 x 坐标和 y 坐标
   ObservableList<Double>

图 14-39 Polygon 类定义多边形

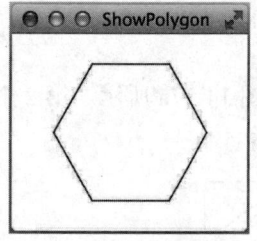
a) 显示一个多边形

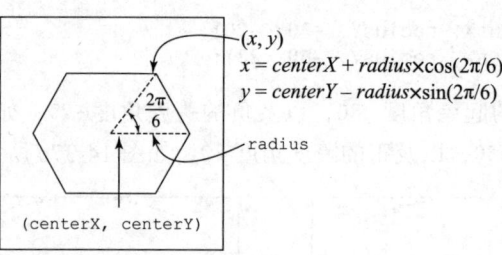

$x = centerX + radius \times \cos(2\pi/6)$
$y = centerY - radius \times \sin(2\pi/6)$

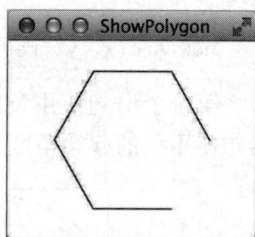
b) 显示一条折线

图 14-40

程序清单 14-19 ShowPolygon.java

```java
1  import javafx.application.Application;
2  import javafx.collections.ObservableList;
3  import javafx.scene.Scene;
4  import javafx.scene.layout.Pane;
5  import javafx.scene.paint.Color;
6  import javafx.stage.Stage;
7  import javafx.scene.shape.Polygon;
8
9  public class ShowPolygon extends Application {
10    @Override // Override the start method in the Application class
11    public void start(Stage primaryStage) {
12      // Create a scene and place it in the stage
13      Scene scene = new Scene(new MyPolygon(), 400, 400);
14      primaryStage.setTitle("ShowPolygon"); // Set the stage title
15      primaryStage.setScene(scene); // Place the scene in the stage
16      primaryStage.show(); // Display the stage
17    }
```

```java
18  }
19
20  class MyPolygon extends Pane {
21    private void paint() {
22      // Create a polygon and place polygon to pane
23      Polygon polygon = new Polygon();
24      polygon.setFill(Color.WHITE);
25      polygon.setStroke(Color.BLACK);
26      ObservableList<Double> list = polygon.getPoints();
27
28      double centerX = getWidth() / 2, centerY = getHeight() / 2;
29      double radius = Math.min(getWidth(), getHeight()) * 0.4;
30
31      // Add points to the polygon list
32      for (int i = 0; i < 6; i++) {
33        list.add(centerX + radius * Math.cos(2 * i * Math.PI / 6));
34        list.add(centerY - radius * Math.sin(2 * i * Math.PI / 6));
35      }
36
37      getChildren().clear();
38      getChildren().add(polygon);
39    }
40
41    @Override
42    public void setWidth(double width) {
43      super.setWidth(width);
44      paint();
45    }
46
47    @Override
48    public void setHeight(double height) {
49      super.setHeight(height);
50      paint();
51    }
52  }
```

paint 方法创建了一个多边形 (第23行) 并将其加入面板中 (第38行)。Polygon.getPoints() 方法返回一个 ObservableList<Double> (第26行), 该对象有一个 add 方法用于将一个元素添加到列表中 (第33和34行)。注意, 传递给 add(value) 的值必须是一个 double 类型的值。如果传递一个 int 类型的值, int 值将被自动装箱成一个 Integer。这将触发一个错误, 因为 ObservableList<Double> 由 Double 类型的元素组成。

centerX、centerY 以及 radius 根据面板的宽度和高度按比例获取 (第28和29行)。循环添加 6 个点到多边形中 (第32～35行)。每个点由其 x 和 y 坐标来表示, 使用 centerX、centerY 以及 radius 计算得到。对于每个点, 它的 x 坐标添加到多边形的列表中 (第33行), 然后将它的 y 坐标添加到多边形的列表中 (第34行)。计算六边形中每个点的 x 坐标和 y 坐标的公式在图 14-40a 中进行了图解说明。

如果将 Polygon 替换成 Polyline (第23行), 程序将显示一条如图 14-40b 所示的折线。Polyline 类的使用和 Polygon 基本一样, 不同之处是 Polyline 中的起点和终点不会连接起来。

✓ 复习题

14.11.1 如何显示文本、直线、矩形、圆、椭圆、弧、多边形、折线?

14.11.2 编写一段代码, 在面板中央显示旋转 45° 的一个字符串。

14.11.3 编写一段代码，显示一条从（10，10）到（70，30）的 10 像素宽的粗线。

14.11.4 编写一段代码，将一个矩形使用红色填充，该矩形的左上角位于（10，10），宽度为 100，高度为 50。

14.11.5 编写一段代码，显示一个圆角矩形，宽度为 100，高度为 200，左上角位于（10，10），圆角处的水平直径为 40，垂直直径为 20。

14.11.6 编写一段代码，显示一个水平半径为 50、垂直半径为 100 的椭圆。

14.11.7 编写一段代码，显示一个半径为 50 的圆的上半部轮廓。

14.11.8 编写一段代码，显示一个半径为 50 的圆的下半部，并使用红色填充。

14.11.9 编写一段代码，显示一个连接以下点并用绿色填充的多边形：(20, 40)，(30, 50)，(40, 90)，(90, 10)，(10, 30)。

14.11.10 编写一段代码，显示一条连接以下点的折线：(20, 40)，(30, 50)，(40, 90)，(90, 10)，(10, 30)。

14.11.11 下面代码有什么错误？

```
public void start(Stage primaryStage) {
    // Create a polygon and place it in the scene
    Scene scene = new Scene(new Polygon(), 400, 400);
    primaryStage.setScene(scene); // Place the scene in the stage
    primaryStage.show(); // Display the stage
}
```

14.12 示例学习：ClockPane 类

★ 要点提示：本示例学习开发一个类，该类在面板中显示一个时钟。

ClockPane 类的合约显示在图 14-41 中。

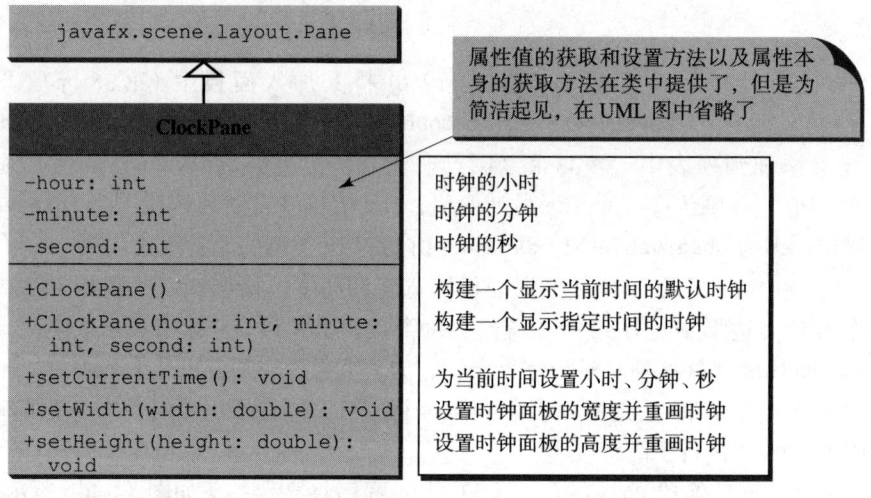

图 14-41 ClockPane 显示一个模拟时钟

假设 ClockPane 可用，我们在程序清单 14-20 中写一个测试程序来显示模拟时钟，使用标签显示小时、分钟和秒，如图 14-42 所示。

本节的剩余部分解释如何实现 ClockPane 类。由于不用知道如何实现也可以使用这个类，所以也可以跳过这个部分。

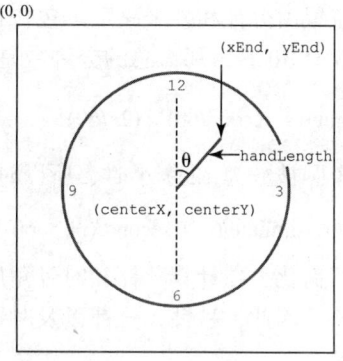

a) DisplayClock 程序显示一个时钟，给出当前时间

b) 给定跨角、指针长度以及中心点，可以确定时钟的指针终点

图 14-42

程序清单 14-20 DisplayClock.java

```
1  import javafx.application.Application;
2  import javafx.geometry.Pos;
3  import javafx.stage.Stage;
4  import javafx.scene.Scene;
5  import javafx.scene.control.Label;
6  import javafx.scene.layout.BorderPane;
7
8  public class DisplayClock extends Application {
9    @Override // Override the start method in the Application class
10   public void start(Stage primaryStage) {
11     // Create a clock and a label
12     ClockPane clock = new ClockPane();
13     String timeString = clock.getHour() + ":" + clock.getMinute()
14       + ":" + clock.getSecond();
15     Label lblCurrentTime = new Label(timeString);
16
17     // Place clock and label in border pane
18     BorderPane pane = new BorderPane();
19     pane.setCenter(clock);
20     pane.setBottom(lblCurrentTime);
21     BorderPane.setAlignment(lblCurrentTime, Pos.TOP_CENTER);
22
23     // Create a scene and place it in the stage
24     Scene scene = new Scene(pane, 250, 250);
25     primaryStage.setTitle("DisplayClock"); // Set the stage title
26     primaryStage.setScene(scene); // Place the scene in the stage
27     primaryStage.show(); // Display the stage
28   }
29 }
```

若要绘制一个时钟，需要绘制一个圆并为秒、分钟和小时绘制三个指针。为了绘制指针，需要确定一条直线的两端。如图 14-42b 所示，一端是时钟的中央，位于 (centerX, centerY)，另一端位于 (endX, endY)，由以下公式来确定：

endX = centerX + handLength × sin(θ)
endY = centerY − handLength × cos(θ)

因为 1 分钟有 60 秒，所以第 2 个指针的角度是：

second × (2π/60)

分针的位置由分钟和秒来决定。包含秒数的确切分钟数是 minute + second/60。例如，如果时间是 3 分 30 秒，那么总的分钟数是 3.5。由于 1 小时有 60 分钟，因此分针的角度是：

(minute + second/60) × (2π/60)

由于一个圆被分为 12 个小时，所以时针的角度是：

(hour + minute/60 + second/(60 × 60)) × (2π/12)

为了简化，在计算分针和时针角度的时候，可以忽略秒针，因为它们的数字太小，基本可以忽略。因此，秒针、分针以及时针的端点可以如下计算：

```
secondX = centerX + secondHandLength × sin(second × (2π/60))
secondY = centerY - secondHandLength × cos(second × (2π/60))
minuteX = centerX + minuteHandLength × sin(minute × (2π/60))
minuteY = centerY - minuteHandLength × cos(minute × (2π/60))
hourX   = centerX + hourHandLength   × sin((hour + minute/60) × (2π/12))
hourY   = centerY - hourHandLength   × cos((hour + minute/60) × (2π/12))
```

ClockPane 类的实现如程序清单 14-21 所示。

程序清单 14-21 ClockPane.java

```java
 1  import java.util.Calendar;
 2  import java.util.GregorianCalendar;
 3  import javafx.scene.layout.Pane;
 4  import javafx.scene.paint.Color;
 5  import javafx.scene.shape.Circle;
 6  import javafx.scene.shape.Line;
 7  import javafx.scene.text.Text;
 8
 9  public class ClockPane extends Pane {
10    private int hour;
11    private int minute;
12    private int second;
13
14    /** Construct a default clock with the current time*/
15    public ClockPane() {
16      setCurrentTime();
17    }
18
19    /** Construct a clock with specified hour, minute, and second */
20    public ClockPane(int hour, int minute, int second) {
21      this.hour = hour;
22      this.minute = minute;
23      this.second = second;
24    }
25
26    /** Return hour */
27    public int getHour() {
28      return hour;
29    }
30
31    /** Set a new hour */
32    public void setHour(int hour) {
33      this.hour = hour;
34      paintClock();
35    }
36
37    /** Return minute */
```

```java
 38    public int getMinute() {
 39      return minute;
 40    }
 41
 42    /** Set a new minute */
 43    public void setMinute(int minute) {
 44      this.minute = minute;
 45      paintClock();
 46    }
 47
 48    /** Return second */
 49    public int getSecond() {
 50      return second;
 51    }
 52
 53    /** Set a new second */
 54    public void setSecond(int second) {
 55      this.second = second;
 56      paintClock();
 57    }
 58
 59    /* Set the current time for the clock */
 60    public void setCurrentTime() {
 61      // Construct a calendar for the current date and time
 62      Calendar calendar = new GregorianCalendar();
 63
 64      // Set current hour, minute and second
 65      this.hour = calendar.get(Calendar.HOUR_OF_DAY);
 66      this.minute = calendar.get(Calendar.MINUTE);
 67      this.second = calendar.get(Calendar.SECOND);
 68
 69      paintClock(); // Repaint the clock
 70    }
 71
 72    /** Paint the clock */
 73    private void paintClock() {
 74      // Initialize clock parameters
 75      double clockRadius =
 76        Math.min(getWidth(), getHeight()) * 0.8 * 0.5;
 77      double centerX = getWidth() /2;
 78      double centerY = getHeight() /2;
 79
 80      // Draw circle
 81      Circle circle = new Circle(centerX, centerY, clockRadius);
 82      circle.setFill(Color.WHITE);
 83      circle.setStroke(Color.BLACK);
 84      Text t1 = new Text(centerX - 5, centerY - clockRadius + 12, "12");
 85      Text t2 = new Text(centerX - clockRadius + 3, centerY + 5, "9");
 86      Text t3 = new Text(centerX + clockRadius - 10, centerY + 3, "3");
 87      Text t4 = new Text(centerX - 3, centerY + clockRadius - 3, "6");
 88
 89      // Draw second hand
 90      double sLength = clockRadius * 0.8;
 91      double secondX = centerX + sLength *
 92        Math.sin(second * (2 * Math.PI / 60));
 93      double secondY = centerY - sLength *
 94        Math.cos(second * (2 * Math.PI / 60));
 95      Line sLine = new Line(centerX, centerY, secondX, secondY);
 96      sLine.setStroke(Color.RED);
 97
 98      // Draw minute hand
```

```
 99      double mLength = clockRadius * 0.65;
100      double xMinute = centerX + mLength *
101        Math.sin(minute * (2 * Math.PI / 60));
102      double minuteY = centerY - mLength *
103        Math.cos(minute * (2 * Math.PI / 60));
104      Line mLine = new Line(centerX, centerY, xMinute, minuteY);
105      mLine.setStroke(Color.BLUE);
106
107      // Draw hour hand
108      double hLength = clockRadius * 0.5;
109      double hourX = centerX + hLength *
110        Math.sin((hour % 12 + minute / 60.0) * (2 * Math.PI / 12));
111      double hourY = centerY - hLength *
112        Math.cos((hour % 12 + minute / 60.0) * (2 * Math.PI / 12));
113      Line hLine = new Line(centerX, centerY, hourX, hourY);
114      hLine.setStroke(Color.GREEN);
115
116      getChildren().clear();
117      getChildren().addAll(circle, t1, t2, t3, t4, sLine, mLine, hLine);
118    }
119
120    @Override
121    public void setWidth(double width) {
122      super.setWidth(width);
123      paintClock();
124    }
125
126    @Override
127    public void setHeight(double height) {
128      super.setHeight(height);
129      paintClock();
130    }
131  }
```

本程序使用无参构造方法显示一个指示当前时间的时钟 (第 15 ～ 17 行), 使用其他构造方法来显示一个指示给定小时、分钟和秒的时钟 (第 20 ～ 24 行)。

该类定义了属性 hour、minute 以及 second 来存储该时钟表示的时间 (第 10 ～ 12 行)。当前小时、分钟和秒通过 GregorianCalendar 类获得 (第 62 ～ 67 行)。可以使用 Java API 中 GregorianCalendar 类的无参构造方法来创建一个具有当前时间的 Calendar 实例。然后可以通过调用其 get(Calendar.HOUR)、get(Calendar.MINUTE) 和 get(Calendar.SECOND) 方法从 Canlendar 对象返回小时、分钟以及秒。

paintClock() 方法绘制时钟 (第 73 ～ 118 行)。时钟的半径与面板的宽度和高度成正比 (第 75 ～ 78 行)。在面板中央创建一个代表时钟的圆 (第 81 行)。第 84 ～ 87 行代码创建显示小时数 12、3、6、9 的文本。秒针、分针以及时针是第 90 ～ 114 行代码生成的直线。paintClock() 方法使用 addAll 方法将所有这些形状放置在面板中 (第 117 行)。在将新的内容添加到面板中之前, 先前的内容从面板清除 (第 116 行)。

定义在 Pane 类中的 setWidth 和 setHeight 方法在 ClockPane 类中被重写, 使得改变时钟面板中的宽度和高度值后重画时钟 (第 120 ～ 130 行)。paintClock() 方法在一个新的属性值 (hour、minute、second、width 以及 height) 设置 (第 34、45、56、69、123 以及 129 行) 时调用。

在程序清单 14-20 中, 将时钟置于一个边框面板 (border pane) 中, 边框面板置于一个场景中, 而场景置于舞台中。当显示舞台或者改变舞台大小时, 舞台中的所有这些内容通过调用它们各自的 setWidth 和 setHeight 方法自动改变大小。由于 setWidth 和 setHeight 方法被重写以调用 paintClock() 方法，时钟将会根据舞台大小的改变相应地自动调整大小。

✔ 复习题

14.12.1 删除程序清单 14-21 中的第 120～130 行会发生什么？运行程序清单 14-20 中的 Display-Clock 类来测试。

关键术语

AWT（抽象窗体工具包）
bidirectional binding（双向绑定）
bindable object（可绑定对象）
binding object（绑定对象）
binding property（绑定属性）
JavaFX
node（结点）
observable object（可观察对象）
pane（面板）

primary stage（主舞台）
property getter method（属性获取方法）
shape（形状）
Swing
UI control（UI 控件）
unidirectional binding（单向绑定）
value getter method（值获取方法）
value setter method（值设置方法）

本章小结

1. JavaFX 是用于开发富 GUI 应用的新框架。JavaFX 完全替代了 Swing 和 AWT。
2. JavaFX 主类必须继承自 javafx.application.Application 并且实现 start 方法。主舞台由 JVM 自动生成并传递给 start 方法。
3. 舞台是用于显示场景的窗体。可以将结点加入场景中。面板、组、控件以及形状都是结点。面板可以用作结点的容器。
4. 绑定属性可以绑定到一个可观察源对象上。源对象中的改变会自动反映到绑定属性上。绑定属性具有值获取方法、值设置方法以及属性获取方法。
5. Node 类定义了结点的许多共同属性。可以将这些属性应用于面板、组、控件和形状。
6. 可以使用指定的红色、绿色、蓝色值以及透明度来生成一个 Color 对象。
7. 可以创建一个 Font 对象并设置其名称、大小、粗细以及字形。
8. javafx.scene.image.Image 类可以用于装载一个图像，这个图像可以在一个 ImageView 对象中显示。
9. JavaFX 提供了许多类型的面板，用于以期望的位置和尺寸自动布局结点。Pane 类是所有面板的基类。它包含 getChildren() 方法以返回一个 ObservableList。可以使用 ObservableList 的 add(node) 和 addAll(node1,node2,...) 方法来添加结点到面板中。
10. FlowPane 将面板中的结点按照加入的次序从左到右水平布局或者从上到下垂直布局。GridPane 将结点布局在网格（矩阵）结构中。结点置于指定下标的列和行上。BorderPane 可以将结点置于 5 个区域：上、下、左、右以及居中。HBox 将其子结点置于单个水平行中。VBox 将其子结点置于单个垂直列中。
11. JavaFX 提供了许多形状类，用于绘制文本、直线、圆、矩形、椭圆、弧、多边形以及折线。

测试题

在线回答配套网站上的本章测试题。

编程练习题

⚠ 注意：练习中用到的图像文件可以从 liveexample.pearsoncmg.com/resource/image.zip 获得，并放置在 image 目录下。

14.2～14.9 节

14.1 （显示图像）编写程序，在一个网格面板里面显示 3 幅图像，如图 14-43a 所示。

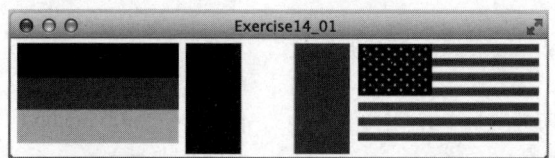

a) 编程练习题 14.1 显示 3 幅图像。来源：booka/Fotolia

b) 编程练习题 14.2 显示一个
包含图像的井字棋盘

c) 编程练习题 14.3 随机选择三张扑克牌。
来源：pandawild/Fotolia

图 14-43

*14.2 （井字棋盘）编写程序，显示一个井字棋盘，如图 14-43b 所示。一个单元格中可能是 X、O 或者为空。每个单元格显示什么是随机决定的。X 和 O 分别是文件 x.gif 和 o.gif 中的图像。

*14.3 （显示三张牌）编写程序，显示从一副 52 张扑克牌中随机选择的三张牌，如图 14-43c 所示。牌的图像文件命名为 1.png，2.png，…，52.png，并保存在 image/card 目录下。三张牌都是不同的并且是随机选取的。提示：可以这样随机选择牌，先将数字 1～52 保存在一个数组列表中，按照 11.12 节中介绍的方法进行一次随机洗牌，然后使用数组列表中前面三个数字作为图像的文件名。

14.4 （颜色和字体）编写程序垂直显示 5 个文本，如图 14-44a 所示。为每个文本设置随机颜色和透明度，并且将每个文本的字体设置为 Times New Roman、黑体、斜体，大小为 22 像素。

14.5 （围成圆的字符）编写程序，显示一个围成圆显示的字符串"WELCOME TO JAVA"，如图 14-44b 所示。提示：需要使用循环来将每个字符通过合适的旋转显示在正确的位置上。

*14.6 （游戏：显示象棋棋盘）编写程序显示一个象棋棋盘，其中每个黑白单元格都是一个填充了黑色或者白色的 Rectangle，如图 14-44c 所示。

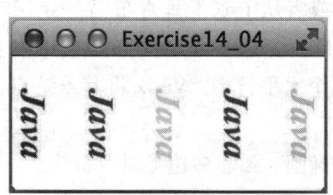

a) 使用随机的颜色和给定的
字体显示 5 个文本

b) 围绕成一个圆显示一个字符串

c) 使用矩形显示一个象棋棋盘

图 14-44

14.10 和 14.11 节

*14.7 （显示随机的 0 或 1）编写程序，显示一个 10×10 的方阵，如图 14-45a 所示。矩阵中的每个元素是随机产生的 0 或者 1。在一个文本域中居中显示每个数字。使用 TextField 的 setText 方法以字符串设置 0 和 1。

14.8 （显示 54 张牌）扩充编程练习题 14.3 以显示所有 54 张牌（包括两个王），每行显示 9 张牌。两个王的图像文件命名为 53.jpg 和 54.jpg。

*14.9 （创建四个风扇）编写程序，将四个风扇按照两行两列置于一个 GridPane 中，如图 14-45b 所示。

*14.10 （显示一个圆柱）编写一个绘制圆柱的程序，如图 14-45c 所示。可以使用如下方法来用虚线显示弧：

```
arc.getStrokeDashArray().addAll(6.0, 21.0);
```

网站上给出的解答可以支持圆柱水平方向改变大小，可以修改它以支持垂直方向改变大小吗？

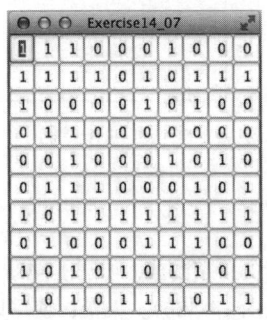
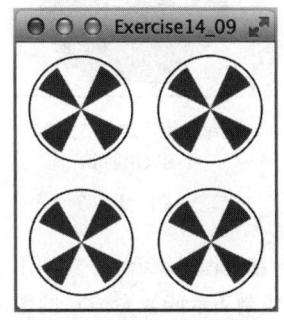

a) 程序随机产生 0 和 1　　b) 编程练习题 14.9 绘制四个风扇　　c) 编程练习题 14.10 绘制一个圆柱

图 14-45

*14.11 （绘制一个笑脸）编写一个绘制笑脸的程序，如图 14-46a 所示。

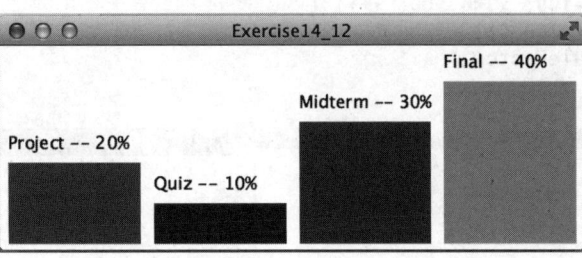
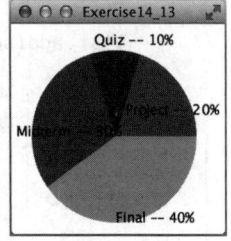

a) 编程练习题 14.11 绘制一个笑脸　　b) 编程练习题 14.12 绘制一个柱状图　　c) 编程练习题 14.13 绘制一个饼图

图 14-46

**14.12 （显示一个柱形图）编写程序，使用柱状图来显示一份总成绩的各个组成部分的百分比，包括项目、测试、期中考试和期末考试，如图 14-46b 所示。假设项目占 20% 并显示为红色，测试占 10% 并显示为蓝色，期中考试占 30% 并显示为绿色，期末考试占 40% 并显示为橙色。使用 Rectangle 类来显示柱状。有兴趣的读者可以探索使用 JavaFX 的 BarChart 类来进一步学习。

**14.13 （显示一个饼图）编写程序，使用饼图来显示一份总成绩的各个组成部分的百分比，包括项目、测试、期中考试和期末考试，如图 14-46c 所示。假设项目占 20% 并显示为红色，测试占 10% 并显示为蓝色，期中考试占 30% 并显示为绿色，期末考试占 40% 并显示为橙色。使用 Arc 类来显示饼图。有兴趣的读者可以探索使用 JavaFX 的 PieChart 类来进一步学习。

14.14 （显示一个立方体）编写一个绘制立方体的程序，如图 14-47a 所示。该立方体应该可以随着窗体的缩放自动缩放。

*14.15 （显示一个 STOP 标识）编写一个绘制 STOP 标识的程序，如图 14-47b 所示。六边形为红色，标识文字为白色。提示：将一个六边形和一个文本置于栈面板中。

*14.16 （显示一个 3×3 的网格）编写一个绘制 3×3 网格的程序，如图 14-47c 所示。使用红色绘制垂直线，蓝色绘制水平线。当窗体改变大小的时候，这些线条自动改变大小。

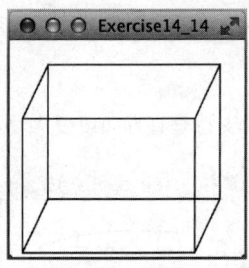  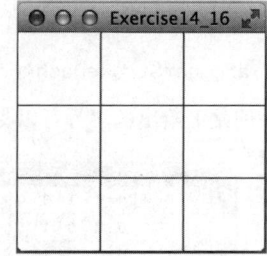

a）编程练习题 14.14 绘制一个立方体　　b）编程练习题 14.15 绘制一个 STOP 标识　　c）编程练习题 14.16 绘制一个网格

图 14-47

14.17 （游戏：猜字游戏（hangman））编写程序显示一个绘图用于流行的猜字游戏，如图 14-48a 所示。

*14.18 （绘制二次函数）编写程序，绘制表示函数 $f(x)=x^2$ 的图（参见图 14-48b）。提示：使用以下代码将点加入折线中。

```
Polyline polyline = new Polyline();
ObservableList<Double> list = polyline.getPoints();
double scaleFactor = 0.0125;
for (int x = -100; x <= 100; x++) {
  list.add(x + 200.0);
  list.add(scaleFactor * x * x);
}
```

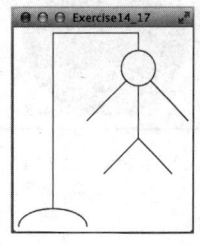 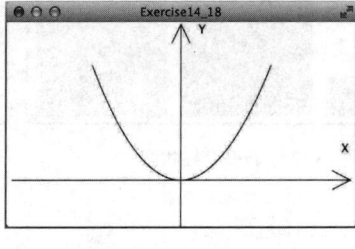 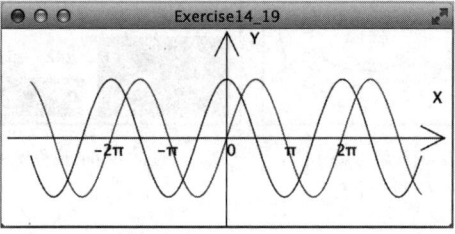

a）编程练习题 14.17 一个用于猜字游戏的图　　b）编程练习题 14.18 绘制一个平方函数　　c）编程练习题 14.19 绘制一个正弦/余弦函数

图 14-48

**14.19 （绘制正弦和余弦函数）编写程序，使用红色绘制正弦函数，使用蓝色绘制余弦函数，如图 14-48c 所示。提示：π 的 Unicode 码是 \u03c0。使用 Text(x,y,"-2\u03c0") 显示 -2π。对于像 sin(x) 这样的三角函数，x 使用弧度。使用下面的循环将点加到折线中。

```
Polyline polyline = new Polyline();
ObservableList<Double> list = polyline.getPoints();
double scaleFactor = 50;
for (int x = -170; x <= 170; x++) {
```

```
        list.add(x + 200.0);
        list.add(100 - scaleFactor * Math.sin((x / 100.0) * 2 *
          Math.PI));
    }
```

注意，循环中的 x 是 X 轴上的一个点，x 不对应于以度为单位的角度。整个表达式 (x / 100.0) * 2 * Math.PI 表示以弧度为单位的角度。

```
When x is -100, Math.sin((x / 100.0) * 2 * Math.PI) is 0
When x is -75, Math.sin((x / 100.0) * 2 * Math.PI) is 1
When x is -50, Math.sin((x / 100.0) * 2 * Math.PI) is 0
When x is -25, Math.sin((x / 100.0) * 2 * Math.PI) is -1
When x is 0, Math.sin((x / 100.0) * 2 * Math.PI) is 0
When x is 25, Math.sin((x / 100.0) * 2 * Math.PI) is 1
When x is 50, Math.sin((x / 100.0) * 2 * Math.PI) is 0
When x is 75, Math.sin((x / 100.0) * 2 * Math.PI) is -1
When x is 100, Math.sin((x / 100.0) * 2 * Math.PI) is 0
```

**14.20 （绘制一条箭头线）使用静态方法在面板中绘制一条从起点到终点的箭头线，使用如下方法头：

```
public static void drawArrowLine(double startX, double startY,
    double endX, double endY, Pane pane)
```

编写测试程序，随机绘制一条箭头线，如图 14-49a 所示。

*14.21 （两个圆以及它们的距离）编写程序，绘制两个半径为 15 像素的实心圆，圆心位于一个随机位置；同时绘制一条直线连接两个圆。两个圆心的距离显示在直线上，如图 14-49b 所示。

*14.22 （连接两个圆）编写程序，绘制两个半径为 15 像素的圆，圆心位于一个随机位置；同时绘制一条直线连接两个圆。直线不能穿到圆内，如图 14-49c 所示。

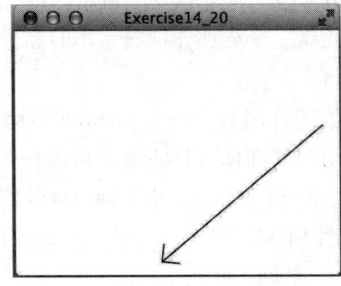
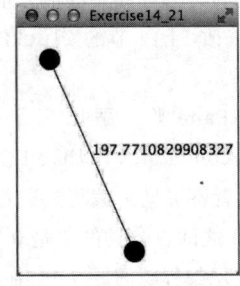
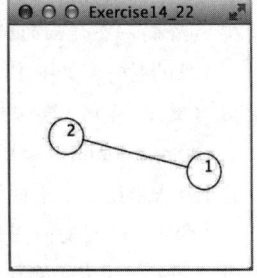

a) 编程练习题 14.20 显示一条箭头线　　b) 编程练习题 14.21 连接两个实心圆的圆心　　c) 编程练习题 14.22 从外围连接两个圆

图　14-49

*14.23 （几何：两个矩形）编写程序，提示用户从命令行输入两个矩形的中心坐标、宽度以及高度。程序显示两个矩形以及一个文本，表明两个矩形是否有重叠，或者一个是否包含在另外一个内，或者它们是否没有任何重叠，如图 14-50 所示。参考编程练习题 10.13 判断两个矩形之间的关系。

*14.24 （几何：在一个多边形内吗？）编写程序，提示用户从命令行输入 5 个点的坐标。前面 4 个点构成一个多边形，程序显示该多边形以及一个文本，该文本指出第 5 个点是否在这个多边形中，如图 14-51a 所示。提示：使用 Node 的 contains 方法来测试一个点是否在一个结点中。

*14.25 （一个圆上的随机点）修改编程练习题 4.6，在一个圆上创建 5 个随机点，顺时针连接这 5 个点构建一个多边形，然后显示这个圆以及多边形，如图 14-51b 所示。

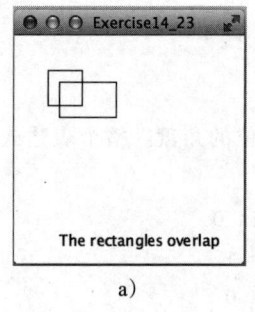 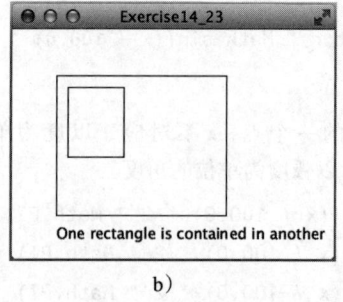 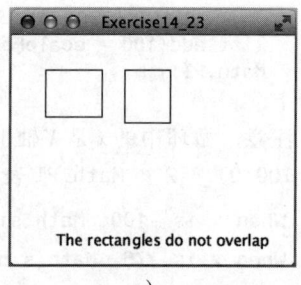

a)　　　　　　　　　　b)　　　　　　　　　　c)

图 14-50　显示两个矩形

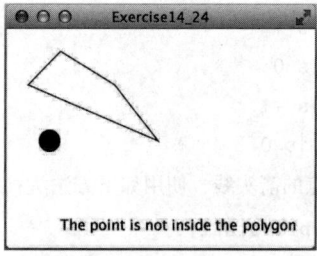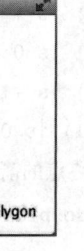 

a) 编程练习题 14.24 显示一个　　b) 编程练习题 14.25 连接一个　　c) 编程练习题 14.26 显示两个时钟
　　多边形和一个点　　　　　　　　圆上的 5 个随机点

图　14-51

14.12 节

14.26 （使用 ClockPane 类）编写程序显示两个时钟。第一个时钟的小时、分钟和秒的值分别是 4、20、45，第二个时钟的小时、分钟和秒的值分别是 22、46、15，如图 14-51c 所示。

*14.27 （绘制一个详细的时钟）修改 14.12 节的 ClockPane 类，绘制一个更加详细显示小时和分钟信息的时钟，如图 14-52a 所示。

*14.28 （随机时间）修改 ClockPane 类，添加三个 Boolean 类型的属性——hourHandVisible、minuteHandVisible、secondHandVisible 以及相关的访问器和修改器方法。可以使用 set 方法来使一个指针可见或者不可见。编写测试程序，只显示时针和分针。小时和分钟的值随机产生。小时的值在 0 ~ 11 之间，分钟的值是 0 或 30，如图 14-52b 所示。

**14.29 （游戏：豆机）编写程序显示编程练习题 7.37 中介绍的豆机，如图 14-52c 所示。

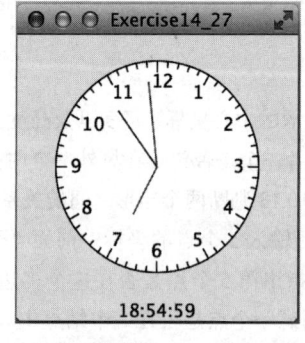  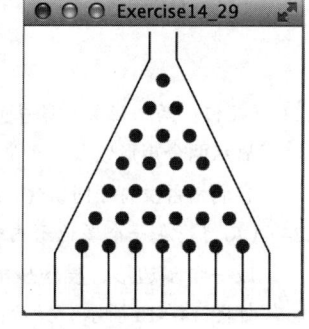

a) 编程练习题 14.27 显示一个　　b) 编程练习题 14.28 显示一个具有　　c) 编程练习题 14.29 显示一个豆机
　　详细的时钟　　　　　　　　　　随机小时和分钟值的时钟

图　14-52

第 15 章

Introduction to Java Programming and Data Structures, Comprehensive Version, Twelfth Edition

事件驱动编程和动画

教学目标
- 初步尝试事件驱动编程（15.1 节）。
- 描述事件、事件源以及事件类（15.2 节）。
- 定义处理器类、注册处理器对象到源对象，编写代码处理器事件（15.3 节）。
- 使用内部类定义处理器类（15.4 节）。
- 使用匿名内部类定义处理器类（15.5 节）。
- 使用 lambda 表达式简化事件处理（15.6 节）。
- 开发 GUI 程序实现一个借贷计算器（15.7 节）。
- 编写处理 MouseEvent 事件的程序（15.8 节）。
- 编写处理 KeyEvent 事件的程序（15.9 节）。
- 创建监听器以处理一个可观察对象中值的改变（15.10 节）。
- 使用 Animation、PathTransition、FadeTransition 和 Timeline 类开发动画（15.11 节）。
- 开发一个模拟弹球的动画（15.12 节）。
- 绘制一个美国地图，并对其着色以及改变大小（15.13 节）。

15.1 引言

☞ **要点提示**：可以编写代码以处理诸如单击按钮、移动鼠标以及按下按键之类的事件。

假设希望编写一个 GUI 程序，可以让用户输入贷款数额、年利率以及年数，然后单击 Calculate 按钮得到每个月的还款额以及总还款额，如图 15-1 所示。如何完成这个任务呢？需要使用事件驱动编程来编写代码，以响应按钮单击事件。

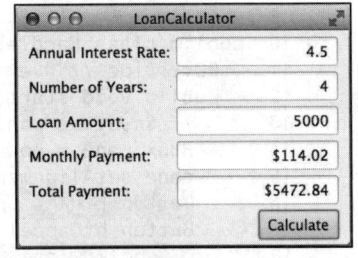

图 15-1 程序计算贷款还款额

在直接进入事件驱动编程之前，尝试一个简单的示例会比较有帮助。这个例子在一个面板中显示两个按钮，如图 15-2 所示。

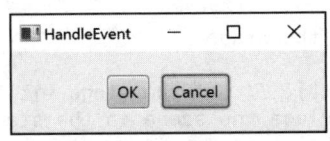

a）程序显示两个按钮

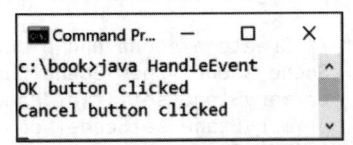

b）当单击按钮后，在控制台显示一条消息

图 15-2

为响应单击按钮事件，需要编写代码来处理按钮单击动作。按钮是一个事件源对象，即动作产生的地方。需要创建一个能对按钮动作事件进行处理的对象。该对象称为一个事件处理器，如图 15-3 所示。

图 15-3 事件处理器处理从源对象上触发的事件

不是所有对象都可以成为一个动作事件的处理器。要成为一个动作事件的处理器，必须满足两个要求：

1）该对象必须是 EventHandler <T extends Event> 接口的实例。接口为所有处理器定义了共同行为。<T extends Event> 表示 T 是一个 Event 子类型的泛型。

2）必须使用方法 source.setOnAction(handler) 将 EventHandler 对象 handler 注册到事件源对象。

EventHandler <ActionEvent> 接口包含了 handle(ActionEvent) 方法用于处理动作事件。处理器类必须重写这个方法来响应事件。程序清单 15-1 给出了处理两个按钮上 ActionEvent 事件的代码。当单击 OK 按钮时，将显示消息"OK button clicked"。当单击 Cancel 按钮的时候，将显示消息"Cancel button clicked"，如图 15-2 所示。

程序清单 15-1 HandleEvent.java

```java
 1  import javafx.application.Application;
 2  import javafx.geometry.Pos;
 3  import javafx.scene.Scene;
 4  import javafx.scene.control.Button;
 5  import javafx.scene.layout.HBox;
 6  import javafx.stage.Stage;
 7  import javafx.event.ActionEvent;
 8  import javafx.event.EventHandler;
 9
10  public class HandleEvent extends Application {
11    @Override // Override the start method in the Application class
12    public void start(Stage primaryStage) {
13      // Create a pane and set its properties
14      HBox pane = new HBox(10);
15      pane.setAlignment(Pos.CENTER);
16      Button btOK = new Button("OK");
17      Button btCancel = new Button("Cancel");
18      OKHandlerClass handler1 = new OKHandlerClass();
19      btOK.setOnAction(handler1);
20      CancelHandlerClass handler2 = new CancelHandlerClass();
21      btCancel.setOnAction(handler2);
22      pane.getChildren().addAll(btOK, btCancel);
23
24      // Create a scene and place it in the stage
25      Scene scene = new Scene(pane);
26      primaryStage.setTitle("HandleEvent"); // Set the stage title
27      primaryStage.setScene(scene); // Place the scene in the stage
28      primaryStage.show(); // Display the stage
29    }
30  }
31
```

```
32  class OKHandlerClass implements EventHandler<ActionEvent> {
33    @Override
34    public void handle(ActionEvent e) {
35      System.out.println("OK button clicked");
36    }
37  }
38
39  class CancelHandlerClass implements EventHandler<ActionEvent> {
40    @Override
41    public void handle(ActionEvent e) {
42      System.out.println("Cancel button clicked");
43    }
44  }
```

第 32～44 行定义了两个处理器类。每个处理器类都实现了 EventHandler<ActionEvent> 以处理 ActionEvent。对象 handler1 是一个 OKHandlerClass 的实例（第 18 行），该实例注册到按钮 btOK 上（第 19 行）。当单击 OK 按钮时，OKHandlerClass 的 handle(ActionEvent) 方法（第 34 行）被调用以处理事件。对象 handler2 是一个 CancelHandlerClass 的实例（第 20 行），该实例注册按钮 btCancel 上（第 21 行）。当单击 Cancel 按钮时，CancelHandlerClass 的 handle(ActionEvent) 方法（第 41 行）被调用以处理事件。

你现在对 JavaFX 的事件驱动编程有了初步了解。你也许会有许多问题，比如为什么要定义一个实现 EventHandler<ActionEvent> 的处理器类。下面的章节会给出所有答案。

15.2 事件和事件源

要点提示：事件是从一个事件源上产生的对象。触发一个事件意味着产生一个事件并委派处理器处理该事件。

当运行一个 Java GUI 程序的时候，程序和用户进行交互，并且事件驱动其执行。这被称为事件驱动编程。一个事件可以被定义为一个通知程序某件事发生的信号。事件由外部的用户动作，比如鼠标的移动、单击和键盘按键所触发。程序可以选择响应或者忽略一个事件。前面的例子让你初步体验了事件驱动编程。

产生并触发一个事件的控件称为事件源对象，或者简单称为源对象或者源控件。例如，一个按钮是一个按钮单击动作事件的源对象。事件是事件类的实例。Java 事件类的根类是 java.util.EventObject。JavaFX 的事件类的根类是 javafx.event.Event。一些事件类的层次关系显示在图 15-4 中。

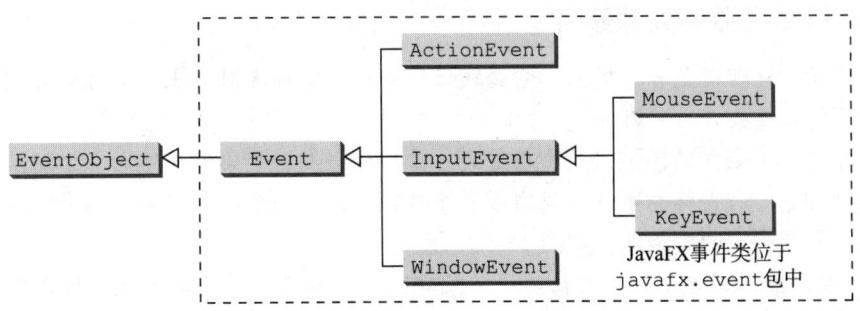

图 15-4　JavaFX 中的事件是 javafx.event.Event 类的一个对象

事件对象包含与该事件相关的所有属性。可以通过 EventObject 类中的实例方法 getSource() 来确定一个事件的源对象。EventObject 的子类处理特定类型的事件，比如动作事件、窗口事件、鼠标事件以及键盘事件等。表 15-1 的前三列给出了一些外部用户动作、源对象以及触发的事件类型。例如，当单击一个按钮时，按钮会创建并触发一个 ActionEvent，如表 15-1 的第一行所示。这里按钮是一个事件源对象，而 ActionEvent 是一个由源对象触发的事件对象，如图 15-3 所示。

> **注意**：如果一个控件可以触发某个事件，那么这个控件的任何子类都可以触发同样类型的事件。比如，每个 JavaFX 形状、布局面板和控件都可以触发 MouseEvent 和 KeyEvent 事件，因为 Node 是形状、布局面板和控件的超类，Node 可以触发 Mouse Event 和 KeyEvent 事件。

表 15-1 用户动作、源对象、事件类型、处理器接口以及处理器

用户动作	源对象	触发的事件类型	事件注册方法
单击按钮	Button	ActionEvent	setOnAction(EventHandler<ActionEvent>)
在文本域中回车	TextField	ActionEvent	setOnAction(EventHandler<ActionEvent>)
勾选或者取消勾选	RadioButton	ActionEvent	setOnAction(EventHandler<ActionEvent>)
勾选或者取消勾选	CheckBox	ActionEvent	setOnAction(EventHandler<ActionEvent>)
选择一个新的项	ComboBox	ActionEvent	setOnAction(EventHandler<ActionEvent>)
按下鼠标	Node、Scene	MouseEvent	setOnMousePressed(EventHandler<MouseEvent>)
释放鼠标			setOnMouseReleased(EventHandler<MouseEvent>)
单击鼠标			setOnMouseClicked(EventHandler<MouseEvent>)
鼠标进入			setOnMouseEntered(EventHandler<MouseEvent>)
鼠标退出			setOnMouseExited(EventHandler<MouseEvent>)
鼠标移动			setOnMouseMoved(EventHandler<MouseEvent>)
鼠标拖动			setOnMouseDragged(EventHandler<MouseEvent>)
按下键	Node、Scene	KeyEvent	setOnKeyPressed(EventHandler<KeyEvent>)
释放键			setOnKeyReleased(EventHandler<KeyEvent>)
敲击键			setOnKeyTyped(EventHandler<KeyEvent>)

✓ 复习题

15.2.1 什么是事件源对象？什么是事件对象？描述事件源对象和事件对象之间的关系。

15.2.2 按钮可以触发一个 MouseEvent 事件吗？按钮可以触发一个 KeyEvent 事件吗？按钮可以触发一个 ActionEvent 事件吗？

15.3 注册处理器和处理事件

> **要点提示**：处理器是一个对象，它必须注册到一个事件源对象上，并且它必须是一个恰当的事件处理接口的实例。

Java 采用基于委派的模型进行事件处理：源对象触发一个事件，然后一个对该事件感兴趣的对象处理它。后者称为事件处理器或者事件监听器。一个对象如果要成为源对象上事件的处理器，需要满足两个条件，如图 15-5 所示。

1）处理器对象必须是一个对应的事件处理接口的实例，从而保证该处理器具有处理事件的正确方法。JavaFX 为事件 T 定义了一个统一的处理器接口 EventHandler <T extends Event>。该处理器接口包含 handle(T e) 方法用于处理事件。例如，对于 ActionEvent 来

说，处理器接口是 EventHandler<ActionEvent>。ActionEvent 的每个处理器都应该实现 handle(ActionEvent e) 方法以处理一个 ActionEvent。

2）处理器对象必须注册到源对象上。注册方法依赖于事件类型。对 ActionEvent 而言，方法是 setOnAction。对于鼠标按下事件来说，方法是 setOnMousePressed。对于一个按键事件，方法是 setOnKeyPressed。

我们回顾一下程序清单 15-1。由于 Button 对象触发了一个 ActionEvent，而 ActionEvent 的处理器对象必须是 EventHandler<ActionEvent> 的实例，所以在第 32 行处理器对象实现了 EventHandler<ActionEvent>。源对象调用 setOnAction(handler) 来注册一个处理器，如下所示：

```
// Line 16 in Listing 15.1
Button btOK = new Button("OK");

// Line 18 in Listing 15.1
OKHandlerClass handler1 = new OKHandlerClass();

// Line 19 in Listing 15.1
btOK.setOnAction(handler1);
```

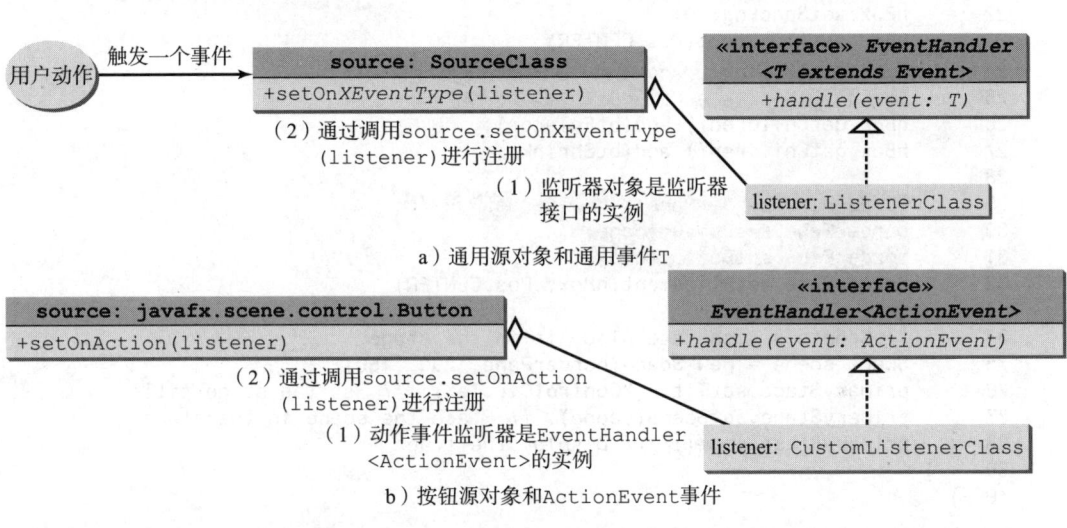

图 15-5 监听器必须是监听器接口的实例，并且必须注册到一个源对象上

单击按钮时，Button 对象触发一个 AcitonEvent 并将其传递给处理器的 handle (ActionEvent) 方法以处理该事件。事件对象包含了属于该事件的信息，这可以通过一些方法得到。比如，可以使用 e.getSource() 来得到触发该事件的源对象。

现在我们来编写一个程序，使用两个按钮来缩放一个圆，如图 15-6 所示。我们将逐步完善该程序。首先，我们编写一个如程序清单 15-2 所示的程序来显示一个用户界面，其中包含一个居中的圆（第 15～19 行）以及位于底部的两个按钮（第 21～27 行）。

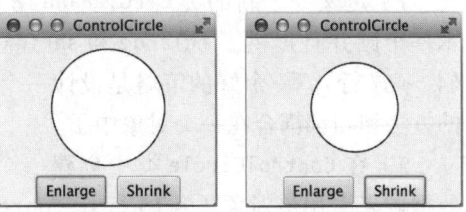

图 15-6 用户可以单击 Enlarge 和 Shrink 按钮来对圆进行缩放

程序清单 15-2 ControlCircleWithoutEventHandling.java

```java
1  import javafx.application.Application;
2  import javafx.geometry.Pos;
3  import javafx.scene.Scene;
4  import javafx.scene.control.Button;
5  import javafx.scene.layout.StackPane;
6  import javafx.scene.layout.HBox;
7  import javafx.scene.layout.BorderPane;
8  import javafx.scene.paint.Color;
9  import javafx.scene.shape.Circle;
10 import javafx.stage.Stage;
11
12 public class ControlCircleWithoutEventHandling extends Application {
13   @Override // Override the start method in the Application class
14   public void start(Stage primaryStage) {
15     StackPane pane = new StackPane();
16     Circle circle = new Circle(50);
17     circle.setStroke(Color.BLACK);
18     circle.setFill(Color.WHITE);
19     pane.getChildren().add(circle);
20
21     HBox hBox = new HBox();
22     hBox.setSpacing(10);
23     hBox.setAlignment(Pos.CENTER);
24     Button btEnlarge = new Button("Enlarge");
25     Button btShrink = new Button("Shrink");
26     hBox.getChildren().add(btEnlarge);
27     hBox.getChildren().add(btShrink);
28
29     BorderPane borderPane = new BorderPane();
30     borderPane.setCenter(pane);
31     borderPane.setBottom(hBox);
32     BorderPane.setAlignment(hBox, Pos.CENTER);
33
34     // Create a scene and place it in the stage
35     Scene scene = new Scene(borderPane, 200, 150);
36     primaryStage.setTitle("ControlCircle"); // Set the stage title
37     primaryStage.setScene(scene); // Place the scene in the stage
38     primaryStage.show(); // Display the stage
39   }
49 }
```

如何使用按钮来放大和缩小圆呢？当单击 Enlarge 按钮时，你希望以一个更大的半径重画圆。如何来实现呢？可以扩充和修改程序清单 15-2 中的程序为程序清单 15-3，使之具有以下特点：

1) 定义一个新的类 CirclePane 用于显示面板中的圆（第 51 ~ 68 行）。这个新的类显示一个圆并且提供了 enlarge 和 shrink 方法用于增加和减小圆的半径（第 60 ~ 62 行，第 64 ~ 67 行）。一个好的策略是设计一个类来建模一个包含了支持方法的圆面板，这样相关的方法和圆都耦合在一个对象中了。

2) 在 ControlCircle 类中创建一个 CirclePane 对象，并且将 circlePane 声明为一个数据域来引用该对象（第 15 行）。ControlCircle 类中的方法现在可以通过该数据域来访问 CirclePane 的对象了。

3) 定义一个实现了 EventHandler<ActionEvent> 的处理器类 EnlargeHandler（第 43 ~ 48 行）。为了从 handle 方法中访问引用变量 circlePane，将 EnlargeHandler 定义为 ControlCircle 类的一个内部类。(内部类是定义在其他类中的类。我们这里先使用内部类，下一节会做完整介绍。)

4) 为 Enlarge 按钮注册处理器 (第 29 行), 实现 EnlargeHandler 中的 handle 方法以调用 circlePane.enlarge() (第 46 行)。

程序清单 15-3 ControlCircle.java

```java
1  import javafx.application.Application;
2  import javafx.event.ActionEvent;
3  import javafx.event.EventHandler;
4  import javafx.geometry.Pos;
5  import javafx.scene.Scene;
6  import javafx.scene.control.Button;
7  import javafx.scene.layout.StackPane;
8  import javafx.scene.layout.HBox;
9  import javafx.scene.layout.BorderPane;
10 import javafx.scene.paint.Color;
11 import javafx.scene.shape.Circle;
12 import javafx.stage.Stage;
13
14 public class ControlCircle extends Application {
15   private CirclePane circlePane = new CirclePane();
16
17   @Override // Override the start method in the Application class
18   public void start(Stage primaryStage) {
19     // Hold two buttons in an HBox
20     HBox hBox = new HBox();
21     hBox.setSpacing(10);
22     hBox.setAlignment(Pos.CENTER);
23     Button btEnlarge = new Button("Enlarge");
24     Button btShrink = new Button("Shrink");
25     hBox.getChildren().add(btEnlarge);
26     hBox.getChildren().add(btShrink);
27
28     // Create and register the handler
29     btEnlarge.setOnAction(new EnlargeHandler());
30
31     BorderPane borderPane = new BorderPane();
32     borderPane.setCenter(circlePane);
33     borderPane.setBottom(hBox);
34     BorderPane.setAlignment(hBox, Pos.CENTER);
35
36     // Create a scene and place it in the stage
37     Scene scene = new Scene(borderPane, 200, 150);
38     primaryStage.setTitle("ControlCircle"); // Set the stage title
39     primaryStage.setScene(scene); // Place the scene in the stage
40     primaryStage.show(); // Display the stage
41   }
42
43   class EnlargeHandler implements EventHandler<ActionEvent> {
44     @Override // Override the handle method
45     public void handle(ActionEvent e) {
46       circlePane.enlarge();
47     }
48   }
49 }
50
51 class CirclePane extends StackPane {
52   private Circle circle = new Circle(50);
53
54   public CirclePane() {
55     getChildren().add(circle);
```

```
56        circle.setStroke(Color.BLACK);
57        circle.setFill(Color.WHITE);
58      }
59
60      public void enlarge() {
61        circle.setRadius(circle.getRadius() + 2);
62      }
63
64      public void shrink() {
65        circle.setRadius(circle.getRadius() > 2 ?
66          circle.getRadius() - 2 : circle.getRadius());
67      }
68    }
```

作为编程练习，添加处理 shrink 按钮的代码。当 Shrink 按钮被单击的时候，显示一个变小的圆。

✓ 复习题

15.3.1 为什么处理器必须是一个恰当的处理器接口的实例？

15.3.2 说明如何注册一个处理器对象，以及如何实现一个处理器接口？

15.3.3 `EventHandler<ActionEvent>` 接口的处理器方法是什么？

15.3.4 为按钮注册一个 `ActionEvent` 处理器的注册方法是什么？

15.4 内部类

要点提示：内部类，或者称为嵌套类，是定义在另外一个类范围中的类。内部类对于定义处理器类非常有用。

本书的方法是采用实际例子来介绍比较难的编程概念。本节以及后续两节中采用实际例子来介绍内部类、匿名内部类以及 lambda 表达式。

前面一节中使用了内部类。本节详细介绍内部类。首先，让我们看下图 15-7 中的代码。图 15-7a 中的代码定义了两个分开的类 Test 和 A。图 15-7b 中的代码将 A 定义为 Test 中的一个内部类。

```
public class Test {
  ...
}

public class A {
  ...
}
```
a)

```
public class Test {
  ...

  // Inner class
  public class A {
    ...
  }
}
```
b)

```
// OuterClass.java: inner class demo
public class OuterClass {
  private int data;

  /** A method in the outer class */
  public void m() {
    // Do something
  }

  // An inner class
  class InnerClass {
    /** A method in the inner class */
    public void mi() {
      // Directly reference data and method
      // defined in its outer class
      data++;
      m();
    }
  }
}
```
c)

图 15-7 内部类定义为另外一个类的成员

图 15-7c 中的类 InnerClass 定义在 OuterClass 中，是另一个内部类的例子。内部类可以如常规类一样使用。通常，当一个类只被它的外部类所使用的时候，才将它定义为内部类。内部类具有以下特征。

- 内部类被编译成一个名为 OuterClassName$InnerClassName 的类。例如，图 15-7b 示例中的 Test 中的内部类 A 被编译为 Test$A.class。
- 内部类可以引用定义在其所在的外部类中的数据和方法。所以，没有必要将外部类对象的引用传递给内部类的构造方法。因此，内部类可以使得程序更加精简。例如，程序清单 15-3 中的 circlePane 定义在 ControlCircle 中（第 15 行）。它可以被内部类 EnlargerHandler 引用（第 46 行）。
- 内部类定义时可以使用可见性修饰符，和将可见性规则应用到类成员一样。
- 内部类可以被定义为 static。一个 static 内部类可以使用外部类的名字来访问。一个 static 的内部类不能访问外部类中非静态的成员。
- 内部类对象通常在外部类中创建。但是也可以从另一个类中来创建一个内部类的对象。如果内部类是非静态的，则必须先创建一个外部类的实例，然后使用以下语法来创建一个内部类的对象：

  OuterClass.InnerClass innerObject = outerObject.new InnerClass();

- 如果内部类是静态的，使用以下语法来创建一个内部类对象：

  OuterClass.InnerClass innerObject = new OuterClass.InnerClass();

内部类的一个简单用途是将相互依赖的类结合到一个主类中。这样减少了源文件的数量，也使得类文件容易组织，因为它们的命名都将主类名作为前缀。例如，相对于图 15-7a 中创建两个源文件 Test.java 和 A.java，可以如图 15-7b 中所示将类 A 合并到类 Test 中，从而只创建一个源文件 Test.java。生成的类文件是 Test.class 和 Test$A.class。

内部类的另外一个实际应用是避免类名冲突。在图 15-7a 和图 15-7b 中定义了 A 的两个版本。你可以将它们定义为内部类从而避免冲突。

处理器类被设计为针对一个 GUI 控件（比如按钮）创建一个处理器对象。处理器类不会被其他应用所共享，所以将其定义为主类中的一个内部类比较恰当。

✓ 复习题

15.4.1 一个内部类可以被除它所在的嵌套类之外的类所使用吗？
15.4.2 修饰符 public、protected、private 以及 static 可以用于内部类吗？

15.5 匿名内部类处理器

☞ 要点提示：匿名内部类是没有名字的内部类。它将定义内部类以及创建该内部类的实例结合在一步中实现。

内部类处理器可以使用匿名内部类进行代码简化。程序清单 15-3 中的内部类可以被一个匿名内部类所替代，如下所示。完整的代码可以从 liveexample.pearsoncmg.com/html/ControlCircleWithAnonymousInnerClass.html 得到。

```
public void start(Stage primaryStage) {
  // Omitted
  btEnlarge.setOnAction(
    new EnlargeHandler());
}

class EnlargeHandler
    implements EventHandler<ActionEvent> {
  public void handle(ActionEvent e) {
    circlePane.enlarge();
  }
}
```
a) 内部类 EnlargeListener

```
public void start(Stage primaryStage) {
  // Omitted
  btEnlarge.setOnAction(
    new class EnlargeHandler
      implements EventHandler<ActionEvent>() {
      public void handle(ActionEvent e) {
        circlePane.enlarge();
      }
    });
}
```
b) 匿名内部类

匿名内部类的语法如下所示：

```
new SuperClassName/InterfaceName() {
  // Implement or override methods in superclass or interface

  // Other methods if necessary
}
```

由于匿名内部类是一种特殊类型的内部类，它被当作一个内部类对待并具有以下特征：

- 匿名内部类必须总继承自一个父类或者实现一个接口，但是不能有显式的 extends 或者 implements 子句。
- 匿名内部类必须实现父类或者接口中的所有抽象方法。
- 匿名内部类总是使用其父类的无参构造方法来创建一个实例。如果匿名内部类实现一个接口，构造方法是 Object()。
- 匿名内部类被编译为一个名为 OuterClassName$n.class 的类。例如，如果外部类 Test 有两个匿名内部类，它们将被编译为 Test$1.class 和 Test$2.class。

程序清单 15-4 给出了一个示例程序，显示一个文本并使用四个按键来将文本向上、向下、向左、向右移动，如图 15-8 所示。

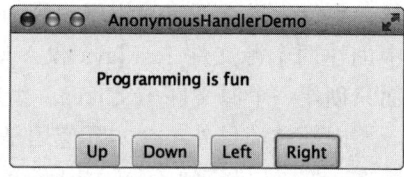

图 15-8 处理来自四个按键的事件的程序

程序清单 15-4 AnonymousHandlerDemo.java

```
1  import javafx.application.Application;
2  import javafx.event.ActionEvent;
3  import javafx.event.EventHandler;
4  import javafx.geometry.Pos;
5  import javafx.scene.Scene;
6  import javafx.scene.control.Button;
7  import javafx.scene.layout.BorderPane;
8  import javafx.scene.layout.HBox;
9  import javafx.scene.layout.Pane;
10 import javafx.scene.text.Text;
11 import javafx.stage.Stage;
12
13 public class AnonymousHandlerDemo extends Application {
14   @Override // Override the start method in the Application class
15   public void start(Stage primaryStage) {
16     Text text = new Text(40, 40, "Programming is fun");
17     Pane pane = new Pane(text);
18
```

```java
19      // Hold four buttons in an HBox
20      Button btUp = new Button("Up");
21      Button btDown = new Button("Down");
22      Button btLeft = new Button("Left");
23      Button btRight = new Button("Right");
24      HBox hBox = new HBox(btUp, btDown, btLeft, btRight);
25      hBox.setSpacing(10);
26      hBox.setAlignment(Pos.CENTER);
27
28      BorderPane borderPane = new BorderPane(pane);
29      borderPane.setBottom(hBox);
30
31      // Create and register the handler
32      btUp.setOnAction(new EventHandler<ActionEvent>() {
33        @Override // Override the handle method
34        public void handle(ActionEvent e) {
35          text.setY(text.getY() > 10 ? text.getY() - 5 : 10);
36        }
37      });
38
39      btDown.setOnAction(new EventHandler<ActionEvent>() {
40        @Override // Override the handle method
41        public void handle(ActionEvent e) {
42          text.setY(text.getY() < pane.getHeight() ?
43            text.getY() + 5 : pane.getHeight());
44        }
45      });
46
47      btLeft.setOnAction(new EventHandler<ActionEvent>() {
48        @Override // Override the handle method
49        public void handle(ActionEvent e) {
50          text.setX(text.getX() > 0 ? text.getX() - 5 : 0);
51        }
52      });
53
54      btRight.setOnAction(new EventHandler<ActionEvent>() {
55        @Override // Override the handle method
56        public void handle(ActionEvent e) {
57          text.setX(text.getX() < pane.getWidth() - 100?
58            text.getX() + 5 : pane.getWidth() - 100);
59        }
60      });
61
62      // Create a scene and place it in the stage
63      Scene scene = new Scene(borderPane, 400, 350);
64      primaryStage.setTitle("AnonymousHandlerDemo"); // Set title
65      primaryStage.setScene(scene); // Place the scene in the stage
66      primaryStage.show(); // Display the stage
67    }
68  }
```

程序使用匿名内部类创建四个处理器（第 32～60 行）。如果不使用匿名内部类，需要创建四个独立的类。匿名处理器如同内部类一样工作。使用匿名内部类使程序变得精简。使用匿名内部类的另外一个好处是处理器可以访问局部变量。在本例中，事件处理器引用了局部变量 text（第 35、42、50 和 57 行）。

这个例子中的匿名内部类被编译成 AnonymousHandlerDemo$1.class、Anonymous Handler-Demo$2.class、AnonymousHandlerDemo$3.class 和 Anonymous-HandlerDemo$4.class。

复习题

15.5.1 如果类 A 是类 B 中的一个内部类，A 的 `.class` 文件名字是什么？如果类 B 包含两个匿名内部类，这两个类的 `.class` 文件名是什么？

15.5.2 下面的代码有什么错误？

```java
public class Test extends Application {
  public void start(Stage stage) {
    Button btOK = new Button("OK");
  }

  private class Handler implements
      EventHandler<ActionEvent> {
    public void handle(Action e) {
      System.out.println(e.getSource());
    }
  }
}
```

a)

```java
public class Test extends Application {
  public void start(Stage stage) {
    Button btOK = new Button("OK");

    btOK.setOnAction(
      new EventHandler<ActionEvent> {
        public void handle
          (ActionEvent e) {
          System.out.println
            (e.getSource());
        }
      } // Something missing here
  }
}
```

b)

15.6 使用 lambda 表达式简化事件处理

要点提示：可以使用 lambda 表达式来极大地简化事件处理的代码编写。

lambda 表达式是 Java 8 的新特征。lambda 表达式可以被视为使用精简语法的匿名内部类。例如，下面图 a 中的代码可以使用 lambda 表达式极大程度地简化成如图 b 中代码所示的三行。注意，图 a 中的 `EventHandler<ActionEvent>` 接口和 `handle` 方法在图 b 中被去掉了。可以这样简化，是因为 Java 编译器可以自动推出 `setOnAction` 方法需要一个 `EventHandler<ActionEvent>` 的实例，而 `handle` 是 `EventHandler<ActionEvent>` 接口中的唯一方法。图 b 中包含的 lambda 表达式的完整代码可以参见 liveexample.pearsoncmg.com/html/ControlCircleWithLambdaExpression.html。

```java
btEnlarge.setOnAction {
  new EventHandler<ActionEvent>() {
    @Override
    public void handle(ActionEvent e) {
      // Code for processing event e
    }
  }
});
```

a) 匿名内部类事件处理器

```java
btEnlarge.setOnAction(e -> {
  // Code for processing event e
});
```

b) lambda 表达式事件处理器

lambda 表达式的基本语法是

`(type1 param1, type2 param2, ...) -> expression`

或者

`(type1 param1, type2 param2, ...) -> { statements; }`

参数的数据类型既可以显式声明，也可以由编译器隐式推断。如果只有一个参数，并且没有显式的数据类型，圆括号可以被省略。如果只有一条语句，花括号可以省略。例如，以下 lambda 表达式是等价的。注意，d 中的语句后没有分号。

```
(ActiionEvent e) -> {
  circlePane.enlarge(); }
```
a) 具有一条语句的 lambda 表达式

```
(e) -> {
  circlePane.enlarge(); }
```
b) 省略参数的数据类型

```
e -> {
  circlePane.enlarge(); }
```
c) 省略圆括号

```
e ->
  circlePane.enlarge()
```
d) 省略花括号

编译器将 lambda 表达式当作从一个匿名内部类创建的对象。编译器采用三个步骤来处理一个 lambda 表达式：（1）确定 lambda 表达式类型；（2）确定参数类型；（3）确定语句。考虑以下 lambda 表达式：

```
btEnlarge.setOnAction(
  e -> {
  // Code for processing event e
  }
);
```

它的处理过程如下：

第一步：编译器识别该对象应该是 EventHandler<ActionEvent> 的一个实例，因为表达式是 setOnAction 方法的参数，如下图所示：

（1）编译器识别出 lambda 表达式是 EventHandler<ActionEvent> 类型的对象，因为该表达式是 setOnAction 方法的参数。

（2）编译器识别出 e 是 ActionEvent 类型的参数，因为 EventHandler<ActionEvent> 接口定义的 handle 方法有一个 ActionEvent 类型的参数。

（3）编译器识别出处理事件 e 的代码是 handle 方法的语句。

第二步：由于 EventHandler 接口定义了具有一个 ActionEvent 类型参数的 handle 方法，编译器识别出 e 为 ActionEvent 类型的参数。

第三步：编译器识别出处理 e 的代码是 handle 方法的方法体中的语句。

EventHandler 接口仅包含一个名为 handle 的方法。lambda 表达式中的语句都在这个方法中。如果它包含多个方法，编译器将无法编译 lambda 表达式。因此，如果要使编译器理解 lambda 表达式，接口必须只包含一个抽象的方法。这样的接口称为单抽象方法（Single Abstract Method，SAM）接口。

实质上，lambda 表达式创建了一个对象，该对象通过调用这个单个的方法来执行函数。因此，SAM 接口也称为函数接口（functional interface），而函数接口的实例称为函数对象（function object）。由于 lambda 表达式就是在定义一个函数，lambda 表达式也称为 lambda 函数（lambda function）。词汇 lambda 表达式和 lambda 函数是可以互换的。

程序清单 15-4 可以使用 lambda 表达式简化，如程序清单 15-5 所示。

程序清单 15-5 LambdaHandlerDemo.java

```
1  import javafx.application.Application;
2  import javafx.event.ActionEvent;
```

```java
 3   import javafx.event.EventHandler;
 4   import javafx.geometry.Pos;
 5   import javafx.scene.Scene;
 6   import javafx.scene.control.Button;
 7   import javafx.scene.layout.BorderPane;
 8   import javafx.scene.layout.HBox;
 9   import javafx.scene.layout.Pane;
10   import javafx.scene.text.Text;
11   import javafx.stage.Stage;
12
13   public class LambdaHandlerDemo extends Application {
14     @Override // Override the start method in the Application class
15     public void start(Stage primaryStage) {
16       Text text = new Text(40, 40, "Programming is fun");
17       Pane pane = new Pane(text);
18
19       // Hold four buttons in an HBox
20       Button btUp = new Button("Up");
21       Button btDown = new Button("Down");
22       Button btLeft = new Button("Left");
23       Button btRight = new Button("Right");
24       HBox hBox = new HBox(btUp, btDown, btLeft, btRight);
25       hBox.setSpacing(10);
26       hBox.setAlignment(Pos.CENTER);
27
28       BorderPane borderPane = new BorderPane(pane);
29       borderPane.setBottom(hBox);
30
31       // Create and register the handler
32       btUp.setOnAction((ActionEvent e) -> {
33         text.setY(text.getY() > 10 ? text.getY() - 5 : 10);
34       });
35
36       btDown.setOnAction((e) -> {
37         text.setY(text.getY() < pane.getHeight() ?
38           text.getY() + 5 : pane.getHeight());
39       });
40
41       btLeft.setOnAction(e -> {
42         text.setX(text.getX() > 0 ? text.getX() - 5 : 0);
43       });
44
45       btRight.setOnAction(e ->
46         text.setX(text.getX() < pane.getWidth() - 100?
47           text.getX() + 5 : pane.getWidth() - 100)
48       );
49
50       // Create a scene and place it in the stage
51       Scene scene = new Scene(borderPane, 400, 350);
52       primaryStage.setTitle("AnonymousHandlerDemo"); // Set title
53       primaryStage.setScene(scene); // Place the scene in the stage
54       primaryStage.show(); // Display the stage
55     }
56   }
```

程序使用 lambda 表达式创建 4 个处理器（第 32 ~ 48 行）。使用 lambda 表达式，代码变得更加精简和清晰。如这个例子中所见，lambda 表达式可以具有多个变种。第 32 行使用一个声明的类型。第 36 行使用一个推断的类型因为类型可以被编译器确定。第 41 行为单个可推断的类型省略了圆括号。第 45 行忽略了花括弧，因为方法体里面只有一条语句。

可以通过使用内部类、匿名内部类或者 lambda 表达式定义处理器类。推荐使用 lambda 表达式，因为它可以产生更加精简、清晰和整洁的代码。

使用 lambda 表达式不仅简化了语法，而且也简化了事件处理的概念。针对第 45 行的语句，

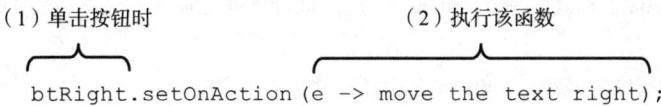

现在可以简单地说，当单击 btRight 按钮时，调用 lambda 函数使得文本右移。

可以定义一个自定义函数接口并在 lambda 表达式中使用。考虑代码清单 15-6 中的示例：

程序清单 15-6 TestLambda.java

```java
 1  public class TestLambda {
 2    public static void main(String[] args) {
 3      TestLambda test = new TestLambda();
 4      test.setAction1(() -> System.out.print("Action 1! "));
 5      test.setAction2(e -> System.out.print(e + " "));
 6      System.out.println(test.getValue((e1, e2) -> e1 + e2));
 7    }
 8
 9    public void setAction1(T1 t) {
10      t.m1();
11    }
12
13    public void setAction2(T2 t) {
14      t.m2(4.5);
15    }
16
17    public int getValue(T3 t) {
18      return t.m3(5, 2);
19    }
20  }
21
22  @FunctionalInterface
23  interface T1 {
24    public void m1();
25  }
26
27  @FunctionalInterface
28  interface T2 {
29    public void m2(Double d);
30  }
31
32  @FunctionalInterface
33  interface T3 {
34    public int m3(int d1, int d2);
35  }
```

标注 @FunctionalInterface 告诉编译器该接口是一个函数接口。由于 T1、T2 和 T3 都是函数接口，lambda 表达式可以和方法 setAction1(T1)、setAction2(T2)、getValue(T3) 一起使用。第 4 行的语句等价于使用一个匿名内部类，如下所示：

```java
test.setAction1(new T1() {
  @Override
```

```
      public void m1() {
        System.out.print("Action 1! ");
      }
    });
```

复习题

15.6.1 什么是 lambda 表达式？使用 lambda 表达式进行事件处理有什么好处？ lambda 表达式的语法是什么？

15.6.2 什么是函数接口？为什么 lambda 表达式需要一个函数接口？

15.6.3 使用匿名内部类替换 TestLambda.java 中第 5 和 6 行的代码。

15.7 示例学习：贷款计算器

要点提示：本例采用 GUI 控件上的事件驱动编程开发一个贷款计算器。

现在，我们为本章开始时提出的贷款计算器问题编写程序。这个程序中有以下关键几步：

1) 创建用户界面，如图 15-9 所示。

    a) 创建一个 GridPane，添加标签、文本域和按钮到面板中。

    b) 将按钮设置为右侧对齐。

2) 处理事件。

创建并注册一个处理器，用于处理按钮单击动作事件。处理器获得用户输入的贷款额度、利率和年数。计算月支付额和总支付额，并将值显示在文本域中。

完整的程序在程序清单 15-7 中给出。

图 15-9 程序计算贷款支付

程序清单 15-7 LoanCalculator.java

```java
 1  import javafx.application.Application;
 2  import javafx.geometry.Pos;
 3  import javafx.geometry.HPos;
 4  import javafx.scene.Scene;
 5  import javafx.scene.control.Button;
 6  import javafx.scene.control.Label;
 7  import javafx.scene.control.TextField;
 8  import javafx.scene.layout.GridPane;
 9  import javafx.stage.Stage;
10
11  public class LoanCalculator extends Application {
12    private TextField tfAnnualInterestRate = new TextField();
13    private TextField tfNumberOfYears = new TextField();
14    private TextField tfLoanAmount = new TextField();
15    private TextField tfMonthlyPayment = new TextField();
16    private TextField tfTotalPayment = new TextField();
17    private Button btCalculate = new Button("Calculate");
18
19    @Override // Override the start method in the Application class
20    public void start(Stage primaryStage) {
21      // Create UI
22      GridPane gridPane = new GridPane();
23      gridPane.setHgap(5);
24      gridPane.setVgap(5);
```

```java
25      gridPane.add(new Label("Annual Interest Rate:"), 0, 0);
26      gridPane.add(tfAnnualInterestRate, 1, 0);
27      gridPane.add(new Label("Number of Years:"), 0, 1);
28      gridPane.add(tfNumberOfYears, 1, 1);
29      gridPane.add(new Label("Loan Amount:"), 0, 2);
30      gridPane.add(tfLoanAmount, 1, 2);
31      gridPane.add(new Label("Monthly Payment:"), 0, 3);
32      gridPane.add(tfMonthlyPayment, 1, 3);
33      gridPane.add(new Label("Total Payment:"), 0, 4);
34      gridPane.add(tfTotalPayment, 1, 4);
35      gridPane.add(btCalculate, 1, 5);
36
37      // Set properties for UI
38      gridPane.setAlignment(Pos.CENTER);
39      tfAnnualInterestRate.setAlignment(Pos.BOTTOM_RIGHT);
40      tfNumberOfYears.setAlignment(Pos.BOTTOM_RIGHT);
41      tfLoanAmount.setAlignment(Pos.BOTTOM_RIGHT);
42      tfMonthlyPayment.setAlignment(Pos.BOTTOM_RIGHT);
43      tfTotalPayment.setAlignment(Pos.BOTTOM_RIGHT);
44      tfMonthlyPayment.setEditable(false);
45      tfTotalPayment.setEditable(false);
46      GridPane.setHalignment(btCalculate, HPos.RIGHT);
47
48      // Process events
49      btCalculate.setOnAction(e -> calculateLoanPayment());
50
51      // Create a scene and place it in the stage
52      Scene scene = new Scene(gridPane, 400, 250);
53      primaryStage.setTitle("LoanCalculator"); // Set title
54      primaryStage.setScene(scene); // Place the scene in the stage
55      primaryStage.show(); // Display the stage
56    }
57
58    private void calculateLoanPayment() {
59      // Get values from text fields
60      double interest =
61        Double.parseDouble(tfAnnualInterestRate.getText());
62      int year = Integer.parseInt(tfNumberOfYears.getText());
63      double loanAmount =
64        Double.parseDouble(tfLoanAmount.getText());
65
66      // Create a loan object. Loan defined in Listing 10.2
67      Loan loan = new Loan(interest, year, loanAmount);
68
69      // Display monthly payment and total payment
70      tfMonthlyPayment.setText(String.format("$%.2f",
71        loan.getMonthlyPayment()));
72      tfTotalPayment.setText(String.format("$%.2f",
73        loan.getTotalPayment()));
74    }
75  }
```

在 start 方法中创建用户界面（第 22～46 行）。按钮为事件源。创建一个处理器并注册到该按钮上（第 49 行）。按钮处理器调用 calculateLoanPayment() 方法来得到利率（第 60 行）、年数（第 62 行）以及贷款额度（第 64 行）。调用 tfAnnualInterestRate.getText() 返回 tfAnualInterestRate 文本域中的字符串文本。使用 Loan 类计算贷款支付。该类在程序清单 10-2 中引入。调用 loan.getMonthlyPayment() 返回贷款的按月支付额度（第 71 行）。在 10.10.7 节中引入的 String.format 方法将数字格式化成所需的格式，并将其作为字符串返回（第 70 和 72 行）。在一个文本域上调用 setText 方法将一个字符串值设置在文本域中。

15.8 鼠标事件

☞ 要点提示：当在一个结点上或者一个场景中按下、释放、单击、移动或者拖动鼠标按键时，会触发一个 MouseEvent 事件。

MouseEvent 对象捕获事件，例如与之相关的单击数、鼠标位置（x 和 y 坐标），或者哪个鼠标按键被按下，如图 15-10 所示。

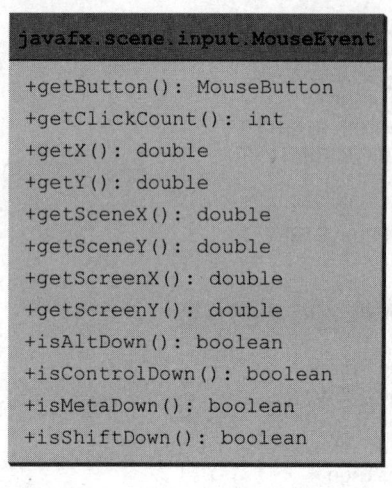

图 15-10 MouseEvent 类封装了鼠标事件的信息

在 MouseButton 中定义了四个常数——PRIMARY、SECONDARY、MIDDLE 和 NONE，分别表示鼠标的左键、右键、中键以及无键。可以使用 getButton() 方法来检测哪个鼠标键被按下。例如，getButton()==MouseButton.SECONDARY 测试右键是否被按下。也可以使用 isPrimaryButtonDown()、isSecondaryButtonDown() 或者 isMiddleButtonDown() 来测试左键、右键或者中键是否被按下。

鼠标事件及其相应的处理器注册方法在表 15-1 中列出。我们通过一个示例来演示使用鼠标事件，在一个面板中显示一条消息，并且可以使用鼠标来移动消息。拖动鼠标时消息也移动，并且总是显示在鼠标指针处。程序清单 15-8 给出了该程序。程序的一个运行示例如图 15-11 所示。

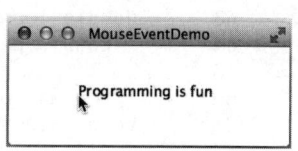

图 15-11 可以通过拖动鼠标来移动消息

程序清单 15-8 MouseEventDemo.java

```
1  import javafx.application.Application;
2  import javafx.scene.Scene;
3  import javafx.scene.layout.Pane;
4  import javafx.scene.text.Text;
5  import javafx.stage.Stage;
6
7  public class MouseEventDemo extends Application {
8    @Override // Override the start method in the Application class
9    public void start(Stage primaryStage) {
```

```
10      // Create a pane and set its properties
11      Pane pane = new Pane();
12      Text text = new Text(20, 20, "Programming is fun");
13      pane.getChildren().addAll(text);
14      text.setOnMouseDragged(e -> {
15        text.setX(e.getX());
16        text.setY(e.getY());
17      });
18
19      // Create a scene and place it in the stage
20      Scene scene = new Scene(pane, 300, 100);
21      primaryStage.setTitle("MouseEventDemo"); // Set the stage title
22      primaryStage.setScene(scene); // Place the scene in the stage
23      primaryStage.show(); // Display the stage
24    }
25  }
```

每个结点和场景都可以触发鼠标事件。该程序创建了一个 Text（第 12 行）并注册一个处理器来处理鼠标拖动事件（第 14 行）。一旦拖动鼠标，文本的 x 和 y 坐标就被设置为鼠标的位置（第 15 和 16 行）。

✔ **复习题**

15.8.1 对于鼠标事件，使用什么方法来得到鼠标点的位置？

15.8.2 对于鼠标按下、释放、单击、进入、退出、移动和拖动事件，使用什么方法来注册一个相应的处理器？

15.9 键盘事件

☞ **要点提示**：任何时候在一个结点或者一个场景上按下、释放或者敲击键盘按键，都会触发一个 KeyEvent 事件。

按键事件使得可以采用键盘按键来控制和执行动作，或者从键盘获得输入。KeyEvent 对象描述了事件的性质（即某个键被按下、释放或者敲击）以及键值，如图 15-12 所示。

按下键、释放键和敲击键等键盘事件以及对应的处理器注册方法在表 15-1 中列出。当按下键时，按键处理器被调用；当释放键时，释放键处理器被调用；当键入一个 Unicode 字符时，敲击键处理器被调用。如果某个键没有相应的 Unicode（例如，功能键、修饰符键、动作键、方向键以及控制键等），敲击键处理器将不会被调用。

javafx.scene.input.KeyEvent	
+getCharacter(): String	返回该事件中与该键相关的字符
+getCode(): KeyCode	返回该事件中与该键相关的键编码
+getText(): String	返回一个描述键编码的字符串
+isAltDown(): boolean	如果该事件中 Alt 键被按下，则返回 true
+isControlDown(): boolean	如果该事件中 Control 键被按下，则返回 true
+isMetaDown(): boolean	如果该事件中鼠标的 Meta 按钮被按下，则返回 true
+isShiftDown(): boolean	如果该事件中 Shift 键被按下，则返回 true

图 15-12 KeyEvent 类封装了关于键盘事件的信息

每个键盘事件有一个相关的编码，可以通过 KeyEvent 中的 getCode() 方法返回。键的编码是定义在 KeyCode 中的常量。表 15-2 列出了一些常量。KeyCode 为 enum 类型。关于

enum 类型的使用，参见补充材料 I。对于按下键和释放键事件，getCode() 返回表中定义的值，getText() 返回一个描述键代码的字符串，而 getCharacter() 返回一个空字符串。对于敲击键的事件，getCode() 返回 UNDEFINED，而 getCharacter() 返回 Unicode 字符或者和敲击键事件相关的一个字符序列。

表 15-2 KeyCode 常量

常量	描述	常量	描述
HOME	Home 键	DOWN	下箭头键
END	End 键	LEFT	左箭头键
PAGE_UP	Page Up 键	RIGHT	右箭头键
PAGE_DOWN	Page Down 键	ESCAPE	Esc 键
UP	上箭头键	TAB	Tab 键
CONTROL	Control 键	ENTER	Enter 键
SHIFT	Shift 键	UNDEFINED	keyCode 未知
BACK_SPACE	Backspace 键	F1～F12	从 F1 到 F12 的函数键
CAPS	Caps Lock 键	0～9	从 0 到 9 的数字键
NUM_LOCK	Num Lock 键	A～Z	从 A 到 Z 的字母键

程序清单 15-9 中的程序显示了一个用户输入的字符。用户可以使用上、下、左、右箭头键来将字符做相应移动。图 15-13 包含了程序的一个运行示例。

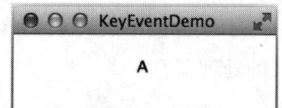

图 15-13 程序通过显示一个字符以及上、下、左、右移动字符来响应键盘事件

程序清单 15-9 KeyEventDemo.java

```
1  import javafx.application.Application;
2  import javafx.scene.Scene;
3  import javafx.scene.layout.Pane;
4  import javafx.scene.text.Text;
5  import javafx.stage.Stage;
6
7  public class KeyEventDemo extends Application {
8    @Override // Override the start method in the Application class
9    public void start(Stage primaryStage) {
10     // Create a pane and set its properties
11     Pane pane = new Pane();
12     Text text = new Text(20, 20, "A");
13
14     pane.getChildren().add(text);
15     text.setOnKeyPressed(e -> {
16       switch (e.getCode()) {
17         case DOWN: text.setY(text.getY() + 10); break;
18         case UP: text.setY(text.getY() - 10); break;
19         case LEFT: text.setX(text.getX() - 10); break;
20         case RIGHT: text.setX(text.getX() + 10); break;
21         default:
22           if (e.getText().length() > 0)
23             text.setText(e.getText());
24       }
25     });
26
27     // Create a scene and place it in the stage
28     Scene scene = new Scene(pane);
29     primaryStage.setTitle("KeyEventDemo"); // Set the stage title
30     primaryStage.setScene(scene); // Place the scene in the stage
31     primaryStage.show(); // Display the stage
```

```
 32
 33       text.requestFocus(); // text is focused to receive key input
 34     }
 35   }
```

程序创建一个面板（第 11 行）和一个文本（第 12 行），并将文本置于面板中（第 14 行）。在第 15～25 行注册一个处理器到文本以响应按键事件。当一个键被按下，处理器被调用。程序使用 e.getCode()（第 16 行）来获得键的编码，使用 e.getText()（第 23 行）来得到该键的字符。注意，对于非可打印字符，比如 CTRL 键或者 SHIFT 键，e.getText() 返回一个空字符串。当一个非方向键被按下时，显示该字符（第 22 和 23 行）。当一个方向键被按下时，字符按照方向键所示的方向移动（第 17～20 行）。注意，在一个枚举类型值的 switch 语句中，case 后面跟的是枚举常量（第 16～24 行）。常量是没有限定的。例如，在 case 子句中使用 KeyCode.DOWN 将出错（参见附录 I）。

只有获得输入焦点的结点才可以接收 KeyEvent 事件。在 text 上调用 requestFocus() 使得 text 可以接收键盘输入（第 33 行）。该方法必须在显示舞台后调用。程序第 15 行中的 text 替换为 scene 依然可以正确运行，如下所示：

```
scene.setOnKeyPressed(e -> { ... });
```

无须调用 scene.requestFocus()，因为场景是接收键盘事件的顶层容器。

现在我们可以为程序清单 15-3 中的 ControlCircle 例子加入更多的控制，比如通过单击鼠标左/右键，或者按上/下箭头键来增加/减小圆的半径。新的程序在程序清单 15-10 中给出。

程序清单 15-10 ControlCircleWithMouseAndKey.java

```
 1  import javafx.application.Application;
 2  import javafx.geometry.Pos;
 3  import javafx.scene.Scene;
 4  import javafx.scene.control.Button;
 5  import javafx.scene.input.KeyCode;
 6  import javafx.scene.input.MouseButton;
 7  import javafx.scene.layout.HBox;
 8  import javafx.scene.layout.BorderPane;
 9  import javafx.stage.Stage;
10
11  public class ControlCircleWithMouseAndKey extends Application {
12    private CirclePane circlePane = new CirclePane();
13
14    @Override // Override the start method in the Application class
15    public void start(Stage primaryStage) {
16      // Hold two buttons in an HBox
17      HBox hBox = new HBox();
18      hBox.setSpacing(10);
19      hBox.setAlignment(Pos.CENTER);
20      Button btEnlarge = new Button("Enlarge");
21      Button btShrink = new Button("Shrink");
22      hBox.getChildren().add(btEnlarge);
23      hBox.getChildren().add(btShrink);
24
25      // Create and register the handler
26      btEnlarge.setOnAction(e -> circlePane.enlarge());
27      btShrink.setOnAction(e -> circlePane.shrink());
28
29      BorderPane borderPane = new BorderPane();
30      borderPane.setCenter(circlePane);
```

```
31      borderPane.setBottom(hBox);
32      BorderPane.setAlignment(hBox, Pos.CENTER);
33
34      // Create a scene and place it in the stage
35      Scene scene = new Scene(borderPane, 200, 150);
36      primaryStage.setTitle("ControlCircle"); // Set the stage title
37      primaryStage.setScene(scene); // Place the scene in the stage
38      primaryStage.show(); // Display the stage
39
40      circlePane.setOnMouseClicked(e -> {
41        if (e.getButton() == MouseButton.PRIMARY) {
42          circlePane.enlarge();
43        }
44        else if (e.getButton() == MouseButton.SECONDARY) {
45          circlePane.shrink();
46        }
47      });
48
49      scene.setOnKeyPressed(e -> {
50        if (e.getCode() == KeyCode.UP) {
51          circlePane.enlarge();
52        }
53        else if (e.getCode() == KeyCode.DOWN) {
54          circlePane.shrink();
55        }
56      });
57    }
58  }
```

CirclePane类（第12行）已经在程序清单15-3中定义了，可以在本程序中重用。

第40～47行创建了针对鼠标单击事件的处理器。如果单击鼠标左键，圆将增大（第41～43行）；如果单击鼠标右键，圆将缩小（第44～46行）。

第49～56行创建了一个针对按键事件的处理器。如果按下向上箭头键，圆将增大（第50～52行）；如果按下向下箭头键，圆将缩小（第53～55行）。

复习题

15.9.1 使用什么方法来针对按下、释放以及敲击键等事件注册处理器？这些方法定义在哪些类中？（参见表15-1。）

15.9.2 使用什么方法从一个敲击键的事件中获得该键的字符？针对按下键和释放键的事件，使用什么方法来得到键的编码？

15.9.3 如何设置焦点到结点上，使得它可以监听键盘事件？

15.9.4 在代码清单15-9的第57行插入以下代码，如果用户按下字母A键，输出结果是什么？如果用户按下向上箭头键，输出结果是什么？

```
circlePane.setOnKeyPressed(e ->
  System.out.println("Key pressed " + e.getCode()));
circlePane.setOnKeyTyped(e ->
  System.out.println("Key typed " + e.getCode()));
```

15.10 可观察对象的监听器

要点提示：可以通过添加一个监听器来处理一个可观察对象中值的变化。

Observable类的实例可以认为是一个可观察对象，它包含了一个addListener (InvalidationListener listener)方法用于添加监听器。监听器类必须实现函数接口

InvalidationListener 以重写 invalidated(Observable o) 方法，从而可以处理值的改变。一旦 Observable 对象中的值改变了，通过调用 invalidated(Observable o) 方法通知监听器。每个绑定属性都是 Observable 的实例。程序清单 15-11 给出了一个示例，在一个 DoubleProperty 对象 balance 上观察和处理改变。

程序清单 15-11 ObservablePropertyDemo.java

```java
1  import javafx.beans.InvalidationListener;
2  import javafx.beans.Observable;
3  import javafx.beans.property.DoubleProperty;
4  import javafx.beans.property.SimpleDoubleProperty;
5
6  public class ObservablePropertyDemo {
7    public static void main(String[] args) {
8      DoubleProperty balance = new SimpleDoubleProperty();
9      balance.addListener(new InvalidationListener() {
10       public void invalidated(Observable ov) {
11         System.out.println("The new value is " +
12           balance.doubleValue());
13       }
14     });
15
16     balance.set(4.5);
17   }
18 }
```

```
The new value is 4.5
```

执行第 16 行会导致改变 balance，通过调用监听器的 invalidated 方法来通知监听器这一变化。

注意，第 9 ～ 14 行的匿名内部类可以通过 lambda 表达式简化如下：

```java
balance.addListener(ov -> {
  System.out.println("The new value is " +
    balance.doubleValue());
});
```

程序清单 15-12 给出了一个程序，显示一个圆以及它的外接矩形，如图 15-14 所示。当用户改变窗体大小的时候，圆和矩形将自动改变大小。

程序清单 15-12 ResizableCircleRectangle.java

```java
1  import javafx.application.Application;
2  import javafx.scene.paint.Color;
3  import javafx.scene.shape.Circle;
4  import javafx.scene.shape.Rectangle;
5  import javafx.stage.Stage;
6  import javafx.scene.Scene;
7  import javafx.scene.control.Label;
8  import javafx.scene.layout.StackPane;
9
10 public class ResizableCircleRectangle extends Application {
11   // Create a circle and a rectangle
12   private Circle circle = new Circle(60);
13   private Rectangle rectangle = new Rectangle(120, 120);
14
15   // Place clock and label in border pane
16   private StackPane pane = new StackPane();
```

```
17
18    @Override // Override the start method in the Application class
19    public void start(Stage primaryStage) {
20      circle.setFill(Color.GRAY);
21      rectangle.setFill(Color.WHITE);
22      rectangle.setStroke(Color.BLACK);
23      pane.getChildren().addAll(rectangle, circle);
24
25      // Create a scene and place the pane in the stage
26      Scene scene = new Scene(pane, 140, 140);
27      primaryStage.setTitle("ResizableCircleRectangle");
28      primaryStage.setScene(scene); // Place the scene in the stage
29      primaryStage.show(); // Display the stage
30
31      pane.widthProperty().addListener(ov -> resize());
32      pane.heightProperty().addListener(ov -> resize());
33    }
34
35    private void resize() {
36      double length = Math.min(pane.getWidth(), pane.getHeight());
37      circle.setRadius(length / 2 - 15);
38      rectangle.setWidth(length - 30);
39      rectangle.setHeight(length - 30);
40    }
41  }
```

该程序为栈面板的 width 和 height 属性注册了监听器（第 31 和 32 行）。当用户改变窗体大小时，面板的大小被改变，因此调用监听器以运行 resize() 方法，从而改变圆和矩形的大小（第 35～40 行）。

✓ 复习题

15.10.1 如果将第 31 和 32 行的 pane 替换为 scene 或者 primaryStage，会出现什么情况？

图 15-14 程序在栈面板中放置一个矩形和一个圆，当窗体改变大小时自动改变它们的大小

15.11 动画

要点提示：JavaFX 中的 Animation 类为所有的动画制作提供了核心功能。

假设想编写一个程序来实现一个升旗的动画，如图 15-15 所示。如何完成这个任务呢？有几种编程方法。一个有效的方法是使用 JavaFX 的 Animation 类的子类。这就是本节讨论的主题。

 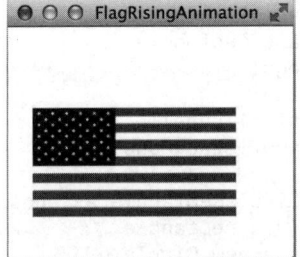 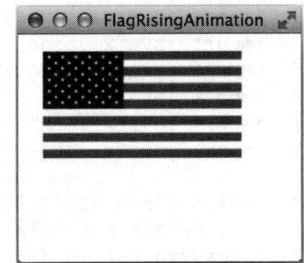

图 15-15 该动画模拟了升旗。来源：booka/Fotolia

抽象类 Animation 提供了 JavaFX 中动画制作的核心功能，如图 15-16 所示。JavaFX 提

供了许多 Animation 的具体子类。本节介绍 PathTransition、FadeTransition 和 Timeline。

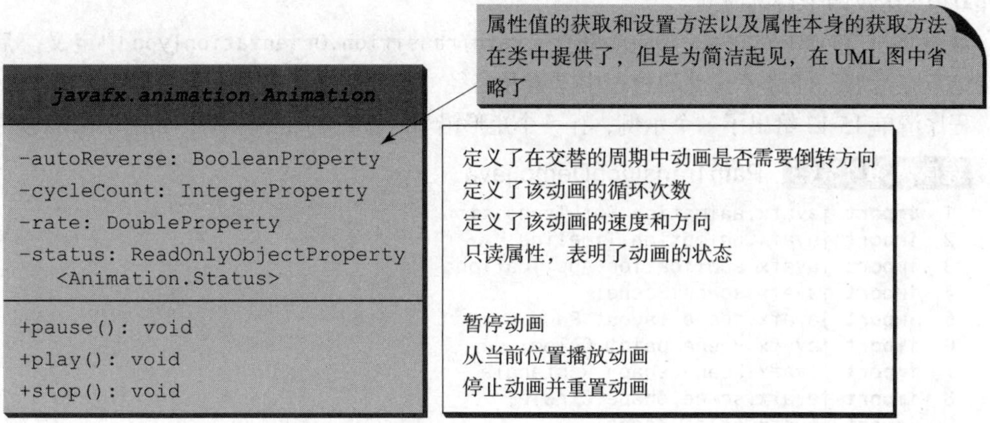

```
                                  属性值的获取和设置方法以及属性本身的获取方法
                                  在类中提供了，但是为简洁起见，在UML图中省
                                  略了
   javafx.animation.Animation

  -autoReverse: BooleanProperty           定义了在交替的周期中动画是否需要倒转方向
  -cycleCount: IntegerProperty            定义了该动画的循环次数
  -rate: DoubleProperty                   定义了该动画的速度和方向
  -status: ReadOnlyObjectProperty         只读属性，表明了动画的状态
     <Animation.Status>

  +pause(): void                          暂停动画
  +play(): void                           从当前位置播放动画
  +stop(): void                           停止动画并重置动画
```

图 15-16 抽象类 Animation 是用于 JavaFX 动画的基类

autoReverse 是一个 Boolean 属性，表示下一周期中动画是否要倒转方向。cycleCount 表示了该动画的循环次数。可以使用常量 Timeline.INDEFINITE 来表示无限循环。rate 定义了动画的速度。负的 rate 值表示动画的相反方向。status 是只读属性，表明了动画的状态 (Animation.Status.PAUSED、Animation.Status.RUNNING 和 Animation.Status.STOPPED)。方法 pause()、play() 和 stop() 分别用于暂停、播放和终止动画。

15.11.1 PathTransition

PathTransition 类制作一个在给定时间内，某个结点沿着一条路径从一个端点到另一个端点移动的动画，PathTransition 是 Animation 的子类型。它的 UML 类图如 15-17 所示。

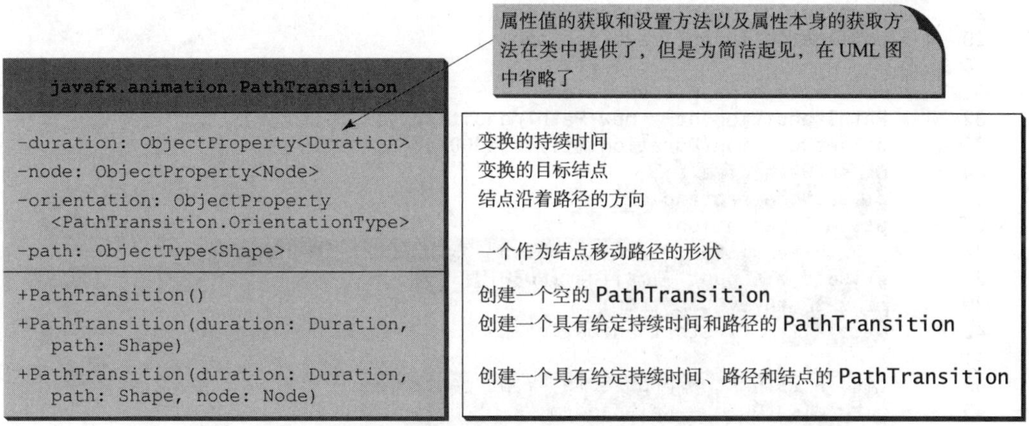

```
                                     属性值的获取和设置方法以及属性本身的获取方
                                     法在类中提供了，但是为简洁起见，在UML图
                                     中省略了
 javafx.animation.PathTransition

 -duration: ObjectProperty<Duration>       变换的持续时间
 -node: ObjectProperty<Node>               变换的目标结点
 -orientation: ObjectProperty              结点沿着路径的方向
    <PathTransition.OrientationType>
 -path: ObjectType<Shape>                  一个作为结点移动路径的形状

 +PathTransition()                         创建一个空的 PathTransition
 +PathTransition(duration: Duration,       创建一个具有给定持续时间和路径的 PathTransition
    path: Shape)
 +PathTransition(duration: Duration,       创建一个具有给定持续时间、路径和结点的 PathTransition
    path: Shape, node: Node)
```

图 15-17 PathTransition 类定义了一个结点沿着某条路径的移动动画

Duration 类定义了持续事件。它是一个不可变类。这个类定义了常量 INDEFINTE、ONE、UNKNOWN 和 ZERO 来分别代表一个无限循环、1毫秒、未知以及零持续时间。可以使用 new Duration(double millis) 来创建一个 Duration 实例，可以使用 add、subtract、multiply 和 divide 方法来执行算术运算，还可以使用 toHours()、toMinutes()、toSeconds()

和 toMillis() 来返回持续时间值中的小时数、分钟数、秒数以及毫秒数。还可以使用 compareTo 比较两个持续时间。

常量 NONE 和 ORTHOGONAL_TO_TANGET 在 PathTransition.OrientationType 中定义。后者确定结点在沿着几何路径移动的过程中是否和路径的切线保持垂直。

程序清单 15-13 给出了一个示例，让一个矩形沿着一个圆的轮廓移动，如图 15-18a 所示。

程序清单 15-13 PathTransitionDemo.java

```java
import javafx.animation.PathTransition;
import javafx.animation.Timeline;
import javafx.application.Application;
import javafx.scene.Scene;
import javafx.scene.layout.Pane;
import javafx.scene.paint.Color;
import javafx.scene.shape.Rectangle;
import javafx.scene.shape.Circle;
import javafx.stage.Stage;
import javafx.util.Duration;

public class PathTransitionDemo extends Application {
  @Override // Override the start method in the Application class
  public void start(Stage primaryStage) {
    // Create a pane
    Pane pane = new Pane();

    // Create a rectangle
    Rectangle rectangle = new Rectangle (0, 0, 25, 50);
    rectangle.setFill(Color.ORANGE);

    // Create a circle
    Circle circle = new Circle(125, 100, 50);
    circle.setFill(Color.WHITE);
    circle.setStroke(Color.BLACK);

    // Add circle and rectangle to the pane
    pane.getChildren().add(circle);
    pane.getChildren().add(rectangle);

    // Create a path transition
    PathTransition pt = new PathTransition();
    pt.setDuration(Duration.millis(4000));
    pt.setPath(circle);
    pt.setNode(rectangle);
    pt.setOrientation(
      PathTransition.OrientationType.ORTHOGONAL_TO_TANGENT);
    pt.setCycleCount(Timeline.INDEFINITE);
    pt.setAutoReverse(true);
    pt.play(); // Start animation

    circle.setOnMousePressed(e -> pt.pause());
    circle.setOnMouseReleased(e -> pt.play());

    // Create a scene and place it in the stage
    Scene scene = new Scene(pane, 250, 200);
    primaryStage.setTitle("PathTransitionDemo"); // Set the stage title
    primaryStage.setScene(scene); // Place the scene in the stage
    primaryStage.show(); // Display the stage
  }
}
```

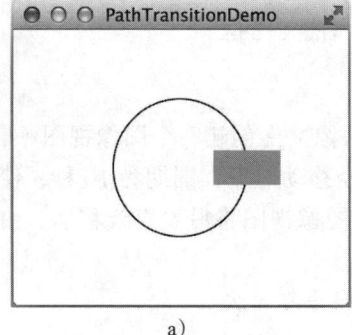
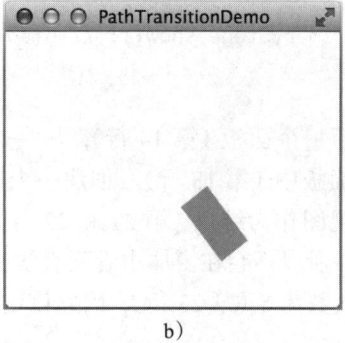

图 15-18 PathTransition 制作一个矩形沿着圆移动的动画

程序创建了一个面板（第 16 行）、一个矩形（第 19 行）和一个圆（第 23 行）。圆和矩形被置于面板中（第 28 和 29 行）。如果该圆没有置于面板中，你将看到如图 15-18b 所示的截屏。

程序创建了一个路径移动对象（第 32 行），设置其每个动画周期的持续时间为 4 秒（第 33 行），设置圆为路径（第 34 行），将矩形设置为结点（第 35 行），并设置方向为垂直于切线（第 36 行）。

循环次数设为无限次（第 38 行），从而动画将一直持续。自动倒转设置为真（第 39 行），因此每个交替周期中运动方向会倒转。程序通过调用 play() 方法启动动画（第 40 行）。

如果将第 42 行的 pause() 方法替换为 stop() 方法，动画将从最开始的状态重启。

程序清单 15-14 给出了一个升旗的动画的程序，如图 15-14 所示。

程序清单 15-14 FlagRisingAnimation.java

```
1  import javafx.animation.PathTransition;
2  import javafx.application.Application;
3  import javafx.scene.Scene;
4  import javafx.scene.image.ImageView;
5  import javafx.scene.layout.Pane;
6  import javafx.scene.shape.Line;
7  import javafx.stage.Stage;
8  import javafx.util.Duration;
9
10 public class FlagRisingAnimation extends Application {
11   @Override // Override the start method in the Application class
12   public void start(Stage primaryStage) {
13     // Create a pane
14     Pane pane = new Pane();
15
16     // Add an image view and add it to pane
17     ImageView imageView = new ImageView("image/us.gif");
18     pane.getChildren().add(imageView);
19
20     // Create a path transition
21     PathTransition pt = new PathTransition(Duration.millis(10000),
22       new Line(100, 200, 100, 0), imageView);
23     pt.setCycleCount(5);
24     pt.play(); // Start animation
25
26     // Create a scene and place it in the stage
27     Scene scene = new Scene(pane, 250, 200);
28     primaryStage.setTitle("FlagRisingAnimation"); // Set the stage title
```

```
29        primaryStage.setScene(scene); // Place the scene in the stage
30        primaryStage.show(); // Display the stage
31      }
32    }
```

程序创建了一个面板（第 14 行），从一个图像文件创建一个图像视图（第 17 行），并将图像视图置于面板中（第 18 行）。创建一个路径移动对象，周期为 10 秒，使用一条直线作为路径，图像视图作为结点（第 21 和 22 行）。图像视图将沿着直线移动。由于没有将该直线置于场景中，所以不会在窗体中看到直线。

设置循环次数为 5（第 23 行），因此该动画将重复 5 次。

15.11.2 FadeTransition

FadeTransition 类通过在一个给定的时间内改变一个结点的透明度来产生动画。FadeTransition 是 Animation 的子类型。其 UML 类图如 15-19 所示。

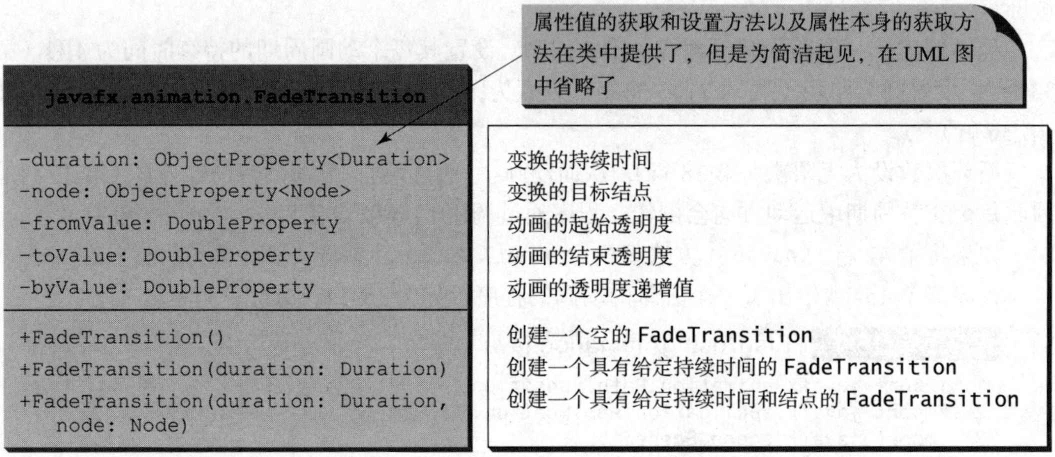

```
javafx.animation.FadeTransition
─────────────────────────────────────
-duration: ObjectProperty<Duration>      变换的持续时间
-node: ObjectProperty<Node>              变换的目标结点
-fromValue: DoubleProperty               动画的起始透明度
-toValue: DoubleProperty                 动画的结束透明度
-byValue: DoubleProperty                 动画的透明度递增值
─────────────────────────────────────
+FadeTransition()                                    创建一个空的 FadeTransition
+FadeTransition(duration: Duration)                  创建一个具有给定持续时间的 FadeTransition
+FadeTransition(duration: Duration,                  创建一个具有给定持续时间和结点的 FadeTransition
  node: Node)
```

> 属性值的获取和设置方法以及属性本身的获取方法在类中提供了，但是为简洁起见，在 UML 图中省略了

图 15-19 FadeTransition 类定义了一个用于结点透明度变化的动画

程序清单 15-15 给出了一个示例，将一个褪色变化应用在一个椭圆的填充颜色中，如图 15-20 所示。

程序清单 15-15 FadeTransitionDemo.java

```
1   import javafx.animation.FadeTransition;
2   import javafx.animation.Timeline;
3   import javafx.application.Application;
4   import javafx.scene.Scene;
5   import javafx.scene.layout.Pane;
6   import javafx.scene.paint.Color;
7   import javafx.scene.shape.Ellipse;
8   import javafx.stage.Stage;
9   import javafx.util.Duration;
10
11  public class FadeTransitionDemo extends Application {
12    @Override // Override the start method in the Application class
13    public void start(Stage primaryStage) {
14      // Place an ellipse to the pane
15      Pane pane = new Pane();
16      Ellipse ellipse = new Ellipse(10, 10, 100, 50);
17      ellipse.setFill(Color.RED);
```

```
18      ellipse.setStroke(Color.BLACK);
19      ellipse.centerXProperty().bind(pane.widthProperty().divide(2));
20      ellipse.centerYProperty().bind(pane.heightProperty().divide(2));
21      ellipse.radiusXProperty().bind(
22        pane.widthProperty().multiply(0.4));
23      ellipse.radiusYProperty().bind(
24        pane.heightProperty().multiply(0.4));
25      pane.getChildren().add(ellipse);
26
27      // Apply a fade transition to ellipse
28      FadeTransition ft =
29        new FadeTransition(Duration.millis(3000), ellipse);
30      ft.setFromValue(1.0);
31      ft.setToValue(0.1);
32      ft.setCycleCount(Timeline.INDEFINITE);
33      ft.setAutoReverse(true);
34      ft.play(); // Start animation
35
36      // Control animation
37      ellipse.setOnMousePressed(e -> ft.pause());
38      ellipse.setOnMouseReleased(e -> ft.play());
39
40      // Create a scene and place it in the stage
41      Scene scene = new Scene(pane, 200, 150);
42      primaryStage.setTitle("FadeTransitionDemo"); // Set the stage title
43      primaryStage.setScene(scene); // Place the scene in the stage
44      primaryStage.show(); // Display the stage
45    }
46  }
```

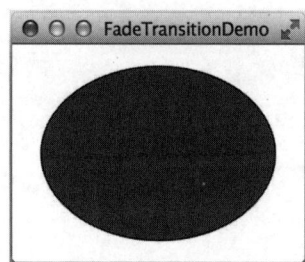 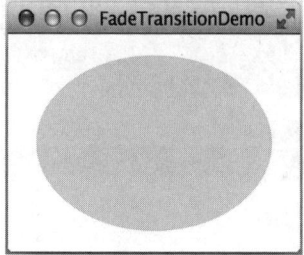

图 15-20 FadeTransition 生成一个椭圆内颜色透明度变化的动画

程序创建一个面板（第 15 行）和一个椭圆（第 16 行），并将椭圆置于面板中（第 25 行）。椭圆的 centerX、centerY、radiusX 和 radiusY 属性绑定到面板的大小上（第 19～24 行）。

针对椭圆创建一个持续时间为 3 秒的褪色转换对象（第 29 行）。它将开始的透明度设置为 1.0（第 30 行），结束透明度设为 0.1（第 31 行）。循环数设置为无限，因此动画将无限次数地重复（第 32 行）。当单击鼠标时，动画暂停（第 37 行），当鼠标释放的时候，动画从暂停的地方继续（第 38 行）。

15.11.3 Timeline

PathTransition 和 FadeTransition 定义了特定的动画。Timeline 类可以通过使用一个或者多个 KeyFrame（关键帧）来编写任意动画。每个 KeyFrame 在一个给定的时间间隔内依次执行。Timeline 继承自 Animation。可以通过构造方法 new Timeline(KeyFrame...keyframes) 来构建一个 Timeline。一个 KeyFrame 可以使用以下语句来构建：

new KeyFrame(Duration duration, EventHandler<ActionEvent> onFinished)

处理器方法 onFinished 在该关键帧持续时间结束后被调用。

程序清单 15-16 给出了一个示例，显示一个闪烁的文本，如图 15-21 所示。文本交替地显示和消失来产生闪烁的动画效果。

程序清单 15-16 TimelineDemo.java

```java
import javafx.animation.Animation;
import javafx.application.Application;
import javafx.stage.Stage;
import javafx.animation.KeyFrame;
import javafx.animation.Timeline;
import javafx.event.ActionEvent;
import javafx.event.EventHandler;
import javafx.scene.Scene;
import javafx.scene.layout.StackPane;
import javafx.scene.paint.Color;
import javafx.scene.text.Text;
import javafx.util.Duration;

public class TimelineDemo extends Application {
  @Override // Override the start method in the Application class
  public void start(Stage primaryStage) {
    StackPane pane = new StackPane();
    Text text = new Text(20, 50, "Programming is fun");
    text.setFill(Color.RED);
    pane.getChildren().add(text); // Place text into the stack pane

    // Create a handler for changing text
    EventHandler<ActionEvent> eventHandler = e -> {
      if (text.getText().length() != 0) {
        text.setText("");
      }
      else {
        text.setText("Programming is fun");
      }
    };

    // Create an animation for alternating text
    Timeline animation = new Timeline(
      new KeyFrame(Duration.millis(500), eventHandler));
    animation.setCycleCount(Timeline.INDEFINITE);
    animation.play(); // Start animation

    // Pause and resume animation
    text.setOnMouseClicked(e -> {
      if (animation.getStatus() == Animation.Status.PAUSED) {
        animation.play();
      }
      else {
        animation.pause();
      }
    });

    // Create a scene and place it in the stage
    Scene scene = new Scene(pane, 250, 250);
    primaryStage.setTitle("TimelineDemo"); // Set the stage title
    primaryStage.setScene(scene); // Place the scene in the stage
```

```
52       primaryStage.show(); // Display the stage
53    }
54 }
```

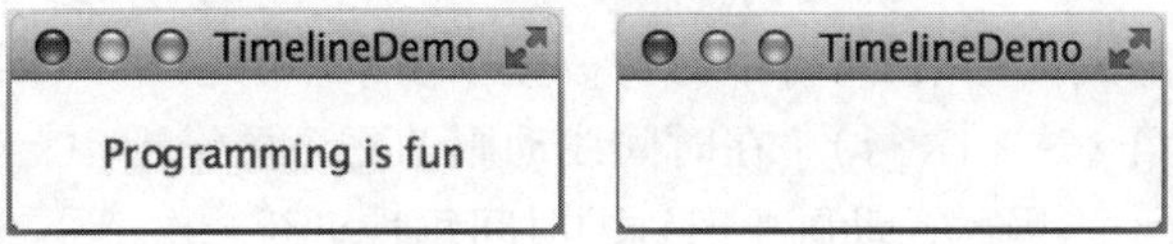

图 15-21 调用处理器方法交替地将文本设置为 Programming is fun 或者空文本

程序创建一个栈面板（第 17 行）和一个文本（第 18 行），并将文本置于面板中（第 20 行）。创建一个处理器，如果文本非空，则将文本改为空字符串（第 24～26 行）；如果文本为空，则改为 Programming is fun（第 27～29 行）。创建一个 KeyFrame 用于每半秒运行一个动作事件（第 34 行）。创建一个 Timeline 动画以包含一个关键帧（第 33 和 34 行）。动画被设置为无限运行（第 35 行）。

程序为文本设置鼠标单击事件（第 39～46 行）。如果动画暂停了，在文本上单击鼠标会继续动画（第 40～42 行）；如果动画正在执行，那么在文本上的一次鼠标单击将暂停动画（第 43～45 行）。

在 14.12 节示例学习的 ClockPane 类中，你绘制了一个时钟用于显示当前时间。显示时钟后它并不会走动。如何让钟表每秒显示一次最新的当前时间呢？使时钟走动的关键是每秒让它绘制当前的最新时间。可以使用一个 Timeline 来控制时钟的重绘，代码列在程序清单 15-17 中。程序的一个运行示例显示在图 15-22 中。

程序清单 15-17 ClockAnimation.java

```
1  import javafx.application.Application;
2  import javafx.stage.Stage;
3  import javafx.animation.KeyFrame;
4  import javafx.animation.Timeline;
5  import javafx.event.ActionEvent;
6  import javafx.event.EventHandler;
7  import javafx.scene.Scene;
8  import javafx.util.Duration;
9
10 public class ClockAnimation extends Application {
11   @Override // Override the start method in the Application class
12   public void start(Stage primaryStage) {
13     ClockPane clock = new ClockPane(); // Create a clock
14
15     // Create a handler for animation
16     EventHandler<ActionEvent> eventHandler = e -> {
17       clock.setCurrentTime(); // Set a new clock time
18     };
19
20     // Create an animation for a running clock
21     Timeline animation = new Timeline(
22       new KeyFrame(Duration.millis(1000), eventHandler));
23     animation.setCycleCount(Timeline.INDEFINITE);
24     animation.play(); // Start animation
25
26     // Create a scene and place it in the stage
27     Scene scene = new Scene(clock, 250, 50);
28     primaryStage.setTitle("ClockAnimation"); // Set the stage title
29     primaryStage.setScene(scene); // Place the scene in the stage
30     primaryStage.show(); // Display the stage
```

```
31    }
32  }
```

程序创建了一个 ClockPane 的实例 clock 用于显示一个时钟 (第 13 行)。ClockPane 类在程序清单 14-21 中定义。在第 27 行中时钟被置于场景中。创建一个事件处理器用于在时钟中设置当前时间 (第 16 ~ 18 行)。在时间线动画的每个关键帧中,这个处理器每秒被调用一次 (第 21 ~ 24 行)。因此,动画中时钟的时间每秒更新一次。

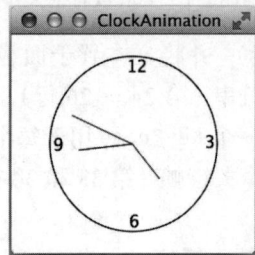 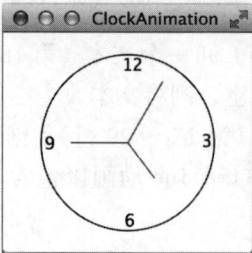 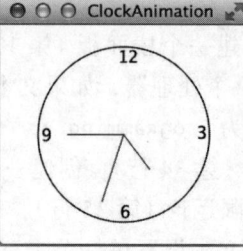

图 15-22　在窗体中显示一个活动的钟表

✓ 复习题

15.11.1　如何将动画的循环次数设置为无限次?如何自动倒转一个动画?如何开始、暂停以及停止一个动画?

15.11.2　PathTransition、FadeTransition 和 Timeline 是 Animation 的子类型吗?

15.11.3　如何创建一个 PathTransition?如何创建一个 FadeTransition?如何创建一个 Timeline?

15.11.4　如何创建一个关键帧?

15.12　示例学习:弹球

要点提示:本节给出一个动画,显示一个在面板中弹动的球。

程序使用 Timeline 来实现弹球的动画,如图 15-23 所示。

 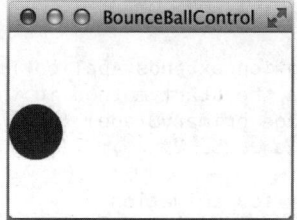 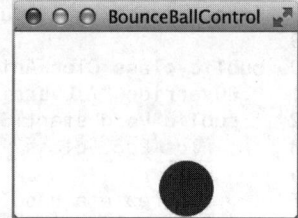

图 15-23　一个球在面板中弹动

下面是编写这个程序的关键步骤:

1) 定义一个名为 BallPane 的 Pane 的子类,用于显示一个弹动的球,如程序清单 15-18 所示。

程序清单 15-18　BallPane.java

```
1  import javafx.animation.KeyFrame;
2  import javafx.animation.Timeline;
3  import javafx.beans.property.DoubleProperty;
4  import javafx.scene.layout.Pane;
5  import javafx.scene.paint.Color;
```

```java
 6  import javafx.scene.shape.Circle;
 7  import javafx.util.Duration;
 8
 9  public class BallPane extends Pane {
10    public final double radius = 20;
11    private double x = radius, y = radius;
12    private double dx = 1, dy = 1;
13    private Circle circle = new Circle(x, y, radius);
14    private Timeline animation;
15
16    public BallPane() {
17      circle.setFill(Color.GREEN); // Set ball color
18      getChildren().add(circle); // Place a ball into this pane
19
20      // Create an animation for moving the ball
21      animation = new Timeline(
22        new KeyFrame(Duration.millis(50), e -> moveBall()));
23      animation.setCycleCount(Timeline.INDEFINITE);
24      animation.play(); // Start animation
25    }
26
27    public void play() {
28      animation.play();
29    }
30
31    public void pause() {
32      animation.pause();
33    }
34
35    public void increaseSpeed() {
36      animation.setRate(animation.getRate() + 0.1);
37    }
38
39    public void decreaseSpeed() {
40      animation.setRate(
41        animation.getRate() > 0 ? animation.getRate() - 0.1 : 0);
42    }
43
44    public DoubleProperty rateProperty() {
45      return animation.rateProperty();
46    }
47
48    protected void moveBall() {
49      // Check boundaries
50      if (x < radius || x > getWidth() - radius) {
51        dx *= -1; // Change ball move direction
52      }
53      if (y < radius || y > getHeight() - radius) {
54        dy *= -1; // Change ball move direction
55      }
56
57      // Adjust ball position
58      x += dx;
59      y += dy;
60      circle.setCenterX(x);
61      circle.setCenterY(y);
62    }
63  }
```

BallPane 继承自 Pane，用来显示一个移动的球（第 9 行）。一个 Timeline 的实例被创建用于控制动画（第 21 和 22 行）。该实例包含一个 KeyFrame 对象，在一个固定的速率上调用 moveBall() 方法。moveBall() 方法移动球以模拟动画。球的中心位于(x,y)，在下一个移动中改变成（x+dx,y+dy）（第 58～61 行）。当球超出水平边界时，dx 的符号发生改变（从正变为负，或者相反）（第 50～52 行）。这使得球改变其水平移动的方向。当球超出垂直边界时，dy 的符号发生改变（从正变为负，或者相反）（第 53～55 行）。这使得球改变其垂直移动的方向。pause 和 play 方法（第 27～33 行）可以用于暂停和恢复动画。increaseSpeed() 和 decreaseSpeed() 方法（第 35～42 行）用于增加和降低动画速度。rateProperty() 方法（第 44～46 行）返回一个速率的绑定属性。该绑定属性在下一章的应用中将用于绑定速率。

2）定义一个名为 BounceBallcontrol 的 Application 的子类，用于使用鼠标动作控制弹球，如程序清单 15-19 所示。当鼠标按下的时候动画暂停，当鼠标释放的时候动画恢复执行。按下上 / 下方向键可以增加 / 降低动画的速度。

程序清单 15-19 BounceBallControl.java

```java
1  import javafx.application.Application;
2  import javafx.stage.Stage;
3  import javafx.scene.Scene;
4  import javafx.scene.input.KeyCode;
5
6  public class BounceBallControl extends Application {
7    @Override // Override the start method in the Application class
8    public void start(Stage primaryStage) {
9      BallPane ballPane = new BallPane(); // Create a ball pane
10
11     // Pause and resume animation
12     ballPane.setOnMousePressed(e -> ballPane.pause());
13     ballPane.setOnMouseReleased(e -> ballPane.play());
14
15     // Increase and decrease animation
16     ballPane.setOnKeyPressed(e -> {
17       if (e.getCode() == KeyCode.UP) {
18         ballPane.increaseSpeed();
19       }
20       else if (e.getCode() == KeyCode.DOWN) {
21         ballPane.decreaseSpeed();
22       }
23     });
24
25     // Create a scene and place it in the stage
26     Scene scene = new Scene(ballPane, 250, 150);
27     primaryStage.setTitle("BounceBallControl"); // Set the stage title
28     primaryStage.setScene(scene); // Place the scene in the stage
29     primaryStage.show(); // Display the stage
30
31     // Must request focus after the primary stage is displayed
32     ballPane.requestFocus();
33   }
34 }
```

类之间的关系如图 15-24 所示。

BounceBallControl 类是继承自 Application 的 JavaFX 主类，用于显示弹球面板并具有控制功能。其中针对弹球面板实现了鼠标按下和鼠标释放的处理器，以暂停和恢复动画（第 12 和 13 行）。当向上方向键被按下，调用弹球面板的 increaseSpeed() 方法以增加球的移动速度（第 18 行）。当向下方向键被按下，调用弹球面板的 decreaseSpeed() 方法以减少球的移动速度（第21行）。

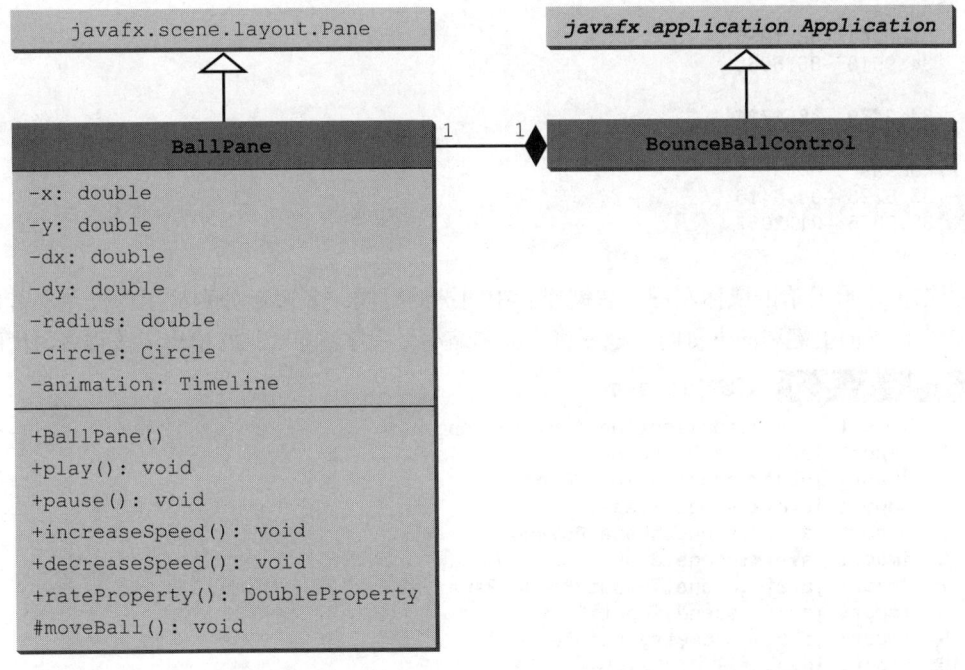

图15-24 BounceBallControl中包含BallPane

第32行中调用ballPane.requestFocus()将输入焦点设置到ballPane上。

✓ 复习题

15.12.1 程序如何使球看上去在移动？
15.12.2 程序清单15-18中的代码是如何改变球的移动方向的？
15.12.3 当在弹球面板上按下鼠标时，程序将做什么？当在弹球面板上释放鼠标时，程序将做什么？
15.12.4 如果程序清单15-19中没有第32行，当按下向上或者向下方向键的时候，会出现什么情况？
15.12.5 如果程序清单15-18中没有第23行，会出现什么情况？

15.13 示例学习：美国地图

🔑 **要点提示**：本节提供一个对美国地图进行显示、着色和改变大小的程序。

程序读取美国48个州的GPS坐标，然后绘制连接坐标的多边形并显示所有这些多边形，如图15-25所示。

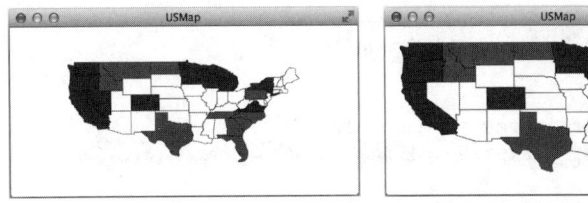

图15-25 程序对美国地图进行显示、着色和改变大小

坐标信息包含在位于https://liveexample.pearsoncmg.com/data/usmap.txt的文件中。对于每个州，文件包含州名（例如，Alabama）以及该州的所有坐标（经纬度）。例如，下面是

Alabama 和 Arkansas 州的示例:

```
Alabama
  35.0041 -88.1955
  34.9918 -85.6068
  ...
  34.9479 -88.1721
  34.9107 -88.1461
Arkansas
  33.0225 -94.0416
  33.0075 -91.2057
  ...
```

当在多边形上单击鼠标左键、右键或者中间键的时候,多边形分别显示为红色、蓝色和白色。当按下向上键和向下键时,地图将增大和缩小。程序清单 15-20 给出了该程序的代码。

程序清单 15-20 USMap.java

```java
1   import javafx.application.Application;
2   import javafx.scene.Scene;
3   import javafx.scene.paint.Color;
4   import javafx.stage.Stage;
5   import javafx.scene.shape.Polygon;
6   import javafx.scene.Group;
7   import javafx.scene.layout.BorderPane;
8   import javafx.scene.input.*;
9   import javafx.geometry.Point2D;
10  import java.util.*;
11
12  public class USMap extends Application {
13    @Override // Override the start method in the Application class
14    public void start(Stage primaryStage) {
15      MapPane map = new MapPane();
16      Scene scene = new Scene(map, 1200, 800);
17      primaryStage.setTitle("USMap"); // Set the stage title
18      primaryStage.setScene(scene); // Place the scene in the stage
19      primaryStage.show(); // Display the stage
20
21      map.setOnKeyPressed(e -> {
22        if (e.getCode() == KeyCode.UP) {
23          map.enlarge(); // Enlarge the map
24        }
25        else if (e.getCode() == KeyCode.DOWN) {
26          map.shrink(); // SHrink the map
27        }
28      });
29      map.requestFocus();
30    }
31
32  class MapPane extends BorderPane {
33    private Group group = new Group();
34
35    MapPane() {
36      // Load coordinates from a file
37      ArrayList<ArrayList<Point2D>> points = getPoints();
38
39      // Add points to the polygon list
40      for (int i = 0; i < points.size(); i++) {
41        Polygon polygon = new Polygon();
42        // Add points to the polygon list
43        for (int j = 0; j < points.get(i).size(); j++)
44          polygon.getPoints().addAll(points.get(i).get(j).getX(),
```

```java
45            -points.get(i).get(j).getY());
46          polygon.setFill(Color.WHITE);
47          polygon.setStroke(Color.BLACK);
48          polygon.setStrokeWidth(1 / 14.0);
49
50          polygon.setOnMouseClicked(e -> {
51            if (e.getButton() == MouseButton.PRIMARY) {
52              polygon.setFill(Color.RED);
53            }
54            else if (e.getButton() == MouseButton.SECONDARY) {
55              polygon.setFill(Color.BLUE);
56            }
57            else {
58              polygon.setFill(Color.WHITE);
59            }
60          });
61
62          group.getChildren().add(polygon);
63        }
64
65        group.setScaleX(14);
66        group.setScaleY(14);
67        this.setCenter(group);
68      }
69
70      public void enlarge() {
71        group.setScaleX(1.1 * group.getScaleX());
72        group.setScaleY(1.1 * group.getScaleY());
73      }
74
75      public void shrink() {
76        group.setScaleX(0.9 * group.getScaleX());
77        group.setScaleY(0.9 * group.getScaleY());
78      }
79
80      private ArrayList<ArrayList<Point2D>> getPoints() {
81        ArrayList<ArrayList<Point2D>> points = new ArrayList<>();
82
83        try (Scanner input = new Scanner(new java.net.URL(
84          "https://liveexample.pearsoncmg.com/data/usmap.txt")
85            .openStream())) {
86          while (input.hasNext()) {
87            String s = input.nextLine();
88            if (Character.isAlphabetic(s.charAt(0))) {
89              points.add(new ArrayList<>()); // For a new state
90            }
91            else {
92              Scanner scanAString = new Scanner(s); // Scan one point
93              double y = scanAString.nextDouble();
94              double x = scanAString.nextDouble();
95              points.get(points.size() - 1).add(new Point2D(x, y));
96            }
97          }
98        }
99        catch (Exception ex) {
100         ex.printStackTrace();
101       }
102
103       return points;
104     }
105   }
106 }
```

程序定义了一个继承自 BorderPane 的 MapPane，用于在边框面板中央显示地图（第 32 行）。程序需要改变地图中多边形的大小。一个 Group 类的实例被创建，用于容纳所有这些多边形（第 33 行）。将多边形组成组使得可以在一次操作中改变所有多边形的大小。改变组的大小将使得组中所有的多边形相应改变大小。可以通过应用组的 ScaleX 和 ScaleY 属性来改变大小（第 65 和 66 行）。

getPoints() 方法用于返回数组列表中的所有坐标（第 80 行）。数组列表包含子列表。每个子列表包含了一个州的坐标，并加到数组列表中（第 89 行）。Point2D 对象代表点的 x 坐标和 y 坐标（第 81 行）。方法创建了一个 Scanner 对象从 Internet 上的一个文件中读取地图坐标数据（第 83～85 行）。程序从文件中按行读取。对于每行，如果第一个字符是字母，则该行表示一个新的州名（第 88 行），创建一个新的子列表并添加到 points 数组列表中（第 89 行）。否则，该行包含两个坐标。纬度成为点的 y 坐标（第 93 行），经度对应点的 x 坐标（第 94 行）。程序在子列表中存储代表州的点（第 95 行）。points 是包含了 48 个子列表的数组列表。

MapPane 的构造方法从文件中获得坐标子列表（第 37 行）。对于每个点的子列表，创建一个多边形（第 41 行）。将点加入多边形中（第 43～45 行）。由于传统坐标系中 y 坐标向上为增加，但是在 Java 坐标系中向下是增加的，因此程序在第 45 行改变了 y 坐标的符号。多边形的属性在第 46～48 行中设置。注意，strokeWidth 设为 1/14.0（第 48 行），因为在第 65 和 66 行所有多边形放大了 14 倍。如果 strokeWidth 没有设为该值，笔画宽度会非常细。由于多边形非常小，所以将 setScaleX 和 setScaleY 方法应用到组上，使得组内所有结点放大（第 65 和 66 行）。MapPane 是一个 BorderPane。组被置于边框面板的中央（第 67 行）。

enlarge() 和 shrink() 方法在 MapPane 中定义（第 70～78 行）。可以调用它们来放大或者缩小组，从而使得组中的所有多边形都放大或者缩小。

每个多边形都设置为监听鼠标单击事件（第 50～60 行）。当使用鼠标的左键/右键/中间键单击多边形时，多边形分别填充为红色/蓝色/白色。

程序创建一个 MapPane 实例（第 15 行）并将其置于场景中（第 16 行）。地图监听键盘按下事件，当按下向上键和向下键时，分别对地图进行放大和缩小（第 21～28 行）。由于地图位于场景中，调用 map.requestFocus() 使得地图可以接收键盘事件（第 29 行）。

✓ 复习题

15.13.1　如果将程序清单 15-20 中的第 29 行移除，会如何？

15.13.2　如果将程序清单 15-20 中第 21 行的 map 替换为 scene，会如何？

15.13.3　如果将程序清单 15-20 中第 21 行的 map 替换为 primaryState，会如何？

关键术语

anonymous inner class（匿名内部类）
event（事件）
event-driven programming（事件驱动编程）
event handler（事件处理器）
event-handler interface（事件处理器接口）
event object（事件对象）
event source object（事件源对象）

functional interface（函数接口）
lambda expression（lambda 表达式）
inner class（内部类）
key code（键的编码）
observable object（可观察对象）
single abstract method interface（单抽象方法接口）

本章小结

1. JavaFX 事件类的基类是 `javafx.event.Event`，它是 `java.util.EventObject` 的子类。Event 的子类处理特殊类型的事件、比如动作事件、窗体事件、鼠标事件以及键盘事件。如果某个结点可以触发一个事件，该结点的任何一个子类都可以触发同类事件。
2. 处理器对象的类必须实现相应的事件处理器接口。JavaFX 为每个事件类 T 提供了一个处理器接口 `EventHandler<T extends Event>`。处理器接口包含 `handle(T e)` 方法用于处理事件 e。
3. 处理器对象必须被源对象注册。注册的方法取决于事件类型。对于一个动作事件而言，方法是 `setOnAction`。对于一个鼠标按下事件，方法是 `setOnMousePressed`。对于一个键盘按键事件，方法是 `setOnKeyPressed`。
4. 内部类，或者称为嵌套类，是定义在另外一个类中的类。内部类可以引用它所在的外部类中的数据和方法，所以无须传递外部类的引用到内部类的构造方法中。
5. 匿名内部类可以用于减少事件处理的代码。并且对于函数接口处理器而言，使用 lambda 表达式可以极大地简化事件处理代码。
6. 函数接口是指只包含一个抽象方法的接口，也称为单抽象方法（SAM）接口。
7. 当在一个结点或者场景上按下、释放、单击、移动、拖动鼠标的时候，一个 `MouseEvent` 事件被触发。`getButton()` 方法可以用于探测这个事件中哪个鼠标按钮被按下。
8. 当在一个结点或者场景上按下、释放或者敲击键盘上的按键时，一个 `KeyEvent` 事件被触发。`getCode()` 方法可以用于返回该键的编码值。
9. `Observable` 的实例称为一个可观察对象，它包含了一个 `addListener(InvalidationListener listener)` 方法用于添加一个监听器。一旦属性中的值被改变，监听器会收到通知。监听器类应实现 `InvalidationListener` 接口，使用其中的 `invalidated` 方法来处理属性值的改变。
10. 抽象类 Animation 提供了 JavaFX 中动画制作的核心功能。`PathTransition`、`FadeTransition` 和 `Timeline` 是用于实现动画的特定类。

测试题

在线回答配套网站上的本章测试题。

编程练习题

15.2～15.7 节

*15.1 （选取 4 张卡牌）编写程序，让用户通过单击 Refresh 按钮以显示从一副 52 张牌中选取的 4 张牌，如图 15-26a 所示。(参见编程练习题 14.3 中关于如何获得 4 张随机牌的提示。)

 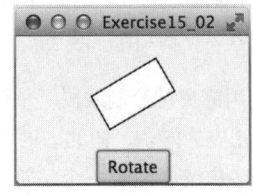 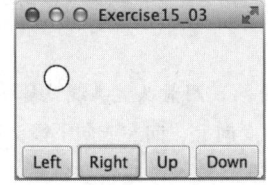

a) 编程练习题 15.1 显示四张随机的牌。　　b) 编程练习题 15.2 旋转矩形　　c) 编程练习题 15.3 使用
来源：Fotolia　　　　　　　　　　　　　　　　　　　　　　　　　　　　　　　　　按钮来移动球

图　15-26

15.2 （旋转矩形）编写程序，当单击 Rotate 按钮时，将一个矩形向右旋转 15 度，如图 15-26b 所示。

*15.3 （移动球）编写程序，在面板上移动球。需定义一个面板类来显示球，并提供向左、向右、向

上和向下移动球的方法，如图15-26c所示。请进行边界检查以防止球完全移到视线之外。

*15.4 （创建简单的计算器）编写程序完成加法、减法、乘法和除法操作，参见图15-27a。

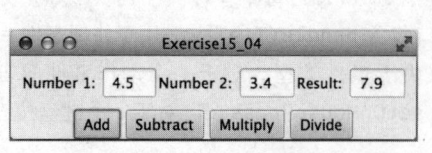
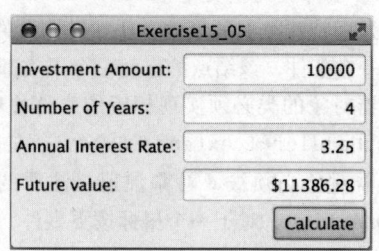

a) 编程练习题15.4执行 double 数值的加法、减法、乘法和除法

b) 用户输入投资总额、年数和利率计算未来值

图 15-27

*15.5 （创建投资价值计算器）编写程序，计算投资在给定利率以及年数下的未来值。计算的公式如下所示：

$$未来值 = 投资值 \times (1 + 月利率)^{年数 \times 12}$$

为利率、投资值和年数使用文本域。当用户单击 Calculate 按钮时在文本域显示未来值，如图15-27b所示。

15.8～15.9 节

**15.6 （两个消息交替出现）编写程序，当单击鼠标时，面板上交替显示两个文本"Java is fun"和"Java is powerful"。

*15.7 （使用鼠标改变颜色）编写程序，当按下鼠标键时显示一个圆的颜色为黑色，释放鼠标时显示颜色为白色。

*15.8 （显示鼠标的位置）编写两个程序，一个程序在单击鼠标时显示鼠标的位置（参见图15-28a），而另一个程序在按下鼠标时显示鼠标的位置，当释放鼠标时停止显示。

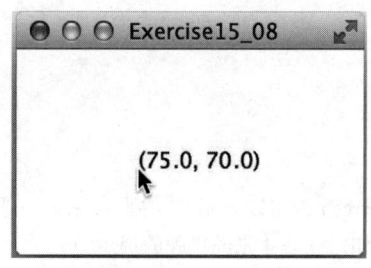
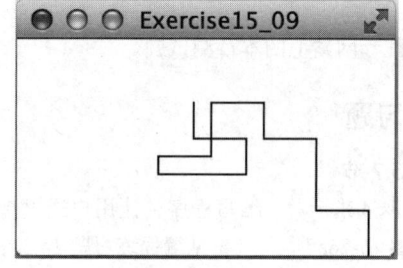

a) 编程练习题15.8显示鼠标位置

b) 编程练习题15.9使用箭头键绘制直线

图 15-28

*15.9 （使用箭头键画线）编写程序使用箭头键绘制线段。从面板的（100，100）开始画线，当按下向右、向上、向左或向下箭头键时，相应地向东、向北、向西或向南方向画线，如图15-28b所示。

**15.10 （输入并显示字符串）编写程序从键盘接收一个字符串并将其显示在面板上。回车键表明字符串结束。任何时候输入一个新字符串，都在面板上显示。

*15.11 （使用键移动圆）编写程序，可以使用箭头键向上、向下、向左、向右移动一个圆。

**15.12 （几何：是否在圆内？）编写程序，绘制一个圆心在（100，60）、半径为50的固定圆。只要鼠标移动，就会显示一条消息，表示鼠标点是在圆内还是在圆外，如图15-29a所示。

**15.13 （几何：是否在矩形内？）编写程序，绘制一个中心在（100，60）宽为100、高为40的固定矩形。当鼠标移动时，显示一条消息表示鼠标指针是否在矩形内，如图15-29b所示。为了检测一个点是否在矩形内，使用Node类中定义的contains方法。

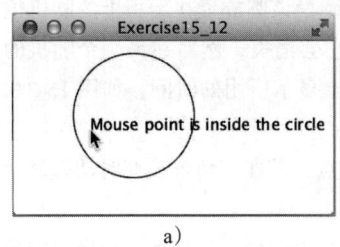
a)

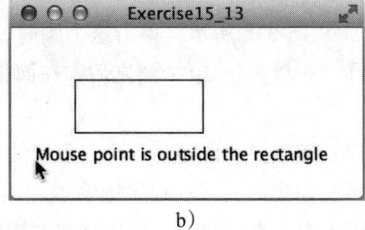
b)

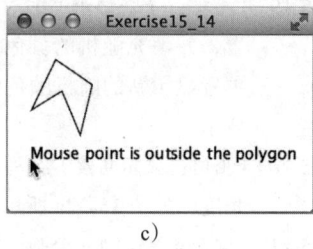
c)

图 15-29　检测一个点是否在圆内、矩形内、多边形内

**15.14　（几何问题：是否在多边形内？）编写程序，绘制端点分别位于(40，20)、(70，40)、(60，80)、(45，45)和(20，60)的固定多边形。当鼠标移动时，显示一条消息表示鼠标点是否在多边形内，如图15-29c所示。为了检测一个点是否在多边形内，可以使用Node类中定义的contains方法。

**15.15　（几何问题：添加或删除点）编写程序，让用户单击面板以动态创建或移除点（参见15-30a）。当用户左击鼠标时（主按钮），就创建一个点并且显示在鼠标的位置。用户还可以将鼠标移到一个点上，然后右击鼠标（次按钮）以移除这个点。

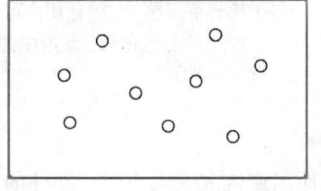
a) 编程练习题 15.15 允许用户动态地创建/移除点

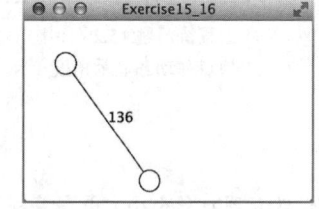
b) 编程练习题 15.16 显示两个顶点和一条边

图　15-30

*15.16　（两个可移动的顶点以及它们间的距离）编写程序，显示两个圆心分别位于(40，40)和(120，150)、半径为10的圆，并用一条直线连接两个圆，如图15-30b所示。圆之间的距离显示在直线上。用户可以拖动圆，此时圆和它上面的直线会相应移动，并且两个圆之间的距离值会更新。

**15.17　（几何：查找边界矩形）编写程序，让用户可以在一个二维平板上动态地增加和移除点，如图15-31a所示。当点加入和移除的时候，一个最小的边界矩形更新显示。假设每个点的半径是10像素。

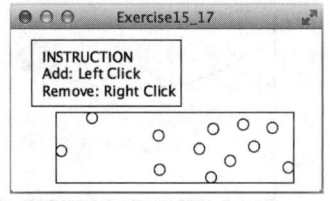
a) 编程练习题 15.17 使用户能动态增加和移除点，并显示边界矩形

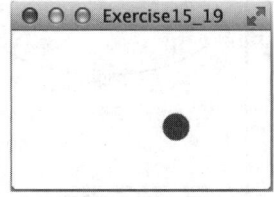
b) 当单击一个圆时，一个新的圆显示在随机位置上

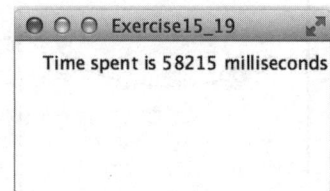
c) 当单击了20个圆后，在面板上显示所用的时间

图　15-31

**15.18 (使用鼠标移动矩形) 编写程序,显示一个矩形。可以使用鼠标单击矩形内部并拖动(即按住鼠标移动)矩形到鼠标移动到的任何位置。鼠标点成为矩形的中央。

**15.19 (游戏:手眼协调) 编写程序,显示一个半径为10像素的实心圆,该圆放置在面板上的随机位置,并填充随机的颜色,如图15-31b所示。单击这个圆时,它会消失,然后在另一个随机的位置显示新的随机颜色的圆。在单击了20个圆之后,在面板上显示所用的时间,如图15-31c所示。

**15.20 (几何:显示角度) 编写程序,使用户可以拖动一个三角形的顶点,并在三角形改变时动态显示角度,如图15-32a所示。计算角度的公式在程序清单4-1中给出。

*15.21 (拖动点) 绘制一个圆,在圆上有三个随机点。连接这些点构成一个三角形。显示三角形中的角度。使用鼠标沿着圆的周边拖动点。拖动的时候,三角形以及角度动态地重新显示,如图15-32b所示。计算三角形角度的公式参考程序清单4-1。

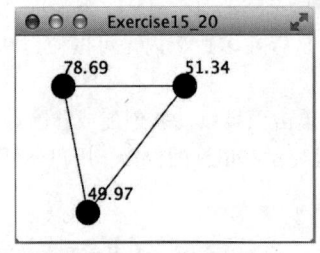
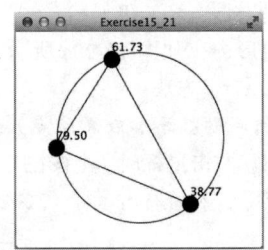

a) 编程练习题15.20让用户可以拖动顶点并动态显示角度

b) 编程练习题15.21让用户可以拖动顶点并动态显示三角形中的角度

图 15-32

15.10 节

*15.22 (自动改变圆柱的大小) 重写编程练习题14.10,从而当窗体改变大小时,圆柱的宽度和高度自动改变大小。

*15.23 (自动改变停止标识的大小) 重写编程练习题14.15,从而当窗体改变大小时,停止标识的宽度和高度自动改变大小。

15.11 节

**15.24 (动画:回摆) 编写程序实现一个回摆的动画,如图15-33所示。单击/释放鼠标以暂停/恢复动画。

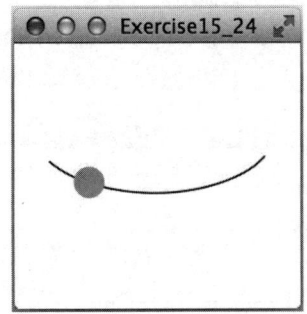
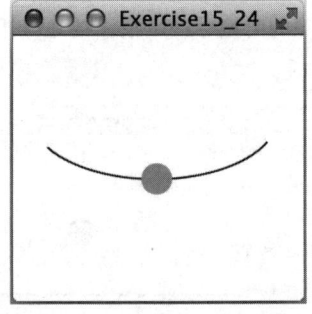
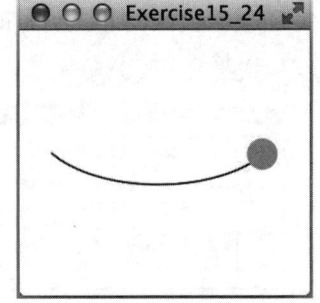

图 15-33 程序实现一个回摆的动画

**15.25 (动画:曲线上的球) 编写程序实现一个球沿着正弦函数曲线移动的动画,如图15-34所示。当球到达右边界时,它从左边重新开始。用户可以单击鼠标左/右按钮来继续/暂停动画。

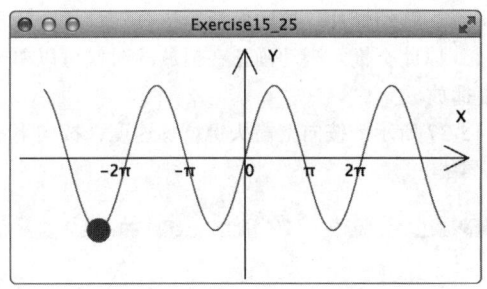 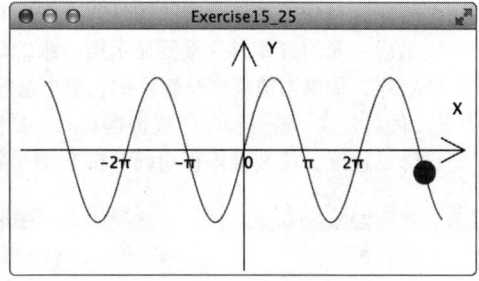

图 15-34 程序实现一个球沿着正弦函数曲线移动的动画

*15.26 （改变透明度）重写编程练习题 15.24，从而当球摆动的时候改变球的透明度。

*15.27 （控制一个移动的文本）编写程序显示一个移动的文本，如图 15-35a 和 15-35b 所示。文本从左到右循环的移动。当它消失在右侧的时候，又会从左侧再次出现。当鼠标按下的时候，文本停止，当释放按钮的时候，又继续移动。

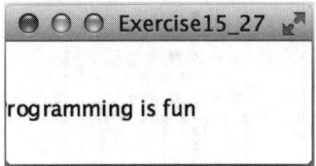 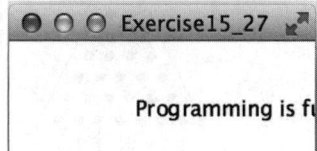

a～b) 文本从左到右循环移动　　　　c) 程序模拟一个转动的风扇

图　15-35

**15.28 （显示一个转动的风扇）编写程序显示一个转动的风扇，如图 15-35c 所示。Pause、Resume 和 Reverse 按钮分别用于暂停、继续和反转风扇。

**15.29 （赛车）编写程序模拟赛车，如图 15-36a 所示。汽车从左向右移动。当它到达右端时，又从左边重新开始继续同样的过程。可以使用定时器控制动画。使用新的坐标原点 (x, y) 重新绘制汽车，如图 15-36b 所示。同样，让用户通过按下 / 释放按钮来暂停 / 继续动画，并且通过按下向上和向下的箭头键来增加 / 降低汽车速度。

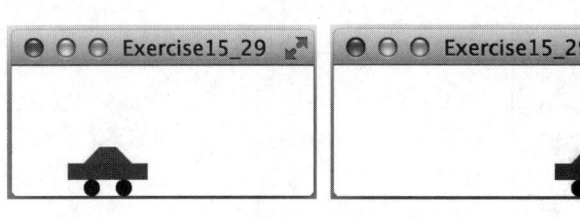 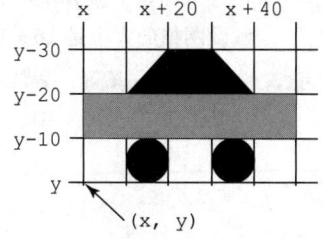

a) 程序显示一个移动的汽车　　　　b) 在一个新的坐标原点重新绘制汽车

图　15-36

**15.30 （播放幻灯片）25 张幻灯片都以图像文件（slide0.jpg，slide1.jpg，…，slide24.jpg）的形式存储在 image 目录中，可以在本书的源代码中下载。每个图像的大小都是 800×600 像素。编写一个程序，自动重复显示这些幻灯片。每两秒显示一张幻灯片。按顺序显示这些幻灯片。当显示完最后一张幻灯片时，重复显示第一张幻灯片，以此类推。当动画正在播放的时候可以单击按钮暂停，如果当前动画是暂停的，单击会恢复播放。

**15.31 （几何：钟摆）编写程序完成钟摆动画，如图 15-37 所示。按向上箭头键增加速度，按向下箭头键降低速度。按 S 键停止动画，按 R 键重新开始。

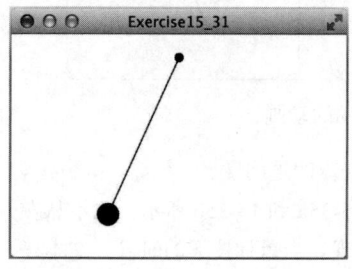
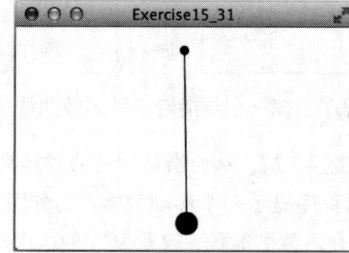
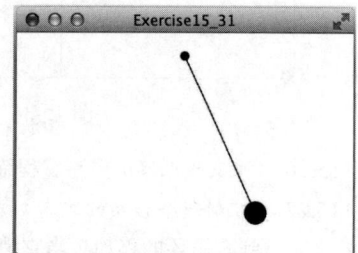

图 15-37　制作钟摆动画

*15.32 （控制时钟）修改程序清单 14-21 以在类中加入动画。添加两个方法 start() 和 stop() 以启动和停止时钟。编写程序，让用户使用 Start 和 Stop 按钮来控制时钟，如图 15-38a 所示。

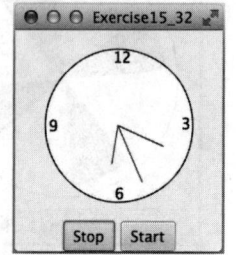
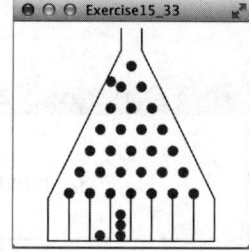

a) 编程练习题 15.32 使用户可以　　　　　b～c) 球被扔进豆机
开始和停止一个时钟

图　15-38

***15.33 （游戏：豆机动画）编写程序实现编程练习题 7.37 中介绍的豆机动画。在 10 个球掉下来之后动画结束，如图 15-38b 和 15-38c 所示。

***15.34 （模拟：自回避随机漫步）在网格中的自回避漫步是指，从一个点到另一个点的过程中，不会重复访问一个点两次。自回避漫步已经广泛应用在物理、化学和数学学科中，可以用来模拟像溶剂和聚合物这样的链状物。编写程序，显示一个从中心点出发到边界点结束的随机路径，如图 15-39a 所示，或者在一个尽头点结束（即该点被四个已经访问过的点包围），如图 15-39b 所示。假设网格的大小是 16×16。

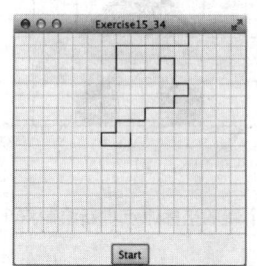
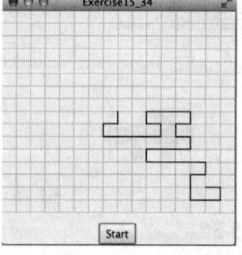
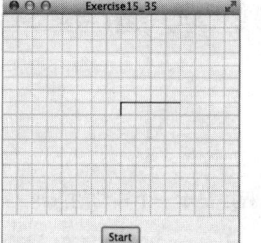
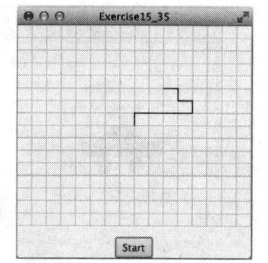

a) 一条在边界点结束的路径　b) 一条在尽头点结束的路径　c～d) 动画显示逐步构造路径的过程

图　15-39

***15.35 （动画：自回避随机漫步）修改上一道练习题，在一个动画中逐步地显示漫步，如图 15-39c 和图 15-39d 所示。

**15.36 （仿真：自回避随机漫步）编写仿真程序，显示出现尽头点路径的可能性随着格子数量的增加而变大。程序模拟大小从 10 到 80、每次增长 5 的网格。对每种大小的网格，模拟自回避随机漫步 10 000 次，然后显示出现尽头点路径的概率，如下面的示例输出所示：

```
For a lattice of size 10, the probability of dead-end paths is 10.6%
For a lattice of size 15, the probability of dead-end paths is 14.0%
...
For a lattice of size 80, the probability of dead-end paths is 99.5%
```

第 16 章

Introduction to Java Programming and Data Structures, Comprehensive Version, Twelfth Edition

JavaFX UI 控件和多媒体

教学目标
- 使用各种用户界面控件来创建图形用户界面（16.2 ～ 16.11 节）。
- 使用 Label 类创建具有文本和图形的标签，并探索抽象类 Labeled 中的属性（16.2 节）。
- 使用 Button 类创建具有文本和图形的按钮，并使用抽象类 ButtonBase 中的 setOnAction 方法来设置一个处理器（16.3 节）。
- 使用 CheckBox 类创建复选框（16.4 节）。
- 使用 RadioButton 类来创建单选按钮，并使用 ToggleGroup 来将单选按钮分组（16.5 节）。
- 使用 TextField 类来输入数据，以及使用 PasswordField 类来输入密码（16.6 节）。
- 使用 TextArea 类来输入多行数据（16.7 节）。
- 使用 ComboBox 来选择单个项（16.8 节）。
- 使用 ListView 来选择单个或者多个项（16.9 节）。
- 使用 ScrollBar 来选择一个范围内的值（16.10 节）。
- 使用 Slider 来选择一个范围内的值，并探索 ScrollBar 和 Slider 的区别（16.11 节）。
- 开发一个井字游戏（16.12 节）。
- 使用 Media、MediaPlayer 和 MediaView 来观看和播放视频及音频（16.13 节）。
- 开发一个学习示例，用于显示国旗和播放国歌（16.14 节）。

16.1 引言

☞ **要点提示**：JavaFX 提供了许多 UI 控件，用于开发综合的用户界面。

图形用户界面（GUI）使得系统对用户更友好且易于使用。创建一个 GUI 需要创造力和有关 UI 控件如何工作的知识。由于 JavaFX 中的 UI 控件非常灵活和功能全面，可以为富 GUI 应用创建各种实用的用户界面。

Oracle 公司提供了可视化设计和开发 GUI 的工具。这使得程序员可以用最少的编码快速地将图形用户界面（GUI）元素组装在一起。然而工具不是万能的，有时不得不修改这些工具生成的程序。因此，在开始使用可视化工具之前，必须理解 JavaFX GUI 程序设计的一些基本概念。

前几章使用了一些 UI 控件，比如 Button、Label 和 TextField。本章将详细介绍常用的 UI 控件（参见图 16-1）。

☞ **注意**：整本书中，前缀 lbl、bt、chk、rb、tf、pf、ta、cbo、lv、scb、sld 和 mp 分别用于定义 Label、Button、CheckBox、RadioButton、TextField、PasswordField、TextArea、ComboBox、ListView、ScrollBar、Slider 和 MediaPlayer 的引用变量。

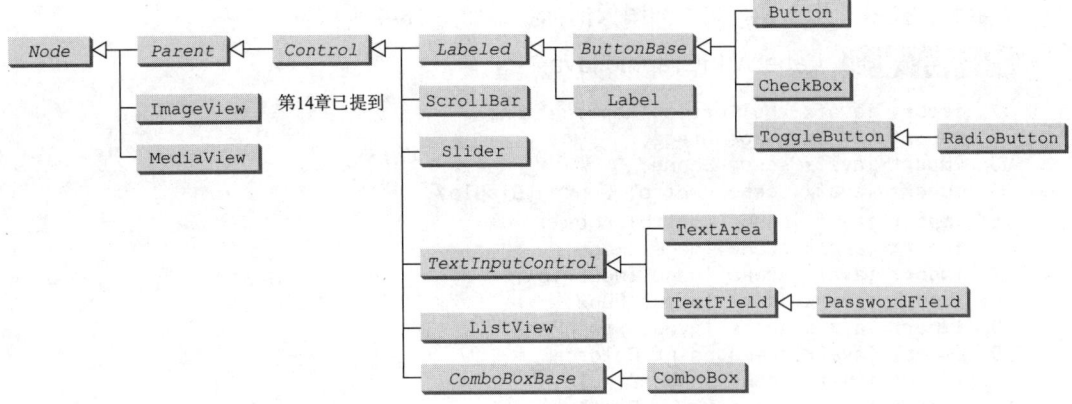

图 16-1 这些 UI 控件用于创建用户界面

16.2 Labeled 和 Label

要点提示：标签（label）是显示小段文字、结点或同时显示两者的区域。它经常用来为其他控件（通常为文本域）做标签

标签和按钮共享许多共同属性。这些共同属性在 Labeled 类中定义，如图 16-2 所示。

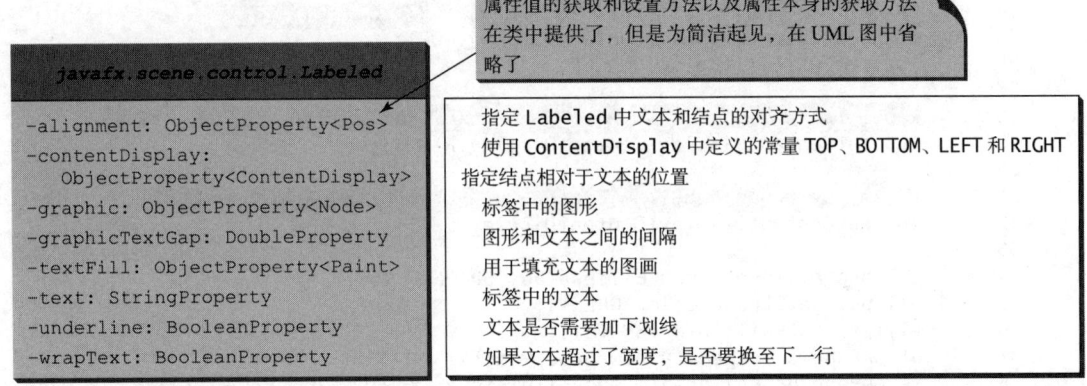

图 16-2 Labeled 类定义了 Label、Button、CheckBox 和 RadioButton 的共同属性

Label 可以用下面三个构造方法之一进行创建，如图 16-3 所示。

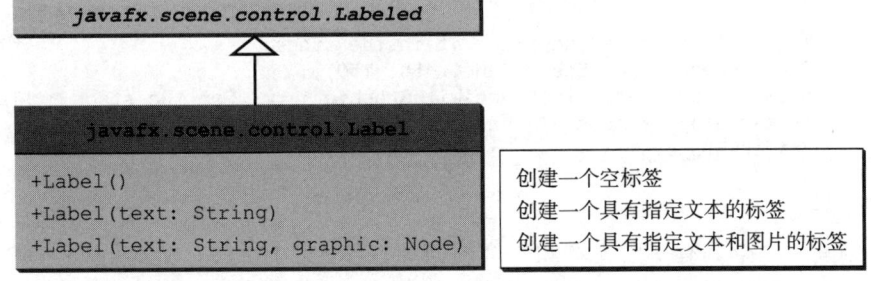

图 16-3 创建 Label 以显示文本或者一个结点，或同时显示两者

graphic 属性可以是任何结点，比如形状、一个图像或者一个控件。程序清单 16-1 给出

了一个示例，显示了几个具有文本和图像的标签，如图 16-4 所示。

程序清单 16-1 LabelWithGraphic.java

```java
1   import javafx.application.Application;
2   import javafx.stage.Stage;
3   import javafx.scene.Scene;
4   import javafx.scene.control.ContentDisplay;
5   import javafx.scene.control.Label;
6   import javafx.scene.image.Image;
7   import javafx.scene.image.ImageView;
8   import javafx.scene.layout.HBox;
9   import javafx.scene.layout.StackPane;
10  import javafx.scene.paint.Color;
11  import javafx.scene.shape.Circle;
12  import javafx.scene.shape.Rectangle;
13  import javafx.scene.shape.Ellipse;
14
15  public class LabelWithGraphic extends Application {
16    @Override // Override the start method in the Application class
17    public void start(Stage primaryStage) {
18      ImageView us = new ImageView(new Image("image/us.gif"));
19      Label lb1 = new Label("US\n50 States", us);
20      lb1.setStyle("-fx-border-color: green; -fx-border-width: 2");
21      lb1.setContentDisplay(ContentDisplay.BOTTOM);
22      lb1.setTextFill(Color.RED);
23
24      Label lb2 = new Label("Circle", new Circle(50, 50, 25));
25      lb2.setContentDisplay(ContentDisplay.TOP);
26      lb2.setTextFill(Color.ORANGE);
27
28      Label lb3 = new Label("Rectangle", new Rectangle(10, 10, 50, 25));
29      lb3.setContentDisplay(ContentDisplay.RIGHT);
30
31      Label lb4 = new Label("Ellipse", new Ellipse(50, 50, 50, 25));
32      lb4.setContentDisplay(ContentDisplay.LEFT);
33
34      Ellipse ellipse = new Ellipse(50, 50, 50, 25);
35      ellipse.setStroke(Color.GREEN);
36      ellipse.setFill(Color.WHITE);
37      StackPane stackPane = new StackPane();
38      stackPane.getChildren().addAll(ellipse, new Label("JavaFX"));
39      Label lb5 = new Label("A pane inside a label", stackPane);
40      lb5.setContentDisplay(ContentDisplay.BOTTOM);
41
42      HBox pane = new HBox(20);
43      pane.getChildren().addAll(lb1, lb2, lb3, lb4, lb5);
44
45      // Create a scene and place it in the stage
46      Scene scene = new Scene(pane, 450, 150);
47      primaryStage.setTitle("LabelWithGraphic"); // Set the stage title
48      primaryStage.setScene(scene); // Place the scene in the stage
49      primaryStage.show(); // Display the stage
50    }
51  }
```

程序创建了一个具有一段文本和一个图像的标签（第 19 行）。文本是 US\n50 States，因此它显示为两行。第 21 行确定图像置于文本的底部。

程序还创建了一个具有一段文本和一个圆的标签（第 24 行）。圆被放在文本的上方（第 25 行）。程序还创建了一个具有一段文本和一个矩形的标签（第 28 行）。矩形位于文本的右侧（第 29 行）。程序还创建了一个具有一段文本和一个椭圆的标签（第 31 行）。椭圆放置于文本的左侧（第 32 行）。

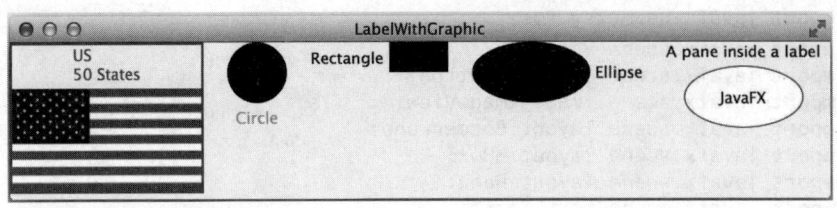

图 16-4　程序显示具有文本和结点的标签。来源：booka/Fotolia

程序创建了一个椭圆（第 34 行），将其和一个标签一起放到一个栈面板中（第 38 行），然后创建一个具有一段文本以及将该栈面板作为结点的标签（第 39 行）。如在这个例子中所见，可以将任何结点放在一个标签中。

程序创建了一个 HBox（第 42 行），然后将所有 5 个标签置于 HBox 中（第 43 行）。

✓ 复习题

16.2.1　如何创建具有一个结点但是没有文本的标签？
16.2.2　如何在一个标签中将文本放在结点的右侧？
16.2.3　如何在一个标签中显示多行文本？
16.2.4　标签中的文本可以加下划线吗？

16.3　Button

0⌐ 要点提示：按钮（button）是单击时触发动作事件的控件。

JavaFX 提供了常规按钮、开关按钮、复选框按钮和单选按钮。这些按钮的公共特性在 ButtonBase 和 Labeled 类中定义，如图 16-5 所示。

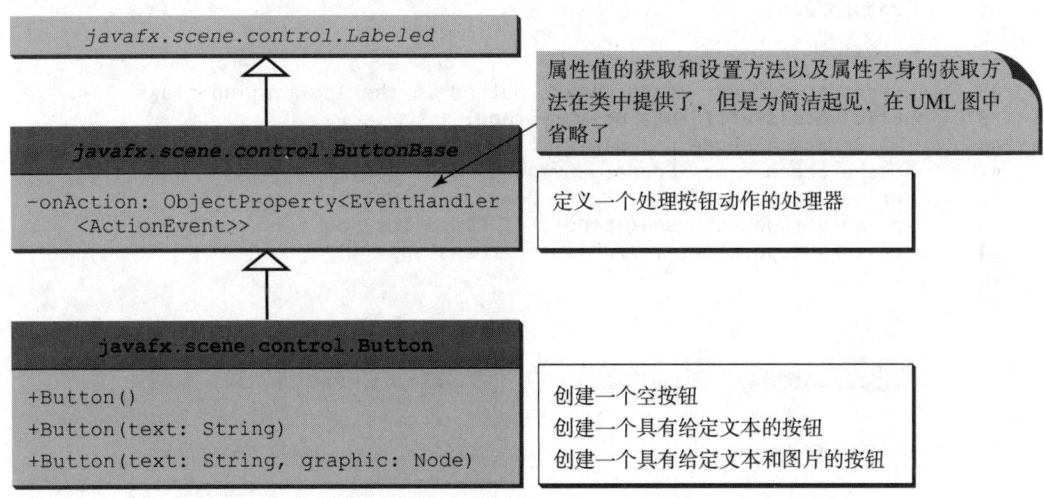

图 16-5　ButtonBase 继承自 Labeled，为所有按钮定义了共同属性

Labeled 类定义了标签和按钮的共同属性。按钮和标签非常类似，只是按钮具有定义在 ButtonBase 类中的 onAction 属性，该属性设置一个用于处理按钮动作的处理器。

程序清单 16-2 给出了一个程序，使用按钮来控制一段文本的移动，如图 16-6 所示。

程序清单 16-2 ButtonDemo.java

```java
1  import javafx.application.Application;
2  import javafx.stage.Stage;
3  import javafx.geometry.Pos;
4  import javafx.scene.Scene;
5  import javafx.scene.control.Button;
6  import javafx.scene.image.ImageView;
7  import javafx.scene.layout.BorderPane;
8  import javafx.scene.layout.HBox;
9  import javafx.scene.layout.Pane;
10 import javafx.scene.text.Text;
11
12 public class ButtonDemo extends Application {
13   protected Text text = new Text(50, 50, "JavaFX Programming");
14
15   protected BorderPane getPane() {
16     HBox paneForButtons = new HBox(20);
17     Button btLeft = new Button("Left",
18       new ImageView("image/left.gif"));
19     Button btRight = new Button("Right",
20       new ImageView("image/right.gif"));
21     paneForButtons.getChildren().addAll(btLeft, btRight);
22     paneForButtons.setAlignment(Pos.CENTER);
23     paneForButtons.setStyle("-fx-border-color: green");
24
25     BorderPane pane = new BorderPane();
26     pane.setBottom(paneForButtons);
27
28     Pane paneForText = new Pane();
29     paneForText.getChildren().add(text);
30     pane.setCenter(paneForText);
31
32     btLeft.setOnAction(e -> text.setX(text.getX() - 10));
33     btRight.setOnAction(e -> text.setX(text.getX() + 10));
34
35     return pane;
36   }
37
38   @Override // Override the start method in the Application class
39   public void start(Stage primaryStage) {
40     // Create a scene and place it in the stage
41     Scene scene = new Scene(getPane(), 450, 200);
42     primaryStage.setTitle("ButtonDemo"); // Set the stage title
43     primaryStage.setScene(scene); // Place the scene in the stage
44     primaryStage.show(); // Display the stage
45   }
46 }
```

图 16-6 程序演示按钮的使用

程序创建了两个按钮 btLeft 和 btRight，每个按钮都包含一段文本和一个图像（第

17~20行)。按钮置于一个 HBox 中(第 21 行),而 HBox 又放在一个边框面板的底部(第 26 行)。第 13 行创建了一段文本并置于一个 border 面板中央(第 30 行)。btLeft 的动作处理器将文本往左边移动(第 32 行)。btRight 的动作处理器将文本往右边移动(第 33 行)。

程序特意定义了一个受保护的 getPane() 方法以返回一个面板(第 15 行)。该方法将在后面的例子中被子类重写,以在面板中增加更多结点。文本被声明为受保护的,从而可以被子类所访问到(第 13 行)。

✓ 复习题

16.3.1 如何创建具有一段文本和一个结点的按钮?可以将所有 Labeled 的方法应用于 Button 上吗?
16.3.2 程序清单 16-2 中为何 getPane() 方法是受保护的?为何数据域 text 是受保护的?
16.3.3 如何设置一个处理器用于处理按钮单击的动作?

16.4 CheckBox

要点提示:复选框用于提供给用户进行选择。

与 Button 一样,CheckBox 继承了来自 ButtonBase 和 Labeled 的所有属性,比如 onAction、text、graphic、alignment、graphicTextGap、textFill 和 contentDisplay,如图 16-7 所示。另外,它提供了 selected 属性用于表示一个复选框是否被选中。

```
CheckBox chkUS = new CheckBox("US");
chkUS.setGraphic(new ImageView("image/usIcon.gif"));
chkUS.setTextFill(Color.GREEN);
chkUS.setContentDisplay(ContentDisplay.LEFT);
chkUS.setStyle("-fx-border-color: black");
chkUS.setSelected(true);
chkUS.setPadding(new Insets(5, 5, 5, 5));
```

下面是一个复选框的例子,该复选框具有文本 US、一个图像,文本颜色为绿色,边框颜色为黑色,并且初始为被选中状态。

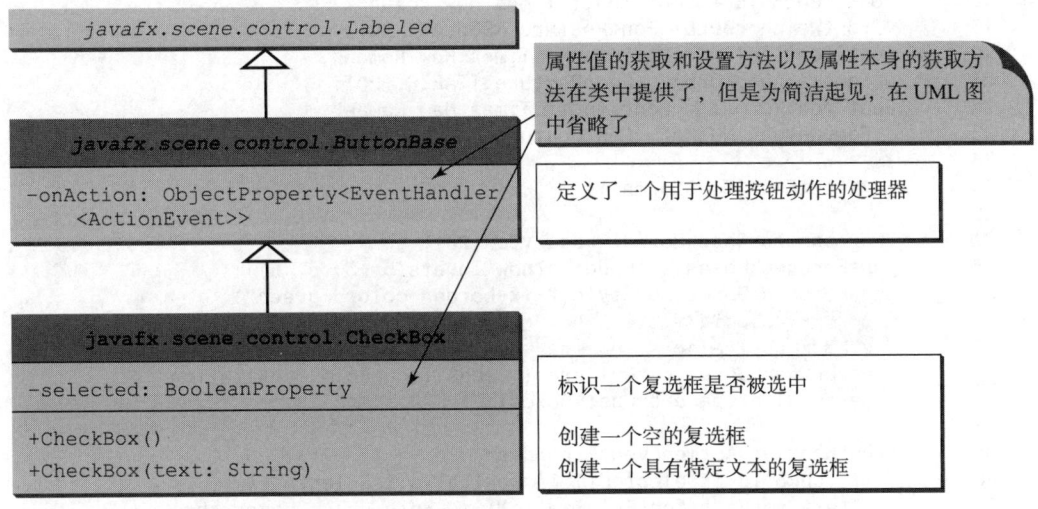

图 16-7 CheckBox 包含了继承自 ButtonBase 和 Labeled 的属性

当一个复选框被单击(选中或者取消选中)时,会触发一个 ActionEvent。要判断一个复选框是否被选中,使用 isSelected() 方法。

现在我们写一个程序,增加两个命名为 Bold 和 Italic 的复选框到前面的例子中,让用户可以指定消息是使用黑体还是斜体,如图 16-8 所示。

图 16-8 程序演示复选框

至少有两种途径来编写这个程序。方法一是修改前面的 ButtonDemo 类来加入代码,用于增加复选框以及处理它们的事件。方法二是定义一个继承自 ButtonDemo 的子类。请实现第一种方法作为练习。程序清单 16-3 给出了实现第二种方法的代码。

程序清单 16-3 CheckBoxDemo.java

```java
1  import javafx.event.ActionEvent;
2  import javafx.event.EventHandler;
3  import javafx.geometry.Insets;
4  import javafx.scene.control.CheckBox;
5  import javafx.scene.layout.BorderPane;
6  import javafx.scene.layout.VBox;
7  import javafx.scene.text.Font;
8  import javafx.scene.text.FontPosture;
9  import javafx.scene.text.FontWeight;
10
11 public class CheckBoxDemo extends ButtonDemo {
12   @Override // Override the getPane() method in the super class
13   protected BorderPane getPane() {
14     BorderPane pane = super.getPane();
15
16     Font fontBoldItalic = Font.font("Times New Roman",
17       FontWeight.BOLD, FontPosture.ITALIC, 20);
18     Font fontBold = Font.font("Times New Roman",
19       FontWeight.BOLD, FontPosture.REGULAR, 20);
20     Font fontItalic = Font.font("Times New Roman",
21       FontWeight.NORMAL, FontPosture.ITALIC, 20);
22     Font fontNormal = Font.font("Times New Roman",
23       FontWeight.NORMAL, FontPosture.REGULAR, 20);
24
25     text.setFont(fontNormal);
26
27     VBox paneForCheckBoxes = new VBox(20);
28     paneForCheckBoxes.setPadding(new Insets(5, 5, 5, 5));
29     paneForCheckBoxes.setStyle("-fx-border-color: green");
30     CheckBox chkBold = new CheckBox("Bold");
31     CheckBox chkItalic = new CheckBox("Italic");
32     paneForCheckBoxes.getChildren().addAll(chkBold, chkItalic);
33     pane.setRight(paneForCheckBoxes);
34
35     EventHandler<ActionEvent> handler = e -> {
36       if (chkBold.isSelected() && chkItalic.isSelected()) {
37         text.setFont(fontBoldItalic); // Both check boxes checked
38       }
39       else if (chkBold.isSelected()) {
```

```
40            text.setFont(fontBold); // The Bold check box checked
41          }
42          else if (chkItalic.isSelected()) {
43            text.setFont(fontItalic); // The Italic check box checked
44          }
45          else {
46            text.setFont(fontNormal); // Both check boxes unchecked
47          }
48        };
49
50        chkBold.setOnAction(handler);
51        chkItalic.setOnAction(handler);
52
53        return pane; // Return a new pane
54      }
55
56      public static void main(String[] args) {
57        launch(args);
58      }
59    }
```

CheckBoxDemo 继承自 ButtonDemo 并且重写了 getPane() 方法（第 13 行）。新的 getPane() 方法调用 ButtonDemo 类的 super.getPane() 方法来获得一个包含了按钮和文本的边框面板（第 14 行）。创建复选框并将其加入 paneForCheckBoxes 中（第 30～32 行）。paneForCheckBoxes 被加入边框面板中（第 33 行）。

第 35～48 行创建用于处理复选框动作事件的处理器。它根据复选框的状态来设置合适的字体。

用于这个 JavaFX 程序的 start 方法在 ButtonDemo 中定义并在 CheckBoxDemo 中被继承。所以当运行 CheckBoxDemo 时，ButtonDemo 中的 start 方法被调用。由于 getPane() 方法在 CheckBoxDemo 中被重写，程序清单 16-2 的第 41 行调用的是 CheckBoxDemo 中的方法。进一步信息请参见复习题 16.4.1。

✓ 复习题

16.4.1 以下代码的输出是什么？

```java
public class Test {
  public static void main(String[] args) {
    Test test = new Test();
    test.new B().start();
  }

  class A {
    public void start() {
      System.out.println(getP());
    }

    public int getP() {
      return 1;
    }
  }

  class B extends A {
    public int getP() {
      return 2 + super.getP();
    }
  }
}
```

16.4.2 如何测试一个复选框是否被选中？
16.4.3 可以将用于 Labeled 的所有方法用于 CheckBox 吗？
16.4.4 可否将一个复选框中的 graphic 属性设置为一个结点？

16.5 RadioButton

要点提示：单选按钮（radio button）也称为选项按钮（option button），它可以让用户在一组选项中做单项选择。

从外观上看，单选按钮类似于复选框。复选框显示一个可以选中或者不选中的方形，而单选按钮显示一个圆，或是填充的（选中时），或是空白的（未选中时）。

RadioButton 是 ToggleButton 的子类。单选按钮和开关按钮的不同之处是，单选按钮显示一个圆，而开关按钮渲染成类似于按钮。ToggleButton 和 RadioButton 的 UML 图如图 16-9 所示。

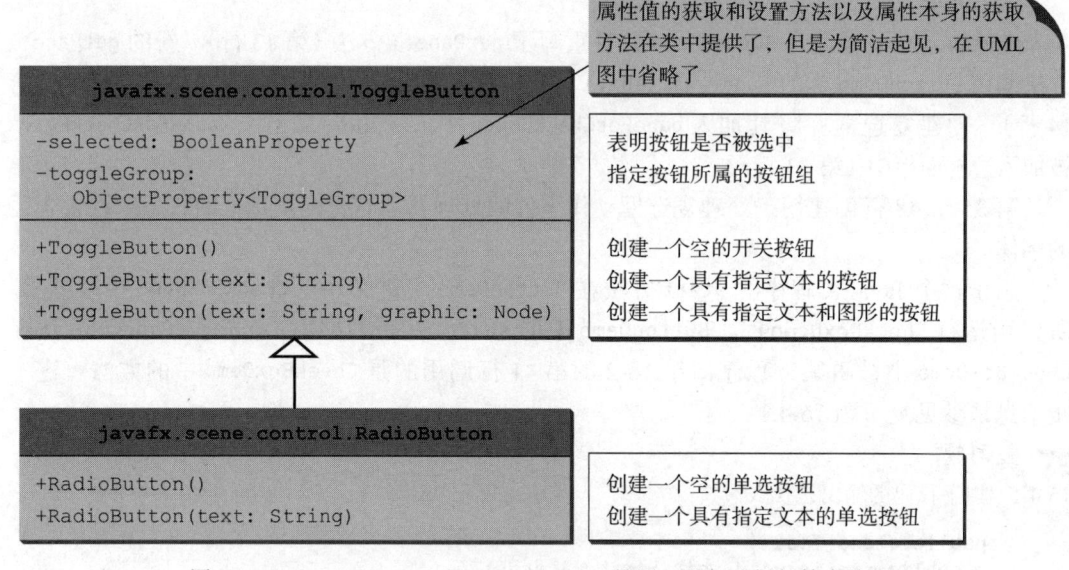

图 16-9 ToggleButton 和 RadioButton 是用于进行选择的特定按钮

这里是一个单选按钮的示例，该单选按钮具有文本 US、一个图片、绿色的文本字体以及黑色的边框，而且初始状态是选中的。

```
Radiobutton rbUS = new RadioButton("US");
rbUS.setGraphic(new ImageView("image/usIcon.gif"));
rbUS.setTextFill(Color.GREEN);
rbUS.setContentDisplay(ContentDisplay.LEFT);
rbUS.setStyle("-fx-border-color: black");
rbUS.setSelected(true);
rbUS.setPadding(new Insets(5, 5, 5, 5));
```

为了将单选按钮建组，需要创建一个 ToggleGroup 的实例，并且设置单选按钮的 ToggleGroup 属性以加入组，如下所示：

```
ToggleGroup group = new ToggleGroup();
rbRed.setToggleGroup(group);
rbGreen.setToggleGroup(group);
rbBlue.setToggleGroup(group);
```

这段代码为单选按钮 rbRed、rbGreen、rbBlue 创建一个按钮组，从而 rbRed、rbGreen 和 rbBlue 可以进行互斥的单一选择。没有建组的话，这些按钮是相互无关的。

当一个单选按钮被改变时（选中或者取消选中），它触发一个 ActionEvent。要判断一个单选按钮是否选中，使用 isSelected() 方法。

现在我们给出一个程序，将命名为 Red、Green 和 Blue 的三个单选按钮加入之前的例子，让用户可以选择消息的颜色，如图 16-10 所示。

同样，有两种方法来编写这个程序。第一种是修改之前的 CheckBoxDemo 类，加入代码以增加单选按钮和处理它们的事件。第二种是定义一个继承自 CheckBoxDemo 的子类。程序清单 16-4 给出了使用第二种方法的代码。

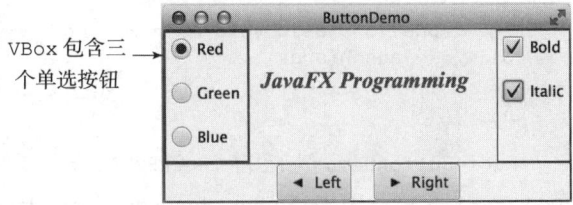

图 16-10　程序演示单选按钮的使用

程序清单 16-4　RadioButtonDemo.java

```java
 1  import javafx.geometry.Insets;
 2  import javafx.scene.control.RadioButton;
 3  import javafx.scene.control.ToggleGroup;
 4  import javafx.scene.layout.BorderPane;
 5  import javafx.scene.layout.VBox;
 6  import javafx.scene.paint.Color;
 7
 8  public class RadioButtonDemo extends CheckBoxDemo {
 9    @Override // Override the getPane() method in the super class
10    protected BorderPane getPane() {
11      BorderPane pane = super.getPane();
12
13      VBox paneForRadioButtons = new VBox(20);
14      paneForRadioButtons.setPadding(new Insets(5, 5, 5, 5));
15      paneForRadioButtons.setStyle
16        ("-fx-border-width: 2px; -fx-border-color: green");
17
18      RadioButton rbRed = new RadioButton("Red");
19      RadioButton rbGreen = new RadioButton("Green");
20      RadioButton rbBlue = new RadioButton("Blue");
21      paneForRadioButtons.getChildren().addAll(rbRed, rbGreen, rbBlue);
22      pane.setLeft(paneForRadioButtons);
23
24      ToggleGroup group = new ToggleGroup();
25      rbRed.setToggleGroup(group);
26      rbGreen.setToggleGroup(group);
27      rbBlue.setToggleGroup(group);
28
29      rbRed.setOnAction(e -> {
30        if (rbRed.isSelected()) {
31          text.setFill(Color.RED);
32        }
33      });
34
35      rbGreen.setOnAction(e -> {
36        if (rbGreen.isSelected()) {
37          text.setFill(Color.GREEN);
38        }
39      });
```

```java
40
41        rbBlue.setOnAction(e -> {
42          if (rbBlue.isSelected()) {
43            text.setFill(Color.BLUE);
44          }
45        });
46
47        return pane;
48      }
49
50      public static void main(String[] args) {
51        launch(args);
52      }
53    }
```

RadioButtonDemo 继承自 CheckBoxDemo，并重写了 getPane() 方法（第 10 行）。新的 getPane() 方法调用来自 CheckBoxDemo 的 getPane() 方法创建一个包含了复选按钮、按钮和一段文本的边框面板（第 11 行）。这个边框面板是通过调用 super.getPane() 返回的。创建单选按钮并将其加入 paneForRadioButtons 中（第 18～21 行）。将 paneForRadioButtons 加入边框面板中（第 22 行）。

第 24～27 行将单选按钮建组。第 29～45 行创建了用于处理单选按钮上动作事件的处理器。它根据单选按钮的状态设置合适的颜色。

这个 JavaFX 程序的 start 方法在 ButtonDemo 中定义，在 CheckBoxDemo 中被继承，继而又在 RadioButtonDemo 中被继承。所以，当运行 RadioButtonDemo 时，ButtonDemo 中的 start 方法被调用。由于 getPane() 方法在 RadioButtonDemo 中被重写，程序清单 16-2 中第 41 行调用的是 RadioButtonDemo 中的这个方法。

✓ **复习题**

16.5.1 如何测试一个单选按钮是否被选中？
16.5.2 可以将 Labeled 中的所有方法应用于 RadioButton 吗？
16.5.3 可以将单选按钮的 graphic 属性设置为任何结点吗？
16.5.4 如何将单选按钮建组？

16.6 TextField

要点提示：文本域（text field）可用于输入或显示一个字符串。

TextField 是 TextInputControl 的子类。图 16-11 列举了 TextFiled 中的属性和构造方法。

下面的例子创建了一个不可编辑的文本域，具有红色的文本颜色、指定的字体以及水平右对齐的排版。

```java
TextField tfMessage = new TextField("T-Storm");
tfMessage.setEditable(false);
tfMessage.setStyle("-fx-text-fill: red");
tfMessage.setFont(Font.font("Times", 20));
tfMessage.setAlignment(Pos.BASELINE_RIGHT);
```

将光标移至文本域并按下回车键时，它将触发一个 ActionEvent 事件。

程序清单 16-5 给出了一个程序，在前面的例子中增加了一条文本域，让用户可以创建一条新的消息，如图 16-12 所示。

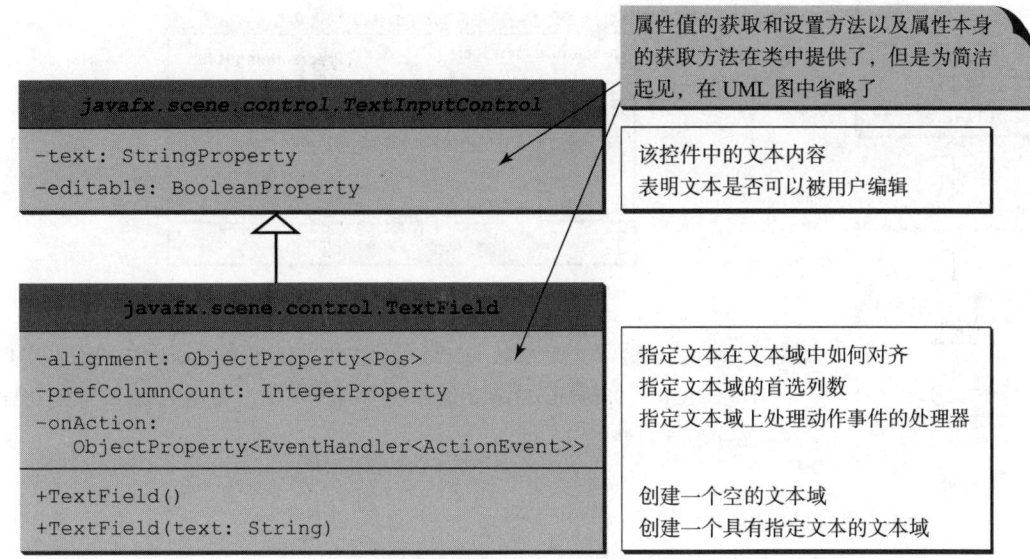

图 16-11 TextFiled 使得用户可以输入或者显示一个字符串

程序清单 16-5 TextFieldDemo.java

```
1   import javafx.geometry.Insets;
2   import javafx.geometry.Pos;
3   import javafx.scene.control.Label;
4   import javafx.scene.control.TextField;
5   import javafx.scene.layout.BorderPane;
6
7   public class TextFieldDemo extends RadioButtonDemo {
8     @Override // Override the getPane() method in the super class
9     protected BorderPane getPane() {
10      BorderPane pane = super.getPane();
11
12      BorderPane paneForTextField = new BorderPane();
13      paneForTextField.setPadding(new Insets(5, 5, 5, 5));
14      paneForTextField.setStyle("-fx-border-color: green");
15      paneForTextField.setLeft(new Label("Enter a new message: "));
16
17      TextField tf = new TextField();
18      tf.setAlignment(Pos.BOTTOM_RIGHT);
19      paneForTextField.setCenter(tf);
20      pane.setTop(paneForTextField);
21
22      tf.setOnAction(e -> text.setText(tf.getText()));
23
24      return pane;
25    }
26
27    public static void main(String[] args) {
28      launch(args);
29    }
30  }
```

TextFieldDemo 继承自 RadioButtonDemo（第 7 行），增加了一个标签和文本域让用户输入新的文本（第 12～20 行）。当用户在文本域中设定一个新的文本并且按回车键后，将显示一条新的消息（第 22 行）。在文本域中按回车键将触发一个动作事件。

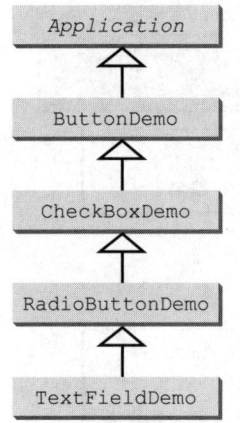

图 16-12 程序演示文本域的使用

> **注意**：如果一个文本域用于输入密码，使用 PasswordField 来替代 TextField。PasswordField 继承自 TextField，将输入文本隐藏为回显字符 ******。

✓ 复习题

16.6.1 可以禁用文本域的编辑功能吗？

16.6.2 可以将 TextInputControl 的所有方法应用于 TextField 之上吗？

16.6.3 可以将文本域的 graphic 属性设置为一个结点吗？

16.6.4 如何将文本域里面的文本设置为右对齐？

16.7 TextArea

> **要点提示**：TextArea 允许用户输入多行文本。

如果希望让用户输入多行文本，可以创建多个 TextField 的实例。然而，一个更好的选择是使用 TextArea，它允许用户输入多行文本。图 16-13 列出了 TextArea 的属性和构造方法。

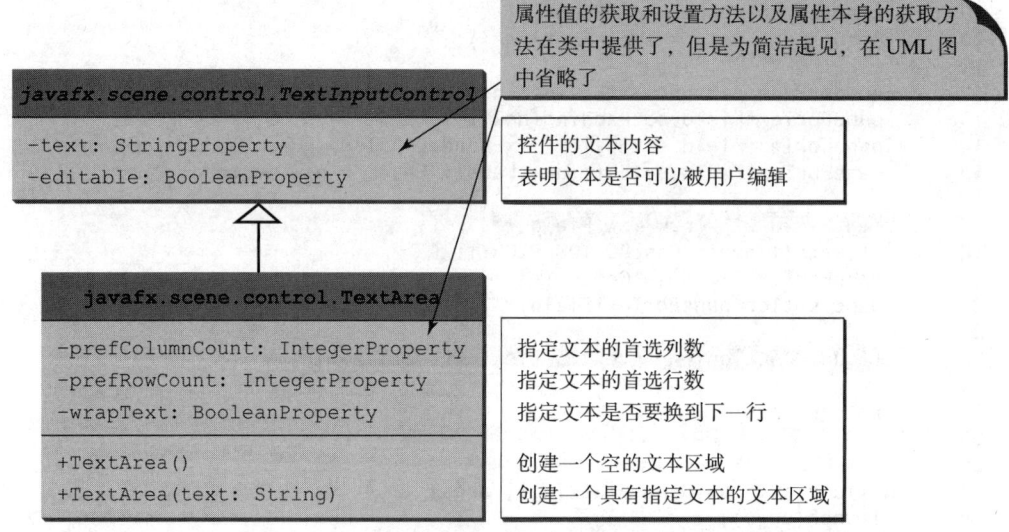

图 16-13 TextArea 使得用户可以输入和显示多行字符

下面的示例创建一个具有 5 行 20 列的文本区域，可以自动换行到下一行，文本颜色为红色，字体为 Courier，字体大小为 20 像素。

```
TextArea taNote = new TextArea("This is a text area");
taNote.setPrefColumnCount(20);
```

```
taNote.setPrefRowCount(5);
taNote.setWrapText(true);
taNote.setStyle("-fx-text-fill: red");
taNote.setFont(Font.font("Times", 20));
```

TextArea 提供滚动支持，但是通常而言，更有用的方法是创建一个 ScrollPane 对象来包含一个 TextArea 的实例，并且让 ScrollPane 处理 TextArea 的滚动，如下面的代码所示：

```
// Create a scroll pane to hold text area
ScrollPane scrollPane = new ScrollPane(taNote);
```

> **提示**：可以将任何结点置于 ScrollPane 中。如果控件太大以至于不能在显示区域内完整显示，ScrollPane 提供了垂直和水平方向的自动滚动支持。

现在给出一个程序，在一个标签上显示图像和一段短文本，在一个文本区域中显示一段长文本，如图 16-14 所示。

图 16-14 程序显示一个标签中的图像、一个标签中的标题和一个文本区域中的文本

下面是程序中的几个主要步骤：

1）定义一个继承自 BorderPane 的名为 DescriptionPane 的类，如程序清单 16-6 所示。这个类包含了一个位于滚动面板内的文本区域，以及一个用于显示图像图标和标题的标签。DescriptionPane 类在后面的例子中将被重用。

2）定义一个继承自 Application 的名为 TextAreaDemo 的类，如程序清单 16-7 所示。创建一个 DescriptionPane 类的实例并加入场景。DescriptionPane 和 TextAreaDemo 之间的关系如图 16-15 所示。

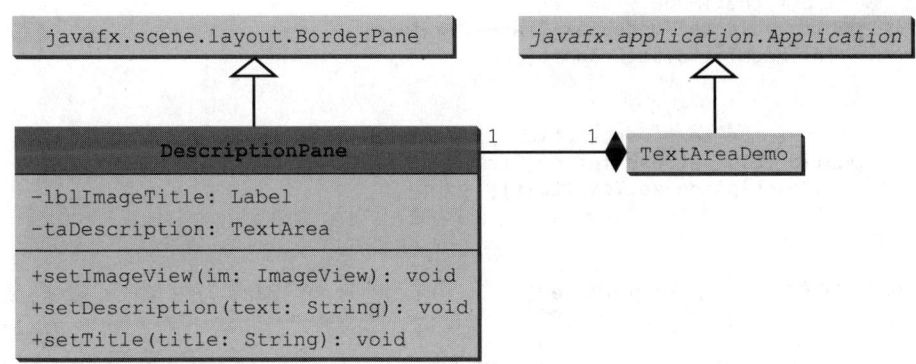

图 16-15 TextAreaDemo 使用 DescriptionPane 显示一个图像、一个标题和一个国旗的文本描述

程序清单 16-6 DescriptionPane.java

```
1  import javafx.geometry.Insets;
2  import javafx.scene.control.Label;
```

```java
 3  import javafx.scene.control.ContentDisplay;
 4  import javafx.scene.control.ScrollPane;
 5  import javafx.scene.control.TextArea;
 6  import javafx.scene.image.ImageView;
 7  import javafx.scene.layout.BorderPane;
 8  import javafx.scene.text.Font;
 9
10  public class DescriptionPane extends BorderPane {
11    /** Label for displaying an image and a title */
12    private Label lblImageTitle = new Label();
13
14    /** Text area for displaying text */
15    private TextArea taDescription = new TextArea();
16
17    public DescriptionPane() {
18      // Center the icon and text and place the text under the icon
19      lblImageTitle.setContentDisplay(ContentDisplay.TOP);
20      lblImageTitle.setPrefSize(200, 100);
21
22      // Set the font in the label and the text field
23      lblImageTitle.setFont(new Font("SansSerif", 16));
24      taDescription.setFont(new Font("Serif", 14));
25
26      taDescription.setWrapText(true);
27      taDescription.setEditable(false);
28
29      // Create a scroll pane to hold the text area
30      ScrollPane scrollPane = new ScrollPane(taDescription);
31
32      // Place label and scroll pane in the border pane
33      setLeft(lblImageTitle);
34      setCenter(scrollPane);
35      setPadding(new Insets(5, 5, 5, 5));
36    }
37
38    /** Set the title */
39    public void setTitle(String title) {
40      lblImageTitle.setText(title);
41    }
42
43    /** Set the image view */
44    public void setImageView(ImageView icon) {
45      lblImageTitle.setGraphic(icon);
46    }
47
48    /** Set the text description */
49    public void setDescription(String text) {
50      taDescription.setText(text);
51    }
52  }
```

文本区域位于一个 ScrollPane 中 (第 30 行), ScrollPane 为文本区域提供滚动功能。

wrapText 属性设置为 true (第 26 行), 因此当文本不能在一行内显示的时候会自动换行。文本区域设置为不可编辑的 (第 27 行), 因此不能在文本区域中编辑描述文字。

在这个例子中, 没必要为 DescriptionPane 创建单独的类。然而, 为便于重用, 在下一节中这个类是独立定义的, 且将使用它为各种图像显示描述面板。

程序清单 16-7 TextAreaDemo.java

```java
 1  import javafx.application.Application;
 2  import javafx.stage.Stage;
 3  import javafx.scene.Scene;
 4  import javafx.scene.image.ImageView;
 5
 6  public class TextAreaDemo extends Application {
 7    @Override // Override the start method in the Application class
 8    public void start(Stage primaryStage) {
 9      // Declare and create a description pane
10      DescriptionPane descriptionPane = new DescriptionPane();
11
12      // Set title, text, and image in the description pane
13      descriptionPane.setTitle("Canada");
14      String description = "The Canadian national flag ... ";
15      descriptionPane.setImageView(new ImageView("image/ca.gif"));
16      descriptionPane.setDescription(description);
17
18      // Create a scene and place it in the stage
19      Scene scene = new Scene(descriptionPane, 450, 200);
20      primaryStage.setTitle("TextAreaDemo"); // Set the stage title
21      primaryStage.setScene(scene); // Place the scene in the stage
22      primaryStage.show(); // Display the stage
23    }
24  }
```

程序创建了一个 `DescriptionPane` 类的实例（第10行），然后在描述面板内设置了标题（第13行）、图像（第15行）以及文本（第16行）。`DescriptionPane` 是 `Pane` 的子类，它包含一个显示图像和标题的标签，以及显示关于图像的描述的一个文本区域。

复习题

16.7.1 如何创建一个 10 行、20 列的文本区域？

16.7.2 如何得到文本区域里面的文本？

16.7.3 如何禁用一个文本区域里面的编辑功能？

16.7.4 在文本区域里面可以使用什么方法来将一行文本自动换行？

16.8 ComboBox

要点提示：组合框（combo box）也称为选择列表（choice list）或下拉式列表（drop-down list），包含一个用户能够从中进行选择的选项列表。

使用组合框可以限制用户的选择范围，从而避免对输入数据有效性进行的烦琐检查。图 16-16 列出了 `ComboBox` 类中的一些常用属性和构造方法。与 `ArrayList` 类一样，`ComboBox` 被定义为一个泛型类。泛型 T 给定保存在组合框中的元素类型。

下面的语句创建一个有四个选项的红色组合框，并将其值设为第一项：

```java
ComboBox<String> cbo = new ComboBox<>();
cbo.getItems().addAll("Item 1", "Item 2",
  "Item 3", "Item 4");
cbo.setStyle("-fx-color: #EB0D1B");
cbo.setValue("item 1");
```

`ComboBox` 继承自 `ComboBoxBase`。`ComboBox` 可以触发一个 `ActionEvent` 事件。当一个选项被选中时，一个 `ActionEvent` 事件被触发。`ObservableList` 是 `java.util.List` 的子接口。因此可以将定义在 `List` 中的所有方法应用于 `ObservableList`。为了方便，JavaFX 提供了一

个静态方法 FXCollections.observableArrayList(arrayOfElements) 来从一个元素数组中创建一个 ObservableList。

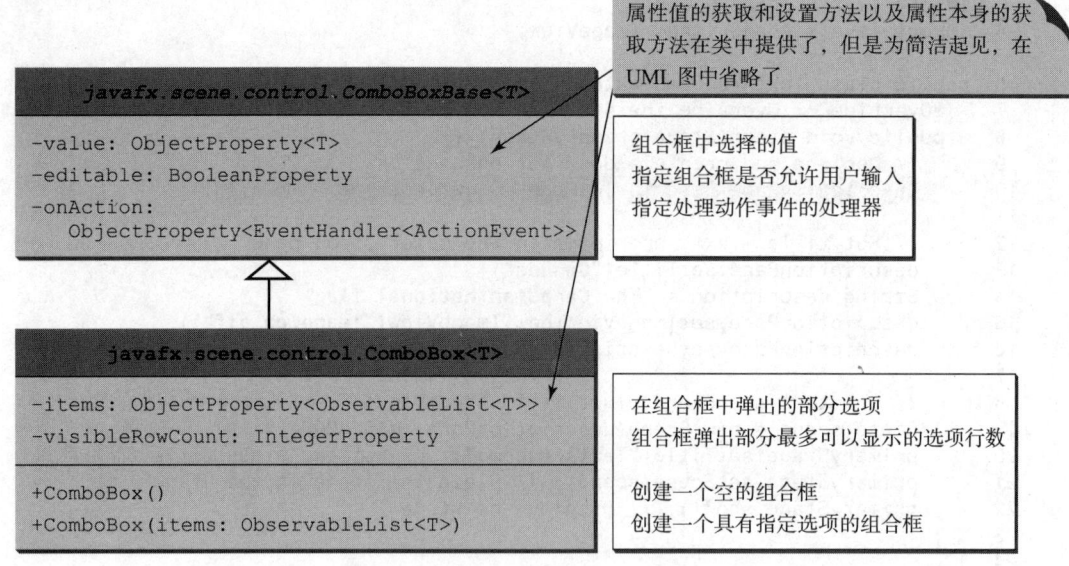

图 16-16 ComboBox 使得用户可以从选项列表中选择一个选项

程序清单 16-8 中的代码使用户可以通过组合框选择国家，从而查看该国家国旗的图像及其描述，如图 16-17 所示。

以下是该程序的几个主要步骤：

1）创建用户界面。

创建一个组合框，将国家名作为选择值。创建一个 DescriptionPane 对象（DescriptionPane 类在前一节中介绍过）。将组合框置于边框面板的上部，而将描述面板置于边框面板的中央。

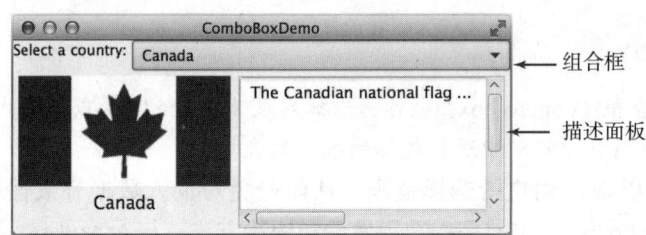

图 16-17 当组合框中的国家名被选定时将显示关于这个国家的信息，包括国旗的图像和描述

2）处理事件。

创建一个处理来自组合框的动作事件的处理器，用于为选定国家名设置国旗的标题、图像以及描述面板中的文本。

程序清单 16-8 ComboBoxDemo.java

```
1  import javafx.application.Application;
2  import javafx.stage.Stage;
3  import javafx.collections.FXCollections;
4  import javafx.collections.ObservableList;
```

```java
 5  import javafx.scene.Scene;
 6  import javafx.scene.control.ComboBox;
 7  import javafx.scene.control.Label;
 8  import javafx.scene.image.ImageView;
 9  import javafx.scene.layout.BorderPane;
10
11  public class ComboBoxDemo extends Application {
12    // Declare an array of Strings for flag titles
13    private String[] flagTitles = {"Canada", "China", "Denmark",
14      "France", "Germany", "India", "Norway", "United Kingdom",
15      "United States of America"};
16
17    // Declare an ImageView array for the national flags of 9 countries
18    private ImageView[] flagImage = {new ImageView("image/ca.gif"),
19      new ImageView("image/china.gif"),
20      new ImageView("image/denmark.gif"),
21      new ImageView("image/fr.gif"),
22      new ImageView("image/germany.gif"),
23      new ImageView("image/india.gif"),
24      new ImageView("image/norway.gif"),
25      new ImageView("image/uk.gif"), new ImageView("image/us.gif")};
26
27    // Declare an array of strings for flag descriptions
28    private String[] flagDescription = new String[9];
29
30    // Declare and create a description pane
31    private DescriptionPane descriptionPane = new DescriptionPane();
32
33    // Create a combo box for selecting countries
34    private ComboBox<String> cbo = new ComboBox<>(); // flagTitles;
35
36    @Override // Override the start method in the Application class
37    public void start(Stage primaryStage) {
38      // Set text description
39      flagDescription[0] = "The Canadian national flag ... ";
40      flagDescription[1] = "Description for China ... ";
41      flagDescription[2] = "Description for Denmark ... ";
42      flagDescription[3] = "Description for France ... ";
43      flagDescription[4] = "Description for Germany ... ";
44      flagDescription[5] = "Description for India ... ";
45      flagDescription[6] = "Description for Norway ... ";
46      flagDescription[7] = "Description for UK ... ";
47      flagDescription[8] = "Description for US ... ";
48
49      // Set the first country (Canada) for display
50      setDisplay(0);
51
52      // Add combo box and description pane to the border pane
53      BorderPane pane = new BorderPane();
54
55      BorderPane paneForComboBox = new BorderPane();
56      paneForComboBox.setLeft(new Label("Select a country: "));
57      paneForComboBox.setCenter(cbo);
58      pane.setTop(paneForComboBox);
59      cbo.setPrefWidth(400);
60      cbo.setValue("Canada");
61
62      ObservableList<String> items =
63        FXCollections.observableArrayList(flagTitles);
64      cbo.getItems().addAll(items);
65      pane.setCenter(descriptionPane);
```

```
66
67    // Display the selected country
68    cbo.setOnAction(e -> setDisplay(items.indexOf(cbo.getValue())));
69
70    // Create a scene and place it in the stage
71    Scene scene = new Scene(pane, 450, 170);
72    primaryStage.setTitle("ComboBoxDemo"); // Set the stage title
73    primaryStage.setScene(scene); // Place the scene in the stage
74    primaryStage.show(); // Display the stage
75  }
76
77  /** Set display information on the description pane */
78  public void setDisplay(int index) {
79    descriptionPane.setTitle(flagTitles[index]);
80    descriptionPane.setImageView(flagImage[index]);
81    descriptionPane.setDescription(flagDescription[index]);
82  }
83 }
```

程序将国旗信息存储在三个数组 flagTitles、flagImage 和 flagDescription(第 13～28 行)中。数组 flagTitles 存放九个国家的名称,数组 flagImage 存放九个国家的国旗图像,数组 flagDescription 存放这些国旗的描述。

程序创建 DescriptionPane 类的一个实例（第 31 行），该类在程序清单 16-6 中给出。程序用数组 flagTitles 中的值创建一个组合框（第 62 和 63 行）。getItems() 方法从组合框返回一个列表（第 64 行），addAll 方法将多个项加入列表中。

当用户选择组合框中的一项后，动作事件触发处理器的执行。处理器确定选中项的索引值（第 68 行），并调用 setDisplay(int index) 方法在面板上设置相应的国旗名、国旗图像及国旗描述（第 78～82 行）。

✓ 复习题

16.8.1 如何创建一个组合框并加入三个选项？

16.8.2 如何从一个组合框中获取一个选项？如何从一个组合框中获取一个选中选项？

16.8.3 如何得到一个组合框中的选项数？如何获得组合框中一个指定索引值的选项？

16.8.4 当选择一个新的选项时，ComboBox 将触发什么事件？

16.9 ListView

要点提示：列表视图是一个控件，它完成的功能与组合框基本相同，但它允许用户选择一个或多个值。

图 16-18 列出了 ListView 中的一些常用属性和构造方法。如同 ArrayList 类，ListView 被定义为一个泛型类。泛型 T 指定了存储在一个列表视图中的元素类型。

getSelectionModel() 方法返回一个 SelectionModel 实例，该实例包含了设置选择模式以及获得被选中的索引值和选项的方法。选择模式由以下两个常量之一定义：SelectionMode.MULTIPLE 和 SelectionMode.SINGLE。这两个值指明了可以选择单个还是多个选项。默认值是 SelectionMode.SINGLE。图 16-19a 显示了一个单选示例，图 16-19b 和图 16-19c 显示了多项选择。

图 16-18 ListView 使得用户可以从选项列表中选择一个或者多个选项

a) 单项选择　　　　　　b) 多项选择　　　　　　c) 多项选择

图 16-19 SelectionModel 有两种选择模式：单选和多项–间隔选择

以下语句创建了一个具有六个选项的列表视图，允许多项选择。

```
ObservableList<String> items =
  FXCollections.observableArrayList("Item 1", "Item 2",
    "Item 3", "Item 4", "Item 5", "Item 6");
ListView<String> lv = new ListView<>(items);
lv.getSelectionModel().setSelectionMode(SelectionMode.MULTIPLE);
```

列表视图的选择模式具有 selectedItemProperty 属性，该属性是一个 Observable 的实例。如 15.10 节中所讨论的，可以在这个属性上添加一个监听器以处理属性的变化，如下所示：

```
lv.getSelectionModel().selectedItemProperty().addListener(
  new InvalidationListener() {
    public void invalidated(Observable ov) {
      System.out.println("Selected indices: "
        + lv.getSelectionModel().getSelectedIndices());
      System.out.println("Selected items: "
        + lv.getSelectionModel().getSelectedItems());
    }
});
```

这个匿名内部类可以使用 lambda 表达式简化如下：

```
lv.getSelectionModel().selectedItemProperty().addListener(ov -> {
  System.out.println("Selected indices: "
    + lv.getSelectionModel().getSelectedIndices());
  System.out.println("Selected items: "
    + lv.getSelectionModel().getSelectedItems());
});
```

程序清单 16-9 给出了一个程序，让用户可以在一个列表视图中选择国家名，并且在一个图像视图中显示选中国家的国旗。图 16-20 显示了程序的一个运行示例。

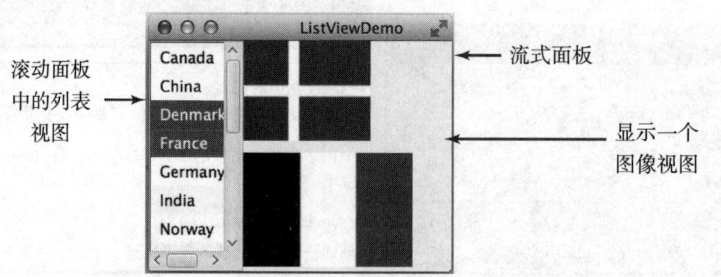

图 16-20 选中列表中的国家时，相应的国旗图像在图像视图中显示。来源：booka/Fotolia

下面是程序的几个主要步骤：

1）创建用户界面。

创建有九个国家名作为选择值的列表视图，然后将这个列表视图放到一个滚动面板中。将滚动面板放到边框面板的左边。创建九个图像视图用于显示这九个国家的国旗图像。创建一个流式面板来包含图像视图，并且将面板放在边框面板的中央。

2）处理事件。

创建一个监听器，实现 InvalidationListener 接口中的 invalidated 方法，在面板中放置选定国家的国旗图像视图。

程序清单 16-9 ListViewDemo.java

```
1   import javafx.application.Application;
2   import javafx.stage.Stage;
3   import javafx.collections.FXCollections;
4   import javafx.scene.Scene;
5   import javafx.scene.control.ListView;
6   import javafx.scene.control.ScrollPane;
7   import javafx.scene.control.SelectionMode;
8   import javafx.scene.image.ImageView;
9   import javafx.scene.layout.BorderPane;
10  import javafx.scene.layout.FlowPane;
11
12  public class ListViewDemo extends Application {
13    // Declare an array of Strings for flag titles
14    private String[] flagTitles = {"Canada", "China", "Denmark",
15      "France", "Germany", "India", "Norway", "United Kingdom",
16      "United States of America"};
17
18    // Declare an ImageView array for the national flags of 9 countries
19    private ImageView[] ImageViews = {
20      new ImageView("image/ca.gif"),
21      new ImageView("image/china.gif"),
22      new ImageView("image/denmark.gif"),
23      new ImageView("image/fr.gif"),
24      new ImageView("image/germany.gif"),
25      new ImageView("image/india.gif"),
26      new ImageView("image/norway.gif"),
27      new ImageView("image/uk.gif"),
28      new ImageView("image/us.gif")
29    };
30
31    @Override // Override the start method in the Application class
32    public void start(Stage primaryStage) {
```

```java
33    ListView<String> lv = new ListView<>
34        (FXCollections.observableArrayList(flagTitles));
35    lv.setPrefSize(400, 400);
36    lv.getSelectionModel().setSelectionMode(SelectionMode.MULTIPLE);
37
38    // Create a pane to hold image views
39    FlowPane imagePane = new FlowPane(10, 10);
40    BorderPane pane = new BorderPane();
41    pane.setLeft(new ScrollPane(lv));
42    pane.setCenter(imagePane);
43
44    lv.getSelectionModel().selectedItemProperty().addListener(
45      ov -> {
46        imagePane.getChildren().clear();
47        for (Integer i: lv.getSelectionModel().getSelectedIndices()) {
48          imagePane.getChildren().add(ImageViews[i]);
49        }
50    });
51
52    // Create a scene and place it in the stage
53    Scene scene = new Scene(pane, 450, 170);
54    primaryStage.setTitle("ListViewDemo"); // Set the stage title
55    primaryStage.setScene(scene); // Place the scene in the stage
56    primaryStage.show(); // Display the stage
57   }
58 }
```

程序创建了一个代表国家的字符串数组（第 14 ~ 16 行），以及一个包含 9 个图像视图的数组，用于显示代表 9 个国家的国旗图像（第 19 ~ 29 行），和前面代表国家的数组保持顺序一致。列表视图中的项来自国家数组（第 34 行）。因此，图像视图数组中的索引 0 对应于列表视图数组中的第一个国家。

列表视图置于一个滚动面板中（第 41 行），这样当列表中的项数超过显示区域的时候可以滚动。

默认情况下，列表视图的选择模式为单选。列表视图的选择模式被设为多选（第 36 行），从而允许用户在列表视图中选择多项。当用户在列表视图中选择了国家时，监听器的处理器（第 44 ~ 50 行）被执行，从而得到被选中项的索引，并且将它们相应的图像视图加入流式面板中。

✓ 复习题

16.9.1 如何使用一个字符串数组创建可观察的列表？

16.9.2 如何设置一个列表视图的方向？

16.9.3 列表视图有什么可用的选择模式？什么是默认的选择模式？如何设置一个选择模式？

16.9.4 如何获得选中的选项以及选中的索引？

16.10 ScrollBar

🔑 要点提示：滚动条（ScrollBar）是允许用户从一定范围内的值中进行选择的控件。

图 16-21 显示了一个滚动条。通常，用户通过鼠标操作改变滚动条的值。例如，用户可以上下拖动滚动块，或者单击滚动条轨道，或者单击滚动条的左按钮或者右按钮。

ScrollBar 有以下属性，如图 16-22 所示。

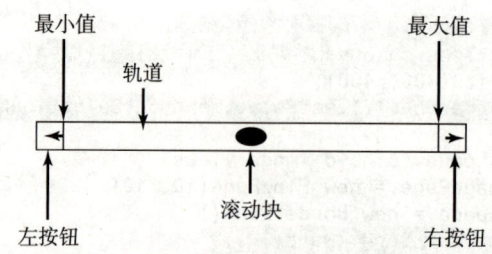

图 16-21 滚动条图形化地代表了一定范围内的值

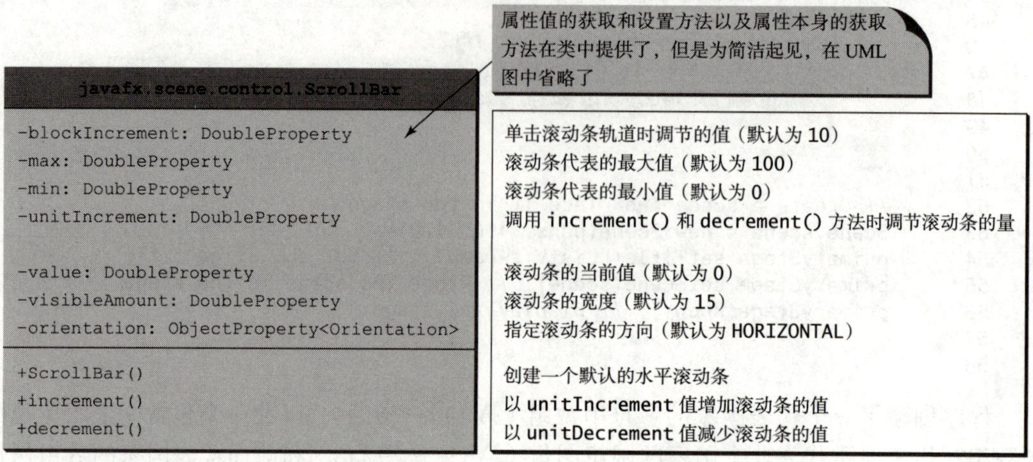

```
       javafx.scene.control.ScrollBar
─────────────────────────────────────────────
-blockIncrement: DoubleProperty      单击滚动条轨道时调节的值（默认为10）
-max: DoubleProperty                 滚动条代表的最大值（默认为100）
-min: DoubleProperty                 滚动条代表的最小值（默认为0）
-unitIncrement: DoubleProperty       调用 increment() 和 decrement() 方法时调节滚动条的量
-value: DoubleProperty               滚动条的当前值（默认为0）
-visibleAmount: DoubleProperty       滚动条的宽度（默认为15）
-orientation: ObjectProperty<Orientation>  指定滚动条的方向（默认为 HORIZONTAL）
─────────────────────────────────────────────
+ScrollBar()                         创建一个默认的水平滚动条
+increment()                         以 unitIncrement 值增加滚动条的值
+decrement()                         以 unitDecrement 值减少滚动条的值
```

属性值的获取和设置方法以及属性本身的获取方法在类中提供了，但是为简洁起见，在 UML 图中省略了

图 16-22 ScrollBar 使得用户可以从一定范围内的值中进行选择

注意：滚动条的轨道宽度对应于 max + visibleAmount。当滚动条设置为其最大值时，块的左侧位于 max，右侧位于 max + visibleAmount。

用户改变滚动条的值时，它通知监听器这个改变。可以在滚动条的 valueProperty 上注册一个监听器来对这个改变做出反应，如下所示：

```
ScrollBar sb = new ScrollBar();
sb.valueProperty().addListener(ov -> {
  System.out.println("old value: " + oldVal);
  System.out.println("new value: " + newVal);
});
```

程序清单 16-10 给出了一个程序，使用水平滚动条和垂直滚动条来控制面板显示的一个文本。水平滚动条用于左右移动消息，而垂直滚动条用于上下移动消息。程序的一个运行示例如图 16-23 所示。

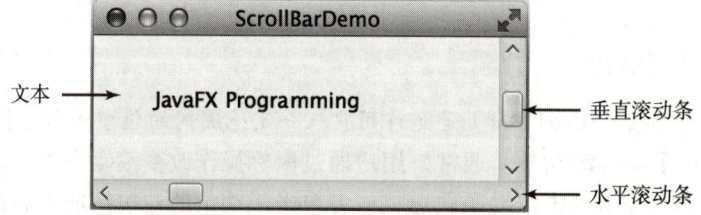

图 16-23 滚动条在面板上水平和垂直地移动文本

下面是程序的主要步骤：

1）创建用户界面。

创建一个 Text 对象，将其置于边框面板的中央。创建一个垂直滚动条，将其置于边框面板的右边。创建一个水平滚动条，将其置于边框面板的底部。

2）处理事件。

创建一个监听器，根据滚动条中 value 属性改变时滑块的移动来移动文本。

程序清单 16-10 ScrollBarDemo.java

```java
 1  import javafx.application.Application;
 2  import javafx.stage.Stage;
 3  import javafx.geometry.Orientation;
 4  import javafx.scene.Scene;
 5  import javafx.scene.control.ScrollBar;
 6  import javafx.scene.layout.BorderPane;
 7  import javafx.scene.layout.Pane;
 8  import javafx.scene.text.Text;
 9
10  public class ScrollBarDemo extends Application {
11    @Override // Override the start method in the Application class
12    public void start(Stage primaryStage) {
13      Text text = new Text(20, 20, "JavaFX Programming");
14
15      ScrollBar sbHorizontal = new ScrollBar();
16      ScrollBar sbVertical = new ScrollBar();
17      sbVertical.setOrientation(Orientation.VERTICAL);
18
19      // Create a text in a pane
20      Pane paneForText = new Pane();
21      paneForText.getChildren().add(text);
22
23      // Create a border pane to hold text and scroll bars
24      BorderPane pane = new BorderPane();
25      pane.setCenter(paneForText);
26      pane.setBottom(sbHorizontal);
27      pane.setRight(sbVertical);
28
29      // Listener for horizontal scroll bar value change
30      sbHorizontal.valueProperty().addListener(ov ->
31        text.setX(sbHorizontal.getValue() * paneForText.getWidth() /
32          sbHorizontal.getMax()));
33
34      // Listener for vertical scroll bar value change
35      sbVertical.valueProperty().addListener(ov ->
36        text.setY(sbVertical.getValue() * paneForText.getHeight() /
37          sbVertical.getMax()));
38
39      // Create a scene and place it in the stage
40      Scene scene = new Scene(pane, 450, 170);
41      primaryStage.setTitle("ScrollBarDemo"); // Set the stage title
42      primaryStage.setScene(scene); // Place the scene in the stage
43      primaryStage.show(); // Display the stage
44    }
45  }
```

程序创建了一段文本（第 13 行）和两个滚动条（sbHorizontal 和 sbVertical）（第 15 和 16 行）。将文本放在一个面板中（第 21 行），然后面板置于边框面板的中央（第 25 行）。如果文本直接放在边框面板中央，不能通过重设它的 x 和 y 属性改变文本的位置。将 sbHorizontal 和 sbVertical 分别置于边框面板的右侧和底部（第 26 和 27 行）。

可以指定滚动条的属性值。默认情况下，max 的属性值是 100，min 是 0，blockIncrement 是 10，visibleAmount 是 15。

注册一个监听器用于监听 sbHorizontal value 属性的改变（第 30 ～ 32 行）。当滚动条的值改变时，监听器得到通知，调用处理器根据 sbHorizontal 的当前值为文本设置新的 x 值（第 31 和 32 行）。

注册一个监听器用于监听 sbVertical value 属性的改变（第 35 ～ 37 行）。当滚动条的值改变时，监听器得到通知，调用处理器根据 sbVertical 的当前值为文本设置新的 y 值（第 36 和 37 行）。

作为一种选择，可以使用绑定属性将第 30 ～ 37 行代码替换成如下所示：

```
text.xProperty().bind(sbHorizontal.valueProperty().
    multiply(paneForText.widthProperty()).
    divide(sbHorizontal.maxProperty()));

text.yProperty().bind(sbVertical.valueProperty().multiply(
    paneForText.heightProperty().divide(
    sbVertical.maxProperty())));
```

✔ 复习题

16.10.1 如何创建一个水平滚动条？如何创建一个垂直滚动条？

16.10.2 如何编写代码，以响应滚动条 value 属性的改变？

16.10.3 如何从滚动条获得值？如何从滚动条获得最大值？

16.11 Slider

❶= 要点提示：Slider 与 ScrollBar 类似，但是 Slider 具有更多的属性，并且可以采用多种形式显示。

图 16-24 显示了两个滑动条。Slider 使用户可以通过在有限间隔内滑动滑块，从而图形化地选择一个值。滑动条可以显示间隔中的主刻度以及次刻度。刻度之间的像素数目由 majorTickUnit 和 minorTickUnit 属性指定。滑动条可以水平也可以垂直显示，可以显示或不显示刻度，可以有标签也可以没有。

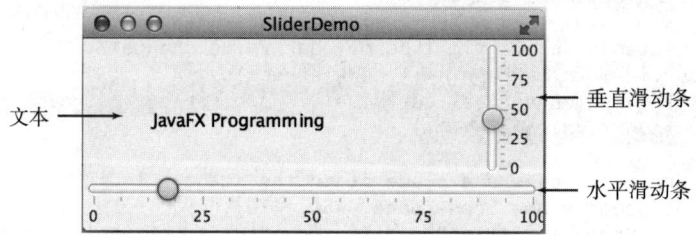

图 16-24 滑动条在面板上水平和垂直地移动文本

Slider 中常用的构造方法和属性如图 16-25 所示。

❶= 注意：垂直滚动条的值是从上向下增加的，但垂直滑动条的值是从上向下减少的。

可以采用与滚动条同样的方式，添加一个监听器来监听滑动条中 value 属性的改变。现在使用滑动条重写前面一节的程序，用于移动显示在面板中的一段文本，如程序清单 16-11 所示。程序的一个运行示例如图 16-24 所示。

```
javafx.scene.control.Slider
```
-blockIncrement: DoubleProperty	单击滑动条的轨道时调节的值（默认为 10）
-max: DoubleProperty	滑动条代表的最大值（默认为 100）
-min: DoubleProperty	滑动条代表的最小值（默认为 0）
-value: DoubleProperty	滑动条的当前值（默认为 0）
-orientation: ObjectProperty<Orientation>	指定滑动条的方向（默认为 HORIZONTAL）
-majorTickUnit: DoubleProperty	主刻度间的单元距离
-minorTickCount: IntegerProperty	两个主刻度间放置的次刻度数
-showTickLabels: BooleanProperty	指定是否显示刻度标签
-showTickMarks: BooleanProperty	指定是否显示刻度
+Slider()	创建一个默认的水平滑动条
+Slider(min: double, max: double, value: double)	创建一个具有指定 min、max 和 value 的滑动条

属性值的获取和设置方法以及属性本身的获取方法在类中提供了，但是为简洁起见，在 UML 图中省略了

图 16-25 Slider 使得用户可以在一定范围内的值中进行选择

程序清单 16-11 SliderDemo.java

```java
 1  import javafx.application.Application;
 2  import javafx.stage.Stage;
 3  import javafx.geometry.Orientation;
 4  import javafx.scene.Scene;
 5  import javafx.scene.control.Slider;
 6  import javafx.scene.layout.BorderPane;
 7  import javafx.scene.layout.Pane;
 8  import javafx.scene.text.Text;
 9
10  public class SliderDemo extends Application {
11    @Override // Override the start method in the Application class
12    public void start(Stage primaryStage) {
13      Text text = new Text(20, 20, "JavaFX Programming");
14
15      Slider slHorizontal = new Slider();
16      slHorizontal.setShowTickLabels(true);
17      slHorizontal.setShowTickMarks(true);
18
19      Slider slVertical = new Slider();
20      slVertical.setOrientation(Orientation.VERTICAL);
21      slVertical.setShowTickLabels(true);
22      slVertical.setShowTickMarks(true);
23      slVertical.setValue(100);
24
25      // Create a text in a pane
26      Pane paneForText = new Pane();
27      paneForText.getChildren().add(text);
28
29      // Create a border pane to hold text and scroll bars
30      BorderPane pane = new BorderPane();
31      pane.setCenter(paneForText);
32      pane.setBottom(slHorizontal);
33      pane.setRight(slVertical);
34
35      slHorizontal.valueProperty().addListener(ov ->
36        text.setX(slHorizontal.getValue() * paneForText.getWidth() /
```

```
37          slHorizontal.getMax()));
38
39     slVertical.valueProperty().addListener(ov ->
40       text.setY((slVertical.getMax() - slVertical.getValue())
41         * paneForText.getHeight() / slVertical.getMax()));
42
43     // Create a scene and place it in the stage
44     Scene scene = new Scene(pane, 450, 170);
45     primaryStage.setTitle("SliderDemo"); // Set the stage title
46     primaryStage.setScene(scene); // Place the scene in the stage
47     primaryStage.show(); // Display the stage
48   }
49 }
```

Slider 与 ScrollBar 类似，但具有更多的特性。如本例所示，可以在 Slider 上指定标签、主刻度标记和次刻度标记（第 16 和 17 行）。

注册一个监听器用于监听 slHorizontal value 属性的改变（第 35～37 行），注册另外一个监听器用于监听 slVertical value 属性的改变（第 39～41 行）。当改变滑动条的值时，监听器得到通知，调用处理器为文本设置一个新的位置（第 36 和 37 行，第 40 和 41 行）。注意，由于一个垂直滑动条的值是从上到下递减的，文本对应的 y 值做了相应调整。

可以使用绑定属性将第 35～41 行代码替换成如下所示：

```
text.xProperty().bind(slHorizontal.valueProperty().
  multiply(paneForText.widthProperty()).
  divide(slHorizontal.maxProperty()));

text.yProperty().bind((slVertical.maxProperty().subtract(
  slVertical.valueProperty()).multiply(
  paneForText.heightProperty().divide(
  slVertical.maxProperty())))); 
```

程序清单 15-17 给出的程序用于显示一个弹动的球。可以加入一个滑动条以控制球的移动速度，如图 16-26 所示。新的程序在程序清单 16-12 中给出。

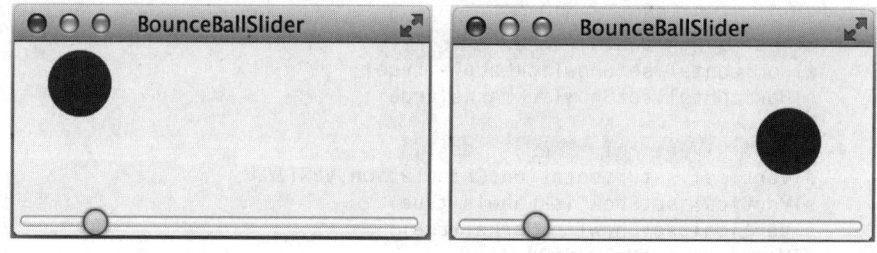

图 16-26 可以使用滑动条来增加或者降低球的速度

程序清单 15-17 中定义的 BallPane 类生成了一个在面板中弹动的球的动画。BallPane 中的 rateProperty() 方法返回代表动画速度的属性值。如果速度为 0，动画停止；如果速度高于 20，动画将过快。所以，我们特意将速度设置为一个 0 和 20 之间的值。这个值绑定到滑动条值上（第 13 行）。因此，滑动条的最大值设置为 20（第 12 行）。

程序清单 16-12 BounceBallSlider.java

```
1 import javafx.application.Application;
2 import javafx.stage.Stage;
3 import javafx.scene.Scene;
```

```
 4   import javafx.scene.control.Slider;
 5   import javafx.scene.layout.BorderPane;
 6
 7   public class BounceBallSlider extends Application {
 8     @Override // Override the start method in the Application class
 9     public void start(Stage primaryStage) {
10       BallPane ballPane = new BallPane();
11       Slider slSpeed = new Slider();
12       slSpeed.setMax(20);
13       ballPane.rateProperty().bind(slSpeed.valueProperty());
14
15       BorderPane pane = new BorderPane();
16       pane.setCenter(ballPane);
17       pane.setBottom(slSpeed);
18
19       // Create a scene and place it in the stage
20       Scene scene = new Scene(pane, 250, 250);
21       primaryStage.setTitle("BounceBallSlider"); // Set the stage title
22       primaryStage.setScene(scene); // Place the scene in the stage
23       primaryStage.show(); // Display the stage
24     }
25   }
```

✔ 复习题

16.11.1 如何创建一个水平滑动条？如何创建一个垂直滑动条？

16.11.2 如何添加一个监听器用于处理滑动条的属性值改变？

16.11.3 如何获得滑动条上的值？如何获得滑动条上的最大值？

16.12 示例学习：开发井字游戏

要点提示：本节开发一个玩井字游戏（Tic-Tac-Toe）的程序。

从本章和前面各章的许多例子中，我们已经学习了对象、类、数组、类的继承、GUI 和事件驱动编程。现在到了应用所学知识开发综合项目的时候了。本节将开发一个流行的井字游戏的 JavaFX 程序。

在井字游戏中，两个玩家在一个 3×3 的网格中轮流将各自的标记填在空格中（一个人用 X，另一个人用 O）。如果一个玩家在网格的水平方向、垂直方向或对角线方向上放了三个连续标记，游戏就以这个玩家得胜而告终。若网格的所有单元格都填满了标记还没有产生胜者，则为平局（没有胜者）。图 16-27 是这个例子的典型运行示例。

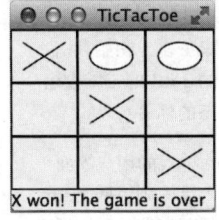 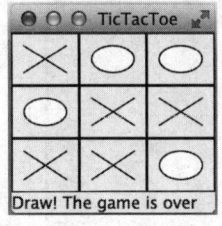 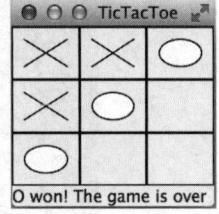

a) 持 X 方游戏者赢得游戏　　　　b) 平局——没有胜者　　　　c) 持 O 方游戏者赢得游戏

图 16-27　两个玩家玩井字游戏

至今为止，我们见过的所有例子的行为都很简单，容易用类来建模。但是井字游戏的行为有些复杂。为了定义对游戏的行为建模的类，需要研究和理解这个游戏。

假设开始时所有的单元格都是空的，并且第一个玩家用 X 标记，第二个玩家用 O 标记。

要在单元格上做标记，玩家应该将鼠标指针放在这个单元格上单击。如果这个单元格为空，则显示标记（X 或 O）。如果单元格已经被填充，则忽略玩家的动作。

从前面的描述可以知道，单元格显然是处理鼠标单击事件和显示标记的 GUI 对象。有许多选择来构建这个对象。我们将使用一个面板来对单元格建模并显示标记（X 或者 O）。如何得到单元格的状态（空、X 或 O）呢？可以使用单元格类 Cell 中名为 token 的 char 类型属性。Cell 类负责在单击空单元格时绘制标记。因此，需要编写代码来监听鼠标单击动作，以及绘制标记 X 和 O 的形状。Cell 类可以定义为如图 16-28 所示。

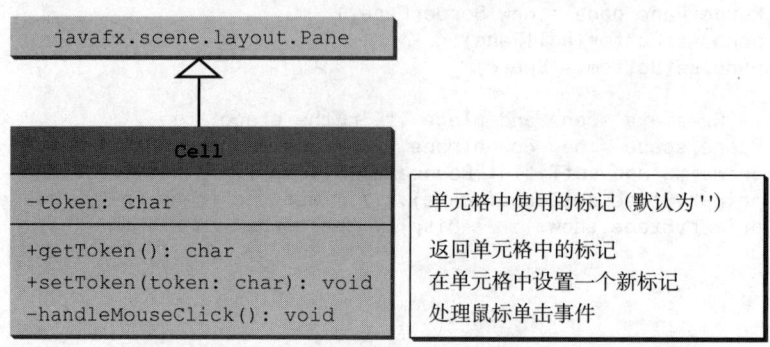

图 16-28　Cell 类在单元格中显示标记

井字棋盘由 9 个单元格组成，使用 new Cell[3][3] 创建。为了判断轮到哪个玩家下棋，可以引入名为 whoseTurn 的 char 型变量，该变量的初始值为 'X'，之后变为 'O'，接下来，每当填充新单元格，它就在 'X' 和 'O' 之间转换。游戏结束时，whoseTurn 设置为 ' '。

如何才能知道这场游戏是否结束，是否产生了胜者？如果有胜者，那么谁是胜者？可以定义一个名为 isWon(char token) 的方法来检查指定标记是否获胜，以及一个名为 isFull() 的方法来检查是否所有单元格都被占满。

显然，前面的分析中出现了两个类。一个是处理单个单元格上操作的 Cell 类，另一个是玩整个游戏并处理所有单元格的 TicTacToe 类。这两个类之间的关系如图 16-29 所示。

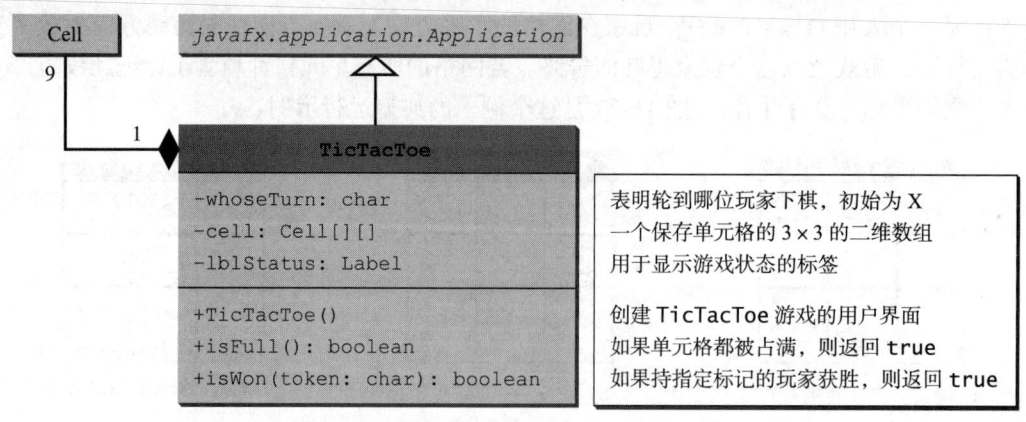

图 16-29　TicTacToe 类包含 9 个单元格

因为 Cell 类只用于支持 TicTacToe 类，所以它可以定义为 TicTacToe 类的一个内部类。完整的程序在程序清单 16-13 中给出。

程序清单 16-13 TicTacToe.java

```java
 1  import javafx.application.Application;
 2  import javafx.stage.Stage;
 3  import javafx.scene.Scene;
 4  import javafx.scene.control.Label;
 5  import javafx.scene.layout.BorderPane;
 6  import javafx.scene.layout.GridPane;
 7  import javafx.scene.layout.Pane;
 8  import javafx.scene.paint.Color;
 9  import javafx.scene.shape.Line;
10  import javafx.scene.shape.Ellipse;
11
12  public class TicTacToe extends Application {
13    // Indicate which player has a turn, initially it is the X player
14    private char whoseTurn = 'X';
15
16    // Create and initialize cell
17    private Cell[][] cell = new Cell[3][3];
18
19    // Create and initialize a status label
20    private Label lblStatus = new Label("X's turn to play");
21
22    @Override // Override the start method in the Application class
23    public void start(Stage primaryStage) {
24      // Pane to hold cell
25      GridPane pane = new GridPane();
26      for (int i = 0; i < 3; i++)
27        for (int j = 0; j < 3; j++)
28          pane.add(cell[i][j] = new Cell(), j, i);
29
30      BorderPane borderPane = new BorderPane();
31      borderPane.setCenter(pane);
32      borderPane.setBottom(lblStatus);
33
34      // Create a scene and place it in the stage
35      Scene scene = new Scene(borderPane, 450, 170);
36      primaryStage.setTitle("TicTacToe"); // Set the stage title
37      primaryStage.setScene(scene); // Place the scene in the stage
38      primaryStage.show(); // Display the stage
39    }
40
41    /** Determine if the cell are all occupied */
42    public boolean isFull() {
43      for (int i = 0; i < 3; i++)
44        for (int j = 0; j < 3; j++)
45          if (cell[i][j].getToken() == ' ')
46            return false;
47
48      return true;
49    }
50
51    /** Determine if the player with the specified token wins */
52    public boolean isWon(char token) {
53      for (int i = 0; i < 3; i++)
54        if (cell[i][0].getToken() == token
55            && cell[i][1].getToken() == token
56            && cell[i][2].getToken() == token) {
57          return true;
58        }
59
60      for (int j = 0; j < 3; j++)
```

```java
 61        if (cell[0][j].getToken() == token
 62            && cell[1][j].getToken() == token
 63            && cell[2][j].getToken() == token) {
 64          return true;
 65        }
 66
 67      if (cell[0][0].getToken() == token
 68          && cell[1][1].getToken() == token
 69          && cell[2][2].getToken() == token) {
 70        return true;
 71      }
 72
 73      if (cell[0][2].getToken() == token
 74          && cell[1][1].getToken() == token
 75          && cell[2][0].getToken() == token) {
 76        return true;
 77      }
 78
 79      return false;
 80    }
 81
 82    // An inner class for a cell
 83    public class Cell extends Pane {
 84      // Token used for this cell
 85      private char token = ' ';
 86
 87      public Cell() {
 88        setStyle("-fx-border-color: black");
 89        this.setPrefSize(2000, 2000);
 90        this.setOnMouseClicked(e -> handleMouseClick());
 91      }
 92
 93      /** Return token */
 94      public char getToken() {
 95        return token;
 96      }
 97
 98      /** Set a new token */
 99      public void setToken(char c) {
100        token = c;
101
102        if (token == 'X') {
103          Line line1 = new Line(10, 10,
104            this.getWidth() - 10, this.getHeight() - 10);
105          line1.endXProperty().bind(this.widthProperty().subtract(10));
106          line1.endYProperty().bind(this.heightProperty().subtract(10));
107          Line line2 = new Line(10, this.getHeight() - 10,
108            this.getWidth() - 10, 10);
109          line2.startYProperty().bind(
110            this.heightProperty().subtract(10));
111          line2.endXProperty().bind(this.widthProperty().subtract(10));
112
113          // Add the lines to the pane
114          this.getChildren().addAll(line1, line2);
115        }
116        else if (token == 'O') {
117          Ellipse ellipse = new Ellipse(this.getWidth() / 2,
118            this.getHeight() / 2, this.getWidth() / 2 - 10,
119            this.getHeight() / 2 - 10);
120          ellipse.centerXProperty().bind(
121            this.widthProperty().divide(2));
```

```java
122        ellipse.centerYProperty().bind(
123          this.heightProperty().divide(2));
124        ellipse.radiusXProperty().bind(
125          this.widthProperty().divide(2).subtract(10));
126        ellipse.radiusYProperty().bind(
127          this.heightProperty().divide(2).subtract(10));
128        ellipse.setStroke(Color.BLACK);
129        ellipse.setFill(Color.WHITE);
130
131        getChildren().add(ellipse); // Add the ellipse to the pane
132      }
133    }
134
135    /* Handle a mouse click event */
136    private void handleMouseClick() {
137      // If cell is empty and game is not over
138      if (token == ' ' && whoseTurn != ' ') {
139        setToken(whoseTurn); // Set token in the cell
140
141        // Check game status
142        if (isWon(whoseTurn)) {
143          lblStatus.setText(whoseTurn + " won! The game is over");
144          whoseTurn = ' '; // Game is over
145        }
146        else if (isFull()) {
147          lblStatus.setText("Draw! The game is over");
148          whoseTurn = ' '; // Game is over
149        }
150        else {
151          // Change the turn
152          whoseTurn = (whoseTurn == 'X') ? 'O' : 'X';
153          // Display whose turn
154          lblStatus.setText(whoseTurn + "'s turn");
155        }
156      }
157    }
158  }
159 }
```

TicTacToe类初始化用户界面，将9个单元格置于一个网格面板上（第25～28行）。用一个名为lblStatus的标签来显示游戏的状态（第20行）。变量whoseTurn（第14行）用来跟踪下一个要放在单元格中的标记类型。isFull方法（第42～49行）和isWon方法（第52～80行）用来判断游戏的状态。

由于Cell类是TicTacToe类中的内部类，所以，可以在Cell类中引用TicTacToe类中定义的whoseTurn变量以及isFull和isWon方法。内部类使程序简洁清晰。如果没有将Cell类定义为TicTacToe的内部类，为了可以在Cell中使用TicTacToe中的变量和方法，就必须给Cell传递一个TicTacToe对象。

为单元格注册用于监听鼠标单击动作的监听器（第90行）。如果游戏没有结束时单击空单元格，那么在单元格中会设置一个标记（第138行）。如果游戏结束，whoseTurn设置为' '（第144和148行）。否则，whoseTurn被轮流设置为新的下棋方（第152行）。

☞ 提示：采用循序渐进的方法开发和测试这类Java项目。例如，程序可以分解为五个步骤：
1）布局用户界面并在单元格中显示一个固定标记X。
2）使单元格能够响应鼠标单击以显示固定标记X。
3）在两个玩家间协调，以便交替地显示标记X和O。

4）判断是否有玩家获胜，或者是否所有的单元格都被占满且仍无获胜者。

5）对于一个玩家下的每一步棋，实现在标签上显示一条消息。

复习题

16.12.1 游戏开始时，whoseTurn 中的值是什么？游戏结束时，whoseTurn 中的值是什么？

16.12.2 如果游戏尚未结束，那么当用户单击一个空单元格时将发生什么？如果游戏已经结束，那么当用户单击一个空单元格时又将发生什么？

16.12.3 程序如何判断是否已经有玩家获胜？程序如何判断是否所有的单元格都被填充？

16.13 视频和音频

要点提示：可以使用 Media 类来获得媒体源，使用 MediaPlayer 类来播放和控制媒体，使用 MediaView 类来显示视频。

媒体（视频和音频）对于开发富 GUI 应用是很关键的。JavaFX 提供了 Media、MediaPlayer 和 MediaView 类用于媒体编程。目前，JavaFX 支持 MP3、AIFF、WAV 以及 MPEG-4 音频格式，以及 FLV 和 MPEG-4 视频格式。

Media 类代表媒体源，具有属性 duration、width 以及 height，如图 16-30 所示。可以从一个 Internet URL 字符串中构建一个 Media 对象。

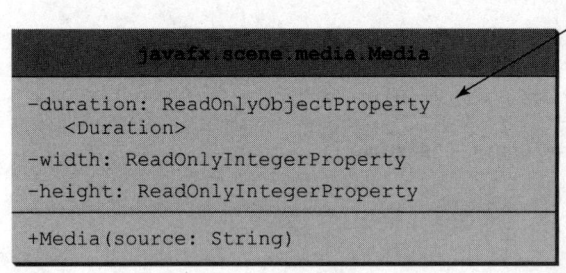

图 16-30 Media 代表媒体源，如一段视频或音频

MediaPlayer 类播放媒体，并通过一些属性来控制媒体播放，比如 autoPlay、currentCount、cycleCount、mute、volume 和 totalDuration，如图 16-31 所示。可以从一个媒体来构建一个 MediaPlayer 对象，并使用 pause() 和 play() 方法来暂停和继续播放。

MediaView 类是 Node 的子类，提供了 MediaPlayer 播放的 Media 的视图。MediaView 类提供了一些用于观看媒体的属性，如图 16-32 所示。

程序清单 16-14 给出了一个示例，在一个视图中播放一个视频，如图 16-33 所示。可以通过使用播放 / 暂停按钮来播放 / 暂停视频，使用重播按钮来重新播放视频，使用滑动条来控制音量。

媒体源是一个 URL 字符串，在第 17 和 18 行定义。程序从这个 URL 创建一个 Media 对象（第 22 行），从 Media 对象创建一个 MediaPlayer 对象（第 23 行），并从 MediaPlayer 对象创建一个 MediaView（第 24 行）。这三个对象之间的关系如图 16-34 所示。

```
javafx.scene.media.MediaPlayer
```
-autoPlay: BooleanProperty　　指定播放是否应该自动开始
-currentCount: ReadOnlyIntegerProperty　　已经完成的循环播放次数
-cycleCount: IntegerProperty　　指定媒体播放的次数
-mute: BooleanProperty　　指定音频是否禁音
-volume: DoubleProperty　　音频的音量
-totalDuration:
　ReadOnlyObjectProperty<Duration>　　从开始到结束播放媒体的持续时间

+MediaPlayer(media: Media)　　为指定媒体创建一个播放器
+play(): void　　播放媒体
+pause(): void　　暂停媒体播放
+seek(): void　　将播放器定位到一个新的重新播放时间点

> 属性值的获取和设置方法以及属性本身的获取方法在类中提供了，但是为简洁起见，在 UML 图中省略了

图 16-31　MediaPlayer 播放并控制一个媒体

```
javafx.scene.media.MediaView
```
-x: DoubleProperty　　指定媒体视图的当前 x 坐标
-y: DoubleProperty　　指定媒体视图的当前 y 坐标
-mediaPlayer:
　ObjectProperty<MediaPlayer>　　为媒体视图指定一个媒体播放器
-fitWidth: Doubleproperty　　为媒体指定一个适合的视图宽度
-fitHeight: Doubleproperty　　为媒体指定一个适合的视图高度

+MediaView()　　构建一个空的媒体视图
+MediaView(mediaPlayer: MediaPlayer)　　构建一个具有指定媒体播放器的媒体视图

> 属性值的获取和设置方法以及属性本身的获取方法在类中提供了，但是为简洁起见，在 UML 图中省略了

图 16-32　MediaView 提供用于观看媒体的属性

图 16-33　程序控制和播放一个视频

程序清单 16-14　MediaDemo.java

```
1  import javafx.application.Application;
2  import javafx.stage.Stage;
```

```java
 3   import javafx.geometry.Pos;
 4   import javafx.scene.Scene;
 5   import javafx.scene.control.Button;
 6   import javafx.scene.control.Label;
 7   import javafx.scene.control.Slider;
 8   import javafx.scene.layout.BorderPane;
 9   import javafx.scene.layout.HBox;
10   import javafx.scene.layout.Region;
11   import javafx.scene.media.Media;
12   import javafx.scene.media.MediaPlayer;
13   import javafx.scene.media.MediaView;
14   import javafx.util.Duration;
15
16   public class MediaDemo extends Application {
17     private static final String MEDIA_URL =
18       "http://liveexample.pearsoncmg.com/common/sample.mp4";
19
20     @Override // Override the start method in the Application class
21     public void start(Stage primaryStage) {
22       Media media = new Media(MEDIA_URL);
23       MediaPlayer mediaPlayer = new MediaPlayer(media);
24       MediaView mediaView = new MediaView(mediaPlayer);
25
26       Button playButton = new Button(">");
27       playButton.setOnAction(e -> {
28         if (playButton.getText().equals(">")) {
29           mediaPlayer.play();
30           playButton.setText("||");
31         } else {
32           mediaPlayer.pause();
33           playButton.setText(">");
34         }
35       });
36
37       Button rewindButton = new Button("<<");
38       rewindButton.setOnAction(e -> mediaPlayer.seek(Duration.ZERO));
39
40       Slider slVolume = new Slider();
41       slVolume.setPrefWidth(150);
42       slVolume.setMaxWidth(Region.USE_PREF_SIZE);
43       slVolume.setMinWidth(30);
44       slVolume.setValue(50);
45       mediaPlayer.volumeProperty().bind(
46         slVolume.valueProperty().divide(100));
47
48       HBox hBox = new HBox(10);
49       hBox.setAlignment(Pos.CENTER);
50       hBox.getChildren().addAll(playButton, rewindButton,
51         new Label("Volume"), slVolume);
52
53       BorderPane pane = new BorderPane();
54       pane.setCenter(mediaView);
55       pane.setBottom(hBox);
56
57       // Create a scene and place it in the stage
58       Scene scene = new Scene(pane, 650, 500);
59       primaryStage.setTitle("MediaDemo"); // Set the stage title
60       primaryStage.setScene(scene); // Place the scene in the stage
61       primaryStage.show(); // Display the stage
62     }
63   }
```

图 16-34 媒体代表播放源，媒体播放器控制播放，媒体视图显示视频

Media 对象支持实时流媒体。你现在可以下载一个大的媒体文件并且同时播放它。一个 Media 对象可以被多个媒体播放器共享，并且不同的视图可以使用同一个 MediaPlayer 对象。

创建一个播放按钮（第 26 行）用于播放 / 暂停媒体（第 29 行）。如果按钮当前的文字是 >（第 28 行），则将文字改为 ||（第 30 行）。如果按钮当前的文字是 ||，则将文字改为 >（第 33 行），并且暂停播放器（第 32 行）。

创建一个重播按钮（第 37 行），并通过调用 seek(Duration.ZERO) 以重设播放时间到媒体流的开始处（第 38 行）。

创建一个滑动条（第 40 行）用于设置音量。媒体播放器的音量属性绑定到滑动条上（第 45 和 46 行）。

将按钮和滑动条置于一个 HBox 中（第 48 ～ 51 行），将媒体视图置于边框面板中央（第 54 行），并将 HBox 置于边框面板的底部（第 55 行）。

✓ 复习题

16.13.1 如何从一个 URL 创建一个 Media 对象？如何创建一个 MediaPlayer？如何创建一个 MediaView？

16.13.2 如果 URL 输入成 liveexample.pearsoncmg.com/common/sample.mp4，前面不包含 http://，可以运行吗？

16.13.3 可否将一个 Media 置于多个 MediaPlayer 中？可否将一个 MediaPlayer 置于多个 MediaView 中？可否将一个 MediaView 置于多个 Pane 中？

16.14 示例学习：国旗和国歌

O→ 要点提示：本示例学习给出显示某个国家的国旗并播放国歌的程序。

七个名为 flag0.gif，…，flag6.gif 的图像分别代表丹麦、德国、中国、印度、挪威、英国和美国七个国家的国旗，保存在 http://liveexample.pearsoncmg.com/common/image 下。音频包括了这七个国家的国歌 anthem0.mp3，anthem1.mp3，…，anthem6.mp3，保存在 http://liveexample.pearsoncmg.com/common/audio 下。

该程序可以让用户从组合框中选择一个国家，从而显示其国旗并播放国歌。用户可以单击 || 按钮暂停音频，单击 > 按钮继续播放，如图 16-35 所示。

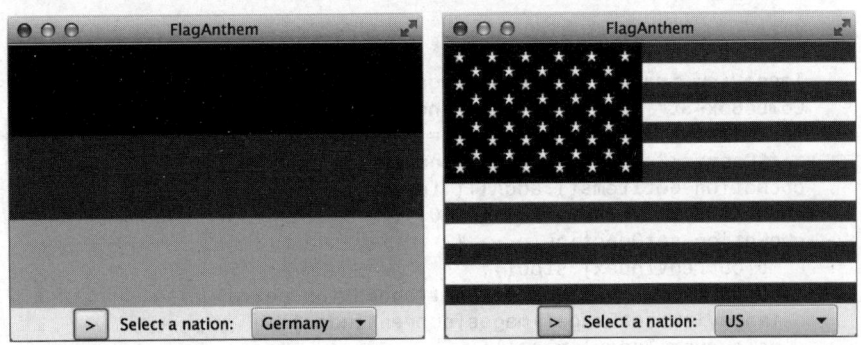

图 16-35 程序显示一个国家的国旗并播放国歌。来源：booka/Fotolia

程序在程序清单 16-15 中给出。

程序清单 16-15 FlagAnthem.java

```java
1  import javafx.application.Application;
2  import javafx.collections.FXCollections;
3  import javafx.collections.ObservableList;
4  import javafx.stage.Stage;
5  import javafx.geometry.Pos;
6  import javafx.scene.Scene;
7  import javafx.scene.control.Button;
8  import javafx.scene.control.ComboBox;
9  import javafx.scene.control.Label;
10 import javafx.scene.image.Image;
11 import javafx.scene.image.ImageView;
12 import javafx.scene.layout.BorderPane;
13 import javafx.scene.layout.HBox;
14 import javafx.scene.media.Media;
15 import javafx.scene.media.MediaPlayer;
16
17 public class FlagAnthem extends Application {
18   private final static int NUMBER_OF_NATIONS = 7;
19   private final static String URLBase =
20     "https://liveexample.pearsoncmg.com/common";
21   private int currentIndex = 0;
22
23   @Override // Override the start method in the Application class
24   public void start(Stage primaryStage) {
25     Image[] images = new Image[NUMBER_OF_NATIONS];
26     MediaPlayer[] mp = new MediaPlayer[NUMBER_OF_NATIONS];
27
28     // Load images and audio
29     for (int i = 0; i < NUMBER_OF_NATIONS; i++) {
30       images[i] = new Image(URLBase + "/image/flag" + i + ".gif");
31       mp[i] = new MediaPlayer(new Media(
32         URLBase + "/audio/anthem/anthem" + i + ".mp3"));
33     }
34
35     Button btPlayPause = new Button("||");
36     btPlayPause.setOnAction(e -> {
37       if (btPlayPause.getText().equals(">")) {
38         btPlayPause.setText("||");
39         mp[currentIndex].play();
40       }
41       else {
42         btPlayPause.setText(">");
43         mp[currentIndex].pause();
44       }
45     });
46
47     ImageView imageView = new ImageView(images[currentIndex]);
48     ComboBox<String> cboNation = new ComboBox<>();
49     ObservableList<String> items = FXCollections.observableArrayList
50       ("Denmark", "Germany", "China", "India", "Norway", "UK", "US");
51     cboNation.getItems().addAll(items);
52     cboNation.setValue(items.get(0));
53     cboNation.setOnAction(e -> {
54       mp[currentIndex].stop();
55       currentIndex = items.indexOf(cboNation.getValue());
56       imageView.setImage(images[currentIndex]);
57       mp[currentIndex].play();
```

```
58          btPlayPause.setText("||");
59       });
60
61       HBox hBox = new HBox(10);
62       hBox.getChildren().addAll(btPlayPause,
63          new Label("Select a nation: "), cboNation);
64       hBox.setAlignment(Pos.CENTER);
65
66       // Create a pane to hold nodes
67       BorderPane pane = new BorderPane();
68       pane.setCenter(imageView);
69       pane.setBottom(hBox);
70
71       // Create a scene and place it in the stage
72       Scene scene = new Scene(pane, 350, 270);
73       primaryStage.setTitle("FlagAnthem"); // Set the stage title
74       primaryStage.setScene(scene); // Place the scene in the stage
75       primaryStage.show(); // Display the stage
76       mp[currentIndex].play(); // Play the current selected anthem
77    }
78 }
```

程序从 Internet 上载入图像和声音文件（第 29～33 行）。创建一个播放/暂停按钮来控制音频的播放（第 35 行）。单击按钮时，如果按钮当前的文本是 >（第 37 行），则将其改为 ||（第 38 行）并且暂停播放器（第 39 行）；如果按钮的当前文本是 ||，则改为 >（第 42 行）并继续播放（第 43 行）。

创建一个图像视图用于显示一个国旗图像（第 47 行）。创建一个组合框用于选择一个国家（第 48～51 行）。当组合框中一个新的国家名字被选择时，终止当前的音频（第 54 行），显示最新选择国家的国旗图像（第 56 行），并且播放新的国歌（第 57 行）。

JavaFX 还提供了 AudioClip 类用于创建音频片段。可以使用 new AudioClip(URL) 创建一个 AudioClip 对象。一个音频片段将音频保存在内存中。对于在程序中播放小段音频而言，AudioClip 比使用 MediaPlayer 更加高效。AudioClip 具有和 MediaPlayer 类中相似的方法。

✓ 复习题

16.14.1 程序清单 16-15 中，哪些代码设置了初始图像图标，哪些代码播放音频？

16.14.2 程序清单 16-15 中，当选择组合框中新的国家时，程序会做什么？

本章小结

1. 抽象类 Labeled 是 Label、Button、CheckBox 和 RadioButton 的基类。它定义了属性 alignment、contentDisplay、text、graphic、graphicTextGap、textFill、underline 和 wrapText。

2. 抽象类 ButtonBase 是 Button、CheckBox 和 RadioButton 的基类。它定义了 onAction 属性用于为动作事件指定一个处理器。

3. 抽象类 TextInputControl 是 TextField 和 TextArea 的基类。它定义了 text 和 editable 属性。

4. 在一个获得焦点的文本域上按回车键时，TextField 将触发一个动作事件。TextArea 通常用于编辑多行文本。

5. ComboBox<T> 和 ListView<T> 是用于保存类型为 T 的元素的泛型类。组合框或者列表视图中的元素保存在一个可观察的列表中。

6. 当一个新的选项被选中时，ComboBox 触发一个动作事件。
7. 可以为 ListView 设置单选或多项选择方式，并添加一个监听器用于处理选中的选项。
8. 可以使用 ScrollBar 或者 Slider 用于选择一个范围内的值，并给 value 属性添加一个监听器，用于响应值的改变。
9. JavaFX 提供 Media 类用于载入媒体，提供 MediaPlayer 类用于控制媒体，提供 MediaView 用于显示媒体。

测试题

在线回答配套网站上的本章测试题。

编程练习题

16.2 ～ 16.5 节

*16.1 （使用单选按钮）编写一个如图 16-36a 所示的 GUI 程序。可以使用按钮将消息左右移动，并且使用单选按钮来修改消息的颜色。

a) <= 和 => 按钮移动消息，单选按钮改变消息的颜色

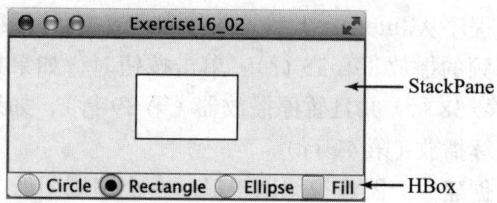
b) 选择一个图形时，程序会显示相应的圆、矩形和椭圆

图 16-36

*16.2 （选择几何图形）编写一个绘制各种几何图形的程序，如图 16-36b 所示。用户使用单选按钮选择一个几何图形，并使用复选框指定是否填充。

**16.3 （交通信号灯）编写程序模拟交通信号灯。程序可以让用户从红、黄、绿三种颜色灯中选择一种。当选择一个单选按钮后，相应的灯被打开，并且一次只能亮一种灯（如图 16-37a 所示）。程序开始时所有的灯都不亮。

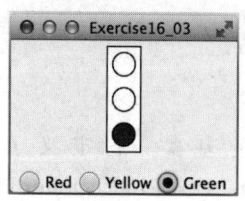
a) 单选按钮放在一个组中，使得一次只能打开一个灯

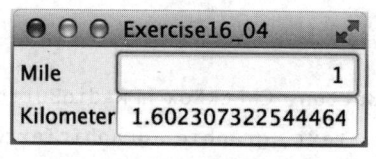
b) 程序将英里转换成公里，或者做相反转换

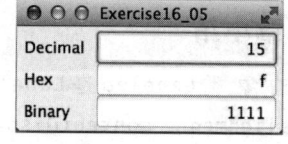
c) 程序转换十进制、十六进制和二进制的数字

图 16-37

*16.4 （创建一个英里/公里的转换器）编写程序转换英里和公里，如图 16-37b 所示。如果在文本域 Mile 中输入一个值后按下回车键，就会在文本域 Kilometer 中显示对应的公里值。同样，在文本域 Kilometer 中输入一个值后按下回车键，就会在文本域 Mile 中显示对应的英里值。

*16.5 （转换数字）编写程序，在十进制、十六进制和二进制间转换数字，如图 16-37c 所示。在十进制值的文本域中输入一个十进制值并按回车键后，会在其他两个文本域中显示相应的十六进制和

二进制数字。同样，也可以在其他文本域中输入值，然后进行相应转换。（提示：使用 `Integer.parseInt(s,radix)` 方法将字符串解析成十进制数，使用 `Integer.toHexString(decimal)` 和 `Integer.toBinaryString(decimal)` 从一个十进制数字得到十六进制数和二进制数。）

*16.6 （演示 `TextField` 的属性）编写程序动态设置文本域的水平对齐属性和列宽属性，如图 16-38a 所示。

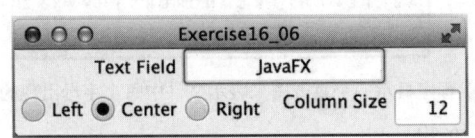
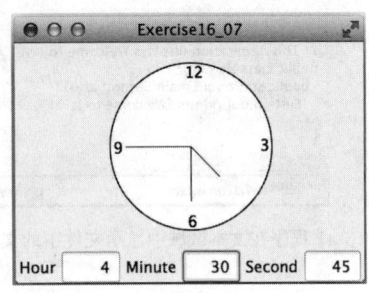

a) 可以动态地设置文本域的水平对齐属性和列宽属性　　b) 程序显示文本域中指定的时间

图 16-38

*16.7 （设置时钟的时间）编写程序显示一个时钟，并通过在三个文本域中输入小时、分钟和秒数来设置时钟的时间，如图 16-38b 所示。使用程序清单 14-21 中的 `ClockPane` 改变时钟大小使其居于面板中央。

**16.8 （几何：两个圆是否相交）编写程序，让用户指定两个圆的位置和大小，然后显示两个圆是否相交，如图 16-39a 所示。用户可以通过鼠标单击圆内部区域并且拖动圆。圆被拖动时更新文本域中的圆心坐标。

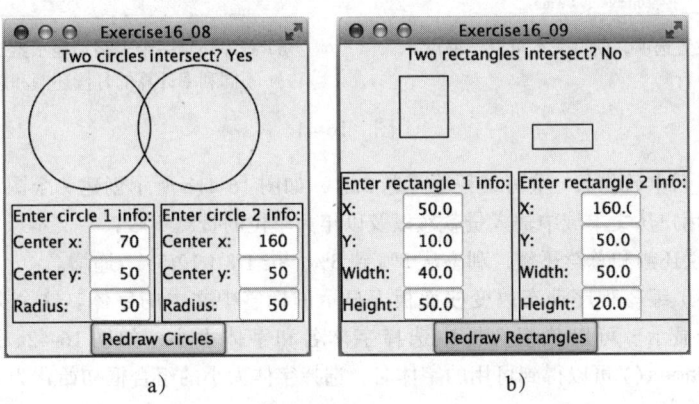

a)　　b)

图 16-39　检测两个圆和两个矩形是否重叠

**16.9 （几何：两个矩形是否相交）编写程序，让用户指定两个矩形的位置和大小，然后显示两个矩形是否相交，如图 16-39b 所示。用户可以通过鼠标单击矩形内部区域并且拖动矩形。矩形被拖动时更新文本域中的矩形中心坐标。

16.6 ~ 16.8 节

**16.10 （文本浏览器）编写程序在文本区域中显示一个文本文件，如图 16-40a 所示。用户在文本域中输入一个文件名，然后单击 View 按钮，在文本区域中会显示这个文件。

**16.11 （创建表示字母出现次数的直方图）编写程序从文件中读取内容并显示一个直方图，表示文件中每个字母出现的次数，如图 16-40b 所示。在文本域中输入文件名并按回车键，使程序开始读取并处理文件，并且显示直方图。直方图在窗体中央显示。定义一个继承自 `Pane` 类的名为

Histogram 的类。该类包含 counts 属性，该属性是一个包含 26 个元素的数组。Counts[0] 存储 A 的出现次数，counts[1] 存储 B 的出现次数，以此类推。类还包含一个设置方法，用于设置一个新的 counts 并且为新的 counts 显示直方图。

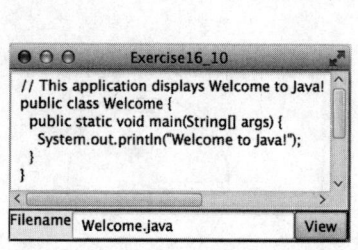
a）程序在文本区域中显示文件中的文本

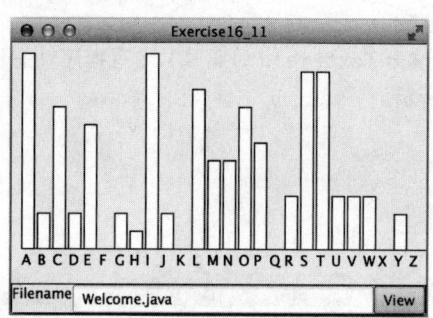
b）程序显示一个直方图来表示文件中每个字母出现的次数

图 16-40

*16.12 （演示 TextArea 的属性）编写程序演示文本区域的属性。程序使用复选框表明文本是否换行，如图 16-41a 所示。

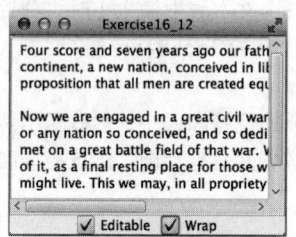
a）可以设置选项，使得文本可以被编辑以及换行

b）程序显示一个表格，显示给定贷款时按不同利率计算的月偿还额和总偿还额

图 16-41

*16.13 （比较不同利率的贷款）重写编程练习题 5.21，如图 16-41b 所示创建一个图形用户界面。程序应该允许用户从文本域中输入贷款额以及以年为单位的贷款年限，在文本域中会显示关于每种利率的月偿还额和总偿还额，利率从 5% 到 8%，按 1/8（12.5%）递增。

**16.14 （选择字体）编写程序动态改变栈面板上显示的标签中文本的字体。这个文本可以同时以粗体和斜体显示。可以从组合框中选择字体名和字体大小，如图 16-42a 所示。使用 Font.getFontNames() 可以得到可用的字体名。选择字体大小的组合框初始化为从 1 到 100 之间的数字。

a）可以动态设置消息的字体

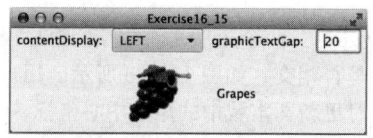
b）可以动态地设置标签的对齐方式以及文本的位置属性

图 16-42

**16.15 （演示 Label 的属性）编写程序，允许用户动态地设置属性 contentDisplay 和 graphic-TextGap，如图 16-42b 所示。

*16.16 （使用ComboBox和ListView）编写程序演示在列表中选择选项。程序用组合框指定选择方式，如图16-43a所示。选择选项后，列表下方的标签中就会显示选定项。

**16.17 （使用ScrollBar和Slider）编写程序，使用滚动条或滑动条来选择文本的颜色，如图16-43b所示。使用四个水平滚动条选择颜色（红色、绿色和蓝色），以及透明度的百分比。

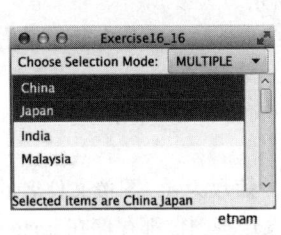
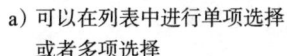
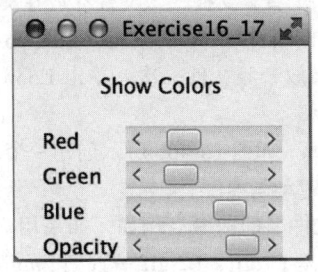
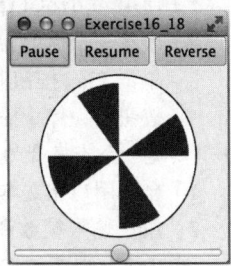

a）可以在列表中进行单项选择　　b）调节滚动条时文本的颜色发生改变　　c）程序模拟一个转动的风扇
或者多项选择

图 16-43

**16.18 （模拟：一个转动的风扇）重写编程练习题15.28，增加一个滑动条控制风扇的速度，如图16-43c所示。

**16.19 （控制一组风扇）编写程序显示一组三个风扇，用控制按钮来启动和停止整组风扇，如图16-44所示。

图 16-44　程序转动和控制一组风扇

*16.20 （累计秒表）编写程序模拟秒表，如图16-45a所示。当用户单击Start按钮时，按钮的标签变为Pause，如图16-45b所示。当用户单击Pause按钮时，按钮的标签变为Resume，如图16-45c所示。Clear按钮重设计数为0并且重设按钮的标签为Start。

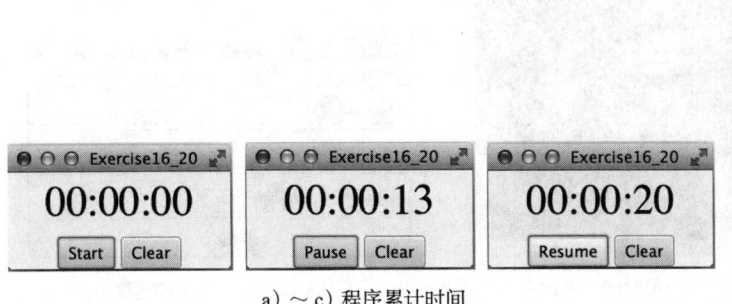
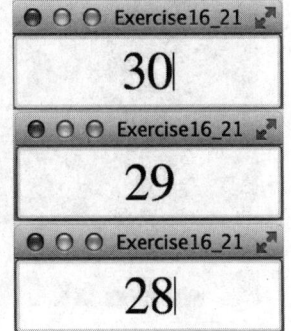

a）～c）程序累计时间　　　　　　　　　　　　　　d）程序进行时间倒计时

图 16-45

*16.21 （秒表倒计时）编写程序，允许用户在文本域中输入以秒为单位的时间，然后按下 Enter 键来进行倒计时，如图 16-45d 所示。余下的秒数每秒重新显示一次。当倒计时结束时，程序开始连续播放音乐。

16.22 （播放、循环播放和停止播放音频剪辑）编写一个满足下面要求的程序：
1）使用 AudioClip 获取一个音频文件，该文件存放在类目录下。
2）放置三个标记为 Play、Loop 和 Stop 的按钮，如图 16-46a 所示。
3）单击 Play 按钮时，会播放音频文件一次。单击 Loop 按钮时，会循环播放音频。单击 Stop 按钮时，停止播放该音频。

**16.23 （创建一个有声音的图像动画）如图 16-46b 所示创建一个动画，满足下面的要求：
1）允许用户在文本域中指定动画速度。
2）用户输入帧数和图像文件名的前缀。例如，如果用户输入的帧数为 n，图像文件名的前缀为 L，那么图像文件就是 L1.gif, L2.gif 一直到 Ln.gif。假设这些图像都存储在 image 目录下，该目录是程序类目录的子目录。动画依次显示这些图像。
3）允许用户指定音频文件 URL，动画开始时播放这个音频。

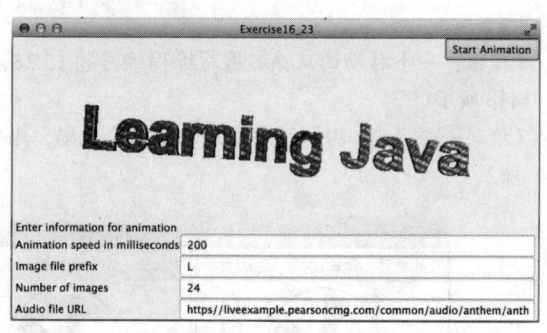

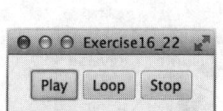

a）单击 Play 播放音频剪辑一次，单击 Loop 会重复播放音频，而单击 Stop 会终止播放

b）程序让用户可以选择图像文件、音频文件和动画速度

图 16-46

**16.24 （修改程序清单 16-14）添加一个滑动条，让用户可以为视频设置当前时间；添加一个标签，显示当前时间和视频的总时间，如图 16-47a 所示。总时间是 5 分 03 秒，当前时间是 3 分 58 秒。当播放视频时，滑动条的值和当前时间持续更新。

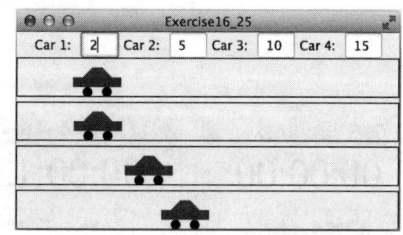

a）添加一个滑动条为视频设置当前时间，添加一个标签显示当前时间和视频的总时间

b）设置每个汽车的速度

图 16-47

**16.25 （赛车）编写程序模拟四辆赛车，如图 16-47b 所示。可以设置每辆赛车的速度，最高速为 100。

**16.26 （仿真：升旗并播放国歌）编写一个显示升国旗的程序，如图 15-15 所示。随着国旗的升起，播放国歌（可以使用程序清单 16-15 中的国旗图像和国歌音频文件）。

综合题

**16.27 （显示国旗和国旗描述）程序清单 16-8 中给出了一个程序，让用户可以从一个组合框中选择国家，从而查看一个国家的国旗图像以及描述。其中描述是一个编写在程序中的字符串。重写这个程序，从文件中来读取文本描述，假设这些描述保存在 text 目录下的文件 description0.txt，…，description8.txt 中，按照顺序分别表示 9 个国家：加拿大、中国、丹麦、法国、德国、印度、挪威、英国和美国。

**16.28 （显示幻灯片）编程练习题 15.30 使用图像开发了一个幻灯片显示程序。使用文本文件重写该程序来开发一个幻灯片显示程序。假设 10 个名为 slide0.txt，slide1.txt，…，slide9.txt 的文本文件都存储在 text 目录下。每张幻灯片显示一个文件的文本，每张幻灯片显示一秒，并且依次显示。当显示完最后一张幻灯片后，重新显示第一张，以此类推。使用一个文本区域显示幻灯片。

***16.29 （显示一个日历）编写程序显示当前月的日历。可以使用 Prior 和 Next 按钮来显示前一个月和后一个月的日历。使用黑色字体显示当月日历中的日期，而使用灰色字体来显示前一个月和后一个月日历中的日期，如图 16-48 所示。

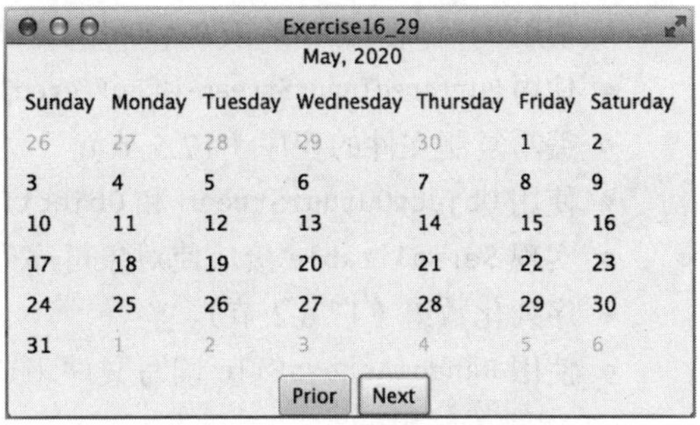

图 16-48 程序显示当月的日历

**16.30 （模式识别：连续四个相同的数）为编程练习题 8.19 编写一个 GUI 程序，如图 16-49a～b 所示。让用户在 6 行 7 列的网格的文本域中输入数字。如果存在一个四个相等的数字序列，用户单击 Solve 按钮后，可以高亮显示它们。初始时，文本域中的值为随机填充的 0 到 9 的数字。

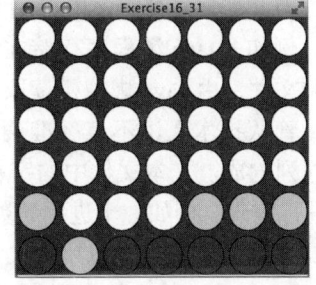

a～b) 单击 Solve 按钮高亮显示在一行、一列或对角线上四个连续的数字

c) 程序让两个玩家玩四子连的游戏

图 16-49

***16.31 （游戏：四子连）编程练习题 8.20 使得两个玩家可以在控制台上玩四子连的游戏。为这个程序重写一个 GUI 版本，如图 16-49c 所示。这个程序让两个玩家轮流放置红色和黄色棋子。为了放置棋子，玩家需要在可用的单元上单击。可用的单元是指没被占用且其下方邻接的单元被占用的单元。如果一个玩家胜了，则程序闪烁这四个连好的单元；如果所有单元都被占用但还没有胜者，则报告无胜者。

第 17 章

Introduction to Java Programming and Data Structures, Comprehensive Version, Twelfth Edition

二进制 I/O

教学目标

- 了解 Java 如何处理 I/O（17.2 节）。
- 区分文本 I/O 与二进制 I/O（17.3 节）。
- 使用 `FileInputStream` 和 `FileOutputStream` 来读写字节（17.4.1 节）。
- 使用基类 `FilterInputStream` 和 `FilterOutputStream` 过滤数据（17.4.2 节）。
- 使用 `DataInputStream` 或 `DataOutputStream` 读写基本类型值和字符串（17.4.3 节）。
- 使用 `BufferedInputStream` 和 `BufferedOutputStream` 提高 I/O 性能（17.4.4 节）。
- 编写复制文件的程序（17.5 节）。
- 使用 `ObjectOutputStream` 和 `ObjectInputStream` 实现对象的存储与恢复（17.6 节）。
- 实现 `Serializable` 接口使对象可序列化（17.6.1 节）。
- 序列化数组（17.6.2 节）。
- 使用 `RandomAccessFile` 读写文件（17.7 节）。

17.1 引言

要点提示：Java 提供了许多类用于实现文本 I/O 和二进制 I/O。

文件可以分为文本或者二进制的。可以使用文本编辑器，比如 Windows 下的记事本或者 UNIX 下的 vi 编辑器，进行处理（读取、创建或者修改）的文件称为文本文件。所有其他文件称为二进制文件。不能使用文本编辑器来读取二进制文件——它们被设计为使用程序来读取。例如，Java 源程序存储在文本文件中，可以使用文本编辑器读取，而 Java 类文件是二进制文件，由 Java 虚拟机读取。

尽管从技术上讲不怎么准确，但可以将文本文件视为由字符序列构成，而二进制文件由位序列构成。文本文件中的字符使用某种字符编码模式（例如 ASCII 编码或者 Unicode 编码）进行编码。例如，十进制整数 199 在文本文件中是以三个字符序列 '1'、'9'、'9' 来存储的，而在二进制文件中它是以字节类型的值 C7 存储的，因为十进制数 199 等价的十六进制数是 C7（$199 = 12 \times 16^1 + 7$）。二进制文件的优势在于它的处理效率比文本文件高。

Java 提供了许多实现文件输入/输出的类。这些类可以分为文本 I/O 类（text I/O class）和二进制 I/O 类（binary I/O class）。在 12.11 节中已经介绍过如何使用 Scanner 和 PrintWriter 从/向文本文件中读/写字符串和数值。本节介绍如何实现二进制 I/O 的类。

17.2 Java 如何处理文本 I/O

要点提示：使用 `Scanner` 类读取文本数据，使用 `PrintWriter` 类写文本数据。

回顾一下，`File` 对象封装了文件或路径的属性，但是不包含从/向文件中读/写数据的方法。为了实现 I/O 操作，需要使用正确的 Java I/O 类创建对象。这些对象包含从/向文件中读/写数据的方法。例如，要将文本写入一个名为 temp.txt 的文件中，可以使用

PrintWriter 类创建一个对象，如下所示：

```
PrintWriter output = new PrintWriter("temp.txt");
```

现在，可以调用该对象的 print 方法向文件写入一个字符串。例如，下面的语句将 Java 101 写入这个文件中。

```
output.print("Java 101");
```

下面的语句关闭这个文件。

```
output.close();
```

Java 有许多用于各种目的的 I/O 类。通常，可以将它们分为输入类和输出类。输入类包含读数据的方法，而输出类包含写数据的方法。PrintWriter 是一个输出类的例子，而 Scanner 是一个输入类的例子。下面的代码为文件 temp.txt 创建一个输入对象，并从该文件中读取数据：

```
Scanner input = new Scanner(new File("temp.txt"));
System.out.println(input.nextLine());
```

如果文件 temp.txt 中包含文本 " Java 101"，那么 input.nextLine() 方法会返回字符串 "Java 101"。

图 17-1 展示了 Java I/O 编程。输入对象从文件中读取数据流，输出对象将数据流写入文件。输入对象也称为输入流（input stream），输出对象也称为输出流（output stream）。

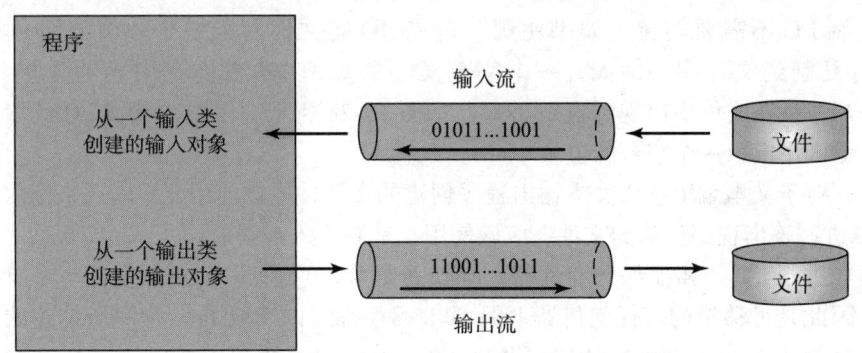

图 17-1　程序通过输入对象接收数据，通过输出对象发送数据

✔ 复习题

17.2.1　什么是文本文件，什么是二进制文件？可以使用文本编辑器来查看文本文件或者二进制文件吗？

17.2.2　在 Java 中如何读取和写入文本数据？什么是流？

17.3　文本 I/O 与二进制 I/O

⚙ 要点提示：二进制 I/O 不涉及编码和解码，因此比文本 I/O 更高效。

计算机并不区分二进制文件和文本文件。所有的文件都是以二进制形式来存储的，因此从本质上说，所有的文件都是二进制文件。文本 I/O 建立在二进制 I/O 的基础之上，提供了一层抽象用于字符的编码和解码，如图 17-2a 所示。对于文本 I/O 而言，编码和解码是自动进行的。在写入字符时，Java 虚拟机会将 Unicode 码转化为文件特定的编码，而在读取字符时,将文件特定的编码转化为 Unicode 码。例如,假设使用文本 I/O 将字符串 "199" 写入文件,那么每个字符都会写入文件中。由于字符 1 的 Unicode 编码为 0x0031,所以会根据文件的编码方案将 Unicode 码 0x0031 转化成一个编码。(注意,前缀 0x 表示十六进制数。)在美国,Windows 系统中文本文件的默认编码方案是 ASCII 码。字符 1 的 ASCII 码是 49 (十六进制为 0x31),而字符 9 的 ASCII 码是 57 (十六进制为 0x39)。所以,为了以字符写入 199,应该将三个字节 0x31、0x39 和 0x39 发送到输出,如图 17-2a 所示。

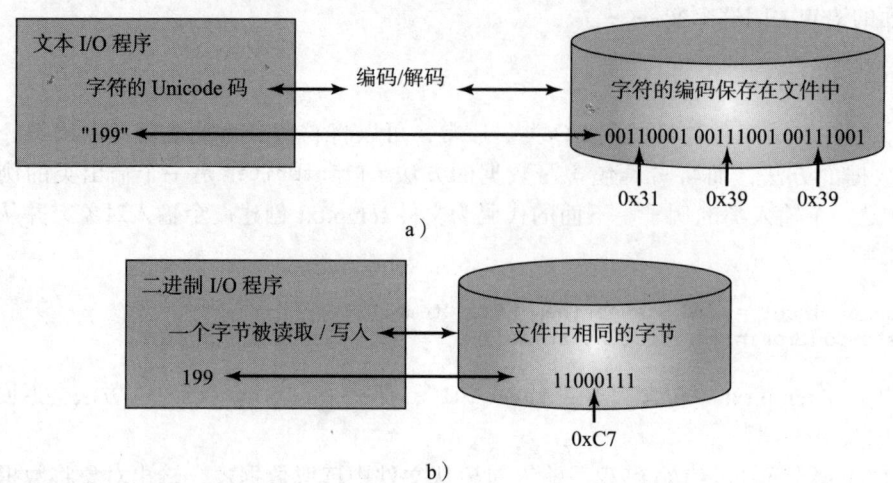

图 17-2 文本 I/O 需要编码和解码,而二进制 I/O 不需要

二进制 I/O 不需要转化。如果使用二进制 I/O 向文件写入一个数值,就是将内存中的那个值复制到文件中。例如,一个字节类型的数值 199 在内存中表示为 0xC7 (199 = $12 \times 16^1 + 7$),且在文件中出现的也是 0xC7,如图 17-2b 所示。使用二进制 I/O 读取一个字节时,会从输入中读取一个字节的值。

通常,对于文本编辑器或文本输出程序创建的文件,应该使用文本输入来读取,对于通过 Java 二进制输出程序创建的文件,应该使用二进制输入来读取。

由于二进制 I/O 不需要编码和解码,所以比文本 I/O 高效。二进制文件与主机的编码方案无关,因此是可移植的。任何机器上的 Java 程序都可以读取 Java 程序所创建的二进制文件。这就是为什么 Java 的类文件是二进制文件。Java 类文件可以在任何有 Java 虚拟机的机器上运行。

> **注意**:为了保持一致性,本书使用扩展名 .txt 命名文本文件,使用 .dat 命名二进制文件。

复习题

17.3.1 文本 I/O 与二进制 I/O 的区别是什么?

17.3.2 在 Java 中,字符在内存中是如何表示的,在文本文件中是如何表示的?

17.3.3 如果在一个 ASCII 码文本文件中写入字符串 "ABC",那么在文件中存储的是什么值?

17.3.4 如果在一个 ASCII 码文本文件中写入字符串 "100",那么在文件中存储的是什么值?如果使用二进制 I/O 写入字节类型数值 100,那么文件中存储的又是什么值?

17.3.5 在 Java 程序中,表示字符时使用的编码方案是什么?默认情况下 Windows 系统中文本文件的编码方案是什么?

17.4 二进制 I/O 类

要点提示：抽象类 InputStream 是用于读二进制数据的根类，抽象类 OutputStream 是用于写二进制数据的根类。

Java I/O 类的设计是一个很好的应用继承的例子，在父类中泛化定义了公共操作，而子类提供特定的操作。图 17-3 列出了一些执行二进制 I/O 的类。InputStream 类是二进制输入类的根类，而 OutputStream 类是二进制输出类的根类。图 17-4 和图 17-5 列出了 InputStream 类和 OutputStream 类的所有方法。

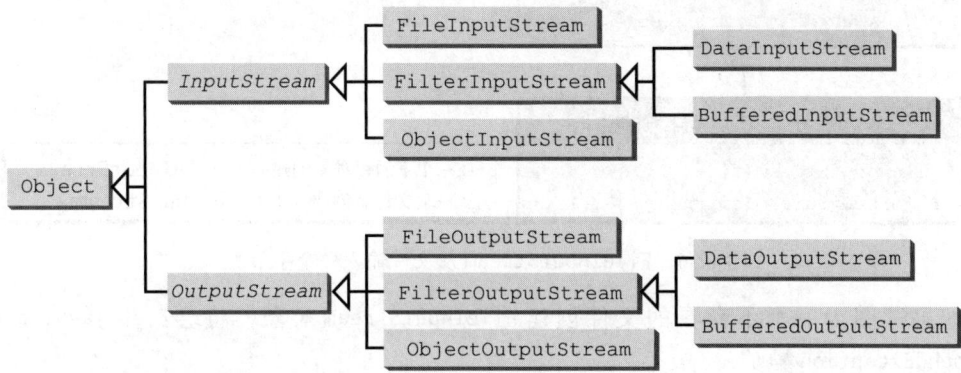

图 17-3 InputStream 类、OutputStream 类及其子类用于实现二进制 I/O

java.io.InputStream	
+read(): int	从输入流中读取下一个字节数据。字节值以 0~255 范围的 int 值返回。如果已经达到流的最后而没有可读的字节，则返回值-1
+read(b: byte[]): int	从输入流中读取 b.length 个字节到数组b中，并且返回实际读取的字节数。到流的最后时返回-1
+read(b: byte[], off: int, len: int): int	从输入流中读取字节并且将它们保存在 b[off]，b[off+1]，…，b[off+ len-1] 中。返回实际读取的字节数。到流的最后时返回 -1
+close(): void	关闭输入流，释放其占用的任何系统资源
+skip(n: long): long	从输入流中跳过并且丢弃 n 字节的数据。返回实际跳过的字节数

图 17-4 抽象 InputStream 类定义了用于字节输入流方法

java.io.OutputStream	
+write(int b): void	将指定的字节写入该输出流中。参数 b 是一个 int 值。将（byte）b 写入输出流中
+write(b: byte[]): void	将数组 b 中的所有字节写入输出流中
+write(b: byte[], off: int, len: int): void	将 b[off]，b[off+1]，…，b[off+len-1] 写出到输出流中
+close(): void	关闭该输出流，并且释放其占用的任何系统资源
+flush(): void	清掉输出流，强制写出任何缓冲的输出字节

图 17-5 抽象的 OutputStream 类为字节输出流定义了方法

注意：二进制 I/O 类中的所有方法都声明为抛出 java.io.IOException 或 java.io.IOException 的子类。

17.4.1 FileInputStream 和 FileOutputStream

FileInputStream 类和 FileOutputStream 类用于从 / 向文件读取 / 写入字节。这些类中的所有方法都是从 InputStream 类和 OutputStream 类继承的。FileInputStream 类和 FileOutput-Stream 类没有引入新的方法。为了构造一个 FileInputStream 对象，使用如图 17-6 所示的构造方法。

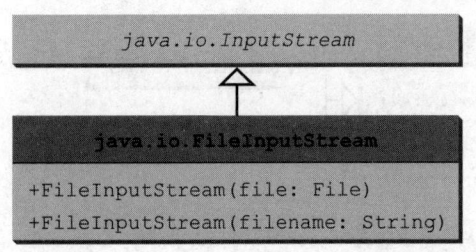

图 17-6　FileInputStream 从文件输入一个字节流

如果试图为一个不存在的文件创建 FileInputStream 对象，将会产生 java.io.FileNotFoundException 异常。

使用图 17-7 所示的构造方法构造一个 FileOutputStream 对象。

如果该文件不存在，则创建一个新文件。如果该文件已经存在，前两个构造方法将会删除文件的当前内容。为了保留文件现有内容并追加新数据，将最后两个构造方法中的 append 参数设置为 true。

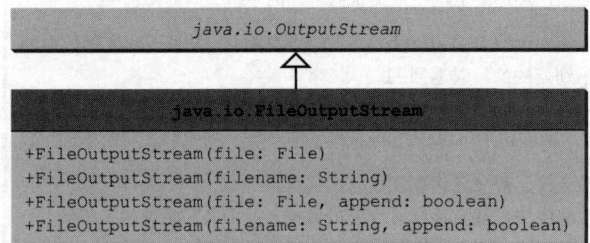

图 17-7　FileOutputStream 将一个字节流输出到文件中

几乎所有 I/O 类中的方法都会抛出异常 java.io.IOException。因此，必须如图 a 所示在方法中声明抛出 java.io.IOException 异常，或者如图 b 所示将代码放到 try-catch 块中，如下所示：

```
public static void main(String[] args)
    throws IOException {
  // Perform I/O operations
}
```

```
public static void main(String[] args) {
  try {
    // Perform I/O operations
  }
  catch (IOException ex) {
    ex.printStackTrace();
  }
}
```

a）在方法中声明异常　　　　　　　　　　b）使用 try-catch 块

程序清单 17-1 使用二进制 I/O 将 1 到 10 的 10 个字节值写入一个名为 temp.dat 的文件，再把它们从文件中读出来。

程序清单 17-1 TestFileStream.java

```java
 1  import java.io.*;
 2
 3  public class TestFileStream {
 4    public static void main(String[] args) throws IOException {
 5      try (
 6        // Create an output stream to the file
 7        FileOutputStream output = new FileOutputStream("temp.dat");
 8      ) {
 9        // Output values to the file
10        for (int i = 1; i <= 10; i++)
11          output.write(i);
12      }
13
14      try (
15        // Create an input stream for the file
16        FileInputStream input = new FileInputStream("temp.dat");
17      ) {
18        // Read values from the file
19        int value;
20        while ((value = input.read()) != -1)
21          System.out.print(value + " ");
22      }
23    }
24  }
```

```
1 2 3 4 5 6 7 8 9 10
```

程序使用 try-with-resources 来声明和创建输入输出流，从而使用后可以自动关闭。`java.io.InputStream` 和 `java.io.OutputStream` 实现了 `AutoClosable` 接口。`AutoClosable` 接口定义了 `close()` 方法，用于关闭资源。任何 `AutoClosable` 类型的对象都可以用于 try-with-resources 语法中，实现自动关闭。

第 7 行为文件 temp.dat 创建了一个 `FileOutputStream` 对象。for 循环将 10 个字节值写入文件（第 10 和 11 行）。调用 write(i) 方法与调用 write((byte)i) 具有相同的功能。第 16 行为文件 temp.dat 创建了一个 `FileInputStream` 对象。第 19～21 行从文件中读取字节值并显示在控制台上。表达式 ((value = input.read())!=-1)（第 20 行）通过 input.read() 读取一个字节，将它赋值给 value 并检验其是否为 -1。输入值为 -1 意味着文件的结束。

在这个例子中创建的文件 temp.dat 是一个二进制文件。可以用 Java 程序读取它，但不能用文本编辑器阅读，如图 17-8 所示。

图 17-8 二进制文件不能以文本模式显示

> **提示**：当不再需要使用流时，记得使用 close() 方法将其关闭，或者使用 try-with-resource 语句自动关闭。不关闭流可能会导致输出文件中的数据受损或导致其他编程错误。

> **注意**：这些文件的根目录是类路径的目录。对于本书的例子，根目录是 c:\book。因此，文件 temp.dat 放在 c:\book 中。如果希望将 temp.dat 放在特定的目录下，使用下面的语句替换第 7 行：
>
> ```
> FileOutputStream output =
>   new FileOutputStream ("directory/temp.dat");
> ```

> **注意**：FileInputStream 类的实例可以作为参数来构造一个 Scanner 对象，FileOutputStream 类的实例可以作为参数来构造一个 PrinterWriter 对象。可以使用
>
> ```
> new PrintWriter(new FileOutputStream("temp.txt", true));
> ```
>
> 创建一个 PrinterWriter 对象向文件中追加文本。如果 temp.txt 不存在，则会创建这个文件。如果 temp.txt 文件已经存在，则将新数据追加到该文件中。

17.4.2 FilterInputStream 和 FilterOutputStream

过滤器数据流（filter stream）是为某种目的而过滤字节的数据流。基本字节输入流提供的读取方法 read 只能读取字节。如果要读取整数值、双精度值或字符串，那就需要一个过滤器类来包装字节输入流。使用过滤器类就可以读取整数值、双精度值和字符串，而不是字节或字符。FilterInputStream 类和 FilterOutputStream 类是用于过滤数据的基类。需要处理基本数值类型时，可以使用 DataInputStream 类和 DataOutputStream 类来过滤字节。

17.4.3 DataInputStream 和 DataOutputStream

DataInputStream 从数据流读取字节，并且将它们转换为合适的基本类型值或字符串。DataOutputStream 将基本类型的值或字符串转换为字节，并且将字节输出到流。

DataInputStream 类继承自 FilterInputStream 类，并实现 DataInput 接口，如图 17-9 所示。DataOutputStream 类继承自 FilterOutputStream 类，并实现 DataOutput 接口，如图 17-10 所示。

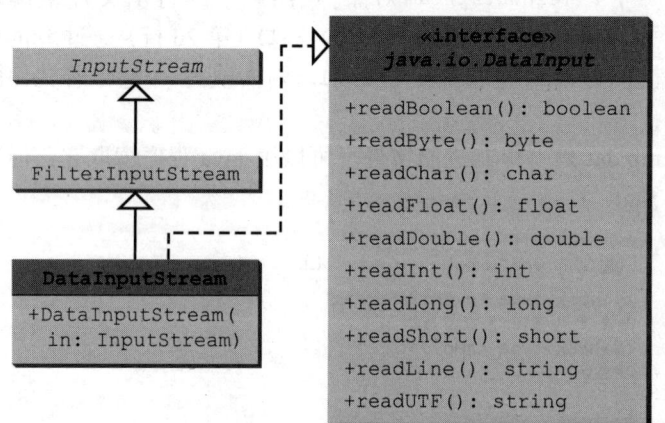

图 17-9　DataInputStream 过滤字节输入流并将其转化为基本类型值和字符串

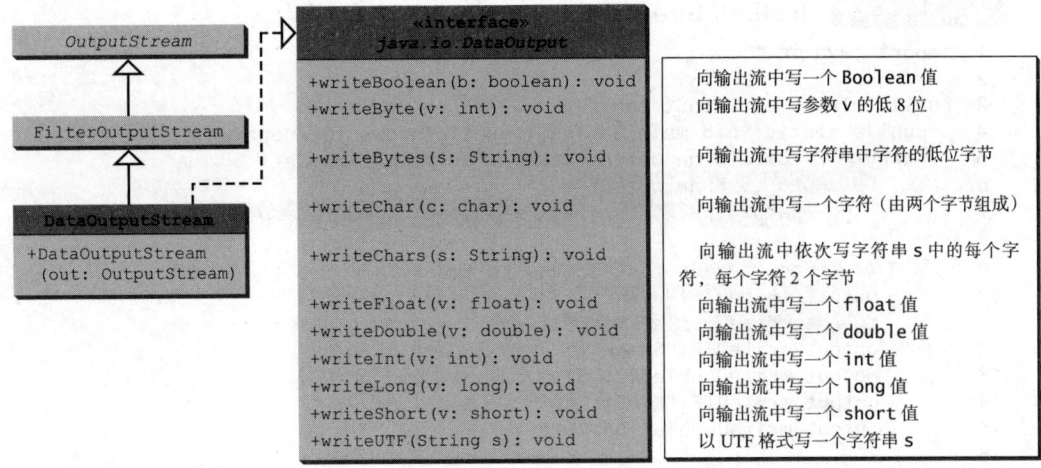

图 17-10 DataOutputStream 可以将基本数据类型的值和字符串写入输出流

DataInputStream 实现了定义在 DataInput 接口中的方法来读取基本数据类型值和字符串。DataOutputStream 实现了定义在 DataOutput 接口中的方法来写入基本数据类型值和字符串。基本类型的值不需要做任何转化就可以从内存复制到输出数据流。字符串中的字符可以写成多种形式，这将在下面介绍。

1. 二进制 I/O 中的字符与字符串

一个 Unicode 码由两个字节构成。writerChar(char c) 方法将字符 c 的 Unicode 码写入输出流。writerChars(String s) 方法将字符串 s 中所有字符的 Unicode 码写到输出流中。writeBytes(String s) 方法将字符串 s 中每个字符 Unicode 码的低位字节写到输出流。Unicode 码的高位字节被丢弃。writeBytes 方法适用于由 ASCII 码字符构成的字符串，因为 ASCII 码仅存储 Unicode 码的低位字节。如果一个字符串包含非 ASCII 码的字符，必须使用 writeChars 方法写入该字符串。

writeUTF(String s) 方法使用 UTF 编码模式写字符串。UTF 对于压缩包含 Unicode 字符的字符串是高效的。要获得更多关于 UTF 的信息，参见附录 III.Z。readUTF() 方法读取一个使用 writeUTF 方法写入的字符串。

2. 创建 DataInputStream 类和 DataOutputStream 类

使用下面的构造方法来创建 DataInputStream 类和 DataOutputStream（参见图 17-9 和图 17-10）：

```
public DataInputStream(InputStream instream)
public DataOutputStream(OutputStream outstream)
```

以下语句会创建数据流。第一条语句为文件 in.dat 创建一个输入流；而第二条语句为文件 out.dat 创建一个输出流：

```
DataInputStream input =
    new DataInputStream(new FileInputStream("in.dat"));
DataOutputStream output =
    new DataOutputStream(new FileOutputStream("out.dat"));
```

程序清单 17-2 将学生的名字和分数写入名为 temp.dat 的文件中，然后又将数据从这个文件中读出来。

程序清单 17-2 TestDataStream.java

```java
 1  import java.io.*;
 2
 3  public class TestDataStream {
 4    public static void main(String[] args) throws IOException {
 5      try ( // Create an output stream for file temp.dat
 6        DataOutputStream output =
 7          new DataOutputStream(new FileOutputStream("temp.dat"));
 8      ) {
 9        // Write student test scores to the file
10        output.writeUTF("John");
11        output.writeDouble(85.5);
12        output.writeUTF("Susan");
13        output.writeDouble(185.5);
14        output.writeUTF("Kim");
15        output.writeDouble(105.25);
16      }
17
18      try ( // Create an input stream for file temp.dat
19        DataInputStream input =
20          new DataInputStream(new FileInputStream("temp.dat"));
21      ) {
22        // Read student test scores from the file
23        System.out.println(input.readUTF() + " " + input.readDouble());
24        System.out.println(input.readUTF() + " " + input.readDouble());
25        System.out.println(input.readUTF() + " " + input.readDouble());
26      }
27    }
28  }
```

```
John 85.5
Susan 185.5
Kim 105.25
```

第 6 和 7 行为文件 temp.dat 创建一个 DataOutputStream 对象。第 10～15 行将学生的名字和分数写入文件中。第 19 和 20 行为同一个文件创建一个 DataInputStream。第 23～25 行将这个文件中的学生名字和分数读回，并显示在控制台上。

DataInputStream 和 DataOutputStream 以机器平台无关的方式读写 Java 基本类型值和字符串，因此，如果在一台机器上写好一个数据文件，可以在另一台具有不同操作系统或文件结构的机器上读取该文件。一个应用可以使用数据输出流写入数据，之后某个程序可以使用数据输入流读取这些数据。

DataInputStream 将一个输入流的数据过滤成合适的基本类型值或者字符串。DataOutputStream 将基本类型值或者字符串转换成字节并且输出字节到输出流中。可以将 DataInputStream/FileInputStream 和 DataOutputStream/FileOuputStream 看作工作在一个管道线中，如图 17-11 所示。

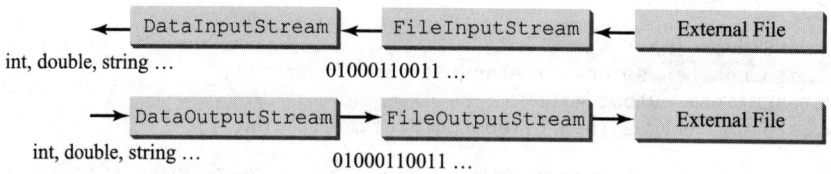

图 17-11　DataInputStream 将一个字节输入流过滤成数据，DataOutputStream 将数据转换成字节流

⚠ 警告：应该按与存储时相同的顺序和格式读取文件中的数据。例如，由于学生的姓名是用 writeUTF 方法以 UTF 格式写入的，因此读取时必须使用 readUTF 方法。

3. 检测文件的末尾

如果到达 InputStream 的末尾之后还继续从中读取数据，就会产生 EOFException 异常。这个异常可以用来检查是否已经到达文件末尾，如程序清单 17-3 所示。

程序清单 17-3 DetectEndOfFile.java

```java
1  import java.io.*;
2
3  public class DetectEndOfFile {
4    public static void main(String[] args) {
5      try {
6        try (DataOutputStream output =
7          new DataOutputStream(new FileOutputStream("test.dat"))) {
8          output.writeDouble(4.5);
9          output.writeDouble(43.25);
10         output.writeDouble(3.2);
11       }
12
13       try (DataInputStream input =
14         new DataInputStream(new FileInputStream("test.dat"))) {
15         while (true)
16           System.out.println(input.readDouble());
17       }
18     }
19     catch (EOFException ex) {
20       System.out.println("All data were read");
21     }
22     catch (IOException ex) {
23       ex.printStackTrace();
24     }
25   }
26 }
```

```
4.5
43.25
3.2
All data were read
```

程序使用 DataOutputStream 向文件写入三个双精度值（第 6～11 行），然后使用 DataInputStream 读取这些数据（第 13～17 行）。当读取文件过了文件末尾，就会抛出一个 EOFException 异常。第 19 行捕获该异常。

17.4.4 BufferedInputStream 和 BufferedOutputStream

BufferedInputStream 类和 BufferedOutputStream 类可以通过减少磁盘读写次数来提高输入和输出的速度。使用 BufferdInputStream 时，磁盘上的整块数据一次性地读入内存的缓冲区中。然后从缓冲区中将各个数据装载到程序中，如图 17-12a 所示。使用 BufferedOutputStream，各个数据首先写入内存的缓冲区中。当缓冲区已满时，缓冲区中的所有数据一次性写入磁盘中，如图 17-12b 所示。

BufferedInputStream 类和 BufferedOutputStream 类没有包含新的方法。BufferedInputStream 类和 BufferedOutputStream 中的所有方法都是从 InputStream 类和 OutputStream 类继承而来的。BufferedInputStream 类和 BufferedOutputStream 类在后台管理了一个缓冲区，根据

需求自动从磁盘中读取数据和写入数据。

图 17-12 缓冲 I/O 将数据置于一个缓冲区中以实现快速处理

可以使用如图 17-13 和图 17-14 所示的构造方法将任何一个 InputStream 类和 OutputStream 类包装为 BufferedInputStream 类和 BufferedOutputStream 类。

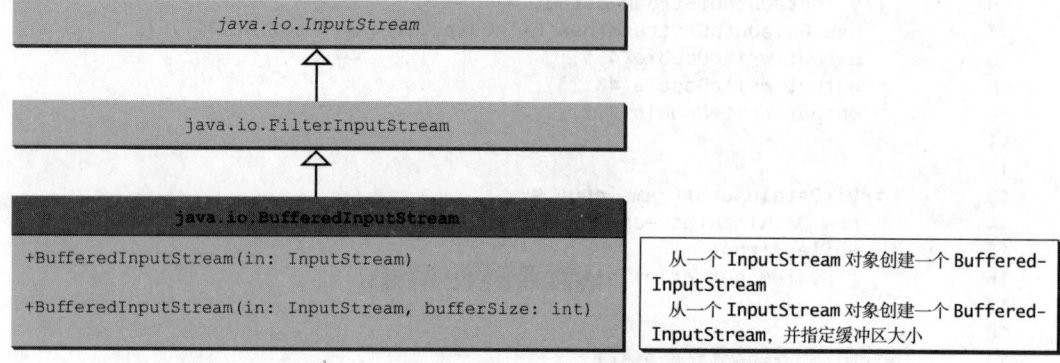

图 17-13 BufferedInputStream 缓冲一个输入流

如果没有指定缓冲区大小，默认大小是 512 个字节。可以在代码清单 17-2 的第 6 和 7 行与第 19 和 20 行中为流添加缓冲，从而提高 TestDataStream 程序的性能，如下所示：

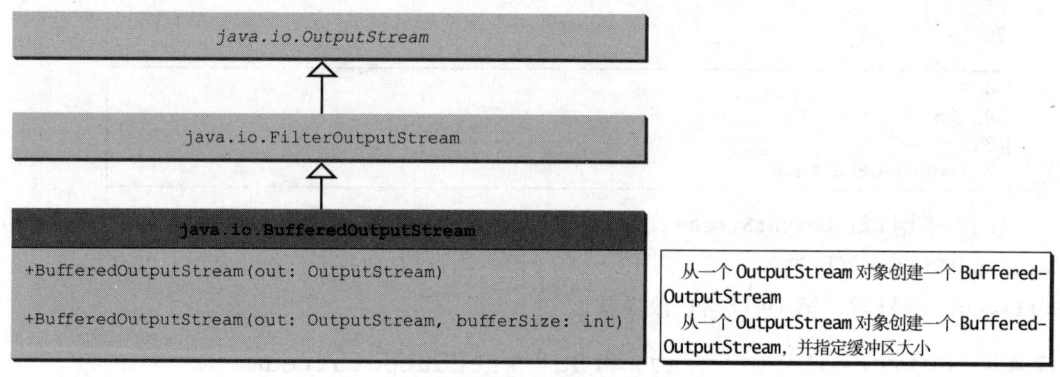

图 17-14 BufferedOutputStream 缓冲一个输出流

```
DataOutputStream output = new DataOutputStream(
  new BufferedOutputStream(new FileOutputStream("temp.dat")));

DataInputStream input = new DataInputStream(
  new BufferedInputStream(new FileInputStream("temp.dat")));
```

> **提示**：应该总是使用缓冲 I/O 来加速输入和输出。对于小文件，你可能注意不到性能的提升。但是，对于超过 100MB 的大文件，你会看到使用缓冲 I/O 带来的实质性的性能提升。

复习题

17.4.1 InputStream 的 read() 方法读取字节。为什么 read() 方法返回 int 而不是 byte 值？找出 InputStream 和 OutputStream 中的抽象方法。

17.4.2 在 Java I/O 程序中，为什么必须在方法中声明抛出 IOException 或者在 try-catch 块中处理该异常？

17.4.3 为什么需要关闭流？如何关闭流？

17.4.4 FileInputStream 和 FileOutputStream 除了继承自 InputStream/OutputStream 的方法外是否引入了新方法？如何创建一个 FileInputStream 或者 FileOutputStream？

17.4.5 如果试图为一个不存在的文件创建输入流，会发生什么？如果试图为一个已经存在的文件创建输出流，会发生什么？能够将数据追加到一个已存在的文件中吗？

17.4.6 如何使用 java.io.PrintWriter 向一个已存在的文本文件中追加数据？

17.4.7 在 FileOutputStream 上使用 writeByte(91) 方法后，将什么写入了文件？

17.4.8 下面的代码有什么错误？

```java
import java.io.*;

public class Test {
  public static void main(String[] args) {
    try (
      FileInputStream fis = new FileInputStream("test.dat"); ) {
    }
    catch (IOException ex) {
      ex.printStackTrace();
    }
    catch (FileNotFoundException ex) {
      ex.printStackTrace();
    }
  }
}
```

17.4.9 假如一个文件包含了未指定个数的 double 值，这些值是使用 DataOutputStream 的 writeDouble 方法写入文件的。如何编写程序读取所有这些值？如何检测是否到达了文件的末尾？

17.4.10 如何在输入流（FileInputStream 和 DataInputStream）中检测是否已经到达文件末尾？

17.4.11 假设使用默认的 ASCII 编码方案在 Windows 上运行程序，在程序结束后，文件 t.txt 中会有多少个字节？给出每个字节的内容。

```java
public class Test {
  public static void main(String[] args)
      throws java.io.IOException {
    try (java.io.PrintWriter output =
      new java.io.PrintWriter("t.txt"); ) {
      output.printf("%s", "1234");
      output.printf("%s", "5678");
      output.close();
    }
  }
}
```

17.4.12 下面的程序运行结束后，文件 t.dat 中会有多少个字节？给出每个字节的内容。

```java
import java.io.*;

public class Test {
```

```java
    public static void main(String[] args) throws IOException {
      try (DataOutputStream output = new DataOutputStream(
          new FileOutputStream("t.dat")); ) {
        output.writeInt(1234);
        output.writeInt(5678);
        output.close();
      }
    }
  }
```

17.4.13 对于以下 DataOutputStream 对象 output 上的语句，会有多少个字节发送到输出？

```java
output.writeChar('A');
output.writeChars("BC");
output.writeUTF("DEF");
```

17.4.14 使用缓冲流有什么好处？下面的语句是否正确？

```java
BufferedInputStream input1 =
  new BufferedInputStream(new FileInputStream("t.dat"));

DataInputStream input2 = new DataInputStream(
  new BufferedInputStream(new FileInputStream("t.dat")));

DataOutputStream output = new DataOutputStream(
  new BufferedOutputStream(new FileOutnputStream("t.dat")));
```

17.5 示例学习：复制文件

> **要点提示**：本节开发一个有用的功能，用于复制文件。

本节中，将学习如何编写一个支持用户复制文件的程序。用户需要提供一个源文件与一个目标文件作为命令行参数，所使用的命令如下：

```
java Copy source target
```

该程序将源文件复制到目标文件，然后显示这个文件中的字节数。如果源文件不存在，或者目标文件已经存在，程序应该给用户相应的提示。这个程序的一个运行示例如图 17-15 所示。

图 17-15 复制一个文件

要将源文件的内容复制到目标文件，不管文件的内容如何，使用输入流从源文件读出字节，并且使用输出流将字节写入目标文件比较合适。源文件和目标文件都在命令行中指定。为源文件创建一个 InputFileStream 对象，为目标文件创建一个 OutputFileStream 对象。使用 read() 方法从输入流中读取一个字节，使用 write(b) 方法将该字节写入输出流。使用 BufferedInputStream 类和 BufferedOutputStream 类来提高性能。程序清单 17-4 给出这个问题的解决方案。

程序清单 17-4 Copy.java

```java
import java.io.*;

public class Copy {
  /** Main method
      @param args[0] for sourcefile
      @param args[1] for target file
  */
  public static void main(String[] args) throws IOException {
    // Check command-line parameter usage
    if (args.length != 2) {
      System.out.println(
        "Usage: java Copy sourceFile targetfile");
      System.exit(1);
    }

    // Check if source file exists
    File sourceFile = new File(args[0]);
    if (!sourceFile.exists()) {
      System.out.println("Source file " + args[0]
        + " does not exist");
      System.exit(2);
    }

    // Check if target file exists
    File targetFile = new File(args[1]);
    if (targetFile.exists()) {
      System.out.println("Target file " + args[1]
        + " already exists");
      System.exit(3);
    }

    try (
      // Create an input stream
      BufferedInputStream input =
        new BufferedInputStream(new FileInputStream(sourceFile));

      // Create an output stream
      BufferedOutputStream output =
        new BufferedOutputStream(new FileOutputStream(targetFile));
    ) {
      // Continuously read a byte from input and write it to output
      int r, numberOfBytesCopied = 0;
      while ((r = input.read()) != -1) {
        output.write((byte)r);
        numberOfBytesCopied++;
      }

      // Display the file size
      System.out.println(numberOfBytesCopied + " bytes copied");
    }
  }
}
```

程序首先在第 10 ~ 14 行检查用户是否在命令行中传递了两个所需的参数。

程序使用 File 类检查源文件和目标文件是否存在。如果源文件不存在（第 18 ~ 22 行），或者目标文件已经存在（第 25 ~ 30 行），则程序退出。

第 34 和 35 行使用包装在 FileInputStream 上的 BufferedInputStream 来创建一个输入流，在第 38 和 39 行，使用包装在 FileOutputStream 上的 BufferedOutputStream 来创建一个输出流。

表达式 ((r = input.read())!=-1)（第 43 行）使用 input.read() 读取一个字节，将该字节赋值给 r，然后检查它是否为 -1。输入值 -1 表示文件结束。程序不断地从输入流读取字节，然后将它们写入输出流，直到读取完所有的字节为止。

✔ 复习题

17.5.1 程序如何检测一个文件是否已经存在？
17.5.2 程序如何在读取数据的时候检测是否已经到达文件末尾？
17.5.3 程序如何计算从文件读取的字节数？

17.6 对象 I/O

要点提示：ObjectInputStream 和 ObjectOutputStream 可用于读/写可序列化的对象。

DataInputStream 和 DataOutputStream 可以实现基本数据类型值与字符串的输入和输出。而 ObjectInputStream 和 ObjectOutputStream 除了可以实现基本数据类型值与字符串的输入和输出之外，还可以实现对象的输入和输出。由于 ObjectInputStream 和 ObjectOutputStream 包含 DataInputStream 和 DataOutputStream 的所有功能，所以完全可以用 ObjectInputStream 和 ObjectOutputStream 取代 DataInputStream 和 DataOutputStream。

ObjectInputStream 继承自 InputStream 并实现了 ObjectInput 和 ObjectStreamConstants，如图 17-16 所示。ObjectInput 是 DataInput 的子接口（DataInput 如图 17-9 所示）。ObjectStreamConstants 包含了支持 ObjectInputStream 和 ObjectOutputStream 的常量。

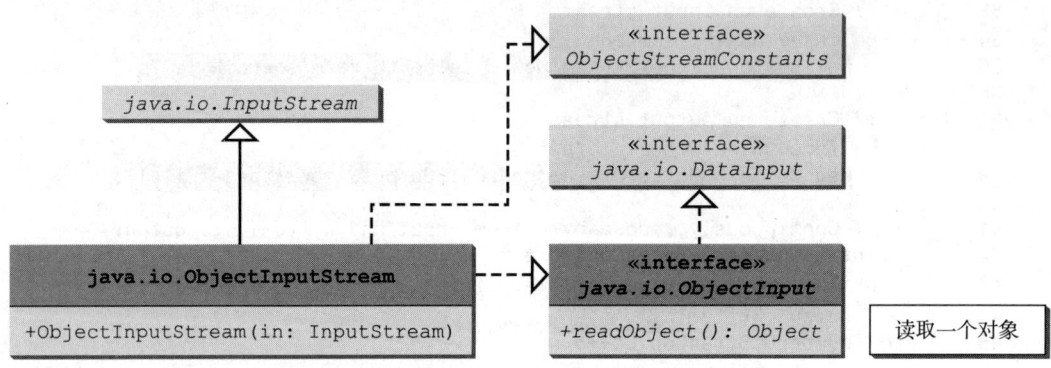

图 17-16 ObjectInputStream 可以读取对象、基本数据类型值和字符串

ObjectOutputStream 继承自 OutputStream 并实现了 ObjectOutput 与 ObjectStreamConstants，如图 17-17 所示。ObjectOutput 是 DataOutput 的子接口（DataOutput 如图 17-10 所示）。

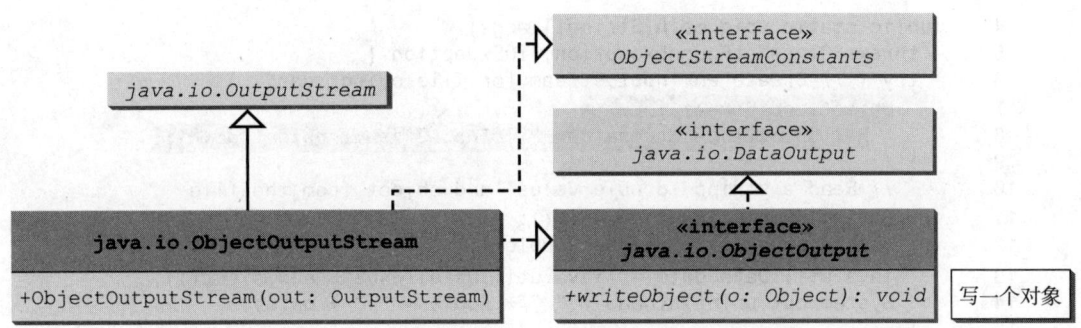

图 17-17 ObjectOutputStream 可以写对象、基本数据类型值和字符串

可以使用下面的构造方法将任何 InputStream 和 OutputStream 包装为 ObjectInput-
Stream 和 ObjectOutputStream：

```
// Create an ObjectInputStream
public ObjectInputStream(InputStream in)

// Create an ObjectOutputStream
public ObjectOutputStream(OutputStream out)
```

程序清单 17-5 将学生的姓名、分数和当前日期写入名为 object.dat 的文件中。

程序清单 17-5 TestObjectOutputStream.java

```
 1  import java.io.*;
 2
 3  public class TestObjectOutputStream {
 4    public static void main(String[] args) throws IOException {
 5      try ( // Create an output stream for file object.dat
 6        ObjectOutputStream output =
 7          new ObjectOutputStream(new FileOutputStream("object.dat"));
 8      ) {
 9        // Write a string, double value, and object to the file
10        output.writeUTF("John");
11        output.writeDouble(85.5);
12        output.writeObject(new java.util.Date());
13      }
14    }
15  }
```

第 6 和 7 行创建了一个 ObjectOutputStream 对象用于将数据写入文件 object.dat 中。第 10～12 行将一个字符串、一个双精度值和一个对象写入该文件。为了提高性能，可以使用下面的语句替换掉第 6 和 7 行，在流中添加一个缓冲：

```
ObjectOutputStream output = new ObjectOutputStream(
  new BufferedOutputStream(new FileOutputStream("object.dat")));
```

可以向数据流中写入多个对象或基本类型数据。从相应的 ObjectInputStream 中读回这些对象时，必须与其写入时的类型和顺序相同。应使用 Java 的安全类型转换得到所需的类型。程序清单 17-6 从文件 object.dat 中读取数据。

程序清单 17-6 TestObjectInputStream.java

```
1  import java.io.*;
2
3  public class TestObjectInputStream {
```

```java
 4    public static void main(String[] args)
 5      throws ClassNotFoundException, IOException {
 6      try ( // Create an input stream for file object.dat
 7        ObjectInputStream input =
 8          new ObjectInputStream(new FileInputStream("object.dat"));
 9      ) {
10        // Read a string, double value, and object from the file
11        String name = input.readUTF();
12        double score = input.readDouble();
13        java.util.Date date = (java.util.Date)(input.readObject());
14        System.out.println(name + " " + score + " " + date);
15      }
16    }
17  }
```

```
John 85.5 Sun Dec 04 10:35:31 EST 2011
```

readObject()方法可能会抛出异常java.lang.ClassNotFoundException，因为当Java虚拟机恢复一个对象时，如果没有加载该对象所在的类，会先加载这个类。因为ClassNotFoundException是必检异常，所以在第5行的main方法中声明抛出它。第7和8行创建了一个ObjectInputStream对象用于从文件object.dat中读取输入。必须以数据写入文件时的顺序和格式从文件中读取这些数据。第11～13行读取一个字符串、一个双精度值和一个对象。由于readObject()方法返回一个Object对象，所以在第13行将它转换为Date类型并且赋值给一个Date类型变量。

17.6.1 Serializable接口

并不是每一个对象都可以写到输出流。可以写到输出流中的对象称为可序列化的（serializable）。因为可序列化的对象是java.io.Serializable接口的实例，所以该对象的类必须实现Serializable接口。

Serializable接口是一种标记接口。因为它没有方法，所以不需要在类中为实现Serializable接口添加额外的代码。这个接口使得Java的序列化机制可实现存储对象和数组过程的自动化。

为了体会自动化特性，考虑若不使用这一特性，存储一个对象时需要做哪些工作。假设要存储一个ArrayList对象。为了完成这个任务，需要存储列表中的所有元素。每个元素是一个可能包含其他对象的对象。如你所见，这是一个非常烦琐冗长的过程。幸运的是，不必手工完成这个过程。Java提供一个内在机制自动完成写对象的过程。这个过程称为对象序列化（object serialization），它在ObjectOutputStream中实现。与此相反，读取对象的过程称作对象反序列化（object deserialization），它在ObjectInputStream类中实现。

许多Java API中的类都实现了Serializable。所有针对基本类型值的包装类、java.math.BigInteger、java.math.BigDecimal、java.lang.String、java.lang.StringBuilder、java.lang.StringBuffer、java.util.Date以及java.util.ArrayList都实现了java.io.Serializable。试图存储不支持Serializable接口的对象会导致一个NotSerializableException异常。

当存储一个可序列化对象时，会对该对象的类进行编码。编码包括类名、类的签名、对象实例变量的值以及该对象引用的任何其他对象的闭包，但是不会存储对象的静态变量值。

注意：不能序列化的数据域。如果一个对象是Serializable的实例但包含了不能序列化的实例数据域，那么可以序列化这个对象吗？答案是不可以。为了使该对象可序列化，需要给这些数据域加上关键字 transient，告诉 Java 虚拟机将对象写入对象流时忽略这些数据域。思考下面的类：

```java
public class C implements java.io.Serializable {
  private int v1;
  private static double v2;
  private transient A v3 = new A();
}

class A { } // A is not serializable
```

当 C 类的一个对象进行序列化时，只需序列化变量 v1。v2 不会序列化，因为它是一个静态变量。因为 v3 标记为 transient，所以也不会序列化。如果 v3 没有标记为 transient，将会发生异常 java.io.NotSerializableException。

> **注意**：对象副本。如果一个对象不止一次写入对象流，会存储对象的多份副本吗？答案是不会。第一次写入一个对象时，就会为它创建一个序列号。Java 虚拟机将对象的所有内容随同序列号一起写入对象流。以后每次存储时，如果再写入相同的对象，就只存储序列号。读回这些对象时，它们的引用相同，因为在内存中实际上存储的只是一个对象。

17.6.2 序列化数组

如果数组中的所有元素都是可序列化的，这个数组就是可序列化的。整个数组可以用 writeObject 方法存入文件，随后用 readObject 方法恢复。程序清单 17-7 存储由五个 int 元素构成的数组和由三个字符串构成的数组，然后将它们从文件中读回并显示在控制台上。

程序清单 17-7 TestObjectStreamForArray.java

```java
 1  import java.io.*;
 2
 3  public class TestObjectStreamForArray {
 4    public static void main(String[] args)
 5        throws ClassNotFoundException, IOException {
 6      int[] numbers = {1, 2, 3, 4, 5};
 7      String[] strings = {"John", "Susan", "Kim"};
 8
 9      try ( // Create an output stream for file array.dat
10        ObjectOutputStream output = new ObjectOutputStream(new
11          FileOutputStream("array.dat", true));
12      ) {
13        // Write arrays to the object output stream
14        output.writeObject(numbers);
15        output.writeObject(strings);
16      }
17
18      try ( // Create an input stream for file array.dat
19        ObjectInputStream input =
20          new ObjectInputStream(new FileInputStream("array.dat"));
21      ) {
22        int[] newNumbers = (int[])(input.readObject());
23        String[] newStrings = (String[])(input.readObject());
24
25        // Display arrays
```

```
26      for (int i = 0; i < newNumbers.length; i++)
27        System.out.print(newNumbers[i] + " ");
28      System.out.println();
29
30      for (int i = 0; i < newStrings.length; i++)
31        System.out.print(newStrings[i] + " ");
32    }
33  }
34 }
```

```
1 2 3 4 5
John Susan Kim
```

第 14 和 15 行将两个数组写入文件 array.dat 中，第 22 和 23 行将这两个数组以写入时的顺序从文件中读取出来。由于 readObject() 方法返回 Object 对象，所以使用类型转换将其分别转换成 int[] 和 String[]。

✔ 复习题

17.6.1 DataInputStream 和 DataOutputStream 总是可以用 ObjectInputStream 和 ObjectOutputStream 替换吗？

17.6.2 使用 ObjectOutputStream 可以存储什么类型的对象？什么方法可以写一个对象？什么方法可以读取对象？从 ObjectInputStream 读取对象的方法的返回值类型是什么？

17.6.3 如果序列化两个同样类型的对象，它们占用的空间相同吗？如果不同，举一个例子。

17.6.4 是否 java.io.Serializable 的任何实例都可以成功地实现序列化？对象的静态变量是否可序列化？如何标记才能避免一个实例变量序列化？

17.6.5 运行下面的代码时，会发生什么？

```java
import java.io.*;

public class Test {
  public static void main(String[] args) throws IOException {
    try ( ObjectOutputStream output =
        new ObjectOutputStream(new FileOutputStream("object.dat")); ) {
      output.writeObject(new A());
    }
  }
}

class A implements Serializable {
  B b = new B();
}

class B {
}
```

17.6.6 可以向 ObjectOutputStream 中写一个数组吗？

17.7 随机访问文件

☞ **要点提示**：Java 提供了 RandomAccessFile 类，可以在文件的任何位置进行数据的读写。

到现在为止，书中所使用的所有流都是只读的（read.only）或只写的（write.only）。这些流称为顺序（sequential）流。使用顺序流打开的文件称为顺序访问文件。顺序访问文件的内容不能更新。然而，经常需要修改文件。Java 提供了 RandomAccessFile 类，允许在文件的任意位置上进行读写。使用 RandomAccessFile 类打开的文件称为随机访问文件。

RandomAccessFile 类实现了 DataInput 和 DataOutput 接口，如图 17-18 所示。DataInput 接口（参见图 17-9）定义了读取基本数据类型值和字符串的方法（例如，readInt、readDouble、readChar、readBoolean 和 readUTF）。DataOutput 接口（参见图 17-10）定义了输出基本数据类型值和字符串的方法（例如，writeInt、writeDouble、writeChar、writeBoolean 和 writeUTF）。

创建一个 RandomAccessFile 时，可以指定两种模式（"r" 或 "rw"）之一。模式 "r" 表明这个数据流是只读的，模式 "rw" 表明这个数据流既允许读也允许写。例如，下面的语句创建一个新的流 raf，允许程序对文件 test.dat 进行读和写：

```
RandomAccessFile raf = new RandomAccessFile("test.dat", "rw");
```

如果文件 test.dat 已经存在，则创建 raf 以访问这个文件；如果 test.dat 不存在，则创建一个名为 test.dat 的新文件，再创建 raf 来访问这个新文件。raf.length() 方法返回任意给定时刻文件 test.dat 中的字节数。如果向文件中追加新数据，raf.length() 就会增加。

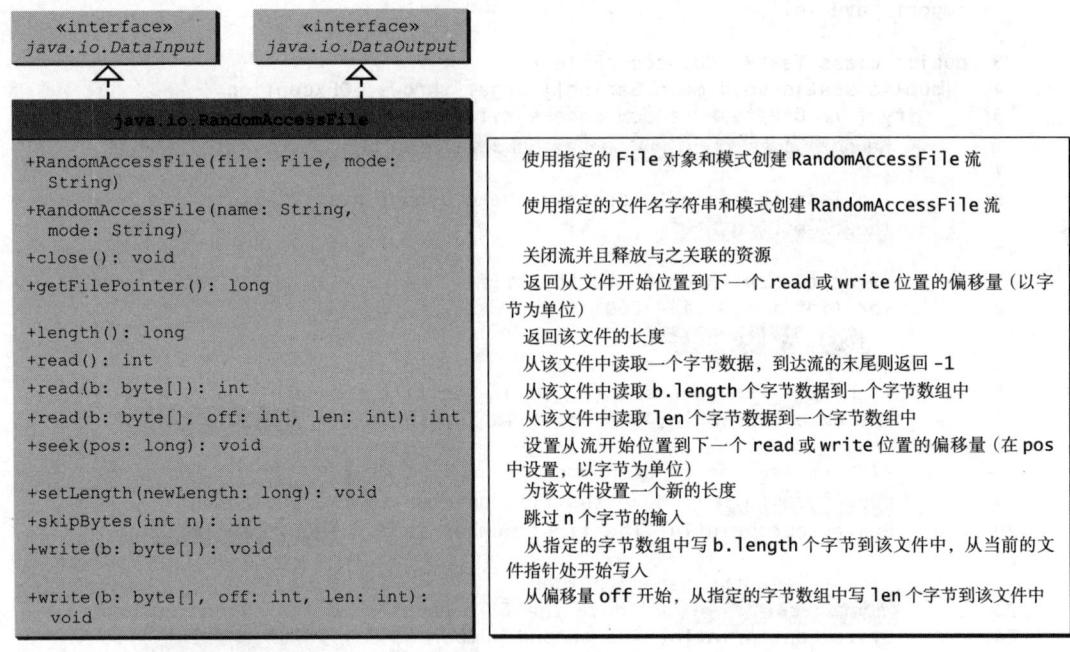

图 17-18 RandomAccessFile 类实现 DataInput 和 DataOutput 接口，并且增加了支持随机访问的方法

> 提示：如果不想改动文件，就以 "r" 模式打开文件。这样做可以防止不经意中改动文件。

随机访问文件由字节序列组成。一个称为文件指针（file pointer）的特殊标记定位到这些字节之一。文件的读写操作在文件指针所指的位置上进行。打开文件时，文件指针设为文件的起始位置。对文件读写数据时，文件指针会向前移到下一个数据项。例如，如果使用 readInt() 方法读取一个 int 值，JVM 会从文件指针处读取 4 个字节，现在文件指针位于它之前位置向前的 4 个字节处，如图 17-19 所示。

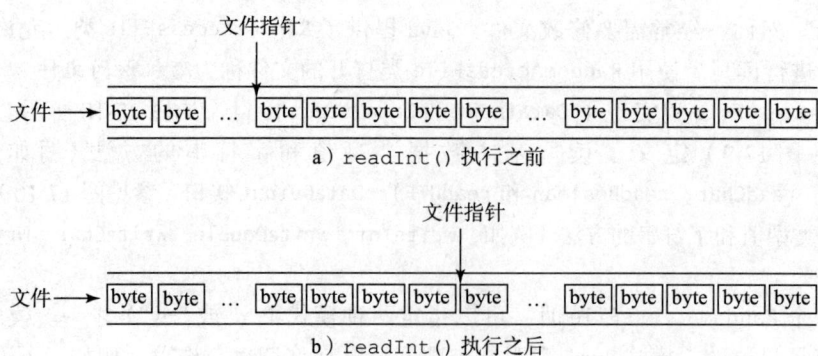

图 17-19 读取一个 int 值后，文件指针往前移动 4 个字节

对于 RandomAccessFile 对象 raf，可以使用 raf.seek(position) 方法将文件指针移到指定的位置。raf.seek(0) 方法将文件指针移到文件的起始位置，而 raf.seek(raf.length()) 方法则将文件指针移到文件末尾。程序清单 17-8 演示 RandomAccessFile 类的使用。使用 RandomAccessFile 管理地址簿的较复杂实例在补充材料 VI.D 中给出。

程序清单 17-8 TestRandomAccessFile.java

```java
 1  import java.io.*;
 2
 3  public class TestRandomAccessFile {
 4    public static void main(String[] args) throws IOException {
 5      try ( // Create a random access file
 6        RandomAccessFile inout = new RandomAccessFile("inout.dat", "rw");
 7      ) {
 8        // Clear the file to destroy the old contents if exists
 9        inout.setLength(0);
10
11        // Write new integers to the file
12        for (int i = 0; i < 200; i++)
13          inout.writeInt(i);
14
15        // Display the current length of the file
16        System.out.println("Current file length is " + inout.length());
17
18        // Retrieve the first number
19        inout.seek(0); // Move the file pointer to the beginning
20        System.out.println("The first number is " + inout.readInt());
21
22        // Retrieve the second number
23        inout.seek(1 * 4); // Move the file pointer to the second number
24        System.out.println("The second number is " + inout.readInt());
25
26        // Retrieve the tenth number
27        inout.seek(9 * 4); // Move the file pointer to the tenth number
28        System.out.println("The tenth number is " + inout.readInt());
29
30        // Modify the eleventh number
31        inout.writeInt(555);
32
33        // Append a new number
34        inout.seek(inout.length()); // Move the file pointer to the end
35        inout.writeInt(999);
36
```

```
37          // Display the new length
38          System.out.println("The new length is " + inout.length());
39
40          // Retrieve the new eleventh number
41          inout.seek(10 * 4); // Move the file pointer to the eleventh number
42          System.out.println("The eleventh number is " + inout.readInt());
43        }
44      }
45    }
```

```
Current file length is 800
The first number is 0
The second number is 1
The tenth number is 9
The new length is 804
The eleventh number is 555
```

在第 6 行为名为 inout.dat 的文件创建了一个模式为 "rw" 的 RandomAccessFile 对象，可以进行读写操作。

第 9 行的 inout.setLength(0) 方法将文件长度设置为 0。这样做的效果是将文件的原有内容删除。

第 12 和 13 行的 for 循环将从 0 到 199 的 200 个 int 值写入文件。由于每个 int 值占 4 个字节，所以 inout.length() 方法返回的文件现在总长度为 800（第 16 行），如示例输出所示。

第 19 行调用 inout.seek(0) 方法将文件指针设置到文件的起始位置。第 20 行的 inout.readInt() 方法读取文件的第一个数值并将文件指针移动到下一个数值。第 24 行读取第二个数值。

inout.seek(9*4) 方法（第 27 行）将文件指针指向第 10 个数值。第 28 行的 inout.readInt() 方法读取文件的第 10 个数值并将文件指针移动到第 11 个数值。inout.write(555) 方法在当前位置上写入新的第 11 个数值（第 31 行），原来的第 11 个数值被删除。

inout.seek(inout.length()) 方法将文件指针指向文件末尾（第 34 行），inout.writeInt(999) 将 999 写入文件中（第 35 行）。现在文件的长度又增加了 4，因此 inout.length() 方法返回 804（第 38 行）。

第 41 行的 inout.seek(10*4) 方法将文件指针移动到第 11 个数值。第 42 行显示新的第 11 个数值为 555。

✔ 复习题

17.7.1 RandomAccessFile 流是否可以读写由 DataOutputStream 创建的数据文件？RandomAccessFile 流是否可以读写对象？

17.7.2 为文件 address.dat 创建一个 RandomAccessFile 流，以便更新文件中的学生信息。为文件 address.dat 创建一个 DataOutputStream 流。解释这两条语句之间的差别。

17.7.3 如果文件 test.dat 不存在，那么试图编译运行下面的代码会出现什么情况？

```
import java.io.*;

public class Test {
  public static void main(String[] args) {
    try ( RandomAccessFile raf =
```

```
            new RandomAccessFile("test.dat", "r"); ) {
      int i = raf.readInt();
    }
    catch (IOException ex) {
      System.out.println("IO exception");
    }
  }
}
```

关键术语

binary I/O（二进制输入/输出）　　　　　　sequential-access file（顺序访问文件）
deserialization（反序列化）　　　　　　　　serialization（序列化）
file pointer（文件指针）　　　　　　　　　　stream（流）
random-access file（随机访问文件）　　　　text I/O（文本输入/输出）

本章小结

1. I/O 可以分为文本 I/O 和二进制 I/O。文本 I/O 将数据解释成字符序列，二进制 I/O 将数据解释成原生的二进制值。文本在文件中如何存储依赖于文件的编码方式。Java 自动完成对文本 I/O 的编码和解码。
2. `InputStream` 和 `OutputStream` 是所有二进制 I/O 类的根类。`FileInputStream` 和 `FileOutputStream` 关联一个文件进行输入/输出。`BufferedInputStream` 和 `BufferedOutputStream` 可以包装任何一个二进制输入/输出流以提高其性能。`DataInputStream` 和 `DataOutputStream` 可以用来读写基本类型数据值和字符串。
3. `ObjectInputStream` 和 `ObjectOutputStream` 除了可以读写基本类型数据值和字符串，还可以读写对象。为实现对象的可序列化，对象的定义类必须实现 `java.io.Serializable` 标记接口。
4. `RandomAccessFile` 类可以对文件读写数据。可以以 "r" 为模式打开文件，表示文件是只读的，或者以 "rw" 为模式打开文件，表示文件是可更新的。由于 `RandomAccessFile` 类实现了 `DataInput` 和 `DataOutput` 接口，所以 `RandomAccessFile` 中的许多方法都与 `DataInputStream` 和 `DataOutputStream` 中的方法一样。

测试题

在线回答配套网站上的本章测试题。

编程练习题

17.3 节

*17.1 （创建文本文件）编写程序，如果文件 Exercise17_01.txt 不存在，则创建该文件。如果已经存在，则向文件追加新数据。使用文本 I/O 将 100 个随机生成的整数写入这个文件，整数间用空格分隔。

17.4 节

*17.2 （创建二进制数据文件）编写程序，如果文件 Exercise17_02.dat 不存在，则创建该文件。如果已经存在，则向这个文件追加新数据。使用二进制 I/O 将 100 个随机生成的整数写入这个文件中。

*17.3 （对二进制数据文件中的所有整数求和）假设通过编程练习题 17.2 已经创建了一个名为 Exercise17_02.dat 的二进制数据文件，其数据是使用 `DataOutputStream` 中的 `writeInt(int)` 方法创建的。文件包含数目不确定的整数，编写程序计算这些整数的和。

*17.4 （将文本文件转换为 UTF）编写程序，从文本文件中读取多行字符，并将每行字符以 UTF 字符串格式写入一个二进制文件中。显示文本文件和二进制文件的大小。使用下面的命令运行这个程序：

```
java Exercise17_04 Welcome.java Welcome.utf
```

17.6 节

*17.5 (将对象和数组存储在文件中)编写程序,在一个名为 Exercise17_05.dat 的文件中存储一个含有 5 个 int 值 1、2、3、4、5 的数组,一个表示当前时间的 Date 对象,以及一个 double 值 5.5。在同一个程序中,编写代码来读取和显示这些数据。

*17.6 (存储 Loan 对象)程序清单 10-2 中的 Loan 类没有实现 Serializable,重写 Loan 类使之实现 Serializable。编写程序创建 5 个 Loan 对象并将它们存储在一个名为 Exercise17_06.dat 的文件中。

*17.7 (从文件中恢复对象)假设已经在前一个编程练习中用 ObjectOutputStream 创建了一个名为 Exercise17_06.dat 的文件。这个文件包含 Loan 对象。程序清单 10-2 中的 Loan 类没有实现 Serializable。重写 Loan 类以实现 Serializable。编写程序从文件中读取 Loan 对象,并计算总的贷款额。假定文件中 Loan 对象的个数未知。使用 EOFException 来结束循环。

17.7 节

*17.8 (更新计数)假设要追踪一个程序的运行次数。可以保存一个 int 值来对文件计数。程序每执行一次计数加 1。将程序命名为 Exercise17_08.txt,并且将计数存储在文件 Exercise17_08.dat 中。

***17.9 (地址簿)编写程序用于存储、获取、增加以及更新如图 17-20 所示的地址簿。使用固定长度的字符串来存储地址中的每个属性。使用随机访问文件来读写地址。假设姓名、街道、城市、州以及邮政编码的长度分别是 32、32、20、2、5 字节。

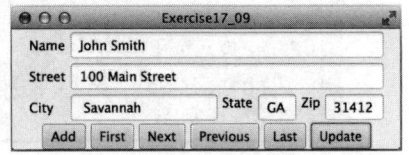

图 17-20 该应用可以从/向一个文件中存储、返回以及更新地址簿

综合题

*17.10 (拆分文件)假设希望备份一个大文件(例如,一个 10GB 的 AVI 文件)到 CD-R 上。可以将该文件拆分为几个较小的片段,然后单独备份这些小片段。编写一个工具应用,使用下面的命令将一个大文件拆分为较小的文件:

```
java Exercise17_10 SourceFile numberOfPieces
```

这个命令创建文件 SourceFile.1,SourceFile.2,…,SourceFile.n,这里 n 为 numberOfPieces,而输出文件的大小基本相同。

**17.11 (带 GUI 的拆分文件工具)改写练习题 17.10,使之具有 GUI,如图 17-21a 所示。

*17.12 (合并文件)编写一个工具程序,用下面的命令将文件合并在一起构成一个新文件:

```
java Exercise17_12 SourceFile1 . . . SourceFilen TargetFile
```

该命令将 SourceFile1,…,SourceFilen 合并为 TargetFile。

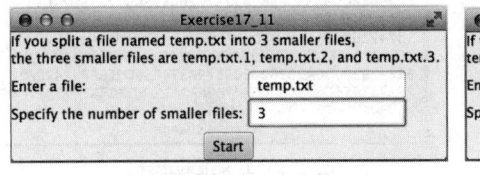

a) 程序拆分一个文件

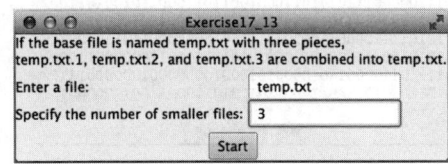

b) 程序将文件合并成一个新文件

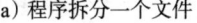

图 17-21

*17.13 (带 GUI 的文件合并工具)改写编程练习题 17.12,使之具有 GUI,如图 17-21b 所示。

17.14 (加密文件)通过给文件中的每个字节加 5 来对文件编码。编写程序,提示用户输入一个输入文件名和一个输出文件名,然后将输入文件的加密版本存为输出文件。

17.15 （解密文件）假设文件是用编程练习题 17.14 中的编码方案加密的。编写程序解码这个加密文件。程序应该提示用户输入一个输入文件名和一个输出文件名，然后将输入文件的解密版本存为输出文件。

17.16 （字符的频率）编写程序，提示用户输入一个 ASCII 文本文件名，然后显示文件中每个字符出现的频率。

**17.17 （BitOutputStream）实现一个名为 BitOutputStream 的类，如图 17-22 所示，用于将比特写入一个输出流。方法 writeBit(char bit) 将比特存储在一个字节变量中。创建一个 BitOutputStream 时，该字节是空的。调用 writeBit('1') 之后，这个字节变成 00000001。调用 writeBit("0101") 之后，这个字节变成 00010101。前三个字节还没有填充。填满字节后，将其发送到输出流。现在，字节重置为空。必须调用 close() 方法关闭流。如果这个字节非空也非满，close() 方法就会先填充 0 以使字节的 8 个比特都被填满，然后输出字节并关闭流。可以参见编程练习题 5.44 得到提示。编写测试程序，将比特 010000100100001001101 发送到一个名为 Exercise17_17.dat 的文件。

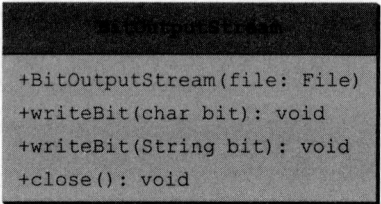

图 17-22 BitOutputStream 输出比特流到文件中

*17.18 （查看比特）编写下面的方法，用于显示一个整数的最后一个字节的比特表示：

public static String getBits(**int** value)

可以参见编程练习题 5.44 获得提示。编写程序，提示用户输入一个文件名，从文件读取字节，然后显示每个字节的二进制表示形式。

*17.19 （查看十六进制）编写程序提示用户输入文件名，从文件中读取字节，然后显示每个字节的十六进制表示形式。提示：可以先将字节值转换为一个 8 比特的字符串，然后再将比特字符串转换为一个两位的十六进制字符串。

**17.20 （二进制编辑器）编写一个 GUI 应用程序，让用户在文本域输入一个文件名，然后按回车键，在文本区域显示它的二进制表示形式。用户也可以修改这个二进制代码，然后将它回存到这个文件中，如图 17-23a 所示。

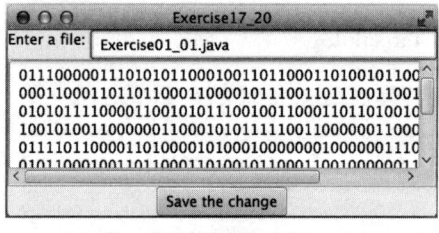
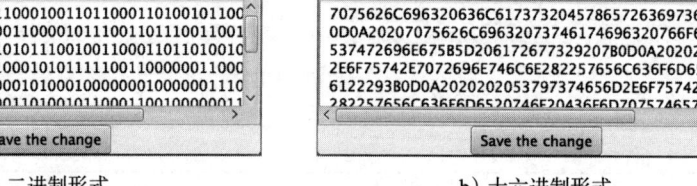

a) 二进制形式　　　　　　　　　　b) 十六进制形式

图　17-23

**17.21 （十六进制编辑器）编写一个 GUI 应用程序，让用户在文本域输入一个文件名，然后按回车键，在文本域显示它的十六进制表示形式。用户可以修改十六进制代码并将其回存到文件中，如图 17-23b 所示。

第 18 章

Introduction to Java Programming and Data Structures, Comprehensive Version, Twelfth Edition

递 归

教学目标

- 描述什么是递归方法以及使用递归方法的好处（18.1 节）。
- 为递归数学函数开发递归方法（18.2 和 18.3 节）。
- 解释在调用栈中如何处理递归方法的调用（18.2 和 18.3 节）。
- 使用递归进行问题求解（18.4 节）。
- 使用一个重载的辅助方法设计递归方法（18.5 节）。
- 使用递归实现选择排序（18.5.1 节）。
- 使用递归实现二分查找（18.5.2 节）。
- 使用递归获取一个目录的大小（18.6 节）。
- 使用递归解决汉诺塔问题（18.7 节）。
- 使用递归绘制分形（18.8 节）。
- 了解递归和迭代之间的联系与区别（18.9 节）。
- 了解尾递归方法及其优点（18.10 节）。

18.1 引言

要点提示：递归是一种针对使用简单的循环难以编程实现的问题，提供优雅解决方案的技术。

假设希望找出某目录下所有包含某个特定单词的文件，该如何解决这个问题呢？有几种方式可以解决这个问题。一个直观且有效的解决方法是使用递归在子目录下递归地搜索所有的文件。

H 树（如图 18-1 所示）可以在超大规模集成电路（Very Large-Scale Integration, VLSI）设计中作为时钟线分布网使用，用于将计时信号以同等的时延路由到芯片的所有部分。如何编写程序显示 H 树呢？一种比较好的方法是使用递归。

a)
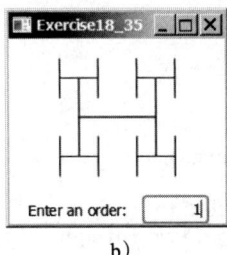
b)

c)

d)

图 18-1 H 树可以采用递归来显示

使用递归就是使用递归方法（recursive method）编程，递归方法就是涉及调用自身的方法。递归是一个很有用的编程技术。在某些情况下，对于用其他方法很难解决的问题，使用递归能给出一个自然、直接、简单的解决方案。本章介绍递归程序设计的概念和技术，并使用示例来演示如何进行"递归思考"。

18.2 示例学习：计算阶乘

要点提示：递归方法是直接或间接调用自身的方法。

许多数学函数都是使用递归来定义的。我们从一个简单的例子开始。数字 n 的阶乘可以递归地定义如下：

```
0! = 1;
n! = n × (n - 1)!; n > 0
```

对给定的 n 如何求 $n!$ 呢？由于已经知道 $0!=1$，而 $1!=1 \times 0!$，因此很容易求得 $1!$。假设已知知道 $(n-1)!$，使用 $n!=n \times (n-1)!$ 就可以立即得到 $n!$。这样，计算 $n!$ 的问题就简化为计算 $(n-1)!$。当计算 $(n-1)!$ 时，可以递归地应用这个思路直到 n 递减为 0。

假定计算 n! 的方法是 factorial(n)。如果用 n=0 调用这个方法，立即就能返回结果。这个方法知道如何处理最简单的情形，这种最简单的情形称为基础情形（base case）或终止条件（stopping condition）。如果用 n>0 调用这个方法，就应该把这个问题简化为计算 n-1 的阶乘的子问题。子问题实质上和初始问题是一样的，但比初始问题更简单或更小。因为子问题和初始问题具有相同的性质，所以可以用不同的参数调用这个方法，这称作递归调用（recursive call）。

计算 factorial(n) 的递归算法可以简单地描述如下：

```
if (n == 0)
  return 1;
else
  return n * factorial(n - 1);
```

一个递归调用可以导致更多的递归调用，因为这个方法继续把每个子问题分解成新的子问题。要终止递归方法，问题最后必须达到一个终止条件。当问题达到终止条件时，就将结果返回给调用者。然后调用者进行计算并将结果返回给它自己的调用者。这个过程持续进行，直到结果传回初始的调用者为止。现在，最初的问题就可以将 factorial(n-1) 的结果乘以 n 得到。

程序清单 18-1 给出一个完整的程序，提示用户输入一个非负整数，然后显示这个数的阶乘。

程序清单 18-1 ComputeFactorial.java

```java
 1  import java.util.Scanner;
 2
 3  public class ComputeFactorial {
 4    /** Main method */
 5    public static void main(String[] args) {
 6      // Create a Scanner
 7      Scanner input = new Scanner(System.in);
 8      System.out.print("Enter a nonnegative integer: ");
 9      int n = input.nextInt();
10
11      // Display factorial
12      System.out.println("Factorial of " + n + " is " + factorial(n));
13    }
14
15    /** Return the factorial for the specified number */
```

```
16    public static long factorial(int n) {
17      if (n == 0)   // Base case
18        return 1;
19      else
20        return n * factorial(n - 1); // Recursive call
21    }
22  }
```

```
Enter a nonnegative integer: 4 ↵Enter
Factorial of 4 is 24
```

```
Enter a nonnegative integer: 10 ↵Enter
Factorial of 10 is 3628800
```

factorial 方法 (第 16 ～ 21 行) 本质上是把阶乘在数学上递归的定义直接转换为 Java 代码。因为调用 factorial 就是调用自身, 所以这个调用是递归的。传递到 factorial 的参数一直递减, 直到达到它的基础情形 0。

现在, 你看到了如何编写一个递归方法。那么递归在后台是如何工作的呢? 图 18-2 展示了从 n=4 开始的递归调用的执行过程。针对递归调用的栈空间的使用如图 18-3 所示。

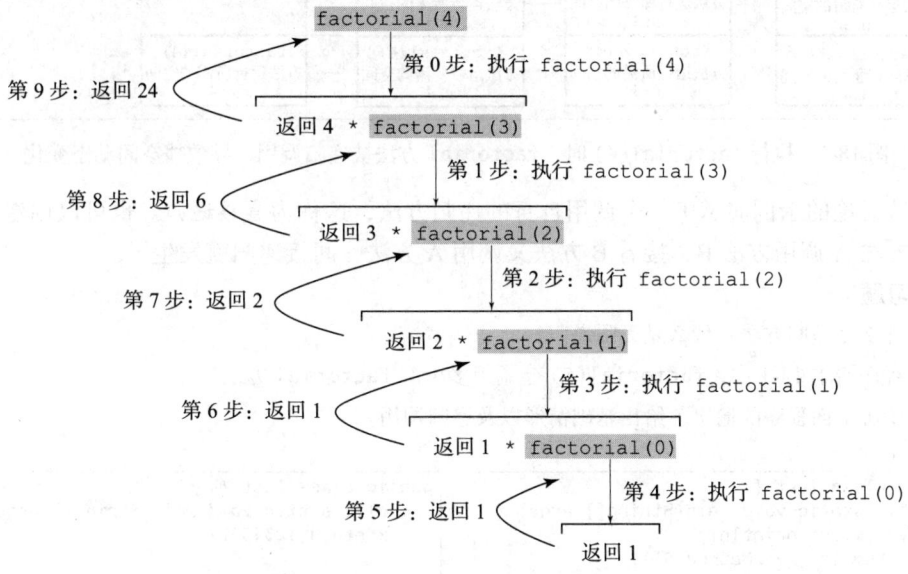

图 18-2 调用 factorial(4) 会引起对 factorial 的递归调用

教学提示: 使用循环来实现 factorial 方法更加简单高效。然而, 这里使用递归的 factorial 方法来演示递归概念。在本章后续内容中还将给出一些问题, 其内在逻辑是递归的, 不使用递归很难解决。

注意: 如果递归不能使问题简化并最终收敛到基础情形, 就有可能出现无限递归。例如, 假设将 factorial 方法错误地写成如下代码:

```
public static long factorial(int n) {
  return n * factorial(n - 1);
}
```

那么这个方法会无限地运行下去, 并且会导致 StackOverflowError。

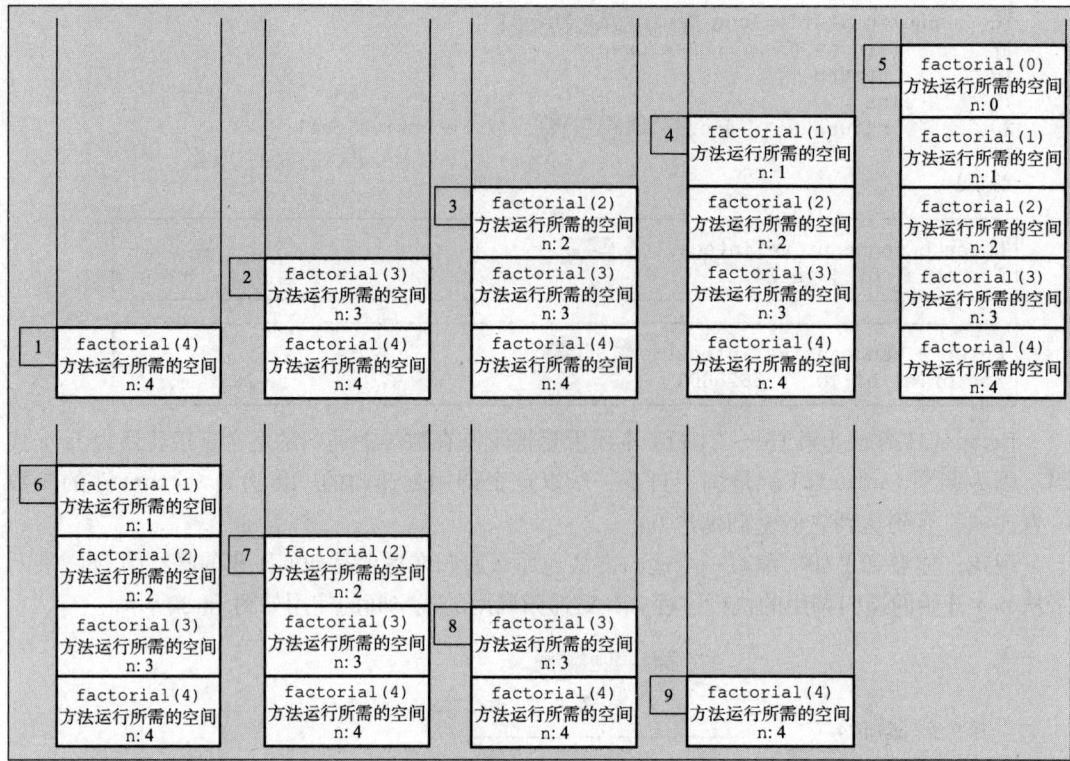

图 18-3 执行 factorial(4) 时，factorial 方法被递归调用，导致栈空间动态变化

本节讨论的示例演示了一个调用自身的递归方法，这称为直接递归。也可以创建间接递归。当方法 A 调用方法 B，接着 B 方法又调用 A 方法，间接递归就发生了。

复习题

18.2.1 什么是递归方法？什么是无限递归？

18.2.2 程序清单 18-1 中，factorial(6) 会调用多少次 factorial 方法？

18.2.3 给出下面程序的输出，给出基础情形以及递归调用。

```java
public class Test {
  public static void main(String[] args) {
    System.out.println(
      "Sum is " + xMethod(5));
  }

  public static int xMethod(int n) {
    if (n == 1)
      return 1;
    else
      return n + xMethod(n - 1);
  }
}
```

```java
public class Test {
  public static void main(String[] args) {
    xMethod(1234567);
  }

  public static void xMethod(int n) {
    if (n > 0) {
      System.out.print(n % 10);
      xMethod(n / 10);
    }
  }
}
```

18.2.4 编写一个递归的数学定义来计算 2^n，其中 n 为正整数。

18.2.5 编写一个递归的数学定义来计算 x^n，其中 n 为正整数，x 为实数。

18.2.6 编写一个递归的数学定义来计算 $1+2+3+\cdots+n$，其中 n 为正整数。

18.3 示例学习：计算斐波那契数

要点提示：某些情况下，递归调用有助于给出一个问题的直观、直接、简单的解决方法。

前一节中的 factorial 方法可以很容易地不使用递归改写。本节演示一个示例，使用递归来直观地解决问题。考虑众所周知的斐波那契（Fibonacci）数列问题：

数列：0 1 1 2 3 5 8 13 21 34 55 89 ⋯
下标：0 1 2 3 4 5 6 7 8 9 10 11

斐波那契数列从 0 和 1 开始，之后的每个数都是序列中前两个数的和。数列可以递归定义为：

```
fib(0) = 0;
fib(1) = 1;
fib(index) = fib(index - 2) + fib(index - 1); index >= 2
```

斐波那契数列是以中世纪数学家 Leonardo Fibonacci 的名字命名的，他为建立兔子繁殖数量的增长模型而构造出这个数列。这个数列可用于数值优化和其他很多领域。

对给定的 index，怎样求 fib(index) 呢？因为已知 fib(0) 和 fib(1)，所以很容易求得 fib(2)。假设已知 fib(index-2) 和 fib(index-1)，则可以立即得到 fib(index)。这样，计算 fib(index) 的问题就简化为计算 fib(index-2) 和 fib(index-1) 的问题。以这种方式，就可以递归地运用这个思路直到 index 递减为 0 或 1。

基础情形是 index=0 或 index=1。若用 index=0 或 index=1 调用这个方法，它会立即返回结果。若用 index>=2 调用这个方法，则通过使用递归调用把问题分解成计算 fib(index-2) 和 fib(index-1) 两个子问题。计算 fib(index) 的递归算法可以简单地描述如下：

```
if (index == 0)
  return 0;
else if (index == 1)
  return 1;
else
  return fib(index - 1) + fib(index - 2);
```

程序清单 18-2 给出了完整的程序，提示用户输入一个下标，然后计算下标值对应的斐波那契数。

程序清单 18-2 ComputeFibonacci.java

```
 1  import java.util.Scanner;
 2
 3  public class ComputeFibonacci {
 4    /** Main method */
 5    public static void main(String[] args) {
 6      // Create a Scanner
 7      Scanner input = new Scanner(System.in);
 8      System.out.print("Enter an index for a Fibonacci number: ");
 9      int index = input.nextInt();
10
11      // Find and display the Fibonacci number
12      System.out.println("The Fibonacci number at index "
13        + index + " is " + fib(index));
14    }
15
16    /** The method for finding the Fibonacci number */
17    public static long fib(long index) {
18      if (index == 0) // Base case
```

```
19          return 0;
20      else if (index == 1)  // Base case
21          return 1;
22      else  // Reduction and recursive calls
23          return fib(index - 1) + fib(index - 2);
24      }
25  }
```

```
Enter an index for a Fibonacci number: 1 ↵Enter
The Fibonacci number at index 1 is 1
```

```
Enter an index for a Fibonacci number: 6 ↵Enter
The Fibonacci number at index 6 is 8
```

```
Enter an index for a Fibonacci number: 7 ↵Enter
The Fibonacci number at index 7 is 13
```

程序并没有显示计算机在后台所做的大量工作。然而图 18-4 给出了计算 fib(4) 所进行的相继递归调用。初始方法 fib(4) 产生两个递归调用 fib(3) 和 fib(2)，然后返回 fib(3)+fib(2) 的值。但按怎样的顺序调用这些方法呢？在 Java 中，操作数是从左到右计算的，所以在完全计算完 fib(3) 之后才会调用 fib(2)。图 18-4 中的箭头表示方法调用的顺序。

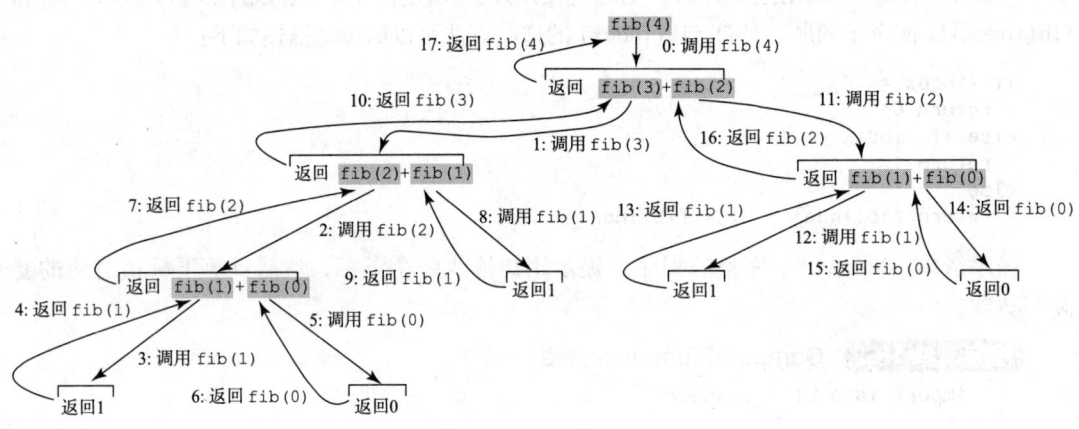

图 18-4 调用 fib(4) 会引起对 fib 的递归调用

如图 18-4 所示，会出现很多重复的递归调用。例如，fib(2) 调用了 2 次，fib(1) 调用了 3 次，fib(0) 也调用了 2 次。通常，计算 fib(index) 所需的递归调用次数大致是计算 fib(index-1) 所需次数的 2 倍。如果尝试更大的下标值，那么相应的调用次数会急剧增加，如表 18-1 所示。

表 18-1 fib(index) 的递归调用次数

下标	2	3	4	10	20	30	40	50
调用次数	3	5	9	177	21 891	2 692 537	331 160 281	2 075 316 483

教学提示：fib 方法的递归实现非常简单直接，但是并不高效，因为它要求更多的时间

和内存来运行递归方法。参见编程练习题 18.2 中采用循环的高效方案。虽然递归的 fib 方法并不实用,但它是一个演示如何编写递归方法的很好的例子。

✔ 复习题

18.3.1 给出以下两个程序的输出:

```java
public class Test {
  public static void main(String[] args) {
    xMethod(5);
  }

  public static void xMethod(int n) {
    if (n > 0) {
      System.out.print(n + " ");
      xMethod(n - 1);
    }
  }
}
```

```java
public class Test {
  public static void main(String[] args) {
    xMethod(5);
  }

  public static void xMethod(int n) {
    if (n > 0) {
      xMethod(n - 1);
      System.out.print(n + " ");
    }
  }
}
```

18.3.2 下面方法中的错误是什么?

```java
public class Test {
  public static void main(String[] args) {
    xMethod(1234567);
  }

  public static void xMethod(double n) {
    if (n != 0) {
      System.out.print(n);
      xMethod(n / 10);
    }
  }
}
```

```java
public class Test {
  public static void main(String[] args) {
    Test test = new Test();
    System.out.println(test.toString());
  }

  public Test() {
    Test test = new Test();
  }
}
```

18.3.3 程序清单 18-2 中,fib(6) 要进行多少次 fib 方法的调用?

18.4 使用递归解决问题

🗝 **要点提示**:应用递归思维可以解决许多问题。

前几节给出了两个经典的递归例子。所有的递归方法都具有以下特点:

- 这些方法使用 if-else 或 switch 语句来导向不同的情形。
- 一个或多个基础情形(最简单的情形)用来停止递归。
- 每次递归调用都会简化初始问题,让之不断地接近基础情形,直到变成基础情形为止。

通常,要使用递归解决问题,就要将这个问题分解为子问题。每个子问题几乎与初始问题是一样的,只是规模小一些。可以应用相同的方法来递归地解决子问题。

递归无处不在。使用递归进行思考非常有趣。考虑喝咖啡这件事,你可以如下描述过程:

```java
public static void drinkCoffee(Cup cup) {
  if (!cup.isEmpty()) {
    cup.takeOneSip(); // Take one sip
    drinkCoffee(cup);
  }
}
```

假设 cup 是描述一杯咖啡的实例对象,具有 isEmpty() 和 takeOneSip() 方法。可以将问题转换为两个子问题：一个是喝一小口咖啡，另外一个是喝杯中剩下的咖啡。第二个问题和初始问题是一样的，只是规模上更小。而问题的基础情形是杯子空了。

考虑打印一条消息 n 次的简单问题。可以将这个问题分解为两个子问题：一个是打印消息一次，另一个是打印消息 n-1 次。第二个问题与初始问题是一样的，只是规模小一些。这个问题的基础情形是 n==0。可以使用递归来解决这个问题，如下所示：

```java
public static void nPrintln(String message, int times) {
  if (times >= 1) {
    System.out.println(message);
    nPrintln(message, times - 1);
  } // The base case is times == 0
}
```

需要注意的是，前面例子中的 fib 方法向其调用者返回一个数值，但是 drinkCoffee 和 nPrintln 方法的返回类型是 void，并不返回数值。

如果以递归的思路进行思考（think recursively），那么，本书前面章节中的许多问题都可以用递归来解决。考虑程序清单 5-14 中的回文问题。回想一下，如果一个字符串从左读和从右读是一样的，那么它就是一个回文串。例如，mom 和 dad 都是回文串，但是 uncle 和 aunt 不是回文串。检查一个字符串是否是回文串的问题可以分解为两个子问题：

- 检查字符串中的第一个字符和最后一个字符是否相等。
- 忽略两端的字符之后检查子串的其余部分是否是回文串。

第二个子问题与初始问题是一样的，但是规模小一些。基础情形有两个：1）两端的字符不同；2）字符串大小是 0 或 1。在第一种情况下，字符串不是回文串；而在第二种情况下，字符串是回文串。这个问题的递归方法可以如程序清单 18-3 实现。

程序清单 18-3 RecursivePalindromeUsingSubstring.java

```java
 1  public class RecursivePalindromeUsingSubstring {
 2    public static boolean isPalindrome(String s) {
 3      if (s.length() <= 1) // Base case
 4        return true;
 5      else if (s.charAt(0) != s.charAt(s.length() - 1)) // Base case
 6        return false;
 7      else
 8        return isPalindrome(s.substring(1, s.length() - 1));
 9    }
10
11    public static void main(String[] args) {
12      System.out.println("Is moon a palindrome? "
13        + isPalindrome("moon"));
14      System.out.println("Is noon a palindrome? "
15        + isPalindrome("noon"));
16      System.out.println("Is a a palindrome? " + isPalindrome("a"));
17      System.out.println("Is aba a palindrome? " +
18        isPalindrome("aba"));
19      System.out.println("Is ab a palindrome? " + isPalindrome("ab"));
20    }
21  }
```

```
Is moon a palindrome? false
Is noon a palindrome? true
Is a a palindrome? true
Is aba a palindrome? true
Is ab a palindrome? false
```

第 8 行的 substring 方法创建了一个新字符串，它除了没有原始字符串中的第一个和最后一个字符，其余都是和原始字符串一样的。如果原始字符串中的两端字符相同，那么检查一个字符串是否是回文串等价于检查子串是否是回文串。

✓ 复习题

18.4.1 描述递归方法的特点。

18.4.2 对于程序清单 18-3 中的 isPalindrome 方法，什么是基础情形？当调用 isPalindrome("abdxcxdba") 时，该方法被调用多少次？

18.4.3 使用程序清单 18-3 中定义的方法，给出 isPalindrome("abcba") 的调用栈。

18.5 递归辅助方法

要点提示：有时候可以针对要解决的初始问题的类似问题定义一个递归方法，来找到初始问题的解决方法。这个新的方法称为递归辅助方法。初始问题可以通过调用递归辅助方法来解决。

程序清单 18-3 中的 isPalindrome 方法要为每次递归调用创建一个新字符串，因此它不够高效。为避免创建新字符串，可以使用 low 和 high 下标来表明子串的范围。这两个下标必须传递给递归方法。由于初始方法是 isPalindrome(String s)，因此必须产生一个新方法 isPalindrome(String s,int low,int high) 来接收关于字符串的额外信息，如程序清单 18-4 所示。

程序清单 18-4 RecursivePalindrome.java

```java
public class RecursivePalindrome {
  public static boolean isPalindrome(String s) {
    return isPalindrome(s, 0, s.length() - 1);
  }

  private static boolean isPalindrome(String s, int low, int high) {
    if (high <= low) // Base case
      return true;
    else if (s.charAt(low) != s.charAt(high)) // Base case
      return false;
    else
      return isPalindrome(s, low + 1, high - 1);
  }

  public static void main(String[] args) {
    System.out.println("Is moon a palindrome? "
      + isPalindrome("moon"));
    System.out.println("Is noon a palindrome? "
      + isPalindrome("noon"));
    System.out.println("Is a a palindrome? " + isPalindrome("a"));
    System.out.println("Is aba a palindrome? " + isPalindrome("aba"));
    System.out.println("Is ab a palindrome? " + isPalindrome("ab"));
  }
}
```

程序中定义了两个重载的 isPalindrome 方法。第一个方法 isPalindrome(String s) 检查一个字符串是否是回文串，而第二个方法 isPalindrome(String s,int low,int high) 检查一个子串 s(low..high) 是否是回文串。第一个方法将 low=0 和 high=s.length()-1 的字符串 s 传递给第二个方法。第二个方法采用递归调用，检查不断缩减的子串是否是回文串。在递归程序设计中定义第二个方法来接收附加的参数是一个常用的设计技巧，这样的方法称为递归辅助方法（recursive helper method）。

辅助方法在设计关于字符串和数组问题的递归解决方案时非常有用。下面将给出另外两个例子。

18.5.1 递归选择排序

在 7.11 节中已经介绍过选择排序。回顾一下，选择排序法是找到列表中的最小元素，并将其和第一个元素交换。然后，在剩余的数中找到最小元素，再将它和剩余列表中的第一个元素交换，一直进行这样的过程，直到列表中仅剩一个元素。这个问题可以分解为两个子问题：

- 找出列表中的最小元素，然后将它与第一个元素交换。
- 忽略第一个元素，对余下的较小一些的列表进行递归排序。

基础情形是该列表只包含一个元素。程序清单 18-5 给出了递归排序方法。

程序清单 18-5 RecursiveSelectionSort.java

```java
 1  public class RecursiveSelectionSort {
 2    public static void sort(double[] list) {
 3      sort(list, 0, list.length - 1); // Sort the entire list
 4    }
 5
 6    private static void sort(double[] list, int low, int high) {
 7      if (low < high) {
 8        // Find the smallest number and its index in list[low .. high]
 9        int indexOfMin = low;
10        double min = list[low];
11        for (int i = low + 1; i <= high; i++) {
12          if (list[i] < min) {
13            min = list[i];
14            indexOfMin = i;
15          }
16        }
17
18        // Swap the smallest in list[low .. high] with list[low]
19        list[indexOfMin] = list[low];
20        list[low] = min;
21
22        // Sort the remaining list[low+1 .. high]
23        sort(list, low + 1, high);
24      }
25    }
26  }
```

程序中定义了两个重载的 sort 方法。第一个方法 sort(double[] list) 对数组 list[0..list.length-1] 进行排序，而第二个方法 sort(double[] list,int low,int high) 对数组 list[low..high] 进行排序。第二个方法可以递归调用，对不断变小的子数组进行排序。

18.5.2 递归二分查找

在 7.10.2 节中介绍过二分查找。使用二分查找的前提条件是数组元素必须已经排好序。二分查找法首先将关键字与数组的中间元素进行比较，考虑下面三种情形。

- 情形 1：如果关键字比中间元素小，那么只需在前一半数组元素中进行递归查找。
- 情形 2：如果关键字和中间元素相等，则匹配成功，查找结束。
- 情形 3：如果关键字比中间元素大，那么只需在后一半数组元素中进行递归查找。

情形 1 和情形 3 都将查找范围降为一个更小的数列。而匹配成功时，情形 2 就是一个基础情形。另一个基础情形是查找完毕而没有成功匹配。程序清单 18-6 使用递归给出了二分查找问题的一个清晰、简单的解决方案。

程序清单 18-6 RecursiveBinarySearch.java

```java
 1  public class RecursiveBinarySearch {
 2    public static int binarySearch(int[] list, int key) {
 3      int low = 0;
 4      int high = list.length - 1;
 5      return binarySearch(list, key, low, high);
 6    }
 7
 8    private static int binarySearch(int[] list, int key,
 9        int low, int high) {
10      if (low > high) // The list has been exhausted without a match
11        return -low - 1;
12
13      int mid = (low + high) / 2;
14      if (key < list[mid])
15        return binarySearch(list, key, low, mid - 1);
16      else if (key == list[mid])
17        return mid;
18      else
19        return binarySearch(list, key, mid + 1, high);
20    }
21  }
```

第一个方法在整个数列中查找关键字。第二个方法是在数列下标从 low 到 high 的数列中查找关键字。

第一个 binarySearch 方法将 low=0 和 high=list.length-1 的初始数组传递给第二个 binarySearch 方法。第二个方法采用递归调用，在不断变小的子数组中查找关键字。

✓ 复习题

18.5.1 使用程序清单 18-4 中定义的方法，给出 isPalindrome("abcba") 的调用栈。

18.5.2 使用程序清单 18-5 中定义的方法，给出 selectionSort(new double[]{2,3,5,1}) 的调用栈。

18.5.3 什么是递归辅助方法？

18.6 示例学习：获取目录的大小

☞ **要点提示**：递归方法可以高效求解具有递归结构的问题。

前面的例子不用递归也很容易解决。本节给出一个不使用递归很难解决的问题，即获取目录的大小。目录的大小是指该目录下所有文件大小之和。一个目录 d 可能会包含子目录。假设一个目录包含文件 f_1, f_2, ⋯, f_m 以及子目录 d_1, d_2, ⋯, d_n，如图 18-5 所示。

目录的大小可以如下递归地定义：

$$\text{size}(d) = \text{size}(f_1) + \text{size}(f_2) + \cdots + \text{size}(f_m) + \text{size}(d_1) + \text{size}(d_2) + \cdots + \text{size}(f_n)$$

12.10 节介绍的 File 类可以用来表示一个文件或目录，并且获取文件和目录的属性。File 类中的两个方法对这个问题是很有用的：

- length() 方法返回一个文件的大小。
- listFiles() 方法返回一个目录下的 File 对象构成的数组。

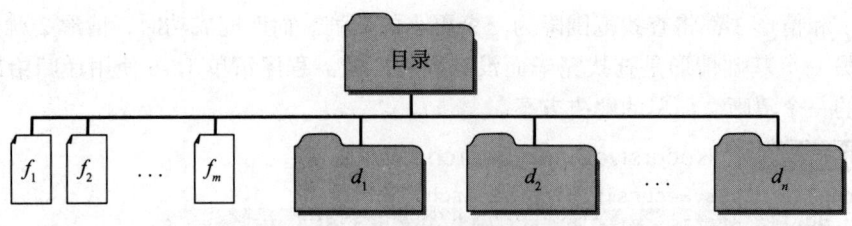

图 18-5 目录中包含文件和子目录

程序清单 18-7 给出一个程序，提示用户输入一个目录或一个文件，然后显示其大小。

程序清单 18-7 DirectorySize.java

```java
1  import java.io.File;
2  import java.util.Scanner;
3
4  public class DirectorySize {
5    public static void main(String[] args) {
6      // Prompt the user to enter a directory or a file
7      System.out.print("Enter a directory or a file: ");
8      Scanner input = new Scanner(System.in);
9      String directory = input.nextLine();
10
11     // Display the size
12     System.out.println(getSize(new File(directory)) + " bytes");
13   }
14
15   public static long getSize(File file) {
16     long size = 0; // Store the total size of all files
17
18     if (file.isDirectory()) {
19       File[] files = file.listFiles(); // All files and subdirectories
20       for (int i = 0; files != null && i < files.length; i++) {
21         size += getSize(files[i]); // Recursive call
22       }
23     }
24     else { // Base case
25       size += file.length();
26     }
27
28     return size;
29   }
30 }
```

```
Enter a directory or a file: c:\book  ↵Enter
48619631 bytes
```

```
Enter a directory or a file: c:\book\Welcome.java  ↵Enter
172 bytes
```

```
Enter a directory or a file: c:\book\NonExistentFile  ↵Enter
0 bytes
```

如果 file 对象代表一个目录（第 18 行），那么该目录下的每个子项（文件或子目录）都被递归地调用来获取它的大小（第 21 行）。如果 file 对象表示一个文件（第 24 行），获取的就是该文件的大小（第 25 行）。

如果输入的是一个错误的目录或者不存在的目录，会发生什么情况呢？该程序将检测到它不是目录，并且调用 file.length()（第25行）返回0。因此，在这种情况下 getSize 方法将返回0。

提示：为避免错误，测试所有情形是一种很好的做法。例如，应该输入一个文件、一个空目录、一个不存在的目录以及一个不存在的文件来测试这个程序。

✓ 复习题

18.6.1 getSize 方法的基础情形是什么？
18.6.2 程序如何获取一个给定目录下所有的文件和目录？
18.6.3 如果一个目录具有三个子目录，每个子目录具有四个文件，getSize 方法将被调用多少次？
18.6.4 如果目录为空的话（即不包含任何文件），程序可以工作吗？
18.6.5 如果第20行替换成以下代码，程序可以工作吗？

```
for (int i = 0; i < files.length; i++)
```

18.6.6 如果第20和21行替换成以下代码，程序可以工作吗？

```
for (File file: files)
    size += getSize(file); // Recursive call
```

18.7 示例学习：汉诺塔

要点提示：汉诺塔问题是一个经典的递归例子。用递归可以很容易地解决这个问题，而不使用递归则难以解决。

这个问题是将指定个数而大小互不相同的盘子从一个塔移到另一个塔上，移动要遵从下面的规则：

- n 个盘子标记为 1，2，3，…，n，三个塔标记为 A、B 和 C。
- 任何时候盘子都不能放在比它小的盘子的上方。
- 初始状态时，所有的盘子都放在塔 A 上。
- 每次只能移动一个盘子，并且这个盘子必须是塔顶位置的最小盘子。

这个问题的目标是借助塔 C 把所有的盘子从塔 A 移到塔 B。例如，如果有三个盘子，将所有的盘子从 A 移到 B 的步骤如图 18-6 所示。交互式演示参见 liveexample.pearsoncmg.com/dsanimation/TowerOfHanoieBook.html。

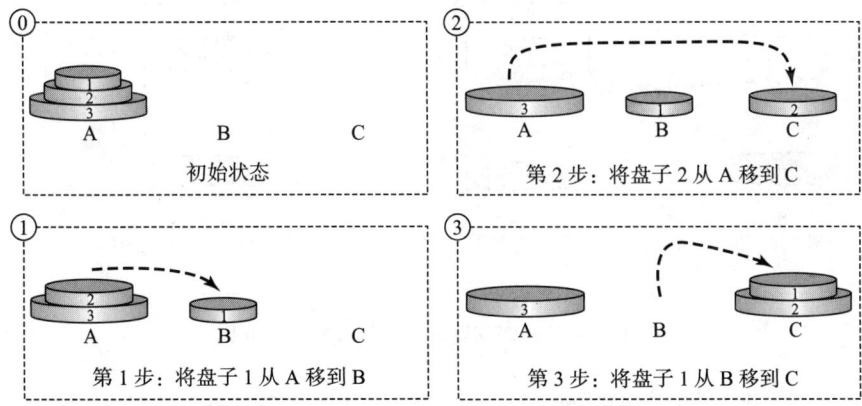

图 18-6 汉诺塔问题的目的是遵从规则把盘子从塔 A 移到塔 B

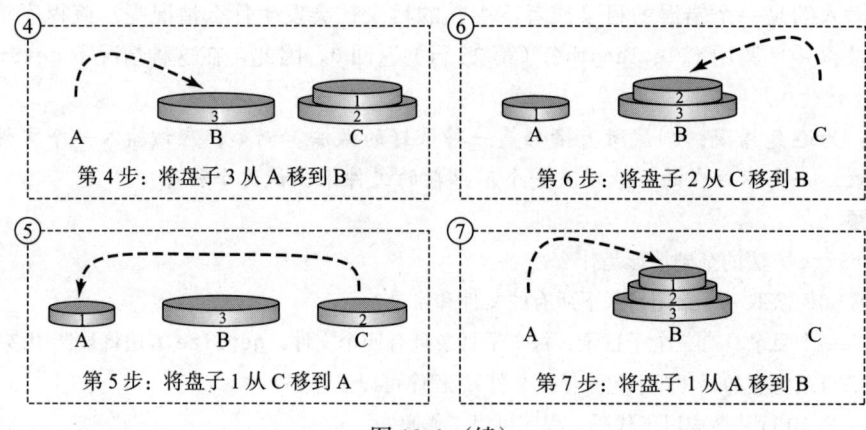

图 18-6 （续）

在三个盘子的情形下，可以手动找出解决方案。然而，当盘子数量较多时，即使是四个，这个问题还是非常复杂的。幸运的是，这个问题本身就具有递归性质，因此可以采用直观的递归解法。

问题的基础情形是 n=1。若 n==1，可以直接把盘子从 A 移到 B。当 n>1 时，可以将初始问题拆成下面三个子问题，然后依次解决。

1）借助塔 B 将前 n-1 个盘子从 A 移到 C，如图 18-7 中的步骤 1 所示。

2）将盘子 n 从 A 移到 B，如图 18-7 中的步骤 2 所示。

3）借助塔 A 将 n-1 个盘子从 C 移到 B，如图 18-7 中的步骤 3 所示。

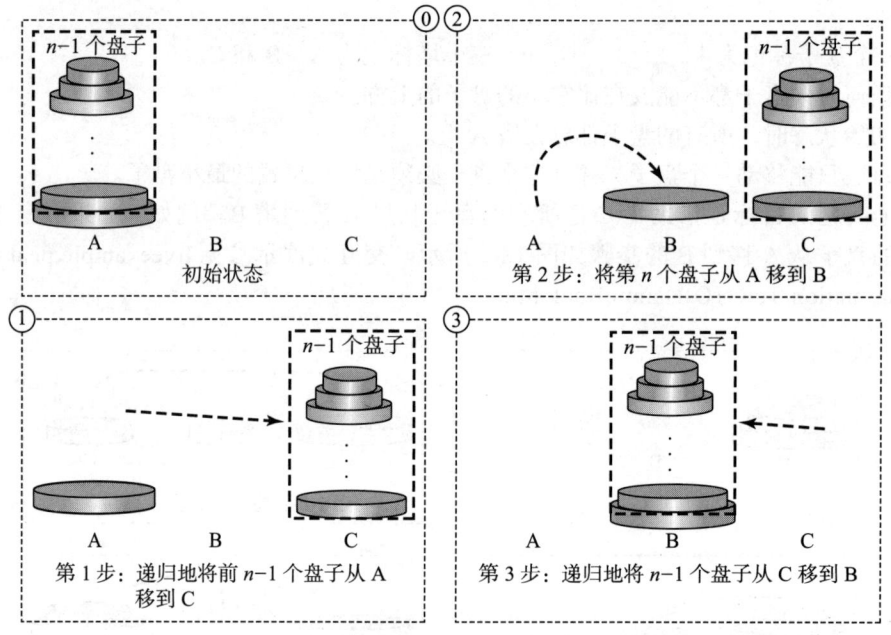

图 18-7　汉诺塔问题可以分解成三个子问题

下面的方法借助于辅助塔 auxTower 将 n 个盘子从初始塔 fromTower 移到目标塔 toTower 上：

void moveDisks(**int** n, **char** fromTower, **char** toTower, **char** auxTower)

该方法的算法可以描述如下:

```
if (n == 1) // Stopping condition
  Move disk 1 from the fromTower to the toTower;
else {
  moveDisks(n - 1, fromTower, auxTower, toTower);
  Move disk n from the fromTower to the toTower;
  moveDisks(n - 1, auxTower, toTower, fromTower);
}
```

程序清单18-8给出一个程序,提示用户输入盘子个数,然后调用递归的方法moveDisks来显示移动盘子的解决方案。

程序清单 18-8 TowerOfHanoi.java

```java
 1  import java.util.Scanner;
 2
 3  public class TowerOfHanoi {
 4    /** Main method */
 5    public static void main(String[] args) {
 6      // Create a Scanner
 7      Scanner input = new Scanner(System.in);
 8      System.out.print("Enter number of disks: ");
 9      int n = input.nextInt();
10
11      // Find the solution recursively
12      System.out.println("The moves are:");
13      moveDisks(n, 'A', 'B', 'C');
14    }
15
16    /** The method for finding the solution to move n disks
17        from fromTower to toTower with auxTower */
18    public static void moveDisks(int n, char fromTower,
19        char toTower, char auxTower) {
20      if (n == 1) // Stopping condition
21        System.out.println("Move disk " + n + " from " +
22          fromTower + " to " + toTower);
23      else {
24        moveDisks(n - 1, fromTower, auxTower, toTower);
25        System.out.println("Move disk " + n + " from " +
26          fromTower + " to " + toTower);
27        moveDisks(n - 1, auxTower, toTower, fromTower);
28      }
29    }
30  }
```

```
Enter number of disks: 4 ↵Enter
The moves are:
Move disk 1 from A to C
Move disk 2 from A to B
Move disk 1 from C to B
Move disk 3 from A to C
Move disk 1 from B to A
Move disk 2 from B to C
Move disk 1 from A to C
Move disk 4 from A to B
Move disk 1 from C to B
Move disk 2 from C to A
```

```
Move disk 1 from B to A
Move disk 3 from C to B
Move disk 1 from A to C
Move disk 2 from A to B
Move disk 1 from C to B
```

这个问题本质上是递归的。利用递归就能够找到一个自然、简单的解决方案。如果不使用递归，解决这个问题将会很困难。

考虑跟踪 n=3 的程序。连续的递归调用如图 18-8 所示。可见，编写这个程序比跟踪这个递归调用更容易。系统使用栈管理后台的调用。从某种程度上讲，递归提供了某种层次的抽象，这种抽象对用户隐藏了迭代和其他细节。

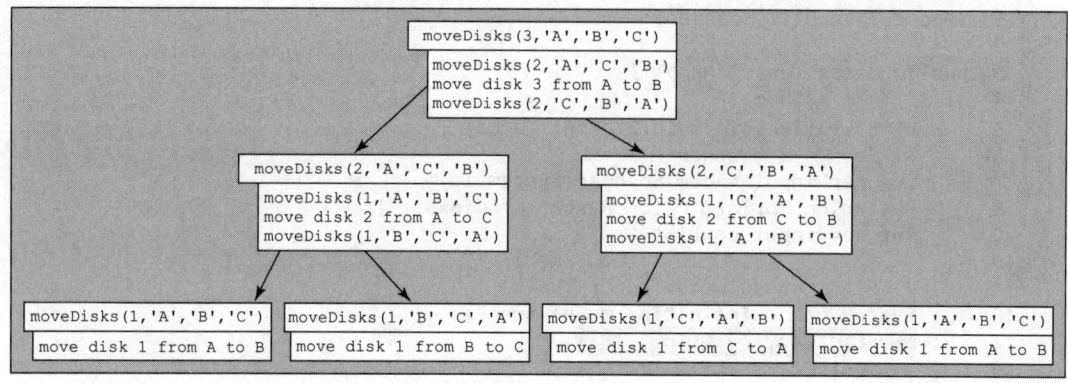

图 18-8 调用 `moveDisks(3,'A','B','C')` 会引起对 `moveDisks` 的递归调用

✓ **复习题**

18.7.1 程序清单 18-8 中调用 `moveDisks(5,'A','B','C')` 时将会调用多少次 `moveDisks` 方法？

18.8 示例学习：分形

要点提示：递归是显示分形的理想方法，因为分形本身就具有递归特性。

分形是一个几何图形，但是它不像三角形、圆形和矩形。分形可以分成几个部分，每部分都是整体的一个缩小的拷贝。分形有许多有趣的例子。本节介绍一个称为思瑞平斯基三角形（Sierpinski triangle）的简单分形，它是以一位著名的波兰数学家的名字来命名的。

思瑞平斯基三角形是如下创建的：

1）从一个等边三角形开始，将它作为 0 阶（或 0 级）的思瑞平斯基分形，如图 18-9a 所示。

2）将 0 阶三角形的各边中点连接起来产生 1 阶思瑞平斯基三角形（参见图 18-9b）。

3）保持中间的三角形不变，将另外三个三角形各边的中点连接起来产生 2 阶思瑞平斯基分形（参见图 18-9c）。

4）可以递归地重复同样的步骤产生 3 阶，4 阶，…，n 阶的思瑞平斯基三角形（参见图 18-9d）。（交互式的演示参见 liveexample.pearsoncmg.com/dsanimation/SierpinskiTriangleUsingHTML.html。）

这个问题本质上是递归的。那么，该如何解答这个递归问题呢？考虑阶数为 0 的基础情形。很容易绘制出 0 阶思瑞平斯基三角形。如何绘制出 1 阶思瑞平斯基三角形呢？这个问题可以简化为绘制三个 0 阶思瑞平斯基三角形。如何绘制 2 阶思瑞平斯基三角形呢？这个问题可以简化为绘制三个 1 阶思瑞平斯基三角形。因此，绘制 n 阶思瑞平斯基三角形可以简化为绘制三个 $n-1$ 阶思瑞平斯基三角形。

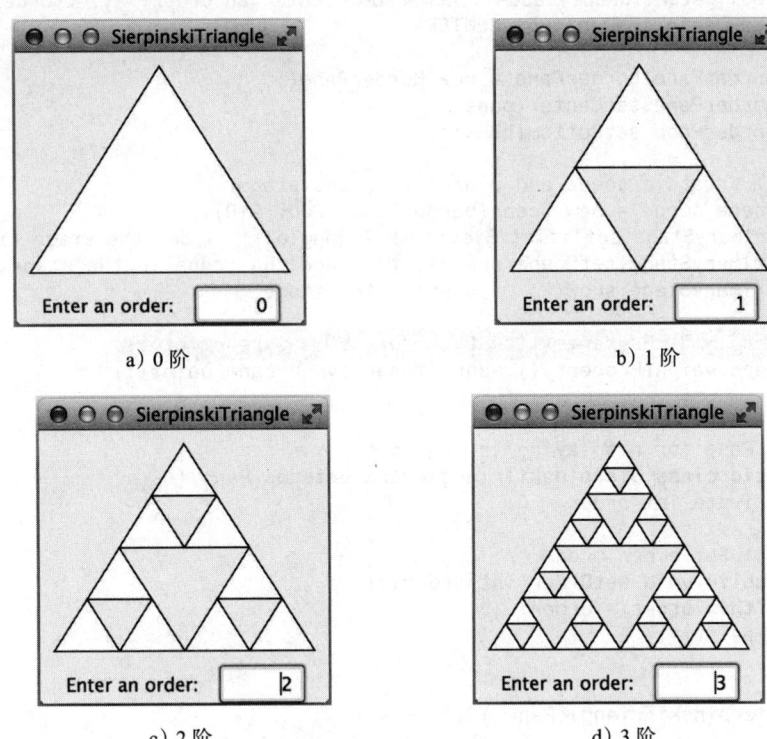

a) 0 阶　　　　　　　　　　　　　b) 1 阶

c) 2 阶　　　　　　　　　　　　　d) 3 阶

图 18-9　思瑞平斯基三角形是一种递归三角形图形

程序清单 18-9 给出显示任意阶的思瑞平斯基三角形的程序，如图 18-9 所示。可以在文本域输入阶数，然后显示这个指定阶数的思瑞平斯基三角形。

程序清单 18-9 SierpinskiTriangle.java

```
 1  import javafx.application.Application;
 2  import javafx.geometry.Point2D;
 3  import javafx.geometry.Pos;
 4  import javafx.scene.Scene;
 5  import javafx.scene.control.Label;
 6  import javafx.scene.control.TextField;
 7  import javafx.scene.layout.BorderPane;
 8  import javafx.scene.layout.HBox;
 9  import javafx.scene.layout.Pane;
10  import javafx.scene.paint.Color;
11  import javafx.scene.shape.Polygon;
12  import javafx.stage.Stage;
13
14  public class SierpinskiTriangle extends Application {
15    @Override // Override the start method in the Application class
16    public void start(Stage primaryStage) {
17      SierpinskiTrianglePane pane = new SierpinskiTrianglePane();
18      TextField tfOrder = new TextField();
19      tfOrder.setOnAction(
20        e -> pane.setOrder(Integer.parseInt(tfOrder.getText())));
21      tfOrder.setPrefColumnCount(4);
```

```java
 22      tfOrder.setAlignment(Pos.BOTTOM_RIGHT);
 23
 24      // Pane to hold label, text field, and a button
 25      HBox hBox = new HBox(10);
 26      hBox.getChildren().addAll(new Label("Enter an order: "), tfOrder);
 27      hBox.setAlignment(Pos.CENTER);
 28
 29      BorderPane borderPane = new BorderPane();
 30      borderPane.setCenter(pane);
 31      borderPane.setBottom(hBox);
 32
 33      // Create a scene and place it in the stage
 34      Scene scene = new Scene(borderPane, 200, 210);
 35      primaryStage.setTitle("SierpinskiTriangle"); // Set the stage title
 36      primaryStage.setScene(scene); // Place the scene in the stage
 37      primaryStage.show(); // Display the stage
 38
 39      pane.widthProperty().addListener(ov -> pane.paint());
 40      pane.heightProperty().addListener(ov -> pane.paint());
 41    }
 42
 43    /** Pane for displaying triangles */
 44    static class SierpinskiTrianglePane extends Pane {
 45      private int order = 0;
 46
 47      /** Set a new order */
 48      public void setOrder(int order) {
 49        this.order = order;
 50        paint();
 51      }
 52
 53      SierpinskiTrianglePane() {
 54      }
 55
 56      protected void paint() {
 57        // Select three points in proportion to the pane size
 58        Point2D p1 = new Point2D(getWidth() / 2, 10);
 59        Point2D p2 = new Point2D(10, getHeight() - 10);
 60        Point2D p3 = new Point2D(getWidth() - 10, getHeight() - 10);
 61
 62        this.getChildren().clear(); // Clear the pane before redisplay
 63
 64        displayTriangles(order, p1, p2, p3);
 65      }
 66
 67      private void displayTriangles(int order, Point2D p1,
 68          Point2D p2, Point2D p3) {
 69        if (order == 0) {
 70          // Draw a triangle to connect three points
 71          Polygon triangle = new Polygon();
 72          triangle.getPoints().addAll(p1.getX(), p1.getY(), p2.getX(),
 73              p2.getY(), p3.getX(), p3.getY());
 74          triangle.setStroke(Color.BLACK);
 75          triangle.setFill(Color.WHITE);
 76
 77          this.getChildren().add(triangle);
 78        }
 79        else {
 80          // Get the midpoint on each edge in the triangle
 81          Point2D p12 = p1.midpoint(p2);
 82          Point2D p23 = p2.midpoint(p3);
```

```
83              Point2D p31 = p3.midpoint(p1);
84
85              // Recursively display three triangles
86              displayTriangles(order - 1, p1, p12, p31);
87              displayTriangles(order - 1, p12, p2, p23);
88              displayTriangles(order - 1, p31, p23, p3);
89          }
90      }
91  }
92 }
```

初始三角形有三个与面板大小成比例的点集（第58～60行）。如果order==0，则displayTriangle(order,p1,p2,p3)方法显示一个连接三个点p1、p2和p3的三角形（第71～77行），如图18-10a所示。否则，程序执行下列任务：

1）获取p1和p2的中点（第81行），p2和p3的中点（第82行），以及p3和p1的中点（第83行），如图18-10b所示。

2）以递减的阶数来递归地调用diaplayTriangles，以显示三个更小的思瑞平斯基三角形（第86～88行）。注意，每个小的思瑞平斯基三角形除了阶数会减一之外，其结构和初始的大思瑞平斯基三角形是一样的，如图18-10b所示。

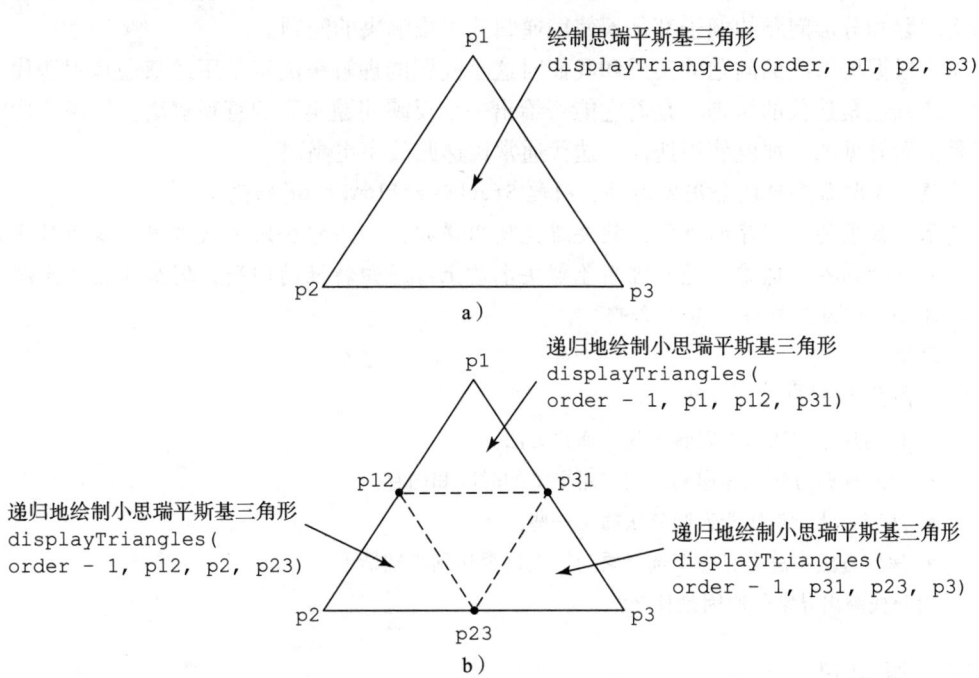

图18-10 绘制一个思瑞平斯基三角形会引发对绘制三个小的思瑞平斯基三角形的调用

思瑞平斯基三角形显示在SierpinskiTrianglePane中。内部类SierpinskiTrianglePane中的order属性给定了思瑞平斯基三角形的阶数。9.8节中介绍过的Point2D类表示一个具有x和y坐标值的点。调用p1.midpoint(p2)方法返回一个新的Point2D对象，该点是p1和p2的中点（第81～83行）。

✔ 复习题

18.8.1 如何得到两个点的中点？

18.8.2 displayTriangles方法的基础情形是什么？

18.8.3 对于 0 阶、1 阶、2 阶以及 n 阶的思瑞平斯基三角形，将分别调用多少次 `diaplayTriangles` 方法？

18.8.4 如果输入一个负数阶值，将发生什么？如何修正代码中的这个问题？

18.8.5 重写代码第 71～77 行，通过绘制三条连接点的线段来绘制三角形，取代之前采用多边形的方法。

18.9 递归与迭代

要点提示：递归是程序控制的一种替换形式，实质上就是不用循环控制的重复。

使用循环时，我们指定了一个循环体。循环控制结构控制循环体的重复。在递归中，方法重复地调用自己。必须使用一条选择语句来控制是否继续递归调用该方法。

递归会产生相当大的系统开销。程序每调用一个方法，系统就要给方法中所有的局部变量和参数分配空间。这就要占用大量的内存，还需要额外的时间来管理内存。

任何用递归解决的问题都可以用非递归的迭代解决。递归有很多副作用：它耗费了太多时间并占用了太多内存。那么为什么还要用它呢？因为在某些情况下，本质上有递归特性的问题很难用其他方法解决，而递归可以给出一个清晰、简单的解决方案。像目录大小问题、汉诺塔问题和分形问题的例子都是不使用递归就很难解决的问题。

应该根据要解决的问题的实质和我们对这个问题的理解来决定是用递归还是用迭代。选择使用递归还是迭代的原则，是看它能否给出一个反映问题实质的直观解法。如果迭代解决方案是显而易见的，那就使用迭代。迭代通常比递归效率更高。

注意：递归程序可能会用完内存，引起 `StackOverflowError` 错误。

提示：如果关注程序的性能，就要避免使用递归，因为它会比迭代占用更多的时间且耗费更多的内存。通常，递归可用于解决本质上有递归特性的问题，例如汉诺塔问题、递归目录，以及思瑞平斯基三角形。

复习题

18.9.1 下面哪些语句是正确的？
- 任何递归方法都可以转换为非递归方法。
- 执行递归方法比非递归方法占用更多的时间和内存。
- 递归方法总是比非递归方法简单一些。
- 递归方法中总是有一个选择语句检查是否达到基础情形。

18.9.2 引起栈溢出异常的原因是什么？

18.10 尾递归

要点提示：尾递归方法是高效的。

如果从递归调用返回时没有后续操作要完成，那么这个递归方法就称为尾递归（tail recursive），如图 18-11a 所示。然而，图 18-11b 中的方法 B 就不是尾递归，因为方法调用返回后还有后续要执行的操作。

例如，程序清单 18-4 中的递归方法 `isPalindrome`（第 6～13 行）是尾递归，因为第 12 行递归调用 `isPalindrome` 后没有后续的操作。然而，程序清单 18-1 中的递归方法 `factorial`（第 16～21 行）不是尾递归，因为从每个递归调用返回时都有一个后续乘法操作要完成。

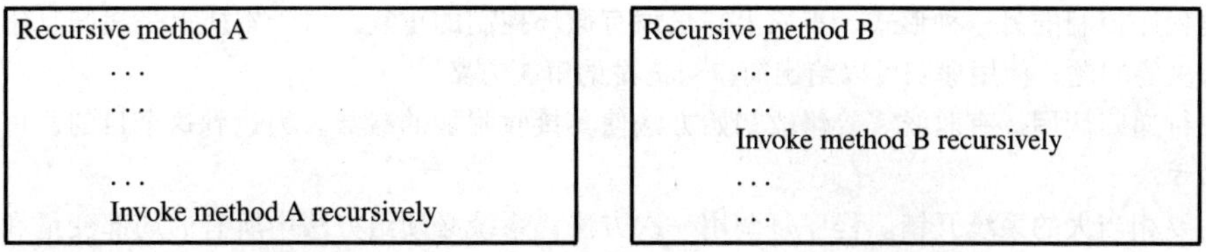

```
┌─────────────────────────────────┐   ┌─────────────────────────────────┐
│ Recursive method A              │   │ Recursive method B              │
│   ...                           │   │   ...                           │
│   ...                           │   │   ...                           │
│   ...                           │   │   Invoke method B recursively   │
│                                 │   │   ...                           │
│   Invoke method A recursively   │   │   ...                           │
└─────────────────────────────────┘   └─────────────────────────────────┘
            a) 尾递归                            b) 非尾递归
```

图 18-11 尾递归方法在递归调用后没有后续要执行的操作

尾递归更可取，因为当最后一个递归调用结束时方法也结束，因此无须将中间的调用存储在栈中。编译器可以优化尾递归以减小栈空间。

通常，可以使用辅助参数将非尾递归方法转换为尾递归方法。这些参数用于保存结果。思路是将后续的操作以一种方式结合到辅助参数中，使得递归调用中不再有后续操作。可以定义一个带辅助参数的新的辅助递归方法，这个方法可以重载原始方法，具有相同的名字而签名不同。例如，程序清单 18-1 中的 `factorial` 方法可以写成尾递归形式，如代码清单 18-10 所示。

程序清单 18-10 ComputeFactorialTailRecursion.java

```java
 1  public class ComputeFactorialTailRecursion {
 2    /** Return the factorial for a specified number */
 3    public static long factorial(int n) {
 4      return factorial(n, 1); // Call auxiliary method
 5    }
 6
 7    /** Auxiliary tail-recursive method for factorial */
 8    private static long factorial(int n, int result) {
 9      if (n == 0)
10        return result;
11      else
12        return factorial(n - 1, n * result); // Recursive call
13    }
14  }
```

第一个 `factorial` 方法（第 3 行）只是简单调用了第二个辅助方法（第 4 行）。第二个方法包括一个辅助参数 `result`，它存储了 n 的阶乘的结果。这个方法在第 12 行被递归地调用。调用返回之后没有后续的操作。最终结果在第 10 行返回，它也是在第 4 行调用 `factorial(n,1)` 的返回值。

✓ **复习题**

18.10.1 指出本章中的尾递归方法。

18.10.2 使用尾递归重写程序清单 18-2 中的 `fib` 方法。

关键术语

base case（基础情形）
direct recursion（直接递归）
indirect recursion（间接递归）
infinite recursion（无限递归）

recursive helper method（递归辅助方法）
recursive method（递归方法）
stopping condition（终止条件）
tail recursion（尾递归）

本章小结

1. 递归方法是直接或间接调用自身的方法。要终止一个递归方法，必须有一个或多个基础情形。

2. 递归是程序控制的另一种形式。本质上它是没有循环控制的重复。对于本质上是递归且用其他方法很难解决的问题,使用递归可以给出简单、清楚的解决方案。
3. 为了进行递归调用,有时候需要修改初始方法使其接收附加的参数。为达到这个目的,可以定义递归辅助方法。
4. 递归需要相当大的系统开销。程序每调用一次方法,系统必须给方法中所有的局部变量和参数分配空间。这需要消耗大量的内存,并且需要额外的时间来管理这些内存。
5. 如果从递归调用返回时没有后续的操作要完成,这种递归方法就称为尾递归。某些编译器会优化尾递归以减少栈空间。

测试题

在线回答配套网站上的本章测试题。

编程练习题

18.2～18.3 节

*18.1 (阶乘) 使用10.9节介绍的 BigInteger 类, 可以求得大数字的阶乘(例如100!)。使用递归实现 factorial 方法。编写程序提示用户输入一个整数,然后显示它的阶乘。

*18.2 (斐波那契数) 使用循环改写程序清单 18-2 中的 fib 方法。

提示: 不使用递归来计算 fib(n), 首先要得到 fib(n-2) 和 fib(n-1)。设 f0 和 f1 表示前面的两个斐波那契数, 那么当前的斐波那契数就是 f0+f1。这个算法可以描述如下:

```
f0 = 0; // For fib(0)
f1 = 1; // For fib(1)

for (int i = 1; i <= n; i++) {
  currentFib = f0 + f1;
  f0 = f1;
  f1 = currentFib;
}
// After the loop, currentFib is fib(n)
```

编写测试程序,提示用户输入一个序号,然后显示其斐波那契数。

*18.3 (使用递归求最大公约数) 求最大公约数的 gcd(m,n) 方法也可以如下递归地定义:
- 如果 m%n 为 0, 那么 gcd(m,n) 的值为 n。
- 否则, gcd(m,n) 就是 gcd(n,m%n)。

编写一个递归的方法来求最大公约数。编写测试程序,提示用户输入两个整数,显示它们的最大公约数。

18.4 (对数列求和) 编写一个递归方法来计算下面的数列:

$$m(i) = 1 + \frac{1}{2} + \frac{1}{3} + \cdots + \frac{1}{i}$$

编写测试程序, 为 i=1,2,…,10 显示 m(i)。

18.5 (对数列求和) 编写一个递归的方法来计算下面的数列:

$$m(i) = \frac{1}{3} + \frac{2}{5} + \frac{3}{7} + \frac{4}{9} + \frac{5}{11} + \frac{6}{13} + \cdots + \frac{i}{2i+1}$$

编写测试程序, 为 i=1,2,…,10 显示 m(i)。

*18.6 (对数列求和) 编写一个递归的方法来计算下面的数列:

$$m(i) = \frac{1}{2} + \frac{2}{3} + \cdots + \frac{i}{i+1}$$

编写测试程序，为 i=1,2,…,10 显示 m(i)。

*18.7 （斐波那契数列）修改程序清单 18-2，使程序可以得出调用 fib 方法的次数。提示：使用一个静态变量，每当调用这个方法时，该变量就加 1。

18.4 节

*18.8 （以逆序输出一个整数各位上的数）编写一个递归方法，使用下面的方法头在控制台上以逆序显示一个 int 值：

public static void reverseDisplay(**int** value)

例如，reverseDisplay(12345) 显示的是 54321。编写测试程序，提示用户输入一个整数，然后显示它的逆序数字。

*18.9 （以逆序输出一个字符串中的字符）编写一个递归方法，使用下面的方法头在控制台上以逆序显示一个字符串：

public static void reverseDisplay(**String** value)

例如，reverseDisplay("abcd") 显示的是 dcba。编写测试程序，提示用户输入一个字符串，然后显示它的逆序字符串。

*18.10 （字符串中某个指定字符出现的次数）编写一个递归方法，使用下面的方法头给出一个指定字符在字符串中出现的次数。

public static int count(**String** str, **char** a)

例如，count("Welcome",'e') 会返回 2。编写测试程序，提示用户输入一个字符串和一个字符，显示该字符在字符串中出现的次数。

*18.11 （使用递归求一个整数各位上的数字之和）编写一个递归方法，使用下面的方法头计算一个整数中各位上的数字之和：

public static int sumDigits(**long** n)

例如，sumDigits(234) 返回的是 2+3+4=9。编写测试程序，提示用户输入一个整数，然后显示各位上的数字之和。

18.5 节

**18.12 （以逆序打印字符串中的字符）使用辅助方法重写编程练习题 18.9，将子串的 high 下标传递给该方法。辅助方法头为：

public static void reverseDisplay(**String** value, **int** high)

*18.13 （找出数组中的最大数）编写一个递归方法，返回一个数组中的最大整数。编写测试程序，提示用户输入一个包含 8 个整数的列表，然后显示最大元素。

*18.14 （找出字符串中大写字母的个数）编写一个递归方法，返回一个字符串中大写字母的个数。编写测试程序，提示用户输入一个字符串，然后显示该字符串中大写字母的数目。

*18.15 （字符串中某个指定字符出现的次数）使用辅助方法改写编程练习题 18.10，将子串的 high 下标传递给这个方法。辅助方法头为：

public static int count(**String** str, **char** a, **int** high)

*18.16 （求数组中大写字母的个数）编写一个递归方法，返回一个字符数组中大写字母的数目。需要定义下面两个方法。第二个方法是一个递归辅助方法。

public static int count(**char**[] chars)
public static int count(**char**[] chars, **int** high)

编写测试程序，提示用户在一行中输入一个字符列表，然后显示该列表中大写字母的个数。

*18.17 （数组中某个指定字符出现的次数）编写一个递归方法，求出数组中一个指定字符出现的次数。需要定义下面两个方法，第二个方法是一个递归辅助方法。

```
public static int count(char[] chars, char ch)
public static int count(char[] chars, char ch, int high)
```

编写测试程序，提示用户在一行中输入一个字符列表以及一个字符，然后显示该字符在列表中出现的次数。

18.6～18.10 节

*18.18 （汉诺塔）修改程序清单 18-8，使程序可以计算将 n 个盘子从塔 A 移到塔 B 所需的移动次数。
提示：使用一个静态变量，每当调用方法一次，该变量就加 1。

*18.19 （思瑞平斯基三角形）修改程序清单 18-9，开发一个程序，让用户使用"+"和"-"按钮、鼠标主键和次键以及向上和向下箭头键来将当前阶数增 1 或减 1，如图 18-12a 所示。初始阶数为 0。如果当前阶数为 0，就忽略"-"按钮。

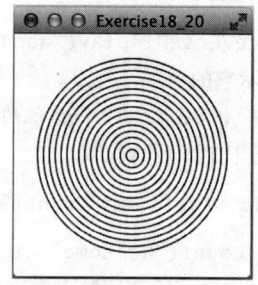

a) 编程练习题 18.19 使用"+"和"-"按钮　　b) 编程练习题 18.20 使用递归方法绘制多个圆
　　将当前阶数增加 1 或减少 1

图　18-12

*18.20 （显示多个圆）编写一个 Java 程序显示多个圆，如图 18-12b 所示。这些圆都处于面板的中心位置。两个相邻圆之间相距 10 像素，面板和最大圆之间也相距 10 像素。

*18.21 （将十进制数转换为二进制数）编写一个递归方法，将一个十进制数转换为一个字符串形式的二进制数。方法头如下：

```
public static String dec2Bin(int value)
```

编写测试程序，提示用户输入一个十进制数，然后显示等价的二进制数。

*18.22 （将十进制数转换为十六进制数）编写一个递归方法，将一个十进制数转换为一个字符串形式的十六进制数。方法头如下：

```
public static String dec2Hex(int value)
```

编写测试程序，提示用户输入一个十进制数，然后显示等价的十六进制数。

*18.23 （将二进制数转换为十进制数）编写一个递归方法，将一个字符串形式的二进制数转换为一个十进制数。方法头如下：

```
public static int bin2Dec(String binaryString)
```

编写测试程序，提示用户输入一个二进制字符串，然后显示等价的十进制数。

*18.24 （将十六进制数转换为十进制数）编写一个递归方法，将一个字符串形式的十六进制数转换为一个十进制数。方法头如下：

```
public static int hex2Dec(String hexString)
```

编写测试程序，提示用户输入一个十六进制字符串，然后显示等价的十进制数。

**18.25 （字符串排列）编写一个递归方法，输出一个字符串的所有排列。例如，对于字符串 abc，输出为：

abc
acb
bac
bca
cab
cba

提示：定义以下两个方法，第二个方法是一个辅助方法。

public static void displayPermutation(String s)
public static void displayPermutation(String s1, String s2)

第一个方法简单地调用 displayPermuation("",s)。第二个方法使用循环，将一个字符从 s2 移到 s1，并使用新的 s1 和 s2 递归地调用该方法。基础情形是 s2 为空，将 s1 打印到控制台。编写测试程序，提示用户输入一个字符串，然后显示其所有排列。

**18.26 （创建迷宫）编写程序在迷宫中查找一条路径，如图 18-13a 所示。该迷宫由一个 8×8 的棋盘表示。路径必须满足下列条件：

- 路径在迷宫的左上角单元和右下角单元之间。
- 程序允许用户在一个单元格中放置或移除一个标志。路径由相邻的未放标志的单元格组成。如果两个单元格在水平方向或垂直方向相邻，那么就称它们是相邻的。
- 路径不包含能形成一个正方形的单元格。例如，在图 18-13b 中的路径就不满足这个条件。（这个条件使得面板上的路径很容易识别。）

a）合法路径　　　　b）非法路径

图 18-13　程序求出从左上角到右下角的路径

**18.27 （科赫雪花分形）前面给出了思瑞平斯基三角形分形。本练习要求编写一个程序，显示另一个称为科赫雪花（Koch snowflake）的分形，这是根据一位著名的瑞典数学家的名字命名的。科赫雪花按如下方式产生：

1）从一个等边三角形开始，将其作为 0 阶（或 0 级）科赫分形，如图 18-14a 所示。

2）三角形中的每条边分成三个相等的线段，以中间的线段作为底边向外画一个等边三角形，产生 1 阶科赫分形，如图 18-14b 所示。

3）重复步骤 2 产生 2 阶科赫分形，3 阶科赫分形，…，如图 18-14c 和 d 所示。

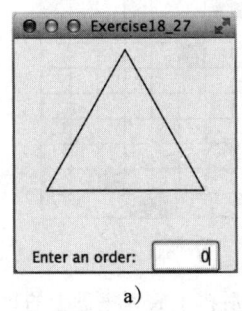
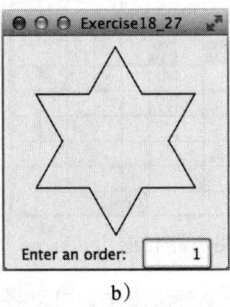
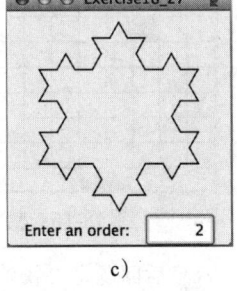
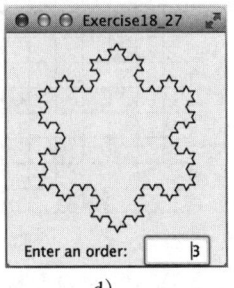

a）　　　　　　b）　　　　　　c）　　　　　　d）

图 18-14　科赫雪花是一个从三角形开始的分形

*18.28 （非递归目录大小）不使用递归重写程序清单 18-7。

*18.29 （某个目录下的文件数目）编写程序，提示用户输入一个目录，然后显示该目录下的文件数。

**18.30 （找出单词）编写程序，递归地找出某个目录下的所有文件中某个单词出现的次数。从命令行如下传递参数：

java Exercise18_30 dirName word

**18.31 （替换单词）编写程序，递归地用一个新单词替换某个目录下的所有文件中出现的某个单词。从命令行如下传递参数：

java Exercise18_31 dirName oldWord newWord

***18.32 （游戏：骑士的征途）骑士的征途是一个古老的谜题。它的目的是使骑士从棋盘上的任意一个方格开始移动，经过其他的每个方格一次，如图 18-15a 所示。注意，骑士只能做 L 形的移动（两个在一个方向上的方块，一个在垂直方向上的方格）。如图 18-15b 所示，骑士可以移到八个方格的位置。编写程序显示骑士的移动，如图 18-15c 所示。单击一个单元格时，骑士被置于该单元格中。该单元格作为骑士的起始点。单击 Solve 按钮显示作为解答的路径。

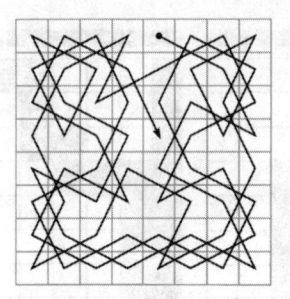 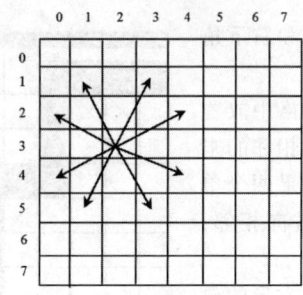 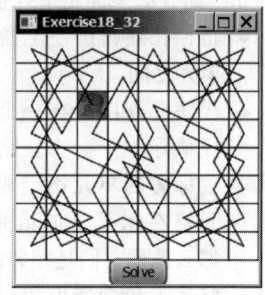

a) 骑士遍历所有方格一次　　b) 骑士做 L 形的移动　　c) 程序显示骑士的旅途路径

图 18-15

提示：这个问题的穷举方法是将骑士从一个方格随意地移动到另一个可用的方格。使用这样的方法，程序将需要很多时间来完成。比较好的方法是采用启发式方法。根据骑士目前的位置，它可以有两个、三个、四个、六个或八个可能的移动线路。直觉上讲，应该首先尝试将骑士移动到可访问性最小的方格，将那些更易于访问的方格保留为开放的，这样，在查找的结尾就会有更好的成功机会。

***18.33 （游戏：骑士征途的动画）为骑士征途的问题编写一个程序，该程序应该允许用户将骑士放到任何一个起始方块中，并单击 Solve 按钮，用动画展示骑士沿着路径的移动，如图 18-16 所示。

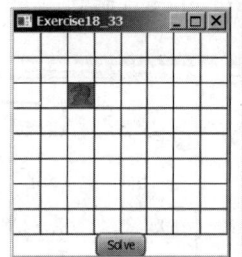 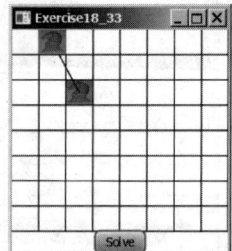 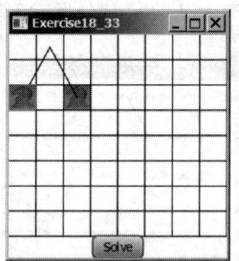 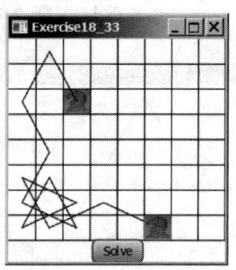

图 18-16　骑士沿着路径遍历

**18.34 （游戏：八皇后问题）八皇后问题是要找到一个解决方案，可以将皇后棋子放到棋盘上的每行中，并且两个皇后之间不能相互攻击。编写程序，使用递归来解决八皇后问题并如图 18-17 显示结果。

18.35 (H树分形) H树（本章开始部分介绍过，如图 18-1 所示）是如下定义的分形：

1）从字母 H 开始。H 的三条线长度一样，如图 18-1a 所示。

2）字母 H（以它的 sans-serif 字体形式，H）有四个端点。以这四个端点为中心位置绘制一个 1 阶 H 树，如图 18-1b 所示。这些 H 的大小是包括这四个端点的 H 的一半。

3）重复步骤 2 来创建 2 阶、3 阶等 H 树，如图 18-1c 和 d 所示。

编写程序绘制如图 18-1 所示的 H 树。

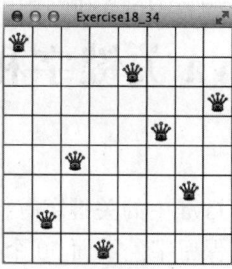

图 18-17　程序显示八皇后问题的解决方案

18.36 （思瑞平斯基三角形）编写程序，让用户输入一个阶数，然后显示填充的思瑞平斯基三角形，如图 18-18 所示。

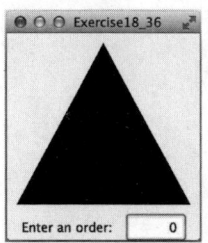   

图 18-18　显示一个填充的思瑞平斯基三角形

**18.37 （希尔伯特曲线）希尔伯特曲线首先由德国数学家希尔伯特于 1891 年给出描述，是一种空间填充曲线，以 2×2、4×4、8×8、16×16 或者任何其他 2 的幂的大小来访问一个方格网的每个点。编写程序，以给定的阶数显示希尔伯特曲线，如图 18-19 所示。

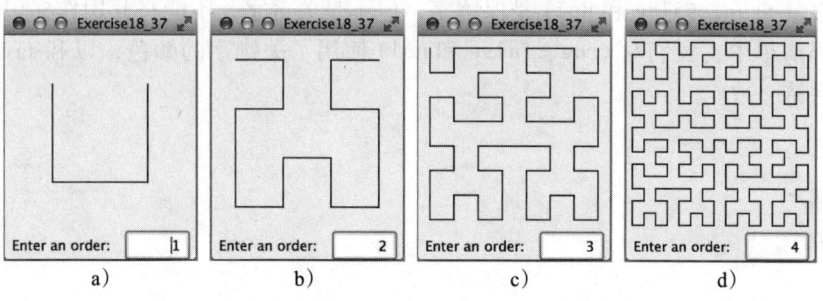

图 18-19　绘制给定阶数的希尔伯特曲线

**18.38 （递归树）编写程序显示一个递归树，如图 18-20 所示。

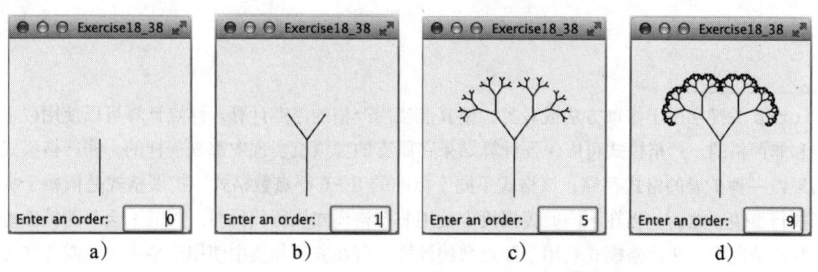

图 18-20　绘制一个具有指定深度的递归树

**18.39 （拖动树）修改编程练习题 18.38，将树移到鼠标拖动到的位置。

附录 A

Introduction to Java Programming and Data Structures, Comprehensive Version, Twelfth Edition

Java 关键字和保留字

Java 中的关键字有特殊含义，是语法的一部分。保留字是不能作为标识符的单词。关键字是保留字。下面 50 个关键字是 Java 语言保留使用的：

abstract	double	int	super
assert	else	interface	switch
boolean	enum	long	synchronized
break	extends	native	this
byte	final	new	throw
case	finally	package	throws
catch	float	private	transient
char	for	protected	try
class	goto	public	void
const	if	return	volatile
continue	implements	short	while
default	import	static	
do	instanceof	strictfp⊖	

关键字 goto 和 const 是 C++ 保留的关键字，目前并没有在 Java 中用到。如果它们出现在 Java 程序中，Java 编译器能够识别它们，并产生错误信息。

字面常量 true、false 和 null 是保留字，但不是关键字，不能将其用作标识符。

在代码清单中，我们对 true、false 和 null 使用了关键字的颜色，以和 Java IDE 中它们的颜色保持一致。

⊖ strictfp 关键字用于修饰方法或者类，使其能使用严格的浮点计算。浮点计算可以使用以下两种模式：严格的和非严格的。严格模式可以保证计算结果在所有的虚拟机实现中都是一样的。非严格模式允许计算的中间结果以一种扩展的格式存储，该格式不同于标准的 IEEE 浮点数格式。扩展格式是依赖于机器的，可以使代码执行更快。然而，当在不同的虚拟机上使用非严格模式执行代码时，可能不会总能精确地得到相同的结果。默认情况下，非严格模式被用于浮点数的计算。若在方法和类中使用严格模式，需要在方法或者类的声明中增加 strictfp 关键字。严格的浮点数可能会比非严格浮点数具有略好的精确度，但这种区别仅影响某些应用。严格模式不会被继承，也就是说，在类或者接口的声明中使用 strictfp 不会使得继承的子类或接口也是严格模式。

附录 B ASCII 字符集

表 B-1 和表 B-2 分别列出了 ASCII 字符及其相应的十进制和十六进制编码。字符的十进制或十六进制编码是其行下标和列下标的组合。例如，在表 B-1 中，字母 A 在第 6 行第 5 列，所以它的十进制代码为 65；在表 B-2 中，字母 A 在第 4 行第 1 列，所以它的十六进制代码为 41。

表 B-1 十进制编码的 ASCII 字符集

	0	1	2	3	4	5	6	7	8	9
0	nul	soh	stx	etx	eot	enq	ack	bel	bs	ht
1	nl	vt	ff	cr	so	si	dle	dc1	dc2	dc3
2	dc4	nak	syn	etb	can	em	sub	esc	fs	gs
3	rs	us	sp	!	"	#	$	%	&	'
4	(	)	*	+	,	-	.	/	0	1
5	2	3	4	5	6	7	8	9	:	;
6	<	=	>	?	@	A	B	C	D	E
7	F	G	H	I	J	K	L	M	N	O
8	P	Q	R	S	T	U	V	W	X	Y
9	Z	[	\	]	^	_	`	a	b	c
10	d	e	f	g	h	i	j	k	l	m
11	n	o	p	q	r	s	t	u	v	w
12	x	y	z	{			}	~	del		

表 B-2 十六进制编码的 ASCII 字符集

	0	1	2	3	4	5	6	7	8	9	A	B	C	D	E	F
0	nul	soh	stx	etx	eot	enq	ack	bel	bs	ht	nl	vt	ff	cr	so	si
1	dle	dc1	dc2	dc3	dc4	nak	syn	etb	can	em	sub	esc	fs	gs	rs	us
2	sp	!	"	#	$	%	&	'	(	)	*	+	,	-	.	/
3	0	1	2	3	4	5	6	7	8	9	:	;	<	=	>	?
4	@	A	B	C	D	E	F	G	H	I	J	K	L	M	N	O
5	P	Q	R	S	T	U	V	W	X	Y	Z	[	\	]	^	_
6	`	a	b	c	d	e	f	g	h	i	j	k	l	m	n	o
7	p	q	r	s	t	u	v	w	x	y	z	{			}	~	del

附录 C

Introduction to Java Programming and Data Structures, Comprehensive Version, Twelfth Edition

操作符优先级表

操作符按照优先级递减的顺序从上到下列出。同一栏中的操作符优先级相同,它们的结合方向如表中所示。

操作符	名称	结合方向	操作符	名称	结合方向
( )	圆括号	从左向右	>>>	用零扩展的右移	从左向右
( )	函数调用	从左向右	<	小于	从左向右
[ ]	数组下标	从左向右	<=	小于等于	从左向右
.	对象成员访问	从左向右	>	大于	从左向右
++	后置自增	从右向左	>=	大于等于	从左向右
--	后置自减	从右向左	instanceof	检测对象类型	从左向右
++	前置自增	从右向左	==	相等	从左向右
--	前置自减	从右向左	!=	不等	从左向右
+	一元加	从右向左	&	(无条件与)	从左向右
-	一元减	从右向左	^	(异或)	从左向右
!	一元逻辑非	从右向左	|	(无条件或)	从左向右
(type)	一元类型转换	从右向左	&&	条件与	从左向右
new	创建对象	从右向左	||	条件或	从左向右
*	乘法	从左向右	?:	三元条件	从右向左
/	除法	从左向右	=	赋值	从右向左
%	取模	从左向右	+=	加法赋值	从右向左
+	加法	从左向右	-=	减法赋值	从右向左
-	减法	从左向右	*=	乘法赋值	从右向左
<<	左移	从左向右	/=	除法赋值	从右向左
>>	用符号位扩展的右移	从左向右	%=	取模赋值	从右向左

附录 D

Java 修饰符

修饰符用于类和类的成员（构造方法、方法、数据和类一级的块），但 final 修饰符也可以用在方法中的局部变量上。可以用在类上的修饰符称为类修饰符（class modifier）。可以用在方法上的修饰符称为方法修饰符（method modifier）。可以用在数据域上的修饰符称为数据修饰符（data modifier）。可以用在类一级块上的修饰符称为块修饰符（block modifier）。下表对 Java 修饰符进行了总结。

修饰符	类	构造方法	方法	数据	块	解释
空白[⊖]	√	√	√	√	√	类、构造方法、方法或数据域在所在的包中可见
public	√	√	√	√		类、构造方法、方法或数据域对于任何包中的任何程序都可见
private		√	√	√		构造方法、方法或数据域仅在所在类中可见
protected		√	√	√		构造方法、方法或数据域在所属包中可见，或者在任何包中该类的子类中可见
static			√	√	√	定义类方法、类数据域或静态初始化模块
final	√		√	√		final 类不能被继承。final 方法不能在子类中修改。终极数据域是常量
abstract	√		√			抽象类必须被继承。抽象方法必须在具体的子类中实现
native			√			用 native 修饰的方法表明它是用 Java 之外的语言实现的
synchronized			√		√	同一时间只有一个线程可以执行这个方法
strictfp	√		√			使用精确浮点数计算模式，保证在所有的 Java 虚拟机中计算结果都相同
transient				√		标记不可序列化的实例数据域

public、private 以及 protected 等修饰符称为可见或者可访问性修饰符，因为它们给定了类，以及类的成员是如何被访问的。

public、private、protected、static、final 以及 abstract 也可以用于内部类。

Java 8 引入了 default 修饰符，用于在接口中声明默认方法。默认方法为接口中的方法提供了一种默认实现。

[⊖] （空白）表明没有使用任何修饰符，例如 class Test{}。

附录 E

Introduction to Java Programming and Data Structures, Comprehensive Version, Twelfth Edition

特殊浮点值

整数除以零是非法的，会抛出异常 ArithmeticException，但是浮点值除以零不会引起异常。在浮点运算中，如果运算结果对 double 型或 float 型来说太大，则向上溢出为无穷大；如果运算结果对 double 型或 float 型来说太小，则向下溢出为零。Java 提供了特殊的浮点值 POSITIVE_INFINITY、NEGATIVE_INFINITY 和 NaN（Not a Number，非数值）来表示这些结果。这些值被定义为 Float 类和 Double 类中的特殊常量。

如果正浮点数除以零，则结果为 POSITIVE_INFINITY。如果负浮点数除以零，则结果为 NEGATIVE_INFINITY。如果浮点数零除以零，则结果为 NaN，表示这个结果在数学意义上没有定义。这三个值的字符串表示分别为 Infinity、-Infinity 和 NaN。例如，

```
System.out.print(1.0 / 0); // Print Infinity
System.out.print(-1.0 / 0); // Print -Infinity
System.out.print(0.0 / 0); // Print NaN
```

这些特殊值也可以在运算中用作操作数。例如，一个数除以 POSITIVE_INFINITY 得到零。表 E-1 总结了运算符 /、*、%、+ 和 - 的各种组合。

表 E-1 特殊的浮点值

x	y	x/y	x*y	x%y	x+y	x-y
Finite	±0.0	±infinity	±0.0	NaN	Finite	Finite
Finite	±infinity	±0.0	±0.0	x	±infinity	infinity
±0.0	±0.0	NaN	±0.0	NaN	±0.0	±0.0
±infinity	Finite	±infinity	±0.0	NaN	±infinity	±infinity
±infinity	±infinity	NaN	±0.0	NaN	±infinity	infinity
±0.0	±infinity	±0.0	NaN	±0.0	±infinity	±0.0
NaN	Any	NaN	NaN	NaN	NaN	NaN
Any	NaN	NaN	NaN	NaN	NaN	NaN

注意：如果操作数之一是 NaN，则结果为 NaN。

附录 F

数 系

F.1 引言

因为计算机被制作为天然是存储和处理 0 和 1 的,所以其内部使用的是二进制数。二进制数系只有两个数字:0 和 1。在计算机中,数字或字符是以由 0 和 1 组成的序列来存储的。每个 0 或 1 都称为一个比特(二进制数字)。

日常生活中,我们使用十进制数。当我们在程序中编写一个数字,如 20,它被假定为一个十进制数。在计算机内部,通常会用软件将十进制数转换成二进制数,反之亦然。

我们使用十进制数编写程序。然而,如果要与操作系统打交道,需要使用二进制数以达到底层的"机器级"。二进制数冗长烦琐,所以经常使用十六进制数简化二进制数,每个十六进制数可以表示四个二进制数。十六进制数系有十六个数:0 ~ 9、A ~ F,其中字母 A、B、C、D、E 和 F 对应十进制数 10、11、12、13、14 和 15。

十进制数系中的数字是 0、1、2、3、4、5、6、7、8 和 9。一个十进制数是用一个或多个这些数字所构成的一个序列来表示的。这个序列中每个数所表示的值和它的位置有关,序列中数的位置决定了 10 的幂次。例如,十进制数 7423 中的数 7、4、2 和 3 分别表示 7000、400、20 和 3,如下所示:

$$\boxed{7\ 4\ 2\ 3} = 7 \times 10^3 + 4 \times 10^2 + 2 \times 10^1 + 3 \times 10^0$$
$$10^3\ 10^2\ 10^1\ 10^0 = 7000 + 400 + 20 + 3 = 7423$$

十进制数系有十个数字,它们的位置值都是 10 的整数次幂。我们表达为 10 是十进制数系的基数。类似地,由于二进制数系有两个数,所以它的基数为 2;而十六进制数系有 16 个数,所以它的基数为 16。

如果 1101 是一个二进制数,那么数 1、1、0 和 1 分别表示:

$$\boxed{1\ 1\ 0\ 1} = 1 \times 2^3 + 1 \times 2^2 + 0 \times 2^1 + 1 \times 2^0$$
$$2^3\ 2^2\ 2^1\ 2^0 = 8 + 4 + 0 + 1 = 13$$

如果 7423 是一个十六进制数,那么数字 7、4、2 和 3 分别表示:

$$\boxed{7\ 4\ 3\ 2} = 7 \times 16^3 + 4 \times 16^2 + 2 \times 16^1 + 3 \times 16^0$$
$$16^3\ 16^2\ 16^1\ 16^0 = 28672 + 1024 + 32 + 3 = 29731$$

F.2 二进制数与十进制数之间的转换

给定一个二进制数 $b_n b_{n-1} b_{n-2} \cdots b_2 b_1 b_0$,其等价的十进制数为

$$b_n \times 2^n + b_{n-1} \times 2^{n-1} + b_{n-2} \times 2^{n-2} + \cdots + b_2 \times 2^2 + b_1 \times 2^1 + b_0 \times 2^0$$

下面是二进制数转换为十进制数的一些例子:

二进制	转换公式	十进制
10	$1 \times 2^1 + 0 \times 2^0$	2
1000	$1 \times 2^3 + 0 \times 2^2 + 0 \times 2^1 + 0 \times 2^0$	8
10101011	$1 \times 2^7 + 0 \times 2^6 + 1 \times 2^5 + 0 \times 2^4 + 1 \times 2^3 + 0 \times 2^2 + 1 \times 2^1 + 1 \times 2^0$	171

把一个十进制数 d 转换为二进制数，就是求满足
$$d = b_n \times 2^n + b_{n-1} \times 2^{n-1} + b_{n-2} \times 2^{n-2} + \cdots + b_2 \times 2^2 + b_1 \times 2^1 + b_0 \times 2^0$$
的比特 b_n, b_{n-1}, b_{n-2}, $\cdots$, b_2, b_1 和 b_0。

用2不断地除 d，直到商为0为止。余数即为所求的比特 b_0, b_1, $\cdots$, b_{n-2}, b_{n-1}, b_n。

例如，十进制数123为二进制数1111011。转换过程如下：

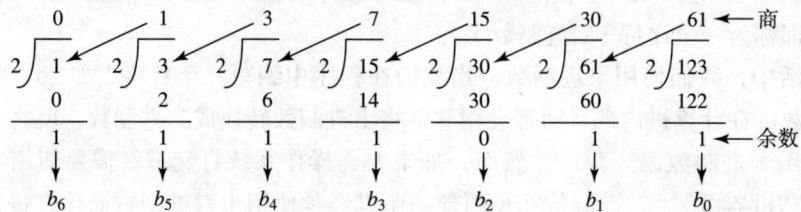

提示：Windows 操作系统所带的计算器是进行数制转换的一个有用的工具，如图 F-1 所示。要运行它，从 Start 按钮搜索 Calculator 并运行 Calculator，然后在 View 菜单下面选择 Scientific。

图 F-1　可以使用 Windows 的计算器进行数制转换

F.3　十六进制数与十进制数的转换

给定十六进制数 $h_n h_{n-1} h_{n-2} \cdots h_2 h_1 h_0$，其等价的十进制数为

$$h_n \times 16^n + h_{n-1} \times 16^{n-1} + h_{n-2} \times 16^{n-2} + \cdots + h_2 \times 16^2 + h_1 \times 16^1 + h_0 \times 16^0$$

下面是十六进制数转换为十进制数的例子:

十六进制	转换公式	十进制
7F	$7 \times 16^1 + 15 \times 16^0$	127
FFFF	$15 \times 16^3 + 15 \times 16^2 + 15 \times 16^1 + 15 \times 16^0$	65535
431	$4 \times 16^2 + 3 \times 16^1 + 1 \times 16^0$	1073

将一个十进制数 d 转换为十六进制数,就是求满足

$$d = h_n \times 16^n + h_{n-1} \times 16^{n-1} + h_{n-2} \times 16^{n-2} + \cdots + h_2 \times 16^2 + h_1 \times 16^1 + h_0 \times 16^0$$

的比特 h_n, h_{n-1}, h_{n-2}, $\cdots$, h_2, h_1 和 h_0。用 16 不断地除 d,直到商为 0 为止。余数即为所求的比特 h_0, h_1, $\cdots$, h_{n-2}, h_{n-1}, h_n。

例如,十进制数 123 为十六进制数 7B。转换过程如下:

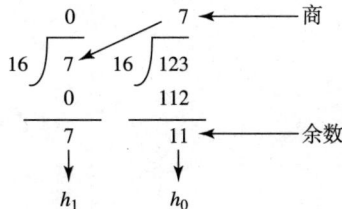

F.4 二进制数与十六进制数的转换

将一个十六进制数转换为二进制数,利用表 F-1,就可以简单地把十六进制数的每一位转换为四位二进制数。

例如,十六进制数 7B 转换为二进制是 1111011,其中 7 的二进制表示为 111,B 的二进制表示为 1011。

要将一个二进制数转换为十六进制数,从右向左将每四位二进制数转换为一位十六进制数。

例如,二进制数 001110001101 的十六进制表示是 38D,因为 1101 是 D,1000 是 8,0011 是 3,如下所示:

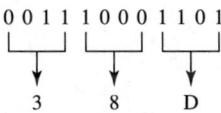

表 F-1 将十六进制数转换为二进制数

十六进制	二进制	十进制	十六进制	二进制	十进制
0	0000	0	8	1000	8
1	0001	1	9	1001	9
2	0010	2	A	1010	10
3	0011	3	B	1011	11
4	0100	4	C	1100	12
5	0101	5	D	1101	13
6	0110	6	E	1110	14
7	0111	7	F	1111	15

🔑 **注意**：八进制数也很有用。八进制数系有 0 到 7 共八个数。十进制数 8 在八进制数系中的作用就和十进制数系中的 10 一样。

✓ **复习题**

F.1 将下列十进制数转换为十六进制数和二进制数。
100；4340；2000

F.2 将下列二进制数转换为十六进制数和十进制数。
1000011001；100000000；100111

F.3 将下列十六进制数转换为二进制数和十进制数。
FEFA9；93；2000

附录 G

位 操 作 符

用机器语言编写程序时，经常需要直接处理二进制数值，并在位级别上执行操作。Java 提供了位操作符和移位操作符，如表 G-1 所示。

表 G-1

操作符	名称	示例（例中使用字节）	描述
&	位与	10101110 & 10010010 得到 10000010	两个相应位上的比特如果都为 1，则执行与操作得到 1
|	位或	10101110 | 10010010 得到 10111110	两个相应位上的比特如果其中一个为 1，则执行或操作得到 1
^	位异或	10101110 ^ 10010010 得到 00111100	两个相应位上的比特如果相异，则执行异或操作得到 1
~	求反	~10101110 得到 01010001	操作符将每个比特进行从 0 到 1 以及从 1 到 0 的转换
<<	左移位	10101110 << 2 得到 10111000	操作符将第一个操作数按照第二个操作数指定的比特数进行左移位，右边补 0
>>	带符号位右移位	10101110 >> 2 得到 11101011 00101110 >> 2 得到 00001011	操作符将第一个操作数按照第二个操作数指定的比特数进行右移位，左边补上最高（符号）位
>>>	无符号位右移位	10101110 >>> 2 得到 00101011 00101110 >>> 2 得到 00001011	操作符将第一个操作数按照第二个操作数指定的位移数进行右移位，左边补 0

位操作符仅适用于整数类型（byte、short、int 和 long）。位操作涉及的字符将转换为整数。所有的位操作符都可以形成位赋值操作符，例如 ^=，|=，<<=，>>=，以及 >>>=。

注意：程序使用位操作符比使用算数操作符更高效。例如，要将一个 int 值 x 乘以 2，可以写成 x << 1，而不是 x * 2。

附录 H

Introduction to Java Programming and Data Structures, Comprehensive Version, Twelfth Edition

正则表达式

经常需要编写代码来验证用户输入，比如验证输入是否是一个数字，是否是一个全部小写的字符串，或者社会安全号。如何编写这类代码呢？一个简单而有效的做法是使用正则表达式来完成这个任务。

正则表达式（regular expression, 简写为 regex）是一个字符串，用来描述匹配一个字符串集合的模式。对于字符串处理来说，正则表达式是一个强大的工具。可以使用正则表达式来匹配、替换和拆分字符串。

H.1 匹配字符串

让我们从 String 类中的 matches 方法开始。乍一看，matches 方法很类似 equals 方法。例如，以下两个语句都为 true。

```
"Java".matches("Java");
"Java".equals("Java");
```

然而，matches 方法功能更加强大。它不仅可以匹配一个固定的字符串，还可以匹配符合一个模式的字符串集。例如，以下语句结果都为 true。

```
"Java is fun".matches("Java.*")
"Java is cool".matches("Java.*")
"Java is powerful".matches("Java.*")
```

前面语句中的 "Java.*" 是一个正则表达式。它描述了一个字符串模式，以 Java 开始，后面跟 0 个或者多个字符串。这里，子字符串 .* 匹配 0 或者多个任意字符。

H.2 正则表达式语法

正则表达式由字面值字符和特殊符号组成。表 H-1 列出了一些正则表达式常用的语法。

表 H-1 常用的正则表达式

正则表达式	匹配	示例
x	指定字符 x	Java 匹配 Java
.	任意单个字符，除了换行符外	Java 匹配 J..a
(ab|cd)	ab 或者 cd	ten 匹配 t(en|im)
[abc]	a、b 或者 c	Java 匹配 Ja[uvwx]a
[^abc]	除了 a、b 或者 c 外的任意字符	Java 匹配 Ja[^ars]a
[a-z]	a 到 z	Java 匹配 [A-M]av[a-d]
[^a-z]	除了 a 到 z 外的任意字符	Java 匹配 Jav[^b-d]
[a-e[m-p]]	a 到 e 或 m 到 p	Java 匹配 [A-G[I-M]]av[a-d]
[a-e&&[c-p]]	a 到 e 与 c 到 p 的交集	Java 匹配 [A-P&&[I-M]]av[a-d]
\d	一位数字，等同于 [0-9]	Java2 匹配 "Java[\\d]"
\D	一位非数字	$Java 匹配 "[\\D][\\D]ava"

(续)

正则表达式	匹配	示例
\w	单词字符	Java1 匹配 "[\\w]ava[\\d]"
\W	非单词字符	$Java 匹配 "[\\W][\\w]ava"
\s	空白字符	"Java 2" 匹配 "Java\\s2"
\S	非空白字符	Java 匹配 "[\\S]ava"
p*	0 或者多次出现模式 p	aaaa 匹配 "a*" abab 匹配 "(ab)*"
p+	1 次或者多次出现模式 p	a 匹配 "a+b*" able 匹配 "(ab)+.*"
p?	0 或者 1 次出现模式 p	Java 匹配 "J?Java" ava 匹配 "J?ava"
p{n}	正好出现 n 次模式 p	Java 匹配 "Ja{1}.*" Java 不匹配 ".{2}"
p{n,}	至少出现 n 次模式 p	aaaa 匹配 "a{1,}" a 不匹配 "a{2,}"
p{n,m}	n 到 m（不包含）次出现模式 p	aaaa 匹配 "a{1,9}" abb 不匹配 "a{2,9}bb"
\p{P}	一个标点字符 !"#$%&'()*+,-./:;<=>?@[\]^_`{|}~	J?a 匹配 "J\p{P}a" J?a. 不匹配 "J\p{P}a"

> **注意**：反斜杠是一个特殊的字符，在字符串中开始转义序列。因此 Java 中需要使用 \\ 来表示 \。

> **注意**：回顾一下，空白字符是 ' '、'\t'、'\n'、'\r' 或者 '\f'。因此，\s 和 [\t\n\r\f] 等同，\S 和 [^\t\n\r\f] 等同。

> **注意**：单词字符是任何的字母，数字或者下划线字符。因此 \w 等同于 [a-z[A-Z][0-9]_] 或者简化为 [a-zA-Z0-9_]。\W 等同于 [^a-zA-Z0-9_]。

> **注意**：表 H-1 中的 *、+、?、{n}、{n,} 以及 {n, m} 称为量词符（quantifier），用于指定量词符前面的模式可能重复的次数。例如，A* 匹配 0 或者多个 A，A+ 匹配 1 或者多个 A，A? 匹配 0 或者 1 个 A。A{3} 精确匹配 AAA，A{3, } 匹配至少 3 个 A，A{3,6} 匹配 3 到 6 个 A。* 等同于 {0,}，+ 等同于 {1,}，? 等同于 {0,1}。

> **警告**：不要在重复量词符中使用空白。例如，A{3,6} 不能写成逗号后面有一个空白符的 A{3, 6}。

> **注意**：可以使用括号来将模式进行分组。例如，(ab){3} 匹配 ababab，但是 ab{3} 匹配 abbb。

让我们用一些示例来演示如何构建正则表达式。

1. 示例 1

社会安全号的模式是 xxx-xx-xxxx，其中 x 是一位数字。社会安全号的正则表达式可以描述为

[\\d]{3}-[\\d]{2}-[\\d]{4}

例如

```
"111-22-3333".matches("[\\d]{3}-[\\d]{2}-[\\d]{4}")    返回    true
"11-22-3333".matches("[\\d]{3}-[\\d]{2}-[\\d]{4}")     返回    false
```

2. 示例 2

偶数以数字 0、2、4、6 或者 8 结尾。偶数的模式可以描述为

[\\d]*[02468]

例如，

```
"123".matches("[\\d]*[02468]")    返回    false
"122".matches("[\\d]*[02468]")    返回    true
```

3. 示例 3

电话号码的模式是 (xxx)xxx-xxxx，这里 x 是一位数字，并且第一位数字不能为 0。电话号码的正则表达式可以描述为

\\([1-9][\\d]{2}\\) [\\d]{3}-[\\d]{4}

🔑 **注意**：括符（和）在正则表达式中是特殊字符，用于对模式分组。为了在正则表达式中表示字面值（或者），必须使用 \\(和 \\)。

例如

```
"(912) 921-2728".matches("\\([1-9][\\d]{2}\\) [\\d]{3}-[\\d]{4}")
    返回    true
"921-2728".matches("\\([1-9][\\d]{2}\\) [\\d]{3}-[\\d]{4}")
    返回    false
```

4. 示例 4

假定姓由最多 25 个字母组成，并且第一个字母为大写形式。则姓的模式可以描述为

[A-Z][a-zA-Z]{1,24}

🔑 **注意**：不能随便放空白符到正则表达式中。如 [A-Z][a-Za-z]{1, 24} 将报错。例如：

```
"Smith".matches("[A-Z][a-zA-Z]{1,24}")      返回    true
"Jones123".matches("[A-Z][a-zA-Z]{1,24}")   返回    false
```

5. 示例 5

Java 标识符在 2.3 节中定义。

- 标识符必须以字母、下划线（_），或者美元符号（$）开始。不能以数字开头。
- 标识符是一个由字母、数字、下划线和美元符号组成的字符序列。

标识符的模式可以描述为

[a-zA-Z_$][\\w$]*

6. 示例 6

什么字符串匹配正则表达式 "Welcome to (Java|HTML)"？答案是 Welcome to Java 或者 Welcome to HTML。

7. 示例 7

什么字符串匹配正则表达式 ".*"？答案是任何字符串。

H.3 替换和拆分字符串

如果字符串匹配正则表达式，则 String 类的 matches 方法返回 true。String 类也包含 repalceAll、replaceFirst 和 split 方法，用于替换和拆分字符串，如图 H-1 所示。

replaceAll 方法替换所有匹配的子字符串，replaceFirst 方法替换第一个匹配的子字

符串。例如，代码

```
System.out.println("Java Java Java".replaceAll("v\\w", "wi"));
```

显示

```
Jawi Jawi Jawi
```

代码

```
System.out.println("Java Java Java".replaceFirst("v\\w", "wi"));
```

显示

```
Jawi Java Java
```

java.lang.String	
+matches(regex: String): boolean	如果字符串匹配模式，则返回 true
+replaceAll(regex: String, replacement: String): String	将所有匹配的子字符串替换为 replacement 变量中的字符串，并返回新的字符串
+replaceFirst(regex: String, replacement: String): String	将匹配的第一个子字符串替换为 replacement 变量中的字符串，并返回新的字符串
+split(regex: String): String[]	返回一个字符串数组，包含被匹配模式的分隔符拆分的子字符串
+split(regex: String, limit: int): String[]	除使用了 limit 参数控制模式应用的次数外，与前面的拆分方法等同

图 H-1　String 类包含使用正则表达式来匹配、替换和拆分字符串的方法

有两个重载的 split 方法。split(regex) 方法使用匹配的分隔符将一个字符串拆分为子字符串。例如，以下语句

```
String[] tokens = "Java1HTML2Perl".split("\\d");
```

将字符串 "JavaHTML2Perl" 拆分为 Java、HTML 以及 Perl 并且保存在 tokens[0], tokens[1] 以及 tokens[2] 中。

在 split(regex,limit) 方法中，limit 参数确定模式匹配多少次。如果 limit <= 0，split(regex,limit) 等同于 split(regex)。如果 limit > 0，模式最多匹配 limit -1 次。下面是一些示例：

```
"Java1HTML2Perl".split("\\d", 0);    拆分为 Java, HTML, Perl
"Java1HTML2Perl".split("\\d", 1);    拆分为 Java1HTML2Perl
"Java1HTML2Perl".split("\\d", 2);    拆分为 Java, HTML2Perl
"Java1HTML2Perl".split("\\d", 3);    拆分为 Java, HTML, Perl
"Java1HTML2Perl".split("\\d", 4);    拆分为 Java, HTML, Perl
"Java1HTML2Perl".split("\\d", 5);    拆分为 Java, HTML, Perl
```

注意：默认情况下，所有的量词符都是"贪婪"的。这意味着它们会尽可能匹配最多次。比如，下面语句显示 JRvaa。因为第一个匹配成功的是 aaa。

```
System.out.println("Jaaavaa".replaceFirst("a+", "R"));
```

可以通过在后面添加问号（？）来改变量词符的默认行为。量词符变为"不情愿"或者"惰性"的，这意味着它将匹配尽可能少的次数。例如，下面的语句显示 JRaavaa，因为第一个匹配成功的是 a。

```
System.out.println("Jaaavaa".replaceFirst("a+?", "R"));
```

H.4 替换匹配的子字符串中的部分内容

有时，需要对匹配的子字符串中的部分内容进行替换。例如，假设有如下文本：

```
String text = "3 * (x - y) is in lines 12-56.";
```

我们希望将文本替换为

```
"3 * (x - y) is in lines 12 to 56.";
```

注意，如果符号"-"在两个数字中间且前面是单词"lines"的话，则将其替换为单词"to"。我们希望在这种情形下，将文本中所有出现的"-"都替换为"to"。为了实现这一点，我们将使用模式 [lines \\d+-\\d+] 找到匹配的子字符串，然后将模式中的"-"替换为单词"to"。可以使用 Pattern 类和 Matcher 类来实现。

Pattern 类代表编译好的正则表达式。可以使用 Pattern.compile(regex) 创建一个 Pattern 实例。产生的实例可以用于创建一个 Matcher 对象。例如，以下代码创建一个 Pattern 对象 p，并使用模式 p 为文本创建一个 Matcher 对象 m：

```
String regex = "lines \\d+-\\d+";
Pattern p = Pattern.compile(regex);
Matcher m = p.matcher(text);
```

现在可以使用 Matcher 类中的 find() 方法为模式找到一个匹配的子字符串，使用 group() 方法返回匹配的子字符串，并替换字符串中的"-"，然后使用 addReplacement 和 addTail 方法将文本及其替换部分加入一个 StringBuilder。

完整的代码在代码清单 H-1 中给出。

程序清单 H-1 PatternMatcherDemo.java

```
 1  import java.util.regex.Matcher;
 2  import java.util.regex.Pattern;
 3
 4  public class PatternMatcherDemo {
 5    public static void main(String args[]) {
 6      String text = "3 * (x - y) is in lines 12-56.";
 7      String regex = "lines \\d+-\\d+";
 8      Pattern p = Pattern.compile(regex);
 9      Matcher m = p.matcher(text);
10
11      StringBuffer sb = new StringBuffer();
12      while (m.find()) {
13        String replacement = m.group();
14        replacement = replacement.replace("-", " to ");
15        m.appendReplacement(sb, replacement);
16      }
17
18      m.appendTail(sb);
19      System.out.println(sb.toString());
20    }
21  }
```

这是一个复杂的过程。调用 m.find（第 12 行）从起始位置扫描文本以找到下一个符合模式的匹配。开始时，起始位置位于下标 0 处。调用 m.group()（第 13 行）返回匹配的子字符串给 String replacement。String 的 replace 方法将"-"替换为"to"（第 14 行）。调用 m.appendReplace(sb, replacement) 将文本中当前没有匹配的内容追加到 sb 上，然后将 replacement 追加到 sb 上，这里的 sb 是一个 StringBuilder。注意，当前没有匹配的内容是已经被 m.find() 扫描过的子字符串，但不是匹配字符串的一部分。循环（第 12~16 行）继续寻找下一个匹配，得到匹配的子字符串，替代子字符串中的部分内容，然后追加没有匹配的内容和 replacement 到 sb 上。当无法找到更多匹配时循环结束。然后，程序调用 m.addTail(sb) 方法将文本中余下没有匹配的内容追加到 sb 上（第 18 行）。

注意，find()、group()、addReplacement 以及 addTail 方法一起用在一个寻找-替换-追加的循环中。当 m.find() 第一次被调用时，开始位置位于下标 0 处。当 m.find() 再次被调用时，它先重设起始位置以经过匹配子字符串的末尾。

附录 I

Introduction to Java Programming and Data Structures, Comprehensive Version, Twelfth Edition

枚举类型

I.1 简单枚举类型

枚举类型定义了一个枚举值的列表。每个值是一个标识符。例如，下面的语句声明了一个类型，名为 MyFavoriteColor，依次具有 RED、BLUE、GREEN、YELLOW 值。

```
enum MyFavoriteColor {RED, BLUE, GREEN, YELLOW};
```

枚举类型的值类似于一个常量，因此，按惯例拼写都是使用大写字母。因此，前面的声明采用 RED，而不是 red。按惯例，枚举类型命名类似于一个类，每个单词的第一个字母大写。

一旦定义了一个类型，就可以声明这个类型的变量了：

```
MyFavoriteColor color;
```

变量 color 可以具有定义在枚举类型 MyFavoriteColor 中的一个值，或者 null，但是不能具有其他值。Java 的枚举类型是类型安全的，这意味着试图赋一个除枚举类型所列出的值或者 null 之外的值，都将导致编译错误。

枚举值可以使用下面的语法进行访问：

```
EnumeratedTypeName.valueName
```

例如，下面的语句将枚举值 BLUE 赋值给变量 color：

```
color = MyFavoriteColor.BLUE;
```

注意：必须使用枚举类型名称作为限定词来引用一个值，比如 BLUE。

如同其他类型一样，可以在一行语句中来声明和初始化一个变量：

```
MyFavoriteColor color = MyFavoriteColor.BLUE;
```

可将枚举类型看作一种特殊的类，因此，枚举类型的变量是引用变量。一个枚举类型是 Object 类和 Comparable 接口的子类型。因此，枚举类型继承了 Object 类中的所有方法，以及 Comparable 接口中的 compareTo 方法。另外，可以在一个枚举类型的对象上使用下面的方法：

- `public String name();`

  为对象返回名字值。

- `public int ordinal();`

  返回和枚举值关联的序号值。枚举类型中的第一个值具有序号数 0，第二个值具有序号值 1，第三个为 2，以此类推。

程序清单 I-1 给出了一个程序，演示了枚举类型的使用。

程序清单 I-1 EnumeratedTypeDemo.java

```java
 1  public class EnumeratedTypeDemo {
 2    static enum Day {SUNDAY, MONDAY, TUESDAY, WEDNESDAY, THURSDAY,
 3      FRIDAY, SATURDAY};
 4
 5    public static void main(String[] args) {
 6      Day day1 = Day.FRIDAY;
 7      Day day2 = Day.THURSDAY;
 8
 9      System.out.println("day1's name is " + day1.name());
10      System.out.println("day2's name is " + day2.name());
11      System.out.println("day1's ordinal is " + day1.ordinal());
12      System.out.println("day2's ordinal is " + day2.ordinal());
13
14      System.out.println("day1.equals(day2) returns " +
15        day1.equals(day2));
16      System.out.println("day1.toString() returns " +
17        day1.toString());
18      System.out.println("day1.compareTo(day2) returns " +
19        day1.compareTo(day2));
20    }
21  }
```

```
day1's name is FRIDAY
day2's name is THURSDAY
day1's ordinal is 5
day2's ordinal is 4
day1.equals(day2) returns false
day1.toString() returns FRIDAY
day1.compareTo(day2) returns 1
```

在第 2 和 3 行定义了枚举类型 Day。变量 day1 和 day2 声明为 Day 类型，在第 6 和 7 行赋枚举值。由于 day1 的值为 FRIDAY，它的序号值为 5（第 11 行）。由于 day2 的值为 THURSDAY，它的序号值为 4（第 12 行）。

由于枚举类型是 Object 类和 Comparable 接口的子类。可以从一个枚举对象引用变量调用 equals, toString 以及 compareTo 方法（第 14 ～ 19 行）。如果 day1 和 day2 具有同样的序号数，day1.equals(day2) 返回真。day1.compareTo(day2) 返回 day1 的序号数到 day2 的序号数之间的差值。

也可以将程序清单 I-1 中的代码重新写为程序清单 I-2。

程序清单 I-2 StandaloneEnumTypeDemo.java

```java
 1  public class StandaloneEnumTypeDemo {
 2    public static void main(String[] args) {
 3      Day day1 = Day.FRIDAY;
 4      Day day2 = Day.THURSDAY;
 5
 6      System.out.println("day1's name is " + day1.name());
 7      System.out.println("day2's name is " + day2.name());
 8      System.out.println("day1's ordinal is " + day1.ordinal());
 9      System.out.println("day2's ordinal is " + day2.ordinal());
10
11      System.out.println("day1.equals(day2) returns " +
12        day1.equals(day2));
13      System.out.println("day1.toString() returns " +
14        day1.toString());
15      System.out.println("day1.compareTo(day2) returns " +
```

```
16          day1.compareTo(day2));
17      }
18  }
19
20  enum Day {SUNDAY, MONDAY, TUESDAY, WEDNESDAY, THURSDAY,
21      FRIDAY, SATURDAY}
```

枚举类型可以在一个类中定义，如程序清单 I-1 中的第 2 和 3 行所示；或者单独定义，如程序清单 I-2 的第 20 和 21 行所示。在前一种情况下，枚举类型被作为内部类对待。程序编译后，将创建一个名为 EnumeratedTypeDemo$Day 的类。在后一种情况下，枚举类型作为一个独立的类来对待。程序编译后，将创建一个名为 Day.class 的类。

> **注意**：当枚举类型在一个类中声明时，类型必须声明为类的一个成员，而不能在一个方法中声明。而且，类型总是 static 的。由于这个原因，程序清单 I-1 第 2 行的 static 关键字可以省略。可以用于内部类的可见性修饰符也可以应用在一个类中定义的枚举类型上。

> **提示**：使用枚举值（例如，Day.MONDAY, Day.TUESDAY, 等等）而不是字面量整数值（例如，0，1，等等）可以让程序更加易于阅读和维护。

I.2 通过枚举变量使用 if 或者 switch 语句

枚举变量具有一个值。程序经常需要根据取值来执行特定的动作。例如，如果值为 Day.MONDAY，则踢足球；如果值为 Day.TUESDAY，则学习钢琴课，等等。可以使用 if 语句或者 switch 语句来测试变量的值，如图 a) 和 b) 所示。

```
if (day.equals(Day.MONDAY)) {
    // process Monday
}
else if (day.equals(Day.TUESDAY)) {
    // process Tuesday
}
else
    ...
```
a)

等价于

```
switch (day) {
    case MONDAY:
        // process Monday
        break;
    case TUESDAY:
        // process Tuesday
        break;
    ...
}
```
b)

在 b 图的 switch 语句中，case 标签是一个无限定词的枚举值（即，MONDAY，而不是 Day.MONDAY）。

I.3 使用 foreach 循环处理枚举值

每个枚举类型都有一个静态方法 values()，可以以一个数组返回这个类型中所有的枚举值。例如：

```
Day[] days = Day.values();
```

可以使用如图 a 中所示的普通循环，或者图 b 中的 foreach 循环来处理数组中的所有值。

```
for (int i = 0; i < days.length; i++)
    System.out.println(days[i]);
```
a)

等价于

```
for (Day day: days)
    System.out.println(day);
```
b)

I.4 具有数据域、构造方法和方法的枚举类型

前面介绍的简单枚举类型定义了一个具有枚举值列表的类型。也可以定义一个具有数据域、构造方法和方法的枚举类型，如程序清单 I-3 所示。

程序清单 I-3 TrafficLight.java

```
1   public enum TrafficLight {
2     RED ("Please stop"), GREEN ("Please go"),
3     YELLOW ("Please caution");
4
5     private String description;
6
7     private TrafficLight(String description) {
8       this.description = description;
9     }
10
11    public String getDescription() {
12      return description;
13    }
14  }
```

第2和3行定义了枚举值。值的声明必须是类型声明的第一条语句。第5行声明了一个名为 description 的数据域，用于描述一个枚举值。第7～9行声明了构造方法 TrafficLight。任何时候访问枚举值时，构造方法都将被调用。枚举值的参数将传递给构造方法，在构造方法中赋值给 description。

程序清单 I-4 给出了一个使用 TrafficLight 的测试程序。

程序清单 I-4 TestTrafficLight.java

```
1   public class TestTrafficLight {
2     public static void main(String[] args) {
3       TrafficLight light = TrafficLight.RED;
4       System.out.println(light.getDescription());
5     }
6   }
```

一个枚举值 TrafficLight.RED 赋值给变量 light（第3行）。访问 TrafficLight.RED 引起 JVM 使用参数"please stop"调用构造方法。枚举类型中方法的调用和类中的方法是一样的。light.getDescription() 返回对枚举值的描述（第4行）。

> **注意**：Java 语法要求枚举类型的构造方法是私有的，避免被直接调用。私有修饰符可以省略。在这种情况下，默认为私有。

附录 J

Introduction to Java Programming and Data Structures, Comprehensive Version, Twelfth Edition

大 O、大 Ω 和大 Θ 表示法

第 22 章介绍了非专业用语中的大 O 表示法。在本附录中,我们给出大 O 表示法的精确数学定义。我们还将介绍大 Ω 和大 Θ 表示法。

J.1 大 O 表示法

大 O 表示法是一种渐近式表示法,用于描述函数的参数接近特定值或无穷大时的行为。设 $f(n)$ 和 $g(n)$ 为两个函数,如果对于常量 c($c>0$)和值 m($n \geqslant m$),有 $f(n) \leqslant c \times g(n)$,则我们说 $f(n)$ 为 $O(g(n))$。

例如,$f(n)=5n^3+8n^2$ 为 $O(n^3)$,因为可以找到 $c=13$ 以及 $m=1$,从而对于 $n \geqslant m$ 满足 $f(n) \leqslant cn^3$。$f(n)=6n\log n+n^2$ 为 $O(n^2)$,因为可以找到 $c=7$ 以及 $m=2$,从而对于 $n \geqslant m$ 满足 $f(n) \leqslant cn^2$。$f(n)= 6n\log n+400n$ 为 $O(n\log n)$,因为可以找到 $c =406$ 以及 $m=2$,从而对于 $n \geqslant m$ 满足 $f(n) \leqslant cn\log n$。$f(n)=n^2$ 为 $O(n^3)$,因为可以找到 $c=1$ 以及 $m=1$,从而对于 $n \geqslant m$ 满足 $f(n) \leqslant cn^3$。注意,有无数 c 和 m 的选择,从而对于 $n \geqslant m$ 满足 $f(n) \leqslant c \times g(n)$。

大 O 表示法表示函数 $f(n)$ 渐近小于或等于另一个函数 $g(n)$,从而可以通过忽略乘法常数并舍弃函数中的非主导项来简化函数。

J.2 大 Ω 表示法

大 Ω 表示法与大 O 表示法相反,它也是一种渐近表示法,表示函数 $f(n)$ 大于或等于另一个函数 $g(n)$。设 $f(n)$ 和 $g(n)$ 为两个函数,如果对于常量 c($c>0$)和值 m($n \geqslant m$),有 $f(n) \geqslant c \times g(n)$,则我们说 $f(n)$ 为 $\Omega(g(n))$。

例如,$f(n)=5n^3+8n^2$ 为 $\Omega(n^3)$,因为可以找到 $c =5$ 以及 $m=1$,从而对于 $n \geqslant m$ 满足 $f(n) \geqslant cn^3$。$f(n)= 6n\log n+n^2$ 为 $\Omega(n^2)$,因为可以找到 $c =1$ 以及 $m=1$,从而对于 $n \geqslant m$ 满足 $f(n) \geqslant cn^2$。$f(n)= 6n\log n+400n$ 为 $\Omega(n\log n)$,因为可以找到 $c =6$ 以及 $m=1$,从而对于 $n \geqslant m$ 满足 $f(n) \geqslant cn\log n$。$f(n)=n^2$ 为 $\Omega(n)$,因为可以找到 $c=1$ 以及 $m=1$,从而对于 $n \geqslant m$ 满足 $f(n) \geqslant cn$。注意,有无数 c 和 m 的选择,从而对于 $n \geqslant m$ 满足 $f(n) \geqslant c \times g(n)$。

J.3 大 Θ 表示法

大 Θ 表示法表示两个函数渐近相同。设 $f(n)$ 和 $g(n)$ 为两个函数,如果 $f(n)$ 为 $O(g(n))$ 且 $f(n)$ 为 $\Omega(g(n))$,则我们说 $f(n)$ 为 $\Theta(g(n))$。

推荐阅读

Java程序设计与问题求解（原书第8版）

作者：[美] 沃特·萨维奇 (Walter Savitch) 肯里克·莫克 (Kenrick Mock)
ISBN：978-7-111-62097-6 定价：139.00元

　　本书涵盖了Java语言的基础特性和程序设计的基本思想，以程序设计思想的讲解为主轴，提供了大量的案例研究、编程示例和编程窍门，同时给出了对Java语言特性的完整解释，将问题求解的技能、编程技巧和良好的编程实践融会其中，使得读者不但能够了解Java语言的使用方法，还能掌握问题求解和编程技术。

推荐阅读

数据结构与算法分析：C语言描述（原书第2版）典藏版
作者：Mark Allen Weiss ISBN：978-7-111-62195-9 定价：79.00元

数据结构与算法分析：Java语言描述（原书第3版）
作者：Mark Allen Weiss ISBN：978-7-111-52839-5 定价：69.00元

数据结构与算法分析——Java语言描述（英文版·第3版）
作者：Mark Allen Weiss ISBN：978-7-111-41236-6 定价：79.00元